SPSS 22

SPSS 22

Einführung in die moderne Datenanalyse

14., aktualisierte Auflage

Achim Bühl

ALWAYS LEARNING

PEARSON

Bibliografische Information der Deutschen Nationalbibliothek

Die Deutsche Nationalbibliothek verzeichnet diese Publikation in der Deutschen Nationalbibliografie; detaillierte bibliografische Daten sind im Internet über <http://dnb.dnb.de> abrufbar.

10 9 8 7 6 5 4 3 2

16 15

ISBN 978-3-86894-249-1 (Buch)
ISBN 978-3-86326-711-7 (E-Book)

www.pearson.de
A part of Pearson plc worldwide

Programmleitung: Birger Peil, bpeil@pearson.de
Development: Alice Kachnij, akachnij@pearson.de
Korrektorat: Petra Kienle, Fürstenfeldbruck
Herstellung: Philipp Burkart, pburkart@pearson.de
Satz: Reemers Publishing Services GmbH, Krefeld (www.reemers.de)
Druck und Verarbeitung: Drukarnia Dimograf, Bielsko-Biala
Printed in Poland

Inhaltsverzeichnis

Vorwort zur vierzehnten Auflage

Liebe Leserin, lieber Leser,

die Version 22 von IBM SPSS Statistics ist erschienen, was uns zu einer Neuauflage unseres Buchs veranlasst hat, das sich in nunmehr bereits vierzehnter Auflage zum Standardeinführungswerk für SPSS entwickelt hat.

Das Werk wurde vollständig überarbeitet, erweitert und aktualisiert.

Wie immer können Sie die zahlreichen spannenden Datensätze, mit der die vierzehnte Auflage aufwarten kann, kostenlos auf der Homepage des Verlags (www.pearson-studium.de) herunterladen, so dass Sie die praxisrelevanten Beispiele des Buchs jederzeit selbst bei Ihrer Arbeit mit SPSS einsetzen können.

Die 14. Auflage unseres Buchs präsentiert Ihnen verständlich und nutzerorientiert das SPSS Basismodul, die Module Regression Models und Advanced Models sowie die Module Answer Tree, Categories, Conjoint, Exakte Tests und Tables, womit dies das Lehrbuch sein dürfte, welches Ihnen den umfassendsten Überblick über das Programmpaket SPSS bietet.

Noch einmal wurde der Aufbau des Lehrwerks anwenderorientiert optimiert. So finden Sie die Beschreibung exakter Testverfahren, die ja vor allem bei kleinen Fallzahlen – wie etwa häufig in der Psychologie – unverzichtbar sind als nunmehr neues dreizehntes Kapitel nach der Beschreibung von Mittelwertvergleichen und nichtparametrischen Tests.

Selbstverständlich werden von uns die seit der letzten Auflage unseres Buchs von SPSS zur Verfügung gestellten neuen Feature geschildert; so haben Sie z.B. die Möglichkeit ihre Daten mit Kennwörtern zu versehen.

Der Firma IBM SPSS Statistics danke ich für die aktive Kooperation sowie die freundliche Unterstützung sowie dem Verlag Pearson Education für die effektive wie nette Zusammenarbeit.

Berlin

Prof. Dr. phil. habil. Achim Bühl
Beuth Hochschule für Technik Berlin
buehl@beuth-hochschule.de

KAPITEL 1

Installation und Historie von SPSS

Wir erläutern Ihnen in diesem Kapitel, wie Sie SPSS 22 erfolgreich installieren, eine Verknüpfung erstellen sowie ein Arbeitsverzeichnis einrichten. Die folgenden Anweisungen gelten dabei für die Installation von SPSS 22 mit einer Einzelnutzerlizenz. Wir erklären ferner, wie Sie kostenlos an die Übungsdateien gelangen können, die im Buch verwendet werden.

1.1 Systemvoraussetzungen von SPSS 22

Damit SPSS 22 von Ihnen benutzt werden kann, müssen die folgenden Mindestvoraussetzungen an Hard- und Software erfüllt sein:

- Windows 7 (32-Bit-Version oder 64-Bit-Version), Windows Vista (32-Bit-Version oder 64-Bit-Version) oder Windows XP (32-Bit-Version)
- Intel- oder AMD-Prozessor mit 1 GHz oder mehr
- Empfehlenswert ist 1 Gigabyte Arbeitsspeicher oder mehr
- 900 MB freier Speicherplatz auf der Festplatte
- DVD bzw.CD-ROM-Laufwerk
- Grafikkarte mit einer Mindestauflösung von 1024*768 bzw. Monitor mit höherer Auflösung
- Für Verbindungen mit einem Server der Firma IBM: Netzwerkkarte und TCP/IP-Netzwerkprotokoll.

Für die Installation sind ferner erforderlich:

- Ein Autorisierungscode oder ein Lizenzcode.

Der Autorisierungscode bzw. der Lizenzcode gestattet es, das SPSS Base System sowie die Zusatzmodule, die man erworben hat, zu installieren.

1.2 Installation von SPSS 22

Wir gehen bei der folgenden Beschreibung davon aus, dass die oben genannten Systemvoraussetzungen erfüllt sind. Bevor Sie mit der Installation beginnen, sollten sicherheitshalber alle Windows-Programme geschlossen sein.

1.2.1 Deinstallation älterer Versionen

Verfügen Sie über eine ältere Version von SPSS 22, d.h. zum Beispiel über die Version 20 oder 21, so müssen Sie diese nicht deinstallieren, bevor Sie die neue Version installieren. Wollen Sie die ältere Version behalten sowie die aktuelle benutzen, so müssen diese lediglich in einem separaten Verzeichnis installiert sein. Wollen Sie die ältere Version deinstallieren, so sollten Sie dies über die Windows Systemsteuerung zuvor vornehmen.

- Wählen Sie hierfür die Kategorie *Programme und Funktionen* aus der Systemsteuerung von Windows 7. Wählen Sie die zu deinstallierende Programmversion aus, klicken Sie auf die rechte Maustaste und aktivieren Sie die Option *Deinstallieren*.

Die ältere Programmversion wird nunmehr ordnungsgemäß deinstalliert.

1.2.2 Installation von SPSS 22

Wir gehen im Folgenden davon aus, dass Sie die Software von IBM oder einem Anbieter erfolgreich heruntergeladen haben oder über eine Installations-DVD verfügen. Installieren Sie SPSS 22 unter Windows 7, müssen Sie mit Administratorrechten am Computer angemeldet sein.

- Klicken Sie auf die Datei *setup.exe* bzw. nach dem Einlegen der Installations-DVD auf die Option *setup.exe ausführen*.

Sie sehen den Startbildschirm des InstallShield Wizard von SPSS 22.

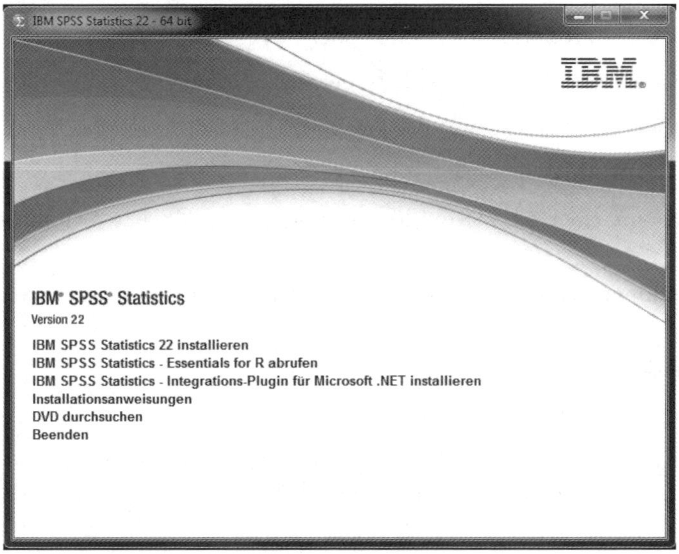

Bild 1.1: Der InstallShield Wizard von SPSS

- Klicken Sie auf die Option *IBM SPSS Statistics 22 installieren*.

Der Installationsvorgang wird nunmehr vorbereitet.

- Bestätigen Sie die auf Englisch erscheinende Lizenzvereinbarung mit *Weiter*.

Der InstallShield Wizard unterscheidet zwischen einer Einzelplatzlizenz sowie einer Netzwerklizenz.

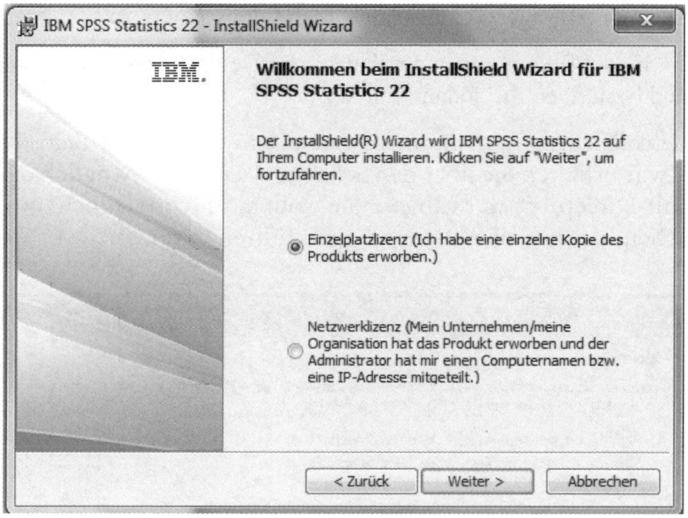

Bild 1.2: Auswahl der Lizenzart

- Bestätigen Sie die Voreinstellung *Einzelplatzlizenz* mit *Weiter*, da wir davon ausgehen, dass Sie über eine solche verfügen.
- Akzeptieren Sie die Bedingungen der danach auf Deutsch erscheinenden Lizenzvereinbarungen und bestätigen Sie sodann mit *Weiter*.

Sie werden nunmehr aufgefordert Kundeninformationen einzugeben.

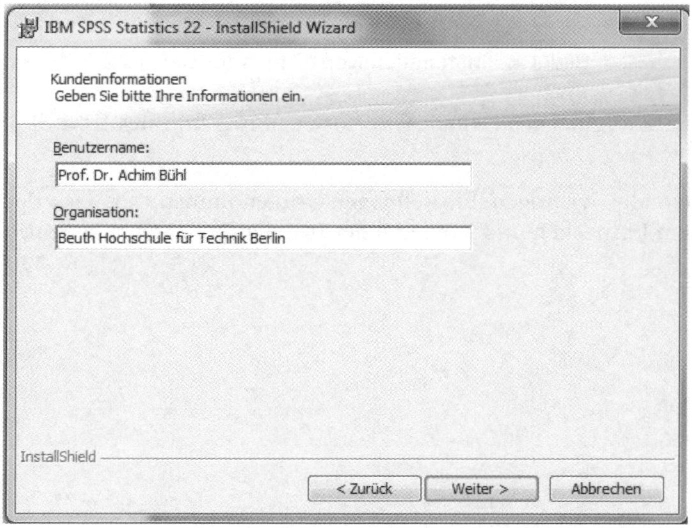

Bild 1.3: Eingabe der Kundeninformationen

- Sorgen Sie für die entsprechenden Einträge und bestätigen Sie mit *Weiter.*
- Bestätigen Sie die Informationen zur Hilfesprache mit *Weiter.*
- Bestätigen Sie die Abfragen zur Assistive Technology sowie zu Python mit *Weiter.*
- Akzeptieren Sie die Bedingungen der danach auf Deutsch erscheinenden Lizenzvereinbarungen und bestätigen Sie sodann mit *Weiter.*

Der InstallShield Wizard fragt nunmehr nach dem Ordner, in dem SPSS installiert werden soll. Zwar erhalten Sie über den Schalter *Ändern* die Möglichkeit, ein anderes als das Default-Directory zu wählen, Sie sollten davon jedoch auf keinen Fall Gebrauch machen, da dies zu Schwierigkeiten führen kann.

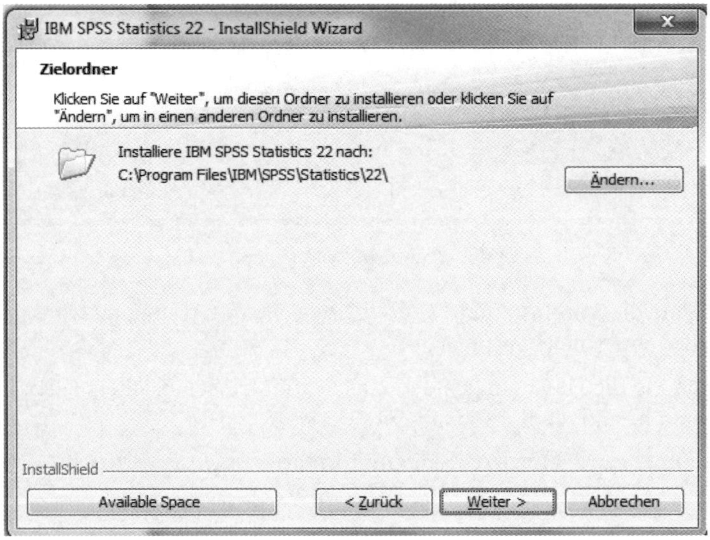

Bild 1.4: Installationsverzeichnis für SPSS 22

- Bestätigen Sie folglich das Default-Directory C:\Program Files\IBM\SPSS\Statistics\22 mit *Weiter.*

Sie haben jetzt alle wichtigen Einstellungen vorgenommen, so dass der InstallShield Wizard mit dem Entpacken und Kopieren der Installationsdateien beginnen kann.

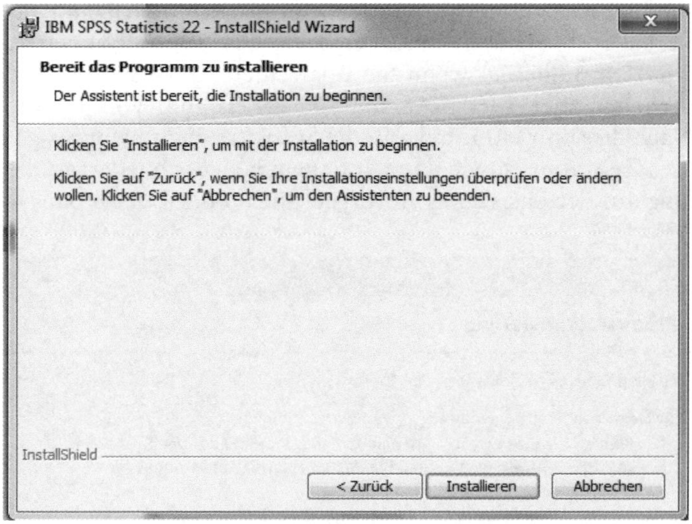

Bild 1.5: Start der Installation nach Festlegung der Einstellungen

- Starten Sie die Installation per Klick auf den Schalter *Installieren.*

Je nach Leistungsstärke Ihres Rechners kann die Installation ein wenig dauern. Gedulden Sie sich und schauen Sie entspannt aus dem Fenster. Der InstallShield Wizard meldet Ihnen schließlich die erfolgreiche Installation des Programms. Bevor Sie mit SPSS 22 arbeiten können, erfolgt nunmehr die Lizenzautorisierung des Programms.

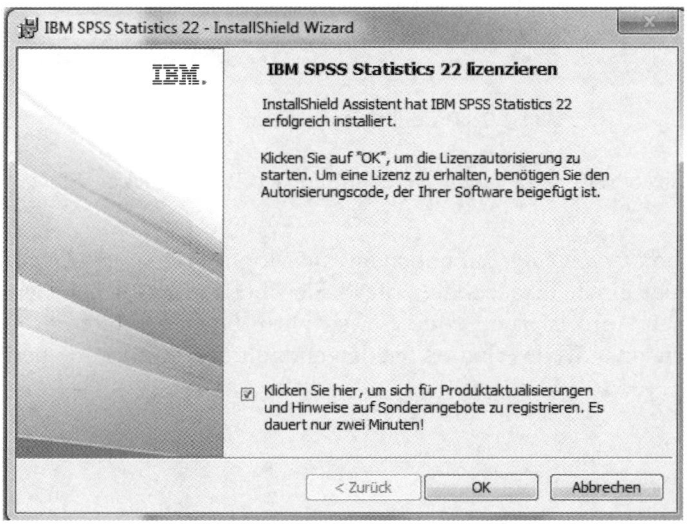

Bild 1.6: Lizenzierung des Programms

- Starten Sie die Lizenzautorisierung per Klick auf *OK.*

Es meldet sich das Lizenzierungsprogramm von SPSS mit der Dialogbox *Produktautorisierung*. Sie haben hier die Möglichkeit zwischen zwei Optionen zu wählen. Sie können SPSS jetzt installieren, wenn Sie über einen Autorisierungscode bzw. einen Lizenzcode verfügen oder aber SPSS für einen Zeitraum von 14 Tagen temporär installieren. Nach diesem Zeitraum kann die Software nicht mehr ausgeführt werden. Innerhalb dieses Zeitraums sowie danach haben Sie jedoch jederzeit die Möglichkeit die Lizenzierung auf der Basis eines Autorisierungs- oder Lizenzcodes nachzuholen.

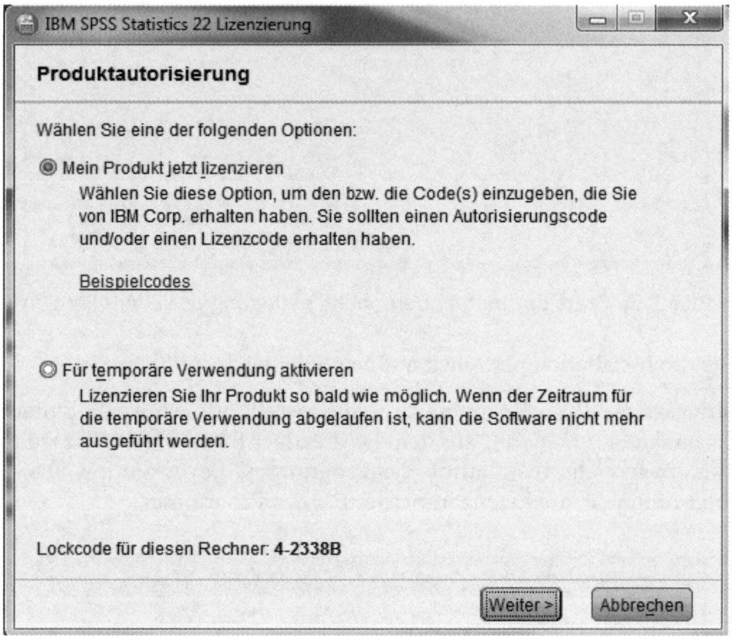

Bild 1.7: Produktautorisierung von SPSS

- Verfügen Sie bereits über einen Berechtigungscode, so klicken Sie auf den Schalter *Weiter*.

In der Dialogbox *Codes eingeben* haben Sie die Möglichkeit einen Autorisierungscode einzugeben oder einen Lizenzcode, sofern Sie über einen solchen bereits verfügen. Geben Sie einen Autorisierungscode ein, so wird dieser per Internet an IBM Corp. gesendet. Nach einer Weile erhalten Sie den endgültigen Lizenzcode per E-Mail zugesandt.

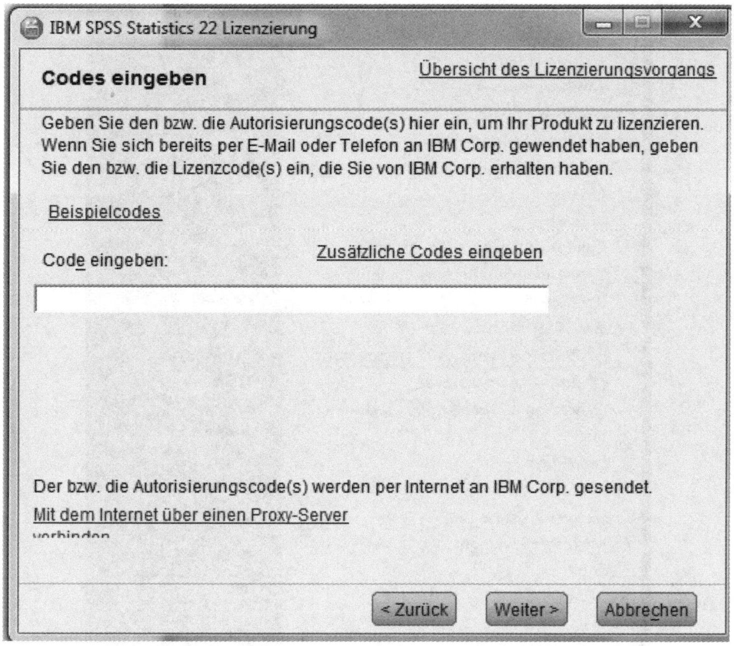

Bild 1.8: Eingabe des Autorisierungs- bzw. Lizenzcodes

- Klicken Sie nach Eingabe des Codes auf den Schalter *Weiter.*

Nach geglückter Internet-Verbindung über einen Proxy-Server wird Ihnen die erfolgreiche Lizenzierung von SPSS 22 gemeldet. Sie erhalten den Hinweis Alle Codes erfolgreich verarbeitet.

- Klicken Sie auf den Schalter *Weiter* und sodann auf *Fertigstellen.*

Haben Sie einen Autorisierungscode eingegeben, so erhalten Sie nach einer Weile den Lizenzcode per Mail.

- Starten Sie sodann den Lizenzierungsassistenten erneut über das Start-Menü von Windows 7 und geben Sie den Lizenzcode ein. Da dieser sehr lang ist, sollten Sie ihn einfach aus der erhaltenen Mail kopieren, um Fehleingaben zu vermeiden.

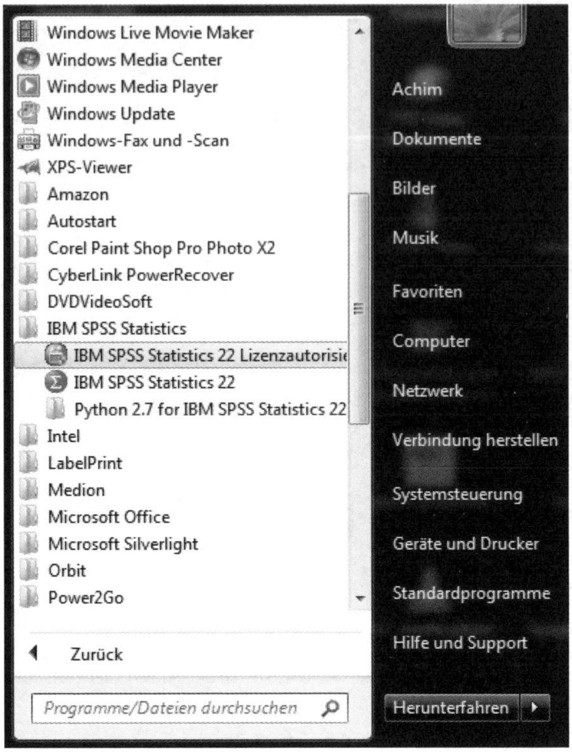

Bild 1.9: Start-Menü von Windows 7

Sie erhalten abschließend die Information, dass Sie Ihren Computer neu starten müssen, um die geänderte Konfiguration von IBM SPSS Statistics 22 wirksam werden zu lassen.

- Bestätigen Sie mit *Ja*.

SPSS 22 ist nunmehr erfolgreich auf Ihrem Rechner installiert und steht für statistische Operationen zur Verfügung.

1.3 Verknüpfung unter Windows 7 erstellen

Wir gehen davon aus, dass Sie SPSS 22 in Zukunft häufiger benutzen und griffbereit halten wollen. Wir schlagen Ihnen daher vor, eine Verknüpfung zu erstellen. Verfügen Sie z.B. über Windows 7, so gehen Sie wie folgt vor.

- Markieren Sie das Symbol für das SPSS-Programm im Start-Menü von Windows 7 und drücken Sie die rechte Maustaste.

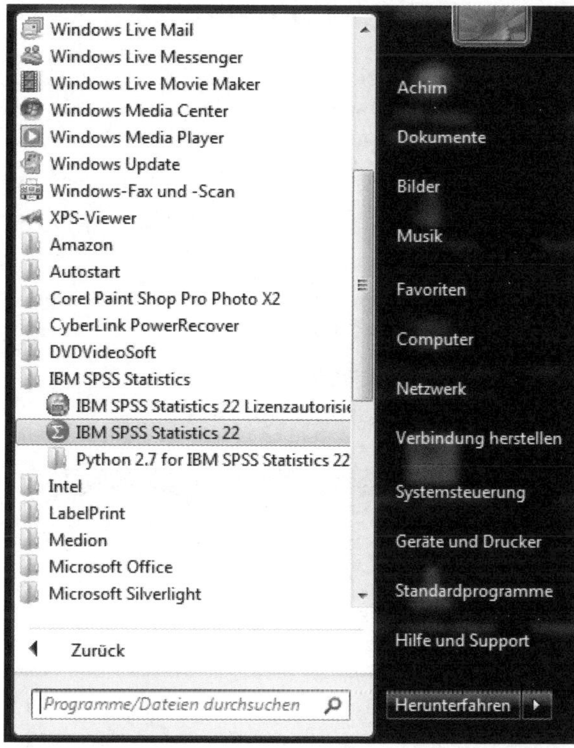

Bild 1.10: SPSS 22 im Start-Menü von Windows 7

- Verschieben Sie das SPSS-Symbol auf den Desktop und wählen Sie die Option *Hierher kopieren* bzw. *Verknüpfung erstellen.*

Die Verknüpfung ist nunmehr erstellt. Sie können SPSS in Zukunft direkt von Ihrem Desktop aus starten.

Bild 1.11: SPSS-Icon auf dem Desktop

Klicken Sie hierfür einfach doppelt auf das SPSS-Symbol.

1.4 Arbeitsverzeichnis einrichten

Wir wollen ein Arbeitsverzeichnis einrichten. Das Arbeitsverzeichnis dient zum Speichern der von Ihnen in Zukunft erstellten Datendateien, des Outputs sowie für unsere Übungsdateien. Wir schlagen den Verzeichnisnamen C:\SPSSBUCH vor.

- Erzeugen Sie das Arbeitsverzeichnis mit Hilfe eines Dateimanagers Ihrer Wahl.

Das neu eingerichtete Verzeichnis SPSSBUCH wollen wir als Arbeitsverzeichnis von SPSS 22 festlegen.

- Positionieren Sie hierfür den Cursor auf das SPSS-Symbol und klicken Sie auf die rechte Maustaste. Es öffnet sich das Kontextmenü.
- Wählen Sie hier die Option *Eigenschaften.*

Es öffnet sich die Dialogbox *Eigenschaften von SPSS 22.*

Bild 1.12: Dialogbox Eigenschaften von SPSS 22

- Tragen Sie in die Eingabezeile *Ausführen in* „C:\SPSSBUCH" ein.
- Bestätigen Sie den Eintrag mit *OK.*

Das Arbeitsverzeichnis ist erfolgreich eingerichtet worden. SPSS wird es in Zukunft als Standardverzeichnis (Default-Directory) benutzen.

1.5 Übungsdateien des Buchs downloaden

Die Übungsdateien dieses Buchs befinden sich auf der Homepage des Verlags www.pearson-studium.de. Sie können diese dort kostenlos herunterladen. Wir schlagen Ihnen vor, die Dateien in das soeben eingerichtete Arbeitsverzeichnis C:\SPSSBUCH zu kopieren.

- Benutzen Sie einen Internet-Browser Ihrer Wahl und geben Sie den Link www.pearson-studium.de ein.

Es öffnet sich die Homepage des Verlags. Sie sehen den folgenden Bildschirm.

Bild 1.13: Homepage von Pearson Studium

- Tippen Sie in das Textfeld *Schnellsuche* „SPSS 22“ ein.
- Drücken Sie anschließend die <Return-Taste> oder klicken Sie auf *Go*.

Sie sehen nunmehr das Logo unseres Buchs.

- Klicken Sie auf den Companion Websites-Button (CWS) und folgen Sie den Anweisungen.
- Laden Sie die Übungsdateien dieses Buchs in das Verzeichnis C:\SPSSBUCH herunter.

Wir gehen im Folgenden davon aus, dass Sie das Arbeitsverzeichnis C:\SPSSBUCH eingerichtet haben und sich dort die Übungsdateien, die wir bei unserer praxisorientierten Einführung in SPSS 22 verwenden wollen, befinden. Die Beispiele, mit denen die didaktische Vermittlung des Statistikprogramms erfolgt, gehen meist von realen Fallstudien aus und sind dem sozialwissenschaftlichen, dem wirtschaftswissenschaftlichen, dem psychologisch-medizinischen sowie dem naturwissenschaftlichen Bereich entnommen. Es handelt sich überwiegend um empirische Untersuchungen, die der Autor im Kontext seiner Lehr- und Forschungstätigkeit an den Universitäten Marburg, Heidelberg und Berlin durchgeführt hat oder um Projekte, die er beratend unterstützt hat.

1.6 Programmeinstellungen von SPSS

Bevor Sie SPSS für Ihre statistischen Zwecke nutzen, sollten Sie zunächst wichtige Programmeinstellungen vornehmen. Hierzu wollen wir Ihnen im Folgenden einige nützliche Vorschläge unterbreiten, die Ihnen ein effektiveres Arbeiten mit SPSS ermöglichen und die auch diesem Buch zugrunde liegen.

- Starten Sie SPSS, indem Sie doppelt auf das SPSS-Symbol auf Ihrem Desktop klicken.

Es öffnet sich zunächst eine Dialogbox, welche Sie nach dem Unicode-Modus fragt.

- Wählen Sie die ab der Version 21 neue Unicode-Codierung.

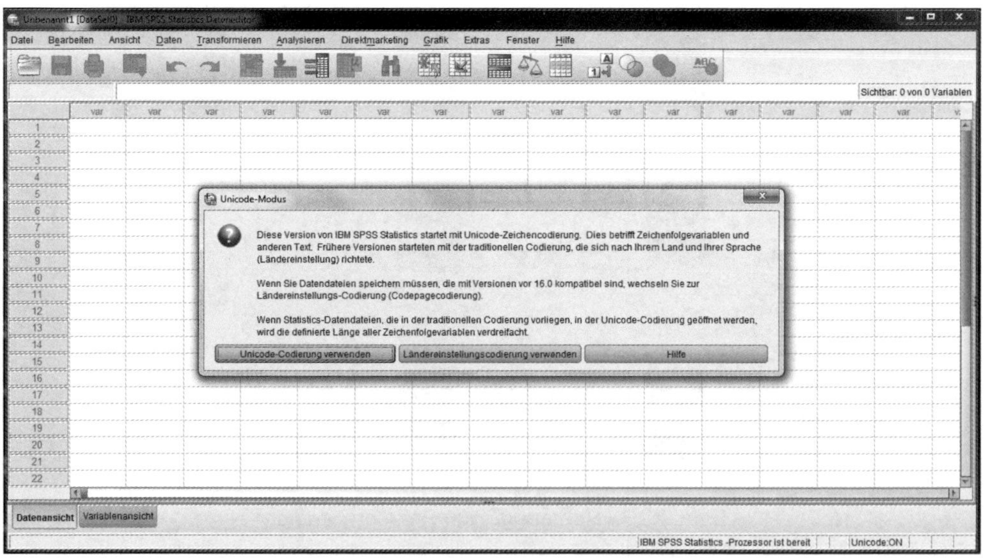

Bild 1.14: Dialogbox betreffs des neuen Codierungsmodus

Sie sehen nunmehr eine Dialogbox, die Ihnen grundlegende Informationen zu SPSS bietet.

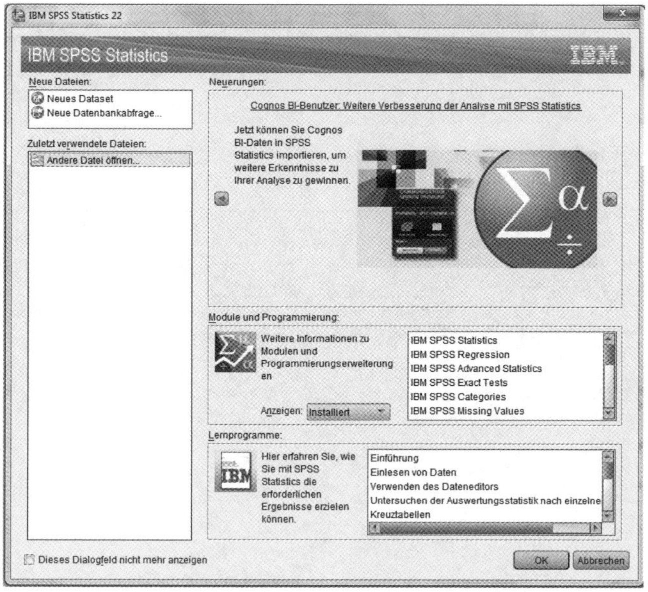

Bild 1.15: Dialogbox *IBM SPSS Statistics*

- Da Sie diese Dialogbox im weiteren Verlauf ziemlich nerven wird, sollten Sie sogleich auf das Kästchen *Dieses Dialogfeld nicht mehr anzeigen* klicken.

Sie sehen nunmehr erstmals den Dateneditor von SPSS.

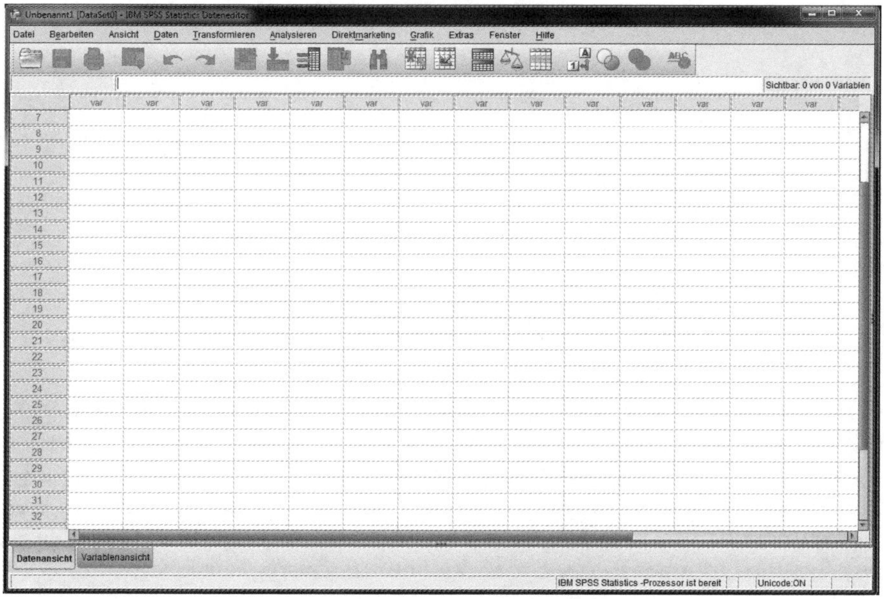

Bild 1.16: SPSS Dateneditor

Bevor Sie das Programm SPSS 22 endgültig nutzen, sollten Sie einige wichtige Programmeinstellungen vornehmen, zu denen wir Ihnen dringend raten.

- Um SPSS-Systemeinstellungen zu ändern, wählen Sie aus dem Menü des Dateneditors

  Bearbeiten
  Optionen...

Es öffnet sich die Dialogbox Optionen.

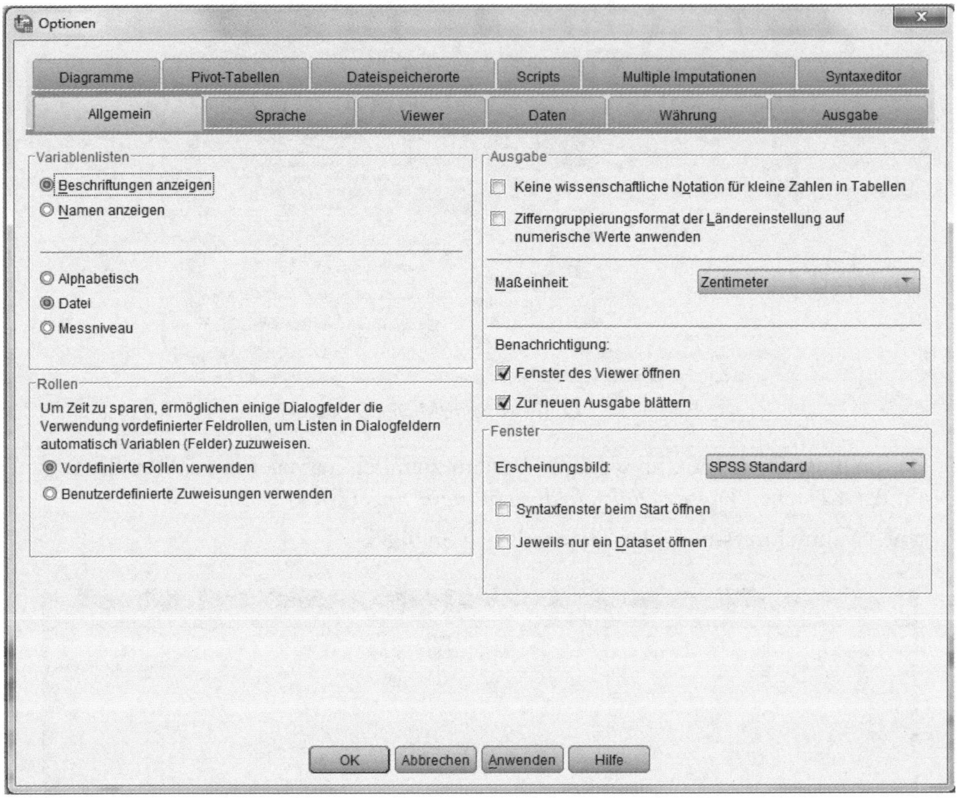

Bild 1.17: Dialogbox *Optionen*

Sie haben Gelegenheit, auf zwölf verschiedene Registerkarten zu klicken. Die Bedeutung der einzelnen Einstellungen dürfte selbsterklärend sein, so dass wir uns auf einige wesentliche Hinweise beschränken möchten.

- *Allgemein:* Hier können Sie u.a. die Sortierfolge für Variablenlisten festlegen. Die alphabetische Sortierung kann durch die Reihenfolge ersetzt werden, die sich aus der Aufeinanderfolge der Variablen in der betreffenden Datendatei ergibt. Sie können auch festlegen, ob in den Variablenlisten der Dialogboxen die Wertelabels oder die Variablennamen angezeigt werden. Wir gehen im Folgenden davon aus, dass die Optionen *Namen anzeigen* und *Alphabetisch* aktiviert sind.

Sehr nützlich ist die Option *Keine wissenschaftliche Notation für kleine Zahlen in Tabellen.* Bisher wurden in Pivot-Tabellen kleine Zahlen in Gleitkommadarstellung ausgegeben (z.B. 3,3E-02), was zuweilen zu Beschwerden der Anwender führte, die dies als Fehlermeldung (Error) deuteten. Bei Aktivierung der zitierten Option wird die genannte Zahl als 0,033 ausgegeben. Wir gehen im Folgenden davon aus, dass diese Option aktiviert ist.

- *Sprache:* Sie können hier u.a. die Sprache festlegen, die für Benutzerschnittstellen wie etwa den Menüs oder den Dialogfeldern verwendet werden soll sowie in der Ausgabe.
- *Viewer:* Schriftart und Schriftgröße für Titel und Texte im Viewer können voreingestellt werden. Festlegen lässt sich hier ferner, ob die SPSS-Syntax, welche der Dialogboxen-Führung zugrunde liegt, im Viewer angezeigt werden soll (Option: *Eingeblendet*) oder nicht (Option: *Ausgeblendet*). Wir gehen im Folgenden davon aus, dass die Option *Ausgeblendet* aktiviert ist.
- *Daten:* Das Anzeigeformat für neu berechnete Variablen (Voreinstellung: acht Stellen, davon zwei Dezimalstellen) lässt sich abändern. Sie können ferner den Jahrhundertbereich für zweistellige Jahreszahlen festlegen. Bei der automatischen Option liegt dieser zwischen 1944 und 2043. Ändern Sie hier die Sprache des Wörterbuches von *US-Englisch* auf *Deutsch*.
- *Währung:* Hier können Währungsformate definiert werden (siehe Kap. 3.4.1). Sie konnen hier ferner festlegen, ob als Dezimaltrennzeichen der Punkt oder das Komma zum Einsatz gelangen soll. Wir gehen im Folgenden davon aus, dass die Option *Komma* aktiviert ist.
- *Ausgabe:* Sie haben die Wahl, ob bei der Kennzeichnung von Variablen deren Name oder das entsprechende Label (Voreinstellung) oder beides ausgegeben wird. Bei den Variablenkategorien können Sie den Variablenwert oder das Wertelabel (Voreinstellung) oder beides auswählen.
- *Diagramme:* Neben der Festlegung der Schriftart können Sie die Rahmengestaltung steuern (äußerer Rahmen, innerer Rahmen) und Gitterlinien anfordern. Auswählen lassen sich hier ferner Farben, Linien, Markierungen und Füllmuster für Datenelemente. Als bevorzugte Stilauswahlmethode voreingestellt ist die Option *Nur Farben durchlaufen*. Achten Sie darauf, dass wir im weiteren Verlauf des Buchs bei Diagrammen auch von der Option *Nur Muster durchlaufen* Gebrauch machen.
- *Pivot-Tabellen:* Sie können verschiedene Tabellenansichten (Layouts) festlegen.
- *Dateispeicherorte:* Sie können hier die Datei-Speicherorte festlegen, die SPSS u.a. für die Journal-Datei und für temporäre Ordner verwenden soll. Legen Sie für die Datendateien sowie für andere Dateien den Ordner C:\SPSSBUCH fest, sofern dies noch nicht der Fall sein sollte (vgl. Kap. 1.4).

- *Skripts:* Sie können Autoskripte, die SPSS zur Verfügung stellt oder die von Ihnen selbst erstellt wurden, aktivieren. Skripte lassen sich zum Automatisieren vieler Funktionen verwenden, beispielsweise zum Anpassen von Pivot-Tabellen.
- *Multiple Imputationen:* Der Sinn multipler Imputationen besteht in der Erzeugung möglicher Werte für fehlende Werte, um auf diese Weise Daten zu komplettieren. Sie können das Erscheinungsbild imputierter Daten sowie die Analyseausgabe festlegen.
- *Syntaxeditor:* Sie können hier u.a. die Syntax-Farbkodierung für Befehle, Unterbefehle, Schlüsselwörter, Wertelabels und Kommentare festlegen. Das Anzeigen der Syntaxfarbcodierung ist voreingestellt. Da diese Kodierung geradezu augenschädlich ist, sollten Sie diese Option deaktivieren.

Sie sollten nunmehr mit den wichtigsten SPSS-Systemeinstellungen vertraut sein und die obigen Änderungen vorgenommen haben.

- Um in SPSS eine bereits bestehende Datendatei zu öffnen, wählen Sie aus dem Menü des Dateneditors

  Datei
      Öffnen
          Daten

Es öffnet sich die Dialogbox Daten öffnen.

Bild 1.18: Dialogbox *Daten öffnen*

- Suchen Sie die Datei start.sav, indem Sie den Scrollbalken ein wenig nach rechts ziehen, auf den gewünschten Dateinamen klicken und mit *Öffnen* bestätigen. Die Datei start.sav enthält Daten einer Studie über genderspezifisches Freizeitverhalten.

Abschließend möchten wir Sie noch ausdrücklich auf die multilinguale Benutzeroberfläche hinweisen. Dieser Hinweis ist auch deshalb von Bedeutung, da es nach erfolgreicher Installation auch dann, wenn Sie alles richtig gemacht haben der Fall sein kann, dass Sie nicht die deutschsprachige Benutzeroberfläche, sondern die englischsprachige erblicken.

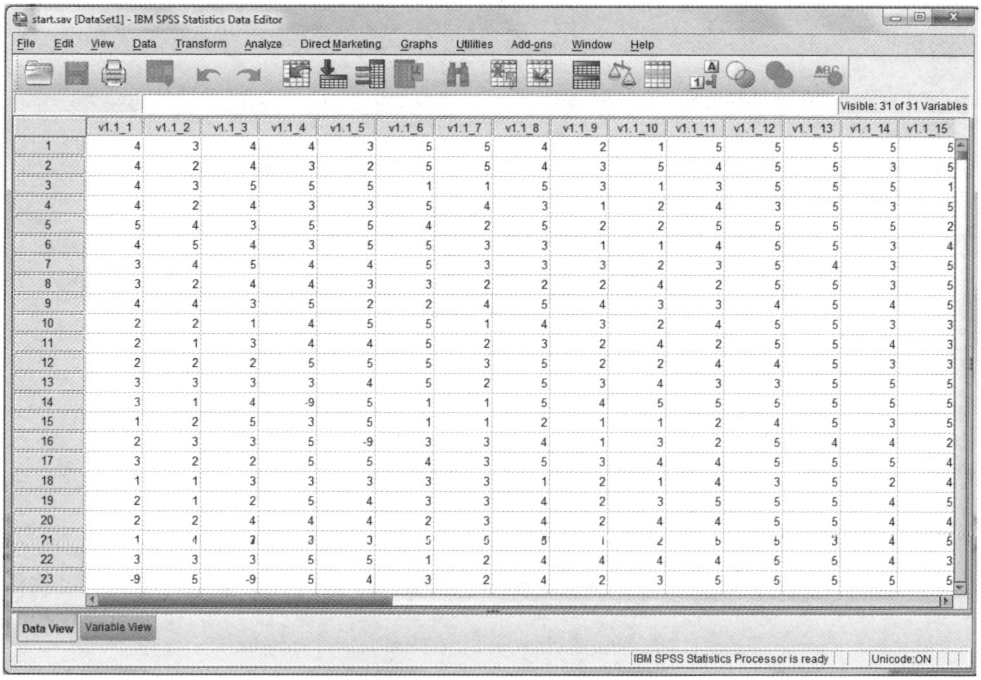

Bild 1.19: Englischsprachige Benutzeroberfläche

Erschrecken Sie in diesem Fall nicht. Sie müssen keineswegs die ganze Installation wiederholen, sondern können im laufenden Betrieb eine Umstellung vornehmen.

- Wählen Sie aus dem englischsprachigen Menü die Option

  Edit

  Options...

Es öffnet sich die Ihnen bereits bekannte Dialogbox *Options* (*Optionen*)

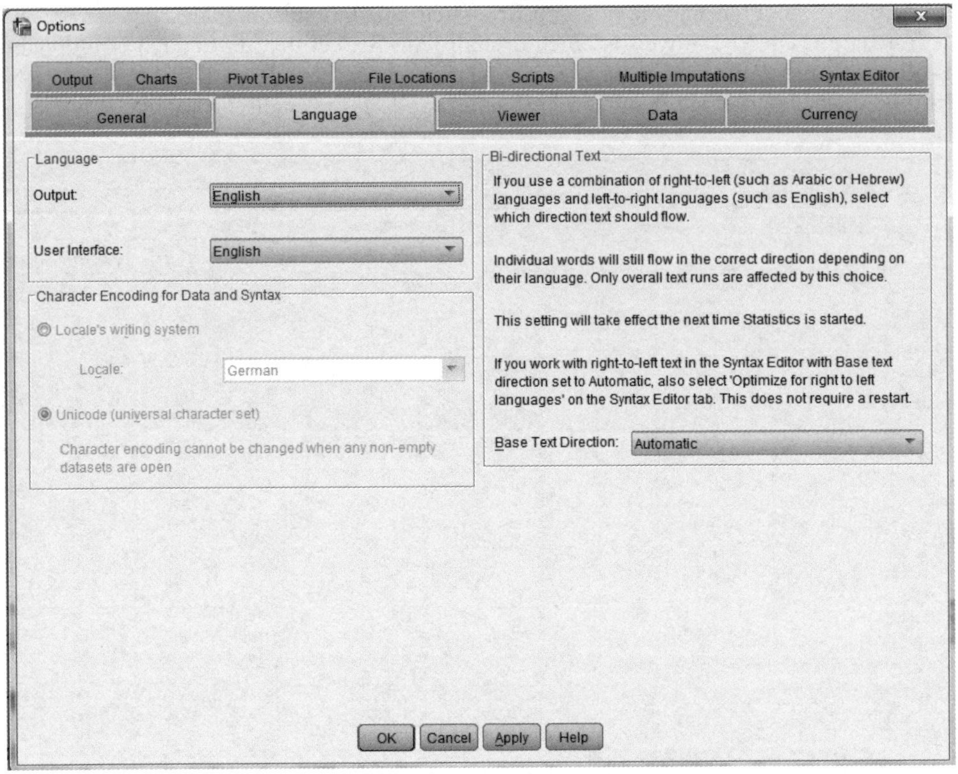

Bild 1.20: Englischsprachige Dialogbox *Options*

- Wählen Sie unter *Language* die Sprache *German* statt *English* bei *Output* sowie bei *User Interface*.

Sie erblicken nunmehr die gewünschte deutschsprachige Benutzeroberfläche. Beenden Sie jetzt Ihre erste Sitzung mit SPSS 22.

- Wählen Sie hierfür aus dem Menü die Option

  Datei

  Beenden...

Sie haben nunmehr alle Einstellungen vorgenommen, um erfolgreich mit IBM SPSS Statistics 22 arbeiten zu können.

1.7 Die einzelnen Module von SPSS

Grundbestandteil von SPSS für Windows ist das Basismodul, das alle Möglichkeiten der Datenerfassung und Datenmodifikation bietet und in dem die meisten der zur Verfügung stehenden Verfahren enthalten sind.

Üblich ist es, neben diesem Basismodul noch die beiden Module Advanced Models und Regression Models zu erwerben. Diese drei Module zusammen umfassen das, was an statistischen Analysemethoden bei den früheren Großrechner-Versionen zur Verfügung stand. Durch den Erwerb eines sogenannten Modulbundles (z.B. SPSS Statistics Standard, SPSS Statistics Professional, SPSS Statistics Premium) stehen Ihnen gleich mehrere Module zur Verfügung. Über die jeweils aktuellen Modulpaket-Angebote machen Sie sich bitte sachkundig auf der Internetpage der Firma IBM Corporation. IBM SPSS Statistics Deutschland erreichen Sie unter der Internet-Adresse:

www.ibm.com/software/de/analytics/spss.

Daneben gibt es weitere Zusatzmodule bzw. eigenständige Programme zu bestimmten Anwendungen, deren Anzahl sich laufend erhöht, so dass es sich lohnt, die Produktinformationen von SPSS in dieser Hinsicht zu verfolgen.

In diesem Buch werden das Basismodul, die Module Regression Models und Advanced Models sowie die Module AnswerTree, Categories, Conjoint, Exakte Tests und Tables behandelt. Eine Auswahl der wichtigsten Module von SPSS 22 stellen wir Ihnen im Folgenden vor.

Basismodul

Dieses Modul ist obligatorisch. Es bietet alle Möglichkeiten der Datenerfassung, der Datenselektion und Datenmodifikation und beinhaltet die meisten der von SPSS angebotenen statistischen Verfahren. Neben einfachen statistischen Analysen wie Häufigkeitsauszählungen, Berechnung statistischer Kennwerte, Kreuztabellen, Korrelationsberechnungen und dem Grafikteil enthält es neben t-Tests und einer großen Zahl nichtparametrischer Tests auch komplexe Verfahren wie multiple lineare Regressionsanalyse, Diskriminanzanalyse, Faktorenanalyse, Clusteranalyse, Varianzanalyse, Reliabilitätsanalyse und multidimensionale Skalierung.

Regression Models

Das Modul beinhaltet verschiedene Verfahren der Regressionsanalyse wie binäre und multinomiale logistische Regression, nichtlineare Regression und Probitanalyse.

Advanced Models

Enthalten sind verschiedene Verfahren zur Varianzanalyse (multivariat, mit Messwiederholungen) nach dem Ansatz des allgemeinen linearen Modells, Überlebensanalysen einschließlich der Kaplan-Meier-Methode und der Cox-Regression und loglineare bzw. logitloglineare Modelle.

Eine Auswahl der übrigen von SPSS angebotenen Module bzw. Programme wird im Folgenden in alphabetischer Reihenfolge vorgestellt.

Amos

Amos (Analysis of moment structures) bietet Verfahren zur Analyse linearer Strukturgleichungsmodelle. Ziel des Programms ist es, komplexe theoretische Zusammenhänge zwischen verschiedenen Variablen in Form einer Kausal- bzw. Pfadanalyse zu prüfen und durch passende Koeffizienten zu beschreiben. Dabei muss der Anwender auf grafischem Weg ein theoretisches Modell vorgeben, in das neben direkt beobachteten Variablen auch so genannte latente Variablen einbezogen werden können. Amos wird von SPSS als Nachfolgeprogramm zu LISREL (LInear Structural RELationships) angeboten.

AnswerTree

AnswerTree auch Decision Tree genannt bietet verschiedene Methoden, um eine Population anhand von vorgegebenen kategorialen Vorhersagevariablen in verschiedene Teilpopulationen (Segmente) einzuteilen, so dass eine abhängige Variable in den verschiedenen Segmenten signifikant unterschiedliche Ausprägungen hat. Ein typisches Anwendungsbeispiel ist die Erstellung von Kundenprofilen in der Marktforschung. AnswerTree ist das Nachfolgeprogramm von CHAID (Chi-squared Automatic Interaction Detector).

Bootstrapping

Bootstrapping ermöglicht eine präzisere Schätzung von Standardfehler und Konfidenzintervallen durch eine wiederholte Stichprobenziehung.

Categories

Categories enthält Verfahren zur Analyse kategorialer Daten, und zwar die Korrespondenzanalyse, die kategoriale Regression und vier grafische Skalierungsmethoden (kategoriale prinzipielle Komponentenanalyse, nichtlineare kanonische Korrelationsanalyse, Homogenitätsanalyse, multidimensionale Skalierung).

Clementine

Clementine ist ein Produkt zum Data Mining, wobei mehrere Techniken zur Modellbildung, wie z.B. neuronale Netze und Regressionstechniken, angeboten werden. Die Handhabung des Programms wird durch eine visuelle Programmierumgebung unterstützt.

Complex Samples

Complex Samples reduziert das Risiko inkorrekter oder missverständlicher Folgerungen aus Stichprobendaten. Mit Hilfe von Complex Samples können geschichtete, geclusterte oder mehrstufige Stichproben berechnet werden. Dazu stellt Complex Samples vier neue Methoden für die Datenanalyse speziell aus Stichproben zur Verfügung.

Conjoint

Die Conjoint-Analye wird im Marktforschungsbereich eingesetzt und untersucht Eigenschaften von Produkten auf ihre Attraktivität. Dazu müssen die befragten Personen ausgewählte Eigenschaftskombinationen anhand ihrer persönlichen Präferenz in eine Rangfolge bringen, woraus sich so genannte Teilnutzenwerte für die einzelnen Kategorien jeder Eigenschaft berechnen lassen.

Custom Tables

Custom Tables verbindet die Datenanalyse mit der Erstellung interaktiver Tabellen und dient vor allem der Zielgruppenanalyse im Kontext von Kundendaten.

Data Entry

Data Entry dient der schnellen und flexiblen Fragebogengestaltung und Datenerfassung. Das Modul generiert Fragebögen und Masken für die Eingabe der Daten am Bildschirm, wobei die festgelegten Fragentexte und Antwortkategorien des Fragebogens später als Variablen- und Wertelabels zur Verfügung stehen.

Direct Marketing

Direct Marketing dient der Analyse von Kundendaten im Kontext von Marketinganalysen u.a. zwecks Maximierung des Marketingbudgets.

Exakte Tests

Exakte Tests dient der Berechnung der exakten Irrtumswahrscheinlichkeit (p-Wert) beim Vorliegen kleiner Fallzahlen beim Chi-Quadrat-Test und den nichtparametrischen Tests. Gegebenenfalls wird dazu auch eine Monte-Carlo-Methode verwandt.

Forecasting

Forecasting dient der Analyse von Zeitreihendaten zwecks Vorhersage von Trends.

GOLDMineR

Das Programm enthält ein spezielles Regressionsmodell zur Regressionsanalyse mit ordinalskalierten abhängigen und unabhängigen Variablen.

Missing Values

Missing Values dient der Analyse und Mustererkennung von fehlenden Werten und bietet verschiedene Lösungsmöglichkeiten an, wie fehlende Werte gegebenenfalls ersetzt werden können.

Neural Networks

Neural Networks dient der nichtlinearen Datenmodellierung zwecks Optimierung von Entscheidungsfindungen im Kontext von Vorhersagen.

SamplePower

Mit SamplePower kann der optimale Stichprobenumfang für eine Vielzahl gebräuchlicher Analysesituationen bestimmt werden.

Tables

Tables dient zur Erstellung präsentationsreifer Tabellen. Verglichen mit den Layouts der Häufigkeits- und Kreuztabellen des Basismoduls werden erweiterte Möglichkeiten angeboten.

Trends

Das Modul Trends enthält verschiedene Verfahren zur Zeitreihenanalyse wie ARIMA- und X11-ARIMA-Modelle, exponentielles Glätten, saisonale Zerlegung und Spektralanalyse.

1.8 Historie des Programmsystems SPSS

Die beiden Studenten Norman Nie und Dale Bent waren im Jahr 1965 damit beschäftigt, an der Stanford-Universität in San Francisco im Bereich der Politikwissenschaft geeignete Computerprogramme zur statistischen Datenanalyse ausfindig zu machen. Bald schon machte sich bei ihnen Frustration breit, denn die zur Verfügung stehenden Programme erwiesen sich mehr oder weniger als ungeeignet, bruchstückhaft oder schlecht dokumentiert; zudem war die Handhabung von Programm zu Programm verschieden.

So beschlossen sie kurzerhand, eigene Programme zu entwickeln, mit eigenem Konzept und einheitlicher Syntax. Zur Verfügung standen ihnen dabei die Programmiersprache FORTRAN und ein Rechner des Typs IBM 7090. Bereits ein Jahr später war eine erste Programmversion entwickelt, die schon im nächsten Jahr, nämlich 1967, auf einem Rechner IBM 360 lauffähig war. Zu dieser Zeit stieß noch Hadlai Hull zur Projektgruppe hinzu.

Zur Erinnerung an diese Pionierzeit der Datenverarbeitung sei gesagt, dass die Programme damals als Lochkartenpäckchen vorlagen. Darauf deutet auch die Bezeichnung hin, welche die Programmautoren ihrem Produkt gaben: SPSS als Abkürzung für *S*tatistical *P*ackage for the *S*ocial *S*ciences.

Im Jahr 1970 die Entwicklung von SPSS wurde inzwischen an der Universität von Chicago fortgesetzt, und Norman Nie hatte eine entsprechende Firma gegründet gab es bereits sechzig Installationen. Das erste Handbuch beschrieb elf verschiedene Prozeduren.

Fünf Jahre später war SPSS bereits etwa sechshundert Mal installiert, und zwar unter zwanzig verschiedenen Betriebssystemen. Man hatte von Anfang an die jeweiligen Versionen von SPSS mit entsprechenden Ziffern versehen, so war im Jahr 1975 immerhin schon die sechste Version erreicht (SPSS 6). Bis 1981 folgten die Versionen 7, 8 und 9.

Die Steuersprache (Syntax) von SPSS war zu jener Zeit noch nicht so weit entwickelt wie heute und naturgemäß stark lochkartenorientiert. So bestanden die sogenannten SPSS-Steuerkarten aus dem Kennungsfeld (Spalten 1-15) und dem Parameterfeld (Spalten 16-80).

Im Jahr 1983 wurde die Steuersprache von SPSS völlig überarbeitet, wobei die Syntax wesentlich komfortabler gestaltet wurde. Um dies auch nach außen hin deutlich zu machen, wurde der Produktname in SPSSX umbenannt, wobei der Buchstabe X sowohl für das römische Zahlzeichen für zehn steht als auch für das Kürzel von extended.

Da mittlerweile das Arbeiten mit Lochkarten der Vergangenheit angehörte, speicherte man nunmehr SPSS-Programme und auszuwertende Daten in zwei separaten Dateien auf dem Plattenspeicher der damals üblichen Großrechner. Natürlich hatte sich im Laufe der Jahre auch die Anzahl der Prozeduren kontinuierlich erhöht.

Mit dem Aufkommen der Personalcomputer wurde auch eine PC-Version von SPSS entwickelt; unter MS-DOS gab es seit 1983 die PC-Version SPSS/PC+. Spätestens seit der Gründung einer europäischen Verkaufsorganisation von SPSS im Jahr 1984 in Gorinchem in den Niederlanden und nicht zuletzt einer deutschen Niederlassung im Jahr 1986 in

München hat sich SPSS auch bei uns durchgesetzt. Mittlerweile gilt es als das weltweit verbreitetste Anwendersystem zur statistischen Datenanalyse.

Um der Verbreitung in allen Bereichen, die mit statistischen Analysen zu tun haben, Rechnung zu tragen, wurde der Buchstabe X wieder aus dem Markennamen entfernt und dem Kürzel eine neue Bedeutung unterlegt: *S*uperior *P*erformance *S*oftware *S*ystem, was sich indes beim Anwender nie herumgesprochen hat.

War die PC-Version SPSS/PC+ eine etwas abgespeckte Großrechner-Version, so ist SPSS unter dem Betriebssystem Windows mit dem Produkt SPSS für Windows ein großer Wurf gelungen. Zum einen deckt diese SPSS-Version alle Möglichkeiten der Großrechner-Version ab, zum anderen kann das Programm von einigen wenigen Ausnahmen abgesehen ohne Kenntnis der Programmsyntax benutzt werden. Die gewünschten statistischen Analysen werden mit Hilfe der Windows-Technik, durch einfaches Klicken mit der Maus in entsprechenden Dialogboxen, angefordert.

Die erste Windows-Version von SPSS hatte die Nummer 5. Es folgten die Versionen 6.0 und 6.1 mit einigen Neuerungen im statistischen und grafischen Bereich; die Version 6.1 war das erste Statistik-Programm unter Windows, das die 32-Bit-Architektur von Windows 3.1 nutzte. Das machte sich in deutlich schnellerer Rechenzeit bemerkbar. Fortschritte gab es auch in der Benutzerfreundlichkeit bei der Bedienung des Programms. Zuletzt stellte man mit der Version 6.1.3 eine Version zur Verfügung, die auch unter den neuen Betriebssystemen Windows 95 und NT lauffähig war.

Seit Anfang 1996 gab es die Version 7 von SPSS, zunächst als Version 7.0 und dann als Version 7.5. Neben einigen Erweiterungen im statistischen Bereich lag der Unterschied zwischen diesen beiden Versionen darin, dass bei Version 7.5 erstmals sowohl die Menüführung als auch die Ausgabe in deutscher Sprache erfolgten. Der wichtigste Unterschied der Version 7 zu den vorhergehenden Versionen allerdings war die völlige Neugestaltung der Ausgabe. So war zum einen die Ausgabe im sogenannten Viewer neu organisiert, zum anderen haben seitdem die Ergebnistabellen eine gefälligere Form, die zudem noch über die Pivot-Technik und andere Möglichkeiten in vielfältiger Art und Weise weiter bearbeitbar ist.

Es folgten der Reihe nach die Versionen 8, 9 und 10. Im statistischen Bereich kamen die multinomiale logistische Regression und die ordinale Regression hinzu, im grafischen Bereich die sogenannten interaktiven Grafiken. Ferner wurde der Daten-Editor neu gestaltet, so dass nunmehr bequem zwischen Dateneingabe und Variablendefinition gewechselt werden kann.

Bei der Version 11 gab es auf dem statistischen Gebiet im Wesentlichen zwei Neuerungen: zum einen umfangreiche Verfahren der linearen gemischten Modelle (linear mixed models), zum anderen statistische Kennwerte für Verhältnisse von Variablen (Ratio-Statistiken). Bei den linearen gemischten Modellen werden Messwiederholungen seitdem nicht mehr über verschiedene Variablen reguliert, sondern über Werte in verschiedenen Zeilen der Datendatei. Um Datendateien gegebenenfalls umstrukturieren zu können, existiert ab der Version 11 ein entsprechender Assistent. Die Teilversion 11.5 führte die Two-Step-Clusteranalyse sowie deskriptive Verhältnisstatistiken ein.

Die essentielle Neuerung der Version 12 bestand in einem neuen Grafiksystem, welches die Ergebnisausgabe bei Standardgrafiken deutlich verbesserte. Optimierungen gab es auch beim Datenmanagement, so war erstmals die Nutzung langer Variablennamen, d.h. die Verwendung von mehr als acht Zeichen, gestattet. Die Version 12 verfügte ferner über ein neues Zusatzmodul zur Berechnung komplexer Stichproben (Complex Samples) sowie über die Möglichkeit, Daten verlässlich von Duplikaten zu bereinigen.

Die entscheidende Neuerung der Version 13 bestand in der unmittelbaren Integration des Moduls Answer Tree in die SPSS-Umgebung. Seit der Version 13 können darüber hinaus deutlich längere Textstrings eingegeben werden. Die Erweiterung von 255 Zeichen auf 32.767 Zeichen ermöglichte erstmals die Verarbeitung auch langer Daten-Strings. Als Prozedur wurde die multiple Korrespondenzanalyse in SPSS Categories eingeführt. Die Optimierung des Daten-Editors, so dass seitdem u.a. die Datenansicht in mehrere Splits aufgeteilt werden kann, rundete die Programmversion ab.

Die entscheidende Neuerung der Version 14 bestand in einem deutlich verbesserten Dateimanagement. Erstmals konnten mit der Version 14 mehrere Datensätze innerhalb einer einzigen SPSS-Sitzung geöffnet werden. Auf diese Weise wurde sowohl das Zusammenführen von Daten als auch das Duplizieren von Datensätzen deutlich erleichtert. Ab der Version 14 steht ferner der Chart-Builder zur Verfügung, eine grafische Oberfläche zum Entwerfen von Diagrammen mittels einer Vorschaufunktion.

Die Version 15 hat den Chart Builder deutlich erweitert, so dass seitdem eine große Auswahl von Diagrammen zur Verfügung steht, welche bequem von einer integrierten Oberfläche aus ansteuerbar sind. Im mathematisch-statistischen Bereich bilden die generalisierten linearen Modelle eine Neuerung sowie die Prozedur der ordinalen Regression. Die Version 15 hat darüber hinaus die Report-Möglichkeiten verbessert sowie das Daten-Management leistungsstärker gestaltet.

Die entscheidende Neuerung der Version 16 bestand in einer neuen Benutzeroberfläche, die komplett in Java geschrieben wurde und eine noch leichtere Benutzung von SPSS ermöglichte. So lässt sich seitdem erstmals die Größe von Dialogfeldern anpassen und Variablen können rasch mittels der Drag&Drop-Technik von einem Fensterbereich in einen anderen übertragen werden. Die neue Benutzeroberfläche gestattete es darüber hinaus, dass SPSS seitdem ohne große Probleme bei weitgehend identischem Aussehen auf unterschiedlichen Betriebssystemen wie u.a. Windows, LINUX und Mac OS lauffähig ist.

Die Version 17 verbesserte den Export von Ergebnissen aus dem Viewer in Microsoft Office Anwendungen und optimierte die Arbeit mit dem Syntax-Editor (automatische Vervollständigung sowie Einrückung, Farbcodierung und Fehlerkennzeichnung sowie schrittweise Ausführung von Syntax-Jobs zwecks Debugging). Die Version 17 führte ferner die multilinguale Benutzeroberfläche ein, die seitdem ein einfaches Umschalten zwischen verschiedenen Sprachen ermöglicht.

Die Version 18 arbeitete erstmals mit dem sogenannten Model Viewer für statistische Daten, der seitdem bei nichtparametrischen Tests sowie bei der Two-Step-Clusteranalyse zum Einsatz gelangt und eine bessere grafische Visualisierung der Daten ermöglicht.

Im Jahre 2009 wurde SPSS Inc. von IBM übernommen. Hierfür soll ein Kaufpreis von 1,2 Milliarden US Dollar geflossen sein. Die Geschichte von SPSS ist somit auch die Historie eines EDV-Turnschuhunternehmens, das schließlich vom großen blauen Bruder geschluckt wurde. Eine nahezu undurchschaubare Markt- bzw. Rechtepolitik führte dazu, dass in der Übergangszeit das Produkt im Jahre 2009 kurzzeitig in PASW (Predictive Analysis SoftWare) umgetauft wurde bis es schließlich wieder die bekannten Kürzel erhielt. Seit der kompletten Geschäftsübergabe an IBM, die am 1. Oktober 2010 erfolgte, heißt das Produkt nunmehr offiziell IBM SPSS Statistics.

Die Version 19 bot u.a. eine neue Prozedur bzw. einen neuen Algorithmus auf dem Gebiet der linearen Modelle (ALM), ein schnelleres Erstellen von Tabellen sowie Verbesserungen bezüglich der Arbeit mit dem Syntax Editor.

Die Version 20 zeichnete sich in der mehr als deutlichen Geschwindigkeitsoptimierung des Programms aus. Zahlreiche Bugs, die wir in den vergangenen Auflagen unseres Buchs beschrieben, und die überwiegend auf Fehler bei der Syntax der deutschen Programmversion beruhten, wurden behoben.

Die Version 21 bot einen datenbezogenen Passwortschutz, beschleunigte das Handling bei umfangreichen Tabellen, optimierte die Pivot-Tabellentechnik, vereinfachte das Zusammenführen von Dateien sowie den Datenvergleich.

Die seit Herbst 2013 aktuelle Version, welche diesem Buch zugrunde liegt, ist die Version 22. Die entscheidende Neuheit der Version 22 besteht in der Implementierung des HTML 5-Formats bei interaktiven Grafiken sowie im mathematisch-statischen Bereich in Erweiterungen bei der Monte-Carlo-Prozedur.

Wir wünschen dem Anwender nunmehr ein erfolgreiches Arbeiten mit unserem Buch und nicht zuletzt mit einem Statistikprogramm, welches unseres Erachtens das mit Abstand weltweit beste Programmpaket zur Datenanalyse darstellt.

KAPITEL 2

SPSS Statistics im Überblick

Wir wollen in diesem Kapitel SPSS am Beispiel der Datendateien genetik.sav und jugend.sav im Überblick vorstellen. Es geht dabei in erster Linie um die technische Bedienung des Programms.

- Starten Sie SPSS, indem Sie mit der Maus auf das SPSS-Icon doppelklicken.

- Laden Sie die Datei genetik.sav aus dem Verzeichnis \SPSSBUCH. Die Datei genetik.sav entspricht der Datei umfrage.sav, deren Erstellung in Kapitel 3 erläutert wird. Wählen Sie hierfür aus dem Menü

  Datei
  Öffnen
  Daten...

Es öffnet sich die Dialogbox *Datei öffnen*.

Sind Sie unseren Installationsanweisungen für die Übungsdateien gefolgt (siehe Kap. 1) und haben Sie ein Arbeitsverzeichnis namens SPSSBUCH eingerichtet, so sehen Sie die Dateien des Verzeichnisses \SPSSBUCH in der Dateienliste.

- Klicken Sie in der Dateienliste auf den nach rechts weisenden Pfeil der Bildlaufleiste. Halten Sie die linke Maustaste gedrückt, bis der Dateiname genetik.sav erscheint. Markieren Sie die Datei genetik.sav. Der Dateiname erscheint nun im Editierfeld *Dateiname*. Der Name der gewünschten Datei kann aber auch direkt eingetragen werden.

- Bestätigen Sie Ihre Auswahl mit *Öffnen*. Alternativ dazu können Sie auch gleich auf den Dateinamen genetik.sav doppelt klicken. Der Inhalt der Datei genetik.sav wird dann im Fenster des Dateneditors angezeigt, wie in Bild 2.1 dargestellt. Sollte noch die Variablenansicht aktiviert sein, so klicken Sie auf die Registerkarte *Datenansicht*.

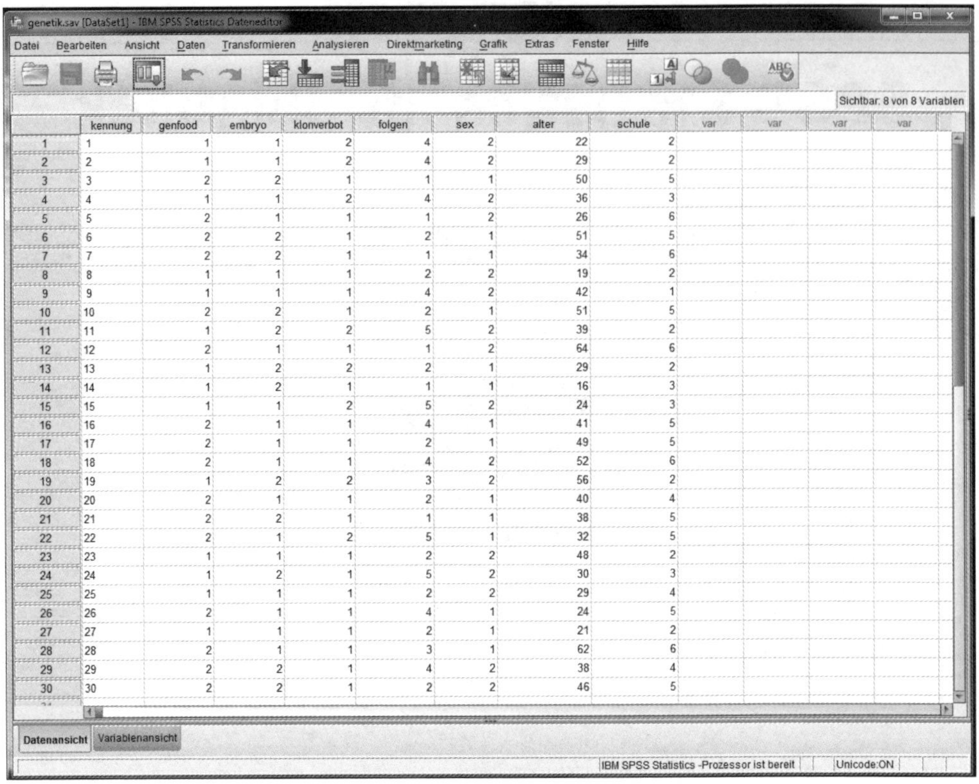

	kennung	genfood	embryo	klonverbot	folgen	sex	alter	schule	var	var	var	var
1	1	1	1	2	4	2	22	2				
2	2	1	1	2	4	2	29	2				
3	3	2	2	1	1	1	50	5				
4	4	1	1	2	4	2	36	3				
5	5	2	1	1	1	2	26	6				
6	6	2	2	1	2	1	51	5				
7	7	2	2	1	1	1	34	6				
8	8	1	1	1	2	2	19	2				
9	9	1	1	1	4	2	42	1				
10	10	2	2	1	2	1	51	5				
11	11	1	2	2	5	2	39	2				
12	12	2	1	1	1	2	64	6				
13	13	1	2	2	2	1	29	2				
14	14	1	2	1	1	1	16	3				
15	15	1	1	2	5	2	24	3				
16	16	2	1	1	4	1	41	5				
17	17	2	1	1	2	1	49	5				
18	18	2	1	1	4	2	52	6				
19	19	1	2	2	3	2	56	2				
20	20	2	1	1	2	1	40	4				
21	21	2	2	1	1	1	38	5				
22	22	2	1	2	5	1	32	5				
23	23	1	1	1	2	2	48	2				
24	24	1	2	1	5	2	30	3				
25	25	1	1	1	2	2	29	4				
26	26	2	1	1	4	1	24	5				
27	27	1	1	1	2	1	21	2				
28	28	2	1	1	3	1	62	6				
29	29	2	2	1	4	2	38	4				
30	30	2	2	1	2	2	46	5				

Bild 2.1: Datei genetik.sav im Dateneditor

Im Dateneditor sehen Sie nunmehr die gewünschte Datei bestehend aus neun Variablen und 30 Fällen.

2.1 Auswahl einer Statistik-Prozedur

Das Statistik-Menü, aktivierbar über den Menüpunkt *Analysieren*, enthält eine Liste von statistischen Verfahren. Jedem Eintrag folgt ein Pfeil. Der Pfeil signalisiert das Bestehen einer weiteren Menüebene.

Die zur Verfügung stehenden Statistiken richten sich danach, welche SPSS-Module Sie im Einzelnen installiert haben.

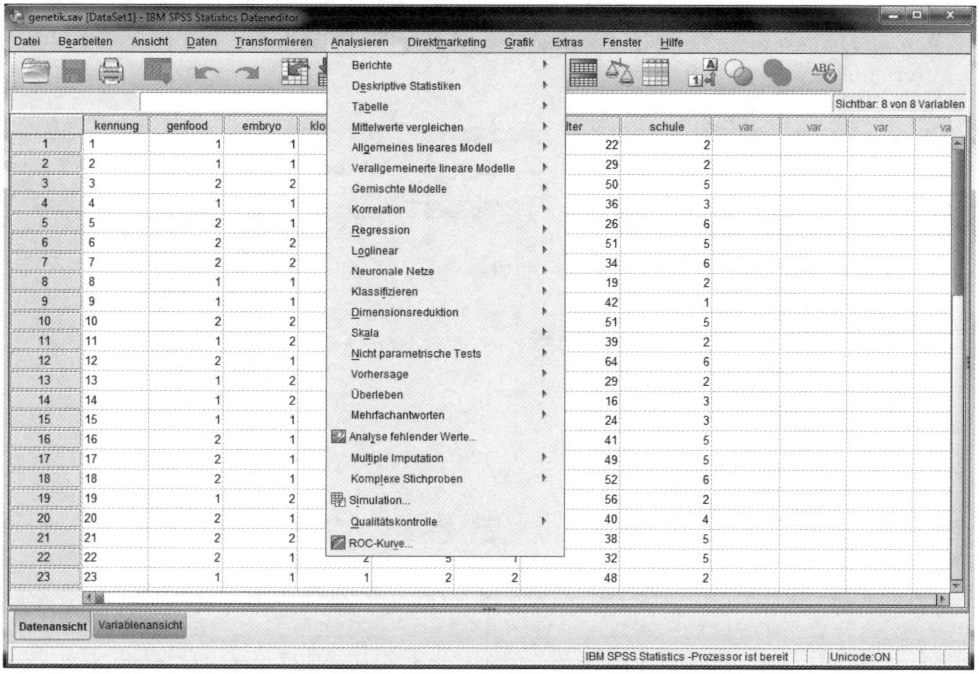

Bild 2.2: Statistik-Menü

Wir wollen als Beispiel eine Häufigkeitsverteilung durchführen. Gehen Sie wie folgt vor:

- Wählen Sie aus dem Menü

  Analysieren
      Deskriptive Statistiken
          Häufigkeiten...

Es erscheint die Dialogbox *Häufigkeiten* (siehe Bild 2.3).

Dialogboxen für statistische Verfahren enthalten folgende Komponenten:

- *Quellvariablenliste:* Die Quellvariablenliste enthält eine Liste aller Variablen der Datendatei. In der aktuellen Quellvariablenliste sehen Sie die Variablen alter, fragebnr, partei, sex. Dem Variablennamen ist jeweils ein Symbol vorangestellt; diesem können Sie entnehmen, ob es sich um eine numerische oder um eine Stringvariable handelt.
- *Wahlvariablenliste:* Die Wahlvariablenliste enthält diejenigen Variablen der Datendatei, die Sie für die Analyse ausgewählt haben. Die Wahlvariablenliste wird auch Zielvariablenliste oder Testvariablenliste genannt. Sie ist überschrieben mit *Variable(n)*. Da noch keine Variablen ausgewählt wurden, ist die Wahlvariablenliste noch leer.
- *Befehlsschaltflächen:* Befehlsschaltflächen sind Buttons, durch deren Anklicken bestimmte Aktionen ausgeführt werden. Sie werden daher auch Aktionsschaltflächen genannt. Sie sehen die Befehlsschaltflächen *OK*, *Einfügen*, *Zurücksetzen*, *Abbrechen*

und *Hilfe* sowie die in Unterdialogboxen verzweigenden Befehlsschaltflächen *Statistiken...*, *Diagramme...* und *Format...* Unterdialog-Befehlsschaltflächen werden durch drei Punkte (...) gekennzeichnet.

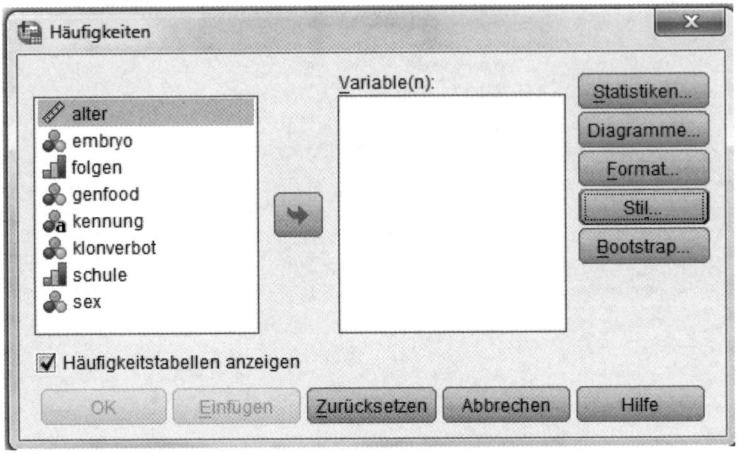

Bild 2.3: Dialogbox Häufigkeiten

Die fünf Standard-Befehlsschaltflächen in der Hauptdialogbox haben die folgende Bedeutung:

- *OK:* Die Aktionsschaltfläche *OK* startet die betreffende Prozedur. Gleichzeitig schließt sie die Dialogbox.
- *Einfügen:* Die Aktionsschaltfläche *Einfügen* überträgt die zur Auswahl aus den Dialogboxen gehörige Befehlssyntax in den Syntaxeditor. Die Befehlssyntax kann hier editiert und durch weitere Optionen, die nicht über Dialogboxen verfügbar sind, ergänzt werden.
- *Zurücksetzen:* Das Zurücksetzen setzt die Dialogbox auf den Ausgangszustand zurück.
- *Abbrechen:* Das Abbrechen macht alle Änderungen rückgängig, die seit dem letzten Öffnen der Dialogboxen gemacht wurden, und schließt die Dialogbox.
- *Hilfe:* Die Hilfe bietet eine kontextsensitive Hilfe an. Es öffnet sich ein Hilfefenster, das Informationen über die aktuelle Dialogbox enthält.

Die im Bild 2.3 wiedergegebenen Einstellungen gehen davon aus, dass Sie mit Hilfe des Menüs

Bearbeiten
  Optionen...

in der Registerkarte *Allgemein* unter der Rubrik *Variablenlisten* die Optionen *Namen anzeigen* sowie *Alphabetisch* aktiviert haben.

2.1.1 Variablen auswählen

Wir wollen zunächst eine Häufigkeitsverteilung für die Variable folgen (»Für wie gefährlich halten Sie die Gentechnik?«) durchführen. Gehen Sie wie folgt vor:

- Markieren Sie die Variable folgen in der Quellvariablenliste.
- Klicken Sie auf die Schaltfläche, die sich neben der Zielvariablenliste befindet. Die Variable folgen wird aus der Quellvariablenliste in die Zielvariablenliste übertragen. Alternativ zur beschriebenen Vorgehensweise können Sie die Variable auch direkt per Doppelklick in die Zielvariablenliste bringen. Eine weitere Möglichkeit bietet die »Drag & Drop Technik«, die es gestattet, Variablen rasch von einem Fensterbereich in einen anderen zu ziehen.
- Bestätigen Sie Ihre Auswahl mit *OK*. Die Ergebnisse erscheinen im Viewer.

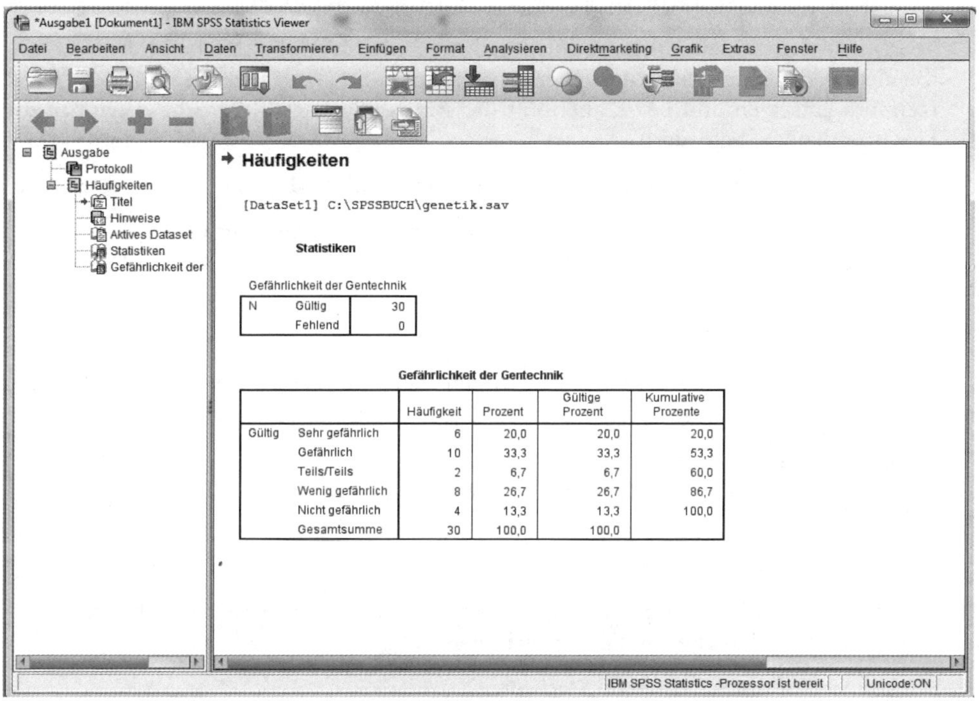

Bild 2.4: Der Viewer

Der Viewer ist in zwei Teile unterteilt: in eine Gliederung (Inhaltsübersicht) auf der linken Seite und den eigentlichen Ausgabeteil im rechten Abschnitt.

In den Ausgabeteil werden sowohl Tabellen als auch Grafiken aufgenommen. Eine ausführliche Beschreibung des Viewers und der Möglichkeiten, die er bietet, finden Sie in Kap. 2.5.

Kehren wir zurück zum Dateneditor.

- Wählen Sie aus dem Menü

  Fenster
  genetik.sav – IBM SPSS Statistics Dateneditor

  oder klicken Sie in der Menüleiste auf das Symbol des Dateneditors

Um alle Variablen einer Datendatei für eine Häufigkeitsverteilung auszuwählen, gehen Sie wie folgt vor:

- Klicken Sie auf den ersten Variablennamen und markieren Sie danach bei gleichzeitig gedrückter [⇧]-Taste die letzte Variable (Shift-Klick-Methode).
- Übertragen Sie die Variablen anschließend mit Hilfe der Schaltfläche in die Zielvariablenliste. Als Alternative zur Schaltfläche können Sie auch hier die »Drag & Drop Technik« einsetzen und per Ziehen mit der Maus alle Variablen recht elegant in die Zielvariablenliste befördern.

Um mehrere Variablen auszuwählen, die nicht benachbart sind, gehen Sie wie folgt vor:

- Klicken Sie auf die erste Variable und danach bei gleichzeitig gedrückter [Strg]-Taste auf die nächste usw. (Strg-Klick-Methode).

2.1.2 Unterdialogboxen

Wir wollen nun den kleinsten Wert, den größten Wert und den Mittelwert der Variablen alter ausgeben.

- Wählen Sie aus dem Menü

  Analysieren
  Deskriptive Statistiken
  Häufigkeiten...

- Klicken Sie in der Dialogbox *Häufigkeiten* zunächst auf *Zurücksetzen*. Übertragen Sie danach die Variable alter in die Zielvariablenliste.
- Klicken Sie auf die Schaltfläche *Statistiken...*

Es öffnet sich die Dialogbox *Häufigkeiten: Statistik*.

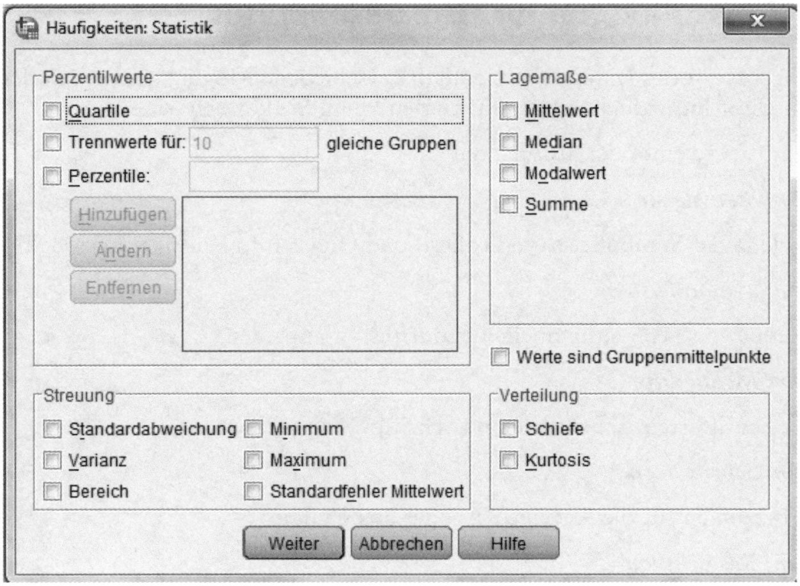

Bild 2.5: Dialogbox Häufigkeiten: Statistik

- Aktivieren Sie per Mausklick die Kontrollkästchen *Mittelwert*, *Minimum* und *Maximum*.
- Klicken Sie auf die Befehlsschaltfläche *Weiter.* Die Einstellungen werden gespeichert. Sie gelangen zurück zur Hauptdialogbox.
- Deaktivieren Sie die Option *Häufigkeitstabellen anzeigen.*
- Starten Sie mit *OK* die gewünschten Berechnungen.

Die Ergebnisse werden im Viewer angezeigt.

Statistiken

Lebensalter

N	Gültig	30
	Fehlend	0
Mittelwert		37,93
Minimum		16
Maximum		64

Sie entnehmen der Tabelle, dass die Befragten im arithmetischen Mittel knapp 38 Jahre alt sind, der jüngste Befragte 16 Jahre alt ist und der älteste Befragte 64 Jahre zählt.

2.2 Einstellungen für den Dateneditor

Das Menü *Ansicht* des Dateneditors enthält verschiedene Möglichkeiten, mit deren Hilfe der Dateneditor individuell eingestellt werden kann. Sie können u. a.:

- die Statusleiste ein- oder ausschalten

  Option: Statusleiste

- Symbole in der Symbolleiste vergrößern und Quick-Info ein- oder ausschalten

  Option: Symbolleisten

- die Menüs von SPSS individuellen Bedürfnissen anpassen

  Option: Menüeditor...

- andere Schriftarten, Schriftstile und Schriftgrößen wählen

  Option: Schriftarten...

- Gitternetzlinien für die Anzeige ein- oder ausschalten

  Option: Rasterlinien

- Wertelabels anstelle der wirklichen Werte anzeigen lassen

  Option: Wertbeschriftungen

Nehmen wir folgendes Beispiel:

Sie wollen die Wertelabels anstelle der Variablenwerte der Datei genetik.sav anzeigen lassen.

- Wechseln Sie zunächst mit Hilfe des Dateneditor-Symbols

  zurück zum Dateneditor, falls das Ausgabefenster noch das aktive Fenster ist.

- Wählen Sie aus dem Menü:

  Ansicht
  Wertbeschriftungen

Die Datei genetik.sav wird nun mit den Wertelabels anstelle der Variablenwerte im Dateneditor angezeigt.

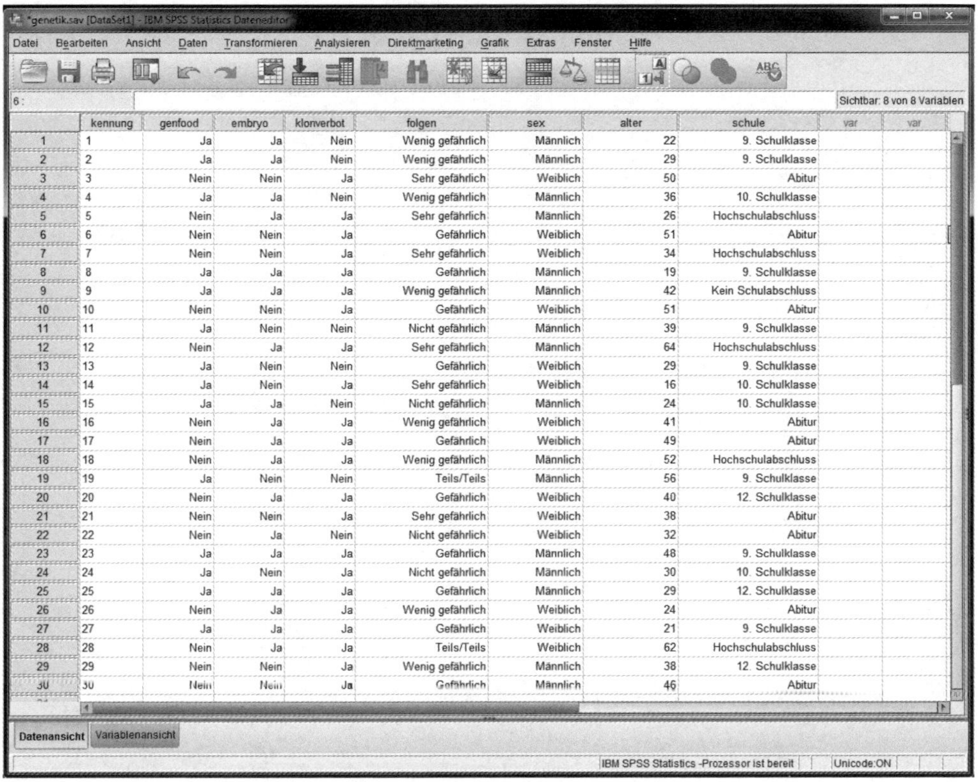

	kennung	genfood	embryo	klonverbot	folgen	sex	alter	schule	var	var
1	1	Ja	Ja	Nein	Wenig gefährlich	Männlich	22	9. Schulklasse		
2	2	Ja	Ja	Nein	Wenig gefährlich	Männlich	29	9. Schulklasse		
3	3	Nein	Nein	Ja	Sehr gefährlich	Weiblich	50	Abitur		
4	4	Ja	Ja	Nein	Wenig gefährlich	Männlich	36	10. Schulklasse		
5	5	Nein	Ja	Ja	Sehr gefährlich	Männlich	26	Hochschulabschluss		
6	6	Nein	Nein	Ja	Gefährlich	Weiblich	51	Abitur		
7	7	Nein	Nein	Ja	Sehr gefährlich	Weiblich	34	Hochschulabschluss		
8	8	Ja	Ja	Ja	Gefährlich	Männlich	19	9. Schulklasse		
9	9	Ja	Ja	Ja	Wenig gefährlich	Männlich	42	Kein Schulabschluss		
10	10	Nein	Nein	Ja	Gefährlich	Weiblich	51	Abitur		
11	11	Ja	Nein	Nein	Nicht gefährlich	Männlich	39	9. Schulklasse		
12	12	Nein	Ja	Ja	Sehr gefährlich	Männlich	64	Hochschulabschluss		
13	13	Ja	Nein	Nein	Gefährlich	Weiblich	29	9. Schulklasse		
14	14	Ja	Nein	Ja	Sehr gefährlich	Weiblich	16	10. Schulklasse		
15	15	Ja	Ja	Nein	Nicht gefährlich	Männlich	24	10. Schulklasse		
16	16	Nein	Ja	Ja	Wenig gefährlich	Weiblich	41	Abitur		
17	17	Nein	Ja	Ja	Gefährlich	Weiblich	49	Abitur		
18	18	Nein	Ja	Ja	Wenig gefährlich	Männlich	52	Hochschulabschluss		
19	19	Ja	Nein	Nein	Teils/Teils	Männlich	56	9. Schulklasse		
20	20	Nein	Ja	Ja	Gefährlich	Weiblich	40	12. Schulklasse		
21	21	Nein	Nein	Ja	Sehr gefährlich	Weiblich	38	Abitur		
22	22	Nein	Ja	Nein	Nicht gefährlich	Weiblich	32	Abitur		
23	23	Ja	Ja	Ja	Gefährlich	Männlich	48	9. Schulklasse		
24	24	Ja	Nein	Ja	Nicht gefährlich	Männlich	30	10. Schulklasse		
25	25	Ja	Ja	Ja	Gefährlich	Männlich	29	12. Schulklasse		
26	26	Nein	Ja	Ja	Wenig gefährlich	Weiblich	24	Abitur		
27	27	Ja	Ja	Ja	Gefährlich	Weiblich	21	9. Schulklasse		
28	28	Nein	Ja	Ja	Teils/Teils	Weiblich	62	Hochschulabschluss		
29	29	Nein	Nein	Ja	Wenig gefährlich	Männlich	38	12. Schulklasse		
30	30	Nein	Nein	Ja	Gefährlich	Männlich	46	Abitur		

Bild 2.6: Dateneditor mit Wertelabels

Eine Dateneingabe bzw. Datenänderung können Sie auch mit Wertelabels vornehmen. Gehen Sie wie folgt vor:

- Wählen Sie mit einem Klick auf die linke Maustaste z. B. eine Zelle der Variablen schule. Bei erneutem Klick mit der linken Maustaste wird eine Schaltfläche sichtbar: ▾.
- Klicken Sie auf diese Schaltfläche. Sie erhalten nun die Liste der Wertelabels für die Variable schule.

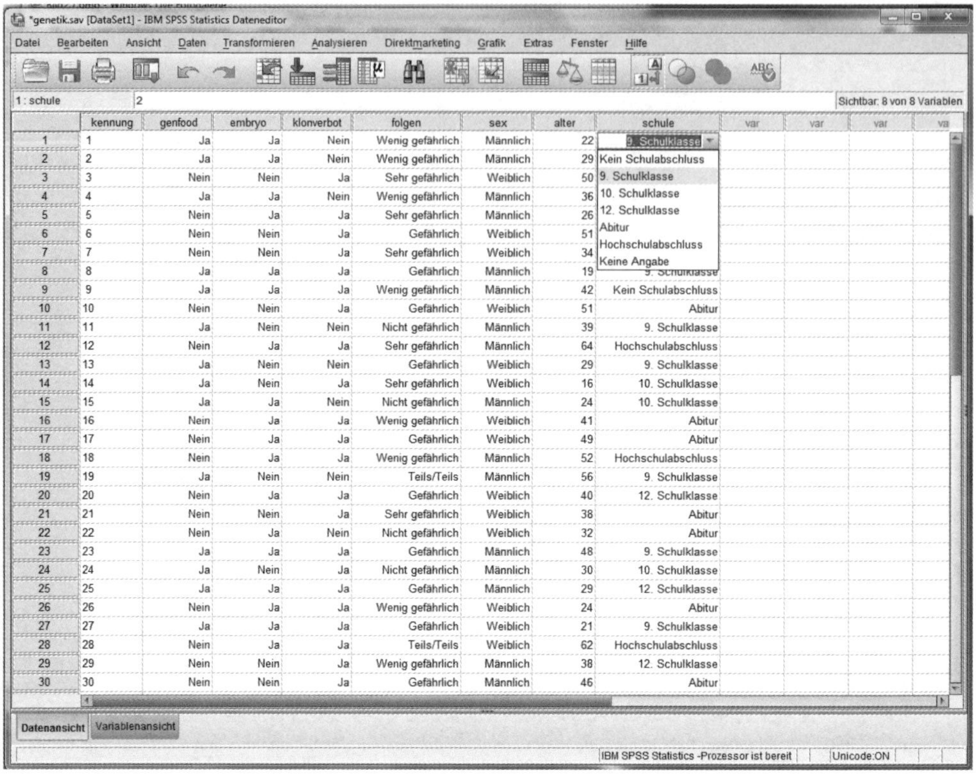

	kennung	genfood	embryo	klonverbot	folgen	sex	alter	schule
1	1	Ja	Ja	Nein	Wenig gefährlich	Männlich	22	9. Schulklasse
2	2	Ja	Ja	Nein	Wenig gefährlich	Männlich	29	
3	3	Nein	Nein	Ja	Sehr gefährlich	Weiblich	50	
4	4	Ja	Ja	Nein	Wenig gefährlich	Männlich	36	
5	5	Nein	Ja	Ja	Sehr gefährlich	Männlich	26	
6	6	Nein	Nein	Ja	Gefährlich	Weiblich	51	
7	7	Nein	Nein	Ja	Sehr gefährlich	Weiblich	34	
8	8	Ja	Ja	Ja	Gefährlich	Männlich	19	9. Schulklasse
9	9	Ja	Ja	Ja	Wenig gefährlich	Männlich	42	Kein Schulabschluss
10	10	Nein	Nein	Ja	Gefährlich	Weiblich	51	Abitur
11	11	Ja	Nein	Nein	Nicht gefährlich	Männlich	39	9. Schulklasse
12	12	Nein	Ja	Ja	Sehr gefährlich	Männlich	64	Hochschulabschluss
13	13	Ja	Nein	Nein	Gefährlich	Weiblich	29	9. Schulklasse
14	14	Ja	Nein	Ja	Sehr gefährlich	Weiblich	16	10. Schulklasse
15	15	Ja	Ja	Nein	Nicht gefährlich	Männlich	24	10. Schulklasse
16	16	Nein	Ja	Ja	Wenig gefährlich	Weiblich	41	Abitur
17	17	Nein	Ja	Ja	Gefährlich	Weiblich	49	Abitur
18	18	Nein	Ja	Ja	Wenig gefährlich	Männlich	52	Hochschulabschluss
19	19	Ja	Nein	Nein	Teils/Teils	Männlich	56	9. Schulklasse
20	20	Nein	Ja	Ja	Gefährlich	Weiblich	40	12. Schulklasse
21	21	Nein	Nein	Ja	Sehr gefährlich	Weiblich	38	Abitur
22	22	Nein	Ja	Nein	Nicht gefährlich	Weiblich	32	Abitur
23	23	Ja	Ja	Ja	Gefährlich	Männlich	48	9. Schulklasse
24	24	Ja	Nein	Ja	Nicht gefährlich	Männlich	30	10. Schulklasse
25	25	Ja	Ja	Ja	Gefährlich	Männlich	29	12. Schulklasse
26	26	Nein	Ja	Ja	Wenig gefährlich	Weiblich	24	Abitur
27	27	Ja	Ja	Ja	Gefährlich	Weiblich	21	9. Schulklasse
28	28	Nein	Ja	Ja	Teils/Teils	Weiblich	62	Hochschulabschluss
29	29	Nein	Nein	Ja	Wenig gefährlich	Männlich	38	12. Schulklasse
30	30	Nein	Nein	Ja	Gefährlich	Männlich	46	Abitur

Bild 2.7: Liste der Wertelabels im Dateneditor

- Wählen Sie das einzugebende Wertelabel aus der Liste. Per Klick auf die linke Maustaste wird das markierte Wertelabel in die Zelle übernommen. Sie können auf diese Weise relativ schnell fehlerhafte Zellinhalte korrigieren.

2.3 Die Symbolleiste

In SPSS gibt es diverse Fenster wie u. a. den Dateneditor, den Viewer, den Pivot-Tabellen-Editor, den Diagrammeditor sowie den Syntaxeditor. Außer dem Pivot-Tabellen-Editor verfügt jedes Fenster über Symbolleisten für häufig verwendete Befehle. Eine kurze Beschreibung (Quick-Info) zu jedem Symbol erhalten Sie, wenn Sie den Mauszeiger über das betreffende Symbol legen.

Im Folgenden stellen wir Ihnen die wichtigsten Symbole vor, die u. a. im Dateneditor zur Verwendung gelangen.

Datei öffnen: Das Symbol aktiviert die Dialogbox zum Öffnen einer Datei, und zwar entsprechend der Art des Dokuments, das sich im aktiven Fenster befindet. Das Symbol kann demzufolge benutzt werden, um eine Datendatei, eine Ausgabedatei oder eine Syntaxdatei zu öffnen.

Datei speichern: Das Symbol dient zur Sicherung der Arbeitsdatei. Ist für die Arbeitsdatei noch kein Dateiname vergeben worden, so aktiviert das Symbol die Dialogbox *Daten speichern unter.* Befinden Sie sich in einem anderen Fenster als dem Dateneditor, so aktiviert das Symbol die Dialogbox zum Sichern der entsprechenden Dateiart, sei es eine Ausgabe- oder eine Syntaxdatei.

Drucken: Das Symbol ruft die Dialogbox zum Drucken auf, und zwar entsprechend der Art des aktiven Fensters. Es kann das ganze Dokument oder aber nur ein ausgewählter Bereich gedruckt werden.

Dialogboxen-Karussell: Das Symbol zeigt eine Memory-Liste der letzten zwölf aufgerufenen Dialogboxen an. So kann schnell wieder in eine vor kurzem aufgerufene Dialogbox gewechselt werden. Die zuletzt aufgerufene Dialogbox befindet sich jeweils am Listenanfang. Um eine Dialogbox zu reaktivieren, klicken Sie einfach auf die entsprechende Angabe, z. B. Kreuztabellen.

Stornierer: Das Symbol macht eine Benutzeraktion rückgängig.

Repeater: Das Symbol wiederholt eine Benutzeraktion.

Gehe zu Fall: Das Symbol zeigt die Dialogbox *Gehe zu Fall* an. Mit diesem Symbol können Sie zu einem bestimmten Fall im Dateneditor wechseln.

Gehe zu Variable: Das Symbol zeigt die Dialogbox *Gehe zu Variable* an. Mit diesem Symbol können Sie zu einer bestimmten Variablen im Dateneditor wechseln.

Variableninformation: Das Symbol wechselt zur Dialogbox *Variablen*, die Variablenbeschreibungen zu markierten Variablen liefert.

Deskriptive Statistiken ausführen: Das Symbol sorgt für die Anzeige deskriptiver Maße der im Daten-Editor (d.h. im Spreadsheet) markierten Variablen im Ausgabeeditor.

Suchen: Das Symbol zeigt die Dialogbox *Suchen und ersetzen* an. Mit diesem Symbol können Sie bestimmte Variablenwerte suchen und durch andere ersetzen.

Fälle einfügen: Das Symbol ermöglicht das Einfügen einzelner Fälle. Markieren Sie zuvor die entsprechende Zeile, wo der Fall eingefügt werden soll.

Variable einfügen: Das Symbol ermöglicht das Einfügen von Variablen. Markieren Sie zuvor die entsprechende Spalte, wo die Variable eingefügt werden soll.

Datei aufteilen: Das Symbol öffnet die Dialogbox *Datei aufteilen*. Ermöglicht wird die Aufteilung der Datei in separate Gruppen bezüglich einer oder mehrerer Gruppenvariablen.

Fälle gewichten: Das Symbol öffnet die Dialogbox *Fälle gewichten*. Mit *Fälle gewichten* können Fälle für die statistische Datenanalyse unterschiedlich gewichtet werden.

Fälle auswählen: Ermöglicht den raschen Wechsel zur Dialogbox *Fälle auswählen*.

Wertelabels: Das Symbol ermöglicht das Hin- und Herschalten zwischen der Ansicht der Wertelabels und der Ansicht der Daten.

Weitere spezifische Symbole werden noch in den jeweiligen Kapiteln vorgestellt.

2.4 Erstellen und Editieren von Grafiken

Wir wollen die Werte der Variablen folgen grafisch aufbereiten.

- Wählen Sie aus dem Menü

  Analysieren
  Deskriptive Statistiken
  Häufigkeiten...

- Klicken Sie auf *Zurücksetzen*, um vorherige Einstellungen zu löschen.
- Klicken Sie doppelt auf die Variable folgen, um sie in die Wahlvariablenliste zu übertragen.
- Klicken Sie auf den Schalter *Diagramme...* Es öffnet sich die Unterdialogbox *Häufigkeiten: Diagramme*.

Bild 2.8: Dialogbox Häufigkeiten: Diagramme

- Klicken Sie auf *Balkendiagramme*, auf *Prozentwerte* und anschließend auf *Weiter*.
- Deaktivieren Sie in der Hauptdialogbox *Häufigkeitstabellen anzeigen*.
- Klicken Sie auf *OK*. Das Balkendiagramm wird im Viewer angezeigt.

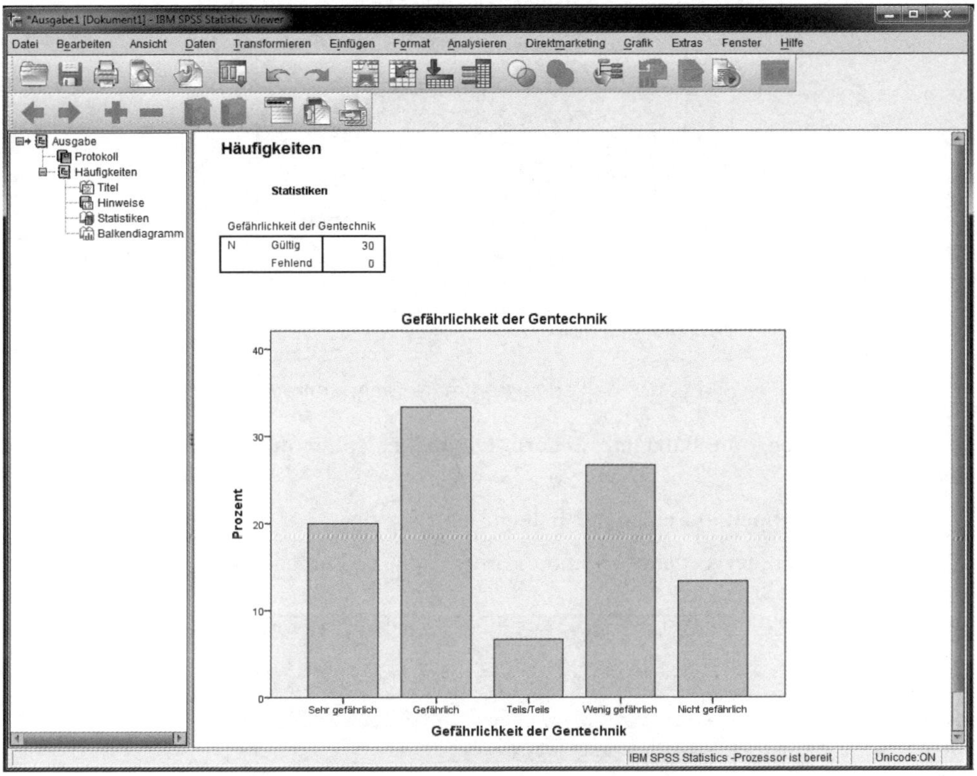

Bild 2.9: Balkendiagramm im Viewer

Nehmen wir an, Sie wollen die eben erzeugte Grafik editieren.

- Klicken Sie doppelt auf einen Punkt innerhalb der Grafik. Diese erscheint daraufhin im Diagrammeditor.

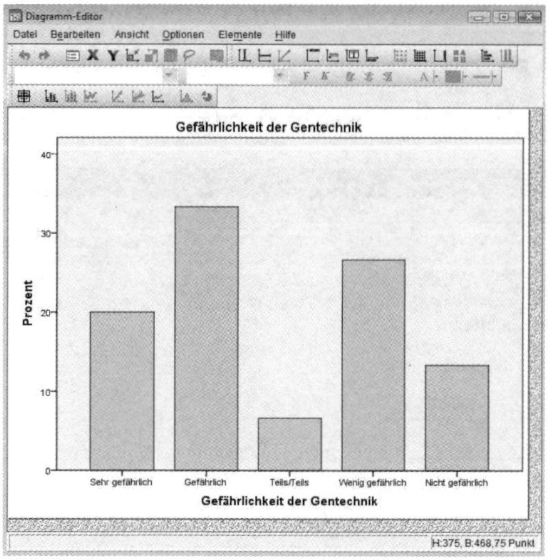

Bild 2.10: Balkendiagramm im Diagrammeditor

Wir wollen zunächst die Balkenart ändern. Die Balken sollen dreidimensional dargestellt werden.

- Klicken Sie doppelt auf einen der Balken.

Die Balken werden hervorgehoben und es öffnet sich die Dialogbox *Eigenschaften*.

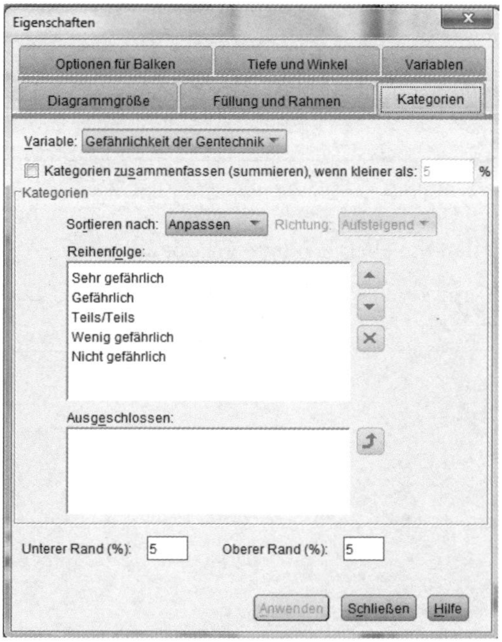

Bild 2.11: Dialogbox Eigenschaften

- Ziehen Sie die Registerkarte *Tiefe und Winkel* und klicken Sie auf *3D*.
- Bestätigen Sie mit *Anwenden*, schließen Sie die Dialogbox *Eigenschaften* und den Diagrammeditor. Das Balkendiagramm sieht nun wie folgt aus.

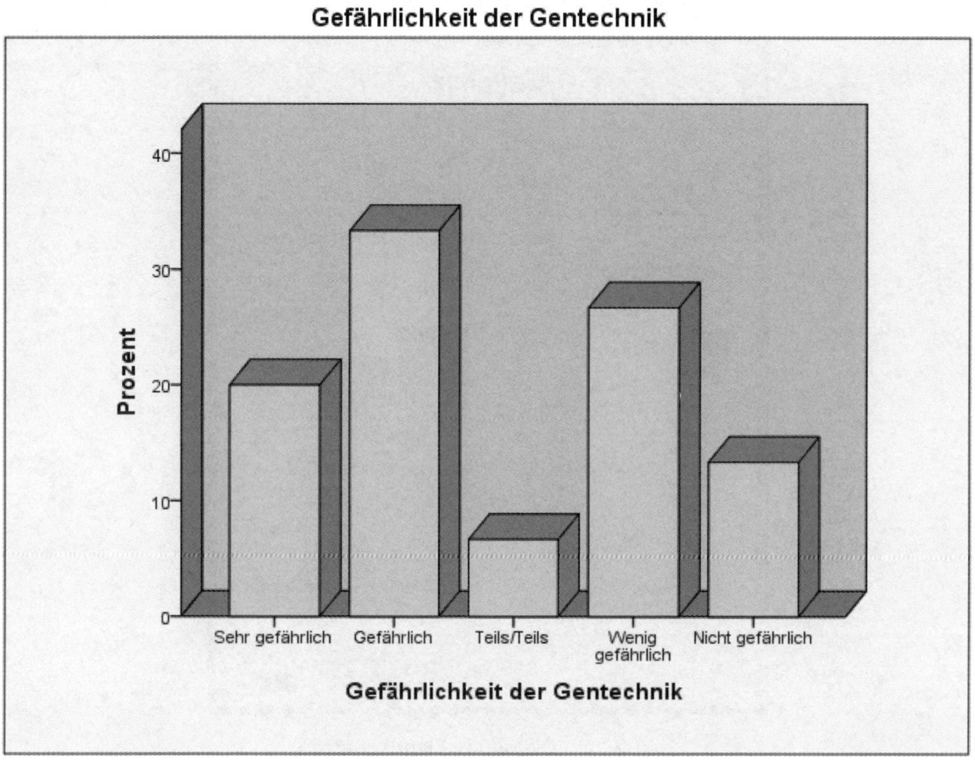

Bild 2.12: 3D-Balkendiagramm

Wir wollen der Grafik einen anderen Titel geben.

- Klicken Sie erneut doppelt auf einen Punkt innerhalb der Grafik. Diese erscheint daraufhin wieder im Diagrammeditor.
- Klicken Sie doppelt auf den bisherigen Titel »Gefährlichkeit der Gentechnik«.

Es öffnet sich die Dialogbox *Eigenschaften*.

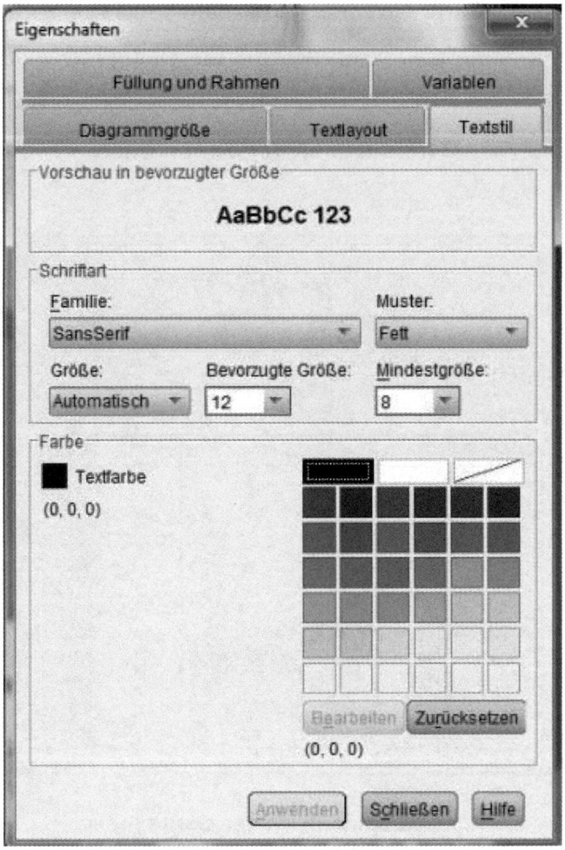

Bild 2.13: Dialogbox Eigenschaften

- Wählen Sie als Schriftart Times New Roman, eine Größe von 16 Punkt und einen fett, kursiven Stil. Bestätigen Sie mit *Anwenden*. Klicken Sie doppelt auf die bereits veränderte Überschrift »Gefährlichkeit der Gentechnik« und ersetzen Sie den alten Text durch die Frage »Für wie gefährlich halten Sie die Gentechnik?«.

Wir wollen die einzelnen Balken mit den exakten Prozentzahlen beschriften.

- Klicken Sie mit der rechten Maustaste auf einen der Balken und aktivieren Sie in der sich öffnenden Pull-Down-Liste *Datenbeschriftungen einblenden*.
- Klicken Sie in der Dialogbox *Eigenschaften* auf die Registerkarte *Zahlenformat* und setzen Sie die Anzahl der Dezimalstellen auf 1. Bestätigen Sie mit *Awenden*.
- Schließen Sie den Diagrammeditor über die Schaltfläche .

Das geänderte Diagramm ist im Folgenden dargestellt.

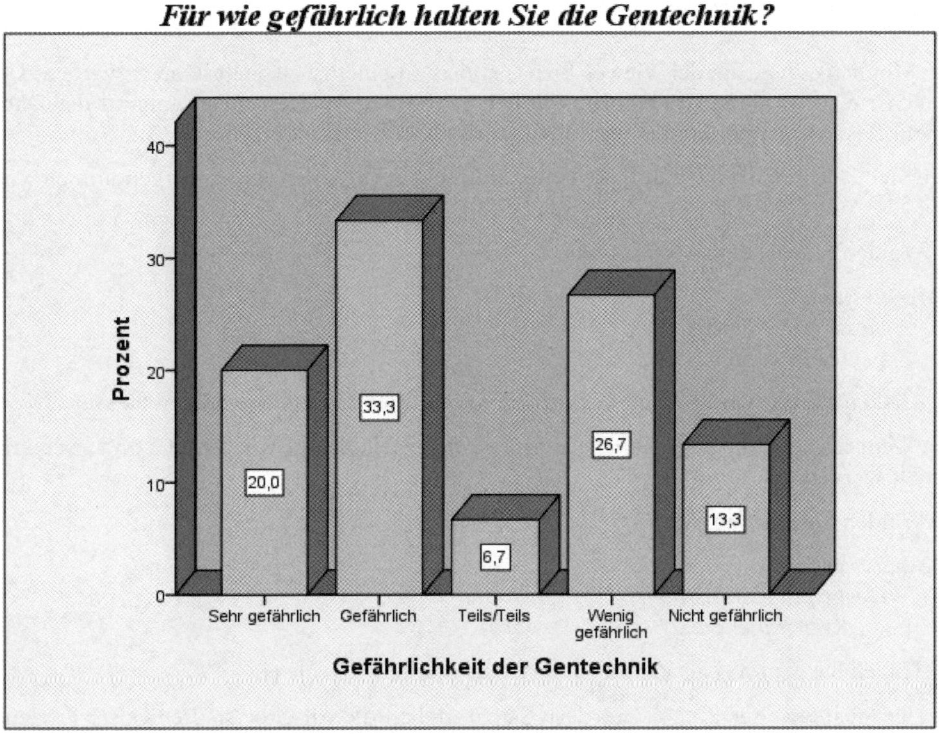

Bild 2.14: Balken mit Beschriftung

Wir wollen die soeben erstellte Grafik in einer Viewer-Datei speichern. Gehen Sie hierfür wie folgt vor:

- Treffen Sie im Viewer die Menüwahl

  Datei
  Speichern unter...

Es öffnet sich die Dialogbox *Ausgabe speichern unter.*

Gemäß Voreinstellung ergänzt SPSS die Viewer-Datei durch die Erweiterung .spv.

- Vergeben Sie einen passenden Dateinamen und klicken Sie auf *OK*.

Wir möchten die Grafik noch auf einem angeschlossenen Drucker ausgeben.

- Markieren Sie die Grafik und wählen Sie aus dem Menü

  Datei
  Drucken

Es öffnet sich die Dialogbox *Drucken*.

- Bestätigen Sie die Einstellungen der Dialogbox *Drucken* mit *OK*.

2.5 Der Viewer

Die Möglichkeiten, die der Viewer bietet, sollen an einem Beispiel erläutert werden. Um zunächst eine Ausgabe zu erzeugen, wollen wir einige Auswertungen anhand der Datei genetik.sav vornehmen und einige Tabellen sowie eine Grafik erzeugen.

Im ersten Schritt soll eine Häufigkeitsauszählung der Variablen schule vorgenommen werden.

- Wählen Sie aus dem Menü

  Analysieren
  Deskriptive Statistiken
  Häufigkeiten...

- Klicken Sie die Variable schule in das Testvariablenfeld und bestätigen Sie mit *OK*.

Des Weiteren soll eine Kreuztabelle zwischen der Variablen genfood und dem Geschlecht erstellt werden.

- Wählen Sie aus dem Menü

  Analysieren
  Deskriptive Statistiken
  Kreuztabellen...

- Tragen Sie genfood als Zeilen- und sex als Spaltenvariable ein.
- Über den Schalter *Zellen...* fordern Sie zusätzlich die Ausgabe spaltenweiser Prozentwerte an.
- Betätigen Sie den Schalter *Statistiken...* und aktivieren Sie den Chi-Quadrat-Test.

Wir wollen ferner statistische Kennwerte für das Alter berechnen lassen.

- Wählen Sie aus dem Menü

  Analysieren
  Deskriptive Statistiken
  Deskriptive Statistik...

- Klicken Sie die Variable alter in das Testvariablenfeld.

Schließlich wollen wir noch ein Kreisdiagramm der Variablen folgen erstellen.

- Treffen Sie die Menüwahl

  Grafik
  Diagrammerstellung...

- Wählen Sie aus der *Galerie* die Option *Kreis/Polar* und ziehen Sie das Tortendiagramm-Symbol in die Arbeitsfläche der Diagrammvorschau.
- Übertragen Sie durch Klicken und Ziehen mit der Maus die Variable folgen in das Feld *Aufteilen nach?*.
- Bestätigen Sie mit *OK*.

Die erzeugte Ausgabe wird nach und nach im Viewer angezeigt, wobei voreinstellungsgemäß die jeweils neu erzeugte Ausgabe immer an das Ende der zuletzt erzeugten Ausgabe angefügt wird. Das Fenster des Viewers stellt sich wie folgt dar.

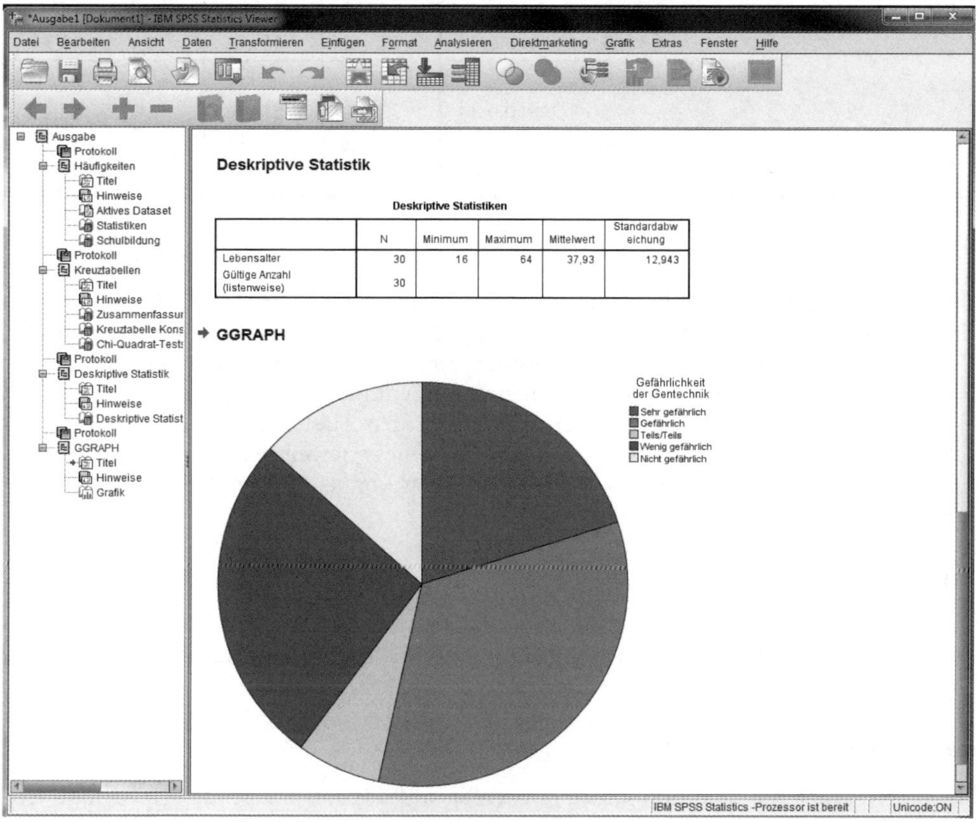

Bild 2.15: Viewer

Der Viewer besteht aus zwei Teilen. Der linke Teil enthält eine Gliederung (Inhaltsübersicht) der Ausgabe; im rechten Teil sind die Ergebnistabellen zusammen mit den erstellten Grafiken enthalten. Die Breite der beiden Abschnitte kann man durch Ziehen mit der Maus am Trennungsbalken verändern.

Betrachten Sie die Ausgabe der Ergebnisse im rechten Teil und lernen Sie dabei die Tabellenform kennen. Als Beispiel sei die Kreuztabelle zwischen der Frage »Würden Sie Genfood (gentechnisch veränderte Nahrungsmittel) essen?« und dem Geschlecht wiedergegeben.

Kreuztabelle Konsum von Genfood?*Geschlecht

			Geschlecht		
			Weiblich	Männlich	Gesamtsumme
Konsum von Genfood?	Ja	Anzahl	3	11	14
		% in Geschlecht	21,4%	68,8%	46,7%
	Nein	Anzahl	11	5	16
		% in Geschlecht	78,6%	31,3%	53,3%
Gesamtsumme		Anzahl	14	16	30
		% in Geschlecht	100,0%	100,0%	100,0%

Die Gliederung des Viewers ist dem linken Abschnitt in Bild 2.15 zu entnehmen.

Jede gerechnete statistische Prozedur bzw. grafische Ausgabe wird im Viewer blockweise dargestellt, wobei jeder Block als eigenes Objekt definiert wird. Jeder Block beginnt in der Gliederung mit dem entsprechenden Prozedurnamen, dem das Blocksymbol vorangestellt ist. Diesem Symbol geht wiederum eine kleine Box voran, die zunächst ein Minuszeichen enthält. Innerhalb eines Blocks findet man zuerst den Titel und die Anmerkungen. Es schließt sich die eigentliche Ausgabe an; vorangestellt ist jeweils ein entsprechendes Symbol. Mit Hilfe dieser Konstruktion der Gliederung können Sie im Ausgabeteil suchen, umstellen, kopieren, löschen usw.

Suchen im Ausgabeteil

- Um bestimmte Teile der Ausgabe zu sehen, müssen Sie nicht durch die gesamte Ausgabe hindurchgehen. Um an die gewünschte Stelle zu gelangen, klicken Sie in der Gliederung auf das betreffende Symbol.

Löschen im Ausgabeteil

- Um Teile der Ausgabe zu löschen, klicken Sie auf das entsprechende Symbol und treffen dann die Menüwahl

  Bearbeiten
  Löschen

Sie können auch die `Entf`-Taste drücken.

Verstecken im Ausgabeteil

Statt Teile der Ausgabe zu löschen, können Sie diese auch vorläufig »verstecken«. Diese Teile sind dann nicht sichtbar und werden gegebenenfalls auch beim Druckvorgang nicht mit ausgegeben.

- Um Teile der Ausgabe zu verstecken, klicken Sie entweder doppelt auf das entsprechende Symbol oder Sie klicken einfach und wählen anschließend aus dem Menü

  Ansicht
  Ausblenden

- Möchten Sie die Ausgabe wieder sichtbar machen, klicken Sie erneut doppelt auf das entsprechende Symbol oder Sie klicken einfach und treffen anschließend die Menüwahl

  Ansicht
  Einblenden

- Möchten Sie die ganze zu einer bestimmten Prozedur gehörende Ausgabe verstecken (blockweises Verstecken), klicken Sie auf die kleine Box links vom Blocksymbol. Das Minuszeichen in der Box wird dabei in ein Pluszeichen umgewandelt und die weitere Inhaltsangabe zu der betreffenden Prozedur verschwindet.
- Sie können auch auf das Blocksymbol klicken und dann folgende Menüwahl treffen:

  Ansicht
  Reduzieren

- Die Ausgabe wird durch erneutes Klicken auf die Box wieder sichtbar gemacht; das Pluszeichen wird dabei durch das Minuszeichen ersetzt. Sie können auch einmal auf das Blocksymbol klicken und dann aus folgendem Menü wählen:

  Ansicht
  Erweitern

Probieren Sie die verschiedenen Möglichkeiten aus.

Umstellen im Ausgabeteil

- Möchten Sie einen Teil der Ausgabe an eine andere Stelle verschieben, klicken Sie auf das betreffende Symbol (gegebenenfalls auch Blocksymbol) und ziehen es bei gedrückter Maustaste an die Stelle, hinter der es neu eingefügt werden soll.
- Die andere Möglichkeit besteht darin, das Symbol des zu verschiebenden Ausgabeteils zu klicken und dann die folgende Menüwahl zu treffen:

  Bearbeiten
  Ausschneiden

- Anschließend klicken Sie auf das Symbol, hinter dem die Einfügung stattfinden soll, und wählen aus dem Menü

  Bearbeiten
  Einfügen nach

Testen Sie die verschiedenen Möglichkeiten einmal aus.

Kopieren im Ausgabeteil

- Möchten Sie einen Teil der Ausgabe an eine andere Stelle kopieren (ihn also zusätzlich an der alten Stelle belassen), klicken Sie auf das Symbol des betreffenden Ausgabeteils und wählen aus dem Menü:

  Bearbeiten
  Kopieren

- Anschließend klicken Sie auf das Symbol, hinter dem der zu kopierende Ausgabeteil eingefügt werden soll, und treffen die Menüwahl

  Bearbeiten

  Einfügen nach

Probieren Sie dies einmal aus.

Sichtbarmachung der Hinweise

Eine hilfreiche Ergänzung der Ausgabe sind die Hinweise. Darin befinden sich Informationen über die betreffende Datendatei und über die getroffenen Einstellungen. Diese Hinweise sind zunächst versteckt. Sie können in der beschriebenen Weise sichtbar gemacht werden; klicken Sie z. B. doppelt auf das betreffende Hinweise-Symbol. Als Beispiel seien Hinweise einer Häufigkeitsauszählung wiedergegeben.

Hinweise

Ausgabe erstellt		17-SEP-2013 16:51:54
Kommentare		
Eingabe	Daten	C:\SPSSBUCH\genetik.sav
	Aktives Dataset	DataSet1
	Filter	<ohne>
	Stärke	<ohne>
	Aufgeteilte Datei	<ohne>
	Anzahl Zeilen in Arbeitsdatendatei	30
Handhabung fehlender Werte	Definition von 'Fehlend'	Benutzerdefiniert fehlende Werte werden als fehlend behandelt
	Verwendete Fälle	Die Statistik basiert auf allen Fällen mit gültigen Daten.
Syntax		FREQUENCIES VARIABLES=schule /ORDER=ANALYSIS.
Ressourcen	Prozessorzeit	00:00:00,02
	Verstrichene Zeit	00:00:00,02

Sie entnehmen den obigen Hinweisen u. a. den Namen der Arbeitsdatei, die Anzahl der Fälle sowie die Syntax der mit Hilfe von Dialogboxen durchgeführten Häufigkeitsverteilung.

Veränderung von Schriftgröße und Schriftart in der Gliederung

- Um Schriftgröße und Schriftart in der Gliederung zu ändern, treffen Sie die Menüwahlen

  Ansicht

  Größe der Gliederung

  bzw.

  Ansicht

  Schriftart für Gliederung...

Sie haben dann die Wahl zwischen drei Schriftgrößen (Klein, Mittel, Groß) und einigen Schriftarten.

2.6 Editieren von Tabellen

Wurde in Kap. 2.5 dargestellt, wie die Ausgabe mit Hilfe der Gliederung des Viewers organisiert werden kann, sollen nun die Möglichkeiten aufgezeigt werden, die beim Editieren der Ausgabe bestehen. Da das Editieren von Grafiken bereits in Kap. 2.4 vorgestellt wurde, wird hier das Editieren der Tabellen gezeigt.

Viele Teile der Ausgabe stellen Pivot-Tabellen dar. Dies ist eine Tabellenform, die es erlaubt, Zeilen, Spalten und Schichten zu vertauschen und so die Ergebnisse aus verschiedenen Blickwinkeln zu betrachten. Als Beispiele hierfür bieten sich vor allem Kreuztabellen an.

- Laden Sie die Datei jugend.sav und wählen Sie aus dem Menü

  Analysieren
  Deskriptive Statistiken
  Kreuztabellen...

- Definieren Sie die Variable action (»Schaust Du Dir gerne Actionfilme im Fernsehen an?«) als Zeilenvariable und die Variable sex (Geschlecht) als Spaltenvariable.
- Fordern Sie über den Schalter *Zellen...* neben der voreingestellten Ausgabe der beobachteten Häufigkeiten noch die Ausgabe der erwarteten Häufigkeiten, die Berechnung von spaltenweisen Prozentwerten sowie die Ausgabe der standardisierten Residuen an.

Dies führt zur Ausgabe der folgenden Kreuztabelle (die voranstehende Tabelle »Zusammenfassung der Fallverarbeitung« wurde weggelassen).

Kreuztabelle TV Actionfilme anschauen*Geschlecht

			Geschlecht		Gesamtsumme
			Mädchen	Junge	
TV Actionfilme anschauen	Ja	Anzahl	91	160	251
		Erwartete Anzahl	137,1	113,9	251,0
		% in Geschlecht	37,6%	79,6%	56,7%
		Standardresiduum	-3,9	4,3	
	Nein	Anzahl	151	41	192
		Erwartete Anzahl	104,9	87,1	192,0
		% in Geschlecht	62,4%	20,4%	43,3%
		Standardresiduum	4,5	-4,9	
Gesamtsumme		Anzahl	242	201	443
		Erwartete Anzahl	242,0	201,0	443,0
		% in Geschlecht	100,0%	100,0%	100,0%

Erkennbar wird der deutliche Zusammenhang zwischen dem Geschlecht der Schüler und der Beantwortung der Frage »Schaust Du Dir gerne Actionfilme im Fernsehen an?« Von den 242 befragten Mädchen schauen 38% gerne Actionfilme, 62% hingegen nicht. Von den 201 befragten Jungen konsumieren 80% gerne solche Filme im Fernsehen, lediglich 20% nicht.

- Möchten Sie die Möglichkeiten kennen lernen, welche die Pivot-Technik bietet, klicken Sie doppelt auf diese Tabelle. Dies aktiviert den Pivot-Tabellen-Editor.

2.6.1 Der Pivot-Tabellen-Editor

Den Pivot-Tabellen-Editor erkennen Sie an der geänderten Menüzeile.

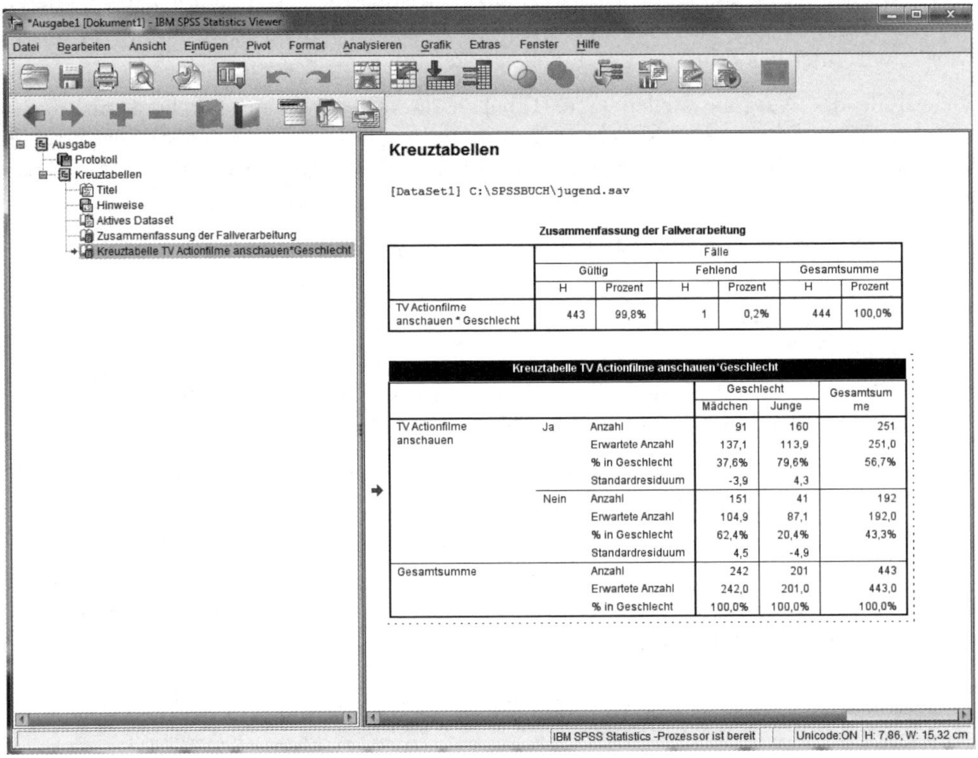

Bild 2.16: Pivot-Tabellen-Editor

- Treffen Sie die Menüwahl

  Pivot

  Pivot-Leisten

Es wird eine Box *Pivot-Leisten* geöffnet, die drei Listen enthält, die mit *Schicht*, *Zeile* und *Spalte* bezeichnet sind.

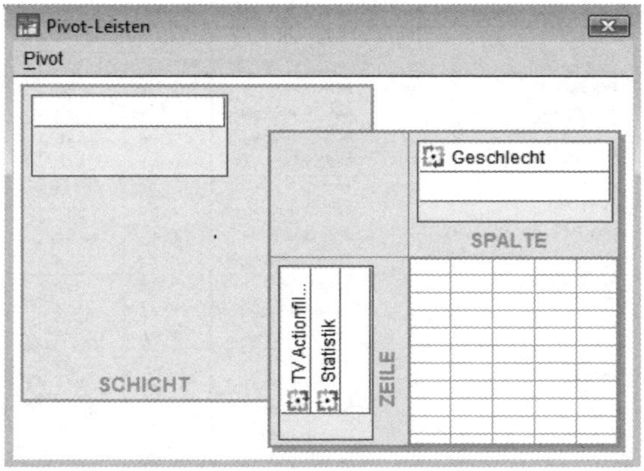

Bild 2.17: Box Pivot-Leisten

Während die Liste für die Schichtenvariable leer ist, enthält die Liste für die Zeilenvariable die Variable action (»TV Actionfilme«) sowie die angeforderten Statistiken; die Liste für die Spaltenvariable weist die Variable sex (Geschlecht) aus. Die Schichtleiste ist leer, da Sie keine Schichtenvariable in der Dialogbox *Kreuztabellen* definiert hatten.

- Mit Hilfe der drei Etiketten »TV Actionfilme«, »Statistik« und »Geschlecht« können Sie die Tabelle umstrukturieren. Klicken Sie z. B. auf das Wort »Statistik« in der Zeilenleiste und ziehen Sie es mit der Maus unter das Etikett »Geschlecht« in der Spaltenleiste. Die Prozentzahlen werden nunmehr in den Spalten der Tabelle dargestellt.
- Klicken Sie nun auf das Wort »Geschlecht« in der Spaltenleiste und ziehen Sie es mit gedrückter Maustaste hinter das Etikett »TV Actionfilme« in der Zeilenleiste. Beide Variablen werden jetzt zeilenweise aufbereitet. Probieren Sie bitte selbst weitere Möglichkeiten der Umstrukturierung aus.
- Wollen Sie den Pivot-Tabellen-Editor wieder verlassen, klicken Sie mit der linken Maustaste auf einen Punkt außerhalb der umrahmten Tabelle.
- Um den Gebrauch von Schichtenvariablen zu sehen, definieren Sie in der Dialogbox *Kreuztabellen* zusätzlich zu den bereits bestehenden Einstellungen die Variable schule (»Welchen Schultyp besuchst Du?«) als Schichtenvariable. Die bisherige Kreuztabelle wird dann nach den Kategorien dieser Variablen aufgeschlüsselt. Diese Aufteilung ist in der folgenden Tabelle enthalten.

Kreuztabelle TV Actionfilme anschauen*Geschlecht*Welchen Schultyp besuchst Du?

Welchen Schultyp besuchst Du?				Geschlecht: Mädchen	Geschlecht: Junge	Gesamtsumme
Hauptschule	TV Actionfilme anschauen	Ja	Anzahl	34	58	92
			Erwartete Anzahl	42,1	49,9	92,0
			% in Geschlecht	57,6%	82,9%	71,3%
			Standardresiduum	-1,2	1,1	
		Nein	Anzahl	25	12	37
			Erwartete Anzahl	16,9	20,1	37,0
			% in Geschlecht	42,4%	17,1%	28,7%
			Standardresiduum	2,0	-1,8	
	Gesamtsumme		Anzahl	59	70	129
			Erwartete Anzahl	59,0	70,0	129,0
			% in Geschlecht	100,0%	100,0%	100,0%
Realschule	TV Actionfilme anschauen	Ja	Anzahl	23	56	79
			Erwartete Anzahl	42,9	36,1	79,0
			% in Geschlecht	30,3%	87,5%	56,4%
			Standardresiduum	-3,0	3,3	
		Nein	Anzahl	53	8	61
			Erwartete Anzahl	33,1	27,9	61,0
			% in Geschlecht	69,7%	12,5%	43,6%
			Standardresiduum	3,5	-3,8	
	Gesamtsumme		Anzahl	76	64	140
			Erwartete Anzahl	76,0	64,0	140,0
			% in Geschlecht	100,0%	100,0%	100,0%
Gymnasium	TV Actionfilme anschauen	Ja	Anzahl	34	46	80
			Erwartete Anzahl	49,2	30,8	80,0
			% in Geschlecht	31,8%	68,7%	46,0%
			Standardresiduum	-2,2	2,7	
		Nein	Anzahl	73	21	94
			Erwartete Anzahl	57,8	36,2	94,0
			% in Geschlecht	68,2%	31,3%	54,0%
			Standardresiduum	2,0	-2,5	
	Gesamtsumme		Anzahl	107	67	174
			Erwartete Anzahl	107,0	67,0	174,0
			% in Geschlecht	100,0%	100,0%	100,0%
Gesamtsumme	TV Actionfilme anschauen	Ja	Anzahl	91	160	251
			Erwartete Anzahl	137,1	113,9	251,0
			% in Geschlecht	37,6%	79,6%	56,7%
			Standardresiduum	-3,9	4,3	
		Nein	Anzahl	151	41	192
			Erwartete Anzahl	104,9	87,1	192,0
			% in Geschlecht	62,4%	20,4%	43,3%
			Standardresiduum	4,5	-4,9	
	Gesamtsumme		Anzahl	242	201	443
			Erwartete Anzahl	242,0	201,0	443,0
			% in Geschlecht	100,0%	100,0%	100,0%

- Klicken Sie doppelt auf diese Tabelle und treffen Sie die Menüwahl.

  Pivot

  Pivot-Leisten

In der Zeilenleiste ist nun die Variable schule (»Welchen Schultyp besuchst du?«) hinzugekommen.

- Klicken Sie auf die Variable schule und ziehen Sie diese bei gedrückter Maustaste in die Schichtenleiste.

Im Pivot-Tabellen-Editor wird nun lediglich eine Kreuztabelle zwischen TV Actionfilm und Geschlecht für die erste Kategorie der Schulbildung (Hauptschule) angezeigt.

- Schließen Sie die Box *Pivot-Leisten*.

- Wählen Sie aus dem Menü

  Pivot

  Gehe zu Schichten...

Es öffnet sich die Dialogbox *Gehe zu Kategorie in Schicht.*

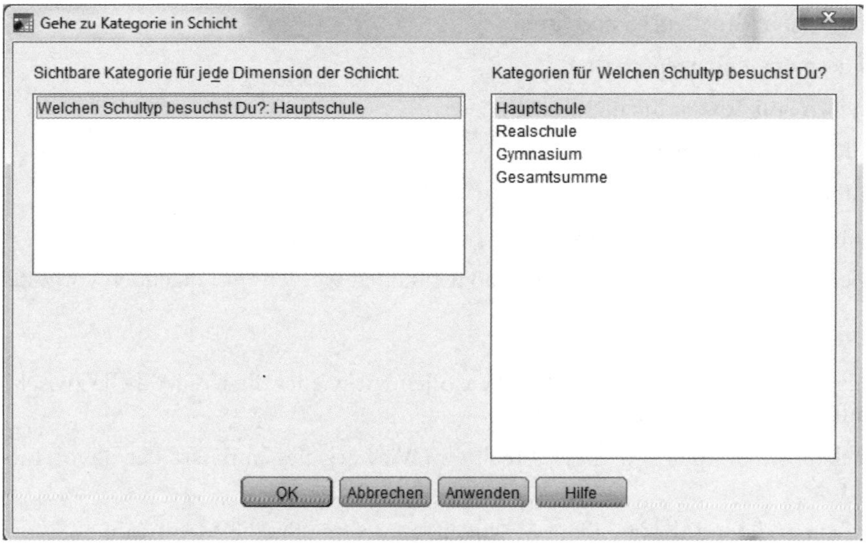

Bild 2.18: Dialogbox Gehe zu Kategorie in Schicht

- Wählen Sie »Realschule« aus und bestätigen Sie mit OK.

Es wird die folgende Tabelle angezeigt.

Kreuztabelle TV Actionfilme anschauen*Geschlecht*Welchen Schultyp besuchst Du?

Welchen Schultyp besuchst Du? Realschule

			Geschlecht		
			Mädchen	Junge	Gesamtsumme
TV Actionfilme anschauen	Ja	Anzahl	23	56	79
		Erwartete Anzahl	42,9	36,1	79,0
		% in Geschlecht	30,3%	87,5%	56,4%
		Standardresiduum	-3,0	3,3	
	Nein	Anzahl	53	8	61
		Erwartete Anzahl	33,1	27,9	61,0
		% in Geschlecht	69,7%	12,5%	43,6%
		Standardresiduum	3,5	-3,8	
Gesamtsumme		Anzahl	76	64	140
		Erwartete Anzahl	76,0	64,0	140,0
		% in Geschlecht	100,0%	100,0%	100,0%

Bitte testen Sie weitere Umstrukturierungen zwischen Zeilen, Spalten und Schichten selbst aus.

2.6.2 Weitere Bearbeitungsmöglichkeiten

Die Pivot-Technik zur Umstrukturierung von Tabellen wurde in Kap. 2.6.1 vorgestellt. Das Erscheinungsbild und der Inhalt von Tabellen können darüber hinaus wie folgt verändert werden:

- Wahl eines Tabellenlayouts aus einer Tabellenbibliothek
- Ändern der Tabelleneigenschaften
- Ändern der Zelleigenschaften
- Ändern von Texten in einer Tabelle
- Anfügen von Tabellenerklärungen
- Anfügen von Fußnoten
- Einfügen von Titeln und Texten

Die wichtigsten Aspekte dieser Editiermöglichkeiten werden im Folgenden vorgestellt.

Wahl eines Tabellenlayouts

Als Beispiel einer zu editierenden Tabelle wollen wir wieder die Kreuztabelle zwischen TV Actionfilm und Geschlecht heranziehen.

- Klicken Sie doppelt auf diese Tabelle im Viewer; dies aktiviert den Pivot-Tabellen-Editor.
- Um ein anderes Tabellenlayout auszuwählen, treffen Sie die Menüwahl

  Format

  Tabellenvorlagen...

Es öffnet sich die Dialogbox *Tabellenvorlagen.*

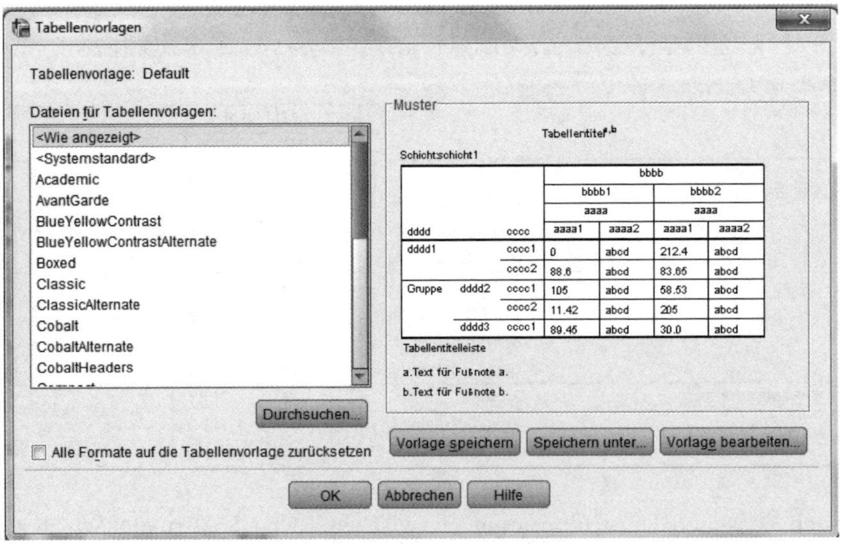

Bild 2.19: Dialogbox Tabellenvorlagen

- Sie haben die Auswahl unter mehr als fünfzig verschiedenen Tabellenvorlagen (Tabellenlayouts). Wählen Sie z. B. die Tabellenvorlage *Academic* und verlassen Sie die Dialogbox mit *OK*.

Die Kreuztabelle hat das folgende Aussehen.

Kreuztabelle TV Actionfilme anschauen*Geschlecht

				Anzahl	Erwartete Anzahl	% in Geschlecht	Standardresiduum
TV Actionfilme anschauen	Ja	Geschlecht	Mädchen	91	137,1	37,6%	-3,9
			Junge	160	113,9	79,6%	4,3
		Gesamtsumme		251	251,0	56,7%	
	Nein	Geschlecht	Mädchen	151	104,9	62,4%	4,5
			Junge	41	87,1	20,4%	-4,9
		Gesamtsumme		192	192,0	43,3%	
Gesamtsumme		Geschlecht	Mädchen	242	242,0	100,0%	
			Junge	201	201,0	100,0%	
		Gesamtsumme		443	443,0	100,0%	

- Über den Schalter *Vorlage bearbeiten...* in der Dialogbox *Tabellenvorlagen* können Sie die Unterdialogbox *Tabelleneigenschaften* öffnen, in der Sie das ausgewählte Tabellenlayout weiter abändern können. Das so geänderte Layout können Sie mit Hilfe der Schalter *Vorlage speichern* bzw. *Speichern unter...* speichern.

Ändern der Tabelleneigenschaften

- Um Tabelleneigenschaften zu ändern, wählen Sie aus dem Menü

  Format

  Tabelleneigenschaften...

Es öffnet sich die Dialogbox *Tabelleneigenschaften*.

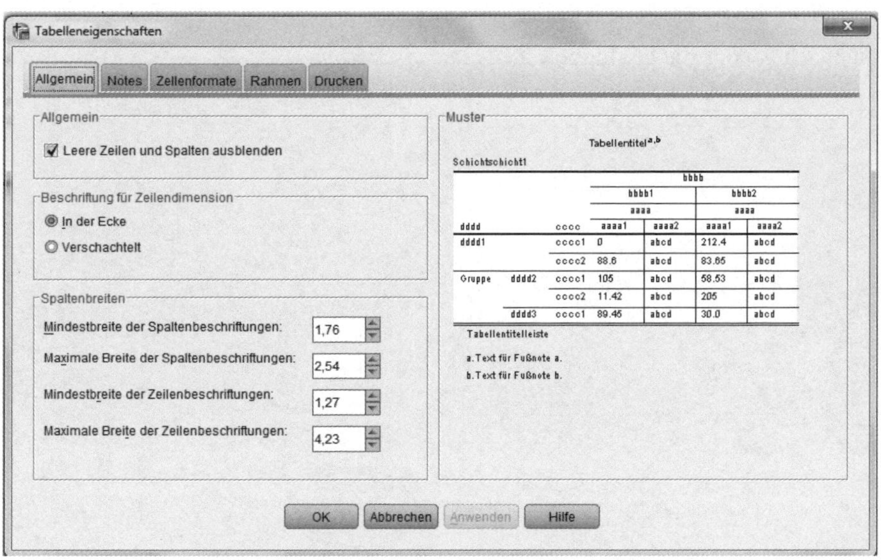

Bild 2.20: Dialogbox Tabelleneigenschaften

Sie können allgemeine Angaben, Fußnoten, Zellenformate, Rahmen und Druckoptionen nach Ihren Wünschen ändern.

Für einzelne Bereiche der Tabelle wie etwa individuelle Zellen können Sie ferner die Schriftart wechseln.

- Klicken Sie in der aktivierten Pivot-Tabelle auf einen solchen Bereich und wählen Sie aus dem Menü

  Format
  Zelleneigenschaften...

Es öffnet sich die Dialogbox *Zelleneigenschaften*.

- Wählen sie hier unter *Schriftart* z. B. Times New Roman aus und bestätigen Sie mit *OK*.
- Möchten Sie für alle Zellen der Tabelle eine einheitliche Breite einstellen, so erfolgt dies über die Menüwahl

  Format
  Breite der Datenzellen...

- Geben Sie hier einen Wert für die Zellenbreite ein.

Ändern der Zelleneigenschaften

Neben den Eigenschaften der Gesamttabelle lässt sich auch das Format einzelner Zellen ändern.

- Klicken Sie dazu in der aktivierten Pivot-Tabelle auf die betreffende Zelle und wählen Sie aus dem Menü

  Format
  Zelleneigenschaften...

Es öffnet sich wieder die Dialogbox *Zelleneigenschaften*.

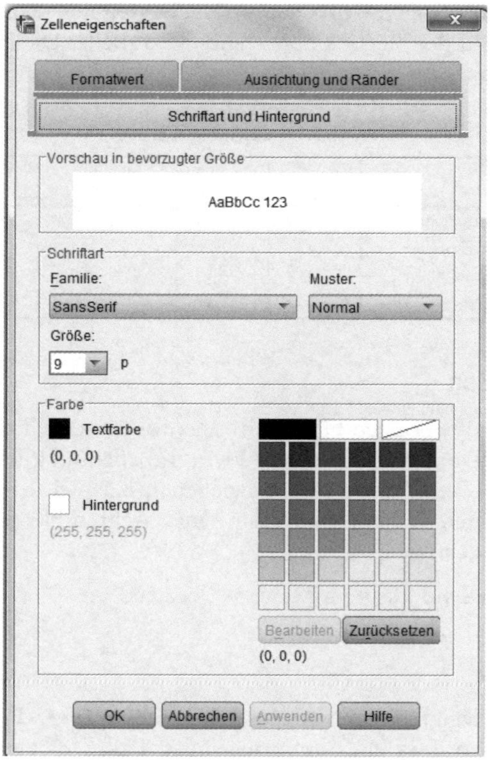

Bild 2.21: Dialogbox Zelleneigenschaften

Über entsprechende Registerkarten können Sie u. a. das Werteformat, die Ausrichtung in der Zelle, die Randabstände, die Textfarbe und den Hintergrund wählen.

Ändern von Texten in einer Tabelle

- Wir wollen zunächst eine Häufigkeitstabelle erzeugen. Ist die Datei jugend.sav geladen, wählen Sie aus dem Menü

  Analysieren
  Deskriptive Statistiken
  Häufigkeiten...

- Wählen Sie in der Dialogbox *Häufigkeiten* die Variable schule als Testvariable aus. Sie erhalten eine entsprechende Häufigkeitstabelle.
- Aktivieren Sie durch Doppelklick auf die Tabelle den Pivot-Tabellen-Editor und klicken Sie anschließend doppelt auf die Zelle mit dem Text »Häufigkeit«. Sie erhalten die Gelegenheit, dort stattdessen etwa den Text »Anzahl« hineinzuschreiben; anschließend drücken Sie die Eingabetaste. Mit anderen Texten verfahren Sie gegebenenfalls entsprechend.

- Haben Sie alle Änderungen durchgeführt, verlassen Sie den Pivot-Tabellen-Editor durch einen Klick auf den Bereich außerhalb der Tabelle. Die Häufigkeitstabelle stellt sich nun wie folgt dar.

Welchen Schultyp besuchst Du?

		Anzahl	Prozent	Gültige Prozent	Kumulative Prozente
Gültig	Hauptschule	129	29,1	29,1	29,1
	Realschule	141	31,8	31,8	60,8
	Gymnasium	174	39,2	39,2	100,0
	Gesamtsumme	444	100,0	100,0	

Anfügen von Fußnoten

- Überall in einer Tabelle können Fußnoten zugeordnet werden. Aktivieren Sie die gegebene Tabelle durch Doppelklick zu einer Pivot-Tabelle und klicken Sie auf einen beliebigen Text der Tabelle. Wählen Sie im gegebenen Beispiel der Häufigkeitstabelle zur Schulbildung etwa den Text »Gymnasium« aus. Achten Sie darauf, dass Sie nicht in den Editier-Modus gelangen.

- Wählen Sie anschließend aus dem Menü

  Einfügen
  Fußnote

- Klicken Sie im angezeigten Rahmen doppelt auf den Text »Fußnote« und geben Sie einen entsprechenden Text ein, im vorliegenden Fall z. B. »einschließlich der reinen Mädchengymnasien«.

- Betrachten Sie die erzeugte Fußnote, so stellen Sie fest, dass diese gemäß der Voreinstellung mit Kleinbuchstaben markiert ist (bei der ersten vergebenen Fußnote ist dies der Buchstabe a. Möchten Sie das ändern, so klicken Sie auf die Fußnote und wählen aus dem Menü

  Format
  Fußnotenzeichen...

- Aktivieren Sie die Option *Spezielle Markierung* und geben Sie die Ziffer »1« ein. Die gegebene Häufigkeitstabelle hat nun ein entsprechend verändertes Aussehen.

Welchen Schultyp besuchst Du?

		Häufigkeit	Prozent	Gültige Prozent	Kumulative Prozente
Gültig	Hauptschule	129	29,1	29,1	29,1
	Realschule	141	31,8	31,8	60,8
	Gymnasium[1]	174	39,2	39,2	100,0
	Gesamtsumme	444	100,0	100,0	

1. einschließlich der reinen Mädchengymnasien

Einfügen von Titeln und Texten

- Um Titel oder Texte einzufügen, klicken Sie auf dasjenige Objekt (Titel, Tabelle, Grafik usw.), hinter dem Sie den Titel oder Text einfügen möchten. Anschließend wählen Sie aus dem Menü des Viewer

  Einfügen
  Neuer Titel

  bzw.

  Einfügen
  Neuer Text

  Sie können dann Titel bzw. Texte eingeben.

- Haben Sie Ihren Text in einer Textdatei gespeichert, so wählen Sie aus dem Menü

  Einfügen
  Textdatei...

  und können in der dann erscheinenden Dialogbox die Bezeichnung der Textdatei angeben.

Handhabung großer Tabellen

Sehr lange Tabellen werden am Bildschirm nicht vollständig im Viewer angezeigt. Optisch wird dies durch eine rote Markierung an der Stelle des Abbruchs markiert. In einem solchen Fall klicken Sie doppelt auf die Tabelle. Sie können die Tabelle dann bei gedrückter linker Maustaste nach unten ziehen.

2.6.3 Symbole des Viewers

Wir wollen im Folgenden wichtige spezifische Symbole des Viewers vorstellen.

Drucken: Das Symbol ruft die Dialogbox zum Drucken auf, und zwar entsprechend der Art des aktiven Fensters. Es kann das ganze Dokument oder aber nur ein ausgewählter Bereich gedruckt werden.

Seitenansicht: Das Symbol aktiviert die Seitenansicht, die sowohl vergrößert als auch verkleinert werden kann. Ebenso ist ein Drucken aus der Seitenansicht heraus möglich.

Export: Das Symbol dient zum Exportieren der Ausgabeobjekte. Es öffnet sich die Dialogbox *Ausgabe exportieren*, wo Sie verschiedene Formate für den Export festlegen können. Möglich ist der Export u. a. als Doc-, Htm-, Pdf- oder Ppt-Dokument.

Letzte Ausgabe auswählen: Das Symbol markiert alle Objekte der letzten Ausgabetätigkeit.

Ausgewählte Elemente ausblenden: Das Symbol blendet die zuvor markierten Elemente aus.

Ausgewählte Elemente anzeigen: Das Symbol blendet die zuvor in der Navigationsleiste markierten deaktivierten Elemente wieder ein.

Überschrift einfügen: Das Symbol ermöglicht das Einfügen einer Überschrift in der Navigationsleiste.

Neuer Titel: Das Symbol ermöglicht das Einfügen eines Titels in der Navigationsleiste.

Neuer Text: Das Symbol ermöglicht das Einfügen eines Textes in der Navigationsleiste.

Probieren Sie die verschiedenen Symbole einmal in Ruhe aus.

2.7 Der Syntaxeditor

Der Syntaxeditor ist ein Textfenster, das dazu verwendet wird, SPSS-Befehle einzugeben und ausführen zu lassen. Sie können Befehle direkt eingeben oder Sie übertragen einfach die in Dialogboxen getroffenen Einstellungen über den Schalter *Einfügen* in den Syntaxeditor. Diese Übertragung ist möglich, da hinter den Dialogboxen die SPSS-Befehlssprache steht. Die in den Syntaxeditor übertragenen Befehle können editiert werden, um zusätzliche Möglichkeiten der Syntax auszunutzen bzw. individuelle Anpassungen vorzunehmen.

- Laden Sie zunächst wieder die Datei genetik.sav.
- Den Syntaxeditor öffnen Sie, indem Sie aus dem Menü die folgende Option wählen:

  Datei
  Neu
  Syntax

- Geben Sie folgende Befehlszeile ein:

```
FREQUENCIES VARIABLES = genfood, embryo, klonverbot.
```

Der Syntaxeditor stellt sich wie folgt dar.

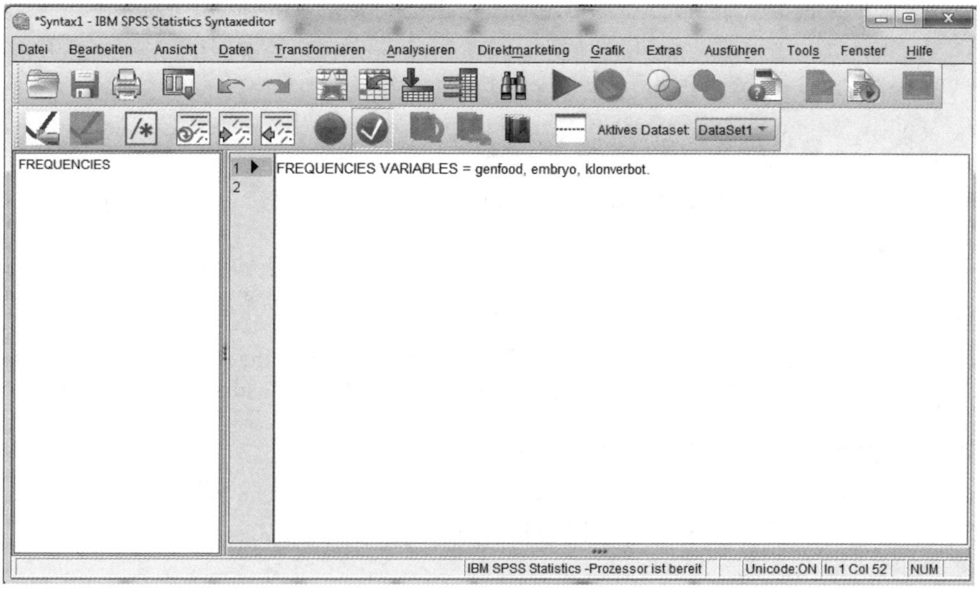

Bild 2.22: Der Syntaxeditor

- Führen Sie den SPSS-Befehl aus, indem Sie auf das Symbol *Aktuellen Befehl ausführen* klicken.

SPSS verzweigt in den Viewer. Es wird eine Häufigkeitsverteilung der Variablen genfood, embryo, klonverbot angezeigt.

Konsum von Genfood?

		Häufigkeit	Prozent	Gültige Prozent	Kumulative Prozente
Gültig	Ja	14	46,7	46,7	46,7
	Nein	16	53,3	53,3	100,0
	Gesamtsumme	30	100,0	100,0	

Stammzellenforschung freigeben?

		Häufigkeit	Prozent	Gültige Prozent	Kumulative Prozente
Gültig	Ja	18	60,0	60,0	60,0
	Nein	12	40,0	40,0	100,0
	Gesamtsumme	30	100,0	100,0	

Weltweites Klonverbot?

		Häufigkeit	Prozent	Gültige Prozent	Kumulative Prozente
Gültig	Ja	22	73,3	73,3	73,3
	Nein	8	26,7	26,7	100,0
	Gesamtsumme	30	100,0	100,0	

Um SPSS-Befehle im Syntaxeditor auszuführen, gehen Sie allgemein wie folgt vor:

- Wählen Sie diejenigen Befehle, die Sie ausführen möchten, indem Sie diese durch die Klicken- und Ziehen-Methode mit der Maus markieren.
- Wollen Sie nur einen einzelnen Befehl ausführen, können Sie den Cursor an einer beliebigen Stelle des Befehls positionieren.
- Wollen Sie alle Befehle im Syntaxeditor ausführen, wählen Sie aus dem Menü

  Bearbeiten
  Alles auswählen

Es werden nun alle Befehlszeilen im Syntaxeditor markiert.

- Klicken Sie anschließend auf das Symbol *Syntax-Start*, um die Befehle auszuführen, oder drücken Sie gleichzeitig die [Strg]-Taste und die [R]-Taste.

Übertragen der Befehlssyntax aus Dialogboxen

Die Dialogbox-Einstellungen können Sie mit Hilfe der Schaltfläche *Einfügen* in den Syntaxeditor übertragen. Nehmen wir folgendes Beispiel:

- Wählen Sie aus dem Menü

  Analysieren
  Deskriptive Statistiken
  Häufigkeiten...

- Klicken Sie gegebenenfalls auf *Zurücksetzen*, um vorherige Einstellungen zu löschen.
- Übertragen Sie die Variable alter in die Zielvariablenliste.
- Klicken Sie auf *Statistiken...* und aktivieren Sie per Mausklick die Kontrollkästchen *Mittelwert*, *Minimum* und *Maximum*. Bestätigen Sie anschließend mit *Weiter*.
- Deaktivieren Sie in der Hauptdialogbox die Option *Häufigkeitstabellen anzeigen*.
- Klicken Sie nun auf *Einfügen*.

Die Dialogbox-Einstellungen werden in den Syntaxeditor eingefügt.

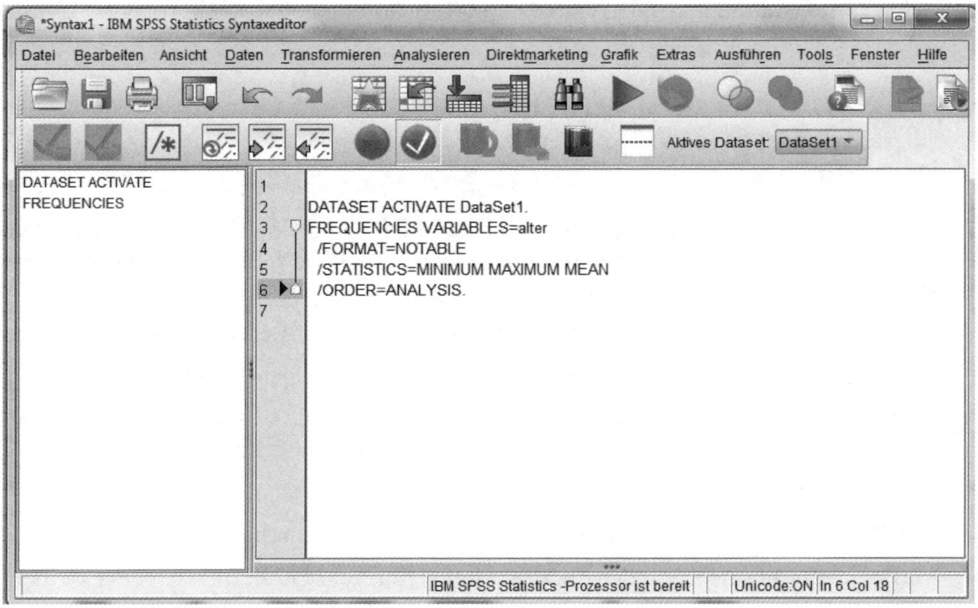

Bild 2.23: SPSS-Befehlssprache im Syntaxeditor

- Wählen Sie aus dem Menü

  Bearbeiten
  Alles auswählen

- Starten Sie das Programm, indem Sie auf das Symbol für den Syntax-Start klicken.

Prinzipielle Syntaxregeln

Die Elemente der SPSS-Programmsprache kann man in folgende Kategorien einordnen:

- *Befehl* (Kommando, Anweisung): Eine Anweisung, die den Ablauf von SPSS steuert.
- *Unterbefehl:* Eine Zusatzanweisung zu einem SPSS-Befehl. Ein Befehl kann mehrere Unterbefehle enthalten.
- *Spezifikationen:* Angaben, die einem Befehl oder Zusatzbefehl hinzugefügt werden. Spezifikationen können Schlüsselwörter, Zahlen, arithmetische Operatoren, Variablennamen und spezielle Trennzeichen enthalten.
- *Schlüsselwörter:* Ein in SPSS vordefiniertes Wort, das in Spezifikationen Verwendung findet.

Betrachten wir etwa die folgende Syntax zum t-Test für abhängige Stichproben:

```
T-TEST
  PAIRS= chol0 WITH chol1 (PAIRED)
  /CRITERIA=CIN(.95)
  /MISSING=ANALYSIS.
```

T-TEST ist ein Befehl; PAIRS, CRITERIA und MISSING sind Unterbefehle, die nach dem Gleichheitszeichen die betreffenden Spezifikationen enthalten; WITH, CIN und ANALYSIS sind Schlüsselwörter.

Beim Editieren der Befehlssyntax sind die folgenden einfachen Regeln zu beachten:

- Jeder Befehl muss in einer neuen Zeile beginnen und mit einem Punkt (.) enden.
- Unterbefehle werden in der Regel mit einem Schrägstrich (/) voneinander getrennt. Vor dem ersten Unterbefehl kann der Schrägstrich weggelassen werden.
- In Apostrophe gesetzter Text (bei Labels) muss sich auf einer Zeile befinden.
- Eine Zeile mit Befehlssyntax darf 80 Zeichen nicht überschreiten.
- Als Dezimaltrennzeichen in den Spezifikationen muss ein Punkt (.) verwendet werden, unabhängig von der Voreinstellung im Windows-System.

Bei der Interpretation der Befehlssyntax unterscheidet der Rechner nicht zwischen Groß- und Kleinbuchstaben (außer bei den in Apostrophe gesetzten Labels). Ein Befehl kann sich über beliebig viele Zeilen erstrecken; das Einfügen von Leerzeichen oder der Beginn einer neuen Zeile ist an jedem Punkt erlaubt, an dem ein einzelnes Leerzeichen erlaubt ist, wie vor und nach Schrägstrichen, Klammern, arithmetischen Operatoren oder zwischen Variablennamen.

Beispiel für ein Syntax-Programm

Wir wollen im Folgenden mit Hilfe eines SPSS-Programms überprüfen, ob Alkohol einen signifikanten Einfluss auf die Leistungsfähigkeit der Versuchsgruppe im Unterschied zur »trockenen« Kontrollgruppe besitzt.

- Laden Sie das Programm alkohol.sav in den Dateneditor.
- Laden Sie das Programm alkohol.sps in den Syntaxeditor.

```
COMPUTE kltdiff=klt2-klt1.
VARIABLE LABELS
  kltdiff 'Konzentrations-Leistungstest Steigerung'.
NPAR TESTS K-S(NORMAL)=klt1,klt2,kltdiff.
TEMPORARY.
SELECT IF g=1.
T-TEST PAIRS=klt1 WITH klt2.
TEMPORARY.
SELECT IF g=2.
T-TEST PAIRS=klt1 WITH klt2.
T-TEST GROUPS=g(1,2)/VARIABLES=klt1,klt2,kltdiff.
```

Zunächst berechnet das Programm die Differenz zwischen den beiden Zeitpunkten der Messung und speichert diese in der Variablen kltdiff, die mit dem Etikett »Konzentrations-Leistungstest-Steigerung« versehen wird. Nach einer Überprüfung der Werte des KLT auf Normalverteilung (Kolmogorov-Smirnov-Test auf Normalverteilung als nichtparametrischer Test, vgl. Kap. 13.1.3) werden mit Hilfe des Syntax-Programms die folgenden Fragestellungen überprüft:

- Unterscheiden sich in den beiden Gruppen die KLT-Werte zu den beiden Zeitpunkten voneinander?
- Unterscheiden sich die beiden Gruppen bezüglich der beiden KLT-Werte und ihrer Änderung voneinander?

Der TEMPORARY-Befehl sorgt dafür, dass die mit Hilfe des SELECT IF-Befehls durchgeführte Selektion nur für die unmittelbar nachfolgende Prozedur gültig ist (vgl. Kap. 6.1.6).

Die Ergebnisse erscheinen im Viewer.

Nichtparametrische Tests

Kolmogorov-Smirnov-Test bei einer Stichprobe

		Konzentrations-Leistungstest Zeitpunkt 1	Konzentrations -Leistungstest Zeitpunkt 2	Konzentrations-Leistungstest Steigerung
H		15	15	15
Parameter der Normalverteilung[a,b]	Mittelwert	17,67	17,67	,0000
	Standardabweichung	2,582	2,944	2,00306
Extremste Differenzen	Absolut	,135	,125	,124
	Positiv	,135	,125	,124
	Negativ	-,131	-,086	-,123
Teststatistik		,135	,125	,124
Asymp. Sig. (2-seitig)		,200[c,d]	,200[c,d]	,200[c,d]

a. Die Testverteilung ist normal.

b. Aus Daten berechnet.

c. Signifikanzkorrektur nach Lilliefors.

d. Dies ist eine Untergrenze der tatsächlichen Signifikanz.

T-Test

Statistik für Stichproben mit paarigen Werten

		Mittelwert	H	Standardabweichung	Standardfehler Mittelwert
Paar 1	Konzentrations-Leistungstest Zeitpunkt 1	17,50	8	2,777	,982
	Konzentrations-Leistungstest Zeitpunkt 2	19,50	8	2,330	,824

Korrelationen für Stichproben mit paarigen Werten

		H	Korrelation	Sig.
Paar 1	Konzentrations-Leistungstest Zeitpunkt 1 & Konzentrations-Leistungstest Zeitpunkt 2	8	,728	,040

Test für Stichproben mit paarigen Werten

		Paarige Differenzen							
					95% Konfidenzintervall der ...				
		Mittelwert	Standardabweichung	Standardfehler Mittelwert	Unterer	Oberer	t	df	Sig. (2-seitig)
Paar 1	Konzentrations-Leistungstest Zeitpunkt 1 - Konzentrations-Leistungstest Zeitpunkt 2	-2,000	1,927	,681	-3,611	-,389	-2,935	7	,022

T-Test

Statistik für Stichproben mit paarigen Werten

		Mittelwert	H	Standardabweichung	Standardfehler Mittelwert
Paar 1	Konzentrations-Leistungstest Zeitpunkt 1	17,86	7	2,545	,962
	Konzentrations-Leistungstest Zeitpunkt 2	15,57	7	2,070	,782

Korrelationen für Stichproben mit paarigen Werten

		H	Korrelation	Sig.
Paar 1	Konzentrations-Leistungstest Zeitpunkt 1 & Konzentrations-Leistungstest Zeitpunkt 2	7	,777	,040

Test für Stichproben mit paarigen Werten

		Paarige Differenzen							
					95% Konfidenzintervall der Differenz				
		Mittelwert	Standardabweichung	Standardfehler Mittelwert	Unterer	Oberer	t	df	Sig. (2-seitig)
Paar 1	Konzentrations-Leistungstest Zeitpunkt 1 - Konzentrations-Leistungstest Zeitpunkt 2	2,286	1,604	,606	,803	3,769	3,771	6	,009

T-Test

Gruppenstatistik

	Gruppe	H	Mittelwert	Standardabweichung	Standardfehler Mittelwert
Konzentrations-Leistungstest Zeitpunkt 1	1	8	17,50	2,777	,982
	2	7	17,86	2,545	,962
Konzentrations-Leistungstest Zeitpunkt 2	1	8	19,50	2,330	,824
	2	7	15,57	2,070	,782
Konzentrations-Leistungstest Steigerung	1	8	2,0000	1,92725	,68139
	2	7	-2,2857	1,60357	,60609

Test bei unabhängigen Stichproben

		Levene-Test der Varianzgleichheit		T-Test für die Mittelwertgleichheit						
									95% Konfidenzintervall der Differenz	
		F	Sig.	t	df	Sig. (2-seitig)	Mittelwert differenz	Standardfehler differenz	Unterer	Oberer
Konzentrations-Leistungstest Zeitpunkt 1	Varianzgleichheit angenommen	,288	,600	-,258	13	,800	-,357	1,383	-3,345	2,631
	Varianzgleichheit nicht angenommen			-,260	12,959	,799	-,357	1,375	-3,328	2,613
Konzentrations-Leistungstest Zeitpunkt 2	Varianzgleichheit angenommen	,168	,688	3,429	13	,004	3,929	1,146	1,453	6,404
	Varianzgleichheit nicht angenommen			3,458	12,991	,004	3,929	1,136	1,474	6,383
Konzentrations-Leistungstest Steigerung	Varianzgleichheit angenommen	,061	,808	4,639	13	,000	4,28571	,92391	2,28973	6,28170
	Varianzgleichheit nicht angenommen			4,700	12,979	,000	4,28571	,91194	2,31527	6,25616

Zum Nachteil der Alkoholindustrie lässt sich anhand des Tests eindeutig feststellen, dass »Saufen« der Konzentration schadet (zur Interpretation der Ergebnisse vgl. Kap. 12.2 und Kap. 13.5).

- Ergänzen Sie das Programm alkohol.sps um die letzte Zeile SAVE OUTFILE = 'C:\SPSSBUCH\alkohol-2.sav' .

Syntaxdatei speichern

Eine Syntaxdatei speichern Sie wie folgt:

- Aktivieren Sie den Syntaxeditor, der die zu speichernden Programmzeilen enthält.
- Wählen Sie aus dem Menü

  Datei

  Speichern unter...

Es öffnet sich die Dialogbox *Syntax Speichern unter.* Gemäß der Voreinstellung ergänzt SPSS Syntaxdateien im Syntaxeditor mit der Erweiterung .sps.

- Geben Sie einen gültigen Dateinamen, wie z. B. alki ein, und bestätigen Sie mit *Speichern.*

Alternativ können Sie auch auf das Symbol *Datei speichern* klicken, wenn der bestehende Dateiname beibehalten werden soll.

Da das Arbeiten mit der Syntax an der einen oder anderen Stelle von Vorteil ist, werden wir Sie bei Bedarf mit entsprechenden Tipps versorgen.

2.8 Informationen zur Datendatei

Über die jeweiligen Datendateien können Sie in SPSS folgende Informationen erhalten:

- eine Variablenliste sowie Variablenbeschreibungen,
- eine komplette Information über alle Variablen und

- ein Listing der Fälle.

- Laden Sie die Datei jugend.sav.

- Möchten Sie die Merkmalsausprägungen einer Variablen, ihr Format sowie ihre Etikettierungen betrachten, wählen Sie aus dem Menü

  Extras
  Variablen...

- Klicken Sie in der sich öffnenden Dialogbox z. B. auf die Variable angst, so erhalten Sie die folgenden Informationen.

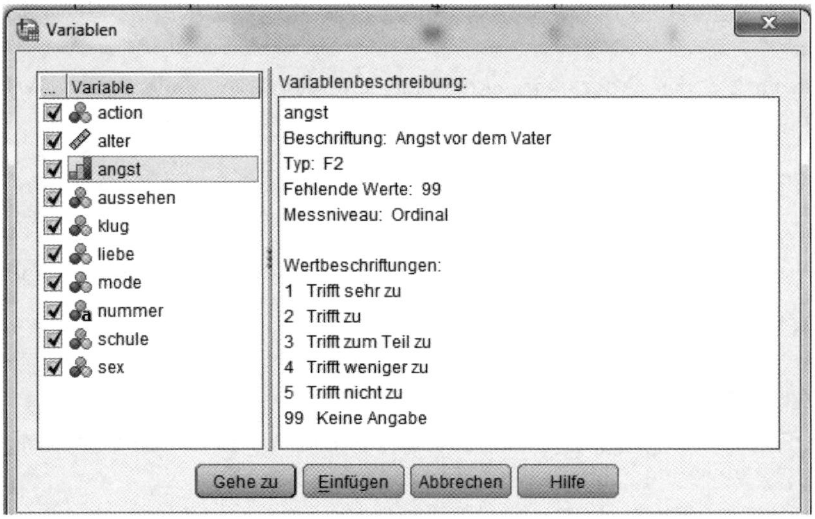

Bild 2.24: Dialogbox Variablen

Angezeigt werden der Variablenname, Werte- und Variablenlabels, der Variablentyp sowie die Verschlüsselung von fehlenden Werten. Mit Hilfe der Dialogbox *Variablen* kann im Dateneditor auch ein Bildlauf durchgeführt werden.

- Klicken Sie hierfür auf den Schalter *Gehe zu*.

Das Dateneditor-Fenster wird daraufhin horizontal gerollt, so dass die in der Liste markierte Variable im Fenster erscheint.

Der Schalter *Einfügen* kopiert die Namen aller ausgewählten Variablen an der Einfügemarke in den Syntaxeditor.

Variableninformationen können jederzeit auch in Dialogboxen abgerufen werden. Wir wollen hierfür das folgende Beispiel wählen. Sie führen eine Häufigkeitsverteilung der Variablen angst durch.

- Übertragen Sie in der Dialogbox *Häufigkeiten* die Variable angst in die Zielvariablenliste.

Sie wollen nun kurz die Merkmalsausprägungen der Variablen angst betrachten, ohne die Dialogbox zu verlassen.

- Markieren Sie hierfür wie in jeder anderen Dialogbox auch die Variable angst und drücken Sie dabei auf die rechte Maustaste.
- Wählen Sie die Option *Variablenbeschreibung...*

Es öffnet sich das in Bild 2.25 abgebildete Variablenbeschreibungs-Fenster.

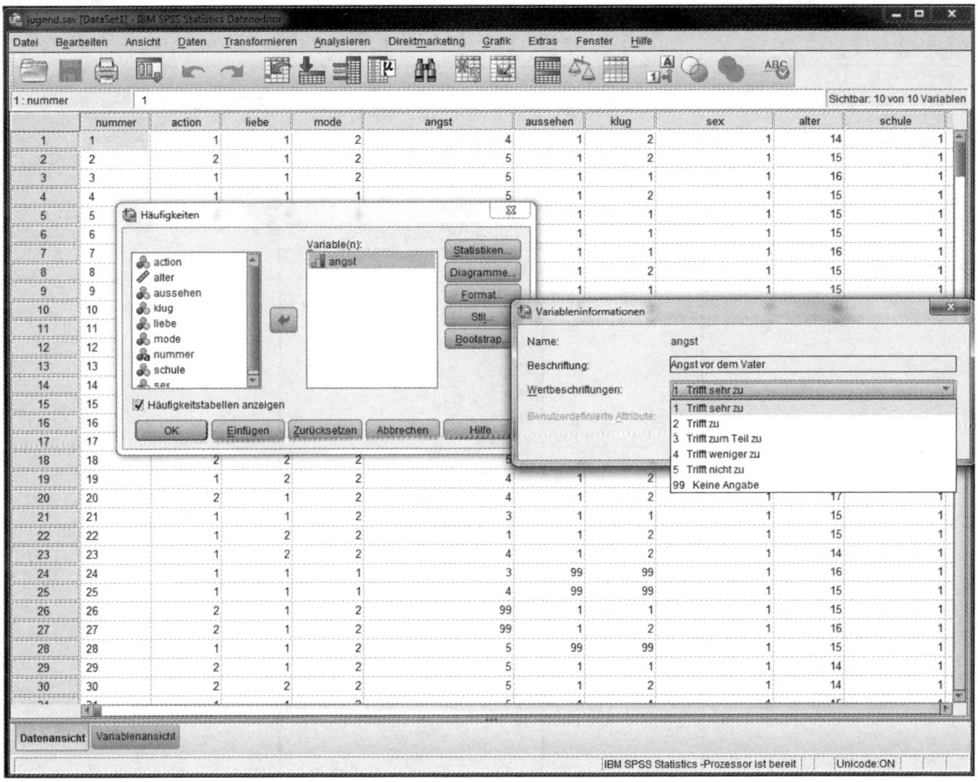

Bild 2.25: Variablenbeschreibungs-Fenster

Ausgegeben werden das Variablenetikett sowie die Wertelabels und das Messniveau.

- Klicken Sie auf den nach unten weisenden Pfeil, so sehen Sie eine Liste aller Wertelabels.
- Möchten Sie sämtliche Infos über alle Variablen der aktiven Datendatei (Arbeitsdatei) erhalten, wählen Sie aus dem Menü

  Datei

  Datendateiinformationen anzeigen

  Arbeitsdatei

Im Viewer werden zunächst Informationen zu den Variablenbeschreibungen der Datei jugend.sav ausgegeben:

Variableninformationen

Variable	Position	Beschriftung	Messniveau	Rolle	Spaltenbreite	Ausrichtung	Druckformat	Schreibformat	Fehlende Werte
nummer.	1	Fragebogennummer	Nominal	Eingabe	8	Links	A9	A9	
action	2	TV Actionfilme anschauen	Nominal	Eingabe	8	Rechts	F1	F1	99
liebe	3	Kino Liebesfilme anschauen	Nominal	Eingabe	8	Rechts	F1	F1	99
mode	4	Modezeitschriften lesen	Nominal	Eingabe	8	Rechts	F1	F1	99
angst	5	Angst vor dem Vater	Ordinal	Eingabe	18	Rechts	F2	F2	99
aussehen	6	Sollten Mädchen gut aussehen?	Nominal	Eingabe	8	Rechts	F1	F1	99
klug	7	Sollten Mädchen klug sein?	Nominal	Eingabe	8	Rechts	F1	F1	99
sex	8	Geschlecht	Nominal	Eingabe	14	Rechts	F1	F1	99
alter	9	Alter	Skala	Eingabe	8	Rechts	F2	F2	99
schule	10	Welchen Schultyp besuchst Du?	Nominal	Eingabe	12	Rechts	F1	F1	99

Variablen in der Arbeitsdatei

Es folgen sodann Informationen zu den Variablenwerten der Datei:

Variablenwerte

Wert		Beschriftung
action	1	Ja
	2	Nein
liebe	1	Ja
	2	Nein
mode	1	Ja
	2	Nein
angst	1	Trifft sehr zu
	2	Trifft zu
	3	Trifft zum Teil zu
	4	Trifft weniger zu
	5	Trifft nicht zu
	99[a]	Keine Angabe
aussehen	1	Ja
	2	Nein
klug	1	Ja
	2	Nein
sex	1	Mädchen
	2	Junge
alter	13	13
	14	14
	15	15
	16	16
	17	17
	18	18
schule	1	Hauptschule
	2	Realschule
	3	Gymnasium
	4	Mädchengymnasium

a. Fehlender Wert

- Möchten Sie eine derartige Information über eine Datendatei erhalten, die zurzeit nicht Ihre Arbeitsdatei ist, so wählen Sie die Option *Externe Datei...* (statt Arbeitsdatei).

Es öffnet sich eine entsprechende Dialogbox.

- Markieren Sie die gewünschte Datei und bestätigen Sie mit *Öffnen*.

Die gewünschten Informationen erscheinen im Viewer.

- Möchten Sie den tatsächlichen Inhalt Ihrer Datendatei überprüfen, indem Sie z. B. einzelne Fälle auflisten, so wählen Sie aus dem Menü

  Analysieren
  Berichte
  Fallzusammenfassungen...

Sie sehen die Dialogbox *Fälle zusammenfassen*.

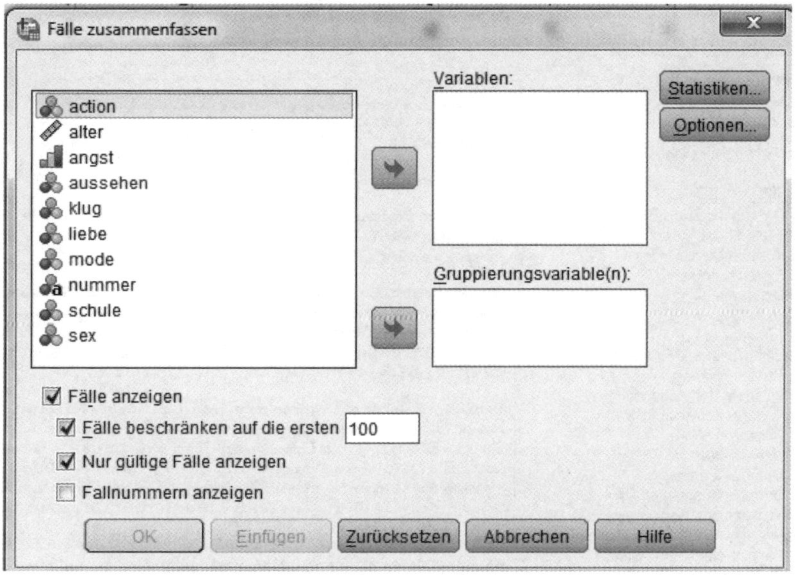

Bild 2.26: Dialogbox Fälle zusammenfassen

Die Variablen der Datendatei werden in der Quellvariablenliste angezeigt. Sie können hier eine oder mehrere Variablen, für die Fälle aufgelistet werden sollen, markieren. Die angezeigten Optionen sprechen für sich.

- Übertragen Sie zur Übung die Variable schule in die Zielvariablenliste und aktivieren Sie die Option *Fallnummern anzeigen*.

- Bestätigen Sie mit *OK*. Die Werte der Variablen schule werden begrenzt auf die ersten 100 Fälle im Ausgabefenster angezeigt.

2.9 Das Hilfesystem

Hilfe können Sie in SPSS auf verschiedene Weise anfordern:

- Laden Sie die Datei genetik.sav.
- Fordern Sie eine Häufigkeitsverteilung der Variablen genfood an. Bei geöffneter Dialogbox *Häufigkeiten* klicken Sie auf den Schalter *Hilfe*.

Es erscheint die Dialogbox *Online-Hilfe*, welche Ihnen Informationen zur Prozedur »Frequencies« liefert.

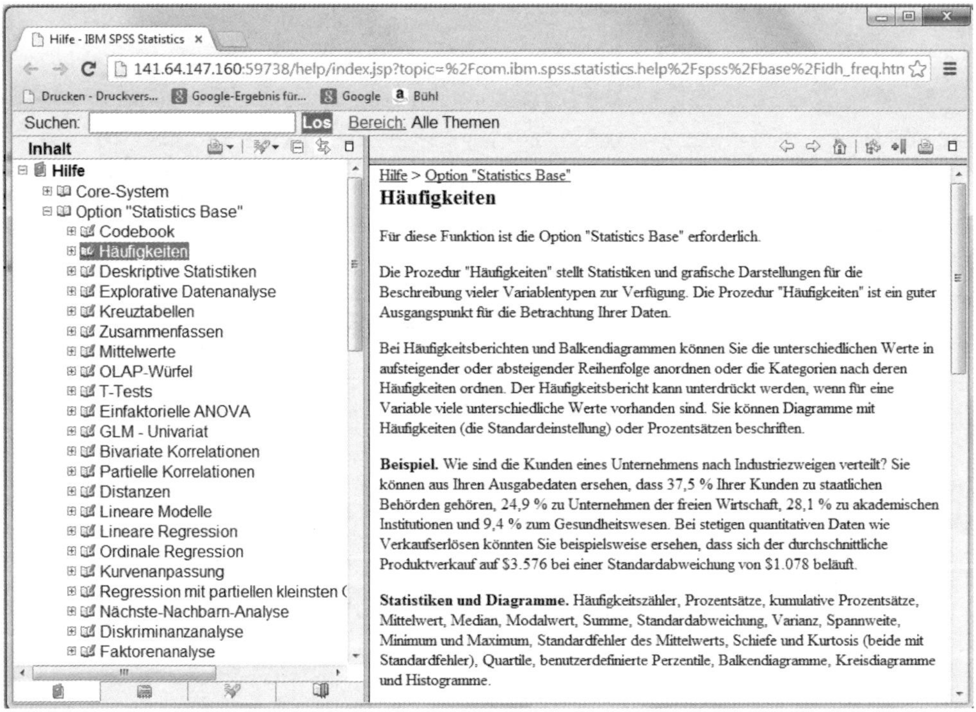

Bild 2.27: SPSS-Hilfe

Betrachten wir ein weiteres Beispiel:

- Wählen Sie aus dem Menü

  Analysieren
  Deskriptive Statistiken
  Häufigkeiten...

- Übertragen Sie die Variable schule in die Zielvariablenliste. Klicken Sie auf die Schaltfläche *Einfügen*. Die Dialogbox-Einstellungen werden in den Syntaxeditor übertragen.
- Wechseln Sie zum Syntaxeditor und klicken Sie dort in der Symbolleiste auf das Symbol *Syntaxhilfe*

Im Hilfefenster wird die SPSS-Syntax angezeigt.

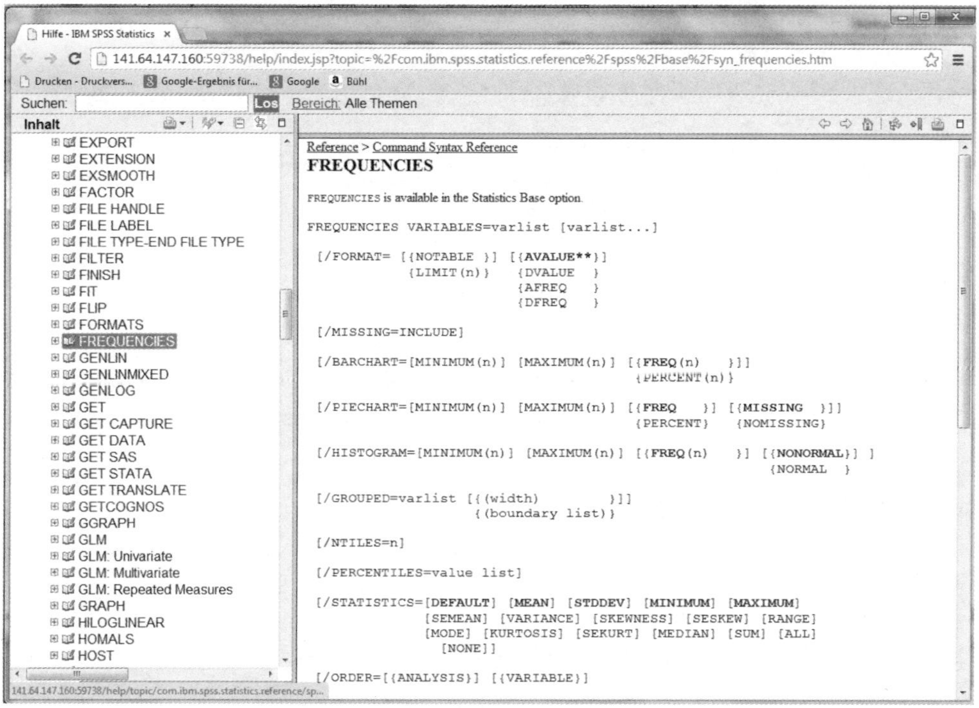

Bild 2.28: SPSS-Syntax im Hilfefenster

- Geben Sie im Feld *Suchen* den Begriff »Chi-Quadrat« ein und klicken Sie in der erscheinenden Liste doppelt auf *Chi-Quadrat-Test*.

Sie erhalten elementare Informationen zum Chi-Quadrat-Test.

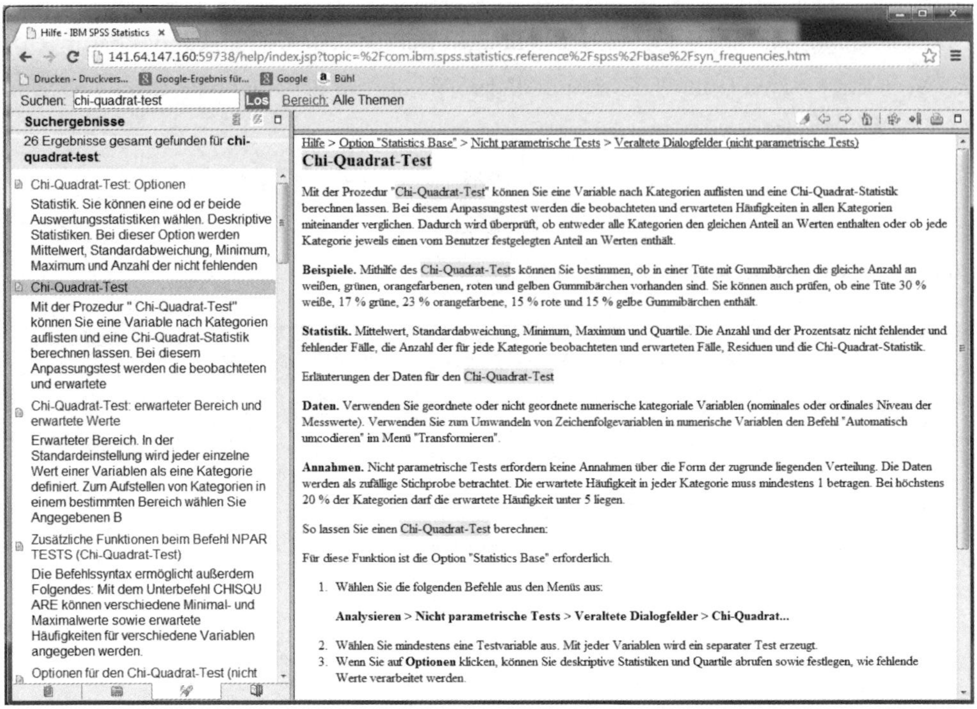

Bild 2.29: Hilfeinfo zum Chi-Quadrat-Test

- Um die störende Hervorhebung der Suchbegriffe aufzuheben, klicken Sie auf das Symbol *Hervorhebung inaktivieren*

Die jeweilige Information eines Hilfebildschirms können Sie sich auch ausdrucken lassen.

- Klicken Sie hierfür auf das Symbol *Seite drucken*

Testen Sie die SPSS-Hilfe ein wenig aus, indem Sie nach statistischen Fachausdrücken suchen.

2.10 Export der Ausgabe

In diesem Kapitel möchten wir Ihnen die wichtigsten Möglichkeiten des Exports von SPSS-Pivot-Tabellen und SPSS-Diagrammen nach Windows-Anwendungen, wie z. B. Word, vorstellen.

Wir beschäftigen uns mit folgenden Themen:

- Statistische Ergebnisse nach Word übertragen
- Statistische Ergebnisse nach Word exportieren
- Diagramme nach Word übertragen
- Pivot-Tabellen und Diagramme in HTML-Dokumenten verwenden.

Wir werden die vier Bereiche im Folgenden der Reihe nach behandeln.

2.10.1 Statistische Ergebnisse nach Word übertragen

Wir gehen im Folgenden davon aus, dass Sie über Word 2010 oder eine vergleichbare Version verfügen. Betrachten wir folgendes Beispiel: Sie wollen das Ergebnis der Häufigkeitsverteilung der Variablen partei der Befragung »Welche Partei würden Sie wählen, wenn am Sonntag Bundestagswahl wäre?« in ein Textdokument übertragen. Das Ergebnis soll dort dokumentiert und ausgewertet werden. Gehen Sie wie folgt vor:

- Starten Sie die Textverarbeitung Word.
- Starten Sie SPSS und laden Sie die Datei sonntagsfrage.sav.
- Wählen Sie aus dem Menü

  Analysieren
  Deskriptive Statistiken
  Häufigkeiten...

Es öffnet sich die Dialogbox *Häufigkeiten*.

- Übertragen Sie die Variable partei in die Zielvariablenliste.
- Klicken Sie auf *OK*. Die Ergebnisse der Häufigkeitsverteilung erscheinen im Viewer.
- Klicken Sie mit der rechten Maustaste auf die Häufigkeitstabelle. Der Viewer sieht nun wie folgt aus.

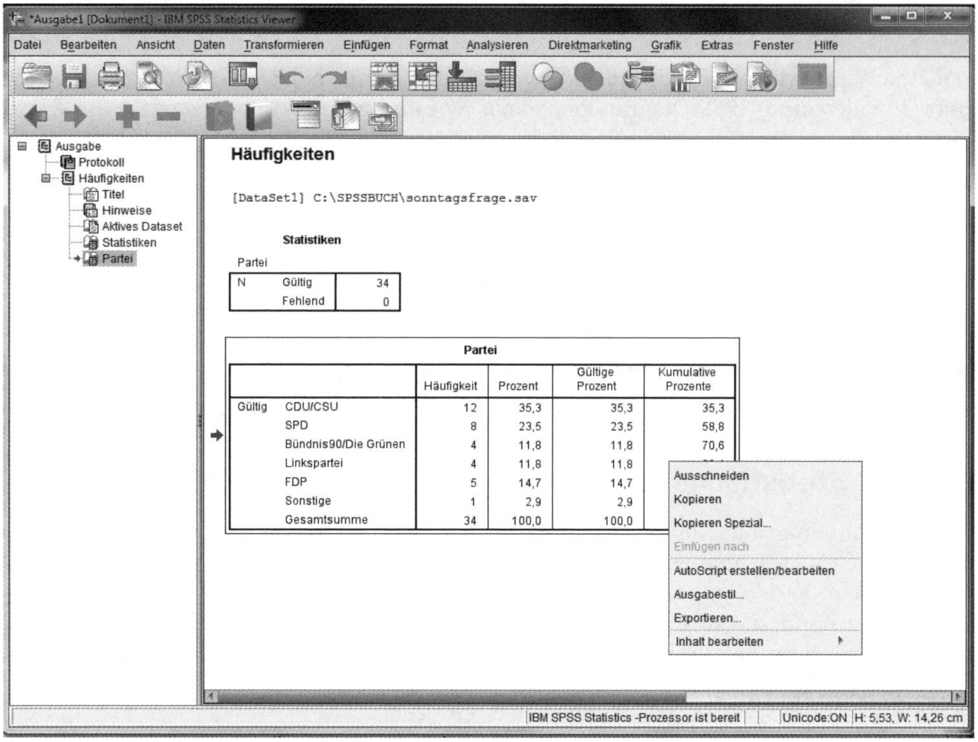

Bild 2.30: Viewer mit Pull-down-Menü

- Wählen Sie aus dem Pull-down-Menü die Option *Kopieren Spezial.*
- Aktiveren Sie in der sich öffnenden Dialogbox *Kopieren Spezial* zusätzlich die Option *Bild.*

Alternativ hierzu könnten Sie auch aus der Menüzeile die Option

Bearbeiten
Kopieren Spezial

wählen.

Die statistischen Ergebnisse der Häufigkeitsverteilung werden in die Windows-Zwischenablage kopiert. Die Zwischenablage ist ein Speicherplatz, der beliebige Daten aufnimmt, die bei Bedarf wieder entnommen werden können. Diese Daten gehen erst beim Verlassen von Windows verloren oder wenn neue Daten in die Zwischenablage gespeichert werden. Mit Hilfe der Zwischenablage können u.a. Objekte von einem Programm in eine andere Anwendung übertragen werden. Auf diese Weise ist es möglich, statistische Ergebnisse aus SPSS zu kopieren und danach in ein Word-Dokument einzufügen. Dies wollen wir nun tun.

- Wechseln Sie mit Hilfe der Task-Leiste nach Word.

Die Task-Leiste von Windows verwaltet die laufenden Programme; sie kann durch Drücken der Tasten [Alt] und [⭾] aufgerufen werden. Jedes Programm, das Sie starten, erhält in der Task-Leiste ein eigenes Symbol. Um zu einem bereits geöffneten Programm zu wechseln, klicken Sie einfach auf das entsprechende Symbol in der Task-Leiste.

- Wählen Sie aus der Menüleiste von Word die Option

  Einfügen
    Inhalte einfügen...

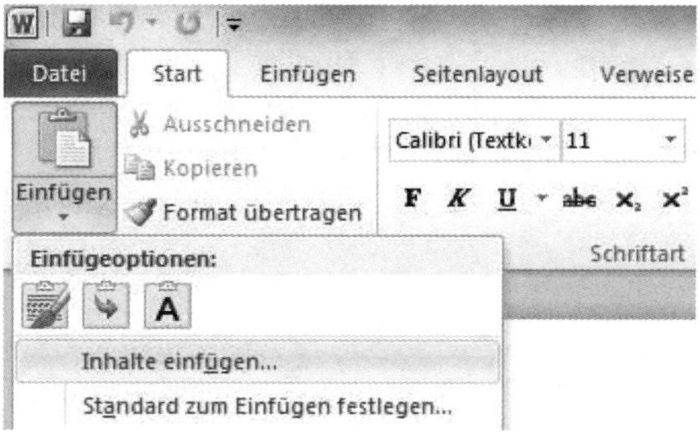

Bild 2.31: Ergebnisse in Word einfügen

Es öffnet sich die Dialogbox Inhalte einfügen:

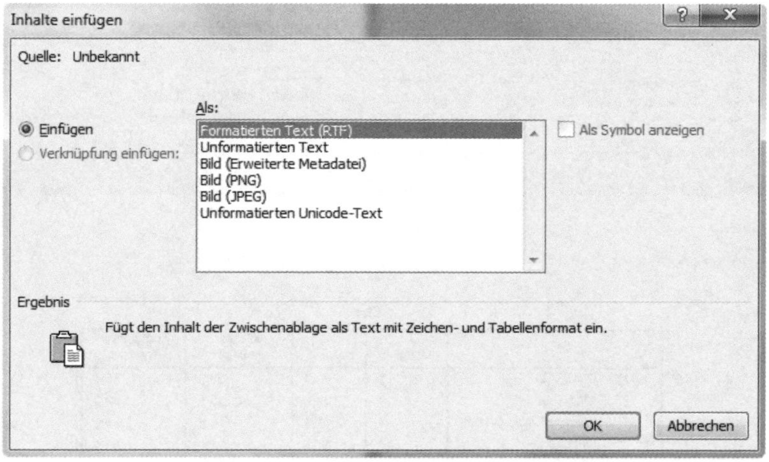

Bild 2.32: Dialogbox Inhalte einfügen

- Wählen Sie die Option *Bild (JPEG)* und bestätigen Sie mit *OK*.

Der Befehl *Inhalte einfügen* fügt die Daten aus der Zwischenablage ab der aktuellen Cursorposition in das Dokument ein. Der Bildschirm sieht nun wie in Bild 2.33 dargestellt aus.

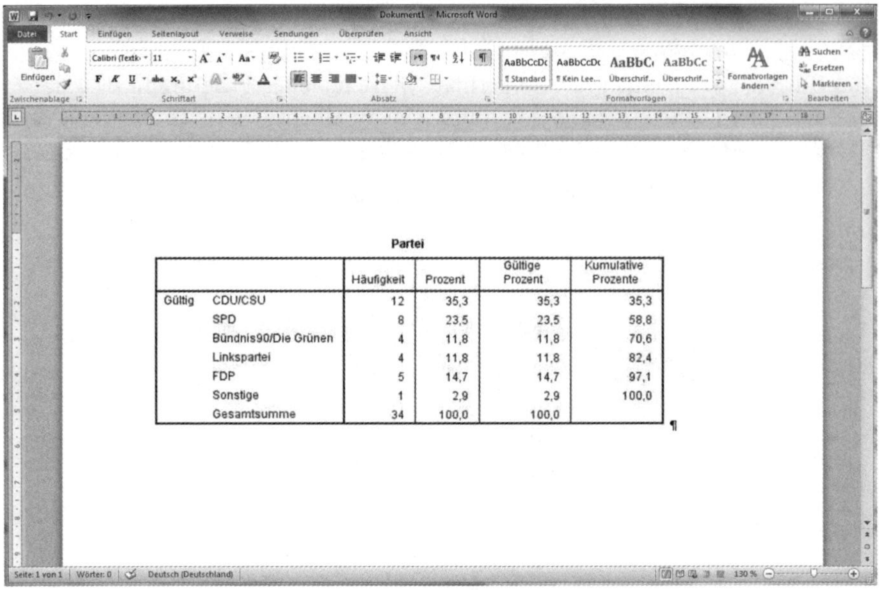

Bild 2.33: Häufigkeitstabelle im Word-Dokument

- Möchten Sie die Tabelle vergrößern oder verkleinern, so klicken Sie mit der linken Maustaste darauf. Die Tabelle erhält nun sogenannte Anfasser (erkennbar als kleine runde Kreise und Quadrate), wie in Bild 2.34 dargestellt.

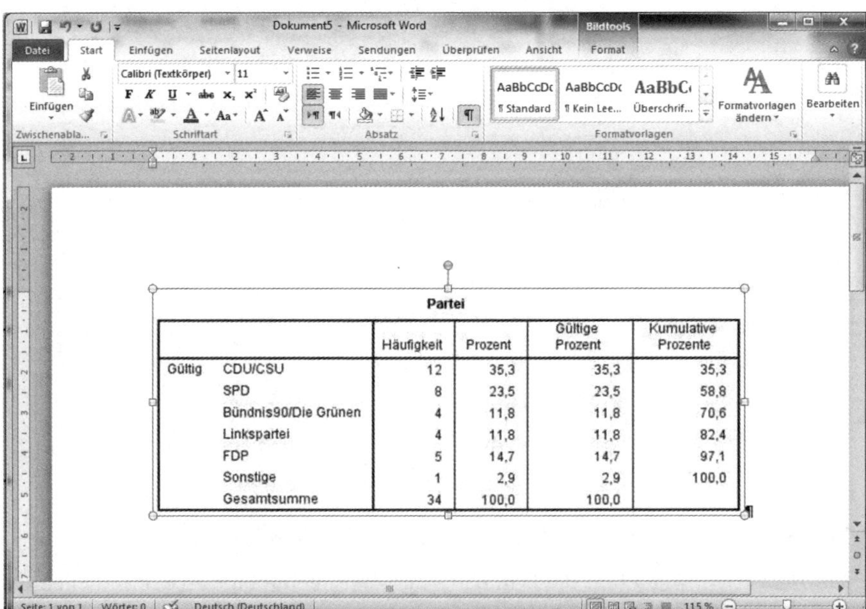

Bild 2.34: Häufigkeitstabelle mit Anfassern

- Falls Sie z. B. mit der Maus auf den Anfasser unten rechts klicken, so können Sie die Tabelle diagonal vergrößern oder verkleinern. Halten Sie hierfür die linke Maustaste gedrückt und bewegen Sie die Maus auf dem Mauspad. Lassen Sie die Maustaste los, wenn die gewünschte Größe erreicht ist.

Der Export der Ausgabe nach Word ist also, wie Sie sehen, recht einfach.

2.10.2 Statistische Ergebnisse nach Word exportieren

Statistische Ergebnisse lassen sich aus dem Viewer auch direkt in eine Word-Datei exportieren.

- Wählen Sie hierfür aus dem Kontextmenü statt der Option *Kopieren Spezial...* die Option *Exportieren...*

Es öffnet sich die Dialogbox *Ausgabe exportieren*.

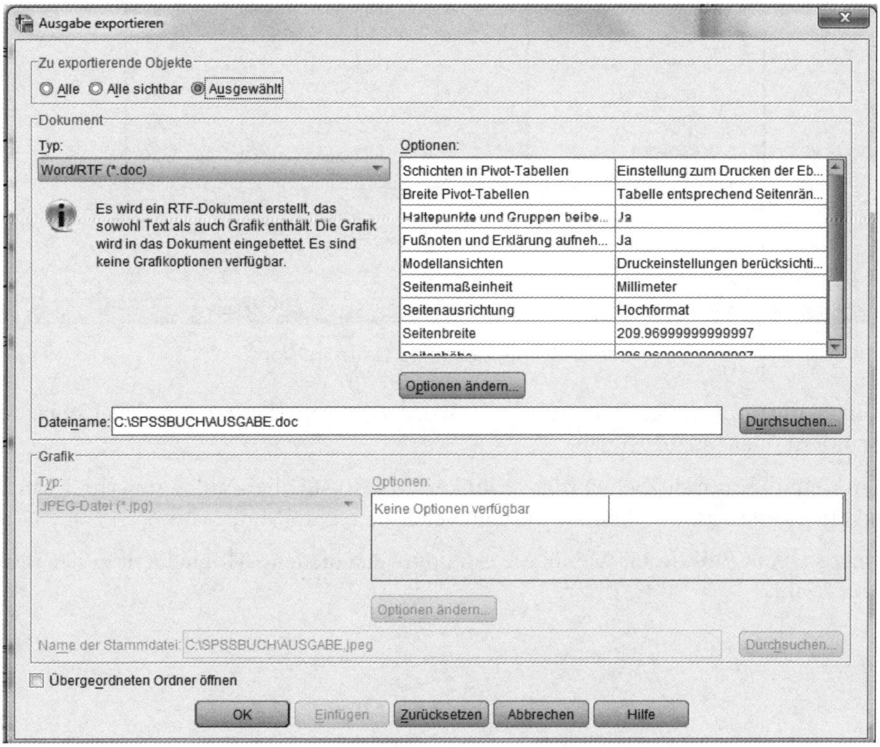

Bild 2.35: Dialogbox Ausgabe exportieren

- Legen Sie einen Dateinamen für die Exportdatei, z. B. C:\SPSSBUCH\test.doc, fest und bestätigen Sie mit OK.
- Öffnen Sie die Datei C:\SPSSBUCH\test.doc in Word.

Der Bildschirm stellt sich nunmehr wie folgt dar.

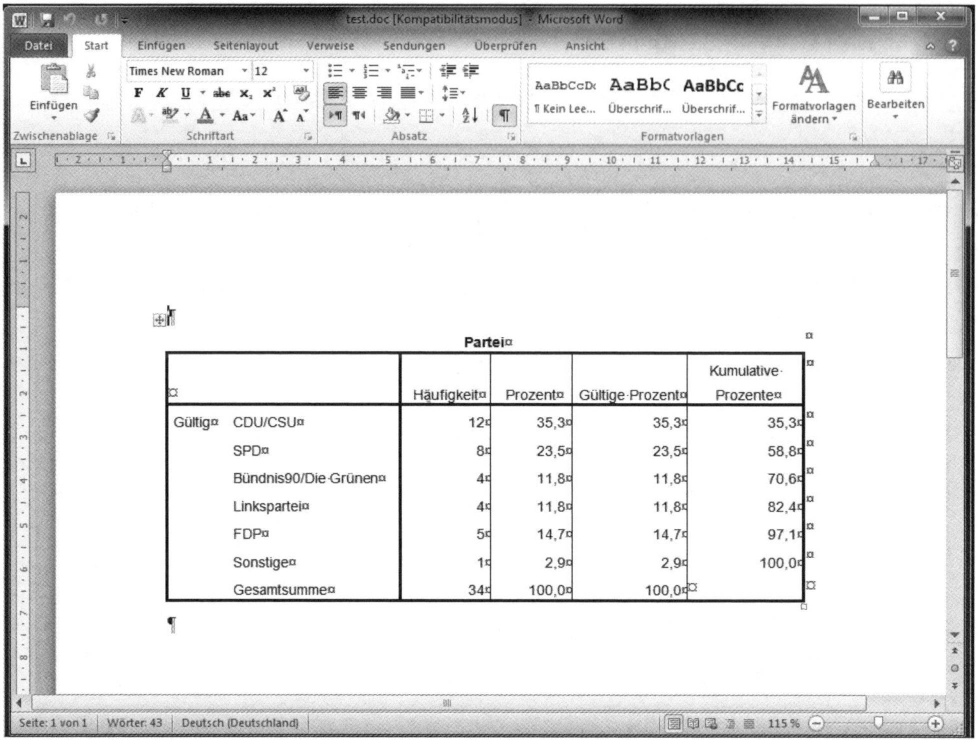

Bild 2.36: Importierte Datei in Word

Sie können die importierte SPSS-Tabelle in Word weiterbearbeiten, um z. B. Überschriften zu verändern oder hinzuzufügen.

- Markieren Sie durch Ziehen mit der linken Maustaste alle Zahlen innerhalb der Häufigkeitstabelle und drücken Sie anschließend die rechte Maustaste.

Es öffnet sich ein Pull-down-Menü. Sie erhalten verschiedene Möglichkeiten der Bearbeitung zur Wahl.

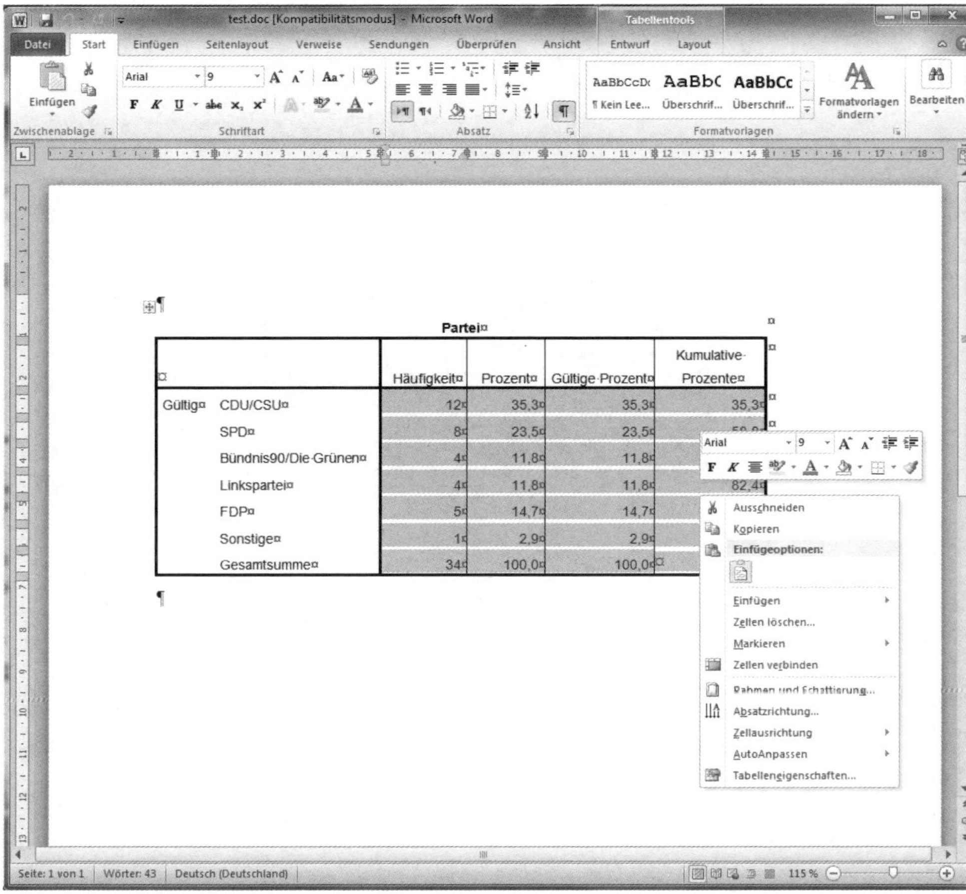

Bild 2.37: Pull-down-Menü in Word

- Wählen Sie die Option *Zellausrichtung* und richten Sie die Prozentangaben mittig aus.
- Markieren Sie die dergestalt veränderte Häufigkeitstabelle zur Gänze und wählen Sie die Option *Rahmen und Schattierung*.

Es öffnet sich die entsprechende Dialogbox in Word.

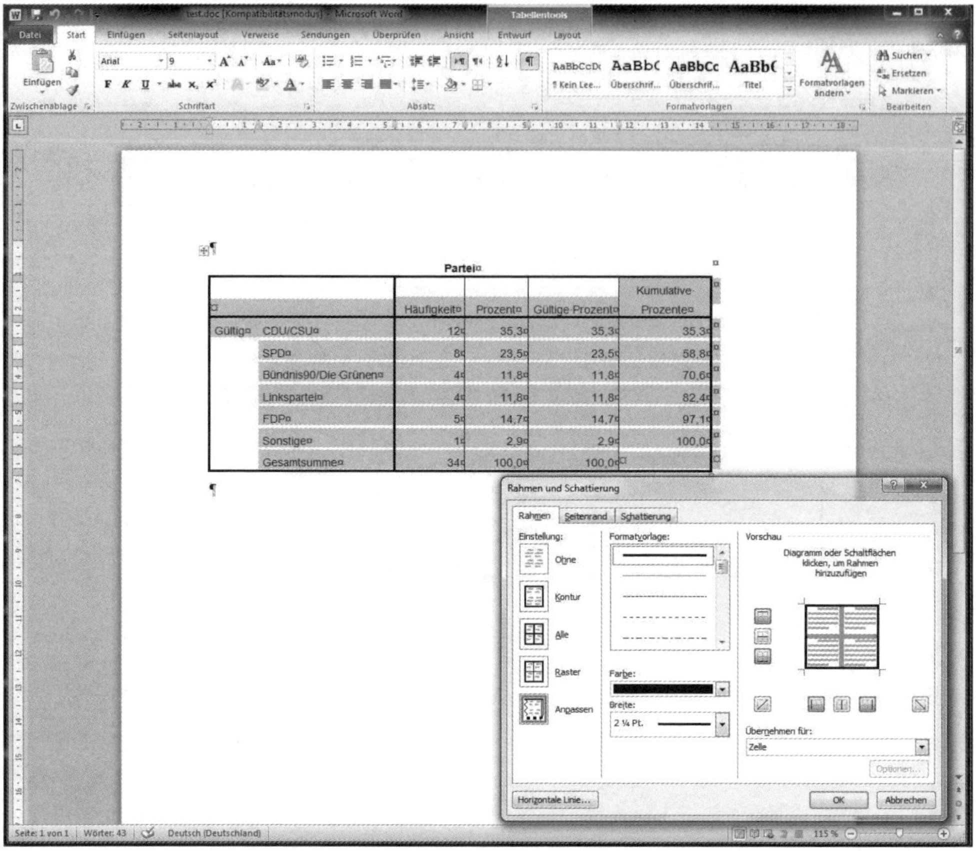

Bild 2.38: Dialogbox Rahmen und Schattierung

- Wählen Sie die Option *Ohne*.
- Probieren Sie die verschiedenen Möglichkeiten selbst aus. Ändern Sie z. B. die Überschrift der Tabelle in »Sonntagsfrage (September 2009)«. Die Schrift sollte kursiv sein mit einem Schriftgrad von 12 Punkt.
- Da die Tabelle nunmehr ein wenig strukturlos ist, sorgen Sie über die Menüoption *Rahmen und Schattierung* für eine Kontur sowie für Trennlinien.

Die Häufigkeitstabelle sieht nunmehr wie folgt aus.

Sonntagsfrage (September 2009)

		Häufigkeit	Prozent	Gültige Prozent	Kumulative Prozente
Gültig	CDU/CSU	12	35,3	35,3	35,3
	SPD	8	23,5	23,5	58,8
	Bündnis90/Die Grünen	4	11,8	11,8	70,6
	Linkspartei	4	11,8	11,8	82,4
	FDP	5	14,7	14,7	97,1
	Sonstige	1	2,9	2,9	100,0
	Gesamtsumme	34	100,0	100,0	

Offensichtlich kann unsere Miniumfrage auf der Basis von lediglich 34 willkürlich befragten Personen keinerlei Repräsentativität beanspruchen.

- Testen Sie die verschiedenen Möglichkeiten selbst aus.

Sie können auf die beschriebene Weise SPSS-Häufigkeitstabellen auf vielfältige Art aufbereiten.

2.10.3 Diagramme nach Word übertragen

Wir wollen im Folgenden ein Tortendiagramm der »Sonntagsfrage« nach Word übertragen.

- Starten Sie die Textverarbeitung Word.
- Starten Sie SPSS und laden Sie die Datei sonntag2009.spv in den Viewer.

Wir wollen dieses Diagramm nach Word exportieren.

- Klicken Sie mit der rechten Maustaste auf das Diagramm.
- Wählen Sie aus dem Menü

  Bearbeiten

  Kopieren Spezial...

- Aktivieren Sie in der Dialogbox *Kopieren Spezial* zusätzlich die Option *Bild*.
- Bestätigen Sie mit *OK*.

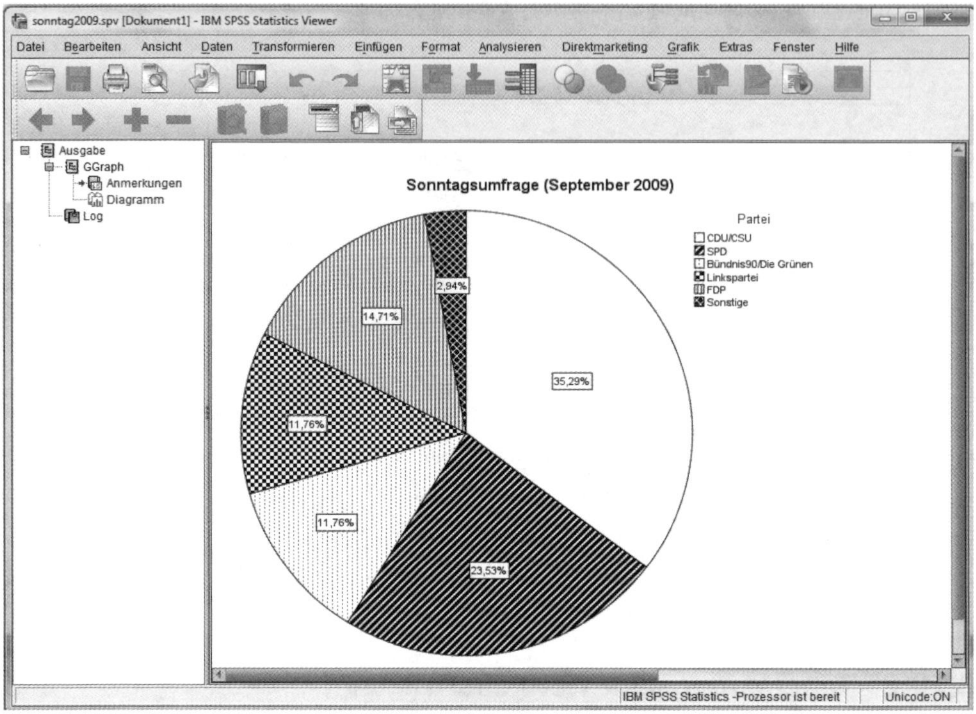

Bild 2.39: Diagramm im Viewer

Das Diagramm wird in die Zwischenablage kopiert.

- Drücken Sie die Tasten [Alt] und [⇆]. Halten Sie die [Alt]-Taste dabei gedrückt und wechseln Sie auf diese Weise in die Textverarbeitung, wobei wir davon ausgehen, dass diese bereits gestartet wurde.
- Wählen Sie aus dem Word-Menü

  Einfügen
      Inhalte einfügen

- Wählen Sie die Option *Bild (JPEG)* und bestätigen Sie mit *OK*.

Das Diagramm wird in die Textverarbeitung übertragen.

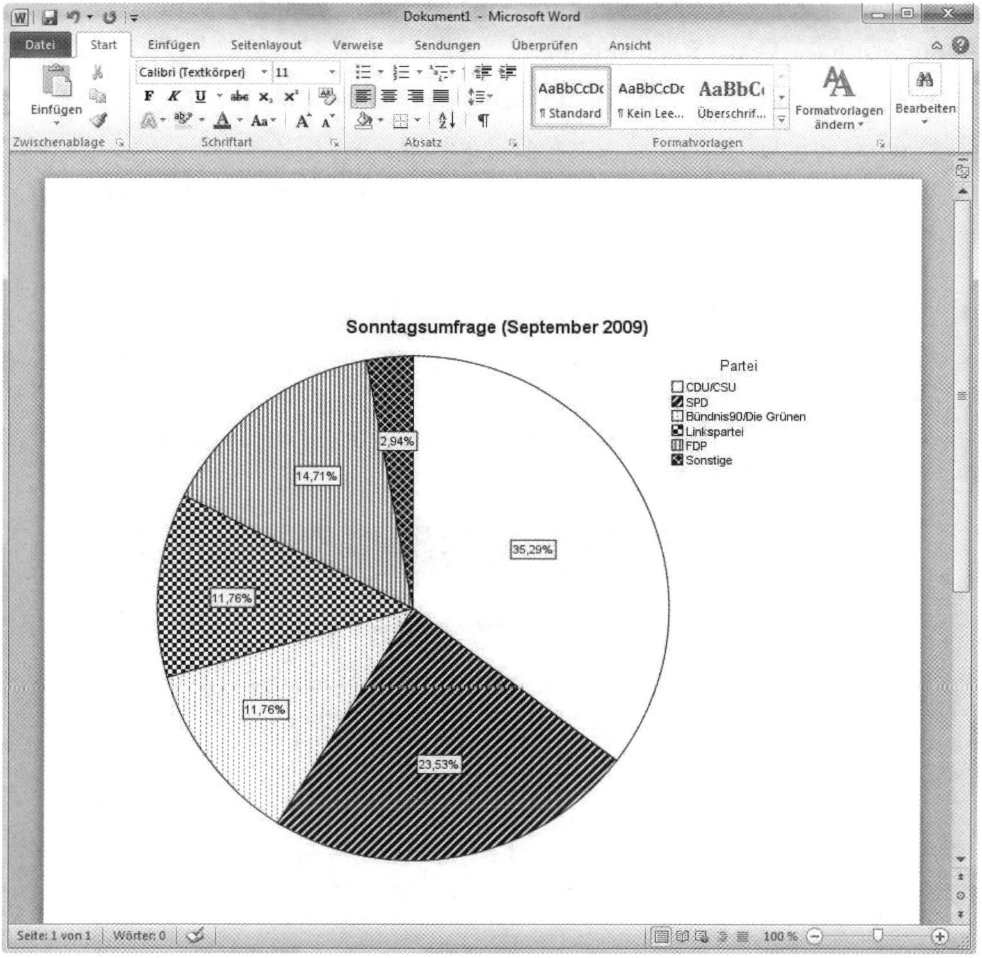

Bild 2.40: Diagramm in Word

Das Diagramm steht Ihnen auch hier zur weiteren Bearbeitung zur Verfügung.

2.10.4 Pivot-Tabellen und Diagramme in HTML-Dokumenten verwenden

Wir wollen im Folgenden zeigen, wie die Ergebnisse unserer Sonntagsfrage »Was würden Sie wählen, wenn am Sonntag Bundestagswahlen wären?« recht schnell ins Internet gestellt werden können.

- Starten Sie SPSS und laden Sie die Datei sonntagsfrage.sav.
- Führen Sie eine Häufigkeitsverteilung der Variablen partei durch.

Betrachten Sie die Ergebnisse im Viewer. Wir wollen die Pivot-Tabelle nunmehr im HTML-Format exportieren, um sie in eine Webpage einzubinden. Gehen Sie hierfür wie folgt vor.

- Klicken Sie mit der rechten Maustaste auf die Häufigkeitstabelle »Partei«.

Es öffnet sich wieder das Kontextmenü.

- Wählen Sie aus dem Kontextmenü die Option *Exportieren...*
- Es öffnet sich die Dialogbox *Ausgabe exportieren.*
- Wählen Sie in der Dialogbox *Ausgabe exportieren* unter *Typ* die Option *HTML.*
- Tragen Sie in die Editierzeile *Dateiname* z. B. »C:\SPSSBUCH\test.htm« ein und bestätigen Sie mit *OK.*
- Starten Sie einen Web-Browser, z. B. den Internet Explorer von Microsoft.
- Tragen Sie in die Editierzeile *Adresse:* »C:\SPSSBUCH\test.htm« ein und bestätigen Sie mit *OK.*

Die Ergebnisse der Häufigkeitsverteilung der Variablen partei werden Ihnen nunmehr als HTML-Dokument angezeigt.

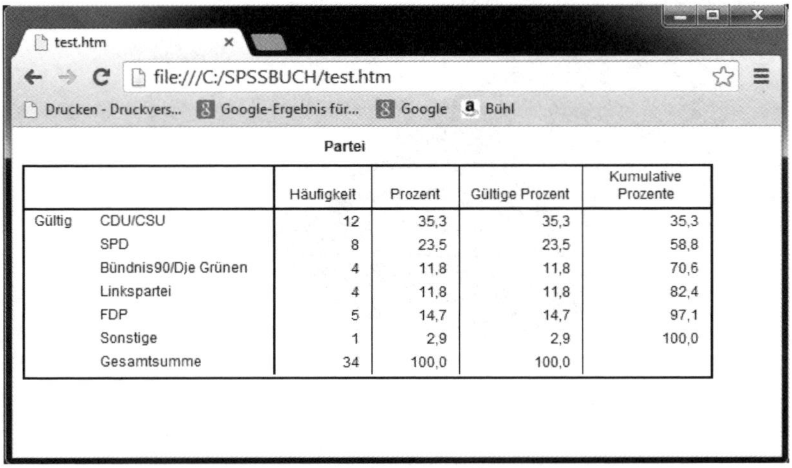

Partei

		Häufigkeit	Prozent	Gültige Prozent	Kumulative Prozente
Gültig	CDU/CSU	12	35,3	35,3	35,3
	SPD	8	23,5	23,5	58,8
	Bündnis90/Die Grünen	4	11,8	11,8	70,6
	Linkspartei	4	11,8	11,8	82,4
	FDP	5	14,7	14,7	97,1
	Sonstige	1	2,9	2,9	100,0
	Gesamtsumme	34	100,0	100,0	

Bild 2.41: Häufigkeitsverteilung der Variablen Partei als HTML-Dokument

Diagramme können Sie auf ähnliche Weise wie oben beschrieben exportieren und in HTML-Dokumenten einbinden.

- Laden Sie hierfür noch einmal die Datei sonntag2009.spv in den Viewer.
- Klicken Sie mit der rechten Maustaste auf das Tortendiagramm.
- Wählen Sie aus dem Kontextmenü die Option *Exportieren...*
- Es öffnet sich wieder die Dialogbox *Ausgabe exportieren.*
- Wählen Sie unter *Typ* erneut die Option *HTML.*

- Tragen Sie in die Editierzeile *Dateiname* z. B. »C:\SPSSBUCH\sonntag.htm« ein und bestätigen Sie mit *OK*.
- Starten Sie wieder einen Web-Browser, z. B. den Internet Explorer von Microsoft.
- Tragen Sie in die Editierzeile *Adresse:* »C:\SPSSBUCH\sonntag.htm« ein und bestätigen Sie die Eingabe mit *OK*.

Die Ergebnisse der »Sonntagsfrage« werden Ihnen nunmehr als HTML-Dokument angezeigt.

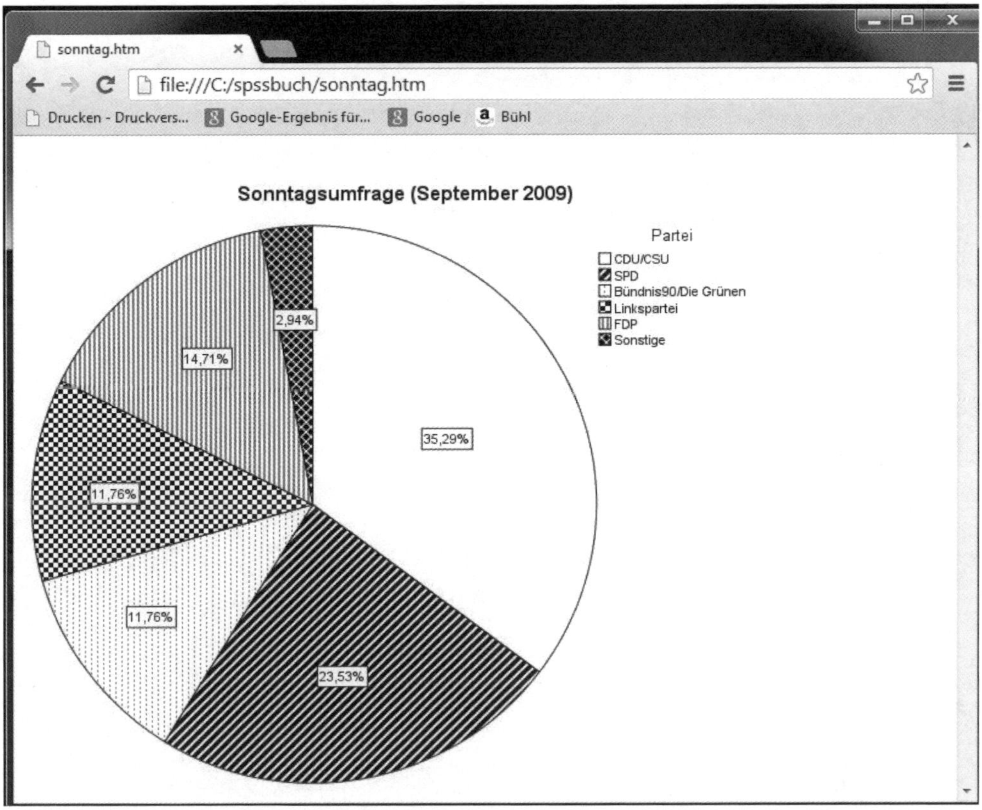

Bild 2.42: Häufigkeitsverteilung der Variablen Partei als HTML-Dokument

Sie sollten nunmehr die entsprechenden Tätigkeiten eigenständig durchführen können.

Wir hoffen Ihnen hiermit einen ersten, recht guten Überblick über das Programm SPSS Statistics geboten zu haben.

KAPITEL 3

Datenaufbereitung

Wir wollen in diesem Kapitel die Schritte der Datenaufbereitung anhand eines kleinen Beispiels vorstellen. Wir gehen dabei von einer fiktiven Befragung aus, bei der Studierende der Beuth Hochschule für Technik Berlin eine Umfrage zum Thema »Gefahren und Chancen der Gentechnik« durchgeführt haben.

Mit dem folgenden Fragebogen seien willkürlich 30 Straßeninterviews in Berlin geführt worden. Wir beschränken die Zahl der Interviews bewusst, um Ihnen unnötige Tipparbeit zu ersparen.

BEUTH HOCHSCHULE FÜR TECHNIK BERLIN
University of Applied Sciences

Umfrage zum Thema »Gentechnik«
Fragebogen

Fragebogen-Nr. (wird vom Interviewer ausgefüllt)		....
Würden Sie Genfood (gentechnisch veränderte Nahrungsmittel) essen?	Ja	□
	Nein	□
Sollte in Deutschland die Forschung an embryonalen Stammzellen für medizinische Zwecke freigegeben werden (z. B. keine Stichtagsregelung mehr)?	Ja	□
	Nein	□
	Weiß nicht	□
Sind Sie für ein weltweites Klonverbot?	Ja	□
	Nein	□
Für wie gefährlich halten Sie die Gentechnik?	Sehr gefährlich	□
	Gefährlich	□
	Teils/teils	□
	Wenig gefährlich	□
	Nicht gefährlich	□
Geschlecht	Weiblich	□
	Männlich	□

Alter (bitte Zahl eingeben)		______
	Keine Angabe	☐
Schulische Ausbildung	Kein Schulabschluss	☐
	9. Schulklasse	☐
	10. Schulklasse	☐
	12. Schulklasse	☐
	Abitur	☐
	Hochschulabschluss	☐

Liegen die Fragebögen ausgefüllt vor, so müssen die erhobenen Daten EDV-gerecht aufbereitet werden, damit sie mit Hilfe des Programms SPSS für Windows ausgewertet werden können.

3.1 Kodierung und Kodeplan

Um die erhobenen Daten auswerten zu können, muss zunächst ein Kodeplan erstellt werden. Der Kodeplan ordnet den einzelnen Fragen des Fragebogens Variablennamen zu; so kann z. B. die Frage nach dem Geschlecht den Variablennamen sex erhalten.

Variablen sind Speicherstellen, die über die Tastatur eingegebene Werte aufnehmen können. Bis zur Version 11.5 konnten Variablennamen nur aus maximal acht Zeichen bestehen. Ab der Version 12 sind erstmals Variablennamen mit bis zu 64 Zeichen gestattet, so dass statt des Variablennamens sex auch der Variablenname geschlecht möglich ist. Variablennamen dürfen aus Buchstaben, Ziffern und einigen Sonderzeichen bestehen; das erste Zeichen eines Variablennamens muss ein Buchstabe sein; eine Ausnahme bilden die Sonderzeichen @ und §.

Variablen können unterschiedliche Merkmalsausprägungen aufweisen. Die Variable sex besitzt zwei Merkmalsausprägungen: die Merkmalsausprägung »weiblich« sowie die Merkmalsausprägung »männlich«. Der Kodeplan ordnet den Merkmalsausprägungen der einzelnen Variablen Kodenummern zu, so kann z. B. die »1« für weiblich stehen und die »2« für männlich.

Fassen wir die Aufgaben eines Kodeplans zusammen:

- Ein Kodeplan ordnet den einzelnen Fragen eines Fragebogens Variablennamen zu.
- Ein Kodeplan ordnet den Merkmalsausprägungen einer Variablen Kodenummern zu.

Bezogen auf unsere Befragung zur Gentechnologie können wir das folgende Kodierschema entwerfen. Das Kodierschema ist dabei in den obigen Fragebogen eingearbeitet worden.

BEUTH HOCHSCHULE FÜR TECHNIK BERLIN
University of Applied Sciences

Umfrage zum Thema »Gentechnik«
Fragebogen

Fragebogen-Nr. (wird vom Interviewer ausgefüllt)			....
Würden Sie Genfood (gentechnisch veränderte Nahrungsmittel) essen?	1	Ja	☐
	2	Nein	☐
Sollte in Deutschland die Forschung an embryonalen Stammzellen für medizinische Zwecke freigegeben werden (z. B. keine Stichtagsregelung mehr)?	1	Ja	☐
	2	Nein	☐
	9	Weiß nicht	☐
Sind Sie für ein weltweites Klonverbot?	1	Ja	☐
	2	Nein	☐
Für wie gefährlich halten Sie die Gentechnik?	1	Sehr gefährlich	☐
	2	Gefährlich	☐
	3	Teils/teils	☐
	4	Wenig gefährlich	☐
	5	Nicht gefährlich	☐
Geschlecht	1	Weiblich	☐
	2	Männlich	☐
Alter	Zahl (bzw. 0 für keine Angabe)		______
Schulische Ausbildung	1	Kein Schulabschluss	☐
	2	9. Schulklasse	☐
	3	10. Schulklasse	☐
	4	12. Schulklasse	☐
	5	Abitur	☐
	6	Hochschulabschluss	☐
	9	Keine Angabe	☐

Das Kodierschema bildet im Folgenden die Grundlage für die rechnergestützte Dateneingabe.

3.2 Datenmatrix

Wir gehen davon aus, dass die 30 Fragebögen wie folgt ausgefüllt vorliegen:

kennung	genfood	embryo	klonverbot	folgen	sex	alter	schule
1	Ja	Ja	Nein	Wenig gefährlich	Männlich	22	9. Klasse
2	Ja	Ja	Nein	Wenig gefährlich	Männlich	29	9. Klasse
3	Nein	Nein	Ja	Sehr gefährlich	Weiblich	50	Abitur
4	Ja	Ja	Nein	Wenig gefährlich	Männlich	36	10. Klasse
5	Nein	Ja	Ja	Sehr gefährlich	Männlich	26	Hochschule
6	Nein	Nein	Ja	Gefährlich	Weiblich	51	Abitur
7	Nein	Nein	Ja	Sehr gefährlich	Weiblich	34	Hochschule
8	Ja	Ja	Ja	Gefährlich	Männlich	19	9. Klasse
9	Ja	Ja	Ja	Wenig gefährlich	Männlich	42	Kein Abschluss
10	Nein	Nein	Ja	Gefährlich	Weiblich	51	Abitur
11	Ja	Nein	Nein	Nicht gefährlich	Männlich	39	9. Klasse
12	Nein	Ja	Ja	Sehr gefährlich	Männlich	64	Hochschule
13	Ja	Nein	Nein	Gefährlich	Weiblich	29	9. Klasse
14	Ja	Nein	Ja	Sehr gefährlich	Weiblich	16	10. Klasse
15	Ja	Ja	Nein	Nicht gefährlich	Männlich	24	10. Klasse
16	Nein	Ja	Ja	Wenig gefährlich	Weiblich	41	Abitur
17	Nein	Ja	Ja	Gefährlich	Weiblich	49	Abitur
18	Nein	Ja	Ja	Wenig gefährlich	Männlich	52	Hochschule
19	Ja	Nein	Nein	Teils/teils	Männlich	56	9. Klasse
20	Nein	Ja	Ja	Gefährlich	Weiblich	40	12. Klasse
21	Nein	Nein	Ja	Sehr gefährlich	Weiblich	38	Abitur
22	Nein	Ja	Nein	Nicht gefährlich	Weiblich	32	Abitur
23	Ja	Ja	Ja	Gefährlich	Männlich	48	9. Klasse
24	Ja	Nein	Ja	Nicht gefährlich	Männlich	30	10. Klasse
25	Ja	Ja	Ja	Gefährlich	Männlich	29	12. Klasse
26	Nein	Ja	Ja	Wenig gefährlich	Weiblich	24	Abitur
27	Ja	Ja	Ja	Gefährlich	Weiblich	21	9. Klasse
28	Nein	Ja	Ja	Teils/teils	Weiblich	62	Hochschule
29	Nein	Nein	Ja	Wenig gefährlich	Männlich	38	12. Klasse
30	Nein	Nein	Ja	Gefährlich	Männlich	46	Abitur

Bei der obigen Tabelle spricht man von einer Datenmatrix. Daten, welche mit SPSS ausgewertet werden, müssen in Form einer solchen Matrix vorliegen. Eine Datenmatrix besteht aus einer Anzahl von Zeilen sowie aus einer Anzahl von Spalten. Zeilen und Spalten ergeben ein rechteckiges Format. Eine Zeile steht dabei für einen Fragebogen, eine Spalte für eine Variable. Da bei unserer kleinen Befragung 30 Interviews durchgeführt wurden, liegen 30 Zeilen vor. Jede Zeile besteht aus neun Spalten, und zwar den acht Variablen kennung, genfood, embryo, klonverbot, folgen, sex, alter und schule.

3.3 Start von SPSS

Wir wollen mit der Dateneingabe des kleinen Auswertungsbeispiels beginnen.

- Starten Sie SPSS für Windows, indem Sie mit der linken Maustaste doppelt auf das SPSS-Symbol klicken.

Es öffnet sich der Dateneditor.

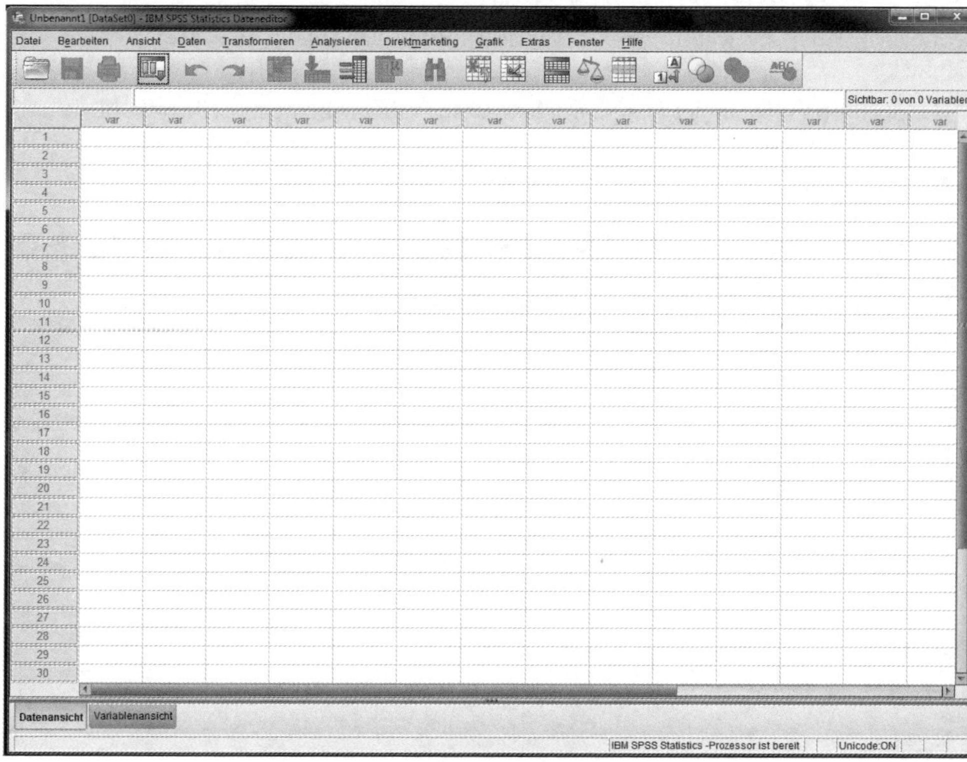

Bild 3.1: Dateneditor: Datenansicht

Der Dateneditor ist eines von mehreren Fenstern in SPSS. Sie können hier neue Daten eingeben oder bestehende Daten mit Hilfe der Menüwahl

Datei
Öffnen
Daten...

aus einer Datendatei laden. Da beim Start von SPSS keine solche Datendatei geladen ist, wird der Dateneditor mit »Unbenannt« betitelt. Der Dateneditor wird am oberen Bildrand durch eine Menüzeile und eine Symbolleiste ergänzt.

3.4 Dateneditor

Wir wollen mit Hilfe des Dateneditors die Daten der Umfrage zum Thema »Gentechnik« eingeben. Der Dateneditor ist ein spreadsheet-ähnliches Arbeitsmittel. Unter Spreadsheet versteht man ein in Zeilen und Spalten aufgeteiltes Arbeitsblatt, welches eine einfache und effiziente Dateneingabe ermöglicht. Die einzelnen Zeilen entsprechen den einzelnen Fällen. In einer Umfrage enthält eine Zeile z. B. die Angaben einer befragten Person. Die einzelnen Spalten entsprechen den einzelnen Variablen. Bei einem Fragebogen speichert eine Variable die Antworten auf eine einzelne Frage. Die einzelnen Zellen enthalten die Werte der jeweiligen Variablen des jeweiligen Falles; jede Zelle speichert einen einzelnen Variablenwert.

3.4.1 Definition der Variablen

Beginnen wir mit der Definition von Variablen. Eine Variable können Sie wie folgt definieren:

- Doppelklicken Sie in der Datenansicht auf eine mit var betitelte Zelle oder klicken Sie auf die Registerkarte *Variablenansicht* am unteren Rand des Spreadsheet.

In beiden Fällen sehen Sie die Variablenansicht des Dateneditors.

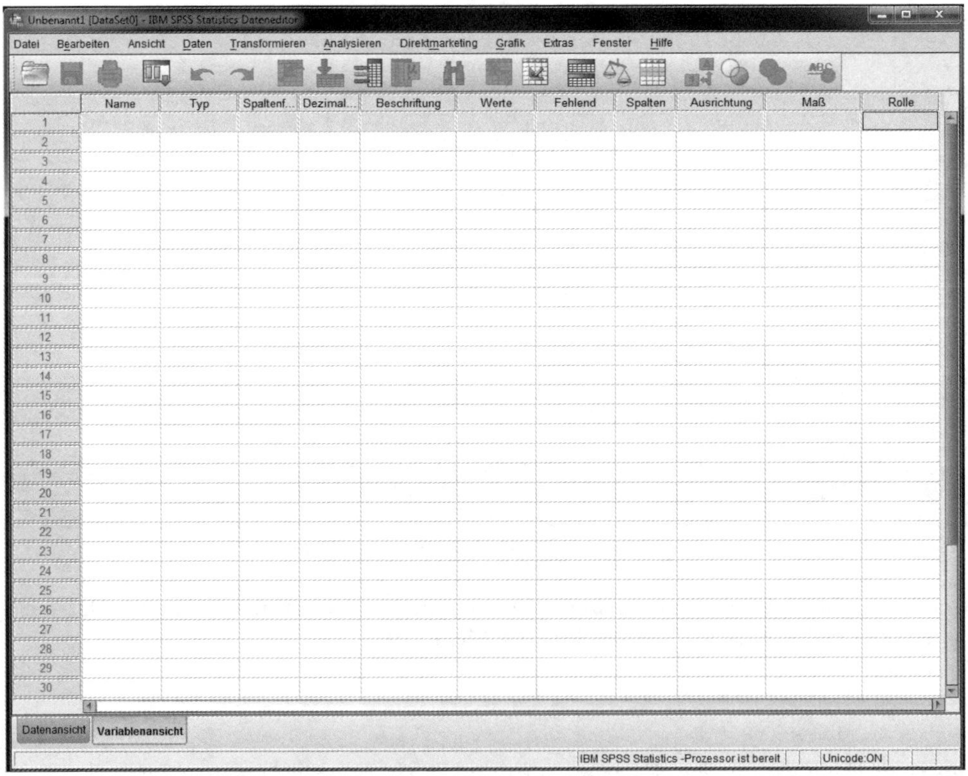

Bild 3.2: Dateneditor: Variablenansicht

Sie können nunmehr damit beginnen, zeilenweise die einzelnen Variablen zu definieren.

Variablenname

Zur Vergabe eines Variablennamens gehen Sie wie folgt vor:

- Geben Sie in das Textfeld *Name* den gewünschten Variablennamen ein. Bezogen auf unseren Beispieldatensatz wollen wir zunächst die Variable kennung definieren. Geben Sie daher in das Textfeld *Name* »kennung« ein.

Die Vergabe von Variablennamen unterliegt bestimmten Festlegungen. Die folgenden Regeln müssen beachtet werden.

- Variablennamen können aus Buchstaben und Ziffern gebildet werden. Erlaubt sind ferner die Sonderzeichen _ (underscore), . (Punkt) sowie die Zeichen @, #, $ und §. Nicht erlaubt sind z. B. Leerzeichen sowie spezifische Zeichen, wie !, ?, » und *.
- Der Variablenname muss mit einem Buchstaben beginnen. Erlaubt sind ferner die Sonderzeichen @ und §.
- Das letzte Zeichen eines Variablennamens darf kein Punkt und sollte kein _ (underscore) sein, um Konflikte mit speziellen Variablen, die von SPSS-Prozeduren angelegt werden, zu vermeiden.
- Der Variablenname darf erstmals ab der Version 12 länger als acht Zeichen sein und zwar 64 Zeichen.
- Variablennamen sind nicht case-sensitive, d.h., die Groß- und Kleinschreibung ist nicht relevant. Variablennamen können aus einer beliebigen Kombination aus Klein- und Großbuchstaben bestehen. Die Groß- und Kleinschreibung bleibt bei der Anzeige erhalten.
- Variablennamen dürfen nicht doppelt vergeben werden.
- Reservierte Schlüsselwörter können nicht als Variablennamen verwendet werden. Zu den reservierten Schlüsselwörtern zählen: ALL, AND, BY, EQ, GE, GT, LE, LT, NE, NOT, OR, TO, WITH.

Beispiele für gültige Variablennamen:

haushalt
sex
gehalt93
frage_13
wölkchen
A
var3_1_2
Nettoeinkommen
Bruttosozialprodukt2004

Beispiele für ungültige Variablennamen:

1mal1	Name beginnt mit einer Ziffer.
Bühl&Zöfel	Name enthält das unzulässige Sonderzeichen »&«.
Stand 94	Name enthält ein Leerzeichen.
Wagen!	Das Sonderzeichen »!« ist nicht erlaubt.

Umlaute und »ß« sind zwar mittlerweile in Variablennamen zugelassen, allerdings sind dann die betreffenden Datendateien in älteren Programmversionen nicht problemlos zu verwenden.

- Drücken Sie die Tabulator-Taste, um Ihre Eingabe zu bestätigen und zur Festlegung des Variablentyps überzugehen.

Variablentyp

Neu angelegte Variablen sind, wie Sie dem Spreadsheet entnehmen können, bei SPSS per Voreinstellung numerisch mit einer Länge von acht Zeichen, wobei zwei Nachkommastellen voreingestellt sind (Format 8.2).

- Wollen Sie den Variablentyp ändern, so klicken Sie in der Zelle auf die Schaltfläche mit den drei Punkten:

Es öffnet sich die Dialogbox *Variablentyp definieren.*

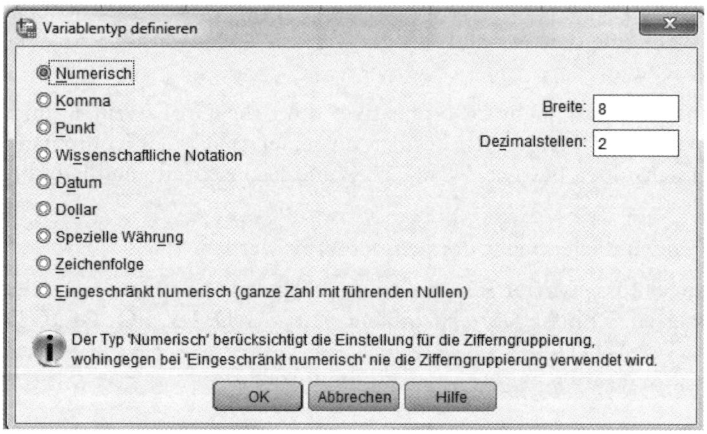

Bild 3.3: Dialogbox Variablentyp definieren (numerische Variable)

SPSS kennt folgende Variablentypen:

Numerisch Gültige Werte enthalten Ziffern, ein vorangestelltes Plus- oder Minuszeichen und ein Dezimaltrennzeichen. Im Unterschied zum Minuszeichen wird das vorangestellte Pluszeichen nicht angezeigt. Im Textfeld *Breite* wird die maximale Anzahl der Zeichen eingetragen, einschließlich einer Position für das Dezimaltrennzeichen. Im Textfeld *Dezimalstellen* wird die Anzahl der Dezimalstellen angegeben, die angezeigt werden sollen.

Komma Gültige Werte enthalten Ziffern, ein vorangestelltes Plus- oder Minuszeichen, einen Punkt als Dezimaltrennzeichen sowie ein oder mehrere eingebettete Kommas als Tausendertrennzeichen. Werden die Kommas bei der Dezimaleingabe weggelassen, werden sie automatisch eingefügt. Als Länge wird die maximale Zeichenzahl eingegeben, einschließlich des Dezimaltrennzeichens sowie der eingebetteten Kommas.

Punkt	Gültige Werte enthalten Ziffern, ein vorangestelltes Plus- oder Minuszeichen, ein Komma als Dezimaltrennzeichen und einen oder mehrere eingebettete Punkte als Tausendertrennzeichen. Werden Punkte bei der Dateneingabe weggelassen, werden sie automatisch eingefügt.
Wissenschaftliche Notation	Erlaubt sind bei der Dateneingabe alle gültigen numerischen Werte einschließlich der wissenschaftlichen Notation, die durch ein eingebettetes E, D, Plus- oder Minuszeichen gekennzeichnet ist.
Datum	Gültige Werte sind Datums- und/oder Zeitangaben.
Dollar	Gültige Werte enthalten ein Dollarzeichen, einen Punkt als Dezimaltrennzeichen und Kommas als Tausendertrennzeichen. Werden bei der Dateneingabe das Dollarzeichen oder die Kommas weggelassen, werden sie automatisch eingefügt.
Spezielle Währung	Der Benutzer hat die Möglichkeit, eigene Währungsformate festzulegen. Bei *Breite* wird dann die maximale Zeichenanzahl eingegeben, einschließlich aller benutzerspezifischen Zeichen. Die Währungsbezeichnung darf bei der Dateneingabe nicht eingetippt werden; sie wird automatisch eingefügt.
Zeichenfolge	String bzw. Zeichenkette. Gültige Werte umfassen Buchstaben, Ziffern und Sonderzeichen. Stringvariablen dürfen bis zu 255 Zeichen lang sein.
Eingeschränkt numerisch	Es handelt sich hierbei um ganze Zahlen mit führenden Nullen. Tippen Sie z. B. eine 6 ein, so ergänzt der Rechner bei einem Spaltenformat von 8 Zeichen auf 00000006.

Folgende Besonderheiten bei der Ein- und Ausgabe von Daten müssen beachtet werden:

- *Numerische Formate:* Bei numerischen Formaten kann das Dezimaltrennzeichen entweder ein Punkt oder ein Komma sein. Die Art des Dezimaltrennzeichens ist abhängig von der Spezifikation in der Dialogbox *Ländereinstellungen* der Windows-Systemsteuerung. Der vollständige Wert wird intern gespeichert. Der Dateneditor zeigt stets nur die definierte Zahl der Dezimalstellen an. Werte mit mehr Dezimalstellen werden gerundet. Für die Berechnungen wird der vollständige Wert verwendet.
- *String-Formate:* Bei String-Formaten werden alle Werte bis zur maximalen Länge mit Leerzeichen aufgefüllt. Bei einer String-Variablen der Länge 10 wird z. B. der eingegebene Wert »Mueller« intern als »Mueller « abgespeichert.
- *Datums- und Zeitformate:* Bei Datumsformaten können Schrägstriche, Trennstriche, Leerzeichen, Kommas oder Punkte als Trennzeichen zwischen den Werten für Tag, Monat und Jahr verwendet werden. Es kann zwischen verschiedenen Datumsformaten (tt-mm-jjjj, tt-mmm-jj, mm/tt/jjjj u. a.) gewählt werden. Datumsangaben im Format tt-mmm-jj werden mit Trennstrichen als Trennzeichen und Abkürzungen mit drei Buchstaben für Monate angezeigt. Datumsangaben im Format tt/mm/jj und mm/tt/jj werden mit Schrägstrichen als Trennzeichen und Zahlen für Monate angezeigt.
- Es stehen diverse Datums- und Zeitformate zur Verfügung, die in einer Drop-down-Liste angezeigt werden. Bei Zeitformaten können als Trennzeichen zwischen Stunden, Minuten und Sekunden Doppelpunkte, Punkte oder Leerzeichen verwendet werden.

- *Spezielle Währung:* Die angezeigten Währungsformate CCA, CCB, CCC, CCD und CCE werden nach der Menüwahl

  Bearbeiten

  Optionen...

  mit Hilfe der Registerkarte *Währung* definiert.

- Legen Sie für die Variable kennung den Variablentyp »Zeichenfolge« fest. Mit Variablen vom Typ »String« können keine Rechenoperationen ausgeführt werden; möglich sind jedoch Häufigkeitsauszählungen. Neben Zahlen können auch Buchstaben eingegeben werden. Denkbar wären z. B. Fragebogenkennungen mit den Kürzeln ab001, ct005.
- Wählen Sie eine Länge von zwei Zeichen, so dass bei unserem Beispiel Fragebogennummern von 1 bis 99 eingegeben werden könnten.

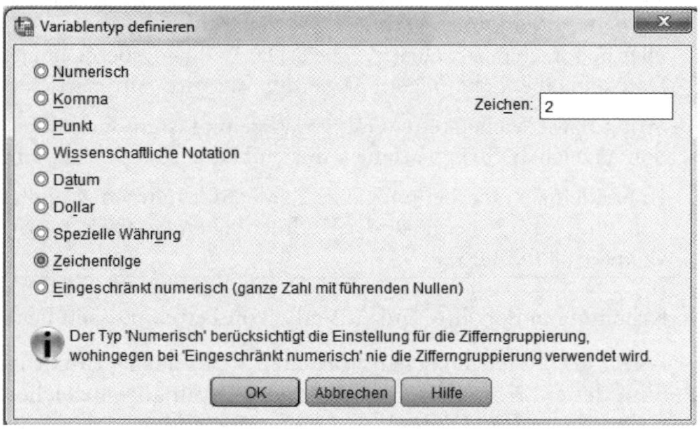

Bild 3.4: Dialogbox Variablentyp definieren (String-Variable)

- Bestätigen Sie mit *OK*.
- Drücken Sie die Tabulator-Taste, um nunmehr das Spaltenformat festzulegen.

Spaltenformat

Das Spaltenformat der Variablen kennung lautet »2«. Der Wert ergibt sich aus der Variablenlänge, die in der Dialogbox *Variablentyp definieren* festgelegt wurde.

Um das auf der Basis der Einträge in der Dialogbox *Variablentyp definieren* übernommene Spaltenformat einer Variablen nachträglich zu ändern, klicken Sie auf die Schaltfläche .

- Bestätigen Sie die Voreinstellung mit der Tabulator-Taste.

Dezimalstellen

Da es sich bei der Variablen kennung um eine Stringvariable handelt, lautet die Dezimalstellenanzahl »0«. Eine Erhöhung bzw. Herabsetzung des aus der Dialogbox *Variablentyp definieren* übernommenen Werts können Sie bei numerischen Variablen mit Hilfe der Schaltfläche vornehmen.

- Bestätigen Sie den Wert »0« durch Drücken der Tabulator-Taste.

Beschriftung

Ein Variablenlabel ist ein Etikett, mit dessen Hilfe Sie eine Variable näher beschreiben können. Die Beschriftung kann bis zu 256 Zeichen lang sein. Bei einem Variablenlabel wird die Groß- und Kleinschreibung beachtet. Der Eingabe entsprechend werden diese auch angezeigt. Geben Sie als Variablenlabel für die Variable fragebnr im Textfeld *Variablenlabel* »Fragebogen-Nr.« ein.

Werte

Wertelabel sind Etiketten, mit deren Hilfe Sie die Merkmalsausprägungen einer Variablen näher beschreiben können. So können Sie zum Beispiel bei der Variablen sex für den Wert »1« das Etikett »weiblich« und für den Wert »2« das Etikett »männlich« vergeben. Ein Wertelabel kann bis zu 60 Zeichen lang sein.

Bestätigen Sie bei der Stringvariablen kennung die Voreinstellung *Keine* mit der Tabulator-Taste.

Fehlende Werte

SPSS kennt zwei Arten von fehlenden Werten:

- *Systemdefinierte fehlende Werte:* Werden in einer Datenmatrix numerische Zahlen nicht ausgefüllt, so weist SPSS ihnen den systemdefinierten fehlenden Wert zu. Dieser wird in der Datenmatrix mit einem Punkt (.) angezeigt.
- *Benutzerdefinierte fehlende Werte:* Liegen in bestimmten Fällen bei Variablen keine Antwortvorgaben vor, sei es wegen einer Antwortverweigerung, aus Unwissenheit oder anderen Gründen, kann der Benutzer an diesen Stellen im Dateneditor einen Zahlenwert eintragen und diesen über den Schalter *Fehlende Werte* als fehlend deklarieren. Dieser Zahlenwert darf natürlich unter den auftretenden Werten nicht vorkommen. Fehlende Werte werden aus weiteren Berechnungen ausgeschlossen.

- Bestätigen Sie die Voreinstellung *Keine* mit Hilfe der Tabulator-Taste.

Spalten

Das Feld *Spalten* bezieht sich auf die Breite, die dem jeweiligen Datenfeld im Spreadsheet bei der Anzeige der Werte eingeräumt wird. Die Spaltenbreite kann auch im Fenster des Dateneditors verändert werden. Positionieren Sie hierfür den Mauszeiger auf den Rand zwischen zwei Variablennamen. Der Mauszeiger verändert seine Gestalt. Ein Doppelpfeil weist darauf hin, dass die entsprechende Spalte mit Hilfe der Klicken- und Ziehen-Technik vergrößert oder verkleinert werden kann.

- Bestätigen Sie die Voreinstellung »8« durch Drücken der Tabulator-Taste.

Ausrichtung

Sie können hier die Ausrichtung der Werte festlegen, d.h., wie diese zukünftig im Spreadsheet angezeigt werden sollen. Zur Verfügung stehen die Optionen Links (»linksbündig«), Rechts (»rechtsbündig«) und Mitte (»zentriert«). Die Festlegung der Art der Anzeige können Sie mit Hilfe des Pull-Down-Menüs vornehmen:

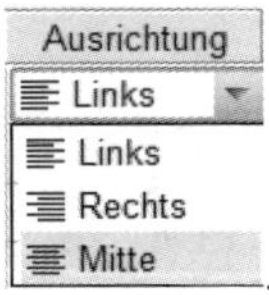

- Bestätigen Sie die Voreinstellung *Linksbündig* mit der Tabulator-Taste.

Bei numerischen Variablen ist *Rechtsbündig*, bei Stringvariablen *Linksbündig* voreingestellt.

Maß

Es kann das Messniveau (Skalenniveau) der Variablen angegeben werden, wobei zwischen nominal, ordinal und metrisch unterschieden wird (siehe Kap. 5.1.1). Bei numerischen Variablen ist das Messniveau *Metrisch* (bzw. *Skala*), bei Stringvariablen das Messniveau *Nominal* voreingestellt. Allerdings ist diese Unterscheidung nur bei der Erstellung interaktiver Grafiken relevant, wo nominales und ordinales Messniveau zu »kategorial« zusammengefasst wird. Die üblichen Statistikprozeduren hingegen berücksichtigen die Einstellungen beim Messniveau nicht, man muss folglich immer selber bestimmen, welches das adäquate Testverfahren für das jeweilige Skalenniveau der Daten ist. Da der Variablentyp der Variable kennung von uns als String-Variable definiert wurde, sehen wir derzeit nur das nominale sowie das ordinale Skalenniveau.

Laden Sie Daten von Dateien, die mit früheren SPSS-Versionen erstellt wurden, oder definieren Sie das Messniveau nicht explizit, so setzt SPSS automatisch zunächst metrisches Messniveau voraus und ordinales Messniveau erst dann, wenn die betreffende Variable Wertelabels aufweist oder weniger als 24 verschiedene Werte hat.

- Bestätigen Sie die Voreinstellung *Nominal* durch Drücken der Tabulator-Taste. Auf diese Weise positionieren Sie den Cursor auch wieder im Feld *Name*, um die nächste Variable zu deklarieren.

Rolle

Einige Dialogfelder unterstützen in SPSS vordefinierte Rollen, die zur Vorauswahl von Variablen zur Analyse verwendet werden können. Per Klicken auf die voreingestellte Rolle *Eingabe* öffnen Sie ein Pull-Down-Menü:

Sie können hier zwischen folgenden Rollen wählen:

- *Eingabe:* Die Variable wird als Eingabe verwendet (z. B. unabhängige Variable, Einflussvariable).
- *Ziel:* Die Variable wird als Ausgabe oder Ziel verwendet (z. B. abhängige Variable).
- *Beide:* Die Variable wird sowohl als Eingabe als auch als Ausgabe verwendet.
- *Keines:* Der Variablen wird keine Rolle zugewiesen.
- *Partitionieren:* Die Variable wird verwendet, um die Daten in separate Stichproben zum Training, zum Test und zur Validierung zu partitionieren.
- *Splitten:* Variablen mit dieser Rolle werden in SPSS Statistics verwirrenderweise nicht als Dateiaufteilungs-Variablen verwendet. Diese Rolle dient vielmehr der Kompatibilität mit dem SPSS Modeler.

In der Praxis ist dieses Feld bedeutungslos. Sie sollten daher stets die Voreinstellung *Eingabe* bestätigen.

Wir fahren fort mit der Deklaration der Variablen genfood.

- Tragen Sie in das Textfeld *Name* genfood ein und bestätigen Sie die Eingabe durch Drücken der Tabulator-Taste.
- Klicken Sie zur Festlegung des Variablentyps im Feld *Typ* auf die Schaltfläche mit den drei Punkten. Es öffnet sich die Dialogbox *Variablentyp definieren*. Übernehmen Sie die Voreinstellung *numerisch* und legen Sie als Breite »1« und als Dezimalstellenanzahl »0« fest, da nur die Werte 1 und 2 abgespeichert werden sollen. Bestätigen Sie mit *OK* und betätigen Sie die Tabulator-Taste.
- Übernehmen Sie als Spaltenformat den Wert »1« und als Dezimalstellenanzahl »0«, da es sich um die Werte handelt, die aus den Einstellungen in der Dialogbox *Variablentyp definieren* übernommen wurden. An dieser Stelle könnten Sie die von Ihnen vorgenommenen Festlegungen nachträglich ändern.
- Vergeben Sie als Beschriftung die Bezeichnung »Konsum von Genfood?«.
- Klicken Sie im Feld *Wertelabels* auf die Schaltfläche . Es öffnet sich die Dialogbox *Wertbeschriftungen*.

Bild 3.5: Dialogbox Wertbeschriftungen

Die Zuweisung der Wertelabels geschieht wie folgt:

- Geben Sie zunächst eine »1« im Textfeld *Wert* ein. Drücken Sie die Tabulator-Taste.
- Tippen Sie in das Wertelabel-Textfeld »Ja«.
- Klicken Sie auf *Hinzufügen*. Das Wertelabel wird der Liste hinzugefügt. Alternativ zum Klicken auf *Hinzufügen* könnten Sie auch die Tastenkombination `Alt`+`h` drücken.
- Wiederholen Sie die Schritte mit der Merkmalsausprägung 2 für »Nein«.

Der Inhalt der ausgefüllten Dialogbox *Wertelabels* ist in Bild 3.6 dargestellt.

Bild 3.6: Ausgefüllte Dialogbox Wertbeschriftungen

- Bestätigen Sie Ihre Angaben mit *OK* und anschließend durch Drücken der Tabulator-Taste.
- Übernehmen Sie die Voreinstellungen in den Feldern *Fehlend*, *Spalten* und *Ausrichtung*.

- Ändern Sie im Feld *Maß* die Voreinstellung von *Skala* bzw. *metrisch* auf *nominal* ab.
- Übernehmen Sie die Voreinstellung *Eingabe* im Feld *Rolle*.

Wir fahren fort mit der Deklaration der Variablen embryo.

- Tragen Sie in das Textfeld *Name* embryo ein und bestätigen Sie die Eingabe durch Drücken der Tabulator-Taste.
- Klicken Sie zur Festlegung des Variablentyps im Feld *Typ* auf die Schaltfläche mit den drei Punkten. Es öffnet sich die Dialogbox *Variablentyp definieren*. Übernehmen Sie die Voreinstellung *numerisch* und legen Sie als Breite »1« und als Dezimalstellenanzahl »0« fest, da nur die Werte 1, 2 oder 0 abgespeichert werden sollen. Bestätigen Sie mit *OK* und betätigen Sie die Tabulator-Taste.
- Übernehmen Sie als Spaltenformat den Wert »1« und die Dezimalstellenanzahl »0«.
- Vergeben Sie als Beschriftung das Variablenlabel »Stammzellenforschung freigeben?«.
- Klicken Sie im Feld *Werte* auf die Schaltfläche [...]. Es öffnet sich die Dialogbox *Wertbeschriftungen*.
- Geben Sie wie bereits besprochen hintereinander eine 1 für »Ja«, eine 2 für »Nein« und eine 9 für »Weiß nicht« ein. Bestätigen Sie mit *OK*.
- Klicken Sie zur Festlegung fehlender Werte im Feld *Fehlend* auf die Schaltfläche mit den drei Punkten [...]. Es öffnet sich die Dialogbox *Fehlende Werte*:

Bild 3.7: Dialogbox Fehlende Werte

Voreingestellt ist die Option *Keine fehlenden Werte*, d.h., alle Werte werden zurzeit als gültig betrachtet.

- Klicken Sie auf die Option *Einzelne fehlende Werte*. Es können bis zu drei einzelne benutzerdefinierte fehlende Werte für eine Variable eingegeben werden. Tragen Sie eine »9« ein.

Es gibt ferner folgende Option:

- *Bereich und einzelner fehlender Wert:* Alle Werte zwischen den Ausgaben *Kleinster Wert* und *Größter Wert* einschließlich werden als fehlend deklariert. Festgelegt werden kann ferner ein zusätzlicher *Einzelner Wert* bzw. *diskreter Wert* außerhalb des Bereichs.

Fehlende Werte in einer Datenerhebung sind leider in der Regel nicht zu vermeiden. Bei vielen statistischen Verfahren, vor allem bei univariaten, ist die Berücksichtigung fehlender Werte unproblematisch, da sich außer der entsprechenden Verringerung der Fallzahl keine weiteren Konsequenzen ergeben. Bei bivariaten oder gar multivariaten Analysen bringen fehlende Werte in den Variablenlisten größere Probleme mit sich, da ein einziger auftretender fehlender Wert ausreicht, um den ganzen Fall für die betreffende Analyse unbrauchbar zu machen. Bei manchen Analysen werden von SPSS allerdings Auswege aus dieser Situation angeboten.

- Bestätigen Sie den Eintrag fehlender Werte für die Variable embryo mit *OK*.

Bei der Festlegung des Codeplans hätten Sie natürlich auch die Möglichkeit gehabt, zwischen verschiedenen fehlenden Werten zu differenzieren, wie z. B. eine 9 für »Antwort verweigert«, eine 99 für »Frage zu schwer«, eine 999 für »keine Festlegung«, wobei in diesem Fall ein Spaltenformat von 3 Zeichen erforderlich gewesen wäre.

- Übernehmen Sie die Voreinstellungen in den Feldern *Fehlend*, *Spalten* und *Ausrichtung*.
- Ändern Sie im Feld *Maß* die Voreinstellung von *metrisch* auf *nominal* ab.
- Klicken Sie im Feld *Messniveau* auf die Schaltfläche mit dem Pfeil nach unten, so werden Ihnen drei Skalenniveaus zur Auswahl gestellt:

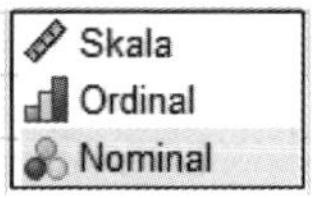

- Ändern Sie die Voreinstellung *Skala* auf *Nominal* und drücken Sie die Tabulator-Taste.
- Übernehmen Sie die Voreinstellung *Eingabe* im Feld *Rolle*.

Die Deklaration der Variablen embryo ist damit abgeschlossen.

- Legen Sie die Variable klonverbot entsprechend der Variablen genfood an.

Wir fahren mit der Deklaration der Variablen folgen fort.

- Tragen Sie in das Textfeld *Name* »folgen« ein und bestätigen Sie die Eingabe durch Drücken der Tabulator-Taste.
- Klicken Sie zur Festlegung des Variablentyps im Feld *Typ* auf die Schaltfläche mit den drei Punkten. Es öffnet sich die Dialogbox *Variablentyp definieren*. Übernehmen Sie die Voreinstellung *numerisch* und legen Sie als Breite »1« und als Dezimalstellenanzahl »0« fest, da Werte von 1 bis 5 abgespeichert werden sollen. Bestätigen Sie mit *OK* und betätigen Sie die Tabulator-Taste.

- Übernehmen Sie als Spaltenformat den Wert »1« und als Dezimalstellenanzahl »0«.
- Vergeben Sie als Beschriftung das Variablenlabel »Gefährlichkeit Gentechnik«.
- Klicken Sie im Feld *Wertelabels* auf die Schaltfläche . Es öffnet sich die Dialogbox *Wertelabels*.
- Geben Sie zunächst eine »1« im Textfeld *Wert* ein. Drücken Sie die Tabulator-Taste.
- Tippen Sie in das Wertelabel-Textfeld »Sehr gefährlich«.
- Klicken Sie auf *Hinzufügen*. Das Wertelabel wird der Liste hinzugefügt.
- Wiederholen Sie die Schritte mit den Merkmalsausprägungen 2 für »Gefährlich«, 3 für »Teils/teils«, 4 für »Wenig gefährlich« und 5 für »Nicht gefährlich«.
- Übernehmen Sie die Voreinstellungen in den Feldern *Fehlend*, *Spalten* und *Ausrichtung*.
- Klicken Sie im Feld *Maß* auf die Schaltfläche mit dem Pfeil nach unten und ändern Sie die Voreinstellung von *metrisch* bzw. *Skala* auf *ordinal* ab.
- Übernehmen Sie die Voreinstellung *Eingabe* im Feld *Rolle*.

Wir fahren fort mit der Deklaration der Variablen sex.

- Tragen Sie in das Textfeld *Name* sex ein und bestätigen Sie die Eingabe durch Drücken der Tabulator-Taste.
- Klicken Sie zur Festlegung des Variablentyps im Feld *Typ* auf die Schaltfläche mit den drei Punkten. Es öffnet sich die Dialogbox *Variablentyp definieren*. Übernehmen Sie die Voreinstellung *numerisch* und legen Sie als Breite »1« und als Dezimalstellenanzahl »0« fest, da nur die Werte 1 oder 2 abgespeichert werden sollen. Bestätigen Sie mit *OK* und betätigen Sie die Tabulator-Taste.
- Übernehmen Sie als Spaltenformat den Wert »1« und als Dezimalstellenanzahl »0«.
- Vergeben Sie als Variablenlabel die Bezeichnung »Geschlecht«.
- Klicken Sie im Feld *Werte* auf die Schaltfläche . Es öffnet sich die Dialogbox *Wertbeschriftungen*.
- Geben Sie zunächst eine »1« im Textfeld *Wert* ein. Drücken Sie die Tabulator-Taste.
- Tippen Sie in das Wertelabel-Textfeld »Weiblich«.
- Klicken Sie auf *Hinzufügen*. Das Wertelabel wird der Liste hinzugefügt. Alternativ zum Klicken auf *Hinzufügen* könnten Sie auch die Tastenkombination [Alt]+[h] drücken.
- Wiederholen Sie die Schritte mit den Merkmalsausprägungen 2 für »Männlich«.
- Bestätigen Sie Ihre Eingaben mit *OK* und anschließend durch Drücken der Tabulator-Taste.
- Übernehmen Sie die Voreinstellungen in den Feldern *Fehlend*, *Spalten* und *Ausrichtung*.

- Ändern Sie im Feld *Maß* die Voreinstellung auf *nominal* und drücken Sie die Tabulator-Taste.
- Übernehmen Sie die Voreinstellung *Eingabe* im Feld *Rolle*.

Wir fahren mit der Deklaration der Variablen alter fort.

- Tragen Sie in das Textfeld *Name* alter ein und bestätigen Sie Ihre Eingabe.
- Klicken Sie zur Festlegung des Variablentyps im Feld *Typ* auf die Schaltfläche mit den drei Punkten. Es öffnet sich die Dialogbox *Variablentyp definieren*. Übernehmen Sie die Voreinstellung *numerisch* und legen Sie als Breite »2« (unterstellt wird dabei, dass kein Befragter älter ist als 99 Jahre) und »0« Dezimalstellen fest. Bestätigen Sie mit *OK* und drücken Sie anschließend die Tabulator-Taste.
- Übernehmen Sie die Angaben in den Feldern *Spaltenformat* und *Dezimalstellen*.
- Vergeben Sie als Variablenlabel die Bezeichnung »Lebensalter« und bestätigen Sie die Voreinstellung *Keine* bei *Werte* mit der Tabulator-Taste.
- Klicken Sie zur Festlegung fehlender Werte im Feld *Fehlend* auf die Schaltfläche mit den drei Punkten. Es öffnet sich die Dialogbox *Fehlende Werte*. Voreingestellt ist die Option *Keine fehlenden Werte*, d.h., alle Werte werden zurzeit als gültig betrachtet. Tragen Sie als einzelnen fehlenden Wert die »0« ein und bestätigen Sie mit *OK*.
- Übernehmen Sie die Voreinstellung »8« im Feld *Spalten*, »Rechts« im Feld *Ausrichtung*, »Skala« im Feld *Messniveau* sowie »Eingabe« im Feld *Rolle*.

Wir fahren mit der Deklaration der letzten Variablen schule fort.

- Tragen Sie in das Textfeld *Name* schule ein und bestätigen Sie Ihre Eingabe durch Drücken der Tabulator-Taste.
- Klicken Sie zur Festlegung des Variablentyps im Feld *Typ* auf die Schaltfläche mit den drei Punkten. Es öffnet sich die Dialogbox *Variablentyp definieren*. Übernehmen Sie die Voreinstellung *numerisch* und legen Sie als Breite »1« und als Dezimalstellenanzahl »0« fest, da nur die Werte 1 bis 6 und die 9 als fehlender Wert abgespeichert werden sollen. Bestätigen Sie mit *OK* und betätigen Sie die Tabulator-Taste.
- Übernehmen Sie als Spaltenformat den Wert »1« und die Dezimalstellenanzahl »0«.
- Vergeben Sie als Variablenlabel die Beschriftung »Schulbildung«.
- Klicken Sie im Feld *Werte* auf die Schaltfläche. Es öffnet sich die Dialogbox *Wertbeschriftungen*.
- Geben Sie zunächst eine »1« im Textfeld *Wert* ein. Drücken Sie die Tabulator-Taste.
- Tragen Sie in das Wertelabel-Textfeld »Kein Schulabschluss« ein.
- Klicken Sie auf *Hinzufügen*. Das Wertelabel wird der Liste hinzugefügt.
- Wiederholen Sie die Schritte mit den Merkmalsausprägungen 2 für »9. Schulklasse«, 3 für »10. Schulklasse«, 4 für »12. Schulklasse«, 5 für »Abitur«, 6 für »Hochschulabschluss« und 9 für »Keine Angabe«.

Der Inhalt der ausgefüllten Dialogbox *Wertbeschriftungen* ist im Folgenden dargestellt.

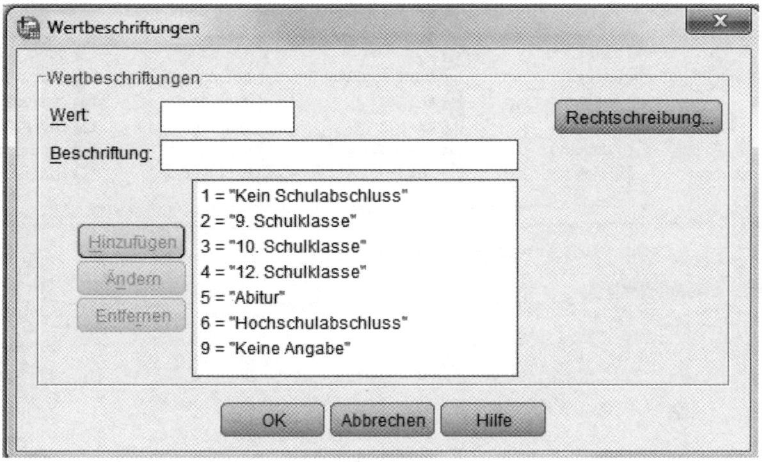

Bild 3.8: Ausgefüllte Dialogbox Wertbeschriftungen für die Variable schule

- Bestätigen Sie Ihre Angaben mit *OK* und anschließend durch Drücken der Tabulator-Taste.
- Klicken Sie zur Festlegung fehlender Werte im Feld *Fehlend* auf die Schaltfläche mit den drei Punkten [...]. Es öffnet sich die Dialogbox *Fehlende Werte*. Klicken Sie auf die Option *Einzelne fehlende Werte* und tragen Sie eine »9« ein.
- Bestätigen Sie den Eintrag fehlender Werte für die Variable schule mit *OK* und drücken Sie die Tabulator-Taste.
- Übernehmen Sie die Voreinstellungen in den Feldern *Spalten* und *Ausrichtung*.
- Klicken Sie im Feld *Maß* auf die Schaltfläche mit dem Pfeil nach unten [▼] und ändern Sie die Voreinstellung von *metrisch* bzw. *Skala* auf *ordinal* ab.
- Übernehmen Sie wieder die Voreinstellung *Eingabe* im Feld *Rolle*.

Auch wenn die Datenmaske zur Zeit noch leer ist – da wir ja erst noch mit der Dateneingabe beginnen müssen – sollten Sie aus Sicherheitsgründen die Datendatei schon einmal abspeichern, damit ihre Datendeklarationen nicht verlorengehen.

- Wählen Sie aus dem Menü die Option

  Datei

  Speichern

Es öffnet sich die Dialogbox *Daten speichern als*.

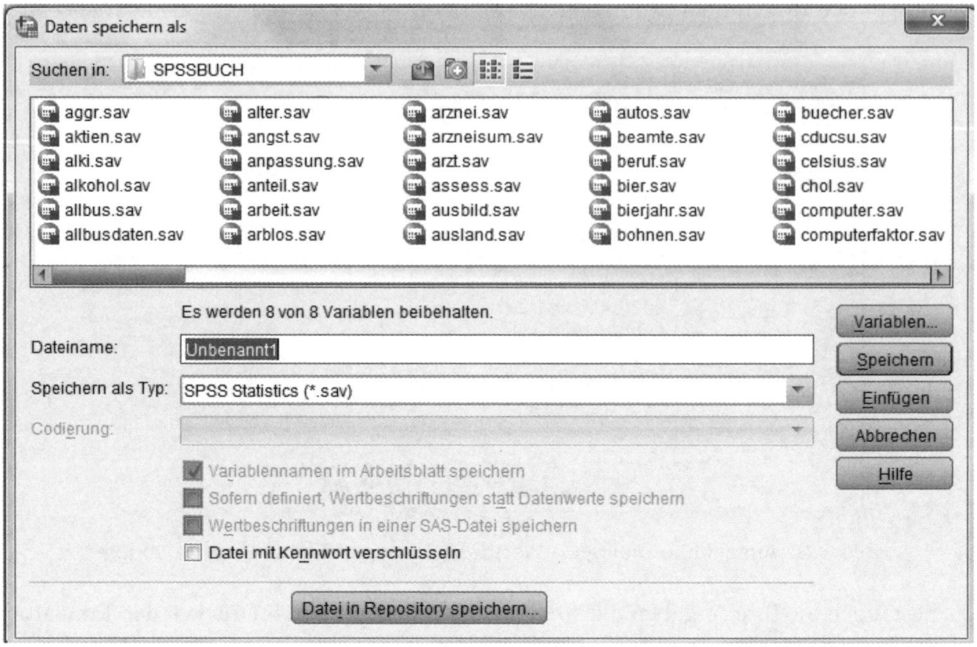

Bild 3.9: Dialogbox Daten speichern als

SPSS speichert per Voreinstellung die Datendatei im aktuellen Verzeichnis mit der Erweiterung .sav. Sind Sie den Installationsanweisungen für die Übungsdaten gefolgt und haben Sie ein Arbeitsverzeichnis namens \SPSSBUCH eingerichtet, so ist dieses Verzeichnis voreingestellt.

- Wir schlagen den Dateinamen umfrage.sav vor. Die Endung .sav vergibt SPSS standardmäßig für Datendateien. Sie brauchen die Extension .sav daher nicht einzugeben.

Wir haben damit das Anlegen einer sogenannten Datenmaske abgeschlossen und können nunmehr zur Dateneingabe übergehen.

Ab der Version SPSS 21 haben Sie die Möglichkeit eine Datei mit einem Kennwort zu versehen. Aktivieren Sie hierfür die Option *Datei mit Kennwort verschlüsseln*. Das Kennwort muss mindestens über acht Zeichen verfügen und darf maximal zehn Zeichen lang sein, wobei zwischen Groß- und Kleinschreibung unterschieden wird. Die Datei kann danach nur noch mit dem eingegebenen Kennwort geöffnet werden, welches sich jedoch jederzeit ändern oder wieder entfernen lässt. Gehen Sie sehr behutsam mit dieser Option um, da sie zu einem Datenverlust führen könnte, insofern beim Vergessen des Kennworts die Datei nicht geöffnet werden kann.

3.4.2 Dateneingabe

Beginnen wir mit der Eingabe der Daten:

kennung	genfood	embryo	klonverbot	folgen	sex	alter	schule
1	1	1	2	4	2	22	2
2	1	1	2	4	2	29	2
3	2	2	1	1	1	50	5
4	1	1	2	4	2	36	3
5	2	1	1	1	2	26	6
6	2	2	1	2	1	51	5
7	2	2	1	1	1	34	6
8	1	1	1	2	2	19	2
9	1	1	1	4	2	42	1
10	2	2	1	2	1	51	5
11	1	2	2	5	2	39	2
12	2	1	1	1	2	64	6
13	1	2	2	2	1	29	2
14	1	2	1	1	1	16	3
15	1	1	2	5	2	24	3
16	2	1	1	4	1	41	5
17	2	1	1	2	1	49	5
18	2	1	1	4	2	52	6
19	1	2	2	3	2	56	2
20	2	1	1	2	1	40	4
21	2	2	1	1	1	38	5
22	2	1	2	5	1	32	5
23	1	1	1	2	2	48	2
24	1	2	1	5	2	30	3
25	1	1	1	2	2	29	4
26	2	1	1	4	1	24	5
27	1	1	1	2	1	21	2
28	2	1	1	3	1	62	6
29	2	2	1	4	2	38	4
30	2	2	1	2	2	46	5

- Wechseln Sie zunächst per Klick auf den Schalter *Datenansicht* am unteren Bildschirmrand in den Dateneingabe-Modus.

Daten können fallweise oder variablenweise eingegeben werden. Gehen Sie wie folgt vor:

- Klicken Sie auf die erste Zelle links oben. Es erscheint ein Rahmen um die Zelle. Die Zelle wird so als aktive Zelle gekennzeichnet.
- Tippen Sie den Wert ein, in unserem Beispiel »1«. Der Wert wird im Zellen-Editor am oberen Rand des Dateneditor-Fensters angezeigt.
- Drücken Sie die Tabulator-Taste. Der Datenwert aus dem Zellen-Editor erscheint in der Zelle.

Bei fallweiser (zeilenweiser) Eingabe bestätigen Sie mit der Tabulator-Taste, bei variablenweiser (spaltenweiser) Eingabe mit der Eingabe- bzw. Return-Taste.

Die folgenden Tabellen zeigen Ihnen, welche Tasten welche Funktion innerhalb des Dateneditors haben, wobei im Folgenden davon ausgegangen wird, dass die Datenansicht aktiviert ist.

Positionieren

Taste	Funktion
[⭾] oder [→]	Positioniert den Cursor eine Zelle nach rechts.
[↵] oder [↓]	Positioniert den Cursor eine Zelle tiefer.
[↑]	Positioniert den Cursor eine Zelle höher.
[⇧] [⭾] oder [←]	Positioniert den Cursor eine Zelle nach links, d. h. auf das vorherige Feld.
[Pos1]	Positioniert den Cursor auf die erste Zelle einer Zeile bzw. eines Falls.
[Strg] [↑]	Positioniert den Cursor auf den ersten Fall einer Spalte.
[Strg] [↓]	Positioniert den Cursor auf den letzten Fall einer Spalte.
[Strg] [Pos1]	Positioniert den Cursor auf die erste Zelle des ersten Falls.
[Strg] [Ende]	Positioniert den Cursor auf die letzte Zelle des letzten Falls.
[Bild ↑]	Vollzieht einen Bildlauf nach oben um eine Seite.
[Bild ↓]	Vollzieht einen Bildlauf nach unten um eine Seite.

Markieren

[⇧] [ ]	Markiert die ganze Zeile.
[Strg] [ ]	Markiert die gesamte Spalte.
[⇧] [Cursortasten]	Auswahl eines Bereichs von Fällen und Variablen. Alternativ: Klicken und Ziehen der Maus von der oberen linken Ecke bis zur rechten unteren Ecke.

Editieren

[F2]	Schaltet in den Editiermodus um. Ein erneutes Drücken von [F2] schaltet den Editiermodus wieder aus.
[→]	Ein Zeichen zum Editieren innerhalb einer Zelle nach rechts bewegen
[←]	Ein Zeichen zum Editieren innerhalb einer Zelle nach links bewegen
[Pos1]	Auf den Anfang des Werts einer Zelle positionieren
[Ende]	Auf das Ende des Werts einer Zelle positionieren

Probieren Sie die Tastenbelegung des Dateneditors in Ruhe aus.

3.5 Speichern einer Datendatei

Wir wollen nun die Daten speichern. Gehen Sie wie folgt vor:

- Wählen Sie aus dem Menü

Datei
Speichern

Falls Sie die Datenmaske – wie oben beschrieben – noch nicht abgespeichert haben oder die Maske inklusive der Daten unter einem anderen Dateinamen als umfrage.sav abspeichern wollen, so gehen Sie wie folgt vor.

- Wählen Sie aus dem Menü

Datei
Speichern unter...

Es öffnet sich wieder die Dialogbox *Daten speichern als*. Vergeben Sie einen Namen ihrer Wahl. Die Endung .sav vergibt SPSS wieder automatisch.

3.6 Variablendeklarationen kopieren

In einer Studie zum Thema »Gesundheit und Ernährung« wird u. a. nach den Vorlieben für bestimmte Ernährungsarten gefragt. Die Probanden sollten beantworten, inwieweit eine der folgenden Aussagen auf sie zutrifft.

Ich ernähre mich in erster Linie	Trifft sehr zu 1	Trifft zu 2	Trifft zum Teil zu 3	Trifft weniger zu 4	Trifft nicht zu 5
Vegetarisch	□	□	□	□	□
Biologisch	□	□	□	□	□
Fleischarm	□	□	□	□	□

Ich ernähre mich in erster Linie	Trifft sehr zu 1	Trifft zu 2	Trifft zum Teil zu 3	Trifft weniger zu 4	Trifft nicht zu 5
Fastfood	☐	☐	☐	☐	☐
Kalorienbewusst	☐	☐	☐	☐	☐
Sättigend	☐	☐	☐	☐	☐
Preiswert	☐	☐	☐	☐	☐

Da in diesem Fall die Deklaration der sieben anzulegenden Variablen identisch ist, sollten Sie sich auf jeden Fall Arbeit sparen, indem Sie die Deklarationsangaben für die erste Variable auf die anderen sechs übertragen. Gehen Sie hierzu wie folgt vor.

- Wählen Sie aus dem Menü zunächst die Option

  Datei
      Neu
          Daten

- Aktivieren Sie die Variablenansicht des Dateneditors, tragen Sie in das Textfeld *Name* vegetar ein und bestätigen Sie Ihre Eingabe durch Drücken der Tabulator-Taste.
- Klicken Sie zur Festlegung des Variablentyps im Feld *Typ* auf die Schaltfläche mit den drei Punkten. Es öffnet sich die Dialogbox *Variablentyp definieren*. Übernehmen Sie die Voreinstellung *numerisch* und legen Sie als Breite »1« und als Dezimalstellenanzahl »0« fest, da nur die Werte 1 bis 5 und die Null als fehlender Wert abgespeichert werden sollen. Bestätigen Sie mit *OK* und betätigen Sie die Tabulator-Taste.
- Übernehmen Sie als Spaltenformat den Wert »1« und als Dezimalstellenanzahl »0«.
- Vergeben Sie als Beschriftung das Label »vegetarisch«.
- Klicken Sie im Feld *Werte* auf die Schaltfläche . Es öffnet sich die Dialogbox *Wertbeschriftungen*.
- Geben Sie zunächst eine »1« im Textfeld *Wert* ein. Drücken Sie die Tabulator-Taste.
- Tippen Sie in das Wertelabel-Textfeld »Trifft sehr zu«.
- Klicken Sie auf *Hinzufügen*. Das Wertelabel wird der Liste hinzugefügt.
- Wiederholen Sie die Schritte mit den Merkmalsausprägungen »2« für »Trifft zu«, »3« für »Trifft zum Teil zu«, »4« für »Trifft weniger zu«, »5« für »Trifft nicht zu« und »0« für »Keine Angabe«.
- Bestätigen Sie Ihre Angaben mit *OK* und anschließend durch Drücken der Tabulator-Taste.
- Klicken Sie zur Festlegung fehlender Werte im Feld *Fehlend* auf die Schaltfläche mit den drei Punkten . Es öffnet sich die Dialogbox *Fehlende Werte*. Klicken Sie auf die Option *Einzelne fehlende Werte* und tragen Sie hier eine »0« ein.

- Bestätigen Sie den Eintrag fehlender Werte für die Variable vegetar mit *OK* und drücken Sie die Tabulator-Taste.
- Übernehmen Sie die Voreinstellungen in den Feldern *Spalten und Ausrichtung.*
- Definieren Sie das Messniveau als *Ordinal.*
- Übernehmen Sie wieder die Voreinstellung *Eingabe* im Feld *Rolle.*
- Positionieren Sie nun den Cursor in die Zelle mit der Nummer 1, d. h. ganz an den Anfang der ersten Zeile, und drücken Sie die linke Maustaste. Die Deklarationsangaben der ersten Variablen sind nun markiert.

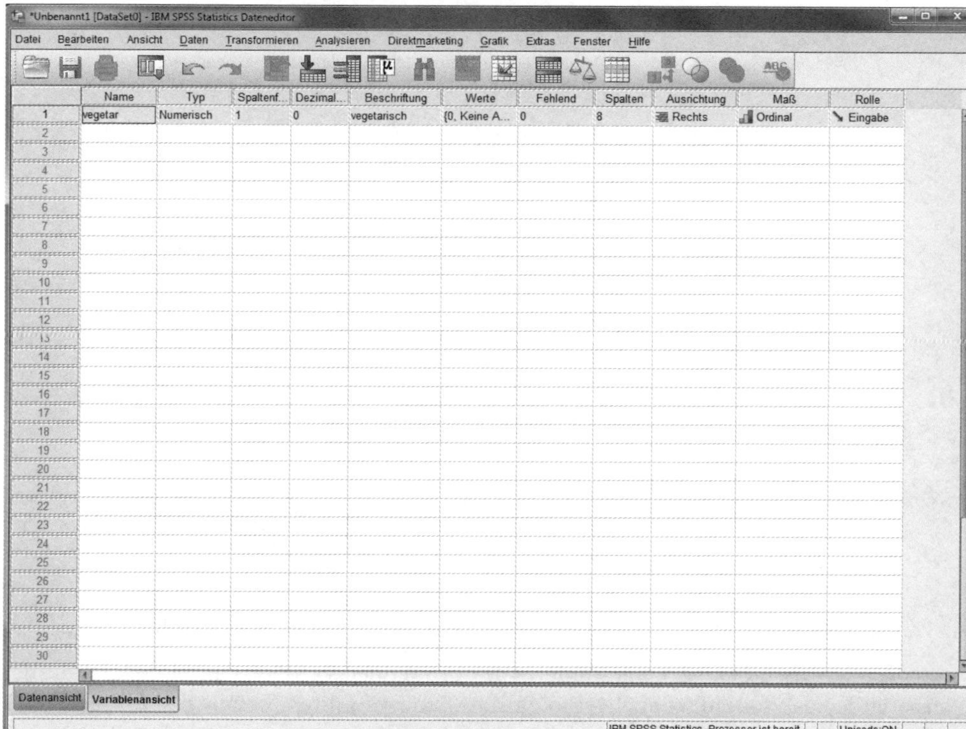

Bild 3.10: Markierte Deklaration

- Wählen Sie aus dem Menü

  Bearbeiten
      Kopieren

- Positionieren Sie den Cursor in die Zelle mit der Nummer 2, d. h. ganz an den Anfang der zweiten Zeile, und drücken Sie die linke Maustaste, so dass die zweite Zeile markiert ist.

- Wählen Sie aus dem Menü

  Bearbeiten
  Einfügen

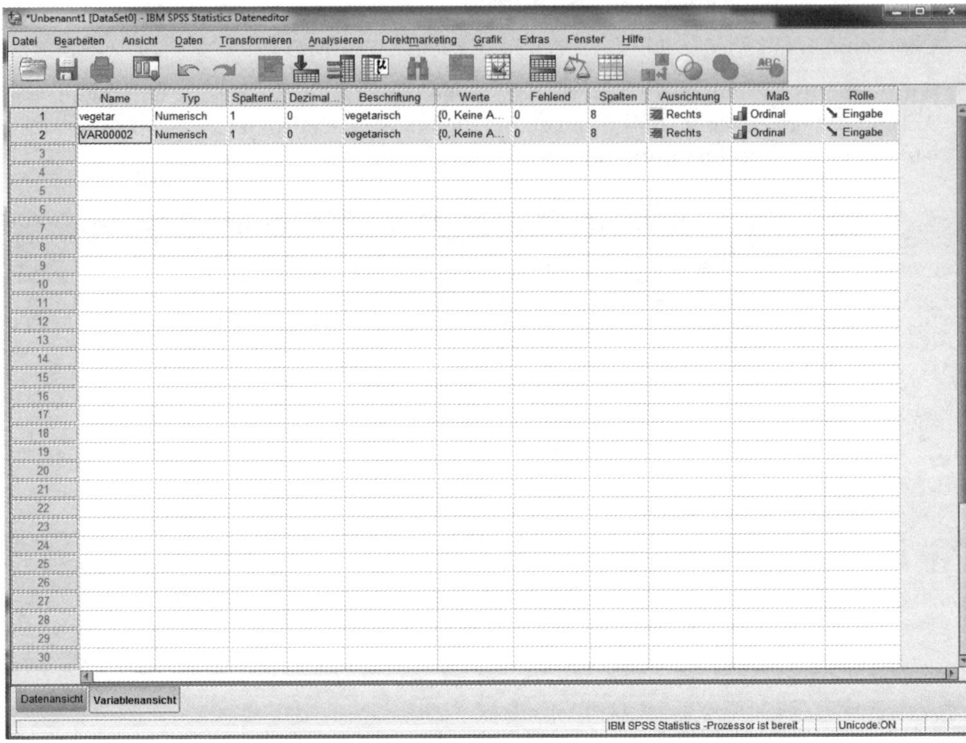

Bild 3.11: Kopierte Deklarationsangaben

Die Deklarationsangaben der ersten Variablen sind nunmehr kopiert worden.

- Ändern Sie noch den voreingestellten Variablennamen var00001 in biolog ab, aktualisieren Sie das Variablenlabel (»biologisch«) und verfahren Sie mit den übrigen Variablen in gleicher Weise.

Nach dem Markieren und Kopieren der Variablendeklaration und der Markierung der zweiten Zeile mit der linken Maustaste könnten Sie anstelle der Menüoption

Bearbeiten
Einfügen

auch die Option

Bearbeiten
Variable einfügen

wählen.

Möchten Sie die Variablendeklaration gleich mehrfach kopieren, so markieren Sie einfach so viele Zeilen, wie neue Variablen erzeugt werden sollen. Sie müssten noch die Variablennamen var001 bis var006 durch die von Ihnen gewünschten ersetzen, wie z. B. biolog, fleischarm, fastfood, kaloribew, satt und billig, sowie die Variablenlabel aktualisieren, und hätten dann bereits alle Variablen der Skala »Ernährungsvorlieben« deklariert.

3.7 Arbeiten mit mehreren Datendateien

SPSS ermöglicht Ihnen das gleichzeitige Öffnen mehrerer Datendateien. Sie können zwischen verschiedenen Datendateien wechseln, diese miteinander vergleichen sowie Daten zwischen diversen Datenquellen kopieren und einfügen. Die Reduktion auf eine bestimmte Teilmenge der Fälle bzw. die Auswahl einer Anzahl von Variablen für spezielle Analysen sowie das Zusammenführen verschiedener Datenquellen mit unterschiedlichen Datenformaten ist auf diese Weise komfortabel möglich.

- Laden Sie die Datei titanic.sav in den Dateneditor. Die Datei enthält interessante Informationen über die Passagiere des untergegangenen Luxusliners »MS Titanic«. Laden Sie auf gleiche Weise danach die Datei titanic-crew.sav in den Dateneditor. Die zweite Datei umfasst Angaben zur Crew des Schiffs.

Sie sehen nunmehr folgendes Bild:

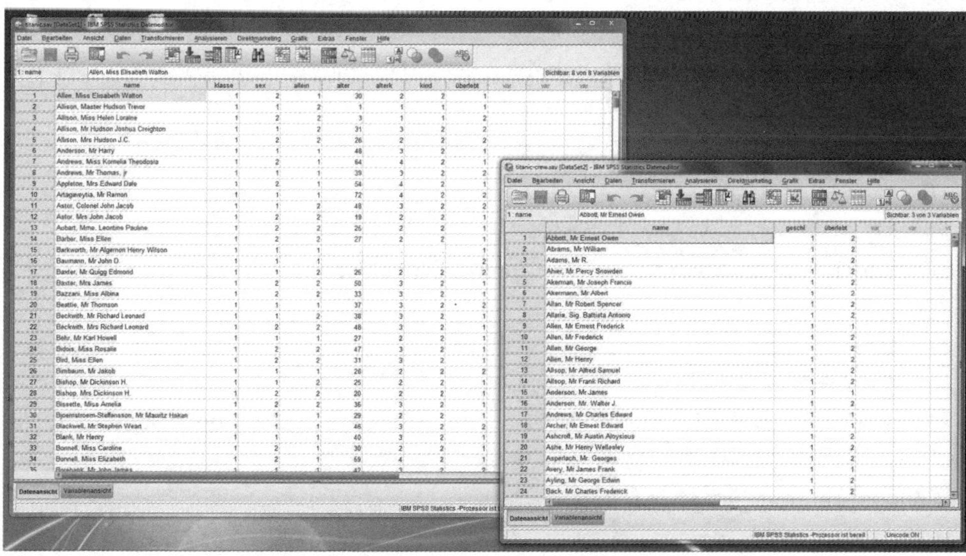

Bild 3.12: Zwei gleichzeitig geöffnete Datendateien

Jede Datendatei, die Sie öffnen, wird in einem neuen Fenster des Dateneditors angezeigt. Die jeweils zuvor geöffneten Datendateien bleiben geöffnet und stehen somit für die weitere Verwendung unmittelbar zur Verfügung. Öffnen Sie eine neue Datendatei, so wird diese automatisch zur Arbeitsdatei. In unserem Beispiel ist dies zurzeit die Datei titanic-crew.sav. Sie können die Arbeitsdatei wechseln, indem Sie auf eine beliebige Stelle des Dateneditors der gewünschten Datendatei klicken. Alternativ können Sie die entsprechende Datendatei aus dem Menü *Fenster* auswählen. Ist eine Dialogbox geöffnet, so ist ein Wechsel der Arbeitsdatei nicht möglich. Für die Analyse bzw. für statistische Prozeduren sind nur die Variablen der aktuellen Datei, d.h. der Arbeitsdatei, verfügbar.

Da wir im weiteren Verlauf des Buchs noch mit den Dateien arbeiten wollen, können Sie sich ja schon mal ein wenig sachkundig machen, indem Sie die Häufigkeitsverteilungen der Variablen überlebt beider Dateien miteinander vergleichen. Hierfür können beide Dateien geöffnet bleiben.

3.7.1 Kopieren und Einfügen zwischen Datendateien

Wir wollen im Folgenden beschreiben, wie Sie Daten oder Datenattribute aus einem Daten-Set in ein anderes kopieren können. Gehen Sie hierfür wie folgt vor:

- Laden Sie die Datei allbusdaten.sav in den Dateneditor. Bei den Datendateien der Allgemeinen Bevölkerungsumfrage (ALLBUS) handelt es sich um repräsentative Bevölkerungsumfragen in Deutschland mit zahlreichen Fällen und Variablen. Wir gehen davon aus, dass Sie nur eine ausgewählte Anzahl von Variablen für Ihre Analyse benötigen und diese in einer neuen Arbeitsdatei abspeichern wollen.

Wir unterstellen, dass Sie überprüfen möchten, ob die Antwort auf die Frage »Sollten Ausländer ihren Lebensstil mehr den Deutschen anpassen?« (v19) vom Geschlecht (v27) sowie dem Schulabschluss des Befragten (v30) abhängig ist.

- Markieren Sie die gewünschten Variablen in der Datenansicht im Spaltenkopf. Halten Sie dabei die `Strg`-Taste gedrückt.

Wählen Sie anschließend aus dem Menü die Option

Bearbeiten
  Kopieren

- Öffnen Sie eine noch leere Datei als weiteres Daten-Set mit Hilfe der Menüoption

Datei
  Neu
    Daten

- Markieren Sie in der Datenansicht der noch leeren Arbeitsdatei die ersten drei Spalten.

Der Bildschirm sollte jetzt wie folgt aussehen.

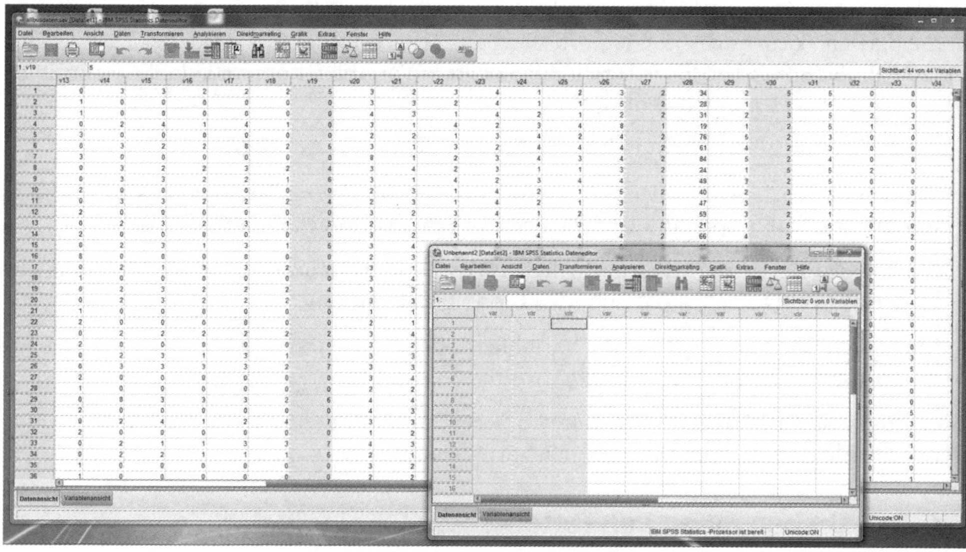

Bild 3.13: Kopieren und Einfügen zwischen Daten-Sets

Öffnen Sie eine neue Datendatei mit Hilfe des Menüs, so wird jeder Datendatei automatisch der Name *DatenSetn* zugewiesen, wobei *n* eine fortlaufende Ganzzahl ist. Geöffnet sind im Dateneditor nunmehr also zwei Daten-Sets mit der Bezeichnung DatenSet1 und DatenSet2, wobei das DatenSet2 zurzeit die Arbeitsdatei ist.

- Aktivieren Sie im *DatenSet2* die Menüoption

  Bearbeiten

  Einfügen

Die ausgewählten Variablen werden eingefügt.

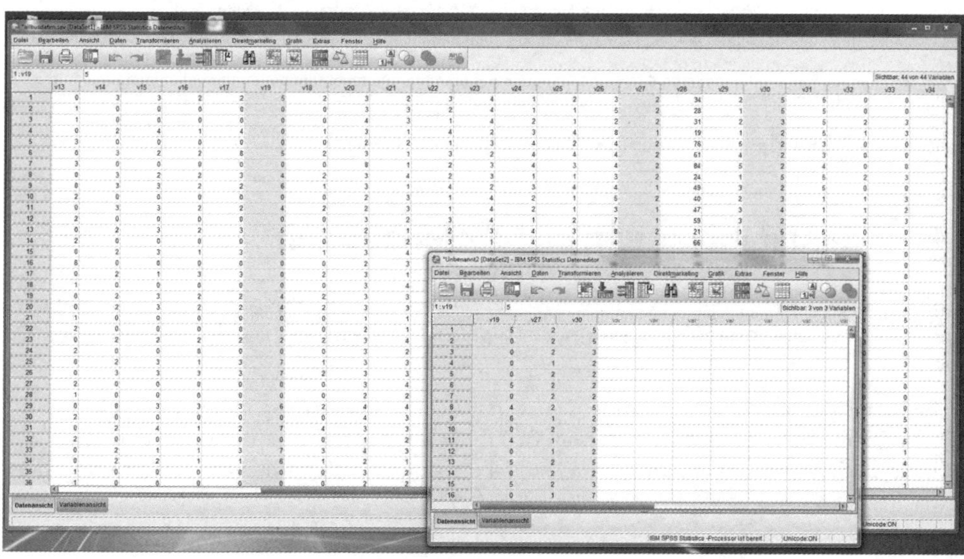

Bild 3.14: Eingefügte Variablen im Daten-Set

Der Vorteil mehrerer geöffneter Datendateien besteht zum einen darin, dass Sie einen visuellen Abgleich vornehmen können, ob die Tätigkeit zu ihrem gewünschten Ziel geführt hat; zum anderen können Sie jederzeit noch weitere Variablen kopieren, da die Ursprungsdatei als *DatenSet1* ja noch geöffnet ist.

Grundsätzlich muss zwischen drei Varianten unterschieden werden:

- Wählen Sie Variablen in der Datenansicht durch Markieren des Spaltenkopfs aus, so werden alle Daten und alle Variablenattribute kopiert (siehe oben).
- Markieren Sie in der Datenansicht ausgewählte Datenzellen, so werden nur die Datenwerte eingefügt, nicht aber die Variablenattribute.
- Markieren Sie Variablen in der Variablenansicht, so werden nur die Variablenattribute kopiert, nicht jedoch die Datenwerte.

Möchten Sie nur die Variablenattribute kopieren, so markieren Sie vor dem Einfügen eine entsprechende Anzahl von Zeilen in der Variablenansicht.

3.7.2 Umbenennen von Daten-Sets

Möchten Sie dem Daten-Set einen aussagekräftigeren Namen zuordnen bzw. den Namen des Sets umbenennen, so wählen Sie aus dem Menü

Datei
  Dataset umbenennen...

Es öffnet sich die Dialogbox *Datenblatt umbenennen.*

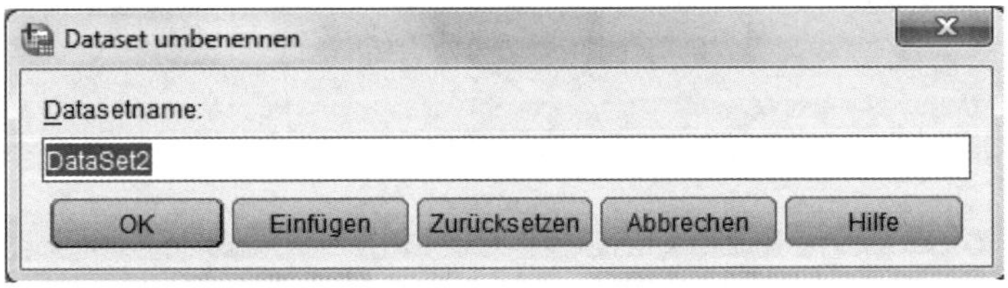

Bild 3.15: Umbenennen von Daten-Sets

Vergeben Sie hier den gewünschten Namen für das Daten-Set.

3.8 Zusammenfügen von Datendateien

In SPSS besteht die Möglichkeit, zwei Datendateien (bei wiederholter Anwendung also auch mehrere) Datendateien zusammenzufügen. Dabei gibt es prinzipiell zwei Möglichkeiten:

- Beim fallweisen Zusammenfügen werden zwei Datendateien zusammengeführt, die unterschiedliche Fälle haben, deren Variablen aber zumindest teilweise gleiche inhaltliche Bedeutung haben. Im einfachsten Fall sind die Variablen beider Dateien identisch.

- Beim variablenweisen Zusammenfügen werden zwei Datendateien zusammengeführt, die unterschiedliche Variablen haben, deren Fälle aber zumindest teilweise übereinstimmen. Im einfachsten Fall sind die Fälle beider Dateien identisch.

Beide Möglichkeiten werden im Folgenden anhand kleiner und daher überschaubarer Dateien erläutert.

3.8.1 Fallweises Zusammenfügen

Beim fallweisen Zusammenfügen von Datendateien wollen wir drei Varianten unterscheiden:

- Die beiden Dateien haben identische Variablen.
- Beide Dateien haben teilweise unterschiedliche Variablen. Variablen mit gleicher inhaltlicher Bedeutung haben in beiden Dateien identische Variablennamen.
- Beide Dateien haben teilweise unterschiedliche Variablen. Variablen mit gleicher inhaltlicher Bedeutung haben zumindest teilweise unterschiedliche Variablennamen.

Diese drei Varianten werden nun anhand kleiner und damit überschaubarer Datendateien erläutert.

Identische Variablen

Dieser einfachste Fall liegt dann vor, wenn die Dateneingabe aus Gründen der Arbeitsteilung von zwei Personen vorgenommen wurde, welche die Daten unter der gleichen Variablenmaske in zwei verschiedene Dateien eingegeben haben. Dazu betrachten wir die beiden Dateien mix1.sav und mix2.sav, die wir zu einer gemeinsamen Datei vereinigen wollen.

	nr	alter	geschl	gr	gew
1	1,00	56,00	1,00	180,00	78,00
2	2,00	67,00	2,00	167,00	65,00
3	3,00	31,00	2,00	159,00	67,00
4	4,00	22,00	1,00	194,00	95,00

	nr	alter	geschl	gr	gew
1	1,00	45,00	2,00	160,00	58,00
2	2,00	78,00	1,00	184,00	77,00
3	3,00	33,00	1,00	177,00	94,00

Bild 3.16: Dateien mit identischen Variablen

- Laden Sie die Datei mix1.sav aus dem Übungsverzeichnis C:\SPSSBUCH mit Hilfe der Menüwahl

Datei
    Öffnen
        Daten...

- Um die Datei mix2.sav anzufügen, wählen Sie aus dem Menü

  Daten
  Dateien zusammenfügen
  Fälle hinzufügen...

Es öffnet sich die Dialogbox *Fälle hinzufügen zu.*

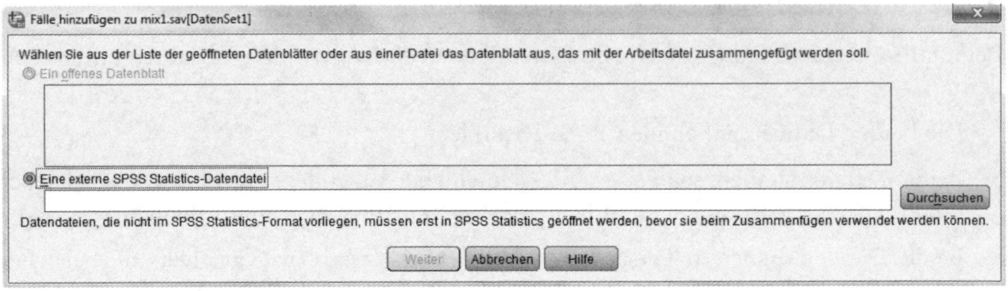

Bild 3.17: Dialogbox Fälle hinzufügen zu

- Ist die Datendatei, deren Fälle hinzugefügt werden sollen, noch nicht geöffnet, so klicken Sie auf den Schalter *Durchsuchen*, wählen die gewünschte Datei aus (in unserem Beispiel mix2.sav), klicken auf den Schalter *Öffnen* und bestätigen anschließend mit *Weiter.*

Es öffnet sich die Dialogbox *Fälle hinzufügen aus.*

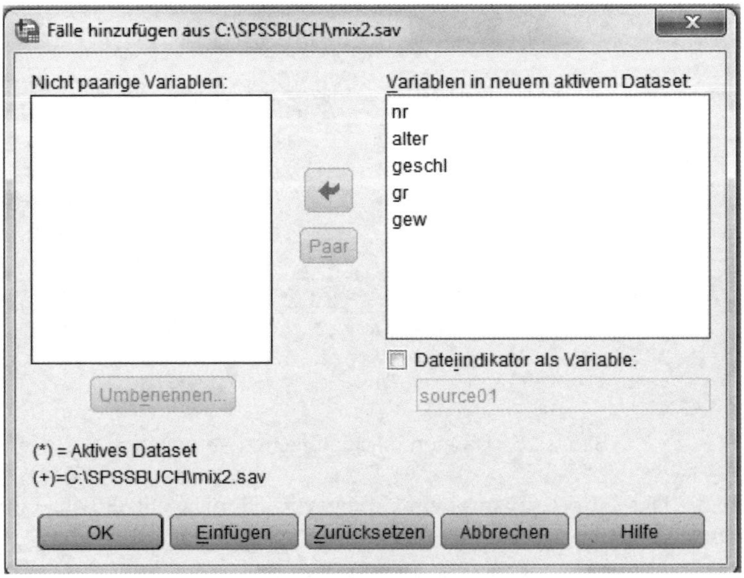

Bild 3.18: Dialogbox Fälle hinzufügen aus

Da die Variablen in beiden Dateien »eins zu eins« übereinstimmen, sind alle Variablen im Feld *Variablen in neuer Arbeitsdatei* aufgeführt, während das Feld *Nicht gepaarte Variablen* leer ist.

Beide Dateien haben bei eins beginnende, fortlaufende Fallnummern, so dass es aus Gründen der Eindeutigkeit wünschenswert erscheint, in der zusammengefassten Datei eine Kennzeichnung der ursprünglichen Dateien anzufügen.

- Aktivieren Sie daher die Option *Dateiindikator als Variable*; den vorgeschlagenen Variablennamen source01 können Sie dabei nach Ihren Wünschen wie z. B. in quelle abändern. Bestätigen Sie mit *OK*.

Die zusammengefasste Datei hat das folgende Aussehen.

	nr	alter	geschl	gr	gew	quelle
1	1,00	56,00	1,00	180,00	78,00	0
2	2,00	67,00	2,00	167,00	65,00	0
3	3,00	31,00	2,00	159,00	67,00	0
4	4,00	22,00	1,00	194,00	95,00	0
5	1,00	45,00	2,00	160,00	58,00	1
6	2,00	78,00	1,00	184,00	77,00	1
7	3,00	33,00	1,00	177,00	94,00	1

Bild 3.19: Zusammengefasste Datei

Die Variable quelle als Datei-Indikator hat den Wert 0 für die zuerst geladene Datei mix1.sav und den Wert 1 für die daran angehängte Datei mix2.sav.

Teilweise unterschiedliche, sonst aber identische Variablen

Die beiden zusammenzufassenden Dateien können auch unterschiedliche Variablen enthalten. Einige Variablen sollten aber übereinstimmen, da diese ja schließlich das Material für die Zusammenfassung bilden. In der zunächst vorgestellten Variante stimmen die zusammenzufassenden Variablen sowohl in ihrer inhaltlichen Bedeutung als auch in ihrem Variablennamen überein. Als Beispiel hierfür betrachten wir die beiden Dateien mix1.sav und mix3.sav.

	nr	alter	geschl	gr	gew
1	1,00	56,00	1,00	180,00	78,00
2	2,00	67,00	2,00	167,00	65,00
3	3,00	31,00	2,00	159,00	67,00
4	4,00	22,00	1,00	194,00	95,00

	nr	geschl	gr	gew	chol	bz
1	1,00	2,00	170,00	67,00	234,00	115,00
2	2,00	1,00	182,00	78,00	160,00	100,00
3	3,00	2,00	164,00	56,00	183,00	97,00

Bild 3.20: Dateien mit teilweise unterschiedlichen Variablen

- Laden Sie die Datei mix1.sav und öffnen Sie über die Menüwahl

  Daten
  Dateien zusammenfügen
  Fälle hinzufügen...

  die Dialogbox *Fälle hinzufügen zu.*

- Klicken Sie auf den Schalter *Durchsuchen*, wählen Sie die Datei mix3.sav aus, klicken Sie auf den Schalter *Öffnen* und bestätigen Sie anschließend mit *Weiter.*

Es öffnet sich die Dialogbox *Fälle hinzufügen aus.*

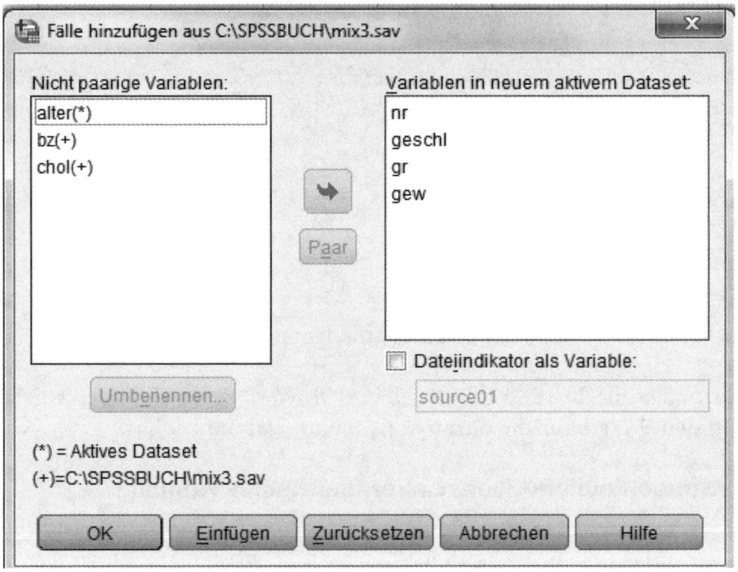

Bild 3.21: Dialogbox Fälle hinzufügen aus

Beiden Dateien gemeinsam sind die Variablen nr, geschl, gr und gew, die daher im Feld *Variablen in neuer Arbeitsdatei* aufgeführt sind. Nur in der ursprünglich geladenen Datei mix1.sav (Arbeitsdatei genannt) enthalten ist die Variable alter, die daher mit einem * markiert und im Feld *Nicht gepaarte Variablen* enthalten ist. Lediglich in der anzuhängenden Datei mix3.sav enthalten sind die Variablen bz und chol; sie sind mit einem + markiert.

- Markieren Sie diese drei Variablen im Feld *Nicht gepaarte Variablen*, und verschieben Sie diese mit Hilfe der Pfeiltaste in das Feld *Variablen in neuem aktivem Dataset.* Bestätigen Sie mit *OK.*

Die sich ergebende Gesamtdatei ist im Folgenden dargestellt.

	nr	alter	geschl	gr	gew	chol	bz
1	1,00	56,00	1,00	180,00	78,00	.	.
2	2,00	67,00	2,00	167,00	65,00	.	.
3	3,00	31,00	2,00	159,00	67,00	.	.
4	4,00	22,00	1,00	194,00	95,00	.	.
5	1,00	.	2,00	170,00	67,00	234,00	115,00
6	2,00	.	1,00	182,00	78,00	160,00	100,00
7	3,00	.	2,00	164,00	56,00	183,00	97,00

Bild 3.22: Zusammengefasste Datei

Die jeweils nicht vorhandenen Variablenwerte sind als fehlende Werte markiert.

Variablen mit gleicher Bedeutung, aber unterschiedlichen Namen

Falls die beiden Dateien Variablen mit gleicher inhaltlicher Bedeutung, aber verschiedenen Namen enthalten, so können diese Dateien ebenfalls zusammengeführt werden. Als Beispiel betrachten wir die beiden Dateien mix2.sav und mix4.sav.

	nr	alter	geschl	gr	gew
1	1,00	45,00	2,00	160,00	58,00
2	2,00	78,00	1,00	184,00	77,00
3	3,00	33,00	1,00	177,00	94,00

	nr	geschl	kgr	kgew	chol	bz
1	1,00	2,00	170,00	67,00	234,00	115,00
2	2,00	1,00	182,00	78,00	160,00	100,00
3	3,00	2,00	164,00	56,00	183,00	97,00

Bild 3.23: Dateien mit Variablen gleicher Bedeutung

Die erste Datei (mix2.sav) enthält u. a. die beiden Variablen gr und gew für die Körpergröße bzw. das Körpergewicht. In der zweiten Datei (mix4.sav) heißen diese beiden Variablen kgr bzw. kgew.

- Laden Sie die Datei mix2.sav und öffnen Sie über die Menüwahl

  Daten
  Dateien zusammenfügen
  Fälle hinzufügen...

  die Dialogbox *Fälle hinzufügen zu.*

- Nach Aktivierung der Option *Eine externe SPSS Statistics-Datendatei* klicken Sie auf den Schalter *Durchsuchen* und wählen die Datei mix4.sav aus. Klicken Sie auf den Schalter *Öffnen* und bestätigen Sie anschließend mit *Weiter.*

Es öffnet sich die Dialogbox *Fälle hinzufügen aus.*

- Verschieben Sie die Variablen alter, bz und chol, die in nur jeweils einer Datei enthalten sind, mit Hilfe der Pfeiltaste in das Feld *Variablen in neuem aktivem Dataset.*

Aus den verbleibenden vier Variablen sind zwei Variablenpaare zu bilden, und zwar gr und kgr für die Körpergröße sowie gew und kgew für das Körpergewicht.

- Um zunächst das Variablenpaar gr – kgr zu bilden, markieren Sie im Feld *Nicht paarige Variablen* die Variable gr und drücken dann die `Strg`-Taste. Bei gedrückter `Strg`-Taste markieren Sie die Variable kgr und verschieben dann mit Hilfe des Schalters *Paar* dieses Variablenpaar in das Feld *Variablen in neuer Arbeitsdatei.* Mit den beiden Variablen gew und kgew verfahren Sie entsprechend.
- Bestätigen Sie mit *OK.*

Die zusammengefasste Datei ist im Folgenden dargestellt.

	nr	alter	geschl	gr	gew	chol	bz
1	1,00	45,00	2,00	160,00	58,00	.	.
2	2,00	78,00	1,00	184,00	77,00	.	.
3	3,00	33,00	1,00	177,00	94,00	.	.
4	1,00	.	2,00	170,00	67,00	234,00	115,00
5	2,00	.	1,00	182,00	78,00	160,00	100,00
6	3,00	.	2,00	164,00	56,00	183,00	97,00

Bild 3.24: Zusammengefasste Datei

Für die Körpergröße und das Körpergewicht werden die Variablennamen aus der zuerst geladenen Datei (Arbeitsdatei) verwendet.

3.8.2 Variablenweises Zusammenfügen

Auch beim variablenweisen Zusammenfügen von Datendateien gibt es drei Varianten:

- Jedem Fall der einen Datei entspricht genau ein Fall der anderen Datei. Dabei stimmt die Reihenfolge der Fälle in beiden Dateien genau überein. Eine so genannte Schlüsselvariable ist nicht notwendig.
- Jedem Fall der einen Datei entspricht höchstens ein Fall der anderen Datei. Die einzelnen Fälle werden über eine Schlüsselvariable zugeordnet, die in beiden Dateien enthalten sein muss.
- Jedem Fall der einen Datei (der Schlüsseldatei) können mehrere Fälle der anderen Datei zugeordnet werden. Auch hier werden die einzelnen Fälle über eine Schlüsselvariable zugeordnet, die in beiden Dateien enthalten sein muss.

Diese drei Varianten sollen nun erläutert werden, wobei aus Gründen der Durchsichtigkeit absichtlich wieder kleine Dateien verwendet werden.

Zusammenfügen ohne Schlüsselvariable

Die Variablen beider Dateien werden zeilenweise eins zu eins zugeordnet. Dieses Vorgehen ohne die Verwendung einer Schlüsselvariablen, sozusagen »ohne Netz und doppelten Boden«, ist insbesondere bei größeren Dateien nicht empfehlenswert, da eine einzige Störung der richtigen Reihenfolge die gesamte Zuordnung fehlerhaft werden lässt.

Ist eine Datei länger als die andere, so werden die überschießenden Zeilen angehängt, wobei für die Variablenwerte der kürzeren Datei fehlende Werte eingesetzt werden. Als Beispiel zweier zusammenzufügender Dateien betrachten wir die Dateien mix5.sav und mix6.sav.

	geschl	alter
1	2,00	66,00
2	2,00	58,00
3	1,00	47,00
4	2,00	52,00

	gr	gew
1	166,00	70,00
2	163,00	63,00
3	173,00	70,00
4	165,00	77,00
5	170,00	02,00
6	161,00	62,00

Bild 3.25: Dateien ohne Schlüsselvariablen

- Um diese beiden Dateien zusammenzufügen, laden Sie zunächst die Datei mix5.sav in den Dateneditor.
- Wählen Sie dann aus dem Menü

  Daten
      Dateien zusammenfügen
          Variablen hinzufügen...

Es öffnet sich die Dialogbox *Variablen hinzufügen...*

- Nach Aktivierung der Option *Eine externe SPSS Statistics-Datendatei* klicken Sie auf den Schalter *Durchsuchen* und wählen die Datei mix6.sav aus. Klicken Sie auf den Schalter *Öffnen* und bestätigen Sie anschließend mit *Weiter.*

Es erscheint die Dialogbox *Variablen hinzufügen aus.*

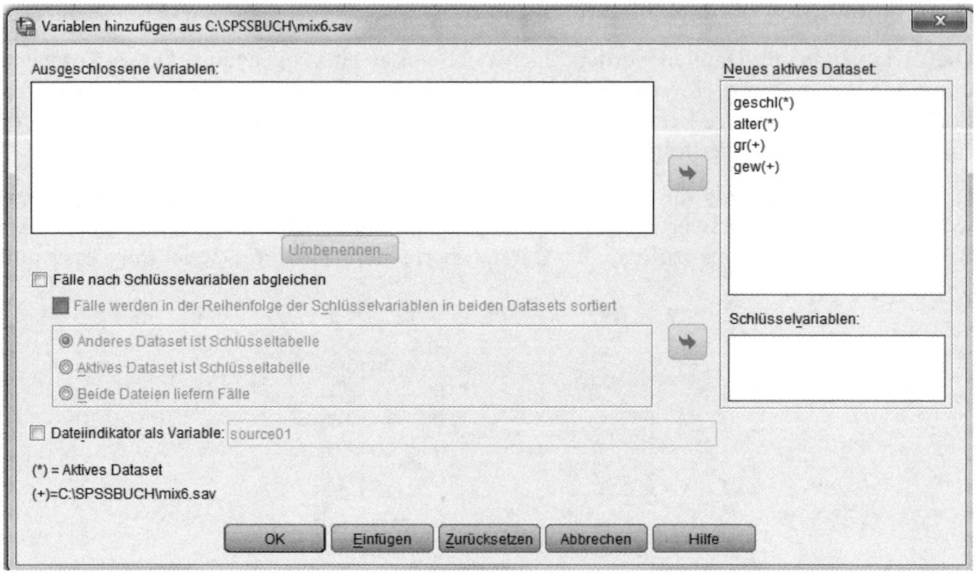

Bild 3.26: Dialogbox Variablen hinzufügen aus

Alle Variablen sind im Feld *Neue Arbeitsdatei* aufgeführt, wobei die Variablen geschl und alter der zunächst geladenen Datei (Arbeitsdatei) mit einem *, die Variablen gr und gew der hinzuzufügenden Datei mit einem + gekennzeichnet sind. Das Feld *Ausgeschlossene Variablen* ist dementsprechend leer; hier würden Variablen aufgeführt, die in beiden Dateien enthalten sind.

- Bestätigen Sie mit *OK*.

Die zusammengefasste Datei ist im Folgenden dargestellt.

	geschl	alter	gr	gew
1	2,00	66,00	166,00	70,00
2	2,00	58,00	163,00	63,00
3	1,00	47,00	173,00	70,00
4	2,00	52,00	165,00	77,00
5	.	.	178,00	82,00
6	.	.	161,00	62,00

Bild 3.27: Zusammengefasste Datei

Empfehlenswert ist die Verwendung von Schlüsselvariablen, da hier die Richtigkeit der Zusammenführung der beiden Dateien sichergestellt ist.

Zusammenfügen mit Schlüsselvariable

Als Beispiel betrachten wir die beiden Dateien mix7.sav und mix8.sav, die beide die Variable nr enthalten, welche die Fallnummer anzeigt. Diese gemeinsame Variable kann als Schlüsselvariable verwendet werden.

	nr	geschl	alter
1	1,00	1,00	47,00
2	2,00	2,00	58,00
3	4,00	2,00	66,00
4	5,00	2,00	52,00

	nr	gr	gew
1	1,00	173,00	70,00
2	3,00	165,00	77,00
3	4,00	166,00	70,00
4	5,00	161,00	62,00
5	6,00	163,00	63,00

Bild 3.28: Dateien mit Schlüsselvariable

Insgesamt existieren sechs Fälle. Dabei fehlen in der ersten Datei die Fälle 3 und 6, in der zweiten Datei fehlt Fall 2. Aufgrund der Orientierung an der Fallnummer ist trotzdem eine korrekte Zusammenfassung möglich.

- Laden Sie zunächst die Datei mix7.sav, und öffnen Sie über die Menüwahl

  Daten
  Dateien zusammenfügen
  Variablen hinzufügen...

  die Dialogbox *Variablen hinzufügen zu.*

- Nach Aktivierung der Option *Eine externe SPSS Statistics-Datendatei* klicken Sie auf den Schalter *Durchsuchen* und wählen die Datei mix8.sav aus. Klicken Sie auf den Schalter *Öffnen* und bestätigen Sie anschließend mit *Weiter.*

Es erscheint die Dialogbox *Variablen hinzufügen aus.*

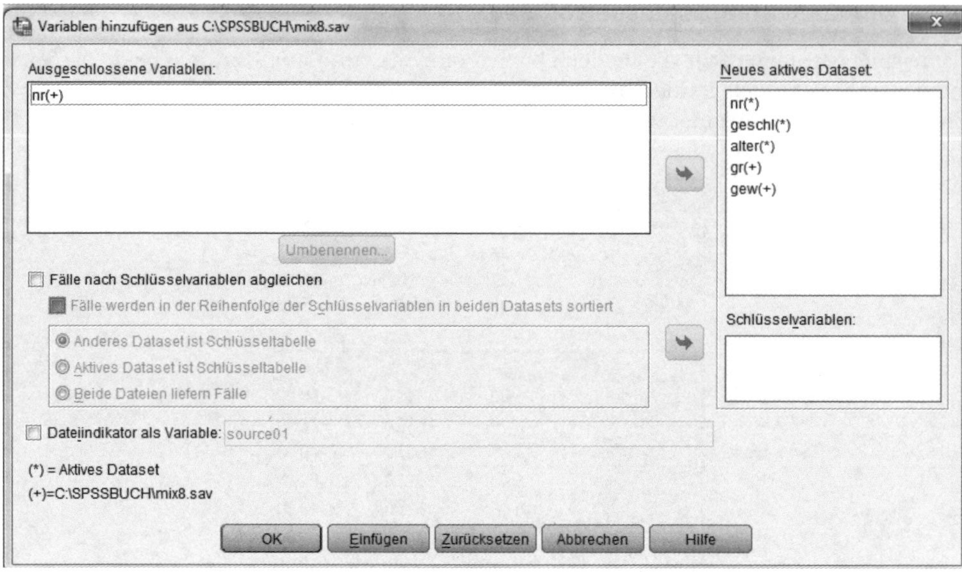

Bild 3.29: Dialogbox Variablen hinzufügen aus

Da die Variable nr in beiden Dateien auftritt, wird die Variable nr aus der hinzuzufügenden Datei (Markierung mit einem +) im Feld *Ausgeschlossene Variablen* aufgeführt. Diese Variable soll nun als Schlüsselvariable Verwendung finden.

- Aktivieren Sie die Option *Fälle nach Schlüsselvariablen abgleichen*, sowie die Option *Fälle werden in der Reihenfolge der Schlüsselvariablen in beiden Datasets sortiert.*
- Markieren Sie im Feld *Ausgeschlossene Variablen* die Variable nr, und verschieben Sie diese mit Hilfe der Pfeiltaste in das Feld *Schlüsselvariablen.*
- Bestätigen Sie mit *OK* und ignorieren Sie die erscheinende Warnung.

Die zusammengefasste Datei ist im Folgenden dargestellt.

	nr	geschl	alter	gr	gew
1	1,00	1,00	47,00	173,00	70,00
2	2,00	2,00	58,00	.	.
3	3,00	.	.	165,00	77,00
4	4,00	2,00	66,00	166,00	70,00
5	5,00	2,00	52,00	161,00	62,00
6	6,00	.	.	163,00	63,00

Bild 3.30: Zusammengefasste Datei

In einer weiteren Variante können den Fällen einer Datei mehrere Fälle der anderen Datei zugeordnet werden.

Zusammenfügen mit Schlüsselvariable (ein Fall mit mehreren Fällen)

Das folgende Beispiel ist einer zahnmedizinischen Untersuchung entnommen. Die Datei mix9.sav enthält neben einer Fallnummer (Variable nr) drei Variablen zu Alter, Geschlecht und Schulabschluss. Die Datei mix10.sav enthält zu jeder Fallnummer mehrere Zeilen, da von jedem Probanden mehrere Zähne auf Taschentiefe und CPITN-Wert untersucht wurden.

Die Datei mix9.sav ist hierbei der Datei mix10.sav übergeordnet und wird als Schlüsseltabelle bezeichnet. Die Datei mix10.sav ist die hiervon abhängige Tabelle.

	nr	alter	geschl	schule
1	1,00	48,00	1,00	2,00
2	2,00	56,00	1,00	1,00
3	3,00	28,00	2,00	3,00

	nr	zahn	tt	cpitn
1	1,00	17,00	4,00	2,00
2	1,00	18,00	6,00	3,00
3	1,00	31,00	5,00	2,00
4	2,00	24,00	7,00	3,00
5	2,00	26,00	5,00	2,00
6	3,00	11,00	3,00	2,00
7	3,00	21,00	4,00	2,00
8	3,00	44,00	5,00	2,00
9	3,00	46,00	4,00	1,00

Bild 3.31: Schlüsseltabelle und abhängige Tabelle

- Laden Sie die Datei mix9.sav (Schlüsseltabelle) und wählen Sie aus dem Menü

  Daten
  Dateien zusammenfügen
  Variablen hinzufügen...

Es öffnet sich die Dialogbox *Variablen hinzufügen zu.*

- Nach Aktivierung der Option *Eine externe SPSS Statistics-Datendatei* klicken Sie auf den Schalter *Durchsuchen* und wählen die Datei mix10.sav aus. Klicken Sie auf den Schalter *Öffnen* und bestätigen Sie anschließend mit *Weiter.*
- Aktivieren Sie in der Dialogbox *Variablen hinzufügen aus* die Optionen *Fälle nach Schlüsselvariablen abgleichen* und *Aktives Dataset ist Schlüsseltabelle.* Im Feld *Ausgeschlossene Variablen* markieren Sie die Variable nr; verschieben Sie diese Variable mit Hilfe der entsprechenden Pfeiltaste in das Feld *Schlüsselvariablen.*
- Bestätigen Sie mit *OK.*

Falls eine Variable in der anzufügenden Datei den gleichen Namen hat wie eine Variable in der Arbeitsdatei und diese Variable nicht als Schlüsselvariable Verwendung finden soll, so kann sie im Feld *Ausgeschlossene Variablen* markiert und anschließend mit Hilfe des Schalters *Umbenennen...* umbenannt werden. Unter diesem Namen wird sie dann in der zusammengefügten Datei gespeichert.

	nr	alter	geschl	schule	zahn	tt	cpitn
1	1,00	48,00	1,00	2,00	17,00	4,00	2,00
2	1,00	48,00	1,00	2,00	18,00	6,00	3,00
3	1,00	48,00	1,00	2,00	31,00	5,00	2,00
4	2,00	56,00	1,00	1,00	24,00	7,00	3,00
5	2,00	56,00	1,00	1,00	26,00	5,00	2,00
6	3,00	28,00	2,00	3,00	11,00	3,00	2,00
7	3,00	28,00	2,00	3,00	21,00	4,00	2,00
8	3,00	28,00	2,00	3,00	44,00	5,00	2,00
9	3,00	28,00	2,00	3,00	46,00	4,00	1,00

Bild 3.32: Zusammengefasste Datei

Die zusammengefasste Datei sieht wie oben abgebildet aus.

3.9 Einlesen bereits vorhandener Daten

In einem psychologischen Experiment wurden fünfzehn männliche Probanden einem Konzentrations-Leistungstest (im Folgenden KLT genannt) unterzogen. Dabei wurden acht Probanden einer Versuchsgruppe und sieben Probanden einer Kontrollgruppe zugeordnet, wobei anhand der erzielten Punktwerte darauf geachtet wurde, dass der durchschnittlich erzielte Punktwert bei beiden Gruppen etwa gleich war. Anschließend erhielten die Probanden der Versuchsgruppe jeweils eine Maß Starkbier zu trinken, während sich die Probanden der Kontrollgruppe bei Mineralwasser entspannen konnten. Nach Ablauf einer Stunde wurde der KLT in beiden Gruppen erneut durchgeführt. Hier geht es natürlich um die Frage, ob der Alkohol einen Einfluss auf die Leistungsfähigkeit hat (siehe Kap. 12).

Die Daten des Alkoholtests existieren nur in spaltengebundener Form. Sie wurden nicht mit Hilfe des SPSS-Dateneditors eingegeben und befinden sich in der Datei alko.dat, deren Inhalt wie folgt aussieht:

Datendatei:

1	1	15	19
2	2	20	16
3	2	14	13
4	1	17	21
5	1	22	24
6	2	18	14
7	2	22	19
8	1	19	18
9	2	17	16
10	1	14	18
11	2	17	17
12	1	15	17
13	1	18	18
14	2	17	14
15	1	20	21

Wie die ASCII-Datei alko.dat erstellt worden ist, sei an dieser Stelle dahingestellt. Möglicherweise ist sie von einem Großrechner herunter kopiert worden oder sie wurde noch mit einem Editor, etwa mit dem von MS-DOS, erstellt. Daten im ASCII-Format wie die obigen (oder auch im dBASE- oder Excel-Format u. a.) können Sie mit Hilfe des SPSS-Assistenten für Textimport einlesen oder mit Hilfe der Syntax. Wir werden Ihnen im Folgenden beide Varianten kurz vorstellen.

3.9.1 Einlesen von Daten mit Hilfe des SPSS-Assistenten

Das Einlesen von Fremddaten geschieht mit Hilfe des Assistenten für Textimport.

- Wählen Sie hierfür aus dem Menü die Option

  Datei
  Öffnen
  Daten...

Es öffnet sich die Dialogbox *Daten öffnen*.

- Klicken Sie unter Dateityp auf die Schaltfläche mit dem nach unten weisenden Pfeil, so erblicken Sie eine recht umfangreiche Liste von Fremddaten-Formaten.

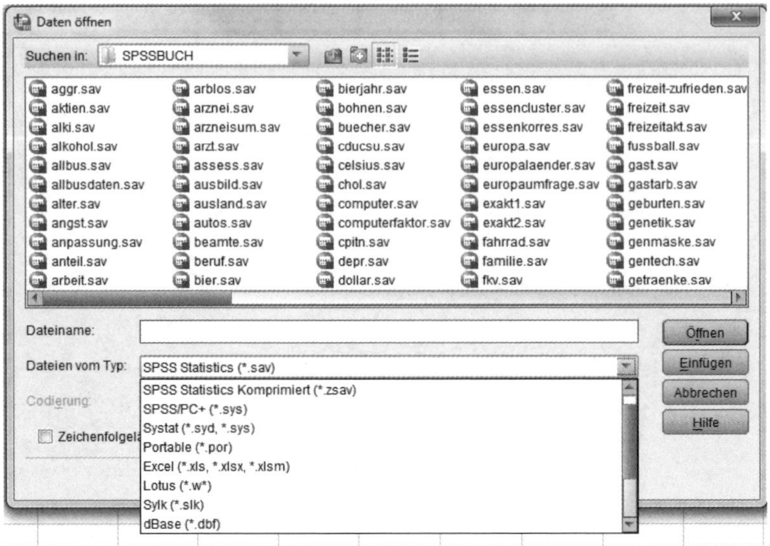

Bild 3.33: Dialogbox Daten öffnen mit Fremddaten-Formaten

Sie erhalten hier u. a. die Möglichkeit dBASE-, Excel-, SAS- sowie ASCII-Dateien u. a. zu importieren.

- Legen Sie in unserem Fall den Dateityp Text fest.
- Klicken Sie auf den Dateinamen alko.dat und bestätigen Sie mit *Öffnen*.

Es öffnet sich der SPSS-Assistent für Textimport, der Sie schrittweise beim Einlesen der Daten unterstützt.

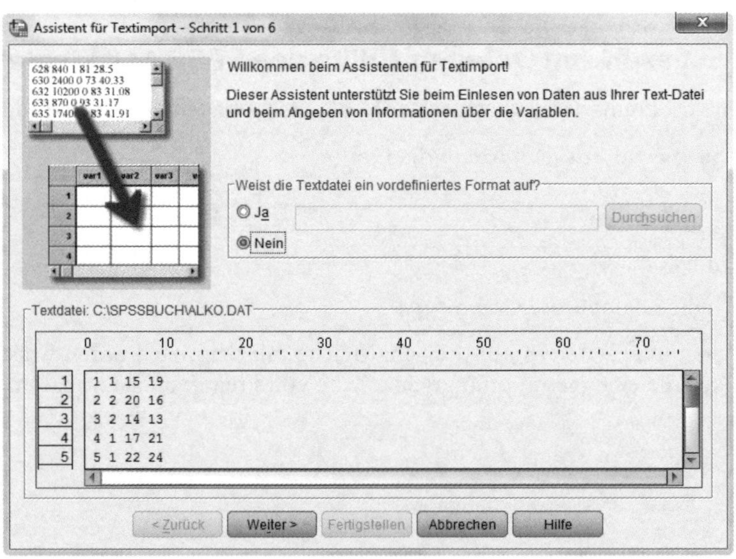

Bild 3.34: SPSS-Assistent für Text- bzw. Datenimport

- Da die Textdatei alko.dat kein vordefiniertes Format aufweist, bestätigen Sie die Vorgabe *Nein* mit *Weiter.*

Der Assistent für Textimport fragt nunmehr danach, wie die Variablen angeordnet sind und ob die erste Zeile der Datei die Variablennamen enthält. Nutzen Sie die Vorschau der Textdatei im unteren Bildschirmteil, um ein wenig zu scrollen und sich die Datei näher anzuschauen, so erkennen Sie, dass die Variablen in Spalten mit fester Breite ausgerichtet sind.

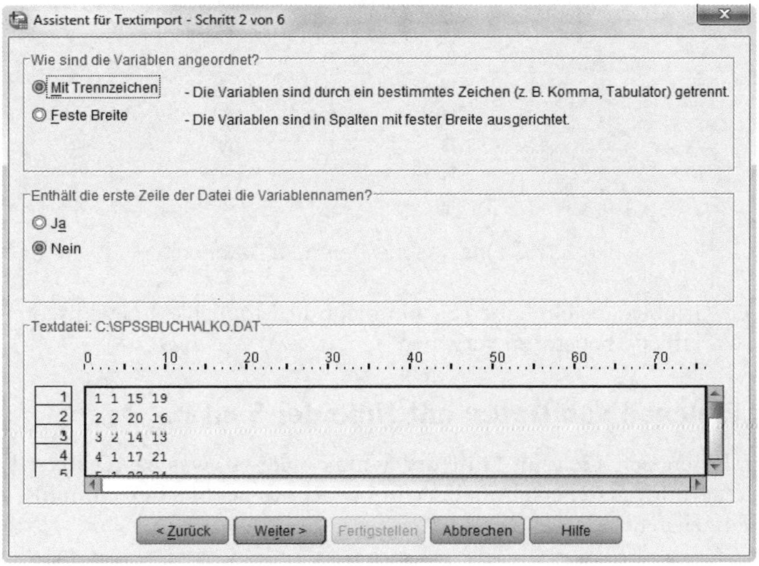

Bild 3.35: SPSS-Assistent für Textimport

- Aktivieren Sie folglich die Option *Feste Breite* und bestätigen Sie mit Weiter.
- Bestätigen Sie die Vorgaben des SPSS-Assistenten für Textimport bei den folgenden Schritten jeweils mit *Weiter* sowie abschließend mit *Fertigstellen.*

Sie sehen die importierten Fremddaten nunmehr im Dateneditor.

	F1	F2	F3	F4
1	1	1	15	19
2	2	2	20	16
3	3	2	14	13
4	4	1	17	21
5	5	1	22	24
6	6	2	18	14
7	7	2	22	19
8	8	1	19	18
9	9	2	17	16
10	10	1	14	18
11	11	2	17	17
12	12	1	15	17
13	13	1	18	18
14	14	2	17	14
15	15	1	20	21

Bild 3.36: Eingelesene Daten im Dateneditor

Mit Hilfe der Variablenansicht haben Sie nunmehr die Möglichkeit gewünschte Variablennamen und Variablenlabel etc. zu vergeben.

3.9.2 Einlesen von Daten mit Hilfe der Syntax

Fremddaten lassen sich auch mit Hilfe der Syntax einlesen, was nach einiger Übung eine Arbeitserleichterung darstellen kann. Hierfür bedarf es eines SPSS-Programms, welches im Folgenden aufgelistet ist.

SPSS-Programmdatei

```
DATA LIST FILE= 'C:\SPSSBUCH\alko.dat'
                    /p 1-2
                     g 4
                     kltl 6-7
                     klt2 9-10.
VARIABLE LABELS g 'Gruppe'/
                     p 'Probanden-Nr.'/
                     kltl 'Konzentrations-Leistungstest Zeitpunkt 1'/
                     klt2 'Konzentrations-Leistungstest Zeitpunkt 2'/.
VALUE LABELS g 1 'Versuchsgruppe' 2 'Kontrollgruppe'.
SAVE OUTFILE =  'C:\SPSSBUCH\alko.sav'.
GET FILE  =  'C:\SPSSBUCH\alko.sav'.
```

Die SPSS-Programmdatei ist wie folgt zu lesen: Der DATA LIST-Befehl gibt an, in welchem Verzeichnis und in welcher Datei sich die gewünschten Daten befinden. Der DATA LIST-Befehl teilt ferner die Struktur der Daten mit und deklariert die Variablen. Die Daten der

Spalten 1-2 werden in die Variable p eingelesen, die sich in Spalte 4 befindenden Daten in die Variable g, die in Spalte 6-7 vorhandenen Daten in die Variable klt1 und die in den Spalten 9-10 existierenden Zeichen in die Variable klt2. Der VARIABLE LABELS-Befehl vergibt für die gebildeten Variablen passende Label, der VALUE LABELS-Befehl die zugehörigen Wertelabel. Der SAVE OUTFILE-Befehl speichert die eingelesene Daten ab, der GET FILE-Befehl öffnet die Datendatei.

- Wählen Sie aus dem Menü

  Datei

  Öffnen

  Syntax...

Es öffnet sich die Dialogbox *Syntax öffnen*.

- Markieren Sie im Verzeichnis C:\SPSSBUCH die Datei alko.sps.
- Bestätigen Sie durch einen Klick auf den Schalter *Öffnen*. Die Anweisungen der Programmdatei erscheinen im Syntaxeditor und können dort, falls es sich als notwendig erweisen sollte, bearbeitet werden.
- Wählen Sie aus dem Menü

  Bearbeiten

  Alles auswählen

- Starten Sie das Programm durch Klicken auf das Symbol *Syntax-Start*.
- Wechseln Sie in die Datenansicht.

Sie sehen die eingelesenen Daten nunmehr im Dateneditor.

	p	g	klt1	klt2
1	1	1	15	19
2	2	2	20	16
3	3	2	14	13
4	4	1	17	21
5	5	1	22	24
6	6	2	18	14
7	7	2	22	19
8	8	1	19	18
9	9	2	17	16
10	10	1	14	18
11	11	2	17	17
12	12	1	15	17
13	13	1	18	18
14	14	2	17	14
15	15	1	20	21

Bild 3.37: Eingelesene Daten im Dateneditor

Die Daten stimmen mit denen des Bildes 3.36 überein, mit dem Unterschied, dass eine Nachbearbeitung der Daten im Sinne von Datendeklaration hier nicht erforderlich ist.

3.10 Arbeitssitzung beenden

Wir wollen unsere Arbeitssitzung beenden.

- Wählen Sie aus dem Menü

  Datei
  Beenden

SPSS fragt zu jedem geöffneten Fenster, ob Sie den Inhalt abspeichern möchten. Wenn Sie »Ja« anklicken oder die Eingabetaste drücken, öffnet SPSS eine spezifische Dialogbox, um den jeweiligen Dateityp (Daten-, Ausgabe- oder Syntaxdateien) abzuspeichern.

KAPITEL 4

Häufigkeitsauszählungen

Ein erster Schritt bei der Analyse von Daten ist in der Regel eine Häufigkeitsauszählung. Wir wollen im Folgenden eine Häufigkeitsauszählung am Beispiel der Datei heidelberg.sav durchführen. Die Datei heidelberg.sav befindet sich in Ihrem Übungsverzeichnis \SPSS-BUCH (siehe Kap. 1) Die Datei enthält die Ergebnisse einer Befragung zum Umweltverhalten Heidelberger Bürger. Diese wurden u. a. danach befragt, ob sie Altpapier und Altglas in entsprechenden Containern entsorgen, ob sie sich beim Duschen darum bemühen, möglichst kein Wasser zu verschwenden, ob sie bei längeren Wartezeiten den Motor des Autos abstellen würden etc. Erhoben wurden ferner biografische Daten wie Alter, Geschlecht, Schulabschluss, berufliche Stellung.

4.1 Häufigkeitstabellen

- Laden Sie zunächst die Datei heidelberg.sav; wählen Sie hierfür aus dem Menü

Datei
Öffnen
Daten...

Es erscheint die Dialogbox *Datei öffnen*.

- Wählen Sie die genannte Beispieldatei heidelberg.sav aus und bestätigen Sie Ihre Auswahl mit *Öffnen*. Die Datei erscheint im Dateneditor.

- Wählen Sie aus dem Menü

Analysieren
Deskriptive Statistiken
Häufigkeiten...

Es erscheint die Dialogbox *Häufigkeiten*.

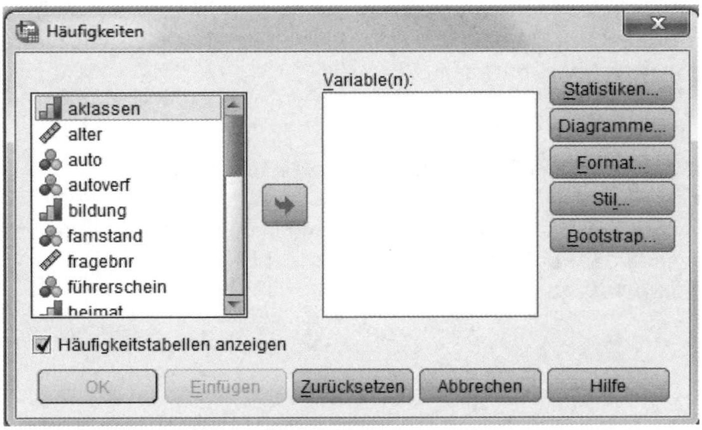

Bild 4.1: Dialogbox Häufigkeiten

- Übertragen Sie die Variable u_verkehr (»Ich fühle mich persönlich verpflichtet, so oft wie möglich umweltverträgliche Verkehrsmittel zu benutzen«) mit Hilfe der Transport-Schaltfläche in die Zielvariablenliste und bestätigen Sie mit *OK*.

Die Ergebnisse erscheinen im Viewer. Vor Ausgabe der eigentlichen Häufigkeitstabelle erscheint eine Übersicht über die gültigen und fehlenden Fälle; diese wird hier nicht abgebildet.

Benutzung umweltverträglicher Verkehrsmittel

		Häufigkeit	Prozent	Gültige Prozent	Kumulative Prozente
Gültig	Trifft sehr zu	143	13,4	13,8	13,8
	Trifft zu	253	23,7	24,4	38,2
	Trifft zum Teil zu	359	33,6	34,6	72,7
	Trifft weniger zu	204	19,1	19,7	92,4
	Trifft nicht zu	79	7,4	7,6	100,0
	Gesamtsumme	1038	97,1	100,0	
Fehlend	-9	31	2,9		
Gesamtsumme		1069	100,0		

Jede Zeile der Häufigkeitstabelle beschreibt eine Merkmalsausprägung. Die Zeile mit dem Label »Fehlend« repräsentiert diejenigen Fälle, bei denen keine Antwort vorliegt. Insgesamt liegen 1038 gültige Antworten vor sowie 31 Fälle, bei denen keine Antwort auf die Frage vorliegt. Die erste Spalte enthält die Labels der einzelnen Merkmalsausprägungen (»Trifft sehr zu«, »Trifft zu«, »Trifft zum Teil zu«, ...). In der zweiten Spalte erscheint unter »Häufigkeit« die Anzahl der jeweiligen Nennungen. So haben z. B. 143 Personen auf die Frage danach, ob sie sich verpflichtet fühlen, so oft wie möglich umweltverträgliche Verkehrsmittel zu benutzen, mit »Trifft sehr zu« geantwortet, 253 Personen mit »Trifft zu«. In der dritten Spalte befindet sich die prozentuale Häufigkeit (Prozent) jeder Merkmalsausprägung. Die prozentuale Häufigkeit bezieht sich auf alle abgegebenen Antworten, d. h. inklusive der fehlenden Werte. In der vierten Spalte erscheint der gültige Prozentsatz (»Gültige Prozente«). Der gültige Prozentsatz klammert bei der prozentualen Berechnung die fehlenden Werte aus. Die letzte Spalte enthält den kumulativen Prozentsatz (»Kumulierte Prozente«). Der kumulative Prozentsatz summiert zeilenweise die prozentuale Häufigkeit der gültigen Antworten. So beträgt z. B. der Prozentsatz derjenigen, die »Trifft sehr zu« oder »Trifft zu« geantwortet haben, 38,2%. Die Zahl ergibt sich aus der Berechnung: 13,8% + 24,4% = 38,2%. In der letzten Zeile steht die Gesamtsumme der einzelnen Spalten (»Gesamt«).

4.2 Ausgabe statistischer Kennwerte

Um deskriptive Statistiken für numerische Variablen zu erhalten, können Sie in der Dialogbox *Häufigkeiten* auf den Schalter *Statistiken...* klicken. Es öffnet sich die Dialogbox *Häufigkeiten: Statistik*.

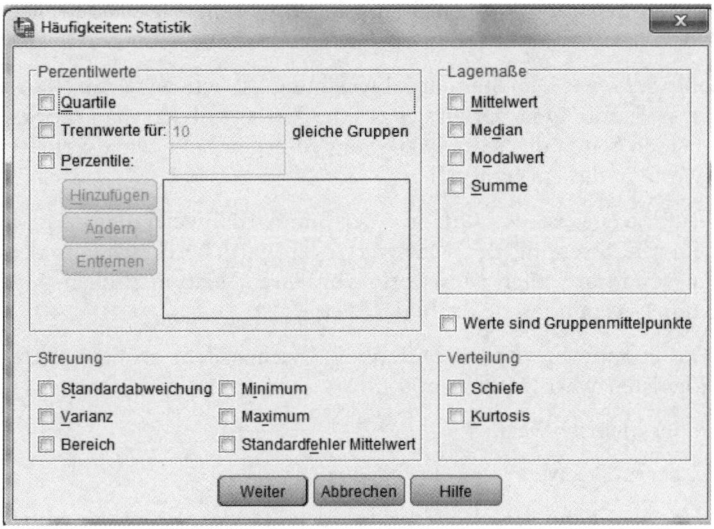

Bild 4.2: Dialogbox Häufigkeiten: Statistik

Im Auswahlkasten *Perzentilwerte* können Sie unter folgenden Optionen wählen:

- *Quartile:* Zeigt das 1., 2. und 3. Quartil an. Das 1. Quartil (Q_1) ist derjenige Punkt der Messwertskala, unterhalb dessen 25% der Messwerte liegen. Das 2. Quartil (Q_2) ist derjenige Punkt der Messwertskala, unterhalb dessen 50% der Messwerte liegen. Das 2. Quartil bezeichnet man auch als Median. Das 3. Quartil ist derjenige Punkt der Messwertskala, unterhalb dessen 75% der Messwerte liegen. Liegen die Daten ordinalskaliert oder intervallskaliert, aber nicht normalverteilt vor, wird der mittlere Quartilabstand als Streuungsmaß benutzt. Er ist definiert als

$$Q = \frac{Q_3 - Q_1}{2}$$

- *Trennen:* Erzeugt Perzentilwerte, welche die Stichprobe in Fallgruppen gleicher Klassenbreite unterteilen. Die voreingestellte Anzahl der Gruppen ist 10. Tragen Sie z. B. eine 4 ein, werden die Quartile, d. h. das 25., 50. und 75. Perzentil, angezeigt. Die Anzahl der angezeigten Perzentile ist somit um eins kleiner als die angegebene Zahl der Gruppen.

- *Perzentile:* Hierbei handelt es sich um benutzerdefinierte Perzentilwerte. Geben Sie einen Perzentilwert zwischen 0 und 100 ein und klicken Sie anschließend auf *Hinzufügen*. Wiederholen Sie den Vorgang für jeden gewünschten Perzentilwert. Die Werte erscheinen in sortierter Folge in der Perzentilliste. Tragen Sie z. B. die Werte 25, 50 und 75 ein, so erhalten Sie Quartile. Sie können beliebige Perzentilwerte eingeben, z. B. 37 und 83. Im ersten Fall (37) wird der Wert der gewählten Variablen angezeigt, unterhalb dessen 37% der Werte liegen, im zweiten Fall (83) ist es der Wert, unterhalb dessen sich 83% der Werte befinden.

Im Auswahlkasten *Streuung* können Sie optional zwischen folgenden Streuungsmaßen wählen:

- *Standardabweichung:* Die Standardabweichung ist ein Maß für die Streuung der Messwerte; sie ist die Quadratwurzel aus der Varianz. Trägt man die Standardabweichung zu beiden Seiten des Mittelwerts auf, so liegen bei normalverteilten Werten ca. 67% der Werte in diesem Intervall.
- *Varianz:* Die Varianz ist das Quadrat der Standardabweichung und somit ebenfalls ein Maß für die Streuung der Messwerte. Sie wird berechnet aus der Summe der Abweichungsquadrate aller Messwerte von ihrem arithmetischen Mittel, dividiert durch die um 1 verminderte Anzahl der Werte.
- *Bereich:* Die Spannweite ist die Differenz zwischen dem größten Wert (Maximum) und dem kleinsten Wert (Minimum).
- *Minimum:* der kleinste Wert.
- *Maximum:* der größte Wert.
- *Standardfehler:* Es handelt sich hierbei um den Standardfehler des Mittelwerts. Trägt man den Standardfehler zu beiden Seiten des Mittelwerts auf, liegt mit etwa 67-prozentiger Wahrscheinlichkeit der Mittelwert der Grundgesamtheit in diesem Intervall. Der Standardfehler errechnet sich aus der Standardabweichung, indem man sie durch die Quadratwurzel des Stichprobenumfangs dividiert.

Die üblichen Streuungsmaße für intervallskalierte und normalverteilte Variablen sind die Standardabweichung und der Standardfehler. Die Standardabweichung dient, wie schon erwähnt, dazu, einen Streubereich für die einzelnen Werte anzugeben. Nach einer Faustregel liegen im einfachen Bereich der Standardabweichung (jeweils einmal links und rechts vom Mittelwert die Standardabweichung abgetragen) etwa 67% der Werte, im doppelten Bereich der Standardabweichung etwa 95% und im dreifachen Bereich etwa 99% der Werte.

Der Standardfehler hingegen dient dazu, ein Konfidenzintervall für den Mittelwert anzugeben. Tragen Sie den doppelten Standardfehler links und rechts vom Mittelwert ab, so liegt mit etwa 95-prozentiger Wahrscheinlichkeit der Mittelwert der Grundgesamt in diesem Bereich. Mit etwa 99-prozentiger Wahrscheinlichkeit liegt er im dreifachen Bereich des Standardfehlers. Meist gibt man nur eines der beiden genannten Streuungsmaße an, wobei man sich gerne für den Standardfehler entscheidet, weil dieser kleinere Werte liefert. Auf alle Fälle sollten Sie deutlich machen, für welches der beiden Streuungsmaße Sie sich entschieden haben.

Im Auswahlkasten *Lagemaße* können Sie unter folgenden Begriffen wählen:

- *Mittelwert:* Der Mittelwert ist das arithmetische Mittel der Messwerte und berechnet sich daher aus der Summe der Messwerte geteilt durch ihre Anzahl. Liegen z. B. zwölf Messwerte vor und beträgt die Summe der Messwerte 600, so ist der Mittelwert $x = 600 : 12 = 50$.
- *Median:* Der Median ist derjenige Punkt der Messwertskala unterhalb und oberhalb dessen jeweils die Hälfte der Messwerte liegen. Liegen die Messwerte einzeln vor, z.B.

  3 7 8 5 4 6 3 9 2 8 4,

so schreibt man diese zunächst der Größe nach sortiert auf:

2 3 3 4 4 5 6 7 8 8 9.

In diesem Fall ist der Messwert 5 der Median. Es liegen insgesamt n = 11 Messwerte vor, so dass der sechste Messwert der Median ist. Es liegen nämlich dann fünf Messwerte unterhalb und fünf Messwerte oberhalb dieses Werts. Bei ungeradem n ist der Median also ein tatsächlich auftretender Messwert. Bei geradem n ist der Median das arithmetische Mittel zweier benachbarter Messwerte. Liegen z. B. die Messwerte

3 4 4 5 6 7 8 8 9 9

vor, so ist der Median in diesem Fall: (6 + 7) : 2 = 6,5.

- *Modalwert:* Der Modalwert ist der am häufigsten auftretende Wert in einer Stichprobe. Weisen mehrere Werte dieselbe maximale Häufigkeit auf, so wird nur der kleinste Wert angezeigt.
- *Summe:* die Summe aller Werte.

Im Auswahlkasten *Verteilung* können Sie zwischen den beiden folgenden Schiefheitsmaßen wählen:

- *Schiefe:* Die Schiefe ist eine Bezeichnung für die Abweichung einer Häufigkeitsverteilung von einer symmetrischen Verteilung, also einer Verteilung, bei der innerhalb gleicher Abstände vom Mittelwert auf beiden Seiten jeweils gleich viele Werte liegen. Die Schiefe ist null, wenn die beobachtete Verteilung eine Normalverteilung ist. Diese Aussage kann zum Test auf Normalverteilung benutzt werden: Ist die Schiefe signifikant von null verschieden, ist die Hypothese, dass die Daten aus einer normalverteilten Grundgesamtheit stammen, zu verwerfen. Liegt die Spitze einer schiefen Verteilung bei den kleineren Messwerten, so spricht man von positiver, im anderen Fall von negativer Schiefe.
- *Kurtosis (Exzess):* Der Exzess gibt an, ob eine Verteilung breitgipflig (hoher Wert) oder schmalgipflig ist. Der Exzess ist null, wenn die beobachtete Verteilung eine Normalverteilung ist. Diese Aussage kann ebenfalls zum Testen auf Normalverteilung benutzt werden: Ist die Kurtosis signifikant von null verschieden, ist die Hypothese, dass die Daten aus einer normalverteilten Grundgesamtheit stammen, zu verwerfen.

Im Allgemeinen benutzt man bei intervallskalierten und normalverteilten Variablen als Lagemaß den Mittelwert und als Streuungsmaß die Standardabweichung oder den Standardfehler und bei ordinalskalierten oder nicht normalverteilten Variablen als Lagemaß den Median und als Streuungsmaß das 1. und 3. Quartil. Bei nominalskalierten Variablen ist außer dem Modalwert kein sinnvoller Kennwert anzugeben.

Ferner gibt es noch folgende Optionen:

- *Werte sind Gruppenmittelpunkte*: Kreuzen Sie diese Option an, werden bei der Berechnung des Medians und der übrigen Perzentilwerte die Abschätzungen dieser Kennwerte für gehäufte Daten berechnet. Dieser Problematik ist ein eigener Abschnitt gewidmet.

Wir wollen für die Variable alter folgende Kennwerte ausgeben: Mittelwert, Median, Modalwert, Quartile, Standardabweichung, Varianz, Spannweite bzw. Bereich, Minimum, Maximum, Standardfehler, Schiefe und Kurtosis. Gehen Sie wie folgt vor:

- Wählen Sie aus dem Menü

  Analysieren
  Deskriptive Statistiken
  Häufigkeiten...

- Klicken Sie in der Dialogbox *Häufigkeiten* zunächst auf *Zurücksetzen*, um ältere Einstellungen zu löschen.
- Übertragen Sie die Variable alter in die Zielvariablenliste.
- Klicken Sie auf die Schaltfläche *Statistiken...*
- Aktivieren Sie in der Dialogbox *Häufigkeiten: Statistik* die gewünschten Kennwerte. Klicken Sie anschließend auf *Weiter*. Sie gelangen zurück zur Dialogbox *Häufigkeiten*.
- Deaktivieren Sie in der Dialogbox *Häufigkeiten* die Option *Häufigkeitstabellen anzeigen*. Bestätigen Sie mit *OK*.

Sie sehen folgende Ergebnisse im Viewer:

Statistiken

Alter

N	Gültig	1058
	Fehlend	11
Mittelwert		25,50
Standardfehler des Mittelwerts		,268
Median		23,00
Modalwert		20
Standardabweichung		8,722
Varianz		76,074
Schiefe		2,693
Standardfehler der Schiefe		,075
Kurtosis		9,572
Standardfehler der Kurtosis		,150
Bereich		70
Minimum		10
Maximum		80
Perzentile	25	20,00
	50	23,00
	75	27,00

Die befragten Personen der Studie zum Umweltverhalten Heidelberger Bürger sind im Mittel 25,5 Jahre alt. Der Median beträgt 23. Die meisten der Befragten sind 20 Jahre alt (Modus). Der jüngste Befragte ist 10 Jahre alt (Minimum), der älteste 80 Jahre (Maximum). Der älteste Befragte ist 70 Jahre älter als der jüngste Befragte (Spannweite). Die Standardabweichung beträgt 8,72. Die Varianz als Quadrat der Standardabweichung ist demzufolge $(8{,}72)^2 = 76{,}07$. Schiefe und Kurtosis werden jeweils zusammen mit ihrem Standardfehler ausgegeben.

4.3 Median bei gehäuften Daten

Insbesondere bei Daten, die in Form einer Häufigkeitstabelle vorliegen, ist die Bestimmung des Medians und beliebiger anderer Perzentile allein nach der herkömmlichen Abzählmethode zu ungenau. In solchen Fällen besteht die Möglichkeit, den Median und andere beliebige Perzentile nach einer genaueren Methode zu berechnen. Dies soll anhand eines Beispiels aus der Zahnmedizin erläutert werden.

- Laden Sie hierzu die Datei cpitn.sav, welche die Ergebnisse einer zahnmedizinischen Untersuchung enthält.

Neben den beiden Variablen schule und mhfreq, die den Schulabschluss bzw. die Häufigkeit des täglichen Zähneputzens wiedergeben, sind die sechs Variablen cpitn1 bis cpitn6 enthalten, die für das in Sextanten eingeteilte Gebiss den Grad der parodontalen Erkrankung, den so genannten CPITN-Wert, angeben, und zwar nach folgendem Code:

0	Gesundes Parodont
1	Blutung
2	Zahnstein
3	Taschentiefe von 3,5 bis 5,5 mm
4	Taschentiefe von 6 mm und mehr

- Erstellen Sie mit Hilfe der Menüwahl

Analysieren
Deskriptive Statistiken
Häufigkeiten...

eine Häufigkeitstabelle etwa der Variablen cpitn1 und wünschen Sie die Berechnung von Mittelwert und Median, so erhalten Sie folgendes Ergebnis:

Statistiken

cpitn1

N	Gültig	2548
	Fehlend	0
Mittelwert		2,24
Median		2,00

cpitn1

		Häufigkeit	Prozent	Gültige Prozent	Kumulative Prozente
Gültig	Gesund	109	4,3	4,3	4,3
	Blutung	389	15,3	15,3	19,5
	Zahnstein	921	36,1	36,1	55,7
	Taschentiefe 3,5-5,5	1042	40,9	40,9	96,6
	Taschentiefe >=6	87	3,4	3,4	100,0
	Gesamtsumme	2548	100,0	100,0	

Als Median wird der Wert 2 ausgewiesen, was nach dem herkömmlichen Abzählverfahren zwar formal in Ordnung ist, aber natürlich einen völlig unbefriedigenden, weil nicht genügend differenzierenden Wert ergibt. Für einen solchen Fall gehäufter Daten gibt es für den Median eine entsprechende Abschätzformel:

$$\text{Median} = u + \frac{b}{f_m} \cdot \left(\frac{n}{2} - F_{m-1} \right)$$

Dabei bedeuten:

n	Anzahl der Messwerte
m	Klasse, in welcher der Median liegt
u	Untere Grenze der Klasse m
f_m	Absolute Häufigkeit in der Klasse m
F_{m-1}	Kumulative Häufigkeit bis zur vorangehenden Klasse m-1
b	Klassenbreite

Von entscheidender Bedeutung ist demnach die korrekte Wahl der Klassengrenzen; diese sind so zu wählen, dass die auftretenden Codezahlen jeweils die Klassenmitte bilden. Als Klassengrenzen im gegebenen Beispiel sind daher der Reihe nach

-0,5   0,5   1,5   2,5   3,5   4,5

zu wählen. Die Klassenbreite ist 1.

Damit ergibt sich im vorliegenden Beispiel:

n = 2548

m = 3 (da der Median in der 3. Klasse liegt)

u = 1,5

f_m = 921

F_{m-1} = 109 + 389 = 498

b = 1

$$\text{Median} = 1{,}5 + \frac{1}{921} \cdot \left(\frac{2548}{2} - 498 \right) = 2{,}34$$

Vergleicht man diesen Wert mit dem Mittelwert (2,24), so wird die Regel bestätigt, dass bei rechtsgipfligen Verteilungen (und um eine solche handelt es sich hier) der Median größer als der Mittelwert ist.

Für eine genaue Berechnung des Medians bietet SPSS in der Dialogbox *Häufigkeiten: Statistik* neben der Option *Berechnung des Medians* die Zusatzoption *Werte sind Gruppenmittelpunkte* an.

- Aktivieren Sie die Optionen *Mittelwert*, *Median* und *Werte sind Gruppenmittelpunkte.*

Sie erhalten die folgende Ausgabe:

Statistiken

cpitn1

N	Gültig	2548
	Fehlend	0
Mittelwert		2,24
Median		2,32[a]

a. Aus gruppierten Daten berechnet

Mehr als unbefriedigend ist an dieser Stelle, dass der von SPSS ausgewiesene Wert von 2,32 ganz offensichtlich von der Berechnung nach der üblichen Formel abweicht. Den korrekten Wert von 2,34 liefert indes auch SPSS, wenn die exakten Intervallgrenzen angegeben werden, was jedoch nur mit Hilfe der Syntax möglich ist. Gehen Sie hierfür wie folgt vor:

- Wählen Sie aus dem Menü

  Analysieren
  Deskriptive Statistiken
  Häufigkeiten...

Die bisherigen Einstellungen sollten noch erhalten geblieben sein.

- Klicken Sie auf den Schalter *Einfügen* und wechseln Sie in den Syntaxeditor.

Der Syntaxeditor weist folgende Syntax aus:

```
FREQUENCIES VARIABLES=cpitn1
  /STATISTICS=MEAN MEDIAN
  /GROUPED=cpitn1
  /ORDER=ANALYSIS.
```

- Ändern Sie die Syntax wie folgt ab oder laden Sie die Datei cpitn.sps:

```
FREQUENCIES VARIABLES=cpitn1
  /STATISTICS=MEAN MEDIAN
  /GROUPED=cpitn1
  (-0.5, 0.5, 1.5, 2.5, 3.5, 4.5).
```

- Führen Sie den Syntaxbefehl aus.

Im Viewer wird nunmehr der gewünschte bzw. korrekte Wert von 2,34 angezeigt:

Statistiken

cpitn1

N	Gültig	2548
	Fehlend	0
Mittelwert		2,24
Median		2,34[a]

a. Aus gruppierten Daten berechnet

Der Median ist definitionsgemäß derjenige Wert, unterhalb und oberhalb dessen jeweils 50% der ihrer Größe nach geordneten Werte liegen. Eine Verallgemeinerung dieser Prozentzahl führt zu den so genannten Perzentilen. So könnte man nach dem Wert fragen, unterhalb dessen 10% der Werte liegen (oberhalb liegen dann 90% der Werte). Gebräuchlich sind vor allem das 25. und 75. Perzentil, auch als 1. Quartil bzw. 3. Quartil bezeichnet.

Beliebige Perzentilwerte können in der Dialogbox *Häufigkeiten: Statistik* nacheinander eingegeben werden. Beim Vorliegen gehäufter Daten ist wieder die Option *Werte sind Gruppenmittelpunkte* zu aktivieren.

Die Abschätzungsformel für ein beliebiges Perzentil lautet:

$$\text{Perzentil} = u + \frac{b}{h_m} \cdot (P - H_{m-1})$$

Dabei bedeuten:

m	Klasse, in der das Perzentil liegt
u	Untere Grenze der Klasse m
P	Zum Perzentil gehörende Prozentzahl
h_m	Prozentuale Häufigkeit in der Klasse m
H_{m-1}	Prozentuale kumulative Häufigkeit in der Klasse m-1
b	Klassenbreite

Für das 50. Perzentil (P = 50) ergibt sich nach einigen Umformungen die für den Median aufgezeigte Formel.

In Balken-, Linien-, Flächen- und Kreisdiagrammen, in denen die Darstellung von Median und anderen Perzentilen vorgesehen ist, wird dieser modifizierten Berechnung im Falle des Vorliegens gehäufter Daten Rechnung getragen.

4.4 Formate für Häufigkeitstabellen

- Laden Sie die Datei heidelberg.sav.

Wir wollen eine Häufigkeitstabelle für die Variable bildung (»Berufliche Ausbildung«) sortiert nach fallender Ordnung der Häufigkeiten ausgeben. Gehen Sie wie folgt vor:

- Wählen Sie aus dem Menü

Analysieren
Deskriptive Statistiken
Häufigkeiten...

- Übertragen Sie die Variable bildung in die Zielvariablenliste.
- Klicken Sie auf den Schalter *Format...*

Es öffnet sich die Dialogbox *Häufigkeiten: Format.*

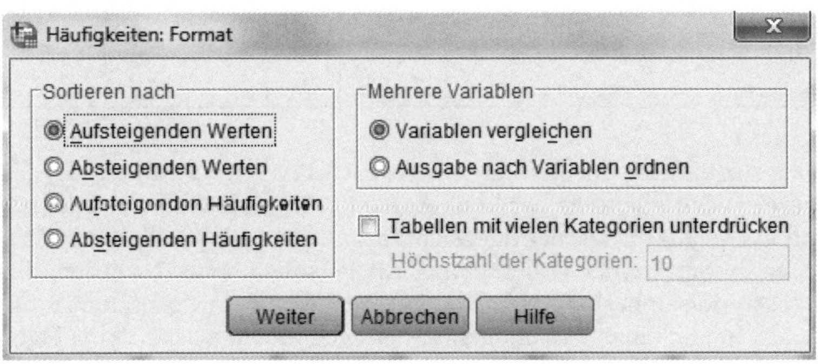

Bild 4.3: Dialogbox Häufigkeiten: Format

Im Auswahlkasten *Sortieren nach* bestimmen Sie die Reihenfolge, nach der die Datenwerte in einer Häufigkeitstabelle angezeigt werden sollen. Sie können eine der folgenden Optionen wählen:

- *Aufsteigende Werte:* Sortiert die Merkmalsausprägungen nach steigender Ordnung der Werte. Dies ist die Voreinstellung.
- *Absteigende Werte:* Sortiert die Merkmalsausprägungen nach fallender Ordnung der Werte.
- *Aufsteigende Häufigkeiten:* Sortiert die Merkmalsausprägungen nach steigender Ordnung der Häufigkeiten.
- *Absteigende Häufigkeiten:* Sortiert die Kategorien nach fallender Ordnung der Häufigkeiten.

Sie haben ferner die Gelegenheit, durch Aktivierung der Option *Tabellen mit vielen Kategorien unterdrücken* die Ausgabe langer Häufigkeitstabellen zu unterdrücken.

- Klicken Sie auf *Absteigende Häufigkeiten.*
- Bestätigen Sie mit *Weiter.*
- Klicken Sie auf *OK*, um die Berechnungen durchzuführen.

Sie erhalten folgende Ausgabe:

Berufliche Ausbildung

		Häufigkeit	Prozent	Gültige Prozent	Kumulative Prozente
Gültig	Kein Abschluss	513	48,0	51,6	51,6
	Universitätsabschluss	252	23,6	25,4	77,0
	Abgeschlossene Berufsausbildung	129	12,1	13,0	89,9
	Fachhochschulabschluss	50	4,7	5,0	95,0
	Fachschulabschluss	40	3,7	4,0	99,0
	Meister, Techniker	10	,9	1,0	100,0
	Gesamtsumme	994	93,0	100,0	
Fehlend	-9	75	7,0		
Gesamtsumme		1069	100,0		

Die berufliche Ausbildung der Befragten wird nach fallender Ordnung der Häufigkeiten sortiert angezeigt. Auffallend ist der hohe Anteil der Interviewten, die über keinen beruflichen Abschluss verfügen. Dies erklärt sich daraus, dass innerhalb eines Zeitraums von sechs Monaten im Sinne einer Vollerhebung alle Personen befragt wurden, die nach Heidelberg umzogen oder innerhalb Heidelbergs ihren Wohnsitz wechselten. Der Anteil von Studierenden ist folglich in der Grundgesamtheit recht hoch, was auch die Häufigkeitsverteilung der Variablen stellung (»Berufliche Stellung«) bestätigt.

4.5 Grafische Darstellung

Die Ergebnisse von Häufigkeitsverteilungen können grafisch aufbereitet werden. Als Beispiel wollen wir ein Balkendiagramm der Variablen ort (»Geburtsort des Befragten«) erstellen. Gehen Sie wie folgt vor:

- Wählen Sie aus dem Menü

  Analysieren
  Deskriptive Statistiken
  Häufigkeiten...

- Übertragen Sie die Variable ort in die Zielvariablenliste.
- Klicken Sie auf den Schalter *Diagramme...*

Es öffnet sich die Dialogbox *Häufigkeiten: Diagramme.*

Bild 4.4: Dialogbox Häufigkeiten: Diagramme

- Aktivieren Sie *Balkendiagramme* und unter *Diagrammwerte* die Option *Prozentwerte*. Bestätigen Sie mit *Weiter*. Sie gelangen zurück zur Dialogbox *Häufigkeiten*.
- Deaktivieren Sie in der Dialogbox *Häufigkeiten* die Option *Häufigkeitstabellen anzeigen*. Bestätigen Sie anschließend mit *OK*.

Das Diagramm wird im Viewer angezeigt.

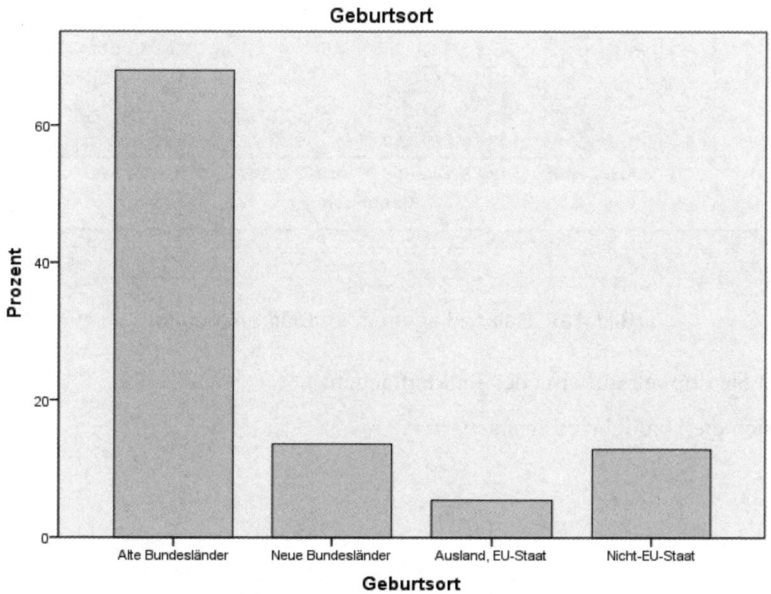

Bild 4.5: Balkendiagramm im Viewer

Wir wollen dieses Balkendiagramm noch etwas verschönern.

- Klicken Sie doppelt auf den Bereich des Balkendiagramms, um die Grafik zu bearbeiten.

Das Balkendiagramm wird im Diagrammeditor angezeigt.

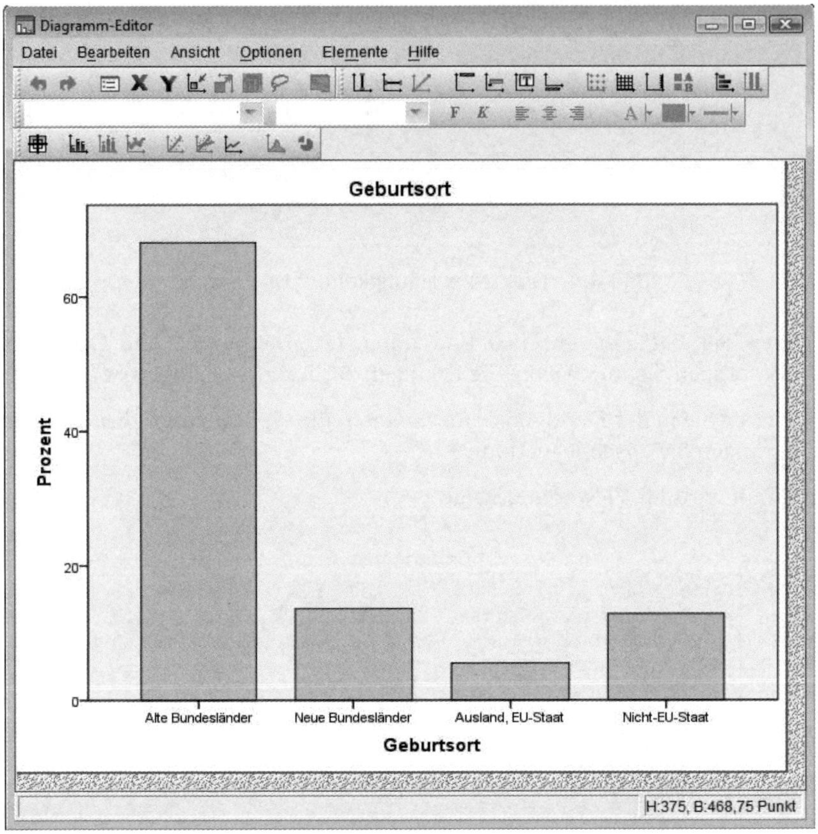

Bild 4.6: Balkendiagramm im Diagrammeditor

- Klicken Sie doppelt auf eine der Balkenflächen.

Es öffnet sich die Dialogbox *Eigenschaften*.

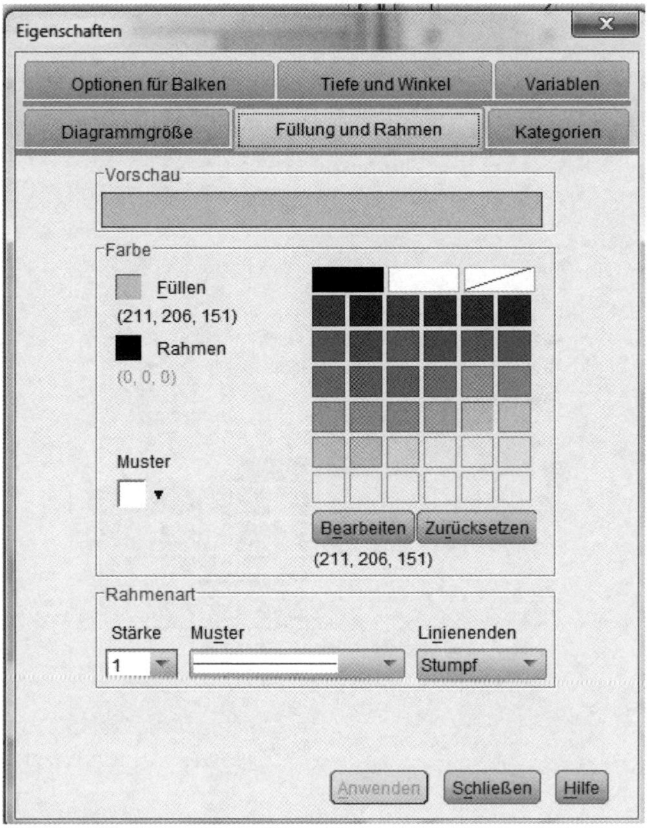

Bild 4.7: Dialogbox Eigenschaften

- Ziehen Sie die Registerkarte *Tiefe und Winkel*, aktivieren Sie die Option *Schatten* und bestätigen Sie mit *Anwenden*.
- Wählen Sie aus dem Menü des Diagrammeditors

  Elemente

  Datenbeschriftungen einblenden

Sie sehen, dass nunmehr die Balken mit den entsprechenden Prozentangaben beschriftet sind.

- Klicken Sie auf eine der Prozentangaben.

Die Dialogbox *Eigenschaften* bietet Ihnen nunmehr mittels der Registerkarte *Textstil* die Möglichkeit die Schriftart sowie die Farbe festzulegen.

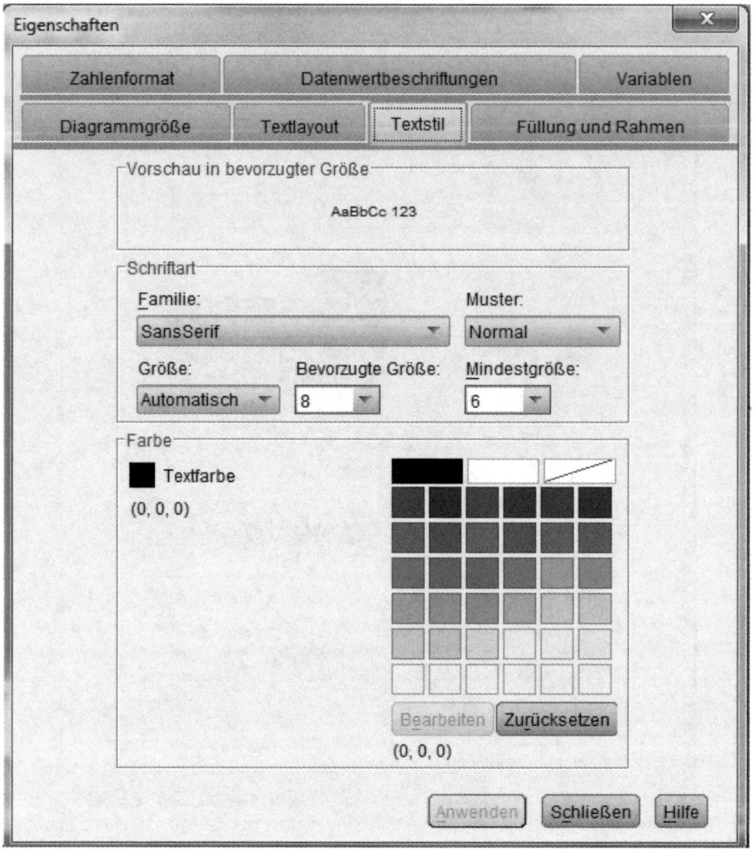

Bild 4.8: Dialogbox Eigenschaften: Textstil

- Wählen Sie für den Text ein dunkles Rot und bestätigen Sie mit *Anwenden.*
- Schließen Sie die Dialogbox *Eigenschaften.*
- Klicken Sie mit der Maus auf die Überschrift »Geburtsort«. Durch erneutes Klicken gelangen Sie in den Editiermodus. Ändern Sie den Titel »Geburtsort« in »Herkunftsland« um.
- Klicken Sie mit der Maus auf die noch verbliebene Schrift »Geburtsort« am unteren Rand der Grafik. Durch erneutes Klicken gelangen Sie wieder in den Editiermodus. Löschen Sie die Schrift.
- Schließen Sie den Diagrammeditor; die entsprechend geänderte Grafik ist im Folgenden dargestellt.

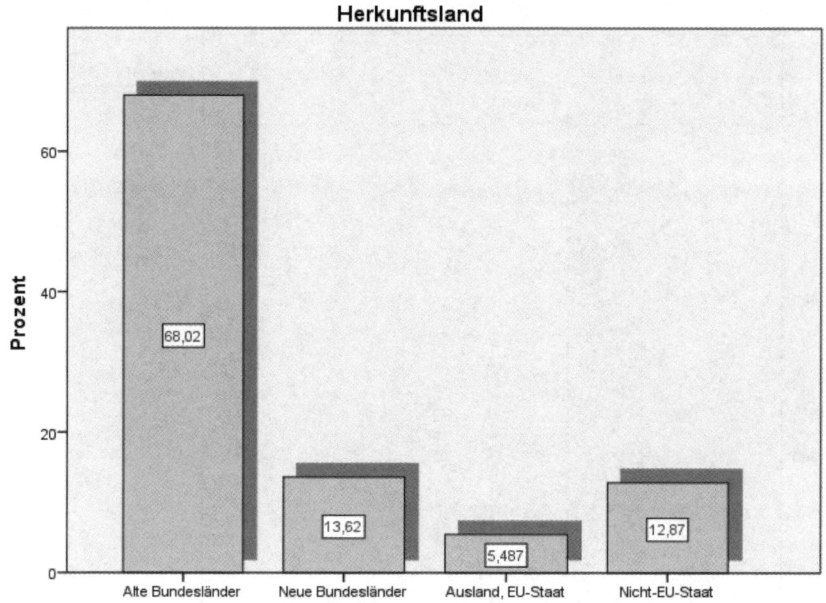

Bild 4.9: Bearbeitetes Balkendiagramm

Wir wollen ein weiteres Beispiel für die visuelle Präsentation einer Häufigkeitsauszählung betrachten.

- Wählen Sie aus dem Menü

  Analysieren
  Deskriptive Statistiken
  Häufigkeiten...

- Klicken Sie auf *Zurücksetzen*, um die Standardeinstellungen zu aktivieren.
- Übertragen Sie die Variable aklassen in die Zielvariablenliste.
- Klicken Sie auf den Schalter *Diagramme...* Wählen Sie *Histogramme* in der Dialogbox *Häufigkeiten: Diagramme*. Aktivieren Sie die Option *Normalverteilungskurve im Histogramm anzeigen*. Bestätigen Sie mit *Weiter*.
- Deaktivieren Sie in der Dialogbox *Häufigkeiten* die Option *Häufigkeitstabellen anzeigen*. Klicken Sie auf *OK*.

Sie sehen das Histogramm im Viewer.

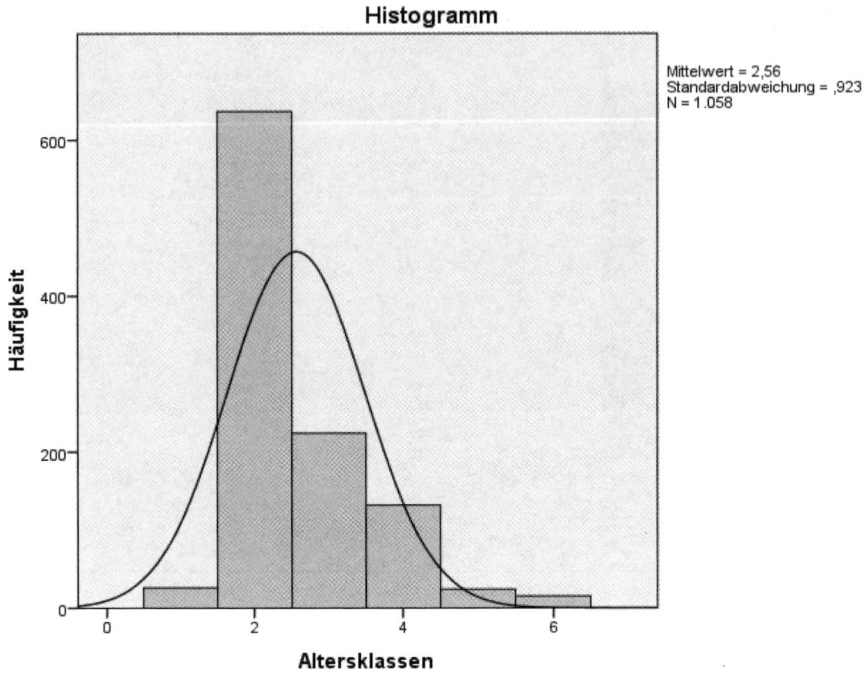

Bild 4.10: Histogramm im Viewer

Die Häufigkeiten beim Histogramm werden durch Säulen gekennzeichnet, die im Unterschied zum Balkendiagramm nicht isoliert, sondern aneinander gereiht werden. Ausgegeben werden die Standardabweichung, der Mittelwert und die zugrunde liegende Anzahl der Fälle (N). Ferner wird die Normalverteilungskurve ausgegeben.

- Klicken Sie doppelt auf den Bereich des Histogramms, um es im Diagrammeditor Ihren Wünschen gemäß zu ändern. Die Grafik erscheint im Diagrammeditor.
- Wählen Sie ein anderes Füllmuster aus und versehen Sie die Balken mit Etiketten.
- Testen Sie weitere Optionen des Diagrammeditors nach Belieben.

Wir beenden hiermit das Thema Häufigkeitsauszählungen. Führen Sie abschließend übungshalber eine Häufigkeitsverteilung der Variablen schule durch und bereiten Sie die Ergebnisse der Häufigkeitsverteilung grafisch auf.

KAPITEL 5

Statistische Grundbegriffe und Kennwerte

Der Umgang mit einem Programmsystem wie SPSS setzt natürlich statistische Kenntnisse voraus. Auf einige grundsätzliche Begriffe, mit denen man unbedingt vertraut sein muss, wenn man SPSS anwenden möchte, soll daher kurz eingegangen werden. Es sind dies zunächst die Voraussetzungen, die man vor der Anwendung eines statistischen Tests prüfen sollte: die unterschiedlichen Skalenniveaus von Variablen, das Problem der Normalverteilung und die Unterscheidung zwischen unabhängigen und abhängigen Stichproben. Weitere Abschnitte bringen eine Übersicht über die gängigsten Mittelwerttests und beschäftigen sich mit der Bedeutung der Irrtumswahrscheinlichkeit p. Es folgt ein Wegweiser durch statistische Auswertungen im Allgemeinen. Ein Abschnitt über statistische Kennwerte rundet schließlich das Kapitel ab.

5.1 Voraussetzungen für die Anwendung eines statistischen Tests

Vor der Anwendung eines statistischen Tests steht man in vielen Testsituationen vor der Frage, welche Voraussetzungen gegeben sind. Insbesondere ist Folgendes zu klären:

- Welches Skalenniveau hat die betreffende Variable?
- Falls es sich um eine intervallskalierte Variable handelt: Liegt Normalverteilung der Werte vor?
- Handelt es sich bei den zu vergleichenden Stichproben um unabhängige oder abhängige Stichproben?

5.1.1 Skalenniveaus

In einer empirischen Untersuchung mögen u. a. die folgenden Variablen mit den angegebenen Kodierungen auftreten:

Geschlecht	1 = männlich 2 = weiblich
Familienstand	1 = ledig 2 = verheiratet 3 = verwitwet 4 = geschieden

Rauchgewohnheit	1 = Nichtraucher 2 = mäßiger Raucher 3 = starker Raucher 4 = sehr starker Raucher
monatliches Nettoeinkommen	1 = bis 2000 Euro 2 = 2001 – 3000 Euro 3 = über 3000 Euro
Intelligenzquotient	
Alter in Jahren	

Betrachten wir zunächst das Geschlecht, so stellen wir fest, dass die Zuordnung der beiden Ziffern 1 und 2 zu den beiden Geschlechtern willkürlich ist; man hätte sie auch andersherum oder mit anderen Ziffern vornehmen können.

Keinesfalls soll damit ausgedrückt werden, dass Frauen nach den Männern einzustufen sind; auch soll nicht die Bedeutung unterlegt werden, dass Frauen mehr wert sind als Männer. Den einzelnen Zahlen kommt also keinerlei empirische Bedeutung zu. Man spricht in diesem Falle von einer nominalskalierten Variablen. In dem hier vorliegenden Spezialfall einer nominalskalierten Variablen mit zwei Kategorien spricht man auch von einer dichotomen Variablen.

Ebenso verhält es sich beim Familienstand; auch hier hat die Zuordnung der Ziffern zu den Kategorien des Familienstandes keinerlei empirische Relevanz. Im Gegensatz zum Geschlecht ist die Variable aber nicht dichotom; sie beinhaltet vier statt zwei Kategorien.

Nominalskalierte Variablen sind in ihrer Auswertungsmöglichkeit sehr eingeschränkt. Genau genommen können sie nur einer Häufigkeitsauszählung unterzogen werden. Die Berechnung etwa eines Mittelwertes, z. B. bei der Variablen Familienstand, ist völlig sinnlos. Solche nominalskalierten Variablen finden oft als Gruppierungsvariablen Verwendung, indem die Gesamtstichprobe nach den Kategorien dieser Variablen unterteilt wird und die entstehenden Teilstichproben gegebenenfalls mit einem passenden statistischen Test miteinander verglichen werden.

Betrachten wir als Nächstes die Rauchgewohnheit, so kommt den vergebenen Codezahlen insofern eine empirische Bedeutung zu, als sie eine Ordnungsrelation wiedergeben. Die Variable Rauchgewohnheit ist schließlich nach ihrer Wertigkeit aufsteigend geordnet: Ein mäßiger Raucher raucht mehr als ein Nichtraucher, ein starker Raucher mehr als ein mäßiger Raucher usw. Solche Variablen, bei denen den verwendeten Codezahlen eine empirische Relevanz hinsichtlich ihrer Ordnung zukommt, nennt man ordinalskaliert.

Die empirische Relevanz dieser Variablen bezieht sich aber nicht auf die Differenz zweier Codezahlen. So ist zwar die Differenz der Codezahlen zwischen einem Nichtraucher und einem mäßigen Raucher einerseits und zwischen einem mäßigen Raucher und einem starken Raucher andererseits jeweils 1, man wird aber nicht sagen können, dass der tatsächliche Unterschied zwischen einem Nichtraucher und einem mäßigen Raucher einerseits und zwischen einem mäßigen Raucher und einem starken Raucher andererseits gleich ist; dafür sind die Begriffe zu vage.

Typische Beispiele von ordinalskalierten Variablen sind auch solche, die sich infolge einer Klassenzusammenfassung von Werten ergeben wie etwa bei unserem Beispiel des monatlichen Nettoeinkommens.

Neben der Häufigkeitsauszählung ist auch die Berechnung gewisser statistischer Kennwerte, wie etwa des Medians, bei ordinalskalierten Variablen möglich; auch die Berechnung des Mittelwertes kann in bestimmten Fällen zumindest einigermaßen sinnvoll sein. Soll der Zusammenhang (die Korrelation) mit anderen solchen Variablen festgestellt werden, steht hierzu der Rangkorrelationskoeffizient zur Verfügung.

Zum Vergleich verschiedener Stichproben bezüglich ordinalskalierter Variablen können die nichtparametrischen Tests Verwendung finden, deren Formeln auf Rangplätzen aufbauen.

Betrachten wir nun den Intelligenzquotienten (IQ), so geben seine Werte nicht nur eine Rangordnung der beteiligten Probanden wieder, auch den Differenzen zweier Werte kommt eine empirische Bedeutung zu. Hat etwa Hans einen IQ von 80, Emil einen von 120 und Otto einen von 160, so kann man sagen, dass Emil im Vergleich zu Hans um ebenso viel intelligenter ist wie Otto im Vergleich zu Emil (nämlich um 40 IQ-Punkte). Trotz der Werte von 80 für Hans und 160 für Otto wird man aber aufgrund der Konstruktion des IQ nicht sagen können, dass Otto doppelt so intelligent ist wie Hans (wobei wir einmal davon absehen, dass die Konstruktion des IQ generell in Frage zu stellen ist).

Solche Variablen, bei denen der Differenz (des Intervalls) zwischen zwei Werten eine empirische Bedeutung zukommt, nennt man intervallskaliert. Ihre Bearbeitung unterliegt keinen Einschränkungen; so ist z. B. der Mittelwert ein sinnvoller statistischer Kennwert zur Beschreibung dieser Variablen.

Die höchste Stufe der Skalierung schließlich ist erreicht, wenn auch den Verhältnissen zweier Werte empirische Bedeutung zukommt. Ein Beispiel hierfür ist das Alter; ist Max 30 Jahre und Moritz 60 Jahre alt, so kann man feststellen, dass Moritz doppelt so alt ist wie Max. Man nennt solche Variablen verhältnisskaliert. Es sind dies alle intervallskalierten Variablen, die einen absoluten Nullpunkt besitzen. So sind in der Regel intervallskalierte Variablen auch verhältnisskaliert.

Zusammenfassend kann man also sagen, dass es vier Skalenniveaus gibt, auf denen Zahlenwerte gemessen werden können:

Skalenniveau	Empirische Relevanz
Nominal	Keine
Ordinal	Ordnung der Zahlen
Intervall	Differenzen der Zahlen
Verhältnis	Verhältnisse der Zahlen

In der Praxis, so auch bei Verwendung von SPSS, ist die Unterscheidung von intervall- und verhältnisskalierten Variablen in der Regel nicht relevant. So wird auch in der Folge fast ausnahmslos von intervallskalierten Variablen die Rede sein.

Der SPSS-Anwender muss sich stets selbst über das Skalenniveau der einzelnen Variablen im Klaren sein, vor allem muss er bei der Auswahl der Verfahren darauf achten, dass die dazu benötigten Skalenniveaus auch gegeben sind.

Bei den nominalskalierten Variablen hatten wir auf die sehr eingeschränkten Auswertungsmöglichkeiten hingewiesen. Eine Ausnahme bilden in manchen Situationen die dichotomen Variablen; mit diesen kann man nämlich notfalls eine Rangkorrelation berechnen. Korreliert man etwa auf diese Weise den Intelligenzquotienten mit dem Geschlecht, so bedeutet unter Berücksichtigung der Kodierung des Geschlechts ein positiver Korrelationskoeffizient, dass die Frauen intelligenter als die Männer sind. Bei nichtdichotomen nominalskalierten Variablen ist aber die Berechnung des Rangkorrelationskoeffizienten sinnlos.

5.1.2 Normalverteilung

Die Anwendung zahlreicher Verfahren, die intervallskalierte Variablen betreffen, setzt voraus, dass deren Werte normalverteilt sind. Dies ist eine Verteilung, bei der sich die meisten Werte um den Mittelwert gruppieren, während die Häufigkeiten nach beiden Seiten hin gleichmäßig abfallen.

Als Beispiel betrachten wir die Altersverteilung, die mit Hilfe der Menüwahl

Grafik
Diagrammerstellung...

aus den Daten einer Hypertonie-Studie (Datei hyper.sav) erzeugt wurde.

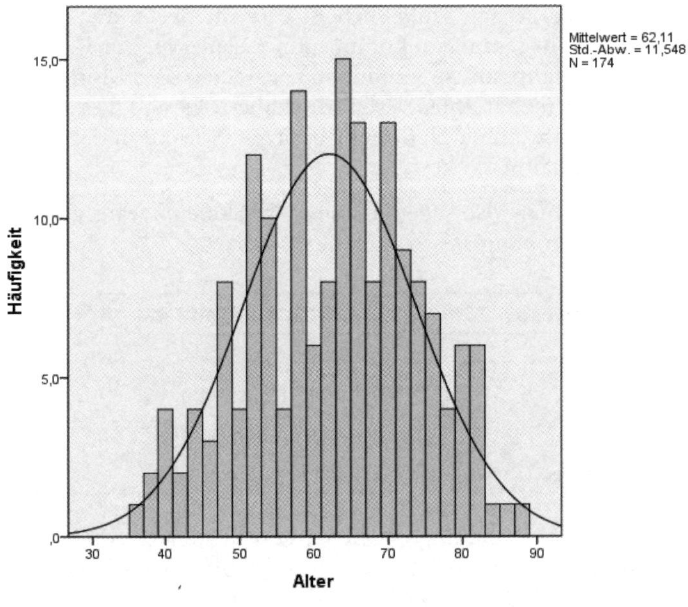

Bild 5.1: Altersverteilung

Im Diagramm ist die Normalverteilungskurve (»Gaußsche Glockenkurve«) eingezeichnet; die gegebene Verteilung weicht von dieser idealen Kurve mehr oder weniger stark ab. Genau normalverteilte Werte kommen in der Praxis so gut wie nie vor; so gilt es nur festzustellen, ob die Werte hinreichend normalverteilt sind, also die gegebene Verteilung nicht signifikant von der Normalverteilung abweicht.

Vor Anwendung eines Verfahrens, das Normalverteilung voraussetzt, ist diese also zunächst zu überprüfen. Als klassisches Beispiel eines Tests, der Normalverteilung der Werte erfordert, sei der t-Test nach Student zum Vergleich von zwei unabhängigen Stichproben genannt. Liegt keine Normalverteilung vor, ist statt dessen ein entsprechender nichtparametrischer Test, hier der U-Test nach Mann und Whitney, zu benutzen.

Wer sich bei der Überprüfung auf Normalverteilung nicht mit dem optischen Eindruck eines Histogramms zufrieden geben möchte, kann dazu den Kolmogorov-Smirnov-Test benutzen, der innerhalb der explorativen Datenanalyse und in der Sammlung der nichtparametrischen Tests zur Verfügung steht (siehe Kap. 12.5).

Im vorliegenden Beispiel der Altersverteilung ergibt der Kolmogorov-Smirnov-Test keine signifikante Abweichung zur Normalverteilung.

Eine weitere Möglichkeit zur Überprüfung auf Normalverteilung bietet die Erstellung von Normalverteilungsplots (siehe Kap. 8.4.1), in denen die beobachteten den unter Normalverteilung zu erwartenden Werten gegenübergestellt werden.

5.1.3 Abhängigkeit und Unabhängigkeit von Stichproben

Zwei Stichproben sind dann voneinander abhängig, wenn jedem Wert der einen Stichprobe auf sinnvolle und eindeutige Weise genau ein Wert der anderen Stichprobe zugeordnet werden kann; entsprechendes gilt für den Fall von mehreren abhängigen Stichproben.

Meist handelt es sich dabei um den Fall, dass eine Messung zu mehreren Zeitpunkten durchgeführt wurde; die Werte zu den verschiedenen Zeitpunkten führen dann zu abhängigen Stichproben.

In SPSS werden abhängige (auch: gebundene, gepaarte) Stichproben durch verschiedene Variablen repräsentiert, die am gleichen Kollektiv von Fällen in den entsprechenden Tests einander gegenübergestellt werden.

Ist eine sinnvolle und eindeutige Wertezuordnung zwischen den Stichproben nicht möglich, liegen unabhängige Stichproben vor. In SPSS beinhalten unabhängige Stichproben unterschiedliche Fälle (also z. B. verschiedene Probanden), die in der Regel mit Hilfe einer nominalskalierten Gruppierungsvariablen unterschieden werden.

5.2 Übersicht über gängige Mittelwerttests

Bei der besonders häufigen Testsituation, dass man verschiedene Stichproben hinsichtlich ihrer Mittelwerte bzw. Mediane miteinander vergleichen möchte, kommen unter Berücksichtigung der in Abschnitt 5.1 diskutierten Voraussetzungen in der Regel die folgenden acht Tests in Frage.

Intervallskalierte, normalverteilte Variablen

Anzahl der miteinander zu vergleichenden Stichproben	Abhängigkeit	Test
2	unabhängig	t-Test nach Student
2	abhängig	t-Test für abhängige Stichproben
>2	unabhängig	einfache Varianzanalyse
>2	abhängig	einfache Varianzanalyse mit Messwiederholungen

Ordinalskalierte oder nichtnormalverteilte intervallskalierte Variablen

Anzahl der miteinander zu vergleichenden Stichproben	Abhängigkeit	Test
2	unabhängig	U-Test nach Mann und Whitney
2	abhängig	Wilcoxon-Test
>2	unabhängig	H-Test nach Kruskal und Wallis
>2	abhängig	Friedman-Test

Für diese beiden Testgruppen gibt es in SPSS jeweils einen eigenen Menüpunkt, nämlich

Analysieren
Mittelwerte vergleichen

bzw.

Analysieren
Nicht parametrische Tests

Eine Ausnahme bildet die einfache Varianzanalyse mit Messwiederholungen. Hier sucht man das entsprechende Verfahren unter dem Menüpunkt *Mittelwerte vergleichen* vergeblich; diese Analyse ist unter dem Menüpunkt *Allgemeines lineares Modell* erhältlich.

5.3 Die Irrtumswahrscheinlichkeit p

Folgt man der Aufgliederung der Statistik in deskriptive (beschreibende) Statistik und analytische Statistik, so ist es die Aufgabe der analytischen Statistik, Verfahren an die Hand zu geben, nach denen objektiv unterschieden werden kann, ob etwa ein auftretender Mittelwertsunterschied oder aber auch ein Zusammenhang (eine Korrelation) zufällig zustande gekommen ist oder nicht.

Vergleicht man etwa zwei Mittelwerte, so kann man zu diesem Zweck zwei Hypothesen formulieren:

- *Hypothese 0 (Nullhypothese):* Die beiden Stichproben entstammen der gleichen Grundgesamtheit (d. h. der Mittelwertsunterschied ist zufällig zustandegekommen).
- *Hypothese 1 (Alternativhypothese):* Die beiden Stichproben entstammen verschiedenen Grundgesamtheiten (d. h. der Mittelwertsunterschied ist nicht zufällig zustandegekommen).

Die Prüfstatistik hat Verfahren entwickelt, die aus den gegebenen Stichprobenwerten bzw. den daraus resultierenden Kennwerten nach bestimmten Formeln sogenannte Prüfgrößen berechnen. Diese Prüfgrößen folgen bestimmten theoretischen Verteilungen (t-Verteilung, F-Verteilung, χ^2-Verteilung u. a.), welche die Berechnung der sogenannten Irrtumswahrscheinlichkeit erlauben. Es ist dies die Wahrscheinlichkeit, sich zu irren, wenn man die Nullhypothese verwirft und die Alternativhypothese annimmt.

Wahrscheinlichkeiten werden von den Mathematikern als Größen zwischen 0 und 1 (von den praktischen Statistikern oft auch in Prozent) angegeben. Sie werden gewöhnlich mit p bezeichnet:

0 <= p <= 1

Bei welcher Irrtumswahrscheinlichkeit man sich entschließt, die Nullhypothese zu verwerfen und die Alternativhypothese anzunehmen, bleibt im Prinzip jedem selbst überlassen und hängt entscheidend auch von der Art des zu untersuchenden Sachverhalts ab. Mit je größerer Sicherheit man eine Fehlentscheidung vermeiden will, desto niedriger wählt man die Grenze der Irrtumswahrscheinlichkeit, unterhalb derer man die Nullhypothese verwirft.

Dennoch ist ein einheitlicher Sprachgebrauch üblich. Aussagen, die mit einer Irrtumswahrscheinlichkeit p <= 0,05 behaftet sind, nennt man signifikant, solche mit einer Irrtumswahrscheinlichkeit p <= 0,01 heißen sehr signifikant und solche mit einer Irrtumswahrscheinlichkeit p <= 0,001 höchst signifikant. Man symbolisiert in Veröffentlichungen diese Sachverhalte durch die Angabe von ein, zwei oder drei Sternchen.

Irrtumswahrscheinlichkeit	Bedeutung	Symbolisierung
p > 0.05	nicht signifikant	ns
p <= 0.05	signifikant	*
p <= 0.01	sehr signifikant	**
p <= 0.001	höchst signifikant	***

In SPSS wird die Irrtumswahrscheinlichkeit p unter unterschiedlichen Bezeichnungen ausgegeben; Sternchen zur Symbolisierung des Signifikanzniveaus werden nur bei einigen Verfahren ausgedruckt.

Die Zeiten, in denen es noch keine Computer gab, mit denen man statistische Analysen durchführen konnte, hatten zumindest einen Vorteil: Da alle Berechnungen mit Hand erledigt werden mussten, musste man sich zuvor genauestens überlegen, welche Fragestellungen man mit einem passenden statistischen Test klären wollte. Auch der exakten Formulierung der Nullhypothese wurde verstärkt Bedeutung beigemessen.

Bei Benutzung eines Computers unter Anwendung einer so leistungsfähigen Software wie SPSS hingegen ist es ein Leichtes, sehr viele Tests in kürzester Zeit ausführen zu lassen. Kreuzen Sie etwa 50 Variablen mit anderen 20 Variablen in einer Kreuztabelle und führen dabei jeweils einen Chiquadrat-Test aus, so erhalten Sie 1000 Signifikanzüberprüfungen, also 1000 p-Werte. Die relative Sinnlosigkeit eines unkritischen Heraussuchens der signifikanten Ergebnisse liegt darin, dass bei einem kritischen Signifikanzniveau von $p = 0{,}05$ von vornherein fünf Prozent der Fälle, hier also 50, ein signifikantes Ergebnis erwarten lassen.

Diesem »Fehler erster Art« (die Nullhypothese wird verworfen, obwohl sie richtig ist) sollte man genügend Beachtung schenken. Als »Fehler zweiter Art« bezeichnet man den Fall, dass die Nullhypothese beibehalten wird, obwohl sie falsch ist. Die Wahrscheinlichkeit, einen Fehler erster Art zu begehen, ist offensichtlich gleich der Irrtumswahrscheinlichkeit p. Die Wahrscheinlichkeit für einen Fehler zweiter Art ist umso kleiner, je größer die Irrtumswahrscheinlichkeit p ist.

5.4 Statistischer Wegweiser

In diesem Kapitel soll versucht werden, einen kleinen Wegweiser durch dieses Buch bzw. über die Schritte, die bei einer statistischen Auswertung anfallen, zu geben.

5.4.1 Strukturierung, Eingabe und Überprüfung der Daten

Bevor Sie darangehen können, statistische Auswertungen vorzunehmen oder Grafiken zu erstellen, müssen natürlich zuerst die Daten in auswertbarer Form vorliegen. Beachten Sie dabei bitte die folgenden Schritte.

- Strukturieren Sie Ihre Datenmenge, indem Sie vor allem klären, welches Ihre Fälle und welches Ihre Variablen sind. In den allermeisten Fällen ist dies unmittelbar klar. Gelingt diese Strukturierung nicht, können Sie SPSS nicht anwenden; auch alle anderen Statistik-Programmsysteme setzen diese Struktur voraus. Lesen Sie dazu Kap. 3.2.
- Klären Sie das Skalenniveau Ihrer Variablen ab (siehe Kap. 5.1.1).
- Erstellen Sie einen Codeplan (siehe Kap. 3.1).
- Geben Sie die Daten unter Berücksichtigung des Codeplans mit Hilfe des Dateneditors ein (siehe Kap. 3.4). Falls Sie zur Dateneingabe mit anderen Programmen (z. B. Excel, dBase) arbeiten möchten, können Sie auch diese benutzen; SPSS kann diese Dateiformate ebenfalls verarbeiten. Bitte geben Sie keine Daten ein, die aus anderen Daten berechnet werden können. In diesen Fällen sollten Sie diese Berechnungen vom Computer vornehmen lassen (siehe Kap. 7). Sollten Ihre Daten bereits in anderen Statistik-Programmsystemen eingegeben worden sein (wie z. B. SAS), können diese meist von SPSS importiert werden. Je nach Sachlage kann eventuell auch die Software DBMS/COPY weiter helfen, um ihre Daten in SPSS-Dateien umzuwandeln.
- Überprüfen Sie Ihre Daten auf Eingabefehler und Plausibilität. Lesen Sie hierzu Kap. 8.1.
- Stellen Sie fest, ob Ihre intervallskalierten Variablen normalverteilt sind oder nicht (siehe Kap. 5.1.2).

Sie können nun beginnen, die eingegebene Datenmenge statistisch auszuwerten. Bedenken Sie, dass Auswertungen auch nur für bestimmte Fallgruppen ausgeführt werden können (siehe Kap. 6). Zu den prinzipiellen Techniken der Version 22 lesen Sie bitte Kap. 2.

5.4.2 Deskriptive Auswertung

Hiermit ist eine beschreibende Darstellung der einzelnen Variablen gemeint. Dabei kann es sich um die Erstellung einer Häufigkeitstabelle handeln, um die Berechnung statistischer Kennwerte oder auch um eine grafische Darstellung. Häufigkeitstabellen werden bei nominalskalierten Variablen und bei nicht allzu vielen Kategorien bei ordinalskalierten Variablen erstellt; lesen Sie hierzu die Kapitel 4 und 10.

Bei nominalskalierten Variablen gibt es keinen vernünftigen statistischen Kennwert zu berechnen. Die gebräuchlichsten statistischen Kennwerte bei ordinalskalierten und nichtnormalverteilten intervallskalierten Variablen sind der Median und die beiden Quartile (siehe Kap. 4.2); dabei ist bei nur wenigen Kategorien die Variante für gehäufte Daten zu benutzen (siehe Kap. 4.3).

Gebräuchlichste statistische Kennwerte bei normalverteilten intervallskalierten Variablen sind der Mittelwert sowie die Standardabweichung bzw. der Standardfehler (siehe Kap. 4.2). Entscheiden Sie sich aber jeweils für eines der beiden letztgenannten Streuungsmaße. Passende Grafiken zur Darstellung von Häufigkeiten oder von Mittelwerten und anderen Kennwerten stehen in großer Zahl für alle Skalenniveaus zur Verfügung.

5.4.3 Analytische Statistik

Bei fast allen statistischen Auswertungen sind neben der rein deskriptiven Aufbereitung passende Analyseverfahren (Signifikanztests) durchzuführen, bei denen letztlich immer die Berechnung der Irrtumswahrscheinlichkeit p (siehe Kap. 5.3) im Mittelpunkt steht.

Eine große Gruppe von Tests beschäftigt sich mit der Frage, ob sich zwei oder mehr als zwei verschiedene Stichproben bzgl. ihrer Mittelwerte bzw. Mediane voneinander unterscheiden. Dabei wird unterschieden zwischen unabhängigen Stichproben (verschiedene Fälle) und abhängigen Stichproben (verschiedene Variablen; siehe Kap. 5.1.3). Je nachdem, ob unabhängige oder abhängige, intervallskalierte und normalverteilte Variablen oder ordinalskalierte bzw. nichtnormalverteilte Variablen vorliegen und ob es sich um zwei oder mehr Stichproben handelt, gelangen entsprechend konzipierte Tests zur Anwendung (siehe Kap. 5.2).

Ein sehr häufiger Anwendungsfall ist der, dass verschiedene Gruppen von Fällen bzgl. der Ausprägungen einer nominalskalierten Variablen verglichen werden. Dies führt auf die Erstellung von Kreuztabellen (siehe Kap. 9). Eine weitere Gruppe von Testverfahren ist die der Untersuchung von Zusammenhängen zwischen zwei Variablen, also die Berechnung von Korrelationen und Regressionen (siehe Kap. 14, 15.1).

Neben all diesen eher einfachen statistischen Testverfahren gibt es die komplexeren Methoden der multivariaten Analysen, in denen meist sehr viele Variablen gleichzeitig in die Analyse eingehen. Möchten Sie etwa eine große Anzahl von Variablen auf eine kleinere Anzahl von »Variablenbündeln«, Faktoren genannt, reduzieren, so führen Sie eine Faktorenanalyse (Kap. 19) durch. Ist es hingegen Ihr Ziel, die gegebenen Fälle zu bündeln, also »Cluster« zu bilden, so benutzen Sie hierzu eine Clusteranalyse (Kap. 20).

Bei einer bestimmten Gruppe multivariater Tests wird zwischen einer abhängigen Variablen (auch Zielvariable genannt) und mehreren unabhängigen Variablen (Einflussvariablen, Vorhersagevariablen) unterschieden.

Abhängige Variable	Unabhängige Variablen	Multivariates Verfahren
dichotom	beliebig	binäre logistische Regression (Kap. 15.4); Diskriminanzanalyse (Kap. 17)
dichotom	nominal- oder ordinalskaliert	Logit-loglineare Modelle (Kap. 22.6)
nominalskaliert	nominal- oder ordinalskaliert	multinomiale logistische Regression (Kap. 15.5)
ordinalskaliert	nominal- oder ordinalskaliert	ordinale Regression (Kap. 15.6)
intervallskaliert	nominal- oder ordinalskaliert	Varianzanalyse (Kap. 16.1)
intervallskaliert	beliebig	Kovarianzanalyse (Kap. 16.2); multiple Regressionsanalyse (Kap. 15.2)

Nominalskalierte unabhängige Variablen müssen bei der binären logistischen Regression, der Diskriminanzanalyse und der multiplen Regressionsanalyse dichotom sein oder in einen Satz dichotomer Variablen zerlegt werden (siehe Kap. 15.2).

5.5 Statistische Kennwerte

Statistische Kennwerte berechnet man im Allgemeinen für intervallskalierte Variablen. Dafür stehen vier verschiedene Menüwahlen zur Verfügung.

Analysieren
Deskriptive Statistiken
Deskriptive Statistik...

Analysieren
Deskriptive Statistiken...
Häufigkeiten...

Analysieren
Deskriptive Statistiken
Explorative Datenanalyse...

Analysieren
Berichte
Fallzusammenfassungen...

Die Erstellung von Häufigkeitstabellen wird in Kap. 4, die explorative Datenanalyse in Kap. 8 behandelt. Die beiden anderen Menüwahlen werden im Folgenden besprochen. Eine Übersicht über die verfügbaren Kennwerte zeigt die folgende Tabelle. Unter *Deskriptive Statistik...* ist auch die Standardisierung (z-Transformation) von Variablen möglich.

Kennwerte	Deskriptive Statistiken	Häufigkeiten	Explorative Datenanalyse	Fälle zusammenfassen
Mittelwert	✓	✓	✓	✓
Summe	✓	✓		✓
Median		✓	✓	✓
Gruppierter Median		✓		✓
Quartile		✓		
Perzentile		✓	✓	
Modus		✓		
Standardabweichung	✓	✓	✓	✓
Standardfehler	✓	✓	✓	✓
Varianz	✓	✓	✓	✓
Minimum	✓	✓	✓	✓
Maximum	✓	✓	✓	✓
Spannweite	✓	✓	✓	✓
Quartilabstand			✓	
Kurtosis (Exzess)	✓	✓	✓	✓
Schiefe	✓	✓	✓	✓
Standardfehler des Exzess	✓	✓	✓	✓
Standardfehler der Schiefe	✓	✓	✓	✓
Konfidenzintervall			✓	
Harmonisches Mittel				✓
Geometrisches Mittel				✓
M-Schätzer			✓	
Ausreißer			✓	
Gestutzter Mittelwert			✓	

Die unter der Menüwahl *Fallzusammenfassungen...* (Kap. 5.5.2) erhältlichen Statistiken können Sie auch getrennt nach den Kategorien von nominal- oder ordinalskalierten Gruppierungsvariablen berechnen. Als Beispiel wollen wir eine medizinische Studie betrachten, welche die Wirkung von zwei verschiedenen Medikamenten (mit den Fantasienamen Alphasan und Betasan) auf die Senkung des Blutdrucks von Hypertonie-Patienten analysiert. Es liegen die folgenden Variablen vor.

nr	Patientennummer
med	Medikament (1 = Alphasan, 2 = Betasan)
g	Geschlecht (1 = männlich, 2 = weiblich)
a	Alter in Jahren
gr	Körpergröße in cm
gew	Körpergewicht in kg
rrs0	Systolischer Blutdruck, Ausgangswert
rrs1	dto. Wert nach 1 Monat
rrs6	dto. Wert nach 6 Monaten
rrs12	dto. Wert nach 12 Monaten
rrd0	diastolischer Blutdruck, Ausgangswert
rrd1	dto. Wert nach 1 Monat
rrd6	dto. Wert nach 6 Monaten
rrd12	dto. Wert nach 12 Monaten
chol0	Cholesterin, Ausgangswert
chol1	dto. Wert nach 1 Monat
chol6	dto. Wert nach 6 Monaten
chol12	dto. Wert nach 12 Monaten
bz0	Blutzucker, Ausgangswert
bz1	dto. Wert nach 1 Monat
bz6	dto. Wert nach 6 Monaten
bz12	dto. Wert nach 12 Monaten
ak	Alter, in Klassen eingeteilt (1 = bis 55 Jahre, 2 = 56-65 Jahre, 3 = 66-75 Jahre, 4 = über 75 Jahre)

Die Daten sind in der Datei hyper.sav enthalten, die 174 Fälle umfasst.

5.5.1 Deskriptive Statistiken

Zum Kennenlernen der deskriptiven Statistiken wollen wir die Variable a betrachten, die das Alter wiedergibt.

- Laden Sie die Datei hyper.sav, und wählen Sie aus dem Menü

  Analysieren
  Deskriptive Statistiken
  Deskriptive Statistik...

Es öffnet sich die Dialogbox *Deskriptive Statistik*.

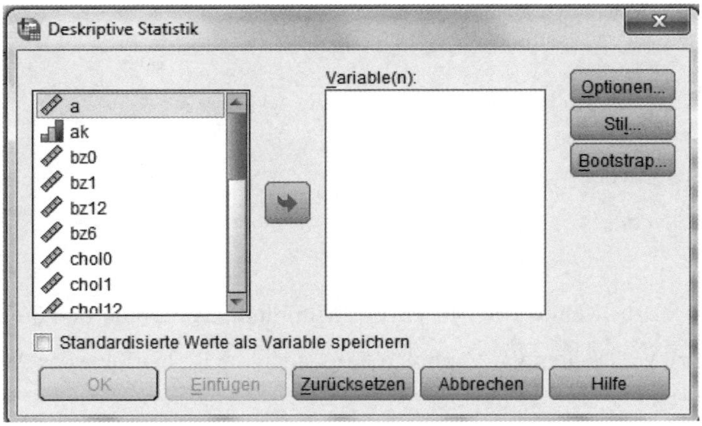

Bild 5.2: Dialogbox Deskriptive Statistik

- Bringen Sie die Variable a in das Testvariablenfeld, und klicken Sie auf *Optionen...*

Es öffnet sich die Dialogbox *Deskriptive Statistik: Optionen*.

Bild 5.3: Dialogbox Deskriptive Statistik: Optionen

Die Berechnung der folgenden statistischen Kennwerte ist demnach möglich:

- Mittelwert
- Summe

- Standardabweichung
- Standardfehler
- Varianz
- Minimum
- Maximum
- Bereich (Spannweite)
- Kurtosis (Exzess)
- Schiefe

- Aktivieren Sie die Kennwerte Mittelwert, Minimum, Maximum und Standardfehler.

Bei mehreren zu verarbeitenden Variablen kann auch die Reihenfolge des Ausdrucks festgelegt werden:

- aufsteigende Mittelwerte
- absteigende Mittelwerte
- alphabetisch (Variablennamen)
- nach der Variablenliste im Zielvariablenfeld

Die Reihenfolge nach der Variablenliste ist voreingestellt. Bei nur einer Variablen wie im vorliegenden Fall ist die Reihenfolge natürlich irrelevant.

- Klicken Sie nach der Markierung der zu berechnenden Kennwerte auf *Weiter*. In der wieder aufscheinenden Hauptdialogbox wollen wir noch die standardisierten Werte in einer Variablen speichern; aktivieren Sie die entsprechende Option.
- Starten Sie mit *OK*.

Die entsprechende Berechnung erzeugt im Viewer das folgende Ergebnis:

Deskriptive Statistik

	N	Minimum	Maximum	Mittelwert	
	Statistik	Statistik	Statistik	Statistik	Standardfehler
Alter	174	36	87	62,11	,875
Gültige Werte (Listenweise)	174				

Betrachten Sie die Datei, so bemerken Sie, dass ihr eine neue Variable, nämlich die Variable za, hinzugefügt worden ist. Es ist dies die standardisierte Variante der Variablen a (Alter); per Voreinstellung wird dem ursprünglichen Variablennamen der Buchstabe z vorangesetzt. Die Standardisierung (z-Transformation) eines Variablenwertes x erfolgt dabei nach der Formel

$$z = \frac{x - m}{s}$$

Dabei ist m der Mittelwert der Variablenwerte, s die Standardabweichung. Die Standardisierung von Variablen kann bei manchen statistischen Verfahren sinnvoll sein; sie kann auch dort vorgenommen werden, wo etwa mehrere Variablen mit verschiedenen Spannweiten oder gar Größenordnungen zu einem gemeinsamen Score zusammengefasst werden sollen. In diesem Falle könnte man die betreffenden Variablen standardisieren und dann die entstandenen z-Werte zu einem gemeinsamem Wert mitteln.

5.5.2 Fälle zusammenfassen

Dieser Menüpunkt erlaubt einerseits die fallweise Auflistung von Variablenwerten, andererseits die Berechnung von statistischen Kennwerten. Die Möglichkeit des fallweisen Auflistens von Variablenwerten wird in Kap. 2.8 beschrieben; an dieser Stelle soll die Berechnung statistischer Kennwerte gezeigt werden. Wir betrachten als Datenbeispiel wieder die Datei hyper.sav.

- Laden Sie die Datei hyper.sav, und wählen Sie aus dem Menü

Analysieren
Berichte
Fallzusammenfassugen...

Es öffnet sich die Dialogbox *Fälle zusammenfassen*.

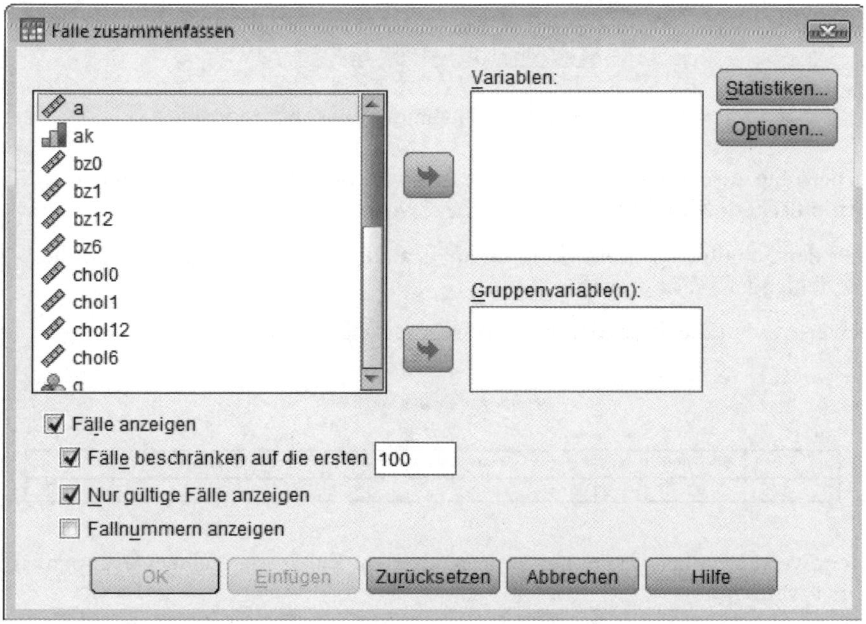

Bild 5.4: Dialogbox Fälle zusammenfassen

- Klicken Sie die Variable a in das Variablenfeld und deaktivieren Sie die voreingestellte Option *Fälle anzeigen*.
- Betätigen Sie den Schalter *Statistiken...*

Es öffnet sich die Dialogbox *Zusammenfassungsbericht: Statistik*.

Bild 5.5: Dialogbox Zusammenfassung: Statistik

- Fordern Sie zusätzlich zur Anzahl der Fälle die Berechnung von Mittelwert, Median, harmonischem Mittel und geometrischem Mittel an.
- Über den Schalter *Optionen* können Sie u. a. eine Titelzeile eingeben und die Behandlung fehlender Werte steuern.

Im Viewer werden die folgenden Ergebnisse angezeigt.

Zusammenfassung von Fällen

Alter

H	Mittelwert	Median	Harmonisches Mittel	Geometrisches Mittel
174	62,11	63,00	59,80	60,98

Die Kennwerte können auch getrennt nach den Kategorien einer Gruppenvariablen berechnet werden.

- Verwenden Sie als Testvariable die Variable chol0, als Gruppenvariable die Variable g.
- Wählen Sie die Kennwerte Mittelwert, Standardabweichung, Standardfehler des Mittelwerts und Median aus.

Im Viewer werden die folgenden Ergebnisse angezeigt:

Zusammenfassung von Fällen

Cholesterin, Ausgangswert

Geschlecht	H	Mittelwert	Standardabweichung	Standardfehler des Mittelwerts	Median
Männlich	59	228,95	54,632	7,112	216,00
Weiblich	115	241,54	46,192	4,307	241,00
Gesamtsumme	174	237,27	49,421	3,747	234,50

Über die in Zusammenhang mit der fallweisen Auflistung von Werten relevanten Optionen informiert Kap. 2.8.

Die getrennte Berechnung nach den Kategorien einer Gruppierungsvariablen kann auch mit Hilfe der folgenden Menüwahlen erreicht werden:

Analysieren
Mittelwerte vergleichen
Mittelwerte...

Analysieren
Berichte
OLAP-Würfel...

Dabei stehen die gleichen Kennwerte zur Verfügung wie unter der Menüwahl *Fallzusammenfassungen...*

Die Berechnungsart in Form der OLAP-Würfel (Online Analytical Processing) unterscheidet sich dadurch, dass die Tabellen, die sich bei der Aufspaltung nach den Gruppierungsvariablen ergeben, mit Hilfe der Pivot-Technik selektierbar sind.

5.5.3 Verhältnisstatistiken

SPSS bietet Ihnen die Möglichkeit, teilweise nicht alltägliche statistische Kennwerte von Verhältnissen (Quotienten) zweier Variablen zu berechnen. Dies soll am Beispiel der Datei anteil65.sav gezeigt werden, die für fast alle Länder der Welt neben Variablen für die Landesbezeichnung und für den betreffenden Erdteil die beiden Variablen pop und pop65 enthält, welche die absoluten Zahlen der Gesamtbevölkerung und die Anzahl der Einwohner über 65 Jahre enthält. Das Verhältnis der Variablen pop65 und pop, also der relative Anteil der über 65 Jahre alten Einwohner, soll analysiert werden.

- Laden Sie die Datei anteil.sav.
- Wählen Sie aus dem Menü

Analysieren
Deskriptive Statistiken
Verhältnis...

Es öffnet sich die Dialogbox *Verhältnisstatistik*.

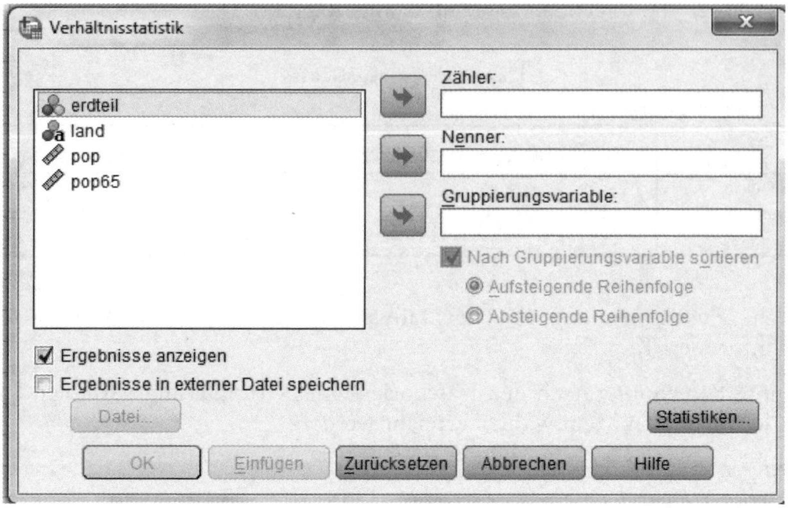

Bild 5.6: Dialogbox Verhältnisstatistik

- Definieren Sie die Variable pop65 als Zählervariable, die Variable pop als Nennervariable. Eine Gruppenvariable soll zunächst nicht ins Spiel gebracht werden.
- Betätigen Sie den Schalter *Statistiken...*

Es öffnet sich die Dialogbox *Verhältnisstatistik: Statistik*.

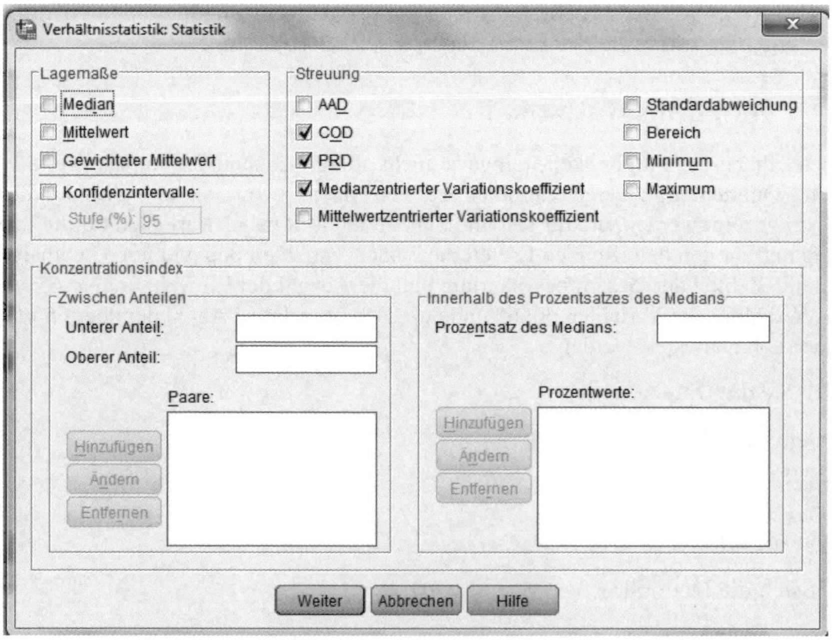

Bild 5.7: Dialogbox Verhältnisstatistik: Statistik

- Aktivieren Sie die Optionen Median, Mittelwert, Minimum, Maximum, Standardabweichung, AAD, COD und PRD.
- Starten Sie die Berechnungen mit *Weiter* und *OK*.

Es wird die folgende Ausgabe angezeigt.

Auswertung der Fallverarbeitung

	Anzahl
Insgesamt	166
Ausgeschlossen	0
Gesamt	166

Verhältnistatistik für Bevölkerung über 65 Jahre / Gesamtbevölkerung

Mittelwert	Median	Minimum	Maximum	Std.-Abweichung	Durchschnittliche absolute Abweichung	Preisgebundene Differenz	Streuungskoeffizient
,063	,043	,010	,177	,041	,030	,973	,690

Einige der in der Dialogbox *Verhältnisstatistik: Statistik* angebotenen Kennwerte bedürfen der Erläuterung:

- *Gewichteter Mittelwert*: Der Mittelwert des Zählers geteilt durch den Mittelwert des Nenners.
- *AAD (Average Absolute Deviation)*: Der Mittelwert der absoluten Differenzen der einzelnen Verhältnisse zum Median.
- *COD (Coefficient Of Dispersion)*: AAD geteilt durch den Median.
- *PRD (Price-Related Differential)*: Der Mittelwert geteilt durch den gewichteten Mittelwert.
- *Medianzentrierter Variationskoeffizient*: Die quadrierten Differenzen der einzelnen Verhältnisse zum Median werden gemittelt; aus diesem Mittelwert wird die Quadratwurzel gezogen. Die Medianzentrierte Kovarianz ist die Prozentuierung dieses Wertes auf den Median.
- *Mittelwertzentrierter Variationskoeffizient*: Der prozentuale Anteil der Standardabweichung vom Mittelwert.
- *Konzentrationsindex*: Der prozentuale Anteil der Verhältnisse, die in ein bestimmtes Intervall fallen.

Beim Konzentrationsindex gibt es zwei Möglichkeiten, dieses Intervall festzulegen. Mit den beiden Optionen *Unterer Anteil* und *Oberer Anteil* können Sie die Intervallgrenzen direkt eingeben. Mit der Option *% des Medians* können Sie eine Prozentzahl proz festlegen; die untere Grenze des Intervalls ist dann (1 – 0,01 · proz) · median, die obere Grenze (1 + 0,01 · proz) · median.

Wir wollen nun noch eine Gruppenvariable ins Spiel bringen.

- Definieren Sie die Variable erdteil als Gruppenvariable, und fordern Sie als Statistiken den Mittelwert, den Median, das Minimum und das Maximum an.

Die folgenden Ergebnisse werden angezeigt:

Zusammenfassung der Fallverarbeitung

		Anzahl	Prozent
Erdteil	Afrika	46	27,7%
	Asien	37	22,3%
	Nordamerika	2	1,2%
	Mittel- und Südamerika	36	21,7%
	Australien und Ozeanien	7	4,2%
	Europa	38	22,9%
Insgesamt		166	100,0%
Ausgeschlossen		0	
Gesamtsumme		166	

Verhältnistatistik für Bevölkerung über 65 Jahre / Gesamtbevölkerung

Gruppe	Mittelwert	Median	Minimum	Maximum
Afrika	,038	,036	,021	,067
Asien	,041	,038	,010	,131
Nordamerika	,122	,122	,118	,127
Mittel- und Südamerika	,054	,044	,027	,116
Australien und Ozeanien	,056	,031	,024	,117
Europa	,121	,125	,043	,177
Insgesamt	,063	,043	,010	,177

Bei Aktivierung der Option *Ergebnisse in externer Datei speichern* können die Ergebnisse in einer Datei gespeichert werden.

KAPITEL 6

Datenselektion

Wir wollen Ihnen in diesem Kapitel die vielfältigen Möglichkeiten der Datenselektion von SPSS am Beispiel der Dateien beruf.sav und leben.sav aufzeigen. Unter Datenselektion versteht man die Auswahl von Fällen nach bestimmten Kriterien, so sollen z. B. bei der Befragung über Berufswünsche und Berufsperspektiven von Schülern (Datei beruf.sav) nur Schülerinnen berücksichtigt werden; bei der Befragung zu studentischen Lebensstilen (Datei leben.sav) nur männliche Studenten der Medizin, die nicht älter als 25 Jahre sind. Berechnungen, die solchen Datenselektionen folgen, werden dann nur für die ausgewählten Fälle durchgeführt. SPSS Statistics bietet in diesem Zusammenhang drei prinzipielle Möglichkeiten an:

- Auswahl von Fällen unter Formulierung einer Bedingung (eines logischen Ausdrucks)
- Ziehen einer Zufallsstichprobe der gegebenen Fälle
- Aufteilen der Fälle in Gruppen nach den Werten von einer oder von mehreren Variablen

Das vorliegende Kapitel ist den drei Möglichkeiten gemäß in entsprechende Abschnitte gegliedert. Ein weiterer Abschnitt beschäftigt sich mit dem Problem, wie die Fälle einer Datendatei nach den Merkmalsausprägungen von ausgewählten Variablen sortiert werden können.

6.1 Auswahl von Fällen

In einer süddeutschen Stadt wurden Jugendliche im Alter zwischen 12 und 18 Jahren über ihre Berufswünsche befragt. Wir wollen eine Häufigkeitsverteilung der Variablen stelle (»Ich werde eine Stelle meiner Wahl bekommen«) durchführen. Berücksichtigt werden sollen nur die weiblichen Befragten. Gehen Sie wie folgt vor:

- Laden Sie die Datei beruf.sav in den Dateneditor.
- Wählen Sie aus dem Menü

  Daten

  Fälle auswählen...

Es öffnet sich die Dialogbox *Fälle auswählen* (siehe Bild 6.1). Die Voreinstellung in der Dialogbox lautet *Alle Fälle*.

Bild 6.1: Dialogbox Fälle auswählen

- Aktivieren Sie *Falls Bedingung zutrifft* und klicken Sie anschließend auf die Schaltfläche *Falls...* Es öffnet sich die Dialogbox *Fälle auswählen: Falls*.

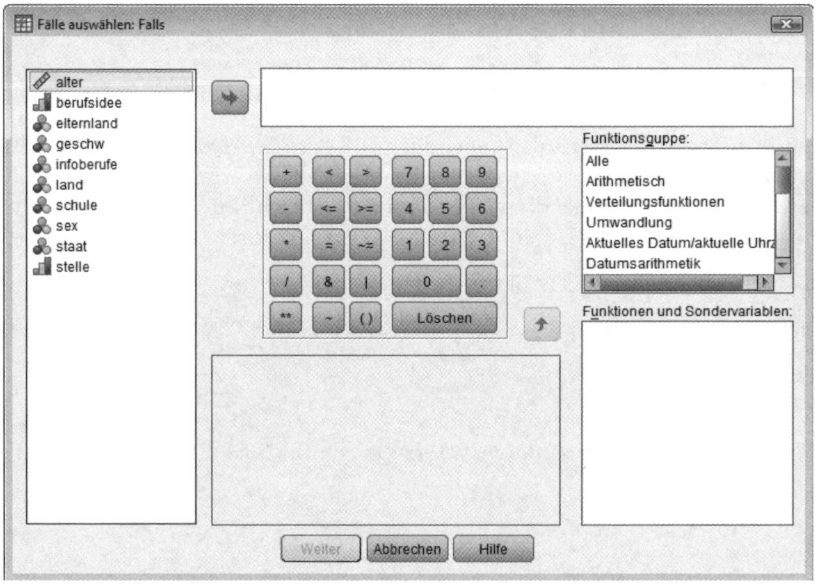

Bild 6.2: Dialogbox Fälle auswählen: Falls

Die Dialogbox gliedert sich in folgende Bestandteile:

- *Quellvariablenliste:* Die Quellvariablenliste enthält die Variablen der aktiven Datendatei.
- *Konditional-Editor:* In den Konditional-Editor wird der logische Ausdruck geschrieben, nach dem die Fälle ausgewählt werden sollen. Zurzeit enthält der Konditional-Editor noch keine Bedingung.
- *Transport-Schaltfläche:* Mit Hilfe der Transport-Schaltfläche können Sie eine Variable aus der Quellvariablenliste in den Konditional-Editor übertragen.
- *Rechentastatur:* Die Rechentastatur enthält Ziffern sowie arithmetische, relationale (vergleichende) und logische Operatoren; sie kann wie ein Taschenrechner benutzt werden. Die einzelnen Flächen können mit der Maus angeklickt werden, die jeweiligen Zeichen, z. B. +, ·, 7, werden dann in den Konditional-Editor kopiert.
- *Funktionsliste:* Die Funktionsliste enthält ca. 140 Funktionen. Die einzelnen Funktionen können durch einen Doppelklick in den Konditional-Editor kopiert werden.

6.1.1 Einteilung der Operatoren

Die Operatoren werden eingeteilt in arithmetische, relationale und logische Operatoren. Dabei finden arithmetische Operatoren in arithmetischen Ausdrücken (mathematischen Formeln) Verwendung, welche bei der Datenselektion von nur untergeordneter Bedeutung sind. Arithmetische Operatoren können allenfalls in einen logischen Ausdruck eingesetzt werden, was aber nur selten vorkommt. Eine entscheidende Rolle spielen sie jedoch bei der Datenmodifikation; darum werden sie auch dort vorgestellt (siehe Kap. 7.1).

Relationale und logische Operatoren finden ausschließlich bei den im vorliegenden Kapitel behandelten logischen Ausdrücken Verwendung.

6.1.2 Relationale Operatoren

Eine Relation ist ein logischer Ausdruck, der zwei Werte unter Verwendung eines relationalen Operators miteinander vergleicht. Bei SPSS-Anwendungen handelt es sich in den meisten Fällen um einen Vergleich des Werts einer Variablen mit einem Zahlenwert (einer Konstanten), z.B.

```
sex = 2
alter > 30
```

Folgende relationale Operatoren können eingesetzt werden, um einen logischen Ausdruck zu bilden:

Rechentastatur	Alternative Eingabe	Bedeutung
<	LT	kleiner als (less than)
>	GT	größer als (greater than)
<=	LE	kleiner oder gleich (less than or equal to)
>=	GE	größer oder gleich (greater than or equal to)

Rechentastatur	Alternative Eingabe	Bedeutung
=	EQ	gleich (equal to)
~=	NE oder <>	ungleich (not equal to)

Die Operatoren können entweder durch Anklicken der Rechentastatur mit der Maus in den Konditional-Editor übertragen oder per Tastatur eingegeben werden. Statt ~= kann z. B. auch NE oder <> eingetippt werden.

6.1.3 Logische Operatoren

Um einen Konditional-Ausdruck zu bilden, können die folgenden logischen Operatoren eingesetzt werden:

Rechentastatur	Alternative Eingabe	Bedeutung
&	AND	logisches UND
|	OR	logisches ODER
~	NOT	logisches NICHT

Die logischen Operatoren AND und OR verbinden zwei Relationen miteinander, der logische Operator NOT kehrt den Wahrheitswert eines Konditional-Ausdrucks um. Bezüglich der logischen Operatoren gelten folgende Prioritäten:

Priorität	Operator
1	NOT
2	AND
3	OR

6.1.4 Boolesche Algebra

Bezüglich der logischen Operatoren gelten die Grundlagen der Booleschen Algebra (Aussagenlogik), die wir im Folgenden kurz erläutern wollen.

UND-Verknüpfung (Konjunktion)

Ausdruck 1	Ausdruck 2	Ergebnis
w	w	w
w	f	f
f	w	f
f	f	f

Legende: w = wahr (true); f = falsch (false)

Bei einer Konjunktion müssen alle beteiligten Aussagen (Relationen) wahr sein, damit das Gesamtergebnis auch wahr ist. Beispiele:

Ausdruck	Wahrheitswert
(3<7) AND (8>5)	w
(12=8) AND (4=4)	f
(3<=5) AND (4>=1)	w
(8=4) AND (7=3)	f

ODER-Verknüpfung (Disjunktion)

Ausdruck 1	Ausdruck 2	Ergebnis
w	w	w
w	f	w
f	w	w
f	f	f

Bei einer Disjunktion muss nur eine der beteiligten Relationen wahr sein, damit das Gesamtergebnis auch wahr ist. Beispiele:

Ausdruck	Wahrheitswert
(3<5) OR (47+10<10)	w
(3=8) OR (7>5)	w
(4:7=2) OR (8·4=21)	f
(4^2=16) OR (2^3=3)	w

Logisches NICHT (Negation)

Ausdruck	Ergebnis
w	f
f	w

Die Negation kehrt den Wahrheitswert des Ausdrucks um. Beispiele:

Ausdruck	Wahrheitswert
NOT [(3<5) AND (4>5)]	w
NOT [(4<5) AND (8<12)]	f

Bei der Negation ist auf die Äquivalenz der Operatoren zu achten:

negierter Operator	äquivalenter Operator
<	>=
>	<=
<=	>
>=	<

Wählen wir abschließend ein Beispiel für einen komplexeren logischen Ausdruck:

[(NOT A) AND (NOT B)] OR C

Entsprechend der Prioritätenregeln sind die Klammern nicht erforderlich. Sie dienen lediglich als Hilfestellung. Sie können den Wahrheitswert des logischen Ausdrucks anhand der folgenden Wahrheitstafel bestimmen:

A	B	C	NOT A	NOT B	(NOT A) AND (NOT B)	OR C
w	w	w	f	f	f	w
w	w	f	f	f	f	f
w	f	w	f	w	f	w
w	f	f	f	w	f	f
f	w	w	w	f	f	w
f	w	f	w	f	f	f
f	f	w	w	w	w	w
f	f	f	w	w	w	w

Bei komplexeren Ausdrücken sollten Sie anhand derartiger Wahrheitstafeln vorgehen.

Sollte Ihnen das alles zu mathematisch oder zu abstrakt sein, so liegen Sie richtig, wenn Sie sich am umgangssprachlichen Gebrauch des Worts »und« orientieren. Die Aussage »Ich war im Kino und habe einen spannenden Film gesehen« ist dann und nur dann wahr, wenn beides zutrifft. Waren Sie zwar im Kino, sind aber vor Langeweile eingeschlafen, ist diese Aussage nicht richtig. Ebenso ist sie nicht richtig, wenn Sie einen spannenden Film gesehen haben, aber im Fernsehen. Und erst recht nicht richtig ist diese Aussage, wenn Sie weder im Kino waren noch einen spannenden Film gesehen haben.

Anders verhält es sich bei der umgangssprachlichen Verwendung des Worts »oder«, das meistens ein ausschließliches »oder« ist, wie etwa beim Weihnachtswunsch von Kindern, die sich einen PC oder ein Fahrrad wünschen.

6.1.5 Funktionen

Mit der Funktionsliste betrachten wir im Folgenden einen weiteren Bestandteil der Dialogbox *Fälle auswählen: Falls.*

Die Funktionsliste enthält eine Vielzahl von Funktionen, von denen die meisten bei der Datenmodifikation (Berechnen neuer Variablen) relevant sind und daher dort vorgestellt werden (siehe Kap. 7.1.2). Wir wollen an dieser Stelle lediglich die logischen Funktionen und String-Funktionen vorstellen.

Wie Sie erkennen können bietet SPSS derart viele Funktionen an, dass diese in Funktionsgruppen gegliedert sind.

- Aktivieren Sie im Auswahlfeld *Funktionsgruppe* zunächst die Option *Alle.*

Logische Funktionen

SPSS stellt zwei logische Funktionen zur Verfügung:

- *RANGE (variable, anfangswert, endwert):* Die Funktion RANGE liefert den Wert 1 bzw. true, wenn der Variablenwert innerhalb des zwischen Anfangswert und Endwert angegebenen Bereichs liegt. Die Variable kann sowohl vom Typ numerisch als auch vom Typ String sein. RANGE (alter, 18, 22) liefert den Wert 1, d. h. true, wenn der Wert der Variablen alter zwischen 18 und 22 einschließlich liegt. Es können mehrere Bereiche angegeben werden, z. B. RANGE (alter, 1, 17, 63, 99). Die Funktion liefert in diesem Fall den Wert true, wenn der Wert der Variablen alter zwischen 1 und 17 oder 63 und 99 inklusive liegt. Bei der Funktion RANGE können auch Variablen vom Typ String übergeben werden, z. B. RANGE (name, »A«, »Mzzzzzz«). Die Funktion liefert den Wert 1 für Namen, die mit einem Buchstaben beginnen, der im Bereich »A« bis »M« inklusive liegt. Die Funktion liefert den Wert 0 für diejenigen Namen, welche mit einem anderen Buchstaben beginnen.
- *ANY (variable, wert1, wert2, wert3,...):* Die Funktion ANY liefert den Wert 1 bzw. true, wenn der Variablenwert (der Wert des ersten Arguments) identisch ist mit mindestens einem Wert, der in der folgenden Liste von Argumenten (wert1, wert2, wert3, ...) angegeben ist. Andernfalls wird der Wert 0 bzw. false geliefert. Das erste Argument ist in der Regel eine Variable vom Typ numerisch oder String. Beispiele: ANY (jahr, 1991, 1992, 1993, 1994) liefert den Wert true, wenn der Wert der Variablen jahr 1991, 1992, 1993 oder 1994 lautet. ANY (name, »Schmidt«, »Meier«, »Raabe«) liefert den Wert true bzw. 1 für diejenigen Fälle, deren Inhalt in der Variablen name Schmidt, Meier oder Raabe lautet. In allen anderen Fällen wird der Wert 0 zurückgeliefert. Achten Sie bei Stringvariablen auf die erforderlichen Hochkommas.

String-Funktionen

- Aktivieren Sie im Auswahlfeld *Funktionsgruppe* die Option *Zeichenfolge.*

Von den zahlreichen String-Funktionen stellen wir Ihnen im Folgenden die unseres Erachtens drei wichtigsten vor:

- *CHAR.SUBSTR(3):* Die Substringfunktion filtert aus einer Zeichenkette eine bestimmte Teilmenge heraus. Die Funktion SUBSTR liefert eine Zeichenkette bzw. ein einzelnes Zeichen zurück. Ist z. B. name eine String-Variable mit dem aktuellen Inhalt »Mannheim«, so liefert für diesen Variablenwert der Funktionsaufruf

```
CHAR.SUBSTR (name, 1, 2)
```

den Wert »Ma«. Aus der Variablen name werden zwei Zeichen (drittes Argument) ab der ersten Position (zweites Argument) herausgefiltert. Die Bedingung

```
CHAR.SUBSTR (name, 1, 2) = "Ma"
```

hat den Wert true für Werte der String-Variablen wie Maus, Mannesmann oder Mahlmann. Beim Vergleich mit Zeichenketten können statt Anführungszeichen (= »Ma«) auch einfache Hochkommas (= 'Ma') eingesetzt werden. Ein Mischen von Anführungszeichen und Hochkommas (= 'Ma«) ist jedoch nicht gestattet.

- *UPCASE (argument):* Die Funktion UPCASE konvertiert Kleinbuchstaben in Großbuchstaben. Das übergebene Argument kann eine Zeichenkette oder eine Variable vom Typ Zeichen sein. UPCASE (vorname) liefert den Wert »ANNA«, wenn der Wert der Variablen vorname »Anna« lautet.

- *LOWER (argument):* Die Funktion LOWER konvertiert Großbuchstaben in Kleinbuchstaben. Das übergebene Argument kann eine Zeichenkette oder eine Variable vom Typ Zeichen sein. LOWER (vorname) liefert den Wert »anna«, wenn der Wert der Variablen vorname »ANNA« oder »Anna« lautet.

Funktionen übertragen Sie in den Konditional-Editor wie folgt:

- Positionieren Sie den Cursor an die Stelle des Konditional-Ausdrucks, an der die Funktion eingefügt werden soll.
- Doppelklicken Sie auf die Funktion in der Funktionsliste oder markieren Sie die Funktion und klicken Sie auf die zur Funktionsliste gehörende Transport-Schaltfläche.

Die Funktion wird in den Ausdruck eingefügt. In der übertragenen Funktion sind die Argumente durch Fragezeichen symbolisiert. Die Anzahl der Fragezeichen zeigt die Mindestanzahl der Argumente an, die übertragen werden müssen. Eine Funktion editieren Sie wie folgt:

- Markieren Sie die Fragezeichen in der übertragenen Funktion.
- Ersetzen Sie die Fragezeichen durch die entsprechenden Argumente. Variablennamen als Argumente können aus der Quellvariablenliste übertragen werden.

Nachdem wir ausgewählte Funktionen behandelt haben, wollen wir die Prioritätenliste beim Bilden logischer Ausdrücke vervollständigen:

Priorität	Operator/Funktionen	Bedeutung
1	( )	Klammer-Operator
2	Funktionen	diverse Bedeutungen
3	<	kleiner
	<=	kleiner gleich
	>	größer
	>=	größer gleich
	=	gleich
	~=	ungleich
4	~	logisches NICHT
5	&	logisches UND
6	|	logisches ODER

6.1.6 Eingabe eines Konditional-Ausdrucks

Kehren wir zu unserer Aufgabenstellung zurück, nur die weiblichen Probanden bzw. nur Schülerinnen auszuwählen. Führen Sie die nächsten Schritte aus:

- Übertragen Sie die Variable sex in den Konditional-Editor per Doppelklick oder durch Markieren und Klicken auf die Transport-Schaltfläche.
- Klicken Sie auf das Gleichheitszeichen der Rechentastatur. Es wird in den Konditional-Editor kopiert.
- Klicken Sie auf die 1 der Rechentastatur. Sie wird in den Konditional-Editor kopiert. Die Dialogbox stellt sich nun wie in Bild 6.3 dar.

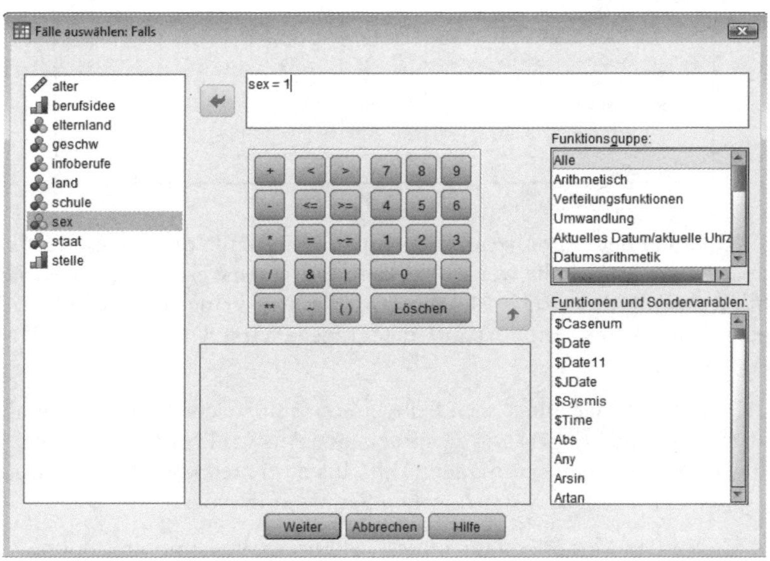

Bild 6.3: Bedingung im Konditional-Editor

Die Bedingung lautet sex = 1, d.h., es sollen alle Fälle ausgewählt werden, für welche die Variable sex den Wert »1« (weiblich) hat.

- Bestätigen Sie mit *Weiter*. Sie gelangen zurück zur Dialogbox *Fälle auswählen*. In der Dialogbox ist nun die Bedingung sex = 1 vermerkt.
- Bestätigen Sie mit *OK*. Sie gelangen zurück zum Dateneditor.

Hinweis: Die aktivierten Optionen entsprechen der folgenden Befehlssyntax:

```
SELECT IF sex = 1.
EXECUTE.
```

Der Filter ist nun eingeschaltet. Ist die Selektion per Auswahl über Dialogboxen erfolgt, so ist dies daran erkennbar, dass in der Statuszeile am unteren Rand des SPSS-Anwendungsfensters die Meldung »Filter aktiv« erscheint. Vom System ist die Variable filter_$ erzeugt worden. Vom Typ her handelt es sich um eine numerische Variable mit der Länge von einem Byte. Etikettiert ist die Variable wie folgt: 0 = »Not Selected«, 1 = »Selected«, d.h., die Null steht für false, die Eins für true. Bei den folgenden Operationen werden somit alle Fälle berücksichtigt, die mit einer »1« gekennzeichnet sind, d.h., für welche die Bedingung sex = 1 zutrifft. Nicht ausgewählte Fälle sind ferner daran erkennbar, dass die jeweilige Fallnummer am Rand des Dateneditors durchgestrichen ist.

- Führen Sie nun eine Häufigkeitsverteilung der Variablen stelle durch.

Sie erhalten folgendes Ergebnis:

Ich werde eine Stelle meiner Wahl bekommen

		Häufigkeit	Prozent	Gültige Prozent	Kumulative Prozente
Gültig	Problemlos	99	4,9	9,5	9,5
	Mit etwas Geduld	620	31,0	59,3	68,7
	Es wird schwierig	286	14,3	27,3	96,1
	Werde keine Stelle bekommen	41	2,0	3,9	100,0
	Gesamtsumme	1046	52,2	100,0	
Fehlend	Weiß nicht	372	18,6		
	Keine Angabe	584	29,2		
	Gesamtsumme	956	47,8		
Gesamtsumme		2002	100,0		

Von den 3903 Fällen der Datei beruf.sav erfüllen 2002 Fälle die Auswahlbedingung; für sie gilt sex = 1. Diese 2002 Fälle werden bei der Häufigkeitsverteilung der Variablen stelle berücksichtigt. Bei 584 der 2002 selektierten Fälle liegt keine Angabe vor, 372 befragte Jugendliche können keine Antwort auf die Frage »Wirst Du eine Stelle Deiner Wahl bekommen?« geben.

Achten Sie darauf, dass der Filter auch bei weiteren statistischen Prozeduren aktiv bleibt. Der SPSS-Befehl SELECT IF bzw. die entsprechende Auswahl per Dialogboxen filtert Fälle aufgrund logischer Ausdrücke permanent, d.h., bis der Filter wieder gelöscht oder deaktiviert wird. Um einen Filter zu löschen, gehen Sie wie folgt vor:

- Klicken Sie auf den Variablennamen filter_$. Die Spalte ist nun markiert.
- Drücken Sie die `Entf`-Taste. Die Filtervariable wird gelöscht.

Um einen Filter nicht zu löschen, sondern vorübergehend zu deaktivieren, führen Sie folgende Schritte durch:

- Wählen Sie aus dem Menü

  Daten
  Fälle auswählen...

- Klicken Sie in der Dialogbox *Fälle auswählen* auf *Alle Fälle*. Die Filterbedingung wird deaktiviert. Die Variable filter_$ bleibt jedoch erhalten. Sie kann jederzeit wieder aktiviert werden.

Auf der Befehlsebene ist es möglich, eine Selektion nur für eine einzige nachfolgende Prozedur durchzuführen; dies geschieht mit Hilfe des TEMPORARY-Befehls:

```
TEMPORARY.
SELECT IF sex = 1.
FREQUENCIES
VARIABLES = stelle.
```

Einen solchen temporären Filter können Sie nur über die Eingabe von SPSS-Befehlen im Syntaxeditor setzen, nicht aber durch die in Dialogboxen getroffene Auswahl. Dieses Beispiel veranschaulicht, dass eine direkte Eingabe von Befehlen im Syntaxeditor gelegentlich auch Vorteile haben kann. Achten Sie bei der Eingabe von Befehlszeilen im Syntaxeditor auf den Unterschied zwischen numerischen Variablen und String-Variablen.

Numerische Variable:

```
SELECT IF sex = 1.
```

String-Variable:

```
SELECT IF name = "Schulze".
```

Bei einer String-Variablen wie der Variablen name müssen Anführungszeichen oder Hochkommata gesetzt werden.

Die Eingabe des Befehls SELECT IF gilt nur für die direkte Eingabe von Befehlen im Syntaxeditor; die entsprechenden Zeilen im Konditional-Editor der Dialogbox *Fälle auswählen: Falls* lauten kurz und knapp:

```
sex = 1
```

bzw.

```
name = "Schulze".
```

Auch bei der Eingabe des Konditional-Ausdrucks müssen Sie also auf den Unterschied zwischen numerischen Variablen und String-Variablen achten.

6.1.7 Beispiele für Datenselektionen

Wir wollen Ihnen einige Beispiele für Datenselektionen anhand der Datei beruf.sav vorstellen. Betrachten wir folgende Aufgabenstellungen:

1. Wählen Sie nur die männlichen Probanden aus.

   Die im Konditional-Editor einzugebende Zeile lautet:

   ```
   sex = 2
   ```

   Sie können die Zeile direkt eintippen oder über die Transport-Schaltfläche sowie die Rechentastatur erzeugen.

2. Wählen Sie nur die weiblichen Probanden mit deutscher Staatsangehörigkeit aus.

   Die im Konditional-Editor einzugebende Zeile lautet

   ```
   sex = 1 & staat = 1
   ```

   oder

   ```
   sex = 1 AND staat = 1
   ```

   Achten Sie hierbei auf den Inhalt der Filtervariablen beim Fall 985. Sie weist einen systembedingten fehlenden Wert auf. Bezüglich des Wahrheitswerts kann SPSS in diesem Fall keine Aussage treffen, da die Variable staat den Wert 9 = keine Angabe bzw. fehlend enthält. Die Bedingung sex = 1 & staat = 1 kann deshalb bei Fall 985 nicht auf ihren Wahrheitsgehalt überprüft werden. Sie kann wahr, sie kann aber auch falsch sein. Für einen solchen »Maybe-Fall« wählt SPSS den systembedingten fehlenden Wert aus. Dies gilt auch für den Fall 984, welcher über einen fehlenden Wert sowohl bei der Variablen staat als auch bei der Variablen sex verfügt.

   Die Wahrheitstafeln der Booleschen Algebra müssen demzufolge um den Fall der fehlenden Werte erweitert werden:

Konjunktion

Logischer Ausdruck	Ergebnis
true AND true	true
true AND false	false
false AND true	false
false AND false	false
true AND missing	missing
false AND missing	false
missing AND missing	missing

Disjunktion

Logischer Ausdruck	Ergebnis
true OR true	true
true OR false	true
false OR true	true
false OR false	false
true OR missing	true
false OR missing	missing
missing OR missing	missing

Negation

Logischer Ausdruck	Ergebnis
true	false
false	true
missing	missing

Ist das Ergebnis eines logischen Ausdrucks »missing«, wird der betreffende Fall nicht zur weiteren Bearbeitung ausgewählt.

3. Wählen Sie nur Probanden aus, deren Alter zwischen 12 und 16 Jahren einschließlich liegt.

```
alter >= 12 & alter <= 16
```

oder

```
alter >=12 AND alter <= 16
```

Eleganter ist hier der Einsatz der Range-Funktion:

```
RANGE (alter, 12, 16).
```

4. Wählen Sie nur weibliche Probanden aus, die älter als 16 Jahre sind.

```
sex = 1 & alter > 16
```

oder

```
sex = 1 AND alter > 16.
```

5. Wählen Sie nur die männlichen Probanden aus, deren Alter die 16 nicht überschreitet und welche das Gymnasium besuchen. Verwenden Sie bei der Formulierung der Bedingung »nicht älter als 16« ausdrücklich den NOT-Operator:

   ```
   sex = 2 & schule = 4 & ~ alter > 16
   ```

   oder

   ```
   sex = 2 & schule = 4 & NOT alter > 16.
   ```

   Achten Sie beim NOT-Operator darauf, dass dieser am Anfang eines logischen Ausdrucks stehen muss. Die Eingabe & alter ~ > 16 ist beim Programm SPSS nicht zulässig. Sie erhalten in diesem Fall eine Fehlermeldung mit einem entsprechenden Hinweis auf die Stellung des NOT-Operators.

6. Wählen Sie diejenigen Probanden aus, welche die Hauptschule, die Realschule oder die Gesamtschule besuchen.

   ```
   schule = 1 | schule = 2 | schule = 3
   ```

   oder

   ```
   schule = 1 OR schule = 2 OR schule = 3.
   ```

   Eleganter ist hier der Einsatz der Funktion ANY:

   ```
   ANY (schule, 1, 2, 3).
   ```

Formulieren Sie abschließend selbst ein paar Auswahlkriterien und geben Sie die korrekten Ausdrücke im Konditional-Editor ein.

6.2 Ziehen einer Zufallsstichprobe

Bei großen Fallzahlen kann bei einer ersten vorläufigen Hypothesenüberprüfung aus Rechenzeitgründen die Ziehung einer kleinen Zufallsstichprobe nützlich sein. Eine Zufallsstichprobe ziehen Sie aus der Menge aller Fälle wie folgt:

- Wählen Sie aus dem Menü

  Daten
  Fälle auswählen...

- Klicken Sie auf *Zufallsstichprobe* und anschließend auf den Schalter *Stichprobe...* Es öffnet sich die Dialogbox *Fälle auswählen: Zufallsstichprobe.*

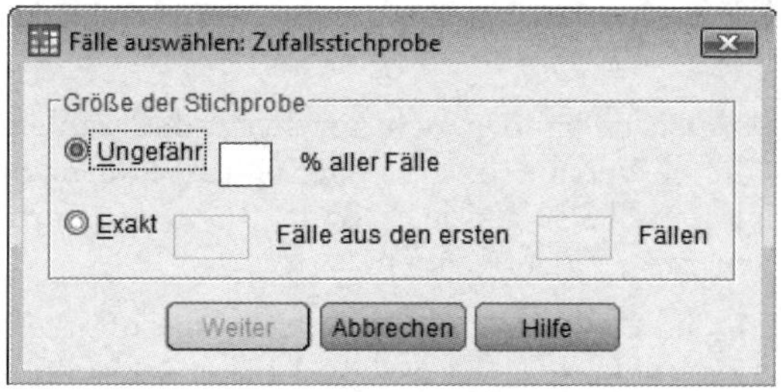

Bild 6.4: Dialogbox Fälle auswählen: Zufallsstichprobe

Im Auswahlkasten *Größe der Stichprobe* können Sie eine der folgenden Alternativen für den Stichprobenumfang wählen:

- *Ungefähr:* Der Benutzer kann hier einen Prozentsatz angeben. SPSS erzeugt eine Zufallsstichprobe mit einem Stichprobenumfang, der näherungsweise dem angegebenen Prozentsatz von Fällen entspricht.
- *Exakt:* Der Benutzer kann hier eine Anzahl von Fällen angeben. Festgelegt werden muss außerdem die Anzahl der Fälle, aus denen die Stichprobe gezogen werden soll. Die zweite Zahl kann kleiner oder gleich der Gesamtzahl der Fälle sein. Der SPSS-Zufallszahlengenerator verwendet für jede Zufallsstichprobe einen anderen Startwert. Auf diese Weise wird stets eine andere Stichprobe von Fällen erzeugt. Wollen Sie eine Zufallsstichprobe reproduzieren, so können Sie selbst einen Startwert festlegen.

- Wählen Sie hierfür aus dem Menü

  Transformieren
  Zufallszahlengeneratoren...

Es öffnet sich die Dialogbox *Zufallszahlengenerator*.

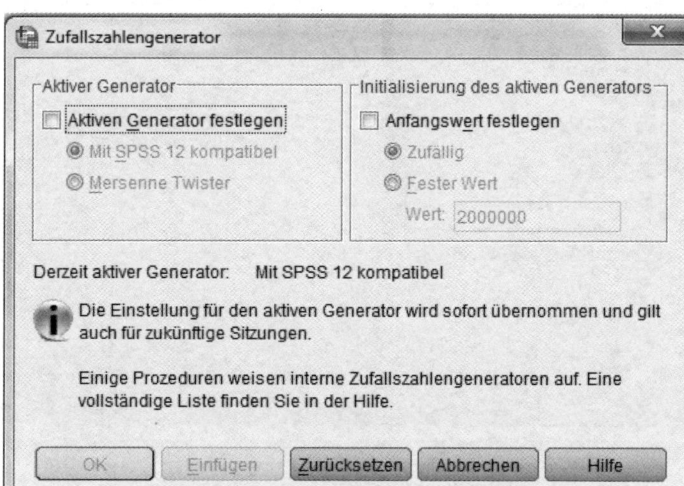

Bild 6.5: Dialogbox Zufallszahlengenerator

Im Auswahlkasten *Aktiver Generator* stehen Ihnen zwei verschiedene Zufallszahlengeneratoren zur Verfügung:

- *Mit SPSS 12 kompatibel*: Es handelt sich um den Zufallszahlengenerator, der bis zur Version 12 und in älteren Versionen verwendet wurde. Sollen zufallsbestimmte Ergebnisse, die in einer älteren SPSS-Version, z. B. 12.0 erzeugt wurden, reproduziert werden, so ist dieser Generator zu verwenden.
- *Mersenne Twister:* Es handelt sich um einen neueren Zufallszahlengenerator, der für Simulationszwecke eine höhere Zuverlässigkeit bietet und folglich zu bevorzugen ist.

Im Auswahlkasten *Initialisierung des aktiven Generators* können Sie den Startwert von SPSS vorgeben lassen (*Zufall*) oder diesen selbst festlegen (*Fester Wert*). Der einzutragende Wert muss eine positive Ganzzahl sein.

6.3 Fälle sortieren

Daten können in SPSS nach den Werten von einer oder von mehreren Variablen sortiert werden. Nehmen wir folgendes Beispiel: Sie wollen die Daten der Datei beruf.sav nach dem Alter sortieren. Gehen Sie hierfür wie folgt vor:

- Wählen Sie aus dem Menü

  Daten
  Fälle sortieren...

Es öffnet sich die Dialogbox *Fälle sortieren*. Die Variablen der Datendatei erscheinen in der Quellvariablenliste.

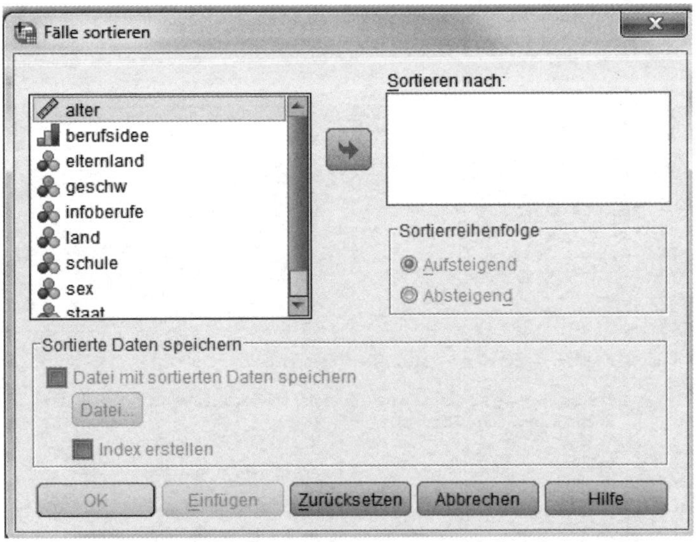

Bild 6.6: Dialogbox Fälle sortieren

- Übertragen Sie die Variable alter in die Sortierliste *Sortieren nach*. Im Auswahlkasten *Sortierreihenfolge* ist die Sortierreihenfolge *Aufsteigend* vorgegeben. Die Option *Aufsteigend* sortiert die Fälle nach steigender Ordnung der Werte der Sortiervariablen, die Option *Absteigend* nach fallender Ordnung.
- Bestätigen Sie die Einstellungen mit *OK*. Im Dateneditor sehen Sie die Datendatei beruf.sav aufsteigend sortiert nach den Werten der Variablen alter.

Hinweis: Die aktivierten Optionen entsprechen der folgenden Befehlssyntax:

```
SORT CASES BY alter (A).
```

bzw. wenn absteigend sortiert werden soll:

```
SORT CASES BY alter (D).
```

A steht für ascending (aufsteigend), D für descending (absteigend). Wählen Sie mehrere Sortiervariablen aus, so bestimmt die Reihenfolge der Variablen in der Sortierliste die Reihenfolge, in der die Fälle sortiert werden. Wählen wir folgendes Beispiel: Sie wollen die Datendatei beruf.sav nach den Werten der Variablen schule und alter sortieren. Die Variable schule soll das erste Sortierkriterium bilden, die Variable alter das zweite. Nach den Werten der Variablen schule soll aufsteigend, nach den Werten der Variablen alter absteigend sortiert werden.

- Übertragen Sie zunächst die Variable schule und dann die Variable alter in die Sortiervariablenliste.
- Markieren Sie die Variable alter und klicken Sie auf *Absteigend*.

Hinweis: Die aktivierten Optionen entsprechen der folgenden Befehlssyntax:

```
SORT CASES BY schule (A) alter (D).
```

Im Dateneditor sehen Sie die Datendatei beruf.sav. Sie ist aufsteigend sortiert nach den Werten der Variablen schule. Bei gleicher Schultypenzugehörigkeit werden die Fälle absteigend nach dem Alter sortiert.

6.4 Aufteilung der Fälle in Gruppen

Die Datenanalyse kann in SPSS getrennt nach Gruppen erfolgen. Unter einer Gruppe versteht man in diesem Zusammenhang eine Anzahl von Fällen mit gleichen Merkmalsausprägungen. Voraussetzung für eine Gruppenverarbeitung einer Datei ist die Sortierung nach einer Gruppierungsvariablen. Eine solche Gruppierungsvariable kann z. B. die Variable sex sein. Alle Probanden mit der Merkmalsausprägung »1« (weiblich) bilden in diesem Fall eine Gruppe, alle Probanden mit der Merkmalsausprägung »2« (männlich) die zweite Gruppe. Für jeden Datensatz einer Gruppe sollen bestimmte Anweisungen durchgeführt werden, z. B. eine Häufigkeitsauszählung. Auf diese Weise können z. B. Häufigkeitsauszählungen nach den Merkmalen weiblich und männlich getrennt durchgeführt werden. In SPSS können Sie einen solchen Gruppenwechsel automatisch durchführen. Wir wählen hierfür als Beispiel im Folgenden eine repräsentative Befragung unter Heidelberger

Studierenden zu Lebensstilen. Wir wollen eine Häufigkeitsauszählung der Variablen v1_2 (»Bevorzugte Kleidung: Elegant«) getrennt nach Studienfächern durchführen. Entsprechend der Merkmalsausprägungen der Variablen fachkult existieren in diesem Fall sechs Gruppen (1 = Jura, 2 = Wirtschaftswissenschaften, 3 = Sozialwissenschaften, 4 = Sprach- und Kulturwissenschaften, 5 = Naturwissenschaften, 6 = Medizin). Die Datendatei leben.sav muss in diesem Fall zunächst nach der Variablen fachkult sortiert bzw. aufgeteilt werden. Gehen Sie wie folgt vor:

- Laden Sie die Datei leben.sav in den Dateneditor.
- Wählen Sie aus dem Menü

  Daten
  Aufgeteilte Datei...

Es öffnet sich die Dialogbox *Datei aufteilen*.

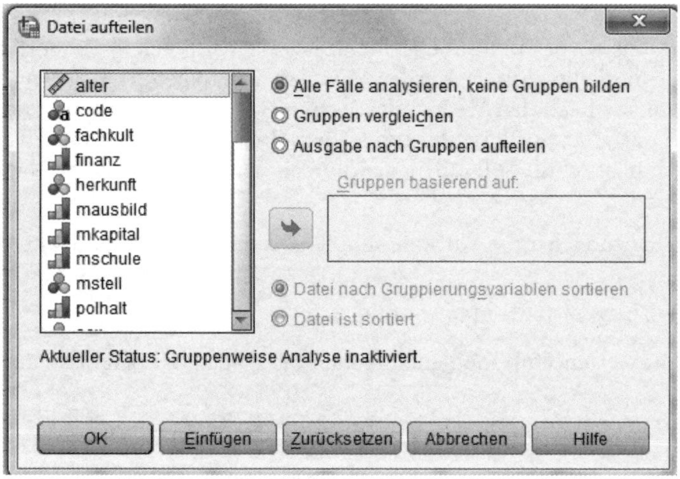

Bild 6.7: Dialogbox Datei aufteilen

Voreinstellungsgemäß wird keine Aufteilung nach Gruppen vorgenommen. Aktivieren Sie die Option *Ausgabe nach Gruppen aufteilen*, so erhalten Sie die Ausgabe der Ergebnisse getrennt nach Gruppen. Diese müssen Sie im Feld *Gruppen basierend auf* anhand von entsprechenden Gruppenvariablen definieren.

Eine alternative Möglichkeit bietet die Option *Gruppen vergleichen*. Diese ordnet die Ausgabe so an, dass die verschiedenen Gruppen auf einen Blick miteinander verglichen werden können. Wir wollen aber zunächst die getrennte Ausgabe betrachten.

- Aktivieren Sie die Option *Ausgabe nach Gruppen aufteilen*. Voraussetzung für die Aufspaltung der Berechnungen anhand von Gruppenvariablen ist, dass die Datendatei nach diesen Gruppenvariablen sortiert sein muss. Zu diesem Zweck ist die Option *Datei nach Gruppenvariablen sortieren* voreingestellt.
- Übertragen Sie die Variable fachkult in das Feld *Gruppen basierend auf*. Wählen Sie mehrere Gruppenvariablen aus, so bestimmt die Reihenfolge, in der sie in der Gruppenvariablen-Liste erscheinen, die Reihenfolge der Sortierung bzw. die jeweiligen Über- und Unterordnungsverhältnisse.

- Bestätigen Sie mit *OK*. Die Datendatei leben.sav wird nach der Variablen fachkult sortiert; die Datendatei ist nunmehr in Untergruppen zerlegt. Die Meldung »Aufteilen nach fachkult« in der Statuszeile am unteren Rand des SPSS-Anwendungsfensters informiert Sie über die Aktivierung der Datenaufteilung.
- Führen Sie nun eine Häufigkeitsverteilung der Variablen v1_2 durch.

Sie erhalten folgendes Ergebnis, wobei wir aus Platzgründen nur die Häufigkeitstabellen für die Fachbereiche Jura, Wirtschaftswissenschaften und Sozialwissenschaften wiedergeben.

Fachkulturen = Jura

Bevorzugte Kleidung: Elegant[a]

		Häufigkeit	Prozent	Gültige Prozent	Kumulative Prozente
Gültig	Trift sehr zu	8	6,0	6,1	6,1
	Trifft zu	33	24,6	25,0	31,1
	Trifft zum Teil zu	64	47,8	48,5	79,5
	Trifft weniger zu	23	17,2	17,4	97,0
	Trifft nicht zu	4	3,0	3,0	100,0
	Gesamtsumme	132	98,5	100,0	
Fehlend	-9	2	1,5		
Gesamtsumme		134	100,0		

a. Fachkulturen = Jura

Fachkulturen = VWL

Bevorzugte Kleidung: Elegant[a]

		Häufigkeit	Prozent	Gültige Prozent	Kumulative Prozente
Gültig	Trift sehr zu	1	1,8	1,8	1,8
	Trifft zu	13	22,8	22,8	24,6
	Trifft zum Teil zu	19	33,3	33,3	57,9
	Trifft weniger zu	23	40,4	40,4	98,2
	Trifft nicht zu	1	1,8	1,8	100,0
	Gesamtsumme	57	100,0	100,0	

a. Fachkulturen = VWL

Fachkulturen = Sozialw.

Bevorzugte Kleidung: Elegant[a]

		Häufigkeit	Prozent	Gültige Prozent	Kumulative Prozente
Gültig	Trift sehr zu	6	3,0	3,0	3,0
	Trifft zu	29	14,5	14,7	17,8
	Trifft zum Teil zu	72	36,0	36,5	54,3
	Trifft weniger zu	67	33,5	34,0	88,3
	Trifft nicht zu	23	11,5	11,7	100,0
	Gesamtsumme	197	98,5	100,0	
Fehlend	-9	3	1,5		
Gesamtsumme		200	100,0		

a. Fachkulturen = Sozialw.

Die Häufigkeitsauszählung der Variablen v1_2 (»Bevorzugte Kleidung: Elegant«) liegt Ihnen auf diese Weise getrennt nach Studienfächern bzw. Fächergruppen vor.

- Aktivieren Sie statt der Option *Ausgabe nach Gruppen aufteilen* nun die Option *Gruppen vergleichen*.
- Führen Sie erneut eine Häufigkeitsauszählung der Variablen v1_2 durch. Sie erhalten die folgende Ausgabe.

Bevorzugte Kleidung: Elegant

Fachkulturen			Häufigkeit	Prozent	Gültige Prozent	Kumulative Prozente
Jura	Gültig	Trift sehr zu	8	6,0	6,1	6,1
		Trifft zu	33	24,6	25,0	31,1
		Trifft zum Teil zu	64	47,8	48,5	79,5
		Trifft weniger zu	23	17,2	17,4	97,0
		Trifft nicht zu	4	3,0	3,0	100,0
		Gesamtsumme	132	98,5	100,0	
	Fehlend	-9	2	1,5		
	Gesamtsumme		134	100,0		
VWL	Gültig	Trift sehr zu	1	1,8	1,8	1,8
		Trifft zu	13	22,8	22,8	24,6
		Trifft zum Teil zu	19	33,3	33,3	57,9
		Trifft weniger zu	23	40,4	40,4	98,2
		Trifft nicht zu	1	1,8	1,8	100,0
		Gesamtsumme	57	100,0	100,0	
Sozialw.	Gültig	Trift sehr zu	6	3,0	3,0	3,0
		Trifft zu	29	14,5	14,7	17,8
		Trifft zum Teil zu	72	36,0	36,5	54,3
		Trifft weniger zu	67	33,5	34,0	88,3
		Trifft nicht zu	23	11,5	11,7	100,0
		Gesamtsumme	197	98,5	100,0	
	Fehlend	-9	3	1,5		
	Gesamtsumme		200	100,0		
Sprach- und Kulturw.	Gültig	Trift sehr zu	13	3,6	3,6	3,6
		Trifft zu	75	20,8	20,9	24,6
		Trifft zum Teil zu	140	38,9	39,1	63,7
		Trifft weniger zu	102	28,3	28,5	92,2
		Trifft nicht zu	28	7,8	7,8	100,0
		Gesamtsumme	358	99,4	100,0	
	Fehlend	-9	2	,6		
	Gesamtsumme		360	100,0		
Naturw.	Gültig	Trift sehr zu	5	2,3	2,3	2,3
		Trifft zu	27	12,4	12,4	14,7
		Trifft zum Teil zu	94	43,1	43,3	58,1
		Trifft weniger zu	70	32,1	32,3	90,3
		Trifft nicht zu	21	9,6	9,7	100,0
		Gesamtsumme	217	99,5	100,0	
	Fehlend	-9	1	,5		
	Gesamtsumme		218	100,0		
Medizin	Gültig	Trift sehr zu	10	3,9	4,0	4,0
		Trifft zu	48	18,9	19,1	23,1
		Trifft zum Teil zu	114	44,9	45,4	68,5
		Trifft weniger zu	63	24,8	25,1	93,6
		Trifft nicht zu	16	6,3	6,4	100,0
		Gesamtsumme	251	98,8	100,0	
	Fehlend	-9	3	1,2		
	Gesamtsumme		254	100,0		

Achten Sie darauf, dass die Datendatei so lange in Untergruppen aufgeteilt bleibt, bis Sie die betreffenden Optionen deaktivieren. Gehen Sie hierfür wie folgt vor:

- Wählen Sie aus dem Menü

  Daten
  Aufgeteilte Datei...

- Aktivieren Sie in der Dialogbox *Datei aufteilen* die Option *Alle Fälle analysieren, keine Gruppen bilden*. Die Datenaufteilung ist nunmehr deaktiviert.

- Möchten Sie auch die Sortierung nach Fächern rückgängig machen, so wählen Sie aus dem Menü

  Daten
  Fälle sortieren...

- Übertragen Sie die Variable code in die Sortiervariablenliste und bestätigen Sie mit *OK*. Die Datendatei liegt nun wieder in der nach Fragebogennummern sortierten Reihenfolge vor.

Wir wollen hiermit unseren Überblick über die vielfältigen Möglichkeiten der Datenselektion in SPSS beenden. Probieren Sie abschließend die Ausgabe einer Häufigkeitsverteilung der Variablen v1_4 (»Bevorzugte Kleidung: Modisch schick«) getrennt nach Geschlechtern aus.

KAPITEL 7

Datenmodifikation

Häufig ist es erforderlich, Daten für weiterführende Analysen umzuformen. Auf der Grundlage der ursprünglich erfassten Daten können neue Variablen gebildet und Kodierungen verändert werden. Derartige Umformungen bezeichnet man als Datenmodifikationen. Es gibt in SPSS mehrere Möglichkeiten der Datenmodifikation. Die wichtigsten sind:

- Berechnung von neuen Variablen durch die Verwendung arithmetischer Ausdrücke (mathematischer Formeln)
- Erstellen von neuen Variablen mit Hilfe des Bereichseinteilers
- Zählen des Auftretens bestimmter Werte
- Umkodierung von Werten
- Berechnung von neuen Variablen unter einer bestimmten Bedingung
- Aggregieren von Daten
- Rangtransformationen
- Gewichten von Fällen

Dieses Kapitel ist entsprechend den Möglichkeiten der Datenmodifikation gegliedert.

7.1 Berechnung von neuen Variablen

In SPSS ist es möglich, durch Berechnung neue Variablen zu bilden und der Datendatei anzufügen. So sind etwa in einer medizinischen Studie zu zwei Zeiten (vor und nach Behandlung mit einem Medikament) Messungen des systolischen Blutdrucks erfolgt und auf den Variablen rrs0 und rrs1 festgehalten. Interessieren Sie sich für die Änderung des Blutdrucks zwischen den beiden Zeitpunkten, so wäre es töricht, die Differenz zwischen den beiden Blutdruckwerten jeweils selbst auszurechnen und dann per Hand in eine neue Variable einzugeben. Sie überlassen diese Arbeit dem Computer, der sie schneller und vor allem auch fehlerfrei ausführt, und gehen dabei wie folgt vor.

- Laden Sie die Datei hyper.sav.
- Wählen Sie aus dem Menü

  Transformieren
      Variable berechnen...

Es öffnet sich die Dialogbox *Variable berechnen*.

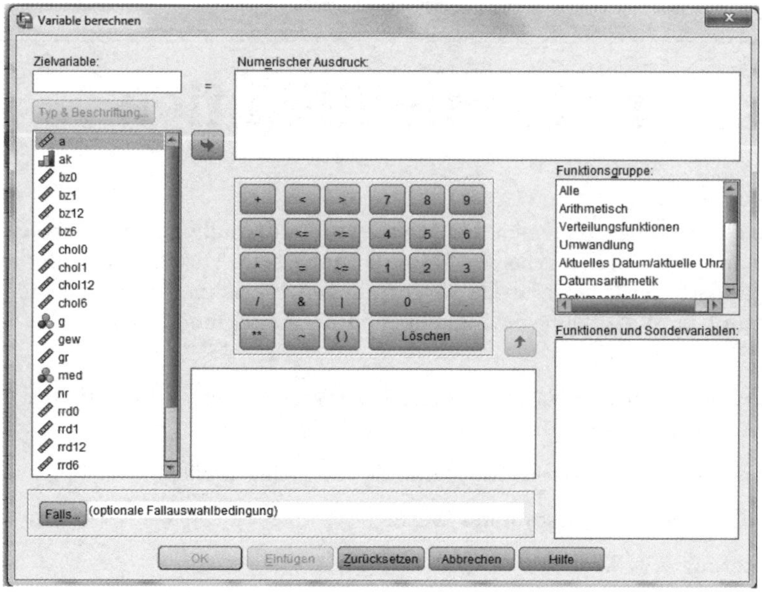

Bild 7.1: Dialogbox Variable berechnen

Im Editierfeld *Zielvariable* wird der Name der Variablen eingegeben, die den berechneten Wert zugewiesen bekommen soll. Die Zielvariable kann eine vorhandene oder eine neue Variable sein. Im Editierfeld *Numerischer Ausdruck* wird der numerische Ausdruck eingetragen, der zur Berechnung des Wertes der Zielvariablen verwendet wird. Der Ausdruck kann vorhandene Variablennamen, Konstanten, arithmetische Operatoren und Funktionen verwenden.

- Tragen Sie im Editierfeld *Zielvariable* den Namen »rrsdiff« ein, im Editierfeld *Numerischer Ausdruck* die Formel »rrs0-rrs1«. Sie können die Formel entweder »per Hand« eingeben oder aber auch die Variablenliste und das angezeigte Rechenbrett dazu benutzen. Mit Hilfe der Transportschaltfläche können Sie Variablennamen in das Editierfeld kopieren, mit Hilfe des Rechenbretts Ziffern und Zeichen einfügen.
- Klicken Sie auf die Schaltfläche *Typ & Beschriftung...*

Es öffnet sich die Dialogbox *Variable berechnen: Typ und Beschriftung*.

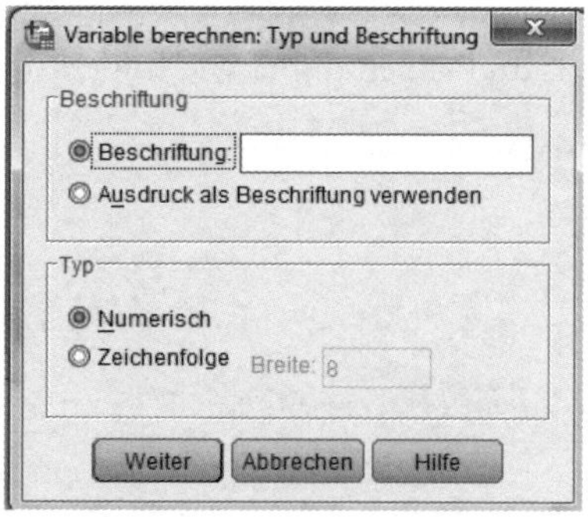

Bild 7.2: Dialogbox Variable berechnen: Typ und Beschriftung

Sie können hier die neue Variable rrsdiff etikettieren. Tragen Sie als Label »Änderung des systolischen Blutdrucks« ein, und bestätigen Sie mit *Weiter.*

- Klicken Sie in der Dialogbox *Variable berechnen* auf *OK*.

Hinweis: Die aktivierten Optionen entsprechen der folgenden Befehlssyntax:

```
COMPUTE rrsdiff = rrs0 - rrs1.
VARIABLE LABELS rrsdiff "Änderung des syst. Blutdrucks".
EXECUTE.
```

Das allgemeine Befehlsformat des COMPUTE-Befehls lautet:

```
COMPUTE Zielvariable = arithmetischer Ausdruck.
```

Der EXECUTE-Befehl sorgt dafür, dass die Daten eingelesen werden und führt die vorangehenden Transformations-Befehle aus. Der Datendatei wurde die neue Variable rrsdiff angefügt. Sie können diese neue Variable, ebenso wie die übrigen Variablen auch, nun dazu benutzen, entsprechende Berechnungen anzustellen. Für SPSS macht es dabei keinen Unterschied, ob Variablenwerte über den Dateneditor eingegeben oder mit Hilfe einer Formel berechnet wurden.

Statt »Formel« wird im Folgenden der Begriff »numerischer Ausdruck« gebraucht. Bei der Formulierung solcher numerischer Ausdrücke sind bestimmte Regeln zu beachten, die im nächsten Abschnitt vorgestellt werden.

7.1.1 Formulierung numerischer Ausdrücke

Zur Formulierung numerischer Ausdrücke stehen die folgenden arithmetischen Operatoren zur Verfügung:

Arithmetische Operatoren

+	Addition
-	Subtraktion
·	Multiplikation
/	Division
**	Potenzierung

Mit Hilfe der arithmetischen Operatoren können Grundrechenarten wie die Addition und die Subtraktion in einen numerischen (arithmetischen) Ausdruck eingesetzt werden.

Da mit Hilfe der arithmetischen Operatoren komplexe Ausdrücke gebildet werden können, ist die Beachtung der folgenden Prioritäten erforderlich:

Priorität	Operator	Bedeutung
1	()	Klammer-Operator
2	**	Potenzierung
3	·	Multiplikation
	/	Division
4	+	Addition
	-	Subtraktion

Die Rechenoperationen höherer Priorität werden vor denen niederer Priorität ausgeführt, wobei die Stufe 1 die höchste, die Stufe 4 die niedrigste Priorität bedeutet. Einige weitere typische Beispiele sollen Ihnen zeigen, was Sie bei der Formulierung numerischer Ausdrücke zu beachten haben. Möchten Sie beim bereits vorgestellten Beispiel der Blutdruckänderung diese Änderung in Prozent des Ausgangswertes ausdrücken, so lautet die Rechenanweisung:

```
COMPUTE rrsdiff = (rrs1 - rrs0) / rrs0 * 100 .
```

In dieser Formel werden drei verschiedene Grundrechenarten ausgeführt, wobei gewisse Prioritäten gesetzt sind. So werden Multiplikation und Division stets vor Addition und Subtraktion ausgeführt, es sei denn, es werden, wie im gegebenen Beispiel, Klammern gesetzt, um eine andere Reihenfolge der Abarbeitung zu erzielen.

Ist die Körpergröße (in Zentimeter) in der Variablen gr gespeichert, und wollen Sie hieraus das Normalgewicht berechnen, welches gewöhnlich als Körpergröße in Zentimeter minus 100 bestimmt wird, so lautet die Anweisung zur Bildung einer neuen entsprechenden Variablen

```
COMPUTE ng = gr - 100 .
```

Wollen Sie aus dieser neuen Variablen und der Variablen gew, die das tatsächliche Körpergewicht angeben soll, das Übergewicht berechnen, so lautet die Anweisung hierzu:

```
COMPUTE uegew = gew - ng .
```

Negative Werte von uegew bedeuten also Untergewicht. Sie können beide Anweisungen auch in einer zusammenfassen:

```
COMPUTE uegew = gew - (gr - 100) .
```

Dafür können Sie auch schreiben:

```
COMPUTE uegew = gew - gr + 100 .
```

Wollen Sie schließlich das Übergewicht in Prozent des Normalgewichts angeben, so formulieren Sie unter Verwendung der Hilfsvariablen ng:

```
COMPUTE puegew = (gew - ng) / ng * 100 .
```

Ohne vorherige Konstruktion der Hilfsvariablen ng lautet die Anweisung:

```
COMPUTE puegew = (gew - (gr - 100)) / (gr - 100) * 100 .
```

Dies sieht recht kompliziert aus und hat zudem den Nachteil, dass der Term gr – 100 vom Computer jeweils zweimal berechnet werden muss (was natürlich bei den hohen Rechengeschwindigkeiten der Computer heutzutage kaum mehr eine Rolle spielt).

Haben wir bisher gesehen, dass in die arithmetischen Ausdrücke Variablen und Konstanten eingehen können, so wollen wir im Folgenden einige Beispiele betrachten, wie von SPSS zur Verfügung gestellte Funktionen benutzt werden können. Interessieren Sie sich bei der eingangs berechneten Änderung des Blutdrucks nur für den absoluten Betrag dieser Änderung (also nicht für deren Vorzeichen), so können Sie hierzu die Funktion ABS verwenden:

```
COMPUTE rrsd = ABS(rrs1 - rrs0) .
```

Wollen Sie eine Variable mit dem Namen x mit Hilfe des dekadischen Logarithmus transformieren, so benutzen Sie die Funktion LG10:

```
COMPUTE y = LG10(x) .
```

Auch den Satz des Pythagoras können Sie unter Verwendung der Funktion SQRT zur Berechnung der Quadratwurzel und des Operators zur Potenzierung in SPSS formulieren:

```
COMPUTE c = SQRT(a ** 2 + b ** 2) .
```

Die Argumente der Funktionen können also selbst wieder arithmetische Ausdrücke sein. Möchten Sie nicht mit der SPSS-Programmsyntax arbeiten, können Sie, wie zu Beginn gezeigt, die Dialogbox *Variable berechnen* verwenden, und die Zielvariable sowie den numerischen Ausdruck eingeben.

7.1.2 Funktionen

SPSS verfügt in der Version 20 über zahlreiche Funktionen; sie alle vorzustellen würde den Rahmen einer Einführung in das Statistikprogramm weit überschreiten. Wir beschränken uns daher im Folgenden auf die unseres Erachtens wichtigsten Funktionen. Von den in der Funktionsleiste in der Dialogbox *Fälle auswählen: Falls* aufgeführten Funktionen haben wir bisher nur die logischen Funktionen und die String-Funktionen betrachtet. Die anderen Funktionen gliedern sich u. a. wie folgt:

- arithmetische Funktionen (*Funktionsgruppe: Arithmetisch*)
- statistische Funktionen (*Funktionsgruppe: Statistisch*)

- Datums- und Zeitfunktionen (*Funktionsgruppe: Datumserstellung, Datumsextraktion*)
- Funktionen für fehlende Werte (*Funktionsgruppe: Fehlende Werte*)
- Funktionen für Wertzuweisungen über Fälle hinweg (*Funktionsgruppe: Verschiedene*)
- statistische Verteilungsfunktionen (*Funktionsgruppe: Verteilungsfunktionen*)
- Funktionen zur Erzeugung von Zufallszahlen (*Funktionsgruppe: Zufallszahlen*)

Argumente der Funktionen können Variablen, Konstanten oder Ausdrücke sein. Die Argumente sind in runde Klammern einzuschließen; bei mehreren Argumenten sind diese durch Kommas zu trennen, z. B. SUM (5, 8, 10). Die Funktion SUM berechnet die Summe der drei Argumente. Die Funktion SUM (5, 8, 10) liefert den Wert 23.

Arithmetische Funktionen

- *ABS (NumAusdr)*: Die Funktion ABS liefert den absoluten Betrag. Besitzt die Variable celsius den Wert – 6,5, ergibt ABS (celsius) den Wert 6,5 und ABS (celsius + 3) den Wert 3,5.
- *RND (NumAusdr)*: Die Funktion RND rundet zur nächstgelegenen ganzen Zahl. Besitzt die Variable celsius den Wert 3,6, liefert RND (celsius) den Wert 4, RND (celsius + 6) ergibt den Wert 10.
- *TRUNC (NumAusdr)*: Die Funktion schneidet alle Dezimalstellen ab, eine Aufrundung erfolgt nicht. Hat die Variable celsius den Wert 3,9, ergibt TRUNC (celsius) den Wert 3 und TRUNC (celsius+ 4) den Wert 7.
- *MOD (NumAusdr, Modulus)*: Die Funktion MOD liefert den Rest beim Dividieren des ersten Arguments (NumAusdr) durch das zweite (Modulus). Besitzt die Variable jahr den Wert 1994, ergibt MOD (jahr, 100) den Wert 94.
- *SQRT (NumAusdr)*: Die Funktion SQRT liefert die Quadratwurzel. Besitzt die Variable zahl1 den Wert 9, ergibt SQRT (zahl1) den Wert 3.
- *EXP (NumAusdr)*: Exponentialfunktion
- *LG10 (NumAusdr)*: Dekadischer Logarithmus
- *LN (NumAusdr)*: Natürlicher Logarithmus
- *ARSIN (NumAusdr)*: Arcus Sinus
- *ARTAN (NumAusdr)*: Arcus Tangens
- *SIN (NumAusdruck)*: Sinus
- *COS (NumAusdr)*: Cosinus

Bei den Winkelfunktionen sind die Argumente im Bogenmaß anzugeben.

Statistische Funktionen

Die Anzahl der Argumente bei statistischen Funktionen ist beliebig.

- *SUM (NumAusdr, NumAusdr,...)*: Die Funktion SUM liefert die Summe der Werte der gültigen Argumente. SUM (42, 19, 29) liefert den Wert 90.
- *MEAN (NumAusdr, NumAusdr,...)*: Die Funktion MEAN liefert das arithmetische Mittel der Werte der gültigen Argumente. MEAN (42, 19, 29) liefert den Wert 30.
- *SD (NumAusdr, NumAusdr,...)*: Die Funktion SD liefert die Standardabweichung der Werte der gültigen Argumente.
- *VARIANCE (NumAusdr, NumAusdr,...)*: Die Funktion VARIANCE liefert die Varianz der Werte der gültigen Argumente.
- *CFVAR (NumAusdr, NumAusdr,...)*: Die Funktion CFVAR liefert den Variationskoeffizienten der Werte der gültigen Argumente.
- *MIN (NumAusdr, NumAusdr,...)*: Die Funktion MIN liefert den kleinsten Wert der gültigen Argumente.
- *MAX (NumAusdr, NumAusdr,...)*: Die Funktion MAX liefert den größten Wert der gültigen Argumente.

Die Funktionen SUM, MEAN, MIN und MAX benötigen nur ein gültiges Argument, die Funktionen SD, VARIANCE und CFVAR deren zwei. Die anderen Argumente können fehlende Werte beinhalten. Soll diese Voreinstellung außer Kraft gesetzt werden, ist dem Funktionsnamen ein Zusatz der Form ».n« anzufügen, z. B. MEAN.10. In diesem Fall wird der Funktionswert nur dann berechnet, wenn mindestens n Argumente – im Beispiel 10 – gültig sind.

Datums- und Zeitfunktionen

Sehr vielfältig ist in SPSS die Handhabung von Datums- und Zeitangaben. Möchten Sie solche Angaben mit Hilfe des Dateneditors in eine Datendatei eingeben, so stellt SPSS hierfür eine Reihe verschiedener Formate zur Verfügung, die in Kap. 3.4.1 beschrieben sind; Sie können sich diese Formate auch in der Dialogbox *Variablentyp definieren* anzeigen lassen.

Wir empfehlen, für Datumsangaben das in Deutschland übliche Format aus zweistelliger Tagesangabe, zweistelliger Monatsangabe und vierstelliger Jahresangabe zu verwenden, wobei diese Angaben durch einen Punkt getrennt werden: tt.mm.jjjj.

Benutzen Sie die »Spareingabe« von nur zwei Ziffern, die bekanntlich bei der Jahrhundertwende für viel Aufregung sorgte, so ist als Jahrhundertbereich bei SPSS zurzeit der Bereich von 1944 bis 2043 festgelegt. Eine andere Einstellung können Sie bei der Menüwahl

Bearbeiten
    Optionen...

in der Registerkarte *Daten* vornehmen.

Sind Tages- und Monatsangaben an sich nur einstellig, so brauchen Sie nicht mit führenden Nullen aufgefüllt zu werden. Beispiele für gültige Datumsangaben im vorgeschlagenen Format sind also:

20.6.1998

13.12.1887

1.10.2003

5.2.1997

Der Rechner merkt unstimmige Datumsangaben bei der Eingabe. Versuchen Sie etwa, die Datumsangabe »29.2.1997« einzugeben, wird in der betreffenden Zelle keine Eingabe hinterlassen.

Was die Eingabe von Zeitangaben betrifft, empfehlen wir das Format hh:mm:ss, also eine bis zu zweistellige Angabe von Stunden, Minuten und Sekunden, die durch einen Doppelpunkt getrennt werden. Bei fehlender Sekundenangabe können Sie auch das Format hh:mm benutzen. Beispiele sind:

23:34:55

8:5:12

12:17:5

12:47

8:12

SPSS wandelt jede Datums- und Zeitangabe in einen internen Wert um. Bei den Datumsangaben ist es die Anzahl der Sekunden, die seit dem 15.10.1582, 0 Uhr (Einführung des Gregorianischen Kalenders) bis zu dem betreffenden Tag, 0 Uhr vergangen sind; bei den Zeitangaben ist es die Anzahl der Sekunden von 0 Uhr bis zu dem betreffenden Zeitpunkt.

Prinzipiell ist es auch möglich, Tages-, Monats-, Jahres-, Stunden-, Minuten- und Sekundenangaben in jeweils getrennten Variablen zu speichern und dann den betreffenden internen Datums- bzw. Zeitwert mit Hilfe entsprechender Funktionen zu ermitteln.

SPSS bietet zahlreiche verschiedene Funktionen zur Handhabung solcher Datums- und Zeitangaben an. Die wichtigsten Funktionen sind im Folgenden vorgestellt.

XDATE.MDAY(arg)	Filtert aus einer Datumsangabe den Tag heraus
XDATE.MONTH(arg)	Filtert aus einer Datumsangabe den Monat heraus
XDATE.YEAR(arg)	Filtert aus einer Datumsangabe das Jahr heraus
XDATE.WKDAY(arg)	Nummer des entsprechenden Wochentages (1 = Sonntag, , ..., 7 = Samstag)
XDATE.JDAY(arg)	Nummer des Tages im betreffenden Jahr
XDATE.QUARTER(arg)	Nummer des Quartals im betreffenden Jahr
XDATE.WEEK(arg)	Nummer der Woche im betreffenden Jahr

XDATE.TDAY(arg)	Anzahl der Tage seit dem 15.10.1582
XDATE.DATE(arg)	Anzahl der Sekunden seit dem 15.10.1582
DATE.DMY(d,m,y)	Wandelt Tages-, Monats- und Jahresangabe in den internen Datumswert
DATE.MOYR(m,y)	Wandelt Monats- und Jahresangabe in den internen Datumswert
YRMODA(y,m,d)	Wandelt Jahres-, Monats- und Tagesangabe (Reihenfolge beachten) in die Anzahl der Tage seit dem 15.10.1582
XDATE.TIME(arg)	Anzahl der Sekunden seit 0 Uhr
TIME.HMS(h,m,s)	Wandelt Stunden-, Minuten- und Sekundenangabe in Sekunden

Der häufigste Einsatz der Datums- und Zeitfunktionen dürfte dann erfolgen, wenn die Zeitspanne zwischen zwei Datums- bzw. Zeitwerten berechnet werden soll. Liegen etwa zwei Untersuchungszeitpunkte vor, und haben Sie die beiden entsprechenden Datumsangaben auf den Variablen datum1 und datum2 festgehalten, so können Sie die betreffende Zeitspanne in Tagen folgendermaßen berechnen:

```
COMPUTE tage = XDATE.TDAY(datum2) - XDATE.TDAY(datum1).
EXECUTE.
```

Ein Beispiel für den Gebrauch der Funktion YRMODA ist in Kap. 7.9 wiedergegeben.

Funktionen für fehlende Werte

SPSS kennt folgende Funktionen für fehlende Werte:

- *VALUE(variable)*: Die Funktion VALUE setzt den benutzerdefinierten fehlenden Wert außer Kraft.
- *MISSING(variable)*: Die Funktion MISSING liefert den Wert 1 (oder true), falls die Variable einen system- oder benutzerdefinierten fehlenden Wert enthält.
- *SYSMIS(variable)*: Die Funktion SYSMIS liefert den Wert 1 (oder true), falls die Variable den systemdefinierten fehlenden Wert enthält.
- *NMISS(variable,variable,...)*: Anzahl der fehlenden Werte in der Liste der Variablen
- *NVALID(variable,variable,...)*: Anzahl der gültigen Werte in der Liste der Variablen

Funktionen für Wertzuweisungen über Fälle hinweg

- *LAG(variable,n)*: Die Funktion LAG liefert den Wert der betreffenden Variablen des n-ten Falles vor dem aktuellen Fall. So können Sie z. B. mit LAG(variable,1) auf den betreffenden Variablenwert des vorhergehenden Falles zugreifen (siehe erstes Beispiel in Kap. 7.9).

Statistische Verteilungsfunktionen

Diverse Funktionen berechnen die Wahrscheinlichkeiten u. a. zu den folgenden statistischen Verteilungsfunktionen: Beta, Cauchy, Chi-Quadrat, Exponential, F, Gamma, Laplace, Logistic, Lognormal, Normal, Pareto, t, Uniform, Weibull (kontinuierliche Funktionen) sowie Bernoulli, Binomial, Geometric, Hypergeometric, Negativ-Binomial, Poisson (diskrete Funktionen). Zu den kontinuierlichen Funktionen gibt es entsprechende Umkehrfunktionen.

So liefert etwa die Funktion CDF.T(t,df) die Irrtumswahrscheinlichkeit p zur Prüfgröße t und der Anzahl der Freiheitsgrade df; die Funktion IDF.T(p,df) liefert zu vorgegebener Irrtumswahrscheinlichkeit p und Anzahl der Freiheitsgrade df den t-Wert.

Funktionen zur Erzeugung von Zufallszahlen

Diverse Funktionen erzeugen Zufallszahlen, u. a. zu den verfügbaren statistischen Verteilungsfunktionen; z. B. erhalten Sie mit der Funktion RV.T(df) t-verteilte Zufallszahlen bei df Freiheitsgraden. Die Funktion UNIFORM(NumAusdr) erzeugt gleich verteilte Zufallszahlen im Bereich von 0 bis 1, wobei das Argument einen Startwert zur Erzeugung der Zufallszahlen festlegt.

7.1.3 Einbindung der Syntax in den dialoggesteuerten Ablauf

Anhand eines Beispiels soll gezeigt werden, wie Sie beim Berechnen von Variablen die SPSS-Syntax nutzbringend in einen SPSS-Dialog einbinden können. Dazu betrachten wir die Datei hyper.sav, und zwar die Variablen rrs0, rrs1, rrs6, rrs12, rrd0, rrd1, rrd6 und rrd12, die den systolischen bzw. diastolischen Blutdruck zu vier verschiedenen Zeitpunkten beinhalten. Wir wollen sechs neue Variablen definieren, welche die Werte zu den Folgezeitpunkten jeweils auf den Ausgangswert (Variablen rrs0 bzw. rrd0) prozentuieren. Dazu sind über die Menüwahl

Transformieren
    Variable berechnen...

insgesamt sechs Berechnungsvorschriften der Art

$$\text{prrs1} = \frac{\text{rrs1}}{\text{rrs0}} \cdot 100$$

einzugeben. prrs1 ist im gegebenen Beispiel der zu rrs1 gehörende und auf den Ausgangswert rrs0 bezogene Prozentwert. Möglicherweise geht es schneller, wenn Sie hier mit der entsprechenden Syntax arbeiten.

- Laden Sie die Datei hyper.sav
- Wählen Sie aus dem Menü

  Datei
      Neu
          Syntax

- Geben Sie in den Syntaxeditor die folgenden sechs Befehle ein oder laden Sie die Datei neuvar.sps.

```
COMPUTE prrs1 = rrs1/rrs0*100.
COMPUTE prrs6 = rrs6/rrs0*100.
COMPUTE prrs12 = rrs12/rrs0*100.
COMPUTE prrd1 = rrd1/rrd0*100.
COMPUTE prrd6 = rrd6/rrd0*100.
COMPUTE prrd12 = rrd12/rrd0*100.
EXECUTE.
```

- Klicken Sie anschließend auf

  Bearbeiten
  Alles auswählen

- Starten Sie die obige Befehlsfolge durch Klicken auf das Symbol *Syntax-Start*.

Wie Sie dem Dateneditor entnehmen können ist die Bildung der neuen Variablen mittels der entsprechenden Formeln erfolgt. Sie haben für Ihre weiteren Berechnungen mit Hilfe des dialoggesteuerten Ablaufs sechs neue Variablen zur Verfügung, die für die gewünschten Prozentwerte stehen. Sehen Sie sich die sechs COMPUTE-Befehle genauer an, so stellen Sie fest, dass alle Formeln prinzipiell von gleicher Bauart sind. Es ändern sich lediglich jeweils Zähler und Nenner, für die jeweils andere Variablen einzusetzen sind. Eine solche Abfolge von COMPUTE-Befehlen kann man auch mit Hilfe der Befehle DO REPEAT – END REPEAT erzeugen.

- Tragen Sie die folgende Befehlsstruktur in den Syntaxeditor ein oder laden Sie das Programm neuvarstruk.sps.

```
DO REPEAT p=prrs1,prrs6,prrs12,prrd1,prrd6,prrd12/
  z=rrs1,rrs6,rrs12,rrd1,rrd6,rrd12/
  a=rrs0,rrs0,rrs0,rrd0,rrd0,rrd0.
COMPUTE p=z/a*100.
END REPEAT.
PRINT.
EXECUTE.
```

- Löschen Sie die zuvor neu gebildeten Variablen und starten Sie das Programm durch Klicken auf das Symbol *Syntax-Start*.

Im Dateneditor erkennen Sie, dass die gewünschten Variablen erneut gebildet wurden. Die Variablen p, z und a sind sogenannte Platzhalter für die jeweils nachfolgenden Variablenlisten. Diese werden synchron von links nach rechts dem angegebenen COMPUTE-Befehl gemäß abgearbeitet. Im gegebenen Beispiel ist der Eingabeaufwand zwar kaum geringer geworden, bei noch mehr Variablen in den eingehenden Variablenlisten kann die Ersparnis aber enorm sein.

7.2 Erstellen von Variablen mit Hilfe des Bereichseinteilers

SPSS bietet die Option an, mit Hilfe des sogenannten Bereichseinteilers neue Variablen zu erstellen. Den Bereichseinteiler können Sie dazu verwenden, um kategoriale Variablen aus metrischen Variablen zu erstellen oder um eine große Zahl ordinaler Kategorien zu einer kleineren Menge von Kategorien zu reduzieren. Anwendungen sind z. B. die Bildung einer Variablen mit Einkommensbereichen aus der metrischen Variablen Einkommen oder die Reduzierung einer neunpoligen Bewertungsskala auf die drei Kategorien niedrig, mittel und hoch. Wir wollen dies anhand von Beispielen zeigen.

- Laden Sie die Datei freizeit-zufrieden.sav.

Die Datei freizeit-zufrieden.sav enthält die sechs Variablen zufrieden, politisch, identifikation, geschlecht, alter und herkunftsort. In einer repräsentativen Befragung konnten Heidelberger Studierende ihre Freizeitzufriedenheit auf einer neunpoligen Bewertungsskala (1 = sehr zufrieden, 9 = gänzlich unzufrieden) zum Ausdruck bringen. Ebenfalls auf einer neunpoligen Skala wurde die politische Grundhaltung der Studierenden erfasst (1 = links, 9 = rechts) sowie die Identifikation mit dem Studium (1 = sehr stark, 9 = gar nicht). Die Datendatei umfasst ferner die dichotome Variable geschlecht, die metrische Variable alter sowie die Variable herkunft, welche die Information enthält, ob der Befragte in einem Dorf, in einer Kleinstadt (ab 10.000 Einwohner) oder in einer Großstadt (ab 100.000 Einwohner) aufgewachsen ist. Mit Hilfe des Bereichseinteilers wollen wir aus der Variablen zufrieden sowie aus der Variablen alter neue Variablen erstellen.

Führen Sie hierfür die folgenden Schritte durch:

- Wählen Sie aus dem Menü die Option

  Transformieren

  Visuelle Klassierung...

Es öffnet sich die Dialogbox *Visuelle Klassierung*.

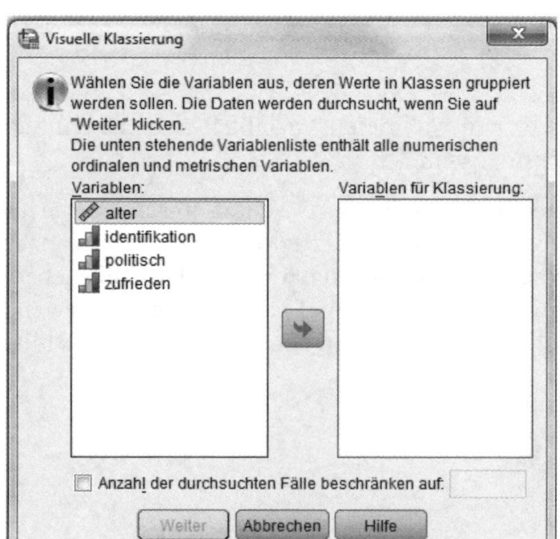

Bild 7.3: Dialogbox Visuelle Klassierung

- Übertragen Sie die Variable zufrieden in das Feld *Variablen für Klassierung*.
- Klicken Sie auf den Schalter *Weiter*.

Es öffnet sich eine Dialogbox, in der Sie die gewünschten Trennwerte eingeben können.

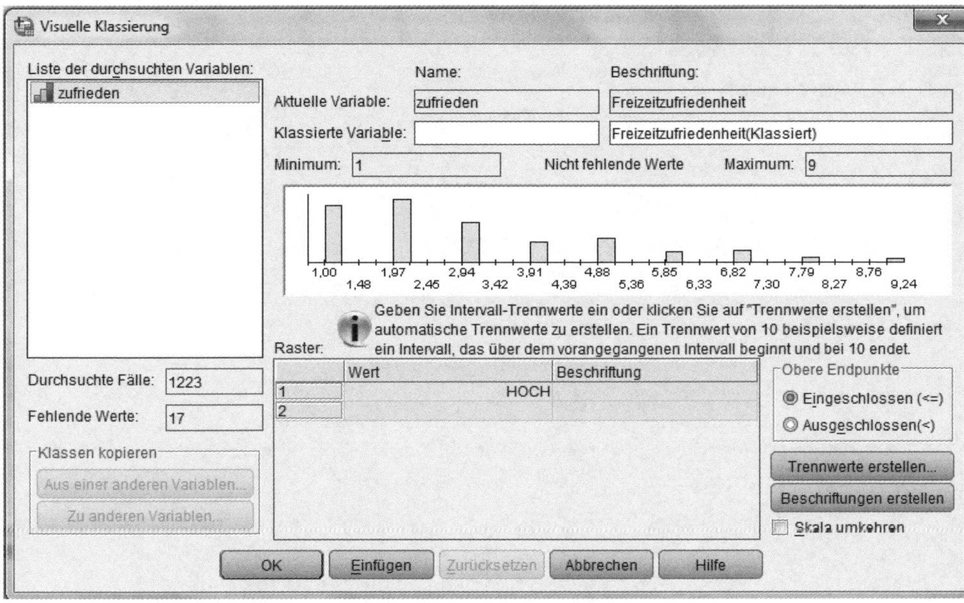

Bild 7.4: Dialogbox Visuelle Klassierung: Eingabe der Trennwerte

- Vergeben Sie für die klassierte, d. h. die neue in Bereiche eingeteilte Variable den Namen zufrieden_b.
- Klicken Sie auf den Schalter *Trennwerte erstellen...*

Es öffnet sich die Dialogbox *Trennwerte erstellen*. Mit Hilfe der Option *Intervalle mit gleicher Breite* können in gleichlange Bereiche eingeteilte Kategorien erstellt werden, wobei die *Position des ersten Trennwertes* den Wert bezeichnet, der das obere Ende der niedrigsten Kategorie der Bereichseinteilung charakterisiert, so gibt z. B. der Wert 3 einen Bereich an, der alle Werte bis einschließlich 3 umfasst. Die Anzahl der in Bereiche eingeteilten Kategorien ist die *Anzahl der Trennwerte* plus 1. So führen 6 Trennwerte zu 7 in Bereiche eingeteilte Kategorien. Die Option *Breite* legt die Breite der Intervalle fest, so teilt z. B. der Wert 10 die Variable Alter in jeweils 10 Jahre umfassende Intervalle ein.

Wir wollen die neunpolige Freizeitzufriedenheitsskala auf drei Kategorien reduzieren (1-3 = hoch, 4-6 = mittel, und 7-9 = niedrig). Die Position des ersten Trennwertes ist folglich die 3, die Anzahl der Trennwerte lautet 2 und die Breite 3. Hieraus folgt, dass die Position des letzten Trennwertes die 6 ist.

- Geben Sie die drei Werte ein.

Die Dialogbox Trennwerte erstellen sieht nunmehr wie folgt aus.

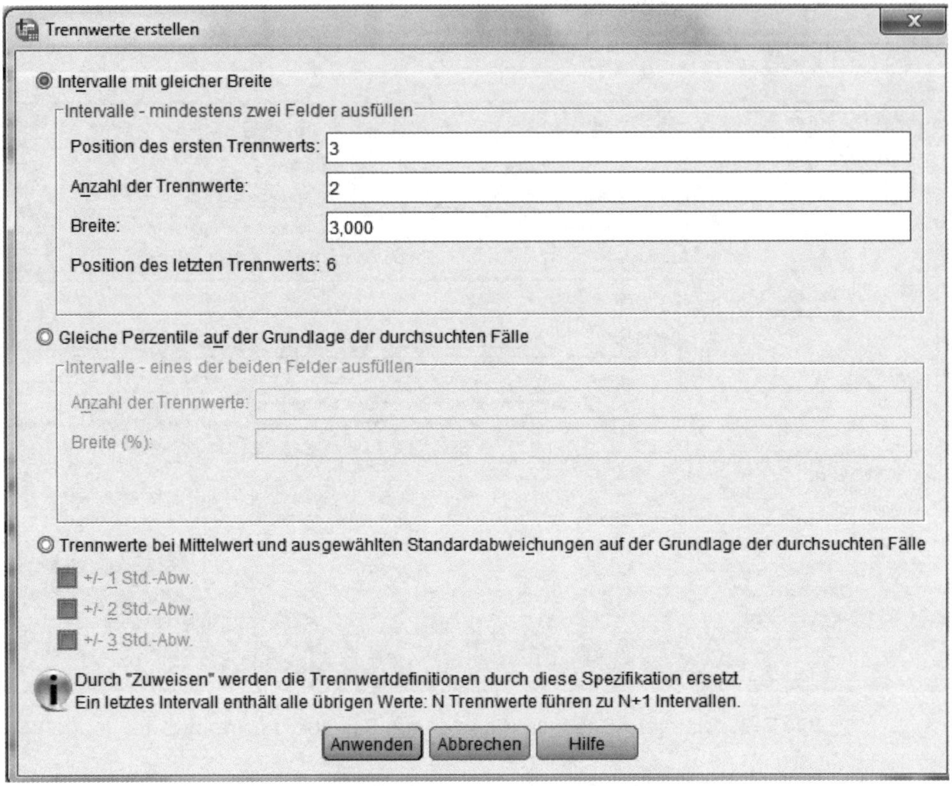

Bild 7.5: Dialogbox Trennwerte erstellen

Am unteren Bildrand heißt es bei der Information fälschlicherweise »Zuweisen« statt »Anwenden«.

- Bestätigen Sie mit Hilfe des Schalters *Anwenden*.
- Vergeben Sie auf der Basis der Kodierung der Ursprungsvariablen, wo niedrige Werte für eine hohe Freizeitzufriedenheit stehen, in der Dialogbox *Visuelle Klassierung* unter *Beschriftung* noch die Etiketten hoch für die 3, mittel für die 6 und niedrig für HOCH.

Die Dialogbox *Visuelle Klassierung* sieht nunmehr wie folgt aus.

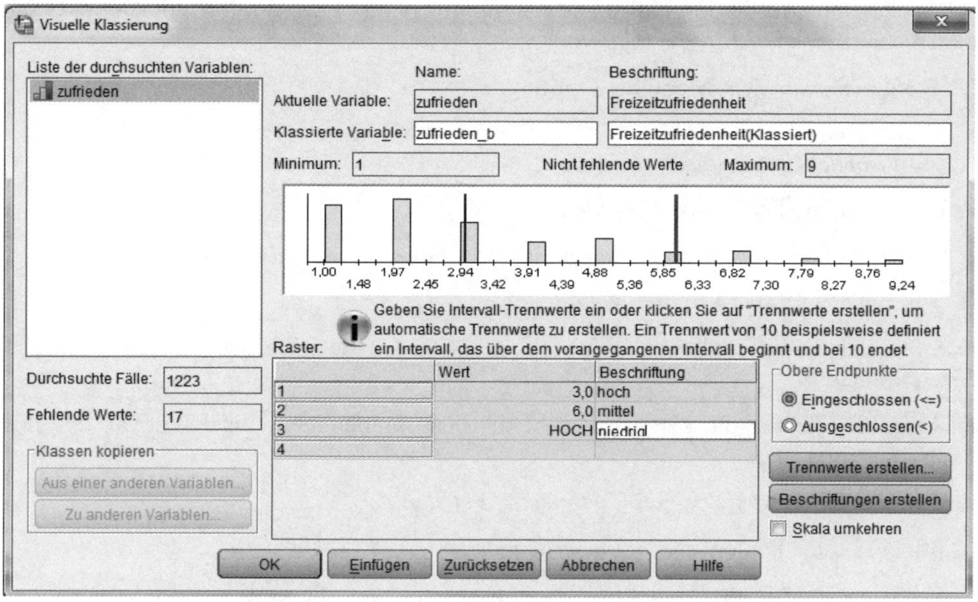

Bild 7.6: Dialogbox Visuelle Klassierung: Trennwerte und Label

- Bestätigen Sie mit *OK*.

Fordern Sie eine Kreuztabelle mit Chi-Quadrat für die Variablen zufrieden_b und herkunftsort an (siehe Kap. 9), so stellen Sie fest, dass es keinen Zusammenhang zwischen der allgemeinen Freizeitzufriedenheit und dem Herkunftsort der befragten Studierenden gibt ($p > 0,05$).

Kreuztabelle Freizeitzufriedenheit(Klassiert)*Herkunftsort

			Herkunftsort			Gesamtsumme
			Dorf	Kleinstadt	Großstadt	
Freizeitzufriedenheit (Klassiert)	hoch	Anzahl	252	333	219	804
		Erwartete Anzahl	244,3	327,8	232,0	804,0
	mittel	Anzahl	79	101	92	272
		Erwartete Anzahl	82,6	110,9	78,5	272,0
	niedrig	Anzahl	26	45	28	99
		Erwartete Anzahl	30,1	40,4	28,6	99,0
Gesamtsumme		Anzahl	357	479	339	1175
		Erwartete Anzahl	357,0	479,0	339,0	1175,0

Chi-Quadrat-Tests

	Wert	df	Asymp. Sig. (zweiseitig)
Pearson-Chi-Quadrat	5,523[a]	4	,238
Likelihood-Quotient	5,448	4	,244
Zusammenhang linear-mit-linear	2,059	1	,151
Anzahl der gültigen Fälle	1175		

a. 0 Zellen (0,0%) haben die erwartete Anzahl von weniger als 5. Die erwartete Mindestanzahl ist 28,56.

Wir wollen nun aus der intervallskalierten Variablen alter eine Variable mit Altersklassen bilden. Gehen Sie hierfür wie folgt vor.

- Wählen Sie aus dem Menü die Option

  Transformieren
  Visuelle Klassierung...

Es öffnet sich die Dialogbox *Visuelle Klassierung.*

- Übertragen Sie die Variable alter in das Feld *Variablen für Klassierung.*
- Klicken Sie auf den Schalter *Weiter.*

Es öffnet sich die bereits bekannte Dialogbox, in der Sie die gewünschten Trennwerte eingeben können.

- Vergeben Sie für die klassierte, d. h. die neue in Bereiche eingeteilte Variable den Namen alter_b.
- Klicken Sie auf den Schalter *Trennwerte erstellen...*

Es öffnet sich die Dialogbox *Trennwerte erstellen.*

- Aktivieren Sie in der Dialogbox *Trennwerte erstellen* die Option *Gleiche Perzentile auf der Grundlage der durchsuchten Fälle.*

Mit Hilfe der Option *Gleiche Perzentile auf der Grundlage der durchsuchten Fälle* können Sie in Bereiche eingeteilte Kategorien mit der gleichen Anzahl von Fällen in jedem Bereich erstellen. Die *Anzahl der Trennwerte* plus 1 entspricht dabei der Anzahl der in Bereiche eingeteilten Kategorien. So führen drei Trennwerte zu den Quartilen, d. h. zu vier Perzentilbereichen mit jeweils 25% der Fälle. Die Option *Breite (%)* gestattet die Angabe der Breite der einzelnen Intervalle als Prozentsatz der Gesamtanzahl der Fälle. So führt z. B. der Wert 33,3 zu drei in Bereiche eingeteilten Kategorien mit jeweils 33,3% der Fälle bei zwei Trennwerten.

- Tippen Sie bei Anzahl der Trennwerte 2 ein. Unter *Breite (%)* erscheint automatisch der Wert 33,33.
- Bestätigen Sie mit *Anwenden.*
- Vergeben Sie unter *Beschriftung* für den Trennwert 22 das Etikett jung, für den Trennwert 24 mittelalt und für HOCH das Etikett alt.
- Bestätigen Sie mit *OK.*

Fordern Sie eine Kreuztabelle mit Chi-Quadrat (siehe Kap. 9) für die Variablen zufrieden_b und alter_b an, so erkennen Sie, dass es keinen Zusammenhang zwischen der allgemeinen Freizeitzufriedenheit und dem Alter der Studierenden gibt ($p > 0{,}05$).

Kreuztabelle Freizeitzufriedenheit(Klassiert)*Alter(Klassiert)

			Alter(Klassiert)			Gesamtsumme
			jung	mittealt	alt	
Freizeitzufriedenheit (Klassiert)	hoch	Anzahl	286	276	263	825
		Erwartete Anzahl	287,8	272,0	265,2	825,0
	mittel	Anzahl	101	87	91	279
		Erwartete Anzahl	97,3	92,0	89,7	279,0
	niedrig	Anzahl	33	34	33	100
		Erwartete Anzahl	34,9	33,0	32,1	100,0
Gesamtsumme		Anzahl	420	397	387	1204
		Erwartete Anzahl	420,0	397,0	387,0	1204,0

Chi-Quadrat-Tests

	Wert	df	Asymp. Sig. (zweiseitig)
Pearson-Chi-Quadrat	,673[a]	4	,955
Likelihood-Quotient	,677	4	,954
Zusammenhang linear-mit-linear	,030	1	,863
Anzahl der gültigen Fälle	1204		

a. 0 Zellen (0,0%) haben die erwartete Anzahl von weniger als 5. Die erwartete Mindestanzahl ist 32,14.

Mit Hilfe des Bereichseinteilers können Sie schließlich auch intervallskalierte Variablen auf der Grundlage der Werte für Mittelwert und Standardabweichung kategorisieren.

- Wählen Sie aus dem Menü die Option

  Transformieren
  Visuelle Klassierung...

Es öffnet sich die Dialogbox *Visuelle Klassierung.*

- Übertragen Sie die Variable alter in das Feld *Variablen für Klassierung.*
- Klicken Sie auf den Schalter *Weiter.*
- Vergeben Sie in der Trennwerteeingabe-Dialogbox für die klassierte, d. h. die neue in Bereiche eingeteilte Variable den Namen alter_s.
- Klicken Sie auf den Schalter *Trennwerte erstellen...*
- Aktivieren Sie in der Dialogbox *Trennwerte erstellen* die Option *Trennwerte bei Mittelwert und ausgewählten Standardabweichungen auf der Grundlage der durchsuchten Fälle.*

Wählen Sie hier keines der Standardabweichungs-Intervalle aus, so werden zwei in Bereiche eingeteilte Kategorien erstellt, mit dem Mittelwert als Trennwert zwischen den Bereichen. Sie können aber auch eine beliebige Kombination von Standardabweichungs-Intervallen auf der Grundlage von einer, zwei und/oder drei Standardabweichungen auswählen. Bei einer Normalverteilung liegen 68% der Fälle innerhalb einer Standardabweichung vom Mittelwert, 95% innerhalb von zwei Standardabweichungen und 99% innerhalb von drei Standardabweichungen.

- Aktivieren Sie die Option *+/- 1 Std.-Abw.*, und bestätigen Sie mit *Anwenden.*

In der Tabelle erscheinen die drei Trennwerte 20,8, 23,8 und 26,8.

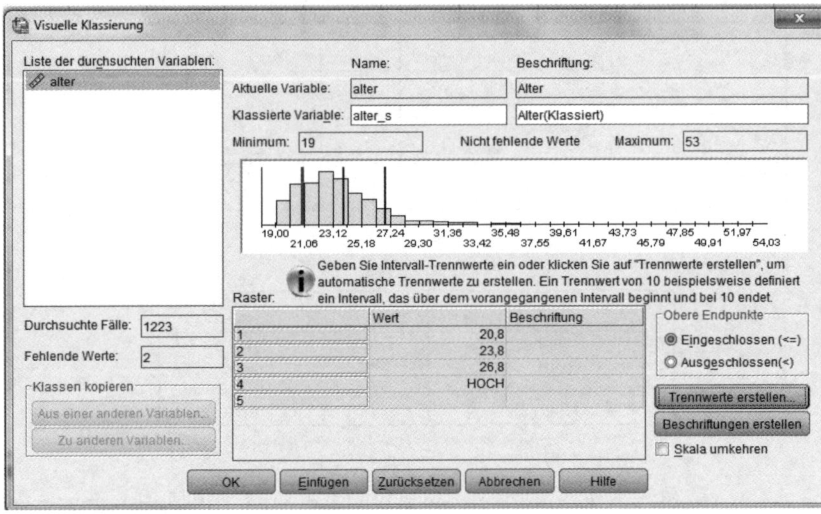

Bild 7.7: Trennwerte in der Dialogbox Visuelle Klassierung

- Bestätigen Sie mit *OK*.

Auf der Basis des Mittelwerts und der einfachen Standardabweichung der Variablen alter werden vier in Bereiche eingeteilte Kategorien gebildet. Der vierte Bereich wird in der Tabelle der Dialogbox *Bereichseinteiler* wieder mit HOCH gekennzeichnet.

Wechseln Sie in die Datenansicht, so erkennen Sie, dass die Variable alter_s erstellt worden ist, welche Ihnen nunmehr für Rechenoperationen zur Verfügung steht.

7.3 Zählen des Auftretens bestimmter Werte

Das Auftreten desselben Wertes oder derselben Werte kann in einer Liste von Variablen fallweise gezählt werden. So wurden z. B. bei einer Datenerhebung unter Mitgliedern eines Dortmunder Sportclubs u. a. folgende Fragen gestellt:

Frage 1:	Geben Sie bitte Ihr Geschlecht an ...
Frage 2:	Geben Sie Ihr Alter an ...
Frage 3:	Welche der folgenden Sportarten üben Sie aktiv aus? 3_1: Schwimmen: ja/nein? 3_2: Turnen: ja/nein? 3_3: Leichtathletik: ja/nein? 3_4: Volleyball: ja/nein? 3_5: Tennis: ja/nein? 3_6: Radfahren: ja/nein? 3_7: Fußball: ja/nein? 3_8: Handball: ja/nein? 3_9: Basketball: ja/nein?

Zählen Sie in unserem Beispiel fallweise für die Sportarten 3_1 bis 3_9 das Auftreten des Wertes 1 (= ja), so erhalten Sie für jeden Probanden die Anzahl der von ihm aktiv ausgeübten Sportarten.

Gehen Sie hierfür wie folgt vor:

- Laden Sie die Datei sport.sav.
- Wählen Sie aus dem Menü

  Transformieren
  Werte in Fällen zählen...

Es öffnet sich die Dialogbox *Häufigkeiten von Werten in Fällen zählen*.

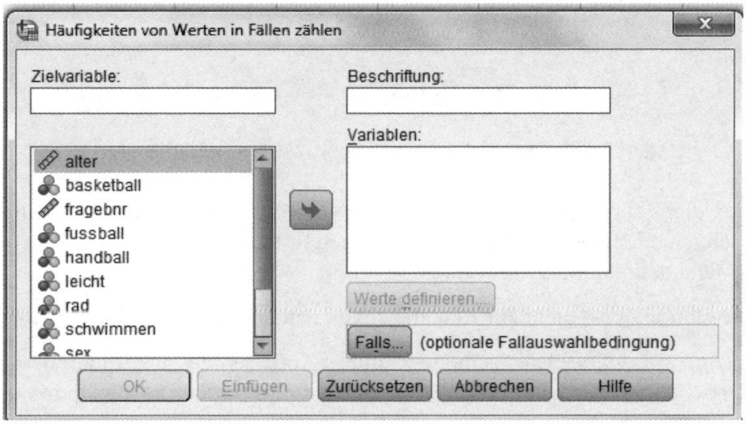

Bild 7.8: Dialogbox Häufigkeiten von Werten in Fällen zählen

Die Dialogbox gliedert sich in folgende Bestandteile:

- *Zielvariable:* In das Editierfeld *Zielvariable* wird der Name der Variablen eingegeben, welche die Zählwerte aufnehmen soll.
- *Label:* In das Editierfeld *Label* wird das Label für die Zielvariable eingegeben.
- *Variablen:* Die Variablenliste enthält die aus der Quellvariablenliste ausgewählten Variablen, für die das Auftreten bestimmter Werte gezählt werden soll. Die Liste darf nicht gleichzeitig numerische und String-Variablen enthalten.

- Markieren Sie in der Quellvariablenliste die Variablen der neun Sportarten. Übertragen Sie diese Variablen in die Variablenliste.
- Geben Sie der Zielvariablen den Namen »sports« und das Label »Anzahl der Sportarten«.
- Klicken Sie auf den Schalter *Werte definieren...* Es öffnet sich die Dialogbox *Werte in Fällen zählen: Welche Werte?*

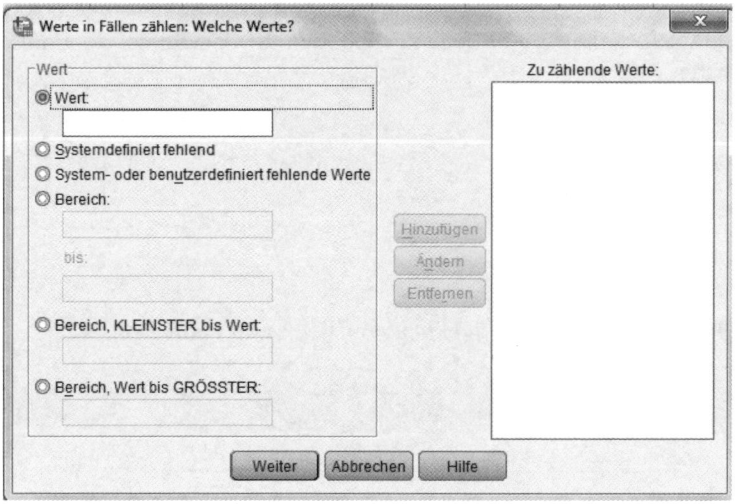

Bild 7.9: Dialogbox Werte in Fällen zählen: Welche Werte?

Die Dialogbox dient zur Definition der zu zählenden Werte. Sie können einen einzelnen Wert, einen Wertebereich oder eine Kombination aus beiden festlegen. Im Eingabekasten *Wert* können Sie eine der folgenden Alternativen wählen:

- *Wert:* Die Option *Wert* dient zur Eingabe des zu zählenden Werts.
- *Systemdefiniert fehlend:* Diese Option zählt das Auftreten des systemdefinierten fehlenden Wertes. In der Liste *Zu zählende Werte* erscheint er als SYSMIS. Die Option ist für String-Variablen nicht verfügbar.
- *System- oder benutzerdefinierte fehlende Werte:* Aktivieren Sie diese Option, so wird das Auftreten jeglicher fehlender Werte gezählt, d. h. sowohl systemdefinierte wie benutzerdefinierte fehlende Werte. In der Liste *Zu zählende Werte* erscheinen sie als MISSING.
- *Bereich bis:* Zählt das Auftreten von Werten innerhalb des festgelegten Bereichs. Die Option ist für String-Variablen nicht verfügbar.
- *Bereich, Kleinster bis Wert:* Zählt das Auftreten von Werten im Bereich vom kleinsten beobachteten bis zum festgelegten Wert. Die Option ist für String-Variablen nicht verfügbar.
- *Bereich, Wert bis Größter:* Zählt das Auftreten von Werten im Bereich vom festgelegten bis zum größten beobachteten Wert. Diese Auswahl ist für String-Variablen nicht verfügbar.

Wollen Sie mehrere Werte zählen lassen, so klicken Sie nach jeder Auswahl auf *Hinzufügen*. In diesem Fall wird jeder Wert, der in der Liste *Zu zählende Werte* aufgeführt ist, gezählt.

- Geben Sie als Wert die »1« ein, und klicken Sie auf den Schalter *Hinzufügen*.
- Bestätigen Sie Ihre Eingabe mit *Weiter* und anschließend mit *OK*. Der Datendatei wurde die Variable sports hinzugefügt, welche die Anzahl der Sportarten, die ein Sportler ausübt, angibt.

- Wechseln Sie in die Variablenansicht und vergeben Sie geeignete Etiketten für die neu gebildete Variable sports.
- Führen Sie eine Häufigkeitsverteilung der Variablen sports durch.

Sie erhalten die folgende Ausgabe:

Anzahl der Sportarten

		Häufigkeit	Prozent	Gültige Prozent	Kumulative Prozente
Gültig	Eine Sportart	6	17,6	17,6	17,6
	Zwei Sportarten	4	11,8	11,8	29,4
	Drei Sportarten	7	20,6	20,6	50,0
	Vier Sportarten	9	26,5	26,5	76,5
	Fünf Sportarten	3	8,8	8,8	85,3
	Sechs Sportarten	5	14,7	14,7	100,0
	Gesamtsumme	34	100,0	100,0	

Sie können der Häufigkeitstabelle entnehmen, dass von den 34 befragten Vereinsmitgliedern des Sportvereins jeder zweite vier oder mehr Sportarten ausübt.

7.4 Umkodieren von Werten

In SPSS können ursprünglich erfasste Daten umkodiert werden. Eine Umkodierung numerischer Daten ist beispielsweise notwendig, wenn die zunächst erfasste Datenvielfalt für die weitere Datenanalyse nicht benötigt wird. Eine Umkodierung bedeutet in diesem Fall eine Informationsreduktion. Eine Umkodierung von Daten kann manuell oder automatisch durchgeführt werden. Wir wollen Ihnen im Folgenden diese beiden Methoden darstellen.

7.4.1 Manuelles Umkodieren

Als Beispiel sollen die Ergebnisse einer Sonntagsbefragung (»Was würden Sie wählen, wenn am Sonntag Bundestagswahlen wären?«) analysiert werden.

Willkürlich wurden hierfür im Sinne einer »Spieledatei« 30 Personen auf der Straße befragt. Es interessiert uns vor allem die prozentuale Aufteilung gemäß des klassischen Links-Rechts-Parteienspektrums. In einem solchen Fall muss die Variable partei rekodiert werden; es soll eine neue Variable namens lire (links-rechts) entstehen. Die neuen Merkmalsausprägungen der Variablen lire sollen wie folgt beschaffen sein:

Linksparteien:

SPD
Bündnis 90/Die Grünen
Die Linke

Rechtsparteien:

CDU/CSU
FDP
Republikaner

Nicht definiert:

Keine Antwort
Sonstige

Vergleichen wir die Merkmalsausprägungen der Variablen partei mit den Merkmalsausprägungen der Variablen lire:

Variable partei		Variable lire	
Werte	**Wertelabels**	**Werte**	**Wertelabels**
0	Keine Antwort	0	Nicht definiert
1	CDU/CSU	2	Rechts
2	FDP	2	Rechts
3	SPD	1	Links
4	Bündnis 90/Die Grünen	1	Links
5	Die Linke	1	Links
6	Republikaner	2	Rechts
7	Sonstige	0	Nicht definiert

Aus der bisherigen Merkmalsausprägung »1« für CDU/CSU der Variablen partei wird die Merkmalsausprägung »2« für rechts der Variablen lire, aus der Merkmalsausprägung »2« für FDP die Merkmalsausprägung »2« für rechts, aus der Merkmalsausprägung »3« für SPD die Merkmalsausprägung »1« für links usw. Die Merkmalsausprägung »0« der Variablen lire soll als fehlender Wert deklariert werden.

Beim Rekodieren haben Sie die Möglichkeit, Werte in dieselbe Variable oder in eine andere Variable zu rekodieren. Rekodieren Sie in dieselbe Variable, so werden die alten Werte überschrieben.

- Laden Sie die Datei wahl.sav.
- Wählen Sie aus dem Menü

  Transformieren
  Umcodieren in andere Variablen...

Es öffnet sich die Dialogbox *Umcodieren in andere Variablen.*

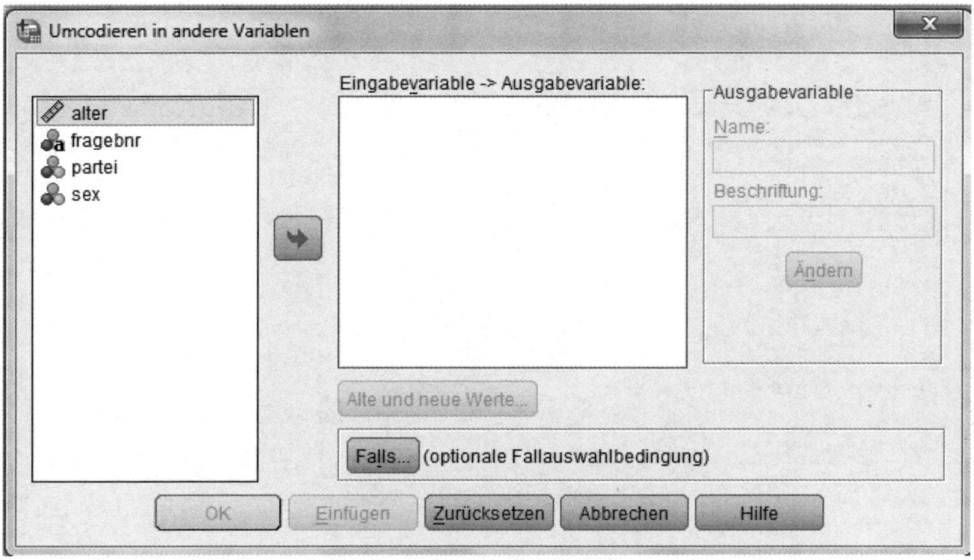

Bild 7.10: Dialogbox Umcodieren in andere Variablen

Die Quellvariablenliste enthält die Variablen der Datendatei. Sie können hier eine oder mehrere Variablen zum Umkodieren wählen. Wenn Sie mehrere Variablen wählen, müssen alle vom gleichen Typ sein.

- Übertragen Sie die Variable partei in das Editierfeld *Numerische Variable -> Ausgabevariable*. Das Fragezeichen verweist darauf, dass Sie nun den Namen der Ausgabevariablen bestimmen müssen.
- Geben Sie im Editierfeld *Name* den Variablennamen »lire« ein.
- Geben Sie im Editierfeld *Beschriftung* die Bezeichnung »Parteienspektrum« ein.
- Bestätigen Sie durch Klicken auf *Ändern*. Das Fragezeichen im Editierfeld *Numerische Variable -> Ausgabevariable* wird durch »lire« ersetzt.
- Zur Festlegung der umzukodierenden Werte klicken Sie auf die Schaltfläche *Alte und neue Werte...* Sie sehen die Dialogbox *Umcodieren in andere Variablen: Alte und neue Werte*.

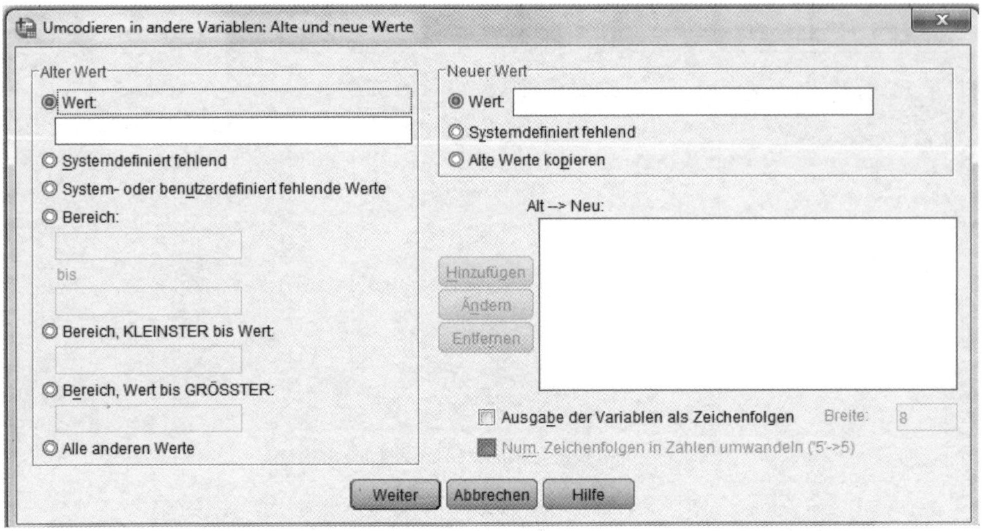

Bild 7.11: Dialogbox Umcodieren in andere Variablen: Alte und neue Werte

Für jeden zu rekodierenden Wert müssen Sie den Wert bzw. Wertebereich der Eingabevariable angeben sowie den neuen Wert für die Ausgabevariable. Die Rekodierung eines Werts wird per Klicken auf den Schalter *Hinzufügen* abgeschlossen. Die Dialogbox gliedert sich in die folgenden Bestandteile. Im Eingabekasten *Alter Wert* können Sie zwischen folgenden Alternativen wählen:

- *Wert:* Die Option *Wert* dient zur Eingabe eines einzelnen Wertes.
- *Systemdefiniert fehlend:* Diese Option dient zur Kennzeichnung eines Eingabewertes als systemdefinierten fehlenden Wert; der Wert erscheint als SYSMIS in der Werteliste und ist für String-Variablen nicht verfügbar.
- *System- oder benutzerdefinierte fehlende Werte:* Diese Option dient zur Kennzeichnung aller system- oder benutzerdefinierten fehlenden Werte. Benutzerdefinierte fehlende Werte erscheinen als MISSING in der Werteliste.
- *Bereich bis:* Hier kann ein abgeschlossener Wertebereich angegeben werden. Die Option ist für String-Variablen nicht verfügbar.
- *Bereich: Kleinster bis Wert:* Hier können alle Werte vom kleinsten beobachteten bis zum angegebenen Wert eingegeben werden. Die Option ist für String-Variablen nicht verfügbar.
- *Bereich: Wert bis Größter:* Hier können alle Werte vom angegebenen bis zum größten beobachteten Wert eingegeben werden. Die Option ist für String-Variablen nicht verfügbar.
- *Alle anderen Werte:* Die Option steht für alle bisher nicht angegebenen Werte zur Verfügung. Diese erscheinen als ELSE in der Werteliste.

Im Eingabekasten *Neuer Wert* können Sie zwischen folgenden Alternativen wählen:

- *Wert:* Die Option *Wert* dient zur Eingabe eines neuen Wertes.
- *Systemdefiniert fehlend:* Diese Option dient zur Kennzeichnung eines Ausgabewertes als systemdefinierten fehlenden Wert. Der Wert erscheint als SYSMIS in der Werteliste und ist für String-Variablen nicht verfügbar.
- Alte Werte kopieren: Die Werte der Eingabevariablen werden beibehalten.

Sind die neuen Ausgabevariablen String-Variablen, so aktivieren Sie die Option *Ausgabe der Variablen als Zeichenfolgen*. Führen Sie nun folgende Schritte durch:

- Geben Sie jeweils die alten und die neuen Werte gemäß der folgenden Tabelle ein:

  1->2
  2->2
  3->1
  4->1
  5->1
  6->2
  Alle anderen Werte (ELSE) -> 0.

- Tragen Sie jeweils den alten Wert in das Editierfeld *Wert* des Eingabekastens *Alter Wert* ein, den neuen Wert in das Editierfeld *Wert* des Eingabekastens *Neuer Wert*, und klicken Sie auf den Schalter *Hinzufügen*.
- Um die alten Werte 0 und 7 zu rekodieren, klicken Sie auf *Alle anderen Werte*. Tragen Sie im Editierfeld *Wert* des Eingabekastens *Neuer Wert* die »0« ein, und klicken Sie auf den Schalter *Hinzufügen*.
- Bestätigen Sie mit *Weiter* und anschließend mit *OK*. Die neue Variable lire wird der Datendatei wahl.sav hinzugefügt.

Hinweis: Die aktivierten Optionen entsprechen der folgenden Befehlssyntax:

```
RECODE partei
    (1=2) (2=2) (3=1) (4=1) (5=1) (6=2) (ELSE=0)  INTO lire .
VARIABLE LABELS lire "Parteienspektrum" .
EXECUTE .
```

- Klicken Sie im Dateneditor doppelt auf »lire«, um in die Dialogbox *Variable definieren* zu wechseln.
- Ändern Sie den Variablentyp auf numerisch, 1 Zeichen, 0 Dezimalstellen. Vergeben Sie die folgenden Wertelabels:

  0 = Nicht definiert

  1 = Links

  2 = Rechts

- Deklarieren Sie die Null als fehlenden Wert.
- Führen Sie abschließend eine Häufigkeitsauszählung der Variablen lire durch. Sie erhalten folgendes Ergebnis:

Parteienspektrum

		Häufigkeit	Prozent	Gültige Prozent	Kumulative Prozente
Gültig	Links	13	43,3	48,1	48,1
	Rechts	14	46,7	51,9	100,0
	Gesamtsumme	27	90,0	100,0	
Fehlend	Nicht definiert	3	10,0		
Gesamtsumme		30	100,0		

Von den 30 Befragten würden 46,7% Parteien des rechten Spektrums wählen, 43,3% Parteien des linken Spektrums. Bei drei Befragten (10%) liegt keine Antwort auf die Frage »Was würden Sie wählen, wenn am Sonntag Bundestagswahlen wären?« vor.

7.4.2 Automatisches Umkodieren

Mit der Methode des automatischen Umkodierens kann die Kodierung einer Variablen in eine bei 1 beginnende, fortlaufende Kodierung umgewandelt werden. Dabei wird jeweils eine neue (numerische) Variable erzeugt. Hilfreich ist dies bei numerischen Variablen, deren Kodierung nicht fortlaufend vorgenommen wurde (was bei manchen SPSS-Anwendungen störend ist), und bei bestimmten Analysen von String-Variablen. Hierzu soll ein typisches Beispiel gezeigt werden.

In der Datei vater.sav sind zwei Variablen aus einer umfangreichen Fragebogen-Untersuchung von Medizin- und BWL-Studierenden enthalten. Die numerische Variable studium gibt mit der Kodierung 1 = Medizin und 2 = BWL das Studienfach, die String-Variable berufv den Beruf des Vaters an.

- Laden Sie die Datei vater.sav.

Betrachten Sie die String-Variable berufv, so stellen Sie fest, dass offenbar nicht allzu viel Mühe auf eine gewisse Vereinheitlichung gelegt wurde. Dies zeigt eine Häufigkeitsauszählung, wobei im Folgenden aus Platzgründen nur eine Auszählung der Berufe mit dem Anfangsbuchstaben »A« wiedergegeben werden soll.

Beruf des Vaters

		Häufigkeit	Prozent	Gültige Prozent	Kumulative Prozente
Gültig	Abteilungsleiter	2	2,9	2,9	2,9
	Angestellter	3	4,3	4,3	7,2
	Angestellter (Bank-)	1	1,4	1,4	8,7
	Angestellter (Bank)	1	1,4	1,4	10,1
	Angestellter (kaufmaenn.)	6	8,7	8,7	18,8
	Angestellter (kaufmänn.)	2	2,9	2,9	21,7
	Angestellter (leitender)	1	1,4	1,4	23,2
	Angestellter (Verwaltung)	1	1,4	1,4	24,6
	Anwalt	2	2,9	2,9	27,5
	Anwalt / Notar	1	1,4	1,4	29,0
	Apotheker	2	2,9	2,9	31,9
	Arbeiter	5	7,2	7,2	39,1
	Architekt	3	4,3	4,3	43,5
	Arzt	28	40,6	40,6	84,1
	Arzt (Allgem.)	2	2,9	2,9	87,0
	Arzt (HNO)	1	1,4	1,4	88,4
	Arzt (Internist)	5	7,2	7,2	95,7
	Arzt (Orthopaede)	2	2,9	2,9	98,6
	Arzt (Urologe)	1	1,4	1,4	100,0
	Gesamtsumme	69	100,0	100,0	

Erstellen Sie eine komplette Haufigkeitstabelle, so ergibt eine entsprechende Auszählung, dass insgesamt 159 verschiedene Berufsangaben auftreten.

Es soll nun der Hypothese nachgegangen werden, dass Väter von Medizinstudenten häufiger so genannte helfende Berufe ausüben als Väter von BWL-Studenten. Zu den helfenden Berufen sollen dabei Apotheker, Ärzte, Lehrer, Pfarrer, Psychologen und Zahnärzte gezählt werden. Formales Ziel ist es also zunächst, aus der String-Variablen berufv eine dichotome numerische Variable zu erstellen, die angibt, ob ein helfender Beruf vorliegt oder nicht. Hierzu gehen Sie in zwei Schritten vor.

Im ersten Schritt wird die String-Variable berufv automatisch in eine numerische Variable umkodiert.

- Treffen Sie die Menüwahl

  Transformieren...
      Automatisch umcodieren...

Es öffnet sich die Dialogbox *Automatisch umcodieren.*

Bild 7.12: Dialogbox Automatisch umcodieren

- Übertragen Sie die String-Variable berufv in das Feld *Variable>Neuer Name*. Tragen Sie im dafür vorgesehenen Feld als neuen Namen z. B. »berufneu« ein, und klicken Sie anschließend auf den Schalter *Neuen Namen hinzufügen*.
- Bestätigen Sie mit *OK*.

Im Dateneditor sehen Sie, dass den auftretenden verschiedenen Strings der String-Variablen berufv in alphabetisch aufsteigender Reihenfolge die fortlaufenden natürlichen Zahlen von 1 bis 159 zugeordnet wurden. Diese Zahlenwerte sind auf der numerischen Variablen berufneu gespeichert. Die ursprünglichen Strings sind dabei die Wertelabels dieser Variablen.

Im zweiten Schritt können Sie nun mit der Technik des manuellen Umkodierens (siehe Kap. 7.3.1) die Kodenummern der helfenden Berufe heraussuchen und zu einer Kategorie zusammenfassen. Dies soll in Form der Befehlssyntax aufgezeigt werden:

```
RECODE berufneu (11, 14 THRU 19, 42, 93 THRU 98, 113, 114, 119, 137, 138, 139,
157 = 1) (ELSE = 2) INTO helfber.
EXECUTE.
```

- Laden Sie die Datei berufneu.sps und führen Sie den Befehl aus.

Nach Ausführung dieser Syntax steht die Variable helfber zur Verfügung, die über ihre Kodierung 1 = ja und 2 = nein angibt, ob ein helfender Beruf vorliegt oder nicht.

- Vergeben Sie entsprechende Labels für die Variable helfber und erstellen Sie, wie in Kap. 9 beschrieben, eine Kreuztabelle zwischen den Variablen studium und helfber.

Kreuztabelle Studium*Helfender Beruf?

			Helfender Beruf? Ja	Helfender Beruf? Nein	Gesamtsumme
Studium	Medizin	Anzahl	62	121	183
		Erwartete Anzahl	43,4	139,6	183,0
		% in Studium	33,9%	66,1%	100,0%
		Standardresiduum	2,8	-1,6	
	BWL	Anzahl	23	152	175
		Erwartete Anzahl	41,6	133,4	175,0
		% in Studium	13,1%	86,9%	100,0%
		Standardresiduum	-2,9	1,6	
Gesamtsumme		Anzahl	85	273	358
		Erwartete Anzahl	85,0	273,0	358,0
		% in Studium	23,7%	76,3%	100,0%

Chi-Quadrat-Tests

	Wert	df	Asymp. Sig. (zweiseitig)	Exakte Sig. (zweiseitig)	Exakte Sig. (einseitig)
Pearson-Chi-Quadrat	21,246[a]	1	,000		
Kontinuitätskorrektur[b]	20,116	1	,000		
Likelihood-Quotient	21,931	1	,000		
Exakter Test nach Fisher				,000	,000
Zusammenhang linear-mit-linear	21,187	1	,000		
Anzahl der gültigen Fälle	358				

a. 0 Zellen (0,0%) haben die erwartete Anzahl von weniger als 5. Die erwartete Mindestanzahl ist 41,55.

b. Berechnung nur für eine 2x2-Tabelle

Die aufgestellte Hypothese wird bestätigt: 33,9% der Medizinstudenten haben Väter mit helfenden Berufen, aber nur 13,1% der BWL-Studenten. Der Zusammenhang zwischen den beiden Variablen erweist sich als höchst signifikant (p <= 0,001).

7.5 Bedingte Berechnung von neuen Variablen

Die Berechnung von neuen Variablen kann unter bestimmte Bedingungen gestellt werden, wie in Kap. 7.5.1 gezeigt wird. Der zweite Abschnitt erläutert die praktische Anwendung anhand eines ausführlichen Beispiels, der Bildung eines Indexes.

7.5.1 Formulierung von Bedingungen

In der Datei studium.sav sind u. a. die Variablen alter (Lebensalter), fach (Fachbereich), semester (Anzahl der Semester) und sex (Geschlecht) enthalten.

Möchten Sie etwa herausfinden, ob sich Juristen (fach = 1) von Geisteswissenschaftlern (fach = 3) signifikant bzgl. der Semesteranzahl unterscheiden, können Sie die Variable fach als Gruppenvariable verwenden und deren Ausprägungen 1 und 3 bzgl. der Variablen semester etwa mit dem U-Test nach Mann und Whitney gegeneinander testen (siehe Kap. 13.1). Wollen Sie männliche Juristen gegen männliche Geisteswissenschaftler testen, verfahren Sie entsprechend, schränken aber vorher die Fälle mit der Bedingung sex = 2 ein (siehe Kap. 6.1).

Problematisch wird es aber, wenn Sie z. B. männliche Juristen gegen Geisteswissenschaftlerinnen testen wollen. Hier kommen, sozusagen kreuzweise, zwei Gruppenvariablen ins Spiel. In solchen Situationen behilft man sich mit der Konstruktion einer Hilfsvariablen. Sie geben dieser Hilfsvariablen den Wert 1, falls es sich um einen männlichen Juristen handelt, und den Wert 2 im Falle einer Geisteswissenschaftlerin. Diese Hilfsvariable verwenden Sie dann beim U-Test nach Mann und Whitney als Gruppenvariable.

- Laden Sie die Datei studium.sav.
- Um eine solche Hilfsvariable zu konstruieren, wählen Sie aus dem Menü

  Transformieren
  Variable berechnen...

- Geben Sie als Zielvariable z. B. »gruppe« ein und für den numerischen Ausdruck zunächst den Wert »1«. Nach Betätigung des Schalters *Falls...* geben Sie als Bedingung »fach=1 and sex=2« ein.
- Verlassen Sie die Dialogboxen mit *Weiter* und *OK*.
- Wiederholen Sie den Vorgang; geben Sie als Zielvariable wieder »gruppe« ein, als numerischen Ausdruck nun aber den Wert »2«. Über den Schalter *Falls...* formulieren Sie die zugehörige Bedingung »fach=3 and sex=1«. Die Anfrage »Bestehende Variablen verändern?«, die nach dem Verlassen der Dialogboxen erscheint, beantworten Sie mit *OK*.

Im Dateneditor ist die neue Variable gruppe hinzugefügt, welche für die betreffenden Personengruppen die Werte 1 bzw. 2 angenommen hat. Möglicherweise können Sie dies schneller unter Verwendung der SPSS-Syntax erledigen.

- Öffnen Sie dazu mit Hilfe der Menüwahl

  Datei
  Neu
  Syntax

  den Syntaxeditor, und geben Sie die folgenden Anweisungen ein (Datei: kreuztest.sps):

```
IF (fach = 1 and sex = 2) gruppe = 1.
IF (fach = 3 and sex = 1) gruppe = 2.
EXECUTE.
```

- Nach Markierung aller Zeilen mit Hilfe der Menüwahl

  Bearbeiten
  Alles auswählen

  und dem Klicken auf das Syntax-Startsymbol wird der Datendatei die neue Variable gruppe mit den Ausprägungen 1 (männliche Juristen) und 2 (Geisteswissenschaftlerinnen) hinzugefügt, die dann z. B. beim U-Test nach Mann und Whitney als Gruppenvariable dienen kann.

7.5.2 Bildung eines Indexes

Unter einem Index versteht man die Zusammenfassung mehrerer Einzelfragen (Items) zu einem Wert, der komplexe, vielschichtige Sachverhalte misst, wie z. B. den Messwert Lebensstandard oder den Messwert Intelligenz. Die Bildung eines solchen Indexes wollen wir am Beispiel des Wertewandeltheorems des US-amerikanischen Politikwissenschaftlers Ronald Inglehart besprechen.

In seiner Studie »Kultureller Umbruch. Wertwandel in der westlichen Welt« (siehe weiterführende Literatur) vertritt Inglehart die Position, dass sich die Wertvorstellungen in den westlichen Gesellschaften signifikant verschoben haben. Während früher materielles Wohlergehen und physische Sicherheit im Vordergrund gestanden hätten, würde heute mehr Gewicht auf die Lebensqualität gelegt. Die Wertprioritäten hätten sich so vom Materialismus zum Postmaterialismus verschoben. Die Verschiebung führt Inglehart u. a. darauf zurück, dass die Menschen nach dem Zweiten Weltkrieg vor allem in den westeuropäischen Ländern und den USA ökonomische und physische Sicherheit in einem bislang nicht gekannten Maß erlebt hätten. Jüngere Generationen, welche in ihren formativen Jahren in dieser Sicherheit groß geworden seien, würden mit traditionellen Wertvorstellungen und Normen der älteren Generationen brechen. Für Inglehart vollzieht sich als Folge dieser langfristigen wirtschaftlichen Sicherheit ein intergenerationeller Wertewandel mit umfassenden gesellschaftlichen Konsequenzen.

Im Folgenden wollen wir einen Index bilden, welcher Aufschluss darüber gibt, ob ein Befragter im Sinne Ronald Ingleharts eher materialistisch oder eher postmaterialistisch eingestellt ist. Der Index soll am Beispiel des ALLBUS (»allgemeine Bevolkerungsumfrage der Sozialwissenschaften«) gebildet werden. Im ALLBUS werden vier Einzelfragen gestellt, die sich auf das Wertewandeltheorem Ronald Ingleharts beziehen. Gefragt wird u. a. danach, welche Bedeutung der Proband den Werten »Aufrechterhaltung von Ruhe und Ordnung im Land« (Variable v108), »verstärkte Mitsprache des Volkes bei den Entscheidungen der Regierung« (Variable v109), »Bekämpfung des Preisanstiegs« (Variable v110) und dem »Schutz des Rechts auf freie Meinungsäußerung« (Variable v111) beimisst. Ein Proband, welcher die vier Werte miteinander verglich, konnte jeweils antworten, ob er den entsprechenden Wert »am wichtigsten«, »am zweitwichtigsten«, »am drittwichtigsten« oder »am viertwichtigsten« hielt. Die Daten befinden sich in der Datei ingle.sav.

- Laden Sie die Datei ingle.sav.
- Führen Sie eine Häufigkeitsverteilung der Variablen v108, v109, v110 und v111 durch, um sich eine erste Orientierung zu verschaffen. Sie erhalten folgendes Ergebnis im Viewer:

Wichtigkeit von Ruhe und Ordnung

		Häufigkeit	Prozent	Gültige Prozent	Kumulative Prozente
Gültig	Am Wichtigsten	1313	42,9	42,9	42,9
	Am Zweitwichtigsten	691	22,6	22,6	65,5
	Am Drittwichtigsten	597	19,5	19,5	85,1
	Am Viertwichtigsten	395	12,9	12,9	98,0
	Weiss nicht	30	1,0	1,0	99,0
	Keine Angabe	32	1,0	1,0	100,0
	Gesamtsumme	3058	100,0	100,0	

Wichtigkeit von Bürgereinfluss

		Häufigkeit	Prozent	Gültige Prozent	Kumulative Prozente
Gültig	Am Wichtigsten	976	31,9	31,9	31,9
	Am Zweitwichtigsten	790	25,8	25,8	57,8
	Am Drittwichtigsten	736	24,1	24,1	81,8
	Am Viertwichtigsten	477	15,6	15,6	97,4
	Weiss nicht	44	1,4	1,4	98,9
	Keine Angabe	35	1,1	1,1	100,0
	Gesamtsumme	3058	100,0	100,0	

Wichtigkeit der Inflationsbekämpfung

		Häufigkeit	Prozent	Gültige Prozent	Kumulative Prozente
Gültig	Am Wichtigsten	248	8,1	8,1	8,1
	Am Zweitwichtigsten	696	22,8	22,8	30,9
	Am Drittwichtigsten	879	28,7	28,7	59,6
	Am Viertwichtigsten	1142	37,3	37,3	97,0
	Weiss nicht	48	1,6	1,6	98,5
	Keine Angabe	45	1,5	1,5	100,0
	Gesamtsumme	3058	100,0	100,0	

Wichtigkeit von freier Meinungsäußerung

		Häufigkeit	Prozent	Gültige Prozent	Kumulative Prozente
Gültig	Am Wichtigsten	488	16,0	16,0	16,0
	Am Zweitwichtigsten	839	27,4	27,4	43,4
	Am Drittwichtigsten	762	24,9	24,9	68,3
	Am Viertwichtigsten	880	28,8	28,8	97,1
	Weiss nicht	49	1,6	1,6	98,7
	Keine Angabe	40	1,3	1,3	100,0
	Gesamtsumme	3058	100,0	100,0	

Bei den Items v108 (»Ruhe und Ordnung«) sowie den Items v110 (»Bekämpfung des Preisanstiegs«) handelt es sich um materialistische Items, bei den Items v109 (»Bürgereinfluss«) und v111 (»freie Meinungsäußerung«) um postmaterialistische Items. Einem materialistischen Item folgt somit jeweils ein postmaterialistisches Item. Es handelt sich um die vier klassischen Items des Forschers Inglehart. In seinen zahlreichen Studien – beginnend schon in den frühen 70er Jahren – hat Ronald Inglehart diese vier Items zu einer 4er Skala bzw. einem Index miteinander kombiniert. Dabei dienten die Items »Ruhe und Ordnung« (v108) und »Bekämpfung des Preisanstiegs« (v110) zur Bestimmung der Materialisten, die Items »Wichtigkeit von Bürgereinfluss« (v109) und »Wichtigkeit von freier Meinungsäußerung« (v111) zur Bestimmung der Postmaterialisten. Je nach Kombination der Antworten wurde die befragte Person von Ronald Inglehart als

- reiner Materialist
- reiner Postmaterialist
- materialistischer Mischtyp
- postmaterialistischer Mischtyp

eingestuft. Die Antwortkombination v108/v110 entspricht dem reinen Materialisten, die Antwortkombination v109/v111 dem reinen Postmaterialisten. Je nachdem, ob das erste Ziel eines Probanden ein Materialismus-Item oder ein Postmaterialismus-Item war, wurde der Befragte als materialistischer Mischtyp bzw. postmaterialistischer Mischtyp bezeichnet. Als Grundlage eines zu bildenden Indexes ergeben sich somit die folgenden Kombinationsmöglichkeiten:

Inglehart-Index

Wichtigstes Ziel	Zweitwichtigstes Ziel	Inglehart-Index
v108	v110	reiner Materialist
v110	v108	reiner Materialist
v109	v111	reiner Postmaterialist
v111	v109	reiner Postmaterialist
v108	v109	materialistischer Mischtyp
v108	v111	materialistischer Mischtyp
v110	v109	materialistischer Mischtyp
v110	v111	materialistischer Mischtyp
v109	v108	postmaterialistischer Mischtyp
v109	v110	postmaterialistischer Mischtyp
v111	v108	postmaterialistischer Mischtyp
v111	v110	postmaterialistischer Mischtyp

Betrachten Sie nun bitte das folgende SPSS-Programm, welches die Bildung des Indexes entsprechend der obigen Kombinationstafel vornimmt.

```
/* Bildung eines Indexes */
/* am Beispiel des Wertewandel-Theorems Ronald Ingleharts */

/* reine Materialisten */

if (v108 = 1 and v110 = 2) ingl_ind = 4 .
if (v110 = 1 and v108 = 2) ingl_ind = 4 .

/* reine Postmaterialisten */

if (v109 = 1 and v111 = 2) ingl_ind = 1 .
if (v111 = 1 and v109 = 2) ingl_ind = 1 .

/* materialistischer Mischtyp */

if (v108 = 1 and v109 = 2) ingl_ind = 3 .
if (v108 = 1 and v111 = 2) ingl_ind = 3 .
if (v110 = 1 and v109 = 2) ingl_ind = 3 .
if (v110 = 1 and v111 = 2) ingl_ind = 3 .

/* postmaterialistische Mischtypen */

if (v109 = 1 and v108 = 2) ingl_ind = 2 .
if (v109 = 1 and v110 = 2) ingl_ind = 2 .
if (v111 = 1 and v108 = 2) ingl_ind = 2 .
if (v111 = 1 and v110 = 2) ingl_ind = 2 .

/* Weiss nicht */

if (v108 = 8 and v109 = 8 and v110 = 8 and v111 = 8) ingl_ind = 8 .
if (v108 = 8 and v109 = 8 and v110 = 8)              ingl_ind = 8 .
if (v108 = 8 and v109 = 8 and v111 = 8)              ingl_ind = 8 .
if (v108 = 8 and v110 = 8 and v111 = 8)              ingl_ind = 8 .
if (v109 = 8 and v110 = 8 and v111 = 8)              ingl_ind = 8 .

/* keine Angabe */

if (v108 = 9 and v109 = 9 and v110 = 9 and v111 = 9) ingl_ind = 9 .
if (v108 = 9 and v109 = 9 and v110 = 9)              ingl_ind = 9 .
if (v108 = 9 and v109 = 9 and v111 = 9)              ingl_ind = 9 .
if (v108 = 9 and v110 = 9 and v111 = 9)              ingl_ind = 9 .
if (v109 = 9 and v110 = 9 and v111 = 9)              ingl_ind = 9 .
```

```
variable labels ingl_ind 'Inglehart-Index' .
value labels ingl_ind 1 'Postmaterialisten'
                      2 'PM-Mischtyp'
                      3 'M-Mischtyp'
                      4 'Materialisten'
                      8 'Weiss nicht'
                      9 'Keine Angabe' .

execute .
```

Zunächst sehen Sie zwei Kommentarzeilen, die darüber informieren, dass es um die Bildung eines Indexes am Beispiel des Wertewandeltheorems Ronald Ingleharts geht. Kommentarzeilen werden mit den Symbolen »/*« für den Beginn einer Kommentarzeile und »*/« für das Ende einer Kommentarzeile kenntlich gemacht. Beim Ausführen des Programms übergeht der SPSS-Prozessor diese Zeilen.

Im Folgenden werden zunächst die reinen Materialisten gebildet. Falls die Bedingung zutrifft, dass in der Variablen v108 der Wert 1 steht und in der Variablen v110 der Wert 2, dann soll die zu bildende Variable ingl_ind den Wert 4 (für »Materialisten«) erhalten. Danach werden die reinen Postmaterialisten gebildet, welche den Wert 1 zugewiesen bekommen. Bei den materialistischen sowie den postmaterialistischen Mischtypen sind jeweils vier Kombinationen denkbar, welche im Folgenden abgefragt werden. Die anschließenden beiden Rubriken stehen für die Antwort »weiß nicht« bzw. »keine Angabe«. Der Inglehart-Index erhält jeweils den Wert 8 für »weiß nicht«, wenn drei oder vier der Items mit »weiß nicht« beantwortet wurden, den Wert 9 für »keine Angabe«, wenn drei oder vier Items mit »keine Angabe« beantwortet wurden. Falls z. B. ein Proband das Item v108 mit »am wichtigsten« beantwortet hat, die folgenden drei Items aber mit »weiß nicht«, fällt er insgesamt in die Kategorie der »Weiß nicht-Antwortenden«.

Es sei darauf hingewiesen, dass die jeweils untereinander stehenden AND-Verbindungen (Konjunktionen) auch jeweils in eine Disjunktion umgewandelt werden können, indem sie mit dem logischen Operator OR verbunden werden (siehe Kap. 6). Die Anweisung »variable labels« weist schließlich der Variablen ingl_ind den Variablenlabel »Inglehart-Index« zu. Die Anweisung »value labels« vergibt die Labels für die sechs Merkmalsausprägungen. Die Anweisung »execute« sorgt abschließend dafür, dass die vorhergehenden Datentransformationen sofort durchgeführt werden.

Das soeben vorgestellte SPSS-Programm befindet sich im Übungsverzeichnis »C:\SPSSBUCH« (siehe Kap. 1). Es trägt den Namen ingle.sps.

- Laden Sie das Programm ingle.sps über die Menüwahl

  Datei
    Öffnen
      Syntax...

  in den Syntaxeditor.

- Markieren Sie das Programm mit der Menüwahl

  Bearbeiten
  Alles auswählen

- Starten Sie das Programm mit dem Symbol *Syntax-Start*.
- Wechseln Sie danach zurück in den Dateneditor.
- Führen Sie abschließend eine Häufigkeitsverteilung der neu gebildeten Variablen ingl_ind durch. Sie erhalten folgendes Ergebnis:

Inglehart-Index

		Häufigkeit	Prozent	Gültige Prozent	Kumulative Prozente
Gültig	Postmaterialisten	673	22,0	22,0	22,0
	PM-Mischtyp	789	25,8	25,8	47,8
	M-Mischtyp	956	31,3	31,3	79,1
	Materialisten	598	19,6	19,6	98,6
	Weiss nicht	19	,6	,6	99,2
	Keine Angabe	23	,8	,8	100,0
	Gesamtsumme	3058	100,0	100,0	

Von den 3058 Befragten konnten sich 98,6% in eine Gruppe des Indexes einordnen lassen, 41,6% fielen auf die reinen Typen. Die Gruppe, in der fast ein Drittel aller Fälle liegen, ist die des materialistischen Mischtyps. Der postmaterialistische Mischtyp kann etwas mehr als ein Viertel aufweisen. Bei den reinen Typen ist der des Postmaterialisten etwas stärker ausgeprägt als der des Materialisten. Materialisten und materialistische Mischtypen ergeben insgesamt 50,9%; Postmaterialisten und postmaterialistische Mischtypen insgesamt 47,8%. Es besteht somit ein leichtes Übergewicht in Richtung Materialismus.

Daten für die vier klassischen Inglehart-Items enthält auch die Datei beamte.sav. Es handelt sich um einen ALLBUS-Datensatz. Bilden Sie zur Übung einen Inglehart-Index für diese Daten.

7.6 Aggregieren von Daten

Basierend auf den Werten von einer oder mehreren Gruppenvariablen (Break-Variablen), können Sie Fälle zusammenfassen (aggregieren) und eine neue Datendatei erstellen, die für jede Break-Gruppe einen Fall enthält. Zu diesem Zweck steht eine Vielzahl von Aggregierungsfunktionen zur Verfügung.

In einer landwirtschaftlichen Studie wurde die Haltung von Schweinen in zwei verschiedenen Stallarten untersucht. Dabei wurden in beiden Ställen jeweils acht Schweine an zwanzig aufeinander folgenden Tagen beobachtet und die Dauer bestimmter Tätigkeiten (Wühlen, Fressen, Massieren von Kopf und Rumpf) in einer vorgegebenen Zeitspanne festgehalten. Die Daten sind in der Datei schwein.sav gespeichert, die folgende Variablen enthält:

Variablenname	Erläuterung
stall	Stallart (1 oder 2)
nr	laufende Nr. der Schweine pro Stall (1 bis 8)
zeit	Nummer des Tages (1 bis 20)
wuehlen	Dauer des Wühlens (in Sekunden)
fressen	Dauer des Fressens (in Sekunden)
massage	Dauer des Massierens (in Sekunden)

Es soll geprüft werden, ob sich die Schweine zwischen den beiden Stallarten signifikant bzgl. der Dauer der drei Tätigkeiten unterscheiden, was mit einem passenden statistischen Test, z. B. dem t-Test nach Student (siehe Kap. 12) erfolgen soll.

Bei beiden Stichproben liegen für jede Tätigkeit 8 x 20 = 160 Zeitmessungen vor. Mit diesen Fallzahlen einen statistischen Test durchzuführen, ist allerdings nicht ganz korrekt, da sie von nur acht Individuen stammen, an denen jeweils zwanzig Messungen vorgenommen wurden.

Daher wollen wir für jedes Schwein und jede Tätigkeit die zwanzig Tageswerte jeweils aufsummieren. Die Summenwerte für die drei Tätigkeiten sollen dann jeweils mit dem t-Test nach Student miteinander verglichen werden. Es ist dies ein typisches Beispiel für das Aggregieren von Daten.

- Laden Sie die Datei schweine.sav.
- Wählen Sie aus dem Menü

  Daten

  Aggregieren...

Es öffnet sich die Dialogbox *Daten aggregieren.*

- Als Break-Variablen bringen Sie der Reihe nach die Variablen stall und nr in das Break-Variablen-Feld, als Aggregierungsvariablen wählen Sie wuehlen, fressen und massage. Die Dialogbox sieht dann wie in Bild 7.13 dargestellt aus.

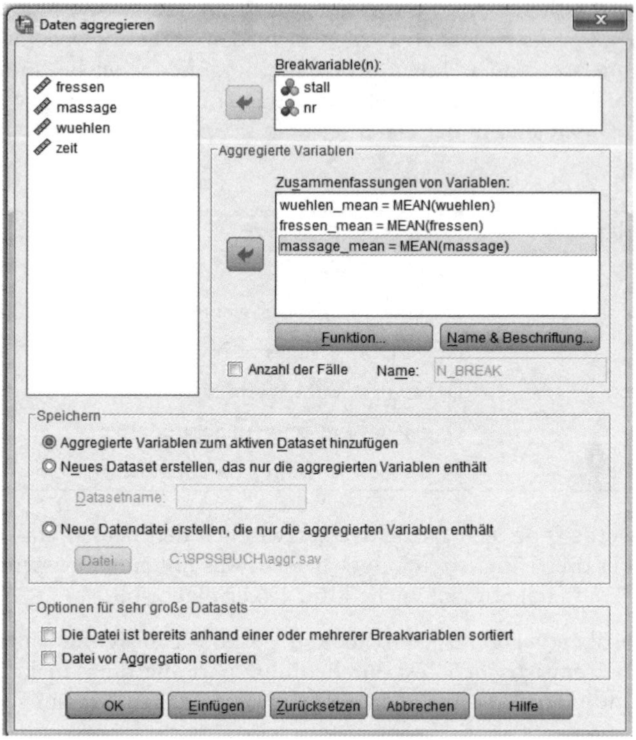

Bild 7.13: Dialogbox Daten aggregieren

Als Aggregierungsfunktion ist jeweils der Mittelwert voreingestellt. Wir wollen die Summe bilden.

- Klicken Sie hierfür auf die erste Variable und anschließend auf die Schaltfläche *Funktion...* Es öffnet sich die Dialogbox *Daten aggregieren: Aggregationsfunktion.*

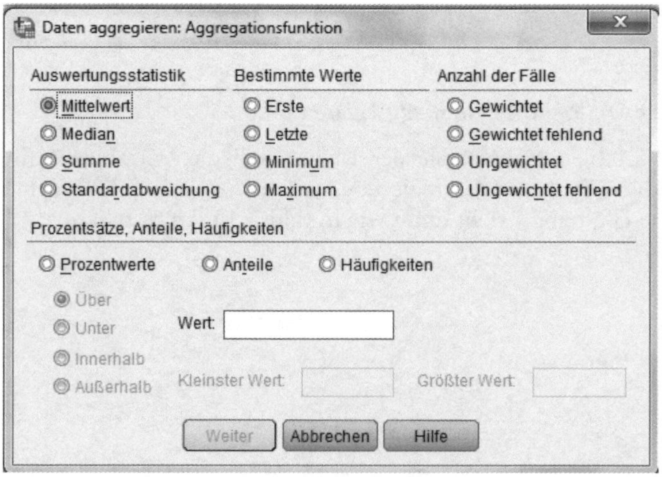

Bild 7.14: Dialogbox Daten aggregieren: Aggregationsfunktion

Sie haben die Auswahl zwischen 20 Aggregierungsfunktionen.

- Markieren Sie *Summe* und kehren Sie dann über *Weiter* in die Ausgangsdialogbox zurück.
- Verfahren Sie entsprechend mit den beiden anderen Aggregierungsvariablen.

Die aggregierten Daten sollen in einer neuen Datei gespeichert werden.

- Aktivieren Sie die Option *Neues Datenset erstellen, das nur die aggregierten Variablen enthält* und geben Sie dem Datenset den Namen »pigaggr.sav«.

Nach dem Start durch Klicken auf *OK* wird eine Datei erzeugt, die 2 x 8 = 16 Fälle sowie die Variablen stall, nr und die neu gebildeten Aggregierungsvariablen fressen_sum, massage_sum und wuehlen_sum enthält.

- Wechseln Sie zur Datei pigaggr.sav, und betrachten Sie den Inhalt im Dateneditor.
- Führen Sie, wie in Kap. 12.1 beschrieben, mit der Gruppierungsvariablen stall und den Testvariablen fressen_sum, massage_sum und wuehlen_sum einen T-Test bei unabhängigen Stichproben durch.

Sie erhalten dann das folgende Ergebnis:

Gruppenstatistik

	Stallart	H	Mittelwert	Standardabweichung	Standardfehler Mittelwert
fressen_sum	1	8	339,0125	98,23836	34,73251
	2	8	231,6750	109,53809	38,72756
massage_sum	1	8	2,2875	3,36895	1,19110
	2	8	40,3625	54,17949	19,15534
wuehlen_sum	1	8	1996,5875	326,39190	115,39696
	2	8	1964,6000	642,53140	227,16916

Test bei unabhängigen Stichproben

		Levene-Test der Varianzgleichheit		T-Test für die Mittelwertgleichheit						
									95% Konfidenzintervall der Differenz	
		F	Sig.	t	df	Sig. (2-seitig)	Mittelwert differenz	Standardfehler differenz	Unterer	Oberer
fressen_sum	Varianzgleichheit angenommen	,128	,726	2,063	14	,058	107,3375	52,02087	-4,23617	218,91117
	Varianzgleichheit nicht angenommen			2,063	13,837	,058	107,3375	52,02087	-4,35941	219,03441
massage_sum	Varianzgleichheit angenommen	7,390	,017	-1,984	14	,067	-38,0750	19,19234	-79,23847	3,08847
	Varianzgleichheit nicht angenommen			-1,984	7,054	,087	-38,0750	19,19234	-83,38717	7,23717
wuehlen_sum	Varianzgleichheit angenommen	2,274	,154	,126	14	,902	31,98750	254,79852	-514,50097	578,47597
	Varianzgleichheit nicht angenommen			,126	10,387	,902	31,98750	254,79852	-532,88442	596,85942

Zum Beispiel fraßen die Schweine bei der ersten Stallart über alle zwanzig Tage hinweg im beobachteten Zeitraum im Schnitt also 339,0 Sekunden lang, im anderen Stall nur 231,7 Sekunden. Dieser Unterschied ist nahezu signifikant (p = 0,058).

7.7 Rangtransformationen

Es besteht die Möglichkeit, den Messwerten einer Variablen Rangplätze, Savage-Werte, Prozentränge und Perzentilgruppen zuzuordnen, wobei der Datendatei jeweils neue entsprechende Variablen hinzugefügt werden. So benutzen z. B. die nichtparametrischen Tests (siehe Kap. 13) anstelle der ursprünglichen Messwerte zugeordnete Rangplätze in ihren Formeln. Allerdings wird in den betreffenden Prozeduren diese Rangzuordnung automatisch vorgenommen, so dass vorherige explizite Rangtransformationen nicht durchgeführt werden müssen. Daher spielen diese eine eher untergeordnete Rolle.

Die Zuordnung von Rangplätzen soll zunächst an einem überschaubaren Beispiel gezeigt werden; anschließend werden verschiedene Rangtypen vorgestellt.

7.7.1 Beispiel einer Rangtransformation

In Kap. 20 wird die Datei europa.sav vorgestellt, die ausgewählte Variablen von 28 europäischen Ländern enthält. Unter anderem gibt es die Variablen land (Landeskurzbezeichnung) und tjul (mittlere Tagestemperatur im Juli). Die Länder sollen anhand der letzten Variable in eine absteigende Rangfolge gebracht werden.

- Laden Sie die Datei europa.sav.
- Wählen Sie aus dem Menü

  Transformieren
  Rangfolge bilden...

Es öffnet sich die Dialogbox *Rangfolge bilden*.

Bild 7.15: Dialogbox Rangfolge bilden

- Klicken Sie die Variable tjul in das Testvariablenfeld. Im Feld *Gruppieren nach:* hätten Sie Gelegenheit, eine Gruppierungsvariable anzugeben. In diesem Fall erfolgt die Rangzuweisung getrennt nach den Fallgruppen, die sich gemäß dieser Variablen ergeben.

- Wir wollen dem wärmsten Land (höchster Wert der Variablen tjul) den Rangplatz 1 zuweisen; klicken Sie daher im Feld *Rang 1 zuweisen* auf *Größtem Wert.*

Falls Sie den Schalter *Rangtypen...* betätigen, sehen Sie die Voreinstellung *Rang*. Wir wollen es zunächst dabei belassen; die anderen Optionen werden in Kap. 7.7.2 vorgestellt.

- Über den Schalter *Rangbindungen...* öffnet sich die Dialogbox *Rangfolge bilden: Rangbindungen.*

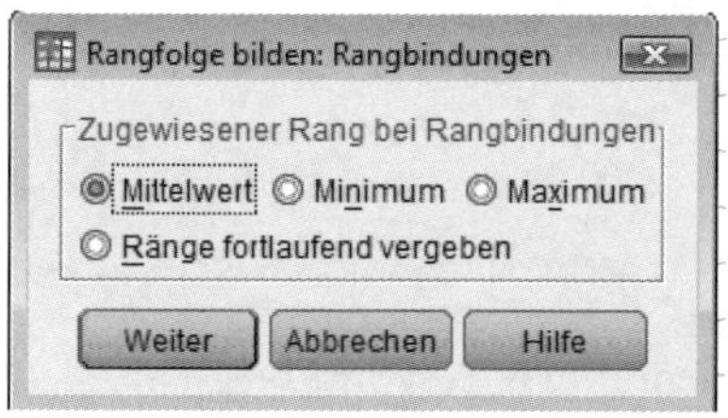

Bild 7.16: Dialogbox Rangfolge bilden: Rangbindungen

Die angegebenen Optionen beschäftigen sich mit dem Problem, wie im Falle des Auftretens gleicher Messwerte zu verfahren ist. Voreingestellt ist die (in der Regel einzig vernünftige) Option, dass entsprechend gemittelte Rangplätze vergeben werden. Bei *Minimum* erhalten alle Werte den niedrigsten, bei *Maximum* den höchsten Rangplatz. Bei *Ränge fortlaufend vergeben* erhalten alle gebundenen Fälle den gleichen Rang; der nächste Fall bekommt die nächsthöhere ganze Zahl zugewiesen. Daher stimmt der höchste vergebene Rangwert nicht mit der Gesamtzahl der Werte, sondern mit der Anzahl unterschiedlicher Werte überein.

Die Rangvergabe bei diesen vier Möglichkeiten soll anhand eines kleinen Beispiels, bei dem sieben Werte der Größe nach absteigend sortiert vorliegen, verdeutlicht werden.

Wert	Mittelwert	Minimum	Maximum	Rangfolge fortlaufend vergeben
190	1,0	1	1	1
187	2,5	2	3	2
187	2,5	2	3	2
185	5,0	4	6	3
185	5,0	4	6	3
185	5,0	4	6	3
184	7,0	7	7	4

- Belassen Sie es bei der Voreinstellung und verlassen Sie die Dialogbox mit *Weiter.*
- Starten Sie die Rangbildung mit *OK.*

Der Datendatei wird die Variable rtjul hinzugefügt; diese enthält die zu den Werten der Variablen tjul gehörenden Rangplätze. Dem ursprünglichen Variablennamen ist also zur Bezeichnung der entsprechenden Rangvariablen der Buchstabe r vorangesetzt worden. Sie entnehmen den Rangplätzen, dass Griechenland das wärmste Land ist (Rangplatz 1), gefolgt von Italien (Rangplatz 2), den beiden gleichauf liegenden Ländern Albanien und Rumänien (jeweils mittlerer Rangplatz 3,5) usw.

7.7.2 Rangtypen

Wir wollen im Folgenden die 28 europäischen Länder anhand der mittleren Lebenserwartung der Männer in eine Rangfolge bringen.

- Laden Sie die Datei europa.sav.
- Wählen Sie aus dem Menü

  Transformieren
      Rangfolge bilden...

- Klicken Sie die Variable lem in das Testvariablenfeld.
- Wir wollen dem Land mit der höchsten mittleren Lebenserwartung der Männer (höchster Wert der Variablen lem) den Rangplatz 1 zuweisen; klicken Sie daher im Feld *Rang 1 zuweisen* auf *Größtem Wert.*
- Klicken Sie auf den Schalter *Rangtypen...*

In der Dialogbox *Rangfolge bilden: Typen* werden acht Rangtypen angezeigt.

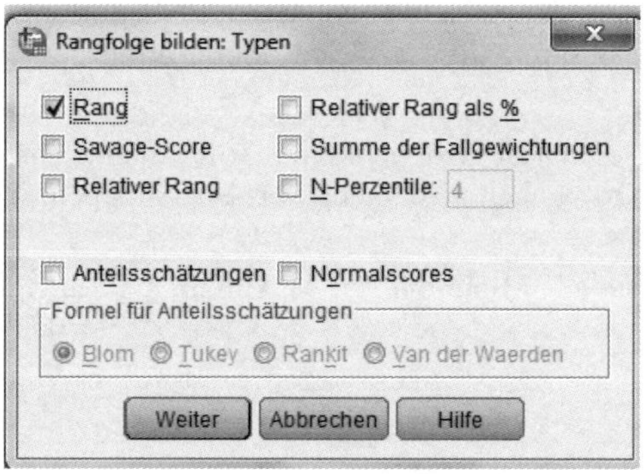

Bild 7.17: Dialogbox Rangfolge bilden: Typen

Die verschiedenen Rangtypen werden im Folgenden erläutert.

- *Rang:* Absolute Rangwerte (siehe Kap. 7.7.1). Dies ist die Voreinstellung.
- *Savage-Score:* Grundlage dieses Wertes ist eine Exponentialverteilung. Bei insgesamt n Werten berechnet sich der Savage-Wert zum i-ten Rangplatz nach der Formel

$$S_i = \sum_{j=1}^{i} \frac{1}{m - j + 1} - 1$$

- *Relative Ränge:* Der Rangplatz wird durch die Zahl der Fälle dividiert.

- *Relativer Rang als %:* Die relativen Ränge, multipliziert mit 100. Ein Prozentrang von 33,93 zum Beispiel besagt, dass 33,93% der Fälle einen niedrigeren Rangplatz haben.
- *Summe der Fallgewichtungen:* Diese ist nur bei der Vergabe von Rängen für Untergruppen von Interesse und dann für jede Untergruppe konstant; sie gibt die Anzahl der Fälle pro Untergruppe an.
- *N-Perzentile:* Der Benutzer kann die Anzahl der Perzentilgruppen festlegen, in die er die Fälle einteilen möchte (Voreinstellung ist 4). Jedem Fall wird dann der Wert der Perzentilgruppe zugewiesen, der er angehört.
- *Anteilsschätzungen:* Berechnung kumulierter Anteile unter Voraussetzung einer Normalverteilung. Diese werden aus dem betreffenden Rangplatz r und der Anzahl n der Fälle nach vier verschiedenen Formeln berechnet.

Blom:	(r – 3/8)/(n + 1/4)
Tukey:	(r – 1/3)/(n + 1/3)
Rankit:	(r – ½)/n
Van der Waerden:	r/(n+1)

- *Normalscores:* Die zu den Anteilsschätzungen gehörenden z-Werte.

Die Namen der betreffenden Variablen sind der folgenden Aufstellung zu entnehmen. Dabei ist zu unterscheiden, ob der betreffende Rangtyp als Einziger ausgewählt wird oder ob mehrere Rangtypen gleichzeitig berechnet werden (was die Ausnahme sein dürfte). Im letzteren Fall werden aus Gründen der Eindeutigkeit teilweise andere Namen verwendet. In der Aufstellung ist auch das von SPSS vergebene Variablenlabel aufgeführt, das merkwürdigerweise in englischer Sprache formuliert ist. Bei den Anteilsschätzungen und Normalscores ist dabei die Formel nach Blom vorausgesetzt; bei den anderen Formeln ergeben sich entsprechende Labels.

Rangtyp	**Rangtyp einzeln**	**Mehrere Rangtypen**	**Variablenlabel**
Rang	Rlem	Rlem	RANK of LEM
Savage-Score	Slem	Slem	SAVAGE of LEM
Relative Ränge	Rlem	Rfr001	RFRACTION of LEM
Relativer Rang als %	Plem	Per001	PERCENT of LEM
Summe der Fallgewichtungen	Nlem	N001	N of LEM
N-Perzentile	Nlem	Nti001	NTILES of LEM
Anteilsschätzungen (nach Blom)	Plem	Plem	PROPORTION of LEM using BLOM
Normalscores (nach Blom)	Nlem	Nlem	NORMAL of LEM using BLOM

- Kreuzen Sie in der Dialogbox *Rangfolge bilden: Typen* alle acht Werte an.
- Bestätigen Sie mit *Weiter* und anschließend mit *OK*.
- Sortieren Sie die Fälle der Datei in aufsteigender Sortierreihenfolge nach der Variablen rlem

  Daten
      Fälle sortieren...

- Listen Sie alle sich ergebenden Werte auf

  Analysieren
      Berichte
          Fallzusammenfassungen...

- Übertragen Sie die Variablen land, rlem, plem, nlem, slem, nti001, rfr001, per001, n001 in die Variablenliste.

Sie erhalten die folgende Ausgabe.

Zusammenfassung von Fällen[a]

	Land	Rank of lem	Proportion Estimate of lem using Blom's Formula	Normal Score of lem using Blom's Formula	Savage Score of lem	Percentile Group of lem	Fractional Rank of lem	Fractional Rank Percent of lem	Sum of Case Weights of lem
1	NORW	1,000	,0221	-2,0117	-,9643	1	,0357	3,57	28
2	ISLA	2,000	,0575	-1,5759	-,9272	1	,0714	7,14	28
3	SCHD	3,000	,0929	-1,3230	-,8888	1	,1071	10,71	28
4	NIED	4,000	,1283	-1,1344	-,8488	1	,1429	14,29	28
5	DAEN	5,000	,1637	-,9793	-,8071	1	,1786	17,86	28
6	SCHZ	6,000	,1991	-,8448	-,7636	1	,2143	21,43	28
7	SOWJ	7,000	,2345	-,7241	-,7182	1	,2500	25,00	28
8	SPAN	8,000	,2699	-,6131	-,6706	2	,2857	28,57	28
9	GROS	9,000	,3053	-,5092	-,6206	2	,3214	32,14	28
10	FRAN	10,000	,3407	-,4105	-,5679	2	,3571	35,71	28
11	ITAL	11,000	,3761	-,3157	-,5124	2	,3929	39,29	28
12	DDR	12,000	,4115	-,2237	-,4536	2	,4286	42,86	28
13	BULG	13,500	,4646	-,0888	-,3577	2	,4821	48,21	28
14	IRLA	13,500	,4646	-,0888	-,3577	2	,4821	48,21	28
15	LUXE	15,000	,5177	,0444	-,2530	3	,5357	53,57	28
16	DEUT	16,000	,5531	,1335	-,1760	3	,5714	57,14	28
17	BELG	17,500	,6062	,2694	-,0473	3	,6250	62,50	28
18	GRIE	17,500	,6062	,2694	-,0473	3	,6250	62,50	28
19	TUER	19,000	,6593	,4105	,0982	3	,6786	67,86	28
20	OEST	20,000	,6947	,5092	,2093	3	,7143	71,43	28
21	UNGA	21,000	,7301	,6131	,3343	3	,7500	75,00	28
22	POLE	22,000	,7655	,7241	,4772	4	,7857	78,57	28
23	RUMA	23,000	,8009	,8448	,6438	4	,8214	82,14	28
24	TSCH	24,000	,8363	,9793	,8438	4	,8571	85,71	28
25	FINN	25,000	,8717	1,1344	1,0938	4	,8929	89,29	28
26	ALBA	26,000	,9071	1,3230	1,4272	4	,9286	92,86	28
27	PORT	27,000	,9425	1,5759	1,9272	4	,9643	96,43	28
28	JUGO	28,000	,9779	2,0117	2,9272	4	1,0000	100,00	28
Gesamtsumme H	28	28	28	28	28	28	28	28	28

a. Auf die ersten 100 Fälle beschränkt.

Anhand der Perzentile können Sie u. a. erkennen, welche Länder zu einer Ländergruppe zusammengefasst wurden.

7.8 Gewichten von Fällen

In SPSS besteht die Möglichkeit, Daten zu gewichten. Dabei werden die Daten fallweise über eine so genannte Gewichtungsvariable mit verschiedenen Gewichtungsfaktoren versehen. Von diesem Vorgehen wird in den beiden folgenden Situationen Gebrauch gemacht:

- Die gegebene Stichprobe ist nicht repräsentativ, d.h., die Häufigkeitsverhältnisse bei den für die Repräsentativität relevanten Variablen entsprechen in der Stichprobe nicht denen in der Grundgesamtheit.
- Analyse von Daten, die bereits in Form von Häufigkeitstabellen vorliegen.

Diese beiden Anwendungssituationen werden im Folgenden in zwei getrennten Abschnitten behandelt. Näheres über die dabei vorgestellten Kreuztabellen ist Kap. 9 zu entnehmen.

7.8.1 Korrektur bei nicht gegebener Repräsentativität

Beamten und Nichtbeamten wurden die vier klassischen Items des Forschers Ronald Inglehart vorgelegt (siehe Kap. 7.5.2), von denen sie jeweils benennen sollten, ob es das für sie wichtigste, das zweitwichtigste, das drittwichtigste oder das viertwichtigste ist:

1. Aufrechterhaltung von Ruhe und Ordnung
2. Verstärkung des Bürgereinflusses
3. Inflationsbekämpfung
4. Gewährleistung der freien Meinungsäußerung

Die Daten, die einer entsprechenden Studie der Sozialwissenschaften (ALLBUS) entnommen sind, sind in der Datei beamte.sav gespeichert. Dabei gibt die Variable beamter mit der Kodierung 1 bzw. 2 an, ob es sich jeweils um einen Beamten handelt oder nicht; die Variablen thema1 bis thema4 geben die Bewertung der vier Themenbereiche wieder.

- Laden Sie die Datei beamte.sav, und erstellen Sie über die Menüwahl

  Analysieren
  Deskriptive Statistiken
  Häufigkeiten...

  Häufigkeitstabellen der Variablen beamter und thema3:

Beamter?

		Häufigkeit	Prozent	Gültige Prozent	Kumulative Prozente
Gültig	Ja	137	10,5	10,5	10,5
	Nein	1162	89,5	89,5	100,0
	Gesamtsumme	1299	100,0	100,0	

Inflationsbekämpfung

		Häufigkeit	Prozent	Gültige Prozent	Kumulative Prozente
Gültig	Am Wichtigsten	109	8,4	8,4	8,4
	Am Zweitwichtigsten	237	18,2	18,2	26,6
	Am Drittwichtigsten	374	28,8	28,8	55,4
	Am Viertwichtigsten	579	44,6	44,6	100,0
	Gesamtsumme	1299	100,0	100,0	

Sie entnehmen der Häufigkeitstabelle der Variablen beamter, dass in der gegebenen Stichprobe 10,5% der Befragten Beamte sind, haben aber Kenntnis davon, dass der Anteil der Beamten an der Gesamtbevölkerung nur 8,4% beträgt.

Bevor wir darangehen, diese leichte Verzerrung mit einer Gewichtungsvariablen zu korrigieren, wollen wir noch eine Kreuztabelle zwischen den beiden Variablen thema3 (Zeilenvariable) und beamter (Spaltenvariable) erstellen.

- Fordern Sie über die Menüwahl

  Analysieren
  Deskriptive Statistiken
  Kreuztabellen...

  die entsprechende Kreuztabelle an.

- Wünschen Sie sich über den Schalter *Zellen...* zusätzlich die Ausgabe von zeilenweisen und spaltenweisen Prozentwerten und über den Schalter *Statistiken...* die Ausführung des Chi-Quadrat-Testes:

Kreuztabelle Inflationsbekämpfung*Beamter?

			Beamter?		
			Ja	Nein	Gesamtsumme
Inflationsbekämpfung	Am Wichtigsten	Anzahl	6	103	109
		% in Inflationsbekämpfung	5,5%	94,5%	100,0%
		% in Beamter?	4,4%	8,9%	8,4%
	Am Zweitwichtigsten	Anzahl	14	223	237
		% in Inflationsbekämpfung	5,9%	94,1%	100,0%
		% in Beamter?	10,2%	19,2%	18,2%
	Am Drittwichtigsten	Anzahl	37	337	374
		% in Inflationsbekämpfung	9,9%	90,1%	100,0%
		% in Beamter?	27,0%	29,0%	28,8%
	Am Viertwichtigsten	Anzahl	80	499	579
		% in Inflationsbekämpfung	13,8%	86,2%	100,0%
		% in Beamter?	58,4%	42,9%	44,6%
Gesamtsumme		Anzahl	137	1162	1299
		% in Inflationsbekämpfung	10,5%	89,5%	100,0%
		% in Beamter?	100,0%	100,0%	100,0%

Chi-Quadrat-Tests

	Wert	df	Asymp. Sig. (zweiseitig)
Pearson-Chi-Quadrat	15,077[a]	3	,002
Likelihood-Quotient	16,032	3	,001
Zusammenhang linear-mit-linear	14,302	1	,000
Anzahl der gültigen Fälle	1299		

a. 0 Zellen (0,0%) haben die erwartete Anzahl von weniger als 5. Die erwartete Mindestanzahl ist 11,50.

Die Ergebnisse zeigen, dass für die Beamten die Bekämpfung der Inflation einen geringeren Stellenwert hat als für die übrigen Personen.

Wir wollen nun versuchen, die in der Stichprobe vorliegende Verzerrung des Beamtenanteils durch eine entsprechende Gewichtung zu korrigieren. Das Verfahren besteht darin, für jede Ausprägung der betreffenden Variablen (hier: der Variablen beamter) einen Gewichtungsfaktor aus dem Verhältnis von »Sollzustand« zu »Istzustand« zu bilden:

$$\text{Gewichtungsfaktor} = \frac{\text{Soll}}{\text{Ist}}$$

Für die Beamten ergibt dies den Gewichtungsfaktor

$$\frac{8,4}{10,5} = 0,8$$

und für die Nichtbeamten

$$\frac{91,6}{89,5} = 1,023$$

- Öffnen Sie zunächst mit Hilfe der Menüwahl

  Datei
  Neu
  Syntax

  den Syntaxeditor.

- Um die entsprechende Gewichtungsvariable zu konstruieren, tragen Sie dort die folgenden Anweisungen ein, oder laden Sie die Datei beamte.sps.

```
IF beamter=1 gewicht=8.4/10.5 .
IF beamter=2 gewicht=91.6/89.5 .
EXECUTE .
```

Es ist aus Gründen der Rechengenauigkeit empfehlenswert, die nicht ausgerechneten Quotienten einzugeben und dem Computer die betreffende Ausrechnung zu überlassen.

- Markieren Sie die drei Anweisungen mit der Menüwahl

  Bearbeiten
  Alles auswählen

- Klicken Sie auf das Symbol *Syntax-Start*.

Der Datendatei wird die Variable gewicht hinzugefügt. Diese Variable soll nun als Gewichtungsvariable Verwendung finden. Anstelle zur Bildung der Gewichtungsvariablen die SPSS-Syntax zu bemühen, hätten Sie auch wie in Kap. 7.4.1 geschildert verfahren können.

- Wählen Sie aus dem Menü

  Daten
  Fälle gewichten...

Es erscheint die Dialogbox *Fälle gewichten*.

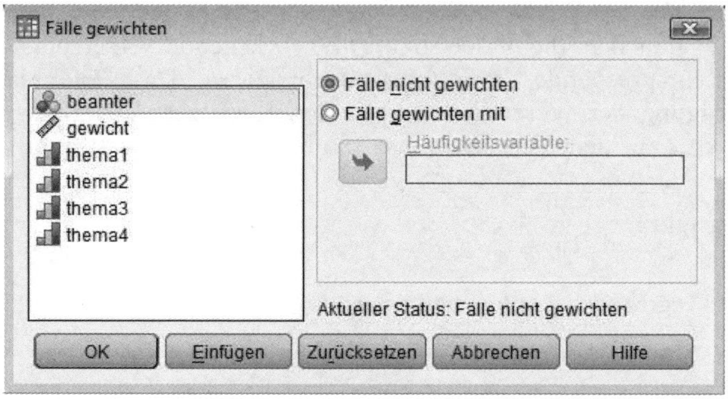

Bild 7.18: Dialogbox Fälle gewichten

- Aktivieren Sie in dieser Dialogbox die Option *Fälle gewichten mit*, und machen Sie die Variable gewicht zur Gewichtungsvariablen (in der Dialogbox unglücklicherweise *Häufigkeitsvariable* genannt).
- Erstellen Sie nun in der schon geschilderten Weise Häufigkeitstabellen der Variablen beamter und thema3 und eine Kreuztabelle zwischen diesen beiden Variablen. Sie erhalten das folgende Ergebnis:

Beamter?

		Häufigkeit	Prozent	Gültige Prozent	Kumulative Prozente
Gültig	Ja	110	8,4	8,4	8,4
	Nein	1189	91,6	91,6	100,0
	Gesamtsumme	1299	100,0	100,0	

Inflationsbekämpfung

		Häufigkeit	Prozent	Gültige Prozent	Kumulative Prozente
Gültig	Am Wichtigsten	110	8,5	8,5	8,5
	Am Zweitwichtigsten	239	18,4	18,4	26,9
	Am Drittwichtigsten	375	28,8	28,8	55,8
	Am Viertwichtigsten	575	44,2	44,2	100,0
	Gesamtsumme	1299	100,0	100,0	

Kreuztabelle Inflationsbekämpfung*Beamter?

			Beamter?		Gesamtsumme
			Ja	Nein	
Inflationsbekämpfung	Am Wichtigsten	Anzahl	5	105	110
		% in Inflationsbekämpfung	4,5%	95,5%	100,0%
		% in Beamter?	4,5%	8,8%	8,5%
	Am Zweitwichtigsten	Anzahl	11	228	239
		% in Inflationsbekämpfung	4,6%	95,4%	100,0%
		% in Beamter?	10,0%	19,2%	18,4%
	Am Drittwichtigsten	Anzahl	30	345	375
		% in Inflationsbekämpfung	8,0%	92,0%	100,0%
		% in Beamter?	27,3%	29,0%	28,9%
	Am Viertwichtigsten	Anzahl	64	511	575
		% in Inflationsbekämpfung	11,1%	88,9%	100,0%
		% in Beamter?	58,2%	43,0%	44,3%
Gesamtsumme		Anzahl	110	1189	1299
		% in Inflationsbekämpfung	8,5%	91,5%	100,0%
		% in Beamter?	100,0%	100,0%	100,0%

Chi-Quadrat-Tests

	Wert	df	Asymp. Sig. (zweiseitig)
Pearson-Chi-Quadrat	12,156[a]	3	,007
Likelihood-Quotient	12,972	3	,005
Zusammenhang linear-mit-linear	11,410	1	,001
Anzahl der gültigen Fälle	1299		

a. 0 Zellen (0,0%) haben die erwartete Anzahl von weniger als 5. Die erwartete Mindestanzahl ist 9,31.

Die Gesamthäufigkeit blieb mit 1299 unverändert; verändert aber haben sich die Relationen der Häufigkeiten untereinander. Bei der Variablen beamter ist die Anzahl der Beamten von 137 auf 110 zurückgegangen, was dem angestrebten Anteil von 8,4% entspricht. Auch die Häufigkeitstabelle für die Variable thema3 hat sich geringfügig verändert; die Gewichtung hat sich also auch hierauf ausgewirkt.

Dasselbe gilt für die Kreuztabelle. Hier sind allerdings die spaltenweisen Prozentwerte unverändert geblieben; die Relationen zwischen den einzelnen Ausprägungen der Zeilenvariablen blieben erhalten.

Die eingestellte Gewichtung bleibt so lange gültig, bis Sie in der Dialogbox *Fälle gewichten* wieder die Option *Fälle nicht gewichten* aktivieren.

Die geschilderte Art der Gewichtung bei nicht gegebener Repräsentativität bringt einige Probleme mit sich, die bei dem vorliegenden Beispiel allerdings nicht deutlich werden.

Betrachten Sie etwa die gewichtete Häufigkeitstabelle zur Variablen »Inflationsbekämpfung«, so ist die ausgewiesene Gesamtzahl der Fälle (1299) gleich der Gesamtzahl der Fälle im ungewichteten Fall. Dies hat seinen Grund darin, dass die Summe der Gewichtungsfaktoren über alle Fälle gleich der Fallzahl ist. In der in Kap. 7.8.2 geschilderten Variante der Gewichtung ist das nicht der Fall.

Zählen Sie ferner die Häufigkeiten der ausgewiesenen Kategorien per Hand zusammen, so kommen Sie ebenfalls auf die ausgewiesene Gesamtzahl 1299. Dies ist allerdings nicht selbstverständlich, sondern eher schon ein glücklicher Zufall, wie ein anderes Beispiel beweisen soll.

- Laden Sie die Datei gewerk.sav, in der drei Variablen einer Befragung von Gewerkschaftsmitgliedern enthalten sind.
- Erstellen Sie mit Hilfe der Menüwahl

  Analysieren
  Deskriptive Statistiken
  Häufigkeiten...

  Häufigkeitstabellen der Variablen geschl (Geschlecht) und beruf (Berufsposition).

Geschlecht

		Häufigkeit	Prozent	Gültige Prozent	Kumulative Prozente
Gültig	Weiblich	77	28,4	28,4	28,4
	Männlich	194	71,6	71,6	100,0
	Gesamtsumme	271	100,0	100,0	

Berufsposition

		Häufigkeit	Prozent	Gültige Prozent	Kumulative Prozente
Gültig	Auszubildende(r)/Lehrling	8	3,0	3,0	3,0
	ArbeiterIn	47	17,3	17,3	20,3
	FacharbeiterIn, Geselle	47	17,3	17,3	37,6
	Meister	4	1,5	1,5	39,1
	Angestellte(r)	66	24,4	24,4	63,5
	Leitende(r) Angestellte(r)	8	3,0	3,0	66,4
	Beamte(r)	31	11,4	11,4	77,9
	RentnerIn/PensionärIn	42	15,5	15,5	93,4
	Hausfrau/Hausmann	9	3,3	3,3	96,7
	Erwerbsunfähig	1	,4	,4	97,0
	Arbeitslos	8	3,0	3,0	100,0
	Gesamtsumme	271	100,0	100,0	

Wir wollen die Fälle so gewichten, dass die Ungleichheit in den beiden Kategorien des Geschlechts entfällt. Dies gelingt unter Berücksichtigung der gegebenen Häufigkeiten mit Hilfe der folgenden Syntax (Datei: gewerk.sps).

```
IF geschl = 1 w = 135.5/77.
IF geschl = 2 w = 135.5/194.
EXECUTE.
```

- Führen Sie nun in der beschriebenen Weise eine Gewichtung mit der so erstellten Gewichtungsvariablen w durch, und erstellen Sie dann die beiden Häufigkeitstabellen erneut:

Geschlecht

		Häufigkeit	Prozent	Gültige Prozent	Kumulative Prozente
Gültig	Weiblich	135	50,0	50,0	50,0
	Männlich	135	50,0	50,0	100,0
	Gesamtsumme	271	100,0	100,0	

Berufsposition

		Häufigkeit	Prozent	Gültige Prozent	Kumulative Prozente
Gültig	Auszubildende(r)/Lehrling	10	3,6	3,6	3,6
	ArbeiterIn	46	16,8	16,8	20,4
	FacharbeiterIn, Geselle	35	12,9	12,9	33,3
	Meister	3	1,0	1,0	34,4
	Angestellte(r)	83	30,7	30,7	65,1
	Leitende(r) Angestellte(r)	7	2,5	2,5	67,5
	Beamte(r)	32	11,9	11,9	79,4
	RentnerIn/PensionärIn	36	13,2	13,2	92,6
	Hausfrau/Hausmann	9	3,5	3,5	96,1
	Erwerbsunfähig	2	,6	,6	96,8
	Arbeitslos	9	3,2	3,2	100,0
	Gesamtsumme	271	100,0	100,0	

Zwar wird die Gesamtzahl der Fälle unverändert wieder mit 271 angegeben, zählen Sie aber die Kategorienhäufigkeiten wieder per Hand zusammen, so ergeben sich geringfügig abweichende Häufigkeiten.

Besonders deutlich ist dies beim Geschlecht. Da beide Kategorien nach der Definition der Gewichtungsvariablen gleiche Häufigkeiten haben sollen, kann sich von vornherein keine ungerade Gesamtzahl ergeben. Auch bei der Addition der Kategorienhäufigkeiten der Variable »Berufsposition« ergibt sich mit der Summe 272 eine Abweichung von der ausgewiesenen Gesamtzahl 271. Da SPSS auch im gewichteten Fall stets ganzzahlige Häufigkeiten ausgibt, ist dieser Effekt aus Rundungsgründen unvermeidlich. Andere Statistikprogramme wie Stata behelfen sich, indem sie gewichtete Häufigkeiten mit Kommastellen ausgeben.

Falls Sie eine Auswahl von Fällen treffen, stimmen im Regelfall auch die ausgewiesenen Gesamtzahlen im ungewichteten und gewichteten Fall nicht mehr überein. Dies hat seinen Grund darin, dass in der Teilstichprobe die Zahl der Fälle in der Regel nicht mehr der Summe der auf diese Stichprobe entfallenden Gewichtungsfaktoren entspricht. Sie können dies nachprüfen, wenn Sie die Häufigkeitstabelle der Berufsposition einmal im ungewichteten Fall und ein andermal im gewichteten Fall für diejenigen Personen erstellen, die zu der SPD tendieren (partei = 2). Sie erhalten dann als Gesamtzahl der Fälle 91 bzw. 83 Personen.

Eine Gewichtung zum Ausgleich nicht gegebener Repräsentativität wird vor allem in epidemiologischen Studien angewandt.

7.8.2 Analyse von gehäuften Daten

In einem Betrieb mit siebzehn Angestellten gaben neun an, mit den Arbeitsbedingungen zufrieden zu sein. Von diesen fehlten im Geschäftsjahr zwei Personen wegen einer Grippeerkrankung; von den acht Unzufriedenen hatten fünf Angestellte Grippe. Dies ergibt folgende Vierfeldertafel:

	Zufrieden	Nicht zufrieden
Grippe	2	5
Keine Grippe	7	3

Es soll geklärt werden, ob der höhere Anteil der Grippekranken bei den mit den Arbeitsbedingungen unzufriedenen Angestellten signifikant ist. Der passende statistische Test hierzu ist der exakte Test nach Fisher und Yates (siehe Kap. 10), der im Anschluss an die Erstellung einer Kreuztabelle bei kleinen Fallzahlen zusätzlich zum sonstigen Chi-Quadrat-Test ausgeführt wird.

Um das Problem mit SPSS angehen zu können, muss zunächst eine entsprechende Datendatei, bestehend aus Fällen und Variablen, konstruiert werden. Wie dabei vorzugehen ist, zeigt die Datei grippe.sav.

- Laden Sie die Datei grippe.sav.

Sie erkennen im Dateneditor einen Dateiaufbau mit vier Fällen und drei Variablen.

Es sind dies die Variablen grippe mit den Kategorien 1 bzw. 2 (Grippe – keine Grippe), die Variable zuf (»Arbeitszufriedenheit«) mit den Kategorien 1 bzw. 2 (zufrieden bzw. unzufrieden) und die Variable freq, welche die Häufigkeit der jeweiligen Kombination angibt und die als Gewichtungsvariable verwandt wird.

- Treffen Sie dazu die Menüwahl

  Daten
  Fälle gewichten...

- Aktivieren Sie in der Dialogbox *Fälle gewichten* die Option *Fälle gewichten mit*, und klicken Sie die Variable freq in das für die Häufigkeits- bzw. Gewichtungsvariable vorgesehene Feld.

- Verlassen Sie die Dialogbox, und wählen Sie aus dem Menü

  Analysieren
  Deskriptive Statistiken
  Kreuztabellen...

- Tragen Sie die Variable grippe als Zeilenvariable und die Variable zuf als Spaltenvariable ein, und veranlassen Sie über den Schalter *Statistiken...* die Ausführung des Chi-Quadrat-Tests.

Im Viewer erscheint das folgende Ergebnis:

Kreuztabelle Grippe?*Zufriedenheit?

Anzahl

		Zufriedenheit?		
		ja	nein	Gesamtsumme
Grippe?	ja	2	5	7
	nein	7	3	10
Gesamtsumme		9	8	17

Chi-Quadrat-Tests

	Wert	df	Asymp. Sig. (zweiseitig)	Exakte Sig. (zweiseitig)	Exakte Sig. (einseitig)
Pearson-Chi-Quadrat	2,837[a]	1	,092		
Kontinuitätskorrektur[b]	1,418	1	,234		
Likelihood-Quotient	2,915	1	,088		
Exakter Test nach Fisher				,153	,117
Zusammenhang linear-mit-linear	2,670	1	,102		
Anzahl der gültigen Fälle	17				

a. 3 Zellen (75,0%) haben die erwartete Anzahl von weniger als 5. Die erwartete Mindestanzahl ist 3,29.

b. Berechnung nur für eine 2x2-Tabelle

Folgt man dem einseitigen Fisher-Yates-Test, so ergibt sich mit p = 0,117 ein nicht signifikantes Ergebnis.

Ein weiteres Beispiel sei der Biologie entnommen. Es wurde das Vorkommen von neun verschiedenen Heuschreckenarten auf fünf verschiedenen Wiesen untersucht. Die betreffenden Häufigkeiten sind in der folgenden Tabelle festgehalten.

Heuschreckenart	Wiese 1	2	3	4	5
1	0	0	1	1	1
2	1	1	1	1	0
3	61	51	17	122	54
4	36	32	23	38	11
5	2	0	2	6	0
6	3	1	2	2	1
7	0	0	0	2	0
8	26	50	25	54	22
9	35	33	36	25	12

Geklärt werden soll die Frage, ob es signifikante Häufungen bzw. Defizite einzelner Heuschreckenarten auf bestimmten Wiesen gibt. Dazu soll eine Chi-Quadrat-Analyse durchgeführt werden.

Auch in diesem Fall wird in SPSS das Problem zunächst formal so angegangen, dass eine Datendatei mit drei Variablen erstellt wird: eine Variable für die Heuschreckenart (Kategorien 1 bis 9), eine Variable für die Wiese (Kategorien 1 bis 5) und eine Variable, welche die jeweilige Häufigkeit angibt.

- Laden Sie die Datei wiese.sav und betrachten Sie den Aufbau der Datei im Datenfenster.
- Wählen Sie aus dem Menü

  Daten

  Fälle gewichten...

Es öffnet sich die Dialogbox *Fälle gewichten.*

- Aktivieren Sie *Fälle gewichten mit*, und klicken Sie die Variable h in das für die Häufigkeitsvariable vorgesehene Feld.
- Verlassen Sie die Dialogbox über *OK*, und wählen Sie aus dem Menü

  Analysieren
  Deskriptive Statistiken
  Kreuztabellen...

Es erscheint die Dialogbox *Kreuztabellen.*

- Machen Sie heuschr zur Zeilen- und wiese zur Spaltenvariablen, und veranlassen Sie über den Schalter *Zellen...* neben den beobachteten Häufigkeiten die Ausgabe der erwarteten Häufigkeiten und der standardisierten Residuen. Nach dem Verlassen der Dialogbox wird die folgende Tabelle ausgegeben.

Kreuztabelle Heuschreckenart*Wiese

			Wiese 1	Wiese 2	Wiese 3	Wiese 4	Wiese 5	Gesamtsumme
Heuschreckenart	1	Anzahl	0	0	1	1	1	3
		Erwartete Anzahl	,6	,6	,4	1,0	,4	3,0
		Standardresiduum	-,8	-,8	,9	,0	1,0	
	2	Anzahl	1	1	1	1	0	4
		Erwartete Anzahl	,8	,8	,5	1,3	,5	4,0
		Standardresiduum	,2	,2	,6	-,2	-,7	
	3	Anzahl	61	51	17	122	54	305
		Erwartete Anzahl	63,2	64,8	41,3	96,8	38,9	305,0
		Standardresiduum	-,3	-1,7	-3,8	2,6	2,4	
	4	Anzahl	36	32	23	38	11	140
		Erwartete Anzahl	29,0	29,7	18,9	44,4	17,9	140,0
		Standardresiduum	1,3	,4	,9	-1,0	-1,6	
	5	Anzahl	2	0	2	6	0	10
		Erwartete Anzahl	2,1	2,1	1,4	3,2	1,3	10,0
		Standardresiduum	-,1	-1,5	,6	1,6	-1,1	
	6	Anzahl	3	1	2	2	1	9
		Erwartete Anzahl	1,9	1,9	1,2	2,9	1,1	9,0
		Standardresiduum	,8	-,7	,7	-,5	-,1	
	7	Anzahl	0	0	0	2	0	2
		Erwartete Anzahl	,4	,4	,3	,6	,3	2,0
		Standardresiduum	-,6	-,7	-,5	1,7	-,5	
	8	Anzahl	26	50	25	54	22	177
		Erwartete Anzahl	36,7	37,6	23,9	56,2	22,6	177,0
		Standardresiduum	-1,8	2,0	,2	-,3	-,1	
	9	Anzahl	35	33	36	25	12	141
		Erwartete Anzahl	29,2	29,9	19,1	44,7	18,0	141,0
		Standardresiduum	1,1	,6	3,9	-3,0	-1,4	
Gesamtsumme		Anzahl	164	168	107	251	101	791
		Erwartete Anzahl	164,0	168,0	107,0	251,0	101,0	791,0

In den Zellen sind nacheinander die beobachteten Häufigkeiten (f_o), die erwarteten Häufigkeiten (f_e) und die standardisierten Residuen

$$\frac{f_o - f_e}{\sqrt{f_e}}$$

ausgegeben. Ein signifikanter Unterschied zwischen beobachteter und erwarteter Häufigkeit liegt dann vor, wenn das standardisierte Residuum einen Wert größer oder gleich 2 hat. Weitere Grenzwerte sind der folgenden Tabelle zu entnehmen.

Standardisiertes Residuum	Signifikanzniveau
>=2,0	p<0,05 (*)
>=2,6	p<0,01 (**)
>=3,3	p<0,001 (***)

Dies gilt aber nur dann, wenn die erwartete Häufigkeit mindestens 5 ist. Nehmen wir als Beispiel die Heuschreckenart 3, so liegt ein sehr signifikantes Defizit auf Wiese 3, eine sehr signifikante Häufung auf Wiese 4 und eine signifikante Häufung auf Wiese 5 vor.

7.9 Beispiele für die Berechnung neuer Variablen

Die beiden folgenden Beispiele sollen die Leistungsfähigkeit der SPSS-Syntax im Kontext der Datenmodifikation zeigen.

7.9.1 Erstes Beispiel: Berechnung des Benzinverbrauchs

Nehmen Sie an, Sie führen Buch über Ihren Benzinverbrauch. Bei jeder Tankfüllung halten Sie das Datum, den Kilometerstand und die getankte Benzinmenge in Litern fest:

Datum	km-Stand	Liter
16.12.2008	20580	60,3
23.12.2008	21250	57,4
04.01.2009	21874	56,6
17.01.2009	22476	56,3
28.01.2009	22954	45,4
12.02.2009	23450	48,6
27.02.2009	24020	57,0
14.03.2009	24611	56,7

Diese Daten sind der Reihe nach unter den Variablen tag, monat, jahr, kmstand und liter in der Datei tank.sav gespeichert. Zu jedem Datum (außer dem ersten, wo dies nicht möglich ist) sollen für den jeweils vergangenen Zeitraum die im Schnitt täglich gefahrene Kilometerzahl und der durchschnittliche Benzinverbrauch auf hundert Kilometer berechnet und aufgelistet werden.

Dies ist ein typisches Beispiel für den sinnvollen Einsatz der Funktionen LAG und YRMODA. Versuchen Sie mit Hilfe der Erläuterung der Funktionen in Kap. 7.1.2 die folgenden Datenmodifikations-Anweisungen zu verstehen:

```
COMPUTE ntage=yrmoda(jahr,monat,tag) .
COMPUTE difftage=ntage-lag(ntage,1) .
COMPUTE diffkm=kmstand-lag(kmstand,1) .
COMPUTE verbr=liter*100/diffkm .
COMPUTE kmtag=diffkm/difftage .
EXECUTE .
```

- Laden Sie die Datei tank.sav.
- Tragen Sie die obigen Anweisungen in den Syntaxeditor ein, oder laden Sie die Datei tank.sps. Sie können auch die entsprechende Dialogbox *Variable berechnen* benutzen.
- Starten Sie das Programm tank.sps.
- Listen Sie anschließend unter Benutzung der Menüwahl

  Analysieren
  Berichte
  Fallzusammenfassungen...

  die Werte der Variablen tag, monat, jahr, kmtag, verbr auf.

Sie erhalten die folgende Tabelle:

Zusammenfassung von Fällen[a]

	Tag	Monat	Jahr	kmtag	verbr
1	16	12	2008	.	.
2	23	12	2008	95,71	8,57
3	4	1	2009	52,00	9,07
4	17	1	2009	46,31	9,35
5	28	1	2009	43,45	9,50
6	12	2	2009	33,07	9,80
7	27	2	2009	38,00	10,00
8	14	3	2009	39,40	9,59
Gesamtsumme H	8	8	8	7	7

a. Auf die ersten 100 Fälle beschränkt.

Für den ersten Tag, den 16.12.2008, lässt sich der Verbrauch natürlich nicht berechnen, da keine Daten für den Vortag in der Benzinverbrauchstabelle vorliegen.

7.9.2 Zweites Beispiel: Berechnung des Datums des Ostersonntags

Ostern wird nach einem Beschluss des Konzils von Nicäa im Jahre 325 am ersten Sonntag nach dem ersten Vollmond im Frühling gefeiert. Darauf gründet sich ein Verfahren zur Berechnung des Datums des Ostersonntags nach Gauß. Danach kann man das Datum des Ostersonntags nach Vorgabe einer Jahreszahl jahr (z. B. 2016) mit folgenden Rechenschritten bestimmen:

```
k = ganzzahliger Teil von jahr/100
p = ganzzahliger Teil von k/3
q = ganzzahliger Teil von k/4
m = 15 + k - p - q
m1 = Divisionsrest von m/30
n = 4 + k - q
n1 = Divisionsrest von n/7
a = Divisionsrest von jahr/19
b = Divisionsrest von jahr/4
c = Divisionsrest von jahr/7
d = 19 * a + m1
d1 = Divisionsrest von d/30
e = 2 * b + 4 * c + 6 * d1 + n1
e1 = Divisionsrest von e/7
x = 22 + d1 + e1
```

Bei der Bestimmung von x gibt es zwei Ausnahmen:

- Falls x = 57 ist, wird x = 50 gesetzt.
- Falls d1 = 28 ist und e1 = 6 ist und der Divisionsrest von (11 · m + 11) / 30 kleiner als 19 ist, wird x = 49 gesetzt.

Der Ostersonntag fällt dann auf den x. März oder, falls x größer als 31 ist, auf den x-31. April. Dieser Algorithmus ermöglicht ein schönes Beispiel zum Kennenlernen der arithmetischen Funktionen TRUNC und MOD (siehe Kap. 7.1.2). Auch der Gebrauch der IF-Anweisung (Kap. 7.5) kann noch einmal geübt werden.

- Zunächst müssen Sie mit dem Dateneditor eine Datendatei erstellen, die eine einzige Variable, und zwar die Variable jahr, enthält. Geben Sie zeilenweise diejenigen Jahreszahlen ein, von denen Sie das Datum des Ostersonntags bestimmen möchten. Sie können auch die Datei ostern.sav laden, welche die Jahreszahlen von 2008 bis 2030 enthält.
- Anschließend öffnen Sie den Syntaxeditor und geben das folgende Programm ein. Die COMPUTE-Anweisungen bis zur Berechnung der Variablen x können Sie auch über die entsprechende Dialogbox (siehe Kap. 7.1) erzeugen. Die darauf folgenden Anweisungen geben Sie über den Syntaxeditor ein. Sie können auch einfach die Datei ostern.sps in den Syntaxeditor laden.

```
COMPUTE k=TRUNC(jahr/100) .
COMPUTE p=TRUNC(k/3) .
COMPUTE q=TRUNC(k/4) .
COMPUTE m=15+k-p-q .
COMPUTE m1=MOD(m,30) .
COMPUTE n=4+k-q .
COMPUTE n1=MOD(n,7) .
```

```
COMPUTE a=MOD(jahr,19) .
COMPUTE b=MOD(jahr,4) .
COMPUTE c=MOD(jahr,7) .
COMPUTE d=19*a+m1 .
COMPUTE d1=MOD(d,30) .
COMPUTE e=2*b+4*c+6*d1+n1 .
COMPUTE e1=MOD(e,7) .
COMPUTE x=22+d1+e1 .
IF x=57 x=50 .
IF d1=28 AND e1=6 AND MOD(11*m+11,30)<19 x=49 .
COMPUTE tag=x .
COMPUTE monat=3 .
IF (x > 31) tag=x-31 .
IF (x > 31) monat=4 .
COMPUTE odatum=DATE.MDY(monat,tag,jahr) .
FORMATS odatum(DATE11) .
LIST odatum .
```

Die Variablen tag und monat geben das Datum des Ostersonntags des betreffenden Jahres (Variable jahr) an. Die Datumsfunktion DATE.MDY berechnet daraus den SPSS-internen Zeitwert (Anzahl der Sekunden seit der Einführung des Gregorianischen Kalenders). Dieser Wert wird in der Variablen odatum abgespeichert, die dann mit dem Datumsformat DATE11 formatiert wird.

- Nachdem Sie mit Hilfe der Menü-Option *Bearbeiten* alle Programmzeilen markiert haben, starten Sie das Programm.

Die LIST-Anweisung erzeugt die folgende Ausgabe.

```
     odatum

23-MAR-2008
12-APR-2009
04-APR-2010
24-APR-2011
08-APR-2012
31-MAR-2013
20-APR-2014
05-APR-2015
27-MAR-2016
16-APR-2017
01-APR-2018
21-APR-2019
12-APR-2020
04-APR-2021
```

```
17-APR-2022
09-APR-2023
31-MAR-2024
20-APR-2025
05-APR-2026
28-MAR-2027
16-APR-2028
01-APR-2029
21-APR-2030

Number of cases read:  23    Number of cases listed:  23
```

Mit etwas Fantasie und Kenntnis der SPSS-Programmsyntax können Sie also auch Probleme lösen, die nicht unmittelbar mit statistischen Auswertungen zu tun haben.

KAPITEL 8

Datenexploration

Haben Sie Ihre Daten in einen Computer eingegeben, so sollten Sie nicht sogleich mit der Analyse beginnen, sondern die Daten zunächst selbst einer ausführlichen und eingehenden Untersuchung unterziehen. Eine solche Datenexploration verfolgt im Wesentlichen drei Ziele:

- Aufdeckung von Eingabefehlern
- Überprüfung der Verteilungsform
- Beschreibung der Daten durch passende Kennwerte

Nach einer näheren Erläuterung dieser drei Ziele wollen wir anhand eines praktischen Beispiels die Exploration der Daten veranschaulichen.

8.1 Aufdeckung von Eingabefehlern

Die genaueste Methode, die Daten (also die Werte aller Variablen) auf Eingabefehler hin zu überprüfen, besteht darin, sie mit Hilfe der Menüwahl

Analysieren
Berichte
Fallzusammenfassungen...

aufzulisten (siehe Kap. 2.8) und jeden Wert mit demjenigen im Urbeleg (z. B. Fragebogen) zu vergleichen. Dies ist, insbesondere bei großen Datenmengen, natürlich ein sehr zeitraubendes Verfahren; von der meist langweiligen und auch anstrengenden Eingabearbeit zermürbt, wird man sich zu diesem Schritt nur in seltenen Fällen – in der Regel nur bei kleinen Datenmengen – entschließen. Empfehlenswert ist es auf jeden Fall, eine Häufigkeitsauszählung der Werte der auftretenden Variablen zu erstellen; dazu dient die Menüwahl

Analysieren
Deskriptive Statistiken
Häufigkeiten...

(siehe Kap. 4). Hiermit ist es bei genauem Hinsehen möglich, sachlogisch unmögliche Werte zu erkennen. Haben Sie etwa bei einer Variablen die Körpergröße in cm eingegeben, und entdecken Sie in der Häufigkeitsauszählung dieser Variablen den Wert 384, so ist klar, dass hier ein fehlerhafter Wert vorliegt. Dieser ist dann in der Datendatei aufzuspüren und entsprechend zu korrigieren. Ein besonderes Augenmerk wird man bei der Betrachtung der Häufigkeitstabellen also auf die Kontrolle der kleinsten und größten auftretenden Variablenwerte legen. Haben Sie hingegen anstelle des Alters 65 Jahre das Alter 56 Jahre eingegeben, so ist es unmöglich, diesen Fehler anhand einer Häufigkeitstabelle zu entdecken. Oft ist es auch möglich, etwa durch Erstellen von Kreuztabellen (siehe Kap. 9), Plausibilitätsüberlegungen anzustellen. Wurden die Daten etwa durch einen Fragebogen erhoben und wurde dabei der Familienstand erfragt (ledig, verheiratet, verwitwet, geschieden), so kann man beim Vorliegen einer Frage wie »Falls Sie verheiratet sind: Halten Sie getrennten Urlaub für sinnvoll?« mit Hilfe einer Kreuztabelle zwischen den beiden betreffenden Variablen leicht entdecken, ob wirklich nur verheiratete Probanden diese Frage beantwortet haben.

Mit etwas Geschick und Einfallsreichtum lässt sich auf diese und ähnliche Weise eine Vielzahl von Eingabefehlern entdecken. Solche Fehler sollte man ausnahmslos in jedem Fall korrigieren. Auch bei mehreren tausend Fällen wirkt es störend, wenn auch nur ein unstimmiger Wert auftritt: Ihre Untersuchung macht dann von vornherein einen oberflächlichen Eindruck.

8.2 Überprüfung der Verteilungsform

Vor allem bei intervall- und verhältnisskalierten Variablen interessiert immer wieder die Form der Verteilung; insbesonders stellt sich meist die Frage, ob die Werte einer Variablen einer Normalverteilung folgen oder nicht. Davon hängt nämlich in fast allen Fällen die Wahl des passenden analytischen Tests ab.

Beliebt und empfehlenswert ist in diesem Zusammenhang die grafische Darstellung der Verteilung in Form eines Histogramms (siehe Kap. 4.5); die objektive Überprüfung auf Normalverteilung mit einem passenden statistischen Test (Kolmogorov-Smirnov-Test) wird in Kap. 13.5 vorgestellt.

8.3 Berechnung von Kennwerten

Statistische Kennwerte zur Beurteilung von mittlerer Lage und Dispersion von Verteilungen wie etwa Mittelwert, Median, Standardabweichung usw. können in SPSS an verschiedenen Stellen berechnet werden. Die verschiedenen Möglichkeiten hierzu sind in einer Übersicht in Kap. 5.5 aufgelistet.

Innerhalb der explorativen Datenanalyse können weitere Kennwerte berechnet werden, die man als robuste Lageschätzer bezeichnet. Dieses Verfahren der explorativen Datenanalyse beinhaltet auch Möglichkeiten zur Entdeckung von Eingabefehlern (z. B. durch die Auflistung von Ausreißern) und zur Überprüfung der Verteilungsform.

8.4 Explorative Datenanalyse

Um zu sehen, was SPSS in diesem Zusammenhang zu bieten hat, nehmen wir uns als Beispiel die Variable a (Alter) der Hypertonie-Studie vor (siehe Kap. 5.5).

- Laden Sie die Datei hyper.sav.

- Starten Sie die explorative Datenanalyse mit der Menüwahl

  Analysieren
  Deskriptive Statistiken
  Explorative Datenanalyse...

Es öffnet sich die Dialogbox *Explorative Datenanalyse.*

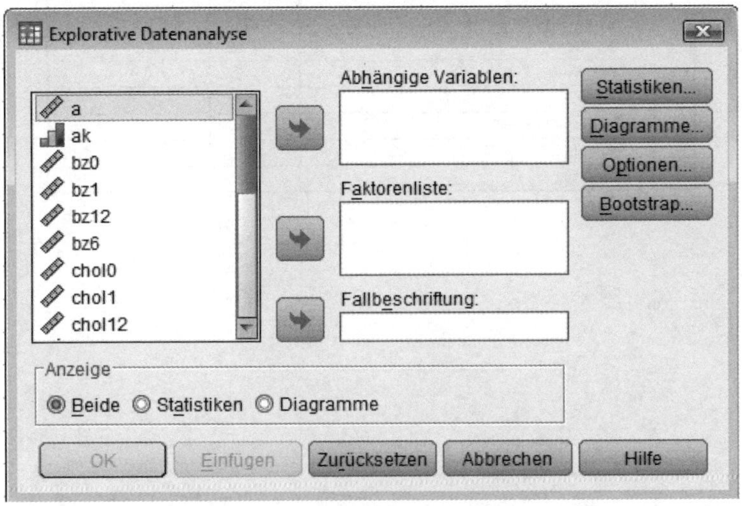

Bild 8.1: Dialogbox Explorative Datenanalyse

In der Dialogbox wird eine Unterscheidung zwischen abhängigen Variablen und Faktoren gemacht. Dies bedeutet, dass Sie getrennte Analysen für Gruppen von Fällen durchführen können. Hier ist dann die zu analysierende Variable die abhängige Variable und die Gruppierungsvariable der Faktor. Möchten Sie solche nach Fallgruppen getrennte Analysen nicht durchführen, so ist die Faktorenliste irrelevant.

Im folgenden Abschnitt wollen wir uns zunächst mit solchen Analysen befassen, die nicht nach Fallgruppen getrennt durchgeführt werden sollen.

8.4.1 Analysen ohne Gruppierungsvariablen

Wir wollen das Alter der Probanden analysieren.

- Bringen Sie die Variable a in das Feld für die abhängigen Variablen. Da wir zunächst sehen wollen, welche Analysen per Voreinstellung durchgeführt werden, machen Sie vorerst keine weiteren Eingaben.
- Starten Sie die Berechnungen mit einem Klick auf *OK*. Es wird die folgende Ausgabe erzeugt:

Deskriptive Statistik

			Statistik	Standardfehler
Alter	Mittelwert		62,11	,875
	95 % Konfidenzintervall für Mittelwert	Untergrenze	60,38	
		Obergrenze	63,84	
	5% getrimmter Mittelwert		62,25	
	Median		63,00	
	Varianz		133,358	
	Standardabweichung		11,548	
	Minimum		36	
	Maximum		87	
	Bereich		51	
	Interquartilbereich		17	
	Schiefe		-,143	,184
	Kurtosis		-,635	,366

Alter

```
Alter Stem-and-Leaf Plot

 Frequency    Stem &  Leaf

     6,00        3 .  677999
     7,00        4 .  0223333
    14,00        4 .  66677788888999
    23,00        5 .  01111111122223333333444
    20,00        5 .  55667777778888888899
    27,00        6 .  000011111222333333333444444
    27,00        6 .  555555666666677888888999999
    24,00        7 .  000000011111122233333444
    13,00        7 .  5566666788899
    11,00        8 .  00001111224
     2,00        8 .  67

 Stem width:  10
 Each leaf:       1 case(s)
```

Ausgegeben werden:

- statistische Kennwerte
- ein Stängel-Blatt-Diagramm
- ein Boxplot

Die meisten Kennwerte wurden bereits in den Kapiteln 4 und 5 erläutert. Neu sind:

- *5% getrimmtes Mittel:* 5% gestutzter Mittelwert; 5% der kleinsten und 5% der größten Werte gehen nicht in die Berechnung mit ein.
- *95%-Konfidenzintervall:* 95%-Konfidenzintervall für den Mittelwert
- *Interquartilbereich:* Der Abstand zwischen dem ersten und dritten Quartil

Das Stängel-Blatt-Diagramm ist eine Kombination von Histogramm und Strichliste. Wie in einem Histogramm entspricht die Länge jeder Zeile der Anzahl der Fälle, die in ein bestimmtes Intervall fallen. Das Stängel-Blatt-Diagramm repräsentiert darüber hinaus jeden Fall durch einen numerischen Wert, der dem eigentlichen beobachteten Wert entspricht. Dazu werden die Werte in zwei Komponenten zerlegt, in eine führende Ziffer oder Zifferngruppe, den »Stängel«, und eine nachfolgende Ziffer, das »Blatt«. Im vorliegenden Beispiel ist dabei der Stängel in zwei Teile unterteilt, ein Teil für die Blätter von 0 bis 4, der andere für die Blätter von 5 bis 9.

Der Boxplot besteht aus einer Box, die vom ersten und dritten Quartil (25. bzw. 75. Perzentil) begrenzt wird und deren innere Linie den Median repräsentiert. Ferner werden der kleinste und größte Wert markiert, sofern sie keine Ausreißer sind (siehe später).

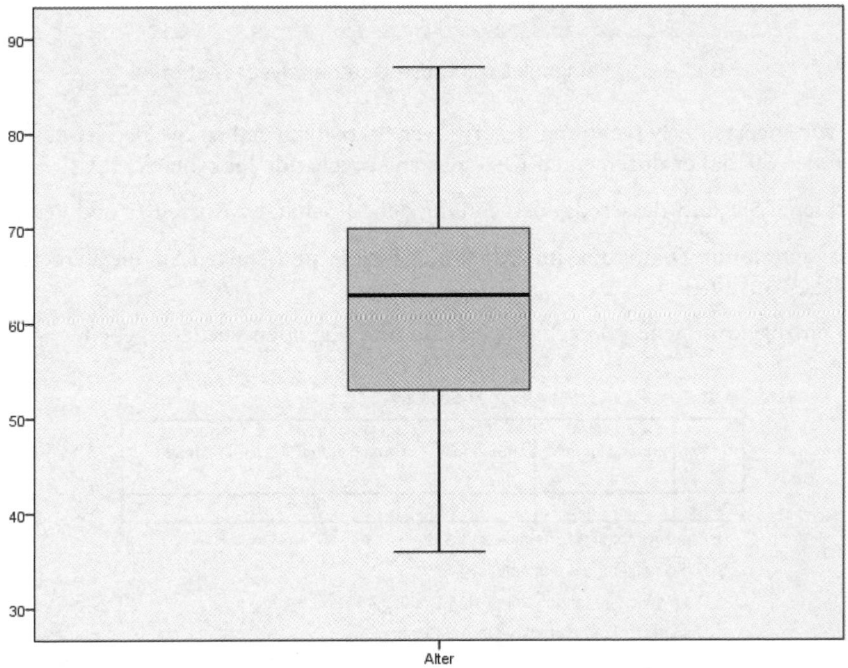

Bild 8.2: Boxplot

Werte, die um mehr als drei Kastenlängen außerhalb liegen (Extremwerte), werden im Boxplot mit einem Stern markiert. Werte, die um mehr als anderthalb Kastenlängen außerhalb liegen, werden mit einem Kreis gekennzeichnet.

Wir wollen nun sehen, welche Statistiken zusätzlich zu den voreingestellten berechnet werden können.

- Klicken Sie in der Dialogbox *Explorative Datenanalyse* auf den Schalter *Statistiken...*

Sie erhalten die Dialogbox *Explorative Datenanalyse: Statistik*.

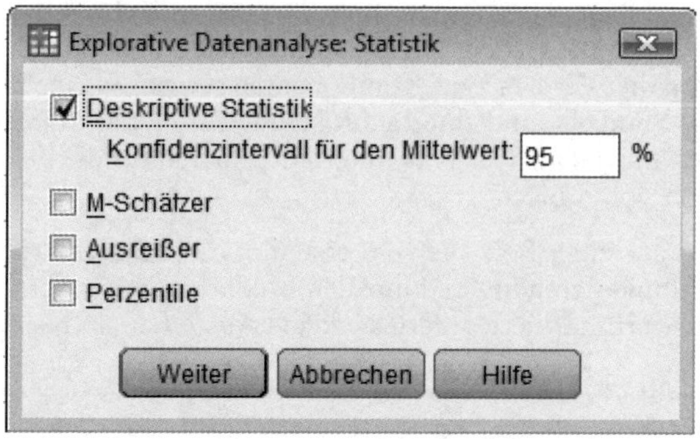

Bild 8.3: Dialogbox Explorative Datenanalyse: Statistik

- Die voreingestellte Berechnung deskriptiver Statistiken haben Sie bereits ausgeführt, entfernen Sie daher durch einen Klick das entsprechende Häkchen.
- Markieren Sie statt dessen die Berechnung der M-Schätzer, Ausreißer und Perzentile.
- Verlassen Sie die Dialogbox mit Klick auf *Weiter*, und starten Sie die Berechnungen mit Klick auf *OK*.

Die neu hinzugekommenen Berechnungen sind im Folgenden wiedergegeben.

M-Schätzer

	M-Schätzer nach Huber[a]	Tukey-Biweight[b]	M-Schätzer nach Hampel[c]	Andrews-Aufgabe[d]
Alter	62,39	62,52	62,31	62,52

a. Die Gewichtungskonstante ist 1,339.

b. Die Gewichtungskonstante ist 4,685.

c. Die Gewichtungskonstanten sind 1,700, 3,400 und 8,500

d. Die Gewichtungskonstante ist 1,340*pi.

Perzentile

		Perzentile						
		5	10	25	50	75	90	95
Gewichteter Durchschnitt (Definition 1)	Alter	42,00	47,00	53,00	63,00	70,25	78,00	81,00
Tukey-Angelpunkte	Alter			53,00	63,00	70,00		

Extremwerte

			Fallnummer	Wert
Alter	Größter	1	96	87
		2	53	86
		3	99	84
		4	62	82
		5	86	82
	Kleinster	1	68	36
		2	64	37
		3	23	37
		4	169	39
		5	122	39[a]

a. Es wird nur eine Teilliste von Fällen mit dem Wert 39 in der Tabelle mit niedrigeren Extremwerten angezeigt.

Es werden die M-Schätzer nach Huber, Tukey, Hampel und Andrew ausgegeben. Die Grundidee dieser M-Schätzer ist es, den einzelnen Fällen vor der Mittelwertbildung verschiedene Gewichte zuzuweisen. Die gebräuchlichen M-Schätzer verwenden dabei die Gewichte so, dass diese mit wachsendem Abstand vom Zentrum der Verteilung abnehmen. Der gewöhnliche Mittelwert kann danach als ein M-Schätzer angesehen werden, der allen Fällen das Gewicht 1 zuordnet.

Was die Perzentile anbelangt, so werden deren sieben ausgegeben: die zu 5, 10, 25, 50, 75, 90 und 95 Prozent. Zusätzlich werden Tukey's Angelpunkte berechnet: 25., 50. und 75. Perzentil.

Unter der Überschrift »Extremwerte« werden die fünf größten und die fünf kleinsten Werte (»Ausreißer«) angezeigt.

Wenden wir uns nun den Diagrammen zu, die innerhalb der explorativen Datenanalyse in SPSS erhältlich sind.

- Klicken Sie in der Dialogbox *Explorative Datenanalyse* auf den Schalter *Diagramme...*

Es öffnet sich die Dialogbox *Explorative Datenanalyse: Diagramme.*

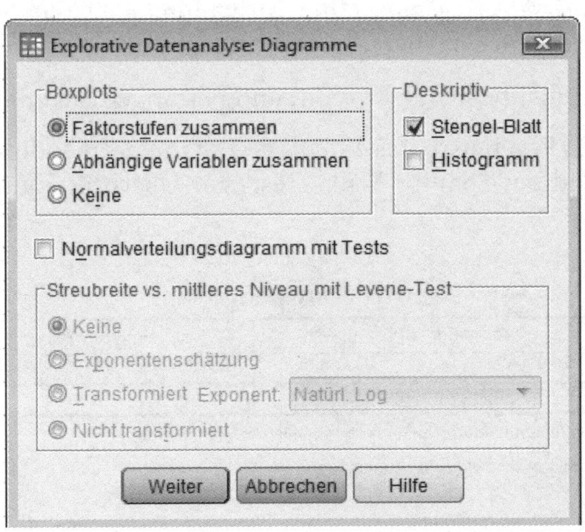

Bild 8.4: Dialogbox Explorative Datenanalyse: Diagramme

Boxplot und Stängel-Blatt-Diagramm haben wir schon kennen gelernt.

- Kreuzen Sie daher im Boxplot-Feld *Keine* an, und entfernen Sie das Häkchen beim Stängel-Blatt-Diagramm; machen Sie statt dessen eines beim Histogramm.
- Klicken Sie auf *Weiter* und dann auf *OK*. Das Histogramm erscheint im Viewer.

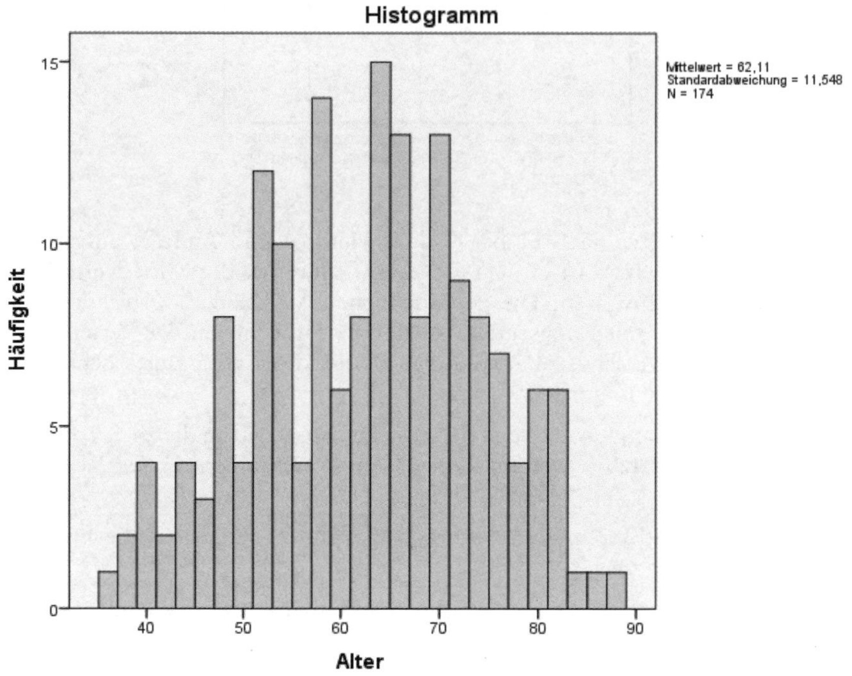

Bild 8.5: Histogramm der Altersstruktur

Als Nächstes wollen wir sehen, welche Ausgaben wir erhalten, wenn wir in der Dialogbox *Explorative Datenanalyse: Diagramme* die Auswahlmöglichkeit *Normalverteilungsdiagramm mit Tests* ankreuzen.

- Aktivieren Sie die entsprechende Option, und bestätigen Sie mit *Weiter* und *OK*.

Im Viewer werden die Ergebnisse des Lilliefors-Tests (einer Modifikation des Kolmogorov-Smirnov-Tests) und des Shapiro-Wilks-Tests zur Überprüfung auf Normalverteilung ausgegeben.

Tests auf Normalverteilung

	Kolmogorow-Smirnow[a]			Shapiro-Wilk		
	Statistik	df	Sig.	Statistik	df	Sig.
Alter	,059	174	,200*	,987	174	,094

*. Dies ist eine Untergrenze der tatsächlichen Signifikanz.

a. Signifikanzkorrektur nach Lilliefors

Erhält man als Ergebnis eine Irrtumswahrscheinlichkeit p kleiner als 0,05, so weicht die gegebene Verteilung signifikant von der Normalverteilung ab. Folgt man dem Lilliefors-Test, kann im gegebenen Beispiel wegen p = 0,200 Normalverteilung angenommen werden.

Im Viewer werden zwei Diagramme angezeigt:

- Normalverteilungsdiagramm
- trendbereinigtes Normalverteilungsdiagramm

Im Normalverteilungsdiagramm (auch Q-Q-Diagramm genannt), einer optischen Möglichkeit zur Entscheidung, ob eine gegebene Verteilung als hinreichend normal verteilt angesehen werden kann, wird jeder beobachtete Wert mit seinem unter Normalverteilung erwarteten Wert gepaart. Unter der Voraussetzung einer exakten Normalverteilung liegen die Punkte auf einer Geraden. Die beobachteten Werte werden auf der x-Achse, die erwarteten Werte auf der y-Achse dargestellt; dabei werden die Werte in z-Werte transformiert. Im gegebenen Beispiel ist die Anpassung an die Gerade hinreichend gegeben.

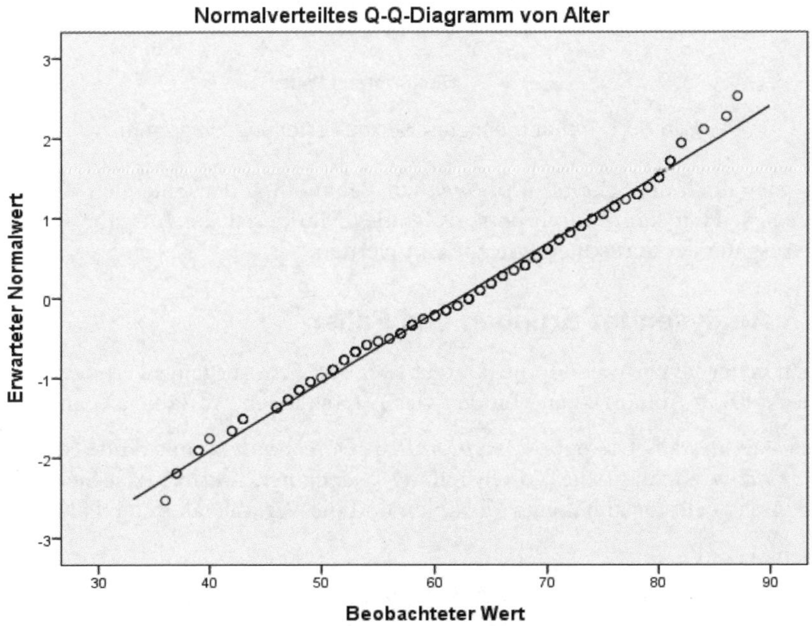

Bild 8.6: Normalverteilungsdiagramm

Im trendbereinigten Normalverteilungsdiagramm werden die Abweichungen zwischen beobachteten und erwarteten Werten in Abhängigkeit von den beobachteten Werten dargestellt. Im Normalverteilungsfall liegen die Punkte auf einer horizontalen, durch den Nullpunkt verlaufenden Geraden. Ein deutliches Abweichungsmuster deutet auf eine Abweichung von der Normalverteilung hin. Auch in diesem Diagramm wurden die Werte in z-Werte transformiert.

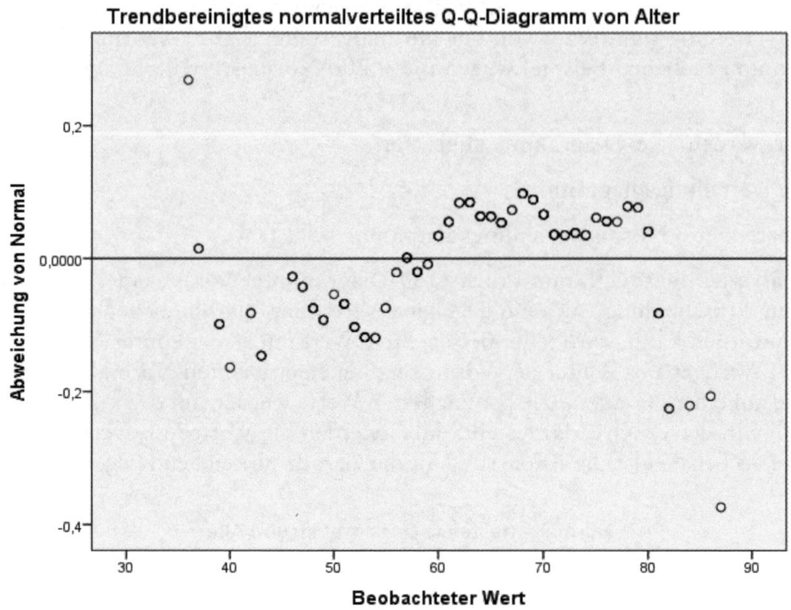

Bild 8.7: Trendbereinigtes Normalverteilungsdiagramm

Erwähnt seien noch der Schalter *Optionen* zur Behandlung der fehlenden Werte und das Feld *Anzeigen*. Hier kann durch entsprechendes Markieren die Ausgabe von Grafiken bzw. die Ausgabe der Statistiken unterdrückt werden.

8.4.2 Analysen für Gruppen von Fällen

Wir wollen in der Hypertonie-Studie (Datei hyper.sav) den Ausgangswert des Cholesterins (Variable chol0) in Abhängigkeit von den vier Altersklassen (Variable ak) analysieren.

- Stellen Sie in der Dialogbox *Explorative Datenanalyse* mit Hilfe des Schalters *Zurücksetzen* zunächst die Voreinstellung wieder her, und bringen Sie die Variable chol0 in das Feld für abhängige Variablen und die Variable ak in die Faktorenliste.
- Klicken Sie auf *OK*.

Die deskriptiven Statistiken und das Stängel-Blatt-Diagramm werden getrennt nach den vier Altersklassen berechnet. Auf die Wiedergabe der Stängel-Blatt Diagramme verzichten wir aus Plazgründen.

Zusammenfassung der Fallverarbeitung

		Fälle					
		Gültig		Fehlend		Gesamtsumme	
	Altersklassen	H	Prozent	H	Prozent	H	Prozent
Cholesterin, Ausgangswert	bis 55 Jahre	52	100,0%	0	0,0%	52	100,0%
	56-65 Jahre	51	100,0%	0	0,0%	51	100,0%
	66-75 Jahre	47	100,0%	0	0,0%	47	100,0%
	> 75 Jahre	24	100,0%	0	0,0%	24	100,0%

Deskriptive Statistik

	Altersklassen			Statistik	Standardfehler
Cholesterin, Ausgangswert	bis 55 Jahre	Mittelwert		226,04	6,817
		95 % Konfidenzintervall für Mittelwert	Untergrenze	212,35	
			Obergrenze	239,72	
		5% getrimmter Mittelwert		223,65	
		Median		220,00	
		Varianz		2416,351	
		Standardabweichung		49,156	
		Minimum		137	
		Maximum		405	
		Bereich		268	
		Interquartilbereich		79	
		Schiefe		,991	,330
		Kurtosis		1,996	,650
	56-65 Jahre	Mittelwert		240,67	6,638
		95 % Konfidenzintervall für Mittelwert	Untergrenze	227,33	
			Obergrenze	254,00	
		5% getrimmter Mittelwert		239,17	
		Median		240,00	
		Varianz		2247,347	
		Standardabweichung		47,406	
		Minimum		148	
		Maximum		350	
		Bereich		202	
		Interquartilbereich		64	
		Schiefe		,410	,333
		Kurtosis		-,170	,656
	66-75 Jahre	Mittelwert		244,13	7,228
		95 % Konfidenzintervall für Mittelwert	Untergrenze	229,58	
			Obergrenze	258,68	
		5% getrimmter Mittelwert		244,02	
		Median		248,00	
		Varianz		2455,766	
		Standardabweichung		49,556	
		Minimum		125	
		Maximum		357	
		Bereich		232	
		Interquartilbereich		66	
		Schiefe		,131	,347
		Kurtosis		,008	,681
	> 75 Jahre	Mittelwert		240,96	10,791
		95 % Konfidenzintervall für Mittelwert	Untergrenze	218,63	
			Obergrenze	263,28	
		5% getrimmter Mittelwert		238,71	
		Median		231,00	
		Varianz		2794,911	
		Standardabweichung		52,867	
		Minimum		160	
		Maximum		367	
		Bereich		207	
		Interquartilbereich		81	
		Schiefe		,648	,472
		Kurtosis		-,150	,918

Im Boxplot sind entsprechend vier Boxen eingezeichnet.

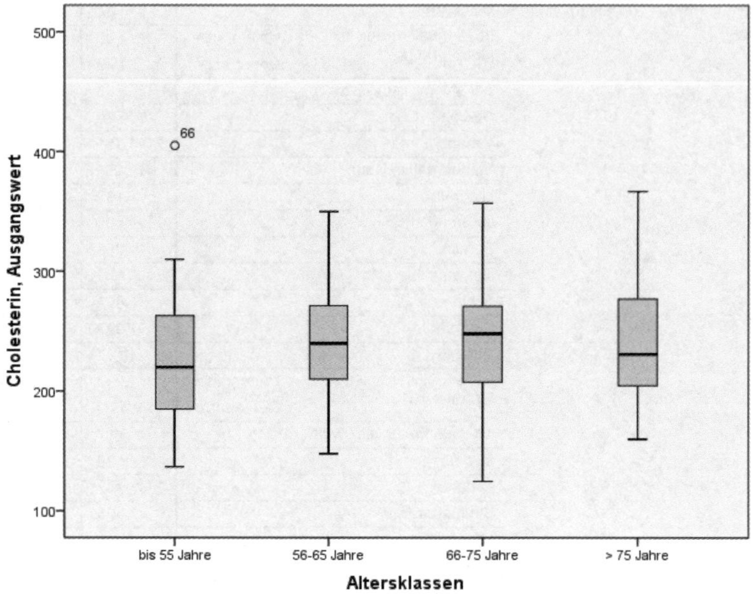

Bild 8.8: Gruppierter Boxplot

Auch die übrigen Statistiken können nach der Gruppierungsvariablen (hier also nach den Altersklassen) getrennt berechnet werden. Auch Histogramme und Normalverteilungsplot können nach der Gruppierungsvariablen getrennt im Viewer angezeigt werden.

Ferner besteht die Möglichkeit der Prüfung, ob sich die nach der Faktorenliste gebildeten Fallgruppen bzgl. der Varianzen der abhängigen Variablen signifikant unterscheiden. Auf unser Beispiel bezogen, kann man also testen, ob die Probanden der vier Altersklassen bzgl. der Varianzen des Cholesterins signifikante Unterschiede zeigen. Eine solche Überprüfung auf Varianzenhomogenität ist z. B. notwendig, wenn die vier Altersgruppen mit einer einfachen Varianzanalyse auf Mittelwertunterschiede (siehe Kapitel 12) getestet werden sollen. Eine Varianzanalyse setzt nämlich Homogenität der Varianzen zwischen den einzelnen Zellen voraus.

- Kreuzen Sie in der Dialogbox *Explorative Datenanalyse: Diagramme* die unter der Überschrift *Streubreite vs. mittleres Niveau mit Levene-Test* vorgegebene Wahlmöglichkeit der *Exponentenschätzung* an.
- Starten Sie die Berechnungen durch Klicken auf *Weiter* und *OK*.

Es wird in vier Varianten der Levene-Test zur Überprüfung auf Varianzenhomogenität ausgeführt. Dieser liefert als Ergebnis das Signifikanzniveau (Irrtumswahrscheinlichkeit) p; bei einem $p > 0{,}05$ unterscheiden sich die gegebenen Fallgruppen nicht signifikant bzgl. der Varianz. Diese können dann als homogen betrachtet werden. Im gegebenen Beispiel liefert der Levene-Test kein signifikantes Ergebnis.

Test auf Varianzhomogenität

		Levene-Statistik	df1	df2	Sig.
Cholesterin, Ausgangswert	Basierend auf Mittelwert	,190	3	170	,903
	Basierend auf Median	,157	3	170	,925
	Basierend auf dem Median und mit angepassten df	,157	3	169,024	,925
	Basierend auf getrimmtem Mittelwert	,178	3	170	,912

Ferner wird ein Diagramm erzeugt, in dem für jede Gruppe die Streuung der Werte in Abhängigkeit vom Zentralwert aufgetragen ist. Genauer gesagt, wird auf der x-Achse der Logarithmus des Medians und auf der y-Achse der Logarithmus des Interquartilabstandes aufgetragen.

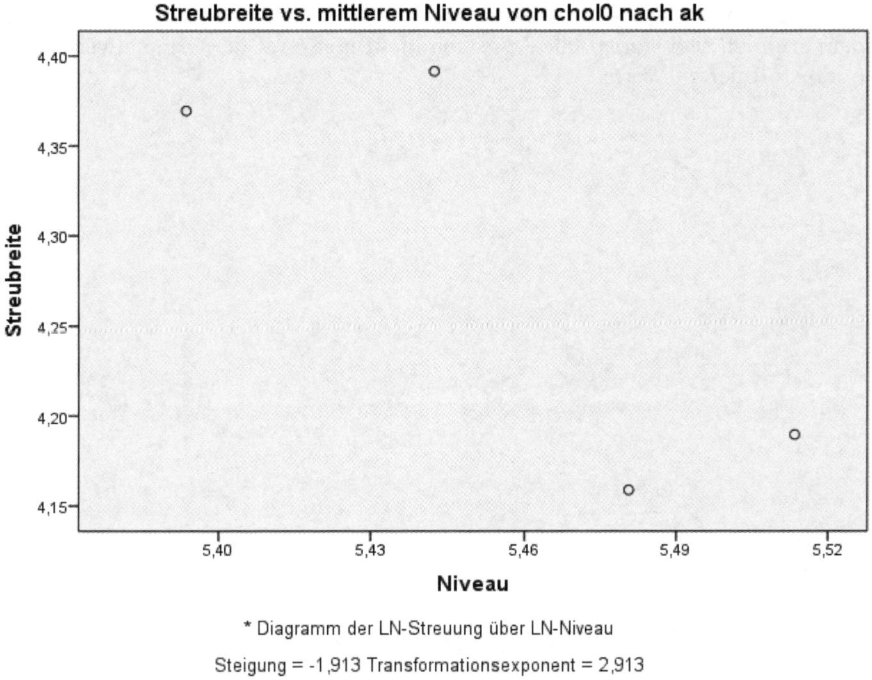

Bild 8.9: Streuung der Werte in Abhängigkeit vom Zentralwert

Sind die Varianzen nicht homogen, sondern heterogen (signifikantes Ergebnis des Levene-Tests), bietet SPSS die Möglichkeit, an den Daten eine so genannte Potenztransformation vorzunehmen. Kreuzen Sie dazu in der Dialogbox *Explorative Datenanalyse: Diagramme* die Auswahlmöglichkeit *Transformiert* an, und wählen Sie im Exponentenfeld den Ihnen passend erscheinenden Exponenten. Dabei stehen die in der folgenden Tabelle aufgeführten Exponenten zur Verfügung.

Exponent	Transformation
3	Kubisch
2	Quadratisch
1/2	Quadratwurzel
0	Natürlicher Logarithmus
-1/2	Reziproker Wert der Quadratwurzel (1/Quadratwurzel)
-1	Reziproker Wert

Den Erfolg der Transformation können Sie beurteilen, wenn Sie erneut die »Streubreite versus Niveau« plotten. Mit solchen Transformationen sollte man aber sehr vorsichtig umgehen. Nichtlineare Transformationen ändern die Verhältnisse zwischen den Gruppen, außerdem gründen sich statistische Aussagen nicht mehr auf die Originalwerte, sondern auf die transformierten Werte.

KAPITEL 9

Kreuztabellen

Bislang haben wir nur einzelne Merkmale betrachtet. Wir haben Häufigkeitsauszählungen durchgeführt sowie einzelne Variablen durch statistische Kennwerte wie z. B. Minimum, Maximum und Mittelwert beschrieben. Derartige Analysen bezeichnet man als univariate Analysen. In diesem Kapitel wollen wir zu bivariaten Analysen übergehen und uns mit der Frage beschäftigen, ob zwischen zwei bzw. mehreren Variablen Zusammenhänge bestehen.

SPSS hält verschiedene Prozeduren bereit, mit deren Hilfe Zusammenhänge zwischen zwei Variablen analysiert werden können. Zusammenhänge zwischen nichtmetrischen, also nominal- oder ordinalskalierten Variablen mit nicht allzu vielen Kategorien, lassen sich am besten in Form von Kreuztabellen darstellen. SPSS stellt hierfür den Chi-Quadrat-Test zur Verfügung, der überprüft, ob sich die beobachteten Häufigkeiten signifikant von den erwarteten Häufigkeiten unterscheiden. Darüber hinaus werden verschiedene Assoziationsmaße angeboten. Berechnungen von Zusammenhängen zwischen metrischen, also intervall- und verhältnisskalierten, Variablen werden in Kapitel 12 (Mittewertvergleiche) behandelt.

9.1 Erstellen von Kreuztabellen

Am 10. April 1912 wird die Titanic, die als das größte, sicherste und luxuriöseste Schiff galt, für ihre Jungfernfahrt nach New York vorbereitet. Streng nach Klassen getrennt, gehen die Passagiere an Bord. Nur vier Tage später rammt das Schiff einen Eisberg und sinkt innerhalb nur weniger Stunden. Der Untergang der Titanic wird zum Sinnbild für die Dreiklassengesellschaft des viktorianischen England und zum Symbol für einen unkritischen Technik- und Fortschrittsglauben.

Anhand einer Kreuztabelle wollen wir im Folgenden den Zusammenhang zwischen der Klassenzugehörigkeit der Passagiere und der Tatsache, ob sie die Katastrophe überlebt haben, näher analysieren.

- Laden Sie die Datei titanic.sav.
- Um Kreuztabellen sowie hierauf bezogene Assoziationsmaße zu erhalten, wählen Sie aus dem Menü

  Analysieren
      Deskriptive Statistiken
          Kreuztabellen...

Es öffnet sich die Dialogbox *Kreuztabellen*.

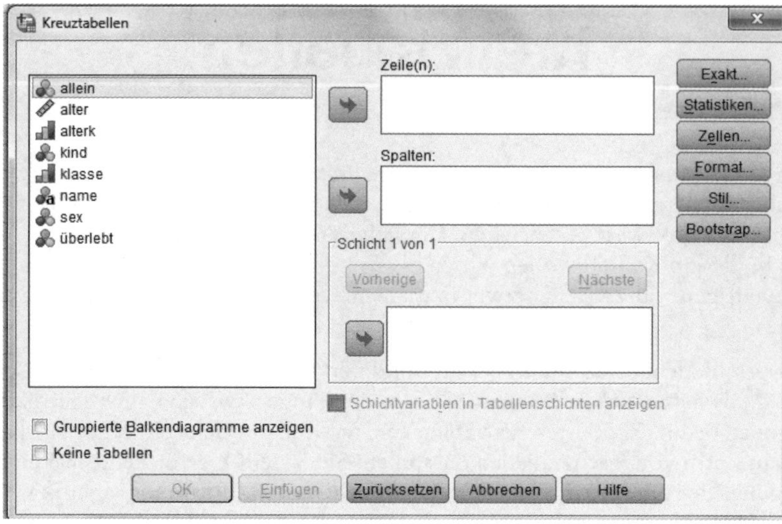

Bild 9.1: Dialogbox Kreuztabellen

In der Quellvariablenliste erscheinen die Variablen der aktiven Datendatei. Sie wählen hier die Variablen, die Sie als Zeilen- und Spaltenvariablen verwenden wollen. Für jede Kombination wird eine Kreuztabelle erstellt. Stehen z. B. drei Variablen in der Liste *Zeilen* und zwei Variablen in der Liste *Spalten*, so erhalten Sie 3 · 2 = 6 Kreuztabellen. Wir wollen zunächst eine Kreuztabelle aus den Variablen klasse (Klassenzugehörigkeit des Passagiers an Bord des Schiffs) und überlebt (Information, ob der Passagier starb oder gerettet wurde) bilden. Gehen Sie wie folgt vor:

- Übertragen Sie die Variable klasse in die Zeilenliste und die Variable überlebt in die Spaltenliste.
- Klicken Sie auf *OK*, um die Kreuztabelle im voreingestellten Format zu erhalten. Im Viewer werden die beiden folgenden Tabellen angezeigt.

Zusammenfassung der Fallverarbeitung

	Fälle					
	Gültig		Fehlend		Gesamtsumme	
	H	Prozent	H	Prozent	H	Prozent
Klasse * Überlebt?	1310	100,0%	0	0,0%	1310	100,0%

Kreuztabelle Klasse*Überlebt?

Anzahl

		Überlebt?		Gesamtsumme
		Gerettet	Gestorben	
Klasse	1. Klasse	201	123	324
	2. Klasse	118	158	276
	3. Klasse	183	527	710
Gesamtsumme		502	808	1310

Die erste Tabelle enthält Informationen über die zugrunde liegende Fallzahl. Die Anzahl der Passagiere an Bord der Titanic beläuft sich auf 1310 Personen. Von allen Personen liegt eine Information vor, ob sie überlebt haben oder verstorben sind, so dass es keine fehlenden Werte gibt.

Die zweite Tabelle ist die eigentliche Kreuztabelle. Die Variable überlebt bildet die Spaltenvariable, da jede Merkmalsausprägung (gerettet, gestorben) in einer Spalte der Tabelle ausgegeben wird. Die Variable klasse ist die Zeilenvariable, da jede Merkmalsausprägung (1. Klasse, 2. Klasse, 3. Klasse) in einer Zeile der Tabelle erscheint. Der Eintrag in jeder Zelle gibt die Anzahl der Fälle an (die Häufigkeit). So haben z. B. 201 Passagiere der ersten Klasse überlebt, 118 Personen aus der zweiten sowie 183 aus der dritten Klasse. Den Voreinstellungen des Programms entsprechend wird in den einzelnen Zellen nur die absolute Häufigkeit angezeigt. Die innerhalb der Kreuztabelle eingetragenen Variablenlabels und Wertelabels entsprechen den Variablendefinitionen der SPSS-Datendatei. Die Zahlen rechts neben der Tabelle und unterhalb der Tabelle (Gesamt) werden Randsummen genannt, und zwar Zeilen- bzw. Spaltensummen. Die Zeilensummen zeigen in unserem Beispiel an, dass 324 (201 + 123) Personen Passagiere der ersten Klasse waren. Die Spaltensummen zeigen an, dass 502 Passagiere (201 + 118 + 183) das Unglück überlebt haben. Insgesamt können wir die Angaben u. a. wie folgt interpretieren:

- Von den 1310 Titanic-Passagieren gehörten 324 zur ersten, 276 zur zweiten und 710 zur dritten Klasse.
- Bei der ersten Klasse haben von 324 Personen 201 Personen überlebt, während es bei der dritten Klasse von 710 Personen lediglich 183 waren.
- 502 Passagiere an Bord der Titanic wurden gerettet, während 808 Personen den Untergang des Schiffs nicht überlebten.

Der erste Eindruck, den uns die Kreuztabelle vermittelt, deutet auf einen Zusammenhang zwischen den beiden Variablen klasse und überlebt hin. Die Überlebenswahrscheinlichkeit der Passagiere der ersten Klasse scheint deutlich höher zu liegen als die der dritten Klasse. Wir wollen den Zusammenhang ein wenig näher untersuchen; dabei sollen folgende Fragen präziser beantwortet werden:

- Gibt es überhaupt einen Zusammenhang?
- Was lässt sich über die Stärke des Zusammenhangs sagen?
- Welche Aussagen können über die Richtung und die Art des Zusammenhangs getroffen werden?

Eine Möglichkeit, die Existenz eines Zusammenhangs näher zu untersuchen, ist die Ausgabe der erwarteten Häufigkeit. Um die erwartete Häufigkeit auszugeben, gehen Sie wie folgt vor:

- Wählen Sie aus dem Menü

  Analysieren
  Deskriptive Statistiken
  Kreuztabellen...

In der Zeilenliste sollte noch die Variable klasse eingetragen sein, in der Spaltenliste die Variable überlebt.

- Klicken Sie auf die Schaltfläche *Zellen...* Es öffnet sich die Dialogbox *Kreuztabellen: Zellen anzeigen.*

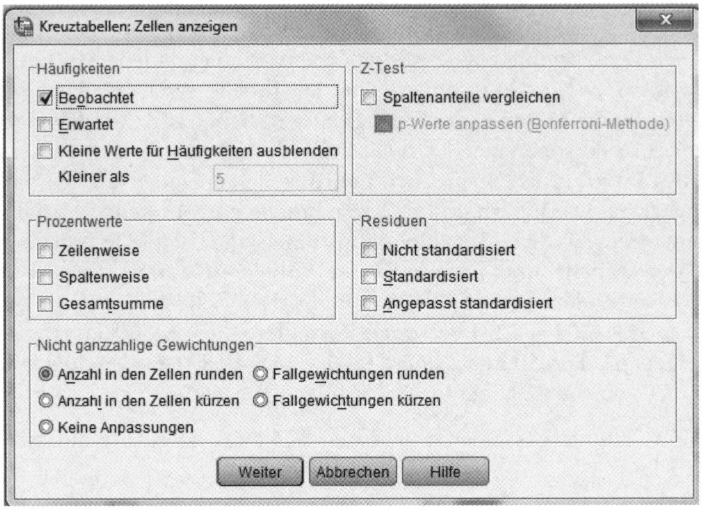

Bild 9.2: Dialogbox Kreuztabellen: Zellen anzeigen

Die voreingestellte Anzeige für Kreuztabellen enthält nur die Ausgabe der Anzahl der beobachteten Häufigkeiten in jeder Zelle. Im Auswahlkasten *Häufigkeiten* können Sie eine oder mehrere der folgenden Angaben wählen:

- *Beobachtet:* Es handelt sich um die beobachteten Häufigkeiten. Dies ist die Voreinstellung.
- *Erwartet:* Aktivieren Sie diese Anzeige, so werden die erwarteten Häufigkeiten angezeigt. Diese berechnen sich aus dem Produkt der betreffenden Zeilen- und Spaltensumme, geteilt durch die Gesamtsumme der Häufigkeiten (erwartete Häufigkeit = Zeilensumme · Spaltensumme / Gesamtsumme der Häufigkeit).

- Aktivieren Sie die Option *Erwartet.*
- Bestätigen Sie mit *Weiter* und anschließend mit *OK.* Sie erhalten die folgende Kreuztabelle.

Kreuztabelle Klasse*Überlebt?

			Überlebt?		
			Gerettet	Gestorben	Gesamtsumme
Klasse	1. Klasse	Anzahl	201	123	324
		Erwartete Anzahl	124,2	199,8	324,0
	2. Klasse	Anzahl	118	158	276
		Erwartete Anzahl	105,8	170,2	276,0
	3. Klasse	Anzahl	183	527	710
		Erwartete Anzahl	272,1	437,9	710,0
Gesamtsumme		Anzahl	502	808	1310
		Erwartete Anzahl	502,0	808,0	1310,0

Neben den beobachteten Häufigkeiten (Anzahl) sind nun auch die erwarteten Häufigkeiten (erwartete Anzahl) aufgenommen worden.

Die erwarteten Häufigkeiten, also diejenigen Häufigkeiten, die vorliegen müssten, wenn statistisch betrachtet kein Zusammenhang zwischen den betreffenden Variablen vorläge, lassen sich für die sechs Zellen der obigen Kreuztabelle wie folgt berechnen:

Zelle	Anzahl (beobachtete Werte)	Rechenformel	Ergebnis	Erwartete Anzahl (gerundeter Wert)
1. Zelle	201	324 · 502 / 1310	124,15877	124,2
2. Zelle	123	324 · 808 / 1310	199,84122	199,8
3. Zelle	118	276 · 502 / 1310	105,76488	105,8
4. Zelle	158	276 · 808 / 1310	170,23511	170,2
5. Zelle	183	710 · 502 / 1310	272,07633	272,1
6. Zelle	527	710 · 808 / 1310	437,92366	437,9

Wir können die Angaben wie folgt interpretieren:

Während bei der ersten und der zweiten Klasse die absolute Häufigkeit bei den geretteten Personen höher ist als die erwartete Häufigkeit (201 statt 124,2; 118 statt 105,8), liegt sie bei der dritten Klasse niedriger (183 statt 272,1). Bei der Merkmalsausprägung »gestorben« finden wir den entgegengesetzten Trend: Während bei der ersten und zweiten Klasse die absolute Häufigkeit bei den ertrunkenen Personen niedriger ist als die erwartete Häufigkeit (123 statt 199,8; 158 statt 170,2), liegt sie bei der dritten Klasse höher (527 statt 437,9). Wir können diesen Sachverhalt in folgender Tabelle zusammenfassen:

	Gerettet	Gestorben
1. Klasse	absolute Häufigkeit > erwartete Häufigkeit	absolute Häufigkeit < erwartete Häufigkeit
2. Klasse	absolute Häufigkeit > erwartete Häufigkeit	absolute Häufigkeit < erwartete Häufigkeit
3. Klasse	absolute Häufigkeit < erwartete Häufigkeit	absolute Häufigkeit > erwartete Häufigkeit

Unser Eindruck, dass die Überlebenswahrscheinlichkeiten der Passagiere der ersten und der zweiten Klasse höher liegen als die der dritten Klasse, scheint sich zu bestätigen. Eine weitere Möglichkeit, um die Existenz eines solchen Zusammenhangs näher zu untersuchen, ist die Berechnung der Residuen. Diese sind ein Maß dafür, wie stark beobachtete und erwartete Häufigkeiten voneinander abweichen. Um die Residualhäufigkeit auszugeben, gehen Sie wie folgt vor:

- Wählen Sie aus dem Menü

Analysieren
Deskriptive Statistiken
Kreuztabellen...

In der Zeilenliste sollte noch die Variable klasse eingetragen sein, in der Spaltenliste die Variable überlebt.

- Klicken Sie auf *Zellen...* Aktiviert sein sollten noch die Optionen *Beobachtet* und *Erwartet.*

Im Auswahlkasten *Residuen* können Sie eine oder mehrere der folgenden Angaben wählen:

- *Nicht standardisiert:* Zeigt nicht standardisierte Residuen an, d. h. beobachtete Zellenhäufigkeiten (f_o) minus erwartete Zellenhäufigkeiten (f_e).
- *Standardisiert:* Zeigt standardisierte Residuen an. Die nicht standardisierten Residuen werden hierbei durch die Quadratwurzel aus der erwarteten Häufigkeit dividiert:

$$\frac{f_o - f_e}{\sqrt{f_e}}$$

Die standardisierten Residuen sind nützlich bei der näheren Analyse des Chi-Quadrat-Tests (siehe Kap. 9.3.1).

- *Angepasst standardisiert:* Die standardisierten Residuen werden unter Berücksichtigung der Zeilen- und Spaltensummen adjustiert.

$$\frac{f_o - f_e}{\sqrt{f_e \cdot (1 - \frac{z}{N}) \cdot (1 - \frac{s}{N})}}$$

Dabei ist z die betreffende Zeilen- und s die betreffende Spaltensumme; N ist die Gesamthäufigkeit.

Im Auswahlkasten *Nicht ganzzahlige Gewichtungen* können Sie Werte vor oder nach der Berechnung der Zellhäufigkeiten abschneiden oder runden sowie für die Tabellenanzeige als auch für statistische Berechnungen gebrochene Zellhäufigkeiten verwenden. Bei den Zellhäufigkeiten handelt es sich normalerweise um ganzzahlige Werte, da sie für die Anzahl der Fälle in den einzelnen Zellen stehen. Der Auswahlkasten *Nichtganzzahlige Gewichtungen* ist jedoch dann von Interesse, wenn die aktuelle Datendatei mit einer Gewichtungsvariablen mit Bruchzahlenwerten gewichtet ist, da in diesem Fall die Zellhäufigkeiten ebenfalls Bruchwerte sein können.

- *Anzahl in den Zellen runden:* Fallgewichte werden verwendet wie gegeben, aber die addierten Gewichte für die Zellen werden gerundet, bevor Statistiken berechnet werden.
- *Anzahl in den Zellen kürzen:* Fallgewichte werden verwendet wie gegeben, aber die addierten Gewichte für die Zellen werden auf den ganzzahligen Anteil reduziert, bevor Statistiken berechnet werden.
- *Fallgewichtungen runden:* Fallgewichte werden gerundet, bevor sie verwendet werden.
- *Fallgewichtungen kürzen:* Fallgewichte werden auf den ganzzahligen Anteil reduziert, bevor sie verwendet werden.
- *Keine Anpassungen:* Fallgewichte werden verwendet wie gegeben und auch nicht ganzzahlige Zellhäufigkeiten werden verwendet.

- Aktivieren Sie im Auswahlkasten *Residuen* zusätzlich die Option *Nicht standardisiert.*
- Bestätigen Sie mit *Weiter* und klicken Sie in der Hauptdialogbox auf *OK*. Sie erhalten die folgende Kreuztabelle.

Kreuztabelle Klasse*Überlebt?

			Überlebt?		
			Gerettet	Gestorben	Gesamtsumme
Klasse	1. Klasse	Anzahl	201	123	324
		Erwartete Anzahl	124,2	199,8	324,0
		Residuum	76,8	-76,8	
	2. Klasse	Anzahl	118	158	276
		Erwartete Anzahl	105,8	170,2	276,0
		Residuum	12,2	-12,2	
	3. Klasse	Anzahl	183	527	710
		Erwartete Anzahl	272,1	437,9	710,0
		Residuum	-89,1	89,1	
Gesamtsumme		Anzahl	502	808	1310
		Erwartete Anzahl	502,0	808,0	1310,0

An den Zelleninhalten können Sie erkennen, dass die Residuen gleich der beobachteten Häufigkeit minus der theoretisch erwarteten Häufigkeit sind (bezogen auf die erste Zelle z. B. 201 – 124,2 = 76,8). Die mit Plus- oder Minuszeichen versehenen Residuen lassen den gegenläufigen Trend bei Passagieren der ersten und der dritten Klasse noch deutlicher erkennen.

Ein Nachteil der Kreuztabellen, die wir bisher ausgegeben haben, ist der Umstand, dass nur die absoluten Werte zur Verfügung stehen. Um Werte gemäß ihrer Bedeutung zu gewichten, ist die Kenntnis der jeweiligen prozentualen Anteile wichtig. Um zusätzlich prozentuale Anteile auszugeben, gehen Sie wie folgt vor:

- Wählen Sie aus dem Menü

  Analysieren
      Deskriptive Statistiken
          Kreuztabellen...

- Übernehmen Sie die bisherigen Eintragungen und klicken Sie auf *Zellen...* Es öffnet sich die Dialogbox *Kreuztabellen: Zellen anzeigen*. Im Auswahlkasten *Prozentwerte* können Sie eine oder mehrere der folgenden Angaben wählen:

▶ *Zeilenweise:* Es handelt sich um die Zeilenprozentwerte: die Anzahl der Fälle in jeder Zelle, prozentuiert auf die Zeilensumme.

▶ *Spaltenweise:* Es handelt sich um die Spaltenprozentwerte: die Anzahl der Fälle in jeder Zelle, prozentuiert auf die Spaltensumme.

▶ *Gesamt:* Es handelt sich um die Gesamtprozente: die Anzahl der Fälle in jeder Zelle, prozentuiert auf die Gesamtsumme.

- Klicken Sie zusätzlich auf *Zeilenweise*, *Spaltenweise* und *Gesamt.*
- Bestätigen Sie mit *Weiter* und klicken Sie in der Hauptdialogbox auf *OK*.

Im Viewer sehen Sie die folgende Kreuztabelle.

Kreuztabelle Klasse*Überlebt?

			Überlebt?		
			Gerettet	Gestorben	Gesamtsumme
Klasse	1. Klasse	Anzahl	201	123	324
		Erwartete Anzahl	124,2	199,8	324,0
		% in Klasse	62,0%	38,0%	100,0%
		% in Überlebt?	40,0%	15,2%	24,7%
		% des Gesamtergebnisses	15,3%	9,4%	24,7%
		Residuum	76,8	-76,8	
	2. Klasse	Anzahl	118	158	276
		Erwartete Anzahl	105,8	170,2	276,0
		% in Klasse	42,8%	57,2%	100,0%
		% in Überlebt?	23,5%	19,6%	21,1%
		% des Gesamtergebnisses	9,0%	12,1%	21,1%
		Residuum	12,2	-12,2	
	3. Klasse	Anzahl	183	527	710
		Erwartete Anzahl	272,1	437,9	710,0
		% in Klasse	25,8%	74,2%	100,0%
		% in Überlebt?	36,5%	65,2%	54,2%
		% des Gesamtergebnisses	14,0%	40,2%	54,2%
		Residuum	-89,1	89,1	
Gesamtsumme		Anzahl	502	808	1310
		Erwartete Anzahl	502,0	808,0	1310,0
		% in Klasse	38,3%	61,7%	100,0%
		% in Überlebt?	100,0%	100,0%	100,0%
		% des Gesamtergebnisses	38,3%	61,7%	100,0%

Zusätzlich werden nun die prozentuale Zeilenhäufigkeit, die prozentuale Spaltenhäufigkeit sowie die prozentuale Gesamthäufigkeit ausgegeben. Bei der prozentualen Zeilenhäufigkeit wird eine Prozentuierung auf den jeweiligen Zeilensummenwert vorgenommen, bei der prozentualen Spaltenhäufigkeit eine Prozentuierung auf den jeweiligen Spaltensummenwert; bei der prozentualen Gesamthäufigkeit wird auf die Gesamtzahl der gültigen Fälle (hier: 1310) prozentuiert.

Wählen wir als Beispiel die erste Zelle, deren Werte sich wie folgt interpretieren lassen:

- Von den insgesamt 324 Passagieren der ersten Klasse haben 201 überlebt, das sind 62,0%.
- Von 502 Geretteten stammen 201 aus der ersten Klasse, was 40,0% aller geretteten Passagiere entspricht.
- Unter den 1310 Passagieren kommen 201 aus der ersten Klasse, was 15,3% aller Passagiere der Titanic entspricht.

Es werden also insgesamt drei verschiedene Prozentuierungen angeboten, von denen aber in der Regel nur eine sinnvoll ist. Ferner ist in fast allen Fällen eine der beiden Variablen, die in eine Kreuztabelle eingehen, als abhängig, die andere Variable als unabhängig zu betrachten; sinnvoll ist es dann, die unabhängige Variable als Basis der Prozentuierung zu verwenden.

Im gegebenen Beispiel ist die abhängige Variable die Variable überlebt. Sie wird als abhängig von der Klassenzugehörigkeit an Bord angesehen. Unter Berücksichtigung der Anordnung in der Kreuztabelle ist bezogen auf unsere Fragestellung vor allem die Prozentuierung auf die Zeilensumme (% von Gerettet) nützlich, die im Folgenden noch einmal zusammengestellt ist:

	Gerettet	**Gestorben**
1. Klasse	62,0%	38,0%
2. Klasse	42,8%	57,2%
3. Klasse	25,8%	74,2%

Da sich in unserem Fall die prozentualen Verteilungen erheblich voneinander unterscheiden, können wir auf einen statistischen Zusammenhang zwischen den Merkmalen klasse und überlebt schließen. Wesentlich mehr Passagiere der ersten Klasse haben überlebt als Passagiere der dritten Klasse. Die Passagiere der zweiten Klasse nehmen damit verglichen eine Mittellage ein. Ein klassenspezifischer Unterschied hinsichtlich der Überlebenswahrscheinlichkeit der Passagiere ist somit deutlich erkennbar. Ob dieser Unterschied signifikant ist, wird mit dem Chi-Quadrat-Test entschieden (siehe Kap. 9.3.1).

Tabellenformate für Kreuztabellen

Sie können die Sortierfolge der Zeilenvariablen einer Kreuztabelle verändern, indem Sie in der Dialogbox *Kreuztabelle* auf *Format...* klicken. Es öffnet sich die Dialogbox *Kreuztabellen: Tabellenformat.*

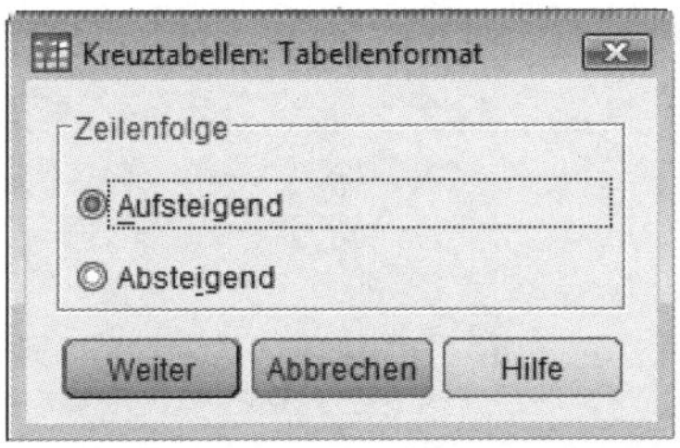

Bild 9.3: Dialogbox Kreuztabellen: Tabellenformat

Im Auswahlkasten *Zeilenfolge* können Sie eine der folgenden Alternativen für die Anordnung der Werte wählen:

- *Aufsteigend:* Die Werte der Zeilenvariablen werden in aufsteigender Ordnung vom niedrigsten zum höchsten Wert angezeigt. Dies ist die Voreinstellung.
- *Absteigend:* Die Werte werden in absteigender Ordnung vom höchsten zum niedrigsten Wert angezeigt.

Einsatz von Gruppen- und Schichtenvariablen

Die bislang ausgegebenen Kreuztabellen sollen nach dem Geschlecht aufgeschlüsselt werden. Denkbar ist, dass die Variable geschlecht einen Einfluss auf den Zusammenhang zwischen überlebt und klasse ausübt. Nicht zuletzt galt ja die Maxime der christlichen Seefahrt »Frauen und Kinder zuerst von Bord«. Um eventuell bestehende geschlechtsspezifische Unterschiede zu erfassen, ist die Ausgabe getrennter Tabellen erforderlich, und zwar eine Tabelle für jedes Geschlecht. Solche Tabellen können interessante Unterschiede zwischen einzelnen Merkmalsausprägungen ergeben. Die Variable sex spielt daher in diesem Fall die Funktion einer Schichtenvariablen. Durchgeführt wird ein Gruppenwechsel, d.h., für jede Gruppe – in unserem Beispiel für die Eigenschaften weiblich und männlich – wird eine eigene Kreuztabelle ausgegeben.

Um eine Schichtenvariable hinzuzunehmen, gehen Sie wie folgt vor:

- Wählen Sie aus dem Menü

  Analysieren
  Deskriptive Statistiken
  Kreuztabellen...

In der Zeilenliste sollte noch die Variable klasse eingetragen sein, in der Spaltenliste die Variable überlebt.

- Übertragen Sie die Variable sex in das Schichtenvariablenfeld. Dieses ist das noch freie dritte Feld in der Dialogbox.

Die Dialogbox *Kreuztabellen* sieht nun wie in Bild 9.4 dargestellt aus.

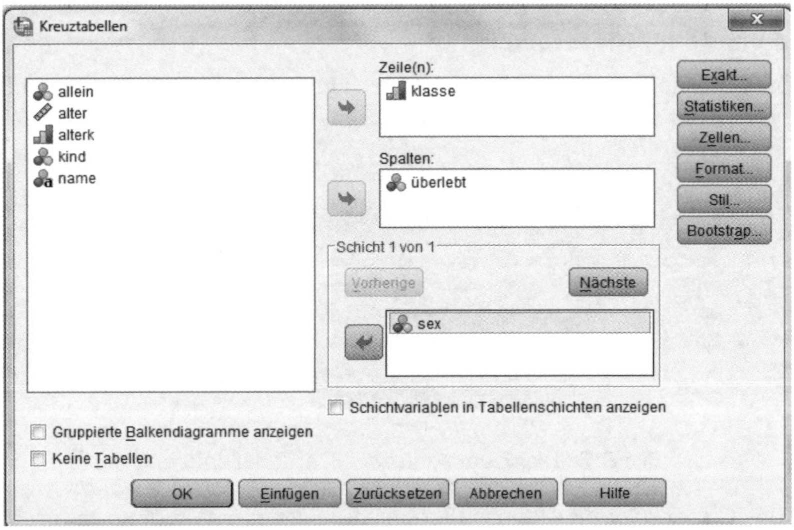

Bild 9.4: Ausgefüllte Dialogbox Kreuztabellen

Wahlweise können Sie weitere Ebenen von Schichtenvariablen wählen. Für jede Kategorie jeder Schichtenvariablen wird eine eigene Kreuztabelle erstellt. Weitere Ebenen von Schichtenvariablen können Sie hinzunehmen, indem Sie auf *Weiter* klicken. Jede weitere Ebene unterteilt die Kreuztabellierung in kleinere Untergruppen. Die Schaltflächen *Weiter* und *Zurück* können Sie verwenden, um zwischen den verschiedenen Ebenen der Schichtenvariablen zu wechseln. Die Unterteilung in Schichtenvariablen ist beim Einsatz statistischer Kennziffern allerdings nur bei genügend großen Fallzahlen sinnvoll.

- Klicken Sie auf den Schalter *Zellen*. Lassen Sie sich die beobachteten und die erwarteten Häufigkeiten ausgeben sowie die Prozentwerte zeilenweise, spaltenweise und gesamt. Bestätigen Sie mit *Weiter*.
- Klicken Sie nun auf *OK*. Sie erhalten nach Geschlechtern getrennte Kreuztabellen der Variablen klasse und überlebt.

Kreuztabelle Klasse*Überlebt?*Geschlecht

Geschlecht				Überlebt? Gerettet	Überlebt? Gestorben	Gesamtsumme
Männlich	Klasse	1. Klasse	Anzahl	62	118	180
			Erwartete Anzahl	34,8	145,2	180,0
			% in Klasse	34,4%	65,6%	100,0%
			% in Überlebt?	38,0%	17,4%	21,4%
			% des Gesamtergebnisses	7,4%	14,0%	21,4%
		2. Klasse	Anzahl	24	146	170
			Erwartete Anzahl	32,9	137,1	170,0
			% in Klasse	14,1%	85,9%	100,0%
			% in Überlebt?	14,7%	21,5%	20,2%
			% des Gesamtergebnisses	2,8%	17,3%	20,2%
		3. Klasse	Anzahl	77	416	493
			Erwartete Anzahl	95,3	397,7	493,0
			% in Klasse	15,6%	84,4%	100,0%
			% in Überlebt?	47,2%	61,2%	58,5%
			% des Gesamtergebnisses	9,1%	49,3%	58,5%
	Gesamtsumme		Anzahl	163	680	843
			Erwartete Anzahl	163,0	680,0	843,0
			% in Klasse	19,3%	80,7%	100,0%
			% in Überlebt?	100,0%	100,0%	100,0%
			% des Gesamtergebnisses	19,3%	80,7%	100,0%
Weiblich	Klasse	1. Klasse	Anzahl	139	5	144
			Erwartete Anzahl	104,5	39,5	144,0
			% in Klasse	96,5%	3,5%	100,0%
			% in Überlebt?	41,0%	3,9%	30,8%
			% des Gesamtergebnisses	29,8%	1,1%	30,8%
		2. Klasse	Anzahl	94	12	106
			Erwartete Anzahl	76,9	29,1	106,0
			% in Klasse	88,7%	11,3%	100,0%
			% in Überlebt?	27,7%	9,4%	22,7%
			% des Gesamtergebnisses	20,1%	2,6%	22,7%
		3. Klasse	Anzahl	106	111	217
			Erwartete Anzahl	157,5	59,5	217,0
			% in Klasse	48,8%	51,2%	100,0%
			% in Überlebt?	31,3%	86,7%	46,5%
			% des Gesamtergebnisses	22,7%	23,8%	46,5%
	Gesamtsumme		Anzahl	339	128	467
			Erwartete Anzahl	339,0	128,0	467,0
			% in Klasse	72,6%	27,4%	100,0%
			% in Überlebt?	100,0%	100,0%	100,0%
			% des Gesamtergebnisses	72,6%	27,4%	100,0%
Gesamtsumme	Klasse	1. Klasse	Anzahl	201	123	324
			Erwartete Anzahl	124,2	199,8	324,0
			% in Klasse	62,0%	38,0%	100,0%
			% in Überlebt?	40,0%	15,2%	24,7%
			% des Gesamtergebnisses	15,3%	9,4%	24,7%
		2. Klasse	Anzahl	118	158	276
			Erwartete Anzahl	105,8	170,2	276,0
			% in Klasse	42,8%	57,2%	100,0%
			% in Überlebt?	23,5%	19,6%	21,1%
			% des Gesamtergebnisses	9,0%	12,1%	21,1%
		3. Klasse	Anzahl	183	527	710
			Erwartete Anzahl	272,1	437,9	710,0
			% in Klasse	25,8%	74,2%	100,0%
			% in Überlebt?	36,5%	65,2%	54,2%
			% des Gesamtergebnisses	14,0%	40,2%	54,2%
	Gesamtsumme		Anzahl	502	808	1310
			Erwartete Anzahl	502,0	808,0	1310,0
			% in Klasse	38,3%	61,7%	100,0%
			% in Überlebt?	100,0%	100,0%	100,0%
			% des Gesamtergebnisses	38,3%	61,7%	100,0%

Das Hinzunehmen der Variablen sex als Schichtenvariable verdeutlicht die sehr starken geschlechtsspezifischen Effekte der Überlebenswahrscheinlichkeit an Bord der Titanic. Während von den Männern der 1. Klasse 34,4% überlebten, sind es von den Frauen der 1. Klasse 96,5%. Von den Männern der 3. Klasse überlebten lediglich 15,6% den Untergang der Titanic, während es von den Frauen der 3. Klasse 48,8% waren.

Wir wollen im Folgenden noch die Variable kind, welche die Angabe enthält, ob es sich um ein Kind oder um einen erwachsenen Passagier handelt, als Schichtenvariable der zweiten Ebene hinzunehmen.

Gehen Sie hierfür wie folgt vor:

- Wählen Sie aus dem Menü

  Analysieren
  Deskriptive Statistiken
  Kreuztabellen...

In der Zeilenliste sollte noch die Variable klasse eingetragen sein, in der Spaltenliste die Variable überlebt und im Schichtenvariablenfeld die Variable sex.

- Übertragen Sie in das Schichtenvariablenfeld zusätzlich die Variable kind.
- Bestätigen Sie mit *OK*.

Nach der Ihnen bereits bekannten Kreuztabelle wird im Viewer nun noch eine zweite Kreuztabelle mit der Schichtenvariablen kind ausgegeben.

Kreuztabelle Klasse*Überlebt?*Kind oder Erwachsener

Kind oder Erwachsener				Überlebt? Gerettet	Überlebt? Gestorben	Gesamtsumme
Kind	Klasse	1. Klasse	Anzahl	6	1	7
			Erwartete Anzahl	3,9	3,1	7,0
			% in Klasse	85,7%	14,3%	100,0%
			% in Überlebt?	9,4%	2,0%	6,1%
			% des Gesamtergebnisses	5,3%	0,9%	6,1%
		2. Klasse	Anzahl	26	0	26
			Erwartete Anzahl	14,6	11,4	26,0
			% in Klasse	100,0%	0,0%	100,0%
			% in Überlebt?	40,6%	0,0%	22,8%
			% des Gesamtergebnisses	22,8%	0,0%	22,8%
		3. Klasse	Anzahl	32	49	81
			Erwartete Anzahl	45,5	35,5	81,0
			% in Klasse	39,5%	60,5%	100,0%
			% in Überlebt?	50,0%	98,0%	71,1%
			% des Gesamtergebnisses	28,1%	43,0%	71,1%
	Gesamtsumme		Anzahl	64	50	114
			Erwartete Anzahl	64,0	50,0	114,0
			% in Klasse	56,1%	43,9%	100,0%
			% in Überlebt?	100,0%	100,0%	100,0%
			% des Gesamtergebnisses	56,1%	43,9%	100,0%
Erwachsener	Klasse	1. Klasse	Anzahl	185	106	291
			Erwartete Anzahl	111,5	179,5	291,0
			% in Klasse	63,6%	36,4%	100,0%
			% in Überlebt?	44,9%	16,0%	27,1%
			% des Gesamtergebnisses	17,2%	9,9%	27,1%
		2. Klasse	Anzahl	87	145	232
			Erwartete Anzahl	88,9	143,1	232,0
			% in Klasse	37,5%	62,5%	100,0%
			% in Überlebt?	21,1%	21,9%	21,6%
			% des Gesamtergebnisses	8,1%	13,5%	21,6%
		3. Klasse	Anzahl	140	412	552
			Erwartete Anzahl	211,6	340,4	552,0
			% in Klasse	25,4%	74,6%	100,0%
			% in Überlebt?	34,0%	62,1%	51,3%
			% des Gesamtergebnisses	13,0%	38,3%	51,3%
	Gesamtsumme		Anzahl	412	663	1075
			Erwartete Anzahl	412,0	663,0	1075,0
			% in Klasse	38,3%	61,7%	100,0%
			% in Überlebt?	100,0%	100,0%	100,0%
			% des Gesamtergebnisses	38,3%	61,7%	100,0%
Gesamtsumme	Klasse	1. Klasse	Anzahl	191	107	298
			Erwartete Anzahl	119,3	178,7	298,0
			% in Klasse	64,1%	35,9%	100,0%
			% in Überlebt?	40,1%	15,0%	25,1%
			% des Gesamtergebnisses	16,1%	9,0%	25,1%
		2. Klasse	Anzahl	113	145	258
			Erwartete Anzahl	103,3	154,7	258,0
			% in Klasse	43,8%	56,2%	100,0%
			% in Überlebt?	23,7%	20,3%	21,7%
			% des Gesamtergebnisses	9,5%	12,2%	21,7%
		3. Klasse	Anzahl	172	461	633
			Erwartete Anzahl	253,4	379,6	633,0
			% in Klasse	27,2%	72,8%	100,0%
			% in Überlebt?	36,1%	64,7%	53,2%
			% des Gesamtergebnisses	14,5%	38,8%	53,2%
	Gesamtsumme		Anzahl	476	713	1189
			Erwartete Anzahl	476,0	713,0	1189,0
			% in Klasse	40,0%	60,0%	100,0%
			% in Überlebt?	100,0%	100,0%	100,0%
			% des Gesamtergebnisses	40,0%	60,0%	100,0%

Während 85,7% der Kinder der ersten Klasse überlebt haben sowie alle Kinder der zweiten Klasse sind es von den Kindern der dritten Klasse lediglich 39,5%. Da uns nicht zu jedem Passagier der Titanic Angaben über das Alter vorliegen, beläuft sich, wie der Tabelle »Verarbeitete Fälle« zu entnehmen ist, die Anzahl der fehlenden Fälle auf 9,2%.

Im Unterschied zur vorherigen Ausgabe wollen wir im Folgenden die Variable kind nicht als eine weitere Schichtenvariable, sondern als Schichtenvariable der zweiten Ebene einsetzen.

Gehen Sie hierfür wie folgt vor:

- Wählen Sie aus dem Menü

  Analysieren
  Deskriptive Statistiken
  Kreuztabellen...

In der Zeilenliste sollte noch die Variable klasse eingetragen sein, in der Spaltenliste die Variable überlebt und im Schichtenvariablenfeld die Variablen sex und kind.

- Transportieren Sie zunächst die Variable kind in die Quellvariablenliste zurück.
- Klicken Sie im Schichtenvariablenfeld auf den Schalter *Nächste*.
- Übertragen Sie nun die Variable kind in das Schichtenvariablenfeld.

Die Dialogbox sollte nunmehr wie folgt aussehen.

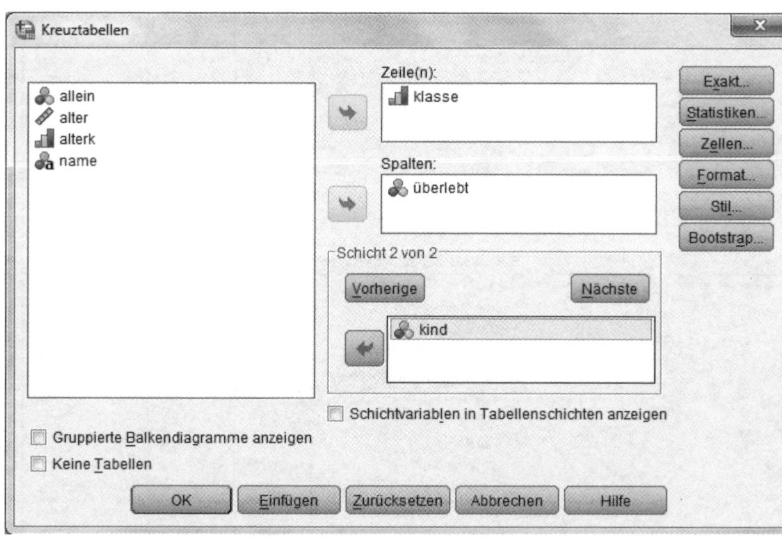

Bild 9.5: Dialogbox Kreuztabellen mit Schichtenvariable der zweiten Ebene

- Bestätigen Sie die Einstellungen in der obigen Dialogbox mit *OK*.

Im Viewer erscheint die folgende Kreuztabelle.

Kreuztabelle Klasse*Überlebt?*Geschlecht*Kind oder Erwachsener

					Überlebt?		Gesamtsumme
Kind oder Erwachsener	Geschlecht				Gerettet	Gestorben	
Kind	Männlich	Klasse	1. Klasse	Anzahl	5	0	5
				Erwartete Anzahl	2,5	2,5	5,0
				% in Klasse	100,0%	0,0%	100,0%
				% in Überlebt?	16,7%	0,0%	8,3%
			2. Klasse	Anzahl	11	0	11
				Erwartete Anzahl	5,5	5,5	11,0
				% in Klasse	100,0%	0,0%	100,0%
				% in Überlebt?	36,7%	0,0%	18,3%
			3. Klasse	Anzahl	14	30	44
				Erwartete Anzahl	22,0	22,0	44,0
				% in Klasse	31,8%	68,2%	100,0%
				% in Überlebt?	46,7%	100,0%	73,3%
		Gesamtsumme		Anzahl	30	30	60
				Erwartete Anzahl	30,0	30,0	60,0
				% in Klasse	50,0%	50,0%	100,0%
				% in Überlebt?	100,0%	100,0%	100,0%
	Weiblich	Klasse	1. Klasse	Anzahl	1	1	2
				Erwartete Anzahl	1,3	,7	2,0
				% in Klasse	50,0%	50,0%	100,0%
				% in Überlebt?	2,9%	5,0%	3,7%
			2. Klasse	Anzahl	15	0	15
				Erwartete Anzahl	9,4	5,6	15,0
				% in Klasse	100,0%	0,0%	100,0%
				% in Überlebt?	44,1%	0,0%	27,8%
			3. Klasse	Anzahl	18	19	37
				Erwartete Anzahl	23,3	13,7	37,0
				% in Klasse	48,6%	51,4%	100,0%
				% in Überlebt?	52,9%	95,0%	68,5%
		Gesamtsumme		Anzahl	34	20	54
				Erwartete Anzahl	34,0	20,0	54,0
				% in Klasse	63,0%	37,0%	100,0%
				% in Überlebt?	100,0%	100,0%	100,0%
	Gesamtsumme	Klasse	1. Klasse	Anzahl	6	1	7
				Erwartete Anzahl	3,9	3,1	7,0
				% in Klasse	85,7%	14,3%	100,0%
				% in Überlebt?	9,4%	2,0%	6,1%
			2. Klasse	Anzahl	26	0	26
				Erwartete Anzahl	14,6	11,4	26,0
				% in Klasse	100,0%	0,0%	100,0%
				% in Überlebt?	40,6%	0,0%	22,8%
			3. Klasse	Anzahl	32	49	81
				Erwartete Anzahl	45,5	35,5	81,0
				% in Klasse	39,5%	60,5%	100,0%
				% in Überlebt?	50,0%	98,0%	71,1%
		Gesamtsumme		Anzahl	64	50	114
				Erwartete Anzahl	64,0	50,0	114,0
				% in Klasse	56,1%	43,9%	100,0%
				% in Überlebt?	100,0%	100,0%	100,0%
Erwachsener	Männlich	Klasse	1. Klasse	Anzahl	52	102	154
				Erwartete Anzahl	27,2	126,8	154,0
				% in Klasse	33,8%	66,2%	100,0%
				% in Überlebt?	42,6%	17,9%	22,3%
			2. Klasse	Anzahl	11	134	145
				Erwartete Anzahl	25,6	119,4	145,0
				% in Klasse	7,6%	92,4%	100,0%
				% in Überlebt?	9,0%	23,5%	21,0%
			3. Klasse	Anzahl	59	334	393
				Erwartete Anzahl	69,3	323,7	393,0
				% in Klasse	15,0%	85,0%	100,0%
				% in Überlebt?	48,4%	58,6%	56,8%
		Gesamtsumme		Anzahl	122	570	692
				Erwartete Anzahl	122,0	570,0	692,0
				% in Klasse	17,6%	82,4%	100,0%
				% in Überlebt?	100,0%	100,0%	100,0%
	Weiblich	Klasse	1. Klasse	Anzahl	133	4	137
				Erwartete Anzahl	103,7	33,3	137,0
				% in Klasse	97,1%	2,9%	100,0%
				% in Überlebt?	45,9%	4,3%	35,8%
			2. Klasse	Anzahl	76	11	87
				Erwartete Anzahl	65,9	21,1	87,0
				% in Klasse	87,4%	12,6%	100,0%
				% in Überlebt?	26,2%	11,8%	22,7%
			3. Klasse	Anzahl	81	78	159
				Erwartete Anzahl	120,4	38,6	159,0
				% in Klasse	50,9%	49,1%	100,0%
				% in Überlebt?	27,9%	83,9%	41,5%
		Gesamtsumme		Anzahl	290	93	383
				Erwartete Anzahl	290,0	93,0	383,0
				% in Klasse	75,7%	24,3%	100,0%
				% in Überlebt?	100,0%	100,0%	100,0%
	Gesamtsumme	Klasse	1. Klasse	Anzahl	185	106	291
				Erwartete Anzahl	111,5	179,5	291,0
				% in Klasse	63,6%	36,4%	100,0%
				% in Überlebt?	44,9%	16,0%	27,1%
			2. Klasse	Anzahl	87	145	232
				Erwartete Anzahl	88,9	143,1	232,0
				% in Klasse	37,5%	62,5%	100,0%
				% in Überlebt?	21,1%	21,9%	21,6%
			3. Klasse	Anzahl	140	412	552
				Erwartete Anzahl	211,6	340,4	552,0
				% in Klasse	25,4%	74,6%	100,0%
				% in Überlebt?	34,0%	62,1%	51,3%
		Gesamtsumme		Anzahl	412	663	1075
				Erwartete Anzahl	412,0	663,0	1075,0
				% in Klasse	38,3%	61,7%	100,0%
				% in Überlebt?	100,0%	100,0%	100,0%

Die obige sowie die zuvor wiedergegebene Kreuztabelle lassen sich z. B. nutzen, um eine Rangliste der Überlebenden der Titanic zu erstellen, die im Folgenden wiedergegeben ist.

Rangliste der Überlebenden der Titanic

Rangplatz	Segmentbeschreibung	Anteil der Geretteten in %
1	Kinder, 2. Klasse	100,0
2	Frauen, 1. Klasse	97,1
3	Frauen, 2. Klasse	87,4
4	Kinder, 1. Klasse	85,7
5	Frauen, 3. Klasse	50,9
6	Kinder, 3. Klasse	39,5
7	Männer, 1. Klasse	33,8
8	Besatzung der Titanic	29,5
9	Männer, 3. Klasse	15,0
10	Männer, 2. Klasse	7,6

Die abschließende Rangliste verdeutlicht noch einmal die starken Effekte, welche von den Variablen Geschlecht, Kind oder Erwachsener und der Klassenzugehörigkeit an Bord der Titanic auf die Überlebensquote ausgehen. Der Anteil der Geretteten in Prozent bei der Besatzung ist der Datei titanic-crew.sav zu entnehmen.

9.2 Grafische Veranschaulichung von Kreuztabellen

Zur Verdeutlichung von Zusammenhängen können Sie die Ergebnisse einer Kreuztabelle visuell darstellen. Gehen Sie hierfür wie folgt vor:

- Wählen Sie aus dem Menü

  Grafik

  Diagrammerstellung...

Es öffnet sich die Dialogbox *Diagrammerstellung.*

- Wählen Sie aus der Galerie die Option *Balken.* Verschiedene Balkendiagramme werden daraufhin angezeigt.
- Wählen Sie *Gruppierte Balken* und ziehen Sie das Muster auf die Arbeitsfläche der Diagrammvorschau.
- Ziehen Sie die Variable überlebt auf das Feld für die X-Achse, die Variable klasse in das Feld für die Cluster- bzw. Gruppierungsvariable.

Die Dialogbox *Diagrammerstellung* sollte nunmehr wie folgt aussehen:

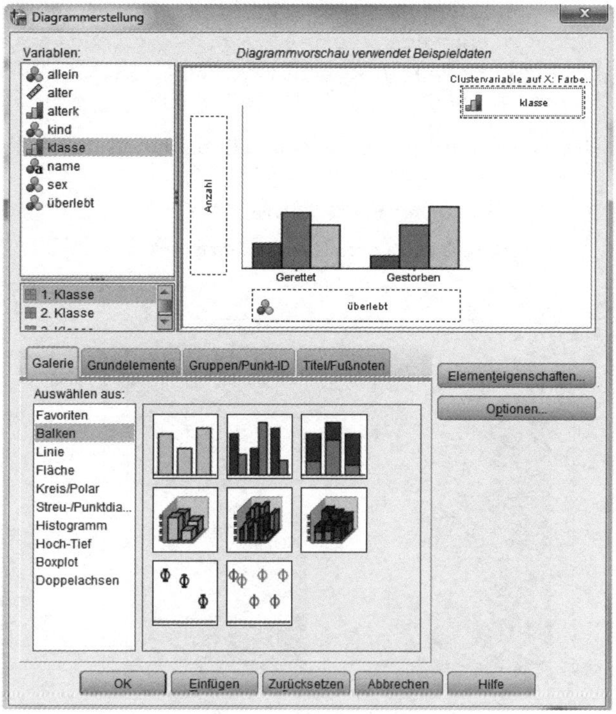

Bild 9.6: Gruppiertes Balkendiagramm in der Diagrammvorschau

- Klicken Sie auf den Schalter *Elementeigenschaften…*, falls die Dialogbox *Elementeigenschaften* noch nicht geöffnet sein sollte.
- Wählen Sie unter Statistik die Option *Prozentsatz.*
- Klicken Sie auf den Schalter *Parameter festlegen...* und bestimmen Sie als Nenner für die Berechnung des Prozentsatzes *Gesamt für jede Kategorie der Legendenvariablen.*
- Bestätigen Sie mit *Weiter* und schließen Sie die Dialogbox *Elementeigenschaften* per Klick auf den Schalter *Anwenden.*
- Ziehen Sie die Registerkarte *Titel/Fußnoten*, klicken Sie auf das Kästchen *Titel 1* und tragen sie in der sich öffnenden Dialogbox *Elementeigenschaften* unter *Inhalt* »Untergang der Titanic« ein.
- Bestätigen Sie mit *Anwenden.*
- Geben Sie wie oben beschrieben als *Titel 2* »Überlebensquote nach Klassenzugehörigkeit« ein.
- Bestätigen Sie erneut mit *Anwenden* und insgesamt abschließend mit *OK.*

- Übertragen Sie per Mausklick das Diagramm in den Diagrammeditor und verschönern Sie die Grafik noch ein wenig, indem Sie z. B. die Legende verschieben. Benutzen Sie hierfür jeweils die linke Maustaste und bewegen Sie die einzelnen Objekte durch Klicken und Ziehen.

Sie erhalten nunmehr die folgende grafische Darstellung der Kreuztabelle.

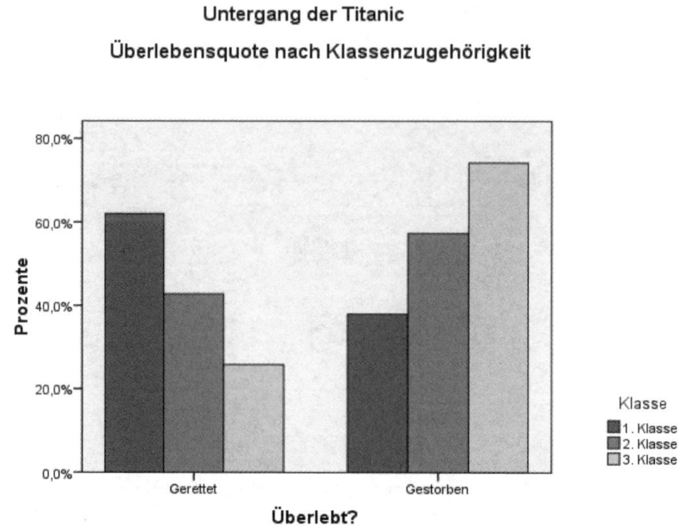

Bild 9.7: Grafische Darstellung: Balkendiagramm

Die Dreiklassengesellschaft des viktorianischen England, welche sich bis in die Rettungsboote der Titanic erstreckte, illustriert die Grafik recht gut.

9.3 Statistiken für Kreuztabellen

Um Statistiken für Kreuztabellen zu erhalten, klicken Sie auf die Schaltfläche *Statistiken...* in der Dialogbox *Kreuztabellen*. Es öffnet sich die Dialogbox *Kreuztabellen: Statistik*.

Die aufgeführten Kontrollfelder ermöglichen Ihnen die Wahl einer oder mehrerer der folgenden Statistiken.

- Chi-Quadrat-Test
- Korrelationen
- Assoziationsmaße für nominalskalierte Variablen
- Assoziationsmaße für ordinalskalierte Variablen
- Assoziationsmaße für intervallskalierte Variablen
- Kappa-Koeffizient

- Risiko
- McNemar-Test
- Cochran- und Mantel-Haenszel-Statistik

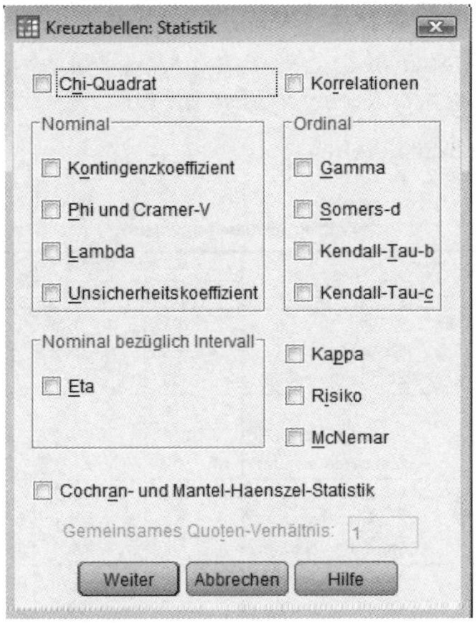

Bild 9.8: Dialogbox Kreuztabellen: Statistik

Diese Statistiken sollen in den beiden folgenden Abschnitten behandelt werden, wobei dem Chi-Quadrat-Test wegen seiner großen Bedeutung ein eigener Abschnitt gewidmet ist.

9.3.1 Chi-Quadrat-Test

Der Chi-Quadrat-Test überprüft die Unabhängigkeit der beiden Variablen der Kreuztabelle und damit indirekt den Zusammenhang der beiden Merkmale. Zwei Variablen einer Kreuztabelle gelten dann als voneinander unabhängig, wenn die beobachteten Häufigkeiten (f_0) der einzelnen Zeilen mit den erwarteten Häufigkeiten (f_e) übereinstimmen. F_0 steht hierbei für frequencies observed, f_e für frequencies expected. Um den Chi-Quadrat-Test aufzurufen, gehen Sie wie folgt vor:

- Wählen Sie aus dem Menü

  Analysieren
  Deskriptive Statistiken
  Kreuztabellen...

- Übertragen Sie die Variable klasse in die Zeilenliste, die Variable überlebt in die Spaltenliste.

- Klicken Sie auf die Schaltfläche *Zellen...* Aktivieren Sie in der Dialogbox *Kreuztabellen: Zellen anzeigen* neben der voreingestellten Option *Beobachtet* die Optionen *Erwartet* und *Standardisiert*. Bestätigen Sie mit *Weiter*.
- Klicken Sie auf die Schaltfläche *Statistiken...*

Es öffnet sich die bereits beschriebene Dialogbox *Kreuztabellen: Statistik*.

- Aktivieren Sie die Option *Chi-Quadrat*. Bestätigen Sie anschließend mit *Weiter* und klicken Sie in der Dialogbox *Kreuztabellen* auf *OK*.

Sie erhalten die folgende Kreuztabelle.

Kreuztabelle Klasse*Überlebt?

			Überlebt?		
			Gerettet	Gestorben	Gesamtsumme
Klasse	1. Klasse	Anzahl	201	123	324
		Erwartete Anzahl	124,2	199,8	324,0
		Standardresiduum	6,9	-5,4	
	2. Klasse	Anzahl	118	158	276
		Erwartete Anzahl	105,8	170,2	276,0
		Standardresiduum	1,2	-,9	
	3. Klasse	Anzahl	183	527	710
		Erwartete Anzahl	272,1	437,9	710,0
		Standardresiduum	-5,4	4,3	
Gesamtsumme		Anzahl	502	808	1310
		Erwartete Anzahl	502,0	808,0	1310,0

Im Viewer werden ferner die Ergebnisse des Chi-Quadrat-Tests angezeigt:

Chi-Quadrat-Tests

	Wert	df	Asymp. Sig. (zweiseitig)
Pearson-Chi-Quadrat	126,679[a]	2	,000
Likelihood-Quotient	126,533	2	,000
Zusammenhang linear-mit-linear	126,465	1	,000
Anzahl der gültigen Fälle	1310		

a. 0 Zellen (0,0%) haben die erwartete Anzahl von weniger als 5. Die erwartete Mindestanzahl ist 105,76.

Zur Berechnung des Chi-Quadrat-Werts werden drei verschiedene Formeln benutzt: die nach Pearson, Likelihood und linear-mit-linear. Handelt es sich bei der Kreuztabelle um eine Vierfeldertafel und ist eine erwartete Häufigkeit kleiner als 5, so wird zusätzlich der exakte Test nach Fisher ausgeführt.

Chi-Quadrat nach Pearson

Die übliche Formel zur Berechnung des Chi-Quadrat-Werts ist diejenige nach Pearson:

$$\chi^2 = \sum \frac{(f_o - f_e)^2}{f_e}$$

Mathematisch äquivalent zu dieser Formel des Chi-Quadrat-Werts ist die folgende:

$$\chi^2 = \sum \frac{(f_o - f_e)^2}{\sqrt{f_e}}$$

Der Chi-Quadrat-Wert stellt somit die Summe der Quadrate der standardisierten Residuen dar, die über alle Felder der Kreuztabelle gebildet wird. Die Felder der Kreutztabelle mit hohen standardisierten Residuen liefern demnach einen hohen Beitrag zum Chi-Quadrat-Wert und damit zu einem signifikanten Ergebnis. Nach der bereits zitierten Faustregel zeigt ein standardisiertes Residuum von 2 oder größer eine signifikante Abweichung der beobachteten von der erwarteten Häufigkeit an.

Im gegebenen Beispiel ergibt sich nach Pearson ein höchst signifikanter Chi-Quadrat-Wert ($p < 0{,}001$). Betrachtet man die standardisierten Residuen in den einzelnen Feldern der Kreuztabelle, so erkennt man, dass diese Signifikanz in den Feldern der ersten und zweiten Klasse (jeweils gerettet und gestorben) begründet liegt. Bei Passagieren der ersten Klasse ist die Überlebenswahrscheinlichkeit deutlich erhöht, während sie bei der dritten Klasse deutlich zu niedrig ist. Anhand der standardisierten Residuen zeigt sich noch einmal die Mittellage der zweiten Klasse.

Der Chi-Quadrat-Wert nach Pearson lässt sich auf Basis der Formel am Beispiel des Untergangs der Titanic wie folgt berechnen, wobei leichte Abweichungen vom Endergebnis des SPSS-Outputs durch Rundungen zustande kommen.

f_o	f_e	$f_o - f_e$	$\sqrt{re}$	$\frac{(f_o - f_e)}{\sqrt{f_e}}$	$\frac{(f_o - f_e)^2}{\sqrt{f_e}}$
201	124,2	76,8	11,14	6,89	47,47
123	199,8	-76,8	14,13	-5,43	29,48
118	105,8	12,2	10,28	1,19	1,42
158	170,2	-12,2	13,05	-0,93	0,86
183	272,1	-89,1	16,49	-5,40	29,16
527	437,9	89,1	20,93	4,26	18,15
Σ					126,54

Fassen wir noch einmal zusammen: Für jedes Feld der Tabelle werden die quadrierten Abweichungen der erwarteten von den tatsächlichen Häufigkeiten durch die erwarteten Häufigkeiten dividiert. Die Quotienten werden anschließend addiert. Das Quadrieren sorgt dafür, dass negative wie positive Abweichungen gleichermaßen in das Maß eingehen und sich nicht wechselseitig aufheben. Die Division durch die erwarteten Häufigkeiten erfolgt, da sich sonst bei vielen Beobachtungen auch mehr Abweichungen ergeben würden. Je größer die Abweichung in einem Feld der Tabelle ist, umso größer fällt auch das Chi-Quadrat aus. Ein großes Chi-Quadrat ist mit großen Abweichungen verbunden und deutet auf einen Zusammenhang zwischen den Variablen hin.

Aus wahrscheinlichkeitstheoretischen Überlegungen lässt sich angeben, mit welcher Wahrscheinlichkeit sich ein Chi-Quadrat bestimmter Größenordnung ergibt, wenn die Variablen unabhängig voneinander sind. Dieser Zusammenhang wird mit Hilfe der so genannten Freiheitsgrade (df) der Kreuztabelle dargestellt. Die Anzahl der Freiheitsgrade bestimmt sich wie folgt: Freiheitsgrade = (Zeilen – 1) · (Spalten –1). Eine Kreuztabelle wie in unserem Fall mir drei Zeilen und zwei Spalten besitzt also 2 · 1 = 2 Freiheitsgrade, die in der Tabelle des Chi-Quadrat-Tests ausgewiesen werden. Mit Hilfe des Chi-Quadrat-Werts und der Anzahl der Freiheitsgrade lässt sich die Wahrscheinlichkeit ermitteln, mit der sich die vorliegende Abweichung für unabhängige Variablen ergibt.

Der Chi-Quadrat-Test setzt voraus, dass nur in maximal 20% der Felder der Kreuztabelle erwartete Häufigkeiten < 5 auftreten dürfen. Zeilen- und Spaltensummen müssen stets größer als null sein. Im vorliegenden Beispiel ist diese Voraussetzung voll und ganz erfüllt.

Sollte die Voraussetzung auf der Basis der Kreuztabelle nicht erfüllt sein, so erfolgt eine entsprechende Warnung, welche angibt, wie viel Prozent der Felder der Kreuztabelle eine erwartete Häufigkeit kleiner als 5 besitzen.

Likelihood-Quotienten-Chi-Quadrat

Eine Alternative zum Pearson'schen Chi-Quadrat-Wert ist das Likelihood-Quotienten-Chi-Quadrat:

$$\chi^2 = -2 \cdot \sum f_o \cdot \ln \frac{f_e}{f_o}$$

Für große Stichprobenumfänge ergeben das Pearson'sche Chi-Quadrat und das Likelihood-Quotienten-Chi-Quadrat sehr ähnliche Ergebnisse. In unserem Beispiel liegt ein Likelihood-Quotienten-Wert von 126,533 vor.

Mantel-Haenszel-Test

Angezeigt wird zusätzlich unter der Bezeichnung »linear-mit-linear« noch der Wert der Mantel-Haenszel-Teststatistik (126,465). Das Mantel-Haenszel-Chi-Quadrat ist ein weiteres Maß für den linearen Zusammenhang zwischen den Zeilen und Spalten einer Kreuztabelle. Es wird berechnet, indem man das Quadrat des Pearson'schen Korrelationskoeffizienten mit der Anzahl der Fälle minus 1 multipliziert:

$$\chi^2 = r^2 \cdot (n - 1)$$

Die sich ergebende Statistik hat einen Freiheitsgrad. Die Mantel-Haenszel-Statistik wird stets mit ausgegeben, wenn in der Dialogbox *Kreuztabellen: Statistik* die Option *Chi-Quadrat* aktiviert wird. Für nominale Daten sollte jedoch die Mantel-Haenszel-Statistik nicht verwendet werden.

9.3.2 Korrelationsmaße

Bislang haben wir nur die Existenz eines statistischen Zusammenhangs zwischen zwei Merkmalen überprüft. Im Folgenden wollen wir uns mit der Frage beschäftigen, welche Aussagen wir über die Stärke bzw. Schwäche eines Zusammenhangs sowie über die Art und die Richtung der Beziehung treffen können. Maßzahlen zur Quantifizierung eines solchen Zusammenhangs zwischen Variablen nennt man Korrelations- bzw. Assoziationsmaße. Zwei Variablen sind positiv korreliert, wenn eine gleichläufige bzw. gleichsinnige Beziehung vorliegt. Bei einer gleichsinnigen Beziehung gehen niedrige Werte bei der einen Variablen mit niedrigen Werten bei der anderen Variablen einher, hohe Werte mit hohen Werten. Zwei Variablen sind negativ korreliert, wenn eine gegenläufige bzw. gegensinnige Beziehung vorliegt. Bei einer gegensinnigen Beziehung gehen niedrige Werte bei der einen Variablen mit hohen Werten bei der anderen Variablen einher und umgekehrt. Korrelationsmaße nehmen stets Werte zwischen -1 und +1 an.

Als Korrelationsmaß zwischen ordinalen Variablen wird der Spearman'sche Korrelationskoeffizient benutzt, bei intervallskalierten und normalverteilten Variablen der Pearson'sche Produkt-Moment-Korrelationskoeffizient. Zu beachten ist dabei, dass jede nominalskalierte Variable, die zweifach abgestuft (dichotom) ist, als ordinalskalierte Variable betrachtet werden kann.

Wir wollen zunächst die Variablen klasse und überlebt der Datei titanic.sav auf Korrelation prüfen. Beachten Sie dabei, dass die dichotome Variable sex als gleichsam ordinalskaliert angesehen werden kann. Gehen Sie wie folgt vor:

- Wählen Sie aus dem Menü

  Analysieren
  Deskriptive Statistiken
  Kreuztabellen...

- Übertragen Sie die Variable klasse in die Zeilenliste und die Variable überlebt in die Spaltenliste.
- Klicken Sie auf die Schaltfläche *Statistiken...* Aktivieren Sie in der Dialogbox *Kreuztabellen: Statistik* die Option *Korrelationen*. Bestätigen Sie mit *Weiter*.
- Deaktivieren Sie in der Dialogbox *Kreuztabellen* die Ausgabe von Tabellen durch Anklicken der Option *Keine Tabellen*. Bestätigen Sie anschließend mit *OK*.

Es werden der Spearman'sche sowie der Pearson'sche Korrelationskoeffizient berechnet sowie ihre Signifikanzüberprüfung ausgegeben:

Symmetrische Maße

		Wert	Asymp. Standardfehler[a]	Näherungsweise A[b]	Näherungsweise Sig.
Intervall bezüglich Intervall	Pearson-R	,311	,027	11,827	,000[c]
Ordinal bezüglich Ordinal	Spearman-Korrelation	,308	,027	11,698	,000[c]
Anzahl der gültigen Fälle		1310			

a. Die Nullhypothese wird nicht vorausgesetzt.

b. Unter Annahme der Nullhyphothese wird der asymptotische Standardfehler verwendet.

c. Basierend auf normaler Approximation.

Da keine intervallskalierten Variablen vorliegen, betrachten wir den Spearman'schen Korrelationskoeffizienten. Er beträgt 0,308 und ist höchst signifikant ($p < 0,001$).

Ziehen Sie zur verbalen Beschreibung der Größe des jeweiligen Korrelationskoeffizienten folgende Tabelle zu Rate:

Werte des Korrelationskoeffizienten r				Interpretation
0,0 <	r	<=	0,2	Sehr geringe Korrelation
0,2 <	r	<=	0,5	Geringe Korrelation
0,5 <	r	<=	0,7	Mittlere Korrelation
0,7 <	r	<=	0,9	Hohe Korrelation
0,9 <	r	<=	1,0	Sehr hohe Korrelation

Ausgehend von der obigen Tabelle können wir folgende Aussagen treffen: Zwischen den Variablen klasse und überlebt liegt eine geringe Korrelation vor (Aussage über die Stärke der Beziehung), die Variablen sind positiv korreliert (Aussage über die Richtung der Beziehung).

Bei der Variablen klasse liegen die Werte »1« für die erste Klasse, »2« für die zweite Klasse und »3« für die dritte Klasse vor, die Variable überlebt verfügt über die Merkmalsausprägung »1« für gerettet sowie »2« für gestorben.

Die Gleichläufigkeit der Beziehung kann demzufolge so interpretiert werden, dass niedrige Werte der Variablen klasse mit niedrigen Werten der Variablen überlebt einhergehen sowie hohe Werte der einen Variablen mit hohen Werten der anderen Variablen, dass also Passagiere der ersten Klasse häufiger zu den Überlebenden zählen als Passagiere der dritten Klasse.

Prüfen wir nun die Variablen sex und überlebt auf Korrelation. Gehen Sie dabei wie oben beschrieben vor. Sie erhalten folgende Korrelationskoeffizienten:

Symmetrische Maße

		Wert	Asymp. Standardfehler[a]	Näherungsweise A[b]	Näherungsweise Sig.
Intervall bezüglich Intervall	Pearson-R	-,525	,024	-22,289	,000[c]
Ordinal bezüglich Ordinal	Spearman-Korrelation	-,525	,024	-22,289	,000[c]
Anzahl der gültigen Fälle		1310			

a. Die Nullhypothese wird nicht vorausgesetzt.

b. Unter Annahme der Nullhyphothese wird der asymptotische Standardfehler verwendet.

c. Basierend auf normaler Approximation.

Da es sich bei den Variablen sex und überlebt um zwei nominalskalierte dichotome Variablen handelt, die wir als gleichsam (»quasi«) ordinal behandeln, betrachten wir auch hier den Korrelationskoeffizienten nach Spearman. Er beträgt -0,525. Zwischen den Variablen sex und überlebt liegt somit eine mittlere Korrelation vor. Die Variablen sind negativ korreliert. Niedrige Werte der Variablen sex gehen folglich mit hohen Werten der Variablen überlebt einher, hohe Werte der Variablen sex mit niedrigen Werten der Variablen überlebt. Berücksichtigt man die Codierung der beiden Variablen (»1« = männlich und »2« = weiblich bei der Variablen sex sowie »1« = gerettet und »2« = gestorben bei der Variablen überlebt), so ergibt sich die Tatsache, dass die Überlebenswahrscheinlichkeit der Frauen an Bord der Titanic höher gewesen ist als die der Männer.

Prüfen wir abschließend die Variablen klasse und alter auf Korrelation. Sie erhalten folgende Korrelationskoeffizienten:

Symmetrische Maße

		Wert	Asymp. Standardfehler[a]	Näherungsweise A[b]	Näherungsweise Sig.
Intervall bezüglich Intervall	Pearson-R	-,413	,025	-15,608	,000[c]
Ordinal bezüglich Ordinal	Spearman-Korrelation	-,402	,026	-15,097	,000[c]
Anzahl der gültigen Fälle		1187			

a. Die Nullhypothese wird nicht vorausgesetzt.

b. Unter Annahme der Nullhyphothese wird der asymptotische Standardfehler verwendet.

c. Basierend auf normaler Approximation.

Da die Variable klasse lediglich ordinalskaliert ist, betrachten wir auch hier wieder den Spearman'schen Korrelationskoeffizienten; er beträgt -0,402. Zwischen den Variablen klasse und alter liegt eine geringe Korrelation vor. Die Variablen korrelieren negativ (gegenläufig), d.h., je größer die Werte der ersten Variablen sind, umso niedriger sind die Werte der zweiten Variablen und umgekehrt. Berücksichtigt man die Codierung der beiden Variablen, so ist davon auszugehen, dass ältere Personen eher in der ersten Klasse zu finden sind sowie jüngere Passagiere häufiger in der dritten Klasse, was eine entsprechende Kreuztabelle zwischen der Klassenzugehorigkeit an Bord der Titanic und dem Alter gruppiert nach Altersklassen verdeutlicht.

Kreuztabelle Klasse*Alter in Klassen

			Alter in Klassen				Gesamtsumme
			Bis 14 Jahre	15-30 Jahre	31-50 Jahre	Über 50 Jahre	
Klasse	1. Klasse	Anzahl	7	81	143	67	298
		Erwartete Anzahl	28,6	148,4	95,0	26,1	298,0
		Standardresiduum	-4,0	-5,5	4,9	8,0	
	2. Klasse	Anzahl	26	123	89	20	258
		Erwartete Anzahl	24,7	128,5	82,2	22,6	258,0
		Standardresiduum	,3	-,5	,7	-,5	
	3. Klasse	Anzahl	81	388	147	17	633
		Erwartete Anzahl	60,7	315,2	201,8	55,4	633,0
		Standardresiduum	2,6	4,1	-3,9	-5,2	
Gesamtsumme		Anzahl	114	592	379	104	1189
		Erwartete Anzahl	114,0	592,0	379,0	104,0	1189,0

Während in der zweiten Klasse keine Auffälligkeiten festzustellen sind, liegt der Anteil der Passagiere in der ersten Klasse, die 30 Jahre und jünger sind, deutlich zu niedrig, der Anteil der Passagiere, die 31 Jahre und älter sind, deutlich zu hoch. In der dritten Klasse zeigt sich ein gegenläufiger Trend. Besonders stark in das Chi-Quadrat-Maß geht die Kategorie der über 50-Jährigen ein mit einem standardisierten Residuum von +8,0 bei der ersten Klasse und –5,2 bei der dritten Klasse.

9.3.3 Assoziationsmaße für nominalskalierte Variablen

Der Korrelationskoeffizient als Maß für den Zusammenhang zwischen zwei Variablen ist nicht anwendbar bei nominalskalierten Variablen mit mehr als zwei Kategorien, da die betreffenden Kodierungen keiner Ordnungsrelation folgen und somit nicht sinnvollerweise in einer Richtung angeordnet werden können.

Als bestes Mittel, solche Zusammenhänge zu analysieren, halten wir den in Kap. 9.3.1 vorgestellten Chi-Quadrat-Test mit gegebenenfalls nachfolgender Analyse der beobachteten und erwarteten Häufigkeiten sowie der standardisierten Residuen.

Dennoch versuchte man auch hier, Maßzahlen für den Grad der »Assoziation« der beiden in Beziehung gesetzten Variablen zu entwickeln. Diese geben dann den Grad der Abhängigkeit bzw. Unabhängigkeit zwischen den beiden nominalskalierten Variablen an, wobei ein Wert um 0 völlige Unabhängigkeit der Variablen bedeutet und ein Wert um 1 größte Abhängigkeit. Negative Werte treten bei den Assoziationsmaßen nicht auf, da die Frage nach einer Richtung der Assoziation wegen des Fehlens einer Ordnungsrelation sinnlos ist.

In einer Mitgliederbefragung des Stadtverbands einer politischen Partei wurde u. a. nach dem Beruf gefragt und danach, ob die Befragten eine Parteifunktion ausüben oder nicht. Die Antworten der männlichen Befragten sind auszugsweise in der Datei partei.sav enthalten.

- Laden Sie die Datei partei.sav und erstellen Sie eine Kreuztabelle mit der Variablen funk als Zeilen- und der Variablen beruf als Spaltenvariable.
- Aktivieren Sie die Ausgabe der erwarteten Häufigkeiten, der standardisierten Residuen, der Spaltenprozente und des Chi-Quadrat-Tests.

Sie erhalten die folgende Ausgabe:

Kreuztabelle Parteifunktion*Beruf

			Beruf			
			Angestellter	Beamter	Selbständiger	Gesamtsumme
Parteifunktion	Ja	Anzahl	13	16	7	36
		Erwartete Anzahl	12,4	10,1	13,5	36,0
		% in Beruf	59,1%	88,9%	29,2%	56,3%
		Standardresiduum	,2	1,8	-1,8	
	Nein	Anzahl	9	2	17	28
		Erwartete Anzahl	9,6	7,9	10,5	28,0
		% in Beruf	40,9%	11,1%	70,8%	43,8%
		Standardresiduum	-,2	-2,1	2,0	
Gesamtsumme		Anzahl	22	18	24	64
		Erwartete Anzahl	22,0	18,0	24,0	64,0
		% in Beruf	100,0%	100,0%	100,0%	100,0%

Chi-Quadrat-Tests

	Wert	df	Asymp. Sig. (zweiseitig)
Pearson-Chi-Quadrat	15,017[a]	2	,001
Likelihood-Quotient	16,421	2	,000
Zusammenhang linear-mit-linear	4,420	1	,036
Anzahl der gültigen Fälle	64		

a. 0 Zellen (0,0%) haben die erwartete Anzahl von weniger als 5. Die erwartete Mindestanzahl ist 7,88.

Es liegt ein höchst signifikantes Ergebnis vor, und zwar sind die Parteifunktionen bei den Beamten über- und bei den Selbstständigen unterrepräsentiert, während die Angestellten im Schnitt liegen. Fordern Sie nun zusätzlich über den Schalter *Statistiken...* die Ausgabe sämtlicher Assoziationsmaße für nominalskalierte Variablen an.

Richtungsmaße

			Wert	Asymp. Standardfehler[a]	Näherungsweise A[b]	Näherungsweise Sig.
Nominal bezüglich Nominal	Lambda	Symmetrisch	,279	,104	2,554	,011
		Parteifunktion abhängig	,357	,140	2,111	,035
		Beruf abhängig	,225	,106	1,930	,054
	Goodman-und-Kruskal-Tau	Parteifunktion abhängig	,235	,093		,001[c]
		Beruf abhängig	,116	,051		,001[c]
	Unsicherheitskoeffizient	Symmetrisch	,144	,063	2,269	,000[d]
		Parteifunktion abhängig	,187	,082	2,269	,000[d]
		Beruf abhängig	,118	,052	2,269	,000[d]

a. Die Nullhypothese wird nicht vorausgesetzt.

b. Unter Annahme der Nullhyphothese wird der asymptotische Standardfehler verwendet.

c. Basierend auf der Chi-Quadrat-Approximation

d. Wahrscheinlichkeit des Likelihood-Quotienten-Chi-Quadrats

Symmetrische Maße

		Wert	Näherungsweise Sig.
Nominal bezüglich Nominal	Phi	,484	,001
	Cramer-V	,484	,001
	Kontingenzkoeffizient	,436	,001
Anzahl der gültigen Fälle		64	

Die in den beiden obigen Tabellen wiedergegebenen Assoziationsmaße sollen im Folgenden erläutert werden.

Kontingenzkoeffizient

Sein Wert liegt stets zwischen 0 und 1 und berechnet sich – ebenso wie bei Phi und Cramers V – aus dem Chi-Quadrat-Wert:

$$c = \sqrt{\frac{\chi^2}{\chi^2 + N}}$$

N ist dabei die Gesamthäufigkeit der Kreuztabelle. Da N immer größer als Null ist, wird der Wert 1 nie erreicht. Der maximale Wert ist von der Zeilen- und Spaltenzahl der Kreuztabelle abhängig und beträgt z. B. bei einer 3 · 2-Tabelle (wie im gegebenen Beispiel) 0,762. Aus diesem Grund ist der Kontingenzkoeffizient zwischen Kreuztabellen mit verschiedenen Felderzahlen nicht vergleichbar.

Phi

Dieser Koeffizient ist nur für 2 · 2-Tabellen verwendbar, da er sonst den Wert 1 übersteigen kann:

$$\varphi = \sqrt{\frac{\chi^2}{N}}$$

Cramers V

Diese Größe ist eine Variante von Phi, die für beliebige Kreuztabellen einen Wert zwischen 0 und 1 ergibt, wobei der Wert 1 auch erreicht werden kann:

$$V = \sqrt{\frac{\chi^2}{N \cdot (k-1)}}$$

Dabei ist k die kleinere der beiden Anzahlen der Zeilen und Spalten.

Die drei genannten Maße basieren auf der Teststatistik Chi-Quadrat, wobei auf unterschiedliche Weise versucht wird, den Wert auf die Stichprobengröße zu normieren. Da im gegebenen Beispiel in der Formel für Cramers V k = 2 ist, stimmen die Werte für Phi und Cramers V miteinander überein. Die Berechnung der Signifikanz basiert auf dem Chi-Quadrat-Wert.

Bei der Beurteilung der erhaltenen Maßzahlen (zwischen 0,4 und 0,5) ist zu bedenken, dass der Wert 1 nicht oder nur sehr schwer zu erreichen ist. Die anderen Assoziationsmaße (Lambda, Goodman-und-Kruskal-Tau und Unsicherheitskoeffizient) werden nach dem Konzept der so genannten proportionalen Fehlerreduktion berechnet. Bei diesen Maßen wird jeweils eine Variable als abhängige Variable betrachtet; aus diesem Grunde werden diese Maße auch »Richtungsmaße« genannt.

Lambda

Im gegebenen Beispiel wird man die Frage nach der Parteifunktion als abhängige Variable betrachten können, und zwar abhängig vom ausgeübten Beruf. Soll für eine beliebige Person eine Vorhersage darüber getroffen werden, ob sie ein Parteiamt ausübt oder nicht, so wird man natürlich die bestmögliche Vorhersage treffen, wenn man die am häufigsten gegebene Antwort heranzieht, hier also die Ausübung eines Parteiamtes vorhersagen. Es haben nämlich 56,3% der Personen diese Antwort gegeben; in 43,7% der Fälle wird man jedoch eine falsche Vorhersage treffen.

Die Vorhersage kann man verbessern, wenn man die andere Variable, also den Beruf, mit einbezieht. Bei den Angestellten würde man ebenso ein Parteiamt prognostizieren wie bei den Beamten, wobei bei neun Angestellten und bei zwei Beamten eine falsche Vorhersage getroffen würde. Bei den Selbstständigen würde man vorhersagen, dass diese Personen keine Parteifunktion ausüben und dabei in sieben Fällen irren. Bei den insgesamt 64 Personen würde also in 9 + 2 + 7 = 18 Fällen, das sind 28,1%, eine falsche Prognose gestellt. Die ursprüngliche Fehlerwahrscheinlichkeit von 43,7% ist also deutlich reduziert worden.

Aus den beiden Fehlerwahrscheinlichkeiten wird die relative Fehlerreduktion berechnet und Lambda genannt:

$$\text{Lambda} = \frac{\text{Fehler bei erster Prognose} - \text{Fehler bei zweiter Prognose}}{\text{Fehler bei erster Prognose}}$$

In unserem Beispiel ergibt sich:

$$\text{Lambda} = \frac{43{,}7\,\% - 28{,}1\%}{43{,}7\,\%} = 0{,}357$$

Erreicht der Fehler bei der zweiten Diagnose den Wert 0, wird Lambda = 1. Ist der Fehler bei der zweiten Prognose gleich dem der ersten Prognose, wird Lambda = 0. Hier liefert die zweite Variable keinerlei Unterstützung bei der Vorhersage der ersten (abhängigen) Variablen; beide Variablen sind völlig unabhängig voneinander.

Da der Computer nicht wissen kann, welche Variable als abhängig zu betrachten ist, gibt SPSS automatisch in diesem Zusammenhang zwei Werte an, wobei jede der beiden Variablen jeweils einmal als abhängig betrachtet wird. Für den Fall, dass Sie keine der beiden Variablen als abhängig deklarieren können, wird unter der Bezeichnung »symmetrisch« das gewichtete Mittel dieser beiden Werte angegeben.

Goodman und Kruskals Tau

Dies ist eine Variante des Lambda-Koeffizienten, die von SPSS stets zusammen mit diesem ausgegeben wird, wobei die Anzahl der richtig vorhergesagten Personen anders berechnet wird, und zwar werden die beobachteten Häufigkeiten mit ihren Prozenten gewichtet und aufaddiert. Dies ergibt zunächst für die alleinige Betrachtung der abhängigen Variablen (erste Prognose):

$$36 \cdot 56{,}3\% + 28 \cdot 43{,}8\% = 32{,}53$$

Folgt man diesem Ansatz, werden von den insgesamt 64 Personen 31,47 falsch vorhergesagt, das sind 49,17%.

Unter Berücksichtigung der zweiten Variablen erhält man nach dem entsprechenden Ansatz für die richtig vorhergesagten Personen (zweite Prognose):

$$13 \cdot 59{,}1\% + 16 \cdot 88{,}9\% + 7 \cdot 29{,}2\% + 9 \cdot 40{,}9\% + 2 \cdot 11{,}1\% + 17 \cdot 70{,}8\%$$

$$= 39{,}89$$

Bei der zweiten Prognose wurden also von den insgesamt 64 Personen 24,11, das sind 37,67%, falsch vorhergesagt. Dies ergibt in diesem Fall eine Fehlerreduktion von

$$\frac{49{,}17\,\% - 37{,}67\,\%}{49{,}17\,\%} = 0{,}235$$

Dieser Wert wird unter der Bezeichnung »Goodman-und-Kruskal-Tau« ausgegeben. Auch hier gibt SPSS einen zweiten Wert an; dieser ergibt sich, wenn man die andere Variable als abhängig betrachtet.

Unsicherheitskoeffizient

Dies ist eine weitere Variante von Lambda, wobei anstelle von fehlerhaften Prognosen von »Unsicherheit« gesprochen wird und diese Unsicherheit nach recht komplizierten Formeln bestimmt wird, so dass auf eine nähere Erläuterung des Rechengangs verzichtet wird.

Der Unsicherheitskoeffizient kann ebenfalls Werte zwischen 0 und 1 annehmen. Der Wert 1 bedeutet, dass die eine Variable exakt aus der anderen vorhergesagt werden kann.

9.3.4 Assoziationsmaße für ordinalskalierte Variablen

Alle diese Maße basieren auf der Anzahl der Fehlordnungen (Inversionen: I), die sich ergeben, wenn man die Werte einer der beiden Variablen in aufsteigender Reihenfolge niederschreibt und die Werte der anderen Variablen entsprechend zuordnet. Zusammen mit der Anzahl der richtigen Ordnungen (Proversionen: P) gehen sie auf verschiedene Weise in die entsprechenden Formeln für die Assoziationsmaße ein, die Werte zwischen minus 1 und plus 1 annehmen können.

Gamma

Gamma berechnet sich aus der einfachen Formel:

$$G = \frac{P - I}{P + I}$$

Treten keine Inversionen auf (I = 0), wird G = 1 (totaler Zusammenhang). Treten keine Proversionen, also ausschließlich Inversionen auf (P = 0), handelt es sich um einen maximal gegenläufigen Zusammenhang (G = -1). Ist P = I, ist keinerlei Zusammenhang gegeben (G = 0).

Somers d

Berechnet werden asymmetrisches und symmetrisches Somers d. Die Formel für Gamma wird durch einen Korrekturterm erweitert, der im Falle von Bindungen (Auftreten gleicher Messwerte) bei der abhängigen Variablen relevant wird:

$$d = \frac{P - I}{P + I + T_y}$$

Ein entsprechendes asymmetrisches Somers d gibt es mit dem Korrekturterm $T_{x.}$ Das symmetrische Somers d verwendet im Nenner den Mittelwert der beiden asymmetrischen Koeffizienten.

Kendalls Tau-b

Bei dieser Maßzahl werden die Bindungen sowohl der abhängigen als auch der unabhängigen Variablen berücksichtigt:

$$\tau_b = \frac{P - I}{\sqrt{(P + I + T_x) \cdot (P + I + T_y)}}$$

Die Werte -1 und +1 können nur bei einer quadratischen Kreuztabelle angenommen werden.

Kendalls Tau-c

Hier können die Werte -1 und +1 bei jeder Tabelle erreicht werden:

$$\tau_c = \frac{2 \cdot m \cdot (P - I)}{N^2 \cdot (m - 1)}$$

Dabei ist N die Gesamtsumme der Häufigkeiten; m ist die kleinere der Anzahlen der Zeilen und Spalten.

9.3.5 Weitere Assoziationsmaße

SPSS bietet weitere spezielle Assoziationsmaße an, die im Folgenden vorgestellt werden sollen.

Eta

Dieser Koeffizient ist geeignet, wenn die abhängige Variable Intervall- und die unabhängige Variable Ordinal- oder Nominalskalenniveau hat. Das Quadrat von Eta ist der Anteil der Gesamtvarianz, der durch die unabhängige Variable erklärt wird.

Kappa-Koeffizient

Cohens Kappa-Koeffizient kann nur für quadratische Kreuztabellen berechnet werden, in denen dieselben numerischen Kodierungen für die Zeilen- und die Spaltenvariable verwendet wurden. Der typische Anwendungsfall ist der, dass Personen oder Objekte durch zwei Gutachter beurteilt werden. Kappa gibt dann den Grad der Übereinstimmung zwischen den beiden Beurteilern an.

Risiko

Unter dieser Option verbergen sich bei SPSS drei verschiedene Koeffizienten, die für Vierfeldertafeln bestimmt werden können, wobei eine bestimmte Testsituation gegeben sein muss: Eine so genannte Risikovariable, die angibt, ob ein bestimmtes Ereignis eintrifft oder nicht, wird in Abhängigkeit von einer unabhängigen (ursächlichen) und ebenfalls dichotomen Variablen untersucht.

Dies soll an einem typischen Beispiel erläutert werden. Bei insgesamt 294 Probanden aus einer Studie über Depressionen ergab sich die folgende Häufigkeitsverteilung:

	Depression	
	Ja	Nein
Weiblich	a = 40	b = 143
Männlich	c = 10	d = 101

Die Depression mit den beiden Kategorien ja – nein ist die Risikovariable, das Geschlecht mit den beiden Kategorien weiblich – männlich die unabhängige (ursächliche) Variable.

In Zusammenhang mit solchen Studien spricht man von Kohorten- bzw. Fall-Kontrollstudien. Dabei untersuchen Kohortenstudien eine festgelegte Fallgruppe, bei denen das untersuchte Ereignis noch nicht eingetreten ist, über einen gewissen Zeitraum hinweg und stellen fest, bei welchen Fällen dieses Ereignis eintritt und bei welchen nicht und ob sich das Risiko des Eintretens zwischen den Kategorien einer unabhängigen Variablen unterscheidet. Bei Fall-Kontrollstudien hingegen wird eine Fallgruppe, bei der das Ereignis bereits eingetreten ist, mit einer Kontrollgruppe verglichen.

Zwei der von SPSS berechneten Koeffizienten werden üblicherweise bei Kohortenstudien, der dritte Koeffizient bei Fall-Kontrollstudien verwendet. In Kohortenstudien wird für die beiden Kategorien der unabhängigen Variablen (hier: das Geschlecht) die Inzidenzrate bestimmt. Bei den weiblichen Probanden ist die Inzidenzrate für das Auftreten einer Depression

$$\frac{40}{40 + 143} = 0,219$$

Bei den männlichen Probanden ist die Inzidenzrate

$$\frac{10}{10 + 101} = 0,09$$

Der Quotient aus den beiden Inzidenzraten

$$\frac{0,219}{0,090} = 2,426$$

wird als relatives Risiko bezeichnet. Das Risiko, depressiv zu werden, liegt bei den Frauen um das 2,426-Fache über dem bei den Männern. Da der Rechner nicht wissen kann, welche der beiden Kodierungen der Risikovariablen für das Vorhandensein der Depression steht, wird dieses relative Risiko für beide Ausprägungen der Risikovariablen berechnet.

Bei Fall-Kontrollstudien wird eine etwas andere Variante der Koeffizientenberechnung, die auch Odds Ratio genannt wird, verwendet. So sind die »Chancen« (odds) bei den Frauen, depressiv zu werden, 40/143, bei den Männern 10/101. Das Chancenverhältnis (Odds Ratio) ist demnach

$$\frac{40 \cdot 101}{143 \cdot 10} = 2,825$$

Bezeichnen wir die vier Häufigkeiten der Vierfeldertafel mit a, b, c und d (siehe oben), so werden demnach von SPSS die drei folgenden Koeffizienten berechnet:

$$R0 = \frac{a \cdot d}{b \cdot c}$$

$$R1 = \frac{a \cdot (c + d)}{c \cdot (a + b)}$$

$$R2 = \frac{b \cdot (c + d)}{d \cdot (a + b)}$$

Wir wollen das gegebene Beispiel in SPSS durchrechnen.

- Laden Sie die Datei depr.sav.

Die Datei enthält als Risikovariable die Variable depr mit den beiden Kodierungen 1 = ja und 2 = nein sowie die unabhängige (ursächliche) Variable sex mit den beiden Kodierungen 1 = weiblich und 2 = männlich. Ferner ist als weitere Variable die Häufigkeitsvariable n enthalten.

- Treffen Sie die Menüwahl

  Daten
  Fälle gewichten...

  und geben Sie n als Häufigkeitsvariable an.

- Definieren Sie anschließend in der Dialogbox *Kreuztabellen* die Variable sex als Zeilen- und die Variable depr als Spaltenvariable und aktivieren Sie über den Schalter *Statistiken...* die Option *Risiko*.

Es werden die folgenden Ergebnisse angezeigt.

Risikoschätzung

	Wert	95%-Konfidenzintervall	
		Unterer	Oberer
Odds-Verhältnis für Geschlecht (Weiblich / Männlich)	2,825	1,350	5,911
Für Kohort Depression = Ja	2,426	1,265	4,655
Für Kohort Depression = Nein	,859	,780	,946
Anzahl der gültigen Fälle	294		

Es werden nacheinander Odds Ratio (R0) und die beiden relativen Risiken (R1 und R2) ausgegeben, wobei auch ein 95%-Konfidenzintervall berechnet wird.

Möchten Sie Odds Ratio und das relative Risiko korrekt berechnen, müssen Sie Folgendes beachten:

- Definieren Sie die ursächliche (unabhängige) Variable als Zeilenvariable und die Risikovariable als Spaltenvariable.
- In der ersten der beiden Zeilen der Vierfeldertafel muss die Gruppe mit dem größeren Risiko eingetragen sein.
- In der ersten der beiden Spalten der Vierfeldertafel muss die Kodierung für das Eintreffen des Ereignisses enthalten sein.

Chi-Quadrat-Test nach McNemar

Der Chi-Quadrat-Test nach McNemar wird bei zwei abhängigen dichotomen Variablen eingesetzt; er ist in Kapitel 13.2.3 beschrieben.

Cochran- und Mantel-Haenszel-Statistik

Diese Statistik knüpft an die Berechnung des Odds Ratio bei Vierfeldertafeln an, die mit der Option *Risiko* ermöglicht wird. Dabei kommt eine Schichtenvariable (Kovariate) ins Spiel, wobei getestet wird, ob sich das Quotenverhältnis (Odds Ratio) über die Kategorien dieser Variable hinweg signifikant von 1 (oder auch einem anderen Wert) unterscheidet. Ein Beispiel mag dies verdeutlichen.

- Laden Sie die Datei angst.sav.

Von insgesamt 1737 Personen sind drei Variablen gespeichert, nämlich das Geschlecht (1 = weiblich, 2 = männlich), eine Angabe darüber, ob eine Angststörung vorliegt (1 = ja, 2 = nein), und eine Angabe über das Körpergewicht (1 = nicht übergewichtig, 2 = übergewichtig). Wir wollen getrennt nach Übergewichtigen und Nichtübergewichtigen eine Kreuztabelle zwischen dem Geschlecht und dem Auftreten von Angststörungen erstellen und dabei jeweils das Odds Ratio berechnen.

- Treffen Sie die Menüwahl

  Daten

  Aufgeteilte Datei...

- Aktivieren Sie die Option *Ausgabe nach Gruppen aufteilen* und geben Sie die Variable gewicht als Gruppierungsvariable an.
- Wählen Sie anschließend aus dem Menü

  Analysieren

  Deskriptive Statistiken

  Kreuztabellen...

- Tragen Sie die Variable sex als Zeilenvariable und die Variable angst als Spaltenvariable ein.
- Aktivieren Sie über den Schalter *Zellen...* die Ausgabe zeilenweiser Prozentwerte und über den Schalter *Statistiken...* die Option *Risiko*.

Die wesentliche Ausgabe ist im Folgenden wiedergegeben.

Übergewicht = Nein

Übergewicht = Nein

Kreuztabelle Geschlecht*Angststörung[a]

			Angststörung		Gesamtsumme
			Ja	Nein	
Geschlecht	Weiblich	Anzahl	154	592	746
		% in Geschlecht	20,6%	79,4%	100,0%
	Männlich	Anzahl	79	715	794
		% in Geschlecht	9,9%	90,1%	100,0%
Gesamtsumme		Anzahl	233	1307	1540
		% in Geschlecht	15,1%	84,9%	100,0%

a. Übergewicht = Nein

Risikoschätzung[a]

	Wert	95%-Konfidenzintervall Unterer	Oberer
Odds-Verhältnis für Geschlecht (Weiblich / Männlich)	2,354	1,758	3,154
Für Kohort Angststörung = Ja	2,075	1,612	2,670
Für Kohort Angststörung = Nein	,881	,844	,920
Anzahl der gültigen Fälle	1540		

a. Übergewicht = Nein

Übergewicht = Ja

Kreuztabelle Geschlecht*Angststörung[a]

			Angststörung Ja	Nein	Gesamtsumme
Geschlecht	Weiblich	Anzahl	22	62	84
		% in Geschlecht	26,2%	73,8%	100,0%
	Männlich	Anzahl	9	104	113
		% in Geschlecht	8,0%	92,0%	100,0%
Gesamtsumme		Anzahl	31	166	197
		% in Geschlecht	15,7%	84,3%	100,0%

a. Übergewicht = Ja

Risikoschätzung[a]

	Wert	95%-Konfidenzintervall Unterer	Oberer
Odds-Verhältnis für Geschlecht (Weiblich / Männlich)	4,100	1,776	9,468
Für Kohort Angststörung = Ja	3,288	1,597	6,771
Für Kohort Angststörung = Nein	,802	,698	,921
Anzahl der gültigen Fälle	197		

a. Übergewicht = Ja

Das Auftreten der Angststörung ist in beiden Fällen bei den Frauen deutlich erhöht. Das Odds Ratio beträgt bei den Nichtübergewichtigen 2,354 und bei den Übergewichtigen 4,100.

Wir wollen nun die Cochran- und Mantel-Haenszel-Statistik berechnen.

- Um zunächst die Aufteilung nach Gruppen wieder rückgängig zu machen, aktivieren Sie nach der Menüwahl

  Daten
  Aufgeteilte Datei...

  die Option *Alle Fälle analysieren, keine Gruppen bilden.*

- In der Dialogbox *Kreuztabellen* geben Sie zusätzlich die Variable gewicht als Schichtenvariable an, deaktivieren über den Schalter *Statistiken...* die Option *Risiko* und aktivieren die Option *Cochran- und Mantel-Haenszel-Statistik.*

- Unter der Option *Gemeinsames Quoten-Verhältnis* belassen Sie es bei der Voreinstellung von 1.

Wir beschränken uns darauf, die Ausgabe der Cochran- und Mantel-Haenszel-Statistik wiederzugeben.

Tests auf Homogenität des Odds-Verhältnisses

	Chi-Quadrat	df	Asymp. Sig. (zweiseitig)
Breslow-Day	1,522	1	,217
Tarone	1,522	1	,217

Tests auf bedingte Unabhängigkeit

	Chi-Quadrat	df	Asymp. Sig. (zweiseitig)
Cochran	44,665	1	,000
Mantel-Haenszel	43,724	1	,000

Unter Annahme der bedingten Unabhängigkeit ist die Cochran-Statistik als Chi-Quadrat-Verteilung mit 1 Freiheitsgrad nur asymptotisch verteilt, wenn die Anzahl der Schichten fest ist. Dagegen ist die Mantel-Haenszel-Statistik unter dieser Annahme immer als Chi-Quadrat-Verteilung mit 1 Freiheitsgrad asymptotisch verteilt. Beachten Sie, dass die Kontinuitätskorrektur aus der Mantel-Haenszel-Statistik entfernt wird, wenn die Summe der Differenzen zwischen beobachteten und erwarteten Größen null sind.

Schätzung des gemeinsamen Odds-Verhältnisses nach Mantel-Haenszel

Schätzung			2,503
ln(Schätzung)			,918
Standardfehler von ln(Schätzung)			,141
Asymp. Sig. (zweiseitig)			,000
Asymp. 95%-Konfidenzintervall	Gemeinsames Odds-Verhältnis	Untergrenze	1,901
		Obergrenze	3,297
	ln(gemeinsames Odds-Verhältnis)	Untergrenze	,642
		Obergrenze	1,193

Schätzung des gemeinsamen Odds-Verhältnisses nach Mantel-Haenszel ist unter dem gemeinsamen Odds-Verhältnis der Voraussetzung 1,000 asymptotisch normal verteilt. Dies gilt auch für den natürlichen Logarithmus der Schätzung.

Die Ergebnisse nach Cochran und nach Mantel-Haenszel sind einander sehr ähnlich; in beiden Fällen ergibt sich über beide Gewichtsgruppen hinweg ein höchst signifikanter Unterschied ($p < 0{,}001$) des Quotenverhältnisses (Odds Ratio) zum Wert 1. Sowohl nach Breslow-Day als auch nach Tarone kann die Annahme der Homogenität des Quotenverhältnisses über die beiden Gewichtsgruppen beibehalten werden ($p = 0{,}217$).

Die Schätzung des gemeinsamen Quotenverhältnisses ergibt die gleichen Werte, die sich über die Option Risiko ergeben würden, wenn Sie keine Aufspaltung nach der Schichtenvariablen vorgenommen hätten.

KAPITEL 10

Analyse von Mehrfachantworten

In diesem Kapitel wollen wir die Kodierung und Analyse von Mehrfachantworten behandeln. Fragen mit Mehrfachantwortmöglichkeit spielen bei den meisten Fragebogenauswertungen eine Rolle. Um solche Mehrfachantworten kodieren und auswerten zu können, bietet SPSS zwei verschiedene Methoden an: die dichotome und die kategoriale Methode. Diese beiden Methoden werden in zwei getrennten Kapiteln jeweils anhand eines Beispiels dargestellt.

10.1 Dichotome Methode

Wir wollen die dichotome Methode am Beispiel einer Jugendbefragung erläutern. Eine Frage des Fragebogens lautete: »Bei welchen der folgenden Sachen machst du aktiv mit?« Es waren die folgenden Antwortmöglichkeiten vorgegeben:

- Freiwillige Schulveranstaltung
- Klassensprecher/SMV
- Natur-, Umwelt-, Tierschutz
- Menschenrechte
- Kirchengruppe
- Freiwillige Organisation
- Etwas selbständig organisieren
- Sicherheit im Verkehr
- Gewerkschaft
- Parteien
- Stadtjugendring/Jugendverbände
- Politisch aktive Gruppe in der Stadt

Bei der Methode multipler Dichotomien wird für jede der Antwortmöglichkeiten eine eigene Variable definiert. Im gegebenen Beispiel werden dazu also zwölf Variablen benötigt. Kreuzt ein Jugendlicher die Antwort »Freiwillige Schulveranstaltung« an, wird der betreffenden Variablen der Code »1« zugeordnet, andernfalls eine »0«; kreuzt ein Jugendlicher die Antwort »Klassensprecher/SMV« an, wird der betreffenden Variablen der Code »1« zugeordnet, andernfalls eine »0« usw. So entstehen zwölf Variablen, jeweils mit 1 und 0 kodiert. Dabei ist die Wahl der Codezahlen natürlich beliebig; sie muss aber für alle Antwortmöglichkeiten gleich sein und dem Computer an der entsprechenden Stelle mitgeteilt werden.

Die Ergebnisse dieser Mehrfachfrage sind in der Datei mitmach.sav enthalten. Wir wollen zunächst eine Häufigkeitsauszählung der Frage »Bei welchen der folgenden Sachen machst du aktiv mit?« durchführen und dann eine Kreuztabelle dieser Frage mit dem Geschlecht erstellen.

10.1.1 Definition von Sets

Die Antworten auf unsere Frage sind in der beschriebenen Weise in den Variablen v1_1 bis v1_12 kodiert. In einem ersten Schritt müssen wir dem Computer mitteilen, dass diese zwölf Variablen zu einem »Variablenset« gehören.

- Laden Sie die Datei mitmach.sav.
- Treffen Sie die Menüwahl

  Analysieren
  Mehrfachantworten
  Variablensets definieren...

Es öffnet sich die Dialogbox *Mehrfachantwortsets.*

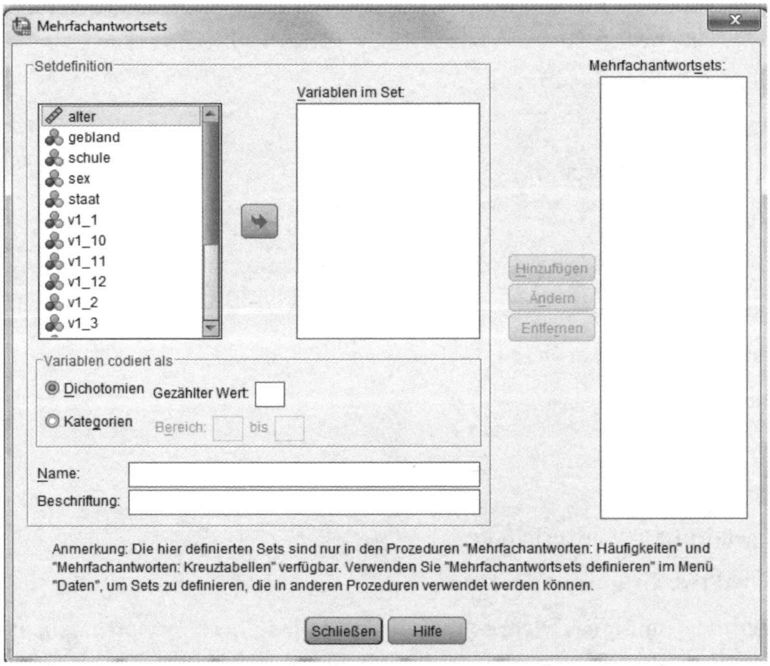

Bild 10.1: Dialogbox Mehrfachantwortsets

- Markieren Sie die Variablen v1_1 bis v1_12 in der Quellvariablenliste und übertragen Sie diese in die Zielvariablenliste *Variablen im Set.*
- Kennzeichnen Sie die Art der Kodierung als *Dichotomien* (dies ist die Voreinstellung). Legen Sie als zu zählenden Wert die »1« fest.

- Geben Sie dem Set den Namen »mitmach« und das Etikett »Mitarbeit der Jugendlichen«.
- Klicken Sie auf *Hinzufügen*, um das so generierte Set in die Liste der Mehrfachantworten-Sets aufzunehmen.

Setvariablen werden von SPSS mit einem führenden Dollarzeichen versehen; die erzeugte Setvariable trägt folglich den Namen $mitmach.

- Klicken Sie auf *Schließen*, um den Vorgang der Set-Definition zu beenden.

Wir wollen nunmehr eine Häufigkeitsverteilung der soeben erzeugten Variablen erstellen.

10.1.2 Häufigkeitstabellen für dichotome Setvariablen

- Um Häufigkeitstabellen für dichotome Setvariablen zu erzeugen, wählen Sie aus dem Menü

  Analysieren
  Mehrfachantworten
  Häufigkeiten...

Es öffnet sich die Dialogbox *Mehrfachantworten: Häufigkeiten*.

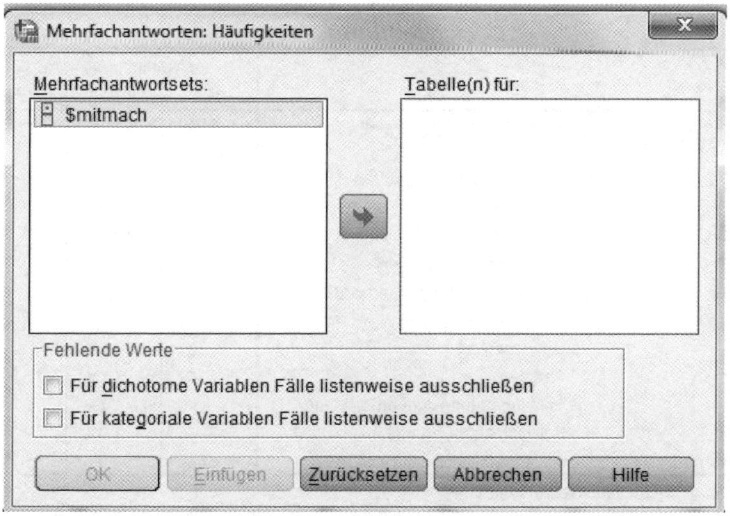

Bild 10.2: Dialogbox Mehrfachantworten: Häufigkeiten

Die aktuell definierten Mehrfachantworten-Sets erscheinen in der entsprechenden Liste, in unserem Beispiel ist es die Setvariable $mitmach.

- Bringen Sie die Setvariable $mitmach in die Liste *Tabelle(n) für.*
- Bestätigen Sie mit *OK*.

Im Viewer erscheint zunächst die Tabelle Fallzusammenfassung.

Fallzusammenfassung

	Fälle					
	Gültig		Fehlend		Gesamt	
	N	Prozent	N	Prozent	N	Prozent
$mitmach[a]	2936	61,6%	1830	38,4%	4766	100,0%

a. Dichotomie-Gruppe tabellarisch dargestellt bei Wert 1.

Die vorangestellte Tabelle *Fallzusammenfassung* liefert Informationen über die gültigen sowie die fehlenden Fälle. Von den 4.766 Fällen der Datendatei liegen 2.936 (61,6%) gültige Antworten sowie 1.830 (38,4%) fehlende Antworten vor. Als fehlend wird ein Fall genau dann bezeichnet, wenn keine der in die Setvariable einbezogenen Variablen einen gezählten Wert hat, d. h. im gegebenen Beispiel mit »1« kodiert ist.

Eine Variante erhalten Sie, wenn Sie in der Dialogbox *Mehrfachantworten: Häufigkeiten* die Option *Für dichotome Variablen Fälle listenweise ausschließen* aktivieren. Hier wird dann zusätzlich jeder Fall als fehlend deklariert, der in mindestens einer der in die Setvariable einbezogenen Variablen einen fehlenden Wert hat, in unserem Beispiel also weder mit 1 noch mit 0 kodiert wäre. Dies könnte z. B. dann relevant werden, wenn die betreffende Antwort im Fragebogen nicht eindeutig kenntlich gemacht ist.

Es folgt im Viewer die eigentliche Häufigkeitsverteilung:

$mitmach Häufigkeiten

		Antworten		Prozent der Fälle
		H	Prozent	
Mitarbeit der Jugendlichen[a]	Freiwillige Schulveranstaltung	1560	27,4%	53,1%
	Klassensprecher/SMV	917	16,1%	31,2%
	Natur-, Umwelt-, Tierschutz	600	10,5%	20,4%
	Menschenrechte	115	2,0%	3,9%
	Kirchengruppe	591	10,4%	20,1%
	Freiwillige Organisation	579	10,2%	19,7%
	Etwas selbständig organisieren	1002	17,6%	34,1%
	Sicherheit im Verkehr	69	1,2%	2,4%
	Gewerkschaft	32	0,6%	1,1%
	Parteien	69	1,2%	2,4%
	Stadtjugendring/Jugendverbände	99	1,7%	3,4%
	Politisch aktive Gruppe in der Stadt	55	1,0%	1,9%
Gesamtsumme		5688	100,0%	193,7%

a. Dichotomiegruppe tabuliert bei Wert 1.

Zu den beobachteten Häufigkeiten werden zwei verschiedene Prozentuierungen angeboten: Zum einen wird auf die Gesamtzahl der gegebenen Ja-Antworten prozentuiert (5.688), zum anderen auf die Anzahl der gültigen Fälle (2.936). Die wohl griffigste Prozentuierung fehlt allerdings auch in der SPSS Version 20 noch immer: die Prozentuierung auf die Anzahl aller Fälle bzw. in unserem Fall aller Befragten der empirischen Erhebung (4.766).

Die erste Zeile der Häufigkeitstabelle können Sie z. B. wie folgt interpretieren: 1.560 befragte Jugendliche machen bei freiwilligen Schulveranstaltungen mit. Das sind 27,4% der gegebenen Antworten (5.688) und 53,1% derjenigen Befragten (2.936), die zumindest eine Antwort angekreuzt haben.

Es fehlt leider, wie schon erwähnt, die auf die Gesamtzahl der befragten Jugendlichen (4.766 Fälle) bezogene Prozentuierung. Legen Sie Wert auf diese wohl sinnvollste Prozentangabe, müssen Sie diese per Hand ausrechnen oder sich mit folgendem Trick behelfen.

- Erzeugen Sie mit Hilfe der Syntax

```
COMPUTE v1_13 = 1.
EXECUTE.
```

eine Hilfsvariable und beziehen Sie diese in ihre Setvariable mit ein bzw. erstellen Sie eine weitere Setvariable inklusive v1_13 mit dem Namen mitmach2.

Sie erhalten die folgende Häufigkeitstabelle der Variablen $mitmach2:

$mitmach2 Häufigkeiten

		Antworten		Prozent der Fälle
		H	Prozent	
Mitarbeit der Jugendlichen[a]	Freiwillige Schulveranstaltung	1560	14,9%	32,7%
	Klassensprecher/SMV	917	8,8%	19,2%
	Natur-, Umwelt-, Tierschutz	600	5,7%	12,6%
	Menschenrechte	115	1,1%	2,4%
	Kirchengruppe	591	5,7%	12,4%
	Freiwillige Organisation	579	5,5%	12,1%
	Etwas selbständig organisieren	1002	9,6%	21,0%
	Sicherheit im Verkehr	69	0,7%	1,4%
	Gewerkschaft	32	0,3%	0,7%
	Parteien	69	0,7%	1,4%
	Stadtjugendring/Jugendverbände	99	0,9%	2,1%
	Politisch aktive Gruppe in der Stadt	55	0,5%	1,2%
	v1_13	4766	45,6%	100,0%
Gesamtsumme		10454	100,0%	219,3%

a. Dichotomiegruppe tabuliert bei Wert 1.

Die Prozentuierung auf die Gesamtzahl der Antworten (10.454) ist nun sinnlos, die zweite Prozentuierung bezieht sich nunmehr aber tatsächlich auf die Gesamtzahl aller Fälle. So beteiligen sich 32,7% aller befragten Jugendlichen (4.766) an freiwilligen Schulveranstaltungen, 19,2% sind als Klassensprecher bzw. bei der Schülermitverwaltung aktiv usw.

10.1.3 Kreuztabellen mit dichotomen Setvariablen

Setvariablen können mit anderen Setvariablen oder mit anderen »gewöhnlichen« Variablen kreuztabelliert werden. So soll z. B. die Setvariable $mitmach mit der Variablen sex, die über die Kodierung 1 = weiblich und 2 = männlich das Geschlecht des Befragten wiedergibt, mit Hilfe einer Kreuztabelle in Beziehung gebracht werden.

- Wählen Sie aus dem Menü

Analysieren
Mehrfachantworten
Kreuztabellen...

Sie erhalten die Dialogbox *Mehrfachantworten: Kreuztabellen.*

Bild 10.3: Dialogbox Mehrfachantworten: Kreuztabellen

Die Variablen aus der Datendatei mitmach.sav erscheinen in der Quellvariablenliste. Die aktuell definierten Mehrfachantworten-Sets sehen Sie in der Liste der Mehrfachantworten-Sets.

- Legen Sie als Zeilenvariable die Setvariable $mitmach fest, als Spaltenvariable die Variable sex. Die Variable sex erscheint in der Spaltenliste mit zwei Fragezeichen, die in Klammern eingeschlossen sind. Werden Elementarvariablen, d. h. Variablen, die keine Setvariablen sind, mit Setvariablen kreuztabelliert, müssen den Elementarvariablen Wertangaben übergeben werden.
- Klicken Sie auf den Schalter *Bereich definieren...*

Es öffnet sich die Dialogbox *Mehrfachantworten: Kreuztabellen, Bereich definieren.*

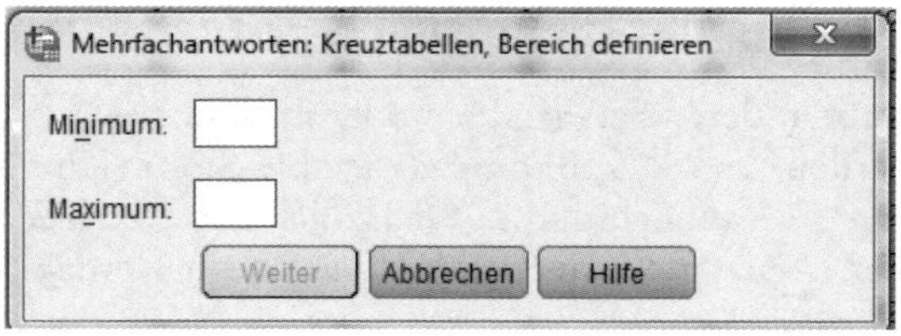

Bild 10.4: Dialogbox Mehrfachantworten: Kreuztabellen, Bereich definieren

- Tragen Sie als *Minimum* »1« und als *Maximum* »2« ein, um die Merkmalsausprägungen »1« und »2« in die Kreuztabelle einzuschließen.

- Bestätigen Sie mit *Weiter.* SPSS ersetzt die beiden Fragezeichen durch die Wertangaben »1« und »2«.
- Klicken Sie auf den Schalter *Optionen...* Es öffnet sich die Dialogbox *Mehrfachantworten: Kreuztabellen, Optionen.*

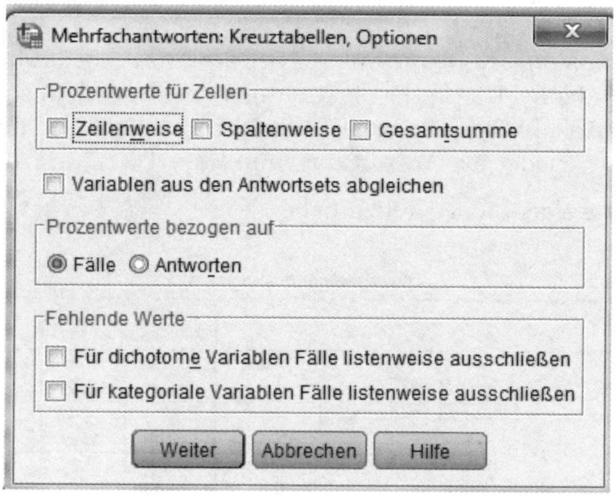

Bild 10.5: Dialogbox Mehrfachantworten: Kreuztabellen, Optionen

Immer ausgegeben werden die Zellenhäufigkeiten. Zusätzlich können Sie im Auswahlbereich *Prozentwerte für Zellen* eine oder auch mehrere der folgenden Optionen wählen:

- Zeilenweise: Zeilenprozentwerte werden angezeigt.
- Spaltenweise: Spaltenprozentwerte werden angezeigt.
- Gesamtsumme: Gesamtprozentwerte werden für die zweidimensionale Tabelle angezeigt.

Im Auswahlbereich *Prozentwerte bezogen auf* können Sie zwischen den folgenden Alternativen wählen:

- *Fälle:* Dies ist die Voreinstellung. Die Basis für die Berechnung der Zellenprozentwerte sind die Fälle der befragten Personen.
- *Antworten:* Die Basis für die Berechnung der Zellenprozentwerte sind die Antworten. Bei Sets aus multiplen Dichotomien ist die Anzahl der Antworten gleich der Häufigkeit des zu zählenden Werts über alle Fälle.

Für die Behandlung fehlender Werte gilt das in Kap. 10.1.2 Gesagte.

Die Option *Variablen aus den Antwortsets abgleichen* ist nur relevant, wenn Sie zwei Setvariablen kreuzen. Die erste Variable aus der ersten Gruppe wird dann mit der ersten Variablen der zweiten Gruppe gepaart usw.

- Belassen Sie es unter *Prozentwerte bezogen auf* bei der voreingestellten Option *Fälle.*
- Aktivieren Sie unter *Prozentwerte für Zellen* die Option *Spaltenweise.*
- Bestätigen Sie mit *Weiter* und *OK.*

Im Viewer erscheint zunächst die Tabelle Fallzusammenfassung.

Fallzusammenfassung

	Fälle					
	Gültig		Fehlend		Gesamtsumme	
	H	Prozent	H	Prozent	H	Prozent
$mitmach*sex	2921	61,3%	1845	38,7%	4766	100,0%

Die Tabelle *Fallzusammenfassung* informiert über die Anzahl der gültigen (2.921) und die Anzahl der fehlenden Fälle (1.845). Die Prozentuierung der sich anschließenden Kreuztabelle erfolgt auf die Anzahl der gültigen Fälle; ziehen Sie zum Verständnis der fehlenden und der gültigen Fälle wieder die Ausführungen in Kap. 10.1.2 hinzu.

Es folgt im Viewer die eigentliche Kreuztabelle.

Kreuztabelle $mitmach*sex

			Geschlecht		
			Mädchen	Jungen	Gesamtsumme
Mitarbeit der Jugendlichen[a]	Freiwillige Schulveranstaltung	Anzahl	886	666	1552
		% in sex	56,8%	48,9%	
	Klassensprecher/SMV	Anzahl	467	446	913
		% in sex	30,0%	32,7%	
	Natur-, Umwelt-, Tierschutz	Anzahl	362	232	594
		% in sex	23,2%	17,0%	
	Menschenrechte	Anzahl	53	61	114
		% in sex	3,4%	4,5%	
	Kirchengruppe	Anzahl	335	253	588
		% in sex	21,5%	18,6%	
	Freiwillige Organisation	Anzahl	264	313	577
		% in sex	16,9%	23,0%	
	Etwas selbständig organisieren	Anzahl	586	410	996
		% in sex	37,6%	30,1%	
	Sicherheit im Verkehr	Anzahl	26	43	69
		% in sex	1,7%	3,2%	
	Gewerkschaft	Anzahl	5	26	31
		% in sex	0,3%	1,9%	
	Parteien	Anzahl	21	48	69
		% in sex	1,3%	3,5%	
	Stadtjugendring/Jugendverbände	Anzahl	43	56	99
		% in sex	2,8%	4,1%	
	Politisch aktive Gruppe in der Stadt	Anzahl	24	31	55
		% in sex	1,5%	2,3%	
Gesamtsumme		Anzahl	1559	1362	2921

Die Prozentsätze und Gesamtwerte basieren auf die Befragten.

a. Dichotomiegruppe tabuliert bei Wert 1.

Vergleichen Sie die beiden Geschlechter, so fällt z. B. auf, dass Mädchen sich bei freiwilligen Schulveranstaltungen, dem Natur-, Umwelt-, und Tierschutz stärker engagieren, während dies für Jungen im Bereich des Politischen (Gewerkschaft, Parteien) gilt – ein Sektor, der allerdings bei den befragten Jugendlichen insgesamt betrachtet eine recht unbedeutende Rolle spielt.

Leider bietet SPSS bei Mehrfachantworten auch in der Version 20 immer noch nicht den Chi-Quadrat-Test zur Signifikanzüberprüfung an, was in der kommenden Version endlich einmal geschehen sollte. Noch merkwürdiger ist indes der folgende ganz offensichtliche Bug: In der Dialogbox Mehrfachantworten-Sets (vgl. Bild 10.1) lesen Sie die folgende Anmerkung: »Die hier definierten Sets sind nur in den Prozeduren 'Mehrfachantworten-

Häufigkeiten' und 'Mehrfachantworten-Kreuztabellen' verfügbar. Verwenden Sie 'Mehrfachantworten-Sets definieren' im Menü 'Daten', um Sets zu definieren, die in anderen Prozeduren verwendet werden können.« Dies klingt zumindest so, als wenn man mit den dort erstellten Setvariablen kreuztabellieren könnte und die Ausgabe eines Chi-Quadrat-Tests möglich ist. Erstellen Sie im dortigen Menü eine entsprechende Set-Variable, so stellen Sie indes enttäuscht fest, dass selbige weder im Menü Kreuztabellen noch in anderen Prozeduren verfügbar ist, ja noch nicht einmal in der Prozedur Mehrfachantworten selber!

10.2 Erstellen von Ranking-Listen

Bei einer standardisierten Befragung (Datei: probleme.sav) wurden Jugendliche nach ihren Problemen befragt. Hierfür wurde ihnen eine Liste von Problemen vorgelegt und jeweils gefragt, ob das Problem für den befragten Jugendlichen zutrifft oder nicht.

Die Liste umfasst die folgenden sechzehn Sachverhalte:

- Arbeitslosigkeit
- Probleme zu Hause
- Schwierigkeiten und Konflikte mit Erwachsenen
- Finanzielle Probleme
- Schul- und Berufsprobleme
- Alkohol/Drogen
- Alleinsein, Einsamkeit, Langeweile
- Mangelnde Ideale, fehlende Vorbilder
- Fehlende Anerkennung, geringes Selbstwertgefühl
- Unzufriedenheit mit der Freizeitgestaltung
- Probleme mit Freunden
- Partnerschaftsprobleme
- Gewalterfahrungen
- Einbürgerungsprobleme
- Fremdenfeindlichkeit
- Sexualität/Verhütung

Die Antworten auf die Problemliste sind in den Variablen probl_1 bis probl_16 kodiert.

- Laden Sie die Datei probleme.sav.
- Bilden Sie wie besprochen eine Setvariable mit dem Namen probleme.
- Führen Sie eine Häufigkeitsverteilung der Variablen $probleme durch.

Im Viewer erscheint zunächst wieder die Tabelle Fallzusammenfassung.

Fallzusammenfassung

	Fälle					
	Gültig		Fehlend		Gesamtsumme	
	H	Prozent	H	Prozent	H	Prozent
$probleme[a]	826	95,7%	37	4,3%	863	100,0%

a. Dichotomiegruppe tabuliert bei Wert 1.

Von den 863 befragten Jugendlichen der Datendatei liegen 826 (95,7%) gültige Antworten sowie 37 (4,3%) fehlende Antworten vor.

Es folgt im Viewer die eigentliche Häufigkeitsverteilung.

$probleme Häufigkeiten

		Antworten		Prozent der Fälle
		H	Prozent	
Probleme der Jugendlichen[a]	Arbeitslosigkeit	299	6,7%	36,2%
	Probleme zu Hause	465	10,5%	56,3%
	Schwierigkeiten, Konflikte mit Erwachsenen	241	5,4%	29,2%
	Finanzielle Probleme	346	7,8%	41,9%
	Schul- und Berufsprobleme	436	9,8%	52,8%
	Alkohol/Drogen	177	4,0%	21,4%
	Alleinsein, Einsamkeit, Langeweile	186	4,2%	22,5%
	Ideale, Vorbilder	97	2,2%	11,7%
	Anerkennung, Selbstwertgefühl	223	5,0%	27,0%
	Freizeitgestaltung	320	7,2%	38,7%
	Probleme mit Freunden	433	9,7%	52,4%
	Partnerschaftsprobleme	371	8,3%	44,9%
	Gewalterfahrungen	221	5,0%	26,8%
	Einbürgerungsprobleme	78	1,8%	9,4%
	Fremdenfeindlichkeit	277	6,2%	33,5%
	Sexualität/Verhütung	278	6,3%	33,7%
Gesamtsumme		4448	100,0%	538,5%

a. Dichotomiegruppe tabuliert bei Wert 1.

Prozentuiert man auf die Anzahl der gegebenen Ja-Antworten (4.448), so sind die gravierendsten Probleme der Jugendlichen Probleme zu Hause, Schul- und Berufsprobleme sowie Probleme mit Freunden.

- Bilden Sie wie besprochen eine Hilfsvariable mit dem Namen probl_17.
- Beziehen Sie diese in eine weitere Setvariable mit dem Namen probleme2 ein.
- Führen Sie eine Häufigkeitsverteilung der Variablen $probleme2 durch.

$probleme2 Häufigkeiten

		Antworten		Prozent der Fälle
		H	Prozent	
Probleme der Jugendlichen[a]	Arbeitslosigkeit	299	5,6%	34,6%
	Probleme zu Hause	465	8,8%	53,9%
	Schwierigkeiten, Konflikte mit Erwachsenen	241	4,5%	27,9%
	Finanzielle Probleme	346	6,5%	40,1%
	Schul- und Berufsprobleme	436	8,2%	50,5%
	Alkohol/Drogen	177	3,3%	20,5%
	Alleinsein, Einsamkeit, Langeweile	186	3,5%	21,6%
	Ideale, Vorbilder	97	1,8%	11,2%
	Anerkennung, Selbstwertgefühl	223	4,2%	25,8%
	Freizeitgestaltung	320	6,0%	37,1%
	Probleme mit Freunden	433	8,2%	50,2%
	Partnerschaftsprobleme	371	7,0%	43,0%
	Gewalterfahrungen	221	4,2%	25,6%
	Einbürgerungsprobleme	78	1,5%	9,0%
	Fremdenfeindlichkeit	277	5,2%	32,1%
	Sexualität/Verhütung	278	5,2%	32,2%
	probl_17	863	16,2%	100,0%
Gesamtsumme		5311	100,0%	615,4%

a. Dichotomiegruppe tabuliert bei Wert 1.

Da die zweite Prozentuierung nunmehr auf die Anzahl der befragten Jugendlichen 863 prozentuiert, lassen sich z. B. folgende Aussagen treffen: Von den befragten Jugendlichen geben 53,9% an, Probleme zu Hause zu haben, 50,5% haben Schul- und Berufsprobleme.

Wir wollen abschließend eine Art Ranking der Probleme getrennt nach Geschlechtern durchführen.

- Kreutabellieren Sie die Variable $probleme2 mit der Variablen sex. Lassen Sie Prozentwerte bezogen auf die Spalten der Tabelle ausgeben.

Im Viewer erscheint die folgende Kreuztabelle.

Kreuztabelle $probleme2*sex

			Geschlecht		Gesamtsumme
			Männlich	Weiblich	
Probleme der Jugendlichen[a]	Arbeitslosigkeit	Anzahl	162	137	299
		% in sex	33,9%	35,6%	
	Probleme zu Hause	Anzahl	227	238	465
		% in sex	47,5%	61,8%	
	Schwierigkeiten, Konflikte mit Erwachsenen	Anzahl	125	116	241
		% in sex	26,2%	30,1%	
	Finanzielle Probleme	Anzahl	185	161	346
		% in sex	38,7%	41,8%	
	Schul- und Berufsprobleme	Anzahl	227	209	436
		% in sex	47,5%	54,3%	
	Alkohol/Drogen	Anzahl	93	84	177
		% in sex	19,5%	21,8%	
	Alleinsein, Einsamkeit, Langeweile	Anzahl	86	100	186
		% in sex	18,0%	26,0%	
	Ideale, Vorbilder	Anzahl	52	45	97
		% in sex	10,9%	11,7%	
	Anerkennung, Selbstwertgefühl	Anzahl	93	130	223
		% in sex	19,5%	33,8%	
	Freizeitgestaltung	Anzahl	181	139	320
		% in sex	37,9%	36,1%	
	Probleme mit Freunden	Anzahl	228	205	433
		% in sex	47,7%	53,2%	
	Partnerschaftsprobleme	Anzahl	184	187	371
		% in sex	38,5%	48,6%	
	Gewalterfahrungen	Anzahl	138	83	221
		% in sex	28,9%	21,6%	
	Einbürgerungsprobleme	Anzahl	40	38	78
		% in sex	8,4%	9,9%	
	Fremdenfeindlichkeit	Anzahl	145	132	277
		% in sex	30,3%	34,3%	
	Sexualität/Verhütung	Anzahl	140	138	278
		% in sex	29,3%	35,8%	
	probl_17	Anzahl	478	385	863
		% in sex	100,0%	100,0%	
Gesamtsumme		Anzahl	478	385	863

Die Prozentsätze und Gesamtwerte basieren auf die Befragten.

a. Dichotomiegruppe tabuliert bei Wert 1.

Deutlich werden die recht großen Unterschiede zwischen den Geschlechtern, so geben z. B. 48,6% der Mädchen an, Partnerschaftsprobleme zu haben, während dies nur für 38,5% der Jungen gilt.

Auf der Basis der Kreuztabelle lässt sich z. B. die folgende Ranking-Liste erstellen.

	Jungen		Mädchen	
Platz	Problem	%-Anteil	Problem	%-Anteil
1	Probleme mit Freunden	47,7	Probleme zu Hause	61,8
2	Probleme zu Hause	47,5	Schul- und Berufsprobleme	54,3
3	Schul- und Berufsprobleme	47,5	Probleme mit Freunden	53,2
4	Finanzielle Probleme	38,7	Partnerschaftsprobleme	48,6
5	Partnerschaftsprobleme	38,5	Finanzielle Probleme	41,8
6	Freizeitgestaltung	37,9	Freizeitgestaltung	36,1
7	Arbeitslosigkeit	33,9	Sexualität/Verhütung	35,8
8	Fremdenfeindlichkeit	30,3	Arbeitslosigkeit	35,6
9	Sexualität/Verhütung	29,3	Fremdenfeindlichkeit	34,2
10	Gewalterfahrungen	28,9	Anerkennung, Selbstwertgefühl	33,8
11	Schwierigkeiten mit Erwachsenen	26,2	Schwierigkeiten mit Erwachsenen	30,1
12	Anerkennung, Selbstwertgefühl	19,5	Alleinsein, Einsamkeit, Langeweile	26,0
13	Alkohol/Drogen	19,5	Alkohol/Drogen	21,8
14	Alleinsein, Einsamkeit, Langeweile	18,0	Gewalterfahrungen	21,6
15	Ideale, Vorbilder	10,9	Ideale, Vorbilder	11,7
16	Einbürgerungsprobleme	8,4	Einbürgerungsprobleme	9,9

Die erstellte Ranking-Liste verdeutlicht noch einmal sehr schön die Unterschiede der Geschlechter bei den einzelnen Problemen wie aber auch generell den offensichtlich höheren Problemdruck der Mädchen, zumindest bezogen auf das subjektive Antwortverhalten der Befragten.

Wie bereits gesagt, bietet SPSS bei Mehrfachantworten auch in der Version 22 immer noch nicht den Chi-Quadrat-Test zur Signifikanzüberprüfung an. Wollen Sie lediglich überprüfen, ob z. B. der Unterschied zwischen den Geschlechtern bei der Partnerschaft signifikant ist, so können Sie natürlich die Prozedur CROSSTABS über die Menüführung: Analysieren – Deskriptive Statistiken – Kreuztabellen einsetzen und sich die entsprechenden Statistiken (vgl. Kap. 9) ausgeben lassen.

Kreuztabelle Partnerschaftsprobleme*Geschlecht

			Geschlecht		
			Männlich	Weiblich	Gesamtsumme
Partnerschaftsprobleme	Nicht genannt	Anzahl	294	198	492
		Erwartete Anzahl	272,5	219,5	492,0
		Standardresiduum	1,3	-1,5	
	Genannt	Anzahl	184	187	371
		Erwartete Anzahl	205,5	165,5	371,0
		Standardresiduum	-1,5	1,7	
Gesamtsumme		Anzahl	478	385	863
		Erwartete Anzahl	478,0	385,0	863,0

Chi-Quadrat-Tests

	Wert	df	Asymp. Sig. (zweiseitig)	Exakte Sig. (zweiseitig)	Exakte Sig. (einseitig)
Pearson-Chi-Quadrat	8,837[a]	1	,003		
Kontinuitätskorrektur[b]	8,430	1	,004		
Likelihood-Quotient	8,835	1	,003		
Exakter Test nach Fisher				,004	,002
Zusammenhang linear-mit-linear	8,826	1	,003		
Anzahl der gültigen Fälle	863				

a. 0 Zellen (0,0%) haben die erwartete Anzahl von weniger als 5. Die erwartete Mindestanzahl ist 165,51.

b. Berechnung nur für eine 2x2-Tabelle

Folgt man dem Chi-Quadrat-Test nach Pearson, so stellt sich der Unterschied zwischen den Geschlechtern als sehr signifikant dar ($p < 0{,}01$). Zieht man die Vorzeichen der standardisierten Residuen hinzu, so ergibt sich, dass Frauen deutlich häufiger als Männer angeben, Probleme in der Partnerschaft zu haben.

10.3 Kategoriale Methode

Eine andere Methode, Mehrfachantworten zu kodieren, besteht in der Methode multipler Kategorien, kurz kategoriale Methode genannt. Bei dieser Methode muss die maximale Anzahl der möglichen Antworten bekannt sein, sei es, dass sie im Fragebogen vorgesehen ist (z. B. durch den Hinweis der Art »Bitte maximal fünf Nennungen ankreuzen«) oder dass diese Anzahl nach einer Durchsicht der Fragebögen abgeschätzt wird.

Wir wollen die kategoriale Methode am Beispiel einer Befragung von Parteimitgliedern erläutern. Um herauszufinden, warum Mitglieder ohne Parteiamt kein solches annehmen oder auch sonst nicht zu einer Mitarbeit zu bewegen sind, wurde die Frage gestellt: »Woran scheitert Ihre Mitarbeit?« Der Frage folgte der Hinweis, dass von den folgenden Antwortmöglichkeiten höchstens fünf angekreuzt werden sollten.

Möglichkeiten sind mir nicht bekannt	1
Funktionen/Mandate sind bereits besetzt	2
Führungsverhalten der Funktionsträger	3
Wegen Grüppchenbildung werde ich nicht gefördert	4
Ich habe zu wenig politische Erfahrung	5
Ich befürchte wirtschaftliche/berufliche Nachteile	6
Ich befürchte persönliche Nachteile	7
Ich kann ja doch nichts bewegen	8
Es geht aus gesundheitlichen Gründen nicht	9

Da die maximale Anzahl der Antworten fünf beträgt, sind bei der kategorialen Methode fünf Variablen nötig, um die Mehrfachantworten zu kodieren. In der Datei parteiamt.sav sind es die Variablen mit1 bis mit5, die Sie sich nach dem Laden der Datei im Dateneditor ansehen können.

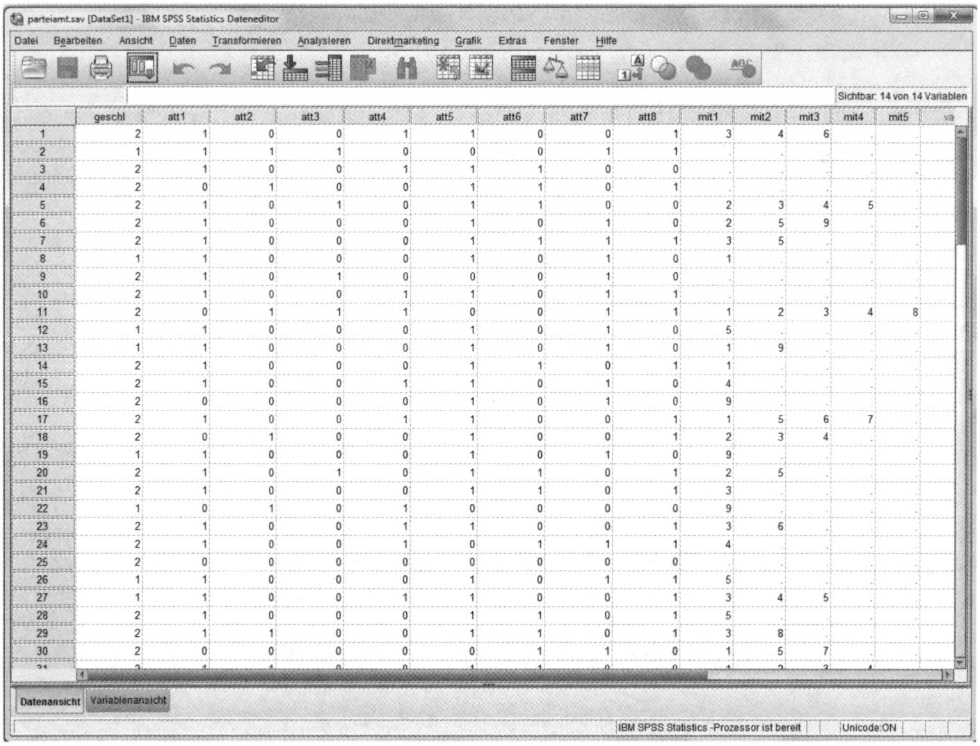

	geschl	att1	att2	att3	att4	att5	att6	att7	att8	mit1	mit2	mit3	mit4	mit5	va
1	2	1	0	0	1	1	0	0	1	3	4	6	.	.	
2	1	1	1	1	0	0	0	1	1	.	.	.	.	.	
3	2	1	0	0	1	1	1	0	0	.	.	.	.	.	
4	2	0	1	0	0	1	1	0	1	.	.	.	.	.	
5	2	1	0	1	0	1	1	0	0	2	3	4	5	.	
6	2	1	0	0	0	1	0	1	0	2	5	9	.	.	
7	2	1	0	0	0	1	1	1	1	3	5	.	.	.	
8	1	1	0	0	0	1	0	1	0	1	.	.	.	.	
9	2	1	0	1	0	0	0	1	0	.	.	.	.	.	
10	2	1	0	0	1	1	0	1	1	.	.	.	.	.	
11	2	0	1	1	1	0	0	1	1	1	2	3	4	8	
12	1	1	0	0	0	1	0	1	0	5	.	.	.	.	
13	1	1	0	0	0	1	0	1	0	1	9	.	.	.	
14	2	1	0	0	0	1	1	0	1	1	.	.	.	.	
15	2	1	0	0	1	1	0	1	0	4	.	.	.	.	
16	2	0	0	0	0	1	0	1	0	9	.	.	.	.	
17	2	1	0	0	1	1	0	0	1	1	5	6	7	.	
18	2	0	1	0	0	1	0	0	1	2	3	4	.	.	
19	1	1	0	0	0	1	0	1	0	9	.	.	.	.	
20	2	1	0	1	0	1	1	0	1	2	5	.	.	.	
21	2	1	0	0	0	1	1	0	1	3	.	.	.	.	
22	1	0	1	0	1	0	0	0	0	9	.	.	.	.	
23	2	1	0	0	1	1	0	0	1	3	6	.	.	.	
24	2	1	0	0	1	0	1	1	1	4	.	.	.	.	
25	2	0	0	0	0	0	0	0	0	.	.	.	.	.	
26	1	1	0	0	0	1	0	1	1	5	.	.	.	.	
27	1	1	0	0	1	1	0	0	1	3	4	5	.	.	
28	2	1	0	0	0	1	1	0	1	5	.	.	.	.	
29	2	1	1	0	0	1	1	0	1	3	8	.	.	.	
30	2	0	0	0	0	0	1	1	0	1	5	7	.	.	

Bild 10.6: Mehrfachantworten nach der kategorialen Methode (bei den Variablen mit1 bis mit5)

Jede der fünf Variablen ist mit den gleichen Kategorien verschlüsselt, wobei je nach Anzahl der gegebenen Antworten der Bereich dieser fünf Variablen von links nach rechts aufgefüllt wird.

So sind beim ersten Fall die Antwortkategorien 3, 4 und 6 angekreuzt worden (Führungsverhalten, Grüppchenbildung, berufliche Nachteile). Die nächsten drei Mitglieder haben keine einzige Antwort angekreuzt, bei Fall Nr. 8 wurde eine Antwort angegeben (Kategorie 1, »Möglichkeiten sind mir nicht bekannt«) usw. Auch bei dieser Frage sollen eine Häufigkeitsauszählung und eine Kreuztabellierung mit dem Geschlecht vorgenommen werden. Zunächst ist auch hier ein Variablenset zu definieren.

10.3.1 Definition von Sets

Sie müssen zunächst eine Setvariable definieren. Gehen Sie wie folgt vor:

- Wählen Sie aus dem Menü

  Analysieren
      Mehrfachantworten
          Variablen-Sets definieren...

Es erscheint die Ihnen bereits bekannte Dialogbox *Mehrfachantworten-Sets*. Die Variablen aus der Datendatei parteiamt.sav erscheinen in der Quellvariablenliste *Set-Definition*.

- Markieren Sie die Variablen mit1 bis mit5 und übertragen Sie diese in die Zielvariablenliste *Variablen im Set*.
- Kennzeichnen Sie die Art der Kodierung als kategorial. Geben Sie als Bereich »1« bis »9« ein.
- Geben Sie dem Set den Namen »mitarbeit« und vergeben Sie für die Setvariable das Label »Scheitern der Mitarbeit«.
- Klicken Sie auf *Hinzufügen*, um die Setvariable in die Liste der Mehrfachantworten-Sets aufzunehmen.
- Klicken Sie auf *Schließen*, um den Vorgang zu beenden.

10.3.2 Häufigkeitstabellen für kategoriale Setvariablen

- Um Häufigkeitstabellen zu erzeugen, wählen Sie wie gehabt aus dem Menü

  Analysieren
      Mehrfachantworten
          Häufigkeiten...

Sie sehen die Dialogbox *Mehrfachantworten: Häufigkeiten*.

- Bringen Sie die Variable $mitarbeit in die Liste *Tabelle(n) für*.
- Klicken Sie auf *OK*.

Im Viewer wird zunächst die Tabelle *Fallzusammenfassung* angezeigt.

Fallzusammenfassung

	Fälle					
	Gültig		Fehlend		Gesamtsumme	
	H	Prozent	H	Prozent	H	Prozent
$mitarbeit[a]	87	79,1%	23	20,9%	110	100,0%

a. Gruppe

Es werden 23 fehlende und 87 gültige Fälle angezeigt. Als fehlend wird ein Fall genau dann bezeichnet, wenn keine der in der Setvariablen enthaltenen Variablen eine Kodierung enthält.

Eine andere Variante erhalten Sie, wenn Sie in der Dialogbox *Mehrfachantworten: Häufigkeiten* die Option *Für kategoriale Variablen Fälle listenweise ausschließen* aktivieren. Gültig sind dann nur diejenigen Fälle, die bei allen in der Setvariablen enthaltenen Variablen eine Kodierung haben.

Es folgt die eigentliche Häufigkeitstabelle:

$mitarbeit Häufigkeiten

		Antworten		Prozent der Fälle
		H	Prozent	
Scheitern der Mitarbeit[a]	Möglichkeiten nicht bekannt	24	12,8%	27,6%
	Mandate bereits besetzt	26	13,9%	29,9%
	Führungsverhalten der Funktionsträger	36	19,3%	41,4%
	Keine Förderung wegen Grüppchenbildung	20	10,7%	23,0%
	Zu wenig politische Erfahrung	29	15,5%	33,3%
	Befürchtung beruflicher Nachteile	8	4,3%	9,2%
	Befürchtung persönlicher Nachteile	6	3,2%	6,9%
	Nichts bewegen können	14	7,5%	16,1%
	Gesundheitliche Gründe	24	12,8%	27,6%
Gesamtsumme		187	100,0%	214,9%

a. Gruppe

Die beiden Prozentuierungen wurden bereits in Kap. 10.1.2 diskutiert. Die erste Zeile der Häufigkeitstabelle kann z. B. wie folgt interpretiert werden: 24 Mitglieder meinen, ihre Mitarbeit scheitere daran, dass ihnen ihre Möglichkeiten nicht bekannt sind. Das sind 12,8% der gegebenen Antworten und 27,6% der Mitglieder, die zumindest eine Antwort angegeben haben.

10.3.3 Kreuztabellen mit kategorialen Setvariablen

Auch Sets aus multiplen Kategorien können mit anderen Variablen kreuztabelliert werden. Als Beispiel soll die kategoriale Setvariable $mitwirk mit der Variablen geschl kreuztabelliert werden. Gehen Sie wie folgt vor:

- Wählen Sie aus dem Menü

  Analysieren
  Mehrfachantworten
  Kreuztabellen...

Sie sehen die Dialogbox *Mehrfachantworten: Kreuztabellen.*

- Legen Sie als Zeilenvariable die Setvariable $mitarbeit fest, als Spaltenvariable die Variable geschl. Die Variable geschl erscheint in der Spaltenliste zunächst mit zwei Fragezeichen.
- Klicken Sie auf *Bereich definieren...*

Es öffnet sich die Dialogbox *Mehrfachantworten Kreuztabellen: Bereich definieren.*

- Tragen Sie als Minimum »1« und als Maximum »2« ein.
- Bestätigen Sie mit *Weiter.*
- Klicken Sie auf den Schalter *Optionen...*

Es öffnet sich die Dialogbox *Mehrfachantworten: Kreuztabellen, Optionen.*

- Belassen Sie es unter *Prozentwerte bezogen auf* bei der voreingestellten Option *Fälle.*
- Aktivieren Sie unter *Prozentwerte für Zellen* die Option *Spaltenweise.*
- Bestätigen Sie mit *Weiter* und *OK.*

Im Viewer wird die folgende Kreuztabelle angezeigt.

Kreuztabelle $mitarbeit*geschl

			Geschlecht		
			Weiblich	Männlich	Gesamtsumme
Scheitern der Mitarbeit[a]	Möglichkeiten nicht bekannt	Anzahl	7	17	24
		% in geschl	30,4%	26,6%	
	Mandate bereits besetzt	Anzahl	3	23	26
		% in geschl	13,0%	35,9%	
	Führungsverhalten der Funktionsträger	Anzahl	10	26	36
		% in geschl	43,5%	40,6%	
	Keine Förderung wegen Grüppchenbildung	Anzahl	4	16	20
		% in geschl	17,4%	25,0%	
	Zu wenig politische Erfahrung	Anzahl	11	18	29
		% in geschl	47,8%	28,1%	
	Befürchtung beruflicher Nachteile	Anzahl	0	8	8
		% in geschl	0,0%	12,5%	
	Befürchtung persönlicher Nachteile	Anzahl	0	6	6
		% in geschl	0,0%	9,4%	
	Nichts bewegen können	Anzahl	4	10	14
		% in geschl	17,4%	15,6%	
	Gesundheitliche Gründe	Anzahl	7	17	24
		% in geschl	30,4%	26,6%	
Gesamtsumme		Anzahl	23	64	87

Die Prozentsätze und Gesamtwerte basieren auf die Befragten.

a. Gruppe

Die Prozentuierung erfolgt bezogen auf die Anzahl der gültigen Fälle. Vergleichen Sie die beiden Geschlechter, so gibt es gravierende Unterschiede bei der Einschätzung, dass Funktionen und Mandate bereits besetzt seien, und bei der Befürchtung beruflicher und persönlicher Nachteile; diese Antworten werden bei den Männern häufiger gegeben. Dagegen geben Frauen häufiger an, zu wenig politische Erfahrung zu besitzen.

Sie können abschließend die Analyse von Mehrfachantworten nach der Methode multipler Kategorien anhand der Beispieldatei kenia.sav üben. Die Datendatei enthält die Ergebnisse einer Umfrage bezüglich der Auswirkungen des Tourismus. Bei der Auswertung der Fragebögen wurde festgestellt, dass die 530 befragten Touristen maximal sechs der möglichen neun Antworten angekreuzt hatten. Für die sechs Nennungen wurden die Variablen vn1 bis vn6 definiert.

10.4 Dichotome und kategoriale Methode im Vergleich

Die folgende Tabelle vergleicht die beiden Ihnen zur Verfügung stehenden Methoden der Mehrfachantwortenanalyse. Gegenübergestellt werden jeweils die Art des Verfahrens sowie die sich daraus ergebenden Vor- und Nachteile.

Dichotome Methode	Kategoriale Methode
Verfahren:	*Verfahren:*
▶ Definition einer Variablen für jede der Auswahlmöglichkeiten	▶ Schätzen der maximalen Anzahl von möglichen Antworten
▶ Abbildung von Mehrfachantworten durch multiple dichotome Variablen	▶ Definition derselben Anzahl von Variablen
▶ Variablen werden zu Mehrfachantworten-Sets aus multiplen Dichotomien zusammengefasst.	▶ Variablen werden zu Mehrfachantworten-Sets aus multiplen Kategorien zusammengefasst.
Vorteile:	*Vorteile:*
▶ Schätzen der maximalen Anzahl der Nennungen ist nicht erforderlich.	▶ Spart Variablen ein, wenn die maximale Anzahl der Nennungen geringer ist als die Zahl der Antwortmöglichkeiten.
Nachteile:	*Nachteile:*
▶ Ist die Anzahl der Antwortmöglichkeiten groß und die maximale Anzahl der pro Fall gegebenen Antworten klein, werden gegenüber der kategorialen Methode zu viele Variablen benötigt.	▶ Wegen der Verteilung auf verschiedene Variablen kann eine einzelne Antwort nur unter Schwierigkeiten in weitere Analysen einbezogen werden.

Auf den geschilderten Nachteil bei der kategorialen Methode sei noch einmal etwas ausführlicher eingegangen. Wollen Sie etwa die dichotom kodierte Variable att3 aus der Datei parteiamt.sav (»Mehr gesellige Zusammenkünfte steigern die Attraktivität der Partei«) in irgendeine andere Analyse mit einbeziehen, so bereitet dies überhaupt keine Schwierigkeiten. Es ist dies eine Variable wie jede andere auch.

Betrachten Sie hingegen die Antwort »Ich habe zu wenig politische Erfahrung« auf die Frage »Woran scheitert Ihre Mitarbeit?«, so kann dieser Antwortmöglichkeit keine eindeutige Variable zugeordnet werden: Es ist eine der Variablen mit1 bis mit5, aber die Zuordnung zu einer dieser Variablen schwankt von Fall zu Fall.

Wir halten den geschilderten Nachteil der kategorialen Methode für so gravierend, dass wir dringend empfehlen, nach Möglichkeit die dichotome Methode zu verwenden.

KAPITEL 11

Mittelwertvergleiche

Der Vergleich von verschiedenen Stichproben hinsichtlich ihrer Mittelwerte gehört zu den gängigsten statistischen Analysen. Dabei soll stets die Frage geklärt werden, ob auftretende Mittelwertunterschiede sich mit zufälligen Schwankungen erklären lassen oder nicht. In letzterem Fall spricht man von einem überzufälligen oder signifikanten Unterschied.

Vergleicht man Mittelwerte von Stichproben untereinander, so setzt man voraus, dass diese aus Stichproben mit normalverteilten Werten stammen. Im anderen Fall berechnet man den Median und benutzt zum Stichprobenvergleich einen nichtparametrischen Test (siehe Kap. 12).

Beim Vergleich von Mittelwerten kann man vier verschiedene Testsituationen unterscheiden:

- Vergleich von zwei unabhängigen Stichproben
- Vergleich von zwei abhängigen (gepaarten) Stichproben
- Vergleich von mehr als zwei unabhängigen Stichproben
- Vergleich von mehr als zwei abhängigen Stichproben.

Diese Vergleiche werden der Reihe nach mit den folgenden statistischen Tests durchgeführt:

- t-Test für unabhängige Stichproben (t-Test nach Student)
- t-Test für abhängige Stichproben
- einfaktorielle Varianzanalyse
- einfaktorielle Varianzanalyse mit Messwiederholungen

Die drei erstgenannten Tests sind unter

Analysieren
    Mittelwerte vergleichen

aufrufbar. Eine einfaktorielle Varianzanalyse mit Messwiederholungen (eine recht häufig auftretende Testsituation) rechnet man mit der Menüwahl

Analysieren
    Allgemeines lineares Modell
        Messwiederholung...

Wenden wir uns zunächst den Tests zu, die unter dem Menüpunkt *Mittelwerte vergleichen* angefordert werden können. Wir benutzen dazu die Hypertonie-Daten der Datei hyper.sav (siehe Kap. 5.5).

- Laden Sie die Datei hyper.sav.
- Wählen Sie aus dem Menü

  Analysieren
  Mittelwerte vergleichen

Im Untermenü finden Sie den t-Test bei unabhängigen Stichproben, den t-Test bei verbundenen Stichproben und die einfaktorielle Varianzanalyse (ANOVA) zum Vergleich von mehreren unabhängigen Stichproben.

Der ebenfalls angebotene Einstichproben-t-Test zum Vergleich mit einem vorgegebenen Testwert wird in Kap. 11.5 vorgestellt. Die Menüwahl *Mittelwerte...* berechnet Mittelwerte getrennt nach einer Gruppierungsvariablen mit der Möglichkeit, diese mit einer einfaktoriellen Varianzanalyse auf signifikanten Unterschied zu testen. Sie bietet in diesem Zusammenhang etwas weniger Leistung als die Menüwahl *Einfaktorielle ANOVA...* und soll daher hier nicht behandelt werden.

11.1 Vergleich von zwei unabhängigen Stichproben

Wir wollen überprüfen, ob die beiden Medikamentengruppen sich signifikant bezüglich des Alters unterscheiden. Dies wäre natürlich nicht wünschenswert, da dann mögliche Wirkungsunterschiede zwischen den beiden Medikamenten auf einen unterschiedlichen Altersdurchschnitt zurückgeführt werden könnten.

- Wählen Sie aus dem Untermenü

  T-Test bei unabhängigen Stichproben...

Sie erhalten die Dialogbox *T-Test bei unabhängigen Stichproben*.

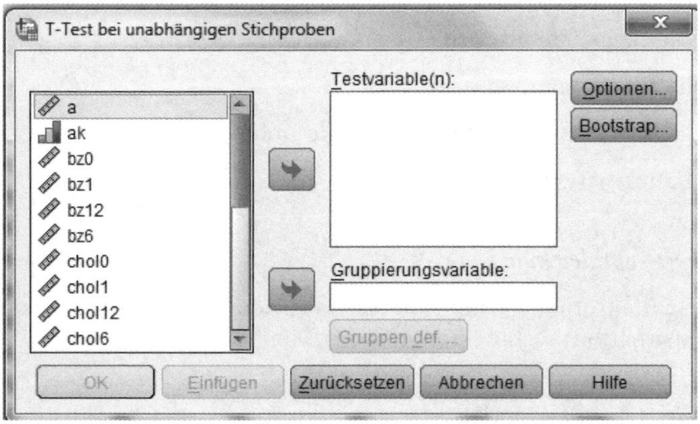

Bild 11.1: Dialogbox T-Test bei unabhängigen Stichproben

- Klicken Sie im Quellvariablenfeld auf die Variable a, und bringen Sie diese durch einen Klick auf die Transportschaltfläche in das Testvariablenfeld.

- Übertragen Sie auf entsprechende Weise die Gruppierungsvariable med in das Gruppenvariablenfeld.
- Nach einem Klick auf *Gruppen def. ...* haben Sie Gelegenheit, die beiden relevanten Werte der Gruppierungsvariablen med einzugeben. Wir wollen die beiden Gruppen vergleichen, die den Bedingungen med = 1 bzw. med = 2 genügen; Sie tragen daher zunächst in das Feld für Gruppe 1 den Wert 1 ein. Klicken Sie anschließend auf das Feld für Gruppe 2, und geben Sie hier den Wert 2 ein.
- Kehren Sie durch einen Klick auf *Weiter* in die ursprüngliche Dialogbox zurück.
- Sehen Sie noch nach, welche Optionen voreingestellt sind, und klicken Sie hierfür auf *Optionen...* Da Sie mit der angezeigten Voreinstellung zufrieden sind, klicken Sie, ohne Veränderungen vorgenommen zu haben, auf *Weiter* und *OK*.
- Im Viewer erscheinen die folgenden Ergebnisse:

Gruppenstatistik

	Medikament	H	Mittelwert	Standardabweichung	Standardfehler Mittelwert
Alter	Alphasan	87	62,24	11,191	1,200
	Betasan	87	61,98	11,958	1,282

Test bei unabhängigen Stichproben

		Levene-Test der Varianzgleichheit		T-Test für die Mittelwertgleichheit						
									95% Konfidenzintervall der Differenz	
		F	Sig.	t	df	Sig. (2-seitig)	Mittelwertdifferenz	Standardfehlerdifferenz	Unterer	Oberer
Alter	Varianzgleichheit angenommen	,543	,462	,151	172	,880	,264	1,756	-3,201	3,730
	Varianzgleichheit nicht angenommen			,151	171,25	,880	,264	1,756	-3,202	3,730

Die Ausgabe umfasst:

- Fallzahl, Mittelwert, Standardabweichung und Standardfehler des Mittelwertes in beiden Gruppen,
- Levene-Test auf Gleichheit der Varianzen.

Üblicherweise verwirft man die Gleichheit der Varianzen (Varianzenhomogenität), wenn der Levene-Test ein $p < 0{,}05$ ergibt (Varianzenheterogenität). Sowohl für den homogenen (gleich) als auch den heterogenen Fall (nicht gleich) werden ausgegeben:

- das Ergebnis des t-Tests: Prüfgröße t, Anzahl der Freiheitsgrade (df), Irrtumswahrscheinlichkeit p unter der Bezeichnung Sig. (2-seitig) und
- die Differenz der beiden Mittelwerte, deren Standardfehler und ein zugehöriges Konfidenzintervall.

Im vorliegenden Beispiel erhalten wir zwischen den beiden Medikamentengruppen keinen signifikanten Altersunterschied ($p = 0{,}880$).

11.2 Vergleich von zwei abhängigen Stichproben

Es soll geprüft werden, ob sich der Cholesterinwert nach einem Monat signifikant verändert hat. Dazu müssen wir die beiden Variablen chol0 und chol1 mit dem t-Test für abhängige Stichproben miteinander vergleichen. Dabei sollen zunächst alle Probanden einbezogen, also nicht zwischen den beiden Medikamentengruppen unterschieden werden.

- Wählen Sie aus dem Untermenü

  T-Test bei verbundenen Stichproben...

Sie sehen die Dialogbox *T-Test mit paarigen Werten.*

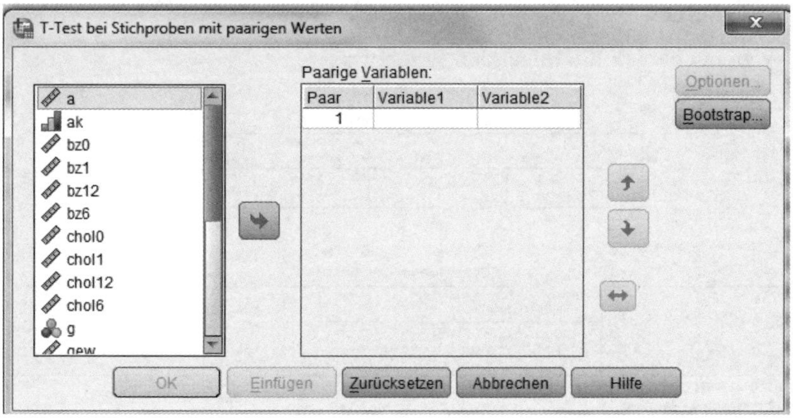

Bild 11.2: Dialogbox T-Test mit paarigen Werten

Leider sind die Bezeichnungen in der Version 22 reichlich verwirrend. Während der statistische Terminus streng genommen abhängige Stichproben lauten sollte, ist im Untermenü von verbundenen Stichproben die Rede, während wiederum in der sich öffnenden Dialogbox von Stichproben mit paarigen Werten die Rede ist.

- Übertragen Sie aus der *Quellvariablenliste* die Variable chol0 in das Feld für die erste Variable des ersten Paares und chol1 in das Feld für die zweite Variable des ersten Paares und bestätigen Sie mit *OK*.

Im Viewer erscheinen die folgenden Ergebnisse:

Statistik für Stichproben mit paarigen Werten

		Mittelwert	H	Standardabweichung	Standardfehler Mittelwert
Paar 1	Cholesterin, Ausgangswert	237,27	174	49,421	3,747
	Cholesterin, nach 1 Monat	239,20	174	49,510	3,753

Korrelationen für Stichproben mit paarigen Werten

		H	Korrelation	Sig.
Paar 1	Cholesterin, Ausgangswert & Cholesterin, nach 1 Monat	174	,861	,000

Test für Stichproben mit paarigen Werten

		Paarige Differenzen					t	df	Sig. (2-seitig)
		Mittelwert	Standardabweichung	Standardfehler Mittelwert	95% Konfidenzintervall der Differenz Unterer	95% Konfidenzintervall der Differenz Oberer			
Paar 1	Cholesterin, Ausgangswert - Cholesterin, nach 1 Monat	-1,925	26,085	1,978	-5,828	1,978	-,974	173	,332

Die Ausgabe umfasst:

- Mittelwert, Fallzahl, Standardabweichung und Standardfehler des Mittelwertes beider Variablen,
- den Korrelationskoeffizienten (Produkt-Moment-Korrelation nach Pearson) zwischen den beiden Variablen und seine Absicherung gegen Null,
- Mittelwert, Standardabweichung, Standardfehler des Mittelwertes, Konfidenzintervall der Wertedifferenzen und
- das Ergebnis des t-Tests: Prüfgröße t, Anzahl der Freiheitsgrade (df), Irrtumswahrscheinlichkeit p unter der Bezeichnung »Sig. (2-seitig)«.

Es ergibt sich keine signifikante Änderung des Cholesterins vom Ausgangswert zum Wert nach einem Monat (p = 0,332).

Die Berechnung soll jetzt wiederholt werden, aber nur für diejenigen Probanden, die das Medikament Alphasan eingenommen haben (für die also die Variable med den Wert 1 hat; Bedingung med = 1).

- Wählen Sie aus dem Menü

  Daten

  Fälle auswählen...

- Aktivieren Sie die Option *Falls Bedingung zutrifft*. Die Schaltfläche *Falls...* öffnet eine Dialogbox, in der Sie eine Bedingung formulieren können. Klicken Sie das dafür vorgesehene Feld an, und geben Sie dort die Bedingung »med = 1« ein.
- Klicken Sie auf *Weiter* und in der wieder aufscheinenden Dialogbox *Fälle auswählen* auf *OK*.
- Starten Sie jetzt wieder die Berechnung des t-Tests für abhängige Stichproben. Der t-Test wird nunmehr nur für diejenigen Fälle ausgeführt (N = 87), die der ersten Medikamentengruppe (med = 1) angehören.

Sie erhalten die folgende Ausgabe.

Statistik für Stichproben mit paarigen Werten

		Mittelwert	H	Standardabweichung	Standardfehler Mittelwert
Paar 1	Cholesterin, Ausgangswert	240,67	87	49,832	5,343
	Cholesterin, nach 1 Monat	241,60	87	48,545	5,205

Korrelationen für Stichproben mit paarigen Werten

		H	Korrelation	Sig.
Paar 1	Cholesterin, Ausgangswert & Cholesterin, nach 1 Monat	87	,917	,000

Test für Stichproben mit paarigen Werten

		Paarige Differenzen					t	df	Sig. (2-seitig)
		Mittelwert	Standardabweichung	Standardfehler Mittelwert	95% Konfidenzintervall der Differenz				
					Unterer	Oberer			
Paar 1	Cholesterin, Ausgangswert - Cholesterin, nach 1 Monat	-,931	20,034	2,148	-5,201	3,339	-,433	86	,666

Mit p = 0,666 erhalten Sie wieder ein nicht signifikantes Ergebnis.

- Um gegebenenfalls die nachfolgenden Analysen wieder für alle Fälle ausführen zu können, aktivieren Sie erneut die Dialogbox *Fälle auswählen* und dort die Option *Alle Fälle.*

11.3 Vergleich von mehr als zwei unabhängigen Stichproben

Wir wollen untersuchen, ob sich die Körpergröße (Variable gr) in den vier verschiedenen Altersgruppen (Variable ak) signifikant voneinander unterscheidet.

- Achten Sie darauf, dass in der Datei hyper.sav wieder alle Fälle aktiviert sind.
- Wählen Sie aus dem Untermenü

  Einfaktorielle Varianzanalyse...

Auch der erste Untermenüpunkt (Mittelwerte...) käme in Betracht, würde aber weniger Analysemöglichkeiten bieten. Es erscheint die Dialogbox *Einfaktorielle Varianzanalyse.*

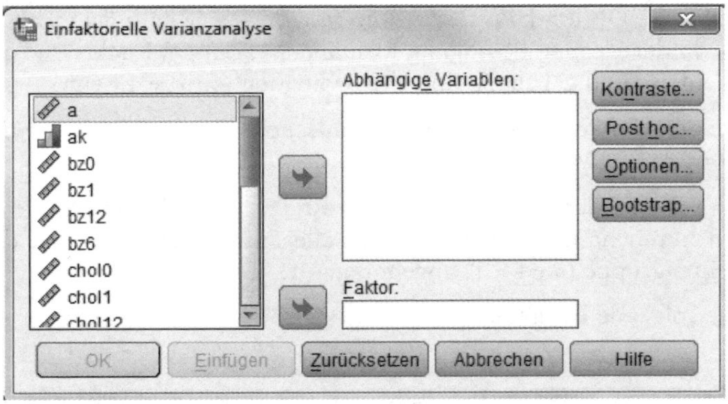

Bild 11.3: Dialogbox Einfaktorielle Varianzanalyse

- Übertragen Sie aus der Quellvariablenliste die Variable gr in das für die abhängigen Variablen vorgesehene Feld. Tragen Sie die Variable ak als Faktor ein.
- Informieren Sie sich zunächst über die möglichen Optionen. Wählen Sie in der Dialogbox *Einfaktorielle Varianzanalyse: Optionen* die Erstellung deskriptiver Statistiken und die Überprüfung auf Varianzenhomogenität aus.

- Um einen A-posteriori-Test auszuführen, klicken Sie nach Rückkehr in die Varianzanalyse-Dialogbox auf die Schaltfläche *Post hoc...* Sie erhalten die Dialogbox *Einfaktorielle Varianzanalyse: Post-hoc-Mehrfachvergleiche*.

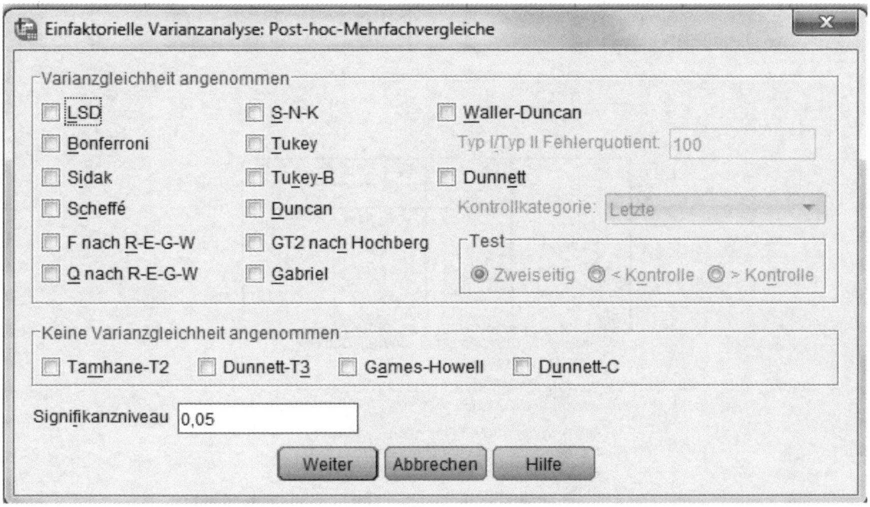

Bild 11.4: Dialogbox Einfaktorielle Varianzanalyse: Post-hoc-Mehrfachvergleiche

- Wählen Sie den Duncan-Test aus. Dieser soll uns im Falle eines signifikanten Ergebnisses der Varianzanalyse anzeigen, welche Altersgruppen sich im Einzelnen signifikant voneinander unterscheiden. Als Signifikanzniveau ist 0,05 voreingestellt; Sie können auch ein anderes Signifikanzniveau wählen.
- Starten Sie die Prozedur mit *Weiter* und *OK*.

Im Viewer erscheinen die folgenden Ergebnisse:

Deskriptive Statistik

Körpergröße

	H	Mittelwert	Standardabweichung	Standardfehler	95 % Konfidenzintervall für Mittelwert		Minimum	Maximum
					Untergrenze	Obergrenze		
bis 55 Jahre	52	169,10	8,213	1,139	166,81	171,38	150	185
56-65 Jahre	51	164,82	7,618	1,067	162,68	166,97	146	185
66-75 Jahre	47	162,47	7,217	1,053	160,35	164,59	145	175
> 75 Jahre	24	162,67	7,382	1,507	159,55	165,78	150	178
Gesamtsumme	174	165,17	8,079	,612	163,96	166,38	145	185

Varianzhomogenitätstest

Körpergröße

Levene-Statistik	df1	df2	Sig.
,639	3	170	,591

ANOVA

Körpergröße

	Quadratsumme	df	Mittel der Quadrate	F	Sig.
Zwischen Gruppen	1301,200	3	433,733	7,380	,000
Innerhalb der Gruppen	9990,966	170	58,770		
Gesamtsumme	11292,167	173			

Körpergröße

Duncan[a,b]

Altersklassen	H	Subset für Alpha = 0.05	
		1	2
66-75 Jahre	47	162,47	
> 75 Jahre	24	162,67	
56-65 Jahre	51	164,82	
bis 55 Jahre	52		169,10
Sig.		,202	1,000

Mittelwerte für Gruppen in homogenen Subsets werden angezeigt.

a. Verwendet harmonischen Mittelwert des Stichprobenumfangs = 39,300.

b. Die Gruppengrößen sind nicht identisch. Das harmonische Mittel der Gruppengrößen wird verwendet. Typ-I-Fehler-Ebenen werden nicht garantiert.

Die Ausgabe umfasst:

- Fallzahl, Mittelwert, Standardabweichung, Standardfehler des Mittelwertes, 95-Prozent-Konfidenzintervall, Minimum, Maximum bei allen Faktorstufen,
- Levene-Test auf Varianzenhomogenität,
- das typische Schema der Varianzanalyse einschließlich der Irrtumswahrscheinlichkeit p (Signifikanz) zur Beurteilung der Gesamtsignifikanz und die
- Ergebnisse des multiplen Rangtests nach Duncan.

Im vorliegenden Beispiel liefert die Varianzanalyse ein höchst signifikantes Ergebnis ($p < 0{,}001$). Der Duncan-Test liefert auf dem voreingestellten Niveau $p = 0{,}05$ zwei homogene Untergruppen, von denen die eine aus der Altersklasse bis 55 Jahre und die andere aus den anderen drei Altersklassen besteht. Dies bedeutet, dass sich die Altersklasse bis 55 Jahre von den anderen drei Altersklassen signifikant unterscheidet, diese drei Altersklassen aber untereinander keinen signifikanten Unterschied aufweisen.

Das Abfallen der Körpergröße mit fortschreitendem Alter könnte natürlich damit zusammenhängen, dass in den oberen Altersklassen der Anteil der Frauen überwiegt und diese dann durch ihre geringere Körpergröße gegenüber den Männern diesen Effekt hervorrufen. Wiederholen Sie also die Analyse für beide Kategorien des Geschlechts. Sie werden sehen, dass sich bei den Männern der Abfall der Körpergröße mit dem Alter bestätigt, bei den Frauen aber nicht.

Im Folgenden soll etwas näher auf die in der Varianzanalyse-Dialogbox vorgesehenen Möglichkeiten *Kontraste...*, *Post Hoc...* und *Optionen...* eingegangen werden.

11.3.1 Zerlegen in Trendkomponenten

Es ist möglich, die Quadratsumme zwischen den Gruppen in lineare oder polynomiale Trendkomponenten (maximal 5. Grades) zu zerlegen.

- Klicken Sie in der Varianzanalyse-Dialogbox auf *Kontraste...*

Es erscheint die Dialogbox *Einfaktorielle Varianzanalyse: Kontraste.*

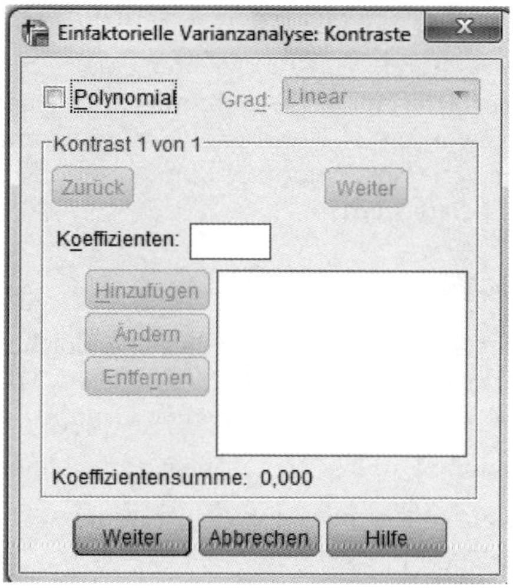

Bild 11.5: Dialogbox Einfaktorielle Varianzanalyse: Kontraste

- Kreuzen Sie *Polynomial* an; nach einem Klick auf das Gradfeld haben Sie Gelegenheit, den Grad des Polynoms (*linear*, *quadratisch*, *kubisch*, *4*, *5*) zu bestimmen.

11.3.2 A-priori-Kontraste

Aufgrund von A-priori-Kontrasten sich ergebende Mittelwertunterschiede der abhängigen Variablen können mit einem t-Test überprüft werden. Dabei werden die Kontraste als Folge von Koeffizienten definiert, wobei jeder Koeffizient der Reihe nach einer Kategorie der unabhängigen Variablen entspricht.

Für die Koeffizienten wählt man negative bzw. positive ganze oder auch gebrochene Zahlen. Die Kategorien der unabhängigen Variablen, die negativen Koeffizienten entsprechen, werden kombiniert und den Kombinationen derjenigen Kategorien gegenübergestellt, die positiven Koeffizienten entsprechen. Kategorien, deren zugeordnete Koeffizienten null sind, werden ausgelassen. Die Summe aller Koeffizienten muss null ergeben.

In unserem Beispiel hatten wir vier Altersklassen (Kategorien 1 bis 4) bzgl. der Körpergröße verglichen. Nehmen wir an, wir wollen die erste Altersgruppe gegen die Kombination der letzten drei Altersgruppen testen, so wählen wir als Koeffizienten

-3 1 1 1

Wollen wir die Kombination der ersten beiden Altersgruppen gegen die letzte Altersgruppe testen, wählen wir die Koeffizienten

-1 -1 0 2

Um Kontraste auf diese Weise definieren zu können, wählen Sie in der Varianzanalyse-Dialogbox *Kontraste...* aus und klicken in der dann erscheinenden und bereits im vorigen Abschnitt abgebildeten Kontraste-Dialogbox auf das Koeffizientenfeld. Hier geben wir den ersten Koeffizienten ein und klicken anschließend auf *Hinzufügen*. Die weiteren Koeffizienten können auf die gleiche Weise eingegeben werden.

Sind alle zu einem Problem gehörenden Koeffizienten eingegeben, kann nach einem Klick auf die innere Weiter-Schaltfläche eine weitere Koeffizientenkombination eingegeben werden. Nach Eingabe aller gewünschten Kontraste wird die Kontraste-Dialogbox über die äußere Weiter-Schaltfläche verlassen. Maximal können zehn Kontraste mit jeweils bis zu fünfzig Koeffizienten spezifiziert werden.

11.3.3 A-posteriori-Tests

Wollen Sie A-posteriori-Tests für multiple Mittelwertvergleiche durchführen, klicken Sie in der Varianzanalyse-Dialogbox auf *Post hoc...* Sie haben dann die Auswahl zwischen zahlreichen Tests, die diese Vergleiche zwischen allen Gruppen durchführen:

- LSD: Geringste signifikante Differenz (multipler t-Test ohne Alpha-Korrektur)
- Bonferroni-Test (multipler t-Test mit Alpha-Korrektur)
- Sidak-Test (t-Test nach Sidak)
- T-Test nach Sidak
- Scheffé-Test
- Ryan-Einot-Gabriel-Welsch-Prozedur (F-Test)
- Ryan-Einot-Gabriel-Welsch-Prozedur (Studentisierter Range-Test)
- Student-Newman-Keuls-Test (S-N-K)
- Tukey-Test
- Tukey's b
- Duncan-Test
- Hochberg's GT2
- Gabriel's Test
- Waller-Duncan-Test
- DunnetT-Test (ein- und zweiseitig)
- Tamehane's T2
- Dunnett's T3
- Games and Howell's Test
- Dunnetts C

Bei der Ausgabe erscheinen die Gruppenmittelwerte in aufsteigender Ordnung sortiert.

11.3.4 Weitere Optionen

In der Varianzanalyse-Dialogbox *Optionen...* können Sie neben der Fehlenden-Werte-Behandlung noch die gruppenweise Ausgabe deskriptiver Statistiken (Mittelwert, Standardabweichung, Standardfehler, Minimum, Maximum, 95%-Konfidenzintervall, Fallzahl) und die Prüfung auf Varianzenhomogenität mit dem Levene-Test veranlassen. Sie können auch ein Liniendiagramm der Mittelwerte ausgeben lassen.

11.4 Vergleich von mehr als zwei abhängigen Stichproben

Wir wollen untersuchen, ob sich in der Hypertonie-Studie das Cholesterin im Laufe der vier Zeitpunkte signifikant verändert; die beiden ersten Zeitpunkte hatten wir ja bereits in Abschnitt 11.2 gegeneinander getestet.

Einen Menüpunkt *Varianzanalyse* suchen Sie vergebens. Er wurde ersetzt durch den Menüpunkt *Allgemeines lineares Modell.* Diese Rechenmethode folgt einem anderen Ansatz als die »klassische Methode« nach Fisher. Der passende Test hierzu ist eine einfaktorielle Varianzanalyse mit Messwiederholungen.

- Laden Sie die Datei hyper.sav.
- Wählen Sie aus dem Menü

Analysieren
  Allgemeines lineares Modell
    Messwiederholung...

Es öffnet sich die Dialogbox *Messwiederholung: Faktor(en) definieren.*

Bild 11.6: Dialogbox Messwiederholung: Faktor(en) definieren

In unserem Beispiel wollen wir die vier Variablen chol0, chol1, chol6 und chol12 einer einfaktoriellen Varianzanalyse mit Messwiederholungen unterziehen; der Messwiederholungsfaktor hat also vier Ausprägungen.

- Geben Sie die Zahl 4 in das Feld *Anzahl der Stufen* ein. Als Faktorname ist faktor1 voreingestellt. Wenn Sie möchten, können Sie hier einen anderen frei wählbaren Namen (etwa »zeit«) eingeben.
- Klicken Sie anschließend auf *Hinzufügen*. Weitere Messwiederholungsfaktoren liegen nicht vor, so dass Sie die Dialogbox über *Definieren* verlassen können.

Es erscheint die Dialogbox *Messwiederholung*.

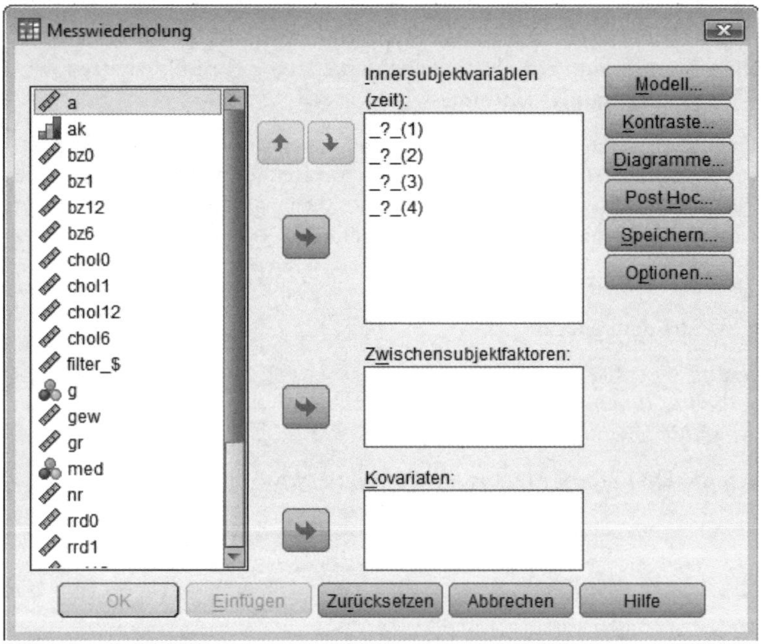

Bild 11.7: Dialogbox *Messwiederholung*

- Bringen Sie die Variablen chol0, chol1, chol6 und chol12 in das für die *Innersubjektvariablen* vorgesehene Feld; Sie haben anschließend Gelegenheit, sich über die Leistungen der weiteren Schalter zu informieren, die wir aber nicht in Anspruch nehmen wollen.
- Starten Sie die Berechnungen mit *OK*.
- Betrachten Sie die Ergebnisse im Viewer.

Wie Sie sehen, ist der Ausdruck zumindest für Erstanwender nur schwer verständlich. Er enthält Berechnungen sowohl nach der neuen Methode des Allgemeinen linearen Modells als auch nach der klassischen Methode nach Fisher. Deren Ergebnisse sind der Zeile »Angenommene Sphärizität« des folgenden Teils des Ausdrucks zu entnehmen.

Tests der Innersubjekteffekte

Maß: MEASURE_1

Quelle		Typ III Quadratsumme	df	Quadratischer Mittelwert	F	Sig.
zeit	Angenommene Sphärizität	3381,822	3	1127,274	2,653	,048
	Greenhouse-Geisser	3381,822	2,509	1347,779	2,653	,058
	Huynh-Feldt (HF)	3381,822	2,549	1326,675	2,653	,058
	Untergrenze	3381,822	1,000	3381,822	2,653	,105
Fehler (zeit)	Angenommene Sphärizität	220504,678	519	424,865		
	Greenhouse-Geisser	220504,678	434,088	507,972		
	Huynh-Feldt (HF)	220504,678	440,994	500,018		
	Untergrenze	220504,678	173,000	1274,594		

Es ergibt sich eine Irrtumswahrscheinlichkeit von p=0,048, was einen signifikanten Unterschied zwischen den einzelnen Zeitpunkten bedeutet. Leider bietet SPSS auch in der Version 22 noch immer keine Möglichkeit, einen A-posteriori-Test auszuführen, um zu überprüfen, welche Zeitpunkte sich im Einzelnen signifikant voneinander unterscheiden. Zwar existiert der Schalter *Post hoc*, bei GLM Messwiederholungen sind diese Tests allerdings nicht verfügbar, wenn es keine Zwischensubjektfaktoren gibt. Es bleibt dem Anwender im Signifikanzfall somit nichts anderes übrig, als paarweise t-Tests auszuführen.

11.5 Einstichproben-t-Test

Mit dem Einstichproben-t-Test können Sie überprüfen, ob ein aus einer gegebenen Stich probe gewonnener Mittelwert sich von einem vorgegebenen Testwert unterscheidet.

Wir wollen testen, ob sich in der Hypertonie-Studie der Ausgangswert des Cholesterins im Mittel von dem Wert 229 unterscheidet, der sich in einer anderen Studie ergeben hat.

- Laden Sie die Datei hyper.sav.
- Wählen Sie aus dem Menü

Analysieren
    Mittelwerte vergleichen
        T-Test bei einer Stichprobe...

Es öffnet sich die Dialogbox *T-Test bei einer Stichprobe.*

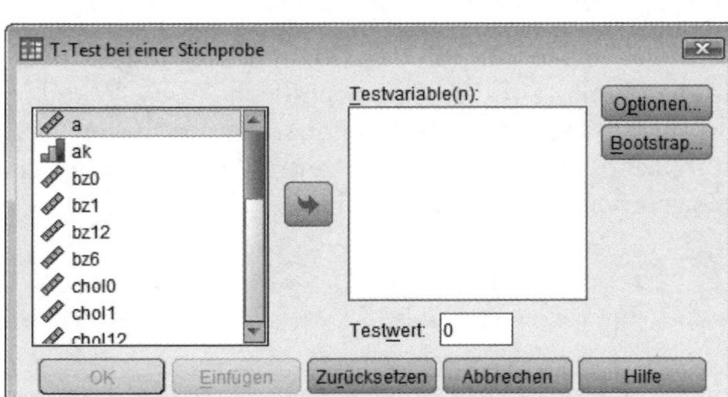

Bild 11.8: Dialogbox T-Test bei einer Stichprobe

- Bringen Sie die Variable chol0 in das Testvariablenfeld, und tragen Sie als Testwert den Wert 229 ein.
- Starten Sie die Berechnungen mit *OK*.

Die im Viewer erscheinenden Ergebnisse zeigen, dass sich in der vorliegenden Hypertonie-Studie ein mittlerer Ausgangswert des Cholesterins von 237,27 ergibt, der sich signifikant (p = 0,029) vom Vergleichstestwert 229 unterscheidet.

Statistik bei einer Stichprobe

	H	Mittelwert	Standardab weichung	Standardfehler Mittelwert
Cholesterin, Ausgangswert	174	237,27	49,421	3,747

Test bei einer Stichprobe

	Testwert = 229					
					95% Konfidenzintervall der Differenz	
	t	df	Sig. (2-seitig)	Mittelwert differenz	Unterer	Oberer
Cholesterin, Ausgangswert	2,207	173	,029	8,270	,88	15,66

Über den Optionenschalter kann anstelle des 95%-Konfidenzintervalls auch ein anderes gewünscht werden; es ist eine Größe zwischen 1 und 99 zugelassen.

11.6 Einbindung der Syntax in den dialoggesteuerten Ablauf

In Kap. 11.2 wurde zum Vergleich der beiden Variablen chol0 und chol1 aus der Datei hyper.sav der t-Test für abhängige Stichproben angefordert. Die über den Schalter *Einfügen* in der Dialogbox *T-Test bei gepaarten Stichproben* angezeigte Syntax lautet folgendermaßen.

```
T-TEST
  PAIRS= chol0 WITH chol1 (PAIRED)
  /CRITERIA=CI(.95)
  /MISSING=ANALYSIS .
```

Möchten Sie nicht nur die beiden Variablen chol0 und chol1 miteinander vergleichen, sondern paarweise alle vier Cholesterin-Variablen chol0, chol1, chol6 und chol12, so müssten Sie über die entsprechende Dialogbox insgesamt sechs paarweise Vergleiche anfordern. Schon das ist recht mühsam, und es wäre noch zeitraubender, wenn es mehr als vier Variablen wären, die Sie gegeneinander testen möchten.

- Editieren Sie die im Syntaxeditor erzeugte Programmsyntax zu (bzw. laden Sie die Syntaxdatei chol.sps)

```
T-TEST
  PAIRS= chol0, chol1, chol6, chol12
  /CRITERIA=CI(.95)
  /MISSING=ANALYSIS .
```

- Starten Sie die Berechnungen mit Hilfe des Symbols für den Syntax-Start.

Sie erhalten die folgende Ausgabe.

Statistik für Stichproben mit paarigen Werten

		Mittelwert	H	Standardab weichung	Standardfehler Mittelwert
Paar 1	Cholesterin, Ausgangswert	237,27	174	49,421	3,747
	Cholesterin, nach 1 Monat	239,20	174	49,510	3,753
Paar 2	Cholesterin, Ausgangswert	237,27	174	49,421	3,747
	Cholesterin, nach 6 Monaten	236,59	174	50,292	3,813
Paar 3	Cholesterin, Ausgangswert	237,27	174	49,421	3,747
	Cholesterin, nach 12 Monaten	233,10	174	51,975	3,940
Paar 4	Cholesterin, nach 1 Monat	239,20	174	49,510	3,753
	Cholesterin, nach 6 Monaten	236,59	174	50,292	3,813
Paar 5	Cholesterin, nach 1 Monat	239,20	174	49,510	3,753
	Cholesterin, nach 12 Monaten	233,10	174	51,975	3,940
Paar 6	Cholesterin, nach 6 Monaten	236,59	174	50,292	3,813
	Cholesterin, nach 12 Monaten	233,10	174	51,975	3,940

Korrelationen für Stichproben mit paarigen Werten

		H	Korrelation	Sig.
Paar 1	Cholesterin, Ausgangswert & Cholesterin, nach 1 Monat	174	,861	,000
Paar 2	Cholesterin, Ausgangswert & Cholesterin, nach 6 Monaten	174	,775	,000
Paar 3	Cholesterin, Ausgangswert & Cholesterin, nach 12 Monaten	174	,802	,000
Paar 4	Cholesterin, nach 1 Monat & Cholesterin, nach 6 Monaten	174	,852	,000
Paar 5	Cholesterin, nach 1 Monat & Cholesterin, nach 12 Monaten	174	,813	,000
Paar 6	Cholesterin, nach 6 Monaten & Cholesterin, nach 12 Monaten	174	,892	,000

Test für Stichproben mit paarigen Werten

		Paarige Differenzen					t	df	Sig. (2-seitig)
		Mittelwert	Standardabweichung	Standardfehler Mittelwert	95% Konfidenzintervall der Differenz				
					Unterer	Oberer			
Paar 1	Cholesterin, Ausgangswert - Cholesterin, nach 1 Monat	-1,925	26,085	1,978	-5,828	1,978	-,974	173	,332
Paar 2	Cholesterin, Ausgangswert - Cholesterin, nach 6 Monaten	,684	33,488	2,539	-4,327	5,695	,269	173	,788
Paar 3	Cholesterin, Ausgangswert - Cholesterin, nach 12 Monaten	4,172	32,031	2,428	-,620	8,965	1,718	173	,088
Paar 4	Cholesterin, nach 1 Monat - Cholesterin, nach 6 Monaten	2,609	27,123	2,056	-1,449	6,668	1,269	173	,206
Paar 5	Cholesterin, nach 1 Monat - Cholesterin, nach 12 Monaten	6,098	31,140	2,361	1,438	10,757	2,583	173	,011
Paar 6	Cholesterin, nach 6 Monaten - Cholesterin, nach 12 Monaten	3,489	23,771	1,802	-,068	7,045	1,936	173	,055

Es werden alle im Unterbefehl PAIRS aufgeführten Variablen paarweise gegeneinander getestet. An dieser Stelle kann die SPSS-Syntax offensichtlich nutzbringend in den SPSS-Dialog eingebunden werden.

KAPITEL 12

Nichtparametrische Tests

Nichtparametrische (auch verteilungsfreie) Tests werden überall dort angewandt, wo die Annahme der Normalverteilung nicht aufrechterhalten werden kann. Da bei ihnen nicht die Messwerte selbst, sondern deren Rangplätze verarbeitet werden, sind sie auch unempfindlich gegen Ausreißer. Schließlich sind sie auch dort anzuwenden, wo kein Intervall-, sondern nur ein Ordinalskalenniveau gegeben ist.

SPSS Statistics stellt unter der Menüwahl

Analysieren
Nicht parametrische Tests

eine Vielzahl nichtparametrischer Tests zur Verfügung.

SPSS Statistics stellt erstmals ab der Version 18 den sogenannten Model Viewer für nichtparametrische Tests zur Verfügung. Tabellen und Diagramme des Model Viewer sind derzeit jedoch nicht im Pivot-Editor bearbeitbar. Die Gestaltung der Ausgabe des Model Viewer ist mit der sonstigen SPSS Ausgabe nicht kompatibel. Bei einem Forschungsbericht führt dies zu einem Bruch bezüglich des gewünschten einheitlichen Aussehens. Der Model Viewer trägt darüber hinaus die Gefahr in sich, dass die Maschine nicht nur die Berechnung der Daten, sondern auch ihre Auswertung bzw. Interpretation übernimmt. Eine Entwicklung, mit der wir uns schwerlich anfreunden können. Für den Anwender ist »die Rechenmaschine« als Arbeitsmittel unverzichtbar; sie sollte und kann jedoch nicht das Verständnis des Anwenders ersetzen. Wir raten Ihnen daher dazu auch bei der Version 22 aus den genannten Gründen bei nichtparametrischen Tests »Altbewährtes« einzusetzen, d. h. die sogenannten »Alten Dialogfelder« zu benutzen und die weitere Entwicklung des Model Viewer mit kritischem Blick abzuwarten bzw. diesen bei Bedarf additiv einzusetzen. So besteht z. B. bei aller Kritik ein Vorteil des Model Viewer bei der Berechnung paarweiser Vergleiche, die leider bei den alten Dialogfeldern fehlen.

Wir werden Ihnen daher im Folgenden die nichtparametrischen Tests auf der Basis des »Altbewährten« schildern und am Ende des Kapitels den Model Viewer vorstellen.

Die am häufigsten verwendeten Tests sind die zum Vergleich von zwei oder mehr als zwei unabhängigen bzw. abhängigen Stichproben; hier sind die bekanntesten Tests der U-Test nach Mann und Whitney, der H-Test nach Kruskal und Wallis, der Wilcoxon-Test und der Friedman-Test. Eine wichtige Rolle spielt auch der Ein-Stichproben-Kolmogorov-Smirnov-Test, der zur Überprüfung auf Normalverteilung eingesetzt werden kann.

Nichtparametrische Tests können natürlich auch im Falle einer Normalverteilung der Werte angewandt werden. Sie haben dann im Allgemeinen eine Effizienz von 95% der entsprechenden parametrischen Tests. Möchten Sie also z. B. mehrere Mittelwertvergleiche mit zwei unabhängigen Stichproben durchführen und sind die Stichproben teilweise normalverteilt und teilweise nicht, so empfiehlt es sich, stets den U-Test nach Mann und Whitney anzuwenden.

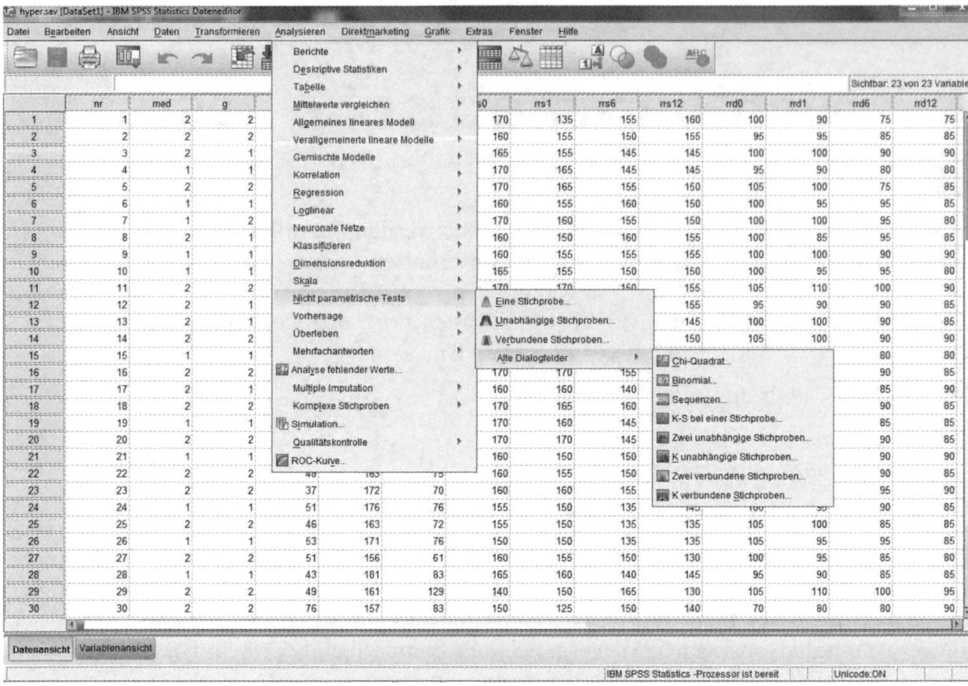

Bild 12.1: Menüwahl: Nichtparametrische Tests

12.1 Vergleich von zwei unabhängigen Stichproben

Für den Vergleich von zwei unabhängigen Stichproben werden vier verschiedene Tests angeboten; am gebräuchlichsten ist der U-Test nach Mann und Whitney, der daher auch voreingestellt ist.

12.1.1 U-Test nach Mann und Whitney

Der U-Test nach Mann und Whitney zum nichtparametrischen Vergleich zweier unabhängiger Stichproben basiert auf einer gemeinsamen Rangreihe der Werte beider Stichproben.

Wir wollen testen, ob sich Männer und Frauen aus dem Beispiel der Hypertonie-Studie (Datei hyper.sav) hinsichtlich des Blutzuckerwertes voneinander unterscheiden.

Falls Sie ein Histogramm des Blutzuckers (Variable bz0) erstellen, erkennen Sie eine deutlich linksgipflige Verteilung. Auch der Kolmogorov-Smirnov-Test (siehe Kap. 13.5) zeigt eine höchst signifikante Abweichung von der Normalverteilung an. Zum Vergleich der beiden Stichproben ist also anstelle des t-Tests (siehe Kap. 12.1) der U-Test nach Mann und Whitney zu verwenden.

- Laden Sie die Datei hyper.sav.
- Treffen Sie die Menüwahl

Analysieren
Nicht parametrische Tests
Alte Dialogfelder
Zwei unabhängige Stichproben...

Es erscheint die Dialogbox *Tests bei zwei unabhängigen Stichproben.*

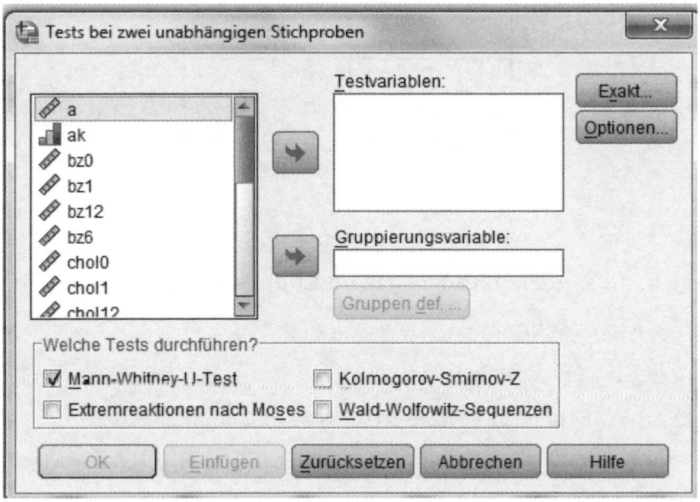

Bild 12.2: Dialogbox Tests bei zwei unabhängigen Stichproben

Die Ausführung des U-Tests nach Mann und Whitney ist voreingestellt.

- Bringen Sie die Variable bz0 aus dem Quellvariablenfeld in das Testvariablenfeld und die Variable g in das Gruppenvariablenfeld.
- Durch Anklicken von *Gruppen definieren...* erhalten Sie Gelegenheit, die für die Gruppendefinition relevanten Kodierungen (1 und 2) einzugeben.
- Nach einem Klick auf *Weiter* erscheint wieder die Ausgangs-Dialogbox.
- Starten Sie die Rechnung durch einen Klick auf *OK*.

Die folgenden Ergebnisse erscheinen im Viewer:

Ränge

	Geschlecht	H	Mittlerer Rang	Summe der Ränge
Blutzucker, Ausgangswert	Männlich	59	81,66	4818,00
	Weiblich	115	90,50	10407,00
	Gesamtsumme	174		

Teststatistiken[a]

	Blutzucker, Ausgangswert
Mann-Whitney-U-Test	3048,000
Wilcoxon-W	4818,000
U	-1,096
Asymp. Sig. (2-seitig)	,273

a. Gruppierungsvariable: Geschlecht

Die Ausgabe umfasst:

- die Fallzahlen, die mittleren Rangplätze und Rangsummen in beiden Stichproben
- die Testgröße Mann-Whitney-U
- die kleinere der beiden Rangsummen (W)
- bei weniger als 30 Fällen die exakte Irrtumswahrscheinlichkeit p
- die Prüfgröße U und die zugehörige Irrtumswahrscheinlichkeit p, die bei einer Fallzahl ab 30 zu verwenden sind.

Im vorliegenden Beispiel liegt kein signifikanter Unterschied hinsichtlich des Blutzuckerwertes der beiden Geschlechter vor (p = 0,273).

Beim U-Test werden die gegebenen Werte beider Gruppen mit einer gemeinsamen Rangreihe versehen, wobei der kleinste Wert den Rangplatz 1 erhält. So bedeuten die mittleren Ränge von 81,66 bei den Männern und 90,50 bei den Frauen, dass die Männer im Schnitt niedrigere Werte des Blutzuckers haben als die Frauen.

Nützlicher als die Ausgabe der mittleren Rangplätze wäre sicherlich an dieser Stelle die Ausgabe der beiden Mediane. So müssen Sie sich diese auf anderem Wege besorgen.

- Wählen Sie aus dem Menü

  Analysieren
  Berichte
  Fallzusammenfassungen...

- Klicken Sie die Variable bz0 in das Testvariablenfeld, und definieren Sie die Variable g als Gruppierungsvariable. Deaktivieren Sie die Option *Fälle anzeigen...*

- Betätigen Sie den Schalter *Statistiken...*, und aktivieren Sie die Berechnung des Medians. Bei Variablen mit wenig Kategorien wählen Sie statt dessen den gruppierten Median.
- Bestätigen Sie mit *Weiter* und *OK*.

Sie erhalten die folgende Tabelle:

Zusammenfassung von Fällen

Blutzucker, Ausgangswert

Geschlecht	H	Median
Männlich	59	93,00
Weiblich	115	97,00
Gesamtsumme	174	95,50

Es wird bestätigt, was die mittleren Ränge anzeigten: Der Median des Blutzuckers ist bei den Männern kleiner als bei den Frauen. Allerdings hatte sich der Unterschied als nicht signifikant erwiesen.

Eine zusätzliche Möglichkeit bei diesem und anderen parametrischen Tests besteht in der Anwahl von *Optionen...* Neben der üblichen Fehlende-Werte-Behandlung kann die Berechnung deskriptiver Statistiken (Mittelwert, Minimum, Maximum, Standardabweichung, Fallzahl) und von Quartilen (25., 50. und 75. Perzentil) angefordert werden. Die Berechnungen erfolgen dann aber nicht etwa für die nach der Gruppierungsvariablen aufgespaltenen Testvariablen, sondern für die Test- und auch die Gruppierungsvariablen insgesamt. Das ist aber völlig sinnlos und wurde leider nie in Ordnung gebracht.

12.1.2 Moses-Test

Der Moses-Test überprüft den Unterschied zwischen zwei unabhängigen Stichproben auf Rangskalenniveau bzgl. ihrer Spannweite, wobei die eine Stichprobe als Kontrollgruppe, die andere als Experimentalgruppe betrachtet wird. Da die Spannweite von Extremwerten leicht verzerrt werden kann, werden auf beiden Seiten der Verteilung der Kontrollgruppe per Voreinstellung insgesamt fünf Prozent der Werte ausgeschlossen.

Das kann allerdings dazu führen, dass zunächst vorhandene Unterschiede wieder verwischt werden. Dies passiert im folgenden Beispiel, in dem der systolische Blutdruck nach einem Monat zwischen den beiden Medikamentengruppen verglichen wird.

- Laden Sie die Datei hyper.sav.
- Als Testvariable verwenden Sie rrs1, als Gruppierungsvariable med mit den Ausprägungen 1 und 2.
- Aktivieren Sie in der Dialogbox *Tests bei zwei unabhängigen Stichproben* (vgl. Bild 12.2) anstelle des Mann-Whitney-U-Tests die Option *Extremreaktionen nach Moses*.
- Starten Sie die Berechnungen mit *OK*.

Im Viewer erscheinen die folgenden Ergebnisse:

Häufigkeiten

	Medikament	H
Syst. Blutdruck, nach 1 Monat	Alphasan (Kontrolle)	87
	Betasan (Experimentell)	87
	Gesamtsumme	174

Teststatistiken[a,b]

		Syst. Blutdruck, nach 1 Monat
Beobachtete Kontrollgruppenspanne		167
	Sig. (1-seitig)	,032
Entfernte Kontrollgruppenspanne		156
	Sig. (1-seitig)	,500
Ausreißer an beiden Enden getrimmt		4

a. Moses-Test

b. Gruppierungsvariable: Medikament

Die erste der beiden Gruppen wird vom Moses-Test als Kontrollgruppe angesehen. Die Werte der beiden Gruppen werden gemeinsam geordnet und mit entsprechenden Rängen versehen. In der Kontrollgruppe wird die Spannweite dieser Ränge berechnet, also die Differenz zwischen dem größten und dem kleinsten Rang. Diese Spannweite beträgt 167 mit einem zugeordneten p-Wert von 0,032, was eine signifikante Abweichung von der bei Gleichverteilung zu erwartenden Spannweite bedeutet. Diese Signifikanz verschwindet völlig (p = 0,500), wenn in der Kontrollgruppe bei der Berechnung der Spannweite die jeweils vier kleinsten und größten Ränge eliminiert werden.

12.1.3 Kolmogorov-Smirnov-Test

Die Testsituation beim Kolmogorov-Smirnov-Test ist die gleiche wie beim U-Test nach Mann und Whitney. Der Kolmogorov-Smirnov-Test ist dann vorzuziehen, wenn bei der zu testenden Variable eine begrenzte Anzahl von Kategorien vorliegt; hier treten beim U-Test eine hohe Anzahl geteilter Rangplätze, also nicht eindeutige Rangfolgen auf. Grundlage des Tests ist die Berechnung der maximalen Differenz zwischen den kumulierten Häufigkeiten beider Stichproben. Dieser wird ein z-Wert zugeordnet, aus dem sich die Irrtumswahrscheinlichkeit p ergibt.

Die Datei psycho.sav enthält unter der Variablen psyche die psychische Lage von Studierenden (kodiert mit den Ziffern 1 bis 4 für äußerst labil bis sehr stabil) und unter der Variablen sex das Geschlecht (1 = weiblich, 2 = männlich) enthält. Der Unterschied zwischen den Geschlechtern kann mit dem Chi-Quadrat-Test getestet werden; es kommt aber auch der Kolmogorov-Smirnov-Test in Frage.

- Laden Sie die Datei psycho.sav.
- Übertragen Sie die Variable psyche in das Testvariablenfeld, und definieren Sie sex als Gruppenvariable mit den Ausprägungen 1 und 2.

- Aktivieren Sie in der Dialogbox *Tests bei zwei unabhängigen Stichproben* den Kolmogorov-Smirnov-Test.
- Starten Sie die Berechnung mit *OK*.

Im Viewer erscheint das folgende Ergebnis.

Häufigkeiten

	Geschlecht	H
Psychische Lage	Weiblich	44
	Männlich	62
	Gesamtsumme	106

Teststatistiken[a]

		Psychische Lage
Extremste Differenzen	Absolut	,370
	Positiv	,000
	Negativ	-,370
Kolmogorov-Smirnov-Z		1,874
Asymp. Sig. (2-seitig)		,002

a. Gruppierungsvariable: Geschlecht

Es ergibt sich also ein sehr signifikanter Unterschied zwischen den beiden Geschlechtern bezüglich der psychischen Lage (p = 0,002).

12.1.4 Wald-Wolfowitz-Test

Die Testsituation beim Wald-Wolfowitz-Test ist die gleiche wie beim U-Test nach Mann und Whitney oder beim Kolmogorov-Smirnov-Test. Die Werte der beiden Gruppen werden in eine gemeinsame Rangfolge gebracht; anschließend wird die Anzahl der Wechsel der Gruppenmitgliedschaft ausgezählt, was zur Anzahl der Sequenzen führt (Anzahl der Wechsel plus 1). Treten gleiche Werte (Rangbindungen) auf, werden Minimum und Maximum der möglichen Sequenzen ausgegeben. Aus der Anzahl der Sequenzen kann die Irrtumswahrscheinlichkeit p bestimmt werden. Der Test eignet sich nicht für Variablen mit wenigen Kategorien, da hier die Anzahl der Rangbindungen zu groß wird.

Wir wollen das bereits benutzte Beispiel des Blutdruckvergleichs verwenden.

- Laden Sie die Datei hyper.sav.
- Übertragen Sie die Variable rrs1 in das Testvariablenfeld, und definieren Sie die Variable med als Gruppierungsvariable mit den Kategorien 1 und 2.
- Aktivieren Sie in der Dialogbox *Tests bei zwei unabhängigen Stichproben* den Wald-Wolfowitz-Test.
- Starten Sie die Berechnung mit *OK*.

Im Viewer erscheinen die folgenden Ergebnisse:

Häufigkeiten

	Medikament	H
Syst. Blutdruck, nach 1 Monat	Alphasan	87
	Betasan	87
	Gesamtsumme	174

Teststatistiken[a,b]

		Anzahl der Sequenzen	U	Asymp. Sig. (1-seitig)
Syst. Blutdruck, nach 1 Monat	Minimal möglich	13[c]	-11,404	,000
	Maximal möglich	146[c]	8,819	1,000

a. Wald-Wolfowitz-Test

b. Gruppierungsvariable: Medikament

c. Es sind 10 Verbindungen zwischen Gruppen mit 165 Fällen vorhanden.

Es werden z-Werte (U) und die damit verbundene Irrtumswahrscheinlichkeit p für die minimal und maximal möglichen Sequenzen ausgegeben. Da die ausgegebenen z-Werte auf beiden Extremseiten der Standardnormalverteilung liegen, erscheinen die Daten für diesen Test nicht geeignet. Aus diesen Gründen wirkt der Wald-Wolfowitz-Test, insbesondere beim Vorliegen von Rangbindungen, nicht sonderlich überzeugend.

12.2 Vergleich von zwei abhängigen Stichproben

Der Begriff der Abhängigkeit von Stichproben wurde in Kap. 5.1.3 erläutert. Es werden drei verschiedene Tests angeboten, von denen der Wilcoxon-Test voreingestellt ist. Eine beachtenswerte Variante ist der Vorzeichen-Test. Bei dichotomen Variablen kommt der Chi-Quadrat-Test nach McNemar zum Einsatz.

12.2.1 Wilcoxon-Test

Der Wilcoxon-Test ist der übliche Test zum nichtparametrischen Vergleich zweier abhängiger Stichproben. Er basiert auf einer Rangreihe der absoluten Wertepaardifferenzen.

Wir wollen testen, ob bei den Daten der Datei hyper.sav die Senkung des systolischen Blutdrucks vom Ausgangswert (Variable rrs0) zum Wert nach einem Monat (Variable rrs1) signifikant ist. Der Einfachheit halber sollen dabei zunächst alle Fälle zusammen betrachtet, also nicht nach Medikamentengruppen unterschieden werden. Es liegt der typische Fall zweier verbundener Stichproben vor, hier repräsentiert durch die beiden Variablen rrs0 und rrs1.

- Laden Sie die Datei hyper.sav.
- Wählen Sie aus dem Menü

  Analysieren
  Nicht parametrische Tests
  Alte Dialogfelder
  Zwei verbundene Stichproben...

Es öffnet sich die Dialogbox *Tests bei zwei verbundenen Stichproben*. Sie stellen fest, dass der Wilcoxon-Test voreingestellt ist.

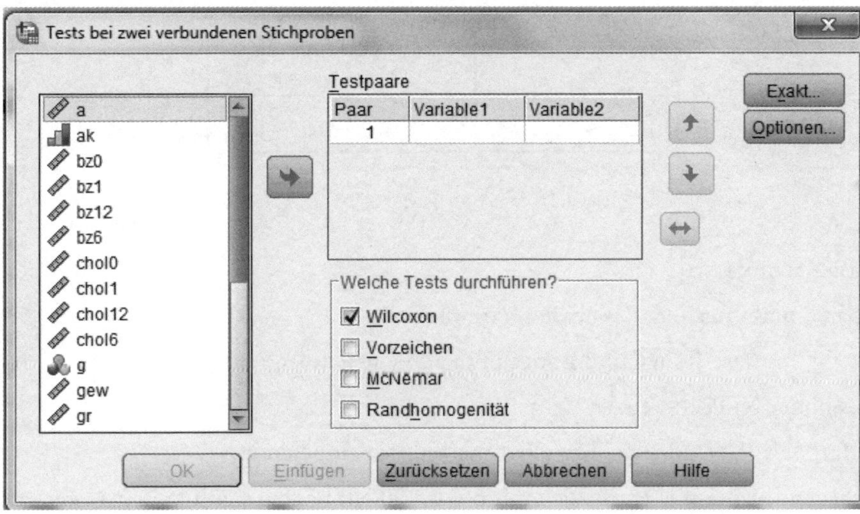

Bild 12.3: Dialogbox Tests bei zwei verbundenen Stichproben

- Übertragen Sie die Variable rrs0 in das Feld für die erste Variable, die Variable rrs1 in das Feld für die zweite Variable des Testpaares.
- Aktivieren Sie über den Schalter *Optionen...* die Option *Quartile*.
- Starten Sie die Berechnungen mit *OK*.

Betrachten Sie die Ergebnisse im Viewer:

Deskriptive Statistiken

		Perzentile		
	H	25.	50. (Median)	75.
Syst. Blutdruck, Ausgangswert	174	160,00	170,00	180,00
Syst. Blutdruck, nach 1 Monat	174	150,00	155,00	165,00

Ränge

		H	Mittlerer Rang	Summe der Ränge
Syst. Blutdruck, nach 1 Monat - Syst. Blutdruck, Ausgangswert	Negative Ränge	144[a]	77,81	11204,00
	Positive Ränge	8[b]	53,00	424,00
	Bindungen	22[c]		
	Gesamtsumme	174		

a. Syst. Blutdruck, nach 1 Monat < Syst. Blutdruck, Ausgangswert

b. Syst. Blutdruck, nach 1 Monat > Syst. Blutdruck, Ausgangswert

c. Syst. Blutdruck, nach 1 Monat = Syst. Blutdruck, Ausgangswert

Teststatistiken[a]

	Syst. Blutdruck, nach 1 Monat - Syst. Blutdruck, Ausgangswert
U	-9,970[b]
Asymp. Sig. (2-seitig)	,000

a. Wilcoxon-Test

b. Basierend auf positiven Rängen.

Die Ausgabe umfasst:

- Median und Quartile von beiden Variablen
- Anzahl, mittlere Ränge und Rangsummen bei negativen und positiven Differenzen,
- Anzahl der Nulldifferenzen
- Prüfgröße z (U) und zugehörige Irrtumswahrscheinlichkeit p

Im vorliegenden Beispiel ergibt sich mit p = 0,000 ein höchst signifikanter Unterschied.

Die ausgegebenen Mediane von 170 für den Ausgangswert und 155 für den Wert nach einem Monat weisen aus, dass der Blutdruck in dieser Zeit abfällt.

Der Wilcoxon-Test berechnet fallweise zu jedem Wertepaar von rrs0 und rrs1 die Differenz. Folgt man der mit »Ränge« bezeichneten Tabelle, so bildet er im gegebenen Beispiel die Differenz rrs1 minus rrs0. Der etwas irreführenden Bezeichnung »Negative Ränge« (besser: »Negative Differenzen«) entnehmen Sie, dass in 144 Fällen (von insgesamt 174) negative Differenzen auftreten. Positive Differenzen gibt es 8; Nulldifferenzen (»Bindungen«) gibt es 22. Auch aus dem klaren Übergewicht der negativen Differenzen kann man schließen, dass weit überwiegend der Wert von rrs1 kleiner als der von rrs0 ist und somit der Blutdruck im Schnitt gesenkt wird.

Zu nichts nütze sind die ausgegebenen mittleren Ränge und Rangsummen. Es sind Zwischenergebnisse des Wilcoxon-Tests, welcher den absoluten Differenzwerten Rangplätze zuordnet, wobei die kleinste von null verschiedene Differenz den Rangplatz 1 erhält.

Wir wollen nun den Test wiederholen, diesmal aber für die beiden Medikamentengruppen getrennt. Das bedeutet, dass Sie die Berechnung einmal unter der Bedingung med = 1, ein andermal unter der Bedingung med = 2 ausführen müssen.

Dabei können Sie mit der Methode *Fälle auswählen* vorgehen, schneller geht es aber mit der Methode *Datei aufteilen* (siehe Kap. 6.4).

- Wählen Sie aus dem Menü

  Daten

  Aufgeteilte Datei...

- Aktivieren Sie *Ausgabe nach Gruppen aufteilen*, und bringen Sie die Variable med in das Feld *Gruppen basierend auf*.
- Da die Daten nicht nach dieser Gruppierungsvariablen sortiert sind, lassen Sie die Einstellung *Datei nach Gruppierungsvariablen sortieren* bestehen und klicken auf *OK*.
- Führen Sie wieder, wie eingangs beschrieben, den Wilcoxon-Test durch. Er wird nun für die beiden Medikamentengruppen getrennt durchgeführt.

Im Viewer erscheinen zunächst die Ergebnisse für die Medikamentengruppe »Alphasan«.

Deskriptive Statistiken[a]

	H	Perzentile		
		25.	50. (Median)	75.
Syst. Blutdruck, Ausgangswert '	87	160,00	170,00	180,00
Syst. Blutdruck, nach 1 Monat	87	145,00	150,00	160,00

a. Medikament = Alphasan

Ränge[a]

		H	Mittlerer Rang	Summe der Ränge
Syst. Blutdruck, nach 1 Monat - Syst. Blutdruck, Ausgangswert	Negative Ränge	77[b]	39,72	3058,50
	Positive Ränge	1[c]	22,50	22,50
	Bindungen	9[d]		
	Gesamtsumme	87		

a. Medikament = Alphasan

b. Syst. Blutdruck, nach 1 Monat < Syst. Blutdruck, Ausgangswert

c. Syst. Blutdruck, nach 1 Monat > Syst. Blutdruck, Ausgangswert

d. Syst. Blutdruck, nach 1 Monat = Syst. Blutdruck, Ausgangswert

Teststatistiken[a,b]

	Syst. Blutdruck, nach 1 Monat - Syst. Blutdruck, Ausgangswert
U	-7,592[c]
Asymp. Sig. (2-seitig)	,000

a. Medikament = Alphasan

b. Wilcoxon-Test

c. Basierend auf positiven Rängen.

Die ausgegebenen Mediane von 170 und 150 verweisen wieder darauf, dass der Blutdruck nach einem Monat abfällt. Der Unterschied erweist sich in der Teststatistik mit p = 0,000 für die Medikamentengruppe »Alphasan« als höchst signifikant.

Im Viewer folgen die Ergebnisse für die Medikamentengruppe »Betasan«.

Deskriptive Statistiken[a]

	H	Perzentile 25.	50. (Median)	75.
Syst. Blutdruck, Ausgangswert	87	160,00	170,00	180,00
Syst. Blutdruck, nach 1 Monat	87	150,00	160,00	170,00

a. Medikament = Betasan

Ränge[a]

		H	Mittlerer Rang	Summe der Ränge
Syst. Blutdruck, nach 1 Monat - Syst. Blutdruck, Ausgangswert	Negative Ränge	67[b]	38,42	2574,00
	Positive Ränge	7[c]	28,71	201,00
	Bindungen	13[d]		
	Gesamtsumme	87		

a. Medikament = Betasan

b. Syst. Blutdruck, nach 1 Monat < Syst. Blutdruck, Ausgangswert

c. Syst. Blutdruck, nach 1 Monat > Syst. Blutdruck, Ausgangswert

d. Syst. Blutdruck, nach 1 Monat = Syst. Blutdruck, Ausgangswert

Teststatistiken[a,b]

	Syst. Blutdruck, nach 1 Monat - Syst. Blutdruck, Ausgangswert
U	-6,441[c]
Asymp. Sig. (2-seitig)	,000

a. Medikament = Betasan

b. Wilcoxon-Test

Die ausgegebenen Mediane von 170 und 160 verweisen erneut darauf, dass der Blutdruck nach einem Monat abfällt. Der Unterschied erweist sich auch für die Medikamentengruppe »Betasan« in der Teststatistik mit p = 0,000 als höchst signifikant.

12.2.2 Vorzeichen-Test

Die Testsituation beim Vorzeichen-Test ist die gleiche wie beim Wilcoxon-Test. Im Gegensatz zu diesem werden hier aber nur die Anzahlen der positiven und negativen Differenzen ausgezählt, was dann von Vorteil sein kann, wenn die Differenzen nicht aussagekräftig sind.

67 Kurgäste wurden vor und nach ihrer Kur nach ihrem Befinden gefragt, wobei sie mit »gut«, »es geht« oder »schlecht« antworten konnten. Von den 5 Kurgästen, deren Befinden vor der Kur gut war, antworteten 3 nach der Kur ebenfalls mit »gut«, 2 mit »es geht«. 18 Kurgäste schätzten vor der Kur ihr Befinden mit »es geht« ein, von diesen gaben nach der Kur 9 die Antwort »gut«, 7 die Antwort »es geht« und 2 die Antwort »schlecht«. 44 Kurgäste gaben vor der Kur schlechtes Befinden an, davon antworteten nach der Kur 8 mit »gut«, 22 mit »es geht« und 14 nach wie vor mit »schlecht«. Es soll getestet werden, ob ein signifikanter Kurerfolg vorliegt.

Die Daten sind in der Datei kur.sav gespeichert, welche die Variablen bef1, bef2 (Befinden vor und nach der Kur mit den Kodierungen 1 = gut, 2 = es geht, 3 = schlecht) und n (Häufigkeit der betreffenden Kombination) enthält.

- Laden Sie die Datei kur.sav.
- Geben Sie über die Menüwahl

  Daten
  Fälle gewichten...

  die Variable n als Häufigkeitsvariable an (siehe Kap. 7.8).
- Nach der Menüwahl

  Analysieren
  Nicht parametrische Tests
  Alte Dialogfelder
  Zwei verbundene Stichproben...

  öffnet sich die Dialogbox *Tests bei zwei verbundenen Stichproben.*
- Geben Sie die beiden Variablen bef1 und bef2 als Variablentestpaar an.
- Gemäß der Kodierung dieser Variablen sollten Sie anstelle des voreingestellten Wilcoxon-Testes den Vorzeichen-Test aktivieren.
- Starten Sie die Berechnungen mit *OK*.

Das folgende Ergebnis wird im Viewer angezeigt:

Häufigkeiten

		H
Befinden nach der Kur - Befinden vor der Kur	Negative Differenzen[a]	39
	Positive Differenzen[b]	4
	Bindungen[c]	24
	Gesamtsumme	67

a. Befinden nach der Kur < Befinden vor der Kur

b. Befinden nach der Kur > Befinden vor der Kur

c. Befinden nach der Kur = Befinden vor der Kur

Teststatistiken[a]

	Befinden nach der Kur - Befinden vor der Kur
U	-5,185
Asymp. Sig. (2-seitig)	,000

a. Vorzeichentest

Es treten 39 negative Differenzen (bef2 kleiner bef1, also Verbesserungen) und nur 4 positive Differenzen (Verschlechterungen) auf, bei 24 Fällen gibt es keine Änderung. Die Ungleichheit der positiven und negativen Differenzen führt zu einem z-Wert (U) von -5,185; diesem ist eine Irrtumswahrscheinlichkeit $p < 0{,}001$ zugeordnet. Es ist also ein höchst signifikanter Kurerfolg gegeben.

12.2.3 Chi-Quadrat-Test nach McNemar

Der Chi-Quadrat-Test nach McNemar wird ausschließlich bei dichotomen Variablen eingesetzt. Dabei wird bei zwei abhängigen Variablen festgestellt, ob eine Änderung der Werteverteilung vorliegt. Meist handelt es sich um einen Zeitvergleich »vorher – nachher«.

Als Beispiel sei eine zahnmedizinische Studie betrachtet, in der u. a. das Auftreten von Zahnfleischbluten vor und nach einer Behandlung untersucht wurde.

- Laden Sie die Datei zahnblut.sav.

Sie enthält die beiden Variablen b1 und b2, die mit ihren Kodierungen (1 = ja, 2 = nein) angeben, ob Zahnfleischbluten vor bzw. nach der Behandlung vorliegt.

- In der Dialogbox *Tests bei zwei verbundenen Stichproben* übertragen Sie die beiden Variablen b1 und b2 in das Testpaare-Feld.
- Wählen Sie den McNemar-Test aus und starten Sie die Berechnungen mit *OK*.

Im Viewer erscheinen die folgenden Ergebnisse:

Zahnfleischbluten vor Behandlung & Zahnfleischbluten nach Behandlung

	Zahnfleischbluten nach Behandlung	
Zahnfleischbluten vor Behandlung	ja	nein
ja	362	808
nein	240	1565

Teststatistiken[a]

	Zahnfleischbluten vor Behandlung & Zahnfleischbluten nach Behandlung
H	2975
Chi-Quadrat[b]	306,764
Asymp. Sig.	,000

a. McNemar-Test

b. Kontinuitätskorrektur

Unter Beachtung der Kodierung erkennen Sie, dass in 808 Fällen das Zahnfleischbluten verschwand, in 240 Fällen aber nach Behandlung neu auftrat. In 362 Fällen blieb das Zahnfleischbluten bestehen, in 1565 Fällen war weder vor noch nach der Behandlung Zahnfleischbluten festzustellen. Der Unterschied zwischen der Anzahl der Verbesserungen (808) und der Anzahl der Verschlechterungen (240) ist höchst signifikant, wie der der Testgröße Chi-Quadrat zugeordneten Irrtumswahrscheinlichkeit ($p < 0,001$) zu entnehmen ist.

12.3 Vergleich von mehr als zwei unabhängigen Stichproben

Neben dem voreingestellten H-Test nach Kruskal und Wallis wird der nicht so empfehlenswerte Median-Test angeboten.

12.3.1 H-Test nach Kruskal und Wallis

Der H-Test nach Kruskal und Wallis ist eine Ausweitung des U-Testes von Mann und Whitney beim Vorliegen von mehr als zwei unabhängigen Stichproben. Auch er basiert auf einer gemeinsamen Rangreihe der Werte aller Stichproben.

Die Datei pcalltag.sav enthält die Daten einer Befragung von Studierenden über Computernutzung im Alltag. Die Variable compstd gibt dabei die wöchentliche Computernutzungszeit in Stunden wieder, die Variable fachgr ist die Kodierung von sechs Fächergruppen.

- Laden Sie die Datei pcalltag.sav.
- Berechnen Sie über die Menüwahl

  Analysieren
  Berichte
  Fallzusammenfassungen...

  den gruppierten Median der Computernutzungszeit in den Fächergruppen.
- Übertragen Sie hierfür die Variablen compstd und fachgr in die entsprechenden Listen.
- Deaktivieren Sie die Option *Fälle anzeigen.*
- Klicken Sie auf den Schalter *Statistiken...*, und wählen Sie statt *Anzahl der Fälle* die Option *Gruppierter Median.*
- Bestätigen Sie mit *Weiter* und anschließend mit *OK*, so erhalten Sie das folgende Ergebnis.

Zusammenfassung von Fällen

Gruppierter Median

Fächergruppen	Computer-Stunden pro Woche
Rechtsw.	8,333
Wirtschaftsw.	13,714
Sozialw.	7,923
Sprachw.	7,719
Naturw.	9,194
Medizin	4,818
Gesamtsumme	7,893

Zur Klärung der Frage, ob es einen signifikanten Unterschied zwischen diesen Werten gibt, soll wegen der nichtnormalverteilten Werte der Computernutzungszeit der H-Test gerechnet werden.

- Wählen Sie aus dem Menü

  Analysieren
  Nicht parametrische Tests
  Alte Dialogfelder
  K unabhängige Stichproben...

Es erscheint die Dialogbox *Tests bei mehreren unabhängigen Stichproben.*

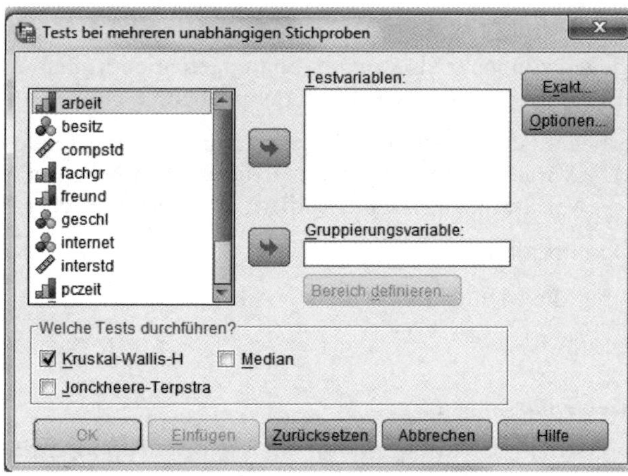

Bild 12.4: Dialogbox Tests bei mehreren unabhängigen Stichproben

Der H-Test nach Kruskal und Wallis ist voreingestellt.

- Bringen Sie die Variable compstd in das Testvariablenfeld, und definieren Sie die Variable fachgr als Gruppenvariable mit dem Bereich von 1 bis 6.
- Starten Sie die Berechnungen mit *OK*.

Die folgenden Ergebnisse werden im Viewer angezeigt.

Ränge

	Fächergruppen	H	Mittlerer Rang
Computer-Stunden pro Woche	Rechtsw.	110	624,27
	Wirtschaftsw.	84	745,93
	Sozialw.	264	595,24
	Sprachw.	348	595,48
	Naturw.	247	632,35
	Medizin	148	472,38
	Gesamtsumme	1201	

Teststatistiken[a,b]

	Computer-Stunden pro Woche
Chi-Quadrat	37,911
df	5
Asymp. Sig.	,000

a. Kruskal-Wallis-Test

b. Gruppierungsvariable: Fächergruppen

Die Ausgabe umfasst:

- die Fallzahlen und mittleren Rangplätze in den einzelnen Gruppen
- die Testgröße Chi-Quadrat, die Anzahl der Freiheitsgrade und die zugehörige Irrtumswahrscheinlichkeit p.

Es wird ein höchst signifikantes Ergebnis ($p < 0{,}001$) angezeigt. Die Nullhypothese, alle Fächergruppen seien bezüglich der Computernutzungszeit gleich, ist also zu verwerfen.

Bei der Deutung der mittleren Ränge ist zu beachten, dass der H-Test dem kleinsten Wert den Rangplatz 1 zuordnet, so dass kleine mittlere Ränge kleine Werte signalisieren. Besser als diese mittleren Ränge wäre die Ausgabe der Mediane, die wir eingangs auf anderem Wege berechnet haben.

Der Schalter *Optionen...* liefert, wie beim U-Test auch, sinnlose Ergebnisse, da die angezeigten Kennwerte über alle Gruppen hinweg berechnet werden, statt sie nach diesen aufzuspalten. Besonders sinnlos ist die Wiedergabe der Kennwerte für die (nominalskalierte) Gruppenvariable.

Bei signifikantem Testergebnis taucht natürlich die Frage auf, welche Gruppen sich im einzelnen paarweise voneinander unterscheiden. Dieses ist dann etwas mühsam mit entsprechenden U-Tests zu testen. Im vorliegenden Beispiel ergibt sich dabei, dass Wirtschaftswissenschaftler signifikant mehr Zeit am Computer verbringen als alle anderen, Mediziner hingegen weniger als alle anderen Fächergruppen.

12.3.2 Median-Test

Über alle k unabhängigen Stichproben hinweg wird ein gemeinsamer Median berechnet; anschließend wird ausgezählt, wie viele Messwerte in jeder Stichprobe unterhalb und oberhalb dieses Medians liegen. Dies führt zu einer $2 \cdot k$-Felder-Tafel, die einem Chi-Quadrat-Test unterzogen wird. Die Effizienz dieses Tests gilt als nicht sonderlich hoch.

Wir wollen das beim H-Test nach Kruskal und Wallis vorgestellte Beispiel verwenden.

- Aktivieren Sie diesmal anstelle dieses Tests den Median-Test.

Im Viewer erscheinen die folgenden Ergebnisse:

Häufigkeiten

		Fächergruppen					
		Rechtsw.	Wirtschaftsw.	Sozialw.	Sprachw.	Naturw.	Medizin
Computer-Stunden pro Woche	> Median	55	52	127	161	128	51
	<= Median	55	32	137	187	119	97

Teststatistiken[a]

	Computer-Stunden pro Woche
H	1201
Median	8,000
Chi-Quadrat	19,407[b]
df	5
Asymp. Sig.	,002

a. Gruppierungsvariable: Fächergruppen

b. 0 Zellen (0,0%) haben erwartete Häufigkeiten, die kleiner als 5 sind. Die kleinste erwartete Zellenhäufigkeit ist 40,1.

Der Unterschied der verbrachten Wochenstunden vor dem PC nach Fächergruppen erweist sich als sehr signifikant, beim H-Test hatte sich $p < 0,001$ ergeben.

12.4 Vergleich von mehr als zwei abhängigen Stichproben

Am gebräuchlichsten ist der voreingestellte Friedman-Test, während Kendalls W und Cochrans Q bestimmte Spezialfälle behandeln.

12.4.1 Friedman-Test

Der Friedman-Test ist eine Ausweitung des Wilcoxon-Tests auf den Fall von mehr als zwei abhängigen Stichproben. Er basiert auf Rangreihen, die fallweise für die Werte der beteiligten Variablen ermittelt werden.

- Laden Sie die Datei hyper.sav.

Achten Sie darauf, dass der SPLIT FILE-Befehl nicht mehr aktiv ist.

- Überprüfen Sie dies mit Hilfe der Menüwahl

  Daten
  Aufgeteilte Datei...

Aktiviert sein sollte die Option *Alle Fälle analysieren, keine Gruppen bilden.*

- Ermitteln Sie mit Hilfe der Menüwahl

  Analysieren
  Berichte
  Fallzusammenfassungen...

  für den diastolischen Blutdruck der Hypertonie-Studie zu den vier Zeitpunkten (Variablen rrd0, rrd1, rrd6, rrd12) die Mediane, so erhalten Sie die folgenden Werte:

Zusammenfassung von Fällen

Median

Diast. Blutdruck, Ausgangswert	Diast. Blutdruck, nach 1 Monat	Diast. Blutdruck, nach 6 Monaten	Diast. Blutdruck, nach 12 Monaten
100,00	95,00	90,00	85,00

Der Blutdruck nimmt kontinuierlich ab, was mit einem Signifikanztest überprüft werden soll. Es handelt sich im vorliegenden Beispiel um mehrere (nämlich vier) verbundene Stichproben; der passende nichtparametrische Test zum Vergleich dieser Stichproben ist der Friedman-Test.

- Wählen Sie aus dem Menü

  Analysieren
  Nicht parametrische Tests
  Alte Dialogfelder
  K verbundene Stichproben...

Der Dialogbox entnehmen Sie, dass der Friedman-Test voreingestellt ist.

Bild 12.5: Dialogbox Tests bei mehreren verbundenen Stichproben

- Bringen Sie nacheinander die Variablen rrd0, rrd1, rrd6 und rrd12 in das Testvariablenfeld.
- Starten Sie die Berechnung durch Klick auf *OK*.

Betrachten Sie die Ergebnisse im Viewer:

Ränge

	Mittlerer Rang
Diast. Blutdruck, Ausgangswert	3,81
Diast. Blutdruck, nach 1 Monat	2,57
Diast. Blutdruck, nach 6 Monaten	2,02
Diast. Blutdruck, nach 12 Monaten	1,60

Teststatistiken[a]

H	174
Chi-Quadrat	317,754
df	3
Asymp. Sig.	,000

Die Ausgabe umfasst:

- die mittleren Rangplätze der beteiligten Variablen (wobei große Werte hohe Rangplätze erhalten)
- die Fallzahl, die Prüfgröße Chi-Quadrat, die zugehörige Anzahl der Freiheitsgrade (df) und die Irrtumswahrscheinlichkeit p

Bei der Deutung der mittleren Ränge ist zu beachten, dass beim Friedman-Test kleine Werte niedrige Rangplätze erhalten. Im gegebenen Beispiel signalisiert dies einen Abfall des Blutdrucks. Besser ist die Berechnung der Mediane, die wie eingangs aufgezeigt vorgenommen oder über den Schalter *Statistiken...* mit der Option *Quartile* erreicht werden kann.

Im gegebenen Beispiel ergibt sich mit $p < 0{,}001$ ein höchst signifikanter Wert. Sie könnten nun durch paarweises Testen mit dem Wilcoxon-Test herausfinden, welche der Zeitpunkte sich im Einzelnen voneinander unterscheiden.

12.4.2 Kendalls W

Kendalls Konkordanzkoeffizient W misst den Grad der Übereinstimmung zwischen mehreren verbundenen Stichproben. Er wurde vor allem für die Testsituation entwickelt, dass mehrere Beurteilte von mehreren Beurteilern begutachtet wurden.

Die Beurteilten bilden dabei die einzelnen Variablen, die Beurteiler die einzelnen Fälle. Bei jedem Beurteiler wird dabei anhand der gegebenen Werte eine Rangfolge der Beurteilten aufgestellt. Anschließend wird für jeden Beurteilten die Summe der Rangziffern bestimmt; aus diesen Summen wird das Ausmaß der unterschiedlichen Beurteilungen deutlich. Der hieraus berechnete Konkordanzkoeffizient W, der Werte zwischen 0 und 1 annehmen kann, gibt das Maß der Übereinstimmung zwischen den Beurteilern wieder. Ein Wert von 1 bedeutet vollkommene Übereinstimmung.

Drei große Sportzeitungen beurteilen jeweils die bei den Bundesligaspielen des vergangenen Wochenendes eingesetzten Fußballspieler mit den Noten 1 bis 6 (z. B. 1 für »Weltklasse« bis 6 für »hat sein Geld nicht verdient«). Die unterschiedlichen Benotungen für die in einem Spiel eingesetzten 22 Spieler sind in der Datei fussball.sav enthalten, die 3 Fälle gemäß der 3 Beurteiler und 22 Variablen (s1 bis s22) gemäß der 22 beurteilten Spieler enthält.

- Laden Sie die Datei fussball.sav.
- Bringen Sie in der Dialogbox *Tests bei mehreren verbundenen Stichproben* die Variablen s1 bis s22 in das Testvariablenfeld.
- Aktivieren Sie anstelle des voreingestellten Friedman-Tests *Kendall-W.*
- Starten Sie die Berechnungen mit *OK*.

Im Viewer erscheinen die folgenden Ergebnisse:

Ränge

	Mittlerer Rang
s1	12,33
s2	6,17
s3	10,33
s4	3,50
s5	8,50
s6	19,33
s7	18,50
s8	10,50
s9	6,17
s10	14,67
s11	16,67
s12	12,67
s13	6,67
s14	15,33
s15	19,67
s16	3,33
s17	12,33
s18	17,00
s19	2,17
s20	12,33
s21	16,33
s22	8,50

Teststatistiken

H	3
Kendall-W[a]	,741
Chi-Quadrat	46,695
df	21
Asymp. Sig.	,001

a. Konkordanzkoeffizient nach Kendall

Der höchst signifikante (p = 0,001) Konkordanzkoeffizient W (0,741) zeigt eine hohe Übereinstimmung der drei Sportzeitungen hinsichtlich der Bewertung der 22 Spieler an.

12.4.3 Cochrans Q

Cochrans Q ist eine Erweiterung des Chi-Quadrat-Tests nach McNemar für den Fall mehrerer abhängiger Stichproben; er kann also für mehr als zwei dichotome Variable angewendet werden.

Die Datei neugier.sav enthält 18 Items, die den Grad der Neugierde der befragten Testpersonen ergründen sollen. Es seien die drei folgenden Items herausgegriffen:

Item 10:	Würden Sie gerne einmal auf den Mond fliegen?
Item 12:	Haben Sie sich schon einmal gefragt, wie die Welt wohl in hundert Jahren aussehen wird?
Item 14:	Würden Sie sich einem wissenschaftlichen Experiment zur Verfügung stellen?

Die betreffenden Variablen sind mit 1 (ja) bzw. 2 (nein) kodiert. Es soll die Frage geklärt werden, ob es einen signifikanten Unterschied in der Beantwortung dieser drei Items gibt.

- Laden Sie die Datei neugier.sav.
- Bringen Sie in der Dialogbox *Tests bei mehreren verbundenen Stichproben* die Variablen item10, item12 und item14 in das Testvariablenfeld.
- Aktivieren Sie anstelle des voreingestellten Friedman-Tests *Cochran-Q*.
- Starten Sie die Berechnungen mit *OK*.

Im Viewer werden die folgenden Ergebnisse angezeigt:

Häufigkeiten

	Wert	
	1	2
item10	9	21
item12	15	15
item14	12	18

Teststatistiken

H	30
Cochran-Q	3,375[a]
df	2
Asymp. Sig.	,185

a. 2 wird als Erfolg behandelt.

Es werden die Häufigkeiten der beiden Variablenkategorien und die Chi-Quadrat-verteilte Testgröße Q ausgegeben. Zwischen den Häufigkeitsverteilungen bei den einzelnen Items besteht kein signifikanter Unterschied (p = 0,185).

12.5 Kolmogorov-Smirnov-Test zur Überprüfung der Verteilungsform

Mit dem Kolmogorov-Smirnov-Test lässt sich die Verteilung einer Variablen wahlweise auf Normalverteilung, Poissonverteilung, Gleichverteilung oder exponentielle Verteilung überprüfen. Die gebräuchlichste Anwendung ist die Überprüfung auf Normalverteilung.

Um dies zu demonstrieren, wollen wir in der Datei hyper.sav die Ausgangswerte des Cholesterins, also die Variable chol0, auf Normalverteilung überprüfen.

- Laden Sie die Datei hyper.sav.
- Wählen Sie aus dem Menü

Analysieren
Nicht parametrische Tests
Alte Dialogfelder
K-S bei einer Stichprobe...

Sie erhalten die Dialogbox *Kolmogorov-Smirnov-Test bei einer Stichprobe*.

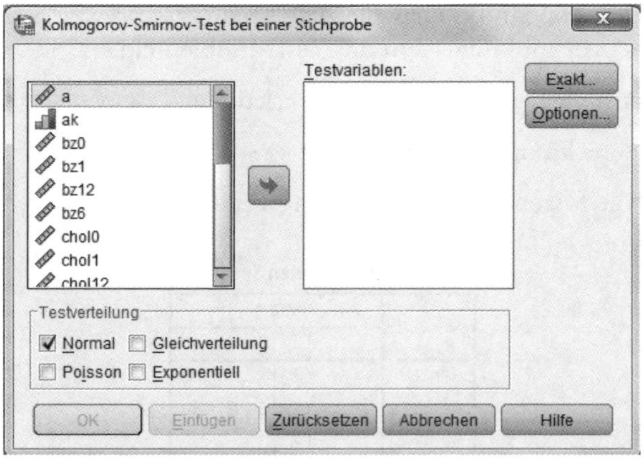

Bild 12.6: Dialogbox Kolmogorov-Smirnov-Test bei einer Stichprobe

Die Prüfung auf Normalverteilung ist voreingestellt.

- Bringen Sie die Variable chol0 in das Testvariablenfeld.
- Nach einem Klick auf den Schalter *Optionen...* könnten Sie sich noch die Berechnung von deskriptiven Statistiken und Quartilen wünschen.
- Klicken Sie auf *OK*.

Die Ergebnisse werden im Viewer angezeigt.

Kolmogorov-Smirnov-Test bei einer Stichprobe

		Cholesterin, Ausgangswert
H		174
Parameter der Normalverteilung[a,b]	Mittelwert	237,27
	Standardabweichung	49,421
Extremste Differenzen	Absolut	,057
	Positiv	,057
	Negativ	-,046
Teststatistik		,057
Asymp. Sig. (2-seitig)		,200[c,d]

a. Die Testverteilung ist normal.

b. Aus Daten berechnet.

c. Signifikanzkorrektur nach Lilliefors.

d. Dies ist eine Untergrenze der tatsächlichen Signifikanz.

Die Ausgabe umfasst:

- Mittelwert und Standardabweichung
- die beim Kolmogorov-Smirnov-Test anfallenden Zwischenergebnisse
- die Irrtumswahrscheinlichkeit p

Eine signifikante Abweichung von der Normalverteilung besteht bei $p < 0{,}05$; in diesem Falle sind gegebenenfalls für die betreffenden Variablen nichtparametrische Tests zu benutzen. Im gegebenen Beispiel liegt mit $p = 0{,}200$ ein nicht signifikanter p-Wert vor; die Werte sind also hinreichend normalverteilt. Im Unterschied zu den vorhergehenden Versionen benutzt SPSS an dieser Stelle den Lilliefors-Test, eine Modifikation des Kolmogorov-Smirnov-Tests.

12.6 Chi-Quadrat-Einzeltest

Der Chi-Quadrat-Einzeltest überprüft, ob sich die beobachteten und erwarteten Häufigkeiten bei nominalskalierten Variablen signifikant voneinander unterscheiden. In der Regel werden dabei gleiche Häufigkeiten für alle Wertekategorien erwartet; es besteht aber auch die Möglichkeit, entsprechende Verhältniszahlen einzugeben.

Ein Beispiel für eine erwartete Gleichverteilung der Häufigkeiten ist das Würfeln. Nehmen Sie an, Sie haben mit einem Würfel 3000-mal gewürfelt, wobei sich die Häufigkeiten der erzielten Augenzahlen folgendermaßen verteilen.

Augenzahl	Häufigkeit
1	511
2	472
3	572
4	498
5	513
6	434

Korrektheit des Würfels vorausgesetzt, beträgt die erwartete Häufigkeit jeweils 3000/6 = 500. Zu prüfen ist, ob sich die beobachteten von den erwarteten Häufigkeiten signifikant unterscheiden. Die Daten sind in der Datei wuerfel.sav enthalten, und zwar unter den Variablen augen (Augenzahl) und n (Häufigkeit). Letztere ist als Gewichtungsvariable zu verwenden.

- Laden Sie die Datei wuerfel.sav.
- Treffen Sie zunächst die Menüwahl

  Daten
  Fälle gewichten...

- Geben Sie n als Gewichtungsvariable an (siehe Kap. 7.8) und wählen Sie dann aus dem Menü

  Analysieren
  Nicht parametrische Tests
  Alte Dialogfelder
  Chi-Quadrat...

Es öffnet sich die Dialogbox *Chi-Quadrat-Test*.

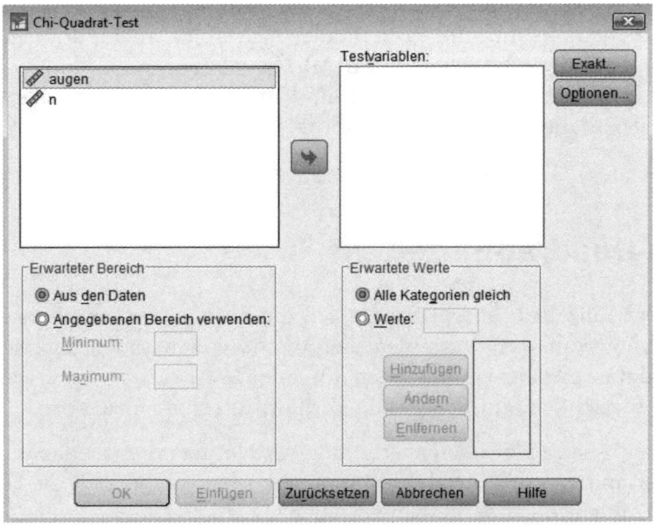

Bild 12.7: Dialogbox Chi-Quadrat-Test

- Klicken Sie die Variable augen in das Testvariablenfeld.

Wenn Sie, wie im vorliegenden Fall, alle Kategorien der Testvariablen in die Analyse einbeziehen möchten, belassen Sie es im Feld *Erwarteter Bereich* bei der Voreinstellung *Aus den Daten*; im anderen Fall haben Sie Gelegenheit, die einbezogenen Kategorien durch Angabe einer unteren und oberen Grenze einzuschränken. Da die erwarteten Häufigkeiten für alle Kategorien gleich sind, bleibt auch diese Voreinstellung in Kraft. Über den Schalter *Optionen...* könnten Sie sich die Ausgabe von Mittelwert, Minimum, Maximum, Standardabweichung und Anzahl der Fälle wünschen (was in diesem Zusammenhang recht sinnlos ist).

- Starten Sie die Berechnungen mit *OK*.

Im Viewer werden die folgenden Ergebnisse angezeigt.

Augenzahl

	Beobachtete Anzahl	Erwartete Anzahl	Residuum
1	511	500,0	11,0
2	472	500,0	-28,0
3	572	500,0	72,0
4	498	500,0	-2,0
5	513	500,0	13,0
6	434	500,0	-66,0
Gesamtsumme	3000		

Teststatistiken

	Augenzahl
Chi-Quadrat	21,236[a]
df	5
Asymp. Sig.	,001

a. 0 Zellen (0,0%) haben erwartete Häufigkeiten, die kleiner als 5 sind. Die kleinste erwartete Zellenhäufigkeit ist 500,0.

Es wird ein höchst signifikanter Chi-Quadrat-Wert angezeigt ($p = 0{,}001$). Wünschenswert wäre die Ausgabe der standardisierten Residuen

$$\frac{f_o - f_e}{\sqrt{f_e}}$$

(siehe Kap. 9.1). Man könnte dann genau diejenigen Kategorien herausfinden, in denen eine signifikante Abweichung der beobachteten von der erwarteten Häufigkeit vorliegt. Standardisierte Residuen >= 2,0 zeigen eine signifikante, solche >= 2,6 eine sehr signifikante und solche >= 3,3 eine höchst signifikante Abweichung an. Folgt man dieser Faustregel, ergibt sich eine höchst signifikante Erhöhung der Augenzahl 3 und eine sehr signifikante Erniedrigung der Augenzahl 6.

In einem zweiten Beispiel, diesmal aus der Botanik, soll nicht auf Gleichverteilung getestet werden, sondern auf eine Verteilung, die vorgegebenen Verhältniszahlen folgt.

Die Nachkommen dreier Bohnensorten seien in drei Typen unterteilt, die sich nach den Vererbungsgesetzen wie 1:2:1 verteilen mögen. Bei einem Experiment mit 100 solcher Nachkommen trat Typ 1 29-mal, Typ 2 44-mal und Typ 3 27-mal auf. Untersucht werden soll, ob diese Verteilung signifikant von einer 1:2:1-Verteilung abweicht.

Die Daten sind in der Datei bohnen.sav enthalten, wobei die Variable typ den Typ und die Variable n die Häufigkeit angibt.

- Laden Sie die Datei bohnen.sav.
- Verfahren Sie zunächst wie im ersten Beispiel und gewichten Sie die Fälle mit der Häufigkeitsvariablen n.
- Definieren Sie in der Dialogbox *Chi-Quadrat-Test* die Variable typ als Testvariable.
- Im Feld *Erwartete Werte* aktivieren Sie diesmal die Option *Werte*. Geben Sie nacheinander im dafür vorgesehenen Feld die Zahlen 1, 2 und 1 ein, und klicken Sie anschließend jeweils auf den Schalter *Hinzufügen*.

Die Dialogbox *Chi-Quadrat-Test* hat nunmehr folgendes Aussehen.

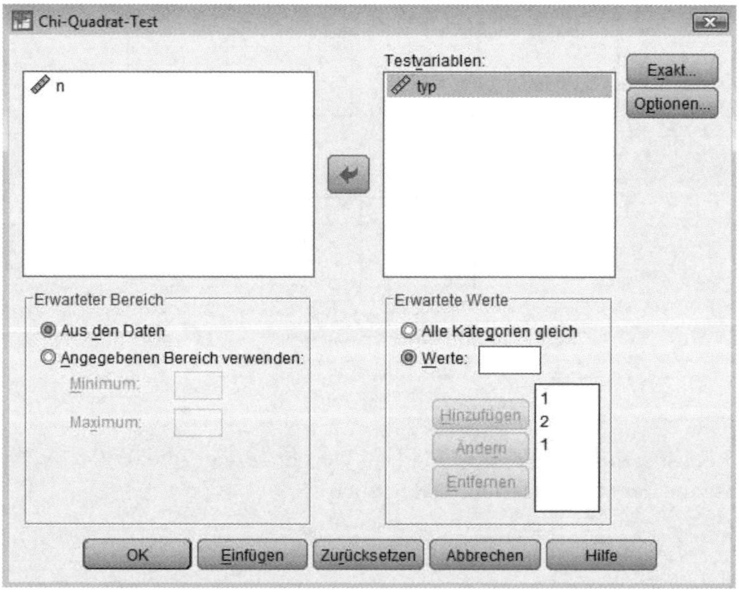

Bild 12.8: Ausgefüllte Dialogbox Chi-Quadrat-Test

- Starten Sie die Berechnungen mit *OK*.

Im Viewer werden die folgenden Ergebnisse angezeigt.

Typ

	Beobachtete Anzahl	Erwartete Anzahl	Residuum
1	29	25,0	4,0
2	44	50,0	-6,0
3	27	25,0	2,0
Gesamtsumme	100		

Teststatistiken

	Typ
Chi-Quadrat	1,520[a]
df	2
Asymp. Sig.	,468

a. 0 Zellen (0,0%) haben erwartete Häufigkeiten, die kleiner als 5 sind. Die kleinste erwartete Zellenhäufigkeit ist 25,0.

Die erwarteten Häufigkeiten richten sich nach den eingegebenen Verhältniszahlen. Eine signifikante Abweichung der beobachteten von den erwarteten Häufigkeiten wird diesmal nicht angezeigt (p = 0,468).

12.7 Binomial-Test

Der Binomial-Test überprüft für dichotome Variablen, ob ein signifikanter Unterschied zwischen den Häufigkeiten der beiden Merkmalsausprägungen besteht. Nichtdichotome Variablen können dabei durch Angabe eines Trennwertes dichotomisiert werden.

Nehmen Sie an, Sie spielen gegen Ihren Tennispartner 50 Matches und gewinnen davon 29. Ihr Partner, der also 21-mal erfolgreich ist, meint dazu, Sie seien nicht besser, vielmehr bewege sich dieser Unterschied im Bereich des Zufälligen. Um dies zu überprüfen, führen Sie einen Binomial-Test aus.

- Laden Sie die Datei match.sav, welche die beiden Variablen spieler und n enthält.

Die erste Variable ist mit 1 und 2 kodiert und steht für die beiden Spieler, die Variable n gibt die zugehörige Gewinnhäufigkeit an; sie ist als Gewichtungsvariable zu verwenden.

- Treffen Sie zunächst die Menüwahl

Daten
    Fälle gewichten...

- Geben Sie n als Häufigkeitsvariable an (siehe Kap. 7.8).
- Anschließend wählen Sie aus dem Menü

Analysieren
    Nicht parametrische Tests
        Alte Dialogfelder
            Binomial...

Es öffnet sich die Dialogbox *Test auf Binomialverteilung*.

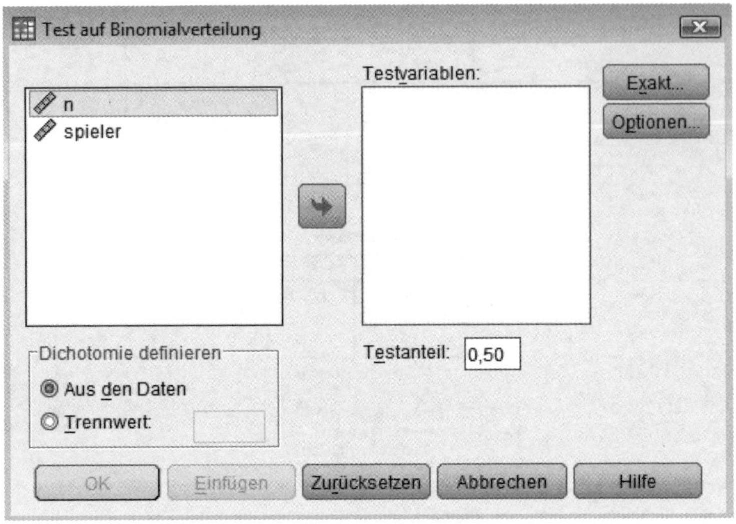

Bild 12.9: Dialogbox Test auf Binomialverteilung

- Klicken Sie die Variable spieler in das Testvariablenfeld.

Wäre diese Variable nicht dichotom, könnten Sie im Feld *Dichotomie definieren* einen Trennwert zur Dichotomisierung eingeben. Der voreingestellte Test-Anteil (0,50) gibt die erwartete relative Häufigkeit des Auftretens der ersten der beiden dichotomen Kategorien an. Hier haben Sie Gelegenheit, einen anderen Wert vorzugeben. Über den Schalter *Optionen...* können Sie (recht sinnlose) deskriptive Statistiken anfordern.

- Starten Sie die Berechnungen mit *OK*.

Im Viewer werden die folgenden Ergebnisse angezeigt.

Test auf Binomialverteilung

		Kategorie	H	Beobachteter Anteil	Testanteil	Exakte Sig. (2-seitig)
spieler	Gruppe 1	1	29	,58	,50	,322
	Gruppe 2	2	21	,42		
	Gesamtsumme		50	1,00		

Es werden die beobachteten absoluten und relativen Häufigkeiten der beiden Kategorien sowie die erwartete relative Häufigkeit der ersten Kategorie ausgegeben. Die ausgegebene Irrtumswahrscheinlichkeit ($p = 0{,}322$) besagt, dass zwischen beobachteter und erwarteter relativer Häufigkeit kein signifikanter Unterschied besteht; der Unterschied zwischen den beiden Gewinnhäufigkeiten ist also nicht signifikant.

12.8 Sequenzanalyse

Eine Folge von dichotomen Werten einer Variablen wird daraufhin überprüft, ob es sich um eine Zufallsreihe handelt oder ob sie einem Muster folgt.

Als Beispiel betrachten wir drei verschiedene Schlangen von Leuten, die an einer Kinokasse anstehen, hinsichtlich des Geschlechts.

1. Schlange: m w m w m w m w m w m w m w m w m w m w

2. Schlange: w m w m m w w m m w m w m w w m w m m w

3. Schlange: m w w w w m m m m w w w w m w w m w m w

In der ersten Schlange ist ein ganz deutliches Muster zu erkennen, da die Kinobesucher offenbar immer pärchenweise anstehen, wobei der Mann immer vorne steht. Die zweite Schlange lässt ebenfalls pärchenweises Anstehen erkennen, wobei aber die Reihenfolge von Mann und Frau unterschiedlich ist. Die dritte Schlange wurde mit einem Zufallszahlengenerator erzeugt. Bei der ersten Schlange ist natürlich eine signifikante Abweichung von einer Zufallsreihenfolge zu erwarten, bei der zweiten Schlange möglicherweise auch, bei der dritten Schlange nicht.

Die Daten sind in den drei Variablen r1, r2 und r3 der Datei kino.sav enthalten. Dabei sind die Männer mit 0 und die Frauen mit 1 vercodet.

- Laden Sie die Datei kino.sav.
- Treffen Sie die Menüwahl

Analysieren
  Nicht parametrische Tests
    Alte Dialogfelder
      Sequenzen...

Es öffnet sich die Dialogbox *Sequenzentest*.

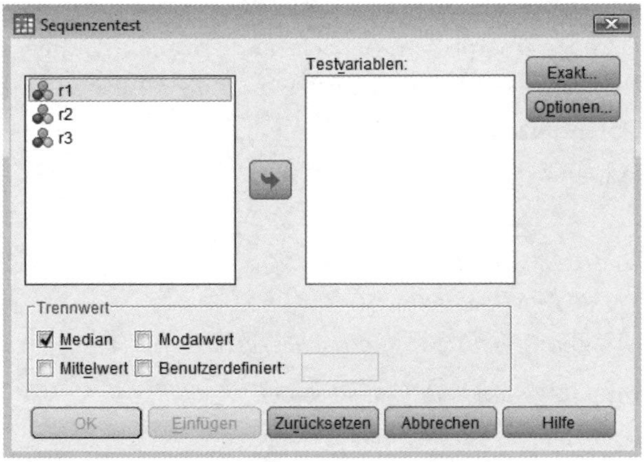

Bild 12.10: Dialogbox Sequenzentest

- Bringen Sie die Variablen r1, r2 und r3 in das Testvariablenfeld.
- Bei mit 0 und 1 kodierten dichotomen Variablen wie im vorliegenden Beispiel aktivieren Sie statt der Option *Median* im *Trennwert*-Feld die Option *Benutzerdefiniert* und geben den Trennwert 1 ein.
- Starten Sie die Berechnungen mit *OK*.

Im Viewer werden die folgenden Ergebnisse angezeigt.

Sequenztest

	r1	r2	r3
Testwert[a]	1,00	1,00	1,00
Gesamtzahl Fälle	20	20	20
Anzahl der Sequenzen	20	15	10
U	3,905	1,608	-,048
Asymp. Sig. (2-seitig)	,000	,108	,962

a. Benutzerdefiniert

Die ausgegebenen p-Werte entsprechen den Erwartungen.

12.9 Nichtparametrische Tests mit Hilfe des Model Viewer

Wie zu Beginn des Kapitels angekündigt, wollen wir Ihnen abschließend anhand einiger Beispiele den Model Viewer von SPSS Statistics vorstellen.

Als Beispieldatei soll unsere repräsentative Erhebung über das Freizeitverhalten Heidelberger Studierender dienen.

12.9.1 U-Test nach Mann und Whitney

Wir wollen im Folgenden überprüfen, ob sich die Freizeitaktivitäten von Männern und Frauen unterscheiden und beginnen mit der Muße-Tätigkeit des Zeitung Lesens.

- Laden Sie die Datei freizeitakt.sav.
- Treffen Sie die Menüwahl

Analysieren
  Nicht parametrische Tests
    Unabhängige Stichproben...

Es erscheint die Dialogbox *Nicht parametrische Tests.*

- Klicken Sie auf die Registerkarte *Einstellungen*.

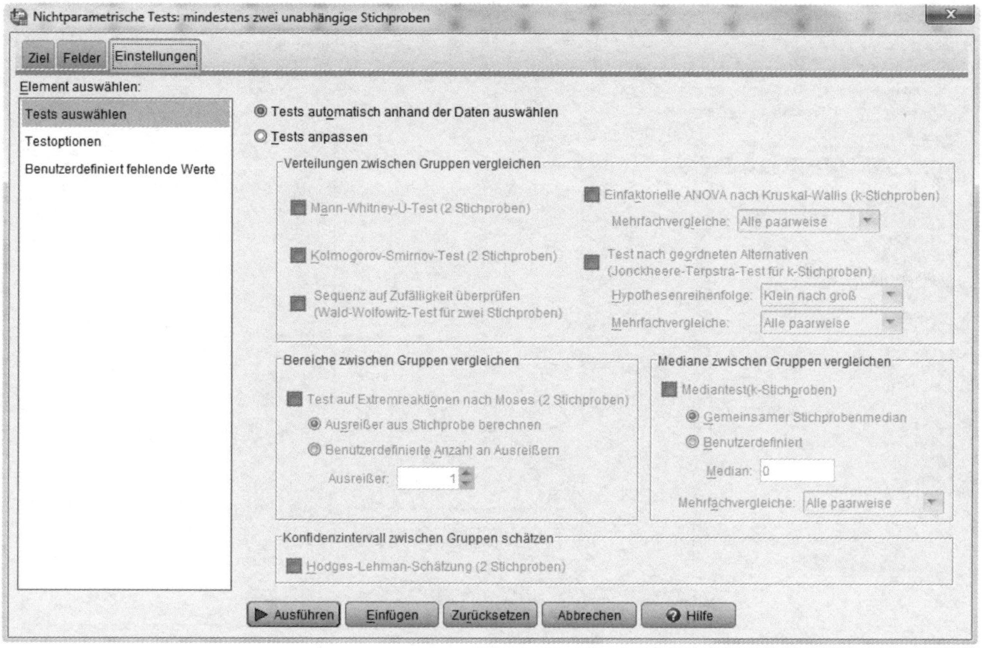

Bild 12.11: Dialogbox Nichtparametrische Tests

Sie haben hier die Möglichkeit Tests automatisch von der Maschine anhand der Daten auswählen zu lassen (Voreinstellung) oder per Klick auf die Option *Tests anpassen* selber gezielt einen Test auszuwählen.

Wir überlassen es der Maschine – wozu wir ja bereits kritische Sätze gesagt haben – den Test auszuwählen.

- Klicken Sie auf die Registerkarte *Felder.*

Es erscheint die Dialogbox *Nichtparametrische Tests: mindestens zwei unabhängige Stichproben.*

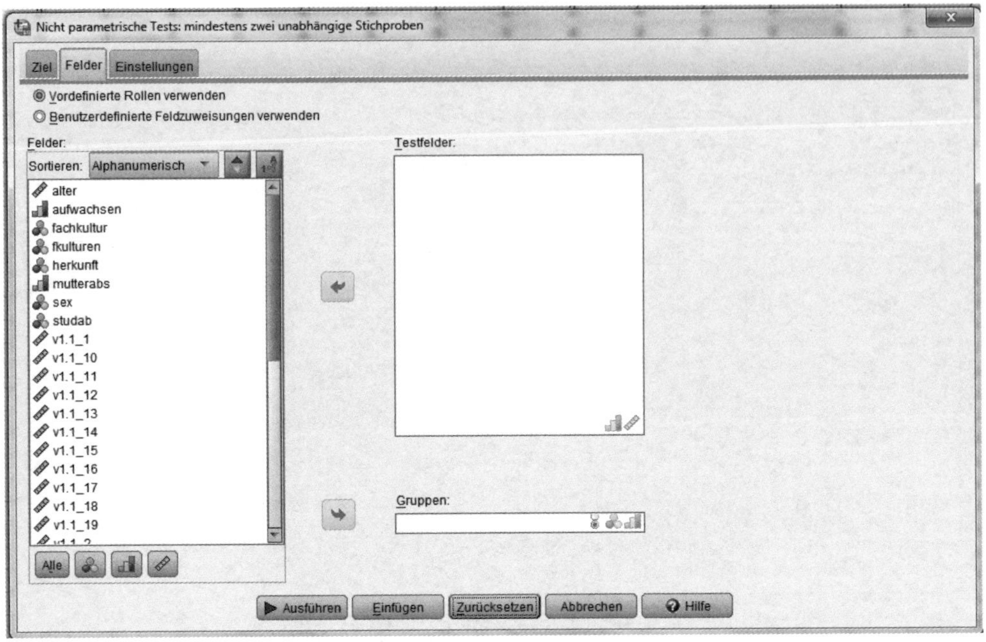

Bild 12.12: Dialogbox Nichtparametrische Tests: mindestens zwei unabhängige Stichproben

- Übertragen Sie die Variable v1.1_1 in das Feld für die Testvariablen sowie die Variable sex in das Feld für die Gruppenvariable.
- Bestätigen Sie per Klick auf den Schalter *Ausführen*.

Im SPSS Viewer sehen Sie das folgende Bild.

Hypothesentestübersicht

	Nullhypothese	Test	Sig.	Entscheidung
1	Die Verteilung von Zeitungen lesen ist über die Kategorien von Geschlecht identisch.	Mann-Whitney-U-Test bei unabhängigen Stichproben	,000	Nullhypothese ablehnen

Asymptotische Signifikanzen werden angezeigt. Das Signifikanzniveau ist ,05.

Bild 12.13: Ausgabe der Hypothesentestübersicht

Sie erhalten die Mitteilung, dass die Nullhypothese abgelehnt wird. Die Verteilung der Variablen »Zeitungen lesen« ist in den Kategorien von Geschlecht somit nicht identisch. Der Mann-Whitney-U-Test erweist sich als höchst signifikant (p<= 0,001).

- Klicken Sie doppelt auf diese Ausgabe.

Es öffnet sich der Model Viewer von SPSS Statistics.

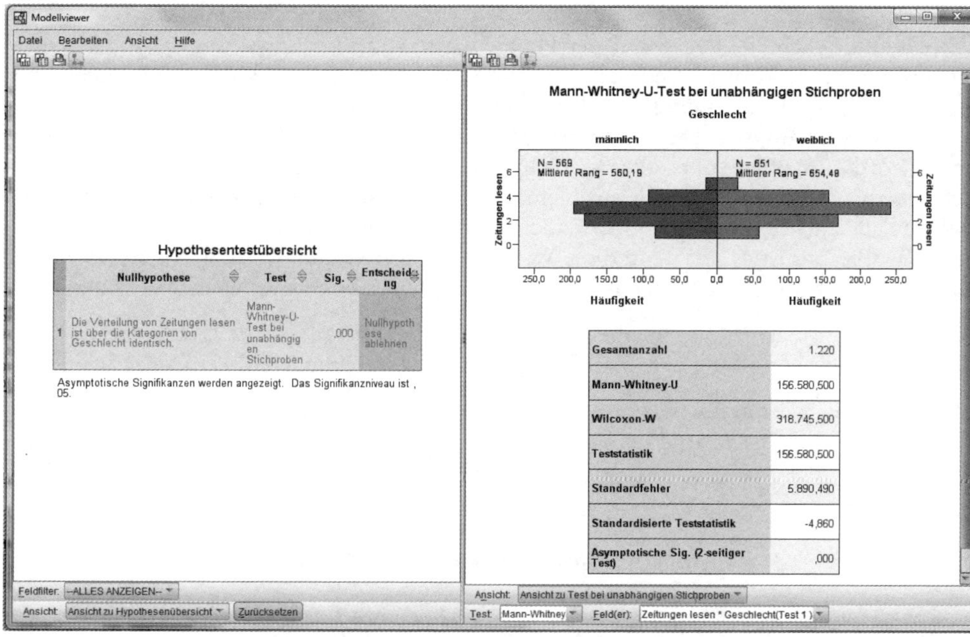

Bild 12.14: Model Viewer von SPSS Statistics

In der linken Fensterhälfte des Model Viewer (Hauptansicht) sehen Sie die Hypothesenübersicht, in der rechten Fensterhäfte (Zusatzansicht) erblicken Sie die uns bereits von Kap. 12.1.1 her bekannte Ausgabe des Mann-Whitney-U-Testes samt einem Diagramm.

Vergleichen Sie die Ausgabe einfach mal mit der klassischen Pivot-Tabellen-Ausgabe.

Ränge

	Geschlecht	H	Mittlerer Rang	Summe der Ränge
Zeitungen lesen	weiblich	651	654,48	426064,50
	männlich	569	560,19	318745,50
	Gesamtsumme	1220		

Teststatistiken[a]

	Zeitungen lesen
Mann-Whitney-U-Test	156580,500
Wilcoxon-W	318745,500
U	-4,860
Asymp. Sig. (2-seitig)	,000

a. Gruppierungsvariable: Geschlecht

Vorteile und Nachteile liegen auf der Hand. Zwar sieht die Ausgabe des Model Viewer moderner aus, Sie können diese jedoch mit der herkömmlichen Pivot-Technik nicht bearbeiten, was vor allem bei unglücklichen Umbrüchen (Entscheidu-ng) verursacht durch die deutsche Übersetzung höchst unprofessionell wirkt. Zwar ist ein Übertragen der Ergebnisse nach Word prinzipiell über die Menüansicht *Bearbeiten Hauptansicht kopieren* bzw. *Zusatzansicht kopieren* möglich, problematisch bleibt indes die mangelnde Kompatibilität so lange alle anderen Ausgaben nicht auch umgestellt sind. Das einheitliche Erscheinungsbild von SPSS Statistics droht auf diese Weise verloren zu gehen, weshalb wir Ihnen ja auch zu Beginn des Kapitels dazu rieten die alten Dialogfelder noch eine Weile zu benutzen.

Schön ist allerdings die Möglichkeit des Model Viewer relativ schnell grafische Informationen über die Verteilung der unabhängigen wie der abhängigen Variablen abzurufen.

- Klicken Sie hierfür im rechten Teilfenster am unteren Bildschirmrand auf das Pull-Down-Menü *Ansicht* und wählen Sie die Option *Informationen zu stetigen Feldern.*

Sie erhalten das folgende Diagramm.

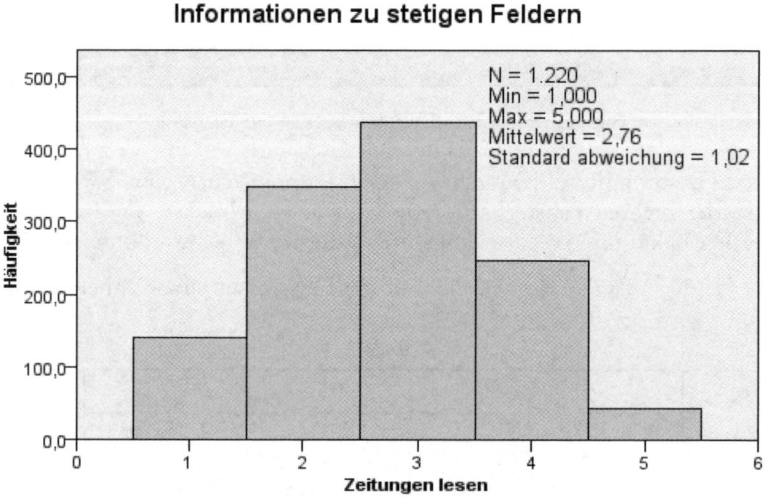

Bild 12.15: Diagramm der abhängigen Variablen

Auch dieses Diagramm können Sie derzeit leider nicht bearbeiten, zumindest nicht über die herkömmliche Methode des SPSS Programms.

Testen Sie in einem zweiten Anlauf gleich mehrere Variablen.

- Übertragen Sie hierfür z. B. die Variablen v1.1_7, v1.1_14, v1.1_20 und v1.1_28 in das Feld für die Testvariablen sowie die Variable sex wieder in das Feld für die Gruppenvariable.

Sie erhalten die folgende Ausgabe.

Hypothesentestübersicht

	Nullhypothese	Test	Sig.	Entscheidung
1	Die Verteilung von Individualsport ist über die Kategorien von Geschlecht identisch.	Mann-Whitney-U-Test bei unabhängigen Stichproben	,653	Nullhypothese beibehalten
2	Die Verteilung von Theater ist über die Kategorien von Geschlecht identisch.	Mann-Whitney-U-Test bei unabhängigen Stichproben	,000	Nullhypothese ablehnen
3	Die Verteilung von mit Freunden ausgehen ist über die Kategorien von Geschlecht identisch.	Mann-Whitney-U-Test bei unabhängigen Stichproben	,481	Nullhypothese beibehalten
4	Die Verteilung von Aufräumen ist über die Kategorien von Geschlecht identisch.	Mann-Whitney-U-Test bei unabhängigen Stichproben	,000	Nullhypothese ablehnen

Asymptotische Signifikanzen werden angezeigt. Das Signifikanzniveau ist ,05.

Bild 12.16: Hypothesentestübersicht bei mehreren Variablen

Während der Theaterbesuch und das Aufräumen als Freizeitaktivitäten die Geschlechter höchst signifikant trennen (p<=0,001), gilt dies für die Aktivitäten Individualsport und mit Freunden ausgehen offensichtlich nicht.

12.9.2 H-Test nach Kruskal und Wallis

Wir wollen im Folgenden überprüfen, ob sich die Freizeitaktivitäten bei Studierenden unterschiedlicher Fachgruppen voneinander unterscheiden. Wir wählen hierfür die Variable »In die Kneipe gehen« aus.

- Treffen Sie die Menüwahl

Analysieren
Nicht parametrische Tests
Unabhängige Stichproben...

Es erscheint die Dialogbox *Nichtparametrische Tests: mindestens zwei unabhängige Stichproben.*

- Übertragen Sie die Variable v1.1_2 in das Testvariablenfeld, die Variable fachkultur in das Gruppenvariablenfeld.
- Bestätigen Sie per Klick auf den Schalter *Ausführen*.

Sie erhalten die folgende Ausgabe.

Hypothesentestübersicht

	Nullhypothese	Test	Sig.	Entscheidung
1	Die Verteilung von Kneipe gehen ist über die Kategorien von Fachkulturen identisch.	Kruskal-Wallis-Test bei unabhängigen Stichproben	,000	Nullhypothese ablehnen

Asymptotische Signifikanzen werden angezeigt. Das Signifikanzniveau ist ,05.

Bild 12.17: Model Viewer: Ablehnung der Nullhypothese

Die Nullhypothese, nach der es keine Unterschiede im Antwortverhalten der Fachkulturen bezüglich der Variable »In die Kneipe gehen« gibt, wird demzufolge abgelehnt. Eine Antwort auf die entscheidende Frage, welche Gruppen sich im einzelnen paarweise voneinander unterscheiden, erhalten wir an dieser Stelle nicht.

- Klicken Sie wieder doppelt auf diese Ausgabe, um den Model Viewer zu öffnen.

Sie sehen den Model Viewer mit der Arbeitsfläche Modellanzeige.

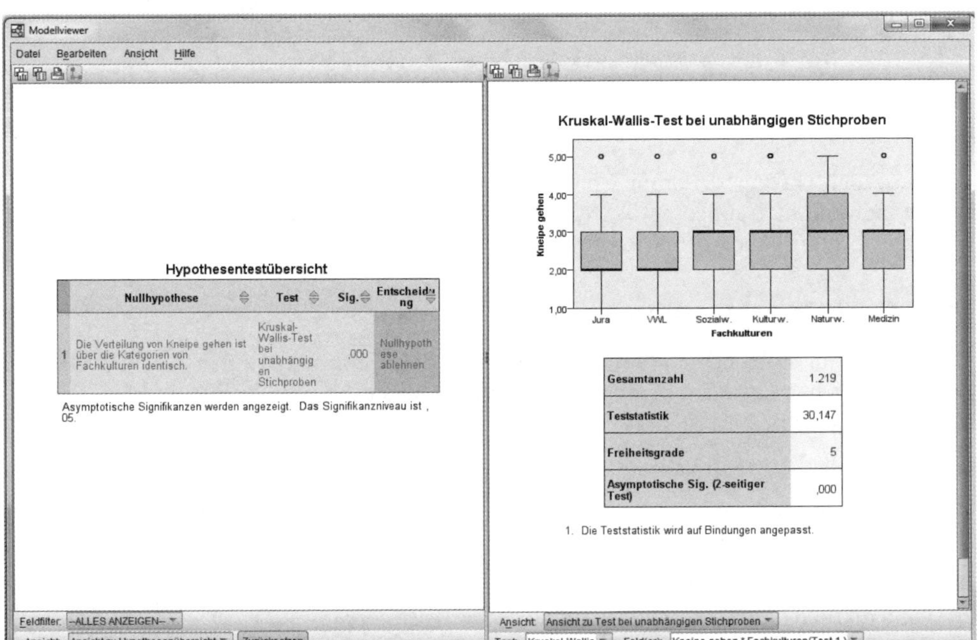

Bild 12.18: Model Viewer: Arbeitsfläche Modellanzeige

In der Zusatzansicht sehen Sie über den Werten des Kruskal-Wallis-Tests einen Boxplot (siehe Kap. 8.4.1). Der Boxplot gibt eine erste visuelle Antwort auf die Frage, wo die Unterschiede liegen könnten. Auf den ersten Blick erkennbar ist auf jeden Fall, dass die Studierenden der Fächer Jura und der Volkswirtschaftlehre sich nicht voneinander unterscheiden dürften. Der entscheidende Vorteil des Model Viewer zu den altbewährten Dialogboxen liegt nun gerade darin, dass Sie sich die paarweisen Vergleiche anzeigen lassen können.

- Wählen Sie hierfür im rechten Teilfenster aus dem Pull-Down-Menü *Ansicht* am unteren Bildschirmrand die Option *Paarweise Vergleiche*.

Sie erhalten in der Zusatzansicht die folgende Tabelle.

Stichprobe1-Stichprobe2	Test-statistik	Std. Fehler	Standard Test-statistik	Sig.	Angep. Sig.
Jura-VWL	-51,282	52,939	-,969	,333	1,000
Jura-Sozialw.	-56,739	37,410	-1,517	,129	1,000
Jura-Kulturw.	-125,716	33,903	-3,708	,000	,003
Jura-Naturw.	-148,626	36,780	-4,041	,000	,001
Jura-Medizin	158,162	35,743	-4,425	,000	,000
VWL-Sozialw.	-5,457	50,292	-,109	,914	1,000
VWL-Kulturw.	-74,434	47,741	-1,559	,119	1,000
VWL-Naturw.	-97,344	49,826	-1,954	,051	,761
VWL-Medizin	-106,870	49,065	-2,178	,029	,441
Sozialw.-Kulturw.	-68,977	29,601	-2,330	,020	,297
Sozialw.-Naturw.	-91,887	32,858	-2,797	,005	,077
Sozialw.-Medizin	-101,413	31,692	-3,200	,001	,021
Kulturw.-Naturw.	-22,910	28,801	-,795	,426	1,000
Kulturw.-Medizin	-32,436	27,464	-1,181	,238	1,000
Naturw.-Medizin	-9,526	30,946	-,308	,758	1,000

Jede Zeile testet die Nullhypothese, dass die Verteilungen von Stichprobe 1 und Stichprobe 2 gleich sind.
Asymptotische Signifikanzen (2-seitige Tests) werden angezeigt. Das Signifikanzniveau ist ,05.

Bild 12.19: Tabelle der paarweisen Vergleiche

Die Ausgabe der paarweisen Vergleiche beim Model Viewer stellt wirklich bei aller Kritik eine echte Verbesserung dar.

Wir belassen es hiermit beim Vergleich zwischen den bewährten Dialogboxen und dem Model Viewer und überlassen Ihnen hiermit die Entscheidung welches Tool Sie einsetzen möchten bzw. wann Sie den Model Viewer additiv hinzuziehen wollen.

KAPITEL 13

Exakte Testmethoden

Der englische Statistiker Sir Ronald A. Fisher machte einst ein wissenschaftliches Experiment echt britischer Art. Eine Bekannte hatte behauptet, sie könne es einer Tasse Tee ansehen, ob zuerst der Tee oder zuerst die Milch eingegossen worden sei.

Fisher wollte dies überprüfen und setzte der Teetrinkerin nach einer Zufallsreihenfolge acht Tassen Tee mit Milch vor, von denen vier zuerst mit Tee und vier zuerst mit Milch gefüllt worden waren. Die Bekannte landete jeweils drei Treffer und lag jeweils einmal daneben.

- Laden Sie die Datei tee.sav, in der diese Ergebnisse gespeichert sind, und erstellen Sie mit Hilfe der Menüwahl

  Analysieren
  Deskriptive Statistiken
  Kreuztabellen...

  eine Kreuztabelle zwischen der Zeilenvariable gegossen und der Spaltenvariable geraten.

Kreuztabelle gegossen*geraten

Anzahl

		geraten		Gesamtsumme
		Milch	Tee	
gegossen	Milch	3	1	4
	Tee	1	3	4
Gesamtsumme		4	4	8

- Um zu überprüfen, ob die Erhöhung der Häufigkeit bei den Richtigwahlen signifikant ist, wünschen Sie sich in der Dialogbox *Kreuztabellen: Statistiken* die Durchführung des Chi-Quadrat-Tests. Dieser liefert nach der Pearson-Formel einen nicht signifikanten p-Wert von 0,157.

Chi-Quadrat-Tests

	Wert	df	Asymp. Sig. (zweiseitig)	Exakte Sig. (zweiseitig)	Exakte Sig. (einseitig)
Pearson-Chi-Quadrat	2,000[a]	1	,157		
Kontinuitätskorrektur[b]	,500	1	,480		
Likelihood-Quotient	2,093	1	,148		
Exakter Test nach Fisher				,486	,243
Zusammenhang linear-mit-linear	1,750	1	,186		
Anzahl der gültigen Fälle	8				

a. 4 Zellen (100,0%) haben die erwartete Anzahl von weniger als 5. Die erwartete Mindestanzahl ist 2,00.

b. Berechnung nur für eine 2x2-Tabelle

Da die erwarteten Häufigkeiten sämtlich kleiner als 5 sind (nämlich 2), sind die Voraussetzungen zur Anwendung des Chi-Quadrat-Testes nicht gegeben. Fisher stellte also Überlegungen an, wie p exakt zu ermitteln ist.

Bezeichnet man die Häufigkeiten der Vierfeldertafel der Reihe nach mit a, b, c und d, so ist die exakte Wahrscheinlichkeit dafür, dass sich bei den gegebenen Randsummen die Häufigkeiten wie gegeben verteilen

$$p0 = \frac{\binom{a+c}{a} \cdot \binom{b+d}{b}}{\binom{a+b+c+d}{a+b}}$$

Mit Hilfe der Definition der Binomialkoeffizienten

$$\binom{n}{m} = \frac{n!}{m!(n-m)!}$$

erhält man mit den gegebenen Werten

$$p0 = \frac{\binom{4}{3} \cdot \binom{4}{1}}{\binom{8}{4}} = \frac{4 \cdot 4}{70} = 0,22857$$

Bei den gegebenen Randsummen gibt es eine Verteilung, die noch unwahrscheinlicher ist, nämlich diejenige mit a = 4, b = 0, c = 0 und d = 4. Berechnet man hierzu in entsprechender Weise ebenfalls die Wahrscheinlichkeit und nennt diese p1, so erhält man p1 = 0,01429.

Die Gesamtwahrscheinlichkeit für den einseitigen Test ergibt sich als Summe von p0 und p1, also p = 0,22857 + 0,01429 = 0,24286. Dieses Ergebnis wird unter der Bezeichnung »Exakter Test nach Fisher« ausgegeben und zwar als einseitige Signifikanz.

Der Unterschied der zweiseitigen Anwendung zum Chi-Quadrat-Test ist also erheblich. Wegen des deutlich nicht signifikanten Ausfalls des Tests können also die erzielten Treffer bei der Beurteilung der Tassen auch zufällig zustande gekommen sein.

So kann man Fisher als den Vater der exakten Tests ansehen. Der nach ihm benannte Test ist Bestandteil des Basis-Moduls und kann vom Zusatzmodul Exakte Tests nicht weiter verbessert werden.

Das Modul Exakte Tests stellt exakte Tests zur Verfügung im Rahmen der nichtparametrischen Tests und für Kreuztabellen-Statistiken. Exakte Tests sind empfehlenswert bei kleinen Fallzahlen, bei einem großen Anteil gebundener Werte und bei stark unterschiedlichen Fallzahlen in den einzelnen Stichproben.

13.1 Exakte p-Werte

Exakte Werte für die Irrtumswahrscheinlichkeit p sind natürlich bei allen statistischen Tests wünschenswert. In der Praxis ist es aber nicht immer möglich, solche exakten Werte zu berechnen, so dass man sich mit asymptotischen Werten begnügen muss.

Beim eingangs geschilderten Beispiel des exakten Tests nach Fisher für Vierfeldertafeln stellt die Berechnung des exakten p-Werts kein besonderes Problem dar, da eine entsprechende Formel existiert. Leider aber ist die Existenz einer solchen Formel nicht immer gegeben.

Um aufzuzeigen, wie in einem solchen Fall vorgegangen wird, wollen wir den Wilcoxon-Test betrachten, den nichtparametrischen Test zum Vergleich zweier verbundener Stichproben. Als Beispiel soll eine medizinische Untersuchung dienen, bei der zwanzig Probanden mit erhöhten Cholesterinwerten eine entsprechende medikamentöse Behandlung erfuhren, die den Cholesterinspiegel senken sollte.

- Laden Sie die Datei chol.sav.

Die Datei enthält vier Variablen: cholvor und cholnach für die Cholesterinwerte vor und nach der Behandlung, d für die Differenzen beider Werte und rang für die Rangplätze der absoluten Differenzen, also für den Betrag der Differenzen ohne Berücksichtigung des Vorzeichens. Eine Auflistung der Variablenwerte ist im Folgenden wiedergegeben.

CHOLVOR	CHOLNACH	d	RANG
350	320	30,00	13,000
325	320	5,00	2,000
290	271	19,00	7,000
334	340	–6,00	3,000
276	301	–25,00	11,000
370	312	58,00	15,000
400	367	33,00	14,000
289	300	–11,00	4,000
340	358	–18,00	6,000
288	271	17,00	5,000
345	369	–24,00	10,000
360	290	70,00	18,000
350	272	78,00	20,000
320	324	–4,00	1,000
412	345	67,00	17,000
299	270	29,00	12,000
320	340	–20,00	8,000

CHOLVOR	CHOLNACH	d	RANG
339	316	23,00	9,000
356	290	66,00	16,000
320	246	74,00	19,000

Beim Wilcoxon-Test werden nun die Summe der Rangplätze bei positiven Differenzen (T1) und die Summe der Rangplätze bei negativen Differenzen (T2) gebildet. Der kleinere der beiden Werte T1 und T2 ist die Prüfgröße T. Im gegebenen Beispiel ergibt sich T1 = 167, T2 = 43 und damit T = 43.

- Wir wollen die Berechnung des Wilcoxon-Tests mit SPSS nachvollziehen. Wählen Sie daher aus dem Menü

Analysieren
Nicht parametrische Tests
Alte Dialogfelder
Zwei verbundene Stichproben...

Voreingestellt ist der Wilcoxon-Test.

- Verschieben Sie die beiden Variablen cholnach und cholvor in das Test-Paar-Feld, und starten Sie die Berechnung mit *OK*.

Die folgenden Ergebnisse werden im Viewer angezeigt.

Ränge

		H	Mittlerer Rang	Summe der Ränge
cholvor - cholnach	Negative Ränge	7[a]	6,14	43,00
	Positive Ränge	13[b]	12,85	167,00
	Bindungen	0[c]		
	Gesamtsumme	20		

a. cholvor < cholnach

b. cholvor > cholnach

c. cholvor = cholnach

Teststatistiken[a]

	cholvor - cholnach
U	-2,315[b]
Asymp. Sig. (2-seitig)	,021

a. Wilcoxon-Test

b. Basierend auf negativen Rängen.

Die Verteilung der Prüfgröße T geht für größere Stichprobenumfänge in eine Normalverteilung über, was zur Bildung eines z-Wertes führt, dem dann der p-Wert zugeordnet werden kann. Zumindest für kleinere Stichprobenumfänge ist dieser Wert also als asymptotisch zu betrachten.

Um den p-Wert exakt zu berechnen, kann man wie folgt vorgehen. Im gegebenen Beispiel, das aus Gründen der Übersichtlichkeit so gewählt wurde, dass keine geteilten Rangplätze

(Bindungen) auftreten, gibt es die Rangplätze 1 bis 20; diesen zugeordnet ist entweder ein positives oder ein negatives Vorzeichen der entsprechenden Differenz. Alle theoretisch möglichen T-Werte erhält man, wenn man alle denkbaren Kombinationen der Vorzeichenverteilung auf die zwanzig Rangplätze betrachtet, jeweils dazu den T-Wert bestimmt und auszählt, wie oft diese theoretisch denkbaren T-Werte den tatsächlich errechneten T-Wert (43) unterschreiten. Bezeichnet man diese Anzahl mit n, so ist der dem errechneten T-Wert zuzuordnende p-Wert offensichtlich

$$p = \frac{n}{\text{Anzahl der möglichen Kombinationen}}$$

Die Anzahl der möglichen Vorzeichen-Kombinationen ist bei zwanzig Wertepaaren 2^{20} = 1048576. Um auf diese Weise einen exakten p-Wert zu berechnen, sind also sehr viele Rechenoperationen auszuführen; bei dreißig Wertepaaren würde ihre Anzahl auf über eine Milliarde steigen.

Da bis zu einer Fallzahl von 30 die Berechnung der exakten p-Werte bei SPSS sehr schnell vonstattengeht, werden offensichtlich intelligente Algorithmen eingesetzt, um das Problem zu lösen. Bei großen Fallzahlen (bei denen aber in der Regel auf die Berechnung exakter p-Werte verzichtet wird) kann die Rechenzeit dennoch enorm ansteigen. In diesem Fall kann man auf die so genannte Monte-Carlo-Methode zurückgreifen.

13.2 Monte-Carlo-Methode

Die Monte-Carlo-Methode besteht in der Nachbildung des Eintretens von Zufallsereignissen, indem der Ereigniseintritt aus vorgegebenen Wahrscheinlichkeitsverteilungen durch die Verwendung von Zufallszahlen bestimmt wird. Dabei werden die Zufallszahlen bei Verwendung eines Computers durch einen Zufallszahlengenerator erzeugt.

Nehmen Sie an, dass Sie Ihr Taschengeld mit Hilfe des Roulettespiels aufbessern möchten. Sie wissen, dass es beim Roulette 37 Zahlen gibt, nämlich 18 rote, 18 schwarze und die Null. Bevor Sie selbst zu spielen beginnen, möchten Sie erst einmal eintausend Spiele beobachten, um sich mit den Eigenheiten des Spiels vertraut zu machen.

Sie könnten nach Monte Carlo fahren und im dortigen Spielcasino über einen längeren Zeitraum hinweg eintausend aufeinanderfolgende Spiele beobachten und deren Ergebnis notieren; Sie können dies aber auch zu Hause in Sekundenschnelle an Ihrem Computer simulieren.

Jede Programmiersprache stellt einen Zufallszahlengenerator zur Verfügung, der gleichverteilte Zufallszahlen im Intervall zwischen 0 und 1 liefert. Ganz zufällig sind diese Zufallszahlen allerdings nicht, denn sie entstehen als Ergebnis einer Rechenprozedur, so dass sie sich periodisch wiederholen; die Periodenlänge ist allerdings außerordentlich groß und für praktische Anwendungen in den allermeisten Fällen ausreichend. Um gegebenenfalls reproduzierbare Ergebnisse zu erhalten, kann die Zufallszahlenfolge durch Angabe eines immer gleichen Startwerts initialisiert werden.

In der Programmiersprache BASIC stehen die parameterlose Funktion RND zur Erzeugung der Zufallszahlen und die Prozedur RANDOMIZE zur Initialisierung zur Verfügung. Das folgende BASIC-Programm erzeugt über 1000 Spiele hinweg eine Zufallsfolge der Ergebnisse rouge, noir und zero.

```
10 REM Simulation des Roulettespiels mit der Monte-Carlo-Methode
20 RANDOMIZE 10
30 FOR I=1 TO 1000
40 X=RND
50 IF X <= 1/37 THEN 90
60 IF X <= 19/37 THEN 110
70 PRINT "noir, "
80 GOTO 120
90 PRINT "zero, "
100 GOTO 120
110 PRINT "rouge, "
120 NEXT I
130 END
```

In das Programm ist eingeflossen, dass die Wahrscheinlichkeit für das Eintreffen der Null gleich 1/37 und für das Eintreffen von Rot bzw. Schwarz jeweils gleich 18/37 ist. Diese Vorgabe von Wahrscheinlichkeiten und ihre entsprechende Einbringung in das Programm ist typisch für die Monte-Carlo-Technik. Die ersten zwanzig Ergebnisse seien im Folgenden ausgegeben.

```
rouge, noir, rouge, rouge, rouge, rouge, noir, noir, noir, rouge, rouge, noir, rouge,
rouge, noir, zero, noir, rouge, rouge, noir
```

Die Monte-Carlo-Technik kann eingesetzt werden, wenn die Berechnung der exakten p-Werte bei großen Fallzahlen zu lange dauert. Bezogen auf das geschilderte Beispiel des Willcoxon-Tests bedeutet das, dass nicht alle theoretisch möglichen Vorzeichenkombinationen analysiert werden, sondern nur eine bestimmte vorgegebene Anzahl (z. B. 10000). Diese werden dann mit Hilfe der Monte-Carlo-Methode mit einem Computerprogramm erzeugt. So kann das folgende BASIC-Programm dazu benutzt werden, um zu einer vorgegebenen Fallzahl und einer vorgegebenen Testgröße mit einer vorgegebenen Zahl von Simulationsschritten dem exakten p-Wert im Wilcoxon-Test nahezukommen.

```
10 REM Monte-Carlo-Methode (Abschätzung des exakten p beim Wilcoxon-Test)
20 INPUT "Anzahl der Wertepaare";N
30 INPUT "Testgröße";TKRIT
40 INPUT "Anzahl der Wiederholungen";K
50 NT=0
60 REM Durchführung von k Eperimenten
70 FOR J=1 TO K
80 T1=0
90 T2=0
100 REM Ermittlung der Rangsummen T1 und T2
```

```
110 FOR I=1 TO N
120 REM Ziehung einer gleichverteilten Zufallszahl x zwischen 0 und 1
130 X=RND
140 IF X <= .5 THEN 190
150 REM negative Differenzen f_r x > 0.5
160 T2=T2+I
170 GOTO 200
180 REM positive Differenzen f_r x <= 0.5
190 T1=T1+I
200 NEXT I
210 REM Testgröße T als Minimum von T1 und T2
220 IF T1 < T2 THEN 250
230 T=T2
240 GOTO 270
250 T=T1
260 REM Auszählung, wie oft T kleiner ist als die gegebene Testgröße TKRIT
270 IF T >= TKRIT THEN 290
280 NT=NT+1
290 NEXT J
300 REM p als Quotient von Anzahl der Werte T < TKRIT und der Zahl
310 REM der Experimente
320 P=NT/J
330 PRINT USING "#.####";P
340 END
```

Die Monte-Carlo-Technik schlägt sich entscheidend in Zeile 140 nieder, wo für das Auftreten positiver und negativer Vorzeichen jeweils die Wahrscheinlichkeit 0,5 vorgegeben wurde.

Im Falle von 20 Wertepaaren und einer Testgröße T = 43 ergeben sich nach diesem Programm in Abhängigkeit von der Anzahl der Wiederholungen die folgenden Ergebnisse.

Wiederholungen	p-Wert
1000	0,0160
2000	0,0195
3000	0,0200
4000	0,0193
5000	0,0198
6000	0,0193
7000	0,0197
8000	0,0206
9000	0,0202
10000	0,0198

Die Monte-Carlo-Methode zur Bestimmung des exakten p-Werts ist auch in SPSS verfügbar. Sie wird entweder dann benutzt, wenn bei der Anwendung der exakten Methode ein vorgegebenes Zeitlimit überschritten wird, oder wenn Sie diese Methode ausdrücklich gewünscht haben. Wie im nächsten Kapitel gezeigt wird, berechnet SPSS mit der exakten Methode für p den Wert 0,019 und mit der Monte-Carlo-Methode bei 10000 Schritten den Wert 0,020.

13.3 Integration in das SPSS-Basis-Modul

Das Modul Exakte Tests tritt an zwei Stellen in Erscheinung. Zum einen ist es die Dialogbox *Kreuztabellen*, die nach der Menüwahl

Analysieren
Deskriptive Statistiken
Kreuztabellen...

geöffnet wird. Diese Dialogbox ist im folgenden Bild dargestellt, wobei wieder die Datei tee.sav geladen ist.

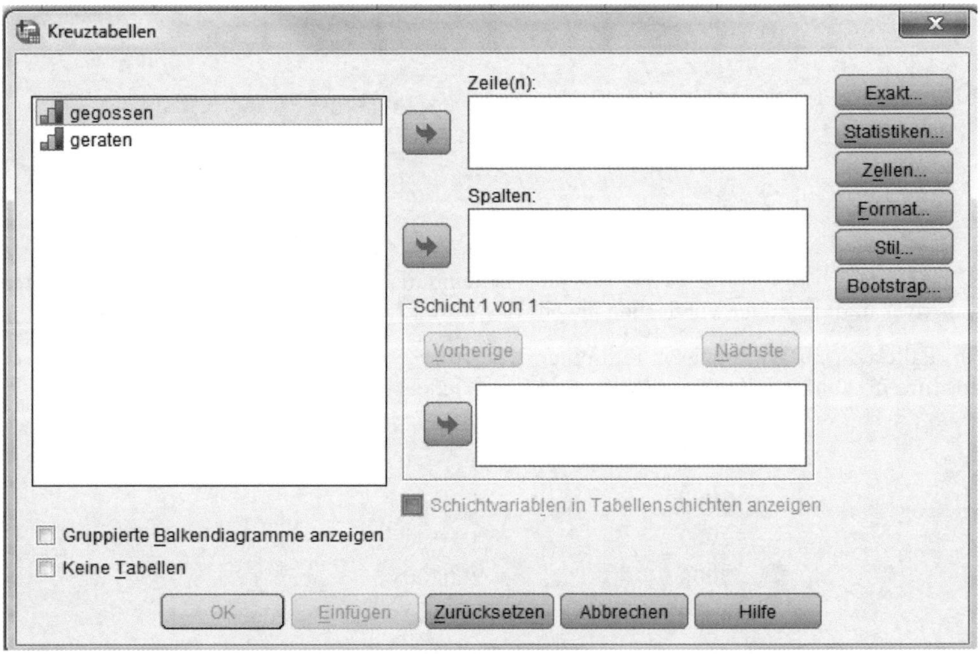

Bild 13.1: Dialogbox Kreuztabellen mit exakten Tests

Zum anderen können exakte Tests nach der Menüwahl

Analysieren
Nicht parametrische Tests

gerechnet werden.

- Laden Sie als Beispiel die Datei chol.sav und wählen Sie aus dem Menü

  Analysieren
  Nicht parametrische Tests
  Alte Dialogfelder
  Zwei verbundene Stichproben...

Es öffnet sich die Dialogbox *Tests bei zwei verbundenen Stichproben*, in welcher der Schalter Exakt... eingebaut ist.

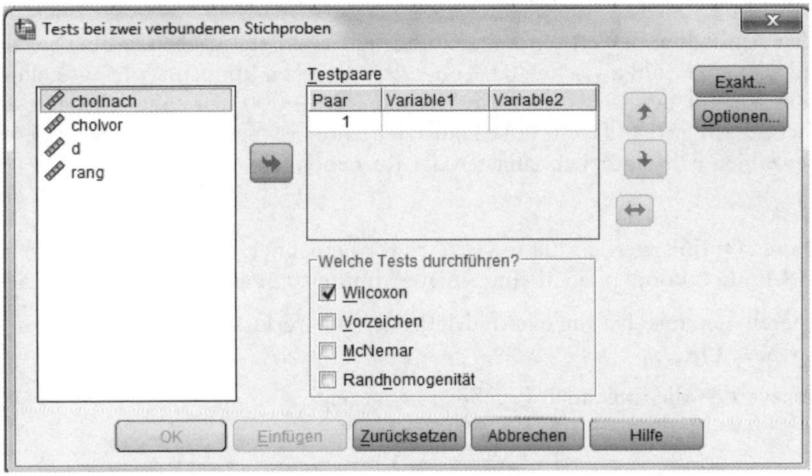

Bild 13.2: Dialogbox Tests bei zwei verbundenen Stichproben

- Bringen Sie die beiden Variablen cholnach und cholvor in das Test-Paar-Feld, belassen Sie es beim voreingestellten Wilcoxon-Test, und betätigen Sie den Schalter *Exakt...*

Es öffnet sich die Dialogbox *Exakte Tests*.

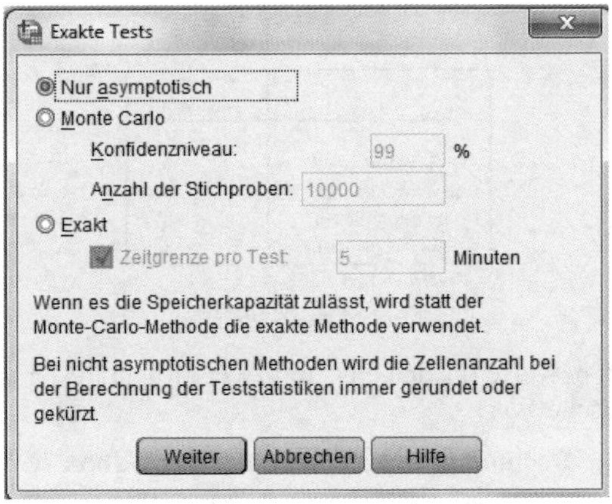

Bild 13.3: Dialogbox Exakte Tests

Sie haben die Wahl zwischen drei Möglichkeiten der Behandlung der exakten Tests.

- Nur asymptotisch

  Diese Option ist voreingestellt und liefert die herkömmlichen asymptotischen Resultate, die Sie auch ohne die Installation des Moduls *Exakte Tests* erhalten.

- Monte Carlo

  Diese Option können Sie wählen, wenn die Berechnung der exakten Werte zu lange Zeit in Anspruch nimmt. Stellt allerdings der Computer fest, dass die exakte Methode ebenfalls schnell zum Ziel führt, wird diese benutzt.

  Für den ermittelten p-Wert wird ein Konfidenzbereich ausgegeben, wobei Sie als Konfidenzniveau eine Zahl zwischen 0.01 und 99.9 eingeben können. Voreingestellt ist 99. Für die Anzahl der simulierten Stichproben ist 10000 voreingestellt. Die maximal mögliche Zahl ist 1 000 000 000. Die erzielte höhere Genauigkeit bei größeren Stichprobenzahlen geht natürlich zulasten der Rechendauer.

- Exakt

  Bei dieser Option werden die p-Werte exakt berechnet. Das voreingestellte Zeitlimit von 5 Minuten können Sie in eine andere Minutenzahl abändern.

- Aktivieren Sie zunächst die exakte Methode, und verlassen Sie die Dialogboxen über *Weiter* bzw. *OK*.

Im Viewer werden die folgenden Ergebnisse angezeigt.

Ränge

		H	Mittlerer Rang	Summe der Ränge
cholvor - cholnach	Negative Ränge	7[a]	6,14	43,00
	Positive Ränge	13[b]	12,85	167,00
	Bindungen	0[c]		
	Gesamtsumme	20		

a. cholvor < cholnach

b. cholvor > cholnach

c. cholvor = cholnach

Teststatistiken[a]

	cholvor - cholnach
U	-2,315[b]
Asymp. Sig. (2-seitig)	,021
Exakte Sig. (2-seitig)	,019
Exakte Sig. (1-seitig)	,010
Punktwahrscheinlichkeit	,001

a. Wilcoxon-Test

b. Basierend auf negativen Rängen.

Es werden die exakten p-Werte für den ein- und zweiseitigen Test ausgegeben, ferner nach wie vor der asymptotische Wert.

- Wiederholen Sie die Rechnung, indem Sie in der Dialogbox *Exakte Tests* die Monte-Carlo-Methode aktivieren.

Es werden die folgenden Ergebnisse angezeigt.

Ränge

		H	Mittlerer Rang	Summe der Ränge
cholvor - cholnach	Negative Ränge	7[a]	6,14	43,00
	Positive Ränge	13[b]	12,85	167,00
	Bindungen	0[c]		
	Gesamtsumme	20		

a. cholvor < cholnach

b. cholvor > cholnach

c. cholvor = cholnach

Teststatistiken[a,c]

			cholvor - cholnach
U			-2,315[b]
Asymp. Sig. (2-seitig)			,021
Monte-Carlo-Sig. (2-seitig)	Sig.		,020
	99 % Konfidenzintervall	Untergrenze	,016
		Obergrenze	,023
Monte-Carlo-Sig. (1-seitig)	Sig.		,011
	99 % Konfidenzintervall	Untergrenze	,008
		Obergrenze	,014

a. Wilcoxon-Test

b. Basierend auf negativen Rängen.

c. Basierend auf 10000 Stichprobentabellen mit dem Startwert 2000000.

Benutzen Sie die Monte-Carlo-Methode, so können Sie wählen, ob Sie mit immer gleichen Zufallszahlenfolgen (initiiert durch denselben Startwert) oder jeweils anderen rechnen wollen. Im ersten Fall haben Sie den Vorteil, dass Sie reproduzierbare Ergebnisse erhalten.

- Sie können dies steuern, indem Sie über die Menüwahl

  Transformieren
  Zufallszahlengeneratoren...

  die Dialogbox *Zufallszahlengenerator* öffnen.

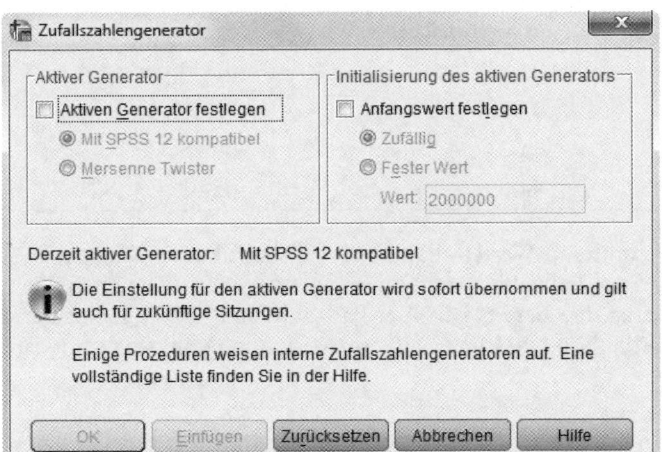

Bild 13.4: Dialogbox Zufallszahlengenerator

Reproduzierbare Ergebnisse liefert ein fester Startwert, wobei Sie eine positive ganze Zahl eintragen können.

Als Alternative können Sie die Option *Zufälliger Startwert* aktivieren.

13.4 Nichtparametrische exakte Tests

Nichtparametrische oder verteilungsfreie Tests werden dort angewandt, wo keine Normalverteilung vorliegt, Ausreißer auftreten oder Ordinal- statt Intervallskalenniveau gegeben ist.

Die Tests lassen sich einteilen nach der Anzahl der zu vergleichenden Stichproben (zwei oder mehr als zwei) und danach, ob die Stichproben voneinander abhängig sind (auch: gepaarte Stichproben, korrelierende Stichproben) oder nicht. Ferner gibt es Tests, die sich nur auf eine Stichprobe beziehen.

Die bekanntesten und wohl auch meist angewandten Tests sind dabei der U-Test nach Mann und Whitney zum Vergleich zweier unabhängiger Stichproben, der Wilcoxon-Test zum Vergleich zweier abhängiger Stichproben, der H-Test von Kruskal und Wallis zum Vergleich von mehr als zwei unabhängigen Stichproben, der Friedman-Test zum Vergleich von mehr als zwei abhängigen Stichproben und der Ein-Stichproben-Kolmogorov-Smirnow-Test zur Überprüfung einer Stichprobe auf Normalverteilung.

Ist das Modul Exakte Tests installiert, lassen sich jeweils zu den herkömmlichen asymptotisch ermittelten p-Werten die exakten p-Werte bestimmen, was insbesondere bei kleinen Fallzahlen nützlich ist.

Um dies zu demonstrieren, vergleichen wir mit dem U-Test nach Mann und Whitney jeweils zwei Stichproben mit gleicher extrem niedriger Fallzahl, wobei alle Werte der ersten Stichprobe kleiner als diejenigen der zweiten Stichprobe sein mögen. Die asymptotischen und exakten p-Werte, die sich beim U-Test nach Mann und Whitney ergeben, sind in der folgenden Tabelle aufgeführt.

Fallzahl	asymptotischer p-Wert	exakter p-Wert
2	0,121	0,333
3	0,050	0,100
4	0,021	0,029
5	0,009	0,008

Folgt man den exakten p-Werten, kann sich ein signifikanter Wert ($p <= 0,05$) von vornherein nur bei einer Fallzahl von mindestens 4 ergeben. Legt man die asymptotischen Werte zugrunde, ist dies bereits bei einer Fallzahl von 3 der Fall, was demnach ein Fehler erster Art wäre (die Nullhypothese wird verworfen, obwohl sie richtig ist).

Wir wollen ein entsprechendes Experiment mit dem Wilcoxon-Test machen. Es sollen zwei abhängige Stichproben mit extrem niedriger Fallzahl verglichen werden; dabei soll bei jedem Wertepaar der Wert der ersten Stichprobe kleiner sein als der Wert der zweiten Stichprobe.

Fallzahl	asymptotischer p-Wert	exakter p-Wert
2	0,157	0,500
3	0,083	0,250
4	0,046	0,125
5	0,025	0,063
6	0,014	0,031

Hier zeigen sich ähnliche Verhältnisse wie beim U-Test. Nach den exakten Werten kann sich beim Wilcoxon-Test eine Signifikanz von vornherein nur bei einer Fallzahl von mindestens 6 ergeben; bei den asymptotischen Werten als Grundlage wäre dies bei einer Fallzahl von 4 möglich. Auch hier ist bei den asymptotischen Werten die Gefahr größer, einen Fehler erster Art zu begehen.

Die bei Installation des Moduls Exakte Tests zur Verfügung stehenden nichtparametrischen Tests werden im Folgenden kurz vorgestellt.

Damit Sie diese Tests nachvollziehen können, ist jeweils der Name einer entsprechenden Testdatei aufgeführt und anhand passender Variablen ein Anwendungsvorschlag unterbreitet. Ferner wird in Kap. 10.4.6 angegeben, wann nach Angaben von SPSS die exakten p-Werte »schnell« berechnet werden, so dass auf die Anwendung der Monte-Carlo-Methode verzichtet werden kann. Unter »schneller« Berechnung ist dabei die Berechnung in wenigen Sekunden zu verstehen.

Die Testdateien exakt1.sav und exakt2.sav enthalten Daten, die auszugsweise medizinischen Studien entnommen sind.

13.4.1 Vergleich von zwei unabhängigen Stichproben

- Laden Sie die Datei exakt1.sav.

Die entsprechenden Tests sind erhältlich durch die Menüwahl

Analysieren
  Nicht parametrische Tests
    Alte Dialogfelder
      Zwei unabhängige Stichproben...

Es öffnet sich die Dialogbox *Tests bei zwei unabhängigen Stichproben*.

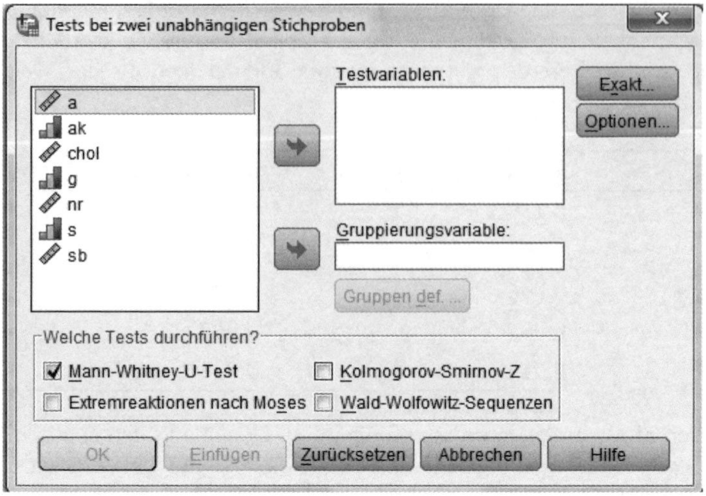

Bild 13.5: Dialogbox Tests bei zwei unabhängigen Stichproben

U-Test nach Mann und Whitney

- Benutzen Sie die Testvariable chol sowie die Gruppierungsvariable g (1,2).

Kolmogorov-Smirnov-Test

Die Testdatei ist hier die gleiche wie beim U-Test.

Wald-Wolfowitz-Test

Die Testdatei ist hier die gleiche wie beim U-Test. In der Dialogbox *Tests bei zwei unabhängigen Stichproben* ist außerdem der Moses-Test verfügbar. Hier entfällt die Berechnung der exakten p-Werte.

13.4.2 Vergleich von zwei abhängigen Stichproben

- Laden Sie die Datei exakt2.sav.

Die entsprechenden Tests sind erhältlich durch die Menüwahl

Analysieren
  Nicht parametrische Tests
    Alte Dialogfelder
      Zwei verbundene Stichproben...

Es öffnet sich die Dialogbox *Tests bei zwei verbundenen Stichproben.*

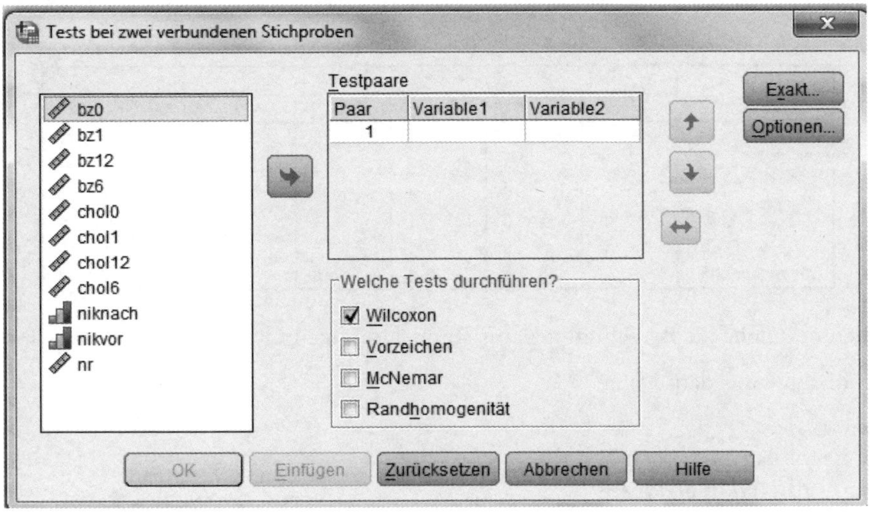

Bild 13.6: Dialogbox Tests bei zwei verbundenen Stichproben

Wilcoxon-Test

- Verwenden Sie die Testdatei exakt2.sav sowie die Variablen chol0 und chol1.

Vorzeichen-Test

Die Testdatei ist hier die gleiche wie beim Wilcoxon-Test.

McNemar-Test

- Benutzen Sie die Testdatei exakt2.sav sowie die Variablen nikvor und niknach.

Rand-Homogenität

Der Test auf Rand-Homogenität ist eine Erweiterung des McNemar-Tests auf eine quadratische Kontingenztafel mit mehr als zwei Kategorien.

- Laden Sie die Datei noten.sav. Die Datei enthält die beiden Variablen lehrer1 und lehrer2, welche die Benotungen zweier Lehrer für dreißig Deutscharbeiten wiedergeben.
- Erstellen Sie zunächst mit Hilfe der Menüwahl

  Analysieren
  Deskriptive Statistiken
  Kreuztabellen...

  eine Kreuztabelle der beiden Variablen.

Kreuztabelle lehrer1*lehrer2

Anzahl

		lehrer2					
		1,00	2,00	3,00	4,00	5,00	Gesamtsumme
lehrer1	1,00	1	1	1	0	0	3
	2,00	2	3	2	1	0	8
	3,00	1	0	4	3	1	9
	4,00	0	0	1	4	1	6
	5,00	0	0	0	2	2	4
Gesamtsumme		4	4	8	10	4	30

Es sollen nunmehr die Berechnungen zur Rand-Homogenität vorgenommen werden.

- Wählen Sie aus dem Menü

  Analysieren
  Nicht parametrische Tests
  Alte Dialogfelder
  Zwei verbundene Stichproben...

- Übertragen Sie die Variablen lehrer1 und lehrer2 in das Testvariablenfeld
- Aktivieren Sie anstelle des voreingestellten Wilcoxon-Tests die Option Rand-Homogenität.

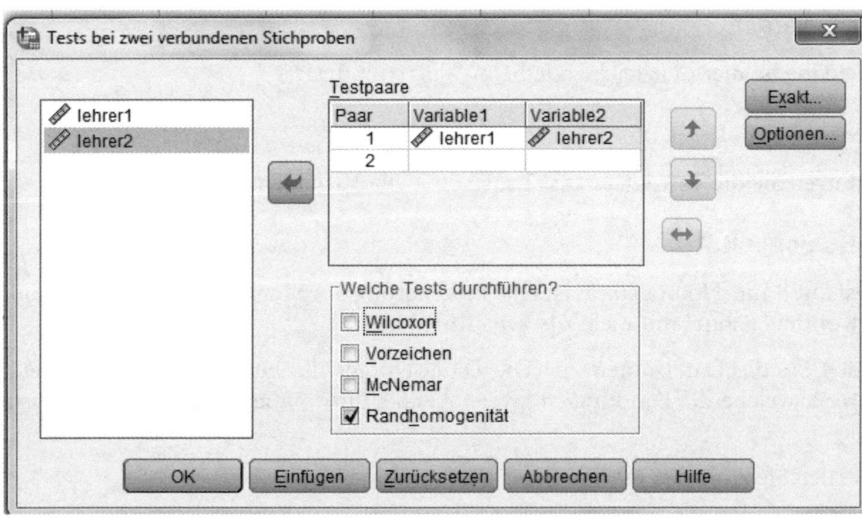

Bild 13.7: Dialogbox-Einstellungen Tests bei zwei verbundenen Stichproben

Die Berechnungen zur Rand-Homogenität liefern die folgenden Ergebnisse.

Randhomogenitätstest

	lehrer1 & lehrer2
Unterschiedliche Werte	5
Außerhalb der Diagonalen liegende Fälle	16
Beobachtete MH-Statistik	45,000
Mittelwert-MH-Statistik	48,000
Standardabweichung der MH-Statistik	2,646
Standard-MH-Statistik	-1,134
Asymp. Sig. (2-seitig)	,257

Die beiden Lehrer unterscheiden sich also nicht signifikant hinsichtlich ihrer Beurteilungen.

13.4.3 Vergleich von mehr als zwei unabhängigen Stichproben

- Laden Sie die Datei exakt1.sav.

Die entsprechenden Tests sind erhältlich mit Hilfe der Menüwahl

Analysieren
Nicht parametrische Tests
Alte Dialogfelder
K unabhängige Stichproben...

Es öffnet sich die Dialogbox *Tests bei mehreren unabhängigen Stichproben.*

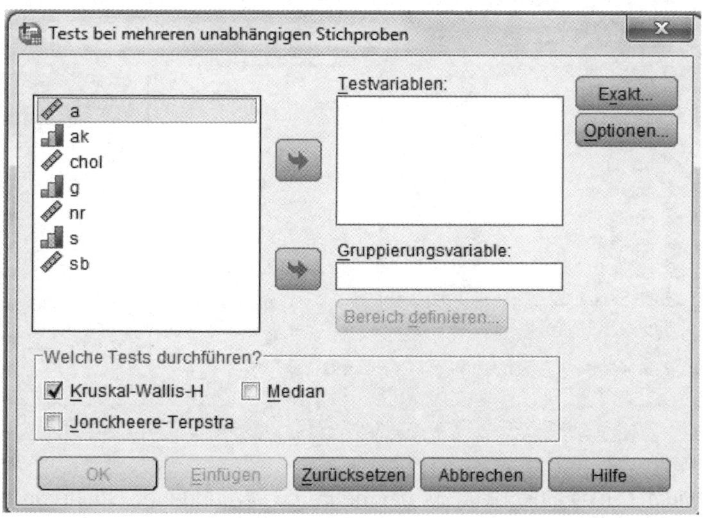

Bild 13.8: Dialogbox Tests bei mehreren unabhängigen Stichproben

H-Test nach Kruskal und Wallis

- Benutzen Sie die Testdatei exakt1.sav mit der Testvariablen sb sowie der Gruppenvariablen ak (1,4).

Selbst bei großem Arbeitsspeicher kann die Meldung »Nicht genügend Arbeitsspeicher zum Erstellen einer exakten Statistik« erscheinen. Ersatzweise ist die Monte-Carlo-Methode zu verwenden.

Median-Test

Die Testdatei ist hier die gleiche wie beim H-Test.

Jonckheere-Terpstra-Test

Testdatei sowie Testsituation sind hier die gleichen wie beim H-Test.

13.4.4 Vergleich von mehr als zwei abhängigen Stichproben

- Laden Sie die Datei exakt2.sav.

Die entsprechenden Tests sind erhältlich durch die Menüwahl

Analysieren
Nicht parametrische Tests
Alte Dialogfelder
K verbundene Stichproben...

Es öffnet sich die Dialogbox *Tests bei mehreren verbundenen Stichproben.*

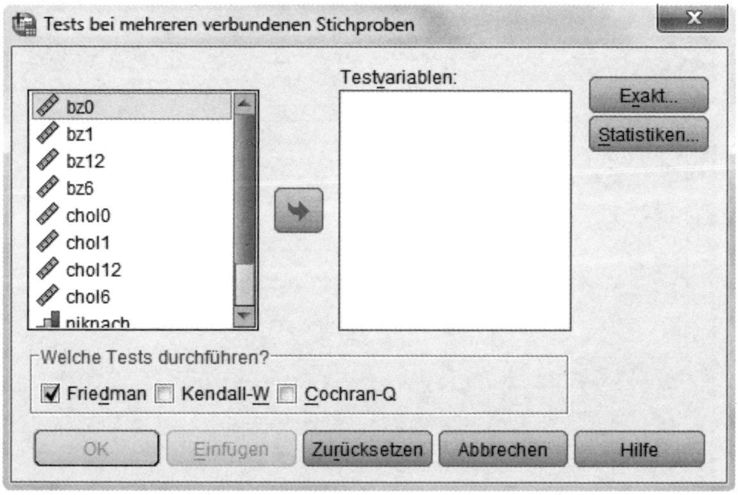

Bild 13.9: Dialogbox Tests bei mehreren verbundenen Stichproben

Friedman-Test

- Verwenden Sie die Testdatei exakt2.sav mit den Testvariablen b0, b1, b6 und b12.

Im gegebenen Beispiel (Fallzahl 20) liegt die Rechenzeit in der Regel im Minutenbereich. Daher empfiehlt es sich, die Monte-Carlo-Methode zu verwenden.

Kendalls W

- Benutzen Sie die Testdatei fussball.sav mit den Testvariablen s1 bis s22.

Die Rechenzeit ist enorm; daher ist auch hier die Monte-Carlo-Methode zu empfehlen. Bei den gegebenen Variablen handelt es sich um Benotungen, die drei Sportzeitungen (das sind die drei Fälle) über die 22 Spieler eines Fußballspiels abgegeben haben.

Cochrans Q

- Verwenden Sie die Testdatei neugier.sav sowie die Testvariablen item10, item12 und item14.

Bei den drei Variablen handelt es sich um drei Items (ja - nein) eines Fragebogens.

13.4.5 Ein-Stichproben-Tests

Unter den Ein-Stichproben-Tests ist der Kolmogorov-Smirnov-Test der wichtigste, da mit ihm eine gegebene Verteilung auf Normalverteilung überprüft werden kann.

Kolmogorov-Smirnov-Test

- Laden Sie die Datei exakt1.sav.

Diesen Test erhalten Sie mit der Menüwahl

Analysieren
Nicht parametrische Tests
Alte Dialogfelder
K-S bei einer Stichprobe...

Es öffnet sich die Dialogbox *Kolmogorov-Smirnov-Test bei einer Stichprobe*.

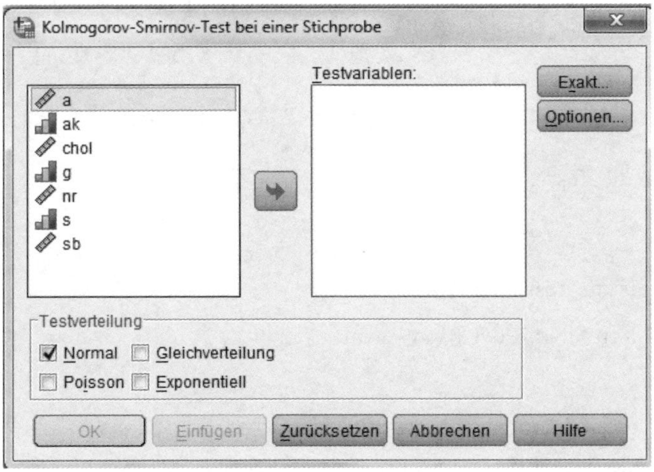

Bild 13.10: Dialogbox Kolmogorov-Smirnov-Test bei einer Stichprobe

- Verwenden Sie die Testvariable a.

Chi-Quadrat-Einzeltest

- Verwenden Sie die Datei exakt1.sav.

Diesen Test erhalten Sie mit der Menüwahl

Analysieren
Nicht parametrische Tests
Alte Dialogfelder
Chi-Quadrat...

Es öffnet sich die Dialogbox *Chi-Quadrat-Test*.

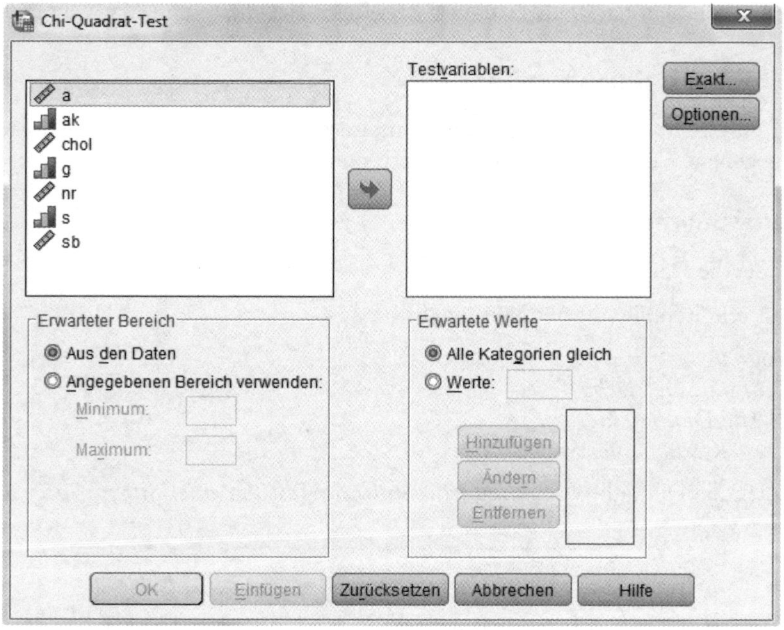

Bild 13.11: Dialogbox Chi-Quadrat-Test

- Benutzen Sie die Testvariable s.

Binomial-Test

- Verwenden Sie die Testdatei exakt1.sav.

Diesen Test erhalten Sie mit der Menüwahl

Analysieren
Nicht parametrische Tests
Alte Dialogfelder
Binomial...

Es öffnet sich die Dialogbox *Test auf Binomialverteilung*.

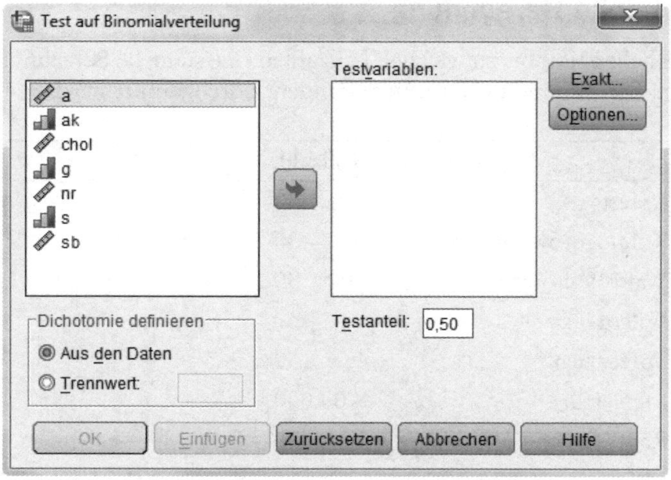

Bild 13.12: Dialogbox Test auf Binomialverteilung

- Benutzen Sie die Testvariable g sowie den Trennwert 1,5.

Sequenzanalyse

- Verwenden Sie auch hier die Testdatei exakt1.sav.

Diesen Test erhalten Sie mit der Menüwahl

Analysieren
Nicht parametrische Tests
Alte Dialogfelder
Sequenzen...

Es öffnet sich die Dialogbox *Sequenztest*.

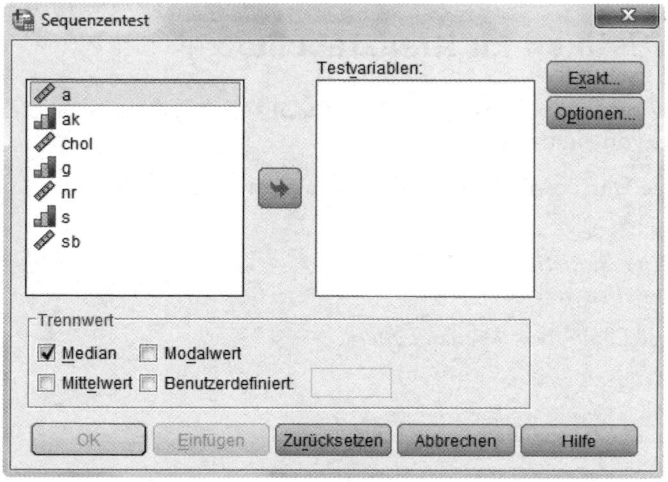

Bild 13.13: Dialogbox Sequenztest

- Benutzen Sie die Testvariable g sowie den Trennwert 1,5.

13.4.6 Schnelle Berechnung

Die folgende Tabelle zeigt, bis zu welchen Fallzahlen eine schnelle Berechnung der exakten Werte (also eine Berechnung in wenigen Sekunden) durchgeführt wird.

Test	Fallzahl
U-Test	30
Kolmogorov-Smirnov	30
Wald-Wolfowitz	30
Wilcoxon	50
Vorzeichen	50
McNemar	100.000
Rand-Homogenität	50
H-Test	15 und maximal 4 Gruppen
Median-Test	50
Jonckheere-Terpstra	20 und maximal 4 Gruppen
Friedman	30
Kendalls W	30
Cochrans Q	30
Chi-Quadrat-Einzel	30
Binomial	100.000
Sequenzanalyse	20

Weitere exakte Tests beziehen sich auf die Analyse von Kontingenztafeln. Diese werden im nächsten Kapitel vorgestellt.

13.5 Statistiken für Kreuztabellen

Die zweite prinzipielle Möglichkeit, exakte Tests abzurufen, ergibt sich in Zusammenhang mit der Analyse von Kreuztabellen.

- Laden Sie die Datei exakt1.sav, und wählen Sie aus dem Menü

Analysieren
Deskriptive Statistiken
Kreuztabellen...

Es öffnet sich die Dialogbox *Kreuztabellen*.

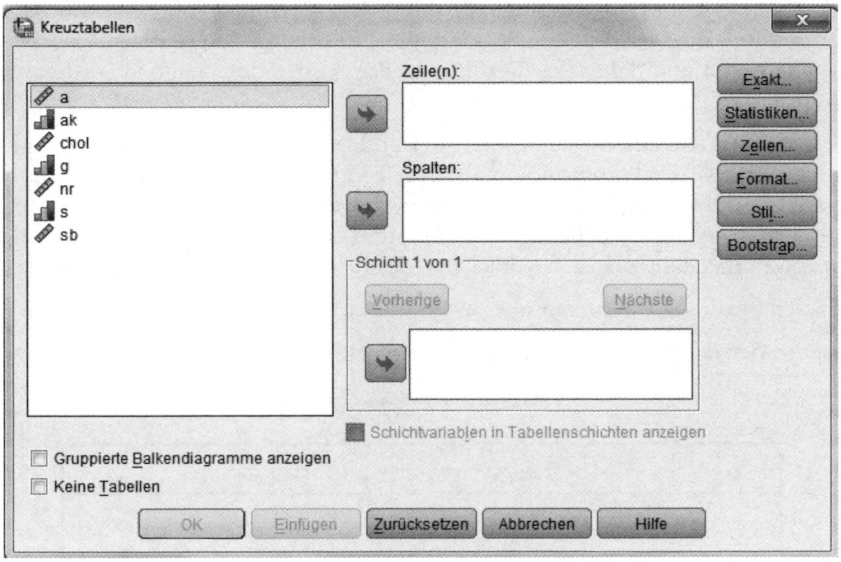

Bild 13.14: Dialogbox Kreuztabellen

Wir wollen eine Kreuztabelle bilden zwischen den Variablen g (Geschlecht) und ak (Alkoholkonsum).

- Verschieben Sie die Variable g in das Zeilenfeld und die Variable ak in das Spaltenfeld. Fordern Sie über den Schalter *Exakt...* exakte Tests an, und öffnen sie über den Schalter *Statistiken...* die Dialogbox *Kreuztabellen: Statistik*.

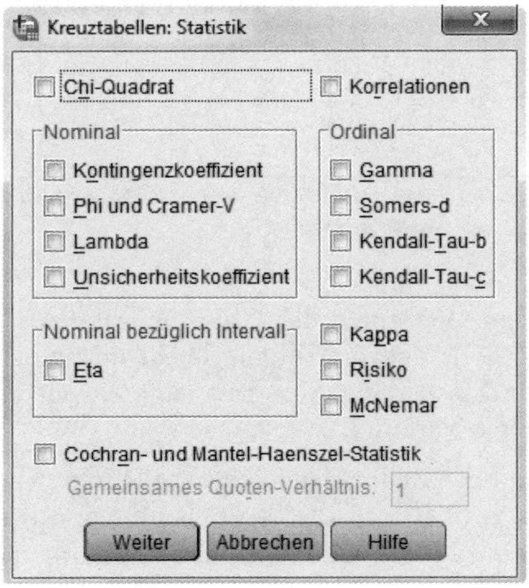

Bild 13.15: Dialogbox Kreuztabellen: Statistik

- Aktivieren Sie in dieser Dialogbox alle möglichen Optionen außer Eta, Kappa-Koeffizient und Relatives Risiko. Bitte beachten Sie, dass beide betrachteten Variablen ordinalskaliert sind und daher die Berechnung der Assoziationsmaße für ordinalskalierte Variablen durchaus sinnvoll ist.

Was die Variable g (Geschlecht) anbelangt, so ist diese natürlich vom Grunde her eine nominalskalierte Variable. Dichotome nominalskalierte Variablen können aber durchaus als ordinalskalierte Variablen in Berechnungen einbezogen werden; bei der Berechnung von Korrelationen haben Sie dann bei der Interpretation der Ergebnisse die Codierung der Variablen in Zusammenhang mit dem Vorzeichen des Korrelationskoeffizienten zu beachten.

- Verlassen Sie die Dialogboxen über *Weiter* bzw. *OK*.

Die Ausgabe der Ergebnisse beginnt mit der Kreuztabelle.

Kreuztabelle Geschlecht*Alkoholkonsum

Anzahl

		Alkoholkonsum				
		kein Alkohol	maessig	haeufig	sehr haeufig	Gesamtsumme
Geschlecht	maennlich	4	6	4	2	16
	weiblich	11	2	1	0	14
Gesamtsumme		15	8	5	2	30

Die Ergebnisse zeigen eindeutig, dass der Hang zum Alkohol bei den Männern stärker ausgeprägt ist als bei den Frauen. Wegen der kleinen Zellenbesetzungen (meist unter 5) ist der herkömmliche Chi-Quadrat-Test nicht zu verwenden; es bietet sich die Berechnung der exakten p-Werte an. Die Ergebnisse der Chi-Quadrat-Analyse sind im Folgenden wiedergegeben.

Chi-Quadrat-Tests

	Wert	df	Asymp. Sig. (zweiseitig)	Exakte Sig. (zweiseitig)	Exakte Sig. (einseitig)	Punktwahrscheinlichkeit
Pearson-Chi-Quadrat	8,973[a]	3	,030	,023		
Likelihood-Quotient	10,057	3	,018	,037		
Exakter Test nach Fisher	8,239			,024		
Zusammenhang linear-mit-linear	7,513[c]	1	,006	,005	,004	,003
McNemar-Bowker-Test	.	.	.[b]			
Anzahl der gültigen Fälle	30					

a. 6 Zellen (75,0%) haben die erwartete Anzahl von weniger als 5. Die erwartete Mindestanzahl ist ,93.

b. Nur für eine PxP-Tabelle berechnet, wobei P größer als 1 sein muss.

c. Die standardisierte Statistik ist -2,741.

Es werden vier verschiedene Varianten des Chi-Quadrat-Tests ausgeführt: Pearson (die übliche Methode), Likelihood, Zusammenhang linear-mit-linear (nur bei ordinalskalierten Variablen sinnvoll) und Fishers exakter Test, eine Erweiterung der ursprünglich für Vierfeldertafeln entwickelten Variante.

Bezeichnet man die Anzahl der Zeilen der Kreuztabelle mit r, die Anzahl der Spalten mit c, die Zeilensummen mit z_i (i=1,...,r), die Spaltensummen mit s_j (j=1,...,c), die Gesamtsumme der Häufigkeiten mit N und die beobachteten Häufigkeiten mit f_{ij}, so berechnen sich zunächst die sogenannten erwarteten Häufigkeiten zu

$$e_{ij} = \frac{z_i \cdot s_j}{N} \qquad i = 1,\dots,r; j = 1,\dots,c$$

Chi-Quadrat-Wert nach Pearson:

$$\chi^2 = \sum_{i=1}^{r} \sum_{j=1}^{c} \frac{(f_{ij} - e_{ij})^2}{e_{ij}}$$

Likelihood-Chi-Quadrat-Wert:

$$\chi^2 = 2 \cdot \sum_{i=1}^{r} \sum_{j=1}^{c} f_{ij} \cdot \ln \frac{f_{ij}}{e_{ij}}$$

Zusammenhang linear-mit-linear:

$$\chi^2 = \sum_{i=1}^{r} \sum_{j=1}^{c} u_i \cdot v_j \cdot f_{ij}$$

Dabei sind u_i und v_j bestimmte Zeilen- und Spaltenscores.

Folgt man der Pearson-Formel, so fällt auf, dass der Unterschied zwischen asymptotischem und exaktem p-Wert (0,030 gegenüber 0,023) sehr gering ist. Der Unterschied zwischen Männern und Frauen hinsichtlich des Alkoholkonsums ist also signifikant.

Es folgt zunächst die Ausgabe von drei als Richtungsmaße bezeichneten Kennwerten.

Richtungsmaße

			Wert	Asymp. Standardfehler[a]	Näherungsweise A[b]	Näherungsweise Sig.	Exakte Sig.
Nominal bezüglich Nominal	Lambda	Symmetrisch	,310	,175	1,635	,102	
		Geschlecht abhängig	,500	,196	1,915	,056	
		Alkoholkonsum abhängig	,133	,196	,637	,524	
	Goodman-und-Kruskal-Tau	Geschlecht abhängig	,299	,154		,034[c]	,023
		Alkoholkonsum abhängig	,149	,088		,005[c]	,010
	Unsicherheitskoeffizient	Symmetrisch	,179	,093	1,905	,018[d]	,037
		Geschlecht abhängig	,243	,127	1,905	,018[d]	,037
		Alkoholkonsum abhängig	,142	,074	1,905	,018[d]	,037
Ordinal bezüglich Ordinal	Somers-d	Symmetrisch	-,497	,131	-3,733	,000	,004
		Geschlecht abhängig	-,440	,119	-3,733	,000	,004
		Alkoholkonsum abhängig	-,571	,152	-3,733	,000	,004

a. Die Nullhypothese wird nicht vorausgesetzt.

b. Unter Annahme der Nullhyphothese wird der asymptotische Standardfehler verwendet.

c. Basierend auf der Chi-Quadrat-Approximation

d. Wahrscheinlichkeit des Likelihood-Quotienten-Chi-Quadrats

Diese Maße werden im folgenden kurz erläutert.

Lambda: Berechnet werden symmetrisches und asymmetrisches Lambda sowie Goodman und Kruskals Tau. Diese Maßzahlen beruhen auf dem Konzept der so genannten proportionalen Fehlerreduktion (PRE) und haben Werte zwischen 0 und 1. Exakte Werte werden zu Lambda nicht berechnet.

Unsicherheitskoeffizient: Berechnet werden symmetrischer und asymmetrischer Unsicherheitskoeffizient als weitere PRE-Maße.

Somers d: Berechnet werden symmetrisches und asymmetrisches Somers d. Die Formel für Gamma (siehe später) wird um einen Korrekturterm erweitert, der im Falle von Bindungen (Auftreten gleicher Meßwerte) bei der abhängigen Variablen relevant wird:

$$d = \frac{P - I}{P + I + T_y}$$

Ein entsprechendes asymmetrisches Somers d gibt es mit dem Korrekturterm T_X.

Das symmetrische Somers d verwendet im Nenner den Mittelwert der beiden asymmetrischen Koeffizienten.

Es schließt sich die Ausgabe der so genannten symmetrischen Maße an.

Symmetrische Maße

		Wert	Asymp. Standardfehler[a]	Näherungsweise A^b	Näherungsweise Sig.	Exakte Sig.
Nominal bezüglich Nominal	Phi	,547			,030	,023
	Cramer-V	,547			,030	,023
	Kontingenzkoeffizient	,480			,030	,023
Ordinal bezüglich Ordinal	Kendall-Tau-b	-,501	,132	-3,733	,000	,004
	Kendall-Tau-c	-,569	,152	-3,733	,000	,004
	Gamma	-,780	,151	-3,733	,000	,003
	Spearman-Korrelation	-,535	,142	-3,353	,002[c]	,004
Intervall bezüglich Intervall	Pearson-R	-,509	,127	-3,129	,004[c]	,005
Anzahl der gültigen Fälle		30				

a. Die Nullhypothese wird nicht vorausgesetzt.

b. Unter Annahme der Nullhyphothese wird der asymptotische Standardfehler verwendet.

c. Basierend auf normaler Approximation.

Phi: Dieser Koeffizient ist nur für Vierfeldertafeln sinnvoll, da er sonst den Wert 1 übersteigen kann.

$$\psi = \sqrt{\frac{\chi^2}{N}}$$

Cramers V: Diese Größe ergibt stets einen Wert zwischen 0 und 1.

$$V = \sqrt{\frac{\chi^2}{N \cdot (k-1)}}$$

Dabei ist k die kleinere der beiden Anzahlen der Zeilen und Spalten (das Minimum von r und c).

Kontingenzkoeffizient: Diese Größe hat, wie auch Cramers V, stets einen Wert zwischen 0 und 1.

$$c = \sqrt{\frac{\chi^2}{\chi^2 + N}}$$

Da N immer größer als 0 ist, wird der Wert 1 nie erreicht. Da der maximal erreichbare Wert von der Zeilen- und Spaltenanzahl abhängig ist, sind Kontingenzkoeffizienten zwischen Kreuztabellen mit verschiedenen Felderzahlen nicht vergleichbar.

Gamma und Kendalls Tau bauen auf der Anzahl der Fehlordnungen (Inversionen: I) auf, die sich ergeben, wenn man die Werte einer der beiden Variablen in aufsteigender Reihenfolge niederschreibt und die Werte der anderen Variablen entsprechend zuordnet. Zusammen mit der Anzahl der richtigen Ordnungen (Proversionen: P) gehen sie auf verschiedene Weise in die entsprechenden Formeln für die Assoziationsmaße ein, die Werte zwischen -1 und +1 annehmen können.

Gamma:

$$G = \frac{P - I}{P + I}$$

Treten keine Inversionen auf (I = 0), wird G = 1 (totaler Zusammenhang). Treten keine Proversionen, also ausschließlich Inversionen auf (P = 0), handelt es sich um einen maximal gegenläufigen Zusammenhang (G = -1). Ist P = I, ist keinerlei Zusammenhang gegeben (G = 0).

Kendalls Tau-b:

$$\tau_b = \frac{P - I}{\sqrt{(P + I + T_x) \cdot (P + I + T_y)}}$$

Die Werte -1 und +1 können nur bei einer quadratischen Kreuztabelle angenommen werden.

Kendalls Tau-c:

$$\tau_c = \frac{2 \cdot m \cdot (P - I)}{N^2 \cdot (m - 1)}$$

Dabei ist m die kleinere der Anzahlen der Zeilen und Spalten. Die Werte -1 und +1 können bei jeder Tabelle erreicht werden.

Schließlich werden noch die beiden Korrelationskoeffizienten nach Pearson (Produkt-Moment-Korrelation) und Spearman (Rangkorrelation) ausgegeben.

Unter Beachtung der Codierungen der eingehenden Variablen g und ak bedeuten die negativen Korrelationskoeffizienten, dass Frauen weniger Alkohol trinken als Männer.

Bei den übrigen zur Verfügung stehenden Optionen (Eta, Kappa-Koeffizient, Relatives Risiko) ist lediglich bei der Berechnung von Kappa die Ausgabe exakter Werte relevant. Cohens Kappa-Koeffizient kann nur für quadratische Kreuztabellen berechnet werden, bei denen Zeilen- und Spaltenvariable dieselben Codierungen aufweisen.

Der typische Anwendungsfall ist der, dass Personen oder Objekte durch zwei Gutachter beurteilt werden. Kappa gibt dann den Grad der Übereinstimmung zwischen den beiden

Beurteilern an. Als Testdatei können Sie die Datei noten.sav mit den beiden Variablen lehrer1 und lehrer2 (Benotung von Deutscharbeiten durch zwei Lehrer) verwenden.

Was die Geschwindigkeit der Ausführung der exakten Tests anbelangt, wird laut Angaben von SPSS schnelle Ausführung (also in wenigen Sekunden) in den folgenden Situationen versprochen.

- Chi-Quadrat-Tests bei Vierfeldertafeln: bei Fallzahlen bis 100000
- Chi-Quadrat-Tests sonst: bei Fallzahlen bis 30 und falls entweder die Zeilen- oder die Spaltenzahl nicht größer als 3 ist
- Pearson-Korrelation: Fallzahl bis 7
- Spearman-Korrelation: Fallzahl bis 10
- Kendalls Tau-b, Kendalls Tau-c, Gamma, Goodman und Kruskals Tau: Fallzahlen bis 20 und Zeilenzahl nicht größer als 3
- Kontingenzkoeffizient, Phi, Cramers V, Unsicherheitskoeffizient: Fallzahlen bis 30 und Minimum der Zeilen- und Spaltenzahl nicht größer als 3
- Somers d: Fallzahlen bis 30
- Kappa-Koeffizient: Fallzahlen bis 30 und Zeilen- bzw. Spaltenzahlen bis 5

Neben zu langer Rechenzeit kann bei einigen exakten Tests auch Mangel an Arbeitsspeicher zum Problem werden. Auch in diesen Fällen ist auf die Monte-Carlo-Methode zurückzugreifen.

KAPITEL 14

Korrelationen

In diesem Kapitel geht es um den Zusammenhang (die Korrelation) zwischen zwei Variablen. Bei jedem solchen bivariaten Zusammenhangsmaß basiert die Berechnung auf Wertepaaren, die aus den zugrunde liegenden abhängigen Stichproben gebild et werden.

Nehmen wir als Beispiel die Cholesterinwerte an den ersten beiden Messzeitpunkten einer Hypertonie-Studie (Datei hyper.sav), so werden wir natürlich einen starken Zusammenhang erwarten: Höhere Werte am Ausgangszeitpunkt lassen auch höhere Werte nach einem Monat erwarten usw.

Zur grafischen Darstellung eines solchen Zusammenhangs kann man ein rechtwinkliges Koordinatensystem benutzen, dessen beide Achsen den beiden Variablen entsprechen. Jedes Wertepaar wird dann durch ein Symbol markiert. Solche »Streudiagramme« zwischen zwei abhängigen Variablen kann man mit Hilfe der Menüwahl

Grafik
Diagrammerstellung...

darstellen.

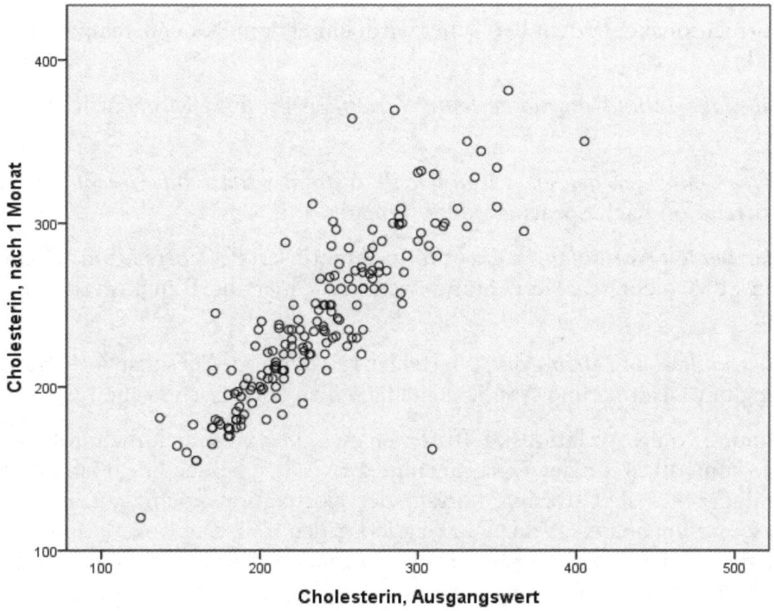

Bild 14.1: Streudiagramm

Die entstandene Punktwolke verdeutlicht, dass in der Regel Probanden mit größeren Ausgangswerten auch größere Folgewerte nach einem Monat haben. Das ist natürlich kein sensationelles Ergebnis; das Beispiel wurde gewählt, um einen deutlichen Zusammenhang zu demonstrieren.

Der Statistiker spricht von einer Korrelation zwischen den beiden Variablen und gibt die Stärke des Zusammenhangs mit einer Maßzahl an, die als Korrelationskoeffizient bezeichnet wird. Dieser Koeffizient, der stets mit r symbolisiert wird, liegt zwischen -1 und +1, wobei ein Betrag nahe bei 1 einen starken und ein Betrag nahe bei 0 einen schwachen Zusammenhang bedeutet.

Ist der Korrelationskoeffizient negativ, bedeutet dies einen gegenläufigen Zusammenhang: Je größer der Wert der einen Variablen wird, desto kleiner wird der Wert der anderen. Für die Stärke des Zusammenhangs ist auch hier der Betrag des Korrelationskoeffizienten maßgebend. Zur verbalen Beschreibung der Größe des Betrags des Korrelationskoeffizienten sind folgende Abstufungen üblich:

Wert	Interpretation
bis 0,2	Sehr geringe Korrelation
bis 0,5	Geringe Korrelation
bis 0,7	Mittlere Korrelation
bis 0,9	Hohe Korrelation
über 0,9	Sehr hohe Korrelation

Wie der Korrelationskoeffizient berechnet wird, hängt vom Skalenniveau der betreffenden Variablen ab.

- *Intervallskalierte und normalverteilte Variablen:* Produkt-Moment-Korrelation nach Pearson.
- *Mindestens eine der beiden Variablen ist ordinalskaliert oder nicht normalverteilt:* Rangkorrelation nach Spearman oder Kendalls Tau.
- *Eine der beiden Variablen ist dichotom:* Punktbiseriale Korrelation. Diese ist allerdings in SPSS nicht realisiert. Stattdessen kann hier die Rangkorrelation berechnet werden.
- *Beide Variablen sind dichotom:* Vierfelder-Korrelation. Diese ist in SPSS in Zusammenhang mit Distanz- und Ähnlichkeitsmaßen zu berechnen (siehe Kap. 14.4).

Die Berechnung von Korrelationskoeffizienten zwischen zwei nichtdichotomen Variablen ist nur dann sinnvoll, wenn der Zusammenhang zwischen beiden linear ist. Ist der Zusammenhang hingegen z. B. U-förmig, versagt der Korrelationskoeffizient als Maß für die Stärke des Zusammenhangs: Sein Wert tendiert gegen null. Die Korrelationen nach Pearson, Spearman und Kendall werden in den folgenden Abschnitten behandelt. In einem weiteren Abschnitt wird auf die so genannte partielle Korrelation eingegangen.

Eine Variante des Korrelationskoeffizienten, der auch das mittlere Niveau der beiden Variablen berücksichtigt, ist der Intraclass Correlation Coefficient (ICC). Diesem ist ebenfalls ein Abschnitt gewidmet.

14.1 Korrelationskoeffizient nach Pearson

Der Korrelationskoeffizient nach Pearson wird gemäß folgender Formel berechnet:

$$r = \frac{\sum_{i=1}^{n}(x_i - \bar{x}) \cdot (y_i - \bar{y})}{(n-1) \cdot s_x \cdot s_y}$$

Dabei sind x_i und y_i die Werte der beiden Variablen, $\bar{x}$ und $\bar{y}$ deren Mittelwerte und s_x und s_y deren Standardabweichungen; n ist die Anzahl der Wertepaare. Wir wollen die Korrelationskoeffizienten nach Pearson paarweise zwischen den Variablen chol0, chol1, chol6 und chol12 der Hypertonie-Studie berechnen (also eine Korrelationsmatrix zwischen diesen Variablen erstellen).

- Laden Sie die Datei hyper.sav.
- Wählen Sie aus dem Menü.

Analysieren
Korrelation
Bivariat...

Es öffnet sich die Dialogbox *Bivariate Korrelationen*.

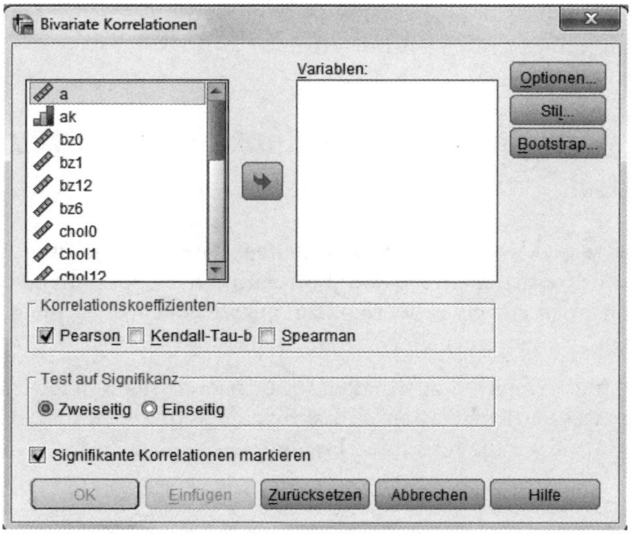

Bild 14.2: Dialogbox Bivariate Korrelationen

- Bringen Sie nacheinander die Variablen chol0, chol1, chol6 und chol12 in das Testvariablenfeld. Die Berechnung des Pearson-Koeffizienten ist voreingestellt, ebenso der zweiseitige Test auf Signifikanz und die Markierung signifikanter Korrelationen.
- Starten Sie die Berechnungen durch Klicken auf *OK*.

Die Ergebnisse erscheinen im Viewer:

Korrelationen

		Cholesterin, Ausgangswert	Cholesterin, nach 1 Monat	Cholesterin, nach 6 Monaten	Cholesterin, nach 12 Monaten
Cholesterin, Ausgangswert	Pearson-Korrelation	1	,861**	,775**	,802**
	Sig. (2-seitig)		,000	,000	,000
	N	174	174	174	174
Cholesterin, nach 1 Monat	Pearson-Korrelation	,861**	1	,852**	,813**
	Sig. (2-seitig)	,000		,000	,000
	N	174	174	174	174
Cholesterin, nach 6 Monaten	Pearson-Korrelation	,775**	,852**	1	,892**
	Sig. (2-seitig)	,000	,000		,000
	N	174	174	174	174
Cholesterin, nach 12 Monaten	Pearson-Korrelation	,802**	,813**	,892**	1
	Sig. (2-seitig)	,000	,000	,000	
	N	174	174	174	174

**. Korrelation ist bei Niveau 0,01 signifikant (zweiseitig).

Ausgegeben werden jeweils der Pearson-Korrelationskoeffizient r, die Anzahl der jeweiligen Wertepaare und die sich bei der Absicherung von r gegen Null ergebende Irrtumswahrscheinlichkeit p. Im vorliegenden Beispiel hoher Korrelationen sind natürlich alle Koeffizienten höchst signifikant ($p < 0{,}001$).

Durch Klicken auf den Schalter *Optionen...* in der Dialogbox können Sie noch die Berechnung von Mittelwert und Standardabweichung beider Variablen wünschen. Ferner können die Kreuzproduktabweichungen (Wert des Zählers in der r-Formel) und Kovarianzen (Zähler geteilt durch $n - 1$) ausgegeben werden.

14.2 Rangkorrelationskoeffizienten nach Spearman und Kendall

Bei ordinalskalierten oder nichtnormalverteilten intervallskalierten Variablen wird anstelle des Pearson-Koeffizienten die Rangkorrelation nach Spearman berechnet. Bei dieser werden zunächst den einzelnen Werten Rangplätze zugeordnet, die dann in einer entsprechenden Formel weiterverarbeitet werden.

Um eine solche Rangkorrelation zu erhalten, deaktivieren Sie in der Dialogbox *Bivariate Korrelation...* die Pearson-Korrelation und aktivieren stattdessen die Spearman-Korrelation. Dies liefert im Viewer die folgenden Ergebnisse:

Korrelationen

			Cholesterin, Ausgangswert	Cholesterin, nach 1 Monat	Cholesterin, nach 6 Monaten	Cholesterin, nach 12 Monaten
Spearman-Rho	Cholesterin, Ausgangswert	Korrelationskoeffizient	1,000	,877**	,791**	,792**
		Sig. (2-seitig)	.	,000	,000	,000
		N	174	174	174	174
	Cholesterin, nach 1 Monat	Korrelationskoeffizient	,877**	1,000	,874**	,834**
		Sig. (2-seitig)	,000	.	,000	,000
		N	174	174	174	174
	Cholesterin, nach 6 Monaten	Korrelationskoeffizient	,791**	,874**	1,000	,879**
		Sig. (2-seitig)	,000	,000	.	,000
		N	174	174	174	174
	Cholesterin, nach 12 Monaten	Korrelationskoeffizient	,792**	,834**	,879**	1,000
		Sig. (2-seitig)	,000	,000	,000	.
		N	174	174	174	174

**. Korrelation ist bei Niveau 0,01 signifikant (zweiseitig).

Die Korrelationskoeffizienten bewegen sich im Bereich der entsprechenden Pearson-Koeffizienten (die eingehenden Variablen sind normalverteilt). Eine andere Variante des Rangkorrelationskoeffizienten ist derjenige nach Kendall (Kendalls Tau); auch dieser kann in der Dialogbox *Bivariate Korrelation* angefordert werden. Bei diesem Verfahren ordnet man eine Variable der Größe nach zu einer monoton aufsteigenden Rangreihe; die entsprechenden Rangplätze der anderen Variablen werden zugeordnet. Die Anzahl der Inversionen (Störungen im Vergleich zur ersten Reihe) wird in der Formel für den Korrelationskoeffizienten benutzt. Der Kendall-Koeffizient ist vorteilhaft beim Auftreten von Ausreißern.

Berechnet man die Kendall-Korrelationsmatrix im gegebenen Beispiel, so stellt man fest, dass die Koeffizienten durchweg deutlich niedriger sind als diejenigen bei der Spearman-Korrelation.

14.3 Partielle Korrelationen

Untersucht man in älteren Bevölkerungsumfragen der Sozialwissenschaften Zusammenhänge zwischen der Kirchgangshäufigkeit und Einstellungen zu Gastarbeitern, so ergibt sich, dass häufiger Kirchgang mit einer ablehnenden Haltung gegenüber Gastarbeitern korreliert. Bevor Sie aber der Kirche vorschnell fremdenfeindliche Beeinflussung vorwerfen, sollten Sie die Einflussnahme des Alters untersuchen. Dies korreliert ebenfalls mit der ablehnenden Einstellung zu Gastarbeitern und hoch mit der Kirchgangshäufigkeit. Das Alter stellt in diesem Fall eine Störvariable dar, die für eine Scheinkorrelation zwischen Kirchgangshäufigkeit und ablehnender Einstellung zu Gastarbeitern verantwortlich ist. Es existiert nämlich einerseits eine geringe Korrelation zwischen Kirchgangshäufigkeit und Einstellungen zu Gastarbeitern, andererseits natürlich ein deutlicher Zusammenhang zwischen Alter und Kirchgangshäufigkeit. Diese beiden Korrelationen zusammen verursachen die genannte Scheinkorrelation. Die Möglichkeit des Ausschlusses einer solchen Störvariablen bietet die Berechnung der partiellen Korrelation.

Indiziert man die beiden zu korrelierenden Variablen mit 1 und 2 sowie die Störvariable mit 3 und die paarweise berechneten (Pearson-)Korrelationskoeffizienten mit r_{12}, r_{13} und r_{23}, so gilt für den partiellen Korrelationskoeffizienten:

$$r_{12.3} = \frac{r_{12} - r_{13} \cdot r_{23}}{\sqrt{(1 - r_{13}^2) \cdot (1 - r_{23}^2)}}$$

Wir wollen im Folgenden überprüfen, ob es zwischen der Tatsache, dass ein Passagier allein an Bord der Titanic war oder mit einer anderen Gruppe reiste, und der Tatsache seines Überlebens bzw. Todes einen Zusammenhang gibt.

- Laden Sie die Datei titanic.sav.

Berechnet man zwischen den drei Variablen allein (1 = »allein«, 2 = »in Gruppe«), sex (1 = »männlich«, 2 = »weiblich«) und überlebt (1 = »gerettet«, 2 = »weiblich«) die Korrelationen, so ergibt sich bei der Wahl des Koeffizienten nach Spearman das folgende Ergebnis:

Korrelationen

			Art des Reisens	Geschlecht	Überlebt?
Spearman-Rho	Art des Reisens	Korrelationskoeffizient	1,000	,272**	-,171**
		Sig. (2-seitig)	.	,000	,000
		N	1310	1310	1310
	Geschlecht	Korrelationskoeffizient	,272**	1,000	-,525**
		Sig. (2-seitig)	,000	.	,000
		N	1310	1310	1310
	Überlebt?	Korrelationskoeffizient	-,171**	-,525**	1,000
		Sig. (2-seitig)	,000	,000	.
		N	1310	1310	1310

**. Die Korrelation ist auf dem 0,01 Niveau signifikant (zweiseitig).

Unter Berücksichtigung der Polung bedeutet dies, dass Personen, die mit anderen Personen an Bord der Titanic waren, über eine höhere Überlebenswahrscheinlichkeit verfügen als allein reisende Passagiere ($r = -0{,}171$). Zwar handelt es sich um eine sehr geringe Korrelation, diese wird aber als höchst signifikant ausgewiesen ($p < 0{,}000$). Bevor Sie aber vorschnell Theorien aufstellen, um diesen Zusammenhang zu begründen, sollten Sie die Einflussnahme des Geschlechts beachten. Die Variable sex korreliert ebenfalls mit der Variablen überlebt ($r = -0{,}525$) und mit der Art des Reisens ($r = 0{,}272$). So liegt der Verdacht nahe, dass das Geschlecht in diesem Falle eine Störvariable sein könnte, die für eine Scheinkorrelation zwischen der Art des Reisens und der Tatsache des Überlebens verantwortlich ist.

Dies wollen wir durch die Berechnung des partiellen Korrelationskoeffizienten nachweisen, wobei wir einmal darüber hinwegsehen wollen, dass es sich streng genommen nur um quasi ordinalskalierte und nicht um intervallskalierte Variablen handelt.

- Wählen Sie aus dem Menü

  Analysieren
  Korrelation
  Partiell...

Es öffnet sich die Dialogbox *Partielle Korrelationen.*

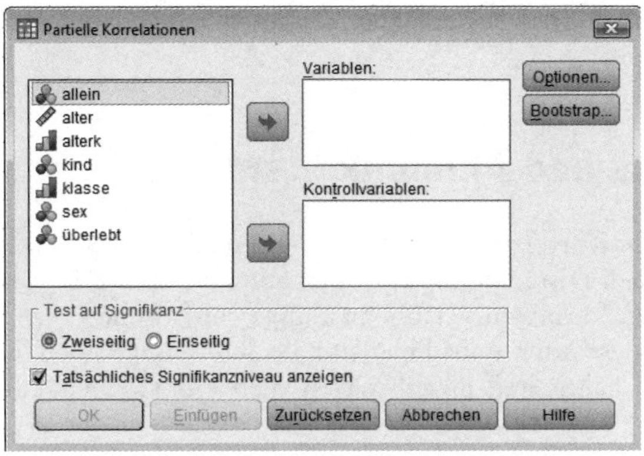

Bild 14.3: Dialogbox Partielle Korrelationen

- Bringen Sie die beiden Variablen allein und überlebt in das Variablenfeld und die Variable sex in das Kontrollvariablenfeld und belassen Sie es bei der Voreinstellung des zweiseitigen Signifikanztests.

Durch Klicken auf den Schalter *Optionen...* könnten Sie neben der üblichen Missing-Behandlung noch die Berechnung von Mittelwert und Standardabweichung und die Ausgabe der »Korrelationen nullter Ordnung« (das sind die einfachen Korrelationskoeffizienten) anfordern.

Bei einer Störvariablen wie im vorliegenden Beispiel ist allein die Berechnung der partiellen Korrelation erster Ordnung möglich, bei mehreren Störvariablen wird von SPSS stets diejenige der höchsten Ordnung ausgegeben.

- Starten Sie die Berechnung durch Klicken auf *OK.*

Im Viewer wird das folgende Ergebnis angezeigt:

Korrelationen

Kontrollvariablen			Art des Reisens	Überlebt?
Geschlecht	Art des Reisens	Korrelation	1,000	-,034
		Signifikanz (2-seitig)	.	,218
		df	0	1307
	Überlebt?	Korrelation	-,034	1,000
		Signifikanz (2-seitig)	,218	.
		df	1307	0

Ausgegeben werden der partielle Korrelationskoeffizent, die Anzahl der Freiheitsgrade und das Signifikanzniveau. Sie entnehmen dem Ergebnis, dass bei Ausschluss der Störvariablen sex keine signifikante Korrelation zwischen der Art des Reisens und dem Überleben des Passagiers mehr vorliegt.

Inhaltlich lässt sich das Ergebnis wie folgt interpretieren: Zu Beginn des 21. Jahrhunderts war das Alleinreisen von Frauen vor allem höherer Schichten verpönt, sie waren in der Regel mit ihrem Ehemann oder einem Begleiter an Bord der Titanic. Da einerseits eine Korrelation zwischen dem Geschlecht und der Art des Reisens existiert sowie andererseits ein deutlicher Zusammenhang zwischen dem Geschlecht und der Überlebenswahrscheinlichkeit, ist der ursprünglich als höchst signifikant ausgewiesene Korrelationskoeffizient zwischen der Art des Reisens und der Überlebenswahrscheinlichkeit nicht Ausdruck eines unmittelbaren kausalen Zusammenhangs, sondern vielmehr von der Variablen sex entscheidend mitbestimmt.

14.4 Distanz- und Ähnlichkeitsmaße

Über die aufgezeigten Korrelationskoeffizienten hinaus stellt SPSS eine Vielzahl weiterer Ähnlichkeits- und auch Distanzmaße zur Verfügung. So sind z. B. viele Ähnlichkeitsmaße zwischen dichotomen Variablen verfügbar. Einige statistische Prozeduren wie Faktorenanalyse, Cluster-Analyse oder multidimensionale Skalierung bauen ihre Analysen auf diesen Maßen auf und beinhalten jeweils selbst mehrere Möglichkeiten, solche Maße zu berechnen.

Als Beispiel wollen wir auf den Fragebogen Bezug nehmen, der in Kap. 18.1 vorgestellt wird und der den Grad der Neugierde der betreffenden Probanden ergründen soll.

- Laden Sie die Datei neugier.sav.
- Wählen Sie aus dem Menü

  Analysieren
  Korrelation
  Distanzen...

Es öffnet sich die Dialogbox *Distanzen*.

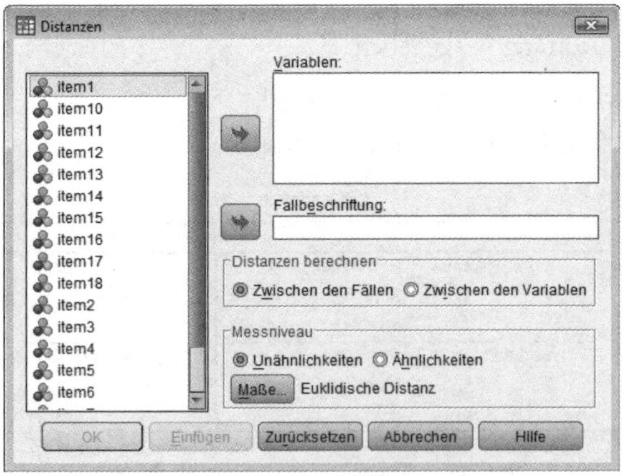

Bild 14.4: Dialogbox Distanzen

Sie können Distanzen zwischen Fällen oder zwischen Variablen berechnen und Sie können die Art dieses Maßes nach Unähnlichkeiten oder Ähnlichkeiten ausrichten. Klicken Sie auf den Schalter *Maße...*, so können Sie Distanzmaße für intervallskalierte oder dichotome (binäre) Variablen anfordern. Bei Unähnlichkeitsmaßen lassen sich auch Häufigkeiten zugrunde legen.

Alle Unähnlichkeitsmaße und die Ähnlichkeitsmaße für intervallskalierte Variablen werden in Kap. 20.3 vorgestellt. Sie werden dort in Zusammenhang mit der Cluster-Analyse relevant. Die Formeln für die Ähnlichkeitsmaße zwischen binären Variablen werden im Folgenden aufgeführt. Dabei sind a, b, c und d die Häufigkeiten der sich ergebenden Vierfeldertafel; die genaue Erläuterung entnehmen Sie gegebenenfalls Kap. 20.3.3.

Russel und Rao	$RR = \frac{a}{a + b + c + d}$
Einfache Übereinstimmung	$SM = \frac{a + d}{a + b + c + d}$
Jaccard	$JACCARD = \frac{a}{a + b + c}$
Würfel	$DICE = \frac{2a}{2a + b + c}$
Rogers und Tanimoto	$RT = \frac{a + d}{a + d + 2(b + c)}$
Sokal und Sneath 1	$SS1 = \frac{2(a + d)}{2(a + d) + b + c}$
Sokal und Sneath 2	$SS2 = \frac{a}{a + 2(b + c)}$
Sokal und Sneath 3	$SS3 = \frac{a + d}{b + c}$
Kulczynski 1	$K1 = \frac{a}{b + c}$
Kulczynski 2	$K2 = \frac{a/(a + b) + a/(a + c)}{2}$
Sokal und Sneath 4	$SS4 = \frac{a/(a + b) + a/(a + c) + d/(b + d) + d/(c + d)}{4}$

Hamann	$\text{HAMANN} = \frac{(a+d)-(b-c)}{a+b+c+d}$
Lambda	$t_1 = \max(a,b) + \max(c,d) + \max(a,c) + \max(b,d)$ $t_2 = \max(a+c, b+d) + \max(a+b, c+d)$ $\text{LAMBDA} = \frac{t_1 - t_2}{2(a+b+c+d) - t_2}$
Anderberg D	$t_1 = \max(a,b) + \max(c,d) + \max(a,c) + \max(b,d)$ $t_2 = \max(a+c, b+d) + \max(a+b, c+d)$ $D = \frac{t_1 - t_2}{2(a+b+c+d)}$
Yule – Y	$Y = \frac{\sqrt{ad} - \sqrt{bc}}{\sqrt{ad} + \sqrt{bc}}$
Yule – Q	$Q = \frac{ad - bc}{ad + bc}$
Ochiai	$\text{OCHIAI} = \sqrt{(\frac{a}{a+b})(\frac{a}{a+c})}$
Sokal und Sneath 5	$\text{SS5} = \frac{ad}{\sqrt{(a+b)(a+c)(b+d)(c+d)}}$
Phi-4-Punkt-Korrelation	$\text{PHI} = \frac{ad - bc}{\sqrt{(a+b)(a+c)(b+d)(c+d)}}$
Streuung	$\text{DISPER} = \frac{ad - bc}{(a+b+c+d)^2}$

- Bringen Sie die beiden Variablen item3 und item14 in das Testvariablenfeld.
- Aktivieren Sie die Distanzenberechnung *Zwischen den Variablen* und als Maß *Ähnlichkeiten.*
- Klicken Sie auf den Schalter *Maße...* und aktivieren Sie in der sich öffnenden Dialogbox *Binär.* Belassen Sie es bei der Voreinstellung des Maßes nach Russell und Rao.
- Da die Nein-Antwort im gegebenen Beispiel mit 2 kodiert, als Voreinstellung aber 0 vorgesehen ist, korrigieren Sie diesen Wert entsprechend im Feld *Nicht vorhanden.*
- Starten Sie die Berechnungen mit *Weiter* und *OK.*

Sie erhalten als Ergebnis den Wert 0,3. Dieser ist definiert durch den Quotienten aus der Häufigkeit a und der Summe aller vier Häufigkeiten:

Ähnlichkeitsmatrix

	Maß nach Russell und Rao	
	item3	item14
item3	,533	,300
item14	,300	,400

Dies ist eine Ähnlichkeitsmatrix.

Merkwürdigerweise wird auch der Distanzwert der Variablen zu sich selbst berechnet.

14.5 Der Intraclass Correlation Coefficient (ICC)

Der Intraclass Correlation Coefficient (ICC) als Zusammenhangsmaß mit Werten zwischen -1 und +1 ist dann zu verwenden, wenn die Übereinstimmung zweier Variablen nicht wie bei den bisher betrachteten Korrelationskoeffizienten nur bezüglich ihrer Richtung (»je größer die eine, desto größer die andere«) gemessen werden soll, sondern auch bezüglich des mittleren Niveaus der beiden Variablen. So ist die Berechnung des ICC nur dann sinnvoll, wenn beide Variablen gleiche Maßeinheiten haben. Diese Situation liegt üblicherweise dann vor, wenn eine Größe auf zwei verschiedene Arten beurteilt wird.

Der ICC spielt ebenfalls eine Rolle bei der Reliabilitätsanalyse (Kap. 18), wo er als Maß für die Reliabilität verwendet und seine Berechnung auf mehrere Variablen (dort auch Items genannt) ausgedehnt wird. Aus diesem Grund ist bei SPSS der ICC innerhalb einer Reliabilitätsanalyse zu berechnen.

Wir wollen die Berechnung des ICC anhand eines typischen Beispiels zeigen.

- Laden Sie die Datei alter.sav.

Die Datei enthält drei Variablen: a, agesch und agesch10. Die Variable a ist das tatsächliche Alter der in die Datei aufgenommenen Probanden, agesch das Alter, wie es von einer zweiten Person geschätzt wurde. Die Variable agesch10 schließlich ist dieses geschätzte Alter minus 10.

Berechnen Sie etwa den Pearson-Korrelationskoeffizienten (siehe Kap. 14.1) zwischen den Variablen a und agesch, so erhalten Sie den Wert r = 0,944. Denselben Wert erhalten Sie für die Korrelation zwischen den Variablen a und agesch2, da sich an der Relation zwischen den beiden Variablen nichts geändert hat.

Wir wollen nun jeweils den ICC bestimmen.

- Wählen Sie aus dem Menü

  Analysieren
    Skala
      Reliabilitätsanalyse...

- Bringen Sie die beiden Variablen a und agesch in die Itemliste.

- Betätigen Sie den Schalter *Statistiken...* und aktivieren Sie die Option *Intraklassen-Korrelationskoeffizient.*
- Wählen Sie als Modell *Einfach, zufällig*, das die übliche Berechnung des ICC beinhaltet.
- Belassen Sie es bei der Voreinstellung des 95%-Konfidenzintervalls und bestätigen Sie mit *Weiter* und *OK*.

Die folgenden Ergebnisse werden im Viewer ausgegeben.

Intraklassen-Korrelationskoeffizient

	Korrelation innerhalb der Klasse	95 % Konfidenzintervall		F-Test mit wahrem Wert 0			
		Untergrenze	Obergrenze	Wert	df1	df2	Sig
Einzelne Maße	,937	,916	,953	30,574	173	174	,000
Durchschnittliche Maße	,967	,956	,976	30,574	173	174	,000

Effekte 'Einfach, zufällig' geben an, wo Personeneffekte zufällig sind.

Die übliche Berechnung des ICC finden Sie unter »Korrelation innerhalb der Klasse«. Sie entnehmen den Wert ICC = 0,937 mit einem 95%-Konfidenzintervall von 0,916 bis 0,953. Der Wert ähnelt dem Pearson-Korrelationskoeffizienten.

- Wiederholen Sie nun die Berechnung für die beiden Variablen a und agesch10.

Sie erhalten das folgende Ergebnis:

Intraklassen-Korrelationskoeffizient

	Korrelation innerhalb der Klasse	95 % Konfidenzintervall		F-Test mit wahrem Wert 0			
		Untergrenze	Obergrenze	Wert	df1	df2	Sig
Einzelne Maße	,696	,610	,765	5,573	173	174	,000
Durchschnittliche Maße	,821	,758	,867	5,573	173	174	,000

Effekte 'Einfach, zufällig' geben an, wo Personeneffekte zufällig sind.

Bei der letzteren Variablen wurde vom geschätzten Alter konstant der Wert 10 abgezogen. Da nun das Niveau der beiden Variablen stark differiert, zeigt der ICC einen erheblich niedrigeren Wert an: ICC = 0,696.

Andere typische Anwendungsfälle für die Berechnung des ICC sind die Zusammenhänge zwischen gemessenem und geschätztem Körpergewicht oder zwischen gemessener und geschätzter Körpergröße.

14.6 Einbindung der Syntax in den dialoggesteuerten Ablauf

Abschließend soll gezeigt werden, wie die SPSS-Syntax in einen SPSS-Dialog im Kontext der Korrelationsrechnung nutzbringend eingebunden werden kann. Im Kap. 14.1 wurde zwischen den Variablen chol0, chol1, chol 6 und chol12 die Person'sche Korrelationsmatrix berechnet. Führen Sie diese Schritte noch einmal aus.

- Laden Sie die Datei hyper.sav.
- Wählen Sie aus dem Menü.

  Analysieren
  Korrelation
  Bivariat...

- Bringen Sie in der Dialogbox *Bivariate Korrelationen* nacheinander die Variablen chol0, chol1, chol6 und chol12 in das Testvariablenfeld.
- Klicken Sie auf den Schalter *Einfügen*.

Im Syntaxeditor wird die folgende Syntax angezeigt:

```
CORRELATIONS
  /VARIABLES=chol0 chol1 chol6 chol12
  /PRINT=TWOTAIL NOSIG
  /MISSING=PAIRWISE .
```

Würden Sie dieses Programm starten, so erhielten Sie die in Kap. 14.1 wiedergegebene Korrelationsmatrix.

Korrelationen

		Cholesterin, Ausgangswert	Cholesterin, nach 1 Monat	Cholesterin, nach 6 Monaten	Cholesterin, nach 12 Monaten
Cholesterin, Ausgangswert	Pearson-Korrelation	1	,861**	,775**	,002**
	Sig. (2-seitig)		,000	,000	,000
	N	174	174	174	174
Cholesterin, nach 1 Monat	Pearson-Korrelation	,861**	1	,852**	,813**
	Sig. (2-seitig)	,000		,000	,000
	N	174	174	174	174
Cholesterin, nach 6 Monaten	Pearson-Korrelation	,775**	,852**	1	,892**
	Sig. (2-seitig)	,000	,000		,000
	N	174	174	174	174
Cholesterin, nach 12 Monaten	Pearson-Korrelation	,802**	,813**	,892**	1
	Sig. (2-seitig)	,000	,000	,000	
	N	174	174	174	174

**. Korrelation ist bei Niveau 0,01 signifikant (zweiseitig).

Wollen Sie nicht die gesamte Korrelationsmatrix berechnen, sondern z. B. nur die Variable chol0 mit den Variablen chol1, chol6 und chol12 korrelieren, so müssten Sie in recht umständlicher Weise drei entsprechende Abläufe starten. Sie können stattdessen die Programmsyntax entsprechend editieren, wobei Sie das Schlüsselwort WITH verwenden.

```
CORRELATIONS
  /VARIABLES=chol0 WITH chol1 chol6 chol12
  /PRINT=TWOTAIL NOSIG
  /MISSING=PAIRWISE .
```

Sie erhalten die folgende Ausgabe.

Korrelationen

		Cholesterin, nach 1 Monat	Cholesterin, nach 6 Monaten	Cholesterin, nach 12 Monaten
Cholesterin, Ausgangswert	Pearson-Korrelation	,861**	,775**	,802**
	Sig. (2-seitig)	,000	,000	,000
	N	174	174	174

**. Korrelation ist bei Niveau 0,01 signifikant (zweiseitig).

Durch das Editieren der Syntax können Sie an dieser Stelle somit weitere Möglichkeiten ausschöpfen, die über die entsprechende Dialogbox nicht erhältlich sind.

KAPITEL 15

Regressionsanalyse

Während die Korrelationsrechnung die Stärke des Zusammenhangs zwischen zwei Variablen ermittelt, dient die Regressionsanalyse dazu, die Art dieses Zusammenhangs aufzudecken bzw. Möglichkeiten an die Hand zu geben, den Wert einer (abhängigen) Variablen aus den Werten anderer (unabhängiger) Variablen vorherzusagen.

- Laden Sie die Datei hyper.sav.
- Um eine Regressionsanalyse anzufordern, wählen Sie

  Analysieren

  Regression

Es öffnet sich ein entsprechendes Untermenü.

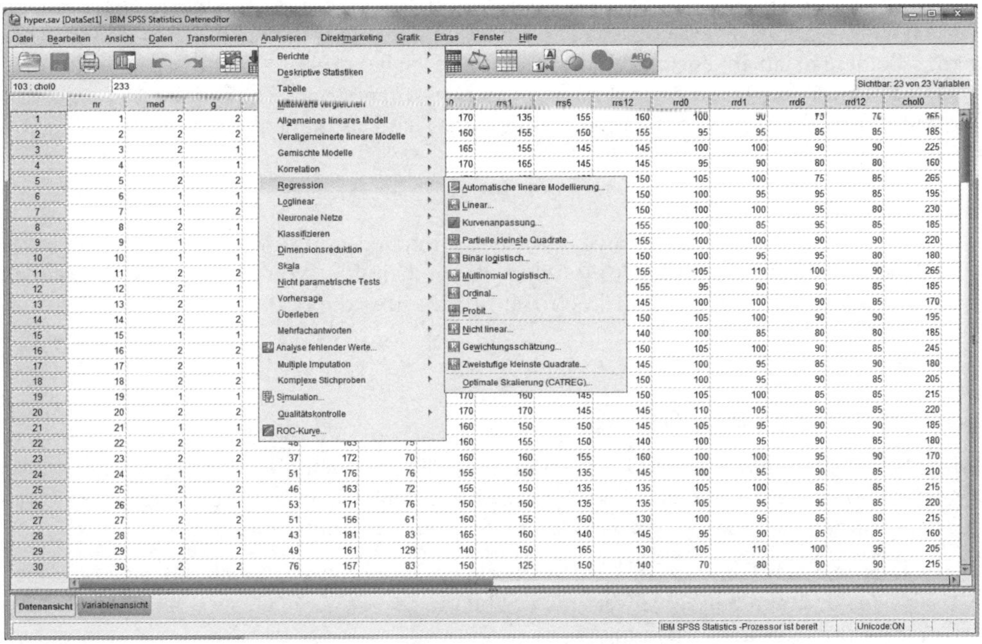

Bild 15.1: Untermenü Regression

Die Abschnitte dieses Kapitels sind dem Untermenü entsprechend gegliedert. Dabei wird bei der linearen Regressionsanalyse noch einmal zwischen einfacher (eine unabhängige Variable) und multipler Regressionsanalyse (mehrere unabhängige Variablen) unterschieden. Hier gibt es zwar keine prinzipiellen Unterschiede, die einfache lineare Regression ist aber der einfachste und am häufigsten auftretende Anwendungsfall.

Während die abhängige Variable bei der linearen Regressionsanalyse intervallskaliert (möglicherweise auch ordinalskaliert) sein muss, prüft die binäre logistische Regression die Abhängigkeit einer dichotomen Variablen von anderen Variablen beliebiger Skalierung. Ein ähnliches Verfahren ist die Probitanalyse. Ist die abhängige Variable eine nominalskalierte Variable mit mehr als zwei Kategorien, ist das passende Verfahren die multinomiale logistische Regression; bei der ordinalen Regression ist die abhängige Variable ordinalskaliert. Schließlich können auch Zusammenhänge zwischen intervallskalierten Variablen analysiert werden, die nicht linear sind. Hierzu dient das Verfahren der nichtlinearen Regression.

Die Verfahren der Kurvenanpassung, der Gewichtsschätzung und der 2-stufigen kleinsten Quadrate behandeln die Annäherung von Kurvenverläufen durch Ausgleichskurven, die Regressionsanalyse bei sich ändernden Varianzen und ein Problem aus der Ökonometrie.

15.1 Einfache lineare Regression

Die einfache lineare Regression ist besonders geeignet, die grundsätzlichen Gedanken der Regression aufzuzeigen. Wir betrachten dazu das Streudiagramm in Kap. 15.1.3, das für die Daten der Hypertonie-Studie die Abhängigkeit des Cholesterin-Wertes nach einem Monat vom Ausgangswert wiedergibt. Wir erkennen einen sehr deutlichen Zusammenhang: Beide Variablen entwickeln sich in die gleiche Richtung, und die Punktwolke schmiegt sich, von einigen Ausnahmen abgesehen, offenbar an eine Gerade (die Regressionsgerade) an. Man spricht daher von einem linearen Zusammenhang.

$$y = b \cdot x + a$$

Dabei nennt man b den Regressionskoeffizienten und a den Ordinatenabschnitt. Letzterer gibt den Punkt auf der (vertikalen) y-Achse an, an dem diese von der Regressionsgeraden geschnitten wird. Der Regressionskoeffizient b gibt über die Beziehung

$$b = \mathrm{tg}(\alpha)$$

den Steigungswinkel α der Geraden an.

Aufgabe der einfachen linearen Regression ist es, die Parameter b und a abzuschätzen. Als optimale Lösung gilt dabei diejenige Gerade, für welche die Summe der quadrierten vertikalen Abstände von den einzelnen Messpunkten ein Minimum wird.

Betrachten wir den Cholesterin-Wert nach einem Monat (Variable chol1) als abhängige Variable (y) und den Ausgangswert als unabhängige Variable (x), so stellt sich die Aufgabe, die Parameter der Beziehung

$$\mathrm{chol1} = b \cdot \mathrm{chol0} + a$$

zu schätzen; hat man diese gelöst, kann man aus der Kenntnis des Ausgangswertes eine Vorhersage über den Wert nach einem Monat treffen.

15.1.1 Berechnen der Regressionsgleichung

- Laden Sie die Datei hyper.sav.
- Wählen Sie aus dem Menü

Analysieren
    Regression
        Linear...

Es öffnet sich die Dialogbox *Lineare Regression*.

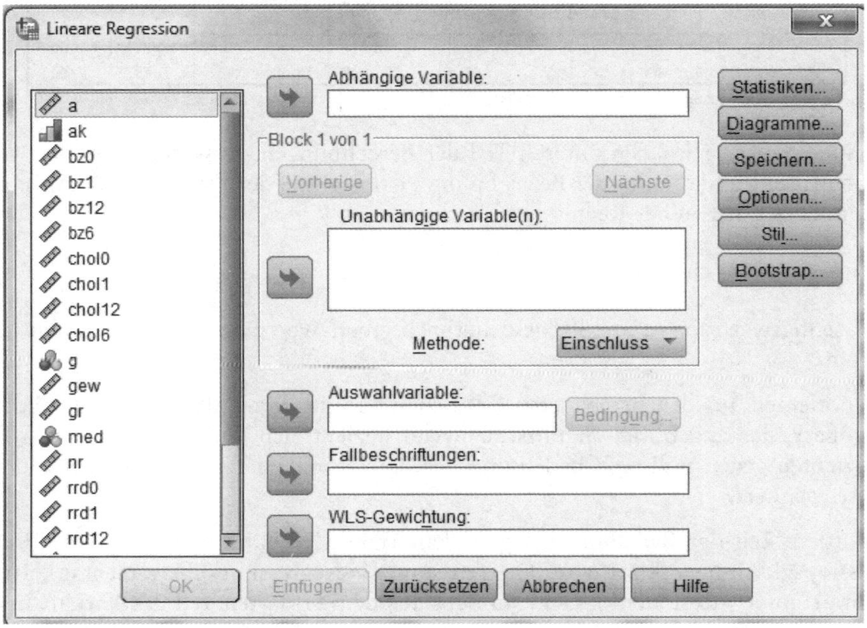

Bild 15.2: Dialogbox Lineare Regression

- Bringen Sie die Variable chol1 in das für die abhängige Variable vorgesehene Feld, und erklären Sie chol0 entsprechend zur unabhängigen Variablen.
- Verzichten Sie auf weitere Einstellungen, und starten Sie die Berechnungen mit *OK*.

Die wesentlichen Ergebnisse sind im Folgenden wiedergegeben.

Modellübersicht

Modell	R	R-Quadrat	Angepasstes R-Quadrat	Standardfehler der Schätzung
1	,861[a]	,741	,740	25,258

a. Prädiktoren: (Konstante), Cholesterin, Ausgangswert

ANOVA[a]

Modell		Quadratsumme	df	Mittel der Quadrate	F	Sig.
1	Regression	314337,948	1	314337,948	492,722	,000[b]
	Residuum	109729,408	172	637,962		
	Gesamtsumme	424067,356	173			

a. Abhängige Variable: Cholesterin, nach 1 Monat

b. Prädiktoren: (Konstante), Cholesterin, Ausgangswert

Koeffizienten[a]

Modell		Nicht standardisierte Koeffizienten		Standardisierte Koeffizienten	t	Sig.
		B	Standardfehler	Beta		
1	(Konstante)	34,546	9,416		3,669	,000
	Cholesterin, Ausgangswert	,863	,039	,861	22,197	,000

a. Abhängige Variable: Cholesterin, nach 1 Monat

Betrachten Sie zunächst den unteren Teil der Berechnungen, so werden hier der Regressionskoeffizient b und unter der Bezeichnung »Konstante« der Ordinatenabschnitt a ausgegeben. Dies führt zu der Regressionsgleichung

$$\text{chol1} = 0,863 \cdot \text{chol0} + 34,546$$

Ein Ausgangswert von z. B. 280 lässt hiernach einen Wert von 276 nach einem Monat erwarten.

Die Quotienten aus den berechneten Koeffizienten und deren Standardfehler bilden die Prüfgröße t; das zugehörige Signifikanzniveau bezieht sich auf die Absicherung dieser Koeffizienten gegen null. Die Bedeutung der Beta-Koeffizienten wird bei der multiplen Analyse erläutert.

Der mittlere Teil der Berechnungen gibt den Anteil der Varianz wieder, der durch die Regressionsgleichung erklärt wird (Quadratsumme »Regression«) bzw. nicht erklärt wird (Quadratsumme »Residuen«). Der Quotient aus dem erklärten Teil der Varianz und der Gesamtvarianz, hier also

$$\frac{314337,948}{424067,356} = 0,741$$

wird als »Bestimmtheitsmaß« bezeichnet und unter der Bezeichnung »R-Quadrat« ausgegeben. Diese Größe ist also ein Maß für die Güte der Anpassung durch die Regressionsgerade und immer zwischen 0 und 1 gelegen. Die Absicherung gegen null erfolgt über die Prüfgröße F und das zugeordnete Signifikanzniveau.

Die Quadratwurzel aus dem Bestimmtheitsmaß, als »R« bezeichnet, ist bei der einfachen Regressionsanalyse gleich dem Korrelationskoeffizienten nach Pearson; bei der multiplen Analyse ist diese Größe weniger anschaulich als das Bestimmtheitsmaß. Die Größe »Korrigiertes R-Quadrat« ist immer kleiner als das unkorrigierte Maß; im Falle vieler unabhängiger Variablen wird das Bestimmtheitsmaß nach unten korrigiert. Die grundsätzliche Frage, ob der gegebene Zusammenhang überhaupt als linear angesehen werden kann, ist am einfachsten durch die Betrachtung des entsprechenden Streudiagramms zu entscheiden; ein hoher Anteil der erklärten Varianz deutet auch darauf hin. Wie in das Streudiagramm die Regressionsgerade eingezeichnet werden kann, wird in Kap. 15.1.3 erläutert.

Aufschluss kann auch ein Plot der standardisierten vorhergesagten Werte mit den standardisierten Residuen bringen. Sie erreichen diesen Plot, wenn Sie über den Schalter *Diagramme...* in die entsprechende Dialogbox gehen und dort die entsprechenden Parameter *ZRESID und *ZPRED als y- bzw. x-Variable eintragen. Im linearen Fall werden die Residuen zufällig um die horizontale Nulllinie schwanken.

15.1.2 Neue Variablen speichern

Zahlreiche Werte, die im Zusammenhang mit einer Regressionsgleichung berechnet werden, lassen sich auch als Variablen speichern und so dem Datensatz hinzufügen.

- Klicken Sie hierfür in der Dialogbox *Lineare Regression* auf den Schalter *Speichern...*

Es öffnet sich die Dialogbox *Lineare Regression: Speichern* wie folgt dargestellt.

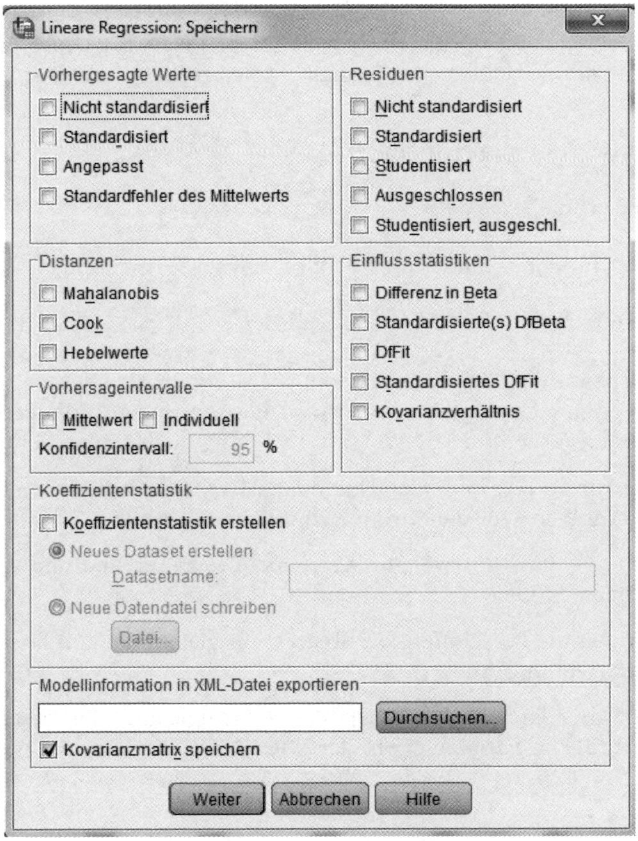

Bild 15.3: Dialogbox Lineare Regression: Speichern

Interessant dürften hier vor allem unter der Rubrik *Vorhergesagte Werte* die Optionen *Standardisiert* und *Nicht standardisiert* sein. Bei der Option *Nicht standardisiert* handelt es sich um den y-Wert, welcher der Regressionsgleichung entsprechend berechnet wird. Bei der Option *Standardisiert* wird dieser Vorhersagewert in einen z-Wert transformiert. SPSS vergibt dabei für jede neu gebildete Variable automatisch einen Namen, unabhängig davon, ob Sie vorhergesagte Werte, Distanzen, Vorhersageintervalle, Residuen oder Einflussstatistiken wünschen. Für unstandardisierte Schätzwerte vergibt SPSS den Variablennamen pre_1 (predicted value) bzw. pre_2 usw., für standardisierte Schätzwerte den Namen zpr_1.

- Klicken Sie in der Dialogbox *Lineare Regression: Speichern* im Feld *Vorhergesagte Werte* auf die Option *Nicht standardisiert.*
- Bestätigen Sie mit *Weiter* und anschließend mit *OK*.

Im Dateneditor können Sie erkennen, dass eine neue Variable namens pre_1 gebildet und an das Ende der Datei angehängt wurde. Wählen wir zur Erläuterung der in der Variablen pre_1 enthaltenen Werte den Fall 5. Die Variable pre_1 enthält für den Fall 5 den nichtstandardisierten vorhergesagten Wert 263,11289. Dieser Vorhersagewert weicht vom realen Cholesterin-Wert des Patienten nach einem Monat (chol1), welcher 260 beträgt, leicht nach oben ab. Der nichtstandardisierte vorhergesagte Wert für chol1 wurde – wie alle anderen Werte in der Variablen pre_1 auch – entsprechend der Regressionsgleichung berechnet.

Setzen wir in die Regressionsgleichung

$$\text{chol1} = 0{,}863 \cdot \text{chol0} + 34{,}546$$

den Ausgangswert für chol0 (265) ein, so ergibt sich:

$$\text{chol1} = 0{,}863 \cdot 265 + 34{,}546 = 263{,}241$$

Die kleine Diskrepanz zum Variablenwert von pre_1 erklärt sich daraus, dass SPSS intern mit genaueren Werten rechnet als sie im Ausdruck erscheinen. An dieser Stelle wird auch die prognostische Eigenschaft der Regressionsrechnung noch einmal deutlich.

- Fügen Sie hierfür an das Ende der Datendatei hyper.sav z. B. zwei weitere Fälle ein, indem Sie fiktive Werte für die Variable chol0 vergeben, z. B. 282 und 314.

Wir gehen davon aus, dass uns weitere Werte nicht bekannt sind und wir den Wert für chol1 prognostizieren wollen.

- Starten Sie erneut die Berechnung der Regressionsgleichung, und lassen Sie die bisherigen Einstellungen unverändert.

An das Ende der Datendatei wird die Variable pre_2 angehängt. Für den neu hinzugefügten Fall 175 wird für die Variable chol1 der Wert 277,77567 vorhergesagt, für den Fall 176 der Wert 305,37620.

15.1.3 Zeichnen einer Regressionsgeraden

Um in ein Streudiagramm eine Regressionsgerade einzuzeichnen, gehen Sie wie folgt vor.

- Laden Sie die Datei hyper.sav.
- Wählen Sie aus dem Menü

  Grafik
  Diagrammerstellung...

Es öffnet sich die Dialogbox *Diagrammerstellung*.

- Wählen Sie aus der Galerie die Option *Streu-/Punktdiagramm*. Ziehen Sie das Symbol *Einfaches Streudigramm* in die Diagrammvorschau.

Die Dialogbox sieht nunmehr wie folgt aus.

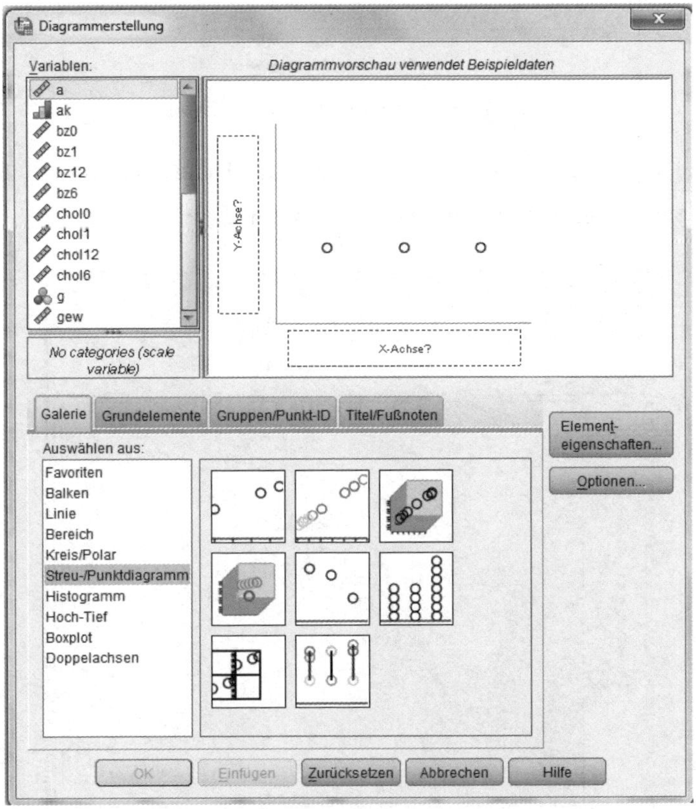

Bild 15.4: Dialogbox Streudiagramm

- Ziehen Sie die Variable chol0 in das X-Achsenfeld und die Variable chol1 in das Y-Achsenfeld.
- Bestätigen Sie mit *OK*.

Das Streudiagramm wird im Viewer angezeigt.

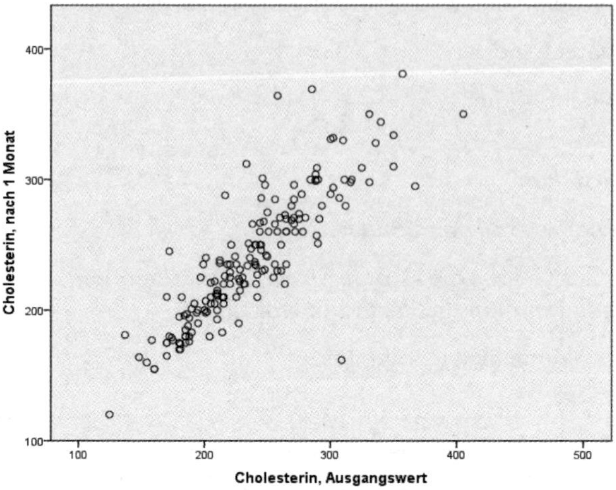

Bild 15.5: Streudiagramm im Viewer

- Klicken Sie doppelt auf diese Grafik, um sie in den Diagrammeditor zu übertragen.

Sie sehen das Streudiagramm nunmehr im Diagrammeditor von SPSS.

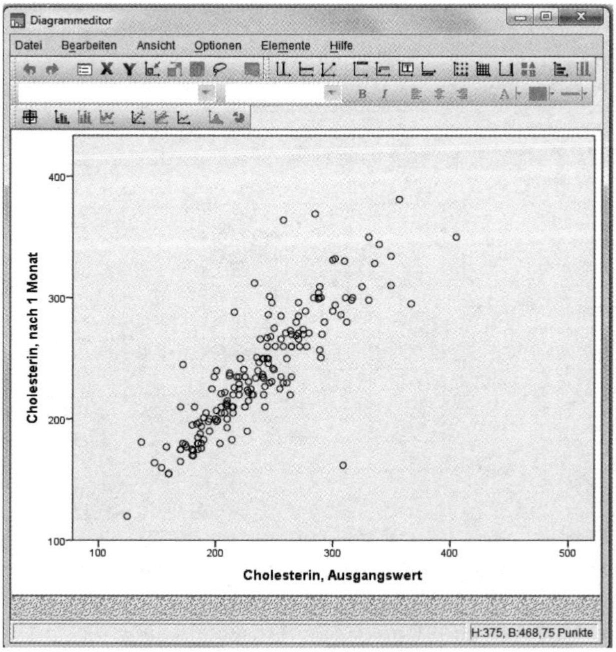

Bild 15.6: Streudiagramm im Diagrammeditor

- Klicken Sie auf das Icon zum Einzeichnen der Anpassungslinie: .

Es öffnet sich die Dialogbox *Eigenschaften*.

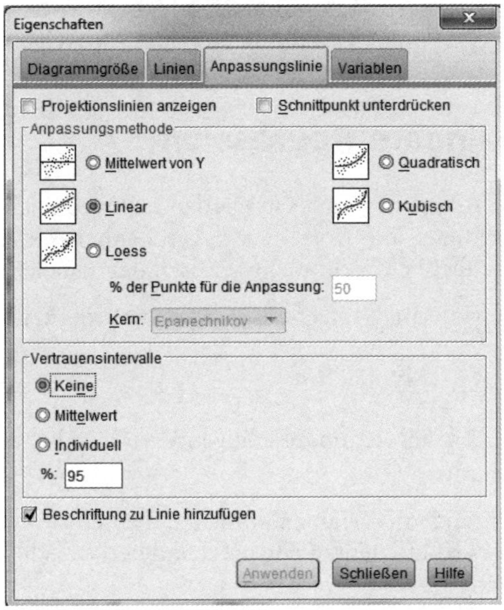

Bild 15.7: Dialogbox Eigenschaften

- Wählen Sie hier die Option *Linear* und deaktivieren Sie die Option *Beschriftung zu Linie hinzufügen*. Bestätigen Sie mit *Anwenden und Schließen*. Schließen Sie den Diagrammeditor.

Die Regressionsgerade ist nunmehr eingezeichnet.

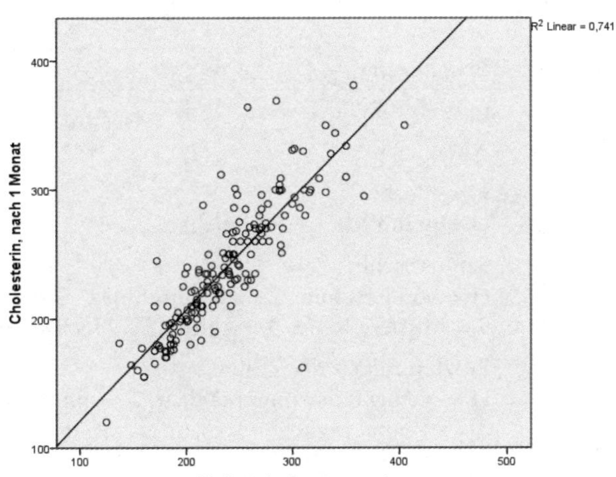

Bild 15.8: Streudiagramm mit Regressionsgerade

Wollen Sie eine Anpassung der Achsen vornehmen, so klicken Sie im Viewer erneut doppelt auf das Streudiagramm, um es in den Diagrammeditor zu befördern. Klicken sie hier auf das Icon, welches die X-Achse auswählt: . Es öffnet sich die Dialogbox *Eigenschaften*. Ziehen Sie die Registerkarte *Skala* und ändern Sie die voreingestellten Werte in den Feldern *Minimum* und *Maximum*. Verfahren Sie mit der Y-Achse entsprechend.

15.2 Multiple lineare Regression

Im allgemeinen Fall der Regressionsanalyse werden mehrere unabhängige Variablen einbezogen. Das geht allerdings auf Kosten der Anschaulichkeit, denn solche multiplen Zusammenhänge sind schließlich nicht mehr grafisch darzustellen.

Bei der multiplen Regressionsanalyse geht es darum, die Koeffizienten der Gleichung

$$y = b_1 \cdot x_1 + b_2 \cdot x_2 + ... + b_n \cdot x_n + a$$

zu schätzen, wobei n die Anzahl der unabhängigen Variablen ist, die mit x_1 bis x_n bezeichnet sind; a ist eine Konstante.

Die unabhängigen (erklärenden) Variablen können dabei selbst untereinander korrelieren, was bei der Schätzung der Koeffizienten entsprechend berücksichtigt wird, um Scheinkorrelationen auszuschließen.

Als Beispiel betrachten wir eine zahnmedizinische Untersuchung an insgesamt 1130 Probanden, in der die Behandlungsbedürftigkeit des Gebisses, gemessen am so genannten CPITN-Wert, in Abhängigkeit von verschiedenen Variablen untersucht wurde.

Dabei wurde das Gebiss in Sextanten unterteilt, für die jeweils der CPITN-Wert ermittelt wurde. Dieser ist ein von 0 bis 4 reichender Skalenwert, wobei 0 gesund bedeutet und 4 extrem erkrankt. Die Werte für alle Sextanten wurden dann gemittelt.

Insgesamt enthält die Datei zahn.sav die folgenden Variablen:

Variablenname	Erläuterung
cpitn	mittlerer CPITN-Wert
alter	Alter
g	Geschlecht (1 = männlich, 2 = weiblich)
s	Schulabschluss (1 = Sonderschule, 2 = Hauptschule, 3 = Mittlere Reife, 4 = Abitur, 5 = Hochschule)
pu	Putzhäufigkeit der Zähne (1 = weniger als einmal täglich, 2 = einmal täglich, 3 = zweimal täglich, 4 = mehr als zweimal täglich)

Variablenname	Erläuterung
zb	Wechsel der Zahnbürste (1 = jeden Monat, 2 = alle drei Monate, 3 = pro Halbjahr, 4 = seltener)
beruf	Beruf (1 = Beamter/Angestellter, 2 = Arbeiter/Facharbeiter, 3 = medizinische Tätigkeit, 4 = Militär)

Die Variablen cpitn und alter sind intervallskaliert, die Variablen s, pu und zb erweisen sich bei genauerem Hinsehen immerhin noch als ordinalskaliert, so dass sie einer Regressionsanalyse unterzogen werden können. Auch die nominalskalierte, aber dichotome Variable g kann einbezogen werden, wenn man bei der Deutung der Ergebnisse ihre Polung beachtet. Die Variable beruf allerdings, die nominalskaliert mit mehr als zwei (nämlich vier) Kategorien ist, kann sinnvollerweise nicht ohne weiteres Verwendung finden.

In diesem Falle kann man sich mit einem Trick behelfen: Die Variable beruf wird in vier so genannten Dummy-Variablen zerlegt, die jeweils mit der Kodierung 0 (trifft nicht zu) bzw. 1 (trifft zu) versehen werden. So wurden der Datendatei die vier Variablen beruf1 bis beruf4 hinzugefügt, die der Reihe nach den vier verschiedenen Kodierungen der Variablen beruf entsprechen. So gibt z. B. die Variable beruf1 an, ob der betreffende Proband Beamter/Angestellter ist (Kodierung 1) oder nicht (Kodierung 0).

- Laden Sie die Datei zahn.sav
- Wählen Sie aus dem Menü

  Analysieren
  Regression
  Linear...

- Bringen Sie die Variable cpitn in das für die abhängige Variable vorgesehene Feld, und erklären Sie die Variablen alter, beruf1, beruf2, beruf3, beruf4, g, pu, s, zb zu unabhängigen Variablen.

Dabei gibt es bei der multiplen linearen Regressionsanalyse drei Varianten, wie die unabhängigen Variablen eingebracht werden können:

Einschlussmethode

Alle unabhängigen Variablen werden gleichzeitig in die Analyse einbezogen. Diese Methode kommt daher als alleinige in Frage, wenn nur eine unabhängige Variable existiert.

Sequentielle (auch: hierarchische) multiple lineare Regression

Die unabhängigen Variablen können blockweise eingegeben werden, wobei die Reihenfolge vom Anwender festgelegt wird. Es kann dann beobachtet werden, wie sich die Ergebnisse der Regressionsanalyse blockweise sukzessive verändern. Zur blockweisen Eingabe ist in der Dialogbox *Lineare Regression* nach der Eingabe eines entsprechenden Variablensatzes jeweils der Schalter *Nächste* zu betätigen.

Schrittweise multiple lineare Regression

Bei dieser Variante werden nicht alle unabhängigen Variablen aufgenommen, sondern nur diejenigen, die sich als relevant erweisen. Dabei bietet SPSS hier mehrere Methoden an.

Bei der Vorwärts-Methode werden nacheinander die Variablen mit dem höchsten partiellen Korrelationskoeffizienten mit der abhängigen Variablen in die Gleichung aufgenommen, bei der Rückwärts-Methode fängt man mit der Lösung an, die alle unabhängigen Variablen einschließt, und schließt dann jeweils die unabhängigen Variablen mit dem kleinsten partiellen Korrelationskoeffizienten aus, soweit der zugehörige Regressionskoeffizient nicht signifikant ist (wobei hier ein Signifikanzniveau von 0,1 zugrunde gelegt wird).

Die gängigste Methode ist die schrittweise Methode, die ähnlich wie die Vorwärts-Methode funktioniert, bei der aber nach jedem Schritt die jeweils aufgenommenen Variablen nach der Rückwärts-Methode untersucht werden.

- Wählen Sie also die schrittweise Methode, fordern Sie zunächst keine weiteren Berechnungen an, und starten Sie mit *OK*.

Der ersten, etwas umständlichen Tabelle entnehmen Sie, dass die Variablenauswahl in fünf Schritten erfolgt ist und nacheinander die Variablen Alter, Putzhäufigkeit, Zahnbürstenwechsel, Schulbildung und Arbeiter/Facharbeiter in die Regressionsgleichung aufgenommen wurden. Es folgt für jeden Schritt die Ausgabe des multiplen Korrelationskoeffizienten, des Bestimmtheitsmaßes, des korrigierten Bestimmtheitsmaßes und des Standardfehlers.

Modellübersicht

Modell	R	R-Quadrat	Angepasstes R-Quadrat	Standardfehler der Schätzung
1	,452[a]	,204	,203	,83156
2	,564[b]	,318	,317	,76981
3	,599[c]	,359	,358	,74671
4	,609[d]	,371	,369	,74017
5	,613[e]	,375	,373	,73801

a. Prädiktoren: (Konstante), Alter

b. Prädiktoren: (Konstante), Alter, Putzhaeufigkeit

c. Prädiktoren: (Konstante), Alter, Putzhaeufigkeit, Zahnbuerstenwechsel

d. Prädiktoren: (Konstante), Alter, Putzhaeufigkeit, Zahnbuerstenwechsel, Schulbildung

e. Prädiktoren: (Konstante), Alter, Putzhaeufigkeit, Zahnbuerstenwechsel, Schulbildung, Arbeiter/Facharbeiter

Es schließen sich schrittweise die Ergebnisse der Varianzberechnungen (siehe Kap. 16.1.1) an, die hier nicht wiedergegeben werden sollen. Ebenfalls schrittweise erfolgt die Ausgabe der jeweiligen Regressionskoeffizienten und deren Absicherung gegen Null.

Koeffizienten[a]

Modell		Nicht standardisierte Koeffizienten		Standardisierte Koeffizienten		
		B	Standardfehler	Beta	t	Sig.
1	(Konstante)	1,295	,071		18,220	,000
	Alter	,033	,002	,452	17,006	,000
2	(Konstante)	3,024	,142		21,317	,000
	Alter	,032	,002	,437	17,765	,000
	Putzhaeufigkeit	-,604	,044	-,339	-13,756	,000
3	(Konstante)	1,903	,191		9,976	,000
	Alter	,032	,002	,443	18,555	,000
	Putzhaeufigkeit	-,439	,047	-,246	-9,376	,000
	Zahnbuerstenwechsel	,253	,030	,222	8,473	,000
4	(Konstante)	2,188	,199		10,992	,000
	Alter	,033	,002	,451	19,011	,000
	Putzhaeufigkeit	-,391	,048	-,220	-8,235	,000
	Zahnbuerstenwechsel	,226	,030	,199	7,498	,000
	Schulbildung	-,115	,025	-,116	-4,580	,000
5	(Konstante)	2,022	,208		9,743	,000
	Alter	,032	,002	,437	18,041	,000
	Putzhaeufigkeit	-,379	,048	-,213	-7,964	,000
	Zahnbuerstenwechsel	,229	,030	,201	7,613	,000
	Schulbildung	-,083	,028	-,084	-2,983	,003
	Arbeiter/Facharbeiter	,143	,052	,075	2,757	,006

a. Abhängige Variable: Mittlerer CPITN-Wert

Anschließend werden fur jeden Schritt die ausgeschlossenen Variablen analysiert.

Einer Erklärung bedürfen noch die Beta-Koeffizienten. Diese sind auf den jeweiligen Wertebereich standardisierte Regressionskoeffizienten und geben die Wichtigkeit der aufgenommenen unabhängigen Variablen an.

Die Regressionsgleichung zur Vorhersage des CPITN-Wertes lautet:

$$\text{cpitn} = 0{,}032 \cdot \text{alter} - 0{,}379 \cdot \text{pu} + 0{,}229 \cdot \text{zb} - 0{,}083 \cdot \text{s} + 0{,}143 \cdot \text{beruf2} + 2{,}022$$

Für einen 40-jährigen Arbeiter mit Hauptschulabschluss, der einmal täglich die Zähne putzt und einmal im Halbjahr die Zahnbürste wechselt, ergibt sich hiermit unter Beachtung der entsprechenden Kodierungen

$$\text{cpitn} = 0{,}032 \cdot 40 - 0{,}379 \cdot 2 + 0{,}229 \cdot 3 - 0{,}083 \cdot 2 + 0{,}143 \cdot 1 + 2{,}022 = 3{,}208$$

Über die entsprechenden Schaltflächen können sehr viele zusätzliche Statistiken und zahlreiche Grafiken angefordert werden, auf die hier nicht im Einzelnen eingegangen werden kann. Es können auch viele neue Variablen kreiert und der Speicherdatei hinzugefügt werden.

Ein wichtiger Punkt ist die Überprüfung der Residuen, also der Abweichungen der beobachteten von den theoretisch zu erwartenden Werten. Diese sollen zufällig auftreten (also nicht systematisch) und normalverteilt sein. Das kann man überprüfen, wenn man in der Dialogbox *Lineare Regression* über den Schalter *Diagramme...* die Ausgabe eines Histogramms der standardisierten Residuen anfordert.

- Übertragen Sie hierfür die Variable sresid in das Feld für die X-Achse, die Variable sdresid in das Feld für die Y-Achse und wählen Sie die Option *Histogramm*.

Im gegebenen Beispiel zeigt das Histogramm der standardisierten Residuen eine sehr gute Normalverteilung.

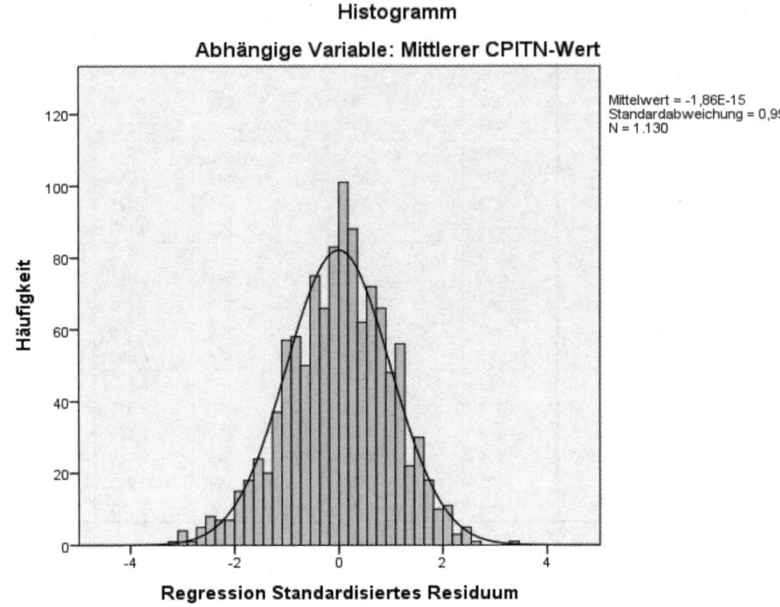

Bild 15.9: Histogramm der Residuen

Eine Prüfung, ob etwa zwischen den Residuen benachbarter Fälle systematische Verbindungen bestehen (was allerdings nur bei so genannten Längsschnittsdaten sinnvoll ist), kann mit dem Durbin-Watson-Test auf Autokorrelation vorgenommen werden. Dieser Test liefert einen Koeffizienten zwischen 0 und 4. Liegt er in der Nähe von 2, liegt keine Autokorrelation vor. Dieser Test ist über den Schalter *Statistiken...* erhältlich und liefert im vorliegenden Beispiel den zufriedenstellenden Wert von 1,936.

Ferner besteht die Möglichkeit, in der Dialogbox *Lineare Regression* eine Auswahlvariable anzugeben. Über den Schalter *Bedingung...* erhalten Sie dann in der Dialogbox *Lineare Regression: Bedingung aufstellen* mit Hilfe dieser Auswahlvariablen Gelegenheit, eine Bedingung zu formulieren, welche die Anzahl der in der Analyse eingehenden Fälle einschränkt.

15.3 Nichtlineare Regression

Viele Zusammenhänge in der Natur bzw. im wirklichen Leben sind entweder direkt linear oder lassen sich in einen linearen Zusammenhang überführen. Ein Beispiel aus der Medizin wurde in Kap. 15.1 gegeben; ein bekanntes Beispiel ist auch der lineare Zusammenhang zwischen Körpergröße und Körpergewicht. Eine ausreichend große Zahl von Probanden vorausgesetzt, kann man aufgrund der gemessenen Wertepaare die Gleichung der Regressionsgeraden ermitteln, um die sich dann die Punktwolke der Wertepaare mehr oder weniger eng anschmiegt.

Weiter gibt es lineare Zusammenhänge, die sich unmittelbar aus physikalischen Gesetzmäßigkeiten ergeben. So berechnet sich die in der Zeit t bei der gleichbleibenden Geschwindigkeit c zurückgelegte Wegstrecke s nach der Formel:

$$s = c \cdot t$$

Die Wegstrecke ist also eine lineare Funktion der Zeit. Betrachten wir hingegen das Gesetz des freien Falls, so wächst die zurückgelegte Fallstrecke s bekanntlich mit dem Quadrat der Zeit an:

$$s = \frac{g}{2} \cdot t^2$$

Dabei ist g die Erdbeschleunigung. Möchten Sie diese experimentell ermitteln, so könnten Sie eine Versuchsreihe starten, indem Sie aus verschiedenen Höhen einen Stein zu Boden fallen lassen (am besten natürlich in einem luftleeren Raum) und die Fallzeit messen. Wir wollen annehmen, dass Sie dabei folgende Ergebnisse notiert haben:

s (in cm)	t (in sec)
5	1,0
9	1,4
16	1,8
26	2,3
40	2,8
65	3,6
98	4,5

Der Zusammenhang zwischen s und t ist zwar nicht linear, dennoch ist er in ein lineares Modell zu überführen, wenn man auf beiden Seiten des Fallgesetzes die Quadratwurzel bildet:

$$\sqrt{s} = \sqrt{\frac{g}{2}} \cdot t$$

Sie lassen also den Computer im Rahmen der Datentransformation eine neue Variable mit den Werten der Quadratwurzel aus s bilden, betrachten diese als abhängige Variable und die Zeit t als unabhängige Variable und berechnen, wie in Kap. 15.1 geschildert, den Regressionskoeffizienten b.

Aus ihm können Sie dann die gesuchte Erdbeschleunigung berechnen:

$$g = 2 \cdot b^2$$

Führen Sie diese Schritte aus, so erhalten Sie b = 0,2224 und damit g = 9,88.

Auch andere, zunächst nichtlineare Zusammenhänge lassen sich nach einer geeigneten Transformation in ein lineares Modell überführen, so etwa auch der recht häufig vorkommende exponentielle Zusammenhang

$$y = a \cdot e^{b \cdot x}$$

durch eine Logarithmierung beider Seiten in die lineare Beziehung

$$\ln(y) = \ln(a) + b \cdot x$$

Hier müssten Sie also vor Durchführung der linearen Regressionsanalyse die abhängige Variable logarithmieren.

Zusammenhänge, die zunächst nichtlinear erscheinen, durch eine geeignete Transformation aber in einen linearen Zusammenhang überführt werden können, bezeichnet man als im Wesen linear (Intrinsically Linear Model). Die Möglichkeit der Überführung in ein lineares Modell sollte stets genutzt werden, da hier die Parameter nicht iterativ geschätzt werden müssen, sondern direkt berechnet werden können.

Als Beispiel eines im Wesen nichtlinearen Zusammenhangs (Intrinsically Nonlinear Model) sei die Entwicklung der Bevölkerung der USA betrachtet (dieses Beispiel ist dem SPSS-Handbuch entnommen):

Jahr	Dekade	Population
1790	0	3,895
1800	1	5,267
1810	2	7,182
1820	3	9,566
1830	4	12,834
1840	5	16,985
1850	6	23,069
1860	7	31,278
1870	8	38,416
1880	9	49,924
1890	10	62,692
1900	11	75,734
1910	12	91,812
1920	13	109,806
1930	14	122,775
1940	15	131,669
1950	16	150,697
1960	17	178,464

Die Tabelle enthält die Bevölkerungszahl in Millionen Einwohnern und zusätzlich die Zahl der seit 1790 verstrichenen Dekaden.

Die Abhängigkeit der Bevölkerungszahl pop von der Zeit t (hier: Dekade) wird häufig mit folgender Formel beschrieben:

$$pop = \frac{c}{1 + e^{a+b \cdot t}}$$

Diese Beziehung kann nicht auf eine lineare Form transformiert werden. Es liegen drei Parameter a, b und c vor, die mit einem entsprechenden Verfahren optimiert werden müssen. Dazu ist es nötig, Anfangswerte für diese Parameter anzugeben.

Ein allgemein gültiges Verfahren hierfür kann nicht angegeben werden; das im Folgenden geschilderte Vorgehen kann daher nur beispielhaft sein.

Im vorliegenden Beispiel bedeutet c die Amplitude, so dass als Anfangswert ein Wert etwas größer als das Maximum der pop-Werte angesetzt werden kann, also etwa c = 200.

Mit dem pop-Wert für t = 0 und dem Anfangswert von c lässt sich eine Anfangsschätzung für den Parameter a vornehmen:

$$3{,}895 = \frac{200}{1 + e^{a}}$$

und damit

$$a = \ln(\frac{200}{3{,}895} - 1) = 3{,}9$$

Mit dem pop-Wert bei der ersten Dekade lässt sich schließlich der Anfangswert für den Parameter b abschätzen:

$$5{,}267 = \frac{200}{1 + e^{3{,}9+b}}$$

und hieraus

$$b = \ln(5{,}267 - 1) - 3{,}9 = -0{,}3$$

Wir wollen jetzt die Parameter a, b und c iterativ genauer abschätzen.

- Laden Sie die Datei usa.sav.
- Wählen Sie aus dem Menü

Analysieren
 Regression
  Nicht linear...

- Bringen Sie in der Dialogbox *Nicht lineare Regression* die Variable pop in das für die abhängige Variable vorgesehene Feld.
- Klicken Sie auf das Feld *Modellformel*, und tragen Sie dort die folgende Formel ein:

  c/(1+exp(a+b·dekade))

Sie könnten sich auch der in der Dialogbox vorhandenen Rechentastatur bedienen. Die Dialogbox stellt sich wie folgt dar.

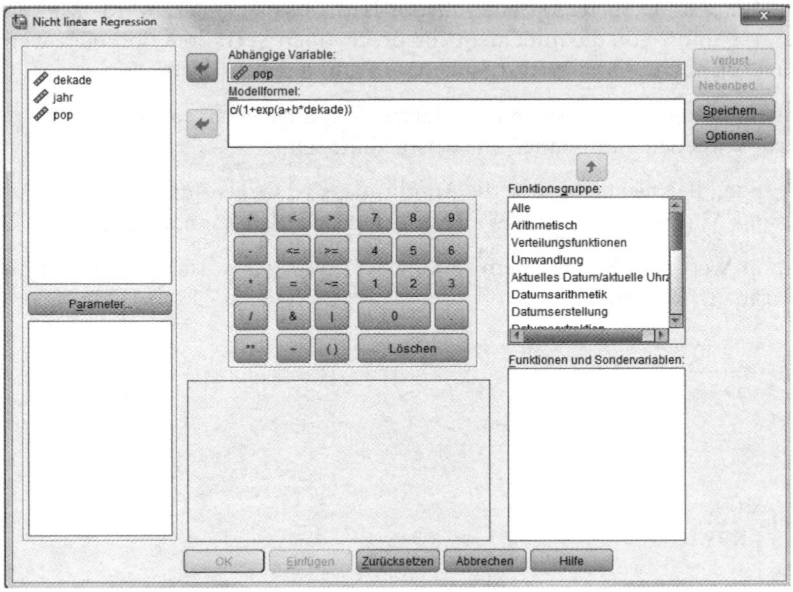

Bild 15.10: Dialogbox Nicht lineare Regression

Nun müssen die Anfangsschätzungen für die Parameter eingegeben werden.

- Klicken Sie auf den Schalter *Parameter...*

Sie erhalten eine Dialogbox, in der Sie die Anfangswerte eingeben können.

- Geben Sie den Namen des ersten Parameters, also z. B. a, in das Namensfeld ein, klicken Sie anschließend auf das Feld *Anfangswert*, geben Sie den Wert 3,9 ein, und klicken Sie dann auf *Hinzufügen*.
- Verfahren Sie mit den beiden anderen Parametern b und c (Anfangswerte -0,3 bzw. 200) entsprechend.
- Verlassen Sie die Dialogbox über *Weiter*.
- Klicken Sie auf den Schalter *Speichern...* Kreuzen Sie in der Dialogbox *Nichtlineare Regression: Neue Variablen speichern* etwa *Vorhergesagte Werte* und *Residuen* an, so werden zwei neue Variablen (mit den Namen pred_ bzw. resid) kreiert, die zu jedem Jahr die errechneten Werte und die Residuen aufnehmen.

- Starten Sie die Berechnungen mit *OK*.

Die Ergebnisse sind im Folgenden wiedergegeben. Zunächst wird der Verlauf der Iteration protokolliert; im gegebenen Beispiel wurden 10 Iterationsschritte benötigt, um die vorgegebene Genauigkeit zu erreichen.

Iterationsverlauf[b]

Iterations nummer [a]	Residuenquadrat summe	Parameter		
		a	b	c
1.0	969,375	3,900	-,300	200,000
1.1	240,531	3,871	-,278	237,528
2.0	240,531	3,871	-,278	237,528
2.1	186,508	3,890	-,279	243,747
3.0	186,508	3,890	-,279	243,747
3.1	186,503	3,889	-,279	244,002
4.0	186,503	3,889	-,279	244,002
4.1	186,503	3,889	-,279	244,012
5.0	186,503	3,889	-,279	244,012
5.1	186,503	3,889	-,279	244,014

Ableitungen werden numerisch berechnet.

a. Die Nummer der Hauptiteration wird links von der Dezimalstelle angezeigt und die Nummer der untergeordneten Iteration rechts von der Dezimalstelle.

b. Die Ausführung wurde nach 10 Modellevaluierungen und 5 Ableitungsevaluierungen gestoppt, da die relative Verkleinerung zwischen den aufeinanderfolgenden Residuenquadratsummen maximal SSCON = ,000 ist.

Es folgt die Ausgabe der Endwerte für die Parameter nebst dem jeweiligen Standardfehler und einem Konfidenzintervall.

Parameterschätzungen

Parameter	Schätzung	Standardfehler	95%-Konfidenzintervall	
			Untergrenze	Obergrenze
a	3,889	,094	3,689	4,088
b	-,279	,016	-,312	-,246
c	244,014	17,975	205,701	282,326

Es schließt sich die Ausgabe der Korrelationsmatrix der Parameterschätzungen an. Betragsmäßig sehr hohe Korrelationen deuten darauf hin, dass das Modell unnötig viele Parameter hat. In diesem Fall liefert ein Modell mit weniger Parametern eine ebenso gute Anpassung.

Korrelationen der Parameterschätzungen

	a	b	c
a	1,000	-,724	-,376
b	-,724	1,000	,904
c	-,376	,904	1,000

Es folgen die eigentlichen Ergebnisse.

ANOVA[a]

Quelle	Quadratsumme	df	Mittel der Quadrate
Regression	123048,614	3	41016,205
Residuum	186,503	15	12,434
Nicht korrigierter Gesamtwert	123235,118	18	
Korrigierter Gesamtwert	53291,508	17	

Abhängige Variable: pop

a. R-Quadrat = 1 - (Residuenquadratsumme) / (korrigierte Quadratsumme) = ,997.

Interessant ist vor allem der mit »R-Quadrat bezeichnete Term; er ist als Anteil der Gesamtvarianz zu verstehen, der durch das errechnete Modell erklärt wird. Der ausgewiesene Wert von 0,997 deutet also auf eine sehr gute Anpassung hin.

- Wenn Sie die berechneten Werte mit den beobachteten optisch vergleichen möchten, können Sie mit der Menüwahl

  Grafik
  Alte Dialogfelder...
  Streu-/Punktdiagramm...

  einen überlagerten Scatterplot erstellen, indem Sie die beiden Variablen pop und pred_ in Abhängigkeit von der Variablen jahr darstellen. Auch mit den Residuen (Variable resid) könnten Sie so verfahren.

Voreinstellungsgemäß wird die Quadratsumme der Residuen minimiert. Über den Schalter *Verlust...* in der Dialogbox *Nicht lineare Regression* ist es bei der nichtlinearen Regression auch möglich, eine andere Minimierungsfunktion anzugeben. Ferner kann mit Hilfe des Schalters *Nebenbed...* eine Dialogbox geöffnet werden, in der Einschränkungen bzgl. der abzuschätzenden Parameter gemacht werden können.

15.4 Binäre logistische Regression

Mit dem Verfahren der binären logistischen Regression wird die Abhängigkeit einer dichotomen Variablen von anderen unabhängigen Variablen, die beliebiges Skalenniveau aufweisen können, untersucht.

In der Regel handelt es sich bei der dichotomen Variablen um ein Ereignis, das eintreten kann oder nicht; die binäre logistische Regression berechnet dann die Wahrscheinlichkeit des Eintreffens des Ereignisses in Abhängigkeit von den Werten der unabhängigen Variablen.

Die Wahrscheinlichkeit für das Eintreten des Ereignisses bei einem Fall wird dabei nach dem Ansatz

$$p = \frac{1}{1 + e^{-z}}$$

berechnet, wobei

$$z = b_1 \cdot x_1 + b_2 \cdot x_2 + ... + b_n \cdot x_n + a$$

x_i sind die Werte der unabhängigen Variablen, b_i sind Koeffizienten, deren Berechnung Aufgabe der binären logistischen Regression ist; a ist eine Konstante.

Ergibt sich für p ein Wert kleiner als 0,5, nimmt man an, dass das Ereignis nicht eintritt; im anderen Fall nimmt man das Eintreffen des Ereignisses an.

Als Beispiel aus dem Bereich der Medizin betrachten wir zwei diagnostische Tests zur Erkennung des Harnblasenkarzinoms, die T-Zelltypisierung und den LAI-Test. Bei ersterem Test ergeben sich intervallskalierte Werte, der LAI-Test liefert das dichotome Ergebnis »positiv« bzw. »negativ«.

Beide Tests wurden an einer Gruppe Gesunder und einer Gruppe Kranker ausgeführt. Die Ergebnisse sind in der folgenden Tabelle enthalten.

Kollektiv	T-Zelltyp.	LAI	Kollektiv	T-Zelltyp.	LAI
krank	48,5	pos	krank	73,5	pos
krank	55,5	pos	gesund	61,1	pos
krank	57,5	pos	gesund	62,5	neg
krank	58,5	pos	gesund	63,5	neg
krank	61,0	pos	gesund	64,5	pos
krank	61,5	pos	gesund	69,5	pos
krank	61,5	pos	gesund	70,0	neg
krank	62,0	pos	gesund	70,0	neg
krank	62,0	pos	gesund	71,0	pos
krank	62,0	pos	gesund	71,5	pos
krank	62,5	pos	gesund	71,5	neg
krank	63,0	pos	gesund	72,0	neg
krank	63,5	pos	gesund	73,0	neg
krank	65,0	pos	gesund	76,0	neg
krank	65,0	neg	gesund	72,5	neg
krank	66,5	neg	gesund	73,0	neg
krank	66,5	neg	gesund	73,5	neg
krank	66,5	pos	gesund	74,0	neg
krank	68,5	pos	gesund	75,0	neg
krank	69,0	neg	gesund	77,0	neg
krank	71,0	pos	gesund	77,0	neg
krank	71,0	pos	gesund	78,5	neg
krank	71,0	pos			

Betrachtet man zunächst die Werte der T-Zelltypisierung, so erkennt man, dass im Schnitt die Werte der Gesunden höher liegen als die der Kranken. Man könnte also versuchen, aus den sich bei der T-Zelltypisierung ergebenden Werten die Wahrscheinlichkeit für das Vorliegen eines Harnblasenkarzinoms abzuleiten.

Die in der Tabelle enthaltenen Daten sind in der Datei hkarz.sav enthalten. Dabei sind die Kranken mit 1 und die Gesunden mit 2 kodiert; beim LAI-Test ist die Kodierung 0 für ein positives und 1 für ein negatives Ergebnis.

- Laden Sie die Datei hkarz.sav.
- Wählen Sie aus dem Menü

  Analysieren
  Regression
  Binär logistisch...

Es öffnet sich die Dialogbox *Logistische Regression.*

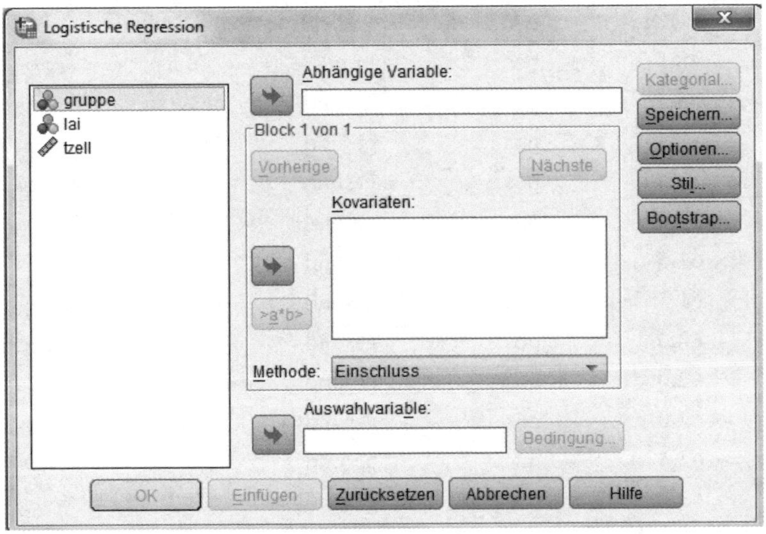

Bild 15.11: Dialogbox Logistische Regression

- Bringen Sie die Variable gruppe, welche die Angabe über die Kollektivzugehörigkeit enthält, in das für die abhängige Variable vorgesehene Feld und dann die Variable tzell in das Feld für die Kovariaten. Wir wollen den LAI-Test zunächst nicht in die Berechnungen einbeziehen.

Als Methode ist *Einschluss* voreingestellt; hier werden alle als Kovariaten aufgeführten Variablen gleichzeitig in die Analyse eingebracht. Die Alternativen hierzu sind Vorwärts- und Rückwärts-Selektionen. Bei nur einer Kovariaten wie im gegebenen Beispiel kommt natürlich nur die voreingestellte Methode in Frage.

Das Feld *Auswahlvariable* bietet die Gelegenheit, durch Formulierung einer Bedingung bestimmte Fälle für die Analyse auszuwählen.

Mit dem Schalter *Kategorial...* können Sie kategoriale (also nominalskalierte) Variablen für die Analyse vorbereiten. Hierauf wird in einem zweiten Beispiel eingegangen.

- Mit Hilfe von *Speichern...* können Sie der Datendatei weitere Variablen hinzufügen; aktivieren Sie z. B. unter *Vorhergesagte Werte* die vorgegebenen Möglichkeiten *Wahrscheinlichkeiten* und *Gruppenzugehörigkeit.*

Unter *Optionen...* können Sie die Ausgabe weiterer Statistiken und verschiedener Diagramme anfordern und einige weitere Einstellungen vornehmen. Wir wollen an dieser Stelle hierauf verzichten.

- Starten Sie die Berechnungen mit *OK.*

Die wesentlichen Ergebnisse sind im Folgenden wiedergegeben.

Omnibustests der Modellkoeffizienten

		Chi-Quadrat	df	Sig.
Schritt 1	Schritt	18,789	1	,000
	Block	18,789	1	,000
	Modell	18,789	1	,000

Modellübersicht

Schritt	-2 Log-Likelihood	R-Quadrat nach Cox & Snell	R-Quadrat nach Nagelkerke
1	43,394[a]	,341	,456

a. Die Schätzung wurde bei Iteration Nummer 5 beendet, da Parameterschätzungen sich um weniger als ,001 geändert haben.

Die Güte der Anpassung des Regressionsmodells wird mit der Likelihood-Funktion beurteilt, und zwar wird als Maß der negative doppelte Wert des Logarithmus hiervon benutzt. Als Anfangswert für dieses -2LL wird der Wert verwandt, der sich für das Regressionsmodell ergibt, das nur die Konstante enthält. Nach Hinzunahme der Einflussvariablen tzell ist der -2LL-Wert 43,394; dieser Wert ist um 18,789 kleiner als der Anfangswert. Eine solche Abnahme des Wertes bedeutet eine Verbesserung; die Differenz ist als Chi-Quadrat-Wert ausgewiesen und höchst signifikant.

Dies bedeutet, dass das Anfangsmodell bei Hinzunahme der Variablen tzell eine höchst signifikante Verbesserung erfahren hat. Wird bei mehreren unabhängigen Variablen die Analyse nicht nach der Ein*schluss*-Methode, sondern schrittweise durchgeführt, so werden die jeweiligen Veränderungen unter »Block« bzw. »Schritt« angezeigt. Dabei wird die Anzeige unter »Block« relevant, wenn Sie die Eingabe der Variablen in Blöcken vorgenommen haben.

Die beiden unter Cox & Snell bzw. Nagelkerke wiedergegebenen Maßzahlen sind Bestimmtheitsmaße, die ähnlich wie bei der linearen Regression den Anteil der durch die logistische Regression erklärten Varianz angeben. Dabei hat das Maß nach Cox & Snell den Nachteil, dass der Wert 1 theoretisch nicht erreicht werden kann; dies ist bei der Modifikation dieses Maßes nach Nagelkerke sichergestellt. Der Anteil der erklärten Varianz im vorliegenden Beispiel beträgt somit 45,6%.

Es folgt eine Klassifikationstabelle, in der die beobachtete Gruppenzugehörigkeit (1 = Kranke krank, 2 = gesund) der aufgrund des berechneten Modells vorhergesagten gegenübergestellt wird.

Klassifikationstabelle[a]

Beobachtet			Vorhersagewert gruppe Kranke	Gesunde	Prozentsatz richtig
Schritt 1	gruppe	Kranke	18	6	75,0
		Gesunde	4	17	81,0
	Gesamtprozentsatz				77,8

a. Der Trennwert ist ,500

Der Tabelle ist zu entnehmen, dass von insgesamt 24 Kranken 18 richtigerweise als krank erkannt werden (in der medizinischen Diagnostik spricht man hier von den »richtig Positiven«). Die anderen 6 nennt man die »falsch Negativen«; sie werden vom Test als gesund beurteilt, obwohl sie krank sind. Von den insgesamt 21 Gesunden werden vom Test 17 richtigerweise als gesund eingeschätzt (»richtig Negative«), während deren 4 als krank beurteilt werden, obwohl sie gesund sind (»falsch Positive«). Insgesamt wurden also 35 von 45 Fällen korrekt beurteilt, das sind 77,8%.

Schließlich werden die berechneten Koeffizienten und ihre Signifikanzüberprüfung ausgegeben:

Variablen in der Gleichung

		B	Standardfehler	Wald	df	Sig.	Exp(B)
Schritt 1[a]	tzell	,278	,082	11,599	1	,001	1,321
	Konstante	-19,005	5,587	11,571	1	,001	,000

a. In Schritt 1 eingegebene Variable(n): tzell.

Die Überprüfung, ob sich die Koeffizienten signifikant von null unterscheiden, erfolgt über die Chi-Quadrat-verteilte Wald-Statistik; diese ist der quadrierte Quotient aus dem jeweiligen Koeffizienten und seinem Standardfehler.

Im gegebenen Beispiel ergeben sich die höchst signifikanten Koeffizienten $a = -19{,}005$ und $b_1 = 0{,}278$. Mit Hilfe dieser beiden Koeffizientenwerte können wir zu jedem Wert der T-Zelltypisierung die zugehörige Wahrscheinlichkeit p berechnen. Zum Beispiel ergibt sich für einen Probanden mit dem Wert 72

$$z = -19{,}005 + 0{,}278 \cdot 72 = 1{,}018$$

und hiermit

$$p = \frac{1}{1 + e^{-1{,}018}} = 0{,}735$$

Die berechnete Wahrscheinlichkeit p bezieht sich immer auf das Eintreffen des Ereignisses, das mit der höheren der beiden Kodierungen der abhängigen Variablen verbunden ist, in diesem Fall also auf das Eintreffen von »gesund«. Der betrachtete Proband ist also mit einer Wahrscheinlichkeit von 0,735 gesund.

Die berechneten Wahrscheinlichkeiten für alle Fälle und die damit verbundene Gruppenzugehörigkeit (Kodierung 1 für krank und 2 für gesund) sind der Datendatei unter den Variablennamen pre_1 bzw. pgr_1 hinzugefügt.

Wir wollen jetzt noch den LAI-Test in unsere Analyse einbeziehen.

- Bringen Sie daher zusätzlich zur Variablen tzell noch die Variable lai in das Kovariaten-Feld.
- Starten Sie die Analyse mit *OK*.

Die Berechnung ergibt zunächst einen noch deutlicher gesenkten -2LL-Wert (Chiquadrat = 25,668).

Omnibustests der Modellkoeffizienten

		Chi-Quadrat	df	Sig.
Schritt 1	Schritt	25,668	2	,000
	Block	25,668	2	,000
	Modell	25,668	2	,000

Modellübersicht

Schritt	-2 Log-Likelihood	R-Quadrat nach Cox & Snell	R-Quadrat nach Nagelkerke
1	36,515[a]	,435	,580

a. Die Schätzung wurde bei Iteration Nummer 6 beendet, da Parameterschätzungen sich um weniger als ,001 geändert haben.

Es folgt die Klassifikationstabelle.

Klassifikationstabelle[a]

			Vorhersagewert		
			gruppe		Prozentsatz richtig
Beobachtet			Kranke	Gesunde	
Schritt 1	gruppe	Kranke	20	4	83,3
		Gesunde	5	16	76,2
	Gesamtprozentsatz				80,0

a. Der Trennwert ist ,500

Der Anteil der korrekt vorhergesagten Diagnosen ist geringfügig gestiegen (von 77,8% auf 80,0%). Die Anzahl der falsch negativen Diagnosen hat sich um 2 erniedrigt, die Anzahl der falsch positiven allerdings um 1 erhöht.

Für die Koeffizienten ergibt sich:

Variablen in der Gleichung

		B	Standardfehler	Wald	df	Sig.	Exp(B)
Schritt 1[a]	tzell	,201	,094	4,574	1	,032	1,222
	lai	2,205	,877	6,324	1	,012	9,075
	Konstante	-14,647	6,329	5,356	1	,021	,000

a. In Schritt 1 eingegebene Variable(n): tzell, lai.

Für einen Probanden mit einem T-Zelltypisierungswert von 72 ergab sich eine Wahrscheinlichkeit gesund zu sein von p = 0,735. Ist zusätzlich der LAI-Test negativ (Kodierung 1), so berechnet sich diese Wahrscheinlichkeit über

$$z = -14{,}647 + 0{,}201 \cdot 72 + 2{,}205 \cdot 1 = 2{,}03$$

zu

$$p = \frac{1}{1 + e^{-2{,}03}} = 0{,}884$$

Die Wahrscheinlichkeit gesund zu sein hat sich also bei zwei günstigen Diagnosen deutlich erhöht.

Ein weiteres Beispiel aus der Medizin, diesmal mit mehr unabhängigen Variablen, soll die schrittweise Analysemethode zeigen. Außerdem soll eine kategoriale Variable aufgenommen werden. In einer Klinik mit speziellen maschinellen Behandlungsmethoden für solche Fälle wurden die Daten von Patienten mit schweren (sonst meist tödlichen) Lungenschäden festgehalten; aus einer Vielzahl von Variablen seien die folgenden ausgewählt:

Variablenname	Erläuterung
out	Outcome (0 = gestorben, 1 = überlebt)
alter	Alter
bzeit	Beatmungszeit in Std.
kob	Konzentration des Sauerstoffs in der Beatmungsluft
agg	Aggressivität der Beatmung
geschl	Geschlecht (1 = männlich, 2 = weiblich)
gr	Körpergröße
ursache	Ursache des Lungenschadens (1 = Unfall, 2 = Lungenentzündung, 3 = Sonstiges)

Neben dem Outcome sind es Variablen, die bei einer ersten Durchsicht einen Zusammenhang mit diesem erkennen ließen. Die Ursache des Lungenschadens ist dabei eine kategoriale Variable, die vor der eigentlichen Analyse in mehrere dichotome Variablen (wie z. B. Unfall: ja – nein) umgewandelt werden muss.

Die Frage, die untersucht werden soll, ist die, welchen Einfluss die Variablen auf die Wahrscheinlichkeit des Überlebens haben.

- Laden Sie die Datei lunge.sav.
- Wählen Sie aus dem Menü

  Analysieren
  Regression
  Binär logistisch...

- Definieren Sie in der Dialogbox *Logistische Regression* die Variable out als abhängige Variable und alle anderen (außer nr) als Kovariaten. Wie bei der multiplen linearen Regression könnten Sie auch hier die Eingabe der Kovariaten in Blöcken vornehmen.

Wegen der vielen in die Analyse eingehenden Variablen soll der Computer entscheiden, welche letztlich zur Aufnahme in die Wahrscheinlichkeitsgleichung ausgewählt werden sollen. Daher soll diesmal nicht die Ein*schluss*-Methode, die alle Variablen aufnimmt, ausgewählt werden, sondern eine der schrittweise vorgehenden Methoden.

Die Methode der Vorwärtsselektion beginnt dabei zunächst mit der Einbeziehung nur der Konstanten und nimmt dann sukzessive jeweils die Variablen auf, welche die höchste Korrelation zur abhängigen Variablen aufweisen. Ferner wird jeweils überprüft, welche Variablen wieder entfernt werden müssen, wobei als Kriterium entweder die Wald-Statistik, die Likelihood-Funktion oder eine Variante davon, genannt »Konditionalstatistik« (die aber nicht empfohlen wird), in Frage kommen. Die Rückwärtsselektion nimmt zunächst alle Variablen auf und geht dann entsprechend den umgekehrten Weg.

- Wählen Sie als Methode *Vorwärts: LR*, und klicken Sie dann auf den Schalter *Kategorial...*, um dort die Variable ursache in das für die kategorialen Kovariaten vorgesehene Feld zu bringen.

Dabei ist die Anzahl der erzeugten dichotomen Dummy-Variablen immer um 1 geringer als die Anzahl der vorgegebenen Kategorien. Die übrig bleibende Kategorie wird Referenzkategorie genannt und ist nach Voreinstellung die jeweils letzte Kategorie. Über das Kontrast-Feld können Sie die Art der Einbeziehung der erzeugten Dummy-Variablen in die Analyse steuern; beim Kontrast *Abweichung* werden alle Kategorien außer der Referenzkategorie gegen den Gesamteffekt getestet.

- Stellen Sie den Kontrast *Abweichung* ein.

Die Dialogbox sollte nunmehr wie folgt aussehen:

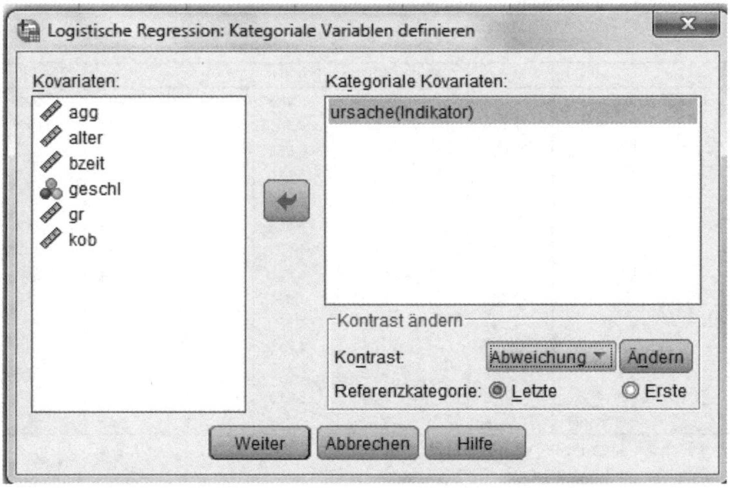

Bild 15.12: Dialogbox Logistische Regression: Kategoriale Variablen definieren

- Kehren Sie über *Weiter* in die Ausgangsdialogbox zurück.
- Starten Sie die Berechnungen mit *OK*.

Sie können verfolgen, welche Variablen jeweils neu aufgenommen wurden und wie sich entsprechend die Vorhersagewahrscheinlichkeit verbessert. Am Schluss der Analyse sind insgesamt vier Variablen aufgenommen, nämlich das Alter, die Beatmungszeit, die Körpergröße und die Konzentration des Sauerstoffs in der Beatmungsluft.

Die Treffergenauigkeit, die aufgrund dieser vier Variablen erzielt wird, beträgt 71,0% und ist wieder der betreffenden Klassifizierungstabelle zu entnehmen.

Klassifikationstabelle[a]

			Vorhersagewert		
			Outcome		Prozentsatz richtig
	Beobachtet		gestorben	überlebt	
Schritt 1	Outcome	gestorben	29	34	46,0
		überlebt	14	54	79,4
	Gesamtprozentsatz				63,4
Schritt 2	Outcome	gestorben	32	31	50,8
		überlebt	16	52	76,5
	Gesamtprozentsatz				64,1
Schritt 3	Outcome	gestorben	33	30	52,4
		überlebt	19	49	72,1
	Gesamtprozentsatz				62,6
Schritt 4	Outcome	gestorben	37	26	58,7
		überlebt	12	56	82,4
	Gesamtprozentsatz				71,0

a. Der Trennwert ist ,500

Bei 58,7% der Patienten, die gestorben sind, wurde dies vorausgesagt; bei den Überlebenden lautet die entsprechende Zahl 82,4%.

Die Koeffizienten b_i und die Konstante a zur Berechnung der Überlebenswahrscheinlichkeit sind in der folgenden Tabelle enthalten:

Variablen in der Gleichung

		B	Standardfehler	Wald	df	Sig.	Exp(B)
Schritt 1[a]	bzeit	-,081	,028	8,483	1	,004	,922
	Konstante	1,104	,385	8,206	1	,004	3,017
Schritt 2[b]	bzeit	-,073	,028	6,689	1	,010	,930
	gr	,038	,017	5,110	1	,024	1,039
	Konstante	-5,461	2,924	3,488	1	,062	,004
Schritt 3[c]	bzeit	-,077	,029	6,869	1	,009	,926
	gr	,037	,017	4,623	1	,032	1,038
	kob	-2,679	1,264	4,490	1	,034	,069
	Konstante	-2,996	3,192	,881	1	,348	,050
Schritt 4[d]	alter	-,037	,017	4,652	1	,031	,963
	bzeit	-,062	,029	4,641	1	,031	,940
	gr	,044	,017	6,651	1	,010	1,045
	kob	-3,029	1,302	5,410	1	,020	,048
	Konstante	-2,884	3,079	,877	1	,349	,056

a. In Schritt 1 eingegebene Variable(n): bzeit.
b. In Schritt 2 eingegebene Variable(n): gr.
c. In Schritt 3 eingegebene Variable(n): kob.
d. In Schritt 4 eingegebene Variable(n): alter.

Betrachten wir einen 30 Jahre alten und 180 cm großen Patienten, der 10 Stunden beatmet wurde und für die Konzentration der Beatmungsluft den Wert 0,7 hat, so ergibt sich seine Überlebenswahrscheinlichkeit über

$$z = -2{,}884 - 0{,}037 \cdot 30 - 0{,}062 \cdot 10 + 0{,}044 \cdot 180 - 3{,}029 \cdot 0{,}7 = 1{,}1857$$

zu

$$p = \frac{1}{1 + e^{-1{,}1857}} = 0{,}766$$

Die Überlebenswahrscheinlichkeit des Patienten beträgt also 0,766 oder 76,6%.

15.5 Multinomiale logistische Regression

Die multinomiale logistische Regression ist eine Variante der logistischen Regression, bei der die abhängige Variable nicht dichotom sein muss wie bei der binären logistischen Regression, sondern mehr als zwei Kategorien aufweisen darf. Während aber bei der binären logistischen Regression die unabhängigen Variablen intervallskaliert sein dürfen, eignet sich die multinomiale logistische Regression nur für kategoriale unabhängige Variablen, wobei es gleichgültig ist, ob diese nominal- oder ordinalskaliert sind. Allerdings ist es möglich, intervallskalierte Variablen als Kovariaten beizugeben.

Für ordinalskalierte unabhängige Variablen steht das Verfahren der ordinalen Regression zur Verfügung (siehe Kap. 15.6), welches in diesem Falle vorzuziehen ist.

Zur Vorstellung der Methode sei zunächst ein einfaches Beispiel mit nur einer unabhängigen Variablen gewählt. Die Daten sind dem ALLBUS (Allgemeine Bevölkerungsumfrage der Sozialwissenschaften) entnommen.

- Laden Sie die Datei polein.sav, und erstellen Sie mit Hilfe der Menüwahl

  Analysieren

  Deskriptive Statistiken

  Häufigkeiten...

Häufigkeitstabellen der vier in dieser Datei enthaltenen Variablen:

Alter

		Häufigkeit	Prozent	Gültige Prozent	Kumulative Prozente
Gültig	bis 45 Jahre	1306	50,1	50,1	50,1
	über 45 Jahre	1301	49,9	49,9	100,0
	Gesamtsumme	2607	100,0	100,0	

Politische Links-Rechts-Einschätzung

		Häufigkeit	Prozent	Gültige Prozent	Kumulative Prozente
Gültig	eher links	740	28,4	28,4	28,4
	Mitte	1212	46,5	46,5	74,9
	eher rechts	655	25,1	25,1	100,0
	Gesamtsumme	2607	100,0	100,0	

Schicht

		Häufigkeit	Prozent	Gültige Prozent	Kumulative Prozente
Gültig	Unterschicht	879	33,7	33,7	33,7
	Mittelschicht	1477	56,7	56,7	90,4
	Oberschicht	251	9,6	9,6	100,0
	Gesamtsumme	2607	100,0	100,0	

Schulbildung

		Häufigkeit	Prozent	Gültige Prozent	Kumulative Prozente
Gültig	Hauptschule	1499	57,5	57,5	57,5
	Mittlere Reife	610	23,4	23,4	80,9
	Abitur	498	19,1	19,1	100,0
	Gesamtsumme	2607	100,0	100,0	

Wir wollen die Variable polire (politische Links-Rechts-Einschätzung) als abhängige Variable und die drei anderen Variablen als unabhängige Variablen (Faktoren) betrachten. Im ersten Beispiel wollen wir als unabhängige Variable nur die Variable »Alter« heranziehen. Zunächst sei eine Kreuztabelle der beiden Variablen betrachtet.

- Wählen Sie aus dem Menü

  Analysieren
  Deskriptive Statistiken
  Kreuztabellen...

- Definieren Sie alter als Zeilenvariable und polire als Spaltenvariable, und aktivieren Sie über den Schalter *Zellen...* noch die Ausgabe der Zeilenprozentwerte.

Kreuztabelle Alter *Politische Links-Rechts-Einschätzung

			Politische Links-Rechts-Einschätzung			Gesamtsumme
			eher links	Mitte	eher rechts	
Alter	bis 45 Jahre	Anzahl	446	615	245	1306
		% in Alter	34,2%	47,1%	18,8%	100,0%
	über 45 Jahre	Anzahl	294	597	410	1301
		% in Alter	22,6%	45,9%	31,5%	100,0%
Gesamtsumme		Anzahl	740	1212	655	2607
		% in Alter	28,4%	46,5%	25,1%	100,0%

Die politische Selbsteinschätzung tendiert also bei der jüngeren Altersgruppe eher nach links, bei der älteren eher nach rechts. Wir wollen ein einfaches multinomiales logistisches Modell betrachten, das den Zusammenhang zwischen der politischen Selbsteinschätzung und dem Alter wiedergibt.

Da die politische Selbsteinschätzung als abhängige Variable drei Kategorien umfasst, können zwei nichtredundante Logits für die Wahrscheinlichkeiten der Einordnung in diese drei Kategorien formuliert werden, wobei die letzte Kategorie »eher rechts« als Referenzkategorie benutzt wird:

$$g_1 = \ln \frac{p\ (\text{eher links})}{p\ (\text{eher rechts})} = b_{10} + b_{11}\ (\text{bis 45 Jahre})$$

$$g_2 = \ln \frac{p\ (\text{Mitte})}{p\ (\text{eher rechts})} = b_{20} + b_{21}\ (\text{bis 45 Jahre})$$

$$g_3 = 0$$

Die Berechnung der Koeffizienten b_{10}, b_{11}, b_{20} und b_{21} (Parameterschätzer genannt) ist die wesentliche Aufgabe der multinomialen logistischen Regression. Die erste Ziffer des Indexes gibt dabei die Nummerierung des Logits an, die zweite Ziffer ist die Nummerierung der Koeffizienten eines Logits, wobei die Ziffer 0 für eine Konstante steht, der dann soviele Ziffern folgen, wie es unabhängige Variablen (Faktoren) gibt. Die Koeffizienten für die letzte Kategorie (Referenzkategorie) wurden auf 0 gesetzt.

Die Altersvariable als einzige unabhängige Variable hat zwei Kategorien, von denen die zweite als Referenzkategorie betrachtet wird, deren Koeffizienten auf 0 gesetzt werden.

- Wählen Sie aus dem Menü

  Analysieren
  Regression
  Multinomial logistisch...

Es öffnet sich die Dialogbox *Multinomiale logistische Regression*.

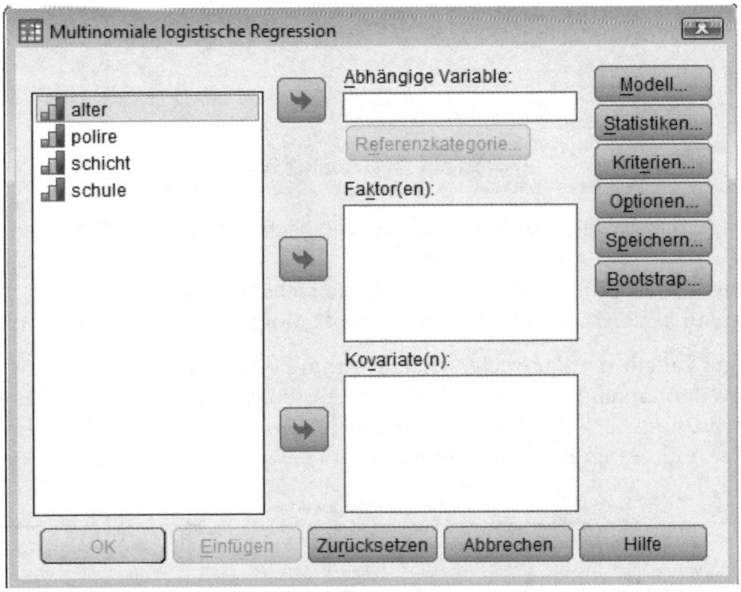

Bild 15.13: Dialogbox Multinomiale logistische Regression

- Definieren Sie die Variable polire als abhängige Variable und die Variable alter als Faktor, und betätigen Sie den Schalter *Statistiken...*

Es öffnet sich die Dialogbox *Multinomiale logistische Regression: Statistiken*

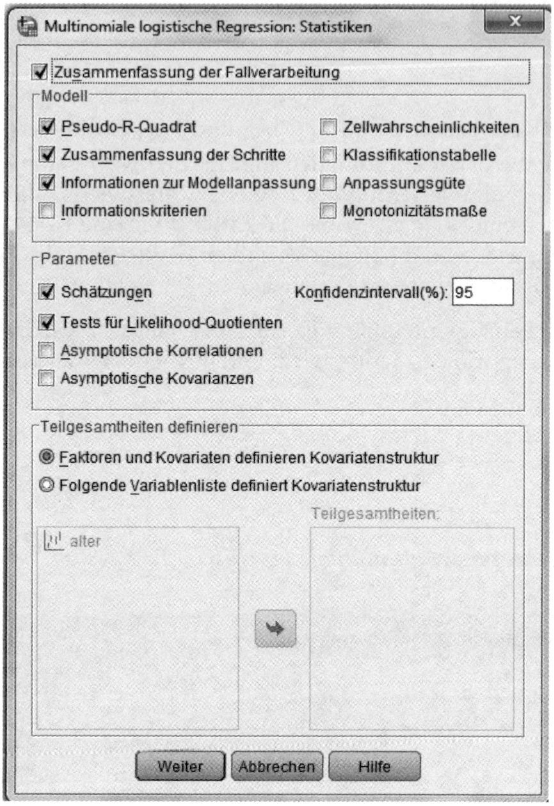

Bild 15.14: Dialogbox Multinomiale logistische Regression: Statistiken

- Lassen Sie lediglich die Ausgabe der Parameterschätzer mit zugehörigem 95 %-Konfidenzintervall aktiviert, und verlassen Sie die Dialogboxen über *Weiter* und *OK*.

Die angezeigte Tabelle der Parameterschätzer ist im Folgenden wiedergegeben. Sie enthält für die nichtredundanten Kategorien die Parameterschätzer, deren Standardfehler, die Signifikanzüberprüfung nach der Wald-Statistik, den Wert der Exponentialfunktion der Parameterschätzer und dessen Konfidenzintervall.

Parameterschätzungen

Politische Links-Rechts-Einschätzung[a]		B	Standardfehler	Wald	df	Sig.	Exp(B)	95 % Konfidenzintervall für Exp(B) Untergrenze	Obergrenze
eher links	Konstanter Term	-,333	,076	18,938	1	,000			
	[alter=1]	,932	,110	71,353	1	,000	2,539	2,045	3,151
	[alter=2]	0[b]	.	.	0	.	.	.	.
Mitte	Konstanter Term	,376	,064	34,320	1	,000			
	[alter=1]	,545	,099	30,198	1	,000	1,724	1,420	2,094
	[alter=2]	0[b]	.	.	0	.	.	.	.

a. Die Referenzkategorie ist eher rechts.

b. Dieser Parameter wurde auf den Wert null gesetzt, da er redundant ist.

Sie entnehmen der Tabelle die folgenden Werte für die b-Koeffizienten:

b_{10} = -0,333

b_{11} (bis 45 Jahre) = 0,932

b_{20} = 0,376

b_{21} (bis 45 Jahre) = 0,545

Damit ergibt sich für die Altersgruppe bis 45 Jahre

$$g_1 = -0{,}333 + 0{,}932 = 0{,}599$$

$$g_2 = -0{,}376 + 0{,}545 = 0{,}921$$

und hieraus

$$\frac{p\ (\text{eher links})}{p\ (\text{eher rechts})} = e^{0,599} = 1{,}820$$

$$\frac{p\ (\text{Mitte})}{p\ (\text{eher rechts})} = e^{0,921} = 2{,}512$$

Für den redundanten Logit gilt nach den Rechenregeln des Logarithmus

$$\ln\frac{p\ (\text{eher links})}{p\ (\text{Mitte})} = \ln\frac{p\ (\text{eher links})}{p\ (\text{eher rechts})} - \ln\frac{p\ (\text{Mitte})}{p\ (\text{eher rechts})}$$

$$= 0{,}599 - 0{,}921 = -0{,}322$$

und damit

$$\frac{p\ (\text{eher links})}{p\ (\text{Mitte})} = e^{-0,332} = 0{,}717$$

In der Altersklasse bis 45 Jahre ist also z. B. die Wahrscheinlichkeit, politisch eher nach links zu tendieren, 1,820 mal so hoch, wie nach rechts zu tendieren. Entsprechende Berechnungen können Sie auch für die andere Altersklasse anstellen; hier entfallen dann die Koeffizienten b_{11} und b_{21}, da sie auf 0 gesetzt wurden.

Interessanter als das Verhältnis der Wahrscheinlichkeiten untereinander ist wohl die direkte Angabe der Wahrscheinlichkeit für die drei Kategorien der politischen Selbsteinschätzung. Diese kann für jede Kategorie i der abhängigen Variablen nach folgender Formel berechnet werden:

$$p\ (\text{i-te Kategorie}) = \frac{\exp\ (g_i)}{\sum_{k=1}^{n} \exp\ (g_k)}$$

Dabei ist der besseren Lesbarkeit wegen die Exponentialfunktion mit exp bezeichnet. n ist die Anzahl der Kategorien (hier n = 3).

Für die Altersgruppe bis 45 Jahre ergeben sich damit folgende Wahrscheinlichkeiten für die drei Kategorien der politischen Selbsteinschätzung:

$$\exp\ (g_1) = \exp\ (0{,}599) = 1{,}820$$

$$\exp\ (g_2) = \exp\ (0{,}921) = 2{,}512$$

$$\exp\ (g_3) = \exp\ (0)\ = 1$$

$$p\ (\text{eher links}) = \frac{1{,}820}{1{,}820 + 2{,}512 + 1} = \frac{1{,}820}{5{,}332} = 0{,}341$$

$$p\ (\text{Mitte}) = \frac{2{,}512}{5{,}332} = 0{,}471$$

$$p\ (\text{eher rechts}) = \frac{1}{5{,}332} = 0{,}188$$

Die Wahrscheinlichkeit für eine Person der Altersklasse bis 45 Jahre für eine eher linke politische Selbsteinschätzung liegt also bei 0,341 oder 34,1%, für eine Einstufung zur Mitte bei 47,1% und für eine eher rechte Einstufung bei 18,8%. Der aufmerksame Leser wird bemerken, dass dies natürlich die Zeilenprozentwerte der Kreuztabelle zwischen Alter und politischer Selbsteinschätzung sind. Im Falle nur einer unabhängigen Variablen ist also die Plausibilität der in der multinomialen logistischen Regression vorgenommenen Berechnungen leicht nachvollziehbar.

Für die Altersgruppe der über 45 Jahre alten Personen können Sie entsprechende Berechnungen anstellen:

$$g_1 = -0{,}333 + 0 = -0{,}333$$

$$g_2 = 0{,}376 + 0 = 0{,}376$$

$$g_3 = 0$$

$$\exp\ (g_1) = \exp\ (-0{,}333) = 0{,}717$$

$$\exp\ (g_2) = \exp\ (0{,}376) = 1{,}456$$

$$\exp\ (g_3) = \exp\ (0) \ = 1$$

$$p\ (\text{eher links}) = \frac{0{,}717}{0{,}717 + 1{,}456 + 1} = \frac{0{,}717}{3{,}173} = 0{,}226$$

$$p\ (\text{Mitte}) = \frac{1{,}456}{3{,}173} = 0{,}459$$

$$p\ (\text{eher rechts}) = \frac{1}{3{,}173} = 0{,}315$$

Auch hier ist, in Prozenten ausgedrückt, die Übereinstimmung mit den entsprechenden Zeilenprozentwerten der Kreuztabelle gegeben.

Bei nur einer unabhängigen Variablen wie im gegebenen Beispiel ist natürlich in der Praxis die Durchrechnung eines so aufwendigen Verfahrens wie der multinomialen logistischen Regression wenig sinnvoll; die Verhältnisse können einfacher durch die Erstellung einer Kreuztabelle abgeklärt werden. Wir wollen daher mit der Variablen schule (Schulbildung) eine weitere unabhängige Variable in die Analyse einbeziehen.

- Nehmen Sie in der Dialogbox *Multinomiale logistische Regression* die Variable schule neben der Variablen alter als Faktor auf.
- Aktivieren Sie in der Dialogbox *Multinomiale logistische Regression: Statistiken* als zusätzliche Optionen *Zellwahrscheinlichkeiten* und *Tests für Likelihood-Quotienten*, und starten Sie die Berechnungen erneut.

Die Tabelle der Likelihood-Quotienten-Tests enthält die Änderungen der Likelihood-Funktion für den Fall, dass der betreffende Haupteffekt eliminiert wird; diese sind die Testgrößen Chi-Quadrat. Das angezeigte Signifikanzniveau $p < 0{,}001$ bedeutet, dass beide Faktoren (Alter und Schulbildung) einen höchst signifikanten Einfluss auf die abhängige Variable (politische Selbsteinschätzung) haben.

Tests für Likelihood-Quotienten

	Modellanpassungskriterien	Tests für Likelihood-Quotienten		
Effekt	-2 Log-Likelihood des reduzierten Modells	Chi-Quadrat	df	Sig.
Konstanter Term	93,429[a]	,000	0	.
alter	171,496	78,067	2	,000
schule	178,489	85,060	4	,000

Die Chi-Quadrat-Statistik ist die Differenz in -2 Log-Likelihoods zwischen dem endgültigen Modell und einem reduzierten Modell. Das reduzierte Modell wird durch Ausschließen eines Effekts aus dem endgültigen Modell gebildet. Die Nullhypothese ist, dass alle Parameter dieses Effekts 0 sind.

a. Dieses reduzierte Modell ist äquivalent zum endgültigen Modell, da das Ausschließen des Effekts die Freiheitsgrade nicht erhöht.

Die Tabelle der Parameterschätzer (b-Koeffizienten) stellt sich nun wie folgt dar.

Parameterschätzungen

Politische Links-Rechts-Einschätzung[a]		B	Standardfehler	Wald	df	Sig.	Exp(B)	95 % Konfidenzintervall für Exp(B) Untergrenze	Obergrenze
eher links	Konstanter Term	-,129	,137	,890	1	,345			
	[alter=1]	,952	,117	66,600	1	,000	2,591	2,061	3,256
	[alter=2]	0[b]	.	.	0	.	.	.	.
	[schule=1]	-,179	,142	1,592	1	,207	,836	,632	1,104
	[schule=2]	-,480	,158	9,249	1	,002	,619	,454	,843
	[schule=3]	0[b]	.	.	0	.	.	.	.
Mitte	Konstanter Term	-,236	,137	2,982	1	,084			
	[alter=1]	,766	,106	52,174	1	,000	2,152	1,748	2,649
	[alter=2]	0[b]	.	.	0	.	.	.	.
	[schule=1]	,802	,141	32,539	1	,000	2,231	1,693	2,939
	[schule=2]	,149	,155	,922	1	,337	1,161	,856	1,574
	[schule=3]	0[b]	.	.	0	.	.	.	.

a. Die Referenzkategorie ist eher rechts.

b. Dieser Parameter wurde auf den Wert null gesetzt, da er redundant ist.

Beispielhaft wollen wir die Wahrscheinlichkeiten für die politische Selbsteinschätzung der Personen über 45 Jahre mit Hauptschulabschluss bestimmen. Dazu berechnen wir, analog wie im vorhergehenden Beispiel, der Reihe nach:

$$g_1 = -0{,}129 + 0 - 0{,}179 = -0{,}308$$

$$g_2 = -0{,}236 + 0 + 0{,}802 = 0{,}566$$

$$g_3 = 0$$

$$\exp(g_1) = 0{,}735$$

$$\exp(g_2) = 1{,}761$$

$$\exp(g_3) = 1$$

$$p\ (\text{eher links}) = \frac{0{,}735}{0{,}735 + 1{,}761 + 1} = \frac{0{,}735}{3{,}496} = 0{,}210$$

$$p\ (\text{Mitte}) = \frac{1{,}761}{3{,}469} = 0{,}504$$

$$p\ (\text{eher rechts}) = \frac{1}{3{,}496} = 0{,}286$$

In Prozenten ausgedrückt, bedeutet das, dass von den Personen über 45 Jahren mit Hauptschulabschluss 21,0% eine eher linke und 28,6% ein eher rechte politische Selbsteinschätzung haben; 50,4% siedeln sich in der Mitte an.

Die prozentualen Wahrscheinlichkeiten brauchen Sie aber nicht mühsam selbst zu bestimmen; diese können der folgenden Tabelle der beobachteten und vorhergesagten Häufigkeiten entnommen werden:

Beobachtete und vorhergesagte Häufigkeiten

Schulbildung	Alter	Politische Links-Rechts-Einschätzung	Häufigkeit Beobachtet	Häufigkeit Vorhersagewert	Häufigkeit Pearson-Residuum	Prozent Beobachtet	Prozent Vorhersagewert
Hauptschule	bis 45 Jahre	eher links	143	157,488	-1,365	25,8%	28,4%
		Mitte	312	313,760	-,151	56,3%	56,6%
		eher rechts	99	82,752	1,937	17,9%	14,9%
	über 45 Jahre	eher links	213	198,512	1,157	22,5%	21,0%
		Mitte	478	476,240	,115	50,6%	50,4%
		eher rechts	254	270,248	-1,170	26,9%	28,6%
Mittlere Reife	bis 45 Jahre	eher links	129	131,561	-,271	31,5%	32,2%
		Mitte	192	184,113	,784	46,9%	45,0%
		eher rechts	88	93,326	-,628	21,5%	22,8%
	über 45 Jahre	eher links	47	44,439	,435	23,4%	22,1%
		Mitte	67	74,887	-1,151	33,3%	37,3%
		eher rechts	87	81,674	,765	43,3%	40,6%
Abitur	bis 45 Jahre	eher links	174	156,952	1,848	50,7%	45,8%
		Mitte	111	117,127	-,698	32,4%	34,1%
		eher rechts	58	68,922	-1,472	16,9%	20,1%
	über 45 Jahre	eher links	34	51,048	-2,914	21,9%	32,9%
		Mitte	52	45,973	1,078	33,5%	29,6%
		eher rechts	69	58,078	1,812	44,5%	37,5%

Die Prozentsätze basieren auf der Gesamtsumme der beobachteten Häufigkeiten in den einzelnen Teilgesamtheiten.

Sie sehen, dass die beobachteten und vorhergesagten Häufigkeiten bzw. Prozentwerte nun nicht mehr übereinstimmen. Dies liegt daran, dass in das Modell nur die Haupteffekte, nicht aber die Wechselwirkungen eingegangen sind.

Die fallweisen Vorhersagewahrscheinlichkeiten für die Kategorien der abhängigen Variablen können Sie der Datendatei hinzufügen, wenn Sie über den Schalter *Speichern...* die Option *Geschätzte Antwortwahrscheinlichkeiten* aktivieren.

Im gegebenen Beispiel werden dann der Datendatei die Variablen est1_1, est2_1 und est3_1 hinzugefügt. Für den ersten Fall (Hauptschüler über 45 Jahre) nehmen diese Variablen in Übereinstimmung mit unseren Berechnungen der Reihe nach die Werte 0,21 sowie 0,50 und 0,29 an.

- Um auch Wechselwirkungseffekte einzubeziehen, betätigen Sie in der Dialogbox *Multinomiale logistische Regression* den Schalter *Modell.*

Es öffnet sich die Dialogbox *Multinomiale logistische Regression: Modell.*

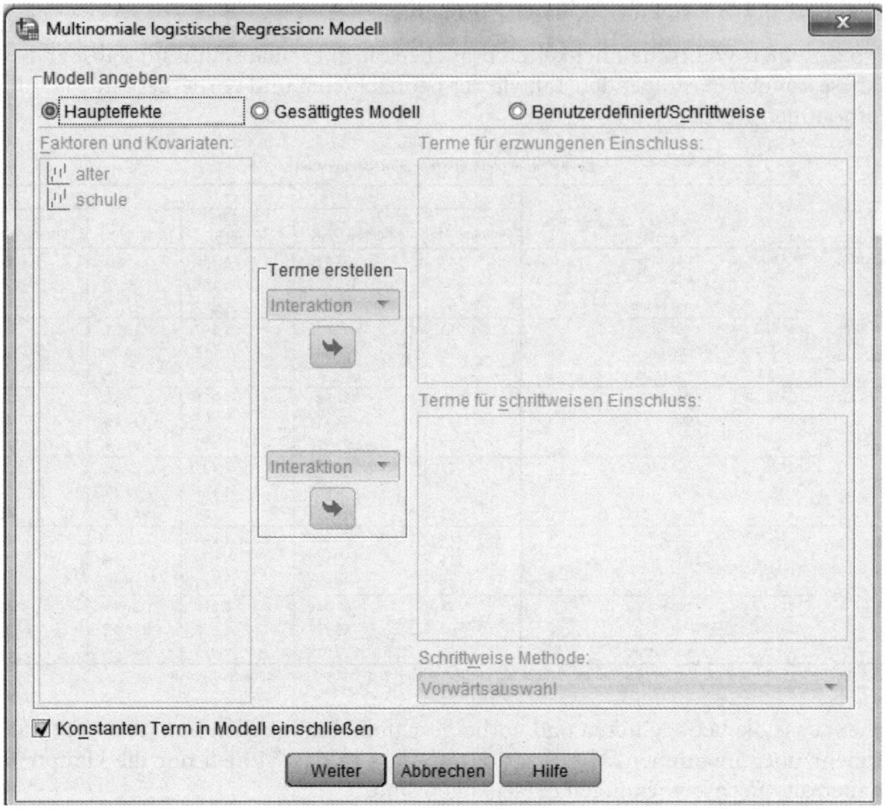

Bild 15.15: Dialogbox Multinomiale logistische Regression: Modell

Die Einbeziehung aller Haupteffekte und Wechselwirkungen erreichen Sie, wenn Sie anstelle der voreingestellten Option *Haupteffekte* die Option *Gesättigtes Modell* aktivieren. Mit Hilfe der Option *Benutzerdefiniert/Schrittweise* können Sie eine Auswahl der einbezogenen Effekte treffen.

- Aktivieren Sie die Option *Gesättigtes Modell*, und starten Sie die Berechnungen erneut.

In die Tabelle der Parameterschätzer sind nun auch die Wechselwirkungen aufgenommen.

Parameterschätzungen

Politische Links-Rechts-Einschätzung[a]		B	Standardfehler	Wald	df	Sig.	Exp(B)	95 % Konfidenzintervall für Exp(B) Untergrenze	Obergrenze
eher links	Konstanter Term	-,708	,210	11,409	1	,001			
	[alter=1]	1,806	,259	48,778	1	,000	6,088	3,667	10,107
	[alter=2]	0[b]	.	.	0	.	.	.	.
	[schule=1]	,532	,229	5,381	1	,020	1,702	1,086	2,667
	[schule=2]	,092	,277	,110	1	,740	1,096	,637	1,886
	[schule=3]	0[b]	.	.	0	.	.	.	.
	[alter=1] * [schule=1]	-1,263	,304	17,212	1	,000	,283	,156	,514
	[alter=1] * [schule=2]	-,808	,345	5,498	1	,019	,446	,227	,876
	[alter=1] * [schule=3]	0[b]	.	.	0	.	.	.	.
	[alter=2] * [schule=1]	0[b]	.	.	0	.	.	.	.
	[alter=2] * [schule=2]	0[b]	.	.	0	.	.	.	.
	[alter=2] * [schule=3]	0[b]	.	.	0	.	.	.	.
Mitte	Konstanter Term	-,283	,184	2,373	1	,123			
	[alter=1]	,932	,245	14,482	1	,000	2,539	1,571	4,104
	[alter=2]	0[b]	.	.	0	.	.	.	.
	[schule=1]	,915	,199	21,067	1	,000	2,497	1,689	3,691
	[schule=2]	,022	,245	,008	1	,930	1,022	,632	1,653
	[schule=3]	0[b]	.	.	0	.	.	.	.
	[alter=1] * [schule=1]	-,416	,282	2,186	1	,139	,659	,380	1,145
	[alter=1] * [schule=2]	,109	,321	,116	1	,733	1,116	,595	2,092
	[alter=1] * [schule=3]	0[b]	.	.	0	.	.	.	.
	[alter=2] * [schule=1]	0[b]	.	.	0	.	.	.	.
	[alter=2] * [schule=2]	0[b]	.	.	0	.	.	.	.
	[alter=2] * [schule=3]	0[b]	.	.	0	.	.	.	.

a. Die Referenzkategorie ist eher rechts.

b. Dieser Parameter wurde auf den Wert null gesetzt, da er redundant ist.

Anhand der Tabelle der beobachteten und der erwarteten Häufigkeiten erkennen Sie, dass beide jetzt übereinstimmen.

Beobachtete und vorhergesagte Häufigkeiten

Schulbildung	Alter	Politische Links-Rechts-Einschätzung	Häufigkeit Beobachtet	Vorhersagewert	Pearson-Residuum	Prozent Beobachtet	Vorhersagewert
Hauptschule	bis 45 Jahre	eher links	143	143,000	,000	25,8%	25,8%
		Mitte	312	312,000	,000	56,3%	56,3%
		eher rechts	99	99,000	,000	17,9%	17,9%
	über 45 Jahre	eher links	213	213,000	,000	22,5%	22,5%
		Mitte	478	478,000	,000	50,6%	50,6%
		eher rechts	254	254,000	,000	26,9%	26,9%
Mittlere Reife	bis 45 Jahre	eher links	129	129,000	,000	31,5%	31,5%
		Mitte	192	192,000	,000	46,9%	46,9%
		eher rechts	88	88,000	,000	21,5%	21,5%
	über 45 Jahre	eher links	47	47,000	,000	23,4%	23,4%
		Mitte	67	67,000	,000	33,3%	33,3%
		eher rechts	87	87,000	,000	43,3%	43,3%
Abitur	bis 45 Jahre	eher links	174	174,000	,000	50,7%	50,7%
		Mitte	111	111,000	,000	32,4%	32,4%
		eher rechts	58	58,000	,000	16,9%	16,9%
	über 45 Jahre	eher links	34	34,000	,000	21,9%	21,9%
		Mitte	52	52,000	,000	33,5%	33,5%
		eher rechts	69	69,000	,000	44,5%	44,5%

Die Prozentsätze basieren auf der Gesamtsumme der beobachteten Häufigkeiten in den einzelnen Teilgesamtheiten.

- Führen Sie selbst eine weitere multinomiale logistische Regression durch, indem Sie die Variable schicht (Schichtzugehörigkeit) als dritten Faktor hinzunehmen.

Interpretieren Sie auf der Basis unserer Ausführungen selbständig die Ergebnisse.

15.6 Ordinale Regression

Während die in Kap. 15.5 vorgestellte multinomiale logistische Regression für eine nominalskalierte abhängige Variable konzipiert ist, ist die ordinale Regression ein Verfahren für eine ordinalskalierte Zielvariable. Die unabhängigen Variablen müssen auch hier kategorial sein (also nominal- oder ordinalskaliert), es sind aber intervallskalierte Variablen als Kovariaten zugelassen.

Die Methode soll anhand eines Beispiels aus der Psychologie vorgestellt werden. In Kap. 19.2.2 wird der »Freiburger Fragebogen zur Krankheitsverarbeitung« vorgestellt, der über insgesamt 35 Items Aufschluss über die Krankheitsverarbeitung von Patienten gibt. Zielgerichtetheit des Handelns wird z. B. mit dem Item »Einen Plan machen und danach handeln« abgefragt, wobei die Antwort auf einer Fünferskala von »stimmt gar nicht« (Kodierung 1) bis »stimmt sehr stark« (Kodierung 5) gegeben wird.

Diese typische ordinalskalierte Variable soll in Abhängigkeit von Alter, Geschlecht, Krankheitsdauer und Schulbildung untersucht werden, wobei diese Variablen anhand von 85 Patienten in der Datei plan.sav gespeichert sind.

- Laden Sie die Datei plan.sav.
- Wählen Sie aus dem Menü

  Analysieren
  Deskriptive Statistiken
  Häufigkeiten...

  und erstellen Sie Häufigkeitstabellen aller Variablen.

Alter

		Häufigkeit	Prozent	Gültige Prozent	Kumulative Prozente
Gültig	bis 40 Jahre	29	34,1	34,1	34,1
	41-55 Jahre	29	34,1	34,1	68,2
	über 55 Jahre	27	31,8	31,8	100,0
	Gesamtsumme	85	100,0	100,0	

Geschlecht

		Häufigkeit	Prozent	Gültige Prozent	Kumulative Prozente
Gültig	männlich	44	51,8	51,8	51,8
	weiblich	41	48,2	48,2	100,0
	Gesamtsumme	85	100,0	100,0	

Krankheitsdauer

		Häufigkeit	Prozent	Gültige Prozent	Kumulative Prozente
Gültig	bis 5 Jahre	24	28,2	28,2	28,2
	6-10 Jahre	16	18,8	18,8	47,1
	11-20 Jahre	32	37,6	37,6	84,7
	über 20 Jahre	13	15,3	15,3	100,0
	Gesamtsumme	85	100,0	100,0	

Einen Plan machen und danach handeln

		Häufigkeit	Prozent	Gültige Prozent	Kumulative Prozente
Gültig	gar nicht	24	28,2	28,2	28,2
	wenig	18	21,2	21,2	49,4
	mittelmässig	18	21,2	21,2	70,6
	ziemlich	16	18,8	18,8	89,4
	sehr stark	9	10,6	10,6	100,0
	Gesamtsumme	85	100,0	100,0	

Schulbildung

		Häufigkeit	Prozent	Gültige Prozent	Kumulative Prozente
Gültig	Hauptschule	53	62,4	62,4	62,4
	Mittlere Reife	18	21,2	21,2	83,5
	Abitur	14	16,5	16,5	100,0
	Gesamtsumme	85	100,0	100,0	

- Berechnen Sie mit Hilfe der Menüwahl

  Analysieren
  Korrelation
  Bivariat...

  die Rangkorrelation nach Spearman zwischen dem Item »Einen Plan machen und danach handeln« und den anderen Variablen (wobei Sie sich des in Kap. 14.6 geschilderten syntaktischen Tricks bedienen), so erhalten Sie folgendes Ergebnis:

Korrelationen

			Alter	Geschlecht	Krankheitsdauer	Schulbildung
Spearman-Rho	Einen Plan machen und danach handeln	Korrelationskoeffizient	-,376**	,298**	-,260*	,314**
		Sig. (2-seitig)	,000	,006	,016	,003
		N	85	85	85	85

**. Die Korrelation ist auf dem 0,01 Niveau signifikant (zweiseitig).

*. Die Korrelation ist auf dem 0,05 Niveau signifikant (zweiseitig).

Es bestehen also signifikante, wenn auch recht geringe Korrelationen. Unter Beachtung der vorliegenden Kodierungen neigen Frauen eher dazu, einen Plan zur Krankheitsverarbeitung zu machen als Männer, ferner nehmen sich jüngere Patienten, Patienten mit kürzerer Krankheitsdauer und Patienten mit höherer Schulbildung der Krankheit aktiver an.

Es soll nun versucht werden, den gleichzeitigen Einfluss des Alters, des Geschlechts, der Krankheitsdauer und der Schulbildung auf die Zielvariable »Einen Plan machen und danach handeln« zu untersuchen. Das passende Verfahren hierzu ist das der ordinalen Regression.

- Wählen Sie daher aus dem Menü

  Analysieren
  Regression
  Ordinal...

Es öffnet sich die Dialogbox *Ordinale Regression.*

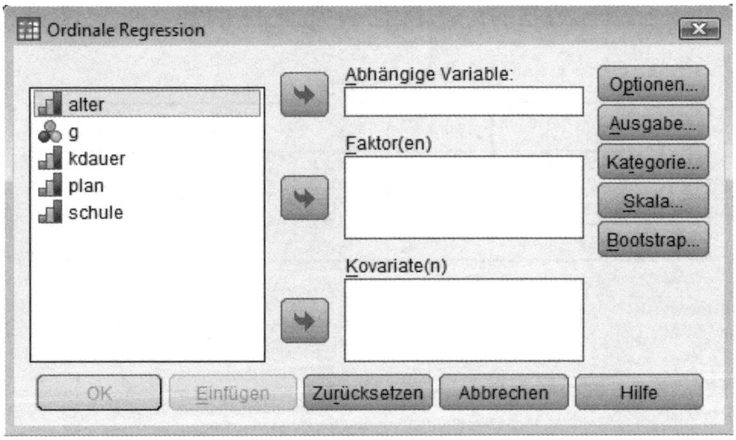

Bild 15.16: Dialogbox Ordinale Regression

- Definieren Sie die Variable plan als abhängige Variable und die Variablen alter, g, kdauer und schule als Faktoren.

Im Feld *Kovariate(n)* könnten Sie intervallskalierte Kovariaten eintragen. Solche liegen im gegebenen Beispiel aber nicht vor.

- Betätigen Sie den Schalter *Optionen...*

Neben Parametern, die den Iterationsverlauf steuern und deren Voreinstellungen wir unverändert übernehmen wollen, können Sie eine Auswahl unter fünf Verknüpfungsfunktionen wählen, deren Bedeutung an späterer Stelle erläutert wird. Voreingestellt ist *Logit*; diese Verknüpfung erweist sich in der Regel als die beste.

- Klicken Sie auf den Schalter *Ausgabe*. Es öffnet sich die Dialogbox *Ordinale Regression: Ausgabe*.

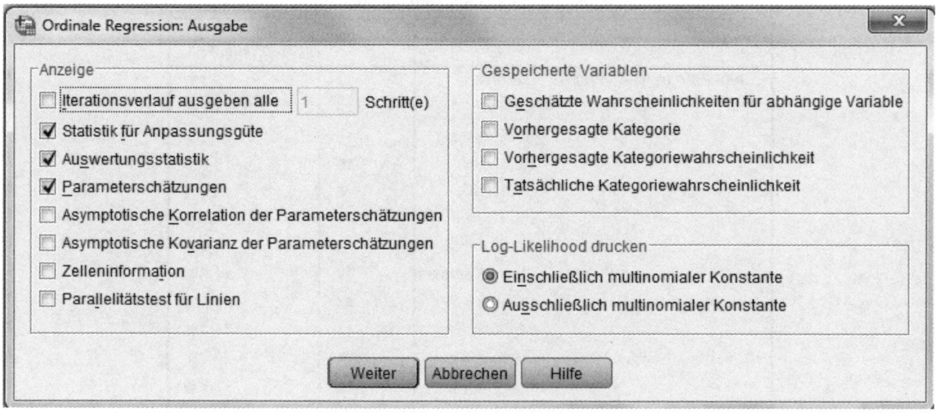

Bild 15.17: Dialogbox Ordinale Regression: Ausgabe

Sie haben hier Gelegenheit, die Ausgabe im Viewer zu steuern und neue Variablen zu erzeugen.

- Belassen Sie es im Feld *Anzeige* bei den Voreinstellungen *Statistik für Anpassungsgüte*, *Auswertungsstatistik* und *Parameterschätzer*. Im Feld *Gespeicherte Variablen* aktivieren Sie die Optionen *Geschätzte Wahrscheinlichkeiten für abhängige Variable*, *Vorhergesagte Kategorie* und *Vorhergesagte Kategorienwahrscheinlichkeit*.

- Betätigen Sie nun den Schalter *Kategorie...*

Sie haben hier die Wahl zwischen einem Modell, das nur die Haupteffekte der Faktoren und gegebenenfalls der Kovariaten enthält, und einem Modell, das Sie selbst anpassen können. Sie haben dann Gelegenheit, auch beliebige Wechselwirkungen zu berücksichtigen. Wir wollen, wie voreingestellt, zunächst nur die Haupteffekte berücksichtigen.

- Über den Schalter *Skala...* können sogenannte Skalenkomponenten eingebracht werden. Dies ist in der Regel nicht notwendig; wir wollen daher darauf verzichten.

- Starten Sie die Berechnungen mit *OK*.

Die Ausgabe im Viewer beginnt mit einer Warnung. In 66,2% aller Zellen, die aus den Kombinationen der Faktoren mit der abhängigen Variablen entstehen, ist die Häufigkeit null. Dabei sind diejenigen Kombinationen der Faktoren nicht berücksichtigt, die nicht vorkommen. Beobachtete und erwartete Häufigkeiten sowie deren Residuen in den einzelnen Zellen können Sie sich ansehen, wenn Sie über den Schalter *Ausgabe* die Option *Zelleninformation* aktivieren.

Warnungen

Es sind 129 (66,2%) Zellen (d. h. Niveaus der abhängigen Variablen gekreuzt mit beobachteten Kombinationen von Werten der Prädiktorvariablen) mit der Häufigkeit null vorhanden.

Es folgt eine Tabelle mit den absoluten und prozentualen Häufigkeiten der Kategorien der abhängigen Variablen und der Faktoren.

Zusammenfassung der Fallverarbeitung

		H	Relative Randhäufigkeit
Einen Plan machen und danach handeln	gar nicht	24	28,2%
	wenig	18	21,2%
	mittelmässig	18	21,2%
	ziemlich	16	18,8%
	sehr stark	9	10,6%
Alter	bis 40 Jahre	29	34,1%
	41-55 Jahre	29	34,1%
	über 55 Jahre	27	31,8%
Geschlecht	männlich	44	51,8%
	weiblich	41	48,2%
Krankheitsdauer	bis 5 Jahre	24	28,2%
	6-10 Jahre	16	18,8%
	11-20 Jahre	32	37,6%
	über 20 Jahre	13	15,3%
Schulbildung	Hauptschule	53	62,4%
	Mittlere Reife	18	21,2%
	Abitur	14	16,5%
Gültig		85	100,0%
Fehlend		0	
Gesamtsumme		85	

Als Maß, ob die Vorhersagevariablen (Faktoren) eine signifikante Verbesserung der Modellinformation bringen, dient ähnlich wie bei der binären logistischen Regression der negative 2LL-Wert (doppelter Wert des Logarithmus der Likelihood-Funktion). Die Differenz zwischen anfänglichem Wert (»Nur konstanter Term«) und Endwert (»Final«) wird als Chi-Quadrat-Wert angegeben, dem das betreffende Signifikanzniveau zugeordnet wird. Im gegegebenen Beispiel ist eine höchst signifikante Verbesserung erfolgt ($p < 0{,}001$).

Information zur Modellanpassung

Modell	-2 Log-Likelihood	Chi-Quadrat	df	Sig.
Nur konstanter Term	207,180			
Endgültig	170,408	36,772	8	,000

Verknüpfungsfunktion: Logit.

Zum Test, ob sich die beobachteten Zellenhäufgkeiten signifikant von den aufgrund des Modells berechneten erwarteten Häufigkeiten unterscheiden, wird der Chi-Quadrat-Test nach Pearson ausgeführt. Er liefert im vorliegenden Beispiel keinen signifikanten Wert ($p = 0{,}190$), was für die Anpassungsgüte spricht. Zu beachten ist allerdings, dass aufgrund der vielen leeren Zellen die Anwendung des Chi-Quadrat-Testes problematisch ist.

Anpassungsgüte

	Chi-Quadrat	df	Sig.
Pearson	158,733	144	,190
Abweichung	127,454	144	,835

Verknüpfungsfunktion: Logit.

Von den drei nachfolgend wiedergegebenen Maßen ist das nach Nagelkerke das Bestimmtheitsmaß, das den prozentualen Anteil der durch die ordinale Regression erklärten Varianz angibt (siehe auch Kap. 15.4). Im gegebenen Beispiel liegt also eine Varianzaufklärung von 36,7% vor.

Pseudo-R-Quadrat

Cox und Snell	,351
Nagelkerke	,367
McFadden	,138

Verknüpfungsfunktion: Logit.

Das eigentliche Ergebnis der Analyse sind die in der nachfolgenden Tabelle aufgeführten Parameterschätzer.

Parameterschätzungen

		Schätzung	Standardfehler	Wald	df	Sig.	95 % Konfidenzintervall	
							Untergrenze	Obergrenze
Schwellenwert	[plan = 1]	-,220	,968	,052	1	,820	-2,118	1,677
	[plan = 2]	,981	,988	,986	1	,321	-,955	2,918
	[plan = 3]	2,253	1,013	4,949	1	,026	,268	4,238
	[plan = 4]	3,907	1,048	13,905	1	,000	1,853	5,960
Position	[alter=1]	2,145	,540	15,787	1	,000	1,087	3,204
	[alter=2]	1,357	,529	6,574	1	,010	,320	2,394
	[alter=3]	0[a]	.	.	0	.	.	.
	[g=1]	-1,001	,433	6,355	1	,012	-1,939	-,243
	[g=2]	0[a]	.	.	0	.	.	.
	[kdauer=1]	1,811	,740	5,990	1	,014	,361	3,261
	[kdauer=2]	1,486	,782	3,606	1	,058	-,048	3,019
	[kdauer=3]	1,340	,678	3,905	1	,048	,011	2,669
	[kdauer=4]	0[a]	.	.	0	.	.	.
	[schule=1]	-1,183	,618	3,665	1	,056	-2,394	,028
	[schule=2]	-,659	,700	,886	1	,347	-2,031	,713
	[schule=3]	0[a]	.	.	0	.	.	.

Verknüpfungsfunktion: Logit.

a. Dieser Parameter wurde auf den Wert null gesetzt, da er redundant ist.

Jeder Kategorie der abhängigen Variablen und jeder Kategorie der Faktoren ist also ein Parameterschätzer zugeordnet, wobei die Schätzer für die jeweils höchste Kategorie redundant sind und daher auf 0 gesetzt wurden. Die Parameterschätzer für die abhängige Variable werden Schwellenschätzer, diejenigen für die Faktoren Lageschätzer genannt.

Um den Einfluss der Faktoren interpretieren zu können, sind allein die Lageschätzer maßgeblich. Bevor der exakte mathematische Zusammenhang aufgezeigt wird, kann folgendes festgestellt werden:

- Es kann der Tabelle entnommen werden, welche Faktoren überhaupt einen signifikanten Einfluss auf die abhängige Variable haben. Es sind dies die Faktoren Alter, Geschlecht und Krankheitsdauer, während die Signifikanzgrenze bei der Schulbildung ganz knapp verfehlt wird.
- Positive Schätzer bedeuten, dass die betreffende Kategorie im Sinne einer höheren Kategorie der abhängigen Variablen wirkt; negative Schätzer wirken im Sinne von niedrigeren Kategorien der abhängigen Variablen.

Niedriges Alter bewirkt also eine höhere Zustimmung zum Item »Einen Plan machen und danach handeln«, männliches Geschlecht eine geringere Zustimmung, kurze Krankheitsdauer eine höhere und niedrige Schulbildung wieder eine geringere Zustimmung. Dies steht in Einklang mit den Ergebnissen der Korrelationsanalyse.

Die mathematische Bedeutung der Parameterschätzer ist die, dass aus ihnen die kumulierten Wahrscheinlichkeiten für die Kategorien der abhängigen Variablen berechnet werden können. Das soll anhand eines Beispiels gezeigt werden.

Wir betrachten dazu im Dateneditor den ersten Patienten und wollen die kumulierte Wahrscheinlichkeit dafür berechnen, dass er bei der abhängigen Variablen eine der ersten beiden Kategorien (»gar nicht« oder »wenig«) ankreuzt.

Der erste Patient ist ein Mann der mittleren Altersgruppe mit höchster Krankheitsdauer und Hauptschulbildung. Nach unseren bisherigen Erkenntnissen ist mit hoher Wahrscheinlichkeit zu erwarten, dass die Bereitschaft, die Krankheit planmäßig anzugehen, gering ist.

Im ersten Rechenschritt haben wir die zu den einzelnen Kategorien gehörenden Lageschätzer zu addieren:

alter = 2	1,357
g = 1	-1,091
kdauer = 4	0,000
schule = 1	-1,183
Summe	**-0,917**

Diese Summe haben wir vom Schwellenwert der zweiten Kategorie (plan = 2) der abhängigen Variablen zu subtrahieren:

0,981 – (-0,917) = 0,981 + 0,917 = 1,898

Dies ist nun nicht etwa, wie man an dem Wert > 1 leicht erkennen kann, die gesuchte kumulierte Wahrscheinlichkeit bis zur zweiten Kategorie, sondern der Wert der auf diese Wahrscheinlichkeit angewandten Verknüpfungsfunktion. Hier hatten wir die voreingestellte Funktion Logit gewählt, so dass für die gesuchte Wahrscheinlichkeit gilt:

$$\ln\left(\frac{p}{1-p}\right)$$

Hieraus berechnen wir

$$\frac{p}{1-p} = \exp\ (1{,}898) = 6{,}673$$

und damit

$$p = \frac{6{,}673}{7{,}673} = 0{,}87$$

Die Wahrscheinlichkeit, dass der erste Patient eine der ersten beiden Kategorien ankreuzt, ist damit p = 0,87 oder 87%. Tatsächlich hat der Patient die Kategorie 1 angekreuzt.

Zu Ihrer Beruhigung sei gesagt, dass Sie sich diese umständlichen Berechnungen sparen können. Wir hatten in der Dialogbox *Ordinale Regression: Ausgabe* die Speicherung einiger Variabler veranlasst, die wir uns jetzt ansehen können.

Die fünf Variablen est1_1 bis est5_1 geben die Wahrscheinlichkeiten für die fünf Kategorien der abhängigen Variablen an. Betrachten Sie den ersten Patienten, so addieren sich die Wahrscheinlichkeiten für die ersten beiden Kategorien zu

0,67 + 0,20 = 0,87

Dies stimmt mit dem Wert überein, den wir für diese kumulierte Wahrscheinlichkeit bei der zweiten Kategorie berechnet hatten. Unter der Variablen pre_1 ist die Kategorie mit der höchsten Wahrscheinlichkeit, »vorhergesagte Kategorie« genannt, gespeichert. Die Variable pcp_1 gibt noch einmal die Wahrscheinlichkeit dieser Kategorie an.

Die im vorliegenden Beispiel gewählte Verknüpfungsfunktion Logit ist eine von insgesamt fünf, die in der folgenden Tabelle zusammengestellt werden.

Funktion	Form	Anwendungssituation
Logit	ln (p/(1-p))	gleichmäßig verteilte Kategorien
Complementary log-log	ln(-ln(1-p))	höhere Kategorien stärker vertreten
Negative log-log	-ln(-ln(p))	niedrigere Kategorien stärker vertreten
Probit	Inverse der kumulierten Standardnormalverteilung	normalverteilte Häufigkeiten
Cauchit	tan(π(p-0.5))	Auftreten von Extremwerten

Als Maß für die Güte der Vorhersage kann die Rangkorrelation nach Spearman zwischen der tatsächlich beobachteten Kategorie (Variable plan) und der vorhergesagten Kategorie (Variable pre_1) herangezogen werden. Im gegebenen Beispiel (Verknüpfungsfunktion Logit) ergibt sich hierfür r = 0,611; bei den anderen Verknüpfungsfunktionen ergeben sich geringere Werte.

Korrelationen

			Einen Plan machen und danach handeln	Vorhergesagte Antwortkategorie
Spearman-Rho	Einen Plan machen und danach handeln	Korrelationskoeffizient	1,000	,611**
		Sig. (2-seitig)	.	,000
		N	85	85
	Vorhergesagte Antwortkategorie	Korrelationskoeffizient	,611**	1,000
		Sig. (2-seitig)	,000	.
		N	85	85

**. Korrelation ist bei Niveau 0,01 signifikant (zweiseitig).

Sie erhalten ein besseres Modell, wenn Sie in der Dialogbox *Ordinale Regression: Kategorie* neben den Haupteffekten auch Wechselwirkungen einbringen. Nach der Aktivierung der Option *Anpassen* steht Ihnen ein Pull-down-Menü zur Verfügung, mit Hilfe dessen Sie neben den Haupteffekten auf verschiedene Weisen Wechselwirkungen in das Modell aufnehmen können.

- Aktivieren Sie die Option *Anpassen*, und markieren Sie zunächst unter *Term(e) erstellen* die Option *Haupteffekte*.
- Klicken Sie mit Hilfe der Transportschaltfläche alle Faktoren in das Feld *Kategoriemodell*.
- Markieren Sie anschließend im Pull-down-Menü *Interaktion*, markieren Sie alle Faktoren und übertragen Sie diese in das Feld *Kategorien-Modell*. Es wird dann die Wechselwirkung vierter Ordnung aufgenommen. Mit Hilfe der Option *Alle 2-fach* können Sie auch Wechselwirkungen zweiter Ordnung definieren, mit der Option *Alle 3-fach* Wechselwirkungen dritter Ordnung usw.

Die Vorhersage wird nun besser; so erhöht sich im gegebenen Beispiel bei Hinzunahme der Wechselwirkung vierter Ordnung die Rangkorrelation zwischen beobachteter und vorhergesagter Kategorie von 0,611 auf 0,739. Allerdings erhöht sich nun auch die Zahl der Parameterschätzer.

Korrelationen

			Einen Plan machen und danach handeln	Vorhergesagte Antwortkategorie
Spearman-Rho	Einen Plan machen und danach handeln	Korrelationskoeffizient	1,000	,739**
		Sig. (2-seitig)	.	,000
		N	85	85
	Vorhergesagte Antwortkategorie	Korrelationskoeffizient	,739**	1,000
		Sig. (2-seitig)	,000	.
		N	85	85

**. Korrelation ist bei Niveau 0,01 signifikant (zweiseitig).

15.7 Probitanalyse

Dieses Verfahren ist auch unter der Bezeichnung Dosis-Wirkungskurven-Analyse bekannt und findet insbesondere in der Toxikologie Verwendung. Meist geht es um die Frage, wie verschiedene Dosierungen eines Stoffes wie z. B. eines Toxins auf eine vorgegebene Anzahl von Individuen wirken.

Das klassische Beispiel beschäftigt sich mit der Wirkung eines Insektenvernichtungsmittels. Dabei wird ausgezählt, wie viele Insekten einer vorher festgestellten Gesamtzahl jeweils unter der Wirkung verschiedener Dosierungen getötet werden. Von besonderem Interesse ist dabei die Berechnung der Dosierung, bei der die Hälfte der Insekten vernichtet wird.

Wir wollen die Tiere leben lassen und wenden uns statt dessen ausnahmsweise einem erfundenen Beispiel zu. Der Geheimdienstchef eines ungenannt bleibenden Staates möchte herausfinden, wie viel Geld er den Angehörigen eines Nachbarstaates bieten muss, damit sie für ihn nachrichtendienstliche Tätigkeiten ausüben. Zu diesem Zweck bietet er über seine Mittelsmänner einer ersten Personengruppe 1000 Dollar und stellt fest, wie viele Personen sich daraufhin bereit erklären, für ihn zu spionieren. Einer zweiten Personengruppe bietet er 2000 Dollar und stellt abermals die Trefferquote fest. Dies führt er bei gleichbleibender Schrittweite bis zu einem Betrag von 10000 Dollar durch. Dabei macht er seine Untersuchungen an zwei getrennten Personengruppen. Die erste Gruppe besteht aus Personen, die mit ihren wirtschaftlichen Verhältnissen unzufrieden sind, die zweite Gruppe aus entsprechend zufriedenen Personen.

Er möchte für beide Gruppen wissen, wie viel Geld er jeweils bieten muss, um eine gewünschte Trefferquote zu erzielen. Zum Beispiel interessiert ihn dabei der Betrag, den er bezahlen muss, um die Hälfte der angesprochenen Personen für seine Zwecke einzuspannen.

Die folgende Tabelle enthält für die beiden Personengruppen (unzufrieden – zufrieden) die gestaffelten Dollarbeträge, die Gesamtzahl der jeweils angesprochenen Personen (nges) und die Anzahl der tatsächlich angeworbenen Spione (n).

Gruppe	Dollar	Nges	N
unzufrieden	1000	59	8
unzufrieden	2000	56	22
unzufrieden	3000	53	28
unzufrieden	4000	49	30
unzufrieden	5000	51	35
unzufrieden	6000	43	34
unzufrieden	7000	40	36
unzufrieden	8000	45	41
unzufrieden	9000	40	38
unzufrieden	10000	35	34
zufrieden	1000	61	1
zufrieden	2000	45	13
zufrieden	3000	52	21
zufrieden	4000	45	22
zufrieden	5000	46	26
zufrieden	6000	38	27
zufrieden	7000	45	35
zufrieden	8000	42	33
zufrieden	9000	37	32
zufrieden	10000	36	33

Diese Daten sind zeilenweise in der Datei dollar.sav gespeichert (Variablen gruppe, dollar, nges, n).

- Laden Sie die Datei dollar.sav.

- Wählen Sie aus dem Menü

  Analysieren
  Regression
  Probit...

Es öffnet sich die Dialogbox *Probit-Analyse*.

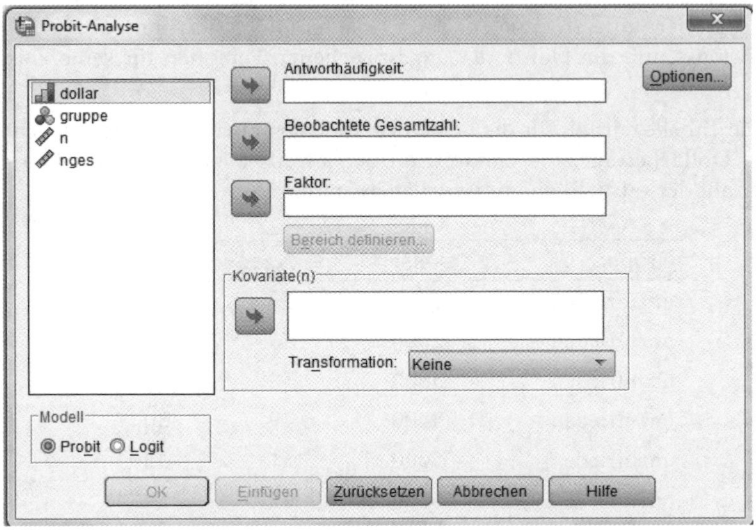

Bild 15.18: Dialogbox Probit-Analyse

- Bringen Sie nacheinander die Variable n in das für die Antworthäufigkeiten vorgesehene Feld, die Variable nges in das Feld für die beobachtete Gesamtzahl, die Variable gruppe in das Faktorfeld und die Variable dollar in das Kovariaten-Feld.
- Zu der Faktor-Variablen müssen Sie über die betreffende Schaltfläche noch den zugehörigen Bereich definieren; im vorliegenden Beispiel wird er durch die beiden ganzen Zahlen 1 und 2 festgelegt.
- Üblich ist es, die Werte der Kovariaten mit Hilfe des dekadischen Logarithmus zu transformieren; fordern Sie daher diese Transformation an.
- Belassen Sie es bei der Einstellung des üblichen Probit-Modells, und klicken Sie auf den Schalter *Optionen...* Wählen Sie zusätzlich zu den voreingestellten Statistiken den Parallelitätstest aus, der bei der Analyse verschiedener Gruppen sinnvoll ist.
- Starten Sie die Berechnungen mit *OK*.

Es wird eine umfangreiche Ausgabe erstellt, wobei in einem ersten Schritt die sogenannten »Probits« bestimmt werden. Dieses sind die z-Werte, die zu derjenigen Fläche der Standard-Normalverteilungskurve gehören, die dem Verhältnis der Antwort- zur Gesamthäufigkeit entspricht. So hatten etwa in der ersten Gruppe beim Angebot von 1000 Dollar von insgesamt 59 Personen 8 Personen dieses Angebot angenommen, das ist ein relationaler Anteil von

$$p = \frac{8}{59} = 0,1356$$

Dieser Wert wird als Anteil der Fläche unter der Standard-Normalverteilungskurve betrachtet (die in ihrer Gesamtheit bekanntlich auf 1 normiert ist). Einer entsprechenden Tabelle kann man hierzu einen z-Wert von -1,10 entnehmen.

Eine solche Tabelle finden Sie in jedem guten Statistik-Handbuch oder aber auch im Internet (wie z. B. unter www.wapedia.mobi/de/Tabelle/Standardnormalverteilung, siehe unten):

z \ *	0	1	2	3	4	5	6	7	8	9
0,0*	0,50000	0,50399	0,50798	0,51197	0,51595	0,51994	0,52392	0,52790	0,53188	0,53586
0,1*	0,53983	0,54380	0,54776	0,55172	0,55567	0,55962	0,56356	0,56749	0,57142	0,57535
0,2*	0,57926	0,58317	0,58706	0,59095	0,59483	0,59871	0,60257	0,60642	0,61026	0,61409
0,3*	0,61791	0,62172	0,62552	0,62930	0,63307	0,63683	0,64058	0,64431	0,64803	0,65173
0,4*	0,65542	0,65910	0,66276	0,66640	0,67003	0,67364	0,67724	0,68082	0,68439	0,68793
0,5*	0,69146	0,69497	0,69847	0,70194	0,70540	0,70884	0,71226	0,71566	0,71904	0,72240
0,6*	0,72575	0,72907	0,73237	0,73565	0,73891	0,74215	0,74537	0,74857	0,75175	0,75490
0,7*	0,75804	0,76115	0,76424	0,76730	0,77035	0,77337	0,77637	0,77935	0,78230	0,78524
0,8*	0,78814	0,79103	0,79389	0,79673	0,79955	0,80234	0,80511	0,80785	0,81057	0,81327
0,9*	0,81594	0,81859	0,82121	0,82381	0,82639	0,82894	0,83147	0,83398	0,83646	0,83891
1,0*	0,84134	0,84375	0,84614	0,84849	0,85083	0,85314	0,85543	0,85769	0,85993	0,86214
1,1*	0,86433	0,86650	0,86864	0,87076	0,87286	0,87493	0,87698	0,87900	0,88100	0,88298
1,2*	0,88493	0,88686	0,88877	0,89065	0,89251	0,89435	0,89617	0,89796	0,89973	0,90147
1,3*	0,90320	0,90490	0,90658	0,90824	0,90988	0,91149	0,91309	0,91466	0,91621	0,91774
1,4*	0,91924	0,92073	0,92220	0,92364	0,92507	0,92647	0,92785	0,92922	0,93056	0,93189
1,5*	0,93319	0,93448	0,93574	0,93699	0,93822	0,93943	0,94062	0,94179	0,94295	0,94408
1,6*	0,94520	0,94630	0,94738	0,94845	0,94950	0,95053	0,95154	0,95254	0,95352	0,95449
1,7*	0,95543	0,95637	0,95728	0,95818	0,95907	0,95994	0,96080	0,96164	0,96246	0,96327
1,8*	0,96407	0,96485	0,96562	0,96638	0,96712	0,96784	0,96856	0,96926	0,96995	0,97062
1,9*	0,97128	0,97193	0,97257	0,97320	0,97381	0,97441	0,97500	0,97558	0,97615	0,97670
2,0*	0,97725	0,97778	0,97831	0,97882	0,97932	0,97982	0,98030	0,98077	0,98124	0,98169
2,1*	0,98214	0,98257	0,98300	0,98341	0,98382	0,98422	0,98461	0,98500	0,98537	0,98574
2,2*	0,98610	0,98645	0,98679	0,98713	0,98745	0,98778	0,98809	0,98840	0,98870	0,98899
2,3*	0,98928	0,98956	0,98983	0,99010	0,99036	0,99061	0,99086	0,99111	0,99134	0,99158
2,4*	0,99180	0,99202	0,99224	0,99245	0,99266	0,99286	0,99305	0,99324	0,99343	0,99361
2,5*	0,99379	0,99396	0,99413	0,99430	0,99446	0,99461	0,99477	0,99492	0,99506	0,99520
2,6*	0,99534	0,99547	0,99560	0,99573	0,99585	0,99598	0,99609	0,99621	0,99632	0,99643
2,7*	0,99653	0,99664	0,99674	0,99683	0,99693	0,99702	0,99711	0,99720	0,99728	0,99736
2,8*	0,99744	0,99752	0,99760	0,99767	0,99774	0,99781	0,99788	0,99795	0,99801	0,99807
2,9*	0,99813	0,99819	0,99825	0,99831	0,99836	0,99841	0,99846	0,99851	0,99856	0,99861
3,0*	0,99865	0,99869	0,99874	0,99878	0,99882	0,99886	0,99889	0,99893	0,99896	0,99900
3,1*	0,99903	0,99906	0,99910	0,99913	0,99916	0,99918	0,99921	0,99924	0,99926	0,99929
3,2*	0,99931	0,99934	0,99936	0,99938	0,99940	0,99942	0,99944	0,99946	0,99948	0,99950
3,3*	0,99952	0,99953	0,99955	0,99957	0,99958	0,99960	0,99961	0,99962	0,99964	0,99965
3,4*	0,99966	0,99968	0,99969	0,99970	0,99971	0,99972	0,99973	0,99974	0,99975	0,99976
3,5*	0,99977	0,99978	0,99978	0,99979	0,99980	0,99981	0,99981	0,99982	0,99983	0,99983
3,6*	0,99984	0,99985	0,99985	0,99986	0,99986	0,99987	0,99987	0,99988	0,99988	0,99989
3,7*	0,99989	0,99990	0,99990	0,99990	0,99991	0,99991	0,99992	0,99992	0,99992	0,99992
3,8*	0,99993	0,99993	0,99993	0,99994	0,99994	0,99994	0,99994	0,99995	0,99995	0,99995
3,9*	0,99995	0,99995	0,99996	0,99996	0,99996	0,99996	0,99996	0,99996	0,99997	0,99997
4,0*	0,99997	0,99997	0,99997	0,99997	0,99997	0,99997	0,99998	0,99998	0,99998	0,99998

Bild 15.19: Tabelle Standardnormalverteilung: Flächeninhalte unter dem Graphen

Beachten Sie bei der obigen Tabelle, dass negative Werte aus Gründen der Symmetrie nicht angegeben werden und dass das Sternchen ein Platzhalter für die zweite Nachkommastelle ist, die in der jeweiligen Spaltenüberschrift angegeben ist. Entsprechend der Normierung auf 1 müssten Sie also bei 1,0-0,1356 = 0,8644 in der obigen Tabelle den Wert ermitteln und diesen dann mit einem negativen Vorzeichen versehen. Auf diese Weise kommen Sie zum z-Wert von -1,10. Dieser Wert ist der zur Dosierung von 1000 Dollar gehörende Probit.

Diese Probits sind für beide Gruppen in Abhängigkeit vom Logarithmus der Dosierung in einem Diagramm aufgetragen, das Sie sich im Viewer ansehen können:

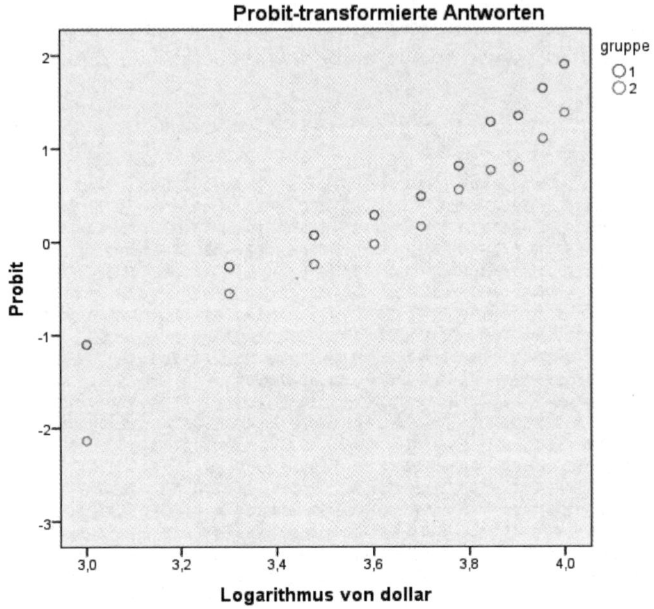

Bild 15.20: Probittransformierte Antworten

Die Verläufe in beiden Gruppen sind in etwa linear, was Voraussetzung für das weitere Vorgehen ist. Im anderen Fall kann man sich noch die Verläufe betrachten, die anhand der Originalwerte (also ohne die logarithmische Transformation) entstehen.

Für beide Kurvenverläufe wird die Gleichung der Regressionsgeraden bestimmt, wobei für beide Geraden eine gemeinsame Steigung ermittelt wird:

Parameterschätzungen

Parameter			Schätzung	Standardfehler	U	Sig.	95%-Konfidenzintervall Untergrenze	Obergrenze
PROBIT[a]	dollar		2,787	,176	15,802	,000	2,442	3,133
	Konstanter Term[b]	1	-9,596	,634	-15,131	,000	-10,230	-8,961
		2	-9,995	,647	-15,441	,000	-10,642	-9,348

a. PROBIT-Modell: PROBIT(p) = konstanter Term + BX (X-Kovariaten werden mit dem Logarithmus zur Basis 10,000 transformiert.)

b. Entspricht der Gruppierungsvariable gruppe.

Bei dem Test auf Güte der Anpassung weist ein hoher p-Wert (wie im vorliegenden Beispiel) auf eine gute Anpassung hin. Der zweite Chi-Quadrat-Test prüft die Frage, ob die beiden Geraden tatsächlich als parallel angesehen werden können. Dies ist bei einem nichtsignifikanten Ergebnis (wie hier) der Fall.

Betrachten wir die Regressionsgleichung für die erste Gruppe, so erhalten wir für die Vorhersage des Probits

$$\text{Probit} = 2{,}78749 \cdot \log(\text{Dollar}) - 9{,}59552$$

Für den Wert von 1000 Dollar ergibt sich hiermit

$$\text{Probit} = 2{,}78749 \cdot 3 - 9{,}59552 = -1{,}2331$$

Ziehen wir wieder eine Tabelle mit den Werten der Standard-Normalverteilungskurve zu Rate, so gehört zu diesem z-Wert eine Fläche von 0,10878. Dieser Wert wird benutzt, um die zugehörige erwartete Antworthäufigkeit zu bestimmen:

$$59 \cdot 0{,}10878 = 6{,}418$$

Diese Ergebnisse sind in der folgenden Tabelle zusammengefasst:

Zellenanzahl und Residuen

	Nummer	gruppe	dollar	Anzahl der Subjekte	Beobachtete Antworten	Erwartete Antworten	Residuum	Wahrscheinlichkeit
PROBIT	1	1	3,000	59	8	6,418	1,582	,109
	2	1	3,301	56	22	19,422	2,578	,347
	3	1	3,477	53	28	28,546	-,546	,539
	4	1	3,602	49	30	32,923	-2,923	,672
	5	1	3,699	51	35	38,902	-3,902	,763
	6	1	3,778	43	34	35,491	-1,491	,825
	7	1	3,845	40	36	34,768	1,232	,869
	8	1	3,903	45	41	40,522	,478	,900
	9	1	3,954	40	38	36,928	1,072	,923
	10	1	4,000	35	34	32,899	1,101	,940
	11	2	3,000	61	1	3,129	-2,129	,051
	12	2	3,301	45	13	9,621	3,379	,214
	13	2	3,477	52	21	19,820	1,180	,381
	14	2	3,602	45	22	23,322	-1,322	,518
	15	2	3,699	46	26	28,703	-2,703	,624
	16	2	3,778	38	27	26,761	,239	,704
	17	2	3,845	45	35	34,436	,564	,765
	18	2	3,903	42	33	34,100	-1,100	,812
	19	2	3,954	37	32	31,373	,627	,848
	20	2	4,000	36	33	31,535	1,465	,876

Im Anschluss hieran werden für bestimmte vorgegebene Wahrscheinlichkeiten (zu verstehen auch als relationale Anteile der gewünschten Antworthäufigkeit an der jeweiligen Gesamtzahl der Personen) die benötigten Dosierungen (hier: Dollar-Beträge) sowie deren 95%-Konfidenzintervalle ausgegeben (siehe nächste Seite).

Konfidenzgrenzen

	gruppe	Wahrscheinlichkeit	95%-Konfidenzgrenzen für dollar			95%-Konfidenzgrenzen für log(dollar)[a]		
			Schätzung	Untergrenze	Obergrenze	Schätzung	Untergrenze	Obergrenze
PROBIT	1	,010	405,309	289,591	529,155	2,608	2,462	2,724
		,020	507,668	373,663	647,935	2,706	2,572	2,812
		,030	585,635	439,146	736,945	2,768	2,643	2,867
		,040	652,082	495,792	811,996	2,814	2,695	2,910
		,050	711,654	547,157	878,744	2,852	2,738	2,944
		,060	766,629	594,996	939,943	2,885	2,775	2,973
		,070	818,313	640,323	997,175	2,913	2,806	2,999
		,080	867,541	683,787	1051,437	2,938	2,835	3,022
		,090	914,878	725,830	1103,409	2,961	2,861	3,043
		,100	960,732	766,771	1153,579	2,983	2,885	3,062
		,150	1176,352	961,742	1387,627	3,071	2,983	3,142
		,200	1381,737	1150,437	1608,527	3,140	3,061	3,206
		,250	1586,292	1340,432	1827,408	3,200	3,127	3,262
		,300	1795,672	1536,352	2050,974	3,254	3,186	3,312
		,350	2014,287	1741,838	2284,500	3,304	3,241	3,359
		,400	2246,293	1960,317	2533,039	3,351	3,292	3,404
		,450	2496,164	2195,456	2802,131	3,397	3,342	3,447
		,500	2769,195	2451,539	3098,447	3,442	3,389	3,491
		,550	3072,091	2733,929	3430,563	3,487	3,437	3,535
		,600	3413,821	3049,739	3810,087	3,533	3,484	3,581
		,650	3807,025	3408,936	4253,515	3,581	3,533	3,629
		,700	4270,513	3826,322	4785,566	3,630	3,583	3,680
		,750	4834,193	4325,406	5445,758	3,684	3,636	3,736
		,800	5549,856	4946,819	6303,015	3,744	3,694	3,800
		,850	6518,831	5769,669	7493,480	3,814	3,761	3,875
		,900	7981,874	6980,175	9345,152	3,902	3,844	3,971
		,910	8381,927	7305,702	9861,260	3,923	3,864	3,994
		,920	8839,286	7675,374	10455,925	3,946	3,885	4,019
		,930	9371,033	8102,090	11153,172	3,972	3,909	4,047
		,940	10002,813	8605,120	11989,286	4,000	3,935	4,079
		,950	10775,514	9215,027	13022,525	4,032	3,964	4,115
		,960	11759,936	9984,402	14354,566	4,070	3,999	4,157
		,970	13094,246	11015,116	16185,748	4,117	4,042	4,209
		,980	15105,235	12545,811	18995,732	4,179	4,098	4,279
		,990	18920,004	15388,144	24468,767	4,277	4,187	4,389
	2	,010	563,719	411,307	724,235	2,751	2,614	2,860
		,020	706,084	530,561	887,061	2,849	2,725	2,948
		,030	814,523	623,394	1009,158	2,911	2,795	3,004
		,040	906,941	703,659	1112,165	2,958	2,847	3,046
		,050	989,796	776,407	1203,823	2,996	2,890	3,081
		,060	1066,256	844,130	1287,905	3,028	2,926	3,110
		,070	1138,142	908,270	1366,574	3,056	2,958	3,136
		,080	1206,609	969,745	1441,199	3,082	2,987	3,159
		,090	1272,448	1029,185	1512,710	3,105	3,012	3,180
		,100	1336,223	1087,042	1581,775	3,126	3,036	3,199
		,150	1636,116	1362,191	1904,456	3,214	3,134	3,280
		,200	1921,773	1627,828	2209,840	3,284	3,212	3,344
		,250	2206,276	1894,555	2513,339	3,344	3,278	3,400
		,300	2497,490	2168,746	2824,360	3,398	3,336	3,451
		,350	2801,548	2455,328	3150,411	3,447	3,390	3,498
		,400	3124,230	2758,875	3498,759	3,495	3,441	3,544
		,450	3471,760	3084,244	3877,414	3,541	3,489	3,589
		,500	3851,503	3437,125	4296,011	3,586	3,536	3,633
		,550	4272,782	3824,691	4766,879	3,631	3,583	3,678
		,600	4748,073	4256,554	5306,611	3,677	3,629	3,725
		,650	5294,956	4746,306	5938,666	3,724	3,676	3,774
		,700	5939,593	5314,249	6698,086	3,774	3,725	3,826
		,750	6723,581	5992,682	7640,852	3,828	3,778	3,883
		,800	7718,952	6837,386	8864,660	3,888	3,835	3,948
		,850	9066,640	7956,765	10562,719	3,957	3,901	4,024
		,900	11101,496	9605,623	13200,942	4,045	3,983	4,121
		,910	11657,905	10049,402	13935,802	4,067	4,002	4,144
		,920	12294,017	10553,519	14782,317	4,090	4,023	4,170
		,930	13033,592	11135,607	15774,636	4,115	4,047	4,198
		,940	13912,295	11822,013	16964,327	4,143	4,073	4,230
		,950	14986,997	12654,519	18434,185	4,176	4,102	4,266
		,960	16356,169	13705,029	20328,719	4,214	4,137	4,308
		,970	18211,978	15112,816	22932,650	4,260	4,179	4,360
		,980	21008,939	17204,172	26927,674	4,322	4,236	4,430
		,990	26314,666	21088,894	34707,420	4,420	4,324	4,540

a. Logarithmus zur Basis = 10.

Um die Hälfte der angesprochenen Personen (Prob = 0,5) in der Gruppe der unzufriedenen Probanden anzuwerben, muss der Geheimdienstchef also 2769 Dollar bieten, wobei dieser Wert mit 95-prozentiger Wahrscheinlichkeit im Bereich von 2452 bis 3098 Dollar schwankt. In der Gruppe der zufriedenen Personen (die hier nicht ausgedruckt ist) muss mehr gezahlt werden: 3852 Dollar mit einem 95%-Konfidenzintervall von 3437 bis 4296 Dollar.

Das Verhältnis dieser beiden Medianwerte ist

$$\frac{2769}{3852} = 0,719$$

Diesem ist noch eine kurze Statistik gewidmet:

Schätzungen der mittleren effektiven Dosis

	(I) gruppe	(J) gruppe	95%-Konfidenzgrenzen			95%-Konfidenzgrenzen mit Logarithmustransformation[a]		
			Schätzung	Untergrenze	Obergrenze	Schätzung	Untergrenze	Obergrenze
PROBIT	1	2	,719	,603	,844	-,143	-,220	-,074
	2	1	1,391	1,185	1,659	,143	,074	,220

a. Logarithmus zur Basis = 10.

Wählen Sie in der Dialogbox nicht das Probit-Modell, sondern das Logit-Modell aus, so wird der relationale Anteil p der Antworthäufigkeit an der Gesamtzahl der Personen durch den Ausdruck

$$\ln\left(\frac{p}{1-p}\right)$$

ersetzt.

15.8 Kurvenanpassung

Mit diesem Menüpunkt können Sie beobachtete Kurvenverläufe darstellen und durch Ausgleichskurven annähern, wobei hierfür insgesamt elf verschiedene Kurventypen zur Verfügung stehen. In den meisten Fällen wird es sich dabei um zeitliche Verläufe handeln.

Als Beispiel betrachten wir die Entwicklung der Reallöhne vom Jahr 1950 bis zum Jahr 1988 in der Bundesrepublik Deutschland, und zwar den so genannten Reallohnindex. Dieser ergibt sich durch eine Relativierung auf das Jahr 1980, wo er auf 100 gesetzt ist.

Jahr	Reallohnindex
1950	28,6
1960	46,9
1965	63,0
1970	80,4
1975	87,9
1980	100,0

Jahr	Reallohnindex
1981	98,2
1982	96,5
1983	96,0
1984	96,9
1985	98,0
1986	101,2
1987	104,5
1988	107,6

Die Daten sind in der Datei lohn.sav enthalten. Sie enthält noch eine dritte Variable, welche die Differenz der jeweiligen Jahreszahl und dem Jahr 1949 angibt. Diese Variable nimmt also Werte im Bereich von 1 bis 39 an und steht demnach für die Anzahl der Jahre, die seit 1949 vergangen sind.

- Laden Sie die Datei lohn.sav.
- Wählen Sie aus dem Menü

Analysieren
Regression
Kurvenanpassung...

Es öffnet sich die Dialogbox *Kurvenanpassung*, welche eine Auswahl aus elf verschiedenen Modellen anbietet.

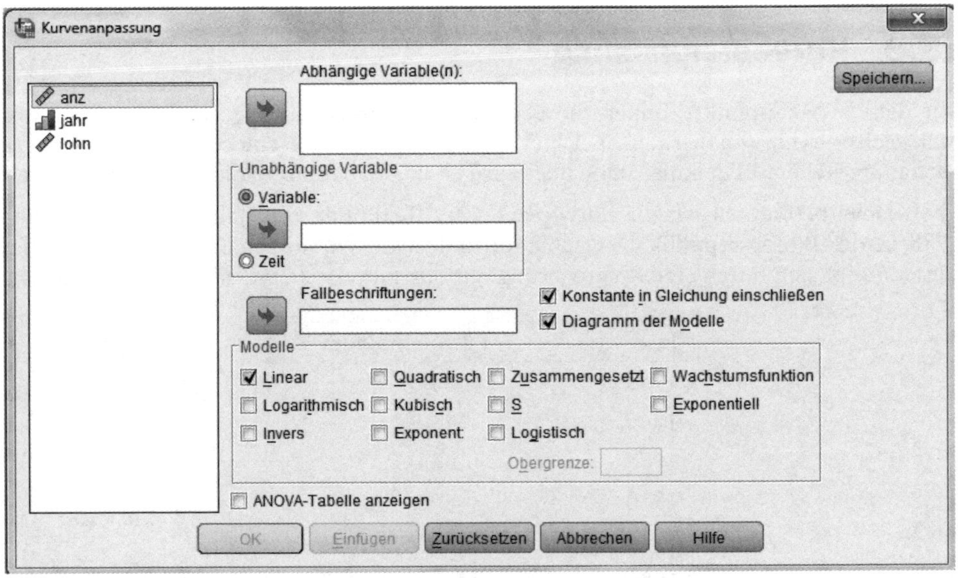

Bild 15.21: Dialogbox Kurvenanpassung

Hinter den angebotenen Modellen verbergen sich die folgenden Formeln:

Modell	Formel
Linear	$y = b_0 + b_1 \cdot x$
Logarithmisch	$y = b_0 + b_1 \cdot \ln(x)$
Invers	$y = b_0 + \frac{b_1}{x}$
Quadratisch	$y = b_0 + b_1 \cdot x + b_2 \cdot x^2$
Kubisch	$y = b_0 + b_1 \cdot x + b_2 \cdot x^2 + b_3 \cdot x^3$
Exponent	$y = b_0 \cdot x^{b_1}$
Zusammengesetzt	$y = b_0 \cdot b_1{}^x$
S	$y = e^{b_0 + \frac{b_1}{x}}$
Logistisch	$y = \frac{1}{\frac{1}{u} + b_0 \cdot b_1{}^x}$
Wachstum	$y = e^{b_0 + b_1 \cdot x}$
Exponentiell	$y = b_0 \cdot e^{b_1 \cdot x}$

Beim logistischen Modell ist noch der Parameter u vorzugegeben, der in der Dialogbox *Kurvenanpassung* als Obergrenze abgefragt wird. Aufgabe des Programms ist die Schätzung der Koeffizienten b_0, b_1, b_2 und b_3.

Im Feld für die Fallbeschriftungen können Sie eine Variable zur Fallbeschriftung eingeben, die dann im Punktauswahl-Modus in der erzeugten Grafik sichtbar gemacht werden kann.

- Bringen Sie die Variable lohn in das Feld für die abhängige und die Variable anz in das Feld für die unabhängige Variable.
- Wir wollen eine Anpassung mit der quadratischen Funktion vornehmen; deaktivieren Sie die Option *Linear*, und aktivieren Sie die Option *Quadratisch*.

Die Aktivierung der Option *Zeit* ist nur dann sinnvoll, wenn es sich bei den zu analysierenden Variablen um Zeitreihen mit gleichen Zeitabständen handelt.

- Betätigen Sie den Schalter *Speichern...*, und aktivieren Sie die Option *Vorhergesagte Werte*.
- In die Ausgangs-Dialogbox zurückgekehrt, starten Sie die Berechnungen mit einem Klick auf *OK*.

Die wesentlichen Ergebnisse der Ausgabe sind die Folgenden:

Modellübersicht und Parameterschätzungen

Abhängige Variable: Reallohnindex

	Modellübersicht					Parameterschätzungen		
Gleichung	R-Quadrat	F	df1	df2	Sig.	Konstante	b1	b2
Quadratisch	,979	251,103	2	11	,000	22,592	3,061	-,024

Die unabhängige Variable ist Anzahl der Jahre seit 1949.

Hieraus ist der Wert der Koeffizienten b_0, b_1 und b_2 zu entnehmen. Der Datendatei wurde die Variable fit_1 hinzugefügt, welche die aufgrund der berechneten Koeffizienten ermittelten vorhergesagten Werte enthält. Ferner wurde im Viewer eine Grafik erzeugt, die den Verlauf der beobachteten und geschätzten Kurve wiedergibt.

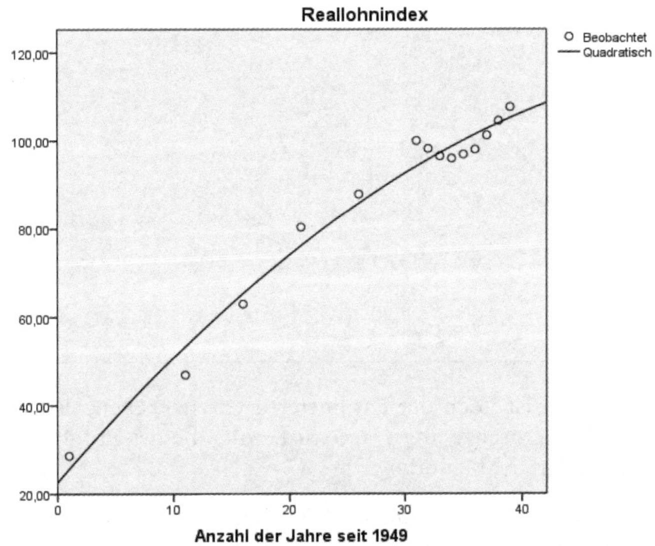

Bild 15.22: Beobachtete und geschätzte Kurve

Die Anpassung durch die geschätzte Kurve scheint gelungen. Im anderen Fall können weitere Modelle ausprobiert werden, wobei eine gewisse Erfahrung in solchen Kurvenschätzungen natürlich hilfreich ist.

15.9 Gewichtsschätzung

Bei der bisher betrachteten linearen Regressionsanalyse gehen alle Beobachtungen gleichmäßig in das Modell ein. Dabei wird vorausgesetzt, dass alle Beobachtungen die gleiche Varianz aufweisen.

Ist dies nicht der Fall, steigt etwa die Größe der Varianz mit dem Wert der unabhängigen Variablen an, kann man die einzelnen Datenpunkte in der Weise gewichten, dass Beobachtungen mit größeren Varianzen einen geringeren Einfluss haben.

Als Beispiel sei ein Test betrachtet, der die Geografiekenntnisse von Kindern überprüft. Drei- bis vierzehnjährige Kinder sollten in einem Zeitraum von zwei Minuten möglichst viele deutsche Städte nennen. Die Ergebnisse sind in der folgenden Tabelle zusammengefasst, wobei die Anzahl der Kinder pro Altersstufe zwischen zwei und fünf variiert:

Alter	genannte Städte
3	2, 1, 0, 4
4	4, 2, 6
5	3, 8, 4, 7
6	3, 8, 9, 5
7	6, 10
8	7, 14, 10
9	9, 16, 10
10	9, 16, 15, 9
11	18, 12
12	22, 11, 14, 16
13	14, 21
14	20, 15, 23, 14, 26

Diese Werte der insgesamt vierzig Kinder sind unter den beiden Variablen alter bzw. staedte in der Datei snamen.sav gespeichert.

- Laden Sie die Datei snamen.sav.
- Wählen Sie aus dem Menü

  Grafik
  Diagrammerstellung...

- Klicken Sie in der Galerie auf die Option *Streu-/Punktdiagramm* und ziehen Sie das Symbol *Einfaches Streudiagramm* in das Feld *Diagrammvorschau*. Fordern Sie ein einfaches Streudiagramm mit der Variablen alter auf der x-Achse und der Variablen staedte auf der y-Achse an.

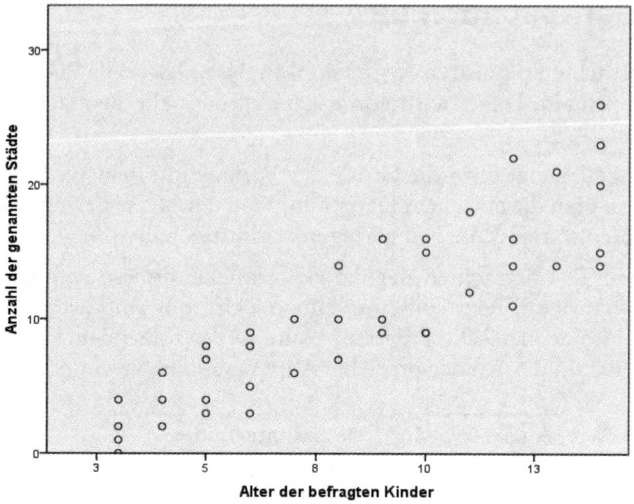

Bild 15.23: Streudiagramm

Sie erkennen, dass nicht nur die Anzahl der genannten Städtenamen mit höherem Alter ansteigt, sondern dass auch gleichzeitig die Streuung der Werte, also ihre Varianz, größer wird.

- Führen Sie, wie in Kap. 15.1 beschrieben, eine lineare Regressionsanalyse durch, wobei Sie die Variable staedte als abhängige und die Variable alter als unabhängige Variable definieren.
- Sie erhalten die folgenden Ergebnisse:

Modellübersicht

Modell	R	R-Quadrat	Angepasstes R-Quadrat	Standardfehler der Schätzung
1	,879[a]	,772	,766	3,162

a. Prädiktoren: (Konstante), Alter der befragten Kinder

ANOVA[a]

Modell		Quadrat summe	df	Mittel der Quadrate	F	Sig.
1	Regression	1289,77	1	1289,770	128,975	,000[b]
	Residuum	380,005	38	10,000		
	Gesamtsumme	1669,77	39			

a. Abhängige Variable: Anzahl der genannten Städte

b. Prädiktoren: (Konstante), Alter der befragten Kinder

Koeffizienten[a]

Modell		Nicht standardisierte Koeffizienten		Standardisierte Koeffizienten	t	Sig.
		B	Standardfehler	Beta		
1	(Konstante)	-2,722	1,273		-2,138	,039
	Alter der befragten Kinder	1,569	,138	,879	11,357	,000

a. Abhängige Variable: Anzahl der genannten Städte

Der Korrelationskoeffizient ist 0,879, das Bestimmtheitsmaß 0,772.

Im vorliegenden Beispiel haben wir es jahrgangsweise mit Gruppen von Fällen zu tun, für welche die unabhängige Variable stets den gleichen Wert hat. Aus den zugeordneten Werten der abhängigen Variablen könnte dann jeweils die Varianz bestimmt werden; der reziproke Wert dieser Varianz wird üblicherweise als Gewichtungsfaktor für den betreffenden Fall benutzt.

Liegt eine solche Gruppierung von Daten nicht vor, versucht man, eine Beziehung zwischen der Varianz und einer Variablen aufzuspüren, wobei die Varianz einer Potenz der entsprechenden Variablenwerte proportional sein soll. Bei dieser so genannten Gewichtungsvariablen kann es sich auch um die unabhängige, oder, falls es mehrere gibt, um eine der unabhängigen Variablen handeln. Im gegebenen Beispiel ist es offenbar die unabhängige Variable alter, die eine Beziehung zur Varianz erkennen lässt.

Ziel der Analyse ist nun zunächst die Schätzung der bestmöglichen Potenz p und dann hieraus die fallweise Berechnung der Gewichte, wobei das Gewicht zum Variablenwert x als

$$\frac{1}{x^p}$$

bestimmt wird.

- Wählen Sie aus dem Menü

  Analysieren
  Regression
  Gewichtungsschätzung...

Es öffnet sich die Dialogbox *Gewichtungsschätzung*.

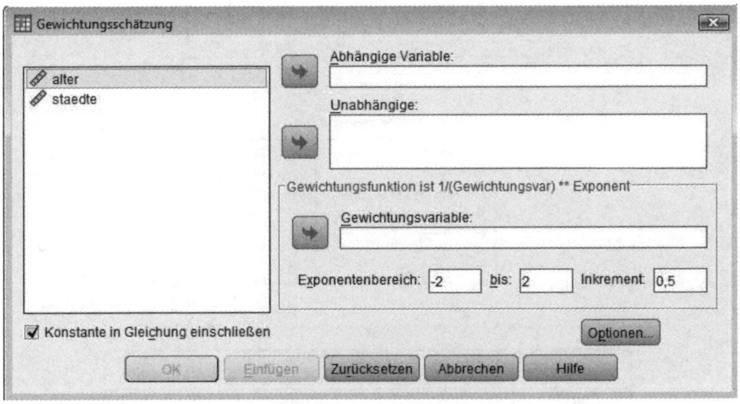

Bild 15.24: Dialogbox Gewichtungsschätzung

- Tragen Sie die Variable staedte als abhängige Variable und die Variable alter sowohl als unabhängige als auch als Gewichtungsvariable ein. Voreinstellungsgemäß wird die optimale Potenz im Bereich von -2 bis 2 mit der Schrittweite 0,5 gesucht; ändern Sie letztere auf 0,2 ab.
- Betätigen Sie noch den Schalter *Optionen...*, und aktivieren Sie die Option *Beste Gewichtung als neue Variable speichern*.

Die Berechnungen sind im Folgenden wiedergegeben:

Log-Likelihood-Werte[b]

Exponent	-2,000	-116,951
	-1,800	-115,171
	-1,600	-113,435
	-1,400	-111,746
	-1,200	-110,112
	-1,000	-108,536
	-,800	-107,026
	-,600	-105,590
	-,400	-104,235
	-,200	-102,972
	,000	-101,809
	,200	-100,760
	,400	-99,834
	,600	-99,046
	,800	-98,409
	1,000	-97,935
	1,200	-97,637
	1,400	-97,528[a]
	1,600	-97,618
	1,800	-97,916
	2,000	-98,428

a. Der entsprechende Exponent wird für die weitere Analyse ausgewählt, weil er die Log-Likelihood-Funktion maximiert.

b. Abhängige Variable: staedte, Quellenvariable: alter

Modellbeschreibung

Abhängige Variable		staedte
Unabhängige Variablen	1	alter
Stärke	Quelle	alter
	Exponentenwert	1,400

Modell: MOD_2.

Modellübersicht

Multiples R	,901
R-Quadrat	,811
Angepasstes R-Quadrat	,807
Standardfehler der Schätzung	,687
Log-Likelihood-Funktionswert	-97,528

ANOVA

	Quadrat summe	df	Mittel der Quadrate	F	Sig.
Regression	77,121	1	77,121	163,553	,000
Residuum	17,918	38	,472		
Gesamtsumme	95,040	39			

Koeffizienten

	Nicht standardisierte Koeffizienten		Standardisierte Koeffizienten			
	B	Standardfehler	Beta	Standardfehler	t	Sig.
(Konstante)	-2,729	,841			-3,245	,002
alter	1,570	,123	,901	,070	12,789	,000

Die optimale Potenz wird nach dem Logarithmus der Likelihood-Funktion beurteilt; hierfür ergibt sich der maximale Wert bei einem Potenzwert von 1,4. Dieser Wert wird benutzt, um zu jedem Fall das entsprechende Gewicht zu bestimmen. Zum Beispiel berechnet sich für ein dreijähriges Kind das Gewicht zu

$$\frac{1}{3^{1,4}} = 0,2148$$

Diese Gewichte wurden der Datendatei unter der Variablen wgt_1 hinzugefügt.

Anschließend wurde wieder eine Regressionsrechnung ausgeführt. Der Korrelationskoeffizient hat sich dabei auf 0,901, das Bestimmtheitsmaß auf 0,811 erhöht. Sind diese Änderungen und auch die Änderung bei der Berechnung des Regressionskoeffizienten und der Konstanten nicht erheblich, so sind hingegen die zugehörigen Standardfehler deutlich geringer geworden.

15.10 Partielle kleinste Quadrate

Das Verfahren Regression mit partiellen kleinsten Quadraten ist dann von Vorteil, wenn die unabhängigen Variablen eine hohe Korrelation untereinander aufweisen sowie bei Datensätzen, wo die Anzahl der Prediktoren größer ist als die Anzahl der Fälle. Die Prozedur vereint in sich Aspekte der Hauptkomponentenanalyse (siehe Kap. 19.1) und der multiplen Regression (siehe Kap. 15.2). Extrahiert wird anfangs ein Set latenter Faktoren, die einen möglichst großen Anteil der Kovarianz zwischen den unabhängigen und den abhängigen Variablen erklären. Es folgt die Vorhersage der Werte der abhängigen Variablen mittels der Zerlegung der unabhängigen Variablen in einem Regressionsschritt. Auf die Darstellung eines Beispiels soll an dieser Stelle aus Platzgründen verzichtet werden.

15.11 Zweistufige kleinste Quadrate

Mit diesem in der Ökonometrie benutzten Verfahren wird der Zusammenhang von Variablen analysiert, die in Form von Zeitreihen vorliegen. Als Beispiel kann das klassische ökonometrische Modell dienen, bei dem die Nachfrage nach einem Produkt von dessen Preis, vom Einkommen und anderen unbekannten Einflüssen abhängt:

$$\text{Nachfrage} = \beta_0 + \beta_1 \cdot \text{Preis} + \beta_2 \cdot \text{Einkommen} + \text{Fehler}$$

Zusätzlich zu den Prediktorvariablen in dieser Gleichung (auch erklärende Variablen genannt) müssen mindestens ebenso viele sogen. instrumentale Variablen angegeben werden. Diese haben Einfluss auf die Prediktorvariablen, werden aber selbst nicht von ihnen beeinflusst. Handelt es sich etwa um ein landwirtschaftliches Produkt, so können das klimatische Variablen sein. Die instrumentalen Variablen sollen hoch korreliert mit den Prediktorvariablen, aber unkorreliert mit dem Fehlerterm sein.

Entsprechend wird in der Dialogbox zu diesem Verfahren nach abhängigen, erklärenden und instrumentalen Variablen gefragt. Auf die Darstellung eines Beispiels soll an dieser Stelle aus Platzgründen verzichtet werden.

15.12 Kategoriale Regression

Mit der Methode der kategorialen Regression wird die Abhängigkeit einer kategorialen (also nominal- oder ordinalskalierten) Variablen von anderen kategorialen Variablen untersucht. In die Analyse können auch numerische (intervallskalierte) Variablen eingehen; in diesem Fall tut man aber gut daran, diese Variablen vor Beginn der Analyse zu »diskretisieren«.

Die Methode der kategorialen Regression ist mit der Menüwahl

Analysieren
Regression
Optimale Skalierung...

zu erreichen. Hinter dieser Menüwahl steht die Prozedur CATREG, was die Abkürzung von *Cat*egorical *Reg*ression ist.

Der entscheidende Vorteil der kategorialen Regression ist die bequeme Einbeziehung von mehrfach abgestuften nominalskalierten Variablen. Treten solche Variablen nicht auf, kann man eine herkömmliche multiple lineare Regression rechnen. Bei dieser behilft man sich bei der Aufnahme von mehrfach abgestuften nominalskalierten Variablen mit dem Trick, diese in entsprechend viele dichotome Variablen zu zerlegen.

Bei der kategorialen Regression werden alle kategorialen Variablen, also auch die mehrfach abgestuften nominalskalierten Variablen, mit geeigneten Transformationen quantifiziert, d. h., es werden jeder Kategorie aller Variablen metrische Werte zugewiesen, so dass diese Werte im Hinblick auf die Regression optimale Werte darstellen. Diese transformierten Werte können dann in die Regressionsanalyse eingehen. Das soll zunächst anhand eines einfachen Beispiels gezeigt werden.

15.12.1 Prinzip der Kategorienquantifikationen

- Laden Sie die Datei putzen.sav

Die Datei enthält zwei kategoriale Variablen, die einer Untersuchung an einer Zahnklinik entnommen sind. Die Variable pu gibt in vier Kategorien die Putzhäufigkeit der Zähne wieder, die Variable beruf die Zugehörigkeit zu einer von vier Berufsgruppen. Wir wollen zunächst eine Kreuztabelle zwischen diesen beiden Variablen erstellen.

- Wählen Sie aus dem Menü

Analysieren
Deskriptive Statistiken
Kreuztabellen...

- Definieren Sie beruf als Zeilenvariable, pu als Spaltenvariable, aktivieren Sie über den Schalter *Zellen...* zusätzlich die Ausgabe zeilenweiser Prozentwerte, unf fordern Sie über den Schalter *Statistiken...* den Chi-Quadrat-Test an.

Kreuztabelle Beruf*Putzhäufigkeit

			Putzhäufigkeit				
			< 1-mal täglich	1-mal täglich	2-mal täglich	> 2-mal täglich	Gesamtsumme
Beruf	Beamter/Angest.	Anzahl	4	53	337	21	415
		% in Beruf	1,0%	12,8%	81,2%	5,1%	100,0%
	Arbeiter/Facharb.	Anzahl	12	134	290	7	443
		% in Beruf	2,7%	30,2%	65,5%	1,6%	100,0%
	med. Tätigkeit	Anzahl	0	5	24	10	39
		% in Beruf	0,0%	12,8%	61,5%	25,6%	100,0%
	Militär	Anzahl	2	41	181	9	233
		% in Beruf	0,9%	17,6%	77,7%	3,9%	100,0%
Gesamtsumme		Anzahl	18	233	832	47	1130
		% in Beruf	1,6%	20,6%	73,6%	4,2%	100,0%

Chi-Quadrat-Tests

	Wert	df	Asymp. Sig. (zweiseitig)
Pearson-Chi-Quadrat	100,160[a]	9	,000
Likelihood-Quotient	78,778	9	,000
Zusammenhang linear-mit-linear	,231	1	,631
Anzahl der gültigen Fälle	1130		

a. 3 Zellen (18,8%) haben die erwartete Anzahl von weniger als 5. Die erwartete Mindestanzahl ist ,62.

Die Putzhäufigkeit hängt also zumindest teilweise von der Berufsgruppe ab; medizinisch Tätige weisen einen deutlich höheren Prozentsatz der Personen auf, die ihre Zähne mehr als zweimal täglich putzen, bei den Arbeitern ist die Zahl der Personen erhöht, die es beim einmal täglichen Zähneputzen belassen. Der Chi-Quadrat-Test ergibt mit $p < 0{,}001$ höchste Signifikanz.

Um die Abhängigkeit der Putzhäufigkeit vom Beruf darzustellen, könnte man auf die Idee kommen, eine einfache lineare Regression mit der Putzhäufigkeit als abhängiger und dem Beruf als Einflussvariable zu rechnen.

- Wählen Sie aus dem Menü

  Analysieren
      Regression
          Linear...

- Definieren Sie pu als abhängige und beruf als unabhängige Variable, und bestätigen Sie mit *OK*.

Es sei lediglich die Berechnung des Korrelationskoeffizienten wiedergegeben.

Modellübersicht

Modell	R	R-Quadrat	Angepasstes R-Quadrat	Standardfehler der Schätzung
1	,014[a]	,000	-,001	,523

a. Prädiktoren: (Konstante), Beruf

Obwohl in der Kreuztabelle ein deutlicher Zusammenhang zwischen Putzhäufigkeit und Beruf aufgezeigt wurde, spiegelt sich dieser im berechneten Korrelationskoeffizienten von 0,014 nicht wieder.

Das hat seine Ursache im Skalenniveau der beiden Variablen. Während die Variable pu (Putzhäufigkeit) als ordinalskaliert angesehen werden kann, ist die Variable beruf der klassische Fall einer nominalskalierten Variablen, mit der sinnvollerweise kein Korrelationskoeffizient zu berechnen ist. Die Codierung hat keine empirische Bedeutung und spiegelt keine Ordnungsrelation wieder.

Einen Ausweg hieraus bietet die Methode der kategorialen Regression, bei der den Variablen quantifizierte Werte zugewiesen werden.

- Wählen Sie aus dem Menü

  Analysieren
  Regression
  Optimale Skalierung...

Es öffnet sich die Dialogbox *Kategoriale Regression*.

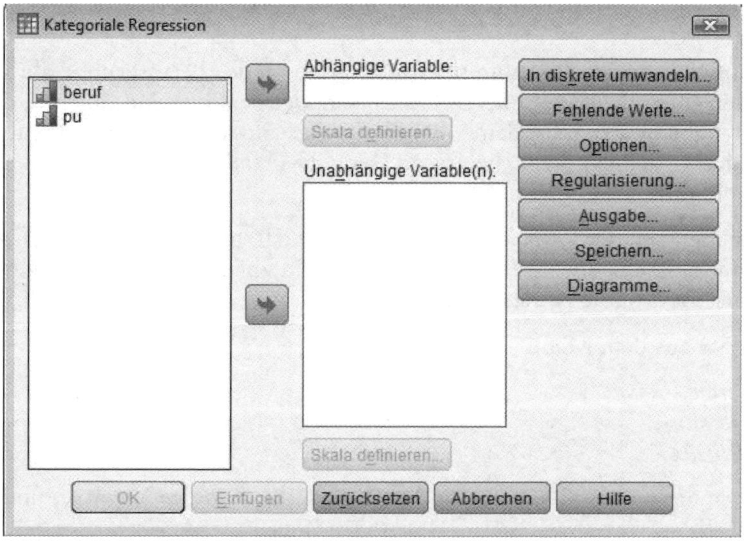

Bild 15.25: Dialogbox Kategoriale Regression

- Definieren Sie pu als abhängige Variable, und betätigen Sie den Schalter *Skala definieren...*

Es öffnet sich die Dialogbox *Kategoriale Regression: Skala definieren.*

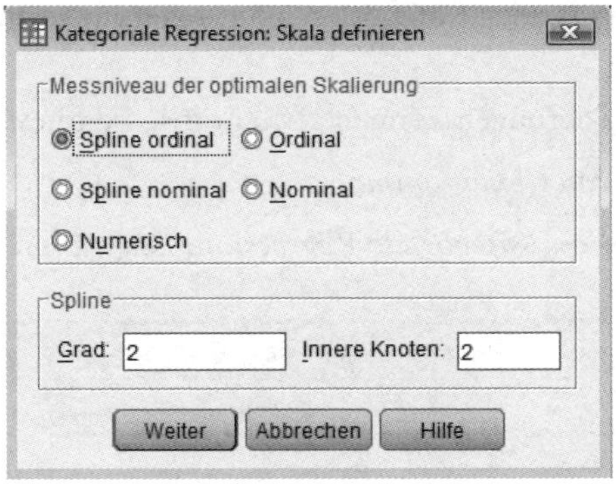

Bild 15.26: Dialogbox Kategoriale Regression: Skala definieren

- Stellen Sie das Messniveau auf *Ordinal*, und verlassen Sie die Dialogbox über *Weiter.*

Die Spline-Varianten sorgen für eine Glättung der transformierten Werte, was aber zu Lasten der Genauigkeit geht und daher nicht zu empfehlen ist.

- Definieren Sie die Variable beruf als unabhängige Variable, und stellen Sie über den Schalter *Skala definieren...* das Messniveau auf *Nominal.*
- Betätigen Sie den Schalter *Ausgabe...*

Es öffnet sich die Dialogbox *Kategoriale Regression: Ausgabe.*

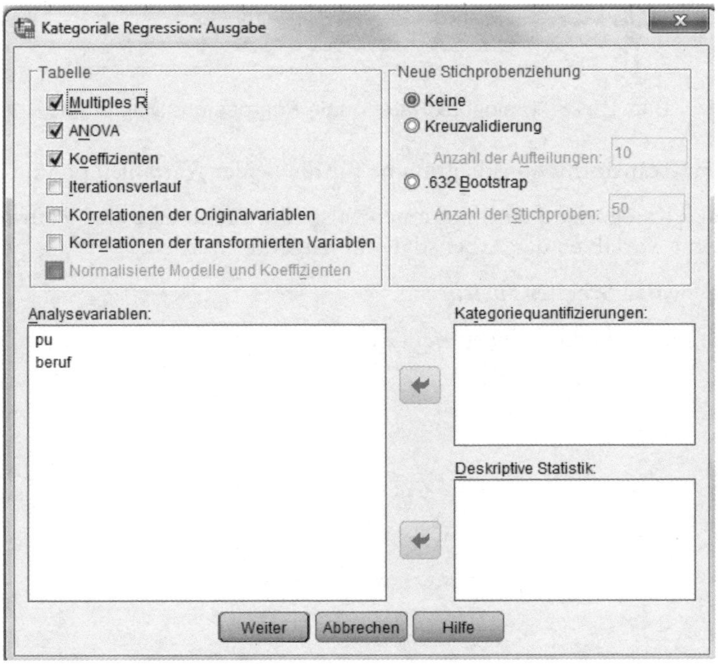

Bild 15.27: Dialogbox Kategoriale Regression: Ausgabe

- Fordern Sie die Ausgabe der Kategorienquantifizierungen für die Variablen pu und beruf an.

Diese Kategorienquantifizierungen können auch grafisch dargestellt werden.

- Betätigen Sie den Schalter *Diagramme...*

Es öffnet sich die Dialogbox *Kategoriale Regression: Diagramme.*

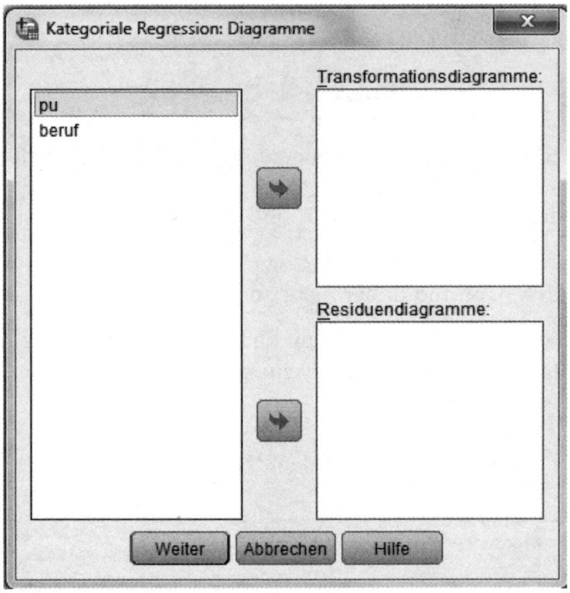

Bild 15.28: Dialogbox Kategoriale Regression: Diagramme

- Fordern Sie Transformationsdiagramme für die beiden Variablen pu und beruf an.

Die Werte der Kategorienquantifikationen, also die Ergebnisse der Transformationen, können als neue Variablen der Arbeitsdatei hinzugefügt werden.

- Betätigen Sie den Schalter *Speichern...*

Es öffnet sich die Dialogbox *Kategoriale Regression: Speichern.*

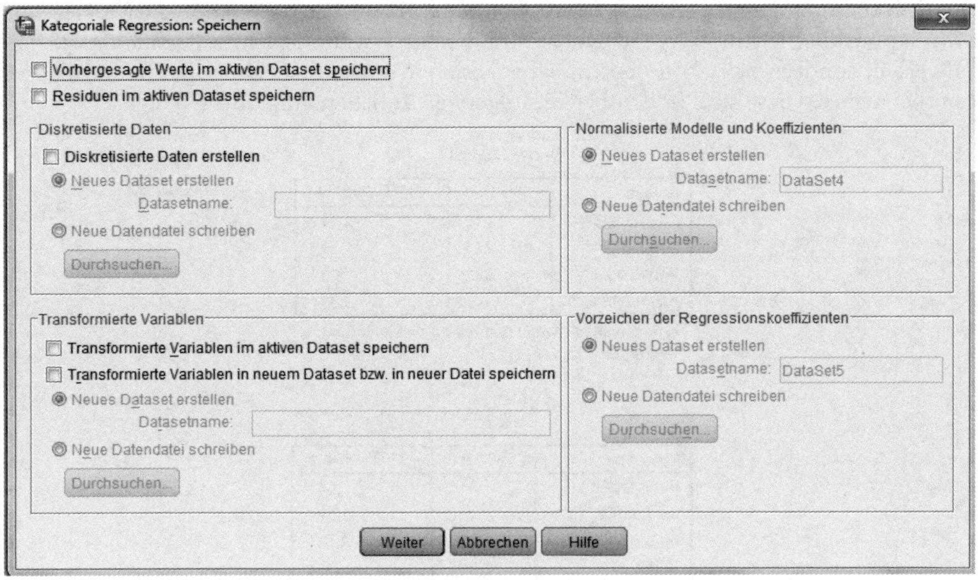

Bild 15.29: Dialogbox Kategoriale Regression: Speichern

- Aktivieren Sie im Feld *Transformierte Variablen* die Option *Transformierte Variablen im aktiven Dataset speichern.*
- Bestätigen Sie mit *Weiter* und *OK.*

Von der Ausgabe sei nur dargestellt, was zum Verständnis der Kategorienquantifikationen sinnvoll erscheint. Zunächst sei der Korrelationskoeffizient zwischen den transformierten Variablen betrachtet.

Modellübersicht

Multiples R	R-Quadrat	Angepasstes R-Quadrat	Offensichtlicher Vorhersagefehler
,253	,064	,062	,936

Abhängige Variable: Putzhäufigkeit
Prädiktor: Beruf

ANOVA

	Quadratsumme	df	Mittel der Quadrate	F	Sig.
Regression	72,490	3	24,163	25,728	,000
Residuum	1057,510	1126	,939		
Gesamtsumme	1130,000	1129			

Abhängige Variable: Putzhäufigkeit
Prädiktor: Beruf

Die Korrelation ist zwar gering, erweist sich aber als höchst signifikant. Der angezeigte Korrelationskoeffizient r = 0,253 wurde, wie bereits erwähnt, nicht zwischen den Originalwerten, sondern zwischen den transformierten Werten (den Kategorienquantifikationen) berechnet. Diese sind in den beiden folgenden Tabellen aufgeführt.

Putzhäufigkeit[a]

Kategorie	Häufigkeit	Quantifizierung
< 1-mal täglich	18	-2,035
1-mal täglich	233	-1,301
2-mal täglich	832	,202
> 2-mal täglich	47	3,654

a. Metrisches Niveau der optimalen Skalierung: Ordinal.

Beruf[a]

Kategorie	Häufigkeit	Quantifizierung
Beamter/Angest.	415	,644
Arbeiter/Facharb.	443	-1,021
med. Tätigkeit	39	3,531
Militär	233	,204

a. Metrisches Niveau der optimalen Skalierung: Nominal.

Die beiden folgenden Transformationsdiagramme zeigen eine entsprechende grafische Darstellung.

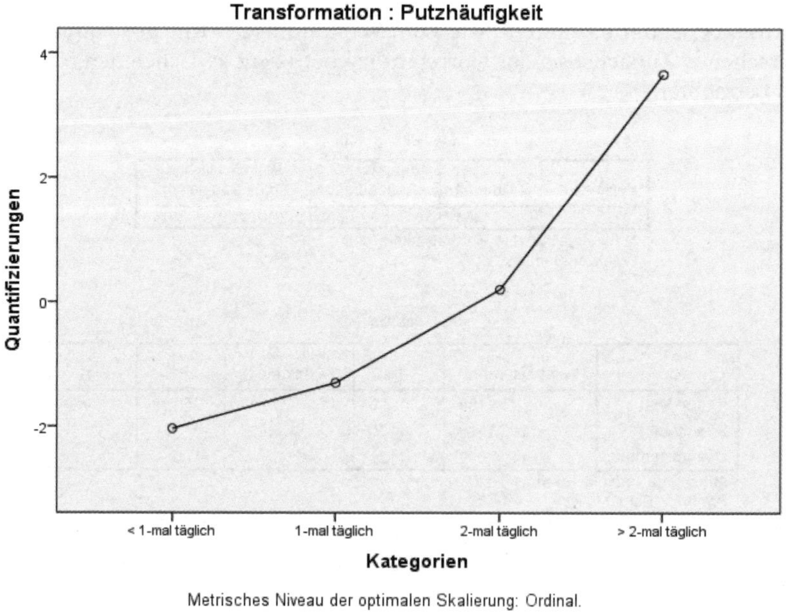

Bild 15.30: Transformationsdiagramm für die Variable pu

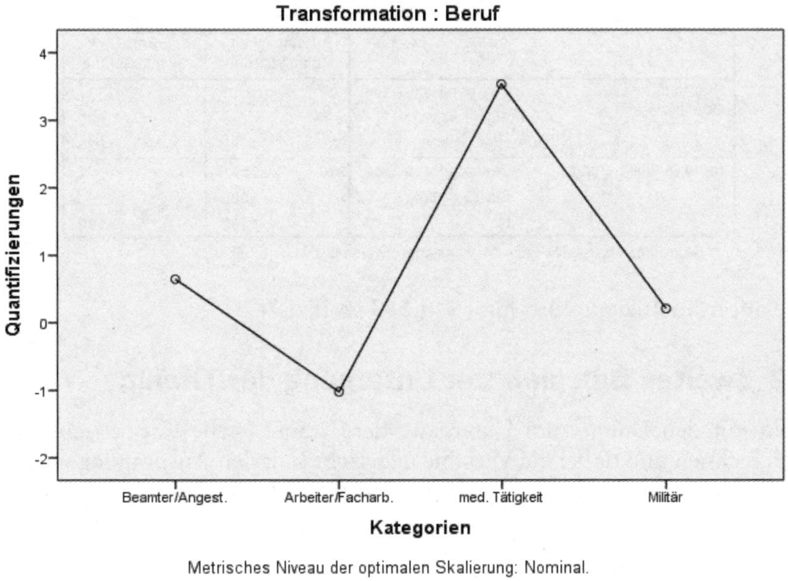

Bild 15.31: Transformationsdiagramm für die Variable beruf

Bei der ordinalskalierten Variablen pu wurde eine schwach monotone Transformation der Werte durchgeführt. Die Transformation bei der nominalskalierten Variablen beruf ergibt die höchste Quantifikation bei den medizinisch Tätigen und die geringste bei den Arbeitern. Da diese Quantifikation aufgrund der Beziehungen zur abhängigen Variablen pu zu Stande kommen, war dies nach der eingangs erstellten Kreuztabelle zu erwarten.

Die ermittelte positive Korrelation (r = 0,253) bedeutet, dass hohe transformierte Werte des Berufs mit hohen transformierten Werten der Putzhäufigkeit einhergehen. Betrachten Sie die beiden Transformationsdiagramme, so bedeutet das, dass medizinische Tätigkeit mit hoher Putzhäufigkeit zu tun hat und der Beruf des Arbeiters mit niedriger Putzhäufigkeit.

Der Arbeitsdatei wurden die beiden Variablen tra1_1 und tra2_1 mit den transformierten Werten der Variablen pu bzw. beruf hinzugefügt. Um mit diesen beiden Variablen den Wert 0,253 für die Korrelation zwischen den transformierten Variablen zu überprüfen, gehen Sie wie folgt vor.

- Wählen Sie aus dem Menü

  Analysieren
      Korrelation
          Bivariat...

- Klicken Sie die beiden Variablen tra1_1 und tra2_1 in das Variablenfeld, belassen Sie es bei der Voreinstellung der Pearson-Korrelation, und bestätigen Sie mit *OK*.

Korrelationen

		Putzhäufigkeit Quantifizierung	Beruf Quantifizierung
Putzhäufigkeit Quantifizierung	Pearson-Korrelation	1	,253**
	Sig. (2-seitig)		,000
	N	1130	1130
Beruf Quantifizierung	Pearson-Korrelation	,253**	1
	Sig. (2-seitig)	,000	
	N	1130	1130

**. Korrelation ist bei Niveau 0,01 signifikant (zweiseitig).

Der Korrelationskoeffizient wird mit r = 0,253 verifiziert.

15.12.2 Zweites Beispiel: Der Untergang der Titanic

Wir wollen mit den Daten zum Untergang der Titanic (siehe Kap. 9) eine kategoriale Regression rechnen und dabei die Variable ueberlebt (mit den Ausprägungen gerettet bzw. verloren) als abhängige Variable betrachten und die anderen Variablen als unabhängige.

- Laden Sie die Datei titanregress.sav
- Wählen Sie aus dem Menü

  Analysieren
  Regression
  Optimale Skalierung...

- Definieren Sie in der Dialogbox *Kategoriale Regression* die Variable ueberlebt als abhängige Variable und stellen Sie über den Schalter *Skala definieren...* das Messniveau auf *Nominal* ein.
- Definieren Sie die Variablen geschl, kind, klasse, gebiet als unabhängige Variablen und stellen Sie über den Schalter *Skala definieren...* das Messniveau für die Variablen geschl, kind und gebiet auf Nominal, das der Variablen klasse auf Ordinal.
- Fordern Sie für alle Variablen Transformationsdiagramme an.

Der multiple Korrelationskoeffizient beträgt 0,616, die Varianzaufklärung 37,4%.

Modellübersicht

Multiples R	R-Quadrat	Angepasstes R-Quadrat	Offensichtlicher Vorhersagefehler
,616	,380	,374	,620

Abhängige Variable: Gerettet?
Prädiktoren:GeschlechtAlterKlasseHerkunft

Die sich anschließende Varianzanalyse weist den Einfluss der unabhängigen Variablen als höchst signifikant aus.

ANOVA

	Quadratsumme	df	Mittel der Quadrate	F	Sig.
Regression	417,849	9	46,428	74,146	,000
Residuum	683,151	1091	,626		
Gesamtsumme	1101,000	1100			

Abhängige Variable: Gerettet?
Prädiktoren:GeschlechtAlterKlasseHerkunft

Es folgt die Ausgabe der Regressionskoeffizienten in standardisierter Form.

Koeffizienten

	Standardisierte Koeffizienten		df	F	Sig.
	Beta	Bootstrap (1000) Schätzung des Standardfehlers			
Geschlecht	,495	,025	1	383,514	,000
Alter	,104	,029	1	12,652	,000
Klasse	,257	,033	2	58,868	,000
Herkunft	,086	,023	5	14,117	,000

Abhängige Variable: Gerettet?

Die Signifikanzüberprüfung mittels des F-Testes zeigt, dass alle unabhängigen Variablen einen höchst signifikanten Einfluss auf die abhängige Variable ausüben ($p < 0{,}001$). Die Beträge der Beta-Gewichte weisen dem Geschlecht den stärksten Einfluss zu (0,495), gefolgt von der Klassenzugehörigkeit an Bord der Titanic (0,257).

Eine Interpretation der Ergebnisse erfordert wieder die Beachtung der in den Transformationsdiagrammen wiedergegebenen Kategorienquantifikationen. Betrachten wir zunächst die Diagramme für die abhängige Variable ueberlebt sowie für die Prediktoren Geschlecht, Alter (Codierung: 1 = »Kind«, 2 = »Erwachsener«) und Klasse.

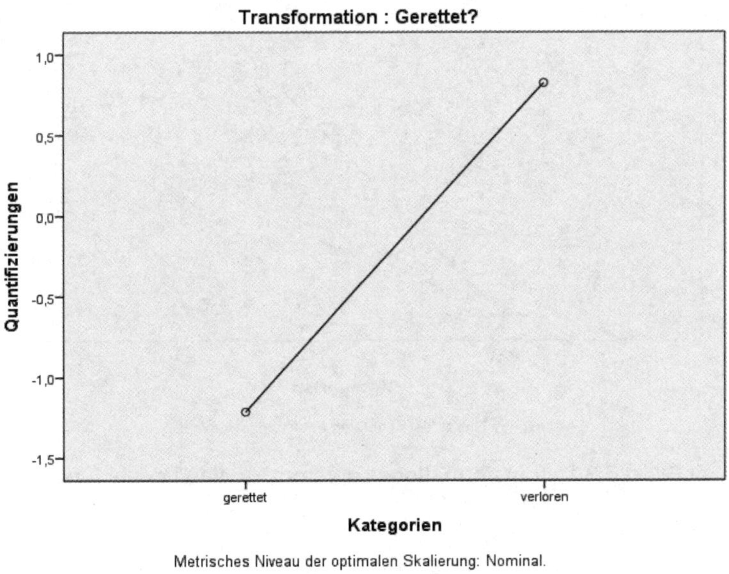

Bild 15.32: Transformationsdiagramm für die Variable ueberlebt

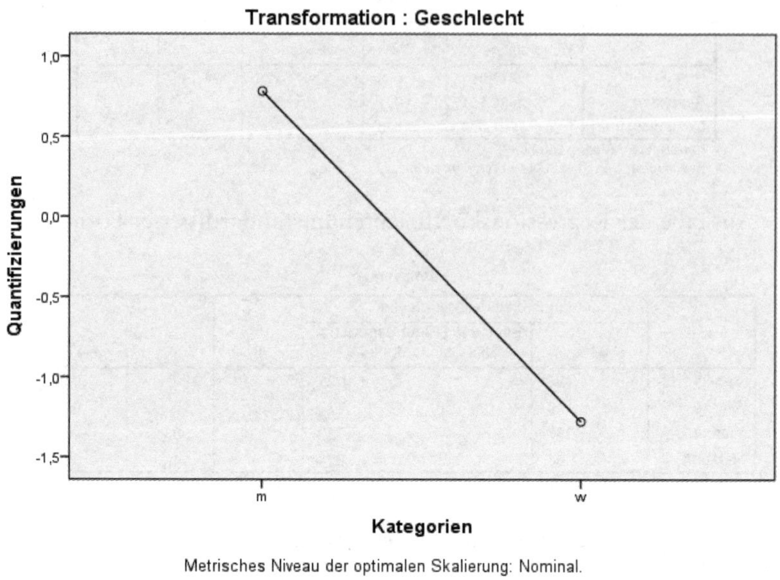

Bild 15.33: Transformationsdiagramm für die Variable Geschlecht

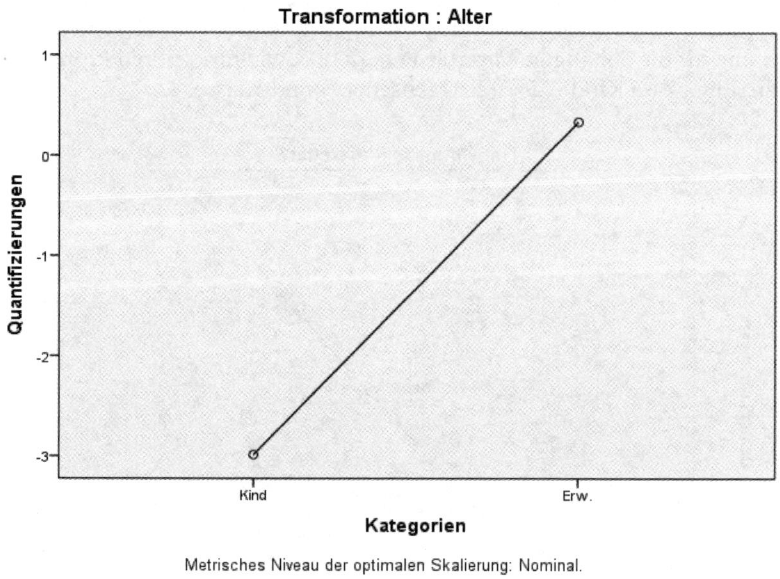

Bild 15.34: Transformationsdiagramm für die Variable Alter

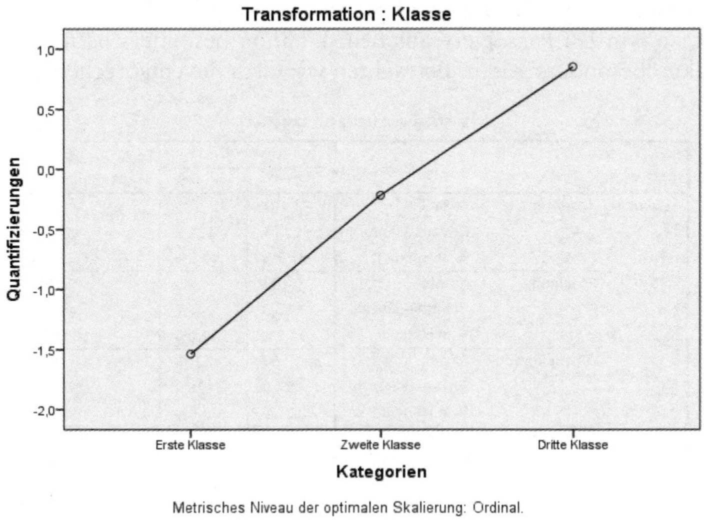

Bild 15.35: Transformationsdiagramm für die Variable Klasse

Unter Beachtung der in den Transformationsdiagrammen wiedergegebenen Kategorienquantifikationen sowie der jeweiligen Vorzeichen der Beta-Koeffizienten für die unabhängigen Variablen bedeutet dieses Ergebnis also:

- Frauen wurden häufiger gerettet als Männer.
- Kinder wurden häufiger gerettet als Erwachsene.
- Je besser die Klasse, desto mehr Personen wurden gerettet.

Zur Erläuterung des Zusammenhangs mit der Herkunft betrachten wir das Transformationsdiagramm für die Variable gebiet.

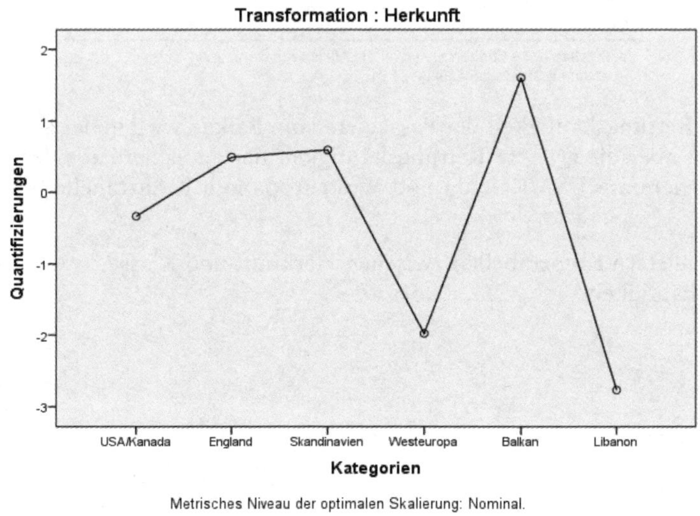

Bild 15.36: Transformationsdiagramm für die Variable Herkunft

Folgt man den Transformationsdiagrammen für die Variable ueberlebt sowie für die Variable herkunft, so wurden Passagiere aus dem Libanon besonders häufig gerettet, Passagiere vom Balkan besonders selten. Betrachten wir dazu die entsprechende Kreuztabelle.

Kreuztabelle Herkunft*Gerettet?

			Gerettet?		
			gerettet	verloren	Gesamtsumme
Herkunft	USA/Kanada	Anzahl	184	136	320
		Erwartete Anzahl	128,1	191,9	320,0
		% in Herkunft	57,5%	42,5%	100,0%
	England	Anzahl	144	269	413
		Erwartete Anzahl	165,3	247,7	413,0
		% in Herkunft	34,9%	65,1%	100,0%
	Skandinavien	Anzahl	57	153	210
		Erwartete Anzahl	84,0	126,0	210,0
		% in Herkunft	27,1%	72,9%	100,0%
	Westeuropa	Anzahl	43	37	80
		Erwartete Anzahl	32,0	48,0	80,0
		% in Herkunft	53,8%	46,3%	100,0%
	Balkan	Anzahl	5	55	60
		Erwartete Anzahl	24,0	36,0	60,0
		% in Herkunft	8,3%	91,7%	100,0%
	Libanon	Anzahl	26	38	64
		Erwartete Anzahl	25,6	38,4	64,0
		% in Herkunft	40,6%	59,4%	100,0%
Gesamtsumme		Anzahl	459	688	1147
		Erwartete Anzahl	459,0	688,0	1147,0
		% in Herkunft	40,0%	60,0%	100,0%

Chi-Quadrat-Tests

	Wert	df	Asymp. Sig. (zweiseitig)
Pearson-Chi-Quadrat	91,200[a]	5	,000
Likelihood-Quotient	96,661	5	,000
Zusammenhang linear-mit-linear	25,578	1	,000
Anzahl der gültigen Fälle	1147		

a. 0 Zellen (0,0%) haben die erwartete Anzahl von weniger als 5. Die erwartete Mindestanzahl ist 24,01.

Die geringere Rettungshäufigkeit der Passagiere vom Balkan wird in der Kreuztabelle sehr deutlich, nicht aber die größere Rettungshäufigkeit der Passagiere aus dem Libanon, da hier die Passagiere aus USA/Kanada und Westeuropa laut Kreuztabelle besser abschneiden.

Die Erklärung liefern Kreuztabellen zwischen Herkunft und Klasse bzw. zwischen Klasse und Rettungshäufigkeit.

Kreuztabelle Herkunft*Klasse

			Klasse			Gesamtsumme
			Erste Klasse	Zweite Klasse	Dritte Klasse	
Herkunft	USA/Kanada	Anzahl	222	53	45	320
		Erwartete Anzahl	84,8	71,7	163,5	320,0
		% in Herkunft	69,4%	16,6%	14,1%	100,0%
	England	Anzahl	48	159	206	413
		Erwartete Anzahl	109,5	92,5	211,0	413,0
		% in Herkunft	11,6%	38,5%	49,9%	100,0%
	Skandinavien	Anzahl	5	16	189	210
		Erwartete Anzahl	55,7	47,1	107,3	210,0
		% in Herkunft	2,4%	7,6%	90,0%	100,0%
	Westeuropa	Anzahl	29	28	23	80
		Erwartete Anzahl	21,2	17,9	40,9	80,0
		% in Herkunft	36,3%	35,0%	28,7%	100,0%
	Balkan	Anzahl	0	0	60	60
		Erwartete Anzahl	15,9	13,4	30,7	60,0
		% in Herkunft	0,0%	0,0%	100,0%	100,0%
	Libanon	Anzahl	0	1	63	64
		Erwartete Anzahl	17,0	14,3	32,7	64,0
		% in Herkunft	0,0%	1,6%	98,4%	100,0%
Gesamtsumme		Anzahl	304	257	586	1147
		Erwartete Anzahl	304,0	257,0	586,0	1147,0
		% in Herkunft	26,5%	22,4%	51,1%	100,0%

Kreuztabelle Klasse*Gerettet?

			Gerettet?		Gesamtsumme
			gerettet	verloren	
Klasse	Erste Klasse	Anzahl	201	123	324
		Erwartete Anzahl	124,2	199,8	324,0
		% in Klasse	62,0%	38,0%	100,0%
	Zweite Klasse	Anzahl	118	158	276
		Erwartete Anzahl	105,8	170,2	276,0
		% in Klasse	42,8%	57,2%	100,0%
	Dritte Klasse	Anzahl	183	527	710
		Erwartete Anzahl	272,1	437,9	710,0
		% in Klasse	25,8%	74,2%	100,0%
Gesamtsumme		Anzahl	502	808	1310
		Erwartete Anzahl	502,0	808,0	1310,0
		% in Klasse	38,3%	61,7%	100,0%

Folgt man den beiden Kreuztabellen, deren Ergebnisse beide als höchst signifikant ausgewiesen werden ($p < 0{,}001$), so fuhren mit einer Ausnahme alle Passagiere aus dem Libanon in der 3. Klasse, was eine deutlich geringere Rettungshäufigkeit erwarten lässt. Angesichts dieser Tatsache sind 40,6% Rettungshäufigkeit bei den Libanesen höher einzuschätzen als 57,5% Rettungshäufigkeit bei den Passagieren aus USA/Kanada.

Abschließend wollen wir im SPSS Viewer noch die Wichtigkeiten betrachten:

Korrelationen und Toleranz

	Korrelationen				Toleranz	
	Nullte Ordnung	Partiell	Teil	Wichtigkeit	Nach Transformation	Vor Transformation
Geschlecht	,544	,527	,488	,710	,972	,971
Alter	,105	,128	,102	,029	,959	,970
Klasse	,324	,298	,246	,219	,916	,732
Herkunft	,189	,106	,084	,043	,946	,750

Abhängige Variable: Gerettet?

Von dominierender Wichtigkeit für die Aussicht, gerettet zu werden, war beim Untergang der Titanic also das Geschlecht, in deutlichem Abstand vor der belegten Klasse. Fast keine Rolle spielten Herkunft und Alter.

15.12.3 Diskretisierung von Variablen

In einer Bevölkerungsumfrage der Sozialwissenschaften (ALLBUS) wurde u. a. nach dem wichtigsten Lernziel für Kinder gefragt. Mit der Codierung

1 = gehorchen
2 = selbstständig denken
3 = anderen helfen

sind die Antworten unter der Variablen lernziel in der Datei lernziel.sav enthalten. Diese Datei enthält ferner als numerische Variable das Alter der Befragten und als weitere nominalskalierte Variable deren Einordnung nach dem so genannten Inglehart-Index. Dieser nach dem amerikanischen Politikwissenschaftler Ronald Inglehart benannte Index teilt Personen in Materialisten und Postmaterialisten und entsprechende Mischtypen ein. Die Variable »Wichtigstes Lernziel für Kinder« mit den Ausprägungen 1 = gehorchen, 2 = selbstständig denken, 3 = anderen soll in Zusammenhang mit dem Alter der befragten Personen und deren Einstufung nach dem Inglehart-Index betrachtet werden. Wir wollen dieses Problem als kategoriale Regression mit dem Lernziel als abhängiger Variable und den beiden anderen Variablen als unabhängigen Variablen rechnen.

- Laden Sie die Datei lernziel.sav.
- Wählen Sie aus dem Menü

  Analysieren
  Regression
  Optimale Skalierung...

- Definieren Sie in der Dialogbox *Kategoriale Regression* die Variable lernziel als abhängige Variable und stellen Sie über den Schalter *Skala definieren...* das Messniveau auf *Nominal* ein.
- Definieren Sie die Variable alter als unabhängige Variable und stellen Sie über den Schalter *Skala definieren...* das Messniveau auf *Numerisch* ein.

Bei solchen intervallskalierten Variablen ist es empfehlenswert, sie zu »diskretisieren«, d.h., sie in Klassen einzuteilen.

- Betätigen Sie den Schalter *In diskrete umwandeln...*

Es öffnet sich die Dialogbox *Kategoriale Regression: Diskretisierung.*

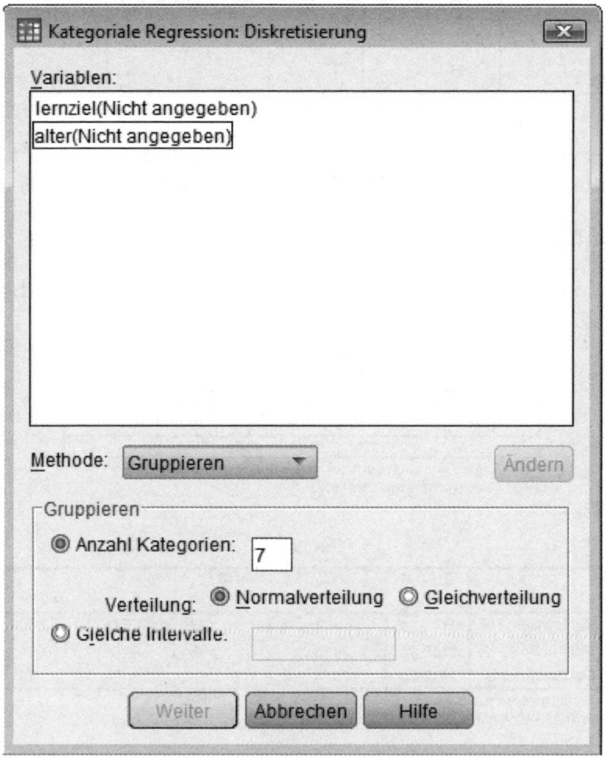

Bild 15.37: Dialogbox Kategoriale Regression: Diskretisierung

- Markieren Sie die Variable alter, und lassen Sie die Voreinstellungen bestehen. Betätigen Sie die Schalter *Ändern* und *Weiter.*

Die Variable alter wird zur weiteren Analyse in sieben Kategorien eingeteilt.

- Definieren Sie die Variable ingle als weitere unabhängige Variable, und stellen Sie über den Schalter *Skala definieren...* das Messniveau auf *Nominal* ein.
- Aktivieren Sie über den Schalter *Ausgabe...* zusätzlich die Option *Korrelationen der transformierten Variablen*, und fordern Sie die Ausgabe der Kategorienquantifizierungen für alle Variablen an.
- Fordern Sie über den Schalter *Diagramme...* Transformationsdiagramme für alle Variablen an.
- Starten Sie die Berechnungen mit *OK.*

Nach einer Fallzahlstatistik werden die Pearson-Korrelationen der transformierten Einflussvariablen (unabhängigen Variablen) ausgegeben.

Korrelationen der transformierten Variablen

	Alter	Inglehart-Index
Alter	1,000	-,190
Inglehart-Index	-,190	1,000
Dimension	1	2
Eigenwert	1,190	,810

Es besteht also eine geringe Korrelation (r = -0,190), die unter Beachtung der beiden zugehörigen Transformationsdiagramme bedeutet, dass Materialisten eher unter den älteren und Postmaterialisten eher unter den jüngeren Personen zu finden sind. Leider fehlt die Signifikanzüberprüfung des Korrelationskoeffizienten.

Es folgt die Berechnung des multiplen Korrelationskoeffizienten und seine Signifikanzüberprüfung.

Modellübersicht

Multiples R	R-Quadrat	Angepasstes R-Quadrat	Offensichtlicher Vorhersagefehler
,270	,073	,072	,927

Abhängige Variable: Lernziel
Prädiktoren:AlterInglehart-Index

ANOVA

	Quadrat summe	df	Mittel der Quadrate	F	Sig.
Regression	214,549	4	53,637	57,761	,000
Residuum	2725,45	2935	,929		
Gesamtsumme	2940,00	2939			

Abhängige Variable: Lernziel
Prädiktoren:AlterInglehart-Index

Der quadrierte Korrelationskoeffizient, auch Bestimmtheitsmaß genannt, gibt die Varianzaufklärung der abhängigen Variablen durch die unabhängigen Variablen an. Diese ist mit 7,2% natürlich nicht befriedigend. Der Einfluss der unabhängigen Variablen ist also gering, aber höchst signifikant, wie die Varianzanalyse ausweist (p < 0,001).

Die Regressionskoeffizienten werden lediglich in standardisierter Form (also auf den Wertebereich normiert, Beta-Gewichte genannt) ausgegeben:

Koeffizienten

	Standardisierte Koeffizienten				
	Beta	Bootstrap (1000) Schätzung des Standardfehlers	df	F	Sig.
Alter	-,132	,020	1	45,378	,000
Inglehart-Index	,212	,018	3	133,324	,000

Abhängige Variable: Lernziel

Die Signifikanzüberprüfung erfolgt mit einem F-Test; beide unabhängigen Variablen haben also einen höchst signifikanten Einfluss (p < 0,001) auf die abhängige Variable »Lernziel«. Die Beträge der Beta-Gewichte weisen dem Inglehart-Index (0,212) also einen stärkeren Einfluss zu als dem Alter (-0,132).

Das negative Beta-Gewicht bei der Altersvariable bedeutet, dass hohe Kategorienquantifizierungen des Alters mit niedrigen Kategorienquantifizierungen des Lernziels einhergehen und umgekehrt. Ziehen Sie die betreffenden Transformationsdiagramme im SPSS Viewer zu Rate, so heißt das, dass das Lernziel »denken« mit der höchsten Kategorienquantifizierung mit eher niedrigem Alter, das Lernziel »gehorchen« mit der niedrigsten Kategorientransformation eher mit höherem Alter einhergeht.

Ein positives Beta-Gewicht wird beim Inglehart-Index ausgewiesen. Hohe Kategorienquantifizierungen des Inglehart-Index gehen also einher mit hohen Kategorienquantifizierungen des Lernziels. Mit Hilfe der zugehörigen Transformationsdiagramme ist daher zu schließen, dass das Lernziel »denken« eher mit Postmaterialismus einhergeht, das Lernziel »gehorchen« eher mit Materialismus.

Verschiedene Korrelationen und einige weitere Parameter werden in der folgenden Tabelle ausgegeben.

Korrelationen und Toleranz

	Korrelationen				Toleranz	
	Nullte Ordnung	Partiell	Teil	Wichtigkeit	Nach Transformation	Vor Transformation
Alter	-,172	-,133	-,129	,311	,964	,960
Inglehart-Index	,237	,211	,208	,689	,964	,960

Abhängige Variable: Lernziel

Die Korrelation nullter Ordnung ist die Pearson-Korrelation zwischen den Kategorienquantifizierungen der abhängigen und der betreffenden unabhängigen Variablen. Die partielle Korrelation ergibt sich unter Ausschluss der anderen Einflussvariablen; eine Variante hiervon ist die Teilkorrelation.

Der mit »Wichtigkeit« bezeichnete Parameter (genauer: Pratt's Maß der relativen Wichtigkeit) ist eine Variante zu den standardisierten Regressionskoeffizienten und nimmt stets positive Werte an. Die Summe aller Wichtigkeiten ist 1.

Die Toleranzwerte (zwischen 0 und 1 gelegen) geben an, ob die betreffende Einflussvariable gut aus den anderen Einflussvariablen vorhergesagt werden kann. In diesem Fall werden niedrige Toleranzwerte angezeigt Solche Variablen wären dann für die Vorhersage untauglich. Hohe Toleranzwerte wie im gegebenen Beispiel weisen demnach die Berechtigung nach, die betreffende Einflussvariable in der Analyse zu belassen.

Die Tabellen mit den Kategorienquantifizierungen seien hier nicht wiedergegeben, stattdessen werden im Folgenden sogleich die Transformationsdiagramme gezeigt.

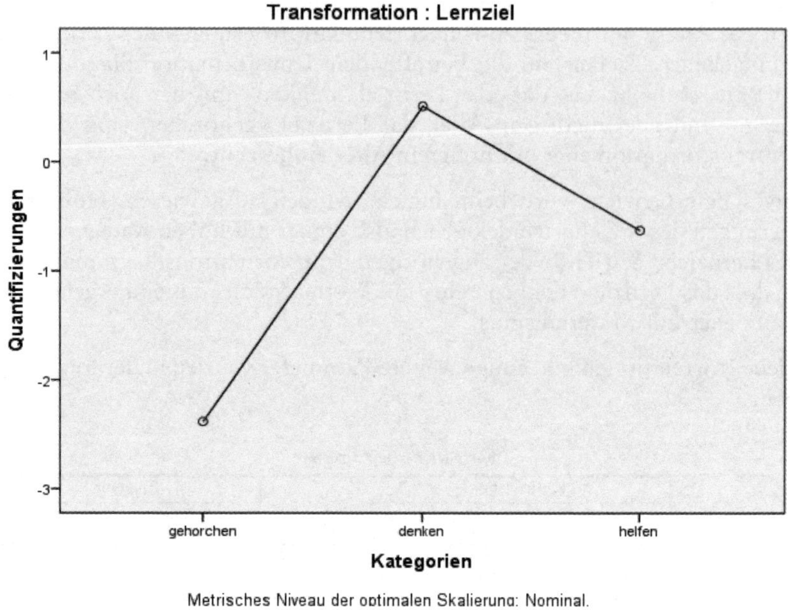

Bild 15.38: Transformationsdiagramm für die Variable Lernziel

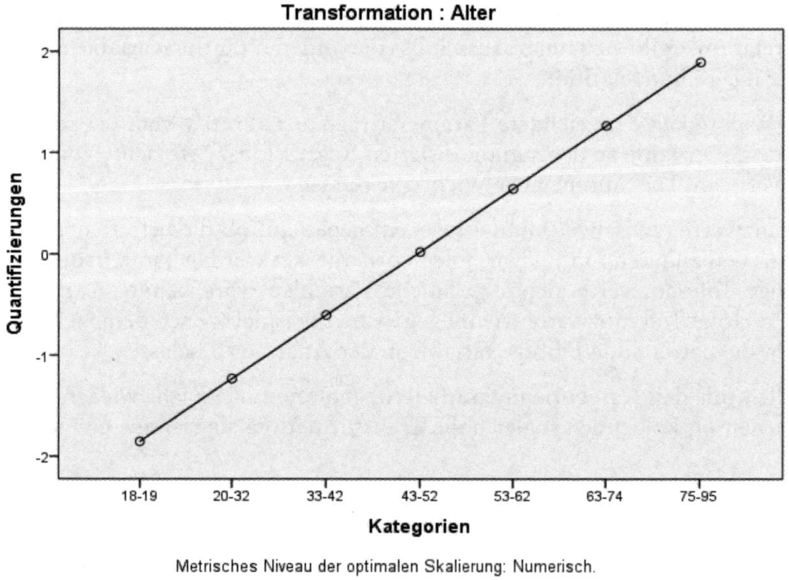

Bild 15.39: Transformationsdiagramm für die Variable Alter

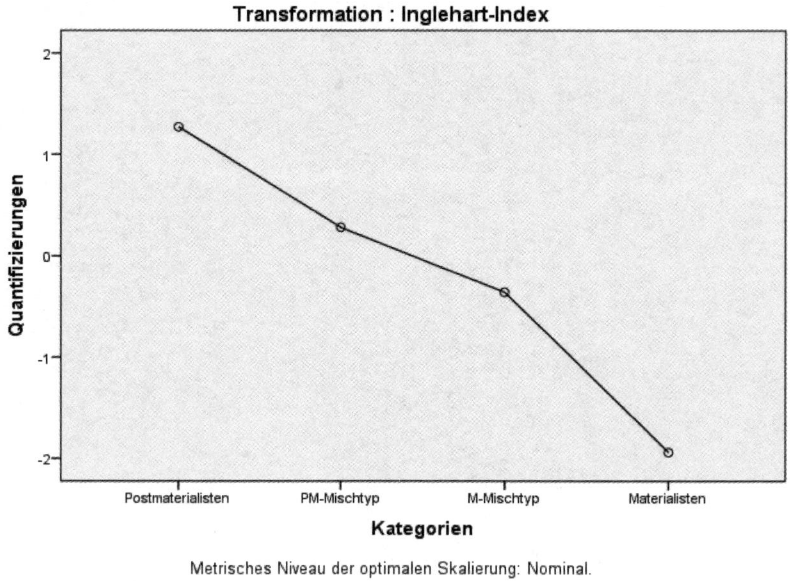

Bild 15.40: Transformationsdiagramm für die Variable ingl

Das Transformationsdiagramm für den Inglehart-Index lässt den Schluss zu, dass man diese Variable mit der gegebenen Codierung auch als ordinalskaliert hätte einstufen können.

KAPITEL 16

Varianzanalysen

Die Varianzanalyse untersucht den Einfluss von einer oder mehreren unabhängigen Variablen auf eine abhängige Variable (univariate Analyse) oder mehrere abhängige Variablen (multivariate Analyse). Die unabhängigen Variablen nehmen im Normalfall nur diskrete Werte an (nominales oder ordinales Messniveau); in diesem Fall spricht man auch von Faktoren. Sind die unabhängigen Variablen intervall- oder verhältnisskaliert (metrische Werte), so bezeichnet man sie als Kovariaten und die betreffende Analyse als Kovarianzanalyse.

Im Bereich der Varianzanalysen bietet SPSS eine Fülle von Möglichkeiten an, die aber, vor allem für Einsteiger, nicht immer leicht zu durchschauen sind. Prinzipiell anzumerken ist zunächst, dass Varianzanalysen nach drei verschiedenen Methoden gerechnet werden können:

- nach der herkömmlichen »klassischen« Methode nach Fisher
- nach der neueren Methode des »Allgemeinen linearen Modells«
- in Form von linearen gemischten Modellen

Die erste Methode läuft auf eine Zerlegung von Quadratsummen hinaus; im einfaktoriellen Fall ist dies eine Zerlegung der Gesamtvarianz aller auftretenden Werte in eine Varianz innerhalb der Gruppen und eine Varianz zwischen den Gruppen. Grundlage des allgemeinen linearen Modells hingegen ist die Korrelations- und Regressionsrechnung. Lineare gemischten Modelle werden in Kap. 16.5 vorgestellt.

Wir wollen uns im Folgenden auf die Darstellung der gängigsten Designs der Varianzanalysen beschränken. Dabei wird zwischen ein- und mehrfaktoriellen Varianzanalysen unterschieden (nach der Zahl der unabhängigen Variablen), zwischen uni- und multivariaten Varianzanalysen (nach der Zahl der abhängigen Variablen) und danach, ob es Faktoren (unabhängige Variablen) gibt, die Messwiederholungen beinhalten.

Varianzanalysen erreicht man nach dem Laden einer entsprechenden Datendatei (z. B. varana.sav) über die Menüwahl

Analysieren
    Allgemeines lineares Modell

Es öffnet sich ein entsprechendes Untermenü.

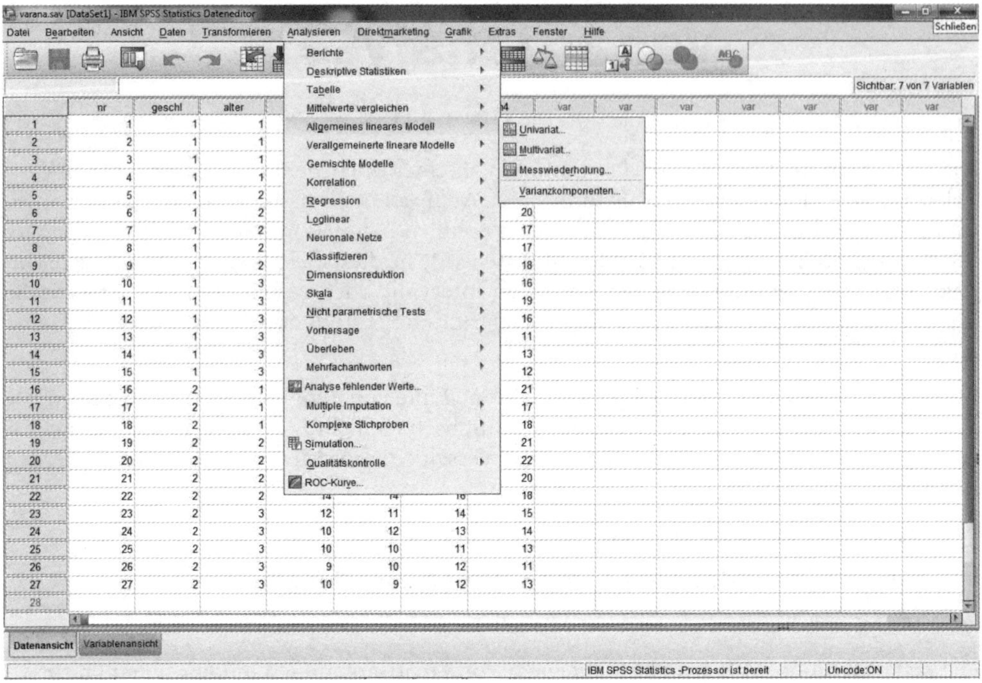

Bild 16.1: Untermenü Allgemeines lineares Modell

Die in der Dialogbox angebotenen Möglichkeiten beinhalten ausnahmslos Berechnungen nach dem allgemeinen linearen Modell. Es sind dies der Reihe nach univariate Varianzanalysen (*Univariat...*), multivariate Varianzanalysen (*Multivariat...*) und univariate Varianzanalysen mit Messwiederholungsdesign (*Messwiederholung...*). Schließlich gibt es noch einen Menüpunkt zur Berechnung von Varianzkomponenten (siehe Kap. 16.4).

Die Durchrechnung von Varianzanalysen nach der herkömmlichen »klassischen« Methode nach Fisher ist ebenfalls möglich, aber nur noch über den Einsatz der Programmsyntax (Prozedur ANOVA). Dieser Methode ist ein eigenes Kapitel gewidmet (siehe Kap. 16.1.2).

Da im Rahmen dieses Buches eine vollständige Darstellung aller Möglichkeiten, die SPSS in diesem Bereich bietet, unmöglich gegeben werden kann, soll versucht werden, anhand einiger Beispiele eine Übersicht bzw. Einführung über die hauptsächlichen Anwendungssituationen zu geben:

- univariate Varianzanalysen
- Kovarianzanalysen
- multivariate Varianzanalysen

Bei den univariaten Analysen sollen Anordnungen (Designs) ohne und mit Messwiederholungen behandelt werden. Das letzte Kapitel behandelt die Berechnung von Varianz-Komponenten.

16.1 Univariate Varianzanalyse

Einfaktorielle Varianzanalysen (ohne und mit Messwiederholungen) wurden bereits in Kap.13 behandelt; wir wollen uns daher den mehrfaktoriellen Varianzanalysen zuwenden.

Da Varianzanalysen gerade in der Psychologie häufig angewandt werden, soll das erste Beispiel aus diesem Bereich stammen. Insgesamt 27 Versuchspersonen wurden zu vier Untersuchungszeitpunkten einem Merkfähigkeitstest unterzogen. Daneben wurden von jeder Versuchsperson auch das Geschlecht und das Alter festgehalten. Die ermittelten Werte sind in der folgenden Tabelle aufgelistet.

G	A	M1	M2	M3	M4	G	A	M1	M2	M3	M4
1	1	16	18	21	20	1	3	8	11	12	12
1	1	17	19	18	22	2	1	17	18	20	21
1	1	15	15	17	18	2	1	15	15	18	17
1	1	16	17	18	19	2	1	16	17	17	18
1	2	15	16	20	18	2	2	15	18	19	21
1	2	16	19	18	20	2	2	17	20	21	22
1	2	13	14	16	17	2	2	14	16	17	20
1	2	14	14	15	17	2	2	14	14	16	18
1	2	15	16	16	18	2	3	12	11	14	15
1	3	13	14	15	16	2	3	10	12	13	14
1	3	14	17	16	19	2	2	10	10	11	13
1	3	13	13	15	16	2	3	9	10	12	11
1	3	10	11	11	11	2	3	10	9	12	13
1	3	9	10	10	13						

Beim Geschlecht (G) steht 1 für männlich und 2 für weiblich; beim Alter (A) liegen drei Gruppen vor. Die Kodierung ist hier 1 für Probanden bis 30 Jahre, 2 für Probanden im Alter zwischen 31 und 50 Jahren und 3 für Probanden über 50 Jahre. Die vier Darbietungen des Merkfähigkeitstests sind mit M1 bis M4 bezeichnet.

Anhand dieses Beispiels soll zum einen eine univariate Varianzanalyse ohne Messwiederholung, zum anderen eine univariate Varianzanalyse mit Messwiederholung erläutert werden. Die univariaten Varianzanalysen ohne Messwiederholungen können sowohl nach dem allgemeinen linearen Modell als auch nach der klassischen Methode nach Fisher gerechnet werden.

16.1.1 Univariate Varianzanalyse (allgemeines lineares Modell)

Es soll der Einfluss von Geschlecht und Alter auf den Ausgangswert (M1) des Merkfähigkeitstestes untersucht werden. Wir haben es hierbei mit zwei Faktoren zu tun, von denen der eine (das Geschlecht) zweifach und der andere (das Alter) dreifach abgestuft ist. Die Kombination der beiden Faktoren ergibt insgesamt sechs Gruppen von Probanden (auch Zellen genannt). Die Fallzahlen in den Zellen sind nicht gleich, sondern unterschiedlich.

- Laden Sie die Datei varana.sav.
- Wählen Sie aus dem Menü

  Analysieren
  Allgemeines lineares Modell
  Univariat...

Es öffnet sich die Dialogbox *Univariat...*

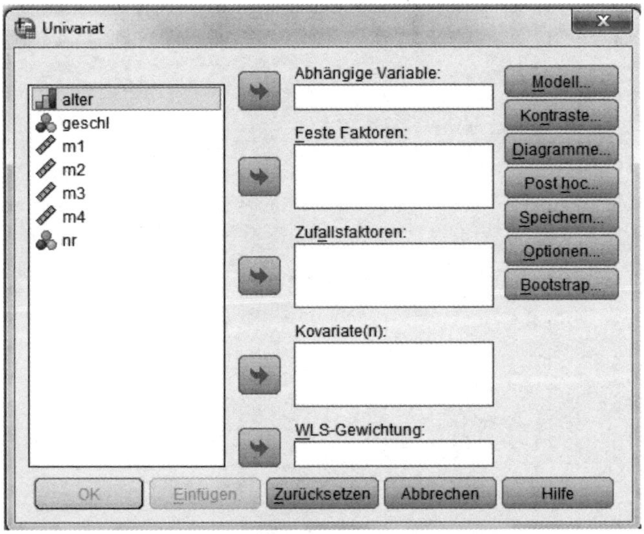

Bild 16.2: Dialogbox Univariat

- Tragen Sie die Variable m1 als abhängige Variable und die Variablen geschl und alter als feste Faktoren ein.

Einer Erläuterung bedürfen die Begriffe »feste« und »zufällige« Faktoren. Faktoren mit festen Effekten sind solche, die alle möglichen Abstufungen einer unabhängigen Variablen umfassen, z. B. männlich – weiblich oder niedrige – mittlere – hohe Schulbildung. Werden jedoch die Stufen eines Faktors zufällig aus einer Population vieler möglicher Faktorstufen ausgewählt, spricht man von Faktoren mit zufälligen Effekten. In diesem Falle ist es sinnvoll, so genannte »Varianz-Komponenten« zu berechnen (siehe Kap. 16.4).

- Betätigen Sie den Schalter *Modell...*

Es öffnet sich die Dialogbox *Univariat: Modell.*

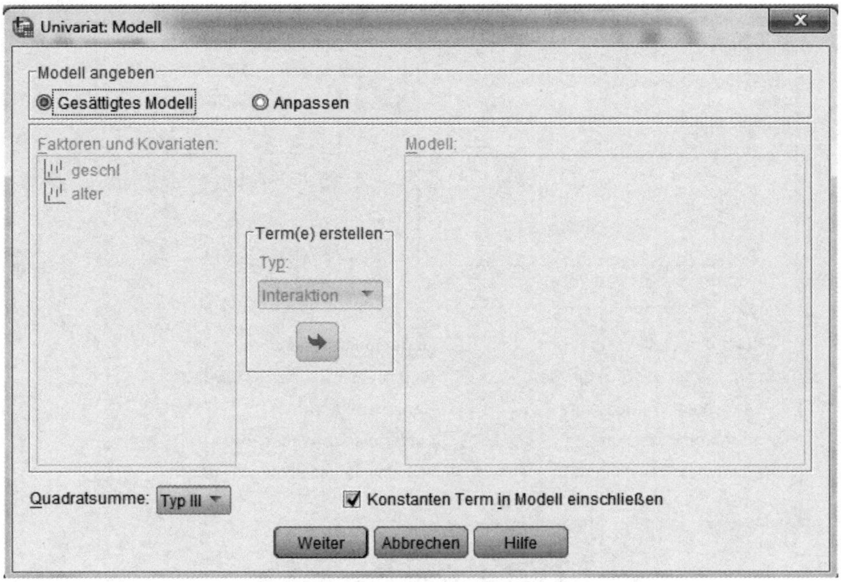

Bild 16.3: Dialogbox Univariat: Modell

Was die Modellspezifikation anbetrifft, so ist *Gesättigtes Modell* voreingestellt; neben allen Haupteffekten werden hier auch alle Wechselwirkungen zwischen den Faktoren berechnet. Die Alternative dazu ist, ausgewählte Wechselwirkungseffekte über die Aktivierung *Anpassen* zu spezifizieren. Auch Wechselwirkungen mit Kovariaten müssen auf diese Weise angefordert werden.

Bei der Bildung der Quadratsummen kann zwischen vier verschiedenen Typen (mit I, II, III und IV bezeichnet) unterschieden werden; voreingestellt ist Typ III.

- Belassen Sie es bei den Voreinstellungen, und verlassen Sie die Dialogbox mit *Weiter.*

- Klicken Sie auf den Schalter *Optionen...*

Es öffnet sich die Dialogbox *Univariat: Optionen.*

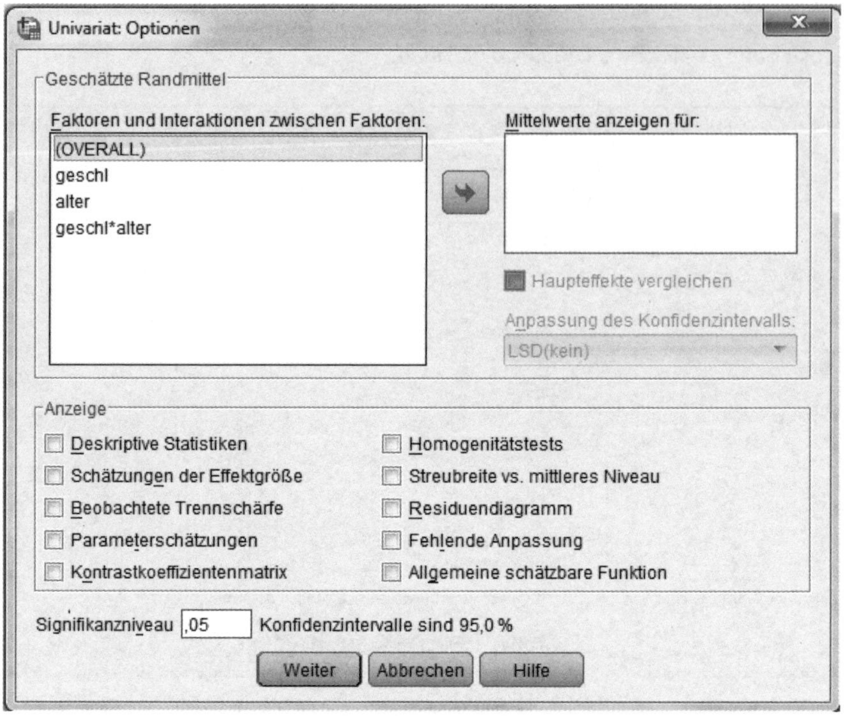

Bild 16.4: Dialogbox Univariat: Optionen

- Klicken Sie OVERALL und die beiden Variablen geschl und alter in das Feld *Mittelwerte anzeigen für*; es werden dann die Mittelwerte und Standardfehler für die Gesamtstichprobe (OVERALL) und für alle Stufen der beiden Faktoren ausgegeben. Mittelwerte für Wechselwirkungskombinationen werden an dieser Stelle nur für nicht gesättigte Modelle berechnet.
- Aktivieren Sie ferner *Deskriptive Statistiken*; diese beinhaltet Mittelwert, Standardabweichungen und Fallzahlen in allen Zellen.
- Aktivieren Sie weiterhin die Option *Homogenitätstests*. Hiermit wird die Überprüfung auf Varianzenhomogenität angefordert. Verlassen Sie die Dialogbox über *Weiter*.
- Über den Schalter *Diagramme...* öffnen Sie die Dialogbox *Univariat: Profilplots*.

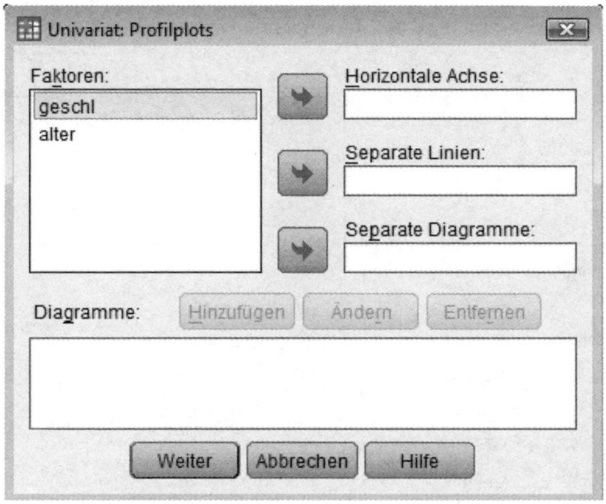

Bild 16.5: Dialogbox Univariat: Profilplots

Bei den Profilplots handelt es sich um grafische Darstellungen der Stufenmittelwerte ausgewählter Faktoren in Form von Liniendiagrammen. Dabei können die Stufen eines zweiten Faktors dazu benutzt werden, entsprechend getrennte Linien zu zeichnen; auf diese Weise können Wechselwirkungen zwischen zwei Faktoren veranschaulicht werden.

- Tragen Sie die Variable alter in *Horizontale Achse* und die Variable geschl in *Separate Linien* ein. Prinzipiell ist es auch möglich, in *Separate Diagramme* eine weitere Variable anzugeben; entsprechend den Stufen dieser Variablen werden dann getrennte Diagramme ausgegeben.
- Betätigen Sie den Schalter *Hinzufügen*, und verlassen Sie die Dialogbox über *Weiter*.
- Schließlich betätigen Sie noch den Schalter *Post Hoc...* Es öffnet sich die Dialogbox *Univariat: Post-Hoc-Mehrfachvergleiche für beobachteten Mittelwert.*

Sie haben die Auswahl zwischen achtzehn verschiedenen Tests, um zwischen den einzelnen Stufen ausgewählter Faktoren Post-Hoc-Vergleiche durchzuführen. Sinnvoll ist dies naturgemäß nur für Faktoren mit mehr als zwei Stufen.

- Übertragen Sie die Variable alter in das Feld *Post-Hoc-Tests für.*
- Aktivieren Sie den Scheffé-Test. Die Dialogbox stellt sich nun wie folgt dar.

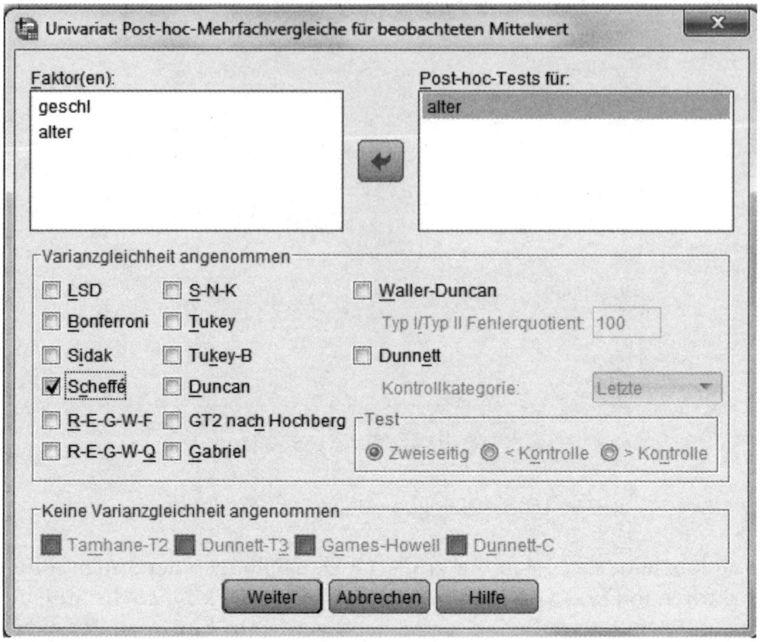

Bild 16.6: Dialogbox Univariat: Post-Hoc-Mehrfachvergleiche für beobachteten Mittelwert

- Verlassen Sie die Dialogbox über *Weiter.*
- Sie haben ferner Gelegenheit, Kontraste zu spezifizieren und fallweise gewisse Statistiken auf neuen Variablen zu speichern. Wir wollen hierauf verzichten; starten Sie daher jetzt die Berechnungen mit *OK*.

Im Viewer wird zunächst eine Übersicht über die »Zwischensubjektfaktoren« angezeigt. Es folgt die Ausgabe der Mittelwerte, Standardabweichungen und Fallzahlen für die einzelnen Zellen sowie der Homogenitätstest.

Zwischensubjektfaktoren

		Wertbeschriftung	H
geschl	1	männlich	15
	2	weiblich	12
alter	1	bis 30 Jahre	7
	2	31-50 Jahre	9
	3	über 50 Jahre	11

Deskriptive Statistiken

Abhängige Variable: m1

geschl	alter	Mittelwert	Standardabweichung	H
männlich	bis 30 Jahre	16,00	,816	4
	31-50 Jahre	14,60	1,140	5
	über 50 Jahre	11,17	2,483	6
	Gesamtsumme	13,60	2,694	15
weiblich	bis 30 Jahre	16,00	1,000	3
	31-50 Jahre	15,00	1,414	4
	über 50 Jahre	10,20	1,095	5
	Gesamtsumme	13,25	2,927	12
Gesamtsumme	bis 30 Jahre	16,00	,816	7
	31-50 Jahre	14,78	1,202	9
	über 50 Jahre	10,73	1,954	11
	Gesamtsumme	13,44	2,750	27

Levene-Test auf Gleichheit der Fehlervarianzen[a]

Abhängige Variable: m1

F	df1	df2	Sig.
4,177	5	21	,009

Testet die Nullhypothese, dass die Fehlervarianz der abhängigen Variablen über Gruppen hinweg gleich ist.

a. Design: Konstanter Term + geschl + alter + geschl * alter

Der Levene-Test auf Gleichheit der Varianzen ergibt mit p = 0,009 leider ein signifikantes Ergebnis. Dies bedeutet, dass Varianzenhomogenität – neben der Normalverteilung der Werte eine der beiden Voraussetzungen zur Durchführbarkeit der Varianzanalyse – nicht gegeben ist.

Das übliche Schema der Varianzanalyse zeigt (wohlgemerkt: gerechnet nach dem allgemeinen linearen Modell) den nicht signifikanten Einfluss des Geschlechts (p = 0,761), den höchst signifikanten Einfluss des Alters (p < 0,001) und die nicht signifikante Wechselwirkung zwischen beiden (p = 0,611).

Tests der Zwischensubjekteffekte

Abhängige Variable: m1

Quelle	Typ III Quadratsumme	df	Quadratischer Mittelwert	F	Sig.
Korrigiertes Modell	145,833[a]	5	29,167	12,049	,000
Konstanter Term	4916,763	1	4916,763	2031,187	,000
geschl	,229	1	,229	,095	,761
alter	144,273	2	72,137	29,801	,000
geschl * alter	2,446	2	1,223	,505	,611
Fehler	50,833	21	2,421		
Gesamtsumme	5077,000	27			
Korrigierter Gesamtwert	196,667	26			

a. R-Quadrat = ,742 (Angepasstes R-Quadrat = ,680)

Im Falle von nicht gegebener Varianzenhomogenität wird empfohlen, die Signifikanzschranke nicht bei p = 0,05, sondern bei p = 0,01 anzusetzen. Der signifikante Einfluss des Alters ist also auf jeden Fall gegeben.

Vergleichen Sie die Ergebnisse mit denen der Fisher-Methode (siehe Kap. 15.1.2), so sehen Sie eine geringfügige Abweichung des p-Wertes bei der Einflussgröße Geschlecht. Es folgt die Ausgabe der deskriptiven Statistiken für die Gesamtstichprobe und die einzelnen Faktorstufen.

1. Gesamtmittelwert

Abhängige Variable: m1

Mittelwert	Standardfehler	95 % Konfidenzintervall Untergrenze	95 % Konfidenzintervall Obergrenze
13,828	,307	13,190	14,466

2. geschl

Abhängige Variable: m1

geschl	Mittelwert	Standardfehler	95 % Konfidenzintervall Untergrenze	95 % Konfidenzintervall Obergrenze
männlich	13,922	,407	13,075	14,769
weiblich	13,733	,459	12,779	14,688

3. alter

Abhängige Variable: m1

alter	Mittelwert	Standardfehler	95 % Konfidenzintervall Untergrenze	95 % Konfidenzintervall Obergrenze
bis 30 Jahre	16,000	,594	14,764	17,236
31-50 Jahre	14,800	,522	13,715	15,885
über 50 Jahre	10,683	,471	9,704	11,663

Es schließt sich die Ausgabe des angeforderten Scheffé-Testes zum Vergleich der einzelnen Altersstufen an. Dem teilweise redundanten Ausdruck entnehmen Sie, dass sich die höchste Altersgruppe höchst signifikant von den beiden anderen unterscheidet.

Mehrfachvergleiche

Abhängige Variable: m1
Scheffé

(I) alter	(J) alter	Mittelwertdifferenz (I-J)	Standardfehler	Sig.	95 % Konfidenzintervall Untergrenze	95 % Konfidenzintervall Obergrenze
bis 30 Jahre	31-50 Jahre	1,22	,784	,317	-,84	3,29
	über 50 Jahre	5,27*	,752	,000	3,29	7,25
31-50 Jahre	bis 30 Jahre	-1,22	,784	,317	-3,29	,84
	über 50 Jahre	4,05*	,699	,000	2,21	5,89
über 50 Jahre	bis 30 Jahre	-5,27*	,752	,000	-7,25	-3,29
	31-50 Jahre	-4,05*	,699	,000	-5,89	-2,21

Basierend auf beobachteten Mittelwerten.
Der Fehlerterm ist Mittel der Quadrate(Fehler) = 2,421.

*. die Mittelwertdifferenz ist auf der Stufe ,05 signifikant.

Dies wird noch einmal in einer anderen Form des Ausdrucks deutlich, nämlich desjenigen der »homogenen Untergruppen«.

m1

Scheffé[a,b,c]

alter	H	Subset 1	Subset 2
über 50 Jahre	11	10,73	
31-50 Jahre	9		14,78
bis 30 Jahre	7		16,00
Sig.		1,000	,283

Mittelwerte für Gruppen in homogenen Subsets werden angezeigt.
Basierend auf beobachteten Mittelwerten.
Der Fehlerterm ist Mittel der Quadrate(Fehler) = 2,421.

a. Verwendet harmonischen Mittelwert des Stichprobenumfangs = 8,699.

b. Die Gruppengrößen sind nicht identisch. Das harmonische Mittel der Gruppengrößen wird verwendet. Für Typ-I-Fehler-Ebenen wird keine Garantie gegeben.

c. Alpha = ,05.

Das Profildiagramm, in dem das Liniendiagramm des Alters getrennt nach den beiden Geschlechtern dargestellt wird, schließt die Ausgabe ab.

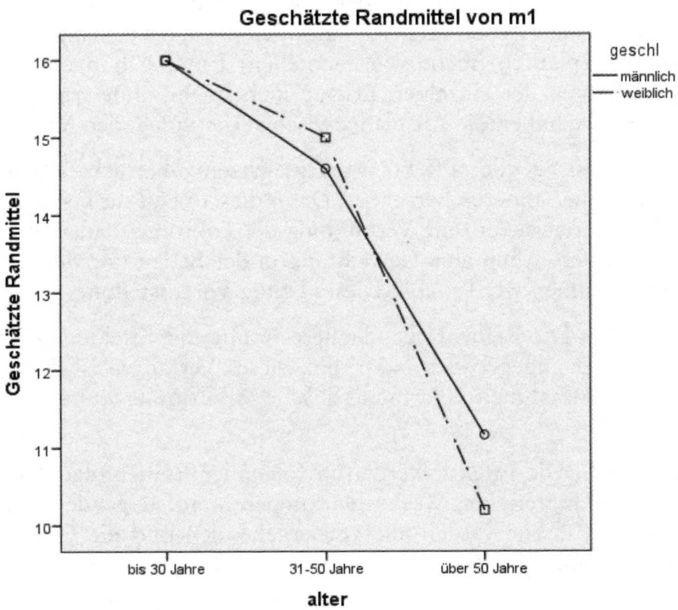

Bild 16.7: Profildiagramm mit Liniendiagramm nach Geschlechtern getrennt

Die Verläufe sind bei beiden Geschlechtern nahezu gleich, was die nicht signifikante Wechselwirkung zwischen beiden Faktoren widerspiegelt. Auch der nicht signifikante Unterschied zwischen den beiden Geschlechtern wird deutlich.

16.1.2 Univariate Varianzanalyse nach Fisher

Das Beispiel aus Kap. 16.1.1 soll nun nach der herkömmlichen »klassischen« Methode nach Fisher gerechnet werden. Da diese Berechnungsart leider aus den Dialogboxen bereits ab der Version 8.0 verschwunden ist, ist der Einsatz der Programmsyntax (Prozedur ANOVA) notwendig.

- Laden Sie die Datei varana.sav.
- Treffen Sie die Menüwahl

  Datei
  Neu
  Syntax

- Tragen Sie folgenden SPSS-Befehl in den Syntaxeditor ein, oder laden Sie das Programm anova.sps.

```
ANOVA VARIABLES=m1 BY geschl (1,2) alter (1,3)
  /STATISTICS MCA MEAN
  /METHOD EXPERIM.
```

SPSS bietet drei Methoden zur Zerlegung der Abweichungsquadrate für den Fall an, dass die Umfänge der einzelnen Zellen ungleich sind. Bei solchen »Unbalanced Designs«, die insbesondere bei ungeplanten (nichtexperimentellen) Untersuchungen auftreten, lassen sich die Quadratsummen der einzelnen Effekte nicht mehr ohne weiteres zur Gesamtsumme aufaddieren. Sie haben die Auswahl zwischen den folgenden Methoden:

- *UNIQUE*: Der Beitrag aller Effekte wird gleichzeitig betrachtet; jeder wird unter Konstanthaltung aller anderen berechnet. Da in diesem Fall die geringsten Annahmen über eine möglicherweise kausale Verbindung der Faktoren gemacht werden, ist dieser Ansatz zu wählen, wenn eine Gewichtung in der Bedeutung der einzelnen Faktoren nicht vorgenommen werden soll. Dieses ist die Voreinstellung.
- *HIERARCHICAL*: Die Reihenfolge der Berechnung der Effekte bestimmt sich nach der Reihenfolge der angegebenen Faktoren. Dieses Verfahren ist dann anzuwenden, wenn bestimmte Annahmen eine hierarchische Anordnung der Faktoren vermuten lassen.
- *EXPERIMENTAL*: Die Effekte werden in folgender Reihenfolge geschätzt: Effekte von Kovariaten, Haupteffekte, Wechselwirkungen in aufsteigender Ordnung. Bei der Berechnung eines Effekts werden alle vorhergehenden und die Effekte der gleichen Ebene herausgerechnet.

Bei gleichen Zellenumfängen (»orthogonales Design«) führen alle drei Methoden zum gleichen Ergebnis.

Mit dem STATISTICS-Unterbefehl sind die folgenden Ausgaben verfügbar:

- *Mean:* Es werden Mittelwerte und Fallzahlen für die Gesamtpopulation, die einzelnen Faktorstufen und jede Zelle ausgegeben. Merkwürdigerweise steht diese Option nicht zur Verfügung, wenn Sie bei der Zerlegung der Quadratsummen die UNIQUE-Methode wählen.
- *MCA (Multiple Klassifikationsanalyse):* Mit speziellen Koeffizienten (Eta und Beta genannt) wird die Stärke des Zusammenhangs zwischen einem Faktor und der abhängigen Variablen angegeben. Dies ist nur sinnvoll, wenn keine signifikanten Wechselwirkungen vorliegen. Die MCA steht bei der UNIQUE-Methode nicht zur Verfügung.

- Starten Sie den ANOVA-Befehl durch einen Klick auf das Symbol *Syntax-Start.*

Nach der üblichen Übersicht über die verarbeiteten Fälle werden zunächst die angeforderten Mittelwerte und Häufigkeiten ausgegeben; auf die entsprechende Wiedergabe soll hier verzichtet werden. Anschließend folgt das Schema der Varianzanalyse mit Quadratsummen, Freiheitsgraden, mittleren Quadratsummen u. a.:

ANOVA[a]

			Experimentelle Methode				
			Quadratsumme	df	Quadratischer Mittelwert	F	Sig.
m1	Haupteffekte	(Kombiniert)	143,388	3	47,796	19,745	,000
		geschl	,458	1	,458	,189	,668
		alter	142,571	2	71,285	29,449	,000
	2-Weg-Interaktionen	geschl * alter	2,446	2	1,223	,505	,611
	Modell		145,833	5	29,167	12,049	,000
	Residuum		50,833	21	2,421		
	Gesamtsumme		196,667	26	7,564		

a. m1 nach geschl, alter

Die zu den Prüfgrößen F gehörende Irrtumswahrscheinlichkeit p ist in der rechten Spalte unter »Sig« ausgedruckt. Es zeigt sich eine globale Signifikanz bei den Haupteffekten ($p < 0{,}001$), die aber allein im Faktor Alter ($p < 0{,}001$) und nicht im Faktor Geschlecht ($p = 0{,}668$) begründet liegt. Wechselwirkung liegt keine vor ($p = 0{,}611$). Die Ergebnisse ähneln stark denen des allgemeinen linearen Modells (siehe Kap. 16.1.1).

Die Ergebnisse der MCA sind im Folgenden wiedergegeben:

Multiple Klassifikationsanalyse[a]

				Vorhergesagter Mittelwert		Abweichung	
			H	Nicht angepasst	Für Faktoren angepasst	Nicht angepasst	Für Faktoren angepasst
m1	geschl	männlich	15	13,60	13,56	,156	,117
		weiblich	12	13,25	13,30	-,194	-,146
	alter	bis 30 Jahre	7	16,00	16,00	2,556	2,551
		31-50 Jahre	9	14,78	14,78	1,333	1,333
		über 50 Jahre	11	10,73	10,73	-2,717	-2,715

a. m1 nach geschl, alter

Faktorauswertung[a]

		Eta	Beta Für Faktoren angepasst
m1	geschl	,064	,048
	alter	,853	,852

a. m1 nach geschl, alter

Anpassungsgüte des Modells

	R	R-Quadrat
m1 nach geschl, alter	,854	,729

Die beiden Eta-Koeffizienten sind ein Maß für die Stärke des Zusammenhangs (Korrelation) zwischen dem betreffenden Faktor und der abhängigen Variablen. Der zugehörige Beta-Koeffizient ist partieller Natur und beschreibt die Stärke dieses Zusammenhangs, bereinigt um die Einflüsse der übrigen Faktoren. Deutliche Unterschiede zwischen Eta und Beta (die hier nicht gegeben sind) weisen auf eine Wechselwirkung zwischen den Faktoren hin. Die Größe »R-Quadrat« schließlich gibt denjenigen Anteil der Variation an der Gesamtvariation an, der auf die Haupteffekte zurückgeführt werden kann.

16.1.3 Univariate Varianzanalyse mit Messwiederholung

Es soll die Frage geklärt werden, ob im Laufe der vier Zeitpunkte signifikante Veränderungen des Merkfähigkeitstestes auftreten. Dabei soll auch der Einfluss der beiden Faktoren Geschlecht und Alter berücksichtigt werden.

Insgesamt liegen hier also drei Faktoren vor: das Geschlecht mit zwei Abstufungen, das Alter mit drei Abstufungen und die Zeit mit vier Abstufungen. Dies führt zu einer dreifaktoriellen Varianzanalyse, wobei der dritte Faktor (die Zeit) ein Faktor mit Messwiederholung ist. Dieser Faktor wird nicht durch verschiedene Gruppen von Probanden, sondern durch die Variablen m1 bis m4 repräsentiert.

- Laden Sie die Datei varana.sav.
- Wählen Sie aus dem Menü

  Analysieren
  Allgemeines lineares Modell
  Messwiederholung...

Es öffnet sich zunächst die Dialogbox *Messwertwiederholung: Faktor(en) definieren.*

- Überschreiben Sie den voreingestellten Faktornamen faktor1, und geben Sie dafür den Namen zeit an.

- Tragen Sie im Feld *Anzahl der Stufen* den Wert 4 ein. Klicken Sie auf *Hinzufügen*, und verlassen Sie dann, weil kein weiterer Messwiederholungsfaktor vorliegt, über den Schalter *Definieren* die Dialogbox.

Es erscheint die Dialogbox *Messwiederholung*.

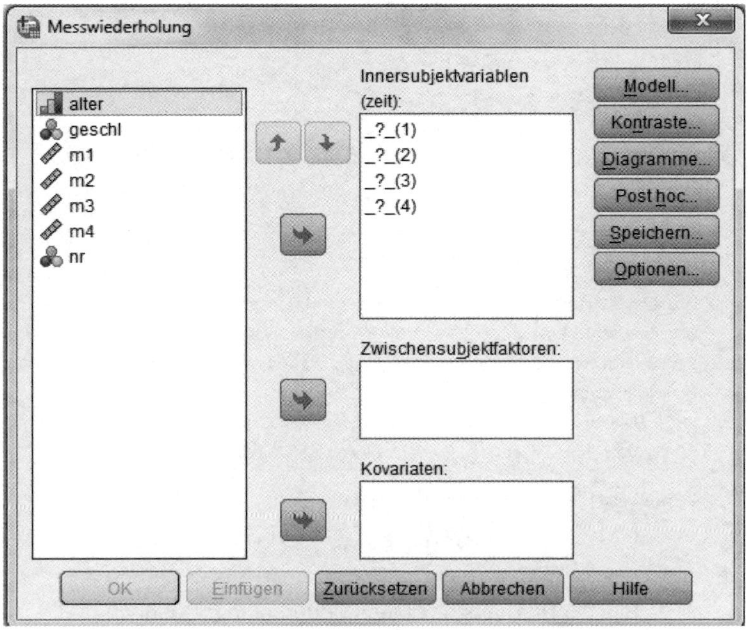

Bild 16.8: Dialogbox Messwiederholung

- Hier bringen Sie zunächst der Reihe nach die vier Messwiederholungsvariablen m1 bis m4 in das Feld für die Innersubjektvariablen.
- Anschließend klicken Sie die Variablen geschl und alter in das Feld für die Zwischensubjektfaktoren.
- Über die Dialogbox *Optionen...* lassen Sie sich noch die geschätzten Randmittel für die drei Faktoren geschl, alter und zeit ausgeben. Übertragen Sie diese daher in das Feld *Mittelwerte anzeigen für.* Fordern Sie im Feld *Anzeige* außerdem noch deskriptive Statistiken sowie Homogenitätstests an.

Die Dialogbox Messwiederholung: Optionen sollte nunmehr wie folgt aussehen:

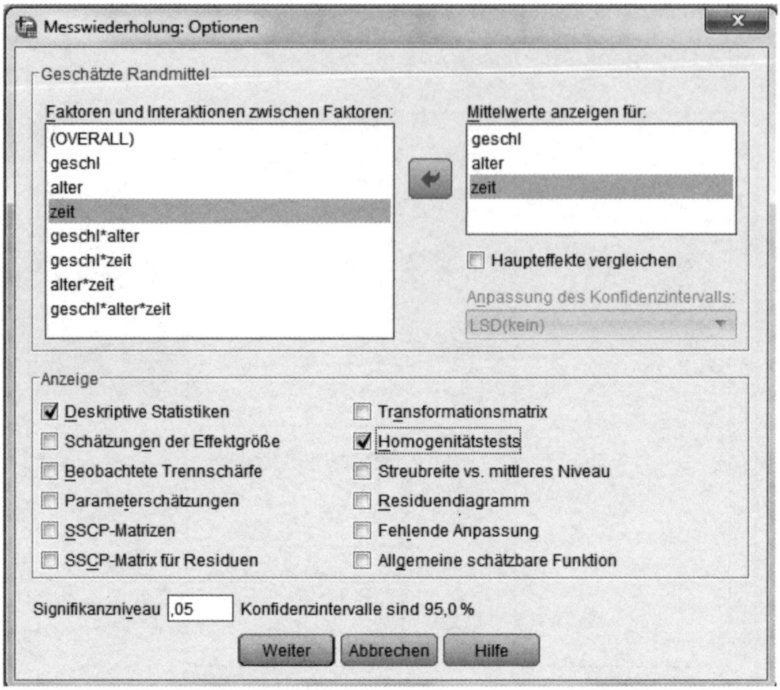

Bild 16.9: Dialogbox Messwiederholung: Optionen

- Starten Sie die Berechnungen mit *OK*.

Sie erhalten eine umfangreiche Ausgabe, die für erstmalige SPSS-Anwender kaum zu deuten sein dürfte. Im Folgenden ist daher nur derjenige Teil der Ausgabe wiedergegeben, der uns für die Beurteilung darüber, welcher der drei Faktoren Geschlecht, Alter und Zeit einen signifikanten Einfluss zeigt und welche Wechselwirkungen sich als signifikant erweisen, als relevant erscheint.

Zunächst wird eine Übersicht über die Innersubjektfaktoren (Zeit) und die Zwischensubjektfaktoren (Geschlecht, Alter) gegeben. Anschließend werden deskriptive Statistiken (Mittelwert, Standardabweichung, Fallzahl) für die einzelnen Zellen ausgegeben, also die Kennwerte für die Variablen m1 bis m4 getrennt nach Geschlecht und Alter. Auf die Wiedergabe dieser Ergebnisse soll hier verzichtet werden.

Es folgen die Berechnungen zum Faktor »Zeit« und zu den Wechselwirkungen mit diesem Faktor, wobei die Methode des allgemeinen linearen Modells zugrunde gelegt wird. Hierzu wurden verschiedene Prüfgrößen entwickelt, die unter den Bezeichnungen »Pillai-Spur«, »Wilks-Lambda«, »Hotelling-Spur« und »Größte charakteristische Wurzel nach Roy« wiedergegeben sind. Diesen Prüfgrößen wird über eine geeignete Transformation ein F-Wert zugewiesen, der dann zu den angegebenen p-Werten (unter »Signifikanz«) führt. Dabei gilt »Pillai-Spur« als stärkster und robustester Test.

Multivariate Tests[a]

Effekt		Wert	F	Hypothesen-df	Fehler df	Sig.
zeit	Pillai-Spur	,955	133,367[b]	3,000	19,000	,000
	Wilks-Lambda	,045	133,367[b]	3,000	19,000	,000
	Hotelling-Spur	21,058	133,367[b]	3,000	19,000	,000
	Größte charakteristische Wurzel nach Roy	21,058	133,367[b]	3,000	19,000	,000
zeit * geschl	Pillai-Spur	,106	,752[b]	3,000	19,000	,535
	Wilks-Lambda	,894	,752[b]	3,000	19,000	,535
	Hotelling-Spur	,119	,752[b]	3,000	19,000	,535
	Größte charakteristische Wurzel nach Roy	,119	,752[b]	3,000	19,000	,535
zeit * alter	Pillai-Spur	,293	1,145	6,000	40,000	,355
	Wilks-Lambda	,710	1,183[b]	6,000	38,000	,336
	Hotelling-Spur	,404	1,213	6,000	36,000	,322
	Größte charakteristische Wurzel nach Roy	,394	2,625[c]	3,000	20,000	,079
zeit * geschl * alter	Pillai-Spur	,406	1,699	6,000	40,000	,146
	Wilks-Lambda	,622	1,699[b]	6,000	38,000	,148
	Hotelling-Spur	,564	1,691	6,000	36,000	,151
	Größte charakteristische Wurzel nach Roy	,468	3,118[c]	3,000	20,000	,049

a. Design: Konstanter Term + geschl + alter + geschl * alter
Innersubjektdesign: zeit

b. Exakte Statistik

c. Die Statistik ist eine Obergrenze für F, die eine Untergrenze für die Signifikanzebene erstellt.

Die drei erstgenannten Tests liefern weitgehend identische Ergebnisse. Es wird ein höchst signifikanter Einfluss des Zeit-Faktors festgestellt, die Wechselwirkungen mit der Zeit sind hingegen nicht signifikant.

Die gleichen Berechnungen, also die Überprüfung des Zeit-Faktors und der Wechselwirkungen zur Zeit, werden auch mit der herkömmlichen »klassischen« Methode nach Fisher durchgeführt. Die Ergebnisse sind der Zeile »Sphärizität angenommen« der folgenden Tabelle zu entnehmen.

Tests der Innersubjekteffekte

Maß: MEASURE_1

Quelle		Typ III Quadratsumme	df	Quadratischer Mittelwert	F	Sig.
zeit	Angenommene Sphärizität	185,661	3	61,887	83,028	,000
	Greenhouse-Geisser	185,661	2,577	72,055	83,028	,000
	Huynh-Feldt (HF)	185,661	3,000	61,887	83,028	,000
	Untergrenze	185,661	1,000	185,661	83,028	,000
zeit * geschl	Angenommene Sphärizität	1,520	3	,507	,680	,568
	Greenhouse-Geisser	1,520	2,577	,590	,680	,547
	Huynh-Feldt (HF)	1,520	3,000	,507	,680	,568
	Untergrenze	1,520	1,000	1,520	,680	,419
zeit * alter	Angenommene Sphärizität	4,190	6	,698	,937	,475
	Greenhouse-Geisser	4,190	5,153	,813	,937	,467
	Huynh-Feldt (HF)	4,190	6,000	,698	,937	,475
	Untergrenze	4,190	2,000	2,095	,937	,408
zeit * geschl * alter	Angenommene Sphärizität	6,557	6	1,093	1,466	,204
	Greenhouse-Geisser	6,557	5,153	1,272	1,466	,215
	Huynh-Feldt (HF)	6,557	6,000	1,093	1,466	,204
	Untergrenze	6,557	2,000	3,278	1,466	,254
Fehler (zeit)	Angenommene Sphärizität	46,958	63	,745		
	Greenhouse-Geisser	46,958	54,110	,868		
	Huynh-Feldt (HF)	46,958	63,000	,745		
	Untergrenze	46,958	21,000	2,236		

Es ergeben sich ähnliche Ergebnisse wie beim Ansatz nach dem allgemeinen linearen Modell. Der Levene-Test auf Gleichheit der Varianzen zeigt Varianzenhomogenität für die Zeitpunkte zwei, drei und vier, hingegen Varianzenheterogenität (p = 0,009) für den ersten Zeitpunkt (siehe Kap. 16.1.1).

Levene-Test auf Gleichheit der Fehlervarianzen[a]

	F	df1	df2	Sig.
m1	4,177	5	21	,009
m2	,878	5	21	,513
m3	1,751	5	21	,167
m4	2,022	5	21	,117

Testet die Nullhypothese, dass die Fehlervarianz der abhängigen Variablen über Gruppen hinweg gleich ist.

a. Design: Konstanter Term + geschl + alter + geschl * alter
Innersubjektdesign: zeit

Es folgen die Berechnungen zu den beiden Nicht-Messwiederholungsfaktoren Geschlecht und Alter sowie deren Wechselwirkung.

Tests der Zwischensubjekteffekte

Maß: MEASURE_1
Transformierte Variable: Durchschnitt

Quelle	Typ III Quadratsumme	df	Quadratischer Mittelwert	F	Sig.
Konstanter Term	25080,367	1	25080,367	2029,299	,000
geschl	,738	1	,738	,060	,809
alter	667,147	2	333,573	26,990	,000
geschl * alter	33,571	2	16,785	1,358	,279
Fehler	259,542	21	12,359		

Es ergibt sich ein nicht signifikanter Einfluss des Geschlechts (p = 0,809), ein höchst signifikanter Einfluss des Alters (p < 0,001) und eine nicht signifikante Wechselwirkung (p = 0,279). Unter der Bezeichnung »Geschätzte Randmittel« werden noch die Mittelwerte und Standardfehler zu den einzelnen Faktorstufen ausgegeben.

1. geschl

Maß: MEASURE_1

geschl	Mittelwert	Standardfehler	95 % Konfidenzintervall Untergrenze	95 % Konfidenzintervall Obergrenze
männlich	15,700	,460	14,743	16,657
weiblich	15,531	,519	14,452	16,609

2. alter

Maß: MEASURE_1

alter	Mittelwert	Standardfehler	95 % Konfidenzintervall Untergrenze	95 % Konfidenzintervall Obergrenze
bis 30 Jahre	17,646	,671	16,250	19,042
31-50 Jahre	16,988	,590	15,761	18,214
über 50 Jahre	12,213	,532	11,106	13,319

3. zeit

Maß: MEASURE_1

zeit	Mittelwert	Standardfehler	95 % Konfidenzintervall	
			Untergrenze	Obergrenze
1	13,828	,307	13,190	14,466
2	14,964	,405	14,121	15,807
3	16,275	,386	15,472	17,078
4	17,394	,400	16,562	18,227

Für die Nicht-Messwiederholungsfaktoren (Zwischensubjekteffekte) stehen wieder Post-Hoc-Tests zur Verfügung, leider aber nicht für Messwiederholungsfaktoren (Innersubjekteffekte).

16.2 Kovarianzanalyse

Wird bei einer Varianzanalyse eine unabhängige Variable einbezogen, die intervall- oder verhältnisskaliert (metrisch) ist, spricht man nicht von einem Faktor, sondern von einer Kovariaten. Die Bedeutung einer solchen »Kontrollvariablen« soll an einem Beispiel erläutert werden.

Zwanzig übergewichtige Probanden (11 Männer, 9 Frauen) wollten abnehmen und unterzogen sich einer genau festgelegten Diät. Elf Probanden schlossen sich zusätzlich einem Verein an, der das Abnehmen durch entsprechende Vorträge und Motivationshilfen unterstützte. Von den Probanden wurden die Körpergröße (in cm) sowie das Körpergewicht (in kg) vor und nach der Behandlung festgehalten. Das Körpergewicht wurde ferner durch die Berechnung des Broca-Indexes auf das Normalgewicht relativiert, wobei die Körpergröße in cm minus 100 das Normalgewicht in kg ergibt:

$$\text{Broca-Index} = \frac{\text{Körpergewicht}}{\text{Normalgewicht}} \cdot 100$$

So bedeutet ein Broca-Index von 100 Prozent genaues Normalgewicht, ein solcher über 100 Prozent signalisiert Übergewicht.

- Laden Sie die Datei gewicht.sav.

Die Variable beh gibt die Behandlungsgruppe wieder (1 = Diät, 2 = Diät + Verein), die Variable g das Geschlecht (1 = männlich, 2 = weiblich). Ferner gibt es die Variablen gr (Körpergröße), gew0 (Körpergewicht am Anfang), gew1 (Körpergewicht am Ende der Behandlung), broca0 (Broca-Index am Anfang), broca1 (Broca-Index am Ende) und brocaab (Abnahme des Broca-Indexes). Die Variable brocaab soll ein Maß für den Erfolg der Diät sein.

Wir wollen eine zweifaktorielle Varianzanalyse mit den Variablen beh und g als unabhängige Variablen (Faktoren) und der Variablen brocaab als abhängige Variable rechnen.

- Wählen Sie aus dem Menü

  Analysieren
  Allgemeines lineares Modell
  Univariat...

- Erklären Sie in der aufscheinenden Dialogbox *Univariat* brocaab zur abhängigen Variablen sowie beh und g zu festen Faktoren.
- Wählen Sie unter *Optionen...* die Ausgabe der geschätzten Randmittel der Faktoren beh und g, indem Sie diese in die Liste *Mittelwerte anzeigen für* übertragen.
- Starten Sie die Berechnung mit *OK*.

Es ergibt sich für die Vereinsgruppe eine mittlere Abnahme des Broca-Indexes von 11,558, während sich für die Nur-Diät-Gruppe lediglich ein mittlerer Abfall von 5,178 ergibt. Die Varianzanalyse liefert das folgende Schema.

Tests der Zwischensubjekteffekte

Abhängige Variable: brocaab

Quelle	Typ III Quadratsumme	df	Quadratischer Mittelwert	F	Sig.
Korrigiertes Modell	209,636[a]	3	69,879	12,836	,000
Konstanter Term	1371,877	1	1371,877	252,002	,000
beh	199,414	1	199,414	36,631	,000
g	,002	1	,002	,000	,985
beh * g	3,026	1	3,026	,556	,467
Fehler	87,103	16	5,444		
Gesamtsumme	1805,668	20			
Korrigierter Gesamtwert	296,738	19			

a. R-Quadrat = ,706 (Angepasstes R-Quadrat = ,651)

Es ergibt sich also ein höchst signifikanter Unterschied zwischen den beiden Behandlungsgruppen ($p < 0{,}001$): Die Mitgliedschaft im Verein zeigt eine höchst signifikante Wirkung.

Betrachten Sie nun allerdings die Daten etwas genauer, so stellen Sie fest, dass die Anfangswerte des Broca-Indexes in der Vereinsgruppe deutlich höher liegen (im Mittel 132,0 gegenüber 113,1); so ist die Chance einer deutlichen Gewichtsabnahme in dieser Gruppe von vornherein höher. Aus diesem Grund erscheint es geboten, den Anfangswert des Broca-Indexes (Variable broca0) als Kontrollvariable, also als Kovariate, in die Analyse mit aufzunehmen.

- Öffnen Sie erneut die Dialogbox *Univariat*, und bringen Sie nun zusätzlich die Variable broca0 in das Kovariaten-Feld.
- Starten Sie die Berechnungen mit *OK*.

Das Ergebnis der Kovarianzanalyse ist im Folgenden aufgelistet.

Tests der Zwischensubjekteffekte

Abhängige Variable: brocaab

Quelle	Typ III Quadratsumme	df	Quadratischer Mittelwert	F	Sig.
Korrigiertes Modell	231,370[a]	4	57,842	13,273	,000
Konstanter Term	8,568	1	8,568	1,966	,181
broca0	21,734	1	21,734	4,987	,041
beh	11,077	1	11,077	2,542	,132
g	3,830	1	3,830	,879	,363
beh * g	4,644	1	4,644	1,066	,318
Fehler	65,368	15	4,358		
Gesamtsumme	1805,668	20			
Korrigierter Gesamtwert	296,738	19			

a. R-Quadrat = ,780 (Angepasstes R-Quadrat = ,721)

Es zeigt sich, wie erwartet, ein signifikanter Einfluss der Kovariaten broca0 (p = 0,041). Dieser führt dazu, dass der signifikante Effekt bei den beiden Behandlungsgruppen verschwindet (p = 0,132). Aufgrund der stark unterschiedlichen Ausgangswerte ist also eine signifikante Wirkung der Vereinszugehörigkeit nicht nachzuweisen.

16.3 Multivariate Varianzanalyse

Eine multivariate Varianzanalyse liegt dann vor, wenn der Einfluss von Faktoren und gegebenenfalls Kovariaten (unabhangigen Variablen) auf mehrere abhängige Variable in derselben Varianzanalyse gleichzeitig untersucht wird. Solche multivariaten Analysen sind den univariaten Einzelanalysen dann (und nur dann) vorzuziehen, wenn die abhängigen Variablen nicht unabhängig voneinander sind, sondern untereinander Korrelationen aufweisen.

Laden Sie etwa die Daten der Hypertonie-Studie (Datei hyper.sav), und berechnen Sie die Korrelationen zwischen den Ausgangswerten des systolischen und diastolischen Blutdrucks, des Cholesterins und des Blutzuckers (Variablen rrs0, rrd0, chol0, bz0), so stellen Sie fest, dass diese Variablen untereinander zwar nur recht gering, aber durchweg signifikant korrelieren.

Wollen Sie etwa die Frage klären, ob sich die genannten Variablen zwischen den vier gegebenen Altersgruppen (Variable ak) signifikant unterscheiden, so sollten Sie anstelle von vier einzelnen univariaten einfaktoriellen Varianzanalysen eine multivariate einfaktorielle Varianzanalyse durchführen.

- Laden Sie die Datei hyper.sav.
- Wählen Sie aus dem Menü

Analysieren
Allgemeines lineares Modell
Multivariat...

Es öffnet sich die Dialogbox *Multivariat.*

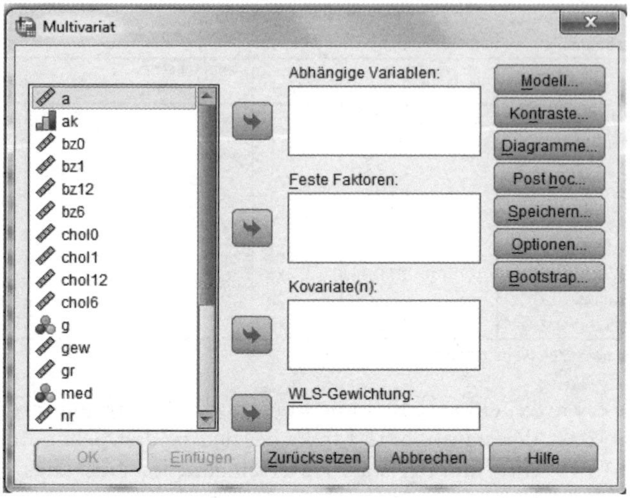

Bild 16.10: Dialogbox Multivariat

- Bringen Sie die Variablen rrs0, rrd0, chol0 und bz0 in das für die abhängigen Variablen vorgesehene Feld, und definieren Sie die Variable ak als festen Faktor.

Unter den Schaltern *Kontraste...*, *Modell...* und *Optionen...* stehen Ihnen viele Möglichkeiten zur Verfügung, Kontraste vorzugeben, verschiedene Modelle zu definieren oder den Ausdruck zahlreicher Zusatzergebnisse zu steuern; z. B. können hier Tests zur Prüfung auf Varianzenhomogenität angefordert werden.

Es wurde schon darauf hingewiesen, dass es im Rahmen dieses einführenden Buches unmöglich ist, die vielfältigen Möglichkeiten im Einzelnen darzustellen. Wir wollen uns folglich auf die wichtigsten Bereiche konzentrieren.

- Beschränken Sie sich auf die Voreinstellungen, und starten Sie die Berechnung durch Klicken auf *OK*.

Es wird wieder eine recht umfangreiche Ausgabe erzeugt. Wesentlich erscheint zunächst der »globale« multivariate Test, ob sich »irgendwo« zwischen den vier Altersklassen signifikante Unterschiede ergeben:

Multivariate Tests[a]

Effekt		Wert	F	Hypothesen-df	Fehler df	Sig.
Konstanter Term	Pillai-Spur	,996	9252,061[b]	4,000	167,000	,000
	Wilks-Lambda	,004	9252,061[b]	4,000	167,000	,000
	Hotelling-Spur	221,606	9252,061[b]	4,000	167,000	,000
	Größte charakteristische Wurzel nach Roy	221,606	9252,061[b]	4,000	167,000	,000
ak	Pillai-Spur	,178	2,661	12,000	507,000	,002
	Wilks-Lambda	,827	2,740	12,000	442,132	,001
	Hotelling-Spur	,203	2,805	12,000	497,000	,001
	Größte charakteristische Wurzel nach Roy	,169	7,159[c]	4,000	169,000	,000

a. Design: Konstanter Term + ak

b. Exakte Statistik

c. Die Statistik ist eine Obergrenze für F, die eine Untergrenze für die Signifikanzebene erstellt.

Es werden die beim allgemeinen linearen Modell üblichen und bereits in Kap. 16.1.3 erläuterten Prüfgrößen berechnet. Folgt man etwa »Pillai-Spur«, so ist die Nullhypothese, dass sich zwischen den vier Altersklassen bei keiner der abhängigen Variablen Unterschiede ergeben, mit p = 0,002 abzulehnen.

Zur Prüfung, welche der vier abhängigen Variablen sich im Einzelnen voneinander unterscheiden, werden wieder univariate Tests ausgeführt. Deren Ergebnisse sind die gleichen, wie wenn Sie für jede abhängige Variable eine einzelne univariate Varianzanalyse ausgeführt hätten.

Auf die Wiedergabe der unter »Tests der Zwischensubjekteffekte« aufgeführten recht umfangreichen Tabelle soll hier verzichtet werden; Sie erhalten für die Variablen systolischer und diastolischer Blutdruck, Cholesterin und Blutzucker in dieser Reihenfolge die p-Werte von 0,153, 0,002, 0,267 und 0,688. Die sich beim multivariaten Test ergebende Gesamtsignifikanz hat also ihre Ursache vor allem in signifikanten Unterschieden beim diastolischen Blutdruck.

16.4 Varianzkomponenten

Varianzkomponenten werden im allgemeinen linearen Modell beim Vorliegen zufälliger Effekte berechnet. Faktoren mit zufälligen Effekten liegen dann vor, wenn deren Stufen zufällig aus einer Population vieler möglicher Faktorstufen ausgewählt wurden.

Wir wollen etwa die Blattlänge der Pflanzen eines Beetes analysieren und greifen uns willkürlich drei Pflanzen heraus, an denen wir jeweils einige Blätter ausmessen.

Pflanze	Blattlänge (cm)
1	9,5
1	9,8
1	8,7
1	8,8
1	8,9
1	10,0
2	11,0
2	10,5
2	9,0
2	9,5
3	8,0
3	7,8
3	9,0
3	8,7
3	8,9

Da wir aus einer großen Anzahl von Pflanzen wahllos drei Pflanzen herausgegriffen haben, handelt es sich um einen Faktor mit zufälligen Effekten. Dies ist zu bedenken, wenn mit einem varianzanalytischen Verfahren bestimmt werden soll, ob die Blattlänge pflanzenabhängig ist bzw. wie groß der Varianzanteil ist, der durch die Unterschiedlichkeit der Pflanzen bewirkt wird. Das wird geklärt durch eine Berechnung der Varianz-Komponenten.

- Laden Sie die Datei pflanze.sav.
- Treffen Sie die Menüwahl

Analysieren
Allgemeines lineares Modell
Varianzkomponenten...

Es öffnet sich die Dialogbox *Varianzkomponenten.*

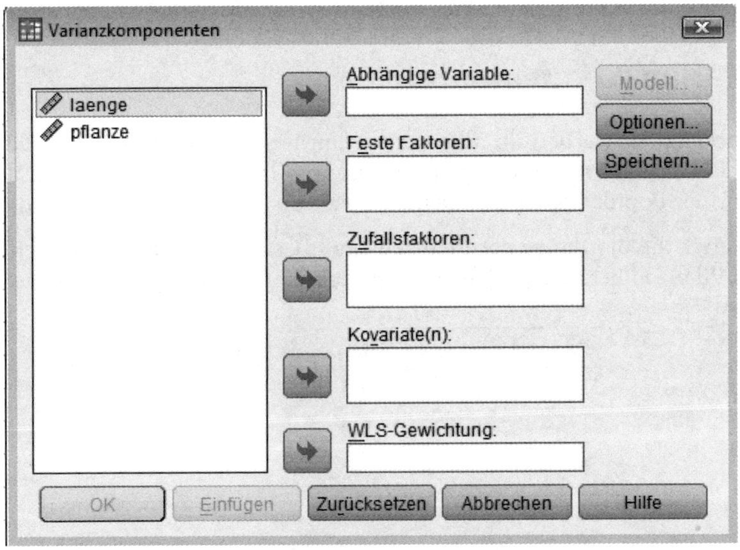

Bild 16.11: Dialogbox Varianzkomponenten

- Tragen Sie laenge als abhängige Variable und pflanze als Zufallsfaktor ein.
- Über den Schalter *Modell...* können Sie wählen, ob Sie ein gesättigtes Modell rechnen wollen (Voreinstellung) oder nur ausgewählte Effekte einbeziehen möchten. Bei nur einem Faktor wie im vorliegenden Fall kommt natürlich nur ein gesättigtes Modell in Frage.
- Klicken sie auf den Schalter *Optionen...*

Es öffnet sich die Dialogbox *Varianzkomponenten: Optionen*, wie im Folgenden dargestellt.

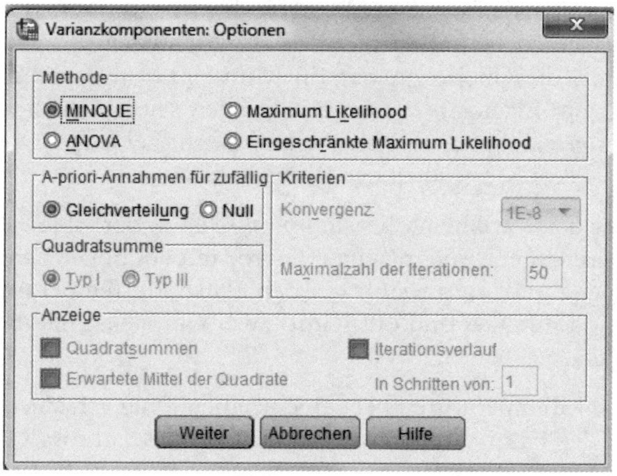

Bild 16.12: Dialogbox Varianzkomponenten: Optionen

Die Dialogbox eröffnet im Wesentlichen die Möglichkeit, zwischen vier Methoden zur Schätzung der Varianz-Komponenten zu wählen. Als beste Methode gilt MINQUE (minimum norm quadratic unbiased estimator); dies ist daher auch die Voreinstellung.

- Über den Schalter *Speichern...* können Sie einige Ergebnisse in eine Datei speichern.
- Belassen Sie es bei den Voreinstellungen, und starten Sie die Berechnungen mit *OK*.

Die Varianz-Komponenten-Schätzungen werden im Viewer angezeigt.

Informationen zu Faktorstufen

		H
pflanze	1,00	6
	2,00	4
	3,00	5

Abhängige Variable: laenge

Varianzschätzungen

Komponente	Schätzung
Var(pflanze)	,471
Var(Fehler)	,438

Abhängige Variable: laenge
Methode: Quadratische unverzerrte Schätzung mit minimaler Norm (Gewichtung = 1 für zufällige Effekte und Residuum)

Aus den beiden Angaben können Sie den prozentualen Varianzanteil berechnen, der sich aus der Unterschiedlichkeit der Pflanzen ergibt:

$$\frac{0,471}{0,471 + 0,438} \cdot 100 = 51,8\,\%$$

Ein etwas komplexeres Beispiel sei dem SPSS-Handbuch entnommen. In einer Elektronikfirma wird in 36 verschiedenen Öfen unter zwei verschiedenen Temperaturen (550 und 600 Grad Fahrenheit) die Überlebenszeit (in Minuten) von bestimmten elektronischen Bauteilen gemessen. Ein Ingenieur vermutet, die Öfen seien nicht homogen. Um dies zu überprüfen, wählt er per Zufall drei Öfen aus und macht bei jedem Ofen unter den beiden Temperaturen jeweils drei Messungen der Überlebensdauer.

Die Daten sind unter den Variablen ofen, temp und zeit in der Datei ofen.sav gespeichert. Die Variable ofen bezeichnet eindeutig einen Faktor mit zufälligen Effekten, da von insgesamt 36 Öfen drei per Zufall ausgewählt wurden. Auch die Temperatur ist ein Faktor mit zufälligen Effekten, da mit 550 und 600 Grad zwei von vielen möglichen Temperaturen herangezogen wurden.

Da möglicherweise die Temperaturen bei den einzelnen Öfen verschieden wirken, nehmen wir ferner an, dass der Faktor Temperatur innerhalb des Faktors Ofen geschachtelt ist (»nested design«).

- Laden Sie die Datei ofen.sav.
- Öffnen Sie wie bereits beschrieben die Dialogbox *Varianzkomponenten.*
- Wählen Sie zeit als abhängige Variable sowie ofen und temp als Zufallsfaktoren.

Wir müssen noch die Schachtelung des Faktors temp innerhalb des Faktors ofen einbringen. Dies ist nur unter Zuhilfenahme der Programmsyntax möglich.

- Betätigen Sie den Schalter *Einfügen*, um die Befehlssyntax in den Syntaxeditor einzufügen.

Die folgende Syntax wird erzeugt:

```
VARCOMP
  zeit  BY ofen temp
  /RANDOM = ofen temp
  /METHOD = MINQUE (1)
  /DESIGN
  /INTERCEPT = INCLUDE .
```

- Ergänzen Sie den DESIGN-Unterbefehl wie folgt:

```
VARCOMP
  zeit  BY ofen temp
  /RANDOM = ofen temp
  /METHOD = MINQUE (1)
  /DESIGN = ofen temp(ofen)
  /INTERCEPT = INCLUDE .
```

- Starten Sie den Befehl mit dem Symbol *Syntax-Start.*

Die folgenden Varianzschätzungen werden im Viewer angezeigt:

Varianzschätzungen

Komponente	Schätzung
Var(ofen)	29,287
Var(temp(ofen))	1525,889
Var(Fehler)	69,778

Abhängige Variable: zeit
Methode: Quadratische unverzerrte Schätzung mit minimaler Norm (Gewichtung = 1 für zufällige Effekte und Residuum)

Sie entnehmen der Tabelle, dass der auf die Unterschiedlichkeit der Öfen zurückzuführende Varianzanteil sehr gering ist:

$$\frac{29,287}{29,287 + 1525,889 + 69,778} \cdot 100 = 1,8\,\%$$

Bisher haben wir nur Modelle mit zufälligen Effekten betrachtet. Modelle sowohl mit zufälligen als auch festen Effekten nennt man »gemischte« Modelle.

Hingewiesen sei noch darauf, dass die MINQUE- und ANOVA-Methode zuweilen negative Varianz-Komponenten-Schätzungen liefern, was nach der Definition der Varianz eigentlich nicht möglich ist. Dies kann darin begründet liegen, dass die Fallzahl zu gering ist, Ausreißer auftreten oder eine unpassende Schätzmethode gewählt wurde.

16.5 Lineare gemischte Modelle

Mit Hilfe dieser Prozedur können Sie eine Vielzahl varianzanalytischer Modelle entwickeln. Dazu gehören Modelle mit festen und zufälligen Effekten, verschiedenen Designs für Messwiederholungen und Kovariaten und verschachtelten Datenstrukturen. Bei wiederholten Messungen werden die Werte eines Subjektes nicht, wie bisher üblich, in einer Zeile der Datendatei erwartet, sondern in verschiedenen Zeilen. Gegebenenfalls steht zur Umstrukturierung ein entsprechender Assistent zur Verfügung. Dabei sind auch unvollständige Messwiederholungen erlaubt; die Anzahl der Beobachtungen darf also für die Subjekte variieren.

Eine komplette Übersicht über alle Möglichkeiten der linearen gemischten Modelle zu geben, ist im Rahmen dieses Buches unmöglich. So sollen vier einfache Beispiele zur Einführung dienen.

16.5.1 Varianzanalyse mit festen Effekten

- Laden Sie die Datei varana.sav.

Die Variable m1 gibt das Ergebnis eines Merkfähigkeitstests wieder (am ersten Versuchstag), die Variable geschl gibt das Geschlecht an, und die Variable alter steht für drei Altersklassen (siehe Kap. 16.1.1).

- Wählen Sie aus dem Menü

  Analysieren
  Allgemeines lineares Modell
  Univariat...

- Definieren Sie m1 als abhängige Variable, geschl und alter als feste Faktoren, und bestätigen Sie mit *OK*.

Die wesentliche Ausgabe ist im Folgenden wiedergegeben.

Tests der Zwischensubjekteffekte

Abhängige Variable: m1

Quelle	Typ III Quadratsumme	df	Quadratischer Mittelwert	F	Sig.
Korrigiertes Modell	145,833[a]	5	29,167	12,049	,000
Konstanter Term	4916,763	1	4916,763	2031,187	,000
geschl	,229	1	,229	,095	,761
alter	144,273	2	72,137	29,801	,000
geschl * alter	2,446	2	1,223	,505	,611
Fehler	50,833	21	2,421		
Gesamtsumme	5077,000	27			
Korrigierter Gesamtwert	196,667	26			

a. R-Quadrat = ,742 (Angepasstes R-Quadrat = ,680)

Dieses Problem soll als lineares gemischtes Modell gerechnet werden.

- Wählen Sie aus dem Menü

  Analysieren
  Gemischte Modelle
  Linear...

Es öffnet sich die Dialogbox *Lineare gemischte Modelle: Subjekte und Wiederholungen angeben.*

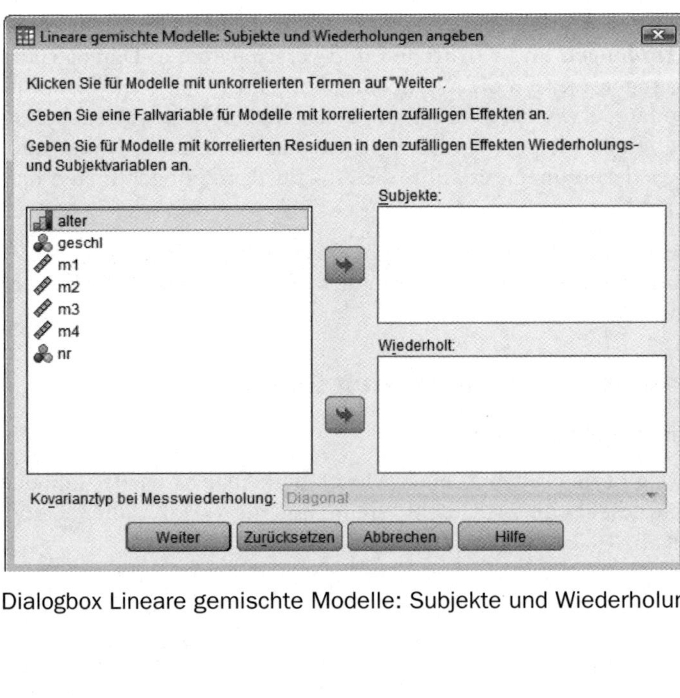

Bild 16.13: Dialogbox Lineare gemischte Modelle: Subjekte und Wiederholungen angeben

- Klicken Sie, da keine Messwiederholungen vorliegen, sogleich auf *Weiter.*

Es öffnet sich die Dialogbox *Lineare gemischte Modelle.*

Bild 16.14: Dialogbox Lineare gemischte Modelle

- Definieren Sie m1 als abhängige Variable, geschl und alter als Faktoren.
- Öffnen Sie über den Schalter *Fest...* die Dialogbox *Lineare gemischte Modelle: Feste Effekte.*

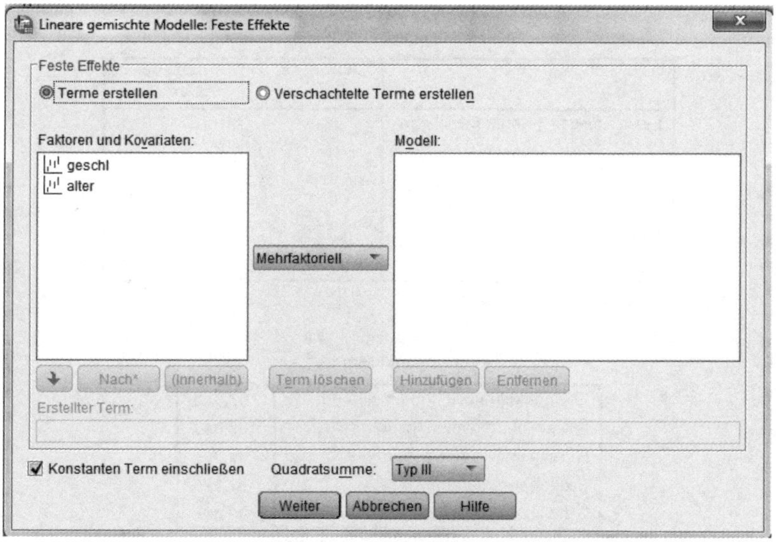

Bild 16.15: Dialogbox Lineare gemischte Modelle: Feste Effekte

- Markieren Sie gleichzeitig die beiden Variablen geschl und alter (gedrückte [Strg]-Taste), und betätigen Sie den Schalter *Hinzufügen.*

Im Feld *Modell* werden die Haupteffekte geschl und alter und die Wechselwirkung geschl*alter angezeigt.

- Verlassen Sie die Dialogbox mit *Weiter*, und aktivieren Sie über den Schalter *Statistiken...* die Optionen *Deskriptive Statistiken* und *Parameterschätzungen.*
- Starten Sie die Berechnungen mit *OK*.

Im Viewer werden die folgenden Ergebnisse ausgegeben.

Deskriptive Statistiken

m1

geschl	alter	Anzahl	Mittelwert	Standardabweichung	Variationskoeffizient
männlich	bis 30 Jahre	4	16,00	,816	5,1%
	31-50 Jahre	5	14,60	1,140	7,8%
	über 50 Jahre	6	11,17	2,483	22,2%
	Gesamtsumme	15	13,60	2,694	19,8%
weiblich	bis 30 Jahre	3	16,00	1,000	6,3%
	31-50 Jahre	4	15,00	1,414	9,4%
	über 50 Jahre	5	10,20	1,095	10,7%
	Gesamtsumme	12	13,25	2,927	22,1%
Gesamtsumme	bis 30 Jahre	7	16,00	,816	5,1%
	31-50 Jahre	9	14,78	1,202	8,1%
	über 50 Jahre	11	10,73	1,954	18,2%
	Gesamtsumme	27	13,44	2,750	20,5%

Modelldimension[a]

		Anzahl der Ebenen	Anzahl der Parameter
Feste Effekte	Konstanter Term	1	1
	geschl	2	1
	alter	3	2
	geschl * alter	6	2
Residuum			1
Gesamtsumme		12	7

a. Abhängige Variable: m1.

Informationskriterien[a]

-2 eingeschränkte Log-Likelihood	87,042
Akaike-Informationskriterium (AIC)	89,042
Hurvich und Tsai-Kriterium (AICC)	89,252
Bozdogan-Kriterium (CAIC)	91,086
Schwarzsches Bayes-Kriterium (BIC)	90,086

Die Informationskriterien werden in einem möglichst kleinen Format angezeigt.

a. Abhängige Variable: m1.

Tests vom Typ III auf feste Effekte[a]

Quelle	df für Zähler	df für Nenner	F	Sig.
Konstanter Term	1	21	2031,187	,000
geschl	1	21	,095	,761
alter	2	21	29,801	,000
geschl * alter	2	21	,505	,611

a. Abhängige Variable: m1.

Schätzungen von festen Effekten[a]

Parameter	Schätzung	Standardfehler	df	t	Sig.	95 % Konfidenzintervall	
						Untergrenze	Obergrenze
Konstanter Term	10,200000	,695792	21	14,660	,000	8,753021	11,646979
[geschl=1]	,966667	,942107	21	1,026	,317	-,992553	2,925886
[geschl=2]	0[b]	0	.	.	.	.	.
[alter=1]	5,800000	1,136224	21	5,105	,000	3,437093	8,162907
[alter=2]	4,800000	1,043689	21	4,599	,000	2,629531	6,970469
[alter=3]	0[b]	0	.	.	.	.	.
[geschl=1] * [alter=1]	-,966667	1,516444	21	-,637	,531	-4,120285	2,186952
[geschl=1] * [alter=2]	-1,366667	1,406006	21	-,972	,342	-4,290615	1,557282
[geschl=1] * [alter=3]	0[b]	0	.	.	.	.	.
[geschl=2] * [alter=1]	0[b]	0	.	.	.	.	.
[geschl=2] * [alter=2]	0[b]	0	.	.	.	.	.
[geschl=2] * [alter=3]	0[b]	0	.	.	.	.	.

a. Abhängige Variable: m1.

b. Dieser Parameter wurde auf den Wert null gesetzt, da er redundant ist.

Kovarianzparameter

Schätzungen von Kovarianzparametern[a]

Parameter	Schätzung	Standardfehler
Residuum	2,420635	,747024

a. Abhängige Variable: m1.

Die Tests auf feste Effekte stimmen mit denen des allgemeinen linearen Modells überein. Durch Addition der entsprechenden Parameterschätzer können Sie die Mittelwerte in den einzelnen Zellen vorhersagen. So ergibt sich z. B. für die Männer (geschl = 1) der zweiten Altersgruppe (alter = 2):

$$10{,}2 + 0{,}97 + 4{,}80 - 1{,}37 = 14{,}60$$

Dies hat sich übereinstimmend als Mittelwert ergeben.

16.5.2 Kovarianzanalyse mit festen Effekten

- Laden Sie die Datei gewicht.sav.

Die Variable brocaab gibt die Abnahme des Broca-Indexes von übergewichtigen Patienten bei zwei verschiedenen Behandlungsmethoden (Variable beh) wieder. Die Variable g ist das Geschlecht, die Variable broca0 der Ausgangswert des Broca-Indexes (siehe Kap. 16.2).

- Wählen Sie aus dem Menü

  Analysieren
  Allgemeines lineares Modell
  Univariat...

- Definieren Sie brocaab als abhängige Variable, beh und g als feste Faktoren, broca0 als Kovariate, und bestätigen Sie mit *OK*.

Es werden im Wesentlichen die folgenden Ergebnisse angezeigt.

Tests der Zwischensubjekteffekte

Abhängige Variable: brocaab

Quelle	Typ III Quadratsumme	df	Quadratischer Mittelwert	F	Sig.
Korrigiertes Modell	231,370[a]	4	57,842	13,273	,000
Konstanter Term	8,568	1	8,568	1,966	,181
broca0	21,734	1	21,734	4,987	,041
beh	11,077	1	11,077	2,542	,132
g	3,830	1	3,830	,879	,363
beh * g	4,644	1	4,644	1,066	,318
Fehler	65,368	15	4,358		
Gesamtsumme	1805,668	20			
Korrigierter Gesamtwert	296,738	19			

a. R-Quadrat = ,780 (Angepasstes R-Quadrat = ,721)

Wir wollen im Folgenden das Problem als lineares gemischtes Modell rechnen. Verfahren Sie hierfür wie folgt.

- Wählen Sie aus dem Menü

  Analysieren
  Gemischte Modelle
  Linear...

- Klicken Sie, da keine Messwiederholungen vorliegen, sogleich auf *Weiter.*
- Definieren Sie brocaab als abhängige Variable, beh und g als Faktoren und broca0 als Kovariate.
- Betätigen Sie den Schalter *Fest...* Markieren Sie einzeln die Variablen beh, g und broca0, und klicken Sie jeweils auf *Hinzufügen.*
- Aktivieren Sie im Pull-down-Menü statt *Mehrfaktoriell* die Option *Interaktion*, markieren Sie die beiden Variablen beh und g gleichzeitig, und klicken Sie auf *Hinzufügen.*

Im Feld *Modell* werden die Effekte beh, g und broca0 sowie die Wechselwirkung beh*g angezeigt.

- Verlassen Sie die Dialogbox über *Weiter* und aktivieren Sie über den Schalter *Statistiken...* die Option *Parameterschätzungen.*
- Starten Sie die Berechnungen mit *OK.*

Sie erhalten die folgenden Ergebnisse.

Tests vom Typ III auf feste Effekte[a]

Quelle	df für Zähler	df für Nenner	F	Sig.
Konstanter Term	1	15	1,966	,181
beh	1	15,000	2,542	,132
g	1	15,000	,879	,363
broca0	1	15,000	4,987	,041
beh * g	1	15	1,066	,318

a. Abhängige Variable: brocaab.

Schätzungen von festen Effekten[a]

Parameter	Schätzung	Standardfehler	df	t	Sig.	95 % Konfidenzintervall Untergrenze	95 % Konfidenzintervall Obergrenze
Konstanter Term	-13,687103	11,172108	15,000	-1,225	,239	-37,499889	10,125682
[beh=1,00]	-1,925041	2,159004	15,000	-,892	,387	-6,526850	2,676768
[beh=2,00]	0[b]	0	.	.	.	.	.
[g=1,00]	1,956416	1,371914	15	1,426	,174	-,967750	4,880582
[g=2,00]	0[b]	0	.	.	.	.	.
broca0	,183429	,082136	15,000	2,233	,041	,008359	,358498
[beh=1,00] * [g=1,00]	-1,955587	1,894325	15	-1,032	,318	-5,993245	2,082070
[beh=1,00] * [g=2,00]	0[b]	0	.	.	.	.	.
[beh=2,00] * [g=1,00]	0[b]	0	.	.	.	.	.
[beh=2,00] * [g=2,00]	0[b]	0	.	.	.	.	.

a. Abhängige Variable: brocaab.

b. Dieser Parameter wurde auf den Wert null gesetzt, da er redundant ist.

Die Tests auf feste Effekte stimmen mit denen des allgemeinen linearen Modells überein. Die Parameterschätzer können dazu verwandt werden, die abhängige Variable (brocaab) abzuschätzen. Dabei ist der zur Kovariaten broca0 gehörende Parameterschätzer als Steigungskoeffizient zu betrachten.

Für den Probanden in der ersten Zeile der Datendatei (beh = 1, g = 1, broca0 = 113,87) ergibt dies folgende Schätzung für brocaab:

$$-13{,}96 - 1{,}93 + 1{,}96 - 1{,}96 + 0{,}18 \cdot 113{,}87 = 4{,}88$$

Der tatsächliche Wert ist 4,13.

16.5.3 Analyse mit festen und zufälligen Effekten

Ein Leistungstest möge in drei Parallelformen vorliegen und von fünf Versuchsleitern getestet werden, wobei jeder Versuchsleiter jede Testform jeweils fünf Probanden vorlegt.

- Laden Sie die Datei test.sav.

Die Datei enthält drei Variablen. Die Variable form mit den Werten von 1 bis 3 steht für die drei Testformen, die Variable leiter mit den Werten von 1 bis 5 für die fünf Versuchsleiter. Die Variable wert ist der von den Probanden erzielte Testwert.

Mit Hilfe einer zweifaktoriellen Analyse soll geklärt werden, ob die Testformen unterschiedliche Ergebnisse liefern und ob die Ergebnisse vom Versuchsleiter abhängen. Beim

Faktor »Testform« handelt es sich um einen festen Faktor, da es genau diese drei Testformen gibt und somit keine größere Menge von Testformen, aus der eine Stichprobe gezogen werden könnte.

Anders verhält es sich beim Faktor »Versuchsleiter«. Dies ist ein zufälliger Faktor, da es viele Testleiter gibt und wir per Zufall davon fünf ausgewählt haben.

- Wählen Sie aus dem Menü

  Analysieren
  Gemischte Modelle
  Linear...

- Klicken Sie, da keine Messwiederholungen vorliegen, sogleich auf *Weiter.*
- Definieren Sie die Variable wert als abhängige Variable und die Variablen form und leiter als Faktoren.
- Betätigen Sie den Schalter *Fest...*, und bringen Sie über den Schalter *Hinzufügen* die Variable form in das Feld *Modell*. Bestätigen Sie mit *Weiter.*
- Betätigen Sie den Schalter *Zufällig...*, und bringen Sie die Variable leiter und die Wechselwirkung form*leiter in das Feld *Modell*.

Die Dialogbox *Lineare gemischte Modelle: Zufällige Effekte* sieht nunmehr wie folgt aus.

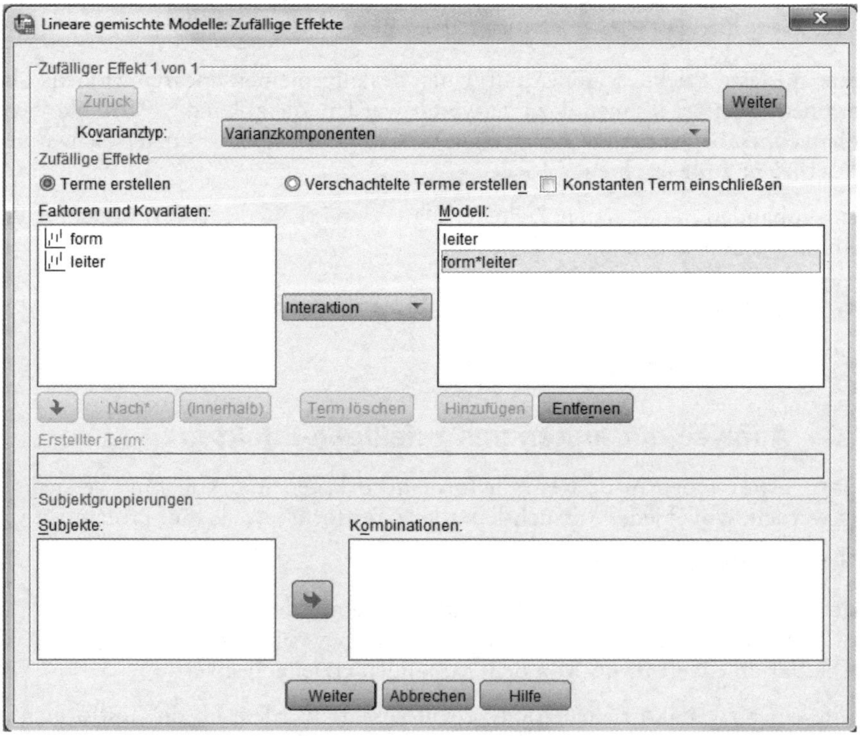

Bild 16.16: Dialogbox Lineare gemischte Modelle: Zufällige Effekte

- Aktivieren Sie über den Schalter *Statistiken...* die Option *Tests auf Kovarianzparameter.*
- Starten Sie die Berechnungen mit *OK*.

Die wesentlichen Ausgaben sind im Folgenden wiedergegeben.

Tests vom Typ III auf feste Effekte[a]

Quelle	df für Zähler	df für Nenner	F	Sig.
Konstanter Term	1	4	810,982	,000
form	2	8	21,038	,001

a. Abhängige Variable: wert.

Kovarianzparameter

Schätzungen von Kovarianzparametern[a]

Parameter		Schätzung	Standardfehler	Wald Z	Sig.	95 % Konfidenzintervall Untergrenze	95 % Konfidenzintervall Obergrenze
Residuum		7,973333	1,455725	5,477	,000	5,574841	11,403741
leiter	Varianz	3,690667	3,176391	1,162	,245	,683146	19,938655
form * leiter	Varianz	,710667	1,188867	,598	,550	,026773	18,863959

a. Abhängige Variable: wert.

Es ergibt sich ein höchst signifikanter Unterschied zwischen den Testformen (p = 0,001). Der zufällige Effekt (Variable leiter) wird über Varianzanteile analysiert, wie es bereits in Kap. 16.4 gezeigt wurde. Der Varianzanteil, der sich aufgrund der unterschiedlichen Versuchsleiter ergibt, beträgt demnach

$$3,69 \;/\; (7,97 + 3,69 + 0,71) \cdot 100 = 29,8 \;\%$$

Er wird über die Wald-Statistik als nicht signifikant ausgewiesen (p = 0,245).

16.5.4 Analyse mit wiederholten Messungen

Messwiederholungen werden bei SPSS stets über verschiedene Variablen geregelt, d.h., die wiederholten Daten eines Falles sind jeweils in einer Zeile des Dateneditors einzutragen (»ein Fall pro Zeile«). Als Beispiel mag die Datei varana.sav dienen (siehe Kap. 16.1). Diese enthält neben drei Variablen für eine fortlaufende Fallnummerierung, das Geschlecht und das Alter die vier Variablen m1 bis m4 für die Ergebnisse eines Merkfähigkeitstests zu vier Zeitpunkten.

Möchten Sie allerdings eine Analyse mit wiederholten Messungen mit der Methode der linearen gemischten Modelle durchführen, so werden die Werte der wiederholten Messungen in verschiedenen Zeilen erwartet. Betrachten Sie dazu die Datei varanazwei.sav, in der die Daten der Datei varana.sav entsprechend umgeordnet wurden. Die Zeilen für die ersten zwanzig Probanden sind wie folgt wiedergegeben.

1	1	1	1	1	
2	1	1	1	2	
3	1	1	1	3	
4	1	1	1	4	
5	2	1	1	1	
6	2	1	1	2	
7	2	1	1	3	
8	2	1	1	4	
9	3	1	1	1	
10	3	1	1	2	
11	3	1	1	3	
12	3	1	1	4	
13	4	1	1	1	
14	4	1	1	2	
15	4	1	1	3	
16	4	1	1	4	
17	5	1	2	1	
18	5	1	2	2	
19	5	1	2	3	

Bild 16.17: Wiederholte Messungen in verschiedenen Zeilen

Die Datei enthält die wiederholten Messungen eines Probanden nun in jeweils vier Zeilen, wobei der eigentliche Messwert auf der Variablen wert und die jeweils fortlaufende Nummerierung des Zeitpunktes auf der Variablen zeit gespeichert ist. Diese Anordnung der Daten (»ein Fall in mehreren Zeilen«) hat zur Folge, dass die Werte der übrigen Variablen wie Fallnummerierung, Geschlecht und Alter entsprechend mehrmals eingegeben werden müssen.

Um die alte Datenstruktur (varana.sav) in die neue (varanazwei.sav) überzuführen, brauchen Sie die Daten allerdings nicht erneut einzugeben. Vielmehr können Sie über die Menüwahl

Daten
Umstrukturieren...

einen Assistenten aufrufen, der Sie in sieben Schritten zur gewünschten Umstrukturierung führt. Einfacher dürfte es allerdings sein, die folgende selbst erklärende Syntax (varana.sps) zu benutzen:

```
VARSTOCASES
/MAKE wert FROM m1 m2 m3 m4
/INDEX = zeit(4)
/KEEP = nr,geschl,alter.
```

Nach Ausführung dieser Syntax auf die Datei varana.sav ist der Inhalt dieser Datei aus dem Dateneditor verschwunden. Statt dessen erscheint dort die umstruktierte Datendatei, die Sie unter einem neuen Namen (z. B. varanazwei.sav) speichern können.

Anhand dieser umstrukturierten Datei wollen wir jetzt eine Analyse mit wiederholten Messungen rechnen, wobei die Variablen geschl und alter als feste Faktoren eingehen sollen.

- Laden Sie die Datei varanazwei.sav.
- Wählen Sie aus dem Menü

Analysieren
Gemischte Modelle
Linear...

Es erscheint die Dialogbox *Lineare gemischte Modelle: Subjekte und Wiederholungen angeben.*

- Klicken Sie die Variable nr in das Feld *Subjekte* und die Variable zeit in das Feld *Wiederholt.*
- Als Typ der wiederholten Kovarianz aktivieren Sie im Pull-down-Menü *Autoregression erster Ordnung*. Angezeigt wird diese Option als AR(1). Damit wird ein Modell angefordert, das auf korrelierten Messzeitpunkten basiert.
- Bestätigen Sie mit *Weiter.*

In der Dialogbox *Lineare gemischte Modelle* definieren Sie die Variable wert als abhängige Variable und die Variablen alter, geschl und zeit als Faktoren.

- Betätigen Sie den Schalter *Fest...*, und klicken Sie gleichzeitig über den Schalter *Hinzufügen* die Variablen alter, geschl und zeit in das Feld *Modell*, indem Sie zuvor alle drei markieren. Auf diese Weise werden auch die Wechselwirkungen zwischen den Variablen mit übernommen.
- Bestätigen Sie mit *Weiter*, und aktivieren Sie über den Schalter *Statistiken...* die Option *Tests auf Kovarianzparameter.*
- Starten Sie die Berechnungen mit *OK*.

Im Viewer werden im Wesentlichen die folgenden Ergebnisse angezeigt.

Tests vom Typ III auf feste Effekte[a]

Quelle	df für Zähler	df für Nenner	F	Sig.
Konstanter Term	1	23,704	2465,319	,000
alter	2	23,704	32,789	,000
geschl	1	23,704	,073	,790
zeit	3	62,221	27,296	,000
alter * geschl	2	23,704	1,650	,213
alter * zeit	6	62,221	,547	,771
geschl * zeit	3	62,221	,642	,591
alter * geschl * zeit	6	62,221	1,186	,325

a. Abhängige Variable: wert.

Schätzungen von Kovarianzparametern[a]

Parameter		Schätzung	Standardfehler	Wald Z	Sig.	95 % Konfidenzintervall Untergrenze	95 % Konfidenzintervall Obergrenze
Messwiederholung	AR1 diagonal	3,498894	,785372	4,455	,000	2,253551	5,432429
	AR1, rho	,752373	,062680	12,003	,000	,601371	,851480

a. Abhängige Variable: wert.

Neben der Signifikanzüberprüfung der Haupt- und Wechselwirkungseffekte wird der Autokorrelationskoeffizient Rho berechnet (Rho = 0,752), der sich als höchst signifikant erweist. Das bestätigt die Richtigkeit der Modellwahl, die auf korrelierten Messzeitpunkten basiert.

Das Verfahren der linearen gemischten Modelle funktioniert bei wiederholten Messungen auch dann, wenn nicht alle Messwiederholungen (hier: Zeiten) besetzt sind.

KAPITEL 17

Diskriminanzanalyse

Mit Hilfe der Diskriminanzanalyse wird ein Individuum aufgrund von Merkmalen (unabhängigen Variablen) einer von zwei oder auch mehreren fest vorgegebenen Gruppen zugeordnet.

Vor allem im Fall von zwei vorgegebenen Gruppen erinnert die Problemstellung sehr stark an diejenige beim Verfahren der logistischen Regression (siehe Kap. 15.4). Mittelpunkt der Diskriminanzanalyse ist die Aufstellung der so genannten Diskriminanzfunktion

$$d = b_1 \cdot x_1 + b_2 \cdot x_2 + ... + b_n \cdot x_n + a$$

Dabei sind x_1 bis x_n fallweise die Werte der einbezogenen Variablen, b_1 bis b_n sowie die Konstante a die von der Analyse abzuschätzenden Koeffizienten. Ziel ist es, die Koeffizienten so zu ermitteln, dass die Werte der Diskriminanzfunktion beide Gruppen möglichst gut trennen.

17.1 Beispiel aus der Medizin

Wir greifen noch einmal auf das Beispiel zurück, das schon bei der Diskussion der logistischen Regression Anwendung fand. Es handelt sich um ausgewählte Daten von Patienten mit schweren Lungenschäden, die in der Datei lunge.sav gespeichert sind. Die Variablen, die in die Diskriminanzanalyse einbezogen werden sollen, sind hier noch einmal aufgeführt:

Variablenname	Bedeutung
out	Outcome (0 = gestorben, 1 = überlebt)
alter	Alter
bzeit	Beatmungszeit in Stunden
kob	Konzentration des Sauerstoffs in der Beatmungsluft
agg	Aggressivität der Beatmung
geschl	Geschlecht (1 = männlich, 2 = weiblich)
gr	Körpergröße

Die Variable out definiert zwei Gruppen von Patienten; anhand der anderen Variablen soll die Gruppenzugehörigkeit vorhergesagt werden.

- Laden Sie die Datei lunge.sav.

- Wählen Sie aus dem Menü

  Analysieren
  Klassifizieren
  Diskriminanzanalyse

Es öffnet sich die Dialogbox *Diskriminanzanalyse.*

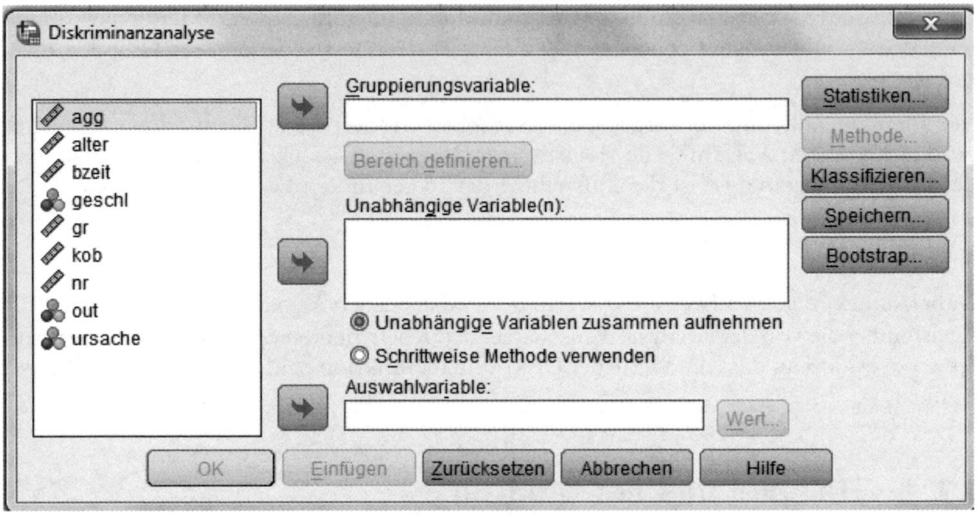

Bild 17.1: Dialogbox Diskriminanzanalyse

- Bringen Sie die Variable out in das für die Gruppierungsvariable vorgesehene Feld.
- Geben Sie nach einem Klick auf den Schalter *Bereich definieren...* den betreffenden Bereich von 0 bis 1 ein.
- Als unabhängige Variablen definieren Sie agg, alter, bzeit, geschl, gr und kob. Sie belassen es zunächst bei der voreingestellten Methode *Unabhängige Variablen zusammen aufnehmen*, bei der alle unabhängigen Variablen gleichzeitig in die Analyse einbezogen werden.
- Nach Betätigung des Schalters *Statistiken...* aktivieren Sie *Mittelwert*, *Univariate ANOVA*, *Nicht standardisierte Funktionskoeffizienten* und *Korrelationsmatrix innerhalb der Gruppen.*
- Über den Schalter *Klassifizieren...* fordern Sie zusätzlich *gruppenspezifische Diagramme*, *Fallweise Ergebnisse* und *Zusammenfassungstabelle* an. Bei der Ausgabe der fallweisen Ergebnisse wollen wir uns auf die ersten zwanzig Fälle beschränken.

Die Dialogbox sieht nunmehr wie folgt aus.

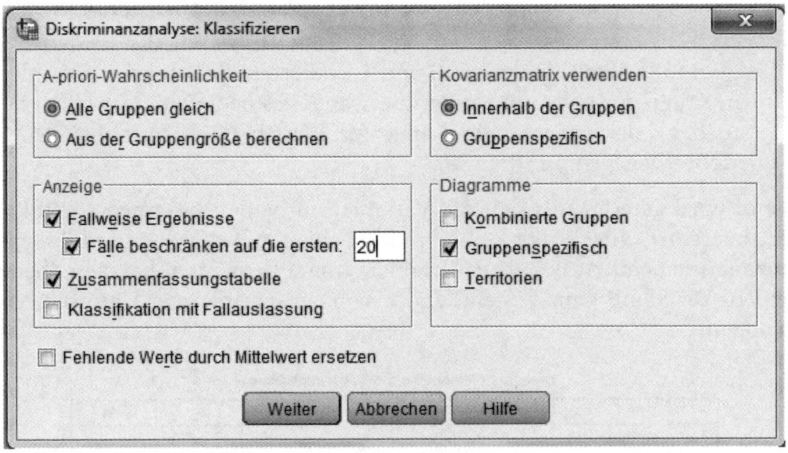

Bild 17.2: Dialogbox Diskriminanzanalyse: Klassifizieren

Die in den älteren SPSS-Versionen verfügbare und wohl auch sinnvollere Grafik für kombinierte Gruppen ist auch weiterhin in der Dialogbox vorgesehen, aber es wird in der Ausgabe eine Warnung angezeigt, dass dieses Histogramm nicht mehr verfügbar ist.

- Über *Speichern...* veranlassen Sie die Speicherung des Wertes (Scores) der Diskriminanzfunktion in einer weiteren Variablen.
- Starten Sie die Berechnungen durch Klicken auf *OK*.

Nach einer einleitenden Übersicht über gültige und fehlende Werte folgt die Ausgabe der Mittelwerte, Standardabweichungen und Fallzahlen in den beiden Gruppen und über beide Gruppen hinweg.

Gruppenstatistik

Outcome		Mittelwert	Standardabweichung	Gültige Anzahl (listenweise)	
				Ungewichtet	Gewichtet
gestorben	Aggr. der Beatmung	15,48443	10,900134	63	63,000
	Alter	31,92063	13,825294	63	63,000
	Beatmungszeit	15,36508	10,500847	63	63,000
	Geschlecht	1,63492	,485320	63	63,000
	Körpergröße	165,14286	15,559311	63	63,000
	Sauerstoff-Konz.	,85952	,148067	63	63,000
überlebt	Aggr. der Beatmung	11,69699	8,160567	68	68,000
	Alter	27,97059	10,864114	68	68,000
	Beatmungszeit	10,79412	5,100655	68	68,000
	Geschlecht	1,45588	,501753	68	68,000
	Körpergröße	172,05882	11,011368	68	68,000
	Sauerstoff-Konz.	,80338	,154925	68	68,000
Gesamtsumme	Aggr. der Beatmung	13,51843	9,726001	131	131,000
	Alter	29,87023	12,486545	131	131,000
	Beatmungszeit	12,99237	8,441196	131	131,000
	Geschlecht	1,54198	,500147	131	131,000
	Körpergröße	168,73282	13,783393	131	131,000
	Sauerstoff-Konz.	,83038	,153685	131	131,000

Die Variable geschl ist dabei eine dichotome nominalskalierte Variable mit den Kodierungen 1 (männlich) und 2 (weiblich). Die zunächst ziemlich sinnlos erscheinenden Mittelwerte des Geschlechts in den beiden Gruppen des Outcomes sind 1,63492 bzw. 1,45588; wären die Variablen statt dessen mit 0 und 1 kodiert, wären die beiden Mittelwerte 0,63492 bzw. 0,45588. Bei solchen mit 0 und 1 kodierten dichotomen Variablen gibt der Mittelwert den Anteil der Fälle mit Kodierung 1 an. Dies bedeutet, dass bei der Outcome-Gruppe »gestorben« der prozentuale Anteil der Frauen 63,492 ist, bei der Outcome-Gruppe »überlebt« dagegen nur 45,588.

Anschließend wird getestet, ob sich die Variablen in beiden Gruppen signifikant unterscheiden; neben einer mit »Wilks-Lambda« bezeichneten Testgröße wird dabei die einfache Varianzanalyse benutzt. Bei allen Variablen (außer dem Alter, bei dem aber auch eine starke Tendenz zur Signifikanz besteht) ergibt sich ein signifikanter Unterschied zwischen beiden Gruppen:

Tests auf Gleichheit der Gruppenmittelwerte

	Wilks-Lambda	F	df1	df2	Sig.
Aggr. der Beatmung	,962	5,116	1	129	,025
Alter	,975	3,331	1	129	,070
Beatmungszeit	,926	10,273	1	129	,002
Geschlecht	,968	4,297	1	129	,040
Körpergröße	,937	8,722	1	129	,004
Sauerstoff-Konz.	,966	4,481	1	129	,036

Es schließt sich die Ausgabe der Korrelationsmatrix zwischen allen Variablen an, wobei die Koeffizienten über beide Gruppen gemittelt wurden:

Innerhalb der Gruppen in Pools zusammengefasst

		Aggr. der Beatmung	Alter	Beatmungszeit	Geschlecht	Körpergröße	Sauerstoff-Konz.
Korrelation	Aggr. der Beatmung	1,000	-,072	-,058	,141	-,042	,285
	Alter	-,072	1,000	,093	-,040	,277	-,119
	Beatmungszeit	-,058	,093	1,000	,069	-,126	-,089
	Geschlecht	,141	-,040	,069	1,000	-,481	-,066
	Körpergröße	-,042	,277	-,126	-,481	1,000	,000
	Sauerstoff-Konz.	,285	-,119	-,089	-,066	,000	1,000

Die nächsten Schritte befassen sich mit der Berechnung und Analyse der Koeffizienten der Diskriminanzfunktion. Die Werte dieser Funktion sollten beide Gruppen ja möglichst gut trennen; daher ist ein Maß für das Gelingen dieser Trennung der Korrelationskoeffizient zwischen den berechneten Werten der Diskriminanzfunktion und der Gruppenzugehörigkeit:

Eigenwerte

Funktion	Eigenwert	% der Varianz	Kumulativ %	Kanonische Korrelation
1	,256[a]	100,0	100,0	,452

a. Erste 1 kanonische Diskriminanzfunktionen wurden in der Analyse verwendet.

Wilks-Lambda

Getestete Funktion(en)	Wilks-Lambda	Chi-Quadrat	df	Sig.
1	,796	28,733	6	,000

Die Korrelation fällt mit einem Wert von 0,452 recht unbefriedigend aus. Über Wilks-Lambda wird getestet, ob sich die mittleren Werte der Diskriminanzfunktion in beiden Gruppen signifikant unterscheiden; dies ist im vorliegenden Beispiel bei $p<0,001$ in höchst signifikanter Weise der Fall.

Der unter »Eigenwert« wiedergegebene Wert ist das Verhältnis der Quadratsumme zwischen den Gruppen zu der Quadratsumme innerhalb der Gruppen, wobei Sie diese beiden Summen erhalten, wenn Sie die Werte der Diskriminanzfunktion (Variable dis1_1) einer einfachen Varianzanalyse unterziehen (siehe Kap. 11.3). Hohe Eigenwerte (ein solcher liegt hier leider nicht vor) zeigen dabei »gute« Diskriminanzfunktionen an.

Die folgende Tabelle gibt darüber Aufschluss, wie hoch die einzelnen in die Diskriminanzfunktion einbezogenen Variablen mit den standardisierten Werten dieser Diskriminanzfunktion korrelieren. Dabei wurden die Korrelationskoeffizienten in beiden Gruppen getrennt berechnet und dann gemittelt:

Standardisierte kanonische Diskriminanzfunktionskoeffizienten

	Funktion
	1
Aggr. der Beatmung	,316
Alter	,494
Beatmungszeit	,491
Geschlecht	,066
Körpergröße	-,544
Sauerstoff-Konz.	,385

Strukturmatrix

	Funktion
	1
Beatmungszeit	,558
Körpergröße	-,514
Aggr. der Beatmung	,393
Sauerstoff-Konz.	,368
Geschlecht	,361
Alter	,318

In Pools zusammengefasste Korrelationen innerhalb der Gruppen zwischen Diskriminanzvariablen und standardisierten kanonischen Diskriminanzfunktionen
Nach absoluter Größe der Korrelation innerhalb der Funktion geordnete Variablen.

Schließlich werden die Koeffizienten der Diskriminanzfunktion selbst ausgegeben:

Kanonische Diskriminanzfunktionskoeffizienten

	Funktion
	1
Aggr. der Beatmung	,033
Alter	,040
Beatmungszeit	,060
Geschlecht	,133
Körpergröße	-,041
Sauerstoff-Konz.	2,539
(Konstante)	2,121

Nicht standardisierte Koeffizienten

Es handelt sich hierbei um die unstandardisierten Koeffizienten; dies sind die Multiplikatoren der gegebenen Variablenwerte in der Diskriminanzfunktion. Die vorher ausgegebenen standardisierten Koeffizienten beziehen sich auf standardisierte Variablenwerte (z-Transformation).

Weiterhin werden die mittleren Werte der Diskriminanzfunktion in beiden Gruppen ausgegeben:

Funktionen bei Gruppenzentroids

	Funktion
Outcome	1
gestorben	,522
überlebt	-,483

Nicht standardisierte kanonische Diskriminanzfunktionen, die an den Gruppenmittelwerten bewertet werden

Es folgt eine Tabelle, die zeilenweise für jeden Fall Informationen über den Wert der Diskriminanzfunktion und die Zuordnung zu einer der beiden Gruppen enthält. Wir hatten uns hier auf die ersten zwanzig Fälle beschränkt.

Fallweise Statistik

			Höchstwertige Gruppe					Zweitwertige Gruppe			Scores der Diskriminanz funktion
				P(D>d | G=g)			Quadrierte Mahalanobis-Distanz zu Zentroid			Quadrierte Mahalanobis-Distanz zu Zentroid	
	Fallnummer	Tatsächliche Gruppe	Vorhergesagte Gruppe	p	df	P(G=g | D=d)		Gruppe	P(G=g | D=d)		Funktion 1
Original	1	0	1**	,727	1	,702	,122	0	,298	1,834	-,833
	2	1	0**	,116	1	,889	2,464	1	,111	6,631	2,092
	3	0	1**	,842	1	,576	,040	0	,424	,650	-,284
	4	1	1	,310	1	,821	1,032	0	,179	4,085	-1,499
	5	1	1	,495	1	,767	,465	0	,233	2,846	-1,165
	6	1	1	,453	1	,779	,563	0	,221	3,081	-1,234
	7	0	1**	,635	1	,728	,225	0	,272	2,189	-,958
	8	1	1	,549	1	,752	,359	0	,248	2,575	-1,083
	9	1	1	,880	1	,587	,023	0	,413	,729	-,332
	10	0	1**	,952	1	,609	,004	0	,391	,893	-,423
	11	0	0	,026	1	,940	4,980	1	,060	10,477	2,753
	12	1	0**	,618	1	,501	,249	1	,499	,256	,023
	13	0	0	,930	1	,603	,008	1	,397	,841	,434
	14	1	1	,817	1	,676	,053	0	,324	1,528	-,714
	15	1	1	,958	1	,611	,003	0	,389	,908	-,431
	16	0	1**	,685	1	,524	,165	0	,476	,359	-,077
	17	1	1	,388	1	,798	,745	0	,202	3,492	-1,347
	18	0	1**	,763	1	,550	,091	0	,450	,496	-,182
	19	1	1	,748	1	,696	,103	0	,304	1,760	-,805
	20	0	0	,308	1	,822	1,037	1	,178	4,095	1,540

**. Falsch klassifiziert

Die Gruppe, zu der ein Fall tatsächlich gehört, ist unter der Spaltenbezeichnung »Tatsächliche Gruppe« wiedergegeben. Die folgenden drei Spalten liefern Informationen zur Vorhersage der Gruppenzugehörigkeit aufgrund des Wertes der Diskriminanzfunktion. Zunächst wird die vorhergesagte Gruppenzugehörigkeit ausgegeben; stimmt diese nicht mit der tatsächlichen überein, werden in der Spalte »Vorhergesagte Gruppe« zwei Sternchen angefügt (**).

Es folgt die Ausgabe zweier Wahrscheinlichkeiten. Die zweite der beiden Wahrscheinlichkeiten, bezeichnet mit P(G=g|D=d), ist die für die Zuordnung zu einer der beiden Gruppen maßgebende Wahrscheinlichkeit. Es ist die Wahrscheinlichkeit, dass ein Fall aufgrund seiner einzelnen in die Diskriminanzfunktion einbezogenen Variablenwerte zu der vorhergesagten Gruppe gehört. Die Wahrscheinlichkeit, dass er zur anderen Gruppe gehört, addiert sich hierbei zu 1 und ist unter der Bezeichnung »Zweithöchste Gruppe« wiedergegeben. Betrachten wir den ersten Fall, so ist die Wahrscheinlichkeit, dass der betreffende Patient überlebt, aufgrund der Werte der Vorhersagevariablen 0,702 (in Wirklichkeit ist er aber gestorben).

Die erstgenannte der beiden Wahrscheinlichkeiten, genannt P(D>d|G=g), nennt man bedingte Wahrscheinlichkeit. Es ist die Wahrscheinlichkeit dafür, dass ein Patient, der zu der vorhergesagten Gruppe gehört, den betreffenden Wert der Diskriminanzfunktion oder einen extremeren Wert aufweist.

In einer weiteren Spalte ist der quadrierte Mahalanobis-Abstand zum Zentroiden (Gruppenmittelwert der Diskriminanzfunktionswerte) angegeben. In der rechten Spalte der Tabelle schließlich wird der jeweilige Wert der Diskriminanzfunktion ausgegeben. Die Verteilung der Werte der Diskriminanzfunktion wird, getrennt nach den beiden Gruppen, in zwei getrennten Histogrammen dargestellt.

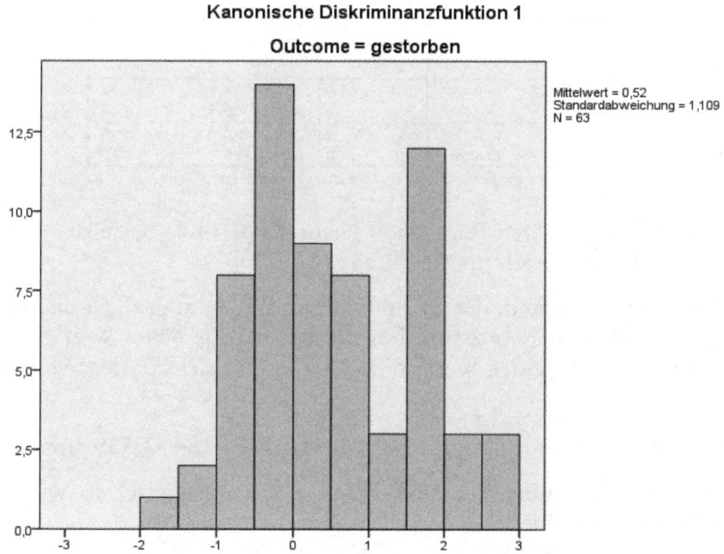

Bild 17.3: Verteilung der Werte der Diskriminanzfunktion für die Gruppe »gestorben«

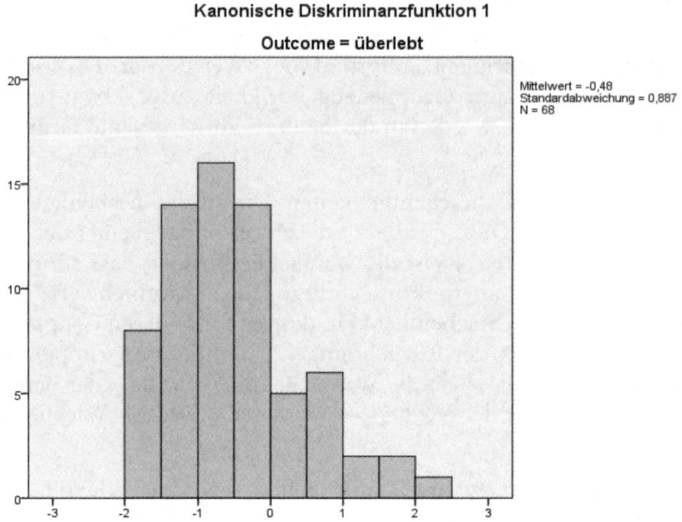

Bild 17.4: Verteilung der Werte der Diskriminanzfunktion für die Gruppe »überlebt«

Es ist erkennbar, dass die Werte der ersten Gruppe (gestorben) nach rechts und die Werte der zweiten Gruppe (überlebt) nach links tendieren, dass aber eine recht starke Durchmischung vorliegt.

Den Abschluss bildet eine Klassifikationstabelle mit der Angabe der erzielten Treffergenauigkeit. Diese liegt bei 68,7% und ist somit recht unbefriedigend:

Klassifikationsergebnisse[a]

			Vorhergesagte Gruppenzugehörigkeit		
		Outcome	gestorben	überlebt	Gesamtsumme
Original	Anzahl	gestorben	38	25	63
		überlebt	16	52	68
	%	gestorben	60,3	39,7	100,0
		überlebt	23,5	76,5	100,0

a. 68,7% der ursprünglichen gruppierten Fälle ordnungsgemäß klassifiziert.

Beim Verfahren der logistischen Regression (siehe Kap. 14.4) hatte sich ein geringfügig besseres Resultat ergeben (Trefferquote 70,99%).

Für einen männlichen Patienten, der 25 Jahre alt und 184 cm groß ist und der 5 Stunden beatmet wurde, bei dem die Konzentration des Sauerstoffs einen Wert von 0,7 und die Aggressivität der Beatmung einen Wert von 10 hat, ergibt sich für den Wert der Diskriminanzfunktion

$$d= 2{,}121+0{,}033\cdot 10+0{,}04\cdot 25+0{,}06\cdot 5+0{,}133\cdot 1-0{,}041\cdot 184+2{,}539\cdot 0{,}7=-1{,}883$$

Betrachtet man die Verteilung der Diskriminanzfunktionswerte, so wird man diesen Patienten der Gruppe der Überlebenden zuordnen.

Wie bei anderen multivariaten Verfahren auch, ist bei der Diskriminanzanalyse ein schrittweises Vorgehen möglich und bei vielen unabhängigen Variablen auch zu empfehlen. Dieses ist ähnlich wie z. B. bei der multiplen Regressionsanalyse, wobei diesmal andere Kriterien für die Variablenauswahl relevant sind.

Wir wollen also unser Beispiel noch einmal nach der schrittweise vorgehenden Methode rechnen.

- Aktivieren Sie in der Ausgangs-Dialogbox *Schrittweise Methode verwenden.*
- Betätigen Sie den Schalter *Methode...*

Es öffnet sich die Dialogbox *Diskriminanzanalyse: Schrittweise Methode.*

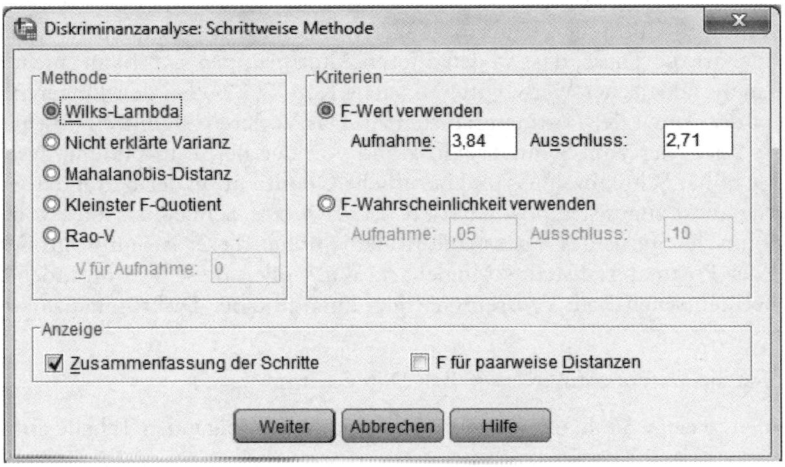

Bild 17.5: Dialogbox Diskriminanzanalyse: Schrittweise Methode

- Wählen Sie die Methode, nach der jeweils diejenige Variable ausgewählt wird, die den *Mahalanobis-Abstand* zwischen den beiden Gruppen maximiert. Dieses Distanzmaß gründet sich auf die euklidischen Distanzen der z-Werte unter Beachtung der Korrelationen der betreffenden Variablen.
- Um die Ausgabe nicht zu umfangreich werden zu lassen, fordern Sie diesmal lediglich unter *Klassifizieren...* eine *Zusammenfassende Tabelle* an.

Nacheinander werden die Variablen bzeit, gr, alter und kob in die Analyse einbezogen; dies sind dieselben Variablen, die auch bei dem Verfahren der logistischen Regression berücksichtigt wurden. Der abschließenden Klassifizierungstabelle entnehmen Sie, dass sich durch das Fortlassen von ungeeigneten Variablen die Trefferquote mit 70,2% leicht erhöht hat.

Klassifikationsergebnisse[a]

			Vorhergesagte Gruppenzugehörigkeit		
		Outcome	gestorben	überlebt	Gesamtsumme
Original	Anzahl	gestorben	38	25	63
		überlebt	14	54	68
	%	gestorben	60,3	39,7	100,0
		überlebt	20,6	79,4	100,0

a. 70,2% der ursprünglichen gruppierten Fälle ordnungsgemäß klassifiziert.

Auch das andere in Kap. 15.4 vorgestellte Beispiel, die beiden diagnostischen Tests zur Erkennung des Harnblasenkarzinoms (Datei hkarz.sav), können Sie verwenden, um eine Diskriminanzanalyse zu rechnen. Es gelingt hier eine bessere Trennung der beiden Gruppen (gesund – krank). Die erzielte Treffergenauigkeit liegt bei 82,2%.

17.2 Beispiel aus der Soziologie

In seiner Studie »Kultureller Umbruch. Wertwandel in der westlichen Welt« vertritt Ronald Inglehart die These, dass in den älteren Altersgruppen signifikant mehr Personen zugunsten materialistischer Werte votieren (siehe Kap. 7.5.2). Bei den Jüngeren, so Inglehart, nimmt der Anteil der Postmaterialisten zu. Das Votieren zugunsten postmaterialistischer Werte sei ferner vom Schulabschluss und von der Berufsausbildung des Befragten abhängig. Je höher Schulabschluss und berufliche Qualifikation der Befragten seien, umso eher votierten diese zugunsten postmaterialistischer Werte. Schließlich spiele u. a. auch der sozioökonomische Status des Vaters eine Rolle; je höher dieser ist, umso größer ist auch der Anteil der Postmaterialisten, so Inglehart. Wir wollen diese Wertewandel-Theoreme des US-amerikanischen Politikwissenschaftlers anhand einer Diskriminanzanalyse überprüfen.

- Laden Sie die Datei postmat.sav in den Dateneditor.

Die Variablen, welche Sie in der Datei finden, sind in der folgenden Tabelle aufgeführt.

Variablenname	Bedeutung
ingl_ind	Inglehart-Index
	Werte:
	1 Postmaterialisten
	2 Postmat. Mischtyp
	3 Materialist. Mischtyp
	4 Materialisten
	8 Weiss nicht
	9 keine Angabe
statpaps	sozioökonomischer Status des Vaters (Index)
	Werte:
	1 niedrig
	5 hoch
	8 in Ausbildung (Missing-Wert)
	9 Arbeitslos, Gefangenschaft, Tod, Rentner etc.
	(Missing-Wert)

Variablenname	Bedeutung
schule	Schulabschluss des Befragten
	Werte:
	1 ohne Abschluss
	2 Hauptschulabschluss
	3 mittlere Reife
	4 Fach-/Hochschulreife
alter	Alter des Befragten
	Werte:
	1 18 bis 29 Jahre
	2 30 bis 44 Jahre
	3 45 bis 59 Jahre
	4 60 bis 74 Jahre
	5 75 bis 88 Jahre
	6 89 und älter
	9 keine Angabe (Missing-Wert)
ausbild	Berufsausbildung des Befragten
	Werte:
	0 keine Ausbildung (Missing-Wert)
	1 Anlernzeit
	2 Lehre
	3 Meister-/Technikerabschluss
	4 Fach-/Hochschulabschluss

Bevor wir mit der Diskriminanzanalyse beginnen, wollen wir die Variable ingl_ind zunächst dichotomisieren. Die Merkmalsausprägungen 1 »Postmaterialisten« und 2 »Postmaterialistischer Mischtyp« sollen zur neuen Merkmalsausprägung 1 »Postmaterialistische Typen« der Variablen ingl_dic zusammengeschlossen werden, die Merkmalsausprägungen 3 »Materialistischer Mischtyp« und 4 »Materialisten« zur neuen Merkmalsausprägung 2 »Materialistische Typen«.

- Geben Sie hierfür im Syntaxeditor die folgenden Zeilen ein:

```
RECODE ingl_ind (1,2 = 1) (3,4 = 2) INTO ingl_dic.
VARIABLE LABELS ingl_dic = "Inglehart-Index, dichotom".
VALUE LABELS ingl_dic 1 "Postmat. Typen"
                      2 "Materialist.Typen".
EXECUTE.
```

- Sie können auch die Datei ingledic.sps, welche diese Zeilen enthält, in den Syntaxeditor laden.
- Markieren Sie die Zeilen, und starten Sie diese Befehle durch Klicken auf das Symbol *Syntax-Start*.

Im Dateneditor wird die neue Variable ingl_dic angelegt. Führen Sie nun die Diskriminanzanalyse durch.

- Wählen Sie aus dem Menü die Optionen

  Analysieren
  Klassifizieren
  Diskriminanzanalyse

- Bringen Sie die Variable ingl_dic in das Gruppierungsvariablenfeld.
- Klicken Sie auf den Schalter *Bereich definieren...*, und geben Sie als Minimum eine 1, als Maximum eine 2 ein.
- Übertragen Sie die Variablen statpaps, schule, alter und ausbild in die Liste der *Unabhängigen Variable(n)*. Belassen Sie es bei der voreingestellten Methode *Unabhängige Variablen zusammen aufnehmen*.

Die Dialogbox *Diskriminanzanalyse* sollte nun wie folgt aussehen.

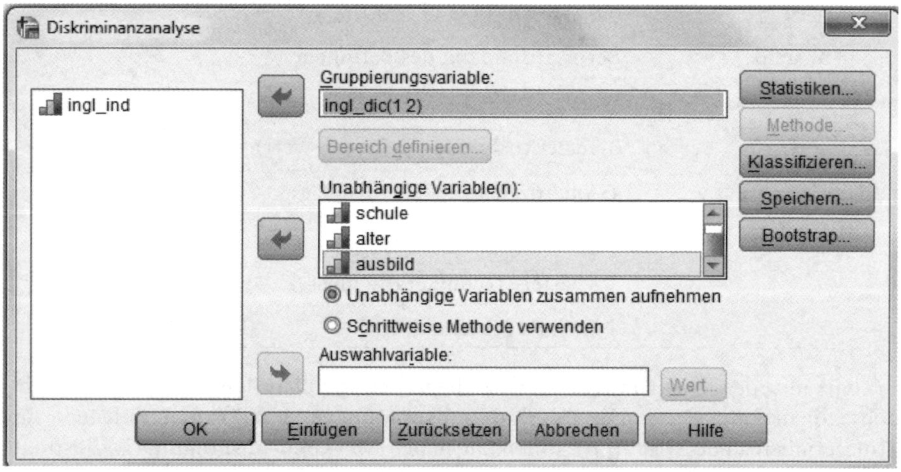

Bild 17.6: Ausgefüllte Dialogbox Diskriminanzanalyse

- Betätigen Sie den Schalter *Statistiken...*

Es öffnet sich die Dialogbox *Diskriminanzanalyse: Statistik.*

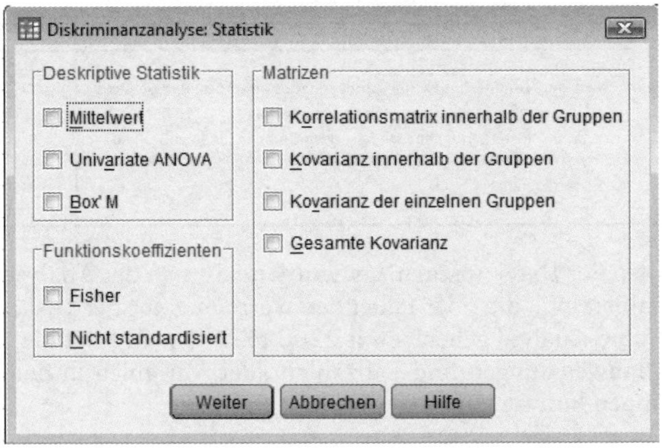

Bild 17.7: Dialogbox Diskriminanzanalyse: Statistik

- Aktivieren Sie die Optionen *Mittelwert*, *Univariate ANOVA*, *Nicht standardisierte Funktionskoeffizienten* und *Korrelationsmatrix innerhalb der Gruppen.*
- Bestätigen Sie mit *Weiter.*
- Klicken Sie auf den Schalter *Klassifizieren.* Es öffnet sich die Dialogbox *Diskriminanzanalyse: Klassifizieren.*
- Fordern Sie hier lediglich eine *Zusammenfassungstabelle* an.
- Klicken Sie auf den Schalter *Speichern...* Es öffnet sich die Dialogbox *Diskriminanzanalyse: Speichern.*

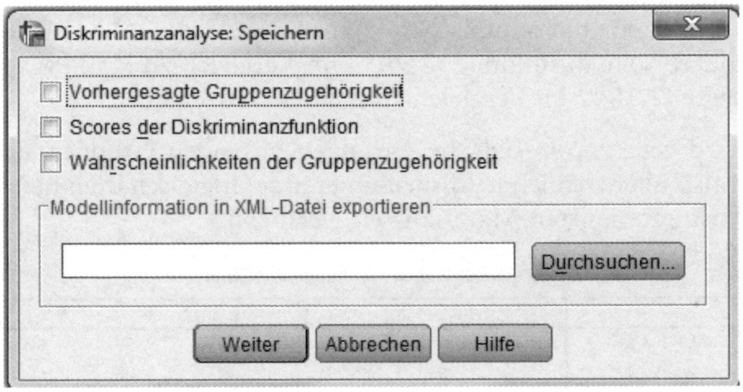

Bild 17.8: Dialogbox: Diskriminanzanalyse: Speichern

- Lassen Sie die *Vorhergesagte Gruppenzugehörigkeit*, den *Wert (Scores) der Diskriminanzfunktion*, sowie die *Wahrscheinlichkeiten der Gruppenzugehörigkeit* ausgeben.
- Bestätigen Sie mit *Weiter* und anschließend mit *OK.*

Im Viewer erscheint zunächst eine Übersicht über die gültigen und fehlenden Werte:

Analyse - Zusammenfassung der Fallverarbeitung

Ungewichtete Fälle		H	Prozent
Gültig		2200	71,9
Ausgeschlossen	Fehlende Gruppencodes oder Gruppencodes außerhalb des Bereichs	19	,6
	Mindestens eine fehlende Diskriminanzvariable	816	26,7
	Sowohl fehlende Gruppencodes als auch Gruppencodes außerhalb des Bereichs und mindestens eine fehlende Diskriminanzvariable	23	,8
	Gesamtsumme	858	28,1
Gesamtsumme		3058	100,0

Von den 3058 Fällen der Datei postmat.sav wurden 858 von der Analyse wegen fehlender Werte in der Variablen ingl_dic oder fehlender Werte in einer der Diskriminanzvariablen ausgeschlossen. In die Analyse gehen somit 2200 Fälle ein. Es folgt die Ausgabe der Mittelwerte, Standardabweichungen und Fallzahlen aller Variablen in den beiden Gruppen und über die Gruppen hinweg.

Gruppenstatistik

Inglehart-Index, dichotom		Mittelwert	Standardabweichung	Gültige Anzahl (listenweise)	
				Ungewichtet	Gewichtet
Postmat. Typen	Status des Vaters	2,81	1,172	1091	1091,000
	Schulabschluss	2,99	,819	1091	1091,000
	Alter	2,18	1,089	1091	1091,000
	Berufsausbildung	2,19	1,156	1091	1091,000
Materialist. Typen	Status des Vaters	2,39	1,041	1109	1109,000
	Schulabschluss	2,52	,763	1109	1109,000
	Alter	2,82	1,211	1109	1109,000
	Berufsausbildung	1,88	1,025	1109	1109,000
Gesamtsumme	Status des Vaters	2,60	1,128	2200	2200,000
	Schulabschluss	2,75	,824	2200	2200,000
	Alter	2,50	1,194	2200	2200,000
	Berufsausbildung	2,03	1,103	2200	2200,000

Bereits anhand der Mittelwerte ist erkennbar, dass die postmaterialistischen Typen sich durch einen höheren sozioökonomischen Status des Vaters (2,8148 im Vergleich zu 2,3904), eine höhere Schulausbildung (2,9853 im Vergleich zu 2,5248) sowie einer niedrigeren Altersklasse (2,1842 im Vergleich zu 2,8151) auszeichnen.

Anschließend wird getestet, ob sich die Variablen in beiden Gruppen signifikant unterscheiden, ob sie also über trennende (diskriminierende) Eigenschaften hinsichtlich der beiden Gruppen (Postmaterialisten-Materialisten) verfügen.

Tests auf Gleichheit der Gruppenmittelwerte

	Wilks-Lambda	F	df1	df2	Sig.
Status des Vaters	,965	80,746	1	2198	,000
Schulabschluss	,922	186,281	1	2198	,000
Alter	,930	164,951	1	2198	,000
Berufsausbildung	,980	44,222	1	2198	,000

Wie Sie der Spalte *Signifikanz* entnehmen können, ergibt sich bei allen Variablen ein höchst signifikanter Unterschied zwischen den Gruppen (p<0,001).

Es schließt sich die Ausgabe der Korrelationsmatrix zwischen allen Variablen an, wobei die Koeffizienten über beide Gruppen gemittelt wurden:

Innerhalb der Gruppen in Pools zusammengefasst

		Status des Vaters	Schulabschluss	Alter	Berufsausbildung
Korrelation	Status des Vaters	1,000	,327	-,033	,137
	Schulabschluss	,327	1,000	-,275	,377
	Alter	-,033	-,275	1,000	,018
	Berufsausbildung	,137	,377	,018	1,000

Erkennbar sind hier vor allem die Korrelationen zwischen den Variablen schule und statpaps sowie zwischen ausbild und schule. Je höher der sozioökonomische Status des Vaters, umso höher ist auch die Schulausbildung eines Befragten; je höher seine Schulausbildung, umso höher auch der Ausbildungsabschluss.

Es folgt die Analyse der Koeffizienten der Diskriminanzfunktion. Der Korrelationskoeffizient zwischen den berechneten Werten der Diskriminanzfunktion und der Gruppenzugehörigkeit fällt mit 0,353 recht unbefriedigend aus:

Eigenwerte

Funktion	Eigenwert	% der Varianz	Kumulativ %	Kanonische Korrelation
1	,142[a]	100,0	100,0	,353

a. Erste 1 kanonische Diskriminanzfunktionen wurden in der Analyse verwendet.

Wilks-Lambda

Getestete Funktion(en)	Wilks-Lambda	Chi-Quadrat	df	Sig.
1	,875	292,431	4	,000

Der Test über Wilks' Lambda, ob sich die mittleren Werte der Diskriminanzfunktion in beiden Gruppen signifikant voneinander unterscheiden, ergibt allerdings mit p<0,001 ein höchst signifikantes Resultat.

Anschließend werden die standardisierten Koeffizienten der Diskriminanzfunktion und deren Korrelation mit den einbezogenen Variablen ausgegeben:

Standardisierte kanonische Diskriminanzfunktionskoeffizienten

	Funktion
	1
Status des Vaters	,321
Schulabschluss	,434
Alter	-,599
Berufsausbildung	,179

Strukturmatrix

	Funktion
	1
Schulabschluss	,771
Alter	-,726
Status des Vaters	,508
Berufsausbildung	,376

In Pools zusammengefasste Korrelationen innerhalb der Gruppen zwischen Diskriminanzvariablen und standardisierten kanonischen Diskriminanzfunktionen
Nach absoluter Größe der Korrelation innerhalb der Funktion geordnete Variablen.

Es folgt die Ausgabe der unstandardisierten Koeffizienten der Diskriminanzfunktion sowie der mittleren Werte der Diskriminanzfunktion in beiden Gruppen:

Kanonische Diskriminanzfunktionskoeffizienten

	Funktion
	1
Status des Vaters	,290
Schulabschluss	,549
Alter	-,520
Berufsausbildung	,164
(Konstante)	-1,297

Nicht standardisierte Koeffizienten

Funktionen bei Gruppenzentroids

	Funktion
Inglehart-Index, dichotom	1
Postmat. Typen	,380
Materialist. Typen	-,374

Nicht standardisierte kanonische Diskriminanzfunktionen, die an den Gruppenmittelwerten bewertet werden

Auf die Ausgabe der sehr langen Tabelle, welche zeilenweise für jeden Fall Informationen über den Wert der Diskriminanzfunktion und die Zuordnung zu einer der beiden Gruppen enthält, haben wir verzichtet.

Den Abschluss bildet schließlich die Klassifikationstabelle mit der Angabe der Treffergenauigkeit:

Klassifikationsergebnisse[a]

			Vorhergesagte Gruppenzugehörigkeit		
		Inglehart-Index, dichotom	Postmat. Typen	Materialist. Typen	Gesamtsumme
Original	Anzahl	Postmat. Typen	710	381	1091
		Materialist. Typen	410	699	1109
		Ungruppierte Fälle	7	12	19
	%	Postmat. Typen	65,1	34,9	100,0
		Materialist. Typen	37,0	63,0	100,0
		Ungruppierte Fälle	36,8	63,2	100,0

a. 64,0% der ursprünglichen gruppierten Fälle ordnungsgemäß klassifiziert.

Die rechte Spalte der Tabelle (»Gesamt«) gibt die Anzahl der Fälle an, die in den jeweiligen Gruppen tatsächlich enthalten sind. In der Gruppe der postmaterialistischen Typen sind 1091 Fälle enthalten, in der Gruppe der materialistischen Typen 1109 Fälle.

Die beiden Spalten mit der gemeinsamen Überschrift (»Vorhergesagte Gruppenzugehörigkeit«) beziehen sich auf die in den beiden Gruppen tatsächlich enthaltenen Fälle. Die erste Spalte gibt die Anzahl der Fälle an, die der ersten Gruppe zugeordnet wurden. Von den 1091 postmaterialistischen Fällen wurden 710 Fälle korrekt zugeordnet, dies entspricht 65,1% der Fälle. 381 Fälle wurden fälschlicherweise der Gruppe 2 zugeordnet, was einem Anteil von 34,9% entspricht. Von den 1109 materialistischen Fällen wurden 410 fälschlicherweise der Gruppe 1 zugeordnet, dies entspricht 37,0% der Fälle. 699 Fälle wurden korrekterweise der Gruppe 2 zugeordnet, was einem Anteil von 63% entspricht.

Die Zeile »Ungruppierte Fälle« bezieht sich auf Fälle, die keiner der beiden Gruppen entstammen. Die Fälle gehen zwar nicht in die Berechnung der Diskriminanzfunktion ein, für sie wird jedoch trotzdem ein Funktionswert berechnet. Von den 19 Fällen, über die uns keine Gruppenangabe vorliegt, wurden 7 den postmaterialistischen Typen zugeordnet, 12 den materialistischen.

Die Zeile unterhalb der Tabelle beinhaltet das Gesamtresultat. 64,0% der Fälle wurden korrekt klassifiziert. Da bereits bei einer rein zufälligen Zuordnung eines Falles zu einer der beiden vorliegenden Gruppen dieser mit einer Wahrscheinlichkeit von 50% korrekt klassifiziert würde, ist 64,0% als ein eher mäßiges Ergebnis zu betrachten. Das nicht zufriedenstellende Ergebnis könnte unter anderem darauf zurückgeführt werden, dass in den beiden Gruppen jeweils auch die Mischtypen eingingen, welche sicherlich schwieriger zu klassifizieren sind als die beiden reinen Typen.

Wir wollen diese Annahme überprüfen, indem wir im Folgenden nur mit den reinen Typen rechnen.

- Treffen Sie die Menüwahl

  Daten
  Fälle auswählen...

- Klicken Sie auf die Option *Falls Bedingung zutrifft*, anschließend auf den Schalter *Falls...*

- Geben Sie in den Konditional-Editor die folgende Bedingung ein:

```
ingl_ind = 1 OR ingl_ind = 4
```

- Bestätigen Sie mit *Weiter* und anschließend mit *OK*.

- Übertragen Sie in der Dialogbox *Diskriminanzanalyse* als Gruppenvariable die Variable ingl_ind (nicht ingl_dic !). Definieren Sie als *Minimum* 1 und als *Maximum* 4.

- Übertragen Sie in die Liste der unabhängigen Variablen statpaps, schule, alter und ausbild.

- Ergänzen Sie die weiteren Einstellungen unter den Schaltern *Statistiken...*, *Klassifizieren...* und *Speichern...* wie oben besprochen.

Sie erhalten folgende Klassifikationstabelle:

Klassifikationsergebnisse[a]

		Inglehart-Index	Vorhergesagte Gruppenzugehörigkeit: Postmaterialisten	Vorhergesagte Gruppenzugehörigkeit: Materialisten	Gesamtsumme
Original	Anzahl	Postmaterialisten	409	109	518
		Materialisten	133	297	430
	%	Postmaterialisten	79,0	21,0	100,0
		Materialisten	30,9	69,1	100,0

a. 74,5% der ursprünglichen gruppierten Fälle ordnungsgemäß klassifiziert.

In der Gruppe der reinen Postmaterialisten sind 518 Fälle enthalten. 409 Fälle (79%) wurden korrekt zugewiesen, 109 Fälle (21,0%) fälschlicherweise der Gruppe 4 (»reine Materialisten«). In der Gruppe der reinen Materialisten sind 430 Fälle enthalten. 297 Fälle (69,1%) wurden korrekt zugewiesen, 133 Fälle (30,9%) fälschlicherweise der Gruppe 1 (»reine Postmaterialisten«).

Das Gesamtresultat ergibt eine korrekte Zuordnung von 74,5% der Fälle. Es liegt damit deutlich über dem vorherigen Resultat und kann als passabel gelten.

17.3 Beispiel aus der Biologie

Häufige Anwendung findet die Diskriminanzanalyse in der Biologie. Im folgenden typischen Beispiel ist die Gruppenzugehörigkeit bei einer Anzahl von Individuen bekannt, woraus die Diskriminanzfunktion abgeleitet wird. Diese wird dann dazu benutzt, um die Gruppenzugehörigkeit derjenigen Individuen abzuschätzen, für die sie noch nicht bekannt ist.

In der Datei vogel.sav sind das Geschlecht, die Flügellänge, die Schnabellänge, die Kopflänge, die Fußlänge und das Gewicht von 245 Vögeln einer bestimmten Gattung enthalten. Dabei konnte das Geschlecht nur bei 51 Vögeln bestimmt werden. Die Kodierung des Geschlechts ist 1 = männlich und 2 = weiblich; die fehlende Angabe ist mit 9 kodiert.

Berechnen Sie die Mittelwerte der aufgeführten Parameter bei den Männchen und den Weibchen, so ergeben sich bei den Weibchen im Mittel durchweg höhere Werte. Daher kann versucht werden, mit Hilfe einer Diskriminanzanalyse die Geschlechtszugehörigkeit bei denjenigen Vögeln abzuschätzen, bei denen das Geschlecht nicht bestimmt werden konnte.

- Laden Sie die Datei vogel.sav.
- Definieren Sie in der Dialogbox *Diskriminanzanalyse* die Variable geschl als Gruppierungsvariable mit dem Bereich von 1 bis 2 und die Variablen fluegel, schnl, kopfl, fuss und gew als unabhängige Variablen. Wählen Sie die schrittweise Methode.
- In der Dialogbox *Diskriminanzanalyse: Klassifizieren* aktivieren Sie *Fallweise Ergebnisse* mit der Beschränkung auf die ersten 40 Fälle und *Zusammenfassungstabelle*.

- Über den Schalter *Speichern...* fordern Sie mit der Aktivierung der Optionen *Vorhergesagte Gruppenzugehörigkeit* und *Wahrscheinlichkeiten der Gruppenzugehörigkeit* die Generierung entsprechender neuer Variablen an.
- Starten Sie die Berechnungen mit *OK*.

Von den im Viewer angezeigten Ergebnissen beschränken wir uns im Folgenden auf die fallweisen Statistiken sowie die Klassifikationstabelle.

Der Klassifikationstabelle entnehmen Sie, dass bei den 51 Fällen mit bekanntem Geschlecht 44-mal das Geschlecht richtig vorhergesagt wurde, das sind 86,3%.

Klassifikationsergebnisse[a]

			Vorhergesagte Gruppenzugehörigkeit		
		Geschlecht	männlich	weiblich	Gesamtsumme
Original	Anzahl	männlich	24	3	27
		weiblich	4	20	24
		Ungruppierte Fälle	91	103	194
	%	männlich	88,9	11,1	100,0
		weiblich	16,7	83,3	100,0
		Ungruppierte Fälle	46,9	53,1	100,0

a. 86,3% der ursprünglichen gruppierten Fälle ordnungsgemäß klassifiziert.

Etwas näher betrachten wollen wir die fallweisen Statistiken.

Fallweise Statistik

			Höchstwertige Gruppe					Zweitwertige Gruppe			Scores der Diskriminanzfunktion
				P(D>d | G=g)			Quadrierte Mahalanobis-Distanz zu Zentroid			Quadrierte Mahalanobis-Distanz zu Zentroid	
	Fallnummer	Tatsächliche Gruppe	Vorhergesagte Gruppe	p	df	P(G=g | D=d)		Gruppe	P(G=g | D=d)		Funktion 1
Original	1	Nicht gruppiert	2	,222	1	,990	1,489	1	,010	10,679	2,304
	2	Nicht gruppiert	2	,063	1	,997	3,453	1	,003	15,254	2,942
	3	Nicht gruppiert	2	,064	1	,997	3,433	1	,003	15,213	2,937
	4	Nicht gruppiert	2	,245	1	,989	1,353	1	,011	10,307	2,247
	5	Nicht gruppiert	2	,126	1	,995	2,338	1	,005	12,792	2,613
	6	Nicht gruppiert	2	,319	1	,984	,995	1	,016	9,271	2,081
	7	Nicht gruppiert	2	,485	1	,971	,489	1	,029	7,543	1,783
	8	2	2	,102	1	,996	2,673	1	,004	13,561	2,719
	9	Nicht gruppiert	2	,387	1	,980	,748	1	,020	8,482	1,949
	10	Nicht gruppiert	2	,576	1	,721	,313	1	,279	2,213	,524
	11	Nicht gruppiert	2	,651	1	,954	,205	1	,046	6,248	1,536
	12	Nicht gruppiert	2	,140	1	,994	2,177	1	,006	12,411	2,559
	13	Nicht gruppiert	2	,435	1	,976	,609	1	,024	7,995	1,864
	14	Nicht gruppiert	2	,471	1	,973	,519	1	,027	7,662	1,804
	15	Nicht gruppiert	2	,764	1	,938	,090	1	,062	5,510	1,384
	16	Nicht gruppiert	2	,481	1	,972	,497	1	,028	7,576	1,789
	17	Nicht gruppiert	2	,172	1	,993	1,868	1	,007	11,658	2,451
	18	2	2	,399	1	,979	,712	1	,021	8,359	1,928
	19	Nicht gruppiert	2	,705	1	,946	,143	1	,054	5,884	1,462
	20	2	2	,969	1	,898	,002	1	,102	4,355	1,123
	21	2	2	,249	1	,989	1,328	1	,011	10,238	2,236
	22	Nicht gruppiert	2	,121	1	,995	2,407	1	,005	12,953	2,636
	23	2	2	,071	1	,997	3,263	1	,003	14,853	2,890
	24	Nicht gruppiert	2	,367	1	,981	,815	1	,019	8,704	1,987
	25	Nicht gruppiert	2	,880	1	,857	,023	1	,143	3,598	,933
	26	Nicht gruppiert	2	,537	1	,966	,382	1	,034	7,103	1,702
	27	Nicht gruppiert	1	,640	1	,955	,218	2	,045	6,323	-1,431
	28	2	2	,744	1	,806	,107	1	,194	2,960	,757
	29	Nicht gruppiert	2	,969	1	,883	,001	1	,117	4,035	1,045
	30	1	2**	,625	1	,749	,239	1	,251	2,428	,595
	31	Nicht gruppiert	2	,646	1	,760	,211	1	,240	2,521	,624
	32	2	2	,173	1	,993	1,860	1	,007	11,636	2,448
	33	1	2**	,504	1	,970	,447	1	,030	7,378	1,753
	34	Nicht gruppiert	2	,544	1	,966	,368	1	,034	7,046	1,691
	35	Nicht gruppiert	2	,618	1	,958	,248	1	,042	6,480	1,582
	36	Nicht gruppiert	2	,727	1	,943	,122	1	,057	5,744	1,433
	37	2	2	,458	1	,974	,551	1	,026	7,781	1,826
	38	2	2	,362	1	,981	,829	1	,019	8,750	1,995
	39	2	2	,814	1	,929	,055	1	,071	5,211	1,319
	40	Nicht gruppiert	2	,812	1	,930	,057	1	,070	5,222	1,322

**. Falsch klassifiziert

Betrachten Sie etwa Fallnummer 8, so ist hier das Geschlecht als weiblich bekannt und wird auch so vorhergesagt, bei Fallnummer 30 ist das Geschlecht als männlich bekannt, wird aber als weiblich eingeschätzt. Die Fälle mit unbekanntem Geschlecht werden in der Tabelle als »Ungruppiert« bezeichnet.

Bei Fallnummer 1, bei dem das Geschlecht unbekannt ist, wird es als weiblich vorhergesagt. Die mit dieser Vorhersage verbundene Wahrscheinlichkeit ist in der Spalte »P(G=g | D=d)« unter »Höchste Gruppe« mit 0,990 angegeben. Unsicherer ist die Vorhersage des Geschlechts bei Fall 10, hier beträgt die Vorhersagewahrscheinlichkeit nur 0,721.

In der Datendatei wurden drei neue Variablen hinzugefügt:

- dis_1: Vorhergesagte Gruppe
- dis1_1: Wahrscheinlichkeit für Mitgliedschaft in Gruppe 1
- dis2_1: Wahrscheinlichkeit für Mitgliedschaft in Gruppe 2

Die neuen Variablen können Sie benutzen, um die fehlenden Werte bei der Geschlechtsvariablen zumindest teilweise zu verringern, indem Sie die vorhergesagte Gruppenzugehörigkeit für diejenigen Fälle heranziehen, für welche die Vorhersagewahrscheinlichkeit einen bestimmten Mindestwert, z. B. 0,9, annimmt:

```
IF (dis_1 = 1 and dis1_1 >= 0.9) geschl=1.
IF (dis_1 = 2 and dis2_1 >= 0.9) geschl=2.
EXECUTE.
```

Auf diese Weise können Sie im gegebenen Beispiel weiteren 90 Vögeln ihr Geschlecht zuordnen. Setzen Sie die Grenze für die gewünschte Vorhersagewahrscheinlichkeit tiefer an, wird die Anzahl entsprechend größer.

17.4 Diskriminanzanalyse mit drei Gruppen

In den bisherigen Beispielen wurde die Diskriminanzanalyse stets anhand von zwei Gruppen durchgeführt. Abschließend folgt ein Beispiel, in dem die Gruppenvariable mehr als zwei, nämlich drei Kategorien aufweist.

In der Datei kaefer.sav sind bei drei Arten von Käfern (A, B und C genannt) Thoraxlänge und Thoraxbreite gespeichert. Führen Sie eine einfaktorielle Varianzanalyse mit nachfolgenden Post hoc-Tests durch, so stellen Sie fest, dass sich die drei Käferarten sowohl hinsichtlich ihrer Länge als auch ihrer Breite höchst signifikant voneinander unterscheiden, so dass erwartet werden kann, dass man die Käfer auf der Grundlage dieser beiden Variablen mit Hilfe einer Diskriminanzanalyse klassifizieren kann.

- Laden Sie die Datei kaefer.sav.

Sie stellen fest, dass 17 der 130 Käfer in keine Gruppe eingeordnet sind; diese Zuordnung soll mit Hilfe der Diskriminanzanalyse erfolgen.

- Definieren Sie in der Dialogbox *Diskriminanzanalye* die Variable kaefer als Gruppierungsvariable mit dem Bereich von 1 bis 3 und die Variablen laenge und breite als unabhängige Variablen. Belassen Sie es bei der Voreinstellung *Unabhängige Variablen zusammen aufnehmen*.
- In der Dialogbox *Diskriminanzanalyse: Statistik* aktivieren Sie unter *Deskriptive Statistik* die Optionen *Mittelwert* und *Univariate ANOVA* und unter *Funktionskoeffizienten* die Option *Nicht standardisiert*.
- In der Dialogbox *Diskriminanzanalyse: Klassifizieren* wünschen Sie sich die Ausgabe fallweiser Ergebnisse sowie eine Zusammenfassungstabelle und aktivieren unter *Diagramme* die Option *Territorien*. Diese Option erzeugt ein für den Fall von mehr als zwei Gruppen typisches Klassifizierungsdiagramm, eine so genannte Gebietskarte (Territorial Map).
- Schließlich aktivieren Sie in der Dialogbox *Diskriminanzanalyse: Speichern* zur Erzeugung entsprechender Variablen alle dort vorgesehenen Optionen.

Von den im Viewer angezeigten Ergebnissen sollen im Folgenden nur die wesentlichen erläutert werden.

Den Gruppenstatistiken entnehmen Sie, dass Käferart A die größten und Käferart B die kleinsten Käfer beinhaltet.

Gruppenstatistik

Käfer		Mittelwert	Standardabweichung	Gültige Anzahl (listenweise)	
				Ungewichtet	Gewichtet
Käfer A	Breite	1,6226	,05968	42	42,000
	Länge	1,2607	,04754	42	42,000
Käfer B	Breite	1,3089	,07634	45	45,000
	Länge	1,0122	,04415	45	45,000
Käfer C	Breite	1,4788	,06029	26	26,000
	Länge	1,1192	,05114	26	26,000
Gesamtsumme	Breite	1,4646	,15348	113	113,000
	Länge	1,1292	,11910	113	113,000

Mit Hilfe der Wilks-Lambda-Statistik wird gezeigt, dass sowohl Länge als auch Breite die drei Käfergruppen höchst signifikant trennen.

Tests auf Gleichheit der Gruppenmittelwerte

	Wilks-Lambda	F	df1	df2	Sig.
Breite	,187	239,154	2	110	,000
Länge	,153	303,326	2	110	,000

Liegen mehr als zwei Gruppen vor, lässt sich entsprechend mehr als eine Diskriminanzfunktion bilden; bei drei Gruppen wie im gegebenen Beispiel sind dies zwei. Die folgende Tabelle weist aus, dass beide Diskriminanzfunktionen signifikante Beiträge zur Trennung der Gruppen liefern und folglich auch entsprechend verwendet werden, die erste Funktion aber 98,7% Varianzaufklärung leistet und die zweite Funktion lediglich 1,3%.

Eigenwerte

Funktion	Eigenwert	% der Varianz	Kumulativ %	Kanonische Korrelation
1	6,040[a]	98,7	98,7	,926
2	,078[a]	1,3	100,0	,269

a. Erste 2 kanonische Diskriminanzfunktionen wurden in der Analyse verwendet.

Wilks-Lambda

Getestete Funktion(en)	Wilks-Lambda	Chi-Quadrat	df	Sig.
1 bis 2	,132	221,900	4	,000
2	,928	8,202	1	,004

Die angeforderten standardisierten Funktionskoeffizienten sind in der folgenden Tabelle enthalten.

Standardisierte kanonische Diskriminanzfunktionskoeffizienten

	Funktion	
	1	2
Breite	,390	1,257
Länge	,701	-1,114

Auf die Wiedergabe der fallweisen Statistiken soll hier verzichtet werden. Sie entnehmen ihnen u. a. die vorhergesagte Gruppe und unter der Bezeichnung P(G=g|D=d) die Wahrscheinlichkeit für die Gruppenvorhersage. Diese Vorhersage wird auch für die 17 bisher unklassifizierten Fälle getroffen.

Die Territorial Map zeigt die Aufteilung in Gebiete, die den Zugehörigkeitsbereich der Gruppen markieren. Dabei ist innerhalb der jeweiligen Gebietsgrenzen die Klassifizierungswahrscheinlichkeit für die betreffende Gruppe größer als für die anderen Gruppen. Auf den Gebietsgrenzen sind die Wahrscheinlichkeiten für die angrenzenden Gruppen gleich.

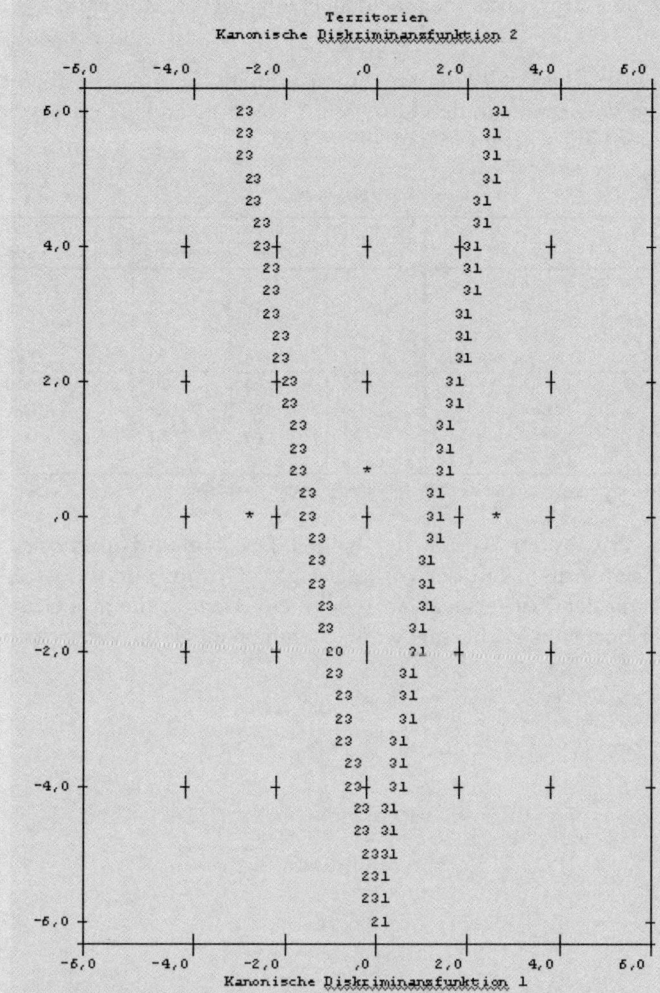

Für Territorien verwendete Symbole

Symbol	Gruppe	Beschriftung
1	1	Käfer A
2	2	Käfer B
3	3	Käfer C
*		Gibt einen Gruppenzentroiden an

Die Werte der beiden Diskriminanzfunktionen, die dieser *Territorial Map* zugrunde liegen, können Sie im Dateneditor unter den beiden erzeugten Variablen dis1_1 und dis2_1 betrachten.

Eine Übersicht über die Klassifizierungsergebnisse schließt die Ausgabe ab. Sie können ihr entnehmen, dass die Vorhersage in den Gruppen A und B fast ausnahmslos richtig ist und insgesamt 91,2% der Fälle korrekt klassifiziert wurden.

Klassifikationsergebnisse[a]

			Vorhergesagte Gruppenzugehörigkeit			
		Käfer	Käfer A	Käfer B	Käfer C	Gesamtsumme
Original	Anzahl	Käfer A	41	0	1	42
		Käfer B	0	43	2	45
		Käfer C	4	3	19	26
		Ungruppierte Fälle	7	6	4	17
	%	Käfer A	97,6	,0	2,4	100,0
		Käfer B	,0	95,6	4,4	100,0
		Käfer C	15,4	11,5	73,1	100,0
		Ungruppierte Fälle	41,2	35,3	23,5	100,0

a. 91,2% der ursprünglichen gruppierten Fälle ordnungsgemäß klassifiziert.

Neben den bereits erwähnten Werten der beiden Diskriminanzfunktionen wurden im Dateneditor die Variable dis_1 mit der vorhergesagten Gruppe und die Variablen dis1_2, dis2_2 und dis3_2 mit den Vorhersagewahrscheinlichkeiten für die drei Gruppen erzeugt. Die Gruppe mit der höchsten Vorhersagewahrscheinlichkeit ist die vorhergesagte Gruppe.

KAPITEL 18

Reliabilitätsanalyse

Die Reliabilitätsanalyse (auch: Itemanalyse oder Aufgabenanalyse) beschäftigt sich mit der Zusammenstellung von einzelnen Items (Aufgaben) zu einem Test. Sie prüft nach verschiedenen Kriterien, welche Einzelaufgaben sich für den Gesamttest als brauchbar und welche als unbrauchbar erweisen.

Zu diesem Zweck bietet man einer Stichprobe von Probanden eine Testvorform mit allen zur Verfügung stehenden Aufgaben an und führt anschließend eine Aufgabenanalyse durch. Anhand dieser Analyse scheidet man unbrauchbare Aufgaben aus und stellt die übrig bleibenden zur Testendform zusammen. Dabei wird hier ein Test nicht als statistisches Prüfverfahren verstanden (wie z. B. t-Test oder U-Test), sondern als ein Verfahren zur Untersuchung eines Persönlichkeitsmerkmals.

Eine grundlegende Darstellung von Testaufbau und Testanalyse ist dem gleichnamigen Buch von Lienert (siehe Literatur) zu entnehmen. Dieser teilt die verschiedenen Tests nach der Art des zu erfassenden Persönlichkeitsmerkmals ein, und zwar in Intelligenztests, Leistungstests und Persönlichkeitstests. Eine Testaufgabe besteht dabei grundsätzlich aus zwei Teilen: dem gestellten Problem bzw. der gestellten Frage und der Problemlösung bzw. der Antwort.

Bei den Testaufgaben ist prinzipiell zu unterscheiden zwischen Aufgaben, bei denen genau eine Antwort richtig und die anderen falsch sind, und den Stufen-Antwort-Aufgaben. Beispiele für Richtig-falsch-Items sind etwa:

- Mögen Sie teure Kleidung (ja – nein)?
- Der Wal ist ein Säugetier (richtig – falsch).

Denkbar sind auch Aufgaben mit Mehrfachwahl-Antworten:

- Was für eine Nationalität hatte Alfred Nobel (Deutscher – Schweizer – Schwede – Österreicher – Däne)?

Prinzipiell anderer Natur sind die Stufen-Antwort-Aufgaben. Das untersuchte Persönlichkeitsmerkmal wird nicht durch Richtig-falsch-Antworten aufgedeckt, sondern durch Antworten, die eine entsprechende Gradausprägung angeben, z.B.

- Ich verliere die Beherrschung (nie – selten – manchmal – oft).

Bei der Auswertung wird für jede Antwort eine Punktzahl (in der Regel 1, 2, 3...) vergeben.

18.1 Richtig-falsch-Aufgaben

Als Beispiel, das wir mit SPSS bearbeiten wollen, sei ein Persönlichkeitstest betrachtet, welcher den Grad der Neugierde der Befragten ermitteln soll.

Nr. des Items	Frage	Richtig-Antwort
1	Haben Sie viele Bücher?	ja
2	Gehen Sie immer in den gleichen Geschäften einkaufen?	nein
3	Halten Sie Raumfahrt für notwendig?	ja
4	Ist es Ihnen gleichgültig, warum Ihr Nachbar in Handschellen abgeführt wird?	nein
5	Können Sie sich lange mit einer Sache beschäftigen?	ja
6	Sehen Sie regelmäßig die Tagesschau?	ja
7	Wissen Sie, wie viele Einwohner die Stadt hat, in der Sie leben?	ja
8	Gehen Sie immer grundsätzlich den gleichen Weg zur Arbeit?	nein
9	Langweilen Sie sich manchmal?	nein
10	Würden Sie gerne einmal auf den Mond fliegen?	ja
11	Lesen Sie regelmäßig eine Tageszeitung?	ja
12	Haben Sie sich schon einmal gefragt, wie die Welt wohl in hundert Jahren aussehen wird?	ja
13	Sind Sie manchmal unzufrieden mit dem, was Sie können und wissen?	ja
14	Würden Sie sich einem wissenschaftlichen Experiment zur Verfügung stellen?	ja
15	Interessiert es Sie, wie viel Ihr Nachbar verdient?	ja
16	Legen Sie sich im Urlaub gerne auf die faule Haut?	nein
17	Sind Sie lieber mit verschiedenen Freunden zusammen als nur mit einem?	ja
18	Wissen Sie häufig nicht, was Sie zuerst anfangen sollen?	ja

Es handelt sich hierbei um Aufgaben, bei denen von zwei vorgegebenen Antworten genau eine »richtig« und die andere »falsch« ist, und zwar ist eine »richtige« Antwort eine solche, die im Sinne von Neugierde beantwortet wurde. Dies kann also durchaus auch eine Nein-Antwort sein; es empfiehlt sich bei der Entwicklung eines Tests, auch solche Fragen einzustreuen. Mit entsprechender Formulierung sollte dies stets möglich sein.

Folgt man etwa Lienert, so sind vor allem die folgenden beiden Kriterien zur Beurteilung der Brauchbarkeit von einzelnen Items gebräuchlich:

Schwierigkeitsindex

Dieser ist im einfachsten Fall der auf die betreffende Aufgabe entfallende prozentuale Anteil der richtigen Antworten. Für Mehrfachwahl- und Stufen-Antwort-Aufgaben existieren modifizierte Formeln. Paradoxerweise ist also der Schwierigkeitsindex bei schwierig zu beantwortenden Fragen niedrig und bei leicht zu beantwortenden Fragen hoch. Items mit niedrigen oder hohen Schwierigkeitsindexen gelten als unbrauchbar.

Trennschärfekoeffizient

Der Trennschärfekoeffizient als wohl wichtigstes Kriterium zur Beurteilung der Brauchbarkeit eines Items ist der Korrelationskoeffizient zwischen der Aufgabenantwort und dem Gesamt-Skalenwert. Der Gesamt-Skalenwert wird dabei als Summe aller Items berechnet. Das bedeutet, dass alle Richtigantworten gleich gepolt sein müssen! Auf diesen ganz entscheidenden Umstand wird in den SPSS-Handbüchern leider nicht deutlich genug hingewiesen. Im vorliegenden Beispiel bedeutet dies, dass die Items 2, 4, 8, 9 und 16 vor Durchrechnung der Itemanalyse rekodiert werden müssen.

Als Korrelationskoeffizient schlägt Lienert verschiedene Möglichkeiten vor, so z. B. die punktbiseriale Korrelation zwischen einer Richtig-falsch-Aufgabe und dem Skalenwert oder die Rangkorrelation zwischen Stufen-Antwort-Aufgaben und dem Skalenwert. SPSS verwendet merkwürdigerweise stets den Pearson-Koeffizienten.

Unbrauchbare Items werden gewöhnlich nach Schwierigkeitsindex und Trennschärfe selektiert. Das einfachste Verfahren ist, zunächst Items auszuscheiden, die einen Schwierigkeitsindex unter 20 oder über 80 haben, und dann von den verbleibenden Items diejenigen mit den niedrigsten Trennschärfekoeffizienten zu eliminieren. Lienert schlägt die Berechnung weiterer Item-Kennwerte vor, so etwa Homogenitätsindex, Reliabilitätsindex, Selektionskennwert und (falls ein so genanntes Außenkriterium vorliegt) den Validitätskoeffizienten.

Reliabilitätskoeffizient

Der Reliabilitätskoeffizient ist ein wichtiger Kennwert zur Beurteilung des Gesamttestes. Er ist das Maß der Genauigkeit, mit der ein Merkmal durch den Test erfasst wird. SPSS bietet hier mehrere Methoden an; voreingestellt ist Cronbach's Alpha mit einem Wert, der betragsmäßig zwischen 0 und 1 liegt. Wir wollen nun das gegebene Beispiel mit SPSS bearbeiten.

- Laden Sie die Datei neugier.sav.

Sie erinnern sich, dass die Items 2, 4, 8, 9 und 16 umkodiert werden müssen; ihre Codezahlen sind zu vertauschen (1 wird zu 2, 2 wird zu 1).

- Dies gelingt mit Hilfe der Menüwahl

  Transformieren

  Umcodieren in andere Variablen...

Es öffnet sich die Dialogbox *Umcodieren in andere Variablen*.

- Übertragen Sie die Items 2, 4, 8, 9 und 16 in das Feld *Numerische Var. -> Ausgabevar.*
- Machen Sie die Rekodierung kenntlich, indem Sie für die neuen Variablen die Namen Ritem2, Ritem4, Ritem8, Ritem9 und Ritem16 vergeben, also vor die ursprünglichen Namen jeweils den Buchstaben R setzen.

Die Dialogbox sieht nunmehr wie folgt aus.

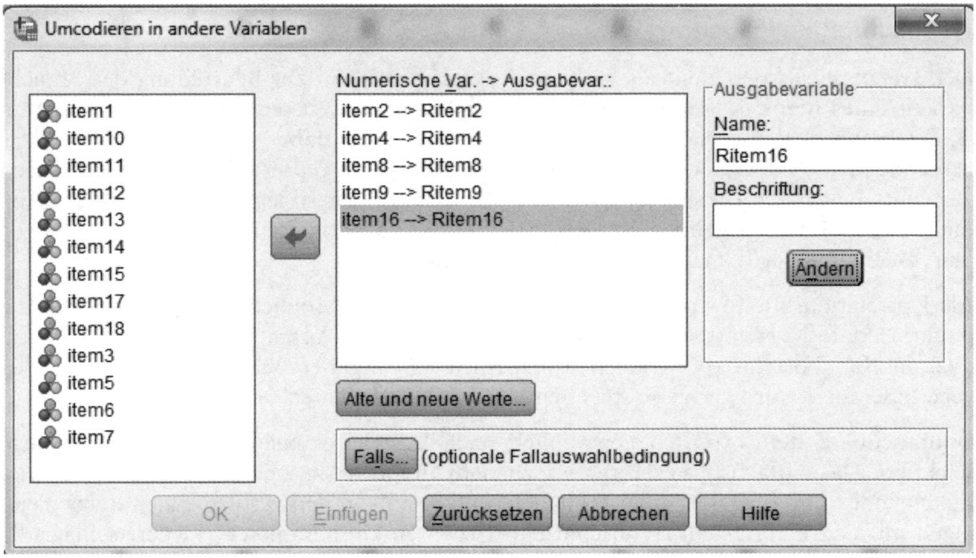

Bild 18.1: Dialogbox Umcodieren in andere Variablen

- Klicken Sie auf den Schalter *Alte und neue Werte...* Es öffnet sich die Dialogbox *Umcodieren in andere Variablen: Alte und neue Werte.* Vertauschen Sie hier die Codezahlen, d. h. 1 alter Wert wird zu 2 neuer Wert und 2 alter Wert zu 1 neuer Wert. Klicken Sie jeweils auf den Schalter *Hinzufügen.* Bestätigen Sie mit *Weiter* und *OK.* Die Recodierung ist für die gewünschten Variablen erfolgt, was Sie anhand des Dateneditors überprüfen können.

Syntaxkenntnisse vorausgesetzt, hätten Sie auch die folgenden Anweisungen ausführen lassen können (recode.sps).

```
RECODE
  item2 item4 item8 item9 item16
  (1=2)  (2=1)  INTO  Ritem2  Ritem4  Ritem8  Ritem9  Ritem16 .
EXECUTE .
```

- Nach erfolgter Umkodierung wählen Sie aus dem Menü

  Analysieren
  Skala
  Reliabilitätsanalyse...

Es erscheint die Dialogbox *Reliabilitätsanalyse*.

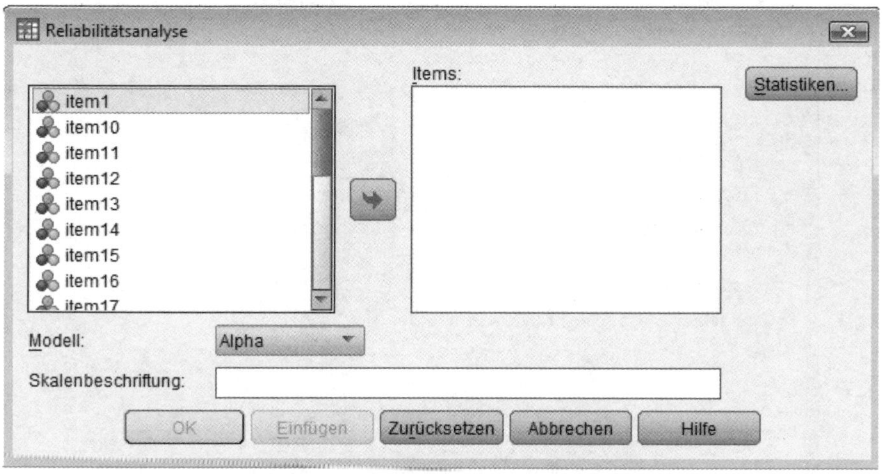

Bild 18.2: Dialogbox Reliabilitätsanalyse

- Bringen Sie die Items 1 bis 18 in das Itemfeld, wobei Sie anstelle der Items 2, 4, 8, 9 und 16 jeweils die rekodierten Variablen nehmen.

Anschließend haben Sie Gelegenheit, aus verschiedenen Methoden zur Berechnung des Reliabilitätskoeffizienten zu wählen:

▶ *Alpha*:	Cronbach's Alpha (bei dichotomen Items Kuder-Richardson-Formel 20)
▶ *Split-Half*:	Split-half-Reliabilität nach Spearman-Brown
▶ *Guttman*:	Guttman's untere Grenze für die Reliabilität
▶ *Parallel*:	Maximum-Likelihood-Schätzung der Testreliabilität unter der Voraussetzung gleicher Itemvarianzen
▶ *Streng parallel*:	Maximum-Likelihood-Schätzung der Testreliabilität unter der Voraussetzung gleicher Itemmittelwerte

- Belassen Sie es bei der Voreinstellung (Alpha) und klicken Sie auf die Schaltfläche *Statistiken...*

Es erscheint die Dialogbox *Reliabilitätsanalyse: Statistik*.

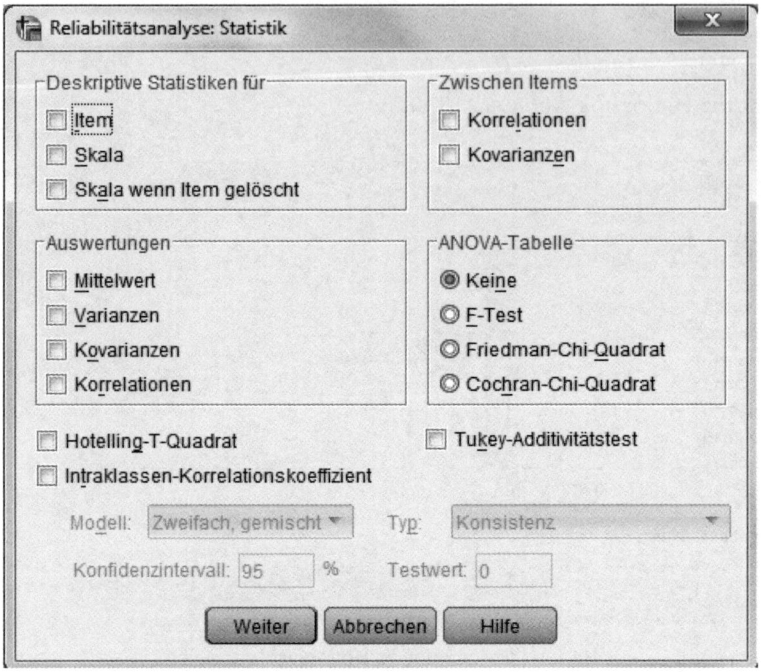

Bild 18.3: Dialogbox Reliabilitätsanalyse: Statistik

Sie können die folgenden Berechnungen veranlassen:

- *Deskriptive Statistiken für*

  Item: Mittelwert und Standardabweichung für jedes Item

  Skala: Mittelwert, Varianz und Standardabweichung für den Skalenwert

  Skala, wenn Item gelöscht: Für jedes Item werden für den Fall, dass dieses Item bei der Berechnung des Skalenwertes nicht berücksichtigt wird, ausgegeben: Mittelwert und Varianz des Skalenwertes, Korrelation des Items zum Skalenwert (also die Trennschärfe), Cronbach's Alpha

- *Auswertungen*

  Mittelwert: Verschiedene Statistiken über Item-Mittelwerte

  Varianzen: Verschiedene Statistiken über Item-Varianzen

  Kovarianzen: Verschiedene Statistiken über Kovarianzen zwischen den Items

  Korrelationen: Verschiedene Statistiken über Korrelationen zwischen den Items

- *Zwischen Items*

  Korrelationen: Korrelationsmatrix

  Kovarianzen: Kovarianzmatrix

- *ANOVA-Tabelle*

  F-Test: Zweifaktorielle Varianzanalyse (Faktoren: Fälle, Items) mit Messwiederholung und einem Wert pro Zelle

  Friedman Chi-Quadrat: Friedman's Chiquadrat-Test und Kendall's Konkordanzkoeffizient (bei ordinalskalierten Variablen)

  Cochran Chi-Quadrat: Cochran's Q (bei dichotomen Variablen)

Ferner gibt es noch:

- *Hotellings T-Quadrat:* Hotelling-Test zur Prüfung der These, dass alle Item-Mittelwerte gleich sind

- *Tukeys Additivitätstest:* Tukey's Test auf Additivität der Items

Bei der Option *Intraklassen-Korrelationskoeffizient* handelt es sich um die Berechnung des Intraclass Correlation Coefficient (ICC); die zugehörige Beschreibung ist in Kap. 14.5 enthalten.

- Sie beschränken sich auf das Ankreuzen von *Skala wenn Item gelöscht* und klicken dann auf *Weiter.*

- Starten Sie die Berechnungen mit *OK*.

Die Ergebnisse werden im Viewer angezeigt.

Zusammenfassung der Fallverarbeitung

		N	%
Fälle	Gültig	30	100,0
	Ausgeschlossen[a]	0	,0
	Gesamtsumme	30	100,0

a. Listenweiser Ausschluss basierend auf allen Variablen in der Prozedur.

Reliabilitätsstatistik

Cronbach-Alpha	Anzahl der Items
,789	18

Item-Skala-Statistik

	Mittelwert skalieren, wenn Item gelöscht	Varianz skalieren, wenn Item gelöscht	Korrigierte Item-Skala-Korrelation	Cronbach-Alpha, wenn Item gelöscht
item1	24,9333	13,513	,541	,766
Ritem2	25,0667	14,409	,268	,786
item3	25,1000	13,541	,510	,768
Ritem4	25,4333	16,047	-,168	,805
item5	25,2000	13,683	,491	,770
item6	25,1667	14,557	,236	,788
item7	25,5000	15,293	,174	,789
Ritem8	24,8000	15,131	,115	,794
Ritem9	25,2000	13,890	,430	,774
item10	24,8667	13,844	,473	,772
item11	25,3667	14,240	,422	,776
item12	25,0667	13,306	,576	,763
item13	25,0000	13,241	,602	,761
item14	24,9667	13,895	,420	,775
item15	25,0000	13,310	,581	,763
Ritem16	25,0333	14,033	,371	,779
item17	24,9667	15,344	,028	,802
item18	24,9667	13,964	,400	,777

Der Reliabilitätskoeffizient ist mit 0,789 recht hoch. Unter der Überschrift »korrigierte Item-Skala-Korrelation« finden wir den Trennschärfekoeffizienten. Folgt man diesem, erweisen sich die Items 4 und 17 als unbrauchbar, auch Item 8 sollte eliminiert werden.

Es wurde schon darauf hingewiesen, dass die Berechnung von Schwierigkeitsindexen nicht enthalten ist. Im vorliegenden Beispiel behelfen wir uns mit der Menüwahl

Analysieren
Deskriptive Statistiken
Häufigkeiten...

Die prozentuale Häufigkeit der Richtig-Antworten (Kodierung 1) ist der Schwierigkeitsindex des betreffenden Items. Alle Schwierigkeitsindexe sind in der folgenden Tabelle zusammengefasst.

Item	S.-Index	Item	S.-Index
1	36,7	10	30,0
2	50,0	11	80,0
3	53,3	12	50,0
4	86,7	13	43,3
5	63,3	14	40,0
6	60,0	15	43,3
7	93,3	16	46,7
8	23,3	17	40,0
9	63,3	18	40,0

Folgt man der Empfehlung, Items mit Schwierigkeitsindexen kleiner 20 und größer 80 zu eliminieren, so sollte außer den Items 4, 8 und 17 noch das Item 7 entfernt werden.

Rechnet man mit den verbleibenden vierzehn Items eine erneute Itemanalyse, so erhält man einen Reliabilitätskoeffizienten von 0,83. Er ist also durch die Eliminierung unbrauchbarer Items noch besser geworden.

18.2 Stufen-Antwort-Aufgaben

Der Chef eines Betriebs möchte die Arbeitszufriedenheit seiner Angestellten ermitteln und entwirft einen Fragebogen mit folgenden Aussagen, die mit Hilfe einer vorgegebenen Fünferskala (stimmt vollkommen – stimmt weitgehend – teils, teils – stimmt kaum – trifft gar nicht zu) zu beantworten sind:

1. Mir gefällt meine Arbeit.
2. Meine Arbeit belastet mich.
3. Meine Arbeit ist sinnvoll.
4. Meine Arbeit ist interessant.
5. Ich bin stolz auf meine Arbeit.
6. Ich kann bei meiner Arbeit eigene Ideen einbringen.
7. Bei meiner Arbeit kann ich auch mal kürzer treten.
8. Ich bin entsprechend meinen Fähigkeiten eingesetzt.
9. Für meine Arbeit werde ich leistungsgerecht bezahlt.
10. Ich bin mit meiner Arbeitszeitregelung zufrieden.
11. Meine Arbeit ist stressig.
12. Ich würde meine Arbeitssituation gerne verändern.
13. Ich würde lieber den Arbeitgeber wechseln.

Diese Items sollen einer Reliabilitätsanalyse unterzogen werden. Mit der Kodierung von 1 = stimmt vollkommen bis 5 = trifft gar nicht zu sind sie unter den Variablen a1 bis a13 in der Datei arbeit.sav enthalten.

Offenbar müssen die Items 2, 11, 12 und 13 rekodiert werden. Wie schon in Kap. 18.1 vermerkt, können sie dies mit Hilfe der Dialogbox *Umcodieren in andere Variablen* oder mit der RECODE-Anweisung (arbeit.sps) vornehmen:

```
RECODE
  a2 a11 a12 a13
  (1=5) (2=4) (3=3) (4=2) (5=1) INTO Ra2 Ra11 Ra12 Ra13 .
EXECUTE .
```

- Laden Sie die Datei arbeit.sav.
- Führen Sie die angegebene Rekodierung durch.

- Treffen Sie die Menüwahl

  Analysieren
  Skala
  Reliabilitätsanalyse...

- Bringen Sie die Variablen a1, Ra2, a3, a4, a5, a6, a7, a8, a9, a10, Ra11, Ra12 und Ra13 in das Itemfeld.
- Aktivieren Sie über den Schalter *Statistiken...* die Option *Skala wenn Item gelöscht.*
- Starten Sie die Berechnungen mit *Weiter* und *OK.*

Im Viewer werden die folgenden Ergebnisse angezeigt:

Zusammenfassung der Fallverarbeitung

		N	%
Fälle	Gültig	120	85,7
	Ausgeschlossen[a]	20	14,3
	Gesamtsumme	140	100,0

a. Listenweiser Ausschluss basierend auf allen Variablen in der Prozedur.

Reliabilitätsstatistik

Cronbach-Alpha	Anzahl der Items
,824	13

Item-Skala-Statistik

	Mittelwert skalieren, wenn Item gelöscht	Varianz skalieren, wenn Item gelöscht	Korrigierte Item-Skala-Korrelation	Cronbach-Alpha, wenn Item gelöscht
a1	31,5000	69,109	,654	,803
Ra2	31,1583	72,975	,260	,826
a3	31,4417	70,383	,450	,813
a4	31,4500	67,241	,583	,803
a5	30,8500	67,675	,473	,811
a6	30,8500	65,305	,574	,802
a7	30,1333	73,965	,182	,832
a8	30,8083	64,055	,631	,797
a9	29,9583	67,620	,481	,810
a10	31,4500	70,804	,358	,819
Ra11	30,6750	72,574	,282	,824
Ra12	30,5333	62,201	,649	,795
Ra13	31,4917	66,958	,508	,808

Beim Wegfall der Items 2, 7 und 11 würde sich demnach der Reliabilitätskoeffizient erhöhen. Eliminieren Sie also diese Variablen, so erhalten Sie einen verbesserten Reliabilitätskoeffizienten von 0,856.

Da es bei Stufen-Antwort-Aufgaben eine genau definierte Richtig-Antwort nicht mehr gibt, werden für den Schwierigkeitsindex modifizierte Formeln vorgeschlagen, auf die hier nicht näher eingegangen werden soll. Leider ist eine solche Berechnung in SPSS nicht vorgesehen.

KAPITEL 19

Faktorenanalyse

Die Faktorenanalyse ist ein Verfahren, das eine größere Anzahl von Variablen anhand der gegebenen Fälle auf eine kleinere Anzahl unabhängiger Einflussgrößen, Faktoren genannt, zurückführt. Dabei werden diejenigen Variablen, die untereinander stark korrelieren, zu einem Faktor zusammengefasst. Variablen aus verschiedenen Faktoren korrelieren gering untereinander. Ziel der Faktorenanalyse ist es also, solche Faktoren zu ermitteln, welche die beobachteten Zusammenhänge zwischen den gegebenen Variablen möglichst vollständig erklären.

19.1 Rechenschritte und Verfahrenstypen der Faktorenanalyse

Im ersten Schritt des faktorenanalytischen Verfahrens werden die gegebenen Variablenwerte standardisiert (z-Transformation); anschließend werden mit den standardisierten Werten die Pearson-Korrelationskoeffizienten zwischen den beteiligten Variablen berechnet.

Die Korrelationsmatrix ist der Ausgangspunkt der weiteren Berechnungen, wobei das Verständnis der einzelnen Rechenschritte fundierte Kenntnisse vor allem der Matrizenrechnung erfordert; Interessierte werden auf die entsprechende Fachliteratur verwiesen. Zur gegebenen Korrelationsmatrix werden die so genannten Eigenwerte und die dazugehörigen Eigenvektoren bestimmt, wobei Schätzwerte für die Diagonalelemente der Matrix (die so genannten Kommunalitäten) eingesetzt werden.

Die Eigenwerte werden in absteigender Folge sortiert, worauf üblicherweise so viele Faktoren »extrahiert« werden, wie Eigenwerte mit einem Wert größer als 1 vorliegen. Die zu diesen Eigenwerten gehörenden Eigenvektoren bilden die Faktoren; die Elemente der Eigenvektoren nennt man die Faktorladungen. Diese kann man als Korrelationskoeffizienten zwischen den betreffenden Variablen und den Faktoren verstehen. Zur Lösung des »Faktorenproblems« wurden zahlreiche Verfahren entwickelt, von denen die »Hauptkomponentenanalyse« das gebräuchlichste ist.

Die bisher beschriebenen Rechenschritte zeigen leider noch keine eindeutige Lösung des Faktorenproblems. Die Suche nach einer solchen Lösung nennt man, in Anlehnung an seine geometrische Veranschaulichung, das »Rotationsproblem«. Auch hier stehen zahlreiche Verfahren zur Verfügung, von denen die orthogonale Rotation nach der so genannten Varimax-Methode das gängigste ist. Die Faktorladungen der rotierten Faktormatrix können als eigentliches Ergebnis der Faktorenanalyse angesehen werden, anhand deren versucht werden muss, die einzelnen Faktoren zu deuten.

Hat man auf diese Weise die Faktoren ermittelt und gedeutet, kann man in einem letzten Schritt den einzelnen Fällen Werte für diese Faktoren, die so genannten Faktorwerte, zuordnen. So kann man für jeden Fall die Werte von vielen Variablen in die Werte weniger Faktoren überführen.

Unterschieden wird zwischen zwei Verfahrenstypen, der explorativen sowie der konfirmatorischen Faktorenanalyse. Bei der explorativen Faktorenanalyse ist a priori (von vornherein) nicht bekannt, ob und in welcher Weise die in die Faktorenanalyse eingehenden Variablen miteinander zusammenhängen. Ein Zusammenhang wird lediglich vermutet. Ziel der explorativen Faktorenanalyse ist also die Entdeckung von Strukturen bzw. Dimensionen, die in den Daten verborgen sind (»Entdeckungszusammenhang«). Im Unterschied zur explorativen Faktorenanalyse liegt der konfirmatorischen Faktorenanalyse bereits a priori ein Modell über mögliche hypothetische Faktoren zugrunde. Auf der Basis theoretischer Vorüberlegungen existieren Annahmen über die Beziehungen zwischen den einzelnen Variablen sowie über ihre jeweilige Zuordnung zu den nicht direkt beobachtbaren Fällen (»Begründungszusammenhang«). Während die explorative Faktorenanalyse der Hypothesengenerierung dient, wird die konfirmatorische Faktorenanalyse zur Hypothesenprüfung eingesetzt.

19.2 Explorative Faktorenanalyse

Zentrales Anliegen der explorativen Faktorenanalyse ist die Datenreduktion, die Zusammenfassung einer Vielzahl von Items auf der Basis ihrer korrelativen Beziehungen zu einer Anzahl überschaubarer und interpretierbarer Faktoren. Die Datenreduktion geht einher mit einer Variablenstrukturierung sowie der Analyse und Interpretation der sich aus den Variablen ergebenden Faktorenmuster. Neben der Datenreduktion stellt die Dimensionsreduktion eine zentrale Aufgabe der explorativen Faktorenanalyse dar, insofern eine große Anzahl unabhängiger Items auf diejenigen Einflussfaktoren zurückgeführt werden sollen, die definitiv über Erklärungsrelevanz verfügen.

19.2.1 Beispiel aus der Soziologie

Das Vorgehen soll am Beispiel einer am Institut für Soziologie der Universität Marburg konzipierten Befragung demonstriert werden, die an zwei hessischen metallverarbeitenden Betrieben zu »Einstellungen gegenüber Ausländern« durchgeführt wurde. Den Befragten wurden die folgenden fünfzehn Aussagen vorgelegt:

1. Die Integration der Ausländer muss verbessert werden.
2. Das Flüchtlingselend muss gelindert werden.
3. Deutsches Geld sollte für deutsche Belange ausgegeben werden.
4. Deutschland ist nicht das Sozialamt der Welt.
5. Ein gutes Miteinander ist anzustreben.
6. Das Asylrecht ist einzuschränken.

7. Die Deutschen werden zur Minderheit.
8. Das Asylrecht ist europaweit zu schützen.
9. Die Ausländerfeindlichkeit schadet der deutschen Wirtschaft.
10. Wohnraum sollte zuerst für Deutsche geschaffen werden.
11. Wir sind auch Ausländer, fast überall.
12. Multikulturell bedeutet multikriminell.
13. Das Boot ist voll.
14. Ausländer raus.
15. Ausländerintegration ist Völkermord.

Die Antworten wurden jeweils auf einer Skala mit sieben Punkten gegeben, die für völlige Ablehnung (1) bis völlige Zustimmung (7) stehen sollten. Die Ergebnisse von 90 Befragten wurden in den Variablen a1 bis a15 der Datei ausland.sav gespeichert.

- Laden Sie die Datei ausland.sav.
- Wählen Sie aus dem Menü

Analysieren
  Dimensionsreduktion
    Faktorenanalyse...

Es öffnet sich die Dialogbox *Faktorenanalyse*.

Bild 19.1: Dialogbox Faktorenanalyse

- Bringen Sie die Variablen a1 bis a15 in das Testvariablenfeld.
- Klicken Sie auf den Schalter *Deskriptive Statistik...*; belassen Sie es bei der Ausgabe der *Anfangslösung*, welche die Anfangskommunalitäten, Eigenwerte und Prozentanteile der erklärten Varianz enthält. Häufig wird auch die Ausgabe univariater Statistiken und der Korrelationskoeffizienten gewünscht.

- Über den Schalter *Extraktion...* können Sie die Art der Extraktionsmethode wählen; belassen Sie es bei der voreingestellten Hauptkomponentenanalyse. Die Anzahl der zu extrahierenden Faktoren richtet sich nach der Zahl der Eigenwerte, die größer als 1 sind; Sie haben auch Gelegenheit, die Anzahl selbst vorzugeben. Da die nicht rotierte Faktorlösung wenig Informationsgehalt bietet, unterdrücken Sie deren Ausgabe durch einen Klick auf das betreffende Häkchen.
- Der Schalter *Rotation...* erlaubt die Auswahl der Rotationsmethode. Wählen Sie die Varimax-Methode und belassen Sie es bei der Ausgabe der rotierten Faktormatrix. Sie können sich ferner eine grafische Ausgabe der Faktorladungen wünschen, wobei die ersten drei Faktoren dreidimensional dargestellt werden; im Falle von nur zwei Faktoren erfolgt eine Darstellung in der Ebene.
- Möchten Sie Faktorwerte berechnen und in zusätzlichen Variablen speichern, betätigen Sie den Schalter *Scores...* und kreuzen Sie *Als Variablen speichern* an. Die Regressionsmethode ist voreingestellt.
- Der Schalter *Optionen...* beschäftigt sich vor allem mit der Behandlung fehlender Werte. Hier ist es möglich, solche Werte durch den Mittelwert der betreffenden Variablen zu ersetzen.
- Klicken Sie auf *OK*, um die Berechnungen durchzuführen.
- Betrachten Sie die Ergebnisse im Viewer. Zuerst werden die Anfangsstatistiken ausgegeben:

Erklärte Gesamtvarianz

Komponente	Anfängliche Eigenwerte			Rotierte Summen von quadrierten Ladungen		
	Gesamtsumme	% der Varianz	Kumulativ %	Gesamtsumme	% der Varianz	Kumulativ %
1	5,146	34,308	34,308	3,466	23,105	23,105
2	1,945	12,970	47,278	2,536	16,908	40,013
3	1,415	9,433	56,711	2,505	16,698	56,711
4	,990	6,601	63,312			
5	,936	6,238	69,550			
6	,760	5,068	74,617			
7	,693	4,622	79,240			
8	,612	4,083	83,323			
9	,529	3,529	86,852			
10	,473	3,151	90,004			
11	,433	2,889	92,893			
12	,339	2,262	95,155			
13	,301	2,007	97,161			
14	,245	1,635	98,797			
15	,181	1,203	100,000			

Extraktionsmethode: Analyse der Hauptkomponente.

Es gibt drei Eigenwerte über 1, was die Extraktion von drei Faktoren bedeutet. Der erste Faktor erklärt dabei 34,308% der Gesamtvarianz, der zweite Faktor 12,97% und der dritte Faktor 9,433%. Da Sie die Ausgabe der unrotierten Faktormatrix unterdrückt haben, wird sogleich die rotierte Faktormatrix ausgegeben:

Rotierte Komponentenmatrix[a]

	Komponente		
	1	2	3
a1	-,466	,628	-,191
a2	-,141	,657	,215
a3	,327	-,153	,711
a4	,533	-,106	,394
a5	-,362	,783	,045
a6	-,012	-,038	,763
a7	,525	,036	,543
a8	-,116	,719	-,267
a9	,026	,551	-,088
a10	,252	-,095	,685
a11	,125	,392	-,292
a12	,802	-,199	,108
a13	,685	-,110	,465
a14	,837	-,144	-,025
a15	,725	-,048	,144

Extraktionsmethode: Analyse der Hauptkomponente.
Rotationsmethode: Varimax mit Kaiser-Normalisierung.

a. Rotation konvergierte in 7 Iterationen.

Nun kommt der spannendste Teil der Faktorenanalyse: Sie müssen versuchen, die extrahierten Faktoren zu deuten. Dazu nehmen Sie am besten einen Markierungsstift und markieren in jeder Zeile der rotierten Faktormatrix diejenige Faktorladung, die den größten Absolutbetrag aufweist.

Wie schon erwähnt, sind die Faktorladungen als Korrelationskoeffizienten zwischen der betreffenden Variablen und den Faktoren zu verstehen. So korreliert die Variable a1 am höchsten mit Faktor 2, nämlich mit 0,628, die Variable a2 korreliert ebenfalls mit Faktor 2 (0,657) am höchsten, die Variable a3 hingegen am höchsten mit Faktor 3 (0,711) usw. Die auf diese Weise getroffene Zuordnung einer Variablen zu einem Faktor ist in den meisten Fällen eindeutig; in Ausnahmefällen, wie z. B. bei der Variablen a7, lädt eine Variable auf zwei Faktoren. Es gibt auch Variablen, wie etwa a11, die auf keinem der extrahierten Faktoren hoch laden.

Geht man auf die beschriebene Weise vor, ist die Zuordnung der gegebenen Aussagen zu den drei Faktoren die folgende:

- *Faktor 1:*

  a4: Deutschland ist nicht das Sozialamt der Welt.

  a7: Die Deutschen werden zur Minderheit.

  a12: Multikulturell bedeutet multikriminell.

  a13: Das Boot ist voll.

  a14: Ausländer raus.

  a15: Ausländerintegration ist Völkermord.

- *Faktor 2:*

  a1: Die Integration der Ausländer muss verbessert werden.

  a2: Das Flüchtlingselend muss gemindert werden.

  a5: Ein gutes Miteinander ist anzustreben.

  a8: Das Asylrecht ist europaweit zu schützen.

  a9: Die Ausländerfeindlichkeit schadet der deutschen Wirtschaft.

  a11: Wir sind auch Ausländer, fast überall.

- *Faktor 3:*

  a3: Deutsches Geld sollte für deutsche Belange ausgegeben werden.

  a6: Das Asylrecht ist einzuschränken.

  a7: Die Deutschen werden zur Minderheit.

  a10: Wohnraum sollte zuerst für Deutsche geschaffen werden.

Wegen der fast gleich hohen Ladung wie bei Faktor 3 ist die Aussage »Die Deutschen werden zur Minderheit« auch in Faktor 1 aufgenommen.

Sie sind nun an der letzten, aber entscheidenden Stelle der Faktorenanalyse angelangt: Der inhaltliche Zusammenhang der Faktoren muss aufgespürt und mit einer Bezeichnung belegt werden. Im vorliegenden Beispiel gelingt dies ohne Mühe.

Der erste Faktor sammelt offensichtlich aggressiv ausländerfeindliche Sprüche, ein hoher Faktorwert bedeutet hier wegen der durchweg positiven Korrelationskoeffizienten der beteiligten Variablen mit diesem Faktor und unter Berücksichtigung der Polung der Variablenwerte (ein hoher Wert bedeutet maximale Zustimmung) eine hohe Ausländer- bzw. Fremdenfeindlichkeit.

Im zweiten Faktor sind genau diejenigen Aussagen enthalten, die auf eine ausländerfreundliche Einstellung hinweisen. Ein hoher Faktorwert bedeutet hier also eine positive Einstellung gegenüber Fremden.

Der dritte Faktor beinhaltet eine distanzierte Einstellung zu Ausländern; im Gegensatz zum ersten Faktor sind es aber nicht fremdenfeindliche Sprüche, sondern eher soziale Ängste (Geld, Wohnraum zuerst für Deutsche usw.). Ein hoher Faktorwert weist hier auf entsprechend starke soziale Bedenken hin.

Als Kurzbezeichnungen für die drei Faktoren könnte man der Reihe nach »Fremdenfeindliche Einstellung«, »Ausländerfreundliche Einstellung« und »Soziale Ängste« wählen.

Nicht immer gelingt die Deutung der Faktoren in dieser Klarheit wie im gegebenen Beispiel. Können die Faktoren nicht gedeutet werden, muss die Faktorenanalyse als gescheitert gelten.

Faktorwerte

Da Sie die Berechnung von Faktorwerten wünschten, wurden gemäß der drei extrahierten Faktoren drei neue Variablen generiert, fac1_1, fac2_1 bzw. fac3_1, welche die Faktorwerte beinhalten. Die Werte, die den Rang von z-Werten haben, können Sie nach erfolgter Durchführung der Faktorenanalyse in der aktuellen Datendatei betrachten. Pro Faktor wurde für jede Untersuchungsperson ein spezifischer Faktorwert berechnet. Diese Faktorwerte liegen in der Regel im Bereich von -3 bis +3.

Betrachten wir die Faktorvariable fac1_1. Zur Faktorvariablen fac1_1 gehören die Elementarvariablen a4, a12, a13, a14 und a15. Als Etikett haben wir »Fremdenfeindliche Einstellung« vergeben. Ein hoher positiver Faktorwert steht hier für eine hohe Bejahung der Elementarvariablen. Eine hohe Bejahung der Elementarvariablen ist gleichbedeutend mit stark ausgeprägten rassistischen Einstellungen. Wählen wir hierfür im Folgenden zwei Beispielfälle. Der Fall 4 zeichnet sich durch einen sehr niedrigen Faktorwert in der Variablen fac1_1 aus. Er beträgt -2,00460. Beim Fall 4 können wir demzufolge davon ausgehen, dass keine bzw. sehr geringe rassistische Einstellungen vorliegen. Die Einzelwerte bei den Elementarvariablen verhalten sich dementsprechend (a4 = 2, a13 = 1, a14 = 1, a15 = 1). Der Fall 17 zeichnet sich im Unterschied zum Fall 4 durch einen sehr hohen positiven Faktorwert aus. Dieser beträgt 3,14772. Beim Fall 17 können wir demzufolge davon ausgehen, dass extrem rassistische Positionen vertreten werden. Die Einzelwerte bei den Elementarvariablen verhalten sich entsprechend (a4 = 7, a12 = 7, a13 = 7, a14 = 7, a15 = 7).

Betrachten wir die Faktorvariable fac2_1. Zur Faktorvariablen fac2_1 zählen die Elementarvariablen a1, a2, a5, a8, a9, a11. Als Etikett haben wir hier »Ausländerfreundliche Einstellung« vergeben. Ein hoher positiver Faktorwert steht für eine völlige Zustimmung. Eine völlige Zustimmung ist gleichbedeutend mit einer hohen ausländerfreundlichen Einstellung. Betrachten wir auch hier im Folgenden zwei Beispielfälle. Der Fall 17 zeichnet sich durch einen sehr niedrigen Faktorwert aus. Er beträgt -3,32655. Dieser Faktorwert lässt darauf schließen, dass eine ausländerfreundliche Einstellung kaum vorhanden sein dürfte. Die Einzelwerte bei den Elementarvariablen verhalten sich entsprechend (a1 = 1, a2 = 1, a5 = 1, a8 = 2, a9 = 4, a11 = 6). Ein sehr niedriger Faktorwert war bei Fall 17 zu erwarten, da dieser Fall sich ja bei der Faktorvariablen fac1_1 durch einen hohen positiven Faktorwert auszeichnet. Wir sehen also, dass eine deutliche Konsistenz besteht. Der Fall 6 zeichnet sich damit verglichen bei der Faktorvariablen fac 2_1 durch einen sehr hohen positiven Faktorwert aus. Er beträgt 1,23440. Der Faktorwert lässt darauf schließen, dass eine hohe ausländerfreundliche Einstellung vorliegt. Die Einzelwerte der Elementarvariablen verhalten sich entsprechend (a1 = 7, a2 = 7, a5 = 7, a8 = 7, a9 = 7, a11 = 7).

Betrachten wir abschließend die Faktorvariable fac3_1. Zur Faktorvariablen fac3_1 gehören die Elementarvariablen a3, a6, a7, a10. Als Etikett haben wir »Soziale Ängste« vergeben. Ein hoher positiver Faktorwert steht für eine hohe Bejahung der Elementarvariablen. Eine hohe Bejahung der Elementarvariablen ist gleichbedeutend mit stark ausgeprägten sozialen Ängsten. Wählen wir hierfür im Folgenden wieder zwei Beispielfälle. Der Fall 5 zeichnet sich durch einen sehr niedrigen Faktorwert in der Variablen fac3_1 aus. Er beträgt -1,66368. Beim Fall 5 können wir demzufolge davon ausgehen, dass sehr geringe soziale Ängste vorliegen und ausländerfeindliche Einstellungen aufgrund sozialer Ängste kaum vorkommen. Die Einzelwerte bei den Elementarvariablen verhalten sich dementsprechend (a3 = 5, a6 = 2, a7 = 2, a10 = 1). Der Fall 43 zeichnet sich im Unterschied zum Fall 5 durch einen hohen positiven Faktorwert aus. Dieser beträgt 1,93123. Beim Fall 43 können wir demzufolge davon ausgehen, dass große soziale Ängste vorliegen. Die Einzelwerte bei den Elementarvariablen verhalten sich entsprechend (a3 = 7, a6 = 7, a7 = 7, a10 = 7).

In der Datei »ausland.sav« sind einige weitere Variablen vorgegeben. Es sind dies:

▶ ewv	Zufriedenheit mit den eigenen wirtschaftlichen Verhältnissen (1 = ja, 2 = nein)
▶ gebjg	Geburtsjahrgang (1 = 1935-1940, 2 = 1941-1950, 3 = 1951-1960, 4 = 1961-1970)
▶ geschl	Geschlecht (1 = weiblich, 2 = männlich)
▶ sozeng	Sozialpolitisches Engagement (1 = ja, 2 = nein)
▶ stellung	Stellung im Betrieb (1 = Arbeiter, 2 = Facharbeiter, 3 = Angestellter).

Mit Hilfe dieser Variablen lassen sich Beziehungen zu den Faktorwerten herstellen. Ein gängiges Verfahren ist es dabei, die Faktorwerte in vier Perzentilgruppen aufzuteilen (siehe Kap. 7.7.2). Wir wollen dies am Beispiel des ersten Faktorwerts (Variable fac1_1) zeigen.

- Wählen Sie aus dem Menü

  Transformieren
  Rangfolge bilden...

Es öffnet sich die Dialogbox *Rangfolge bilden.*

Bild 19.2: Dialogbox Rangfolge bilden

- Übertragen Sie die Variable fac1_1 in die Testvariablenliste.
- Klicken Sie auf den Schalter *Rangtypen...*, deaktivieren Sie die voreingestellte Option *Rang* und aktivieren Sie die Option *N-Perzentile*. Belassen Sie es bei der voreingestellten Anzahl von vier Gruppen.
- Bestätigen Sie mit *Weiter* und *OK*.

Es wird in der Datendatei die Variable nfac1_1 erzeugt, die mit etwa gleichen Häufigkeiten die Variablenwerte 1 bis 4 enthält.

Percentile Group of FAC1_1

		Häufigkeit	Prozent	Gültige Prozent	Kumulative Prozente
Gültig	1	22	24,4	24,4	24,4
	2	23	25,6	25,6	50,0
	3	23	25,6	25,6	75,6
	4	22	24,4	24,4	100,0
	Gesamtsumme	90	100,0	100,0	

- Wechseln Sie in die Variablenansicht, ändern Sie den Variablennamen der Perzentilvariablen in »ausfeind« um, vergeben Sie als Variablenlabel »fremdenfeindliche Einstellung« und als Wertelabels 1 = keine, 2 = schwach, 3 = stark und 4 = sehr stark. Mit dieser neuen Variablen ausfeind wollen wir nun eine Kreuztabelle mit der Variablen ewv (Zufriedenheit mit eigenen wirtschaftlichen Verhältnissen) erzeugen.
- Treffen Sie die Menüwahl

  Analysieren
  Deskriptive Statistiken
  Kreuztabellen...

- Definieren Sie in der Dialogbox *Kreuztabellen* die Variable ewv als Zeilen- und die Variable ausfeind als Spaltenvariable; fordern Sie über den Schalter *Statistiken...* den Chi-Quadrat-Test und über den Schalter *Zellen...* zusätzlich erwartete Häufigkeiten sowie standardisierte Residuen an.

Die folgende Kreuztabelle wird im Viewer angezeigt.

Kreuztabelle Zufried. mit eigenen wirtsch. Verh.*fremdenfeindliche Einstellung

			fremdenfeindliche Einstellung				
			keine	schwach	stark	sehr stark	Gesamtsumme
Zufried. mit eigenen wirtsch. Verh.	ja	Anzahl	10	10	10	3	33
		Erwartete Anzahl	8,1	8,1	10,1	6,7	33,0
		Standardresiduum	,7	,7	,0	-1,4	
	nein	Anzahl	2	2	5	7	16
		Erwartete Anzahl	3,9	3,9	4,9	3,3	16,0
		Standardresiduum	-1,0	-1,0	,0	2,1	
Gesamtsumme		Anzahl	12	12	15	10	49
		Erwartete Anzahl	12,0	12,0	15,0	10,0	49,0

Chi-Quadrat-Tests

	Wert	df	Asymp. Sig. (zweiseitig)
Pearson-Chi-Quadrat	9,135[a]	3	,028
Likelihood-Quotient	8,966	3	,030
Zusammenhang linear-mit-linear	7,138	1	,008
Anzahl der gültigen Fälle	49		

a. 4 Zellen (50,0%) haben die erwartete Anzahl von weniger als 5. Die erwartete Mindestanzahl ist 3,27.

Die sehr starke aggressive Fremdenfeindlichkeit scheint bei Personen, die mit den eigenen wirtschaftlichen Verhältnissen unzufrieden sind, stärker ausgeprägt zu sein als bei zufriedenen Probanden. Der zugehörige Chi-Quadrat-Test erweist sich als signifikant. Streng genommen müssten Sie die Warnung berücksichtigen, dass 50% der Zellen eine erwartete Häufigkeit kleiner 5 haben (vgl. Kap. 9). Um dieses Problem auszuschließen, sollten Sie die Variable »fremdenfeindliche Einstellung« dichotomisieren, d. h. die Kategorien »keine« und »schwach« sowie die Kategorien »stark« und »sehr stark« zusammenlegen.

Benutzen Sie weitere Faktorwerte und Variablen, um Beziehungen aufzudecken.

19.2.2 Beispiel aus der Psychologie

Der »Freiburger Fragebogen zur Krankheitsverarbeitung« beschreibt in 35 Items mögliche Situationen, welche Aufschluss über die Krankheitsverarbeitung von Patienten geben. Der Psychologe soll auf einer Skala mit den Ausprägungen »gar nicht (1) – wenig (2) – mittelmäßig (3) – ziemlich (4) – und sehr stark (5)« vermerken, wie stark die jeweils beschriebene Situation auf den von ihm betreuten Patienten zutrifft. Mittels einer Faktorenanalyse soll u. a. ermittelt werden, ob sich die jeweiligen Items sinnvoll zu Faktoren bündeln lassen, die Aufklärung über eine mögliche Typologie der Krankheitsverarbeitung bieten. Betrachten wir zunächst die Items des standardisierten »Freiburger Fragebogens«:

1. Informationen über Erkrankung und Behandlung suchen
2. Nicht-wahrhaben-Wollen des Geschehenen
3. Herunterspielen der Bedeutung und Tragweite
4. Wunschdenken und Tagträumen nachhängen
5. Sich selbst die Schuld geben
6. Andere verantwortlich machen
7. Aktive Anstrengungen zur Lösung der Probleme unternehmen
8. Einen Plan machen und danach handeln
9. Ungeduldig und gereizt auf andere reagieren
10. Gefühle nach außen zeigen
11. Gefühle unterdrücken, Selbstbeherrschung

12. Stimmungsverbesserung durch Alkohol oder Beruhigungsmittel suchen
13. Sich mehr gönnen
14. Sich vornehmen, intensiver zu leben
15. Entschlossen gegen die Krankheit ankämpfen
16. Sich selbst bemitleiden
17. Sich selbst Mut machen
18. Erfolge und Selbstbestätigung suchen
19. Sich abzulenken versuchen
20. Abstand zu gewinnen versuchen
21. Die Krankheit als Schicksal annehmen
22. Ins Grübeln kommen
23. Trost im religiösen Glauben suchen
24. Versuch, in der Krankheit einen Sinn zu sehen
25. Sich damit trösten, dass es andere noch schlimmer getroffen hat
26. Mit dem Schicksal hadern
27. Genau den ärztlichen Rat befolgen
28. Vertrauen in die Ärzte setzen
29. Den Ärzten misstrauen, die Diagnose überprüfen lassen, andere Ärzte aufsuchen
30. Anderen Gutes tun wollen
31. Galgenhumor entwickeln
32. Hilfe anderer in Anspruch nehmen
33. Sich gerne umsorgen lassen
34. Sich von anderen Menschen zurückziehen
35. Sich auf frühere Erfahrungen mit ähnlichen Schicksalsschlägen besinnen

Die Ergebnisse von 160 Patienten wurden in den Variablen f1 bis f35 der Datei fkv.sav gespeichert.

- Laden Sie die Datei fkv.sav.
- Wählen Sie aus dem Menü

Analysieren
Dimensionsreduktion
Faktorenanalyse...

Es öffnet sich die Dialogbox *Faktorenanalyse* (siehe Bild 19.1). Bringen Sie die Variablen f1 bis f35 in das Testvariablenfeld.

- Klicken Sie auf den Schalter *Deskriptive Statistik...* Es öffnet sich die Dialogbox *Faktorenanalyse: Deskriptive Statistiken*, wie in Bild 19.3 dargestellt. Belassen Sie es bei der Ausgabe der *Anfangslösung*.

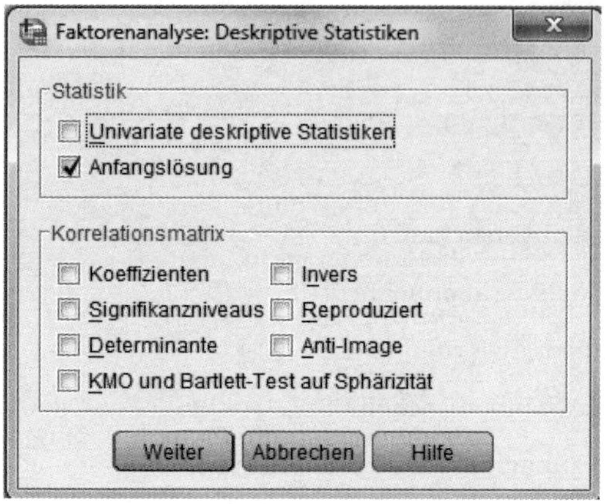

Bild 19.3: Dialogbox Faktorenanalyse: Deskriptive Statistiken

- Klicken Sie auf den Schalter *Extraktion...* Belassen Sie es bei der Einstellung der *Hauptkomponentenanalyse*. Im Unterschied zu unserem ersten Faktorenanalyse-Beispiel wollen wir die Anzahl der Faktoren jedoch bewusst auf fünf begrenzen. Würden wir eine solche Begrenzung nicht vornehmen, so werden entsprechend der Voreinstellung bei diesem Beispiel elf Faktoren extrahiert – eine Anzahl, die recht unüberschaubar wäre.

- Klicken Sie daher auf *Feste Anzahl von Faktoren* und tragen Sie eine »5« ein. Deaktivieren Sie durch einen Klick auf das betreffende Häkchen die Ausgabe der nicht rotierten Faktorlösung. Aktivieren Sie die Option *Screeplot*. Ein Screeplot liefert eine grafische Darstellung der nach Größe angeordneten Eigenwerte der Faktoren.

Die Dialogbox *Faktorenanalyse: Extraktion* sollte nun wie folgt aussehen.

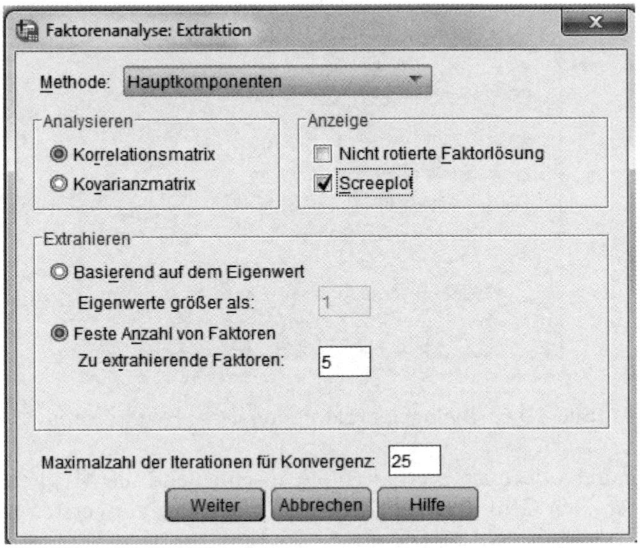

Bild 19.4: Dialogbox Faktorenanalyse: Extraktion

- Bestätigen Sie die Einstellungen mit *Weiter*. Klicken Sie auf den Schalter *Rotation...* Wählen Sie die Varimax-Methode. Wollen Sie neben der voreingestellten Ausgabe der rotierten Faktormatrix auch eine grafische Ausgabe der Faktorladungen erhalten, so klicken Sie auf das betreffende Kästchen bei den Ladungsdiagrammen. Die Dialogbox *Faktorenanalyse: Rotation* sollte nun wie folgt aussehen.

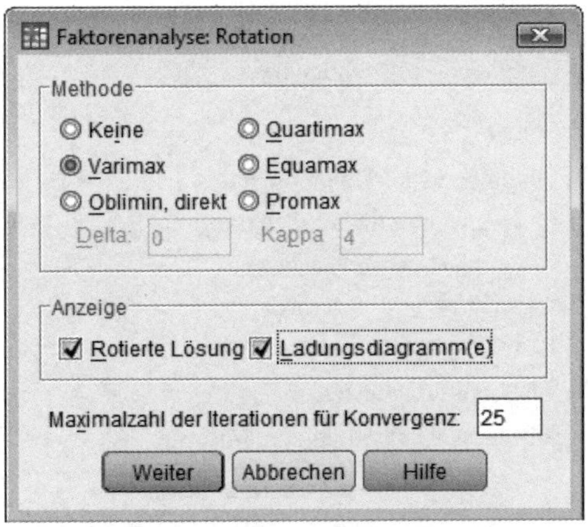

Bild 19.5: Dialogbox Faktorenanalyse: Rotation

- Bestätigen Sie mit *Weiter*. Betätigen Sie den Schalter *Scores* und aktivieren Sie *Als Variablen speichern*, um die zu berechnenden Faktorwerte in zusätzlichen Variablen zu speichern. Die Dialogbox *Faktorenanalyse: Faktorscores* sieht nun wie folgt aus.

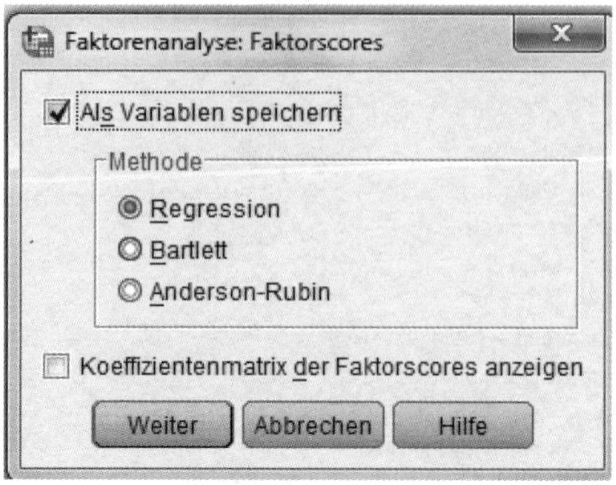

Bild 19.6: Dialogbox Faktorenanalyse: Faktorscores

- Über den Schalter *Optionen...* erhalten Sie abschließend die Möglichkeit, die Koeffizienten sortiert nach Größe auszugeben. Im Unterschied zum ersten Faktorenanalyse-Beispiel wollen wir eine solche Sortierung vornehmen.
- Aktivieren Sie daher die Option *Sortiert nach Größe.*

Ferner wollen wir die Ausgabe kleiner Faktorladungen unterdrücken und die Grenze bei einem Wert von 0,40 ansetzen.

- Aktivieren Sie daher die Option *Unterdrücken von Absolutwerten kleiner als* und geben Sie als Grenzwert 0,40 ein.

Die Dialogbox *Faktorenanalyse: Optionen* sieht nun wie folgt aus.

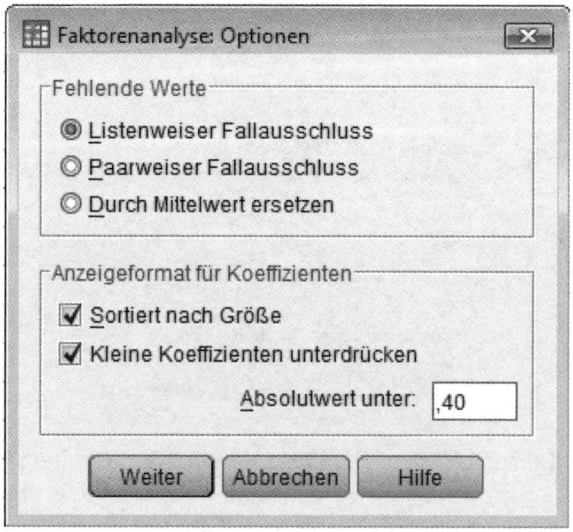

Bild 19.7: Dialogbox Faktorenanalyse: Optionen

- Bestätigen Sie mit *Weiter* und in der Hauptdialogbox mit *OK*, um die Faktorenanalyse durchzuführen.

Betrachten Sie die Ergebnisse im Viewer. Zuerst werden die Anfangsstatistiken ausgegeben.

Erklärte Gesamtvarianz

Komponente	Anfängliche Eigenwerte			Rotierte Summen von quadrierten Ladungen		
	Gesamtsumme	% der Varianz	Kumulativ %	Gesamtsumme	% der Varianz	Kumulativ %
1	5,026	14,359	14,359	4,388	12,538	12,538
2	3,937	11,250	25,609	3,972	11,349	23,887
3	2,356	6,731	32,340	2,396	6,845	30,732
4	2,073	5,924	38,264	2,257	6,447	37,179
5	1,706	4,873	43,138	2,085	5,958	43,138
6	1,478	4,222	47,359			
7	1,319	3,768	51,127			
8	1,258	3,595	54,722			
9	1,228	3,508	58,230			
10	1,082	3,092	61,322			
11	1,029	2,941	64,263			
12	,942	2,692	66,955			
13	,890	2,542	69,497			
14	,878	2,508	72,005			
15	,823	2,353	74,358			
16	,737	2,104	76,462			
17	,704	2,011	78,473			
18	,664	1,898	80,371			
19	,652	1,862	82,232			
20	,618	1,766	83,998			
21	,572	1,634	85,632			
22	,516	1,474	87,106			
23	,473	1,352	88,458			
24	,466	1,331	89,788			
25	,459	1,310	91,099			
26	,432	1,234	92,332			
27	,417	1,192	93,524			
28	,388	1,108	94,632			
29	,345	,985	95,617			
30	,324	,927	96,544			
31	,287	,821	97,365			
32	,259	,740	98,105			
33	,240	,684	98,789			
34	,223	,638	99,427			
35	,201	,573	100,000			

Extraktionsmethode: Analyse der Hauptkomponente.

Es gibt elf Eigenwerte über 1, was die Extraktion von elf Faktoren bedeuten würde, wenn Sie die Voreinstellung *Eigenwerte größer als 1* nicht geändert und die Anzahl der Faktoren auf fünf begrenzt hätten. Nach dem Screeplot, der später erläutert wird, erfolgt die Ausgabe der rotierten Faktormatrix:

Rotierte Komponentenmatrix[a]

	Komponente				
	1	2	3	4	5
f5	,683				
f16	,683				
f22	,620				
f9	,581				
f26	,580				
f6	,544				
f35	,515				
f33	,491				
f12	,488				
f34	,458				
f4	,447				
f7		,710			
f8		,690			
f17		,654			
f14		,621			
f15		,597			
f18		,589			
f19		,572			
f1		,563			
f13		,510			
f20					
f28			,816		
f27			,765		
f31			-,493		
f29					
f21				,683	
f25				,592	
f30				,522	
f23	,426			,469	
f24				,404	
f3					,677
f2	,457				,567
f10					-,564
f11					,403
f32					

Extraktionsmethode: Analyse der Hauptkomponente.
Rotationsmethode: Varimax mit Kaiser-Normalisierung.

a. Rotation konvergierte in 6 Iterationen.

Sie sind wieder beim spannendsten Teil der Faktorenanalyse angelangt, der Faktorendeutung. Die Faktorladungen der fünf Faktoren sind blockweise diagonal angeordnet. Innerhalb eines Blocks sind die entsprechenden Variablen nach absteigenden Faktorladungen sortiert, wobei Faktorladungen kleiner als 0,4 unterdrückt wurden (z. B. bei f20, f29). Die Items f5, f16, f22, f9, f26, f6, f35, f33, f12, f34, f4 gehören zum ersten Faktor, die Items f7, f8, f17, f14, f15, f18, f19, f1, f13 zum zweiten Faktor usw. Das Item f5 lädt am höchsten auf den Faktor 1 mit dem Wert 0,683, das Item f7 am höchsten auf den Faktor 2 mit dem Wert 0,710, die Variable f28 mit dem Wert 0,816 am höchsten auf den Faktor 3 usw.

Um die einzelnen Items den jeweiligen Faktoren zuzuordnen, brauchen Sie bei einer sortierten Ausgabe demzufolge keinen Markierungsstift mehr, da die Zuordnung nun automatisch vorgenommen wird. Eine derartige Ausgabe ist wesentlich komfortabler, weist jedoch auch einen deutlichen Nachteil auf: Häufig wird die Zuordnung eines Items zu einem Faktor einfach als gegeben betrachtet, ohne zu überprüfen, ob ein solches Item auch auf einen anderen Faktor nahezu gleich hoch lädt. Betrachten wir zum Beispiel das Item f23. Das Item f23 lädt auf den Faktor 1 mit dem Wert 0,426, auf den Faktor 4 mit dem Wert 0,469. Wir haben es hier korrekterweise mit zwei Faktoren zu tun. Sollte bei zahlreichen Items die Zuordnung zu einem Faktor nicht eindeutig zu klären sein, so müsste die Faktorenanalyse als gescheitert gelten. Auch bei einer sortierten Ausgabe sollten Sie diese Problematik nicht aus dem Auge verlieren. Eine Faktorenanalyse gilt ferner auch dann als gescheitert, wenn sich die Faktoren nicht eindeutig interpretieren lassen. Versuchen wir daher im Folgenden die Interpretation der fünf Faktoren.

- *Faktor 1:*

  f5: Sich selbst die Schuld geben

  f16: Sich selbst bemitleiden

  f22: Ins Grübeln kommen

  f9: Ungeduldig und gereizt auf andere reagieren

  f26: Mit dem Schicksal hadern

  f6: Andere verantwortlich machen

  f35: Sich auf frühere Erfahrungen mit ähnlichen Schicksalsschlägen besinnen

  f12: Stimmungsverbesserung durch Alkohol oder Beruhigungsmittel suchen

  f14: Wunschdenken und Tagträumen nachhängen

- *Faktor 2:*

  f7: Aktive Anstrengungen zur Lösung der Probleme unternehmen

  f8: Einen Plan machen und danach handeln

  f17: Sich selbst Mut machen

  f14: Sich vornehmen, intensiver zu leben

  f15: Entschlossen gegen die Krankheit ankämpfen

  f18: Erfolge und Selbstbestätigung suchen

  f19: Sich abzulenken versuchen

  f1: Informationen über Erkrankung und Behandlung suchen

- *Faktor 3:*

  f28: Vertrauen in die Ärzte setzen

  f27: Genau den ärztlichen Rat befolgen

  f31: Galgenhumor entwickeln

- *Faktor 4:*

  f21: Die Krankheit als Schicksal annehmen

  f25: Sich damit trösten, dass es andere noch schlimmer getroffen hat

  f30: Anderen Gutes tun wollen

  f23: Trost im religiösen Glauben suchen

  f24: Versuch, in der Krankheit einen Sinn zu sehen

- *Faktor 5:*

  f3: Herunterspielen der Bedeutung und Tragweite

  f2: Nicht-wahrhaben-Wollen des Geschehenen

  f10: Gefühle nach außen zeigen

  f11: Gefühle unterdrücken, Selbstbeherrschung

Die inhaltliche Deutung der Faktoren gelingt auch bei diesem Beispiel ohne Mühe.

Der *erste Faktor* sammelt offensichtlich Items, die für eine depressive Verarbeitung einer schweren Krankheit stehen. Die Items beschreiben Situationen der Niedergeschlagenheit, der Bedrücktheit und Verzweiflung; von fehlender Lebenslust und einer Zuflucht in Alkohol oder Psychopharmaka ist die Rede. Wir wollen den Faktor 1 mit dem Etikett »Depressive Verarbeitung« versehen.

Der *zweite Faktor* sammelt Items, die für eine aktive Krankheitsverarbeitung stehen. Die Items beschreiben Situationen eines wiedererwachenden Lebenswillens, der sich zugleich rational mit der Krankheit auseinander setzt (»Informationen suchen«), ohne sich von der Krankheit erdrücken zu lassen (»Sich abzulenken versuchen«). Wir wollen den Faktor 2 folglich mit dem Etikett »Aktives, problemorientiertes Coping« belegen.

Der *dritte Faktor* sammelt überwiegend Items, die sich auf das Arzt-Patient-Verhältnis beziehen. Zu beachten ist hier, dass das Item f31 negativ lädt, d. h., von Galgenhumor kann eher nicht die Rede sein. Als Kurzbezeichnung für den dritten Faktor könnte man »Vertrauen in den Arzt« wählen.

Im *vierten Faktor* sind vor allem Aussagen enthalten, die auf eine fatalistische oder religiös geprägte Sinnsuche hinweisen. Als Kurzbezeichnung ließe sich »Religiösität und Sinnsuche« verwenden.

Der *fünfte Faktor* bündelt schließlich vor allem Items, die Situationen beschreiben, die auf ein Verdrängen der Krankheit im Sinne eines Herunterspielens ihrer Tragweite bzw. eines Nicht-wahrhaben-Wollens hinweisen sowie auf eine seelische Distanz (»Gefühle unterdrücken«). Zu beachten ist hier, dass das Item f10 (»Gefühle nach außen zeigen«) negativ lädt, d. h., Gefühle werden eher nicht nach außen gezeigt. Als Kurzbezeichnung können wir hier das Etikett »Bagatellisierung und psychische Distanz« benutzen.

Screeplot

Wir wollen uns nun mit der Analyse des Screeplots beschäftigen, der in Bild 18.8 dargestellt ist.

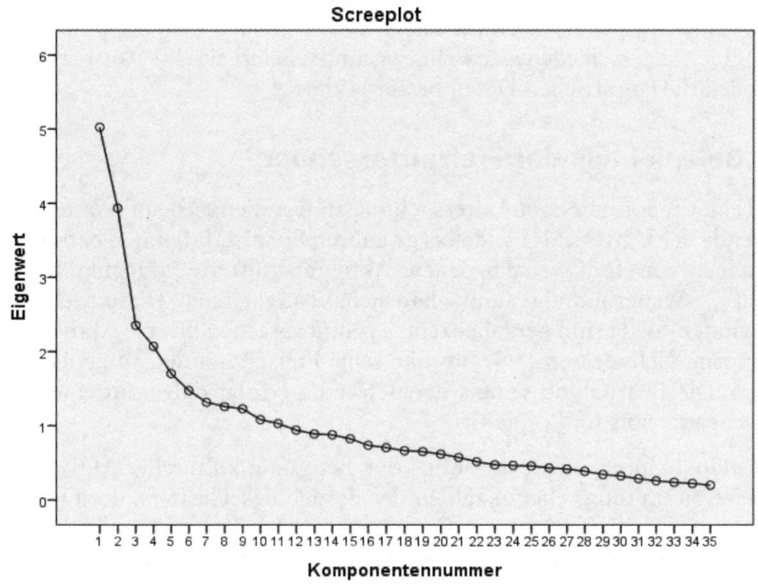

Bild 19.8: Screeplot

Ein Screeplot kann hilfreich sein, um die Anzahl der zu berücksichtigenden Faktoren zu bestimmen. Wie Sie bereits wissen, verwendet SPSS per Voreinstellung all diejenigen Faktoren im Modell, die einen Eigenwert über 1 besitzen. In unserem Beispiel wären dies elf Faktoren gewesen.

Die Zahl der zu berücksichtigenden Faktoren können Sie aber auch selbst bestimmen, wie wir dies soeben getan haben. Als Entscheidungshilfe für eine selbstbestimmte Anzahl von Faktoren ist der Screeplot nützlich. Das Wort Screeplot stellt eine Zusammensetzung aus dem englischen Wort scree, was so viel wie »Geröllhang« bedeutet, und dem Wort plot dar, was im Englischen für »grafische Darstellung« steht. Ein Screeplot soll dazu dienen, unbedeutende Faktoren – das Geröll – von bedeutsamen Faktoren zu trennen. Diese bedeutsamen Faktoren bilden im Screeplot gewissermaßen den Hang, d. h. denjenigen Linienbereich, der sich durch einen starken Anstieg auszeichnet. Im abgebildeten Screeplot ist ein solch starker Anstieg bei der Faktorenanzahl fünf festzustellen. Dementsprechend haben wir fünf Faktoren bei der Modellbildung zugrunde gelegt. Grafisch betrachtet liegt oberhalb der Faktorenanzahl fünf (fünf, vier, drei, zwei ...) der Hang, der Bereich der bedeutsamen Faktoren, und unterhalb der Faktorenanzahl fünf (sechs, sieben, acht, ...) das Geröll, der Bereich der unbedeutenden, d. h. wenig Erklärungsgehalt bietenden Faktoren. Sie können auch verschiedene Faktorenmodelle berechnen lassen; in diesem Fall wäre ein Modellvergleich unter Berücksichtigung von vier, fünf und sechs Faktoren interessant.

19.3 Konfirmatorische Faktorenanalyse

Die konfirmatorische Faktorenanalyse testet eine theoretisch angenommene Struktur; sie überprüft, ob ein vorab aufgestelltes Modell, das eine Anzahl Variablen festgelegten Faktoren zuordnet, der empirischen Realität standhält. Die konfirmatorische Faktorenanalyse bestimmt, ob und inwieweit die empirisch erhobenen Daten dem hypothetischen Modell entsprechen. Liegen verschiedene Modelle zugrunde, liefert sie eine Antwort auf die Frage, welches Modell die empirischen Daten besser erklärt.

19.3.1 Beispiel aus der Freizeitforschung

Im Rahmen einer repräsentativen Untersuchung zum studentischen Freizeitverhalten wurden Studierende der Universität Heidelberg zu ihren Freizeitaktivitäten befragt. Ausgegangen wird dabei von fünf verschiedenen Aktivitätsmustern: »Hochkultur«, »Sport«, »Geselligkeit«, »Weiterbildung« und »häusliche Tätigkeiten«. Die einzelnen Items der Freizeitaktivitäten-Skala sind personenzentriert und sprechen diverse Aktivitäten der Freizeitgestaltung an. Gefragt wird, wie oft man seine Freizeit mit den aufgeführten Tätigkeiten verbringt. Die Beurteilung seitens der Befragten erfolgt dabei auf einer Likert-Skala von eins (»sehr oft«) bis fünf (»nie«).

Der Faktor »Hochkultur« misst die subjektive Betonung kultureller Aktivitäten im Rahmen der Freizeitgestaltung. Hierzu zählen der Besuch des Theaters, der Oper und klassischer Konzerte, die Besichtigung von Museen und Kunstausstellungen sowie die Teilnahme an Literaturabenden und Lesungen sowie die Lektüre von Zeitungen und Büchern, die nichts mit dem eigenen Studium zu tun haben.

Der Freizeitfaktor »Sport« umfasst diverse sportliche Betätigungsarten. Neben Mannschaftssportarten, wie z. B. Fußball oder Volleyball, und Individualsportarten, wie Schwimmen oder Joggen, werden Trendsportarten, wie z. B. Inlineskaten, sowie Extremsportarten, z. B. Fallschirmspringen oder Bungee-Jumping, berücksichtigt. Zum Faktor »Sport« zählt ferner die Teilnahme als Besucher an sportlichen Veranstaltungen und die Ausübung ausgefallenerer Sportarten, wie z. B. Segeln oder Golf.

Beim Aktivitätsmuster »Geselligkeit« steht das Zusammensein mit anderen Leuten im Vordergrund. Neben Besuchen von Kneipe, Disco, Kino und Konzerten (Rock, Pop, Jazz etc.) zählen auch das Ausgehen mit Freunden sowie die Unternehmungen mit Freunden zu Hause (Kochen, Spieleabend etc.) dazu.

Beim Faktor »Weiterbildung« steht die Vergrößerung des Wissenshorizonts jenseits der studienfachbezogenen Verpflichtungen im Vordergrund. Hierzu zählen Besuche zusätzlicher Uni-Kurse (z. B. EDV-Übungen, Sprachkurse), von VHS-Kursen und Ringvorlesungen, die Ausübung außeruniversitärer freiwilliger Praktika, die Teilnahme am Studium Generale sowie die Beteiligung an Studienreisen.

Das Aktivitätsmuster »häusliche Tätigkeiten« zeichnet sich durch eine große Bandbreite aus. Neben der Ausführung von Reparaturen (z. B. Auto, Motorrad, Haushalt), Handarbeiten und Bastelarbeiten fallen hierunter auch künstlerische Tätigkeiten, wie Malen oder Fotografieren, die Beschäftigung mit Sammlungen (z. B. Briefmarken, Münzen) und das Aufräumen bzw. Verschönern von Zimmer und Wohnung.

Eine Faktorenanalyse soll überprüfen, ob das auf der Basis theoretischer Vorüberlegungen entstandene idealtypische Konstrukt, welches von den oben beschriebenen fünf Freizeitaktivitätsmustern ausgeht, haltbar ist. Getestet wird, ob die Daten der repräsentativen Befragung dem angenommenen Modell entsprechen, welches der Fragebogenkonstruktion bzw. der Entwicklung der einzelnen Items der Freizeitaktivitäten-Skala zugrunde liegt.

Führt man zunächst eine Reliabilitätsanalyse durch (vgl. Kap. 18), so ist das Ergebnis des Reliabilitätskoeffizienten mit einem Cronbach Alpha von 0,755 zwar nicht gerade sehr hoch, aber durchaus zufriedenstellend. Die einzelnen Trennschärfekoeffizienten geben keinen Anlass, ein Item aus der Skala zu entfernen. Es existiert auch kein Item, bei dessen Eliminierung der Wert des Cronbach Alpha nennenswert ansteigen würde, so dass alle Items in die Faktorenanalyse eingehen.

- Laden Sie die Datei freizeit.sav.
- Wählen Sie aus dem Menü

  Analysieren
  Dimensionsreduktion
  Faktorenanalyse...

Es öffnet sich die Dialogbox *Faktorenanalyse*.

- Bringen Sie die Variablen v1.1_1 bis v1.1_30 in das Testvariablenfeld.
- Klicken Sie auf den Schalter *Extraktion...* . Setzen Sie im Sinne einer konfirmatorischen Faktorenanalyse die Anzahl der zu extrahierenden Faktoren auf 5. Unterdrücken Sie die Ausgabe der nicht rotierten Faktorlösung.
- Klicken Sie auf den Schalter *Rotation...* und wählen Sie die Varimax-Methode.
- Klicken Sie auf den Schalter *Optionen...* und aktivieren Sie *Sortiert nach Größe* als Anzeigeformat für die Koeffizienten. Unterdrücken Sie ferner Absolutwerte kleiner als 0,3.
- Klicken Sie auf *OK*, um die Berechnungen durchzuführen.
- Betrachten Sie die rotierte Komponentenmatrix im Viewer.

Rotierte Komponentenmatrix[a]

	Komponente				
	1	2	3	4	5
Theater	,754				
Opern	,690				
Museen	,654				
Literaturabende	,575				,347
Bücher lesen	,469				
Kino gehen	,391	,328			
Zeitungen lesen	,336				
mit Freunden ausgehen		,804			
Kneipe gehen		,757			
Disco gehen		,677			
Konzerte (Rock, Pop etc.)		,605			
Extremsport			,668		
Individualsport			,640		
Trendsport			,629		
Segeln, Golf			,587		
SportzuschauerIn			,452		,375
Mannschaftssport			,435		,345
Bastelarbeiten				,771	
Handarbeiten				,660	
künstlerische Tätigkeiten	,318			,513	
Reparaturen				,470	
Aufräumen				,447	
Freunde zu Hause treffen		,354		,356	
Studium Generale					,569
Uni-Kurse					,473
Ringvorlesungen					,461
Studienreisen	,369				,445
VHS-Kurse					,433
Sammlung					,392
freiwillige Praktika	,313				,389

Extraktionsmethode: Analyse der Hauptkomponente.
Rotationsmethode: Varimax mit Kaiser-Normalisierung.

a. Rotation konvergierte in 7 Iterationen.

Das Resultat entspricht schon weitgehend dem zugrundegelegten Konstrukt. Eliminiert werden sollten jedoch noch diejenigen Items, deren Faktorladung unter 0,4 liegt, so dass die Items »Zeitung lesen«, »Freunde zu Hause treffen«, »Sammlung« und »freiwillige Praktika« wegfallen. Eine Ausnahme machen wir beim Item »Ins Kino gehen«, da mit einer Ladung von 0,391 der Grenzwert nur knapp verfehlt wird.

- Führen Sie eine erneute Faktorenanalyse unter Ausschluss der oben genannten Items v1.1_1, v1.1_23, v1.1_26, v1.1_27 durch.
- Betätigen Sie den Schalter *Scores...* und kreuzen Sie *Als Variablen speichern* an, um Faktorwerte berechnen zu lassen.
- Betrachten Sie erneut die rotierte Komponentenmatrix im Viewer.

Rotierte Komponentenmatrix[a]

	Komponente				
	1	2	3	4	5
Theater	,743				
Opern	,678				
Museen	,663				
Literaturabende	,560				,380
Bücher lesen	,496				
Kino gehen	,415				
mit Freunden ausgehen		,793			
Kneipe gehen		,770			
Disco gehen		,704			
Konzerte (Rock, Pop etc.)		,616			
Extremsport			,704		
Trendsport			,626		
Segeln, Golf			,620		
Individualsport			,612		
SportzuschauerIn			,423		,367
Mannschaftssport			,389		,375
Bastelarbeiten				,789	
Handarbeiten				,719	
Reparaturen				,509	
künstlerische Tätigkeiten	,403			,496	
Aufräumen				,421	
Studium Generale					,627
Ringvorlesungen					,530
Uni-Kurse					,511
Studienreisen	,369				,445
VHS-Kurse					,373

Extraktionsmethode: Analyse der Hauptkomponente.
Rotationsmethode: Varimax mit Kaiser-Normalisierung.

a. Rotation konvergierte in 7 Iterationen.

Der erste Faktor beschreibt die Items der »Hochkultur«: Theater, Oper, Museen, Literaturabende und Bücher lesen. Im Unterschied zu unseren Erwartungen wird auch das Item »Ins Kino gehen« diesem Faktor und nicht dem Faktor »Geselligkeit« zugeordnet. Dies mag zum einen daran liegen, dass man ins Kino seltener mit einer größeren Gruppe von Personen geht, als vielmehr mit dem Freund bzw. der Freundin oder allein, zum anderen könnte eine Ursache darin liegen, dass Programmkinos ein sehr gehaltvolles Angebot offerieren, so dass sich daraus eine Verwandtschaft des Items zum Faktor »Hochkultur« ergibt, zumal wir es mit einer studentischen Grundgesamtheit zu tun haben. Im zweiten Faktor finden sich die Items, die dem Bereich der »Geselligkeit« zugeordnet werden: »Mit Freunden ausgehen«, »In die Kneipe gehen«, »In die Disco gehen« und »In Konzerte gehen (Rock, Pop, Jazz etc.)«. Der dritte Faktor des Modells, welcher aktive sowie passive sportliche Aktivitäten beschreibt, blieb komplett erhalten. Der vierte Faktor enthält die Items des Bereichs »Häusliche Tätigkeiten«. Der fünfte Faktor beschreibt schließlich die Aktivitäten der »Weiterbildung«.

Von den Doppelladungen, die vorliegen, lassen sich zumindest zwei sehr sinnvoll interpretieren: So laden die Aktivitäten »künstlerische Tätigkeiten« und »VHS-Kurse« auch auf den Faktor »Hochkultur«, was einleuchtend zu sein scheint.

Unser idealtypisches Konstrukt der fünf verschiedenen Freizeitaktivitätsmuster erfährt damit eine sehr weitgehende Bestätigung durch die Faktorenanalyse.

Wir wollen davon absehen, Items mit Doppelladungen zu entfernen, so dass wir nunmehr dazu übergehen können, mit den Faktorwerten zu rechnen.

Rechnen mit Faktorwerten

Auf der Basis der Faktorwerte, d. h. der Werte der Faktorvariablen, lassen sich unterschiedliche Freizeitpräferenzen in Abhängigkeit z. B. vom Geschlecht, dem Alter, der Herkunft, dem Studienabschnitt sowie dem Studienfach der Studierenden untersuchen.

- Wechseln Sie jedoch zunächst in die Variablenansicht des Dateneditors und vergeben Sie für die Faktorvariable fac1_1 das Variablenlabel »Hochkultur«, für fac 2_1 »Geselligkeit«, für fac 3_1 »Sport«, für fac 4_1 »Häuslichkeit« und für die Faktorvariable fac5_1 das Etikett »Weiterbildung«.

Wir wollen im Folgenden überprüfen, ob es einen Zusammenhang zwischen den Freizeitaktivitäten der Befragten und dem Geschlecht gibt. Da es sich bei den Faktorvariablen um intervallskalierte Variablen handelt, beim Geschlecht um eine dichotome Gruppierungsvariable, eignet sich der T-Test für zwei unabhängige Stichproben.

- Wählen Sie aus dem Menü

  Analysieren
  Mittelwerte vergleichen
  T-Test bei unabhängigen Stichproben...

- Übertragen Sie die Variablen fac1_1 bis fac5_1 in die Liste für die *Testvariable(n)*, die Variable sex in das Feld für die *Gruppierungsvariable*.
- Klicken Sie auf den Schalter *Gruppen def...*, und geben Sie für Gruppe 1 eine 1, für Gruppe 2 eine 2 ein.
- Bestätigen Sie mit *Weiter* und *OK*.

Im Viewer erscheint zunächst die Gruppenstatistik.

Gruppenstatistik

	Geschlecht	H	Mittelwert	Standardabweichung	Standardfehler Mittelwert
Hochkultur	weiblich	585	-,2246280	,97770510	,04042313
	männlich	529	,2484071	,96588580	,04199503
Geselligkeit	weiblich	585	,0331897	1,01568192	,04199328
	männlich	529	-,0367032	,98201908	,04269648
Sport	weiblich	585	,1343255	,89683891	,03707973
	männlich	529	-,1485452	1,08454100	,04715396
Häuslichkeit	weiblich	585	-,2009761	1,03698278	,04287396
	männlich	529	,2222514	,90792604	,03947505
Weiterbildung	weiblich	585	-,0118888	1,00167665	,04141423
	männlich	529	,0131474	,99892547	,04343154

Die nach Geschlecht getrennten Mittelwerte der Faktorwerte weisen bereits auf Divergenzen bei den Faktoren Hochkultur, Sportlichkeit und Häuslichkeit hin, während Unterschiede bei den Faktoren Geselligkeit und Weiterbildung nicht erkennbar sind.

Der sich anschließende T-Test überprüft die Unterschiede auf Signifikanz.

Test bei unabhängigen Stichproben

		Levene-Test der Varianzgleichheit		T-Test für die Mittelwertgleichheit						
									95% Konfidenzintervall der Differenz	
		F	Sig.	t	df	Sig. (2-seitig)	Mittelwertdifferenz	Standardfehler differenz	Unterer	Oberer
Hochkultur	Varianzgleichheit angenommen	,035	,852	-8,110	1112	,000	-,47303506	,05832472	-,58747398	-,35859615
	Varianzgleichheit nicht angenommen			-8,115	1103,338	,000	-,47303506	,05828904	-,58740495	-,35866518
Geselligkeit	Varianzgleichheit angenommen	1,152	,283	1,165	1112	,244	,06989293	,05998837	-,04781024	,18759609
	Varianzgleichheit nicht angenommen			1,167	1107,023	,243	,06989293	,05988677	-,04761146	,18739731
Sport	Varianzgleichheit angenommen	11,220	,001	4,760	1112	,000	,28287066	,05942257	,16627767	,39946366
	Varianzgleichheit nicht angenommen			4,716	1027,623	,000	,28287066	,05998668	,16516029	,40058103
Häuslichkeit	Varianzgleichheit angenommen	12,482	,000	-7,214	1112	,000	-,42322749	,05866786	-,53833967	-,30811531
	Varianzgleichheit nicht angenommen			-7,262	1110,856	,000	-,42322749	,05827912	-,53757705	-,30887792
Weiterbildung	Varianzgleichheit angenommen	,410	,522	-,417	1112	,677	-,02503625	,06002028	-,14280202	,09272953
	Varianzgleichheit nicht angenommen			-,417	1101,420	,677	-,02503625	,06001198	-,14278696	,09271447

Als höchst signifikant werden die Divergenzen bei den Faktoren »Hochkultur«, »Sportlichkeit« und »Häuslichkeit« ausgewiesen, während keine Unterschiede zwischen Studenten und Studentinnen bei den Freizeitaktivitäten »Geselligkeit« und »Weiterbildung« vorliegen bzw. diese nicht signifikant sind.

Wir wollen des Weiteren überprüfen, ob es Zusammenhänge zwischen den Freizeitaktivitäten und dem Studienfach der Studierenden gibt. Da es sich bei den Faktorvariablen wieder um intervallskalierte Variablen handelt, beim Studienfach bzw. der Fachkulturzugehörigkeit um eine nominalskalierte multiple Gruppierungsvariable, eignet sich die Durchführung einer einfaktoriellen ANOVA.

- Wählen Sie aus dem Menü

  Analysieren
  Mittelwerte vergleichen
  Einfaktorielle Varianzanalyse...

- Übertragen Sie die Variablen fac1_1 bis fac5_1 in die Liste *Abhängige Variablen*, die Variable fachkultur in das Feld für den *Faktor.*
- Klicken Sie auf den Schalter *Post hoc...* und aktivieren Sie den Duncan-Test.
- Bestätigen Sie mit *Weiter* und OK.

Im Viewer erscheinen zunächst die Ergebnisse der einfaktoriellen ANOVA.

ANOVA

		Quadratsumme	df	Mittel der Quadrate	F	Sig.
Hochkultur	Zwischen Gruppen	117,210	5	23,442	26,084	,000
	Innerhalb der Gruppen	995,790	1108	,899		
	Gesamtsumme	1113,000	1113			
Geselligkeit	Zwischen Gruppen	36,939	5	7,388	7,607	,000
	Innerhalb der Gruppen	1076,061	1108	,971		
	Gesamtsumme	1113,000	1113			
Sport	Zwischen Gruppen	63,555	5	12,711	13,420	,000
	Innerhalb der Gruppen	1049,445	1108	,947		
	Gesamtsumme	1113,000	1113			
Häuslichkeit	Zwischen Gruppen	11,573	5	2,315	2,329	,041
	Innerhalb der Gruppen	1101,427	1108	,994		
	Gesamtsumme	1113,000	1113			
Weiterbildung	Zwischen Gruppen	18,921	5	3,784	3,832	,002
	Innerhalb der Gruppen	1094,079	1108	,987		
	Gesamtsumme	1113,000	1113			

Als höchst signifikant werden die Unterschiede bei den Freizeitaktivitäten »Hochkultur«, »Geselligkeit« und »Sport« ausgewiesen ($p < 0{,}001$), als signifikant die Unterschiede beim Faktor »Häuslichkeit«, als sehr signifikant die Unterschiede beim Faktor »Weiterbildung« ($p < 0{,}01$).

Es folgen die A-posteriori-Tests nach Duncan für die Faktorvariablen. Für den Faktor »Hochkultur« liefert der Duncan-Test auf dem voreingestellten Niveau ($p = 0{,}05$) drei homogene Untergruppen.

Hochkultur

Duncan[a,b]

Fachkulturen	H	Subset für Alpha = 0.05		
		1	2	3
Kulturw.	319	-,4533468		
Sozialw.	183		-,0059219	
Jura	127		,0668987	
Medizin	232		,1308412	
Naturw.	204			,3790274
VWL	49			,6026217
Sig.		1,000	,276	,057

Mittelwerte für Gruppen in homogenen Subsets werden angezeigt.

a. Verwendet harmonischen Mittelwert des Stichprobenumfangs = 130,169.

b. Die Gruppengrößen sind nicht identisch. Das harmonische Mittel der Gruppengrößen wird verwendet. Typ-I-Fehler-Ebenen werden nicht garantiert.

Eine eigene Gruppe bilden die Kulturwissenschaftler, die sich durch ihr deutlich stärkeres Engagement bei hochkulturellen Aktivitäten gegenüber allen anderen Fächergruppen auszeichnen. Naturwissenschaftler und Volkswirte bilden gemeinsam die Gruppe mit dem niedrigsten Aktivitätsniveau. Sozialwissenschaftler, Juristen und Mediziner bilden eine mittlere Einheit.

Für den Faktor »Geselligkeit« ergibt sich folgendes Bild:

Geselligkeit

Duncan[a,b]

Fachkulturen	H	Subset für Alpha = 0.05	
		1	2
Sozialw.	183	-,2735087	
VWL	49	-,2371980	
Jura	127	-,2242850	
Kulturw.	319		,0463736
Naturw.	204		,1409536
Medizin	232		,2009107
Sig.		,707	,235

Mittelwerte für Gruppen in homogenen Subsets werden angezeigt.

a. Verwendet harmonischen Mittelwert des Stichprobenumfangs = 130,169.

b. Die Gruppengrößen sind nicht identisch. Das harmonische Mittel der Gruppengrößen wird verwendet. Typ-I-Fehler-Ebenen werden nicht garantiert.

Hinsichtlich des Faktors »Geselligkeit« existieren zwei homogene Untergruppen. Sozialwissenschaftler, Volkswirte und Juristen zeichnen sich im Unterschied zu den Kultur- und Naturwissenschaftlern sowie den Medizinern durch einen höheren Grad an geselligen Aktivitäten aus.

Wesentlich differenzierter sieht das Bild beim Faktor »Sport« aus, wo gleich vier homogene Untergruppen existieren:

Sport

Duncan[a,b]

Fachkulturen	H	Subset für Alpha = 0.05			
		1	2	3	4
Jura	127	-,4152098			
Medizin	232	-,2337545	-,2337545		
Naturw.	204		-,0035827	-,0035827	
Sozialw.	183			,0525072	,0525072
VWL	49			,0633582	,0633582
Kulturw.	319				,2977436
Sig.		,133	,057	,605	,054

Mittelwerte für Gruppen in homogenen Subsets werden angezeigt.

a. Verwendet harmonischen Mittelwert des Stichprobenumfangs = 130,169.

b. Die Gruppengrößen sind nicht identisch. Das harmonische Mittel der Gruppengrößen wird verwendet. Typ-I-Fehler-Ebenen werden nicht garantiert.

Juristen und Mediziner erweisen sich als »Aktivisten« in Sachen Sport, während Sozialwissenschaftler, Volkswirte und Kulturwissenschaftler das »Schlusslicht« bilden.

Beim Faktor »Häusliche Tätigkeiten« liegen zwei homogene Untergruppen vor:

Häuslichkeit

Duncan[a,b]

Fachkulturen	H	Subset für Alpha = 0.05	
		1	2
Medizin	232	-,0886458	
Sozialw.	183	-,0803044	
Naturw.	204	-,0679408	
Kulturw.	319	,0470499	,0470499
Jura	127	,1677227	,1677227
VWL	49		,2614646
Sig.		,064	,101

Mittelwerte für Gruppen in homogenen Subsets werden angezeigt.

a. Verwendet harmonischen Mittelwert des Stichprobenumfangs = 130,169.

b. Die Gruppengrößen sind nicht identisch. Das harmonische Mittel der Gruppengrößen wird verwendet. Typ-I-Fehler-Ebenen werden nicht garantiert.

Während die Mediziner vergleichsweise noch über die aufgeräumtesten Studentenbuden verfügen dürften, scheint dies bei den Volkswirten eher eine Nebensache zu sein.

Beim letzten Faktor in Sachen Freizeitaktivitäten, der »Weiterbildung«, existieren drei homogene Untergruppen:

Weiterbildung

Duncan[a,b]

Fachkulturen	H	Subset für Alpha = 0.05		
		1	2	3
Jura	127	-,2530274		
VWL	49	-,2206426	-,2206426	
Kulturw.	319	-,0511170	-,0511170	-,0511170
Medizin	232		,0289471	,0289471
Sozialw.	183			,1091844
Naturw.	204			,1595873
Sig.		,122	,055	,120

Mittelwerte für Gruppen in homogenen Subsets werden angezeigt.

a. Verwendet harmonischen Mittelwert des Stichprobenumfangs = 130,169.

b. Die Gruppengrößen sind nicht identisch. Das harmonische Mittel der Gruppengrößen wird verwendet. Typ-I-Fehler-Ebenen werden nicht garantiert.

Die Juristen sind in Sachen »Weiterbildung« am agilsten, während die Sozial- und Naturwissenschafter diesbezüglich deutlich weniger aktiv sind.

19.3.2 Grafische Darstellung des Rechnens mit Faktorwerten

Wir wollen dazu übergehen, die soeben überprüften Zusammenhänge der Faktorvariablen mit den unabhängigen Variablen Geschlecht und Studienfach bzw. Zugehörigkeit zur Fachkultur zu visualisieren.

Gehen Sie wie folgt vor.

- Wählen Sie aus dem Menü

  Grafik
  Alte Dialogfelder
  Balken...

Es öffnet sich die Dialogbox *Balkendiagramme.*

- Aktivieren Sie die Optionen *Gruppiert* sowie *Auswertung über verschiedene Variablen*, und bestätigen Sie mit *Definieren.*

Es öffnet sich die Dialogbox *Gruppiertes Balkendiagramm definieren: Auswertung über verschiedene Variablen.*

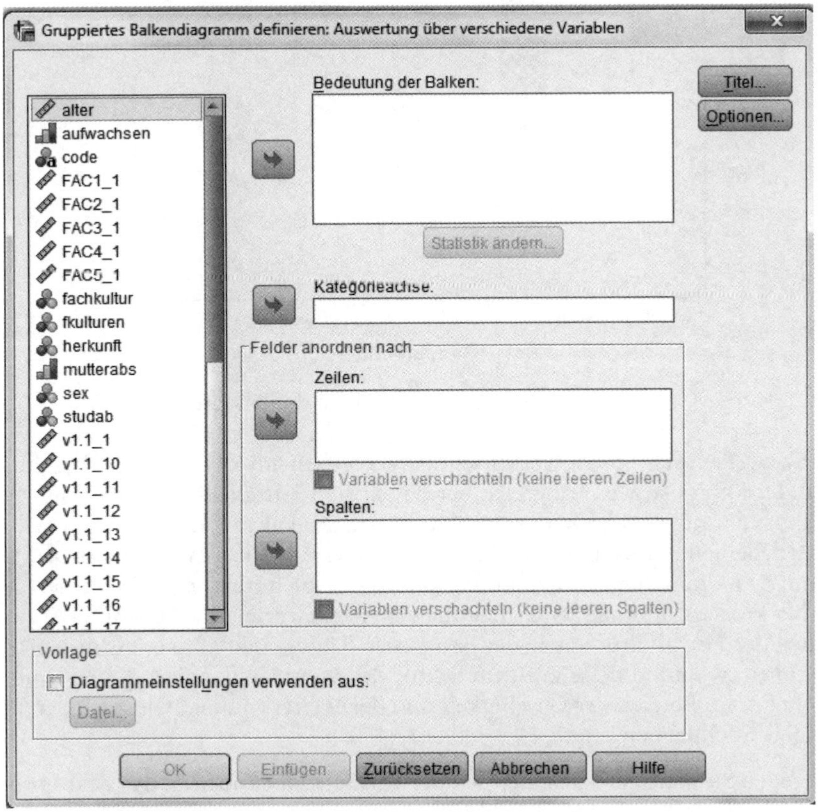

Bild 19.9: Dialogbox: Gruppiertes Balkendiagramm definieren

- Übertragen Sie die fünf Faktorvariablen in die Liste *Bedeutung der Balken* sowie die Variable sex in das Feld *Kategorieachse.*

- Bestätigen Sie mit *OK.*

Im Viewer erscheint die folgende Grafik:

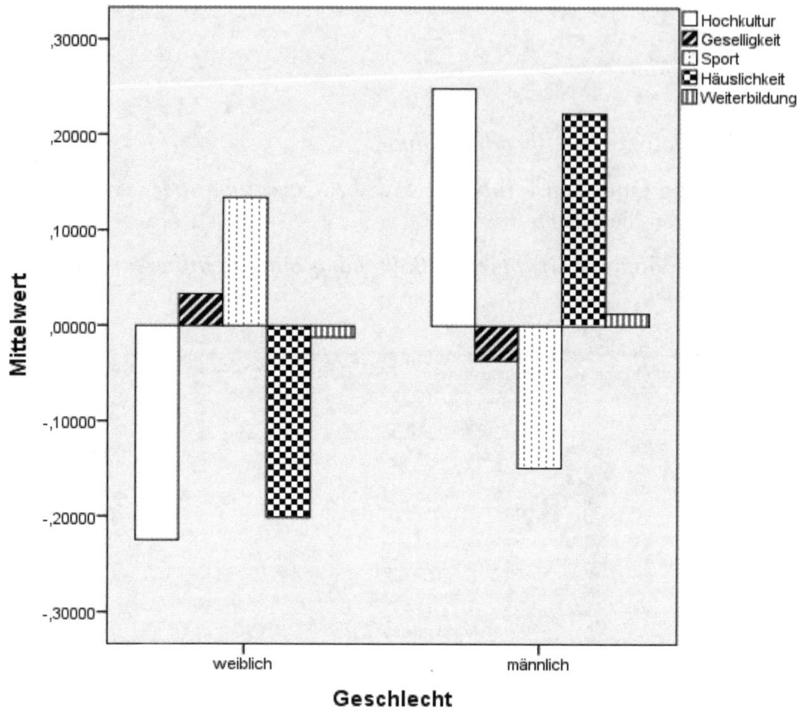

Bild 19.10: Grafische Darstellung der Faktorwerte

Die Grafik verdeutlicht genderspezifische Divergenzen im Bereich der Hochkultur, auf dem Feld des Sports sowie im Bereich der häuslichen Tätigkeiten. Bei der Interpretation der Grafik ist darauf zu achten, dass sich die Werte der Faktorvariablen nach den Ausprägungen der Elementarvariablen der Freizeitaktivitäten-Skala richten. Dort bedeutete die Ausprägung »1« maximale Zustimmung und »5« Ablehnung, d. h. je kleiner der Wert, desto höher die Zustimmung, was auch für die Faktorwerte gilt. Studentinnen sind somit hinsichtlich der Hochkultur sowie der häuslichen Tätigkeiten aktiver als ihre männlichen Kommilitonen, während diese auf dem Sektor des Sports agiler sind. Keine Unterschiede sind erkennbar im Bereich der Geselligkeit und der Weiterbildung, wie auch der T-Test für unabhängige Stichproben zeigte.

- Übertragen Sie statt der Variablen sex die Variable fachkultur in das Feld für die Kategorienachse.

Im Viewer erscheint folgendes Bild:

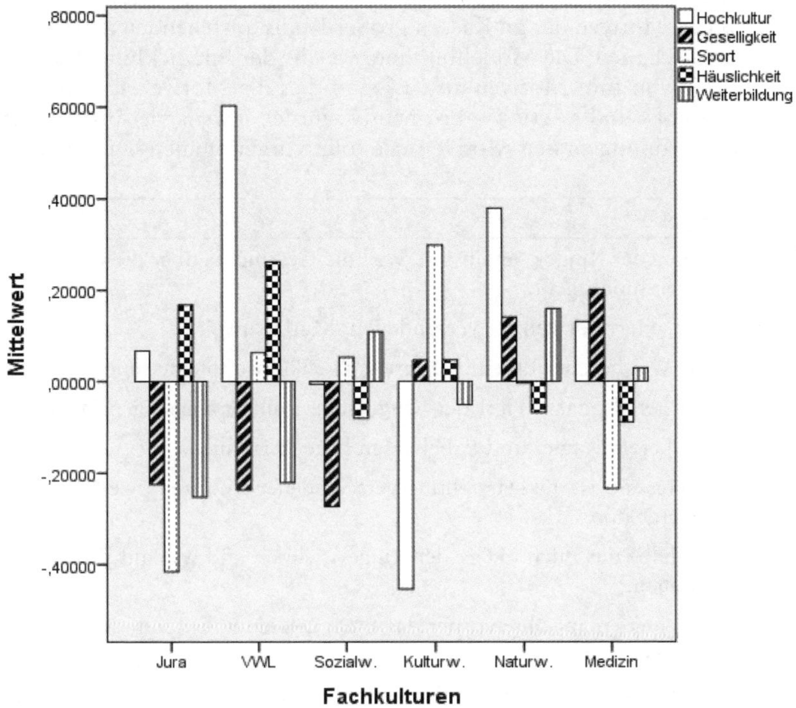

Bild 19.11: Darstellung der Faktorwerte getrennt nach Studienfächern

Erkennbar wird, dass hochkulturelle Aktivitäten viel häufiger von den Kulturwissenschaftlern praktiziert werden, während im Unterschied dazu die Naturwissenschaftler deutlich passiver sind.

Bei der Geselligkeit sind eindeutig die Juristen, Volkswirte und Sozialwissenschaftler führend, während sich die Naturwissenschaftler und Mediziner reservierter geben.

Am sportlichsten scheinen die Mediziner und Juristen zu sein, die Sozialwissenschaftler sind auf diesem Gebiet deutlich weniger aktiv.

Häusliche Tätigkeiten nehmen bei keiner Fachgruppe eine Favoritenposition ein, visuell erkennbar ist jedoch, dass Volkswirte und Juristen auf diesem Gebiet noch stärkere »Muffel« zu sein scheinen als andere.

Die Weiterbildung hat bei Juristen und bei den Volkswirten einen vergleichsweise höheren Stellenwert, während sie bei den Naturwissenschaftlern und Medizinern vergleichsweise kaum eine Rolle zu spielen scheint, was mit der hohen Studienbelastung zusammenhängen dürfte.

19.3.3 Beispiel aus der Medienwissenschaft

Im Kontext einer empirischen Erhebung von Kinobesuchern der »Herr-der-Ringe«-Trilogie wurde nach den Motiven der an Kassen großer Kinos anstehenden Zuschauer gefragt, sich den Film anzuschauen. Die Modellbildung, welche der Entwicklung des Fragebogens zugrunde lag, ging von fünf Motiven aus. Es sind dies die Motive »Fantasy«, »Buchbezug«, »Ideale«, »Star« und »Action«. Pro Motiv wurden jeweils vier bis sechs Items entwickelt, deren Zuordnung zu den Motiven wie folgt vorgenommen wurde:

Motiv	Items
Fantasy	»Herr der Ringe« gefällt mir, weil die Geschichte über die Grenzen des Normalen hinausgeht.
	Mit »Herr der Ringe« verbinde ich: Märchenwelt.
	Die Weisheit der Elben und ihre ganze Philosophie fasziniert mich.
	Mir gefällt, dass »Herr der Ringe« eine vollkommen eigene Welt beschreibt.
	Zauberer, Magier und Fabelwesen begeistern mich.
	Interessant ist die Darstellung verschiedener Kulturen, wie Menschen, Zwerge und Orks.
Buchbezug	Ich habe das Buch »Herr der Ringe« gelesen und will mir deshalb den Film ansehen.
	Ich denke man sollte vorher das Buch gelesen haben, um den Film »Herr der Ringe« zu genießen.
	Ich bin gespannt, ob im Film »Herr der Ringe« die gleichen inhaltlichen Schwerpunkte gesetzt werden wie im Buch.
	Einer der zentralen Inhalte des Films ist für mich die Geschichte der Hobbits.
	Vom Film »Herr der Ringe« verspreche ich mir, dass Eindrücke und Erinnerungen des Buchs wieder lebendig werden.
Ideale	Mich begeistert die Darstellung der Freundschaft.
	Mir gefällt der Mut der Hobbits.
	Der Gesichtspunkt der Ehre ist mir bei »Herr der Ringe« wichtig.
	Ich mag den Aspekt der Treue.
	Die Darstellung der Kameradschaft spricht mich an.
Star	Ich sehe mir den Film an, weil ich bestimmte Schauspieler gerne sehe.
	Filme, die Preise bekommen haben, wie z. B. Oscars, halte ich für sehenswert.
	Ein renommierter Regisseur garantiert einen vielversprechenden Film.
	Bekannte Schauspieler gehören meines Erachtens zu einem guten Film dazu.

Motiv	Items
Action	Auf die großen Schlachtenszenen bin ich besonders gespannt.
	Ohne die Kampfszenen wäre »Herr der Ringe« nicht so sehenswert.
	Mit »Herr der Ringe« verbinde ich kriegerische Auseinandersetzungen.
	Ein Film, wo es so richtig zur Sache geht, ist ganz nach meinem Geschmack.
	Richtig spannende Szenen, wie z. B. die Brückenszene in den Minen von Moria, machen für mich den Film »Herr der Ringe« besonders sehenswert.

- Laden Sie die Datei ringe.sav
- Führen Sie eine Reliabilitätsanalyse der »Herr der Ringe-Motivskala« auf der Basis der 25 Items durch. Die Reliabilitätsanalyse liefert keinen Anlass, um Items aus der Motivskala zu entfernen.

Ausgegeben wird im Viewer ein Cronbach Alpha von 0,830, also ein recht guter Wert für die »Motivskala«.

- Führen Sie wie besprochen eine Faktorenanalyse mit Varimax-Rotation durch, aktivieren Sie jedoch über den Schalter *Deskriptive Statistik...* die Optionen *Koeffizienten*, *Signifikanzniveaus*, *KMO* und *Bartlett-Test auf Sphärizität* sowie *Anti-Image*. Die Option *Anfangslösung* sollte deaktiviert sein.
- Einer konfirmatorischen Faktorenanalyse sowie unserer Modellannahme entsprechend, sollte in der Dialogbox *Faktorenanalyse: Extraktion* die Anzahl der Faktoren auf fünf gestellt sein.
- Achten Sie ferner darauf, dass in der Dialogbox *Faktorenanalyse: Optionen* die Koeffizienten sortiert nach Größe ausgegeben werden und dass Absolutwerte kleiner als 0,3 unterdrückt werden.

Im Viewer erscheint zunächst eine recht umfangreiche Korrelationsmatrix, welche die Korrelationskoeffizienten für die 25 Variablen der Motivskala enthält. Sie vermittelt einen ersten Eindruck, welchen Elementarvariablen der Motivskala die gleiche latente Variable zugrunde liegen könnte. Betrachtet man z. B. das erste Item »Herr der Ringe gefällt mir, weil die Geschichte über die Grenze des Normalen hinaus geht«, so erkennt man, dass dieses Item mit den Variablen »Mir gefällt, dass Herr der Ringe eine vollkommen eigene Welt beschreibt« ($r = 0{,}440$) und »Zauberer, Magier und Fabelwesen begeistern mich« ($r = 0{,}464$) zusammenhängt, diesen drei Variablen also ein gemeinsamer Faktor zugrunde liegen dürfte. Nehmen wir das Item »Der Gesichtspunkt der Ehre ist mir bei Herr der Ringe wichtig«, so werden bereits Zusammenhänge deutlich zu den Items »Ich mag den Aspekt der Treue« ($r = 0{,}567$), »Mir gefällt der Mut der Hobbits« ($r = 0{,}583$) und »Die Darstellung der Kameradschaft spricht mich an« ($r = 0{,}534$).

Der Korrelationsmatrix schließt sich der Test auf Sphärizität an. Im Viewer sehen Sie die Ergebnisse des KMO- und Bartlett-Tests.

KMO und Bartlett-Test

Kaiser-Meyer-Olkin-Maß der Stichprobeneignung.		,815
Bartlett-Test auf Sphärizität	Näherungsweise Chi-Quadrat	2693,838
	df	300
	Sig.	,000

Der Bartlett-Test auf Sphärizität prüft, ob es sein könnte, dass trotz der vorliegenden Korrelationskoeffizienten in der Stichprobe sämtliche Koeffizienten in der Grundgesamtheit den Wert Null besitzen. Ausgegeben werden als Testgröße ein Chi-Quadrat-Wert, die Anzahl der Freiheitsgrade sowie eine Irrtumswahrscheinlichkeit. Im gegebenen Beispiel liegt ein höchst signifikanter Wert vor ($p < 0{,}000$), welcher so zu verstehen ist, dass wir uns zu 100 Prozent sicher sein können, wenn wir die Hypothese ablehnen, sämtliche Korrelationskoeffizienten in der Grundgesamtheit besäßen den Wert Null. Mit anderen Worten: Es ist sinnvoll, die Faktorenanalyse fortzusetzen, zumal die darunter stehende Matrix, welche die einseitige Signifikanz sämtlicher Korrelationen bei einer Irrtumswahrscheinlichkeit von 5% berechnet, zahlreiche Korrelationen der Matrix als höchst signifikant ausweist.

Es folgt die Ausgabe der Anti-Image-Korrelationsmatrix, welche nicht die partiellen Korrelationskoeffizienten, sondern ihre negativen Werte enthält. Bei einem geeigneten Faktorenmodell sollten die meisten Werte der außerhalb der Diagonalen liegenden Werte möglichst klein sein, was im gegebenen Beispiel der Fall ist. Das Kaiser-Meyer-Olkin-Maß (KMO), welches als zusammenfassendes Testmaß zu betrachten ist, kann maximal den Wert 1 annehmen. Da das KMO-Maß bei kleinen partiellen Korrelationskoeffizienten einen großen Wert annimmt, zeigt ein hoher Wert an, dass die vorliegenden Variablen für eine Faktorenanalyse geeignet sind. Der KMO-Test weist im gegebenen Beispiel den Wert 0,815 aus, ein recht guter Wert, wobei die Grenze für eine ausreichende Beurteilung bei 0,6, eine befriedigende Beurteilung bei 0,7, für eine gute Beurteilung bei 0,8 und eine sehr gute Beurteilung bei 0,9 liegt.

Als weiteres Maß zur Beurteilung der Güte des Faktorenmodells können noch die MSA-Werte hinzugezogen werden (Measure of Sampling Adequacy), die in der Hauptdiagonalen der Anti-Image-Korrelationsmatrix angezeigt werden. Eine Fußnote zu den Anti-Image-Matrizen markiert das jeweilige Maß der Stichprobenaneignung, welches in ähnlicher Weise berechnet wird wie das KMO-Maß. Es handelt sich jedoch nicht um ein Gesamtmaß, sondern um einen Wert pro Skalenitem, so dass so viele MSA-Werte berechnet werden, wie Variablen in das Faktorenmodell eingehen. Im vorliegenden Beispiel wird für die Variable »Herr der Ringe gefällt mir, weil die Geschichte über die Grenzen des Normalen hinausgeht« ein MSA-Wert von 0,842 ausgewiesen, für das Item »Bekannte Schauspieler gehören meines Erachtens zu einem guten Film dazu« ein Wert von 0,718. Legt man dieselben Grenzwerte zugrunde wie beim KMO-Maß, so geben die MSA-Werte keinen Anlass zum Entfernen eines Items aus der Motivskala.

Wir können folglich dazu übergehen, die rotierte Komponentenmatrix zu interpretieren.

Rotierte Komponentenmatrix[a]

	Komponente				
	1	2	3	4	5
Freundschaft	,854				
Treue	,844				
Mut	,763				
Ehre	,762				
Kameradschaft	,744			,312	
Buch gelesen		,892			
inhaltliche Schwerpunkte		,873			
Eindrücke aus dem Buch		,850			
Genuß setzt Buch voraus		,761			
Geschichte der Hobbits	,349	,388			
große Schlachtenszenen			,801		
Kampfszenen			,768		
viel Action			,717		
spannende Szenen			,603		
Auseinandersetzungen			,544		
Zauberer, Magier, Fabelwesen				,660	
Grenzen des Normalen				,654	
eigenständige Welt				,638	
Weisheit und Philosophie				,568	
Märchenwelt				,566	
verschiedener Kulturen				,424	
Preise/Oskar					,713
bekannte Schauspieler					,713
bestimmte Schauspieler					,686
renommierter Regisseur					,675

Extraktionsmethode: Analyse der Hauptkomponente.
Rotationsmethode: Varimax mit Kaiser-Normalisierung.

a. Rotation konvergierte in 5 Iterationen.

Die Komponentenmatrix bestätigt sehr weitgehend das zugrundegelegte Faktorenmodell. Der Faktor »Ideale« bündelt die gewünschten Items; die Doppelladung beim Item »Die Darstellung der Kameradschaft spricht mich an« ist vernachlässigenswert. Der Faktor »Buchbezug« umfasst ebenfalls alle angedachten Variablen; das Item »Für mich ist der zentrale Inhalt des Films die Geschichte der Hobbits« sollte jedoch wegen der Doppelladung sowie der Faktorladung kleiner als 0,4 entfernt werden. Das dritte Variablenbündel ist unschwer als Faktor »Action« erkennbar, das vierte als Faktor »Fantasy« und das fünfte als Faktor »Star«. Auch diese Faktoren enthalten alle Variablen unseres Modells.

- Wiederholen Sie die Faktorenanalyse ohne das problematische Item m_21.
- Vergeben Sie im Dateneditor die dem Faktorenmodell zugrundeliegenden Etiketten für die Faktorvariablen.
- Rechnen Sie mit den Faktorvariablen bzw. den Faktorwerten wie beschrieben. Prüfen Sie Zusammenhänge mit den Variablen Geschlecht, Alter, Familienstand, höchster Schulabschluss, Herkunft und Einkommen.

Wir wollen abschließend noch auf das Problem der Rotation ein wenig näher eingehen.

19.4 Das Rotationsproblem

Wir benutzen wieder das in Kap. 18.2 vorgestellte Beispiel der Befragung zu den Einstellungen gegenüber Ausländern.

- Laden Sie die Datei ausland.sav.
- Treffen Sie die Menüwahl

  Analysieren
  Dimensionsreduktion
  Faktorenanalyse...

- Übertragen Sie in der Dialogbox *Faktorenanalyse* die Variablen a1 bis a15 in das Feld für die Testvariablen.
- Stellen Sie über den Schalter *Extraktion...* die Anzahl der zu extrahierenden Faktoren auf 2, um ein überschaubares zweidimensionales Beispiel zu erhalten.
- Über den Schalter *Rotation...* aktivieren Sie die Option *Ladungsdiagramm(e)*, belassen es aber bei der voreingestellten Option *Keine* für die Rotationsmethode.
- Bestätigen Sie mit *Weiter* und anschließend mit *OK*.
- Wir konzentrieren uns im Folgenden auf das so genannte Komponentendiagramm.

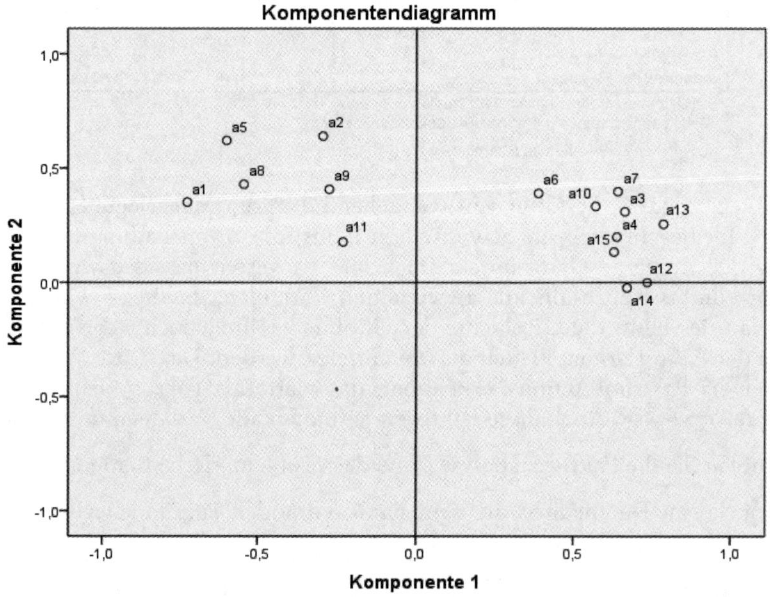

Bild 19.12: Komponentendiagramm

In diesem Diagramm werden die Faktorladungen für die beiden Faktoren grafisch dargestellt. Optimal für die Interpretation der Faktoren wäre es, wenn die Punkte eng an den Achsen und weit vom Nullpunkt entfernt lägen; dann hätte jede Variable für den einen Faktor eine hohe und für den anderen Faktor eine niedrige Ladung. Offenbar könnte das durch eine Drehung der Achsen entgegen dem Uhrzeigersinn erreicht werden, wobei die Rechtwinkligkeit zueinander bestehen bleiben kann. Eine solche Rotation ist im vorliegenden zweidimensionalen Fall leicht vorstellbar, mathematisch ist sie auch im n-dimensionalen Raum (also beim Vorliegen von Faktoren beliebiger Anzahl) durchführbar.

Die Alternative zur rechtwinkligen (orthogonalen) Rotation ist die schiefwinklige Rotation. Hier stehen die Achsen nach erfolgter Rotation nicht mehr rechtwinklig zueinander. Während bei der rechtwinkligen Rotation die Faktoren keine Korrelation untereinander haben, ist dieses Prinzip bei der schiefwinkligen Rotation aufgegeben; die Faktoren können Korrelationen untereinander aufweisen.

SPSS stellt insgesamt fünf verschiedene Rotationsmethoden zur Verfügung, drei Verfahren zur orthogonalen und ein Verfahren zur schiefwinkligen Rotation und eine Kombination aus beiden. Sie können diese Verfahren über den Schalter *Rotation...* in der Dialogbox *Faktorenanalyse: Rotation* aktivieren.

- *Varimax*: orthogonale Rotation, bei der die Anzahl der Variablen mit hoher Faktorladung minimiert wird. Dieses ist das übliche Verfahren, weil es die Interpretierbarkeit der Faktoren erleichtert.
- *Quartimax:* orthogonale Rotation, bei der die Anzahl der Faktoren zur Erklärung der Variablen minimiert wird. Dieses Verfahren ist ungebräuchlich und nicht sonderlich zu empfehlen.
- *Equamax:* orthogonale Rotation; ein Kompromiss zwischen Varimax und Quartimax.
- *Oblimin, direkt:* schiefwinklige Rotation.
- *Promax:* eine Kombination aus orthogonaler und schiefwinkliger Rotation.

Üblich ist es, für orthogonale Rotation die Varimax- und für schiefwinklige Rotation die Oblimin-Methode zu verwenden. Wir wollen den Effekt der Varimax-Rotation anhand des Komponentendiagramms nachvollziehen.

- Aktivieren Sie in der Dialogbox *Faktorenanalyse: Rotation* anstelle der Option *Keine* die Option *Varimax*.
- Betrachten Sie das geänderte Komponentendiagramm.

Das Diagramm zeigt deutlich die Anordnung der Faktorladungen um die Hauptachsen.

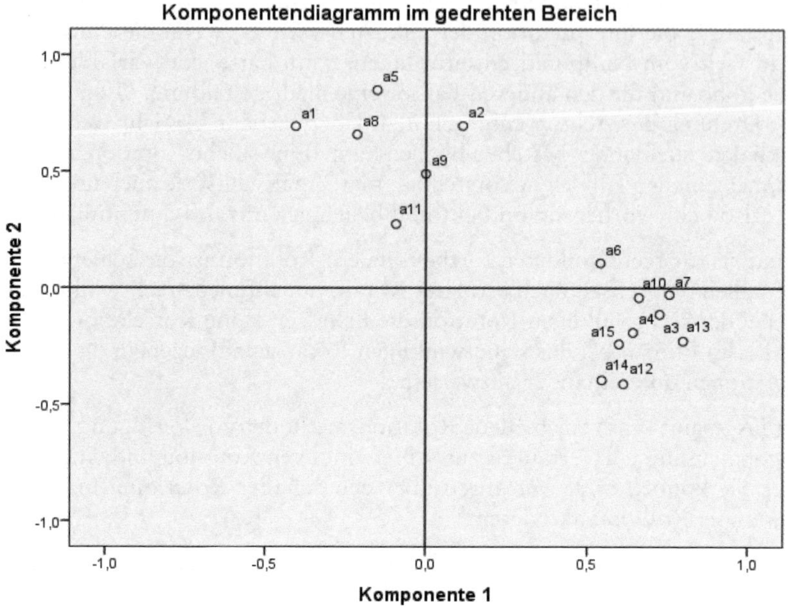

Bild 19.13: Geändertes Komponentendiagramm

Abschließend lässt sich sagen, dass die Faktorenanalyse ein beliebtes und oft angewandtes Verfahren zur Reduzierung der Variablenanzahl ist. Insbesondere die Deutung der Faktoren kann eine spannende Angelegenheit sein, die allerdings auch etwas Überlegung und wohl auch Erfahrung erfordert.

KAPITEL 20

Clusteranalyse

Das Verfahren der Clusteranalyse bildet anhand von vorgegebenen Variablen Gruppen von Fällen. Bei den Fällen kann es sich um Personen, aber auch um beliebige Objekte handeln. Die Mitglieder einer Gruppe (eines »Clusters«) sollen möglichst ähnliche Variablenausprägungen aufweisen, die Mitglieder verschiedener Gruppen unähnliche.

Neben der Clusterung von Fällen ist in SPSS auch die Clusterung von Variablen vorgesehen. Hier werden anhand von vorgegebenen Fällen Gruppen von Variablen gebildet. Da das im Prinzip auch die Faktorenanalyse leistet (siehe Kap. 19), wollen wir uns in diesem Kapitel auf die Clusterung von Fällen beschränken. Da die Ergebnisse einer Clusteranalyse von der Sortierreihenfolge der Datendatei abhängig sein können, empfehlen wir Ihnen auf jeden Fall die Datendatei nach einem Schlüsselfeld zu sortieren, so dass die Ergebnisse der Analyse auf jeden Fall reproduzierbar sind.

SPSS bietet bei der Clusteranalyse drei verschiedene Verfahren an: Die »hierarchische Clusteranalyse«, die »Clusterzentrenanalyse« und die »Two-Step-Clusteranalyse«.

Jede der drei Prozeduren verwendet dabei einen eigenen Algorithmus und verfügt zum Teil über Optionen, die in den anderen Prozeduren nicht verfügbar sind. Um Ihnen eine Hilfe zu geben, welches der drei Verfahren für Ihre Problemstellung das Geeignetste ist, folgt eine vergleichende tabellarische Übersicht.

Verfahren	Skalenniveau	Clusteranzahl	Spezifika	Mögliche Fallzahl
Hierarchische Clusteranalyse	Intervallskalierte Variablen, ordinale Variablen, binäre Variablen (jeweils getrennt)	Bereich möglicher Lösungen	Diverse Methoden zur Clusterbildung und zur Messung der Unähnlichkeit zwischen den Clustern	Kleine Fallzahl
Clusterzentrenanalyse	Intervallskalierte Variablen	Clusteranzahl muß vorher festgelegt werden	Speichern der Distanz vom Clusterzentrum für jedes Objekt	Hohe Fallzahl
Two-Step-Clusteranalyse	Kategoriale und intervallskalierte Variablen (gleichzeitig möglich)	Automatische Anzahl	Speichern des Clustermodells in externer Datei	Hohe Fallzahl

Die Übersicht verdeutlicht, dass die hierarchische Clusteranalyse auf Grund Ihres hohen Rechenaufwandes nur für kleine Fallzahlen geeignet ist. Bei repräsentativen Bevölkerungsumfragen wie z. B. dem ALLBUS (Allgemeine Bevölkerungsumfrage der Sozialwissenschaften) mit über 1.000 Fällen ist die hierarchische Clusteranalyse ungeeignet. Im Unterschied zur hierarchischen Clusteranalyse ist die Clusterzentrenanalyse auf intervallskalierte Variablen beschränkt, ermöglicht jedoch die Analyse umfangreicher Datendateien. Während die hierarchische Clusteranalyse einen Bereich möglicher Lösungen berechnet und das Speichern der Clusterzugehörigkeiten für jede dieser Lösungen vorsieht, muss bei der Clusterzentrenanalyse die Anzahl der Cluster vorher festgelegt werden. Die Two-Step-Clusteranalyse gestattet nicht nur die Analyse umfangreicher Datendateien, sondern auch das gleichzeitige Erstellen von Clusterlösungen auf der Basis kategorialer und stetiger Variablen, was bei den anderen beiden Verfahren nicht möglich ist.

Nach einführenden Erläuterungen zum Wesen der Clusteranalyse stellen wir Ihnen im Folgenden die drei Verfahren der Reihe nach dar.

20.1 Das Prinzip der Clusteranalyse

Um das Prinzip der Clusteranalyse erläutern zu können, soll zunächst ein einfaches Beispiel gewählt werden.

- Laden Sie die Datei bier.sav, die einige Angaben über 17 verschiedene Biersorten enthält.

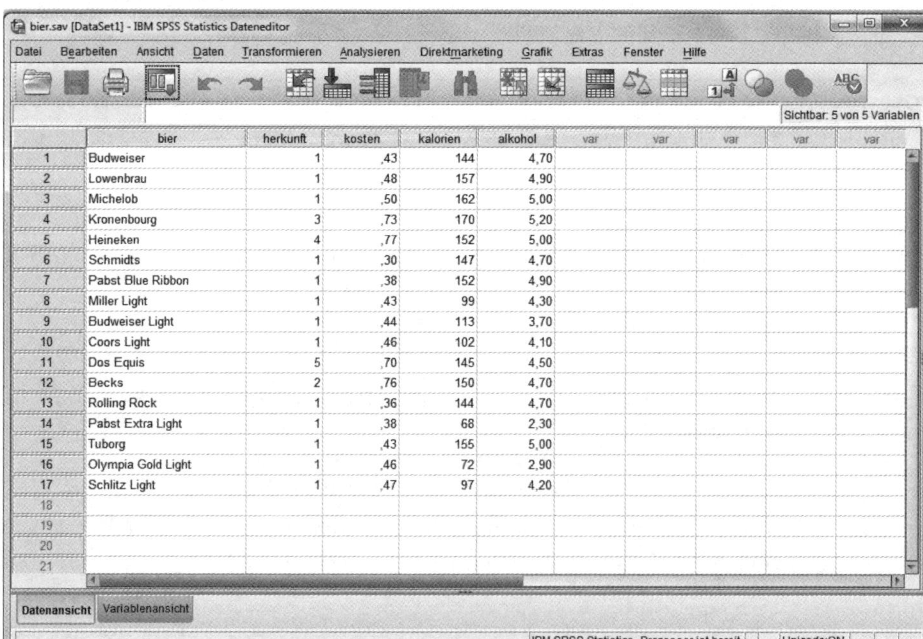

	bier	herkunft	kosten	kalorien	alkohol	var	var	var	var	var
1	Budweiser	1	,43	144	4,70					
2	Lowenbrau	1	,48	157	4,90					
3	Michelob	1	,50	162	5,00					
4	Kronenbourg	3	,73	170	5,20					
5	Heineken	4	,77	152	5,00					
6	Schmidts	1	,30	147	4,70					
7	Pabst Blue Ribbon	1	,38	152	4,90					
8	Miller Light	1	,43	99	4,30					
9	Budweiser Light	1	,44	113	3,70					
10	Coors Light	1	,46	102	4,10					
11	Dos Equis	5	,70	145	4,50					
12	Becks	2	,76	150	4,70					
13	Rolling Rock	1	,36	144	4,70					
14	Pabst Extra Light	1	,38	68	2,30					
15	Tuborg	1	,43	155	5,00					
16	Olympia Gold Light	1	,46	72	2,90					
17	Schlitz Light	1	,47	97	4,20					
18										
19										
20										
21										

Bild 20.1: Daten der Datei bier.sav im Dateneditor

Die Variable herkunft gibt das Herkunftsland des Biers an, wobei USA mit 1 kodiert ist. Die Kosten sind in US-Dollar angegeben, und zwar bezogen auf den Inhalt von 12 Fluid ounce (etwa ein Drittel-Liter); die Kalorienzahl bezieht sich auf die gleiche Menge. Der Alkoholgehalt ist in Prozenten angegeben.

Wir wollen die beiden Variablen kalorien und kosten herausgreifen und in einem einfachen Streudiagramm darstellen.

- Wählen Sie aus dem Menü

  Grafik

  Diagrammerstellung...

- Klicken Sie in der Galerie auf die Option *Streu-/Punktdiagramm* und ziehen Sie das Symbol *Einfaches Streudiagramm* in die *Diagrammvorschau.*
- Ziehen Sie die Variable kalorien in das Feld für die x-Achse, die Variable kosten in das Feld für die y-Achse.
- Klicken Sie auf die Registerkarte *Gruppen/Punkt-ID* und aktivieren Sie die Option *Punkt-ID-Beschriftung.*
- Ziehen Sie die Variable bier in das Feld für die Punktbeschriftungsvariable.

Die Dialogbox Diagrammerstellung sollte nunmehr wie folgt aussehen:

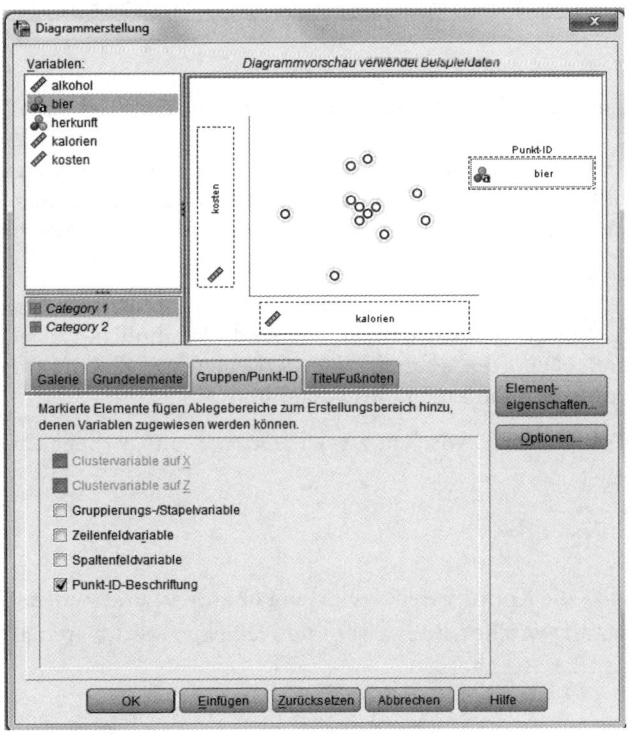

Bild 20.2: Dialogbox Diagrammerstellung: Registerkarte Gruppen/Punkt-ID

- Bestätigen Sie mit *OK.*

Sie erhalten das im Folgenden dargestellte Streudiagramm.

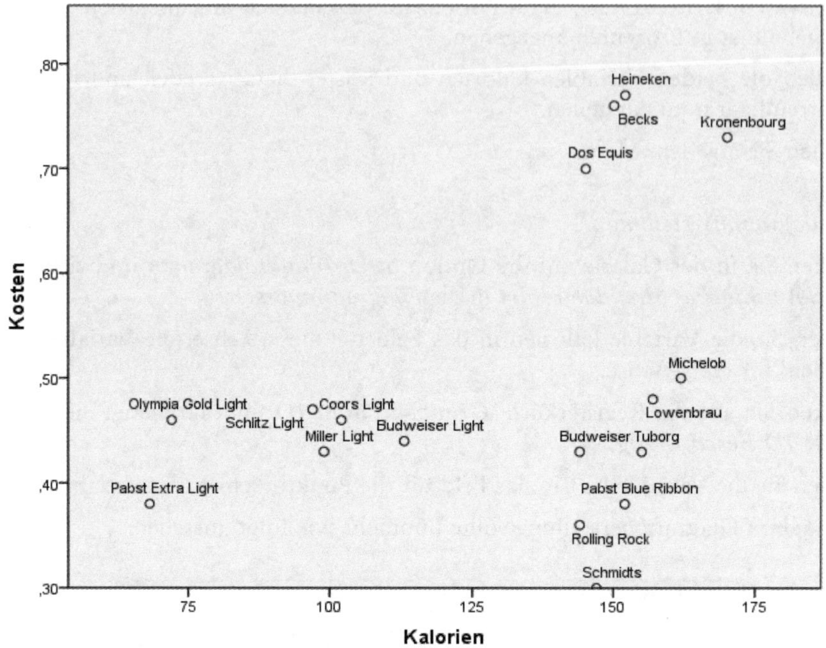

Bild 20.3: Streudiagramm der Variablen kalorien und kosten

Sie erkennen vier verschiedene deutlich voneinander abgesetzte Punktehaufen, drei davon in der unteren Hälfte des Diagramms und einen rechts oben. Folgt man also den beiden Variablen kalorien und kosten, so lassen sich offensichtlich vier verschiedene »Cluster« von Biersorten feststellen.

Biere, die bezüglich der beiden einbezogenen Variablen ähnlich sind, gehören zu einem Cluster; Biere in verschiedenen Clustern sind einander unähnlich. Das entscheidende Kriterium für die Ähnlichkeit bzw. Unähnlichkeit zwischen zwei Bieren ist dabei der Abstand ihrer beiden zugeordneten Punkte im Streudiagramm.

Das gängigste Abstandsmaß zwischen zwei Punkten x und y einer Ebene ist dabei die Euklidische Distanz:

$$\sqrt{(x_1 - y_1)^2 + (x_2 - y_2)^2}$$

Dabei sind x_1 und x_2 die Koordinaten des ersten Punktes, y_1 und y_2 diejenigen des zweiten Punktes. Der Abstand zwischen Budweiser und Heineken etwa wäre nach dieser Formel:

$$\sqrt{(144 - 152)^2 + (0,43 - 0,77)^2} = 8,007$$

Dieser Abstand ist also nur unerheblich größer als derjenige, der sich ergibt, wenn Sie zur Abstandsmessung nur die Variable kalorien zugrunde legen:

$$| 144 - 152 | = 8$$

Dieser Effekt findet seine Erklärung darin, dass die Wertebereiche der beiden Variablen kalorien und kosten voneinander sehr verschieden sind: Die Variable kosten hat Werte kleiner als 1, die Variable kalorien Werte um 100. Gemäß der Euklidischen Abstandsformel wird die Variable mit dem kleineren Wertebereich von der Variablen mit dem deutlich größeren Wertebereich fast vollständig dominiert.

Einen Ausweg aus dieser Problematik bietet die in Kap. 5.5.1 beschriebene z-Transformation der Variablenwerte. Diese standardisiert die Werte aller transformierten Variablen auf einen einheitlichen Wertebereich von etwa -3 bis +3.

Führen Sie eine solche z-Transformation der Variablen kalorien und kosten durch, so erhalten Sie für Budweiser die z-Werte 0,400 bzw. -0,469 und für Heineken die z-Werte 0,649 bzw. 1,848.

Der Abstand zwischen beiden Bieren wird damit

$$\sqrt{(0,400 - 0,649)^2 + (-0,469 - 1,848)^2} = 2,330$$

Damit haben wir mit der Darstellung der beiden Variablen kalorien und kosten in einem Streudiagramm eine Clusteranalyse auf besonders einfache Art durchgeführt. Wir haben eine grafische Darstellung gewählt, in der wir unmittelbar eine Gruppierung in vier Clustern erkennen konnten.

Leider sind die Verhältnisse aber nur in den wenigsten Fällen so klar wie im vorliegenden Beispiel. Erstens sind die Clusterstrukturen, sofern es solche überhaupt gibt, insbesondere bei größeren Fallzahlen nicht so klar abgegrenzt, sondern eher verschwommen und ineinander übergehend, und zweitens wird im Regelfall eine Clusteranalyse nicht nur mit zwei Variablen, sondern mit mehreren Variablen durchgeführt.

Bei einer Clusteranalyse mit drei Variablen kann man noch eine z-Achse einführen und sich die Anordnung der Fälle und die Abstandsberechnung nach der Euklidischen Formel im dreidimensionalen Raum vorstellen.

Die Mathematiker haben aber auch überhaupt keine Schwierigkeiten, beim Vorliegen von mehr als drei Variablen die Abstandsmessung zweier Punkte x und y im beliebigen n-dimensionalen Raum durchzuführen. Die Euklidische Formel wird dabei erweitert zu

$$\sqrt{\sum_{i=1}^{n}(x_i - y_i)^2}$$

Neben dem Euklidischen Distanzmaß gibt es eine Reihe weiterer Distanz- bzw. Ähnlichkeitsmaße, die von SPSS angeboten werden. So können etwa nicht nur intervallskalierte Variablen, wie im vorliegenden Beispiel, einer Clusteranalyse unterzogen werden, sondern z. B. auch dichotome Variablen. Hier sind dann andere Distanz- bzw. Ähnlichkeitsmaße zu verwenden (siehe Kap. 20.3).

In den clusteranalytischen Verfahren werden die einzelnen Cluster durch schrittweise Fusionierung gebildet, wobei es hier eine Reihe verschiedener Methoden gibt (siehe

Kap. 20.4). Eine hervorgehobene Rolle spielen die hierarchischen und partitionierenden Verfahren, wobei letztere insbesondere bei großen Fallzahlen angewandt werden. Diese beiden Verfahren werden bei SPSS unter der Menüwahl

Analysieren
Klassifizieren

zur Verfügung gestellt, und zwar unter *Hierarchische Cluster...* bzw. *K-Means-Cluster...* (Clusterzentrenanalyse).

Zunächst soll die hierarchische Clusteranalyse behandelt werden, wobei wir mit dem besonders einfachen und übersichtlichen Beispiel der 17 Biersorten beginnen wollen.

20.2 Hierarchische Clusteranalyse

Bei den hierarchischen Verfahren bildet am Anfang jeder Fall ein eigenes Cluster. Im ersten Schritt werden die beiden am nächsten benachbarten Cluster zu einem Cluster vereinigt; dieses Vorgehen kann dann so lange fortgesetzt werden, bis nur noch zwei Cluster übrig bleiben. Bei der Methode, die bei SPSS voreingestellt ist (Linkage zwischen den Gruppen), ist die Distanz zwischen zwei Clustern jeweils der Durchschnitt aller Distanzen von jedem möglichen Paar aus beiden Clustern.

20.2.1 Hierarchische Clusteranalyse mit zwei Variablen

Wir wollen unsere gegebenen 17 Biersorten anhand der beiden Parameter Kalorien und Kosten clustern.

- Wählen Sie aus dem Menü

Analysieren
Klassifizieren
Hierarchische Cluster...

Sie sehen die Dialogbox *Hierarchische Clusteranalyse.*

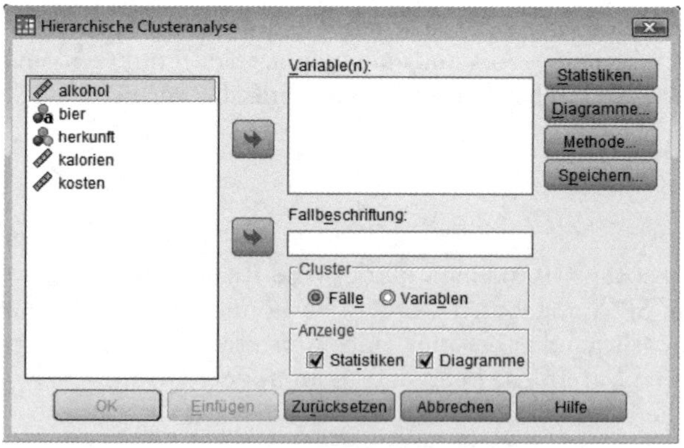

Bild 20.4: Dialogbox Hierarchische Clusteranalyse

- Bringen Sie die beiden Variablen kalorien und kosten in das Testvariablenfeld und die Textvariable bier in das Feld mit der Bezeichnung *Fallbeschriftung*.
- Öffnen Sie über den Schalter *Statistiken...* eine entsprechende Dialogbox, und lassen Sie sich neben der Ausgabe des Fusionsablaufs (*Zuordnungsübersicht*) auch die Cluster-Zugehörigkeit jedes Falles ausgeben. Da wir aufgrund der grafischen Darstellung im Streudiagramm (siehe Bild 20.2) zwar eine Lösung mit vier Clustern erwarten, uns dessen aber nicht sicher sein können, aktivieren Sie hierfür vorsichtshalber einen *Bereich von Lösungen* und geben als Bereichsgrenzen 2 und 5 ein.
- In die Ausgangs-Dialogbox zurückgekehrt, betätigen Sie den Schalter *Diagramme...* Sie wünschen sich die Ausgabe eines Dendrogramms und deaktivieren durch Klicken auf *Keine* die Erstellung eines Eiszapfendiagramms.
- Über den Schalter *Methode...* erhalten Sie Gelegenheit, die Clustermethode (das Fusionierungsverfahren) und das Abstands- bzw. Ähnlichkeitsmaß auszuwählen.

SPSS bietet insgesamt sieben verschiedene Fusionierungsverfahren an, die in Kap. 20.4 beschrieben werden und von denen das bereits erläuterte Verfahren *Linkage zwischen den Gruppen* voreingestellt ist.

Das Distanz- bzw. Ähnlichkeitsmaß richtet sich danach, welcher Art die einbezogenen Variablen sind, d.h., ob es sich um Intervalldaten, Häufigkeiten oder Binärdaten handelt. Im gegebenen Beispiel liegen Intervalldaten vor, für die als Distanzmaß der *Quadrierte Euklidische Abstand* voreingestellt ist. Die einzelnen Distanz- und Ähnlichkeitsmaße werden in Kap. 20.3 erläutert.

- Belassen Sie es bei den Voreinstellungen, und fordern Sie im Feld *Werte transformieren* eine z-Transformation der Werte an (Z-Scores); die Notwendigkeit dieser Maßnahme wurde bereits im einführenden Kap. 20.1 diskutiert. Die anderen angebotenen Standardisierungsmöglichkeiten dürften eine eher untergeordnete Rolle spielen.
- Kehren Sie in die Ausgangsdialogbox zurück, und starten Sie die Berechnungen mit *OK*.

Nach der üblichen Fallzahlstatistik wird zunächst eine Zuordnungsübersicht ausgegeben, der Sie die Reihenfolge der Clusterbildung und die optimale Clusteranzahl entnehmen können. Den unter *Zusammengeführte Cluster* angeordneten beiden Spalten können Sie entnehmen, dass im ersten Schritt die beiden Fälle 5 und 12 vereinigt werden (also Heineken und Becks); diese beiden Biere haben also die größte Ähnlichkeit bzw. den geringsten Abstand voneinander. Diese beiden Fälle bilden darauf das Cluster 5, während die Nummer 12 im weiteren Verlauf der Zuordnungsübersicht nicht wieder auftritt. Im nächsten Schritt werden 10 und 17 vereinigt (Coors Light und Schlitz Light), darauf 2 und 3 (Löwenbräu und Michelob) usw.

Zuordnungsübersicht

Stufe	Zusammengeführte Cluster		Koeffizienten	Erstes Vorkommen des Clusters		Nächster Schritt
	Cluster 1	Cluster 2		Cluster 1	Cluster 2	
1	5	12	,009	0	0	9
2	10	17	,029	0	0	4
3	2	3	,043	0	0	13
4	8	10	,064	0	2	7
5	7	13	,080	0	0	8
6	1	15	,117	0	0	8
7	8	9	,206	4	0	14
8	1	7	,219	6	5	12
9	5	11	,233	1	0	11
10	14	16	,313	0	0	14
11	4	5	,487	0	9	16
12	1	6	,534	8	0	13
13	1	2	,820	12	3	15
14	8	14	1,205	7	10	15
15	1	8	4,017	13	14	16
16	1	4	6,753	15	11	0

Entscheidende Bedeutung für die Beurteilung, welche Clusteranzahl als günstigste Lösung anzusehen ist, kommt der Zahl zu, die im Ausdruck als »Koeffizient« ausgewiesen ist. Es handelt sich hierbei um den Abstand der beiden jeweiligen Cluster, und zwar im gewählten Abstandsmaß und unter Berücksichtigung einer eventuell vorgenommenen Transformation der Werte. In unserem Fall ist es der quadrierte Euklidische Abstand der zugeordneten z-Werte. An der Stelle, wo sich dieses Abstandsmaß zwischen zwei Clustern sprunghaft erhöht, sollte man die Zusammenfassung zu neuen Clustern abbrechen, da sonst relativ weit voneinander entfernte Cluster zusammengefasst werden würden.

Im vorliegenden Beispiel ist dies der Sprung vom Wert 1,205 nach 4,017; dies bedeutet, dass wir nach der Bildung von drei Clustern keine weitere Zusammenfassung mehr vornehmen sollten, die Lösung mit drei Clustern also die optimale ist. Im Gegensatz dazu hatten wir nach dem Augenschein eine Lösung mit vier Clustern erwartet. Die optimale Clusteranzahl ist also die Differenz zwischen der Anzahl der zu clusternden Fälle (hier: 17) und der Schrittzahl, hinter der sich der Koeffizient sprunghaft erhöht (hier: 14).

Einer Erläuterung bedürfen noch die drei letzten Spalten der Zuordnungsübersicht; dazu betrachten wir beispielhaft die Zeile, die zu Schritt 14 gehört. Hier werden die beiden Cluster 8 und 14 zusammengeführt. Das Cluster 8 wird dabei bereits in den Schritten 4 und 7, zuletzt also in Schritt 7 fusioniert. Das Cluster 14 wurde zuletzt in Schritt 10 fusioniert. Das neue Cluster 8 wird als Nächstes in Schritt 15 weiter zusammengeführt (Spalte »Nächster Schritt«).

Die Cluster-Zugehörigkeit eines jeden Falles, getrennt nach den Lösungen für 5, 4, 3 und 2 Clustern, wird als Nächstes ausgegeben.

Clusterzugehörigkeit

Fall	5-Cluster	4-Cluster	3-Cluster	2-Cluster
1:Budweiser	1	1	1	1
2:Lowenbrau	2	1	1	1
3:Michelob	2	1	1	1
4:Kronenbourg	3	2	2	2
5:Heineken	3	2	2	2
6:Schmidts	1	1	1	1
7:Pabst Blue Ribbon	1	1	1	1
8:Miller Light	4	3	3	1
9:Budweiser Light	4	3	3	1
10:Coors Light	4	3	3	1
11:Dos Equis	3	2	2	2
12:Becks	3	2	2	2
13:Rolling Rock	1	1	1	1
14:Pabst Extra Light	5	4	3	1
15:Tuborg	1	1	1	1
16:Olympia Gold Light	5	4	3	1
17:Schlitz Light	4	3	3	1

Die Tabelle weist aus, dass die beiden Fälle 14 und 16 (Pabst Extra Light und Olympia Gold Light) beim Übergang zur 3er-Cluster-Lösung dem im Streudiagramm benachbarten Cluster zugeordnet werden; diese Biere werden somit bei der optimalen Clusterlösung als zu einem Cluster zugehörig betrachtet. Schaut man sich die 2er-Cluster-Lösung an, so beinhaltet diese mit den Fällen 4, 5, 11 und 12 (Kronenbourg, Heineken, Dos Equis und Becks) die Biersorten des rechten oberen Clusters des Streudiagramms; dies sind die Biere ausländischer Herkunft.

Schließlich wird noch das angeforderte Dendrogramm ausgegeben, welches eine Visualisierung des in der Zuordnungsübersicht wiedergegebenen Fusionierungsablaufs darstellt. Es identifiziert die jeweils zusammengefassten Cluster und die Werte des Koeffizienten bei jedem Schritt. Dabei werden nicht die Originalwerte, sondern auf eine Skala von 0 bis 25 relativierte Werte dargestellt. Zusammengefasste Cluster werden durch senkrechte Linien gekennzeichnet.

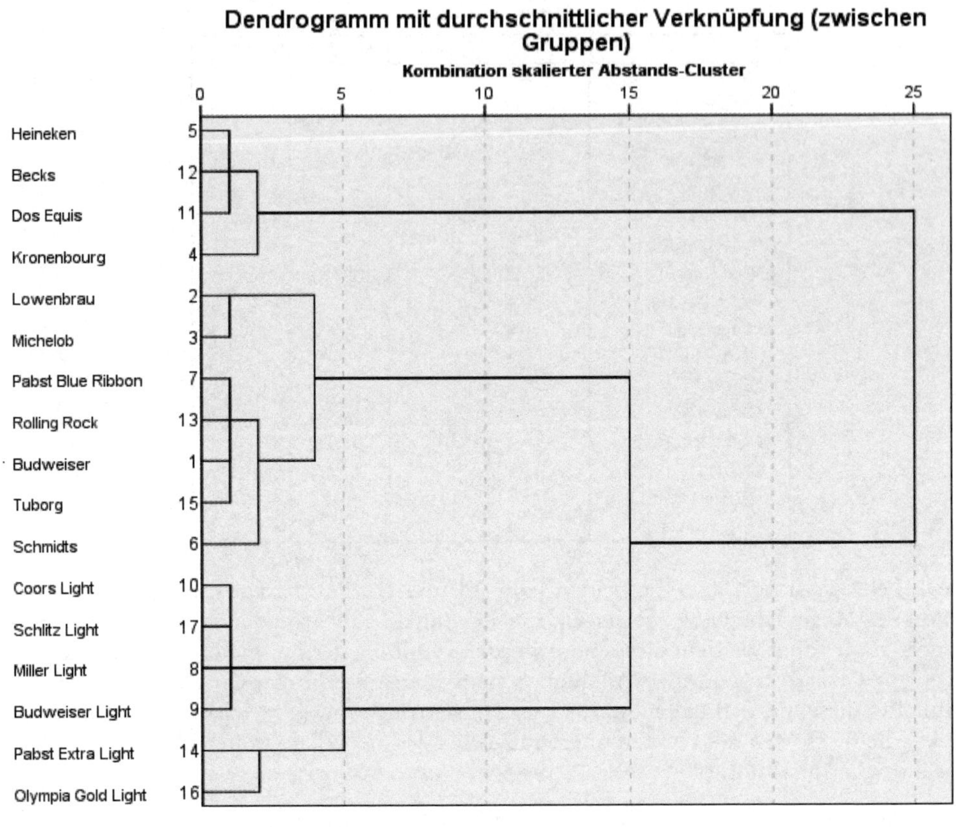

Bild 20.5: Hierarchische Clusteranalyse: Dendrogramm

Während ein Dendrogramm vor allem dazu geeignet ist, den Fusionierungsablauf grafisch zu verfolgen, kann anhand eines Eiszapfendiagramms die Clustereinteilung abgelesen werden. Da die grafische Aufbereitung eines solchen Eiszapfendiagramms sehr zu wünschen übrig lässt, haben wir auf die Aktivierung eines solchen Diagramms verzichtet.

Zur Einführung haben wir ein besonders einfaches Beispiel mit nur zwei Variablen gewählt. In diesem Falle kann die Lage der Cluster grafisch veranschaulicht werden.

20.2.2 Hierarchische Clusteranalyse mit mehr als zwei Variablen

Wir betrachten dazu ein Beispiel aus der Personalpolitik eines Betriebes. In einem Einstellungszentrum eines Großunternehmens durchliefen 18 Kandidatinnen bzw. Kandidaten zehn verschiedene Tests. Die Tests, bei denen jeweils maximal zehn Punkte erzielt werden konnten, waren die folgenden:

Test-Nr.	Testart
1	Zahlengedächtnistest
2	Mathematische Aufgaben
3	Wort- und Redegewandtheit
4	Algorithmentest
5	Sicherheit im Auftreten
6	Teamgeist
7	Schlagfertigkeit
8	Kooperation
9	Anerkennung in der Gruppe
10	Überzeugungskraft

Die Ergebnisse der Tests sind unter den Variablen t1 bis t10 in der Datei assess.sav gespeichert. Diese enthält ferner eine Textvariable zur Kennzeichnung der einzelnen Personen. Wir wollen eine Clusteranalyse mit dem Ziel starten, anhand der Ergebnisse der zehn Eignungstests ähnliche Personengruppen herauszufinden.

- Laden Sie die Datei assess.sav.
- Wählen Sie aus dem Menü

  Analysieren
      Klassifizieren
          Hierarchische Cluster...

- Bringen Sie in der Dialogbox *Hierarchische Clusteranalyse* die Variablen t1 bis t10 in das Testvariablenfeld, und benutzen Sie die Variable name zur Fallbeschriftung.
- Es soll zunächst die Ausgabe der Zuordnungsübersicht sowie des Dendrogramms genügen. Da alle Variablen im gegebenen Beispiel gleiche Wertebereiche haben, erübrigt sich hier eine z-Transformation der Variablen.

Die ausgegebene Zuordnungsübersicht ist im Folgenden wiedergegeben.

Zuordnungsübersicht

Stufe	Zusammengeführte Cluster		Koeffizienten	Erstes Vorkommen des Clusters		Nächster Schritt
	Cluster 1	Cluster 2		Cluster 1	Cluster 2	
1	1	4	,000	0	0	6
2	14	18	2,000	0	0	4
3	12	15	2,000	0	0	6
4	9	14	2,000	0	2	8
5	2	10	2,000	0	0	13
6	1	12	3,000	1	3	15
7	13	16	4,000	0	0	12
8	9	11	4,000	4	0	11
9	5	7	5,000	0	0	14
10	6	17	6,000	0	0	13
11	3	9	6,500	0	8	15
12	8	13	7,000	0	7	14
13	2	6	7,500	5	10	16
14	5	8	12,833	9	12	16
15	1	3	194,000	6	11	17
16	2	5	198,500	13	14	17
17	1	2	219,407	15	16	0

Der Koeffizient weist einen über alle Maßen deutlichen Sprung nach dem 14. Fusionierungsschritt aus; wie in Kap. 20.1 erläutert bedeutet dies bei insgesamt 18 Fällen, dass eine Lösung mit vier Clustern die optimale ist. Der Autor gibt es an dieser Stelle zu: Es ist ein konstruiertes Beispiel, und wir haben die Daten so gestaltet, dass sich aus didaktischen Gründen ein so eindeutiges Ergebnis ergibt. Nachdem nun die optimale Clusterzahl feststeht, wollen wir die Cluster-Zugehörigkeit jedes Falles ausgeben lassen.

- Öffnen Sie dazu wieder die Dialogbox *Hierarchische Clusteranalyse* und betätigen Sie den Schalter *Statistiken...*

Es öffnet sich die Dialogbox *Hierarchische Clusteranalyse: Statistik*.

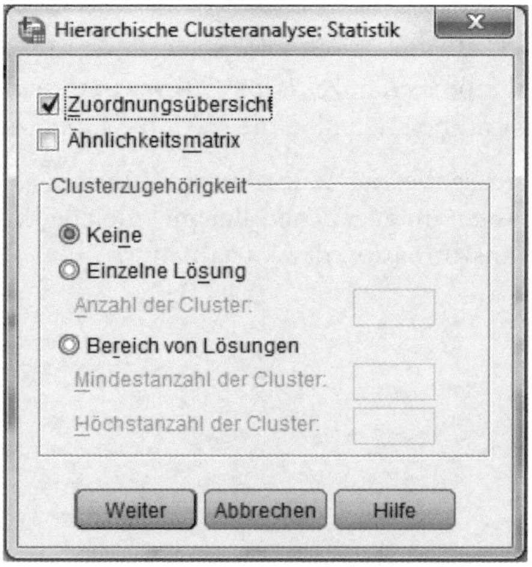

Bild 20.6: Dialogbox Hierarchische Clusteranalyse: Statistik

- Aktivieren Sie bei *Cluster-Zugehörigkeit* die Option *Einzelne Lösung* und geben Sie als gewünschte Clusterzahl 4 ein.

Ferner ist es möglich, die Cluster-Zugehörigkeit jedes Falles in einer neuen Variablen zu speichern.

- Betätigen Sie dazu den Schalter *Speichern...*, aktivieren Sie auch hier die Option *Einzelne Lösung*, und geben Sie als gewünschte Clusterzahl wieder 4 ein. Zusätzlich zur Zuordnungsübersicht wird nun die Cluster-Zugehörigkeit jedes Falles ausgegeben.

Clusterzugehörigkeit

Fall	4-Cluster
1:Volker R	1
2:Sigrid K	2
3:Elmar M	3
4:Peter B	1
5:Otto R	4
6:Elke M	2
7:Sarah K	4
8:Peter T	4
9:Gudrun M	3
10:Siglinde P	2
11:Werner W	3
12:Achim Z	1
13:Dieter K	4
14:Boris P	3
15:Silke W	1
16:Clara T	4
17:Manfred K	2
18:Richard M	3

Wir entnehmen der Tabelle, dass vier Personen dem ersten Cluster, vier Personen dem zweiten Cluster, fünf Personen dem dritten Cluster und fünf Personen dem vierten Cluster angehören. Unklar ist noch, was diese vier Cluster bedeuten, wie also die vorgegebenen zehn Eignungstests in diesen Clustern ausgeprägt sind. Aufschluss hierüber geben die sogenannten Clusterprofile; das sind die Mittelwerte der in die Clusteranalyse einbezogenen Variablen, aufgespalten nach der Cluster-Zugehörigkeit.

Betrachten Sie die Datendatei, so stellen Sie fest, dass dieser die Variable clu4_1 hinzugefügt wurde; diese Variable gibt die Cluster-Zugehörigkeit jedes Falles an und kann zur Berechnung der Clusterprofile benutzt werden.

- Treffen Sie dazu die Menüwahl

Analysieren
  Mittelwerte vergleichen
    Mittelwerte...

Definieren Sie die Variablen t1 bis t10 als abhängige und clu4_1 als unabhängige Variable, und starten Sie die Berechnungen. Es werden die Mittelwerte und Standardabweichungen der zehn Tests in den vier Clustern ausgegeben. Aus Gründen der Übersichtlichkeit sind die Mittelwerte im Folgenden in einer separaten Tabelle zusammengestellt.

	Cluster 1	Cluster 2	Cluster 3	Cluster 4
Zahlengedächtnistest	10,00	10,00	4,20	4,80
mathematische Aufgaben	10,00	10,00	4,80	4,40
Wort- und Redegewandtheit	9,00	4,25	10,00	4,00
Algorithmentest	10,00	10,00	4,40	4,00
Sicherheit im Auftreten	10,00	4,75	10,00	4,20
Teamgeist	9,50	4,50	4,40	10,00
Schlagfertigkeit	9,25	3,75	10,00	4,40
Kooperation	9,75	4,25	4,00	10,00
Anerkennung in der Gruppe	10,00	4,25	3,80	10,00
Überzeugungskraft	9,50	4,25	10,00	5,00

Die Personen des ersten Clusters haben sehr gute Werte bei allen Tests. Bei einer Auswahl unter Stellenbewerbern sind dies sicherlich die Personen, welche in die engere Wahl gezogen würden. Im zweiten Cluster befinden sich die Personen mit sehr guten Leistungen bei den mathematischen Tests (Zahlengedächtnistest, mathematische Aufgaben, Algorithmentest), aber mit schwachen Ergebnissen bei sozialer Kompetenz und überzeugendem Auftreten. Das dritte Cluster beinhaltet Personen mit überzeugendem Auftreten, aber schwachen Ergebnissen bei den mathematischen Tests und sozialer Kompetenz. Im vierten Cluster schließlich sind die Personen mit hoher sozialer Kompetenz, aber schwachen Ergebnissen bei den mathematischen Aufgaben und beim überzeugenden Auftreten.

In Beispielen wie diesem ist es vor der Durchführung einer Clusteranalyse meist empfehlenswert, die Variablenzahl zu reduzieren. Das passende Verfahren hierzu ist eine Faktorenanalyse (siehe Kap. 19), die eine größere Anzahl von Variablen auf eine geringere Anzahl von Faktoren reduziert. Dies soll an einem weiteren Beispiel gezeigt werden.

20.2.3 Hierarchische Clusteranalyse mit vorgeschalteter Faktorenanalyse

Wir betrachten ein Beispiel aus der Geografie. Von 28 europäischen Ländern liegen aus dem Jahre 1985 die Werte der folgenden Variablen vor.

Variable	Bedeutung
land	Landesbezeichnung
sb	prozentualer Anteil der Stadtbevölkerung
lem	mittlere Lebenserwartung der Männer
lew	mittlere Lebenserwartung der Frauen
ks	Kindersterblichkeit bei 1000 Geburten
so	Anzahl der Sonnenscheinstunden pro Jahr

Variable	Bedeutung
nt	Anzahl der Niederschlagstage pro Jahr
tjan	mittlere Tagestemperatur im Januar
tjul	mittlere Tagestemperatur im Juli

Die entsprechenden Daten können Sie sich ansehen, wenn Sie die Datei europa.sav laden. Die Variable land ist eine Textvariable zur Kurzkennzeichnung des betreffenden Landes.

Wir wollen eine Clusteranalyse mit dem Ziel starten, Gruppen von ähnlichen Ländern herauszufinden. Bei Betrachtung der Variablen (von der Landesbezeichnung wollen wir in diesem Zusammenhang absehen) fällt auf, dass es sich fast ausschließlich um solche handelt, die entweder mit der Lebenserwartung oder dem Klima zu tun haben. Lediglich der prozentuale Anteil der Bevölkerung, die in Städten lebt, fällt zunächst aus dem Rahmen. Ähnlichkeiten, die gegebenenfalls zwischen einzelnen Ländern gefunden werden, gründen sich also lediglich auf die Bereiche Lebenserwartung und Klima.

Aus diesem Grunde ist es empfehlenswert, vor der Durchführung einer Clusteranalyse die Variablenanzahl zu reduzieren. Das passende Verfahren hierzu ist eine Faktorenanalyse (siehe Kap. 19), die Sie unter der Menüwahl

Analysieren
Dimensionsreduktion
Faktorenanalyse...

starten können. Führen Sie eine solche durch, und verwenden Sie dabei z. B. die Varimax-Rotation, so erhalten Sie zwei Faktoren. In den ersten Faktor fließen die Variablen lem, lew, ks und sb ein, in den zweiten Faktor die Variablen so, nt, tjan und tjul. Der erste Faktor ist also eindeutig durch die Lebenserwartung gekennzeichnet, wobei hohe Faktorwerte hohe Lebenserwartung bedeuten, während der zweite Faktor das Klima wiedergibt; hier bedeuten hohe Werte warmes und trockenes Klima. Nebenbei stellen Sie fest, dass auch die Variable sb in den ersten Faktor integriert ist und zwar so, dass offenbar eine hohe Lebenserwartung mit einem hohen prozentualen Anteil an Stadtbevölkerung einhergeht. Schließlich können Sie zu beiden Faktoren noch die Faktorwerte berechnen und der Datei unter den voreingestellten Variablennamen fac1_1 und fac2_1 hinzufügen. Damit Sie die Faktorenanalyse an dieser Stelle nicht selbst durchführen müssen, sind der Datei europa.sav diese beiden Variablen bereits hinzugefügt. Sie sehen z. B. die nordischen Länder mit hoher Lebenserwartung (hohe Werte der Variablen fac1_1) oder die südlichen Urlaubsländer mit einem warmen und trockenen Klima (hohe Werte der Variablen fac2_1). Die Faktorwerte sind im Folgenden mit Hilfe der Menüwahl

Analysieren
Berichte
Fallzusammenfassungen...

aufgelistet.

Zusammenfassung von Fällen

	Land	Lebenserwartung	Klima
1	ALBA	-1,78347	,57155
2	BELG	,55235	-,57937
3	BULG	-,43016	-,13263
4	DAEN	,97206	-,23453
5	DEUT	,26961	-,33511
6	DDR	,19121	-,44413
7	FINN	-,30226	-1,28467
8	FRAN	1,05511	1,04870
9	GRIE	,12794	2,65654
10	GROS	,75443	-,05221
11	IRLA	,16370	-,66514
12	ISLA	1,75315	-,97421
13	ITAL	,40984	1,68933
14	JUGO	-2,63161	-,44127
15	LUXE	-,16469	-,98618
16	NIED	1,31001	-,29362
17	NORW	,96317	-,46987
18	OEST	-,20396	-,31971
19	POLE	-,65937	-,92081
20	PORT	-1,10510	1,59478
21	RUMA	-1,32450	,09481
22	SCHD	1,22645	-,20543
23	SCHZ	,56289	-,45454
24	SOWJ	-,67091	-1,32517
25	SPAN	,83627	1,91193
26	TSCH	-,59407	-,40632
27	TUER	-,52049	1,04424
28	UNGA	-,75761	-,08695

Wir wollen nun unsere gegebenen 28 Länder anhand der beiden Faktoren Lebenserwartung und Klima clustern.

- Wählen Sie aus dem Menü

  Analysieren
  Klassifizieren
  Hierarchische Cluster...

- Bringen Sie die beiden Variablen fac1_1 und fac2_1 in das Testvariablenfeld und die Variable land in das Feld mit der Bezeichnung *Fallbeschriftung*.

- Betätigen Sie den Schalter *Statistiken...*, und fordern Sie neben der Zuordnungsübersicht die Ausgabe der Cluster-Zugehörigkeit jedes Falles an. Aktivieren Sie hierfür *Bereich von Lösungen*, und geben Sie die Bereichsgrenzen 2 bzw. 5 ein.

- Benutzen Sie den Schalter *Speichern...*, um die Cluster-Zugehörigkeit der einzelnen Fälle in entsprechenden Variablen zu speichern. In Übereinstimmung mit den in der Statistik-Dialogbox gemachten Angaben aktivieren Sie auch hier *Bereich von Lösungen* und geben anschließend die Bereichsgrenzen 2 bzw. 5 ein.

- Fordern Sie statt des Eiszapfendiagramms in der Dialogbox *Diagramme* ein Dendrogramm an.
- Bestätigen Sie mit *Weiter* und *OK*.

Da die in die Clusteranalyse einbezogenen Variablen im vorliegenden Fall Faktorwerte mit gleichen Wertebereichen sind, ist eine z-Transformation der Werte überflüssig.

Die wesentlichen Ergebnisse sind im Folgenden wiedergegeben. In der Zuordnungsübersicht können Sie wieder die Reihenfolge der Clusterbildung verfolgen; die entsprechenden Erläuterungen wurden bereits in Kap. 20.1 gegeben. Eine sprunghafte Erhöhung des Koeffizienten erfolgt vom Wert 2,229 nach 4,220; dies bedeutet, dass nach der Bildung von vier Clustern keine weitere Fusionierung mehr vorgenommen werden sollte, die Lösung mit vier Clustern also die optimale ist.

Zuordnungsübersicht

Stufe	Zusammengeführte Cluster		Koeffizienten	Erstes Vorkommen des Clusters		Nächster Schritt
	Cluster 1	Cluster 2		Cluster 1	Cluster 2	
1	16	22	,015	0	0	8
2	2	23	,016	0	0	10
3	5	6	,018	0	0	5
4	4	17	,055	0	0	8
5	5	11	,085	3	0	10
6	3	18	,086	0	0	12
7	7	15	,108	0	0	15
8	4	16	,118	4	1	13
9	26	28	,129	0	0	12
10	2	5	,148	2	5	18
11	19	24	,164	0	0	15
12	3	26	,183	6	9	20
13	4	10	,228	8	0	18
14	13	25	,231	0	0	19
15	7	19	,254	7	11	20
16	1	21	,438	0	0	22
17	20	27	,645	0	0	22
18	2	4	,648	10	13	21
19	8	13	,810	0	14	23
20	3	7	,939	12	15	24
21	2	12	1,665	18	0	24
22	1	20	1,793	16	17	25
23	8	9	1,839	19	0	27
24	2	3	2,229	21	20	26
25	1	14	4,220	22	0	26
26	1	2	5,925	25	24	27
27	1	8	6,957	26	23	0

Die entsprechende Cluster-Zugehörigkeit kann man der folgenden Tabelle entnehmen, die diese Zugehörigkeit auch für die anderen angeforderten Clusterlösungen (fünf, drei und zwei Cluster) enthält.

Clusterzugehörigkeit

Fall	5-Cluster	4-Cluster	3-Cluster	2-Cluster
1:ALBA	1	1	1	1
2:BELG	2	2	2	1
3:BULG	3	2	2	1
4:DAEN	2	2	2	1
5:DEUT	2	2	2	1
6:DDR	2	2	2	1
7:FINN	3	2	2	1
8:FRAN	4	3	3	2
9:GRIE	4	3	3	2
10:GROS	2	2	2	1
11:IRLA	2	2	2	1
12:ISLA	2	2	2	1
13:ITAL	4	3	3	2
14:JUGO	5	4	1	1
15:LUXE	3	2	2	1
16:NIED	2	2	2	1
17:NORW	2	2	2	1
18:OEST	3	2	2	1
19:POLE	3	2	2	1
20:PORT	1	1	1	1
21:RUMA	1	1	1	1
22:SCHD	2	2	2	1
23:SCHZ	2	2	2	1
24:SOWJ	3	2	2	1
25:SPAN	4	3	3	2
26:TSCH	3	2	2	1
27:TUER	1	1	1	1
28:UNGA	3	2	2	1

Betrachten Sie die Vier-Cluster-Lösung, so sehen Sie z. B. im dritten Cluster die Länder Frankreich, Griechenland, Italien und Spanien. Es sind Länder mit hoher Lebenserwartung und warmem Klima und daher wohl nicht umsonst bevorzugte Urlaubsländer.

20.3 Ähnlichkeits- und Distanzmaße

Die Grundlage der Clusterung (Gruppenbildung) von Fällen ist eine Distanz- bzw. Ähnlichkeitsmatrix der Fälle. Da auch eine Distanz letztlich zur Beurteilung einer Ähnlichkeit benutzt wird, ist der Unterschied zwischen beiden Matrixarten nicht relevant. Je nachdem, welches Messniveau die beteiligten Variablen haben, bietet SPSS verschiedene Distanz- bzw. Ähnlichkeitsmaße an.

20.3.1 Intervallskalierte (metrische) Variablen

Für diese Variablen stehen acht verschiedene Distanz- bzw. Ähnlichkeitsmaße zur Auswahl, die im Folgenden vorgestellt werden sollen. Als Rechenbeispiel dienen zwei Fälle aus der Datei assess.sav (siehe Kap. 20.3), deren Distanz bzw. Ähnlichkeit anhand der beiden Variablen t3 und t4 berechnet werden soll:

	t3	t4
Otto R.	5	4
Elke M.	4	10

Euklidische Distanz

Der euklidische Abstand zwischen zwei Punkten x und y ist die kürzeste Entfernung zwischen beiden, im zwei- oder dreidimensionalen Fall sozusagen die »Luftlinie«. Die allgemeine Formel für den n-dimensionalen Fall (n Variablen) ist:

$$\text{dist} = \sqrt{\sum_{i=1}^{n} (x_i - y_i)^2}$$

Die Abkürzung dist steht wie auch im Folgenden jeweils für Distanz. Im gegebenen Beispiel wird

$$\text{dist} = \sqrt{(5-4)^2 + (4-10)^2} = 6{,}0828$$

Quadrierte euklidische Distanz

Der quadrierte euklidische Abstand ist die Voreinstellung. Durch die Quadrierung werden große Differenzen bei der Distanzberechnung stärker berücksichtigt. Dieses Maß sollte auf alle Fälle benutzt werden bei der Zentroid-, Median- und Ward-Clustermethode (siehe Kap. 20.5).

$$\text{dist} = \sum_{i=1}^{n} (x_i - y_i)^2$$

Im gegebenen Beispiel wird

$$\text{dist} = (5-4)^2 + (4-10)^2 = 37$$

Kosinus

Der Wertebereich dieses Maßes liegt, wie beim Korrelationskoeffizienten nach Pearson, zwischen -1 und +1.

$$\text{Ähnlichkeit} = \frac{\sum_{i=1}^{n} (x_i y_i)}{\sqrt{(\sum_{i=1}^{n} x_i^2)(\sum_{i=1}^{n} y_i^2)}}$$

Im gegebenen Beispiel wird

$$\text{Ähnlichkeit} = \frac{5 \cdot 4 + 4 \cdot 10}{\sqrt{(5^2 + 4^2) \cdot (4^2 + 10^2)}} = 0{,}8700$$

Pearson-Korrelation

Der Korrelationskoeffizient nach Pearson (siehe Kap. 14.1) mit Werten zwischen -1 und +1 als Ähnlichkeitsmaß eignet sich nicht, wenn die Clusterung der Fälle nur anhand von zwei Variablen erfolgt; hier können dann nur die Werte -1 oder +1 auftreten.

Tschebyscheff

Die Differenz zwischen zwei Fällen ist die absolut größte Differenz, die variablenweise zwischen den beiden Fällen auftritt.

Im gegebenen Beispiel ist die absolute Differenz der Werte bei der ersten Variablen 1, bei der zweiten Variablen 6. Die Tschebyscheff-Differenz ist daher 6.

Block

Die Block-Distanz, auch Manhattan- oder scherzhaft Taxifahrer-Distanz genannt, ist die Summe der absoluten Differenzen zwischen den Wertepaaren. Es ist im zweidimensionalen Raum nicht wie bei der Euklidischen Distanz die Luftlinie zwischen zwei Punkten, sondern die Strecke, die ein Taxifahrer sozusagen unter Ausnutzung der rechtwinklig angelegten Straßen von einem Haus zum anderen zurücklegen muss.

$$\text{dist} = \sum_{i=1}^{n} | x_i - y_i |$$

Im gegebenen Beispiel wird

$$\text{dist} = |5 - 4| + |4 - 10| = 7$$

Minkowski

Die Minkowski-Distanz ist im Prinzip die r-te Wurzel aus der Summe der r-ten Potenzen der absoluten Differenzen zwischen den Wertepaaren:

$$\text{dist} = \left(\sum_{i=1}^{n} |x_i - y_i|^r\right)^{1/r}$$

Bei SPSS ist allerdings für die Wurzel nur der Wert 2 zugelassen, während für die Potenz die Werte 1 bis 4 ausgewählt werden können. Für den Potenzwert 2 ergibt sich daraus die Euklidische Distanz.

Benutzerdefiniert

Die benutzerdefinierte Distanz ist eine Verallgemeinerung der Minkowski-Distanz. Diese Distanz, auch Power-Distanz genannt, ist die r-te Wurzel aus der Summe der p-ten Potenzen der absoluten Differenzen zwischen den Wertepaaren:

$$\text{dist} = \left(\sum_{i=1}^{n} |x_i - y_i|^p\right)^{1/r}$$

Bei SPSS sind sowohl für die Wurzel als auch für die Potenz die Werte 1 bis 4 auswählbar.

20.3.2 Häufigkeiten

Ein Beispiel einer Datendatei, bei dem es sich bei den Variablenwerten um Häufigkeiten handelt, ist die Datei laender.sav, welche die Textvariable land und die drei Variablen cdu, spd und andere enthält. Diese drei Variablen geben die Anzahl der Sitze der beiden Parteien CDU und SPD und der anderen Parteien in den sechzehn deutschen Bundesländern im Jahre 1994 wieder.

- Laden Sie die Datei laender.sav.
- Führen Sie eine hierarchische Clusteranalyse anhand der drei Variablen cdu, spd und andere durch, wobei Sie die Textvariable land zur Fallbeschriftung verwenden.
- Über den Schalter *Methode...* aktivieren Sie als Maß *Häufigkeiten.*

Sie haben dann die Auswahl zwischen zwei Distanzmaßen.

Chi-Quadrat-Maß

Um die Distanz zwischen zwei Fällen zu berechnen, werden die auf die einbezogenen Häufigkeitsvariablen entfallenden Häufigkeiten gegenübergestellt. Als Beispiel sollen die beiden Bundesländer Hessen und Thüringen dienen:

	CDU	SPD	Andere
Hessen	46	46	18
Thüringen	43	21	25

Zu dieser Kontingenztabelle wird die Chi-Quadrat-Statistik bestimmt (siehe Kap. 9.3.1). Die Quadratwurzel aus dem Chi-Quadrat-Wert wird dann als Distanzmaß verwendet.

Im gegebenen Beispiel ergibt sich für Chi-Quadrat der Wert 8,447 und damit der Distanzwert 2,9064.

Phi-Quadrat-Maß

Das Phi-Quadrat-Maß ist ein Versuch, das Chi-Quadrat-Maß zu normalisieren, indem es durch die Quadratwurzel der Gesamtsumme der Häufigkeiten geteilt wird.

Im Beispiel der beiden Bundesländer Hessen und Thüringen ist die Gesamtsumme der Häufigkeiten 199, so dass das Phi-Quadrat-Maß den Wert 0,2060 erhält.

Wählen Sie etwa das Chi-Quadrat-Maß als Distanzmaß, so erhalten Sie als Ergebnis, dass eine Lösung mit fünf Clustern die optimale zu sein scheint. Zwei größere Cluster werden durch die CDU- bzw. SPD-geführten Länder gebildet, ein Cluster mit Brandenburg und Bremen aufgrund der relativ großen Sitzzahl anderer Parteien, ein Cluster nur mit Bayern aufgrund der großen Dominanz der CDU bzw. der CSU und ein Cluster mit Sachsen mit ebenfalls großer Dominanz der CDU, aber einem Anteil anderer Parteien, der größer als derjenige der SPD ist.

Aktuellere Daten bezüglich der Sitzverteilung der deutschen Bundesländer finden Sie übrigens in der Datei laender2011.sav. Nutzen Sie diese Datei, um eigene Berechnungen im Kontext der hierarchischen Clusteranalyse vorzunehmen.

20.3.3 Binäre Variablen

Hierbei handelt es sich in der Regel um Variablen, die angeben, ob ein Tatbestand erfüllt ist oder nicht, bzw. ob ein bestimmtes Kriterium vorhanden ist oder nicht. In der Datendatei muss dies durch zwei Zahlenwerte kodiert sein, wobei SPSS voreinstellungsmäßig für die Kodierung des Erfülltseins die Ziffer 1 erwartet.

Bringt man zwei Variablen miteinander in Beziehung, so werden über alle Fälle hinweg vier verschiedene Häufigkeiten relevant, die man mit a, b, c und d bezeichnet und die folgende Bedeutung haben:

		Variable 2	
		erfüllt	**nicht erfüllt**
Variable 1	**erfüllt**	a	b
	nicht erfüllt	c	d

Aus diesen Häufigkeiten a, b, c und d lassen sich verschiedene Abstandsmaße berechnen, von denen in SPSS zahlreiche zur Verfügung gestellt werden. Zwanzig Maße, als Ähnlichkeitsmaße bezeichnet, werden in Kap. 14.4 vorgestellt. Die anderen werden im Folgenden erläutert.

Quadrierte euklidische Distanz

Die quadrierte (binäre) euklidische Distanz ist die Anzahl der Fälle, bei denen jeweils ein Kriterium vorhanden und eines nicht vorhanden ist. Dies ist die Voreinstellung.

$$\mathrm{dist} = b + c$$

Euklidische Distanz

Die (binäre) euklidische Distanz ist die Wurzel aus der Anzahl der Fälle, bei denen jeweils ein Kriterium vorhanden und eines nicht vorhanden ist.

$$\mathrm{dist} = \sqrt{b + c}$$

Größendifferenz

Die Größendifferenz hat einen minimalen Wert von 0 und keine obere Grenze.

$$\mathrm{dist} = \frac{(b - c)^2}{(a + b + c + d)^2}$$

Musterdifferenz

Die Musterdifferenz nimmt Werte von 0 bis 1 an.

$$\mathrm{dist} = \frac{bc}{(a + b + c + d)^2}$$

Varianz

Die Varianz nimmt einen minimalen Wert von 0 an und hat keine obere Grenze.

$$\text{dist} = \frac{b + c}{4\ (a + b + c + d)}$$

Form

Die Form-Distanz hat weder eine untere noch eine obere Grenze.

$$\text{dist} = \frac{(a + b + c + d)\ (b + c) - (b - c)^2}{(a + b + c + d)^2}$$

Lance und Williams

Das Maß nach Lance und Williams nimmt Werte von 0 bis 1 an.

$$\text{dist} = \frac{b + c}{2a + b + c}$$

Die verschiedenen Maße unterscheiden sich vor allem darin, welche der vier Häufigkeiten a, b, c und d in den betreffenden Formeln verwendet werden.

So werden bei der Euklidischen Distanz nur diejenigen Fälle einbezogen, bei denen das eine Merkmal vorhanden und das andere nicht vorhanden ist, während bei den anderen Distanzformeln alle Häufigkeiten berücksichtigt werden. Eine Ausnahme bildet das Distanzmaß nach Lance und Williams, bei denen die Fälle, wo beide Merkmale nicht vorhanden sind, nicht einbezogen werden.

Für welches Distanzmaß Sie sich entscheiden, hängt also im Einzelfall davon ab, welche Bedeutung Sie den Häufigkeiten a, b, c und d beimessen.

20.4 Fusionierungsmethoden

SPSS bietet insgesamt sieben verschiedene Fusionierungsmethoden an, von denen die Methode »Verlinkung zwischen den Gruppen« voreingestellt ist.

Verlinkung zwischen den Gruppen

Die Distanz zwischen zwei Clustern ist der Durchschnitt der Distanzen von allen möglichen Fallpaaren, wobei jeweils ein Fall aus dem einen und der andere Fall aus dem anderen Cluster genommen wird. Die zur Distanzberechnung benötigte Information wird also aus allen theoretisch möglichen Distanzpaaren ermittelt. Daher ist dies die Voreinstellung.

Verlinkung innerhalb der Gruppen

Dies ist eine Variante der »Verlinkung zwischen den Gruppen«, und zwar wird die Distanz zwischen zwei Clustern aus allen möglichen Fallpaaren beider Cluster gebildet, wobei also auch die Fallpaare innerhalb eines Clusters berücksichtigt werden.

Nächstgelegener Nachbar

Die Distanz zwischen zwei Clustern ist diejenige zwischen dem nächstgelegenen Fallpaar, wobei jeweils ein Fall aus einem der beiden Cluster stammt.

Entferntester Nachbar

Die Distanz zwischen zwei Clustern ist diejenige zwischen dem entferntesten Fallpaar, wobei jeweils ein Fall aus einem der beiden Cluster stammt.

Zentroid-Clustering

In beiden Clustern werden die Variablenmittelwerte der im Cluster enthaltenen Fälle berechnet. Die Distanz zwischen den beiden Clustern wird anschließend so berechnet wie die Distanz zwischen zwei Fällen.

Median-Clustering

Das Median-Clustering ist der Zentroid-Methode ähnlich. Bei der Zentroid-Methode ergibt sich der Zentroid des neuen Clusters als gewogenes Mittel der Zentroiden der beiden Ausgangscluster, wobei die Fallzahlen dieser Ausgangscluster die Gewichte bilden. Bei der Median-Methode hingegen gehen beide Ausgangscluster mit dem gleichen Gewicht ein.

Ward-Methode

Für beide Cluster werden über die jeweils enthaltenen Fälle zunächst die Mittelwerte der einzelnen Variablen berechnet. Anschließend werden die quadrierten Euklidischen Distanzen der einzelnen Fälle jedes Clusters zu diesem Clustermittelwert gebildet. Die Distanzen werden aufsummiert. Es werden dann jeweils diejenigen beiden Cluster zu einem neuen Cluster fusioniert, die durch ihre Vereinigung den geringsten Zuwachs in der Gesamtsumme der Distanzen ergeben.

Da einige dieser Methoden (Nächstgelegener Nachbar, Entferntester Nachbar) offensichtliche Nachteile haben, andere nur noch schwer zu durchschauen sind, ist es zu empfehlen, die voreingestellte und einsichtige Methode »Linkage zwischen den Gruppen« zu verwenden.

20.5 Clusteranalyse für hohe Fallzahlen (Clusterzentrenanalyse)

Die hierarchischen Fusionierungsverfahren sind zwar sehr genau, aber auch sehr rechenaufwendig; so muss schließlich in jedem Schritt eine Distanzmatrix zwischen allen gerade aktuellen Clustern ermittelt werden. Die Rechenzeit steigt somit mit der dritten Potenz der Fallzahl an, was bei einigen tausend Fällen selbst Großrechner ins Schwitzen bringt.

Man verwendet daher bei hohen Fallzahlen andere Methoden. Der Nachteil dieser Verfahren besteht darin, dass man eine Clusterzahl vorgeben muss, und diese nicht, wie bei der hierarchischen Clusteranalyse, aus den Ergebnissen schließen kann. Eine Möglichkeit, mit diesem Problem umzugehen, besteht darin, mit einer Zufallsauswahl der Fälle eine hierarchische Analyse durchzuführen und hieraus die optimale Clusteranzahl zu entnehmen.

Hat man eine bestimmte Clusteranzahl vorgegeben, so besteht das nächste Problem darin, Anfangswerte für die Clusterzentren abzuschätzen. Auch sie könnte man der vorgeschalteten hierarchischen Analyse entnehmen, indem man die Mittelwerte der in die Analyse aufgenommenen Variablen für jedes Cluster berechnet und in einer bestimmten Form in einer Datei abspeichert. Diese Datei kann dann von den für große Fallzahlen benutzten Methoden eingelesen werden.

Möchte man diesen etwas umständlichen Weg nicht gehen, kann man auf das Verfahren zurückgreifen, das SPSS für diesen Fall anbietet. Ist die Anzahl von k zu bildenden Clustern vorgegeben, werden die ersten k Fälle der Datendatei als erste Cluster benutzt. In den Folgeschritten ersetzt ein Fall ein Clusterzentrum, wenn seine kleinste Distanz zu einem Clusterzentrum größer ist als die Distanz zwischen den beiden nächsten Clustern. Das Clusterzentrum, welches dem Fall näher ist, wird ersetzt. Auf diese Weise entstehen die Anfangsclusterzentren. Anschließend werden die Clusterzentren anhand der jeweils aufgenommenen Fälle neu berechnet. Die Fälle werden diesen geänderten Zentren neu zugeordnet. Dieser iterative Prozeß wird so lange fortgeführt, bis sich die Clusterzentren nicht mehr ändern oder eine maximale Iterationszahl erreicht ist.

Als Beispiel für dieses Verfahren sei der Ausschnitt aus einer Untersuchung vorgestellt, in der über 1000 Studierende zu ihrer Computernutzung und ihren Einstellungen bezüglich moderner Informations- und Kommunikationstechnologien befragt wurden. Im Fragenkomplex »Softwarenutzung« wurden die folgenden Fragen mit jeweils verschiedenen Unterpunkten gestellt, die auf einer vorgegebenen Skala von 1 bis 5 Punkten (»sehr gut« bzw. »sehr« bis »gar nicht«) beantwortet werden konnten:

1. *Wie gut beherrschen Sie den Umgang mit folgenden Anwendungsprogrammen?*

   Textverarbeitung ☐
   Grafik-, Sound- oder Videoprogramme ☐
   Datenbanken und Tabellenkalkulation ☐

2. *Wie gut beherrschen Sie folgende Programmiersprachen?*

   BASIC ☐
   Pascal ☐
   C ☐
   Maschinensprache ☐
   Internet-Programmiersprachen (z.B. HTML) ☐
   Java ☐

3. *Wie gut können Sie mit folgenden Betriebssystemen umgehen?*

   DOS ☐
   Windows ☐
   UNIX ☐

4. *Wie gut kennen Sie sich mit folgenden Internet-Diensten aus?*

   E-Mail, Newsgroups, Mailing-Listen ☐
   »Surfen« im World Wide Web ☐
   Chat, IRC ☐
   MUD ☐
   Anbieten eigener Dienste (z.B. Homepage) ☐

5. *Wie gut kennen Sie sich mit Spielen aus?*

   Wie intensiv beschäftigen Sie sich mit Computerspielen?
   Wie gut kennen Sie sich in der Computerspiel-Szene aus?

Die Antworten auf diese Fragen sind in den Variablen v1a bis v5b der Datei computer.sav gespeichert, zusammen mit einigen anderen Variablen der Originaluntersuchung (Geschlecht, Alter, Herkunft, Fachbereich). Aufgrund der zur Software-Nutzung gestellten Fragen soll versucht werden, Gruppen (Cluster) bestimmter Nutzer herauszufinden. Zunächst empfiehlt es sich aber, wie bereits in Kap. 20.2.3 dargestellt, die recht große Variablenzahl mit Hilfe einer Faktorenanalyse zu reduzieren.

- Laden Sie die Datei computer.sav.
- Treffen Sie die Menüwahl

  Analysieren
  Dimensionsreduktion
  Faktorenanalyse...

- Übertragen Sie die Variablen v1a bis v5b in die Zielvariablenliste.
- Deaktivieren Sie über den Schalter *Extraktion...* die Ausgabe der nicht rotierten Faktorenlösung.
- Betätigen Sie den Schalter *Rotation...*, und aktivieren Sie zur Rotation die Varimax-Methode.
- Aktivieren Sie über den Schalter *Optionen...* unter *Anzeigeformat für Koeffizienten* (gemeint sind die Faktorenladungen) *Sortiert nach Größe.* Aktivieren Sie ferner *Kleine Koeffizienten unterdrücken* und legen Sie hierfür als Größe ,40 fest.
- Benutzen Sie schließlich den Schalter *Scores...*, um die Faktorwerte als Variablen zu speichern.

Die Berechnungen zeigen, dass vier Faktoren extrahiert werden, so dass der Datendatei vier Variablen (fac1_1 bis fac4_1) hinzugefügt werden, welche die betreffenden Faktorwerte wiedergeben. Von den Ergebnissen sei die rotierte Faktorenmatrix wiedergegeben.

Rotierte Komponentenmatrix[a]

	Komponente			
	1	2	3	4
Textverarbeitung	,848			
Windows	,840			
DOS	,653			
WWW	,619		,570	
Datenbanken	,611			
Multimedia	,535			
C		,771		
Maschinensprache		,741		
PASCAL		,729		
BASIC		,612		
Java		,606	,474	
UNIX		,587	,504	
Chat			,699	
eigene Dienste			,696	
Internetsprachen		,468	,670	
Email	,584		,609	
MUD			,601	
Szene				,881
Intensität				,850

Extraktionsmethode: Analyse der Hauptkomponente.
Rotationsmethode: Varimax mit Kaiser-Normalisierung.

a. Rotation konvergierte in 10 Iterationen.

Die Faktorenmatrix zeigt recht deutlich, dass die extrahierten vier Faktoren der Reihe nach wie folgt bezeichnet werden können:

- Anwendung
- Programmierung
- Internetnutzung
- Spielen

Die gespeicherten Faktorwerte dieser vier Faktoren sollen nun dazu benutzt werden, die befragten Studierenden einer Clusteranalyse zu unterziehen. Da die Fallzahl mit 1085 für eine hierarchische Clusteranalyse zu hoch ist, wählen wir das Verfahren der Clusterzentrenanalyse.

- Vergeben Sie zunächst für die Variablen fac1_1 bis fac4_1 der Reihe nach die Variablenlabels »Anwendung«, »Programmierung«, »Internetnutzung« und »Spielen«.
- Arbeiten Sie im Folgenden mit den dergestalt veränderten Daten. Falls Sie diese Schritten nicht ausgeführt haben, können Sie auch direkt die Datei computerfaktoren.sav laden.
- Wählen Sie aus dem Menü

  Analysieren
  Klassifizieren
  K-Means-Cluster...

Es öffnet sich die Dialogbox *K-Means-Clusteranalyse*.

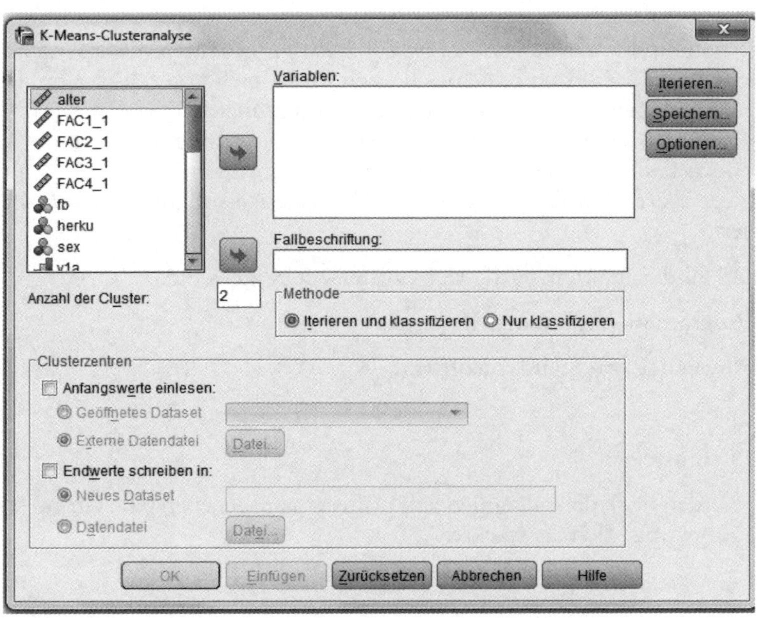

Bild 20.7: Dialogbox K-Means-Clusteranalyse

- Bringen Sie die Variablen fac1_1 bis fac4_1 in das Testvariablenfeld. Sie stehen nun vor der Verlegenheit, die Anzahl der Cluster vorgeben zu müssen. Eine Möglichkeit wäre es, zunächst mit einer Zufallsauswahl von Fällen eine hierarchische Clusteranalyse durchzuführen und dieser die optimale Clusteranzahl zu entnehmen. Sie können natürlich auch verschiedene Clusteranzahlen durchspielen und sich dann für die plausibelste Lösung entscheiden.
- Wir wollen uns für vier Cluster entscheiden; geben Sie diesen Wert also bei *Anzahl der Cluster* an.
- Über den Schalter *Iterieren...* stellen Sie die Anzahl der Iterationen auf 99; die voreingestellte Zahl von 10 würde sich nämlich als nicht ausreichend erweisen.
- Darüber hinaus betätigen Sie noch den Schalter *Speichern...*, um die Clusterzugehörigkeit jedes Falles mit Hilfe einer weiteren Variablen festzuhalten.
- Klicken Sie auf *OK*, um die Berechnungen zu starten.

Es werden zunächst die Anfangsclusterzentren und eine Zusammenfassung des Iterationsverlaufes (30 Iterationen) ausgegeben; anschließend werden die endgültigen Clusterzentren und ihre Fallzahlen angezeigt.

Clusterzentren der endgültigen Lösung

	Cluster			
	1	2	3	4
Anwendung	-,15244	-,62359	-,23458	1,16855
Programmierung	-2,91351	,23237	,23382	,05905
Internetnutzung	-1,71005	,07223	-,03002	,25278
Spielen	,04704	,51055	-1,51012	,26079

Bei der Beurteilung der Clusterzentren ist zunächst zu beachten, dass es sich hierbei um Mittelwerte von Faktorwerten handelt, die sich im Bereich von etwa -3 bis +3 bewegen. Zum anderen sei angemerkt, dass aufgrund der Kodierung der jeweiligen Antworten (1 = sehr gut, 5 = gar nicht) ein hoher negativer Wert eines Faktorwertes eine hohe Ausprägung des betreffenden Faktors bedeutet, d. h. eine hohe Kompetenz signalisiert, umgekehrt ein hoher positiver Wert eines Faktorwertes eine niedrige Ausprägung des betreffenden Faktors impliziert.

Beachtet man all das, kann man die vier Cluster wie folgt deuten:

Cluster 1: Programmierer, Internet-Experten

Cluster 2: Anwender von Standardsoftware

Cluster 3: Spieler

Cluster 4: PC-Einsteiger

Schließlich werden noch die Fallzahlen jedes Clusters ausgegeben. Die Gruppe der Anwender (Cluster 2) erweist sich als stärkste.

Anzahl der Fälle in jedem Cluster

Cluster	1	63,000
	2	488,000
	3	221,000
	4	313,000
Gültig		1085,000
Fehlend		,000

Der Datendatei wurde die Variable qcl_1 hinzugefügt, welche die Cluster-Zugehörigkeit wiedergibt. Benutzen Sie diese Variable, um mögliche Zusammenhänge der Cluster-Zugehörigkeit mit dem Geschlecht, dem Alter, dem Fachbereich und der Herkunft (Deutschland-West, Deutschland-Ost, Ausland) aufzudecken.

Neben der Clusteranzahl können, wie eingangs bereits erwähnt, auch die Anfangsclusterzentren vorgegeben werden. Dazu sind diese in bestimmter Weise in eine SPSS-Datendatei einzugeben. Wir wollen im Folgenden den Aufbau dieser Datei am gegebenen Beispiel zeigen.

- Aktivieren Sie in der Dialogbox *K-Means-Clusteranalyse* die Option *Anfangswerte einlesen*, klicken Sie auf *Externe Datendatei* und sodann auf den Schalter *Datei...* Es öffnet sich die Dialogbox *Clusterzentrenanalyse: Aus Datei lesen.*
- Geben Sie als Dateiname zentren.sav an, und bestätigen Sie mit *Öffnen*.
- Starten Sie die Berechnungen mit *OK*.

Sie erhalten eine ähnliche Lösung wie vorher, die Anzahl der Iterationen hat sich aber auf 18 reduziert.

Clusterzentren der endgültigen Lösung

	Cluster			
	1	2	3	4
Anwendung	1,17086	-,62202	-,24482	-,14271
Programmierung	,07558	,22679	,19773	-2,44875
Internetnutzung	,23444	,08980	,13192	-2,01508
Spielen	,26110	,50111	-1,54365	-,04309

Anzahl der Fälle in jedem Cluster

Cluster	1	313,000
	2	490,000
	3	210,000
	4	72,000
Gültig		1085,000
Fehlend		,000

Wie Sie unschwer erkennen können ist zwar die Reihenfolge der Cluster eine andere, die Fallzahlen weichen indes nur geringfügig von der vorherigen Lösung ab.

Cluster 1: PC-Einsteiger (N = 313)

Cluster 2: Anwender von Standardsoftware (N = 490)

Cluster 3: Spieler (N = 210)

Cluster 4: Programmierer, Internet-Experten (N = 72)

- Laden Sie die Datei zentren.sav, um ihren Aufbau kennen zu lernen.

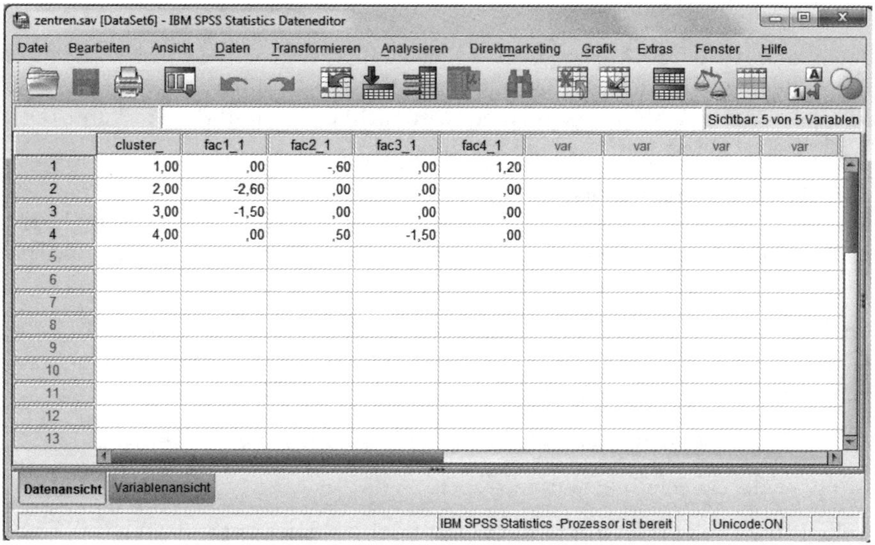

Bild 20.8: Datei mit Anfangsclusterzentren

Diese Datei enthält

- eine numerische Variable mit dem Namen cluster_
- eine Zeile für jedes Cluster
- Anfangswerte für jede Clustervariable

Genauso wie Sie die Anfangsclusterzentren aus einer Datei einlesen können, ist es auch möglich, die Clusterzentren der endgültigen Lösung über den Schalter *Endwerte schreiben in...* zur weiteren Bearbeitung in einer entsprechenden Datei zu speichern.

20.6 Die Two-Step-Clusteranalyse

Von den bislang vorgestellten traditionellen Methoden der Clusteranalyse unterscheidet sich die Two-Step-Clusteranalyse dadurch, dass die gleichzeitige Verarbeitung von kategorialen und stetigen Variablen zulässig ist und die Anzahl der Cluster von der Prozedur automatisch bestimmt wird. Wie bei den beiden anderen Verfahren auch, bilden die Fälle der Datendatei die zu gruppierenden Objekte, während die Variablen die Attribute darstellen, auf deren Basis die Gruppierung erfolgt. Unterstellt bzw. vorausgesetzt wird dabei die Unabhängigkeit der Variablen im Clustermodell, die Normalverteilung für stetige Variablen sowie eine multinomiale Verteilung für kategoriale Variablen.

Unser Beispiel für die Two-Step-Clusteranalyse bezieht sich auf eine Studie zum Essverhalten bzw. zur Esskultur Heidelberger Studierender. Mittels eines standardisierten Fragebogens wurden Fragen zur Wichtigkeit des Essens, zu Ernährungsgewohnheiten, zu Ernährungsarten und zu den Ausgaben für Ernährung gestellt. Der für uns relevante Teil des Fragebogens sei zunächst wiedergegeben.

Für welche der folgenden Ernährungsarten haben Sie eine Vorliebe?

	Ja	Ab und zu	Nein
Vegetarisch	☐	☐	☐
Fleischarm	☐	☐	☐
Vegan	☐	☐	☐
Rohkost	☐	☐	☐
Sättigend	☐	☐	☐
Preiswert	☐	☐	☐
Exotisch/international	☐	☐	☐
Deftig	☐	☐	☐
Fastfood	☐	☐	☐
Vitaminreich	☐	☐	☐

Wie viel Euro geben Sie monatlich für das Essen (auch Einkaufen und Essen gehen) aus?

			Euro

Die für uns maßgeblichen Daten der Erhebung befinden sich in der Datei essen.sav.

Mit der Version 18 beginnend hat bei der Two-Step-Clusteranalyse eine Umstellung auf den Model Viewer stattgefunden, der die benötigten Informationen über die Cluster anzeigt. Da diese Umstellung derzeit noch gewöhnungsbedürftig als auch zu problematisieren ist, empfehlen wir Ihnen additiv die Benutzung der Syntax. Wir werden Ihnen daher zunächst den Einsatz der Syntax erläutern. Dieses Vorgehen halten wir insofern für ratsam, da Sie das Verständnis der Two-Step-Clusteranalyse nicht der Maschine überlassen sollten. Abschließend stellen wir Ihnen den Model Viewer vor, der in den kommenden Versionen sicherlich noch deutlich besser werden dürfte.

20.6.1 Die Two-Step-Clusteranalyse per Syntax ohne Model Viewer

Leider stehen ab der Version 18, bei der erstmals der Model Viewer zum Einsatz gelangte, die älteren Dialogfelder der Two-Step-Clusteranalyse nicht mehr zur Verfügung. Dies ist völlig unverständlich, zumal SPSS auch bei anderen Prozeduren dem Anwender noch die Möglichkeit überlässt, ältere Dialogfelder zu aktivieren. Weiterhin einsetzen können Sie indes auch bei der Version 20 die entsprechende Syntax.

```
TWOSTEP CLUSTER
  /CATEGORICAL VARIABLES=v2.1 v2.2 v2.3 v2.4 v2.5 v2.6 v2.7 v2.8 v2.9 v2.10
  /CONTINUOUS VARIABLES=ausgabe
  /DISTANCE LIKELIHOOD
  /NUMCLUSTERS FIXED=4
  /HANDLENOISE 0
  /MEMALLOCATE 64
  /CRITERIA INITHRESHOLD(0) MXBRANCH(8) MXLEVEL(3)
  /PLOT BARFREQ PIEFREQ
  /PRINT COUNT SUMMARY
  /SAVE VARIABLE= cluster.
AIM cluster
  /CATEGORICAL v2.1 v2.2 v2.3 v2.4 v2.5 v2.6 v2.7 v2.8 v2.9 v2.10
  /CONTINUOUS ausgabe
  /PLOT ERRORBAR CATEGORY CLUSTER (TYPE=PIE).
```

Gehen Sie wie folgt vor:

- Laden Sie die Datei essen.sav.
- Laden Sie die obige Datei essensyntax.sps in den Syntaxeditor.

Bevor wir das Programm starten, wollen wir Ihnen an dieser Stelle ein wenig die Syntax erläutern, so dass Sie diese für Ihren Gebrauch entsprechend abändern können. Der Unterbefehl CATEGORICAL VARIABLES legt der Reihe nach die kategorialen Variablen fest, welche in die Berechnung eingehen sollen. Bei den Variablen v2.1 bis v2.10 handelt es sich um die jeweiligen Vorlieben für entsprechende Ernährungsarten. Mit Hilfe des Unterbefehls CONTINUOUS VARIABLES legen Sie die zu berücksichtigenden stetigen Variablen fest; in diesem Falle die Variable für die monatliche Höhe der Essensausgaben. Die eigentliche Stärke der Two-Step-Clusteranalyse wird hier deutlich: neben den kategorialen Variablen, die bestimmte Vorlieben für das Essen erfassen, wie z.B. fleischarm, vegetarisch, preiswert, sättigend, geht mit der Variablen ausgabe gleichzeitig eine intervallskalierte bzw. stetige Variable in das Modell ein.

Der Unterbefehl DISTANCE legt fest, wie Ähnlichkeiten zwischen zwei Clustern berechnet werden sollen. Voreingestellt ist bei SPSS das Likelihood-Maß, so dass diese Zeile auch ganz entfallen kann. Das Euklidische Maß kann im Unterschied dazu nur dann verwendet werden, wenn es sich bei sämtlichen Variablen, die in die Modellrechnung eingehen sollen, um stetige Variablen handelt.

Mit Hilfe des Unterbefehls NUMCLUSTERS können Sie festlegen, wie die Anzahl der Cluster bestimmt werden soll. Voreingestellt ist die automatische Ermittlung. Sie haben die Möglichkeit, eine positive Ganzzahl für die höchste Anzahl der Cluster anzugeben. Alternativ zur automatischen Ermittlung der Clusteranzahl können Sie auch eine feste Anzahl Cluster vorgeben. Bei unserem Beispiel wollen wir die Clusteranzahl nicht automatisch ermitteln lassen, sondern eine feste Anzahl vorgeben. Von einer automatischen Ermittlung der Clusteranzahl raten wir Ihnen ab. Erfahrungsgemäß liefert die automatische Ermittlung keinesfalls die beste Lösung und läuft häufig auf eine Zweiervariante hinaus. Sie sollten die Clusteranalyse als ein exploratives Verfahren begreifen und aktiv anwenden, d.h. verschiedene Lösungsvarianten in vergleichender Betrachtung analysieren und sich gestützt auf inhaltliche Interpretationen für das auf Basis der gegebenen Daten optimale Modell entscheiden. Entsprechend der Anweisung FIXED = 4 legen wir im Folgenden eine Variante bestehend aus vier Clustern zugrunde.

Der Unterbefehl HANDLENOISE legt die Behandlung von Ausreißern fest. Wird die Option *Rauschverarbeitung verwenden* aktiviert (HANDLENOISE = 1), so lassen sich Ausreißer verwerfen. Findet keine Rauschverarbeitung statt (HANDLENOISE = 0), so werden nach Abschluss der Clusteranalyse diejenigen Werte, die keinem Cluster zugewiesen werden konnten, als Ausreißer bezeichnet. Das Ausreißer-Cluster wird mit der Identifikationsnummer -1 kenntlich gemacht. Es wird in die Auszählung der Clusteranzahl nicht mit einbezogen.

Mit Hilfe des Unterbefehls MEMALLOCATE können Sie den maximalen Speicherplatz in Megabyte angeben, der vom Cluster-Algorithmus verwendet werden soll. Übersteigt der für die Prozedur erforderliche Speicherplatz den maximalen Speicherplatz, so wird die Festplatte des Rechners zum Speichern der Daten verwendet, die nicht in den Arbeitsspeicher passen. Der Unterbefehl CRITERIA legt fest, wie die Anzahl der Cluster vom automatischen Clusteralgorithmus bestimmt wird.

Die Two-Step-Clusteranalyse bietet die Möglichkeit der Ausgabe verschiedener Diagramme:

- *Prozentdiagramme in Cluster.* Es handelt sich um Diagramme, welche die Variation der einzelnen Variablen innerhalb eines Clusters anzeigen. Für jede kategoriale Variable wird ein gruppiertes Balkendiagramm erstellt, in dem die Kategorienhäufigkeiten nach Cluster-ID angezeigt werden.
- *Gestapeltes Kreisdiagramm.* Dargestellt wird in Gestalt eines Tortendiagramms die Häufigkeit der Beobachtungen innerhalb der einzelnen Cluster.
- *Wertigkeitsdiagramme für Variablen.* Angezeigt werden verschiedene Diagramme, welche die Wichtigkeit der Variablen in den einzelnen Clustern darstellen. Die einzelnen Variablen werden dabei in der Ausgabe nach Wichtigkeit sortiert.

Für unsere Analyse wollen wir ein gestapeltes Kreisdiagramm sowie Prozentdiagramme ausgeben lassen.

Mit Hilfe des Befehls SAVE VARIABLE können Sie in der Arbeitsdatei eine Variable speichern lassen, welche für jeden Fall die Cluster-Zugehörigkeit angibt. Der Name der Variablen soll cluster lauten; voreingestellt ist der Name tsc_n, wobei n eine positive Ganzzahl ist.

- Starten Sie das Programm per Klick auf das Symbol Syntax-Start.

Es bleibt zu hoffen, dass der Model Viewer, den wir Ihnen ja noch vorstellen, in den kommenden Versionen bei der Two-Step-Clusteranalyse deutlich besser wird, so dass Sie nicht mehr auf die Syntax angewiesen sind. Unsere Kritik, wie sich beim weiteren Lesen noch nachvollziehen lässt, besteht vor allem darin, dass die Ausgabe des Model Viewers bei der Two-Step-Clusteranalyse nicht ausreichend zwischen Außen- und Binnenprofilen unterscheidet. Gerade bei der Auswertung der Two-Step-Clusteranalyse ist dies aber ein entscheidender Sachverhalt.

Ausgegeben wird zunächst die Clusterverteilung, d.h. die Anzahl der Beobachtungen in den einzelnen Clustern.

Clusterverteilung

		N	% der Kombinationen	% des Gesamtergebnisses
Cluster	1	109	27,0%	22,1%
	2	99	24,6%	20,0%
	3	101	25,1%	20,4%
	4	94	23,3%	19,0%
	Kombiniert	403	100,0%	81,6%
Ausgeschlossene Fälle		91		18,4%
Gesamtsumme		494		100,0%

Das erste Cluster umfasst 109 Fälle, das zweite Cluster 99, das dritte Cluster 101 und das vierte Cluster 94 Fälle, womit die Fallbündel zahlenmäßig nahezu ausgeglichen sind. 91 Fälle wurden aus der Untersuchung ausgeschlossen.

Es folgt die Tabelle der Clusterprofile, das heißt die Angabe der Mittelwerte und Standardabweichungen der stetigen Variable ausgabe nach Cluster getrennt.

Zentroide

		Monatliche Essensausgabe in €	
		Mittelwert	Standardabweichung
Cluster	1	112,18	54,852
	2	113,74	55,210
	3	130,05	65,201
	4	127,61	63,397
	Kombiniert	120,64	60,029

Die Probanden des ersten Clusters geben mit 112 Euro absolut betrachtet das wenigste Geld für das Essen aus, die Probanden des dritten Clusters mit 130 Euro das meiste. Insgesamt betrachtet handelt es sich um relativ geringe Essensausgaben, was natürlich damit zusammenhängt, dass es sich um eine Befragung von Studierenden handelt.

Es folgen in der Ausgabe die Häufigkeiten der kategorialen Variablen nach Cluster getrennt.

vegetarisch

		Ja		Ab und zu		Nein	
		Häufigkeit	Prozent	Häufigkeit	Prozent	Häufigkeit	Prozent
Cluster	1	76	88,4%	27	14,0%	6	4,8%
	2	5	5,8%	84	43,5%	10	8,1%
	3	3	3,5%	69	35,8%	29	23,4%
	4	2	2,3%	13	6,7%	79	63,7%
	Kombiniert	86	100,0%	193	100,0%	124	100,0%

fleischarm

		Ja		Ab und zu		Nein	
		Häufigkeit	Prozent	Häufigkeit	Prozent	Häufigkeit	Prozent
Cluster	1	91	62,8%	4	2,6%	14	13,6%
	2	45	31,0%	46	29,7%	8	7,8%
	3	8	5,5%	75	48,4%	18	17,5%
	4	1	,7%	30	19,4%	63	61,2%
	Kombiniert	145	100,0%	155	100,0%	103	100,0%

vegan

		Ja		Ab und zu		Nein	
		Häufigkeit	Prozent	Häufigkeit	Prozent	Häufigkeit	Prozent
Cluster	1	7	87,5%	15	51,7%	87	23,8%
	2	0	,0%	10	34,5%	89	24,3%
	3	1	12,5%	4	13,8%	96	26,2%
	4	0	,0%	0	,0%	94	25,7%
	Kombiniert	8	100,0%	29	100,0%	366	100,0%

Rohkost

		Ja		Ab und zu		Nein	
		Häufigkeit	Prozent	Häufigkeit	Prozent	Häufigkeit	Prozent
Cluster	1	43	62,3%	50	31,2%	16	9,2%
	2	18	26,1%	47	29,4%	34	19,5%
	3	6	8,7%	47	29,4%	48	27,6%
	4	2	2,9%	16	10,0%	76	43,7%
	Kombiniert	69	100,0%	160	100,0%	174	100,0%

sättigend

		Ja		Ab und zu		Nein	
		Häufigkeit	Prozent	Häufigkeit	Prozent	Häufigkeit	Prozent
Cluster	1	42	20,3%	56	35,4%	11	28,9%
	2	57	27,5%	24	15,2%	18	47,4%
	3	45	21,7%	56	35,4%	0	,0%
	4	63	30,4%	22	13,9%	9	23,7%
	Kombiniert	207	100,0%	158	100,0%	38	100,0%

preiswert

		Ja		Ab und zu		Nein	
		Häufigkeit	Prozent	Häufigkeit	Prozent	Häufigkeit	Prozent
Cluster	1	36	19,8%	62	36,5%	11	21,6%
	2	71	39,0%	2	1,2%	26	51,0%
	3	17	9,3%	80	47,1%	4	7,8%
	4	58	31,9%	26	15,3%	10	19,6%
	Kombiniert	182	100,0%	170	100,0%	51	100,0%

exotisch/international

		Ja		Ab und zu		Nein	
		Häufigkeit	Prozent	Häufigkeit	Prozent	Häufigkeit	Prozent
Cluster	1	69	35,4%	30	18,2%	10	23,3%
	2	46	23,6%	51	30,9%	2	4,7%
	3	39	20,0%	54	32,7%	8	18,6%
	4	41	21,0%	30	18,2%	23	53,5%
	Kombiniert	195	100,0%	165	100,0%	43	100,0%

deftig

		Ja		Ab und zu		Nein	
		Häufigkeit	Prozent	Häufigkeit	Prozent	Häufigkeit	Prozent
Cluster	1	18	15,5%	44	23,2%	47	48,5%
	2	13	11,2%	55	28,9%	31	32,0%
	3	25	21,6%	69	36,3%	7	7,2%
	4	60	51,7%	22	11,6%	12	12,4%
	Kombiniert	116	100,0%	190	100,0%	97	100,0%

Fast food

		ja		ab und zu		nein	
		Häufigkeit	Prozent	Häufigkeit	Prozent	Häufigkeit	Prozent
Cluster	1	9	16,1%	57	22,8%	43	44,3%
	2	8	14,3%	65	26,0%	26	26,8%
	3	5	8,9%	86	34,4%	10	10,3%
	4	34	60,7%	42	16,8%	18	18,6%
	Kombiniert	56	100,0%	250	100,0%	97	100,0%

vitaminreich

		ja		ab und zu		nein	
		Häufigkeit	Prozent	Häufigkeit	Prozent	Häufigkeit	Prozent
Cluster	1	85	36,8%	23	15,6%	1	4,0%
	2	79	34,2%	14	9,5%	6	24,0%
	3	33	14,3%	62	42,2%	6	24,0%
	4	34	14,7%	48	32,7%	12	48,0%
	Kombiniert	231	100,0%	147	100,0%	25	100,0%

Eine Clusteranalyse kann letztendlich nur dann als geglückt gelten, wenn sich die Clusterprofile eindeutig beschreiben lassen. Bei den Clusterprofilen wollen wir im Folgenden zwischen dem Außenprofil und dem Binnenprofil unterscheiden. Mit Außenprofil meinen wir die vergleichende Betrachtung der Cluster untereinander. Die entscheidende Frage lautet hier: Durch welche Charakteristika unterscheidet sich das jeweilige Cluster von den Eigenschaften der anderen Cluster? Mit Binnenprofil meinen wir die Betrachtung eines Clusters für sich genommen. Die zentrale Frage lautet hier: Welche Werte eines oder mehrerer Merkmale zeichnen das Cluster besonders aus? Während das Außenprofil als horizontale Sichtweise betrachtet werden kann (Vergleich und Prozentuierung quer über die Cluster), stellt das Binnenprofil eine vertikale Sichtweise dar (Vergleich und Prozentuierung innerhalb des jeweiligen Clusters).

Um die erste Variante des Clusterprofils, das Außenprofil, besser beschreiben zu können, sollten Sie zunächst auf der Basis der deskriptiven Statistiken eine Tabelle anfertigen, wobei wir hierfür im Folgenden den Mittelwert für die Essensausgaben und den prozentualen Anteil der Kategorie »Ja« für die Ernährungsarten verwenden.

	Cluster 1	Cluster 2	Cluster 3	Cluster 4
Ausgaben (in Euro)	**112,0**	114,0	**130,0**	128,0
Vegetarisch	**88,4**	5,8	3,5	2,3
Fleischarm	**62,8**	**31,0**	5,5	**0,7**
Vegan	**87,5**	0,0	**12,5**	0,0
Rohkost	**62,3**	**26,1**	8,7	2,9
Sättigend	20,3	27,5	21,7	**30,4**
Preiswert	19,8	**39,0**	**9,3**	31,9
Exotisch	**35,4**	23,6	20,0	21,0
Deftig	15,5	11,2	21,6	**51,7**
Fastfood	16,1	14,3	**8,9**	**60,7**
Vitaminreich	**36,8**	**34,2**	14,3	14,7

Nach der Anfertigung der obigen Tabelle sollten Sie die Cluster untereinander vergleichen. Dies gelingt am besten, indem Sie exponierte Werte, welche die Spezifika eines jeweiligen Clusters betonen, durch Markierung hervorheben, was wir bei der Zusammenfassung der deskriptiven Statistiken mittels Fettdruck bereits getan haben. In der Regel dürfte es sich dabei um Extremwerte handeln, also besonders hohe oder niedrige Werte.

Eine inhaltliche Deutung der Cluster auf der Basis der Modellvariablen und der von uns angefertigten Tabelle könnte wie folgt aussehen:

Cluster 1: Das erste Cluster umfasst Personen, die mit 112 Euro monatlich das wenigste Geld für das Essen ausgeben, sich aber mit Abstand am gesündesten ernähren. In vergleichender Betrachtung der Cluster heben sich vor allem die Werte für die vegetarische, die fleischarme, die vegane, die rohkost-orientierte, die exotische sowie die vitaminreiche Ernährungsart deutlich ab. Obwohl die Personen dieses Clusters objektiv betrachtet das wenigste Geld für das Essen ausgeben, ist ihnen der Aspekt, sich preiswert zu ernähren, nicht besonders wichtig. Dieser Sachverhalt ist wohl so zu erklären, dass Personen, die sich stark fleischarm ernähren, auch kostengünstiger einkaufen können.

Cluster 2: Die Personen des zweiten Clusters geben mit 114 Euro weniger Geld für das Essen aus als das arithmetischen Mittel der Befragten (120,64 Euro). Essen soll für sie vor allem preiswert (39,0%) sein. Betrachtet man die anderen Werte für die Ernährungsvorlieben, so erhält man den Eindruck, dass eine ausgewogene Ernährungsart vorliegt. Eine vegane Ernährungsart wird abgelehnt, andererseits muss es aber auch nicht immer Fleisch sein, so dass auch Wert auf vitaminreiches und rohkost-orientiertes Essen gelegt wird.

Cluster 3: Die Personen des dritten Clusters geben mit 130 Euro monatlich mehr Geld für das Essen aus als die anderen drei Cluster. Damit korrespondiert auch, dass der Preis für sie kein entscheidendes Kriterium darstellt (9,3%). Betrachtet man weitere Werte, so fällt die geringe Akzeptanz des Fastfood Essens auf. Auch dies passt recht gut zu den vergleichsweise hohen Essensausgaben.

Cluster 4: Die Probanden des vierten Clusters geben mit 128 Euro monatlich das zweit meiste Geld für das Essen aus, welches für sie vor allem sättigend und deftig sein soll. Damit geht einher, dass in diesem Cluster mit 60,7% die Zustimmung zu Fastfood mit mehr als deutlichem Abstand am stärksten ausfällt. Die Ausgaben für das Essen liegen hier wohl vor allem deshalb über dem arithmetischen Mittel der Befragten, weil viel Fleisch verzehrt wird, worauf die Zustimmung von lediglich 0,7% bei der fleischarmen Ernährungsart hinweist.

Nachdem Sie die Außenprofile auf die obige Weise beschrieben haben, sollten Sie noch griffige Etiketten vergeben. Cluster 1 ließe sich mit dem Etikett »Gesunde Vegetarier« versehen, Cluster 2 mit »Preiswerte Vollkostler«, Cluster 3 mit »Teure Esser« und Cluster 4 mit »Deftige Fleischverzehrer«. Aus dieser Sichtweise betrachtet stellen das erste und das vierte Cluster Antipoden dar. Beachten Sie dabei noch einmal, dass diese beschreibenden Etiketten nur ihre Gültigkeit in clustervergleichender Sichtweise besitzen. Derartige Etiketten können somit falsche Vorstellungen transportieren, wenn die zwingend erforderliche Analyse der Binnenprofile im Sinne einer additiven Betrachtungsweise unterbleibt.

- Wechseln Sie in die Variablenansicht des Dateneditors, vergeben Sie die obigen Etiketten für die vier Merkmalsausprägungen der Variablen tsc_n, und benennen Sie anschließend die Variable tsc_n in cluster um. Vergeben Sie das Variablenlabel »Esskultur« sowie die oben beschriebenen Etiketten für die vier Merkmalsausprägungen.
- Speichern Sie die Datei essen.sav ab.

Wir wollen dazu übergehen, Zusammenhänge der Clustervariablen mit dem Geschlecht zu überprüfen, das heißt wir wollen mit der Clustervariablen ein wenig rechnen.

- Wählen Sie aus dem Menü

  Analysieren
  Deskriptive Statistiken
  Kreuztabellen...

- Übertragen Sie die Variable cluster in das Feld für die Zeilenvariable, die Variable geschlecht in das Feld für die Spaltenvariable.
- Klicken Sie auf den Schalter *Statistiken...*, und aktivieren Sie die Option *Chi-Quadrat*.
- Klicken Sie auf den Schalter *Zellen...*, und aktivieren Sie zusätzlich die Option *Erwartet* und *Standardisiert*.
- Bestätigen Sie mit *Weiter* und *OK*.

Sie erhalten die folgende Ausgabe.

Kreuztabelle Esskultur*Geschlecht

			Geschlecht		Gesamtsumme
			weiblich	männlich	
Esskultur	Gesunde Vegetarier	Anzahl	80	29	109
		Erwartete Anzahl	53,8	55,2	109,0
		Standardresiduum	3,6	-3,5	
	Preiswerte Vollkostler	Anzahl	65	34	99
		Erwartete Anzahl	48,9	50,1	99,0
		Standardresiduum	2,3	-2,3	
	Teure Esser	Anzahl	33	68	101
		Erwartete Anzahl	49,9	51,1	101,0
		Standardresiduum	-2,4	2,4	
	Deftige Fleischverzehrer	Anzahl	21	73	94
		Erwartete Anzahl	46,4	47,6	94,0
		Standardresiduum	-3,7	3,7	
Gesamtsumme		Anzahl	199	204	403
		Erwartete Anzahl	199,0	204,0	403,0

Chi-Quadrat-Tests

	Wert	df	Asymp. Sig. (zweiseitig)
Pearson-Chi-Quadrat	74,414[a]	3	,000
Likelihood-Quotient	77,463	3	,000
Zusammenhang linear-mit-linear	69,569	1	,000
Anzahl der gültigen Fälle	403		

a. 0 Zellen (0,0%) haben die erwartete Anzahl von weniger als 5. Die erwartete Mindestanzahl ist 46,42.

Der Zusammenhang zwischen der Clustervariablen und der Variablen geschlecht wird als höchst signifikant ausgewiesen (p <= 0,001). Der antipodische Charakter zwischen dem ersten Cluster (»Gesunde Vegetarier«) und dem vierten Cluster (»Deftige Fleischverzehrer«) kommt auch in der Kreuztabelle recht schön zum Ausdruck, insofern die »Gesunden Vegetarier« besonders stark von den Frauen dominiert werden (std. Res. +3,6), die »Deftigen Fleischverzehrer« hingegen sehr stark von den Männern (std. Res. +3,7). Während bei den »Preiswerten Vollkostlern« die Frauen überwiegen (std. Res. +2,3), sind es bei den »Teuren Essern« die Männer (std. Res. +2,4).

In der SPSS-Ausgabe zur Two-Step-Clusteranalyse befindet sich noch das angeforderte Kreisdiagramm, das die Clustergrößen veranschaulicht.

- Verändern Sie das Kreisdiagramm wie in Kap. 2 beschrieben, in dem Sie z. B. eine geeignete Überschrift wählen.

Sie erhalten das folgende Tortendiagramm.

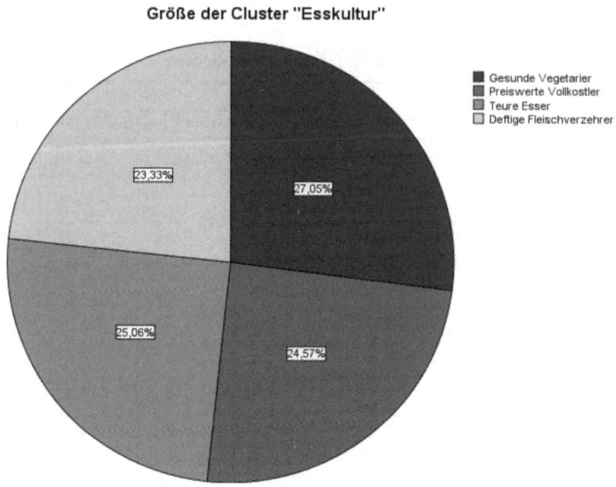

Bild 20.9: Tortendiagramm mit Angaben zur Größe der Cluster

Wir wollen nunmehr zur Betrachtung des Binnenprofils der einzelnen Cluster übergehen, zur vertikalen Sichtweise, die zumindest als eine die horizontale Sichtweise ergänzende Vorgehensart betrachtet werden kann. Im Ausgabefenster erblicken Sie hierfür die gewünschten Diagramme, in denen die Variation der einzelnen Variablen innerhalb eines Clusters angezeigt wird. Für die kategorialen Variablen in unserem Beispiel wird jeweils ein gruppiertes Balkendiagramm erstellt, in dem die kategorialen Häufigkeiten pro Cluster angezeigt werden. Betrachten wir beispielhaft die Diagramme für die fünf Variablen vegetarisch, fleischarm, vegan, Rohkost, sättigend, preiswert und deftig.

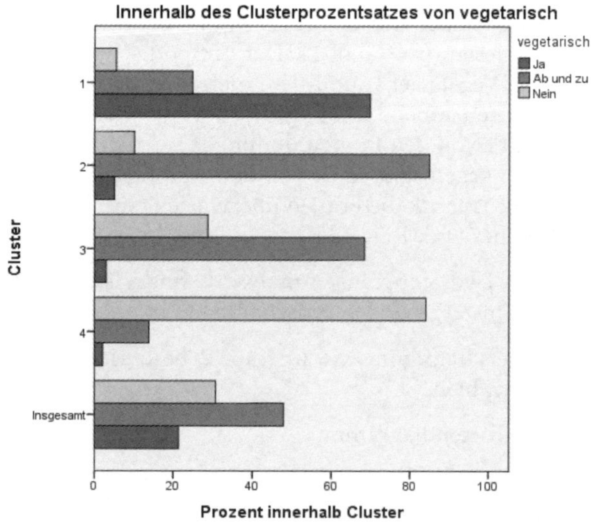

Bild 20.10: Gruppiertes Balkendiagramm der Variablen vegetarisch

Das Balkendiagramm unterstreicht die starke Zustimmung zur vegetarischen Ernährungsvorliebe beim ersten Cluster. Das vierte Cluster zeichnet sich durch die starke Ablehnung des Vegetarischen aus. Achten Sie bitte noch einmal darauf, dass es sich bei den Diagrammen im Unterschied zu den abgedruckten Häufigkeitstabellen zu Beginn des Abschnitts um die Prozente innerhalb eines Clusters handelt. Zu 100 Prozent aufaddiert werden also in unserem Beispiel jeweils die drei Kategorien »ja«, »ab und zu« und »nein« pro Cluster (Binnenprofil), während bei den Häufigkeitstabellen die einzelnen Kategorien über die Cluster hinweg zu 100 Prozent addiert werden (Außenprofil).

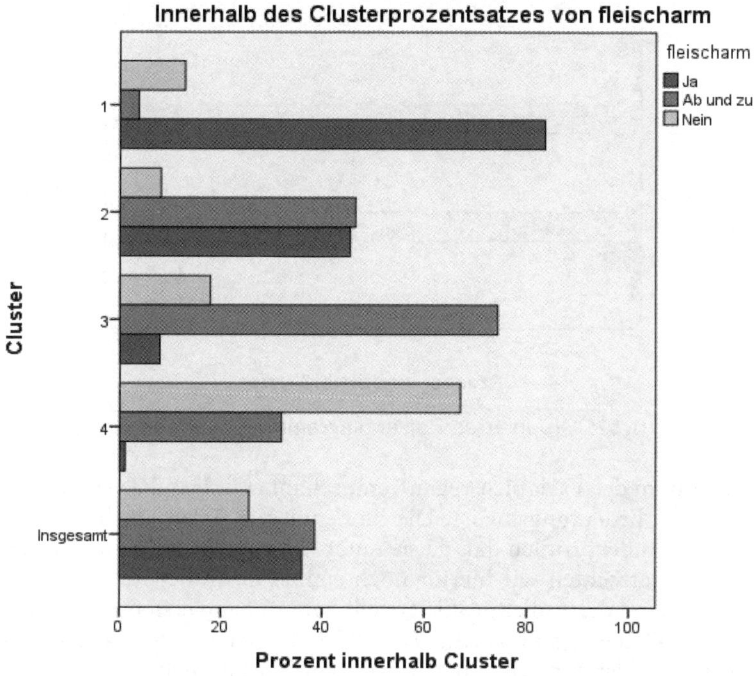

Bild 20.11: Gruppiertes Balkendiagramm der Variablen fleischarm

Das Balkendiagramm der Variablen fleischarm verdeutlicht bezüglich des ersten Clusters, dass die fleischarme Küche als Ernährungsart hier sehr stark optioniert wird. Hinsichtlich des dritten Clusters fällt auf, dass die mittlere Kategorie (»ab und zu«) im Antwortverhalten überwiegt. Verfolgen Sie das Binnenprofil des dritten Clusters unter Hinzuziehung der Balkendiagramme der anderen Variablen, so erkennen Sie, dass die mittlere Kategorie im Antwortverhalten bei nahezu allen Variablen am stärksten ausgeprägt ist. Dies bestätigt unsere Vermutung, dass es sich bei diesem Cluster um eine Probandengruppe handelt, die sich von Extremen hinsichtlich der Ernährungsart abgrenzt. Man ernährt sich weder vegan noch cholesterinlastig. So überwiegt die Kategorie »ab und zu« bei den Variablen vegetarisch, fleischarm, sättigend, preiswert, exotisch/international, deftig, Fastfood und vitaminreich. Wenn man so will, stellt das dritte Cluster eine Befragtengruppe dar, für die das Prinzip gilt »Von allem ein bisschen«.

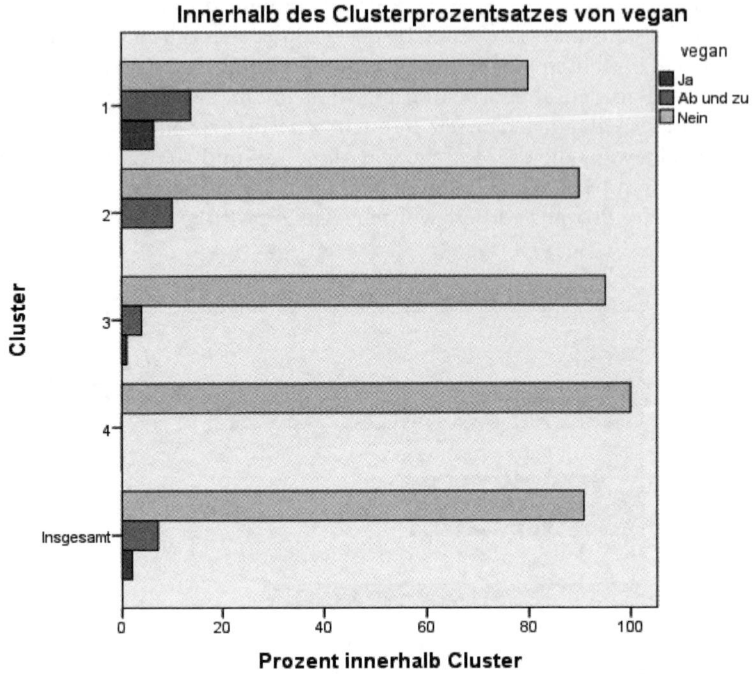

Bild 20.12: Gruppiertes Balkendiagramm der Variablen vegan

Das Balkendiagramm der Variablen vegan veranschaulicht, dass die vegane Küche für alle vier Cluster nahezu bedeutungslos ist. Die Binnenprofile stellen auch insofern eine gute Ergänzung zu den Außenprofilen dar, da sie unter Umständen sonst zu falschen Schlüssen gelangen können. Betrachten wir hierfür noch einmal die Tabelle der einzelnen Clusterprofile, die wir anhand der Außenprofile erstellt hatten. Beim ersten Cluster finden Sie die Prozentzahl 87,5 für die vegane Küche. Dieser Wert verstellt den realen Sachverhalt der Bedeutungslosigkeit, der hinsichtlich der veganen Küche auch für dieses Cluster gilt. Schauen Sie zusätzlich in die Häufigkeitstabelle für die Variable vegan, so erkennen Sie, dass es sich lediglich um sieben Befragte handelt von insgesamt 109 Probanden, die dem ersten Cluster zugeordnet werden. Sie sollten also bei der Beurteilung der Ergebnisse stets die Häufigkeitstabellen, die Außenprofile sowie die Binnenprofile einer gemeinsamen Betrachtung unterziehen.

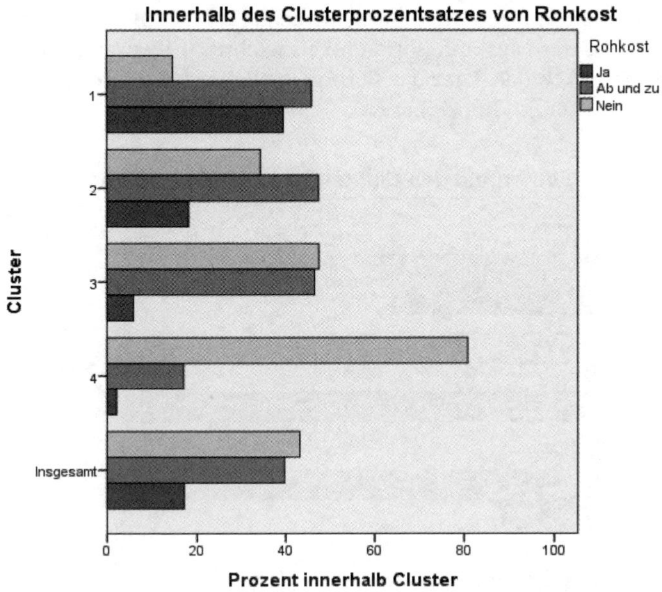

Bild 20.13: Gruppiertes Balkendiagramm der Variablen Rohkost

Analysiert man das Balkendiagramm für die Ernährungsart »Rohkost«, so fällt vor allem die sehr starke Ablehnung der Rohkost seitens des vierten Clusters auf.

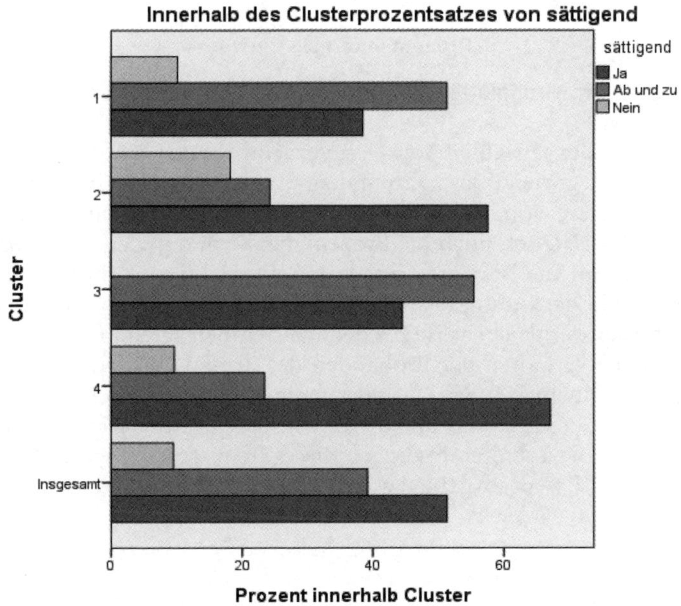

Bild 20.14: Gruppiertes Balkendiagramm der Variablen sättigend

Das Balkendiagramm für die Variable sättigend weist noch einmal daraufhin, dass es sich um eine Befragung von Studierenden handelt. Bezüglich der Binnenprofile fällt bei allen vier Clustern auf, dass das Merkmal sättigend als wichtige Eigenschaft des Essens beurteilt wird. Hier spielt natürlich das Alter der Befragten eine wichtige Rolle. Jüngere Leute sind in der Regel eben ein wenig »hungriger«.

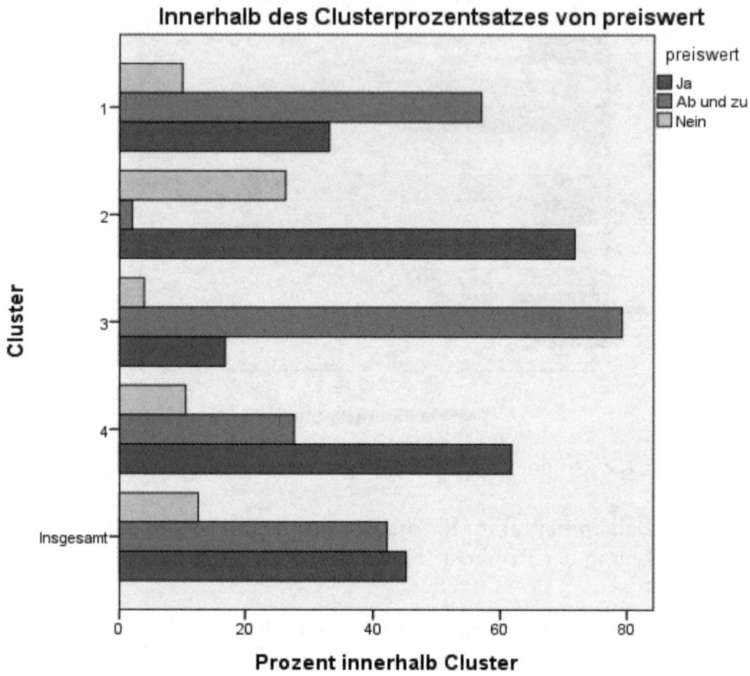

Bild 20.15: Gruppiertes Balkendiagramm der Variablen preiswert

Das Balkendiagramm der Variablen preiswert verdeutlicht das Profil des zweiten Clusters. Innerhalb der drei Kategorien (»ja«, »ab und zu«, »nein«) hebt sich die Zustimmung zur Ernährungsart preiswert von den anderen beiden Kategorien mehr als deutlich ab. Betrachtet man hier zusätzlich noch die Prozentangabe in der Zeile *Gesamt*, so fällt auf, dass preiswert Essen für die Befragten insgesamt ein wichtiges Kriterium darstellt. Auch dies weist noch einmal daraufhin, dass es sich um eine Befragung von Studierenden handelt: Geld ist natürlich vergleichsweise bei den meisten Befragten knapp. Umso deutlicher hebt sich das Antwortverhalten der Probanden des dritten Clusters ab. Auch hier überwiegt aber nicht die Kategorie »nein«, sondern mit mehr als deutlichem Abstand die Antwort »ab und zu«. Unsere Etikettierung dieses Clusters als »teure Esser« kann sich daher weniger auf das Antwortverhalten bezüglich dieses Items stützen, als auf die Angabe zur Höhe der monatlichen Essensausgabe dieser Probandengruppe.

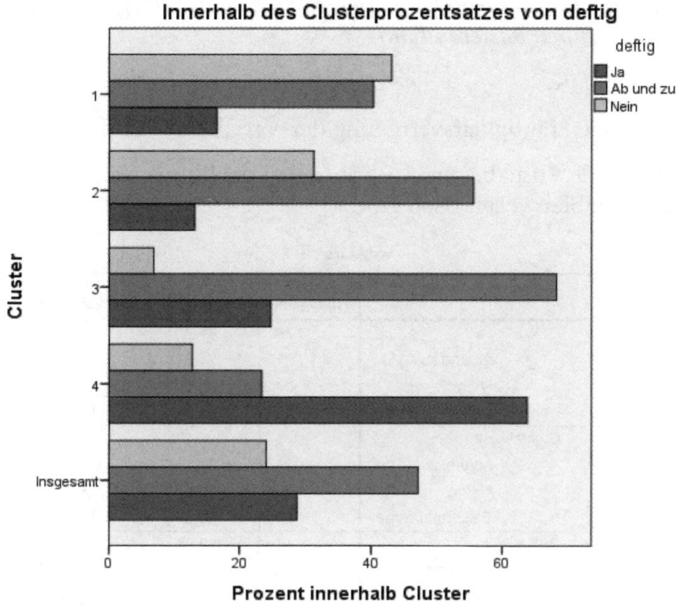

Bild 20.16: Gruppiertes Balkendiagramm der Variablen deftig

Das Balkendiagramm der Variablen deftig veranschaulicht das Profil des vierten Clusters. Die Zustimmung zur Ernährungsart deftig ist hier überdeutlich sichtbar.

Zur Bestimmung der Binnenprofile der einzelnen Cluster ist zusätzlich zu den oben abgebildeten Diagrammen die Ausgabe der kategorialen Häufigkeiten pro Cluster in Form von Häufigkeitstabellen hilfreich. Wünschen sie dies, z. B. für die Variable vegetarisch, so gehen Sie wie folgt vor.

- Wählen Sie aus dem Menü

  Daten

  Fälle auswählen...

- Klicken Sie auf die Option *Falls Bedingung zutrifft* sowie anschließend auf den Schalter *Falls...*

- Formulieren Sie hier die Bedingung v2.1 ~= 0 & v2.1 ~= -9 & ANY (cluster, 1,2,3,4).

- Bestätigen Sie mit *Weiter* und anschließend mit *OK*.

Die aufgestellte Bedingung (vgl. Kap. 6) bedeutet, dass nur Fälle ausgewählt werden sollen, bei denen die Variable vegetarisch keine Missing-Werte enthält und die Variable cluster eine Zuordnung zu einem der vier Cluster vorgenommen hat, also ebenfalls keine Missing-Werte enthält.

- Wählen Sie aus dem Menü

  Daten

  Aufgeteilte Datei...

- Aktivieren Sie die Option *Gruppen vergleichen*, und übertragen Sie die Variable cluster in das Feld *Gruppen basierend auf*.
- Bestätigen Sie mit *OK*.
- Führen Sie nun eine Häufigkeitsverteilung der Variablen v2.1 durch.

Sie erhalten die folgende Ausgabe, die Auskunft über die Binnenprofile der einzelnen Cluster bezüglich der Variablen vegetarisch gibt.

vegetarisch

Esskultur			Häufigkeit	Prozent	Gültige Prozent	Kumulative Prozente
Gesunde Vegetarier	Gültig	Ja	76	69,7	69,7	69,7
		Ab und zu	27	24,8	24,8	94,5
		Nein	6	5,5	5,5	100,0
		Gesamtsumme	109	100,0	100,0	
Preiswerte Vollkostler	Gültig	Ja	5	5,1	5,1	5,1
		Ab und zu	84	84,8	84,8	89,9
		Nein	10	10,1	10,1	100,0
		Gesamtsumme	99	100,0	100,0	
Teure Esser	Gültig	Ja	3	3,0	3,0	3,0
		Ab und zu	69	68,3	68,3	71,3
		Nein	29	28,7	28,7	100,0
		Gesamtsumme	101	100,0	100,0	
Deftige Fleischverzehrer	Gültig	Ja	2	2,1	2,1	2,1
		Ab und zu	13	13,8	13,8	16,0
		Nein	79	84,0	84,0	100,0
		Gesamtsumme	94	100,0	100,0	

Während die Prozentuierung bei der zu Beginn dieses Abschnitts abgedruckten Häufigkeitstabelle der Variablen v2.1 (»vegetarisch«) spaltenweise vorgenommen wurde, so dass sich besonders gut Außenprofile erkennen ließen, die Cluster also untereinander verglichen werden konnten, geschieht die Prozentuierung nunmehr zeilenweise, was bei Aussagen bezüglich der Binnenprofile hilfreich ist. 69,7% der Probanden aus der Gruppe der »Gesunden Vegetarier« haben eine Vorliebe für die vegetarische Ernährungsart (Antwortkategorie »ja«), während dies nur für 2,1% der Gruppe der »Deftigen Fleischverzehrer« gilt.

Sie sollten bei der Clusteranalyse sehr sorgfältig vorgehen, d. h. ihre inhaltliche Interpretation der Cluster sollte »hieb- und stichfest« sein. Abschließend sollten Sie daher die Mühe nicht scheuen, eine komplette Häufigkeitstabelle hinsichtlich der Binnenprofile der Cluster zu erstellen. Dabei können Sie wie oben beschrieben vorgehen. Syntaxkenntnisse vorausgesetzt könnten Sie sich auch das folgende Programm (essen.sps) schreiben bzw. das vorgegebene für Ihre Belange abwandeln.

```
COMPUTE filter_$ = v2.1 ~= 0 & v2.1 ~= -9 & ANY (cluster, 1,2,3,4) .
SORT CASES BY cluster .
SPLIT FILE
 SEPARATE BY cluster .
FREQUENCIES VARIABLES = v2.1 .
FILTER OFF.
USE ALL.
```

```
COMPUTE filter_$ = v2.2 ~= 0 & v2.2 ~= -9 & ANY (cluster, 1,2,3,4) .
SORT CASES BY cluster .
SPLIT FILE
 SEPARATE BY cluster .
FREQUENCIES VARIABLES = v2.2 .
FILTER OFF.
USE ALL.

COMPUTE filter_$ = v2.3 ~= 0 & v2.3 ~= -9 & ANY (cluster, 1,2,3,4) .
SORT CASES BY cluster .
SPLIT FILE
 SEPARATE BY cluster .
FREQUENCIES VARIABLES = v2.3 .
FILTER OFF.
USE ALL.

COMPUTE filter_$ = v2.4 ~= 0 & v2.4 ~= -9 & ANY (cluster, 1,2,3,4) .
SORT CASES BY cluster .
SPLIT FILE
 SEPARATE BY cluster .
FREQUENCIES VARIABLES = v2.4 .
FILTER OFF.
USE ALL.

COMPUTE filter_$ = v2.5 ~= 0 & v2.5 ~= -9 & ANY (cluster, 1,2,3,4) .
SORT CASES BY cluster .
SPLIT FILE
 SEPARATE BY cluster .
FREQUENCIES VARIABLES = v2.5 .
FILTER OFF.
USE ALL.

COMPUTE filter_$ = v2.6 ~= 0 & v2.6 ~= -9 & ANY (cluster, 1,2,3,4) .
SORT CASES BY cluster .
SPLIT FILE
 SEPARATE BY cluster .
FREQUENCIES VARIABLES = v2.6 .
FILTER OFF.
USE ALL.

COMPUTE filter_$ = v2.7 ~= 0 & v2.7 ~= -9 & ANY (cluster, 1,2,3,4) .
SORT CASES BY cluster .
SPLIT FILE
 SEPARATE BY cluster .
FREQUENCIES VARIABLES = v2.7 .
FILTER OFF.
USE ALL.
```

```
COMPUTE filter_$ = v2.8 ~= 0 & v2.8 ~= -9 & ANY (cluster, 1,2,3,4) .
SORT CASES BY cluster .
SPLIT FILE
 SEPARATE BY cluster .
FREQUENCIES VARIABLES = v2.8 .
FILTER OFF.
USE ALL.

COMPUTE filter_$ = v2.9 ~= 0 & v2.9 ~= -9 & ANY (cluster, 1,2,3,4) .
SORT CASES BY cluster .
SPLIT FILE
 SEPARATE BY cluster .
FREQUENCIES VARIABLES = v2.9 .
FILTER OFF.
USE ALL.

COMPUTE filter_$ = v2.10 ~= 0 & v2.10 ~= -9 & ANY (cluster, 1,2,3,4) .
SORT CASES BY cluster .
SPLIT FILE
 SEPARATE BY cluster .
FREQUENCIES VARIABLES = v2.10 .
FILTER OFF.
USE ALL.
```

- Laden Sie das Programm essen.sps in den Syntaxeditor, markieren Sie alle Programmzeilen und starten Sie es.
- Erstellen Sie gestützt auf die Ausgabe des Programms im Viewer eine Häufigkeitstabelle, um die Binnenprofile der Cluster genauer zu analysieren.

Eine solche Häufigkeitstabelle auf der Basis der gültigen Prozente ist im Folgenden wiedergegeben.

	Cluster 1 »Gesunde Vegetarier«			Cluster 2 »Preiswerte Vollkostler«			Cluster 3 »Teure Esser«			Cluster 4 »Deftige Fleischverzehrer«		
Ausgaben (in Euro)	112,0			114,0			130,0			128,0		
Vegetarisch	69,7	24,8	5,5	5,1	84,8	10,1	3,0	68,3	28,7	2,1	13,8	84,0
Fleischarm	83,5	3,7	12,8	45,5	46,5	8,1	7,9	74,3	17,8	1,1	31,9	67,0
Vegan	6,4	13,8	79,8	0,0	10,1	89,9	1,0	4,0	95,0	0,0	0,0	100,0
Rohkost	39,4	45,9	14,7	18,2	47,5	34,3	5,9	46,5	47,5	2,1	17,0	80,9
Sättigend	38,5	51,4	10,1	57,6	24,2	18,2	44,6	55,4	0,0	67,0	23,4	9,6
Preiswert	33,0	56,9	10,1	71,7	2,0	26,3	16,8	79,2	4,0	61,7	27,7	10,6
Exotisch	63,3	27,5	9,2	46,5	51,5	2,0	38,6	53,5	7,9	43,6	31,9	24,5

	Cluster 1 »Gesunde Vegetarier«			Cluster 2 »Preiswerte Vollkostler«			Cluster 3 »Teure Esser«			Cluster 4 »Deftige Fleischverzehrer«		
Deftig	16,5	40,4	43,1	13,1	55,6	31,3	24,8	68,3	6,9	63,8	23,4	12,8
Fastfood	8,3	52,3	39,4	8,1	65,7	26,3	5,0	85,1	9,9	36,2	44,7	19,1
Vitaminreich	78,0	21,1	0,9	79,8	14,1	6,1	32,7	61,4	5,9	36,2	51,1	12,8

Benutzen Sie die obige Tabelle, so können Sie Aussagen bezüglich des Binnenprofils der Cluster präzise formulieren.

Eine endgültige, finale Beschreibung der Cluster sollte schließlich sowohl die Außen- als auch die Binnenprofile gebührend berücksichtigen.

In der SPSS-Ausgabe zur Two-Step-Clusteranalyse sehen Sie schließlich noch ein Fehlerbalkendiagramm für die stetige Variable ausgabe.

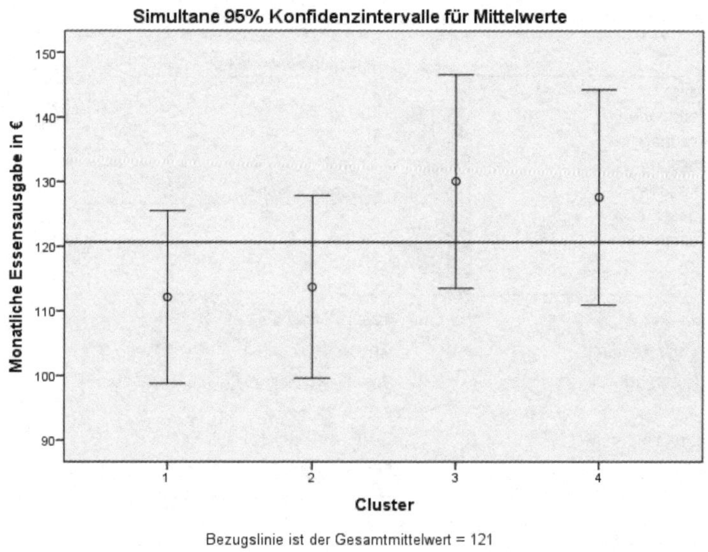

Bild 20.17: Fehlerbalkendiagramm der Variablen ausgabe

Im Fehlerbalkendiagramm werden die Fehlerbalken getrennt nach den vier Clustern der Clustervariablen angezeigt. Deutlich werden hier noch einmal die vergleichsweise hohen Ausgaben des dritten Clusters (»Teure Esser«) für das Essen.

- Achten Sie darauf, dass Sie beim Beenden von SPSS die Datei essen.sav nicht speichern, da zur Zeit eventuell noch der Filter aktiv ist. Schließen Sie die Datei essen.sav.

Wir wollen nunmehr dazu übergehen Ihnen die Bedienung und die Ausgabe des Model Viewers zu erläutern.

20.6.2 Die Two-Step-Clusteranalyse per Model Viewer

Auf der Basis unserer bisherigen Ausführungen dürften Sie in der Lage sein, Stärken und Schwächen des Model Viewer im Folgenden zu erkennen sowie dazu imstande sein für Ihre Anwendung Elemente des Model Viewer mit der von uns favorisierten Syntax bezüglich der alten Ausgabe nach Bedarf zu kombinieren. Perspektivisch wird Ihnen wohl ab einer der kommenden Versionen nur noch der dann hoffentlich optimierte Model Viewer zur Verfügung stehen.

- Laden Sie die Datei essen.sav.
- Wählen Sie aus dem Menü

Analysieren
Klassifizieren
Two-Step-Clusteranalyse...

Sie sehen die Dialogbox *Two-Step-Clusteranalyse.*

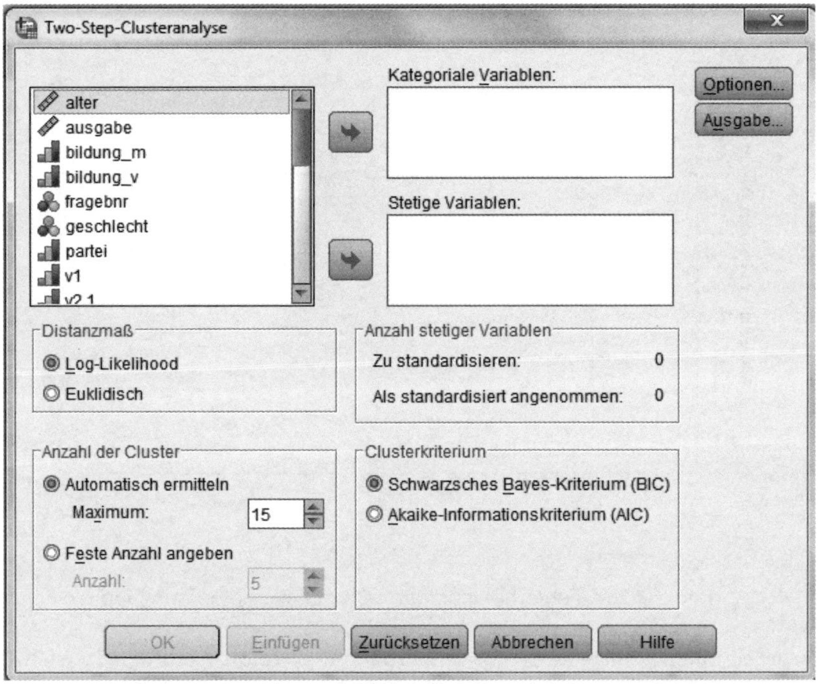

Bild 20.18: Dialogbox Two-Step-Clusteranalyse

- Übertragen Sie die Variablen v2.1 bis v2.10 (Vorliebe für bestimmte Ernährungsarten) der Reihe nach in die Liste für die kategorialen Variablen sowie die Variable ausgabe (monatliche Essensausgabe in Euro) in die Liste für die stetigen Variablen.
- Klicken Sie auf die Option *Feste Anzahl angeben* und tragen Sie die Zahl »4« ein.
- Klicken Sie auf den Schalter *Ausgabe...*

Es öffnet sich die Dialogbox *Two-Step-Clusteranalyse: Ausgabe*.

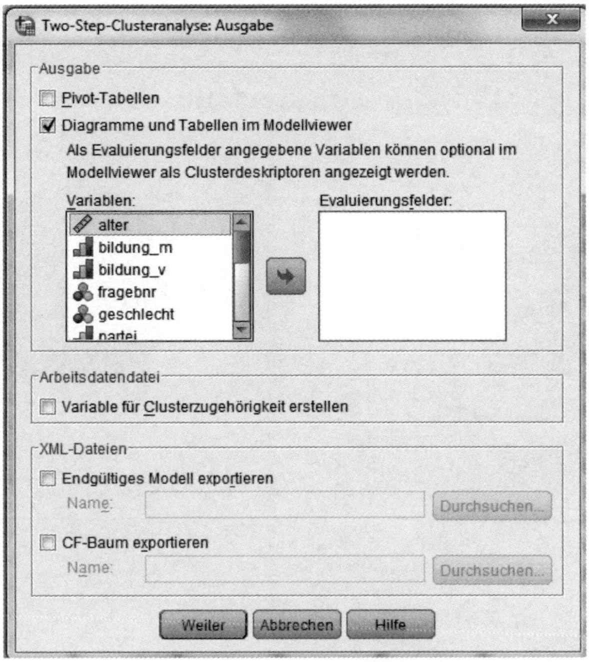

Bild 20.19: Dialogbox Two-Step-Clusteranalyse: Ausgabe

- Aktivieren Sie die Option *Variable für Clusterzugehörigkeit erstellen.*
- Bestätigen Sie mit *Weiter* und starten Sie die Berechnungen mit *OK*.

Im Viewer erhalten Sie folgende Ausgabe:

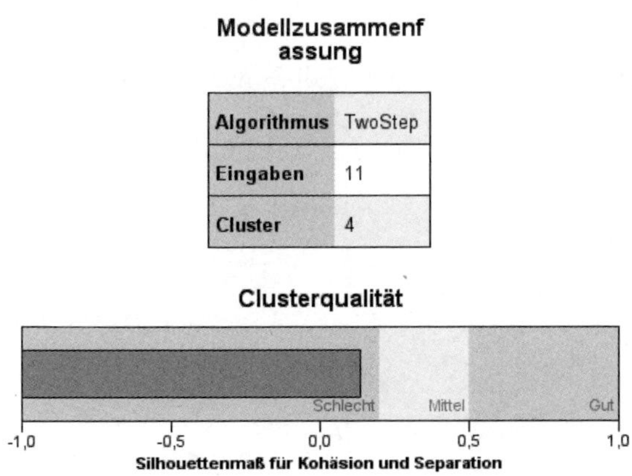

Bild 20.20: Ausgabe der Modellübersicht

Starten Sie den Model Viewer per Doppelklick auf diese Ausgabe. Es öffnet sich der Model Viewer mit dem Start-Bildschirm *Modellanzeige*.

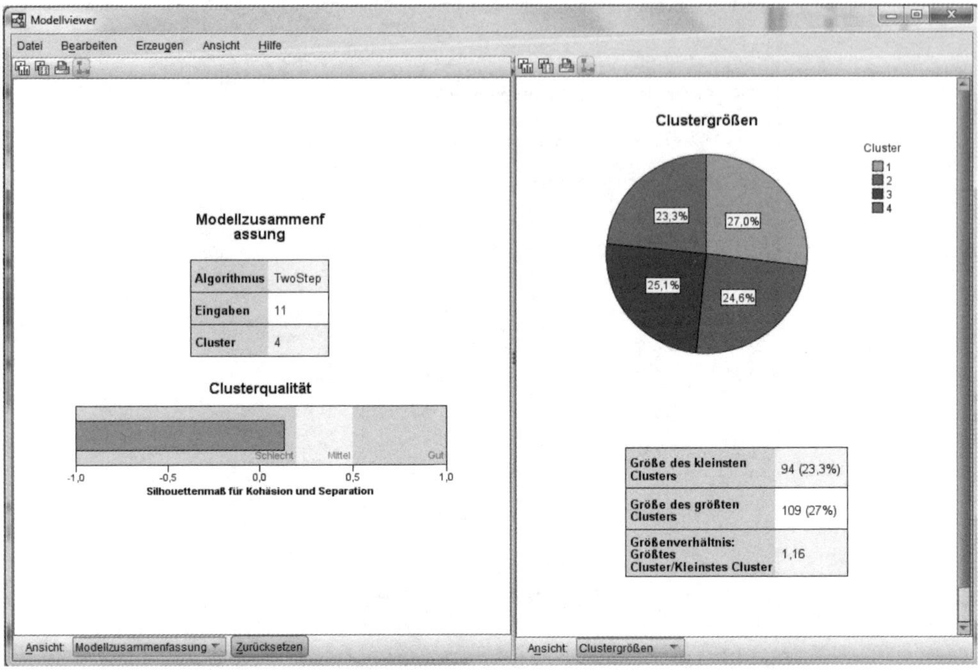

Bild 20.21: Start-Bildschirm des Model Viewer: Modellanzeige

Beim Model Viewer handelt es sich um ein interaktives Tool, mit dessen Hilfe verfügbare Modellansichten angezeigt werden und sich Anzeigen bearbeiten lassen. Die Arbeitsfläche *Modellanzeige* besteht dabei aus zwei Teilfenstern. In der linken Hälfte, der *Hauptansicht*, werden allgemeine Visualisierungen für das Modell angezeigt, während in der rechten Hälfte, der *Zusatzansicht*, detaillierte Visualisierungen sichtbar werden.

- Wählen Sie in der *Hauptansicht* beim Pull-Down-Menü *Ansicht* am unteren linken Bildschirmrand die Option *Cluster*.

Sie erhalten die folgende Ausgabe:

Cluster

Wichtigkeit der Eingabe (Prädiktor)
1,0 0,8 0,6 0,4 0,2 0,0

Cluster	1	3	2	4
Beschriftung				
Beschreibung				
Größe	27,0% (109)	25,1% (101)	24,6% (99)	23,3% (94)
Eingaben	vegetarisch Ja (89,7%)	vegetarisch Ab und zu (68,3%)	vegetarisch Ab und zu (84,8%)	vegetarisch Nein (84,0%)
	fleischarm Ja (83,5%)	fleischarm Ab und zu (74,3%)	fleischarm Ab und zu (46,5%)	fleischarm Nein (67,0%)
	preiswert Ab und zu (56,9%)	preiswert Ab und zu (79,2%)	preiswert Ja (71,7%)	preiswert Ja (61,7%)
	Rohkost Ab und zu (45,9%)	Rohkost Nein (47,0%)	Rohkost Ab und zu (47,5%)	Rohkost Nein (80,9%)
	deftig Nein (43,1%)	deftig Ab und zu (68,3%)	deftig Ab und zu (55,6%)	deftig Ja (63,8%)
	vitaminreich ja (78,0%)	vitaminreich ab und zu (61,4%)	vitaminreich ja (79,8%)	vitaminreich ab und zu (51,1%)
	Fast food ab und zu (52,3%)	Fast food ab und zu (85,1%)	Fast food ab und zu (65,7%)	Fast food ab und zu (44,7%)
	sättigend Ab und zu (51,4%)	sättigend Ab und zu (55,4%)	sättigend Ja (57,6%)	sättigend Ja (67,0%)
	exotisch/international Ja (63,3%)	exotisch/international Ab und zu (53,5%)	exotisch/international Ab und zu (51,5%)	exotisch/international Ja (43,6%)
	vegan Nein (79,8%)	vegan Nein (95,0%)	vegan Nein (89,9%)	vegan Nein (100,0%)
	Monatliche Essensausgabe in € 112,18	Monatliche Essensausgabe in € 130,05	Monatliche Essensausgabe in € 113,74	Monatliche Essensausgabe in € 127,61

Bild 20.22: Ausgabe der Binnenprofile der Cluster

Ausgegeben werden die prozentualen sowie die absoluten Größen der vier Cluster und deren Binnenprofile. Im Unterschied zu den von uns erstellten Häufigkeitstabellen wird nur der jeweils höchste Prozentwert der drei Kategorien »ja«, »ab und zu« und »nein« ausgegeben. Sie erkennen ferner, dass die Cluster der Größe nach sortiert sind.

- Wählen Sie in der *Zusatzansicht* beim Pull-Down-Menü *Ansicht* am unteren rechten Bildschirmrand die Option *Prädiktoreinfluss*.

Sie erhalten die folgende Ausgabe:

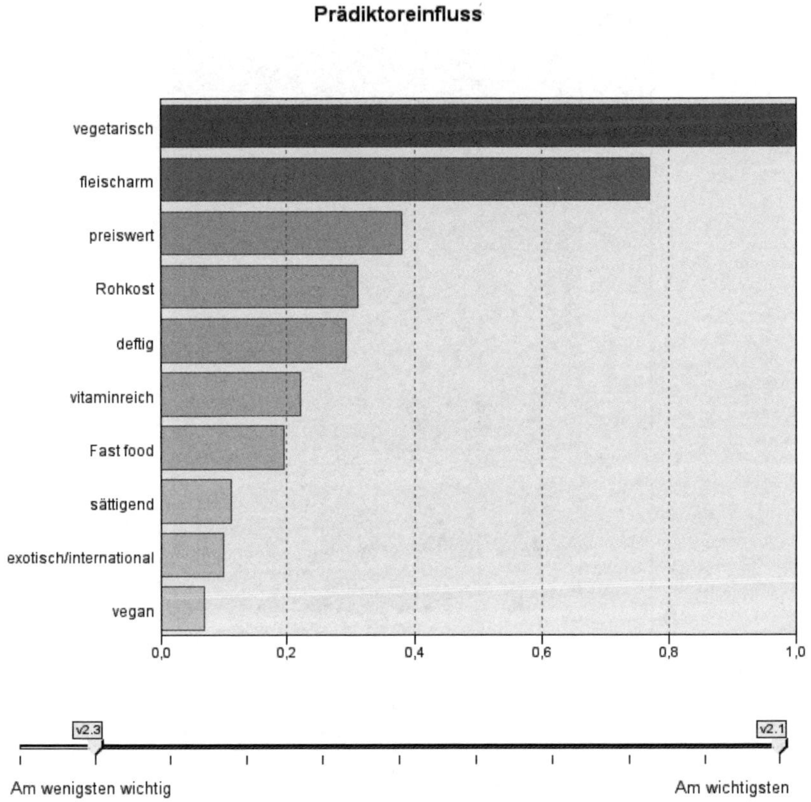

Bild 20.23: Ausgabe der Variablenwichtigkeit

Recht schön angezeigt wird hier die Relevanz der einzelnen Variablen. Während es sich bei den Prädiktoren vegetarisch, fleischarm und preiswert um die drei wichtigsten Variablen bei der Einteilung der Fälle in die vier Cluster handelt, sind die Variablen sättigend, exotisch/international und vegan nahezu bedeutungslos.

Achten Sie darauf, dass sich auf Basis dieses Diagramms keinerlei Aussagen über die Häufigkeitsverteilungen der drei Variablen machen lassen. Vergleichen Sie hierzu einmal die entsprechenden Tabellen.

sättigend

		Häufigkeit	Prozent	Gültige Prozent	Kumulative Prozente
Gültig	Ja	247	50,0	51,5	51,5
	Ab und zu	189	38,3	39,4	90,8
	Nein	44	8,9	9,2	100,0
	Gesamtsumme	480	97,2	100,0	
Fehlend	-9	14	2,8		
Gesamtsumme		494	100,0		

exotisch/international

		Häufigkeit	Prozent	Gültige Prozent	Kumulative Prozente
Gültig	Ja	238	48,2	48,7	48,7
	Ab und zu	205	41,5	41,9	90,6
	Nein	46	9,3	9,4	100,0
	Gesamtsumme	489	99,0	100,0	
Fehlend	-9	5	1,0		
Gesamtsumme		494	100,0		

vegan

		Häufigkeit	Prozent	Gültige Prozent	Kumulative Prozente
Gültig	Ja	10	2,0	2,2	2,2
	Ab und zu	35	7,1	7,6	9,7
	Nein	418	84,6	90,3	100,0
	Gesamtsumme	463	93,7	100,0	
Fehlend	-9	31	6,3		
Gesamtsumme		494	100,0		

Die relative Bedeutungslosigkeit dieser Variablen für die Clustereinteilung ist offensichtlich der Tatsache geschuldet, dass für die Mehrheit der befragten Studierenden das Essen sättigend sein sollte und ruhig exotisch/international sein darf, während eine vegane Ernährungsweise beim Gros der Studierenden keine Rolle spielt.

- Wählen Sie in der *Zusatzansicht* beim Pull-Down-Menü *Ansicht* am unteren rechten Bildschirmrand die Option *Clustergrößen*.
- Markieren Sie mit der Maus ein Segment des Tortendiagramms.

Sie erkennen, dass zusätzlich zur relativen Größe nunmehr auch die absolute Fallzahl des markierten Clusters angezeigt wird.

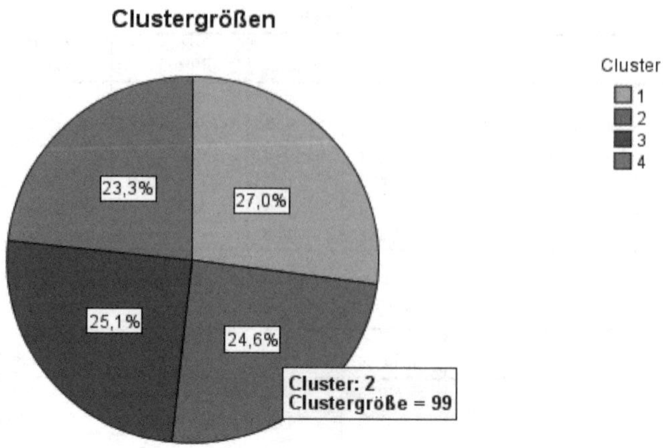

Bild 20.24: Größen der vier Cluster

Klicken Sie doppelt auf das Tortendiagramm, so erkennen Sie, dass das Diagramm nicht in den Diagrammeditor übertragen wird. Ebenso werden in der Modellanzeige keine Pivot-Tabellen angezeigt; die Tabellen des Model Viewer lassen sich nicht wie Pivot-Tabellen bearbeiten. Dies sind weitere Gründe, warum wir Ihnen die Syntax-Variante vorgestellt haben.

- Wenden Sie Ihren Blick wieder der Hauptansicht zu.

Werden in der Hauptansicht die Cluster angezeigt, so erkennen Sie am unteren Bildschirmrand verschiedene Symbole, mit deren Hilfe Sie Funktionen und Cluster sortieren sowie die Anzeige der Zellen steuern können. Wir wollen Ihnen im Folgenden die Symbole des Model Viewer kurz vorstellen.

Cluster und Eingaben transportieren: Die Ausgabe der Binnenprofile der Cluster erfolgt horizontal (vgl. Bild 19.26). Ein erneutes Klicken auf den Schalter präsentiert die Angaben wieder vertikal.

Eingaben nach Gesamtwichtigkeit sortieren: Angezeigt wird die Reihenfolge der unabhängigen Variablen entsprechend ihrer Bedeutung für die Clustereinteilung insgesamt.

Eingaben nach Wichtigkeit im Cluster sortieren: Angezeigt wird die Reihenfolge der unabhängigen Variablen entsprechend ihrer Bedeutung für das jeweilige Cluster.

Eingaben nach Name sortieren: Das Symbol führt zu einer alphabetischen Sortierung der Prädiktorvariablen gemäß der Variablenlabel. Die Relevanz der unabhängigen Variablen spielt dabei keine Rolle.

Eingaben nach Datenreihenfolge sortieren: Das Symbol führt zu einer Sortierung der Prädiktorvariablen entsprechend der eingegebenen Reihenfolge.

Cluster nach Größe sortieren: Das Symbol führt zur Sortierung der Cluster entsprechend ihrer prozentualen Größe.

Cluster nach Name sortieren: Das Symbol führt zur Sortierung der gebildeten Gruppen auf Basis ihrer Namen.

Cluster nach Beschriftung sortieren: Das Symbol bewirkt die Sortierung der gebildeten Cluster auf Basis der Wertelabels.

Zellen zeigen Clusterzentren: Die Informationen in den Zellen zeigen die jeweiligen Cluster-Zentren an.

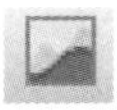

Zellen zeigen absolute Verteilungen: Das Symbol führt zu einer grafischen Darstellung der Verteilung in Form von Balkendiagrammen entsprechend der absoluten Verteilung.

Zellen zeigen relative Verteilungen: Das Symbol führt zu einer grafischen Darstellung der Verteilung in Form von Balkendiagrammen entsprechend der relativen Verteilung.

Zellen zeigen Basisinformationen: Das Symbol bewirkt eine kompakte Ausgabe mit den relevantesten Informationen bezüglich der Cluster.

- Probieren Sie die Symbole einmal in Ruhe aus.
- Klicken Sie auf das Symbol für *Zellen zeigen Basisinformationen.*

Sie erhalten das folgende Diagramm.

Cluster

Wichtigkeit der Eingabe (Prädiktor)

1,0 0,8 0,6 0,4 0,2 0,0

Cluster	1	3	2	4
Größe	27,0%	25,1%	24,6%	23,3%
Eingaben	v2.1	v2.1	v2.1	v2.1
	v2.2	v2.2	v2.2	v2.2
	v2.6	v2.6	v2.6	v2.6
	v2.4	v2.4	v2.4	v2.4
	v2.8	v2.8	v2.8	v2.8
	v2.10	v2.10	v2.10	v2.10
	v2.9	v2.9	v2.9	v2.9
	v2.5	v2.5	v2.5	v2.5
	v2.7	v2.7	v2.7	v2.7
	v2.3	v2.3	v2.3	v2.3
	ausgabe	ausgabe	ausgabe	ausgabe

Bild 20.25: Basisinformationen der Cluster: Gesamtrelevanz

Leider werden an dieser Stelle in der Version 22 die Variablennamen statt der Variablenlabel angezeigt.

- Klicken Sie nunmehr auf das Symbol für *Eingaben nach Wichtigkeit im Cluster sortieren.*

Sie erkennen, dass auch die Basisinformationen auf diese Anforderung reagieren und ihre Gestalt verändern.

Cluster

Wichtigkeit der Eingabe (Prädiktor)

1,0 0,8 0,6 0,4 0,2 0,0

Cluster	1	3	2	4
Größe	27,0%	25,1%	24,6%	23,3%
Eingaben	v2.1	v2.2	v2.6	v2.1
	v2.2	v2.6	v2.1	v2.2
	v2.4	v2.10	v2.10	v2.8
	v2.8	v2.1	v2.2	v2.4
	v2.10	v2.9	v2.5	v2.9
	v2.3	v2.8	v2.8	v2.10
	v2.9	v2.5	v2.7	v2.7
	v2.7	v2.4	v2.4	v2.6
	v2.6	v2.7	v2.3	v2.5
	v2.5	ausgabe	ausgabe	v2.3
	ausgabe	v2.3	v2.9	ausgabe

Bild 20.26: Basisinformationen der Cluster: Gruppenrelevanz

- Markieren Sie in der Tabelle Basisinformationen die erste Zelle des ersten Clusters und klicken Sie mit der linken oder rechten Maustaste.

In der Hauptansicht sehen Sie die jeweilige Wichtigkeit sowie in der Zusatzansicht die Zellenverteilung.

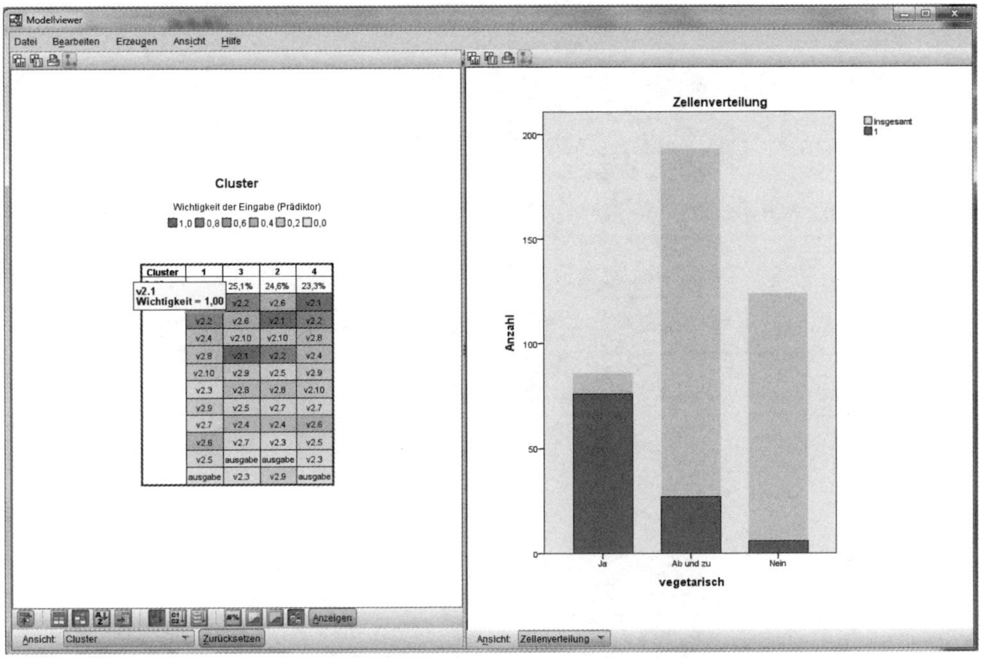

Bild 20.27: Anzeige der Wichtigkeit sowie der Zellenverteilung

Anhand der rot eingefärbten Balken können Sie die Häufigkeitsverteilung der drei Kategorien vegetarisch bezüglich des ersten Clusters erkennen. In unserer Häufigkeitstabelle waren dies die Werte 76 (69,7%), 27 (24,8%) und 6 (5,5%). Im Balkendiagramm angezeigt werden derzeit die absoluten Häufigkeiten. Sehr schön an dieser Stelle ist die Ausgabe in Form gestapelter Balken. Setzen Sie die roten mit den rosa Balken in Relation, so lässt sich hier z. B. deutlich erkennen, dass die große Mehrzahl der Fälle quer über alle Cluster, die mit »Ja« geantwortet haben (N = 86), dem ersten Cluster zugeordnet werden. Für die Zuordnung der Fälle zum ersten Cluster stellt die Variable vegetarisch offensichtlich einen sehr wichtigen Prädiktor dar. Diesen Sachverhalt können Sie auch der Hauptansicht in Gestalt der unterschiedlichen Farbschattierungen sowie der Reihung der Kategorien entnehmen. Bei der Reihung wird noch einmal der antipodische Charakter des ersten und des vierten Clusters überdeutlich. Während für die Zuordnung zum ersten Cluster die Antwort »ja« bei vegetarisch gefolgt von der Antwort »ja« bei fleischarm die wichtigsten Prädiktoren darstellen, ist es für die Zuordnung zum vierten Cluster die Antwort »nein« bei vegetarisch gefolgt von der Antwort »nein« bei fleischarm.

- Klicken Sie auf das Symbol für *Zellen zeigen relative Verteilungen*, um sich statt der absoluten Werte die Prozentwerte anzeigen zu lassen.

Für die erste Zelle des ersten Clusters erhalten Sie das folgende Diagramm.

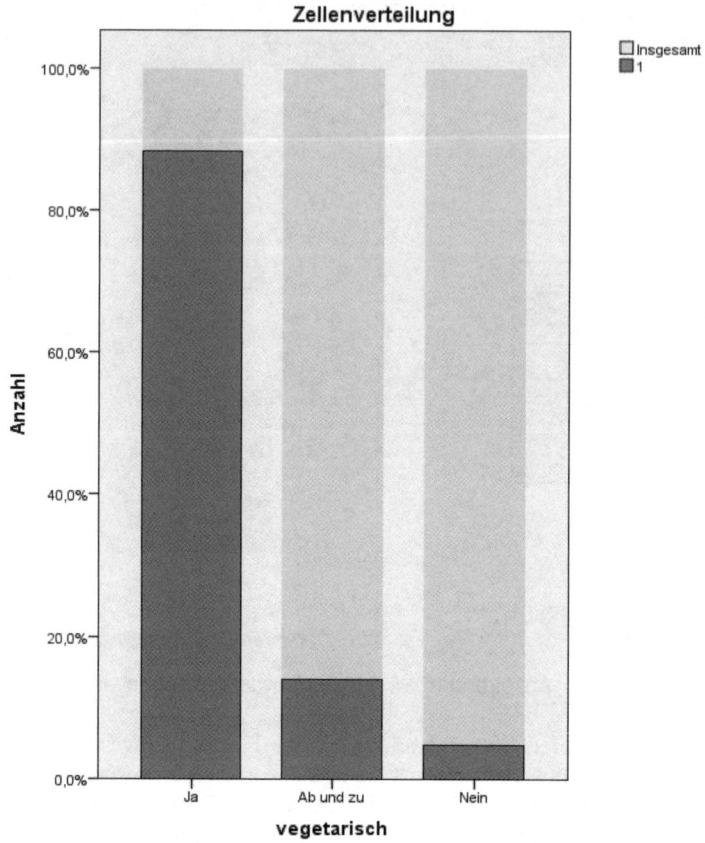

Bild 20.28: Anzeige der relativen Verteilung

Der Vergleich zwischen den roten sowie den rosa Balken macht nunmehr allerdings keinen Sinn mehr.

Den antipodischen Charakter zwischen dem ersten und dem vierten Cluster verdeutlicht der Model Viewer auch anhand des sogenannten Cluster-Vergleichs recht anschaulich.

- Markieren Sie hierfür die Spalte des ersten Clusters.

In der Zusatzansicht erscheint die Darstellung Cluster-Vergleich. Markieren Sie mit der Maus einen der grünen Punkte, so wird der jeweilige Modalwert angezeigt.

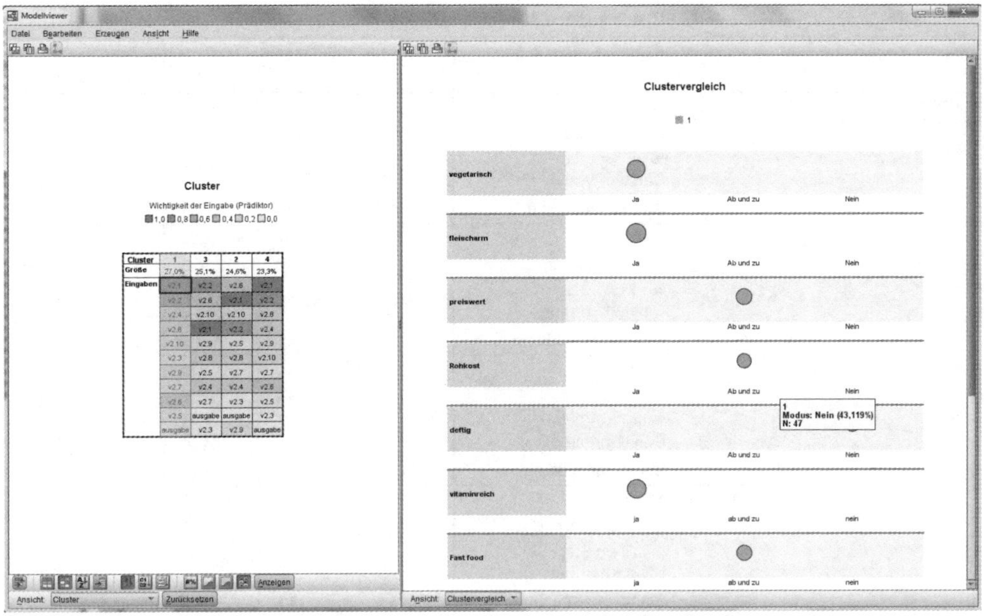

Bild 20.29: Cluster vergleichende Anzeige mit Modalwert

- Wiederholen Sie den Vorgang für das vierte Cluster und vergleichen Sie die jeweiligen Clusterprofile.

Die konträren Eigenschaften der beiden Cluster werden überdeutlich. Den antipodischen Charakter des ersten und des vierten Clusters unterstreichen auch Kreuztabellen zwischen der Clustervariablen und den jeweiligen Prädiktorvariablen.

- Wechseln Sie hierfür in den Dateneditor, so erkennen Sie, dass eine Variable mit der Bezeichnung TSC_N angelegt wurde, für die Sie wieder einen Namen sowie passende Variablenlabel vergeben könnten.

- Kreuztabellieren Sie diese Variable beispielhaft mit der Variablen v2.1.

Sie erhalten das folgende Ergebnis.

Kreuztabelle Two-Step-Clusternummer * vegetarisch

			vegetarisch			
			Ja	Ab und zu	Nein	Gesamtsumme
Two-Step-Clusternummer	1	Anzahl	76	27	6	109
		Erwartete Anzahl	23,3	52,2	33,5	109,0
		% in Two-Step-Clusternummer	69,7%	24,8%	5,5%	100,0%
		Standardresiduum	10,9	-3,5	-4,8	
	2	Anzahl	5	84	10	99
		Erwartete Anzahl	21,1	47,4	30,5	99,0
		% in Two-Step-Clusternummer	5,1%	84,8%	10,1%	100,0%
		Standardresiduum	-3,5	5,3	-3,7	
	3	Anzahl	3	69	29	101
		Erwartete Anzahl	21,6	48,4	31,1	101,0
		% in Two-Step-Clusternummer	3,0%	68,3%	28,7%	100,0%
		Standardresiduum	-4,0	3,0	-,4	
	4	Anzahl	2	13	79	94
		Erwartete Anzahl	20,1	45,0	28,9	94,0
		% in Two-Step-Clusternummer	2,1%	13,8%	84,0%	100,0%
		Standardresiduum	-4,0	-4,8	9,3	
Gesamtsumme		Anzahl	86	193	124	403
		Erwartete Anzahl	86,0	193,0	124,0	403,0
		% in Two-Step-Clusternummer	21,3%	47,9%	30,8%	100,0%

Chi-Quadrat-Tests

	Wert	df	Asymp. Sig. (zweiseitig)
Pearson-Chi-Quadrat	359,287[a]	6	,000
Likelihood-Quotient	333,532	6	,000
Zusammenhang linear-mit-linear	209,163	1	,000
Anzahl der gültigen Fälle	403		

a. 0 Zellen (0,0%) haben die erwartete Anzahl von weniger als 5. Die erwartete Mindestanzahl ist 20,06.

Der in der Kreuztabelle ausgewiesene Zusammenhang erweist sich natürlich als höchst signifikant (vgl. Kap. 9).

Wir hoffen, mit den aufgeführten Beispielen Ihr Interesse an der Clusteranalyse geweckt zu haben und Ihnen eines der spannendsten statistischen Verfahren nahe gebracht zu haben.

KAPITEL 21

Klassifikationsanalyse

Das Modul Classification Trees ermöglicht die Aufteilung einer Grundgesamtheit in verschiedene Teilpopulationen bzw. Segmente auf der Basis von Prädiktoren (Vorhersagevariablen). Erstellt wird ein baumbasiertes Klassifizierungsmodell. Der Entscheidungsbaum verdeutlicht unter anderem, welche Prädiktoren einen stärkeren/schwächeren bzw. gar keinen Einfluss auf die Gruppierungsvariable (abhängige Variable) ausüben. Die erzeugten Teilpopulationen lassen sich bezüglich des Grads der Ausprägungen der abhängigen Variablen in eine Reihenfolge (Ranking) bringen.

Die Anwendungsgebiete der Klassifikationsanalyse sind vielfältiger Natur:

- *Bereich Wirtschaft*: Festgestellt werden kann hier zum Beispiel, welche Personengruppen häufiger auf Mailings antworten als andere. Getestet werden soll, welche Kundengruppen ein höheres Zahlungsausfallrisiko aufweisen. Auf der Basis gegebener Informationen wie Alter, Einkommen, Besitzverhältnisse, Anzahl bereits laufender Kredite lässt sich überprüfen, welche Personen als darlehenswürdig gelten und welche nicht. Analysiert werden kann, welche Standorte für weitere Firmen einer Handelskette besser geeignet sind als andere.
- *Bereich öffentliche Verwaltung*: Beantwortet wird hier z. B. die Frage, welche Personengruppen innerhalb eines gegebenen Zeitraums in der Arbeitslosigkeit verbleiben. Mit Hilfe der Klassifikationsanalyse lassen sich auf diese Weise »Risikogruppen« ausfindig machen, um diese gezielt zu fördern bzw. zu beraten.
- *Bereich Gesundheitssektor*: Analysieren lässt sich, ob Patientengruppen auf ein Medikament bzw. auf eine Behandlung besonders gut ansprechen, ob bestimmte Einflussgrößen das Risiko für Diabetes erhöhen. Überprüft werden kann, ob sich Prädiktoren ausfindig machen lassen, die ein erhöhtes Risiko für eine Skiverletzung in Winterskigebieten bewirken bzw. bei Verkehrsunfällen.
- *Bereich Bildungssektor*: Festgestellt werden kann, welche Prädiktoren einen besonders starken Einfluss auf den Studienabbruch von Studierenden ausüben und ob sich Populationssegmente identifizieren lassen, die überdurchschnittlich häufig zum Schulversagen oder zum Schulschwänzen neigen.

Im Kontext dieser Anwendungsgebiete eignet sich die Klassifikationsanalyse vor allem für folgende Ziele:

- *Segmentierung*: Bildung von Teilpopulationen und Ermittlung, welche Person zu welcher Gruppe gehört.

- *Kategorisierung*: Zuordnung von Fällen bzw. Personen zu einer von mehreren Kategorien, z. B. in Gruppen mit hohem, mittlerem oder niedrigem Risiko.
- *Prognostik*: Voraussage der Wahrscheinlichkeit einer Gruppenzugehörigkeit eines Falls bzw. einer Person.
- *Screening*: Testen potenzieller Einflussgrößen und Reduktion auf geeignete Prädiktoren in Hinblick auf die abhängige Variable.

Bei der Klassifikationsanalyse stehen vier Aufbaumethoden zur Verfügung:

- *CHAID*: CHAID ist die Aufbaumethode, die am häufigsten zum Einsatz gelangt. CHAID steht für Chi-squared Automatic Interaction Detection, d. h. für die automatische Entdeckung von Zusammenhängen zwischen den unabhängigen Variablen auf der Basis von Chi-Quadrat-Tests. Die Aufbaumethode CHAID ist nicht binär, so dass in der Regel die Segmentierungsanalysen hier zu breiteren Bäumen führen als bei den binären Methoden. In jedem Analyseschritt bestimmt CHAID denjenigen Prädiktor, der den stärksten Einfluss auf die Kategorien der abhängigen Variablen ausübt. Das Skalenniveau der Variablen kann sowohl bezüglich der abhängigen als auch der unabhängigen Variablen beliebig sein. Fallgewichte wie auch Häufigkeitsvariablen können zum Einsatz gelangen. Unterscheiden sich Kategorien der unabhängigen Variablen bezüglich ihres Zusammenhangs mit der abhängigen Variablen nicht signifikant voneinander, so werden sie zusammengefasst.
- *Exhaustive CHAID*: Im Unterschied zu CHAID ist die Aufbaumethode Exhaustive CHAID präziser. Sie analysiert für jede Prädiktorvariable alle möglichen Aufteilungen. Sprechen Gründe der Rechenzeit nicht dagegen, sollte diese Methode bevorzugt werden, da das zum Einsatz gelangende statistische Verfahren sinnvollere Trennungen finden kann als CHAID. Einschränkend sei allerdings gesagt, das bei den meisten Daten die Ergebnisse identisch sein dürften.
- *CRT*: Die Aufbaumethode CRT steht für Classification and Regression Trees, d. h. Klassifikations- und Regressionsbäume. Im Unterschied zu CHAID und Exhaustive CHAID handelt es sich bei CRT um einen binären Algorithmus. In einem rekursiven Prozess teilt CRT die Daten in Hinblick auf die abhängige Variable in jeweils zwei möglichst homogene Gruppen. Da ein- und dieselbe Prädiktorvariable mehrmals auf unterschiedlichen Ebenen im Baum verwendet werden kann, entstehen tendenziell Bäume mit vielen Stufen, so dass die Übersichtlichkeit darunter leidet. Werden mehrere aufeinander folgende Stufen mit ein- und derselben Variablen getrennt, so erweist sich die Präsentation der Resultate als ungünstig. Da Variablen, die mehr Trennungen liefern können, aufgrund des rekursiven Prozesses tendenziell häufiger ausgewählt werden, entsteht darüber hinaus der falsche Eindruck, dass es sich bei diesen um bedeutsamere Prädiktoren handelt.
- *QUEST*: Die Aufbaumethode QUEST steht für Quick, Unbiased, Efficient Statistical Tree, d. h. schneller, unverzerrter, effizienter statistischer Baum. QUEST kann nur dann gewählt werden, wenn die abhängige Variable nominal ist. Bei QUEST entstehen binäre Bäume, so dass auch hier die Ausgabe umfangreicher werden kann. Verzerrungen zugunsten von Prädiktorvariablen mit vielen Kategorien werden bei diesem Verfahren vermieden, da Variablenauswahl und Festlegung der Trennungen hier sepa-

rat erfolgen. Da bei der Entwicklung des Algorithmus hohes Gewicht auf Berechnungseffizienz gelegt wurde, ist dieses schnelle Verfahren unter den binären Algorithmen zu bevorzugen, wenn die Zielvariable nominal ist.

Wir wollen in die Grundgedanken der Klassifikationsanalyse und in die technische Handhabung des Erstellens von Klassifizierungsbäumen im Folgenden anhand eines kleinen, überschaubaren Beispiels einführen.

21.1 Einführendes Beispiel aus der Geschichtswissenschaft

Am Beispiel des Untergangs der Titanic lassen sich die Ziele einer Klassifikationsanalyse wie folgt konkretisieren:

- Überprüft werden soll, ob sich verschiedene Teilpopulationen bilden lassen, die sich hinsichtlich der Ausprägungen der Variablen »Untergang der Titanic überlebt?« signifikant voneinander unterscheiden.
- Getestet werden soll, ob die Passagiere an Bord der Titanic in Personen mit hoher, mittlerer und niedriger Überlebenswahrscheinlichkeit kategorisiert werden können.
- Vorausgesagt werden soll die Wahrscheinlichkeit der Zugehörigkeit eines Passagiers zur Gruppe der Überlebenden bzw. zur Gruppe der Verstorbenen.
- Überprüft werden soll, welche Variablen einen signifikanten Einfluss auf die Ausprägungen der abhängigen Variablen »Untergang der Titanic überlebt?« haben.
- Getestet werden soll, ob die Prädiktorvariable Geschlecht oder die Prädiktorvariable Klassenzugehörigkeit an Bord der Titanic einen stärkeren Einfluss auf die Zielvariable besitzt.

Wir wollen im Folgenden die dergestalt konkretisierten Ziele überprüfen.

21.1.1 Erstellen einer Analysedatei

Gehen Sie zur Überprüfung der obigen Fragestellungen unseres »Titanic-Projekts« wie folgt vor:

- Laden Sie die Datei titanklass.sav in den Dateneditor.

Um Fehler bei der Interpretation eines Baumdiagramms zu vermeiden, sollten Sie vorsichtshalber eine Häufigkeitsverteilung der in das Baumdiagramm eingehenden Variablen erstellen. Eine Häufigkeitsverteilung der Variablen ergibt die folgenden Tabellen, wobei wir aus Platzgründen auf die Wiedergabe der intervallskalierten Variablen Alter verzichten.

Herkunftsland

		Häufigkeit	Prozent	Gültige Prozent	Kumulative Prozente
Gültig	USA/Kanada	320	24,4	27,9	27,9
	England u. a.	413	31,5	36,0	63,9
	Skandinavien	210	16,0	18,3	82,2
	Westeuropa	80	6,1	7,0	89,2
	Balkan	60	4,6	5,2	94,4
	Libanon/Syrien	64	4,9	5,6	100,0
	Gesamtsumme	1147	87,6	100,0	
Fehlend	9	163	12,4		
Gesamtsumme		1310	100,0		

Geschlecht

		Häufigkeit	Prozent	Gültige Prozent	Kumulative Prozente
Gültig	Männlich	842	64,3	64,3	64,3
	Weiblich	467	35,6	35,7	100,0
	Gesamtsumme	1309	99,9	100,0	
Fehlend	System	1	,1		
Gesamtsumme		1310	100,0		

Kind oder Erwachsener

		Häufigkeit	Prozent	Gültige Prozent	Kumulative Prozente
Gültig	Ja	114	8,7	9,6	9,6
	Nein	1075	82,1	90,4	100,0
	Gesamtsumme	1189	90,8	100,0	
Fehlend	System	121	9,2		
Gesamtsumme		1310	100,0		

Klasse

		Häufigkeit	Prozent	Gültige Prozent	Kumulative Prozente
Gültig	Erste Klasse	324	24,7	24,7	24,7
	Zweite Klasse	276	21,1	21,1	45,8
	Dritte Klasse	710	54,2	54,2	100,0
	Gesamtsumme	1310	100,0	100,0	

Untergang der Titanic überlebt?

		Häufigkeit	Prozent	Gültige Prozent	Kumulative Prozente
Gültig	Gerettet	502	38,3	38,3	38,3
	Verloren	808	61,7	61,7	100,0
	Gesamtsumme	1310	100,0	100,0	

Überprüfen Sie an dieser Stelle noch einmal sorgfältig die Vergabe der Etiketten vor allem für die kategorialen Daten. Bei unseren Beispieldaten zum Untergang der Titanic sind diese natürlich korrekt vergeben worden.

21.1.2 Erzeugung und Interpretation eines Baumdiagramms

Wir wollen nunmehr das Baumdiagramm erstellen.

- Wählen Sie aus dem Menü

Analysieren
Klassifizieren
Baum...

Benutzen Sie die Prozedur Klassifikationsanalyse zum ersten Mal, so erscheint der Hinweis, dass das Messniveau der Analysevariablen korrekt eingestellt sein sollte. Dieser Hinweis verweist darauf, dass die Klassifikationsanalyse im Unterschied zu anderen statistischen Verfahren auf das bei der Datendeklaration angegebene Messniveau zurückgreift. Sie sollten die Nachricht somit sehr ernst nehmen und bevor Sie mit der Analyse beginnen die Datendatei diesbezüglich überprüfen.

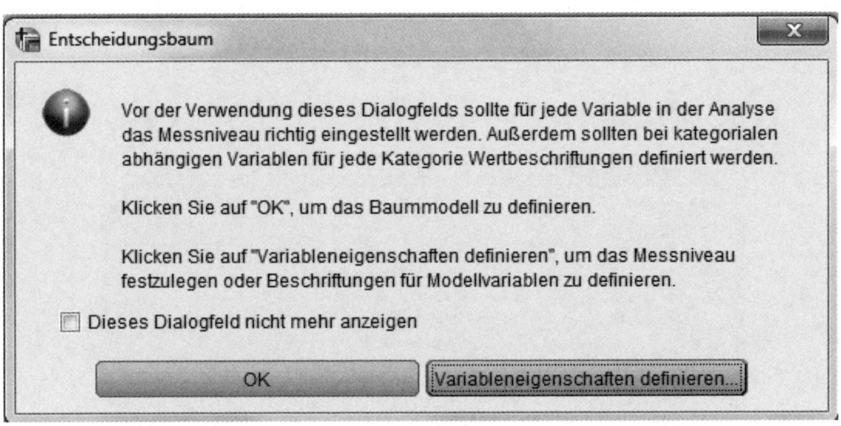

Bild 21.1: Dialogfeld bezüglich des Messniveaus

- Da das Dialogfeld auf Dauer störend ist, klicken Sie auf die Option *Dieses Dialogfeld nicht mehr anzeigen*. Sie sollten die Information jedoch auf jeden Fall in Ihrem Gedächtnis behalten.
- Bestätigen Sie mit *OK*.

Es öffnet sich die Dialogbox *Entscheidungsbaum.*

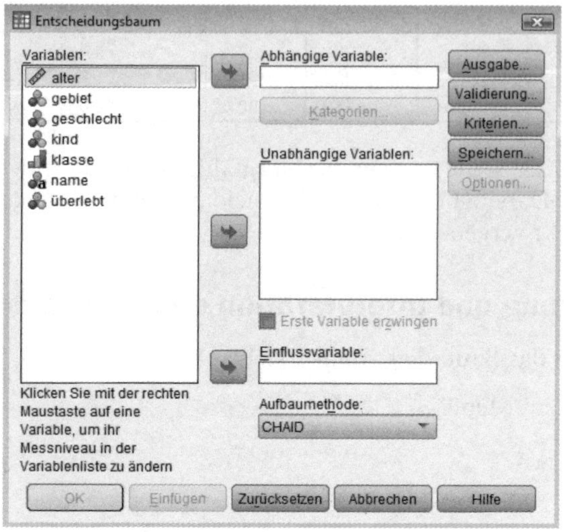

Bild 21.2: Dialogbox Entscheidungsbaum

- Übertragen Sie die Variable überlebt in das Feld für die abhängige Variable, die Variablen alter, gebiet, geschlecht und klasse kommen in die Liste für die unabhängigen Variablen. Die Variablen kind und name verbleiben in der Quellvariablenliste.
- Belassen Sie es bei der Voreinstellung der Aufbaumethode CHAID.
- Klicken Sie auf die Schaltfläche *Ausgabe...*

Es öffnet sich die Dialogbox *Entscheidungsbaum: Ausgabe.*

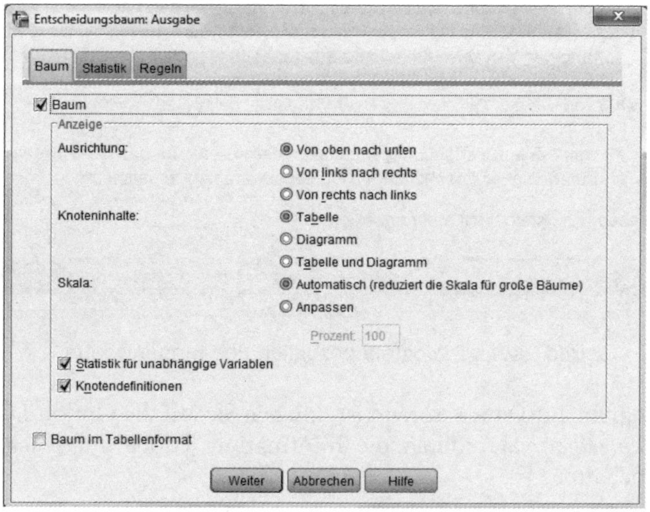

Bild 21.3: Dialogbox Entscheidungsbaum: Ausgabe

- Aktivieren Sie hier zusätzlich die Option *Baum im Tabellenformat* und bestätigen Sie mit *Weiter.*
- Klicken Sie auf die Schaltfläche *Speichern...*

Es öffnet sich die Dialogbox *Entscheidungsbaum: Speichern.*

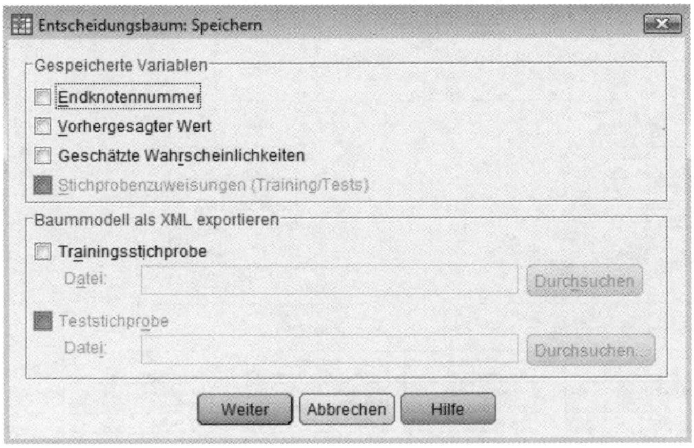

Bild 21.4: Dialogbox Entscheidungsbaum: Speichern

- Aktivieren Sie hier die Optionen *Endknotennummer, Vorhergesagter Wert* und *Geschätzte Wahrscheinlichkeiten.*
- Bestätigen Sie mit *Weiter* und anschließend mit *OK.*

Im Viewer sehen Sie zunächst die Tabelle *Modellübersicht*, welche allgemeine Informationen über die für die Konstruktion des Modells verwendeten Spezifikationen sowie über die Resultate bietet.

Modellübersicht

Spezifikationen	Aufbaumethode	CHAID
	Abhängige Variable	Untergang der Titanic überlebt?
	Unabhängige Variablen	Alter, Herkunftsland, Geschlecht, Klasse
	Validierung	Keine
	Maximale Baumtiefe	3
	Minimale Fallzahl im übergeordneten Knoten	100
	Minimale Fallzahl im untergeordneten Knoten	50
Ergebnisse	Unabhängige Variablen einbezogen	Geschlecht, Klasse, Alter
	Anzahl Knoten	12
	Anzahl Endknoten	8
	Tiefe	3

Dem Abschnitt *Spezifikationen* entnehmen Sie Informationen über die abhängige Variable sowie über die unabhängigen Variablen. Angezeigt wird ferner die maximale Baumtiefe sowie die Mindestanzahl der Fälle im übergeordneten sowie im untergeordneten Knoten. Der Abschnitt *Ergebnisse* informiert über die Gesamtanzahl der Knoten, die Anzahl der Endknoten, über die Tiefe des Baums, d.h. die Anzahl der Ebenen unterhalb des Stammknotens, sowie über die im endgültigen Modell enthaltenen unabhängigen Variablen. Im gegebenen Beispiel gehen die Variablen Geschlecht, Klasse und Alter in das Modell ein, während die Variable Herkunftsland keine Berücksichtigung erfährt.

Der Modellzusammenfassungstabelle folgt im Viewer das Baumdiagramm als grafische Darstellung des Baummodells.

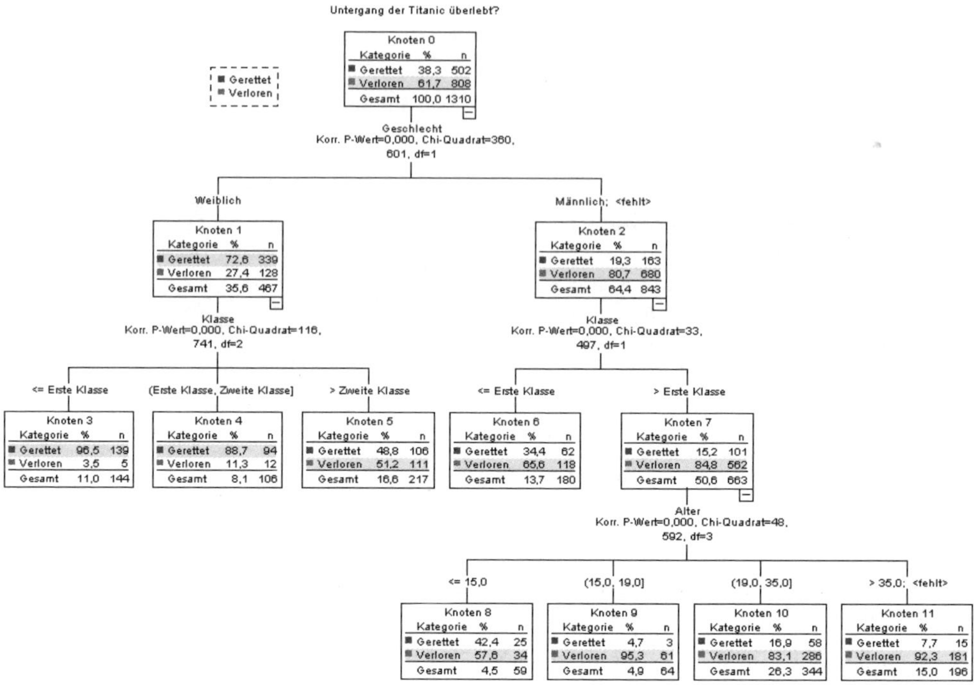

Bild 21.5: Baummodell im Viewer

Das Baumdiagramm zeigt im Beispiel Folgendes:

- Die Variable mit dem stärksten Einfluss auf die abhängige Variable »Untergang der Titanic überlebt?« ist die Variable Geschlecht.
- Die Variable mit dem zweitstärksten Einfluss auf die Zielvariable ist die Variable »Klassenzugehörigkeit an Bord der Titanic«.
- Bei männlichen Passagieren der zweiten und der dritten Klasse ist die nächstbeste Einflussvariable das Alter des Passagiers.
- Analysiert man die Prozentangaben der Kategorie »gerettet«, so zeigt sich, dass die Eigenschaften »weiblich«, »erste Klasse«, »15 Jahre oder jünger« die Überlebenswahrscheinlichkeit erhöhen.

Achten Sie beim Baumdiagramm auch auf den Knoten mit der Nummer 11. Sie erkennen hieran, dass die Aufbaumethode CHAID fehlende Werte für die Prädiktoren als einzelne Kategorie behandelt. Bei metrischen sowie bei ordinalen Einflussvariablen wird diese Kategorie abhängig von den jeweiligen Aufbaukriterien gegebenenfalls mit anderen Kategorien dieser unabhängigen Variablen zusammengeführt, wie dies im gegebenen Beispiel der Fall ist.

Im Viewer erblicken Sie als Nächstes die Darstellung des Baums im Tabellenformat:

Baumtabelle

Knoten	Gerettet		Verloren		Gesamtsumme		Vorhergesagte Kategorie	Übergeordneter Knoten	Primäre unabhängige Variable				
	N	Prozent	N	Prozent	N	Prozent			Variable	Sig.[a]	Chi-Quadrat	df	Werte aufteilen
0	502	38,3%	808	61,7%	1310	100,0%	Verloren						
1	339	72,6%	128	27,4%	467	35,6%	Gerettet	0	Geschlecht	,000	360,601	1	Weiblich
2	163	19,3%	680	80,7%	843	64,4%	Verloren	0	Geschlecht	,000	360,601	1	Männlich, <missing>
3	139	96,5%	5	3,5%	144	11,0%	Gerettet	1	Klasse	,000	116,741	2	<= Erste Klasse
4	94	88,7%	12	11,3%	106	8,1%	Gerettet	1	Klasse	,000	116,741	2	(Erste Klasse, Zweite Klasse]
5	106	48,8%	111	51,2%	217	16,6%	Verloren	1	Klasse	,000	116,741	2	> Zweite Klasse
6	62	34,4%	118	65,6%	180	13,7%	Verloren	2	Klasse	,000	33,497	1	<= Erste Klasse
7	101	15,2%	562	84,8%	663	50,6%	Verloren	2	Klasse	,000	33,497	1	> Erste Klasse
8	25	42,4%	34	57,6%	59	4,5%	Verloren	7	Alter	,000	48,592	3	<= 15,0
9	3	4,7%	61	95,3%	64	4,9%	Verloren	7	Alter	,000	48,592	3	(15,0, 19,0]
10	58	16,9%	286	83,1%	344	26,3%	Verloren	7	Alter	,000	48,592	3	(19,0, 35,0]
11	15	7,7%	181	92,3%	196	15,0%	Verloren	7	Alter	,000	48,592	3	> 35,0, <missing>

Aufbaumethode: CHAID
Abhängige Variable: Untergang der Titanic überlebt?

a. Bonferroni angepasst

Die Baumtabelle bietet die wichtigsten Informationen des Baumdiagramms in Tabellenform. Angezeigt werden für jeden Knoten des Baums die Anzahl sowie der Prozentsatz der Fälle getrennt nach den Kategorien der Zielvariablen. Die Spalte *Gesamt* informiert über die Anzahl der Fälle sowie über den Prozentanteil des Knotens bezogen auf die jeweilige Baumebene. Da unterhalb des Wurzelknotens mit der Nummer 0 die Knoten 1 und 2 liegen, addiert sich ihr Prozentanteil zu 100%; da zur darauffolgenden Ebene die Knoten 3, 4, 5, 6 und 7 zählen, addiert sich der Anteil ihrer Fälle ebenfalls auf 100% usw. Die Spalte *Vorhergesagte Kategorie* gibt die prognostische Zuordnung der Fälle des Knotens zu einer der beiden Kategorien der abhängigen Variablen an. Die Spalte *Variable* benennt diejenige Variable, welche zur Aufteilung des Knotens geführt hat. Da der Baum mit der Methode CHAID erstellt wurde, folgen Angaben zum Signifikanzniveau, dem Chi-Quadrat-Wert sowie den zugehörigen Freiheitsgraden (df). Im gegebenen Fall sind alle Aufteilungen höchst signifikant ($p < 0{,}001$). Die Baumtabelle endet mit der Spalte *Aufteilungswerte*, wobei es sich für den jeweiligen Knoten um den Wert der unabhängigen Variablen handelt, die auf der entsprechenden Ebene zur Teilung führte. Verwechseln Sie dies bitte nicht mit den Werten der unabhängigen Variablen für diesen Knoten. Für den Knoten 6 ist dies z. B. nicht nur die Zugehörigkeit zur ersten Klasse, sondern auch die zum männlichen Geschlecht.

Im Viewer erblicken Sie abschließend die Tabellen für das Risiko sowie für die Klassifikation.

Risiko

Schätzung	Standardfehler
,218	,011

Aufbaumethode: CHAID
Abhängige Variable: Untergang der Titanic überlebt?

Klassifikation

Beobachtet	Vorhersagewert		
	Gerettet	Verloren	Prozent korrekt
Gerettet	233	269	46,4%
Verloren	17	791	97,9%
Gesamtprozentsatz	19,1%	80,9%	78,2%

Aufbaumethode: CHAID
Abhängige Variable: Untergang der Titanic überlebt?

Bei kategorialen (nominalen, ordinalen) Daten ist die Risikoschätzung der Anteil der Fälle, die fehlerhaft klassifiziert wurden. In unserem Fall wurden 21,8% der Fälle falsch klassifiziert, während 78,2% der Fälle richtig klassifiziert wurden. Die Klassifikationstabelle zeigt bei kategorialen Daten die Anzahl der Fälle in jeder Kategorie der abhängigen Variablen an, die korrekt bzw. fehlerhaft klassifiziert wurden. Von den 1310 (233 + 269 + 17 + 791) Personen an Bord der Titanic überlebten 808 (17 + 791) den Untergang des Schiffs nicht. Von den 808 Fällen werden 791 korrekterweise der Gruppe der »Verlorenen« zugeordnet, 17 fälschlicherweise der Gruppe der »Geretteten«. Dies entspricht einer Trefferquote von 97,9%. Von den 502 (233 + 269) geretteten Personen werden 233 korrekt zugeordnet, während 269 falsch klassifiziert werden, was einer Trefferquote von 46,4% entspricht.

Abschließend können Sie noch die neun Endknoten in eine Ranking-Liste (Gains Chart) bringen.

Knoten	Eigenschaften	Prozentsatz der Überlebenden
3	Erste Klasse, weiblich	96,5
4	Zweite Klasse, weiblich	88,7
5	Dritte Klasse, weiblich	48,8
8	15 Jahre und jünger, zweite oder dritte Klasse, männlich	42,4
6	Erste Klasse, männlich	34,4
10	20 bis 35 Jahre, zweite oder dritte Klasse, männlich	16,9
11	Älter als 35 Jahre bzw. Angabe fehlend, zweite oder dritte Klasse, männlich	7,7
9	16 bis 19 Jahre, zweite oder dritte Klasse, männlich	4,7

Die Tabelle verdeutlicht noch einmal den zentralen Stellenwert des Prädiktors Geschlecht. Bevor Sie jedoch an dieser Stelle vorschnell vermuten, man habe sich an das Prinzip der »christlichen Seefahrt« »Frauen und Kinder zuerst von Bord« gehalten, betrachten Sie zusätzlich zu den Häufigkeitsverteilungen der Variablen »Untergang der Titanic überlebt?« die Kreuztabelle zwischen der Variablen »überlebt« und »geschlecht« sowie die Kreuztabelle zwischen der Variablen »Kind oder Erwachsener« und »geschlecht«.

Kreuztabelle Untergang der Titanic überlebt?*Geschlecht

			Geschlecht		
			Männlich	Weiblich	Gesamtsumme
Untergang der Titanic überlebt?	Gerettet	Anzahl	163	339	502
		Erwartete Anzahl	322,9	179,1	502,0
		% in Untergang der Titanic überlebt?	32,5%	67,5%	100,0%
		% in Geschlecht	19,4%	72,6%	38,3%
		Standardresiduum	-8,9	11,9	
	Verloren	Anzahl	679	128	807
		Erwartete Anzahl	519,1	287,9	807,0
		% in Untergang der Titanic überlebt?	84,1%	15,9%	100,0%
		% in Geschlecht	80,6%	27,4%	61,7%
		Standardresiduum	7,0	-9,4	
Gesamtsumme		Anzahl	842	467	1309
		Erwartete Anzahl	842,0	467,0	1309,0
		% in Untergang der Titanic überlebt?	64,3%	35,7%	100,0%
		% in Geschlecht	100,0%	100,0%	100,0%

Kreuztabelle Kind oder Erwachsener *Geschlecht

			Geschlecht		
			Männlich	Weiblich	Gesamtsumme
Kind oder Erwachsener	Ja	Anzahl	60	54	114
		Erwartete Anzahl	72,1	41,9	114,0
		% in Kind oder Erwachsener	52,6%	47,4%	100,0%
		% in Geschlecht	8,0%	12,4%	9,6%
		Standardresiduum	-1,4	1,9	
	Nein	Anzahl	691	383	1074
		Erwartete Anzahl	678,9	395,1	1074,0
		% in Kind oder Erwachsener	64,3%	35,7%	100,0%
		% in Geschlecht	92,0%	87,6%	90,4%
		Standardresiduum	,5	-,6	
Gesamtsumme		Anzahl	751	437	1188
		Erwartete Anzahl	751,0	437,0	1188,0
		% in Kind oder Erwachsener	63,2%	36,8%	100,0%
		% in Geschlecht	100,0%	100,0%	100,0%

Den Untergang des Schiffs überlebt haben 502 Passagiere (38,3%). Addiert man zu der Anzahl der weiblichen Passagiere (467) die Anzahl der männlichen Kinder (60) hinzu, so kommt man bereits auf die Zahl von 527 Personen. Wäre das Prinzip der »christlichen Seefahrt« realisiert worden, so hätte kein einziger männlicher erwachsener Passagier überleben dürfen, wenn man von einem gleichbleibenden Anteil der Überlebensquote der Mannschaft (210 Personen = 23,6%, Datei: titanic-crew.sav) ausgeht. Diese Tatsache verdeutlicht das Baumdiagramm durch den Stellenwert des Prädiktors »Klassenzugehörigkeit an Bord der Titanic«, der sowohl beim weiblichen als auch beim männlichen Geschlecht auf der folgenden Baumebene die Überlebensquote ausdifferenziert.

21.1.3 Interpretation der Vorhersagewerte

In der Dialogbox *Entscheidungsbaum: Speichern* hatten wir die Speicherung der Endknotennummer, des vorhergesagten Werts und der vorhergesagten Wahrscheinlichkeiten gewünscht. Sie finden diese Werte im Dateneditor in vier neuen Variablen.

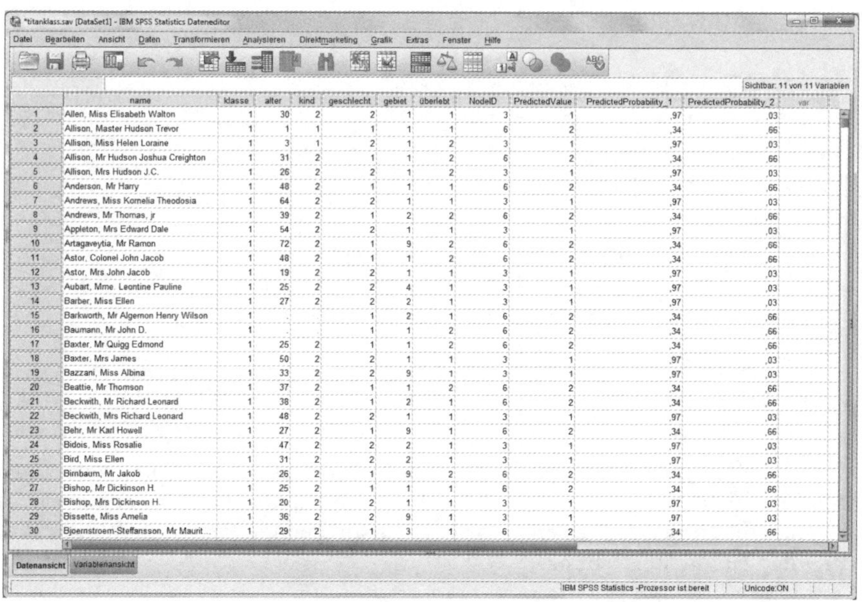

	name	klasse	alter	kind	geschlecht	gebiet	überlebt	NodeID	PredictedValue	PredictedProbability_1	PredictedProbability_2	var
1	Allen, Miss Elisabeth Walton	1	30	2	2	1	1	3	1	,97	,03	
2	Allison, Master Hudson Trevor	1	1	1	1	1	1	6	2	,34	,66	
3	Allison, Miss Helen Loraine	1	3	1	2	1	2	3	1	,97	,03	
4	Allison, Mr Hudson Joshua Creighton	1	31	2	1	1	2	6	2	,34	,66	
5	Allison, Mrs Hudson J.C.	1	26	2	2	1	2	3	1	,97	,03	
6	Anderson, Mr Harry	1	48	2	1	1	1	6	2	,34	,66	
7	Andrews, Miss Kornelia Theodosia	1	64	2	2	1	1	3	1	,97	,03	
8	Andrews, Mr Thomas, jr	1	39	2	1	2	2	6	2	,34	,66	
9	Appleton, Mrs Edward Dale	1	54	2	2	1	1	3	1	,97	,03	
10	Artagaveytia, Mr Ramon	1	72	2	1	9	2	6	2	,34	,66	
11	Astor, Colonel John Jacob	1	48	2	1	1	2	6	2	,34	,66	
12	Astor, Mrs John Jacob	1	19	2	2	1	1	3	1	,97	,03	
13	Aubart, Mme. Leontine Pauline	1	25	2	2	4	1	3	1	,97	,03	
14	Barber, Miss Ellen	1	27	2	2	2	1	3	1	,97	,03	
15	Barkworth, Mr Algernon Henry Wilson	1	.		1	2	1	6	2	,34	,66	
16	Baumann, Mr John D.	1	.		1	1	2	6	2	,34	,66	
17	Baxter, Mr Quigg Edmond	1	25	2	1	1	2	6	2	,34	,66	
18	Baxter, Mrs James	1	50	2	2	1	1	3	1	,97	,03	
19	Bazzani, Miss Albina	1	33	2	2	9	1	3	1	,97	,03	
20	Beattie, Mr Thomson	1	37	2	1	1	2	6	2	,34	,66	
21	Beckwith, Mr Richard Leonard	1	38	2	1	2	1	6	2	,34	,66	
22	Beckwith, Mrs Richard Leonard	1	48	2	2	1	1	3	1	,97	,03	
23	Behr, Mr Karl Howell	1	27	2	1	9	1	6	2	,34	,66	
24	Bidois, Miss Rosalie	1	47	2	2	2	1	3	1	,97	,03	
25	Bird, Miss Ellen	1	31	2	2	2	1	3	1	,97	,03	
26	Birnbaum, Mr Jakob	1	26	2	1	9	2	6	2	,34	,66	
27	Bishop, Mr Dickinson H.	1	25	2	1	1	1	6	2	,34	,66	
28	Bishop, Mrs Dickinson H.	1	20	2	2	1	1	3	1	,97	,03	
29	Bissette, Miss Amelia	1	36	2	2	9	1	3	1	,97	,03	
30	Bjoernstroem-Steffansson, Mr Maurit...	1	29	2	1	3	1	6	2	,34	,66	

Bild 21.6: Vorhergesagte Werte als Variablen im Dateneditor

Die vier neuen Variablen sind wie folgt zu verstehen:

- *NoteID*: Für jeden Fall der Datendatei wird die zugehörige Nummer des Endknotens im Baummodell angezeigt.
- *PredictedValue*: Für jeden Fall der Datendatei wird der vorhergesagte Wert der abhängigen Variablen angezeigt. Da die abhängige Variable mit »1 = gerettet« und »2 = verstorben« kodiert ist, bedeutet ein vorhergesagter Wert 1, dass der Passagier den Untergang der Titanic überlebt hat.
- *PredictedProbability_1*: Die Predicted Probability ist die Wahrscheinlichkeit, mit der ein Fall in die einzelnen Kategorien der abhängigen Variablen gehört. Da die Zielvariable in unserem Fall binär ist, werden diesbezüglich zwei Elementarvariablen erstellt. Die PredictedProbability_1 gibt für jeden Fall der Datendatei die Wahrscheinlichkeit an, dass der Fall in die Kategorie »1 = gerettet« gehört.
- *PredictedProbability_2*: Für jeden Fall der Datendatei wird die Wahrscheinlichkeit angegeben, dass der Fall in die Kategorie »2 = verstorben« gehört.

Der erste Fall ist somit wie folgt zu interpretieren: Miss Elisabeth Walton Allen, welche als Passagier der ersten Klasse in Southampton eincheckte, zählt zum Segment mit der Nummer 3 des Baumdiagramms (Passagier der ersten Klasse, weiblich). Es wird vorhergesagt, dass sie zu den »Geretteten« gehört. Die Wahrscheinlichkeit diesbezüglich wird mit 97% angegeben; die Wahrscheinlichkeit, dass sie zu den »Verstorbenen« zählt, beträgt lediglich 3%. Wie wir der Variablen überlebt entnehmen können, hat Miss Elisabeth Walton Allen tatsächlich die Katastrophe überlebt. Es handelt sich somit um einen richtig klassifizierten Fall. Miss Elisabeth Walton Allen, die sich übrigens an Bord des Rettungsboots Nr. 2 befand, wurde von der Carpathia aufgenommen, lebte in St. Louis Missouri und verstarb dort im Alter von über 80 Jahren am 15.12.1967.

Wir wollen im Folgenden mit der Variablen PredictedValue noch ein wenig rechnen und hierfür zunächst eine Index-Variable mit Hilfe der SPSS-Syntax bilden. Betrachten Sie das folgende Syntaxprogramm:

```
IF (PredictedValue = 1 AND überlebt = 1) treffer = 1.
IF (PredictedValue = 2 AND überlebt = 2) treffer = 2.
IF (PredictedValue = 1 AND überlebt = 2) treffer = 3.
IF (PredictedValue = 2 AND überlebt = 1) treffer = 4.

VARIABLE LABELS treffer "Vorhersagewert Titanic-Überlebender".
VALUE LABELS treffer        1 "Richtige Klassifikation: überlebt"
                            2 "Richtige Klassifikation: verstorben"
                            3 "Falsche Klassifikation: überlebt"
                            4 "Falsche Klassifikation: verstorben".
EXECUTE.
```

Die Variable treffer informiert uns also über die Klassifikation der Fälle, wobei »Falsche Klassifikation: überlebt« bedeutet, dass in Wirklichkeit die Person verstorben ist und »Falsche Klassifikation: verstorben«, dass die entsprechende Person in Wirklichkeit den Untergang der Titanic überlebt hat.

- Laden und starten Sie das Syntaxprogramm titanklass.sps.
- Führen Sie anschließend eine Häufigkeitsverteilung der neu gebildeten Variablen treffer durch.
- Bilden Sie ferner eine Kreuztabelle der Variablen treffer und geschlecht bei Angabe der erwarteten Anzahl und der standardisierten Residuen. Fordern Sie ferner die Ausgabe des Chi-Quadrat-Tests an.

Sie sehen zunächst die folgende Häufigkeitstabelle im Viewer:

Vorhersagewert Titanic-Überlebender

		Häufigkeit	Prozent	Gültige Prozent	Kumulative Prozente
Gültig	Richtige Klassifikation: überlebt	233	17,8	17,8	17,8
	Richtige Klassifikation: verstorben	791	60,4	60,4	78,2
	Falsche Klassifikation: überlebt	17	1,3	1,3	79,5
	Falsche Klassifikation: verstorben	269	20,5	20,5	100,0
	Gesamtsumme	1310	100,0	100,0	

Wie Sie unschwer erkennen können, handelt es sich um eine Nachbildung der Werte der Klassifikationsmatrix. In die Gruppe der Überlebenden werden 250 Fälle (233 + 17) eingeordnet, was 19,1% entspricht, in die Gruppe der Verstorbenen 1060 Personen (791 + 269), was 80,9% aller Fälle entspricht. Richtig klassifiziert wurden 1024 Personen (78,2%), falsch klassifiziert 286 Personen (21,8%).

Es folgt die Kreuztabelle zwischen den Variablen treffer und geschlecht.

Kreuztabelle Vorhersagewert Titanic-Überlebender*Geschlecht

			Geschlecht		
			Männlich	Weiblich	Gesamtsumme
Vorhersagewert Titanic-Überlebender	Richtige Klassifikation: überlebt	Anzahl	0	233	233
		Erwartete Anzahl	149,9	83,1	233,0
		Standardresiduum	-12,2	16,4	
	Richtige Klassifikation: verstorben	Anzahl	679	111	790
		Erwartete Anzahl	508,2	281,8	790,0
		Standardresiduum	7,6	-10,2	
	Falsche Klassifikation: überlebt	Anzahl	0	17	17
		Erwartete Anzahl	10,9	6,1	17,0
		Standardresiduum	-3,3	4,4	
	Falsche Klassifikation: verstorben	Anzahl	163	106	269
		Erwartete Anzahl	173,0	96,0	269,0
		Standardresiduum	-,8	1,0	
Gesamtsumme		Anzahl	842	467	1309
		Erwartete Anzahl	842,0	467,0	1309,0

Chi-Quadrat-Tests

	Wert	df	Asymp. Sig. (zweiseitig)
Pearson-Chi-Quadrat	613,373[a]	3	,000
Likelihood-Quotient	703,674	3	,000
Zusammenhang linear-mit-linear	49,354	1	,000
Anzahl der gültigen Fälle	1309		

a. 0 Zellen (0,0%) haben die erwartete Anzahl von weniger als 5. Die erwartete Mindestanzahl ist 6,06.

Die Kreuztabelle, welche wie erwartet als höchst signifikant ausgewiesen wird (p < 0,001), zeigt bislang verborgen gebliebene Sachverhalte auf. Während die Anzahl der Männer, die richtigerweise als überlebt klassifiziert werden, deutlich zu niedrig ausfällt (std. Res. –12,2) und die Anzahl der Männer, die richtigerweise als verstorben eingeordnet werden, deutlich zu hoch (std. Res. +7,6) ist, verhält es sich bei den Frauen genau umgekehrt.

21.1.4 Arbeiten mit dem Baumeditor

Zur Bearbeitung und Verbesserung des Baumdiagramms steht der Baumeditor zur Verfügung. Mit Hilfe des Baumeditors können Sie u. a. Baumverzweigungen ein- und ausblenden, die Anzeige des Knoteninhalts und der Statistik festlegen, die Baumausrichtung verändern, Schriftart und Schriftgröße ändern, Hintergrund und Farben bestimmen, Untergruppen von Fällen auswählen sowie Regeln für die Segmentierung festlegen.

- Doppelklicken Sie im Viewer auf das Baummodell.

Das Baumdiagramm erscheint nunmehr im Baumeditor.

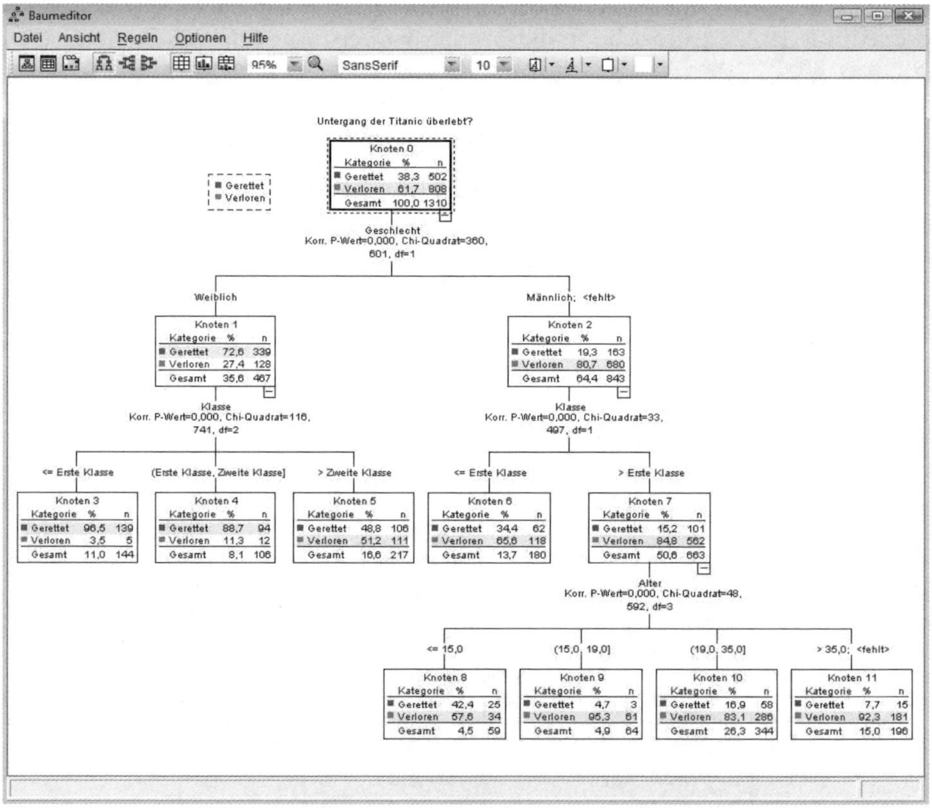

Bild 21.7: Baumdiagramm im Baumeditor

Als Alternative zum Doppelklick können Sie mit der rechten Maustaste im Viewer auf das Baummodell klicken und aus dem sich öffnenden Kontextmenü die Option

Inhalt bearbeiten
In separatem Fenster

wählen.

Darstellung von Bereichen als Text

Wie Sie schon festgestellt haben dürften, ist die Darstellung der Bereiche bei den Variablen »Klassenzugehörigkeit an Bord der Titanic« und »Alter« reichlich verwirrend. So ist es z. B. auf den ersten Blick schwer verständlich, was mit der Angabe (Erste Klasse, Zweite Klasse) und (15,0 19,0) gemeint ist. Wir wollen dies im Folgenden ändern.

Gehen Sie wie folgt vor:

- Wählen Sie aus dem Menü des Baumeditors die Option

  Optionen
  Bereiche als Text

Auf diese Weise können Sie zwischen der auf dem ersten Blick etwas irritierenden mathematischen Schreibweise und der Darstellung als Text hin- und herschalten.

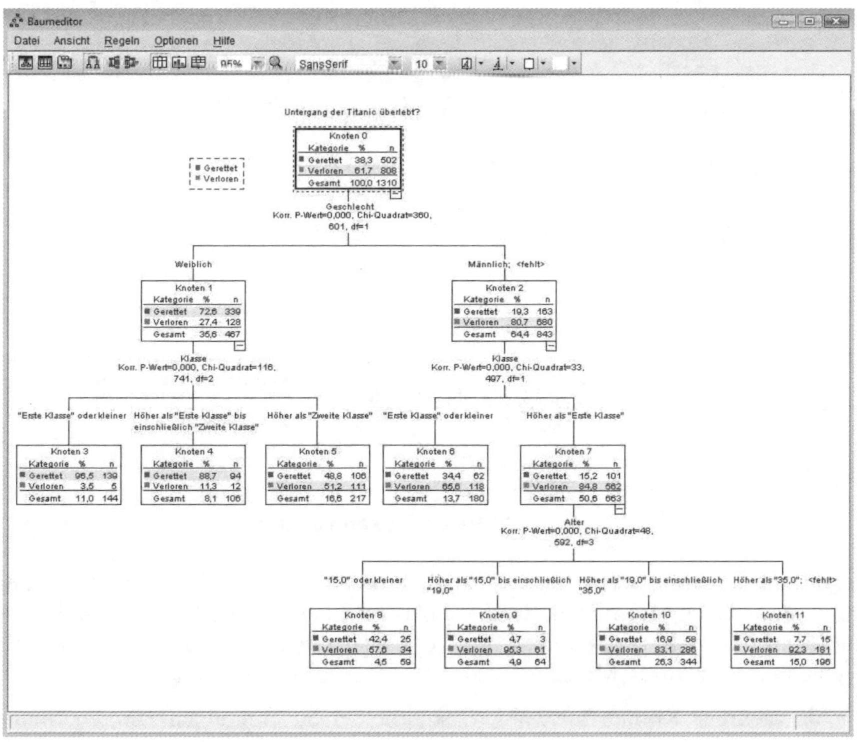

Bild 21.8: Darstellung der Bereiche als Text

Die Etikettierung der einzelnen Knoten dürfte nunmehr deutlich verständlicher sein.

Anzeige und Navigation in der Baumstruktur

Die Baumstruktur stellt eine übersichtliche, schematische Darstellung des Baumdiagramms dar, die auch zur Navigation im Baum nützlich ist. Das Baumstruktur-Fenster aktivieren Sie wie folgt:

- Wählen Sie aus dem Menü des Baumeditors die Option

  Ansicht

  Baumstruktur

Im Baumeditor sehen Sie nun zusätzlich eine kompakte, vereinfachte Ansicht des Baumdiagramms.

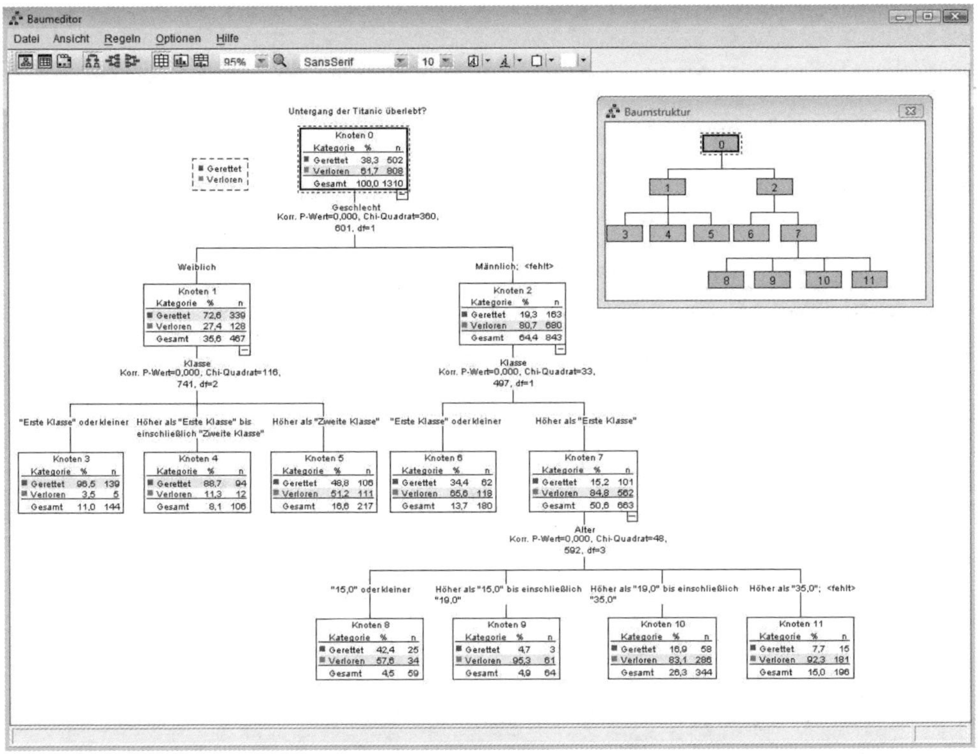

Bild 21.9: Baumstruktur-Fenster

Der zurzeit ausgewählte Stammknoten, auch Wurzelknoten oder root node genannt, ist sowohl im Baumeditor als auch in der Baumstruktur hervorgehoben, was an der entsprechenden Markierungslinie erkennbar ist. Wollen Sie ein anderes Segment auswählen, so klicken Sie mit der rechten Maustaste auf den entsprechenden Knoten.

Wollen Sie mehrere Knoten auswählen, so klicken Sie auf einen Knoten, halten die [Strg]-Taste gedrückt und klicken auf weitere Knoten. Testen Sie dies aus, so stellen Sie fest, dass es unmöglich ist, gleichzeitig einen übergeordneten und einen untergeordneten Knoten derselben Verzweigung auszuwählen.

Optionen zur Gestaltung des Baumdiagramms

Wir wollen Ihnen an dieser Stelle beispielhaft einige Möglichkeiten zur weiteren Gestaltung des Klassifikationsbaums aufzeigen. Wir gehen davon aus, dass Sie sich weitere Möglichkeiten danach selbstständig erschließen können.

- Wählen Sie aus dem Menü des Baumeditors die Option

  Optionen

- Deaktivieren Sie *Vorhergesagten Wert hervorheben*, *Legende* und *Statistik für unabhängige Variablen.*
- Die Option *Bereiche als Text* sollte aktiviert sein.
- Wählen Sie aus dem Menü des Baumeditors die Option

  Ansicht
  Eigenschaften

Es öffnet sich die Dialogbox *Eigenschaften.*

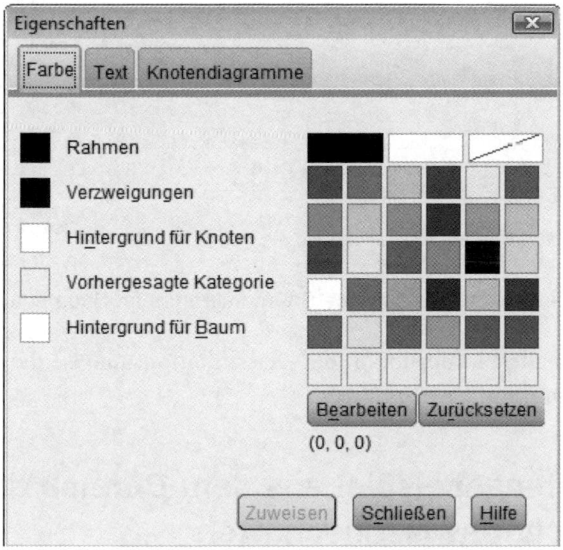

Bild 21.10: Dialogbox Eigenschaften

- Wählen Sie z. B. einen grün-bräunlichen Ton als Farbe für den Hintergrund des Baumes.

Der Klassifikationsbaum sollte nunmehr wie folgt aussehen:

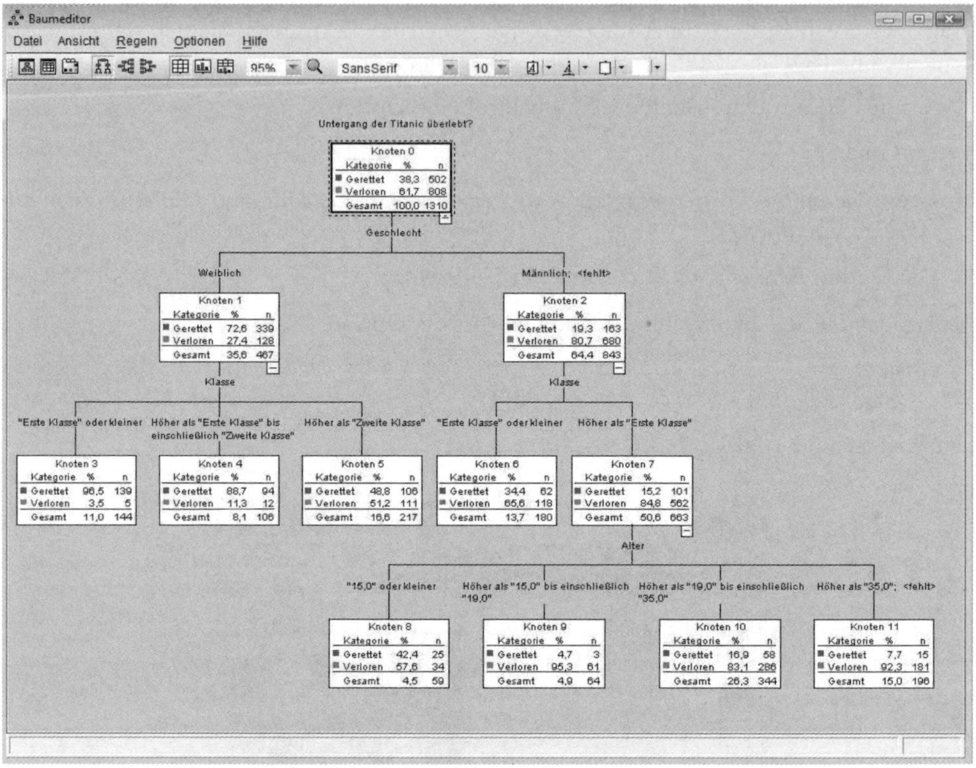

Bild 21.11: Gestaltetes Baumdiagramm im Baumeditor

Wir wollen unsere erste Einführung in die Klassifikationsanalyse damit abschließen und uns einem Vertiefungsbeispiel zuwenden.

21.2 Vertiefungsbeispiel aus dem Bereich der Wirtschaftswissenschaften

Häufig eingesetzt wird die Klassifikationsanalyse im Bereich des Marketing bei Werbeaktionen. Eine überregionale »bürgerliche Zeitung«, die über Daten einer Mailingaktion verfügt, möchte wissen, ob sich Teilpopulationen ausfindig machen lassen, bei denen die Erfolgsquote, d. h. Abonnent der Zeitung zu werden, signifikant höher ausfällt. Die »Treffer« sollen bei weiteren Aktionen gezielt beworben werden. Die Daten befinden sich in der Datei mailing.sav.

21.2.1 Erstellen einer Analysedatei

Wir wollen uns zunächst einen Überblick über die Daten der Datei verschaffen.

- Laden Sie die Datei mailing.sav.
- Schauen Sie sich die Daten im Dateneditor an, so stellen Sie fest, dass eine Gewichtungsvariable existiert.
- Treffen Sie daher zunächst die Menüwahl

  Daten
  Fälle gewichten...

- Tragen Sie in der Dialogbox *Fälle gewichten* die Variable häufigkeit als Gewichtungsvariable ein.
- Erstellen Sie mit Hilfe der Menüwahl

  Analysieren
  Deskriptive Statistiken
  Häufigkeiten...

  Häufigkeitstabellen der übrigen Variablen.

Die Häufigkeitsverteilung der Variablen ergibt folgendes Bild.

Abonnent?

		Häufigkeit	Prozent	Gültige Prozent	Kumulative Prozente
Gültig	Abonnent	631	6,2	6,2	6,2
	Kein Abonnent	9474	93,8	93,8	100,0
	Gesamtsumme	10105	100,0	100,0	

Alter in Klassen

		Häufigkeit	Prozent	Gültige Prozent	Kumulative Prozente
Gültig	<= 30 Jahre	3389	33,5	33,5	33,5
	31-60 Jahre	2322	23,0	23,0	56,5
	> 60 Jahre	4394	43,5	43,5	100,0
	Gesamtsumme	10105	100,0	100,0	

Geschlecht

		Häufigkeit	Prozent	Gültige Prozent	Kumulative Prozente
Gültig	Männlich	7041	69,7	69,7	69,7
	Weiblich	3064	30,3	30,3	100,0
	Gesamtsumme	10105	100,0	100,0	

Nettoeinkommen

		Häufigkeit	Prozent	Gültige Prozent	Kumulative Prozente
Gültig	< 1000 Euro	3338	33,0	33,0	33,0
	1000-2000 Euro	3959	39,2	39,2	72,2
	2001-3000 Euro	1806	17,9	17,9	90,1
	>= 3000 Euro	1002	9,9	9,9	100,0
	Gesamtsumme	10105	100,0	100,0	

Berufliche Position

		Häufigkeit	Prozent	Gültige Prozent	Kumulative Prozente
Gültig	Niedrigere Position	5218	51,6	51,6	51,6
	Mittlere Position	3083	30,5	30,5	82,1
	Höhere Position	1804	17,9	17,9	100,0
	Gesamtsumme	10105	100,0	100,0	

Schulabschluss

		Häufigkeit	Prozent	Gültige Prozent	Kumulative Prozente
Gültig	Hauptschule	5218	51,6	51,6	51,6
	Mittlere Reife	3083	30,5	30,5	82,1
	Abitur	1804	17,9	17,9	100,0
	Gesamtsumme	10105	100,0	100,0	

In der Statuszeile erkennen Sie an der Meldung *Gewichtung aktiv*, dass die Häufigkeitsvariable aktiviert ist.

21.2.2 Erzeugung und Interpretation eines Baumdiagramms

Wir wollen nunmehr das Baumdiagramm erstellen.

- Wählen Sie aus dem Menü

  Analysieren
  Klassifizieren
  Baum...

- Übertragen Sie die Variable abonnent in das Feld für die abhängige Variable und klicken Sie anschließend auf den Schalter *Kategorien...*

Es öffnet sich die Dialogbox *Entscheidungsbaum: Kategorien*.

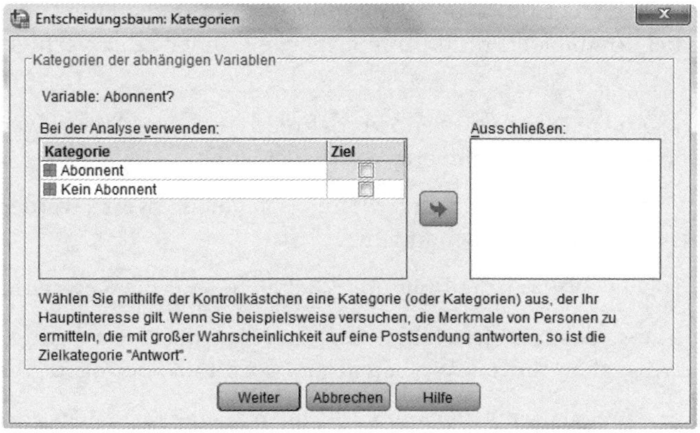

Bild 21.12: Dialogbox Entscheidungsbaum: Kategorien

Sie erhalten hier die Möglichkeit, diejenige Kategorie der Zielvariablen auszuwählen, der Ihr Hauptinteresse gilt. In unserem Fall sind dies natürlich diejenigen Personen, welche positiv auf die Mailingaktion reagiert haben, d. h. die Tageszeitung abonniert haben.

- Machen Sie im Zielkästchen der Abonnenten ein Häkchen per Mausklick und bestätigen Sie mit *Weiter.*
- Übertragen Sie die Variablen altersklassen (Alter in Klassen), geschlecht, netto (monatliches Nettoeinkommen), position (berufliche Position) und schule (Schulabschluss) in die Liste für die unabhängigen Variablen.
- Belassen Sie es bei der Voreinstellung der Aufbaumethode CHAID.
- Klicken Sie auf die Schaltfläche *Ausgabe...* und aktivieren Sie die Option *Baum im Tabellenformat*.
- Klicken Sie auf die Schaltfläche *Optionen...*

Es öffnet sich die Dialogbox *Entscheidungsbaum: Optionen*.

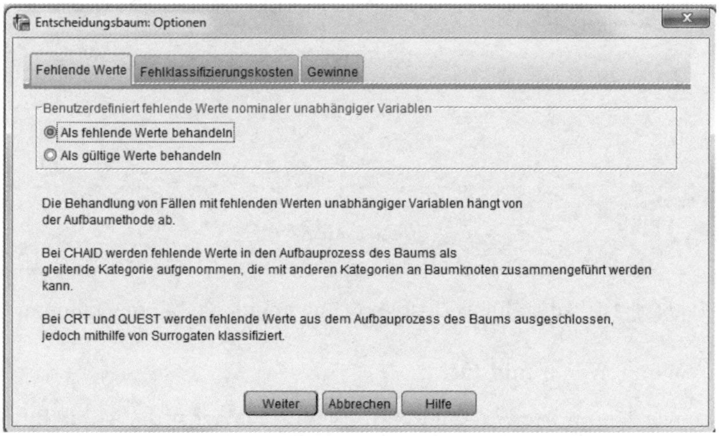

Bild 21.13: Dialogbox Entscheidungsbaum: Optionen

Aktiviert ist zurzeit die Registerkarte *Fehlende Werte*, mit deren Hilfe Sie die Behandlung fehlender Werte bei nominalen Prädiktoren festlegen können. Zur Verfügung stehen zwei Varianten:

- *Als fehlende Werte behandeln*: Benutzerdefiniert fehlende Werte werden bei dieser Variante wie systemdefiniert fehlende Werte behandelt.
- *Als gültige Werte behandeln*: Benutzerdefiniert fehlende Werte werden beim Aufbau des Baums als normale Werte behandelt.

- Belassen Sie es bei der Voreinstellung und klicken Sie auf die Registerkarte *Gewinne*.

Wir gehen davon aus, dass ein Jahresabo der Tageszeitung einen Ertrag von 187 Euro bedeutet und die Ausgaben für das Werbematerial 2,58 Euro betragen.

- Klicken Sie auf den Schalter *Anpassen* und tragen Sie die beiden Werte in die Zeile für die Abonnenten ein.
- Klicken Sie nach der Eingabe auf die Spalte *Profit*.

Automatisch angezeigt wird nun der Profit, welcher sich aus der Berechnung Verkaufserlöse minus Aufwendungen ergibt und sich auf 184,42 Euro beläuft.

- Tragen Sie in die Zeile für die Nichtabonnenten den Ertrag von 0 Euro sowie die Ausgaben von 2,58 Euro ein. Klicken Sie danach wieder auf die Spalte *Profit*.

Die Dialogbox sollte nun wie folgt aussehen:

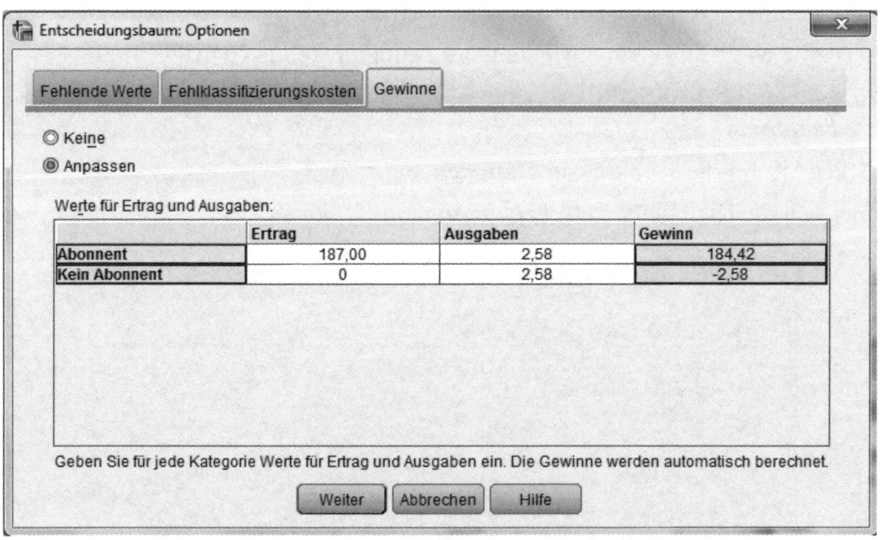

Bild 21.14: Ausgefüllte Dialogbox Entscheidungsbaum: Optionen

- Bestätigen Sie mit *Weiter* und *OK*.

Die Ergebnisse werden im Viewer angezeigt. Es folgt zunächst die Modellübersicht.

Modellübersicht

Spezifikationen	Aufbaumethode	CHAID
	Abhängige Variable	Abonnent?
	Unabhängige Variablen	Alter in Klassen, Geschlecht, Nettoeinkommen, Berufliche Position, Schulabschluss
	Validierung	Keine
	Maximale Baumtiefe	3
	Minimale Fallzahl im übergeordneten Knoten	100
	Minimale Fallzahl im untergeordneten Knoten	50
Ergebnisse	Unabhängige Variablen einbezogen	Nettoeinkommen, Berufliche Position, Geschlecht
	Anzahl Knoten	13
	Anzahl Endknoten	8
	Tiefe	3

Der Modellzusammenfassung entnehmen Sie, dass die Variablen netto, beruf und geschlecht in das Baummodell eingehen. Sie erhalten ferner Informationen über die Baumtiefe (3) sowie die Anzahl der Knoten (13) und die der Endknoten (8). Es folgt das eigentliche Baumdiagramm.

- Kopieren Sie das Baumdiagramm in den Baumeditor.
- Um die irritierende mathematische Darstellung der Bereiche zu deaktivieren, wählen Sie aus dem Menü des Baumeditors wieder die Option

  Optionen

  Bereiche als Text
- Stellen Sie den Zoomfaktor auf 100% ein, falls dies nicht der Fall sein sollte.

Das Baummodell sieht wie folgt aus.

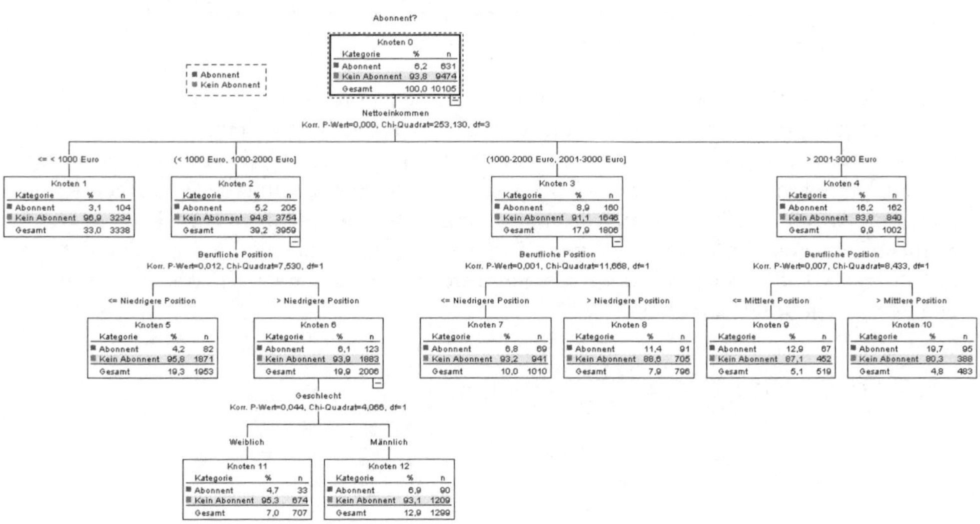

Bild 21.15: Baummodell im SPSS Viewer

Der stärkste Prädiktor für ein potenzielles Abonnement der Zeitung ist das Nettoeinkommen, den stärksten Prädiktor auf der zweiten Ebene bildet die Variable beruf. Nach der tabellarischen Wiedergabe des Baumdiagramms folgt die Gewinnübersicht mit relevanten Daten für die Kostenrechnung.

Gewinnzusammenfassung für Knoten

Knoten	N	Prozent	Gewinn	ROI
10	483	4,8%	34,201	1325,6%
9	519	5,1%	21,561	835,7%
8	796	7,9%	18,798	728,6%
12	1299	12,9%	10,376	402,2%
7	1010	10,0%	10,195	395,2%
11	707	7,0%	6,148	238,3%
5	1953	19,3%	5,272	204,3%
1	3338	33,0%	3,246	125,8%

Aufbaumethode: CHAID
Abhängige Variable: Abonnent?

Gewinne für Knoten

	Knoten		Gewinn		Abhängige Variable	Index
Knoten	N	Prozent	N	Prozent		
10	483	4,8%	95	15,1%	19,7%	315,0%
9	519	5,1%	67	10,6%	12,9%	206,7%
8	796	7,9%	91	14,4%	11,4%	183,1%
12	1299	12,9%	90	14,3%	6,9%	111,0%
7	1010	10,0%	69	10,9%	6,8%	109,4%
11	707	7,0%	33	5,2%	4,7%	74,7%
5	1953	19,3%	82	13,0%	4,2%	67,2%
1	3338	33,0%	104	16,5%	3,1%	49,9%

Aufbaumethode: CHAID
Abhängige Variable: Abonnent?

Anhand der Tabelle »Gewinnzusammenfassung für Knoten« erkennen Sie, dass es acht Endknoten gibt, die allesamt Gewinn abwerfen. Negative Werte beim Profit, die Verlust bedeuten würden, liegen nicht vor. Den mit Abstand stärksten Gewinn von über 34 Euro wirft der Knoten mit der Nummer 10 ab, wobei die Nummerierung der einzelnen Knoten denen der Baumübersicht entspricht. Betrachten wir die Angaben zum Knoten 9. Die Anzahl N sagt aus, dass dieses Segment 519 Fälle enthält, das sind 5,1% aller Fälle der Datendatei (10105). Der Knoten wirft einen durchschnittlichen Profit von 21,56 Euro ab, welcher sich wie folgt berechnet:

$$(67 \cdot 184{,}42) - (452 \cdot 2{,}58) = \frac{11189{,}98}{519} = 21{,}56$$

Multipliziert wird die Anzahl der Treffer des Knotens, die Sie der Tabelle »Gewinne für Knoten« entnehmen können, mit dem Profit (vgl. Bild 21.9). Davon subtrahiert wird das Ergebnis der Multiplikation der Anzahl der Nichtabonnenten des Knotens (519 – 67 = 452) mit den Ausgaben für die Mailingaktion. Das Ergebnis stellt die Gewinnsumme des Knotens dar, die dividiert durch die Fallanzahl des Segments den Durchschnittsprofit ergibt.

Angezeigt wird ferner noch der Anlageertrag (ROI), auch Gesamtkapitalrentabilität genannt. ROI bedeutet »Return on Investment« und bezeichnet die Ertragskraft einer Investition. Nachdem unsere Mailingaktion zunächst Ausgaben für das Posten der Werbematerialien erfordert hat, wird in Gestalt der erzielten Abos nunmehr ein Gewinn erwirtschaftet. Der ROI stellt das Verhältnis zwischen investiertem Kapital und dem erwirtschafteten Gewinn dar.

$$ROI = \frac{\text{Gewinn}}{\text{Gesamtkapital}} \cdot 100$$

Für den Knoten mit der Nummer 9 ergibt sich also:

$$\frac{11189{,}98}{519 \cdot 2{,}58} \cdot 100 = 835{,}68\,\%$$

Die Tabelle »Gewinne für Knoten«, welche nur verfügbar ist, wenn mindestens eine Zielkategorie angegeben wurde, enthält noch weitere Informationen über die Endknoten im Baummodell:

- *Knoten: N:* die Anzahl der Fälle in den einzelnen Endknoten
- *Knoten: Prozent:* der Prozentsatz der Anzahl der Fälle in den einzelnen Knoten
- *Gewinn: N:* die Anzahl der Fälle in den einzelnen Endknoten in der Zielkategorie (im Beispiel die Anzahl der Abonnenten)
- *Gewinn: Prozent:* der Prozentsatz der Fälle in der Zielkategorie pro Segment bezogen auf die Gesamtzahl aller Treffer (im Beispiel aller Abonnenten der finalen acht Segmente)
- *Abhängige Variable:* der Prozentsatz der Fälle der Zielkategorie pro Knoten (bei kategorialen abhängigen Variablen)
- *Index:* das Verhältnis des Antwortprozentsatzes für die Zielkategorie zum Antwortprozentsatz für die gesamte Stichprobe (Prozentsatz der Fälle im Knoten der angegebenen Zielkategorie bei kategorialen abhängigen Variablen)

Bringt man abschließend die Endknoten zusammen mit ihren soziobiografischen Charakteristika, d. h. den unabhängigen Variablen, sowie die jeweiligen Trefferquoten in absteigender Reihenfolge sortiert in eine Tabelle, so ergibt sich folgendes Bild:

Knoten	Nettoeinkommen	Berufliche Position	Geschlecht	Trefferquote (in %)	N
10	> 3000 Euro	Höhere Position		19,7	483
9	> 3000 Euro	Niedrigere bis mittlere Position		12,9	519
8	2001–3000 Euro	Mittlere bis höhere Position		11,4	796
12	1000–2000 Euro		Männlich	6,9	1299
7	2001–3000 Euro	Niedrigere Position		6,8	1010
11	1000–2000 Euro	Mittlere bis höhere Position	Weiblich	4,7	707
5	1000–2000 Euro	Mittlere bis höhere Position		4,2	1953
1	< 1000 Euro			3,1	3338

Anhand der Tabelle erkennen Sie u.a., dass die Trefferquote bei Personen mit hohem Einkommen (> 3000 Euro) und höherer beruflicher Position am größten ist (Segment Nr. 10), während die Trefferquote bei Personen mit geringem Einkommen (< 1000 Euro) am niedrigsten liegt. Die Tabelle verdeutlicht in Gestalt der Segmente 10 und 9 sowie 5 und 1 Extremgruppen hinsichtlich der Erfolgsquote. Sichtbar wird, dass die Trefferquote bei höherem Einkommen sowie bei höherer beruflicher Position steigt, während ein niedrigeres Einkommen und eine niedrigere berufliche Position diese senken.

21.2.3 Erleichterung beim Erstellen der finalen Tabelle

Ab der Version 18 wird Ihnen erstmals eine Hilfe bzw. eine Erleichterung beim Erstellen dieser auf der Basis des CHAID-Algorithmus erzeugten finalen Tabelle angeboten. Leider ist diese Option aber nicht in der Dialogbox Baum verfügbar, sondern im Rahmen der Menüoption Direktmarketing.

Wir gehen im Folgenden davon aus, dass die Datei mailing.sav noch die aktive Arbeitsdatei ist.

- Wählen Sie aus dem Menü

Direktmarketing
Verfahren wählen

Es öffnet sich die Dialogbox *Direktmarketing*.

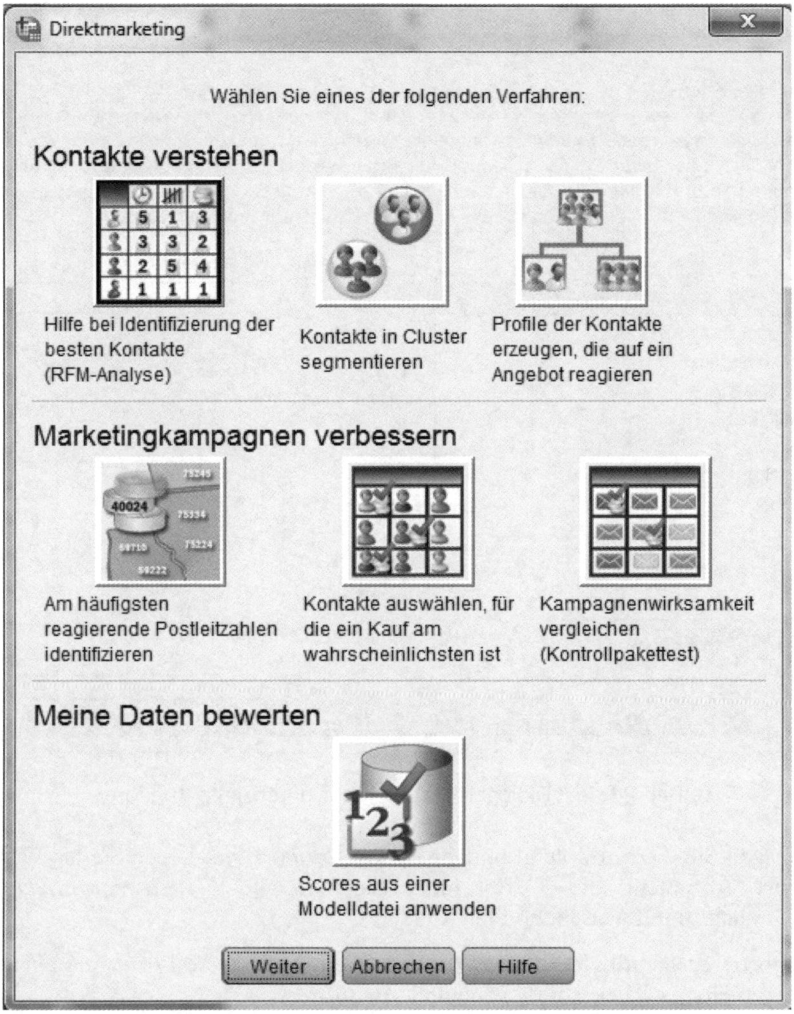

Bild 21.16: Dialogbox Direktmarketing

- Wählen Sie die Technik *Profile der Kontakte erzeugen, die auf ein Angebot reagieren* aus und bestätigen Sie mit *Weiter*.
- Bestätigen Sie das Hinweisfenster bezüglich des Messniveaus mit *OK*.
- Es öffnet sich die Dialogbox *Profile über potenzielle Kunden*.

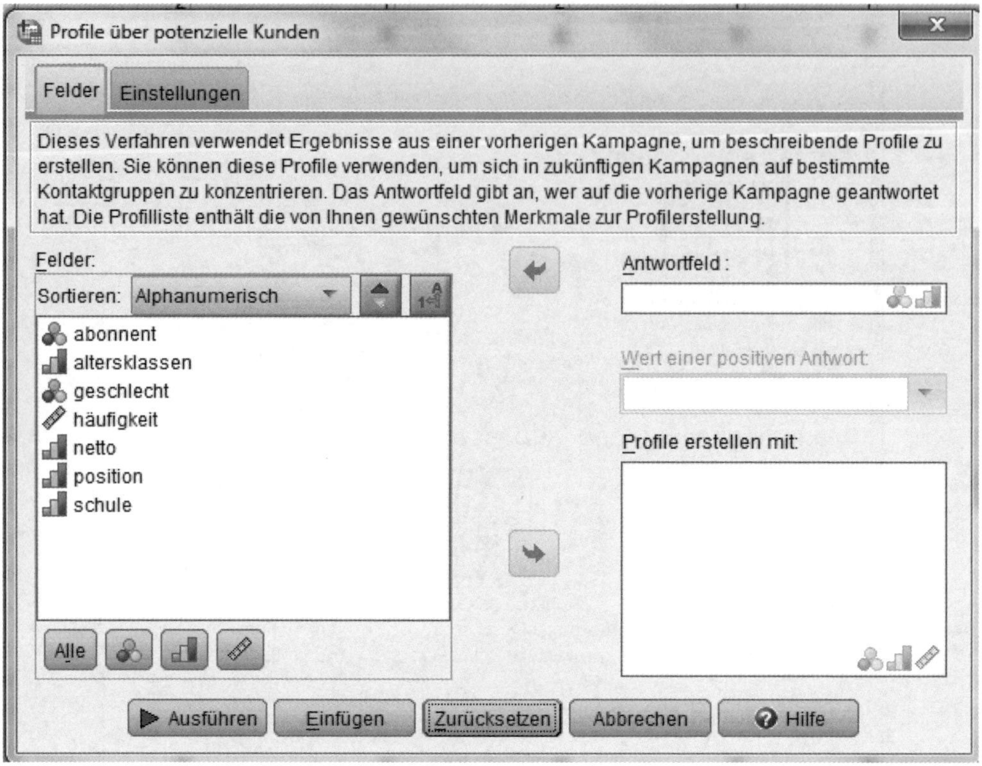

Bild 21.17: Dialogbox Profile über potenzielle Kunden

- Übertragen Sie die Variable abonnent in das *Antwortfeld*. Legen Sie als Wert für die Antwort »Abonnent« die »1« fest, indem Sie beim Feld *Wert einer positiven Antwort* auf den nach unten weisenden Pfeil klicken.
- Transportieren Sie alle unabhängigen Variablen in die Liste *Profile erstellen mit* und bestätigen Sie per Klick auf den Schalter *Ausführen*.

Sie erhalten die gewünschte Tabelle, die bereits nach der Responserate absteigend sortiert ist.

Rücklaufquote

Nummer	Profil			
	Beschreibung	Gruppen größe	Rücklauf quote	Kumulative Rücklaufquote
1	Nettoeinkommen > "2001-3000 Euro" Berufliche Position > "Mittlere Position "	483	19,67%	19,67%
2	Nettoeinkommen > "2001-3000 Euro" Berufliche Position <= "Mittlere Position "	519	12,91%	16,17%
3	Nettoeinkommen > "1000-2000 Euro" Nettoeinkommen <= "2001-3000 Euro" Berufliche Position > "Niedrigere Position"	796	11,43%	14,07%
4	Nettoeinkommen > "< 1000 Euro" Nettoeinkommen <= "1000-2000 Euro" Berufliche Position > "Niedrigere Position" Geschlecht = "Männlich"	1299	6,93%	11,08%
5	Nettoeinkommen > "1000-2000 Euro" Nettoeinkommen <= "2001-3000 Euro" Berufliche Position <= "Niedrigere Position"	1010	6,83%	10,03%
6	Nettoeinkommen > "< 1000 Euro" Nettoeinkommen <= "1000-2000 Euro" Berufliche Position > "Niedrigere Position" Geschlecht = "Weiblich"	707	4,67%	9,24%
7	Nettoeinkommen > "< 1000 Euro" Nettoeinkommen <= "1000-2000 Euro" Berufliche Position <= "Niedrigere Position"	1953	4,20%	7,79%
8	Nettoeinkommen <= "< 1000 Euro"	3338	3,12%	6,24%

Vergleichen Sie die obige Tabelle mit der von uns erstellten, so stellen Sie fest, dass beide identisch sind. Unverständlich bleibt nur, warum die Tabelle nicht auch automatisch bei der Klassifikationanalyse ausgegeben wird, der Anwender die Schnittstelle wechseln muss, obwohl es sich ja wie die Überschrift zeigt, um einen tabellarischen »Klassifizierungsbaum« handelt.

Ausgegeben wird schließlich noch eine grafische Darstellung der kumulierten Rücklaufquote.

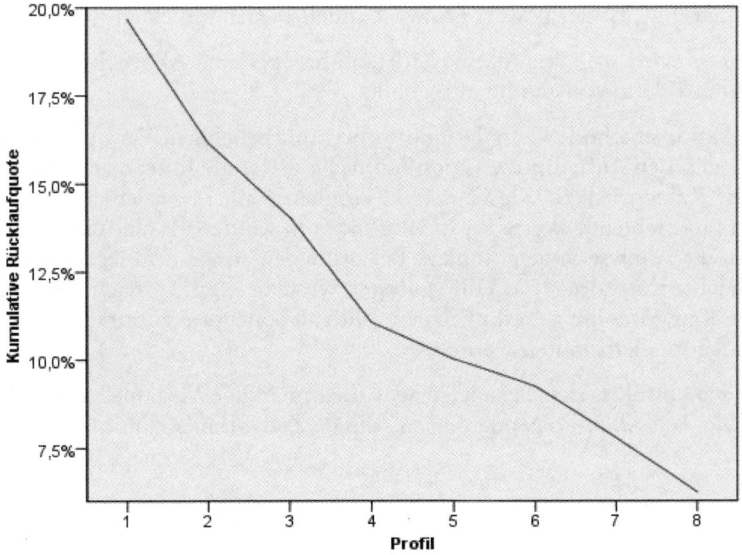

Bild 21.18: Diagramm: Kumulierte Rücklaufquote

Wie Sie der Dialogbox *Profile über potentielle Kunden* entnehmen können, lassen sich – wie wir weiter unten noch sehen werden – allerdings keine mittleren Scorewerte bilden, so dass diese Erleichterung beim Erstellen der finalen Tabelle auf der Basis des CHAID-Algorithmus nur bei dichotomen Zielvariablen von Nutzen ist.

21.3 Der CHAID-Algorithmus als Klassifikationsmethode

Die Methode CHAID (Chi-squared Automatic Interaction Detection) basiert auf der Grundlage von Chi-Quadrat-Statistiken. Untersucht werden die vorliegenden Signifikanzen, die zur Identifikation optimaler Trennungen dienen, welche den Baum strukturieren. Die Zielvariable bzw. Gruppierungsvariable kann bei dieser Klassifikationsmethode nominal-dichotom, nominal-multipel, ordinal oder kontinuierlich sein. Die CHAID-Prozedur erzeugt nichtbinäre Bäume, d.h., aus einigen Trennungen können mehr als zwei Unterknoten resultieren.

Der CHAID-Algorithmus umfasst im Wesentlichen folgende Schritte:

- Die Merkmalsausprägungen jeder Vorhersagevariable werden auf signifikante Differenzen bezüglich der Gruppierungsvariablen untersucht.
- Für jede Prädiktorvariable wird das Kategorienpaar bestimmt, welches bezüglich der Zielvariablen den größten p-Wert aufweist, d. h. den geringsten signifikanten Unterschied besitzt. Der p-Wert wird verglichen mit dem festgelegten Wert für die Zusammenlegung. Diejenigen Werte, welche bezogen auf die Zielvariable ähnlich sind, d. h. deren p-Wert größer ist als der Wert für die Zusammenlegung, werden zusammengefasst. Kategorien, deren p-Wert kleiner ist als der Wert für die Zusammenlegung bleiben erhalten.
- Bei der Vorhersagevariablen mit dem größten p-Wert wird dieser mit dem festgelegten Wert für die Trennung verglichen. Ist der p-Wert kleiner als dieser Wert, wird der Knoten getrennt. Ist der p-Wert größer, handelt es sich um einen finalen Knoten.
- Der Prozess wird so lange rekursiv fortgeführt, bis eine Abbruchregel in Kraft tritt. Der Baum ist dann vollständig aufgebaut.

Die Klassifikationsmethode CHAID funktioniert mit beliebigen Variablenarten. Fehlende Werte werden in den Aufbauprozess des Baums als gleitende Kategorie aufgenommen, die mit anderen Kategorien zu Segmenten zusammengeführt werden kann. System- und benutzerdefiniert fehlende Werte für die Prädiktoren werden als eine einzige, kombinierte Kategorie in die Analyse aufgenommen. Bei ordinalen sowie bei metrischen Prädiktoren werden zunächst Kategorien mit Hilfe gültiger Werte erzeugt. Danach wird festgelegt, ob die fehlende Kategorie mit der ähnlichsten gültigen Kategorie zusammengeführt oder als separate Kategorie beibehalten werden soll.

Bei den beiden einführenden Beispielen war die abhängige Variable eine nominal-dichotome Variable. Es soll im Folgenden eine ordinale Zielvariable zum Einsatz gelangen.

21.3.1 Erstellen einer Analysedatei

Insgesamt 2707 Personen wurden nach ihrer Beurteilung von Lernzielen bei der Erziehung von Kindern befragt. Die Interviewer gaben die Lernziele »gehorchen«, »beliebt sein«, »selbständig denken«, »hart arbeiten« und »anderen helfen« vor. Die Aufgabe der Befragten bestand darin, diese fünf Lernziele in eine Reihenfolge zu bringen (»am wichtigsten«, »zweite Stelle«, »dritte Stelle«, »vierte Stelle«, »fünfte Stelle«). Mit Hilfe einer Klassifikationsanalyse wollen wir im Folgenden das Lernziel »gehorchen« näher analysieren. Die entsprechenden Daten sind in der Datei kindererz.sav gespeichert, wobei die Variable gehorchen die Antworten auf die entsprechende Frage enthält.

- Laden Sie die Datei kindererz.sav in den Dateneditor.

Eine Häufigkeitsverteilung der Variablen der Datendatei ergibt die folgenden Tabellen.

Alter in Kategorien

		Häufigkeit	Prozent	Gültige Prozent	Kumulative Prozente
Gültig	18-29 Jahre	422	15,6	15,6	15,6
	30-44 Jahre	831	30,7	30,7	46,3
	45-59 Jahre	677	25,0	25,0	71,3
	60-74 Jahre	588	21,7	21,7	93,0
	75-89 Jahre	181	6,7	6,7	99,7
	Über 89 Jahre	8	,3	,3	100,0
	Gesamtsumme	2707	100,0	100,0	

Kind: Lernziel gehorchen

		Häufigkeit	Prozent	Gültige Prozent	Kumulative Prozente
Gültig	Am Wichtigsten	363	13,4	13,4	13,4
	Zweite Stelle	333	12,3	12,3	25,7
	Dritte Stelle	611	22,6	22,6	48,3
	Vierte Stelle	709	26,2	26,2	74,5
	Fünfte Stelle	691	25,5	25,5	100,0
	Gesamtsumme	2707	100,0	100,0	

Gerechter Anteil am Lebensstandard

		Häufigkeit	Prozent	Gültige Prozent	Kumulative Prozente
Gültig	Mehr als gerechter Anteil	165	6,1	6,1	6,1
	Gerechter Anteil	1361	50,3	50,3	56,4
	Etwas Weniger	985	36,4	36,4	92,8
	Sehr viel Weniger	196	7,2	7,2	100,0
	Gesamtsumme	2707	100,0	100,0	

Geschlecht

		Häufigkeit	Prozent	Gültige Prozent	Kumulative Prozente
Gültig	Männlich	1335	49,3	49,3	49,3
	Weiblich	1372	50,7	50,7	100,0
	Gesamtsumme	2707	100,0	100,0	

Links-Rechts-Verortung

		Häufigkeit	Prozent	Gültige Prozent	Kumulative Prozente
Gültig	Links	49	1,8	2,0	2,0
		116	4,3	4,7	6,6
		342	12,6	13,7	20,4
		375	13,9	15,1	35,4
		801	29,6	32,2	67,6
		364	13,4	14,6	82,2
		239	8,8	9,6	91,8
		155	5,7	6,2	98,0
		28	1,0	1,1	99,2
	Rechts	21	,8	,8	100,0
	Gesamtsumme	2490	92,0	100,0	
Fehlend	Keine Angabe	217	8,0		
Gesamtsumme		2707	100,0		

Subjektive Schichteinstufung

		Häufigkeit	Prozent	Gültige Prozent	Kumulative Prozente
Gültig	Unterschicht	38	1,4	1,4	1,4
	Arbeiterschicht	1018	37,6	37,6	39,0
	Mittelschicht	1455	53,7	53,7	92,8
	Obere Mittelschicht	186	6,9	6,9	99,6
	Oberschicht	10	,4	,4	100,0
	Gesamtsumme	2707	100,0	100,0	

Allgemeiner Schulabschluss

		Häufigkeit	Prozent	Gültige Prozent	Kumulative Prozente
Gültig	Kein Abschluss	65	2,4	2,4	2,4
	Volksschule, Hauptschule	1187	43,8	43,8	46,3
	Mittlere Reife	876	32,4	32,4	78,6
	Fachhochschulreife	151	5,6	5,6	84,2
	Abitur, Hochschulreife	428	15,8	15,8	100,0
	Gesamtsumme	2707	100,0	100,0	

Die Daten sind ein Auszug aus der »Allgemeinen Bevölkerungsumfrage der Sozialwissenschaften« (ALLBUS).

21.3.2 Erzeugung und Interpretation eines Baumdiagramms

Wir wollen nunmehr das Baumdiagramm erstellen.

- Wählen Sie aus dem Menü

Analysieren
Klassifizieren
Baum...

Es öffnet sich die Dialogbox *Entscheidungsbaum*.

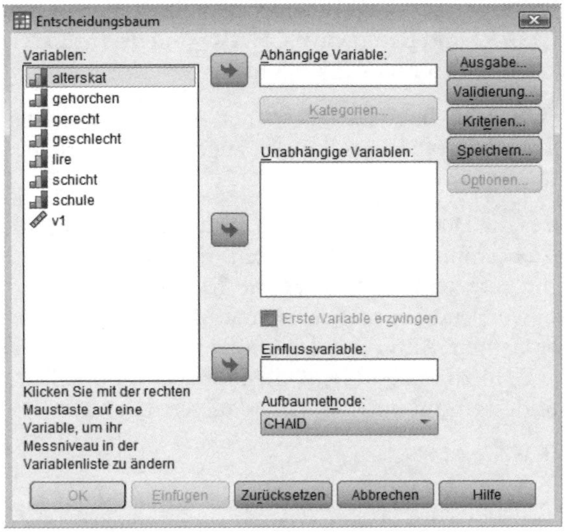

Bild 21.19: Modelldefinition in der Dialogbox Entscheidungsbaum

- Definieren Sie die Variable gehorchen als abhängige Variable, indem Sie diese in das entsprechende Feld ziehen. Deklarieren Sie die übrigen Variablen bis auf die Variable v1, die eine Identifikationsnummer des Befragten darstellt, als Prädiktoren, indem Sie diese in das Feld für die unabhängigen Variablen befördern.
- Belassen Sie es bei der Voreinstellung der Aufbaumethode CHAID.
- Klicken Sie auf die Schaltfläche *Ausgabe...* und aktivieren Sie die Option *Baum im Tabellenformat* und bestätigen Sie mit *Weiter.*
- Klicken Sie auf die Schaltfläche *Kriterien...* Es öffnet sich die Dialogbox *Entscheidungsbaum: Kriterien.*

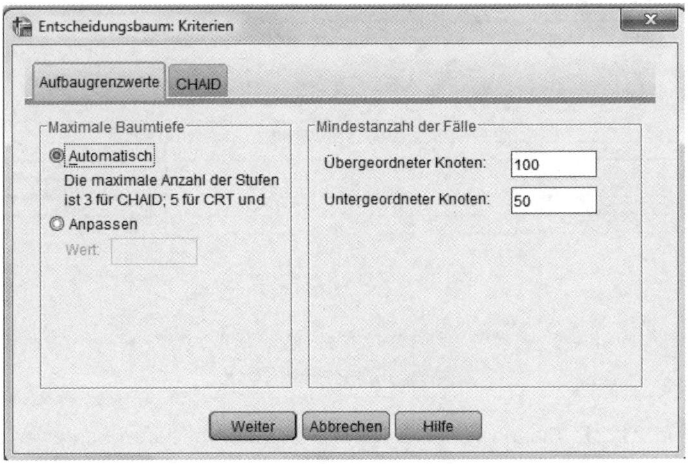

Bild 21.20: Dialogbox Entscheidungsbaum: Kriterien

Sie verfügen hier über die Möglichkeit, die maximale Baumtiefe festzulegen. Für die Klassifikationsmethode CHAID und Exhaustive CHAID sind drei Stufen voreingestellt, für die Klassifikationsmethoden CRT und QUEST fünf.

- Erhöhen Sie die maximale Baumtiefe des zu erstellenden Modells auf fünf, indem Sie die Option *Anpassen* aktivieren und in das zugehörige Textfeld die Zahl »5« eintragen.

Sie sehen ferner, dass es die Dialogbox an dieser Stelle auch zulässt, die Mindestanzahl der Fälle für die Knoten zu bestimmen. Knoten, welche das Kriterium der Mindestanzahl nicht erfüllen, werden nicht aufgeteilt. Heben Sie die Mindestanzahl an, so entstehen in der Regel Bäume mit weniger Knoten; senken Sie die Minimalwerte, so entstehen Baumdiagramme mit mehr Segmenten. Aufgrund der Größe unserer Arbeitsdatei (N = 2707) ist es nicht angebracht, die Zahl zu senken. Bei Datendateien mit deutlich niedrigeren Fallzahlen sollten Sie die Mindestanzahl unter Umständen verringern.

- Bestätigen Sie mit *Weiter.*
- Klicken Sie auf die Schaltfläche *Speichern...* und aktivieren Sie hier die Optionen *Endknotennummer, Vorhergesagter Wert* und *Geschätzte Wahrscheinlichkeiten*. Bestätigen Sie mit *Weiter.*
- Klicken Sie auf den Schalter *Optionen*. Es öffnet sich die Dialogbox *Entscheidungsbaum: Optionen*. Aktivieren Sie die Registerkarte *Gewinne* und markieren Sie die Option *Anpassen*. Vergeben Sie entsprechend der Kodierungen für die Kategorie »am wichtigsten« eine »1«, für die »zweite Stelle« eine »2«, die »dritte Stelle eine »3«, die »vierte Stelle« eine »4« und die »fünfte Stelle« eine »5«.
- Tragen Sie in die Spalte *Ausgaben* jeweils eine »0« ein.

Die Dialogbox *Entscheidungsbaum: Optionen* sollte nunmehr wie folgt aussehen:

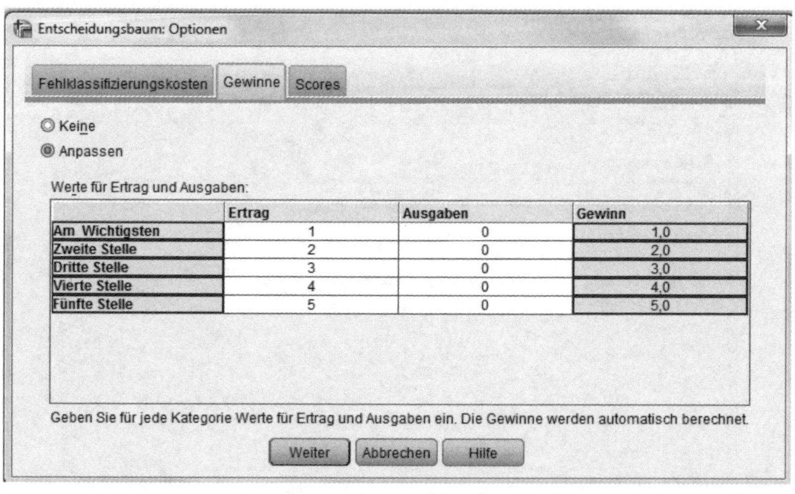

Bild 21.21: Eingabe zwecks Berechnung der mittleren Scorewerte

Wie wir des Weiteren noch sehen werden, erfolgt die Eingabe an dieser Stelle nicht, um Profite zu berechnen, wie dies bei unserem Beispiel aus dem Bereich der Wirtschaftswissenschaften der Fall war, sondern um mittlere Scorewerte zu erzeugen, die zur Grundlage eines Ranking der Endknoten gemacht werden sollen.

- Bestätigen Sie mit *Weiter* und anschließend mit *OK*.

Im Viewer sehen Sie zunächst die Tabelle Modellübersicht mit allgemeinen Informationen zur Modellkonstruktion.

Modellübersicht

Spezifikationen	Aufbaumethode	CHAID
	Abhängige Variable	Kind: Lernziel gehorchen
	Unabhängige Variablen	Alter in Kategorien, Gerechter Anteil am Lebensstandard, Geschlecht, Links-Rechts-Verortung, Subjektive Schichteinstufung, Allgemeiner Schulabschluss
	Validierung	Keine
	Maximale Baumtiefe	5
	Minimale Fallzahl im übergeordneten Knoten	100
	Minimale Fallzahl im untergeordneten Knoten	50
Ergebnisse	Unabhängige Variablen einbezogen	Allgemeiner Schulabschluss, Alter in Kategorien, Geschlecht, Links-Rechts-Verortung
	Anzahl Knoten	14
	Anzahl Endknoten	9
	Tiefe	3

In das Modell aufgenommen wurden die Variablen schule, alterskat, geschlecht und lirc. Bei einer Baumtiefe von 3 liegen neun finale Knoten vor. Der Modellzusammenfassungstabelle folgt im Viewer das Baumdiagramm als grafische Darstellung des Baummodells.

- Da das Baumdiagramm aufgrund der multiplen Kategorien der Zielvariable sehr klein ist, sollten Sie es zunächst per Doppelklick in den Baumeditor befördern. Erhöhen Sie dort die Anzeige auf 100%.

Sie erkennen zunächst den Stammknoten.

Bild 21.22: Stammknoten im Baumeditor

Das Lernziel »gehorchen« setzen 13,4% der Befragten an die erste Stelle, 12,3% an die zweite, 22,6% an die dritte, 26,2% an die vierte und 25,5% an die fünfte Stelle. Das Ziel unserer Analyse besteht darin, das Baumdiagramm daraufhin zu untersuchen, inwieweit sich auf der Basis der gegebenen Prädiktoren Subgruppen ausfindig machen lassen, die sich hinsichtlich ihres Antwortverhaltens bezogen auf die fünf Kategorien der ordinalen Zielvariablen signifikant voneinander unterscheiden. Der Wurzelknoten weist bereits die Variable »Allgemeiner Schulabschluss« als wichtigsten Prädiktor aus. Wir wollen dazu übergehen, die Ebene unterhalb des Wurzelknotens näher zu betrachten.

- Um die verwirrende mathematische Darstellung der Bereiche bei den Variablen zu umgehen, wählen Sie zunächst aus dem Menü des Baumeditors wieder die Option

  Optionen
  Bereiche als Text

Die Etikettierung der Knoten der ersten sowie die der folgenden Ebenen sollte auf diese Weise nunmehr verständlicher sein. Tabellarisch lassen sich die Ergebnisse der ersten Ebene unterhalb des Wurzelknotens wie folgt zusammenfassen.

Lernziel: Gehorchen	**Am wichtigsten (in %)**	**Zweite Stelle (in %)**	**Dritte Stelle (in %)**	**Vierte Stelle (in %)**	**Fünfte Stelle (in %)**
Kein Abschluss	49,2	18,5	12,3	10,8	9,2
Volkschule, Hauptschule	18,9	15,8	24,4	23,8	17,1
Mittlere Reife	9,2	10,0	24,9	28,1	27,7
Fachhochschulreife, Abitur	4,5	7,8	16,4	30,1	41,3

Anhand der ersten Ebene unterhalb des Wurzelknotens werden die Effekte des Schulabschlusses auf das Antwortverhalten deutlich sichtbar. Während ein niedrigerer Schulabschluss zu einer höheren Gewichtung des Lernziels »gehorchen« führt, senkt ein höherer Abschluss die Prozentwerte bei den das Lernziel »gehorchen« präferierenden Kategorien. Auffallend sind vor allem zwei Extremwerte: Während 49,2% der Befragten ohne Schulabschluss das Lernziel »gehorchen« am wichtigsten erachten, setzen es 41,3% der Befragten mit Fachhochschulreife bzw. Abitur auf die fünfte Stelle.

21.3.3 Ansichten und Navigation durch den Baum

Um ein Baumdiagramm besser betrachten zu können, sollten Sie sich die Baumstruktur anzeigen lassen. Diese ist vor allem bei der Navigation durch umfangreichere Bäume hilfreich.

- Wählen Sie hierfür aus der Menüleiste des Baumeditors die Option

  Ansicht
  Baumstruktur

  oder klicken Sie einfach auf das entsprechende Symbol  in der Symbolleiste des Baumeditors.

Es öffnet sich das Baumstruktur-Fenster.

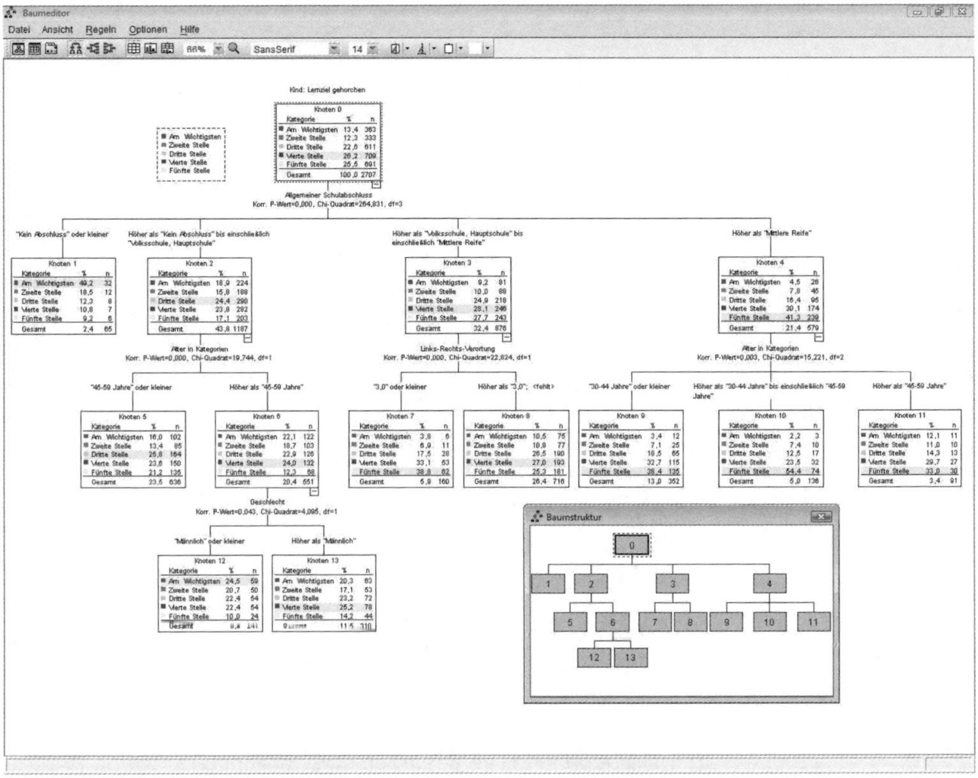

Bild 21.23: Baumstruktur-Fenster im Baumeditor

Der zurzeit ausgewählte Knoten – es ist der Wurzelknoten (root node) – ist sowohl im Baumeditor als auch im Baumstruktur-Fenster durch die schwarze Umrahmung hervorgehoben. Der Teil des Baums, der derzeit im Baumeditor sichtbar ist, wird im Baumstruktur-Fenster durch ein rotes Rechteck kenntlich gemacht. Wollen Sie einen Knoten in der Baumstruktur auswählen, so klicken Sie einfach mit der Maus auf das entsprechende Kästchen im Baumstruktur-Fenster. Der im Baumeditor sichtbare Ausschnitt wird sodann entsprechend verschoben.

Wir wollen uns im Folgenden die Nachfolger des zweiten Knotens anschauen. Navigieren Sie wie oben beschrieben, so erhalten Sie folgendes Bild im Baumeditor.

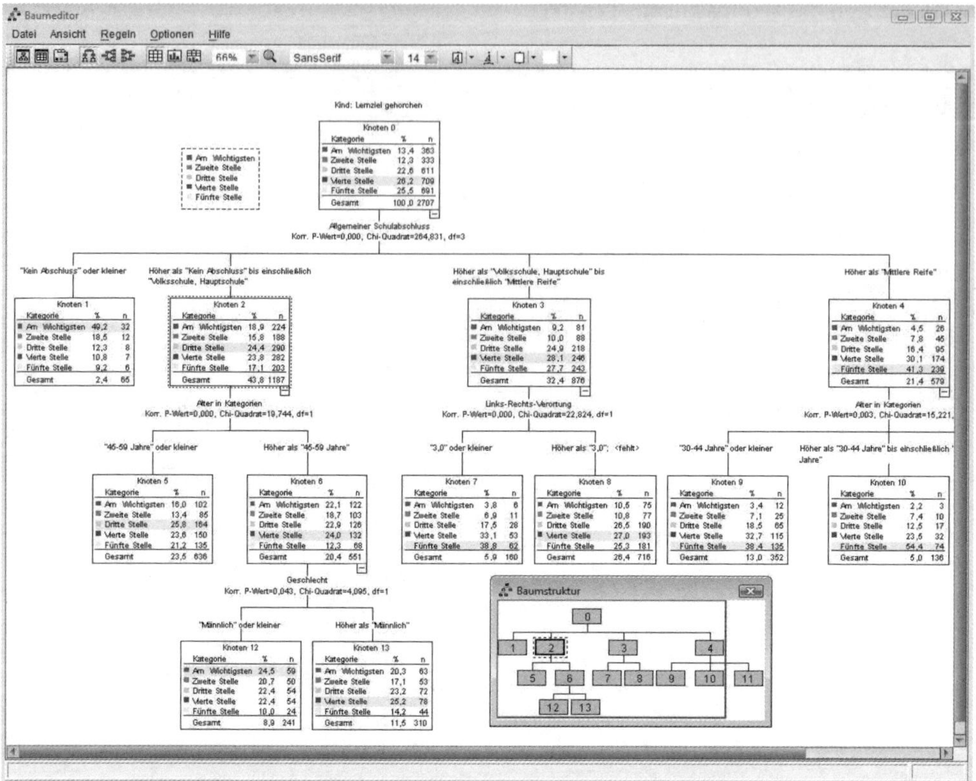

Bild 21.24: Navigation mit Hilfe des Baumstruktur-Fensters

Nachfolger des Knotens mit der Nummer 2 existieren sowohl auf der zweiten als auch auf der dritten Ebene des Baummodells. Personen mit Volksschul- bzw. Hauptschulabschluss unterscheiden sich hinsichtlich ihres Antwortverhaltens abhängig davon, ob sie jünger oder älter als 60 Jahre sind. Auf der dritten Ebene spielt bei Befragten, die 60 Jahre oder älter sind, die Variable geschlecht noch eine signifikante Rolle. Der Knoten mit der Nummer 1 verfügt über keine nachfolgenden Knoten, es handelt sich um ein finales Segment.

Ein- und Ausblenden von Knoten

Möchten Sie nur die Knoten der ersten Ebene einblenden, d. h. in unserem Beispiel die Knoten der zweiten und die der dritten Ebene ausblenden, gehen Sie wie folgt vor:

- Klicken Sie auf das Minuszeichen (-) in dem kleinen Kästchen unterhalb der unteren rechten Ecke des übergeordneten Knotens, in unserem Beispiel auf das Minuszeichen der Knoten 2, 3 und 4.

Es werden nunmehr alle Knoten unterhalb des übergeordneten Knotens in dieser Verzweigung ausgeblendet. Die Ausblendung erkennen Sie am Pluszeichen (+).

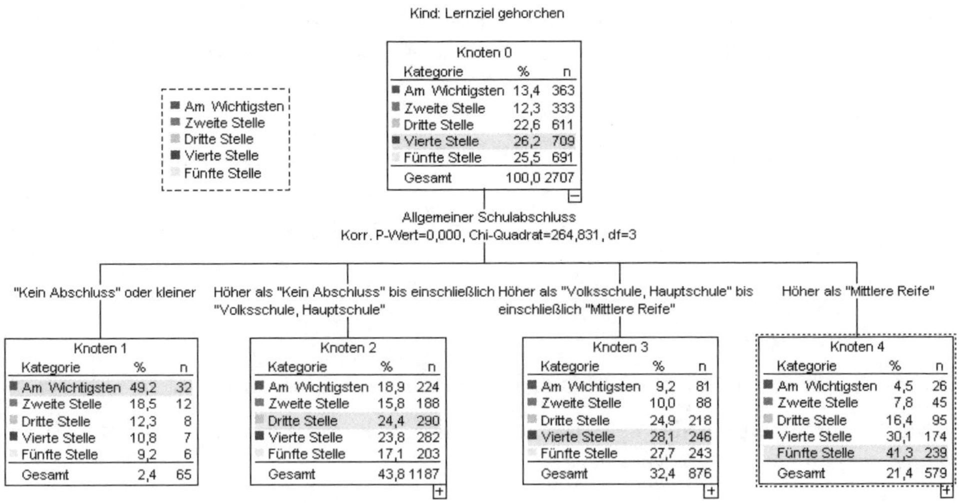

Bild 21.25: Ausblenden von Knoten

Wollen Sie die dergestalt ausgeblendeten Knoten wieder einblenden, so klicken Sie auf die Pluszeichen in den Kästchen der unteren rechten Ecke.

Skalieren der Baumanzeige

Bäume werden im Baumeditor standardmäßig so skaliert, dass sie vollständig im Fenster dargestellt werden. Bei großen Bäumen kann dies dazu führen, dass Sie kaum mehr etwas erkennen können. Sie haben jedoch jederzeit die Möglichkeit, die Größe der Anzeige der Bäume selber zu bestimmen. Gehen Sie hierfür wie folgt vor:

- Wählen Sie aus der Menüleiste des Baumeditors die Option

  Ansicht
    Skala

Es öffnet sich die Dialogbox *Skala*.

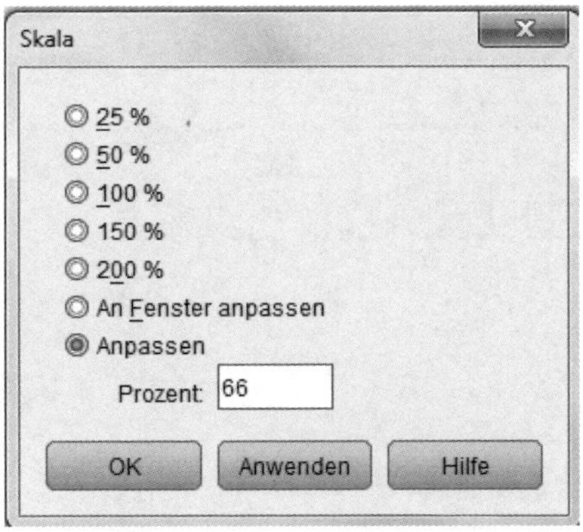

Bild 21.26: Dialogbox Skala

Sie können einen der vorgegebenen Werte auswählen oder aber einen eigenen Skalierungswert angeben. Empfehlenswert ist übrigens der guten Lesbarkeit wegen die Schrift Arial.

Knotenübersichtsfenster

Es ist möglich, sich die Knoten statt in Form von tabellarischen Daten auch als Grafiken anzeigen zu lassen.

- Wählen Sie hierfür aus der Menüleiste des Baumeditors die Option

  Optionen
  Knoteninhalt
  Diagramme

Für einzelne Knoten können Sie zusätzlich noch Zusammenfassungen anzeigen lassen.

- Markieren Sie hierfür den gewünschten Knoten, z. B. den Knoten mit der Nummer 4, und wählen Sie aus der Menüleiste

  Ansicht
  Übersicht

Der Baumeditor sieht nunmehr wie folgt aus:

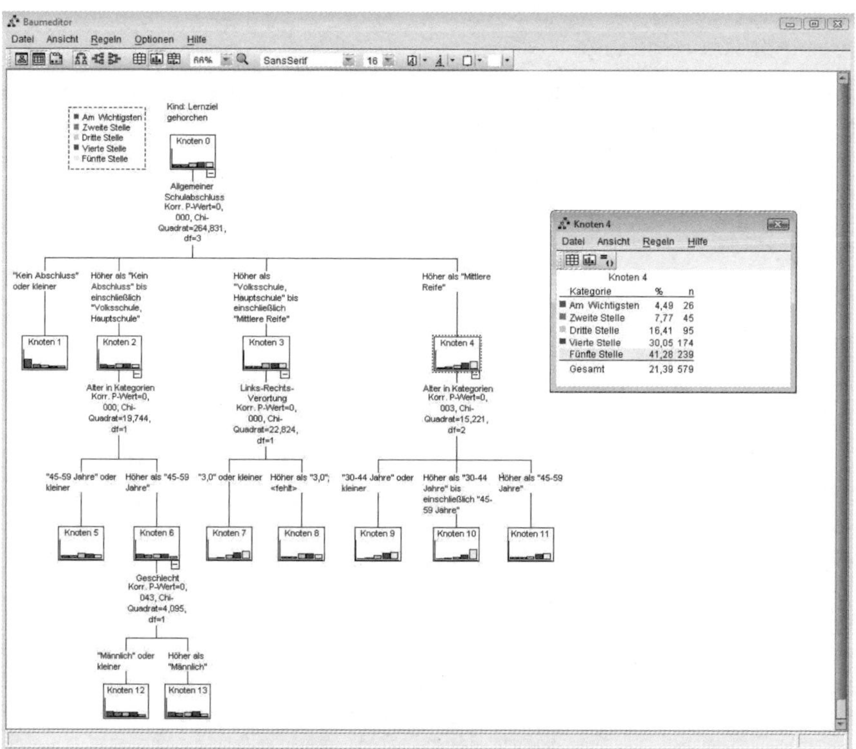

Bild 21.27: Knotenübersichtsfenster mit Zusammenfassung

Die tabellarischen Daten hinsichtlich der Verteilung der Zielvariablen können auch zusammen mit der grafischen Darstellung ausgegeben werden.

- Wählen Sie hierfür aus der Menüleiste des Baumeditors die Option

  Optionen
  Knoteninhalt
  Tabelle und Diagramm

Zwischen den jeweiligen Ansichten können Sie auch mit Hilfe der Symbole der Menüleiste bequem hin- und herschalten.

Zeigt Tabellen in Baumknoten an.

Zeigt Diagramme in Baumknoten an.

Zeigt Tabellen und Diagramme in Baumknoten an.

- Wandern Sie mit Hilfe des Baumstruktur-Fensters durch den Klassifikationsbaum und probieren Sie die verschiedenen Sichten selbstständig aus.

Wir wollen nunmehr zur Interpretation der Endknoten übergehen.

21.3.4 Analyse der finalen Segmente

Insgesamt werden neun Teilpopulationen, d. h. finale Segmente, erzeugt. Bei mehr als zwei Kategorien der abhängigen Variablen ist es aus Gründen der Übersichtlichkeit bzw. Interpretation der Endknoten sinnvoll, die einzelnen prozentualen Häufigkeiten der Kategorien durch einen mittleren Scorewert zu ersetzen. Mittlere Scorewerte hatten wir mit Hilfe der Dialogbox *Entscheidungsbaum: Optionen* angefordert. Die mittleren Scorewerte, die als Grundlage für ein Ranking der Segmente benutzt werden können, finden Sie in der Spalte *Gewinn* der Tabelle *Gewinnzusammenfassung für Knoten.*

Gewinnzusammenfassung für Knoten

Knoten	N	Prozent	Gewinn	ROI
10	136	5,0%	4,206	.
7	160	5,9%	3,963	.
9	352	13,0%	3,955	.
11	91	3,4%	3,604	.
8	716	26,4%	3,458	.
5	636	23,5%	3,206	.
13	310	11,5%	2,958	.
12	241	8,9%	2,726	.
1	65	2,4%	2,123	.

Aufbaumethode: CHAID
Abhängige Variable: Kind: Lernziel gehorchen

Die einzelnen Knoten werden nach ihrem Profit absteigend angeordnet. In diesem Fall ist »Gewinn« nicht im Sinne unseres Beispiels aus dem Bereich der Wirtschaftswissenschaften zu verstehen, sondern als mittlerer Scorewert, wobei entsprechend der Kodierung (»1« für »am wichtigsten« und »5« für »fünfte Stelle«) ein hoher Wert eine geringe Zustimmung zum Lernziel »gehorchen« bedeutet. Um sich ein Umdenken zu ersparen, hätten Sie in der

Dialogbox *Entscheidungsbaum: Optionen* die Kodierung abweichend von der zugrunde liegenden Datendatei auch in umgekehrter Reihenfolge vornehmen können. Die Dialogbox hätte in diesem Fall somit wie folgt ausgesehen:

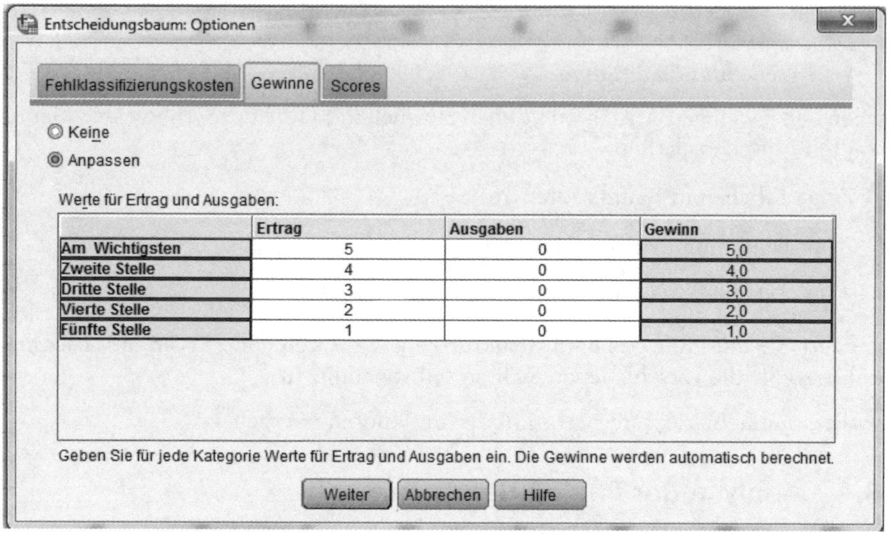

Bild 21.28: Umpolung bei der Berechnung mittlerer Scorewerte

Die Tabelle *Gewinnzusammenfassung für Knoten* sähe in diesem Fall dann wie folgt aus:

Gewinnzusammenfassung für Knoten

Knoten	N	Prozent	Gewinn	ROI
1	65	2,4%	3,877	.
12	241	8,9%	3,274	.
13	310	11,5%	3,042	.
5	636	23,5%	2,794	.
8	716	26,4%	2,542	.
11	91	3,4%	2,396	.
9	352	13,0%	2,045	.
7	160	5,9%	2,038	.
10	136	5,0%	1,794	.

Aufbaumethode: CHAID
Abhängige Variable: Kind: Lernziel gehorchen

Die einzelnen Knoten werden wieder nach ihrem Profit absteigend angeordnet. Entsprechend der veränderten Kodierung (»5« für »am wichtigsten« und »1« für »fünfte Stelle«) bedeutet ein hoher Wert nunmehr eine hohe Zustimmung zum Lernziel »gehorchen«. Auf der Basis dieser Scorewerte wollen wir abschließend eine Tabelle erstellen, welche die einzelnen Segmente im Kontext relevanter Prädiktoren beschreibt.

Knoten	Schulabschluss	Alter	Geschlecht	Links-Rechts-Verortung	Mittlerer Score
1	Kein Abschluss				3,88
12	Volkschule bzw. Hauptschule	60 Jahre oder älter	Männlich		3,27
13	Volkschule bzw. Hauptschule	60 Jahre oder älter	Weiblich		3,04
5	Volkschule bzw. Hauptschule	59 Jahre oder jünger			2,79
8	Mittlere Reife			>= 4, fehlend	2,54
11	Fachhochschulreife, Abitur	60 Jahre oder älter			2,40
9	Fachhochschulreife, Abitur	44 Jahre oder jünger			2,04
7	Mittlere Reife			<= 3	2,04
10	Fachhochschulreife, Abitur	45–59 Jahre			1,79

Die stärkste Zustimmung erfährt das Lernziel »gehorchen« somit bei Personen ohne Schulabschluss, die geringste Zustimmung bei Personen mit Fachhochschulreife bzw. Abitur im Alter zwischen 45 und 59 Jahren. Während ein höherer Schulabschluss sowie eine Verortung im linken Spektrum die Zustimmung zum Lernziel »gehorchen« senken, wirkt sich ein höheres Alter sowie ein männliches Geschlecht bei Personen mit Volksschul- bzw. Hauptschulabschluss eher zugunsten einer stärkeren Akzeptanz des Lernziels aus.

Achten Sie bitte darauf, dass Sie aus der Tatsache der Einbeziehung der Variablen Geschlecht in das Baummodell nicht darauf schließen können, dass die Variable geschlecht generell einen signifikanten Einfluss auf das Antwortverhalten bezüglich des Lernziels »gehorchen« besitzt. Dieser Sachverhalt wird schnell deutlich, wenn Sie eine Kreuztabelle der beiden Variablen mit zugehörigem Chi-Quadrat anfordern. In diesem Fall ergibt sich folgendes Bild:

Kreuztabelle Geschlecht*Kind: Lernziel gehorchen

			Kind: Lernziel gehorchen					Gesamtsumme
			Am Wichtigsten	Zweite Stelle	Dritte Stelle	Vierte Stelle	Fünfte Stelle	
Geschlecht	Männlich	Anzahl	185	167	290	355	338	1335
		Erwartete Anzahl	179,0	164,2	301,3	349,7	340,8	1335,0
		Standardresiduum	,4	,2	-,7	,3	-,2	
	Weiblich	Anzahl	178	166	321	354	353	1372
		Erwartete Anzahl	184,0	168,8	309,7	359,3	350,2	1372,0
		Standardresiduum	-,4	-,2	,6	-,3	,1	
Gesamtsumme		Anzahl	363	333	611	709	691	2707
		Erwartete Anzahl	363,0	333,0	611,0	709,0	691,0	2707,0

Chi-Quadrat-Tests

	Wert	df	Asymp. Sig. (zweiseitig)
Pearson-Chi-Quadrat	1,532[a]	4	,821
Likelihood-Quotient	1,533	4	,821
Zusammenhang linear-mit-linear	,184	1	,668
Anzahl der gültigen Fälle	2707		

a. 0 Zellen (0,0%) haben die erwartete Anzahl von weniger als 5. Die erwartete Mindestanzahl ist 164,22.

Ein Zusammenhang zwischen den beiden Variablen existiert somit nicht. Ausgehend vom Knoten mit der Nummer 2 des Baumdiagramms könnten Sie nunmehr die Hypothese vertreten, ein solcher Zusammenhang existiere zwar nicht generell, aber sehr wohl dann, wenn man nur Befragte mit Volksschul- bzw. Hauptschulabschluss (schule = 2) berücksichtigt. Filtert man die Daten der Datei dergestalt und fordert eine Kreuztabelle mit Chi-Quadrat an, erhalten Sie das folgende Ergebnis:

Kreuztabelle Geschlecht*Kind: Lernziel gehorchen

			Kind: Lernziel gehorchen					
			Am Wichtigsten	Zweite Stelle	Dritte Stelle	Vierte Stelle	Fünfte Stelle	Gesamtsumme
Geschlecht	Männlich	Anzahl	107	95	140	136	104	582
		Erwartete Anzahl	109,8	92,2	142,2	138,3	99,5	582,0
		Standardresiduum	-,3	,3	-,2	-,2	,4	
	Weiblich	Anzahl	117	93	150	146	99	605
		Erwartete Anzahl	114,2	95,8	147,8	143,7	103,5	605,0
		Standardresiduum	,3	-,3	,2	,2	-,4	
Gesamtsumme		Anzahl	224	188	290	282	203	1187
		Erwartete Anzahl	224,0	188,0	290,0	282,0	203,0	1187,0

Chi-Quadrat-Tests

	Wert	df	Asymp. Sig. (zweiseitig)
Pearson-Chi-Quadrat	,845[a]	4	,932
Likelihood-Quotient	,845	4	,932
Zusammenhang linear-mit-linear	,166	1	,684
Anzahl der gültigen Fälle	1187		

a. 0 Zellen (0,0%) haben die erwartete Anzahl von weniger als 5. Die erwartete Mindestanzahl ist 92,18.

Auch die soeben gebildete Hypothese wird zurückgewiesen. Bevor Sie nun vorschnell die Klassifikationsanalyse als solche verdammen, sollten Sie sich den Baum noch einmal genau anschauen. Sie werden feststellen, dass ein solcher Zusammenhang bei einer Irrtumswahrscheinlichkeit von $p < 0{,}05$ ja auch nur bei Personen, die 60 Jahre oder älter sind (schule = 2 & alterskat >= 4), vorliegt und zu einer weiteren Ausdifferenzierung des Baums führt. Überprüfen wir diesen Sachverhalt noch einmal, indem wir nur diejenigen Personen auswählen, die über einen Volksschul- bzw. Hauptschulabschluss verfügen und 60 Jahre oder älter sind. Eine Kreuztabelle mit Chi-Quadrat-Test ergibt in diesem Fall folgendes Ergebnis:

Kreuztabelle Geschlecht*Kind: Lernziel gehorchen

			Kind: Lernziel gehorchen					
			Am Wichtigsten	Zweite Stelle	Dritte Stelle	Vierte Stelle	Fünfte Stelle	Gesamtsumme
Geschlecht	Männlich	Anzahl	59	50	54	54	24	241
		Erwartete Anzahl	53,4	45,1	55,1	57,7	29,7	241,0
		Standardresiduum	,8	,7	-,1	-,5	-1,1	
	Weiblich	Anzahl	63	53	72	78	44	310
		Erwartete Anzahl	68,6	57,9	70,9	74,3	38,3	310,0
		Standardresiduum	-,7	-,7	,1	,4	,9	
Gesamtsumme		Anzahl	122	103	126	132	68	551
		Erwartete Anzahl	122,0	103,0	126,0	132,0	68,0	551,0

Chi-Quadrat-Tests

	Wert	df	Asymp. Sig. (zweiseitig)
Pearson-Chi-Quadrat	4,465[a]	4	,347
Likelihood-Quotient	4,494	4	,343
Zusammenhang linear-mit-linear	4,078	1	,043
Anzahl der gültigen Fälle	551		

a. 0 Zellen (0,0%) haben die erwartete Anzahl von weniger als 5. Die erwartete Mindestanzahl ist 29,74.

Da es sich in unserem Fall um eine ordinale Zielvariable handelt, kommt als Alternative zum Pearson'schen Chi-Quadrat-Wert das Mantel-Haenszel-Chi-Quadrat als ein weiteres Maß für den linearen Zusammenhang zwischen den Zeilen und den Spalten einer Kreuztabelle zum Einsatz. Das Mantel-Haenszel-Chi-Quadrat wird berechnet, indem man das Quadrat des Pearson'schen Korrelationskoeffizienten mit der Anzahl der Fälle minus 1 multipliziert. Die sich ergebende Statistik hat einen Freiheitsgrad. Legen Sie zur Beurteilung dieses Maß zu Grunde, so erhalten Sie den im Baummodell ausgewiesenen p-Wert von 0,043 bei einem Freiheitsgrad.

21.4 Der Exhaustive-CHAID-Algorithmus als Klassifikationsmethode

Exhaustive CHAID ist eine Spielart der CHAID-Methode, die eine präzisere Analyse der Daten durchführt und folglich auch mehr Rechenzeit erfordert. Die Gruppierungsvariable kann bei dieser Klassifikationsmethode wie beim CHAID-Verfahren auch nominal, ordinal oder kontinuierlich sein. Durch die Art der Zusammenführung von Kategorien ist die Aufbaumethode Exhaustive CHAID eher in der Lage, optimale Bäume zu produzieren. Wie bei der Methode CHAID auch, können Sie u. a. das Signifikanzniveau steuern, d. h. den Signifikanzwert für das Aufteilen von Knoten und das Zusammenführen von Kategorien festlegen. Per Voreinstellung liegt das Standard-Signifikanzniveau bei beiden Vorgängen bei 0,05. Wie bei der Klassifikationsmethode CHAID kann das Skalenniveau der Prädiktorvariablen bei Exhaustive CHAID beliebig sein.

21.4.1 Erstellen einer Analysedatei

In einer Erhebung wurde unter anderem danach gefragt, für wie schlimm man den Konsum von Haschisch hält. Geantwortet werden konnte mit »sehr schlimm«, »ziemlich schlimm«, »weniger schlimm« und »gar nicht schlimm«. Die entsprechenden Daten sind in der Datei hasch.sav gespeichert.

- Laden Sie die Datei hasch.sav in den Dateneditor.

Eine Häufigkeitsverteilung der Variablen ergibt die folgenden Tabellen.

Alter in Kategorien

		Häufigkeit	Prozent	Gültige Prozent	Kumulative Prozente
Gültig	18-29 Jahre	221	15,5	15,5	15,5
	30-44 Jahre	449	31,5	31,5	47,1
	45-59 Jahre	357	25,1	25,1	72,1
	60-74 Jahre	300	21,1	21,1	93,2
	75-89 Jahre	92	6,5	6,5	99,6
	Über 89 Jahre	5	,4	,4	100,0
	Gesamtsumme	1424	100,0	100,0	

Geschlecht

		Häufigkeit	Prozent	Gültige Prozent	Kumulative Prozente
Gültig	Männlich	684	48,0	48,0	48,0
	Weiblich	740	52,0	52,0	100,0
	Gesamtsumme	1424	100,0	100,0	

Verhaltensbeurteilung: Haschischkonsum

		Häufigkeit	Prozent	Gültige Prozent	Kumulative Prozente
Gültig	Sehr schlimm	601	42,2	42,2	42,2
	Ziemlich schlimm	436	30,6	30,6	72,8
	Weniger schlimm	310	21,8	21,8	94,6
	Gar nicht schlimm	77	5,4	5,4	100,0
	Gesamtsumme	1424	100,0	100,0	

Links-Rechts-Selbsteinstufung

		Häufigkeit	Prozent	Gültige Prozent	Kumulative Prozente
Gültig	Links	22	1,5	1,7	1,7
	2	48	3,4	3,7	5,4
	3	176	12,4	13,5	18,9
	4	200	14,0	15,4	34,3
	5	409	28,7	31,5	65,8
	6	212	14,9	16,3	82,1
	7	132	9,3	10,2	92,2
	8	79	5,5	6,1	98,3
	9	11	,8	,8	99,2
	Rechts	11	,8	,8	100,0
	Gesamtsumme	1300	91,3	100,0	
Fehlend	99	124	8,7		
Gesamtsumme		1424	100,0		

Subjektive Schichteinstufung

		Häufigkeit	Prozent	Gültige Prozent	Kumulative Prozente
Gültig	Unterschicht	19	1,3	1,3	1,3
	Arbeiterschicht	527	37,0	37,0	38,3
	Mittelschicht	771	54,1	54,1	92,5
	Obere Mittelschicht	101	7,1	7,1	99,6
	Oberschicht	6	,4	,4	100,0
	Gesamtsumme	1424	100,0	100,0	

Schulabschluss

		Häufigkeit	Prozent	Gültige Prozent	Kumulative Prozente
Gültig	Kein Abschluss	32	2,2	2,2	2,2
	Volksschule, Hauptschule	622	43,7	43,7	45,9
	Mittlere Reife	458	32,2	32,2	78,1
	Fachhochschulreife	87	6,1	6,1	84,2
	Abitur, Hochschulreife	225	15,8	15,8	100,0
	Gesamtsumme	1424	100,0	100,0	

Soziale Unterschiede sind gerecht

		Häufigkeit	Prozent	Gültige Prozent	Kumulative Prozente
Gültig	Stimme voll zu	116	8,1	8,1	8,1
	Stimme eher zu	385	27,0	27,0	35,2
	Stimme eher nicht zu	585	41,1	41,1	76,3
	Stimme gar nicht zu	338	23,7	23,7	100,0
	Gesamtsumme	1424	100,0	100,0	

Erhebungsgebiet: West-Ost

		Häufigkeit	Prozent	Gültige Prozent	Kumulative Prozente
Gültig	Alte Bundesländer	926	65,0	65,0	65,0
	Neue Bundesländer	498	35,0	35,0	100,0
	Gesamtsumme	1424	100,0	100,0	

Die Daten sind der Allgemeinen Bevölkerungsumfrage (ALLBUS) entnommen.

21.4.2 Erzeugung eines Baumdiagramms

Wir wollen nunmehr das Baumdiagramm erstellen.

- Wählen Sie aus dem Menü

  Analysieren
  Klassifizieren
  Baum...

Es öffnet sich die Dialogbox *Entscheidungsbaum.*

- Definieren Sie die Variable haschisch als abhängige Variable, indem Sie diese in das entsprechende Feld ziehen.

- Deklarieren Sie die übrigen Variablen bis auf die Variable ident, die eine Identifikationsnummer des Befragten darstellt, als Prädiktoren, indem Sie diese in das Feld für die unabhängigen Variablen befördern.
- Wählen Sie als Aufbaumethode *Exhaustive CHAID*.
- Klicken Sie auf die Schaltfläche *Ausgabe...*, aktivieren Sie die Option *Baum im Tabellenformat* und bestätigen Sie mit *Weiter.*
- Klicken Sie auf die Schaltfläche *Kriterien...* Es öffnet sich die Dialogbox *Entscheidungsbaum: Kriterien*. Erhöhen Sie die Baumtiefe des zu erstellenden Modells auf fünf, indem Sie die Option *Anpassen* aktivieren und in das zugehörige Textfeld die Zahl »5« eintragen. Bestätigen Sie mit *Weiter.*
- Klicken Sie auf die Schaltfläche *Speichern...* und aktivieren Sie hier die Optionen *Endknotennummer*, *Vorhergesagter Wert* und *Geschätzte Wahrscheinlichkeiten*. Bestätigen Sie mit *Weiter.*
- Klicken Sie auf den Schalter *Optionen*. Es öffnet sich die Dialogbox *Entscheidungsbaum: Optionen*. Aktivieren Sie die Registerkarte *Gewinne* und markieren Sie die Option *Anpassen*. Vergeben Sie für die Kategorie »sehr schlimm« eine »4«, für »ziemlich schlimm« eine »3«, für »weniger schlimm« eine »2« und für »gar nicht schlimm« eine »1«, so dass bei der Interpretation der mittleren Scores hohe Werte für eine stark ablehnende Haltung des Haschischkonsums stehen. Tragen Sie in die Spalte *Ausgaben* jeweils eine »0« ein.

Die Dialogbox *Entscheidungsbaum: Optionen* sollte nunmehr wie folgt aussehen:

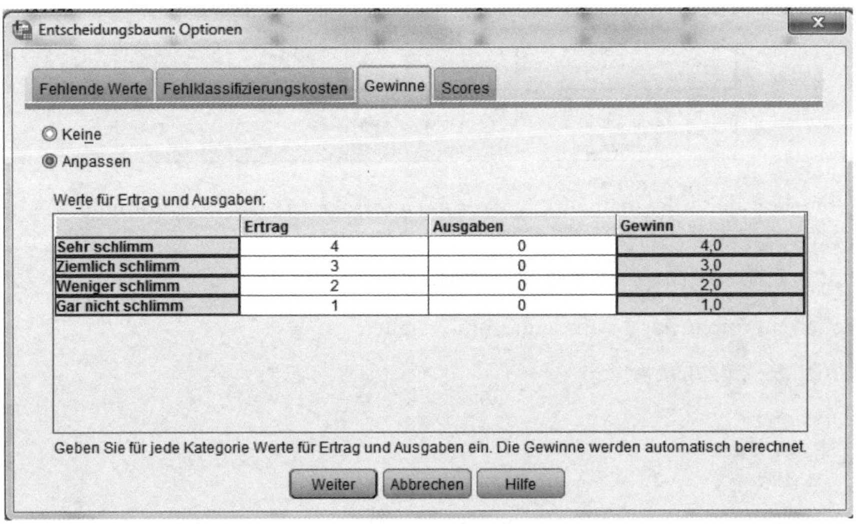

Bild 21.29: Erzeugung mittlerer Scorewerte

Die mittleren Scorewerte sollen im Folgenden wieder zur Grundlage eines Ranking der Endknoten gemacht werden.

- Bestätigen Sie mit *Weiter* und anschließend mit *OK*.

21.4.3 Betrachtung des Baummodells und der Baumtabelle

Im Viewer sehen Sie zunächst wieder die Tabelle *Modellübersicht* mit allgemeinen Informationen zur Modellkonstruktion.

Modellübersicht

Spezifikationen	Aufbaumethode	EXHAUSTIVE CHAID
	Abhängige Variable	Verhaltensbeurteilung: Haschischkonsum
	Unabhängige Variablen	Alter in Kategorien, Geschlecht, Links-Rechts-Selbsteinstufung, Subjektive Schichteinstufung, Schulabschluss, Soziale Unterschiede sind gerecht, Erhebungsgebiet: West-Ost
	Validierung	Keine
	Maximale Baumtiefe	5
	Minimale Fallzahl im übergeordneten Knoten	100
	Minimale Fallzahl im untergeordneten Knoten	50
Ergebnisse	Unabhängige Variablen einbezogen	Alter in Kategorien, Schulabschluss, Erhebungsgebiet: West-Ost, Links-Rechts-Selbsteinstufung, Geschlecht, Subjektive Schichteinstufung
	Anzahl Knoten	20
	Anzahl Endknoten	12
	Tiefe	4

In das Modell aufgenommen wurden die Variablen alterskat, schule, westost, lire, geschlecht und schicht. Bei einer Baumtiefe von vier Stufen liegen zwölf finale Knoten vor. Der Modellzusammenfassungstabelle folgt im Viewer das Baumdiagramm als grafische Darstellung des Baummodells.

- Befördern Sie das Baumdiagramm per Doppelklick in den Baumeditor und erhöhen Sie dort die Anzeige auf 100%.
- Verschaffen Sie sich zunächst mit Hilfe der Baumstruktur einen Überblick über den Baum.

Die Baumstruktur verdeutlicht sowohl die Tiefe als auch die Breite des Baums; sie lässt die Lage der Endknoten und ihre jeweilige Nummerierung deutlich erkennen.

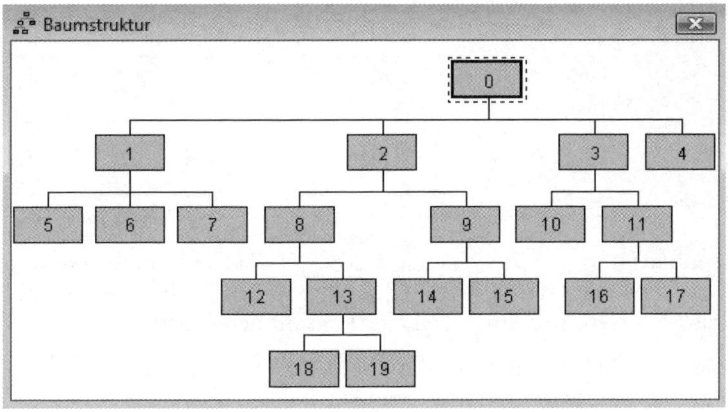

Bild 21.30: Baumstruktur des Modells

Auf der ersten Ebene unterhalb des Wurzelknotens liegen vier Knoten. Der Knoten mit der Nummer 1 verfügt über eine weitere Unterebene, der Knoten mit der Nummer 2 differenziert sich bis zur vierten Ebene aus, der Knoten mit der Nummer 3 bis zur dritten; beim Knoten mit der Nummer 4 handelt es sich um einen finalen Knoten.

Analysieren wir zunächst den Stammknoten sowie die erste Unterebene.

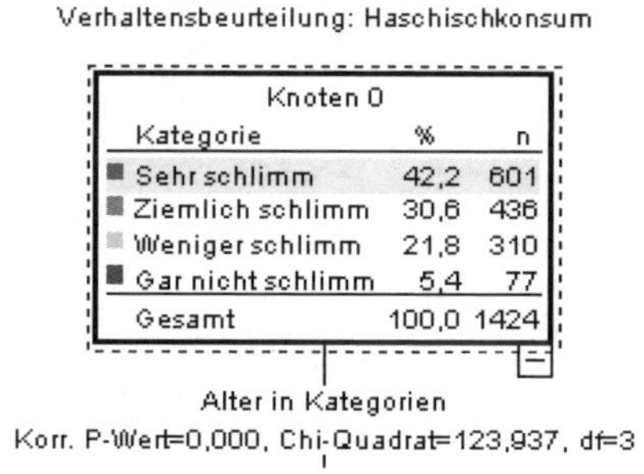

Bild 21.31: Stammknoten im Baumeditor

Von den 1424 befragten Personen halten 42,2% Haschischkonsum für »sehr schlimm«, 30,6% für »ziemlich schlimm«, 21,8% für »weniger schlimm« und 5,4% für »gar nicht schlimm«. Der Wurzelknoten weist die Variable Alter in Kategorien als wichtigsten Prädiktor bei einer Irrtumswahrscheinlichkeit von p < 0,001 aus.

- Um die verwirrende mathematische Darstellung der Bereiche bei den Variablen zu umgehen, wählen Sie zunächst aus dem Menü des Baumeditors wieder die Option

  Optionen
  Bereiche als Text

Die Etikettierung der Knoten ist nunmehr besser zu verstehen. Tabellarisch lassen sich die Ergebnisse der ersten Ebene unterhalb des Wurzelknotens wie folgt zusammenfassen.

Verhaltensbeurteilung: Haschischkonsum	Sehr schlimm (in %)	Ziemlich schlimm (in %)	Weniger schlimm (in %)	Gar nicht schlimm (in %)
18–29 Jahre	27,1	27,6	33,9	11,3
30–44 Jahre	34,7	31,2	27,4	6,7
45–59 Jahre	42,9	31,7	20,4	5,0
60 Jahre und älter	58,4	30,7	9,8	1,0

Deutlich erkennbar ist, dass mit steigendem Alter der Haschischkonsum negativer beurteilt wird. Die Alterskategorien 4 (60–74 Jahre), 5 (75–89 Jahre) und 6 (über 89 Jahre) werden zu einem Segment (60 Jahre und älter) zusammengefasst.

Im Viewer folgt dem Baumdiagramm die Baumtabelle, welche die wichtigsten Informationen aus dem Baumdiagramm in tabellarischer Form darstellt.

Knoten	Sehr schlimm		Ziemlich schlimm		Weniger schlimm		Gar nicht schlimm		Gesamtsumme		Vorhergesagte Kategorie	Übergeordneter Knoten	Primäre unabhängige Variable				
	N	Prozent	N	Prozent	N	Prozent	N	Prozent	N	Prozent			Variable	Sig.[a]	Chi-Quadrat	df	Werte aufteilen
0	601	42,2%	436	30,6%	310	21,8%	77	5,4%	1424	100%	Sehr schlimm						
1	60	27,1%	61	27,6%	75	33,9%	25	11,3%	221	15,5%	Weniger schlimm	0	Alter in Kategorien	,000	123,94	3	<= 18-29 Jahre
2	156	34,7%	140	31,2%	123	27,4%	30	6,7%	449	31,5%	Sehr schlimm	0	Alter in Kategorien	,000	123,94	3	(18-29 Jahre, 30-44 Jahre]
3	153	42,9%	113	31,7%	73	20,4%	18	5,0%	357	25,1%	Sehr schlimm	0	Alter in Kategorien	,000	123,94	3	(30-44 Jahre, 45-59 Jahre]
4	232	58,4%	122	30,7%	39	9,8%	4	1,0%	397	27,9%	Sehr schlimm	0	Alter in Kategorien	,000	123,94	3	> 45-59 Jahre
5	27	47,4%	15	26,3%	11	19,3%	4	7,0%	57	4,0%	Sehr schlimm	1	Schulabschluss	,000	19,960	2	<= Volksschule, Hauptschule
6	23	26,1%	25	28,4%	31	35,2%	9	10,2%	88	6,2%	Weniger schlimm	1	Schulabschluss	,000	19,960	2	(Volksschule, Hauptschule, Mittlere Reife]
7	10	13,2%	21	27,6%	33	43,4%	12	15,8%	76	5,3%	Weniger schlimm	1	Schulabschluss	,000	19,960	2	> Mittlere Reife
8	86	29,9%	84	29,2%	94	32,6%	24	8,3%	288	20,2%	Weniger schlimm	2	Erhebungsgebiet: West-Ost	,000	16,833	1	Alte Bundesländer
9	70	43,5%	56	34,8%	29	18,0%	6	3,7%	161	11,3%	Sehr schlimm	2	Erhebungsgebiet: West-Ost	,000	16,833	1	Neue Bundesländer
10	96	53,3%	51	28,3%	26	14,4%	7	3,9%	180	12,6%	Sehr schlimm	3	Geschlecht	,000	15,902	1	Weiblich
11	57	32,2%	62	35,0%	47	26,6%	11	6,2%	177	12,4%	Ziemlich schlimm	3	Geschlecht	,000	15,902	1	Männlich
12	44	43,6%	28	27,7%	23	22,8%	6	5,9%	101	7,1%	Sehr schlimm	8	Schulabschluss	,002	13,930	1	<= Volksschule, Hauptschule
13	42	22,5%	56	29,9%	71	38,0%	18	9,6%	187	13,1%	Weniger schlimm	8	Schulabschluss	,002	13,930	1	> Volksschule, Hauptschule
14	43	51,8%	28	33,7%	9	10,8%	3	3,6%	83	5,8%	Sehr schlimm	9	Geschlecht	,015	5,865	1	Weiblich
15	27	34,6%	28	35,9%	20	25,6%	3	3,8%	78	5,5%	Ziemlich schlimm	9	Geschlecht	,015	5,865	1	Männlich
16	31	52,5%	14	23,7%	12	20,3%	2	3,4%	59	4,1%	Sehr schlimm	11	Subjektive Schichteinstufung	,004	11,579	1	<= Arbeiterschicht
17	26	22,0%	48	40,7%	35	29,7%	9	7,6%	118	8,3%	Ziemlich schlimm	11	Subjektive Schichteinstufung	,004	11,579	1	> Arbeiterschicht
18	19	16,2%	32	27,4%	51	43,6%	15	12,8%	117	8,2%	Weniger schlimm	13	Links-Rechts-Selbsteinstufung	,021	12,230	1	<= 5
19	23	32,9%	24	34,3%	20	28,6%	3	4,3%	70	4,9%	Ziemlich schlimm	13	Links-Rechts-Selbsteinstufung	,021	12,230	1	> 5, <missing>

Aufbaumethode: EXHAUSTIVE CHAID
Abhängige Variable: Verhaltensbeurteilung: Haschischkonsum

a. Bonferroni angepasst

Die Baumtabelle zeigt für jeden Knoten des Baumdiagramms Folgendes an:

- *Die Anzahl (N) und der Prozentsatz der Fälle in jeder Kategorie der abhängigen Variablen.* In unserem Beispiel werden die Anzahl und der Prozentsatz der Fälle in den zwanzig Knoten des Modells für die vier Kategorien der Zielvariablen haschisch ausgegeben.
- *Die vorhergesagte Kategorie für die abhängige Variable.* Da in unserem Beispiel die Zielvariable über vier Kategorien verfügt, handelt es sich bei der vorhergesagten Kategorie um diejenige Merkmalsausprägung, welche mehr als 25% der Fälle des Knotens auf sich vereint. Wäre die Gruppierungsvariable dichotom, so würde es sich bei der vorhergesagten Kategorie um diejenige Kategorie handeln, welche mehr als 50% der Fälle im jeweiligen Knoten umfasst.
- *Der übergeordnete Knoten für jeden Knoten im Baum.* Da der Knoten der ersten Ebene mit der Nummer 4 nicht über untergeordnete Knoten verfügt, taucht diese Nummer in der Spalte auch nicht auf. Erkennbar ist z.B., dass die Knoten 1, 2, 3 und 4 vom Wurzelknoten abstammen und die Knoten 10 und 11 den Knoten 3 als übergeordneten Knoten besitzen.
- *Die unabhängige Variable, die zur Aufteilung des übergeordneten Knotens verwendet wird.* Zur Aufteilung des Knotens mit der Nummer 1 wird z. B. der Schulabschluss verwendet, zur Aufteilung des Knotens mit der Nummer 3 das Geschlecht.
- *Der Chi-Quadrat-Wert, das Signifikanzniveau für die Aufteilung (Sig.) und die Freiheitsgrade(df).*
- *Die Werte bzw. Merkmalsausprägungen der unabhängigen Variablen für den jeweiligen Knoten.* Angezeigt wird jedoch nur das Merkmal der Variablen, die zur Aufteilung des übergeordneten Knotens geführt hat. So wird z. B. für den Knoten mit der Nummer 5 das Merkmal Volksschul- bzw. Hauptschulabschluss angezeigt, da die Variable Schulabschluss zur Aufteilung des übergeordneten Knotens mit der Nummer 1 führte. Verwechseln Sie diese Spalte also nicht mit der Beschreibung des jeweiligen Segments. Diese müsste bezogen auf den fünften Knoten lauten: Personen, die 18 bis 29 Jahre alt sind und die über einen Volksschul- bzw. Hauptschulabschluss verfügen.

21.4.4 Gewinnzusammenfassung, Risiko und Klassifikation

Insgesamt werden zwölf Teilpopulationen, d. h. Endsegmente, erzeugt. Da die Zielkategorie über mehr als zwei Kategorien verfügt, ist es aus Gründen der Übersichtlichkeit auch hier sinnvoll, statt der prozentualen Häufigkeiten der Kategorien den mittleren Scorewert zu benutzen, der in der Spalte *Profite* der Tabelle *Gewinnzusammenfassung* erscheint.

Gewinnzusammenfassung für Knoten

Knoten	N	Prozent	Gewinn	ROI
4	397	27,9%	3,466	.
14	83	5,8%	3,337	.
10	180	12,6%	3,311	.
16	59	4,1%	3,254	.
5	57	4,0%	3,140	.
12	101	7,1%	3,089	.
15	78	5,5%	3,013	.
19	70	4,9%	2,957	.
17	118	8,3%	2,771	.
6	88	6,2%	2,705	.
18	117	8,2%	2,470	.
7	76	5,3%	2,382	.

Aufbaumethode: EXHAUSTIVE CHAID
Abhängige Variable: Verhaltensbeurteilung: Haschischkonsum

Die einzelnen Knoten werden nach ihrem Profit absteigend sortiert. Entsprechend unserer Eingabe in der Dialogbox *Entscheidungsbaum: Optionen* stehen hohe Werte für eine starke Ablehnung des Haschischkonsums. Personen, die zum vierten Segment zählen, lehnen somit den Konsum von Haschisch am stärksten ab, während Befragte des siebten Segments vergleichsweise geringere Probleme im Haschischkonsum sehen.

Der Gewinnzusammenfassungstabelle folgen im Viewer die Tabellen für das Risiko und die Klassifizierung.

Risiko

Schätzung	Standardfehler
,517	,013

Aufbaumethode: EXHAUSTIVE CHAID
Abhängige Variable: Verhaltensbeurteilung: Haschischkonsum

Klassifikation

	Vorhersagewert				
Beobachtet	Sehr schlimm	Ziemlich schlimm	Weniger schlimm	Gar nicht schlimm	Prozent korrekt
Sehr schlimm	473	76	52	0	78,7%
Ziemlich schlimm	258	100	78	0	22,9%
Weniger schlimm	120	75	115	0	37,1%
Gar nicht schlimm	26	15	36	0	0,0%
Gesamtprozentsatz	61,6%	18,7%	19,7%	0,0%	48,3%

Aufbaumethode: EXHAUSTIVE CHAID
Abhängige Variable: Verhaltensbeurteilung: Haschischkonsum

Die Tabellen für Risiko und Klassifikation gestatten eine Einschätzung der Güte des Modells.

- *Der Risikoschätzer zeigt an, wie viel Prozent der Fälle falsch klassifiziert werden.* In unserem Beispiel weist der Wert 0,517 darauf hin, dass 51% der Fälle falsch zugeordnet wurden. Bei der Beurteilung zu berücksichtigen ist natürlich die Anzahl der Kategorien der Zielvariablen. Bei vier Kategorien läuft eine rein zufällige Zuordnung auf 25% richtig klassifizierte und 75% falsch klassifizierte Fälle hinaus.
- *Die Klassifikationstabelle zeigt die Prozentwerte der korrekt klassifizierten Fälle pro Kategorie sowie den Gesamtprozentsatz der richtig zugeordneten Fälle an.* Die Resultate der Klassifikationstabelle decken sich mit den Werten des Risikoschätzers. Die Klassifikationstabelle weist aus, dass das Modell 48,3% der Befragten richtig einordnet (48,3% plus 51,7% = 100%).Von den 601 Befragten, die den Konsum von Haschisch als »sehr schlimm« bewerten, werden 473 Personen richtig zugeordnet, was einer Trefferquote von 78,7% entspricht. 76 Personen werden fälschlicherweise zur Kategorie »ziemlich schlimm« gerechnet und 52 Personen zur Kategorie »weniger schlimm« (473 + 76 + 52 + 0 = 601). Von den 436 Personen, die Haschischkonsum als »ziemlich schlimm« bewerten, werden 100 Personen richtig klassifiziert, 336 hingegen falsch, was einer Trefferquote von 22,9% entspricht. Von den 310 Befragten, die Haschischkonsum für »weniger schlimm« halten, werden 115 richtig zugeordnet, was 37,1% Treffer bedeutet.

Die Klassifikationstabelle weist ferner auf ein Problem beim vorliegenden Modell hin: Von den 77 Personen, die Haschischkonsum für »gar nicht schlimm« halten, wird kein einziger Fall richtig klassifiziert.

Die Zeilenprozente sind wie folgt zu lesen: 61,6% aller Fälle werden der Kategorie »sehr schlimm« zugeordnet, 18,7% der Kategorie »ziemlich schlimm«, 19,7% der Kategorie »weniger schlimm« und 0% der Kategorie gar nicht schlimm (61,6% + 18,7% + 19,7% + 0% = 100%). Die Werte der realen Verteilung, die Sie der abgedruckten Häufigkeitstabelle entnehmen können, lauten: 42,2%, 30,6%, 21,8% und 5,4%.

Würden Sie übrigens die Zielvariable dichotomisieren (haschzwei.sav), d. h. die Kategorien 1 und 2 zur neuen Kategorie 1 mit dem Etikett »eher schlimm« sowie die Kategorien 3 und 4 zur neuen Kategorie 2 mit dem Etikett »eher nicht schlimm« zusammenlegen (haschzwei.sav), erhielten Sie das folgende Ergebnis:

Risiko

Schätzung	Standardfehler
,254	,012

Aufbaumethode: EXHAUSTIVE CHAID
Abhängige Variable:
Haschischkonsum, dichotom

Klassifikation

Beobachtet	Vorhersagewert: Eher schlimm	Vorhersagewert: Eher nicht schlimm	Vorhersagewert: Prozent korrekt
Eher schlimm	965	72	93,1%
Eher nicht schlimm	289	98	25,3%
Gesamtprozentsatz	88,1%	11,9%	74,6%

Aufbaumethode: EXHAUSTIVE CHAID
Abhängige Variable: Haschischkonsum, dichotom

Der Risikoschätzer von 0,254 zeigt an, dass 25,4% der Fälle falsch klassifiziert werden. Die Klassifikationstabelle weist 74,6% richtig zugewiesene Fälle aus. Von den 1037 Fällen der Kategorie 1 (965 + 72) werden 965 Fälle korrekt zugeordnet, was einer Trefferquote von 93,1% entspricht, von den 387 (289 + 98) Fällen der Kategorie 2 werden 98 Fälle richtig klassifiziert, was eine Trefferquote von lediglich 25,3% bedeutet. Zwar ist die Trefferquote insgesamt durchaus akzeptabel, die Problematik des Modells kommt hier jedoch durch die hohe Divergenz der beiden Spaltenprozentwerte noch deutlicher zum Ausdruck.

21.4.5 Vorhergesagte Werte

Entsprechend der Anforderung der Endknotennummer, des vorhergesagten Werts und der vorhergesagten Wahrscheinlichkeiten in der Dialogbox *Entscheidungsbaum: Speichern* wurden sechs neue Variablen in der Arbeitsdatei erstellt.

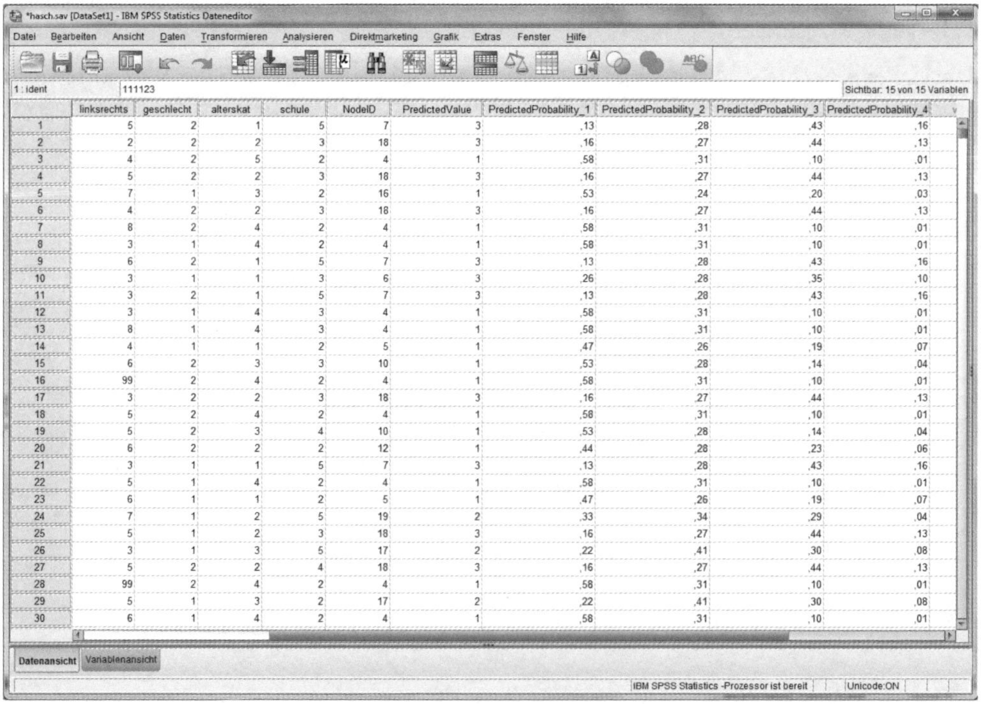

	linksrechts	geschlecht	alterskat	schule	NodeID	PredictedValue	PredictedProbability_1	PredictedProbability_2	PredictedProbability_3	PredictedProbability_4
1	5	2	1	5	7	3	,13	,28	,43	,16
2	2	2	2	3	18	3	,16	,27	,44	,13
3	4	2	5	2	4	1	,58	,31	,10	,01
4	5	2	2	3	18	3	,16	,27	,44	,13
5	7	1	3	2	16	1	,53	,24	,20	,03
6	4	2	2	3	18	3	,16	,27	,44	,13
7	8	2	4	2	4	1	,58	,31	,10	,01
8	3	1	4	2	4	1	,58	,31	,10	,01
9	6	2	1	5	7	3	,13	,28	,43	,16
10	3	1	1	3	6	3	,26	,28	,35	,10
11	3	2	1	5	7	3	,13	,28	,43	,16
12	3	1	4	3	4	1	,58	,31	,10	,01
13	8	1	4	3	4	1	,58	,31	,10	,01
14	4	1	1	2	5	1	,47	,26	,19	,07
15	6	2	3	3	10	1	,53	,28	,14	,04
16	99	2	4	2	4	1	,58	,31	,10	,01
17	3	2	2	3	18	3	,16	,27	,44	,13
18	5	2	4	2	4	1	,58	,31	,10	,01
19	5	2	3	4	10	1	,53	,28	,14	,04
20	6	2	2	2	12	1	,44	,28	,23	,06
21	3	1	1	5	7	3	,13	,28	,43	,16
22	5	1	4	2	4	1	,58	,31	,10	,01
23	6	1	1	2	5	1	,47	,26	,19	,07
24	7	1	2	5	19	2	,33	,34	,29	,04
25	5	1	2	3	18	3	,16	,27	,44	,13
26	3	1	3	5	17	2	,22	,41	,30	,08
27	5	2	2	4	18	3	,16	,27	,44	,13
28	99	2	4	2	4	1	,58	,31	,10	,01
29	5	1	3	2	17	2	,22	,41	,30	,08
30	6	1	4	2	4	1	,58	,31	,10	,01

Bild 21.32: Neue Variablen in der Arbeitsdatei

- *NodeID*: Hierbei handelt es sich um die Nummer des Endknotens für jeden Fall.
- *PredictedValue*: Der vorhergesagte Wert der abhängigen Variablen für jeden Fall. In unserem Beispiel also die Vorhersage des Antwortverhaltens auf die Frage »Wie beurteilen Sie den Konsum von Haschisch?«
- *PredictedProbability_1*: Die Wahrscheinlichkeit, dass der Fall in die Kategorie 1 (»sehr schlimm«) der Zielvariablen gehört. Für den ersten Fall der Datendatei liegt diese Wahrscheinlichkeit bei 13%.
- *PredictedProbability_2*: Die Wahrscheinlichkeit, dass der Fall in die Kategorie 2 (»ziemlich schlimm«) der Zielvariablen gehört. Für den ersten Fall der Datendatei liegt diese Wahrscheinlichkeit bei 28%.
- *PredictedProbability_3*: Die Wahrscheinlichkeit, dass der Fall in die Kategorie 3 (»weniger schlimm«) der Zielvariablen gehört. Für den ersten Fall der Datendatei liegt diese Wahrscheinlichkeit bei 43%.
- *PredictedProbability_4*: Die Wahrscheinlichkeit, dass der Fall in die Kategorie 4 (»gar nicht schlimm«) der Zielvariablen gehört. Für den ersten Fall der Datendatei liegt diese Wahrscheinlichkeit bei 16%.

21.4.6 Analyse der finalen Segmente

Zur Analyse der Endknoten benutzen wir wieder die Tabelle *Gewinnzusammenfassung* (vgl. Kap. 21.4.4) sowie das Baumdiagramm. Da die ursprüngliche Kodierung der Datendatei von uns in der Dialogbox *Entscheidungsbaum: Optionen* verändert wurde (»4« für »sehr schlimm«, »3« für »ziemlich schlimm«, »2« für »weniger schlimm« und »1« für »gar nicht schlimm«), bedeutet ein hoher Scorewert eine negative Beurteilung des Konsums von Haschisch. Wir können auf dieser Grundlage die folgende Tabelle aufstellen, welche die zwölf finalen Segmente im Zusammenhang bedeutender Vorhersagevariablen charakterisiert.

Knoten	Alter	Geschlecht	Schule	West-Ost	Links-Rechts	Schicht	Mittlerer Score
4	60 Jahre oder älter						3,47
14	30–44 Jahre	Weiblich		Ost			3,34
10	45–59 Jahre	Weiblich					3,31
16	45–59 Jahre	Männlich				Unterschicht, Arbeiterschicht	3,25
5	18–29 Jahre		Kein Abschluss, Volksschule, Hauptschule				3,14

Knoten	Alter	Geschlecht	Schule	West-Ost	Links-Rechts	Schicht	Mittlerer Score
12	30–44 Jahre		Kein Abschluss, Volksschule, Hauptschule	West			3,09
15	30–44 Jahre	Männlich		Ost			3,01
19	30–44 Jahre		Mittlere Reife, Fachhochschulreife, Abitur	West	> 5 oder fehlend		2,96
17	45–59 Jahre	Männlich				Mittelschicht, Obere Mittelschicht, Oberschicht	2,77
6	18–29 Jahre		Mittlere Reife				2,70
18	30–44 Jahre		Mittlere Reife, Fachhochschulreife, Abitur	West	< = 5		2,47
7	18–29 Jahre		Fachhochschulreife, Abitur				2,38

Die Segmentanalyse ergibt Folgendes: Die stärkste Ablehnung des Haschischkonsums liegt bei Personen vor, die 60 Jahre oder älter sind, die geringste Ablehnung erfährt der Haschischkonsum bei Personen im Alter zwischen 18 und 29 Jahren, die über Fachhochschulreife oder Abitur verfügen. Während ein jüngeres Alter, ein männliches Geschlecht sowie ein höherer Schulabschluss die negative Beurteilung des Haschischkonsums senken, stärkt eine Herkunft aus den neuen Bundesländern sowie eine eher niedrigere subjektive Schichteinstufung die ablehnende Haltung gegenüber dem Konsum eines Joints.

Auch bei diesem Beispiel zeigt es sich, dass eine Hinzuziehung von Kreuztabellen mit Chi-Quadrat empfehlenswert ist. So sollten Sie zur Absicherung Ihrer Aussagen z. B. einen Blick auf den Zusammenhang zwischen den Variablen Schulabschluss und Haschischkonsum werfen. Sie erhalten die folgende Kreuztabelle mit zugehörigen Chi-Quadrat-Tests.

Kreuztabelle Schulabschluss *Verhaltensbeurteilung: Haschischkonsum

			Verhaltensbeurteilung: Haschischkonsum				Gesamtsumme
			Sehr schlimm	Ziemlich schlimm	Weniger schlimm	Gar nicht schlimm	
Schulabschluss	Kein Abschluss	Anzahl	17	8	6	1	32
		Erwartete Anzahl	13,5	9,8	7,0	1,7	32,0
		Standardresiduum	1,0	-,6	-,4	-,6	
	Volksschule, Hauptschule	Anzahl	330	177	98	17	622
		Erwartete Anzahl	262,5	190,4	135,4	33,6	622,0
		Standardresiduum	4,2	-1,0	-3,2	-2,9	
	Mittlere Reife	Anzahl	173	151	108	26	458
		Erwartete Anzahl	193,3	140,2	99,7	24,8	458,0
		Standardresiduum	-1,5	,9	,8	,2	
	Fachhochschulreife	Anzahl	24	31	27	5	87
		Erwartete Anzahl	36,7	26,6	18,9	4,7	87,0
		Standardresiduum	-2,1	,8	1,9	,1	
	Abitur, Hochschulreife	Anzahl	57	69	71	28	225
		Erwartete Anzahl	95,0	68,9	49,0	12,2	225,0
		Standardresiduum	-3,9	,0	3,1	4,5	
Gesamtsumme		Anzahl	601	436	310	77	1424
		Erwartete Anzahl	601,0	436,0	310,0	77,0	1424,0

Chi-Quadrat-Tests

	Wert	df	Asymp. Sig. (zweiseitig)
Pearson-Chi-Quadrat	96,492[a]	12	,000
Likelihood-Quotient	94,126	12	,000
Zusammenhang linear-mit-linear	86,233	1	,000
Anzahl der gültigen Fälle	1424		

a. 2 Zellen (10,0%) haben die erwartete Anzahl von weniger als 5. Die erwartete Mindestanzahl ist 1,73.

Der Chi-Quadrat-Test nach Pearson belegt, dass ein höchst signifikanter Zusammenhang zwischen den beiden Variablen vorliegt ($p < 0{,}001$). Ein Blick auf die standardisierten Residuen in der Kreuztabelle und ihre jeweiligen Vorzeichen bestätigt, dass ein höherer Schulabschluss zu einer laxeren Verhaltensbeurteilung des Haschischkonsums führt. Auffällig sind vor allem die beiden »Extremgruppen«: Während Personen mit Volksschul- bzw. Hauptschulabschluss bei der Kategorie »sehr schlimm« deutlich überrepräsentiert sind, gilt dies für Probanden mit Abitur bzw. Hochschulreife bei der Kategorie »gar nicht schlimm«.

21.5 Der CRT-Algorithmus als Klassifikationsmethode

CRT ist die Abkürzung für Classification and Regression Trees. Im Unterschied zu den bisher vorgestellten Klassifikationsverfahren bildet CRT binäre Bäume. In einem rekursiven Prozess wählt der binäre Algorithmus die Vorhersagevariable für den Split so aus, dass jeder Unterknoten homogener ist als der jeweils übergeordnete Knoten. Der Vorgang wird so lange wiederholt, bis eines der Abbruchkriterien erfüllt ist. Der Begriff Homogenität bezieht sich dabei auf die Werte der Zielvariablen. Die Fälle eines Knotens sollen möglichst denselben Wert hinsichtlich der Gruppierungsvariablen aufweisen, welche nominal, ordinal oder kontinuierlich sein können. Der CRT-Algorithmus behandelt fehlende Werte mittels Ersatztrennung, d.h., wenn die für eine Trennung geeignetste Vorhersagevariable an einem bestimmten Knoten einen fehlenden Wert aufweist, bestimmt der Algorithmus eine andere unabhängige Variable, bei der die Trennung am ähnlichsten ist. Der CRT-Algorithmus basiert auf einer Minimierung der Inhomogenitätsmaße. Abhängig vom Skalenniveau der abhängigen Variablen stehen vier verschiedene Inhomogenitätsmaße zur Verfügung. Für kategoriale Variablen sind dies die Maße Gini und Twoing. Der Gini-Index hat seinen höchsten Wert dann, wenn die Fälle in einem Knoten gleichmäßig auf die Merkmalsausprägungen verteilt sind. Er ist gleich null, wenn alle Fälle im Knoten zur selben Merkmalsausprägung gehören. Der Twoing-Index resultiert aus dem Teilen der abhängigen Variablen in zwei Superklassen, wobei auch nicht aufeinander folgende Kategorien zusammengefasst werden können. Auf der Basis dieser beiden Superklassen sucht CRT nach der optimalen Trennung für die unabhängigen Variablen. Ist die Zielvariable ordinal, so gelangt eine Modifizierung des Twoing-Index zum Einsatz, das so genannte ordinale Twoing-Maß, bei dem nur direkt aufeinander folgende Kategorien zu Superklassen kombiniert werden können. Bei kontinuierlichen Zielvariablen wird die gewichtete knoteninterne Varianz benutzt, das Inhomogenitätsmaß LSD (Least Squared Deviation).

21.5.1 Der binäre Algorithmus in vergleichender Betrachtung

Wir wollen die Ergebnisse des Exhaustive-CHAID-Algorithmus und des CRT-Algorithmus einer vergleichenden Betrachtung unterziehen und wählen daher als einführendes Beispiel die bereits bekannten Daten der Verhaltensbeurteilung des Haschischkonsums.

- Laden Sie die Datei hasch.sav in den Dateneditor, falls dies nicht mehr der Fall sein sollte.
- Wählen Sie aus dem Menü

  Analysieren
      Klassifizieren
          Baum...

Es öffnet sich die Dialogbox *Entscheidungsbaum.*

- Definieren Sie die Variable haschisch als abhängige Variable, indem Sie diese in das entsprechende Feld ziehen. Deklarieren Sie die übrigen Variablen bis auf die Variable ident als Prädiktoren, indem Sie diese in das Feld für die unabhängigen Variablen befördern.
- Wählen Sie als Aufbaumethode *CRT.*

Die Dialogbox *Entscheidungsbaum* sollte nunmehr wie folgt aussehen:

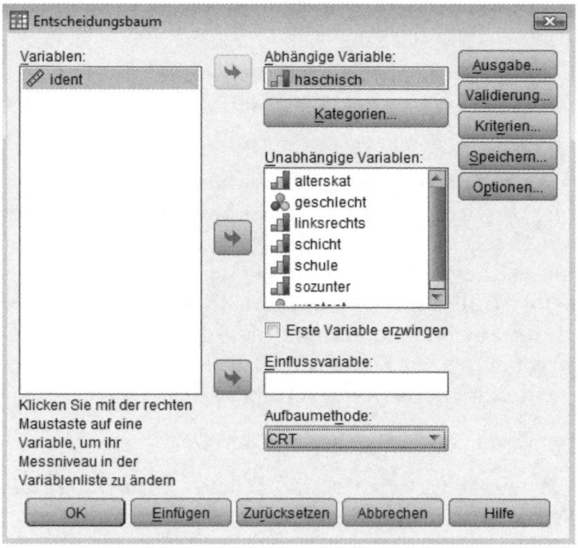

Bild 21.33: Aufbaumethode CRT

- Klicken Sie auf die Schaltfläche *Ausgabe...* und aktivieren Sie die Option *Baum im Tabellenformat* und bestätigen Sie mit *Weiter.*
- Klicken Sie auf die Schaltfläche *Kriterien...* Es öffnet sich die Dialogbox *Entscheidungsbaum: Kriterien.* Sie sehen, dass die maximale Anzahl der Stufen für CRT auf fünf festgelegt ist. Da uns fünf Stufen für unser Modell genügen, belassen wir es dabei.
- Klicken Sie in der Dialogbox *Entscheidungsbaum: Kriterien* auf die Registerkarte *CRT.*

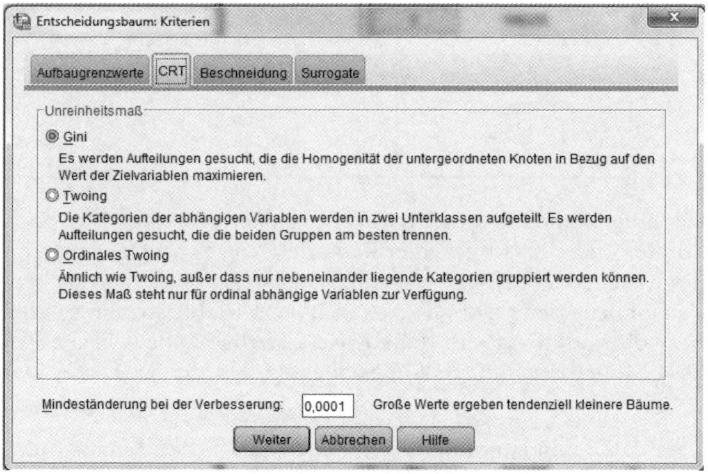

Bild 21.34: Wahl des Inhomogenitätsmaßes

Sie erhalten hier die Möglichkeit, zwischen den drei Inhomogenitätsmaßen Gini, Twoing und Ordinales Twoing zu wählen.

- Belassen Sie es beim voreingestellten Gini-Maß, und bestätigen Sie mit *Weiter.*
- Klicken Sie auf die Schaltfläche *Speichern...*, und aktivieren Sie hier die Optionen *Endknotennummer*, *Vorhergesagter Wert* und *Vorhergesagte Wahrscheinlichkeiten*. Bestätigen Sie mit *Weiter.*
- Klicken Sie auf den Schalter *Optionen*. Es öffnet sich die Dialogbox *Entscheidungsbaum: Optionen*. Aktivieren Sie die Registerkarte *Gewinne*, und markieren Sie die Option *Anpassen*. Vergeben Sie für die Kategorie »sehr schlimm« eine »4«, für »ziemlich schlimm« eine »3«, für »weniger schlimm« eine »2« und für »gar nicht schlimm« eine »1«, so dass bei der Interpretation der mittleren Scores hohe Werte erneut für eine stark ablehnende Haltung dem Haschischkonsum gegenüber stehen. In die Spalte *Ausgaben* tragen Sie wieder jeweils eine »0« ein, so dass in der Spalte *Gewinn* die Werte der Spalte *Ertrag* erscheinen.
- Bestätigen Sie mit *Weiter* und anschließend mit *OK*.

Im Viewer sehen Sie zunächst wieder die Tabelle *Modellübersicht* mit allgemeinen Informationen zur Modellkonstruktion.

Modellübersicht

Spezifikationen	Aufbaumethode	CRT
	Abhängige Variable	Verhaltensbeurteilung: Haschischkonsum
	Unabhängige Variablen	Alter in Kategorien, Geschlecht, Links-Rechts-Selbsteinstufung, Subjektive Schichteinstufung, Schulabschluss, Soziale Unterschiede sind gerecht, Erhebungsgebiet: West-Ost
	Validierung	Keine
	Maximale Baumtiefe	5
	Minimale Fallzahl im übergeordneten Knoten	100
	Minimale Fallzahl im untergeordneten Knoten	50
Ergebnisse	Unabhängige Variablen einbezogen	Alter in Kategorien, Links-Rechts-Selbsteinstufung, Subjektive Schichteinstufung, Schulabschluss, Geschlecht, Soziale Unterschiede sind gerecht, Erhebungsgebiet: West-Ost
	Anzahl Knoten	17
	Anzahl Endknoten	9
	Tiefe	5

In das Modell aufgenommen wurden die Variablen alterskat, lire, schicht, schule, geschlecht, sozunter und westost bei einer Baumtiefe von 5. Vergleichen wir dieses Ergebnis mit dem des Exhaustive-CHAID-Verfahrens, so stellen wir zunächst einmal fest, dass der Baum um eine Ebene tiefer ist und zusätzlich die Variable sozunter in das Modell eingeht. Statt der zwölf Endknoten des Exhaustive-CHAID-Modells liegen neun finale Segmente vor. Der Modellzusammenfassungstabelle folgt die grafische Darstellung des Baums.

- Befördern Sie das Baumdiagramm per Doppelklick in den Baumeditor und erhöhen Sie dort die Anzeige wieder auf 100%.

- Um die verwirrende mathematische Darstellung der Bereiche bei den Variablen zu umgehen, wählen Sie aus dem Menü des Baumeditors wieder die Option

  Optionen

  Bereiche als Text

Die Etikettierung der Knoten ist nunmehr besser zu verstehen. Der binäre Baum sieht wie folgt aus.

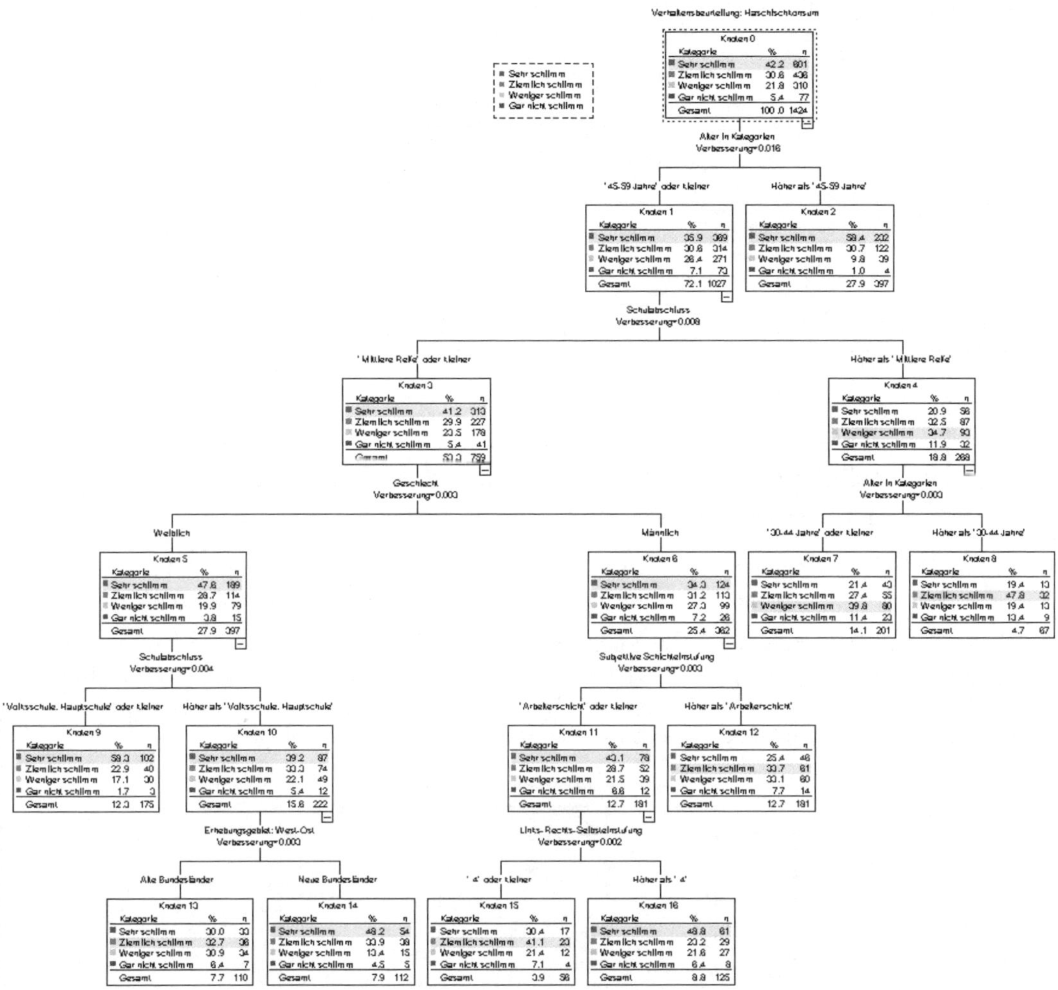

Bild 21.35: Baummodell des binären CRT-Algorithmus

Der Wurzelknoten weist die Variable Alter als wichtigsten Prädiktor aus. Entsprechend des zugrunde liegenden binären Algorithmus werden zwei Unterknoten gebildet. Den Knoten mit der Nummer 1 bilden diejenigen Probanden, die 59 Jahre oder jünger sind, den Knoten mit der Nummer 2 diejenigen Befragten, die 60 Jahre oder älter sind; wie beim Exhaustive-CHAID-Modell auch handelt es sich hierbei um ein finales Segment. Auf der zweiten Ebene kommt die Variable Schulabschluss zum Tragen. Auf der dritten Ebene erkennen Sie, dass neben der Variablen Geschlecht erneut die Variable Alter zum Einsatz gelangt. Ein und dieselbe Prädiktorvariable kann somit in einem CRT-Modell auf unterschiedlichen Ebenen im Baum mehrmals verwendet werden. Dadurch entstehen mitunter Bäume mit vielen Stufen, worunter die Übersichtlichkeit leidet. Auf der vierten Ebene des Modells führen die Variablen Schulabschluss und die subjektive Schichteinstufung des Befragten zur weiteren Ausdifferenzierung, auf der fünften Ebene die Variablen Erhebungsgebiet West-Ost sowie die Links-Rechts-Selbsteinstufung des Befragten.

Betrachten wir nunmehr das Risiko und die Gewinnzusammenfassung:

Risiko

Schätzung	Standardfehler
,522	,013

Aufbaumethode: CRT
Abhängige Variable: Verhaltensbeurteilung: Haschischkonsum

Klassifikation

Beobachtet	Vorhersagewert				
	Sehr schlimm	Ziemlich schlimm	Weniger schlimm	Gar nicht schlimm	Prozent korrekt
Sehr schlimm	449	109	43	0	74,7%
Ziemlich schlimm	229	152	55	0	34,9%
Weniger schlimm	111	119	80	0	25,8%
Gar nicht schlimm	20	34	23	0	0,0%
Gesamtprozentsatz	56,8%	29,1%	14,1%	0,0%	47,8%

Aufbaumethode: CRT
Abhängige Variable: Verhaltensbeurteilung: Haschischkonsum

Im CRT-Modell werden 52,2% der Fälle falsch zugeordnet, 47,8% der Fälle korrekt. Diese Werte unterscheiden sich damit nur geringfügig vom Exhaustive CHAID-Modell.

Wir wollen abschließend eine Übersicht erstellen, welche die Endknoten im Zusammenhang relevanter unabhängiger Variablen beschreibt. Für die tabellarische Darstellung benötigen wir wieder die nach absteigenden mittleren Scores geordnete Gewinnzusammenfassung für die einzelnen Knoten sowie das Baummodell als solches.

Gewinnzusammenfassung für Knoten

Knoten	N	Prozent	Gewinn	ROI
2	397	27,9%	3,466	.
9	175	12,3%	3,377	.
14	112	7,9%	3,259	.
16	125	8,8%	3,144	.
15	56	3,9%	2,946	.
13	110	7,7%	2,864	.
12	181	12,7%	2,768	.
8	67	4,7%	2,731	.
7	201	14,1%	2,587	.

Aufbaumethode: CRT
Abhängige Variable: Verhaltensbeurteilung: Haschischkonsum

Für eine endgültige Analyse der Segmente ergibt sich somit die folgende tabellarische Übersicht über die Endknoten.

Knoten	Alter	Geschlecht	Schule	West-Ost	Links-Rechts	Schicht	Mittlerer Score
2	60 Jahre oder älter						3,47
9	18–59 Jahre	Weiblich	Kein Abschluss, Volksschule, Hauptschule				3,38
14	18–59 Jahre	Weiblich	Mittlere Reife	Ost			3,26
16	18–59 Jahre	Männlich	Kein Abschluss, Volksschule, Hauptschule, Mittlere Reife		> 4	Unterschicht, Arbeiterschicht	3,14
15	18–59 Jahre	Männlich	Kein Abschluss, Volksschule, Hauptschule		<= 4	Unterschicht, Arbeiterschicht	2,95
13	18–59 Jahre	Weiblich	Mittlere Reife	West			2,86
12	18–59 Jahre	Männlich	Kein Abschluss, Volksschule, Hauptschule, Mittlere Reife	Ost		Mittelschicht, Obere Mittelschicht, Oberschicht	2,77
8	18–44 Jahre		Fachhochschulreife, Abitur	West			2,73
7	45–59 Jahre	Männlich	Fachhochschulreife, Abitur				2,59

Betrachtet man als Extremgruppen die Endknoten 2 und 9 einerseits sowie 8 und 7 andererseits, so liefert die Segmentanalyse folgendes Bild: Die stärkste Ablehnung des Haschischkonsums liegt bei Personen vor, die 60 Jahre oder älter sind, die zweitstärkste bei Frauen zwischen 18 und 59 Jahren, die über keinen Abschluss oder über einen Volksschul- bzw. Hauptschulabschluss verfügen. Die geringste Ablehnung erfährt der Haschischkonsum bei Männern im Alter zwischen 45 und 59 Jahren mit Fachhochschulreife bzw. Abitur sowie bei Personen zwischen 18 und 44 Jahren aus den alten Bundesländern mit Fachhochschulreife bzw. Abitur. Analysiert man die Wirkung der Prädiktoren, so ergeben sich die bereits durch das Exhaustive-CHAID-Modell bekannten Sachverhalte.

Um abschließend zu beurteilen, welches der beiden Modelle das adäquatere Bild der zugrunde liegenden Daten liefert, sollten Sie wieder Kreuztabellen mit Chi-Quadrat zu Rate ziehen.

- Lassen Sie sich eine Kreuztabelle zwischen den Variablen alterskat und haschisch anzeigen.

Kreuztabelle Alter in Kategorien*Verhaltensbeurteilung: Haschischkonsum

			Verhaltensbeurteilung: Haschischkonsum				
			Sehr schlimm	Ziemlich schlimm	Weniger schlimm	Gar nicht schlimm	Gesamtsumme
Alter in Kategorien	18-29 Jahre	Anzahl	60	61	75	25	221
		Erwartete Anzahl	93,3	67,7	48,1	12,0	221,0
		Standardresiduum	-3,4	-,8	3,9	3,8	
	30-44 Jahre	Anzahl	156	140	123	30	449
		Erwartete Anzahl	189,5	137,5	97,7	24,3	449,0
		Standardresiduum	-2,4	,2	2,6	1,2	
	45-59 Jahre	Anzahl	153	113	73	18	357
		Erwartete Anzahl	150,7	109,3	77,7	19,3	357,0
		Standardresiduum	,2	,4	-,5	-,3	
	60-74 Jahre	Anzahl	172	98	28	2	300
		Erwartete Anzahl	126,6	91,9	65,3	16,2	300,0
		Standardresiduum	4,0	,6	-4,6	-3,5	
	75-89 Jahre	Anzahl	57	22	11	2	92
		Erwartete Anzahl	38,8	28,2	20,0	5,0	92,0
		Standardresiduum	2,9	-1,2	-2,0	-1,3	
	Über 89 Jahre	Anzahl	3	2	0	0	5
		Erwartete Anzahl	2,1	1,5	1,1	,3	5,0
		Standardresiduum	,6	,4	-1,0	-,5	
Gesamtsumme		Anzahl	601	436	310	77	1424
		Erwartete Anzahl	601,0	436,0	310,0	77,0	1424,0

Chi-Quadrat-Tests

	Wert	df	Asymp. Sig. (zweiseitig)
Pearson-Chi-Quadrat	124,224[a]	15	,000
Likelihood-Quotient	133,598	15	,000
Zusammenhang linear-mit-linear	111,392	1	,000
Anzahl der gültigen Fälle	1424		

a. 5 Zellen (20,8%) haben die erwartete Anzahl von weniger als 5. Die erwartete Mindestanzahl ist ,27.

Im gegebenen Beispiel würden wir zugunsten des Exhaustive-CHAID-Modells votieren. Hier werden die Effekte des Alters präziser widergespiegelt, während die Resultate beim CRT-Modell diesbezüglich zu verzerrten Eindrücken führen können.

21.5.2 Vertiefungsbeispiel zum CRT-Algorithmus

Anhand eines zweiten Beispiels wollen wir die Betrachtung des CRT-Algorithmus etwas vertiefen. In einer Erhebung wurde danach gefragt, ob man Familie zum Glück braucht. Wir wollen im Folgenden die beiden Antwortkategorien »Man braucht Familie zum Glück« und »Ohne Familie gleich glücklich« einer näheren Betrachtung unterziehen. Überprüft werden soll die Abhängigkeit der dichotomen Zielkategorie von relevanten biografischen Merkmalen. Die entsprechenden Daten sind in der Datei familie.sav gespeichert.

- Laden Sie die Datei familie.sav in den Dateneditor.

Eine Häufigkeitsverteilung der Variablen ergibt die folgenden Tabellen.

Braucht man Familie zum Glück?

		Häufigkeit	Prozent	Gültige Prozent	Kumulative Prozente
Gültig	Man braucht Familie	2008	83,0	83,0	83,0
	Ohne gleich glücklich	412	17,0	17,0	100,0
	Gesamtsumme	2420	100,0	100,0	

Alter in Kategorien

		Häufigkeit	Prozent	Gültige Prozent	Kumulative Prozente
Gültig	18-29 Jahre	382	15,8	15,8	15,8
	30-44 Jahre	750	31,0	31,0	46,8
	45-59 Jahre	620	25,6	25,6	72,4
	60-74 Jahre	502	20,7	20,7	93,1
	75-89 Jahre	159	6,6	6,6	99,7
	Über 89 Jahre	7	,3	,3	100,0
	Gesamtsumme	2420	100,0	100,0	

Inglehart-Index

		Häufigkeit	Prozent	Gültige Prozent	Kumulative Prozente
Gültig	Postmaterialisten	566	23,4	23,4	23,4
	Postmaterialist. Mischtyp	728	30,1	30,1	53,5
	Materialist. Mischtyp	753	31,1	31,1	84,6
	Materialisten	373	15,4	15,4	100,0
	Gesamtsumme	2420	100,0	100,0	

Links-Rechts-Selbsteinstufung

		Häufigkeit	Prozent	Gültige Prozent	Kumulative Prozente
Gültig	Links	48	2,0	2,0	2,0
	2	110	4,5	4,5	6,5
	3	339	14,0	14,0	20,5
	4	372	15,4	15,4	35,9
	5	771	31,9	31,9	67,8
	6	353	14,6	14,6	82,4
	7	229	9,5	9,5	91,8
	8	146	6,0	6,0	97,9
	9	28	1,2	1,2	99,0
	Rechts	24	1,0	1,0	100,0
	Gesamtsumme	2420	100,0	100,0	

Erhebungsgebiet

		Häufigkeit	Prozent	Gültige Prozent	Kumulative Prozente
Gültig	Alte Bundesländer	1541	63,7	63,7	63,7
	Neue Bundesländer	879	36,3	36,3	100,0
	Gesamtsumme	2420	100,0	100,0	

Religiösitätsskala

		Häufigkeit	Prozent	Gültige Prozent	Kumulative Prozente
Gültig	Nicht Religiös	603	24,9	24,9	24,9
	2	217	9,0	9,0	33,9
	3	247	10,2	10,2	44,1
	4	135	5,6	5,6	49,7
	5	214	8,8	8,8	58,5
	6	182	7,5	7,5	66,0
	7	249	10,3	10,3	76,3
	8	302	12,5	12,5	88,8
	9	159	6,6	6,6	95,4
	Religiös	112	4,6	4,6	100,0
	Gesamtsumme	2420	100,0	100,0	

Subjektive Schichteinstufung

		Häufigkeit	Prozent	Gültige Prozent	Kumulative Prozente
Gültig	Unterschicht	33	1,4	1,4	1,4
	Arbeiterschicht	880	36,4	36,4	37,7
	Mittelschicht	1320	54,5	54,5	92,3
	Obere Mittelschicht	179	7,4	7,4	99,7
	Oberschicht	8	,3	,3	100,0
	Gesamtsumme	2420	100,0	100,0	

Allgemeiner Schulabschluss

		Häufigkeit	Prozent	Gültige Prozent	Kumulative Prozente
Gültig	Kein Abschluss	50	2,1	2,1	2,1
	Volksschule, Hauptschule	1041	43,0	43,0	45,1
	Mittlere Reife, Realschule	772	31,9	31,9	77,0
	Fachhochshculreife	140	5,8	5,8	82,8
	Abitur, Hochschulreife	417	17,2	17,2	100,0
	Gesamtsumme	2420	100,0	100,0	

Geschlecht

		Häufigkeit	Prozent	Gültige Prozent	Kumulative Prozente
Gültig	Mann	1215	50,2	50,2	50,2
	Frau	1205	49,8	49,8	100,0
	Gesamtsumme	2420	100,0	100,0	

Die Daten sind der Allgemeinen Bevölkerungsumfrage (ALLBUS) entnommen.

- Wählen Sie aus dem Menü

  Analysieren
  Klassifizieren
  Baum...

Es öffnet sich die Dialogbox *Entscheidungsbaum.*

- Definieren Sie die Variable familie als abhängige Variable, indem Sie diese in das entsprechende Feld ziehen.
- Klicken Sie auf den Schalter *Kategorien* und machen Sie im Zielkästchen ein Häkchen per Mausklick hinter »Man braucht Familie«.
- Deklarieren Sie die übrigen Variablen bis auf die Identifikationsnummer als Prädiktoren.
- Legen Sie als Aufbaumethode CRT fest.
- Klicken Sie auf die Schaltfläche *Ausgabe...* und aktivieren Sie die Option *Baum im Tabellenformat*. Bestätigen Sie mit *Weiter.*
- Klicken Sie auf die Schaltfläche *Validierung....* Es öffnet sich die Dialogbox *Entscheidungsbaum: Validierung.*

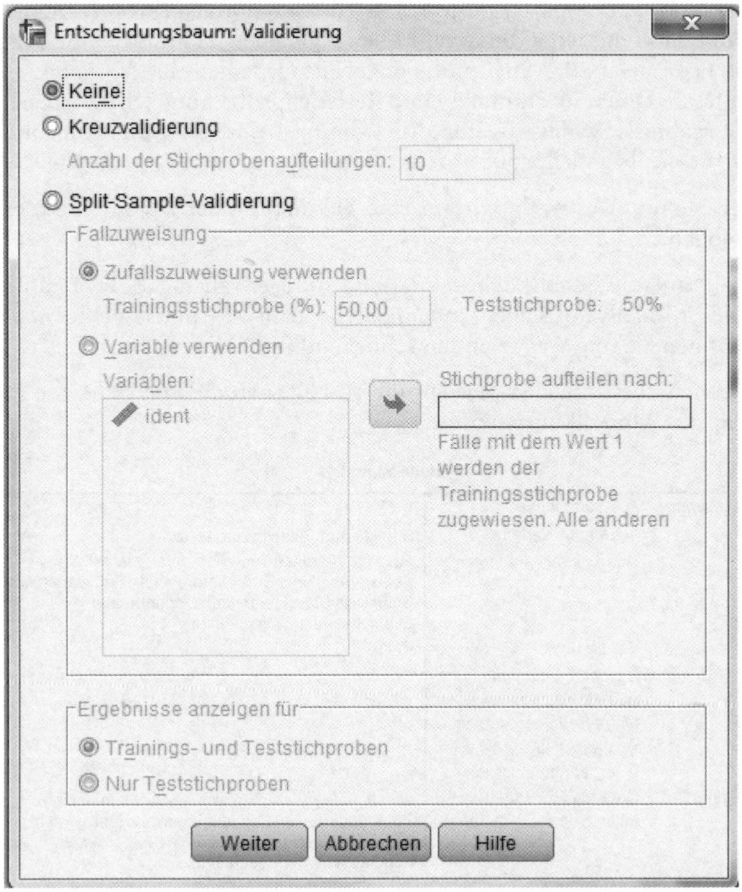

Bild 21.36: Dialogbox Entscheidungsbaum: Validierung

Unabhängig vom jeweiligen Klassifikationsalgorithmus können Sie mit Hilfe der Validierung überprüfen, ob sich die Ergebnisse des Baummodells auf eine größere Gesamtheit übertragen lassen. Es stehen zwei verschiedene Methoden der Validierung zur Verfügung:

- *Kreuzvalidierung*: Die Gesamtdaten werden in mehrere Teilstichproben aufgeteilt. Danach werden Baummodelle erzeugt, wobei die Daten der Teilstichproben nacheinander ausgeschlossen werden. Der erste Baum beruht somit auf allen Fällen mit Ausnahme der Fälle in der ersten Stichprobenaufteilung, der zweite Baum auf allen Fällen mit Ausnahme der Fälle in der zweiten Stichprobenaufteilung. Sie können bis zu 25 Stichprobenaufteilungen angeben. Das Fehlklassifizierungsrisiko wird für jeden Baum geschätzt. Der Baum wird hierzu jeweils auf die Teilstichprobe bezogen, die beim Erstellen des Baums ausgeschlossen war. Es entsteht auf diese Weise ein einziges Baummodell, wobei die kreuzvalidierte Risikoschätzung für den endgültigen Baum den Durchschnitt des Risikos bei allen Bäumen darstellt.

- *Split-Sample-Validierung*: Das Modell wird hier mittels einer Trainingsstichprobe erzeugt und dann mit einer Teststichprobe verglichen. Sie können eine Trainingsstichprobe als Prozentsatz der Stichprobe angeben oder aber eine Variable festlegen, mit deren Hilfe die Daten in Trainings- und Teststichprobe aufgeteilt werden. Sie können sich die Ergebnisse wahlweise für die Trainings- und die Teststichprobe oder aber auch nur für die Teststichprobe anzeigen lassen.

- Bestätigen Sie mit *Weiter*, da wir auf eine Validierung der Daten an dieser Stelle verzichten wollen.

- Klicken Sie auf die Schaltfläche *Kriterien...* und erhöhen Sie die Baumtiefe des zu erstellenden Modells auf sieben, indem Sie die Zahl »7« in das Feld *Anpassen* eintragen. Bestätigen Sie mit *Weiter* und anschließend mit *OK*.

Im Viewer sehen Sie zunächst wieder die Tabelle *Modellübersicht* mit allgemeinen Informationen zur Modellkonstruktion.

Modellübersicht

Spezifikationen	Aufbaumethode	CRT
	Abhängige Variable	Braucht man Familie zum Glück?
	Unabhängige Variablen	Alter in Kategorien, Inglehart-Index, Links-Rechts-Selbsteinstufung, Erhebungsgebiet, Religiösitätsskala, Subjektive Schichteinstufung, Allgemeiner Schulabschluss, Geschlecht
	Validierung	Keine
	Maximale Baumtiefe	7
	Minimale Fallzahl im übergeordneten Knoten	100
	Minimale Fallzahl im untergeordneten Knoten	50
Ergebnisse	Unabhängige Variablen einbezogen	Alter in Kategorien, Subjektive Schichteinstufung, Erhebungsgebiet, Religiösitätsskala, Links-Rechts-Selbsteinstufung, Inglehart-Index, Allgemeiner Schulabschluss, Geschlecht
	Anzahl Knoten	19
	Anzahl Endknoten	10
	Tiefe	7

Das Baummodell besitzt eine Baumtiefe von sieben und umfasst zehn Endknoten. In das Modell aufgenommen wurden die unabhängigen Variablen Alter in Kategorien, subjektive Schichteinstufung, Erhebungsgebiet, Religiositätsskala, Links-Rechts-Selbsteinstufung, Inglehart-Index, allgemeiner Schulabschluss und Geschlecht.

- Befördern Sie das Baumdiagramm per Doppelklick in den Baumeditor und erhöhen Sie dort die Anzeige auf 100%. Lassen Sie sich die Bereiche wieder als Text anzeigen.

- Deaktivieren Sie die Anzeige des vorhergesagten Werts sowie der Legende.

- Wählen Sie aus dem Menü des Baumeditors die Option

  Ansicht

  Eigenschaften

Es öffnet sich die Dialogbox *Eigenschaften*, die wir dazu benutzen wollen, um den Hintergrund für die Knoten sowie den Hintergrund für den Baum zu verändern.

- Wählen Sie geeignete Farben für den *Hintergrund für Baum* aus.

Das Baummodell sieht nun wie in Bild 21.34 wiedergegeben aus. Der Wurzelknoten weist die Variable Alter als wichtigste unabhängige Variable aus. Entsprechend des binären Algorithmus werden zwei Unterknoten gebildet.

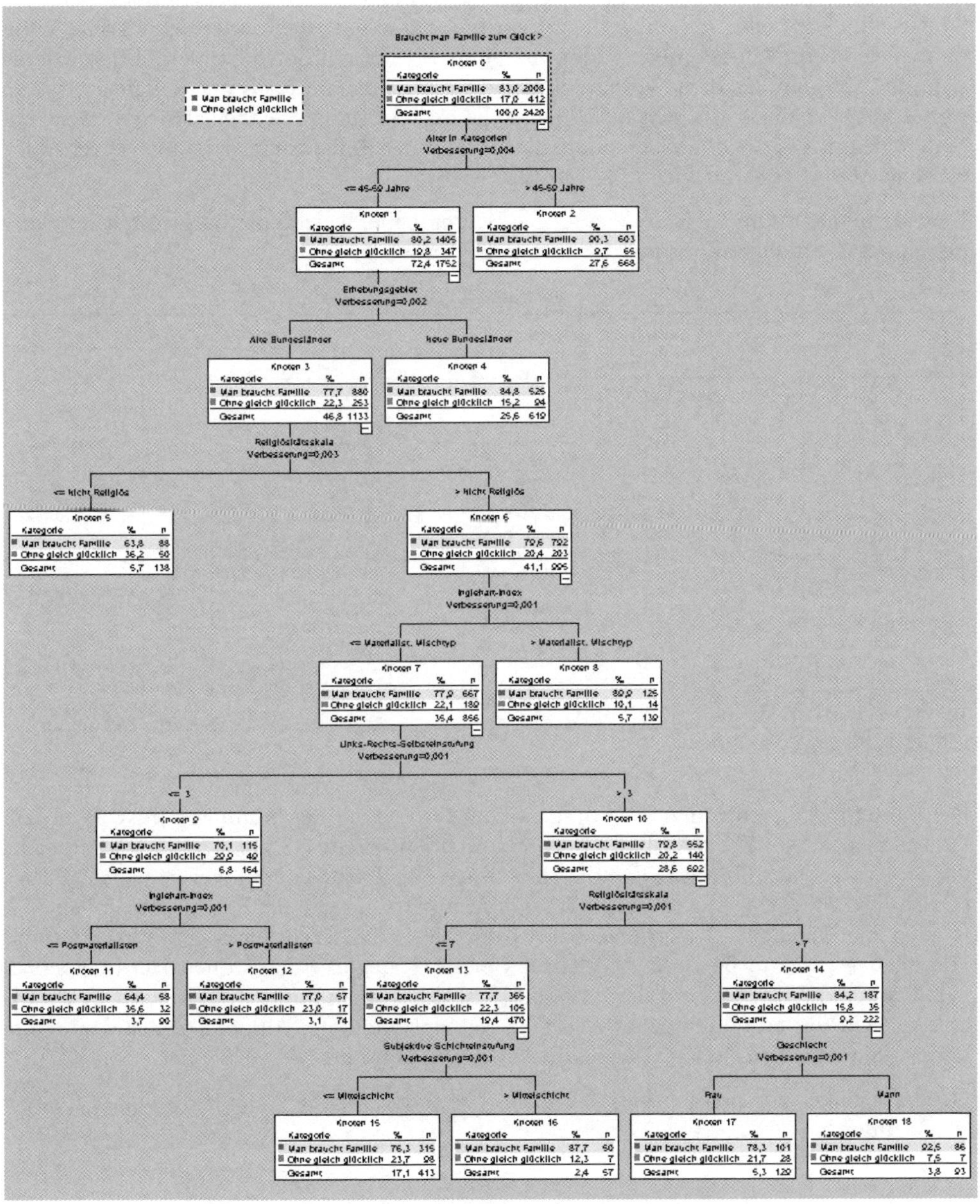

Bild 21.37: Baummodell des binären CRT-Algorithmus

Den Knoten mit der Nummer 1 bilden diejenigen Probanden, die 59 Jahre oder jünger sind, den Knoten mit der Nummer 2 diejenigen Befragten, die 60 Jahre oder älter sind, wobei es sich um ein finales Segment handelt. Auf der zweiten Ebene kommt das Erhebungsgebiet als Prädiktor zum Tragen. Während 77,7% der Befragten aus den alten Bundesländern, die 59 Jahre oder jünger sind, das Statement »Man braucht Familie zum Glück« bejahen, sind es bei gleichaltrigen Probanden aus den neuen Bundesländern 84,8%. Im Osten scheint die Familienorientierung somit stärker ausgeprägt zu sein. Während es sich beim Knoten mit der Nummer 4 um einen Endknoten handelt, differenzieren sich die Befragten aus dem Westen auf der dritten Ebene auf Basis der Religiositätsskala weiter aus. Personen, die sich als »nicht religiös« einstufen, bejahen das Statement mit 63,8% deutlich geringer als Personen, die sich auf der Religiositätsskala im Wertebereich zwischen 2 und 10 einordnen (79,6%).

Dem Baumdiagramm folgt im Viewer die Baumtabelle, welche die wichtigsten Informationen des Baumdiagramms in tabellarischer Form wiedergibt.

Baumtabelle

Knoten	Man braucht Familie		Ohne gleich glücklich		Gesamtsumme		Vorhergesagte Kategorie	Übergeordneter Knoten	Primäre unabhängige Variable		
	N	Prozent	N	Prozent	N	Prozent			Variable	Verbesserung	Werte aufteilen
0	2008	83,0%	412	17,0%	2420	100,0%	Man braucht Familie				
1	1405	80,2%	347	19,8%	1752	72,4%	Man braucht Familie	0	Alter in Kategorien	,004	<= 45-59 Jahre
2	603	90,3%	65	9,7%	668	27,6%	Man braucht Familie	0	Alter in Kategorien	,004	> 45-59 Jahre
3	880	77,7%	253	22,3%	1133	46,8%	Man braucht Familie	1	Erhebungsgebiet	,002	Alte Bundesländer
4	525	84,8%	94	15,2%	619	25,6%	Man braucht Familie	1	Erhebungsgebiet	,002	Neue Bundesländer
5	88	63,8%	50	36,2%	138	5,7%	Man braucht Familie	3	Religiösitätsskala	,003	<= Nicht Religiös
6	792	79,6%	203	20,4%	995	41,1%	Man braucht Familie	3	Religiösitätsskala	,003	> Nicht Religiös
7	667	77,9%	189	22,1%	856	35,4%	Man braucht Familie	6	Inglehart-Index	,001	<= Materialist. Mischtyp
8	125	89,9%	14	10,1%	139	5,7%	Man braucht Familie	6	Inglehart-Index	,001	> Materialist. Mischtyp
9	115	70,1%	49	29,9%	164	6,8%	Man braucht Familie	7	Links-Rechts-Selbsteinstufung	,001	<= 3
10	552	79,8%	140	20,2%	692	28,6%	Man braucht Familie	7	Links-Rechts-Selbsteinstufung	,001	> 3
11	58	64,4%	32	35,6%	90	3,7%	Man braucht Familie	9	Inglehart-Index	,001	<= Postmaterialisten
12	57	77,0%	17	23,0%	74	3,1%	Man braucht Familie	9	Inglehart-Index	,001	> Postmaterialisten
13	365	77,7%	105	22,3%	470	19,4%	Man braucht Familie	10	Religiösitätsskala	,001	<= 7
14	187	84,2%	35	15,8%	222	9,2%	Man braucht Familie	10	Religiösitätsskala	,001	> 7
15	315	76,3%	98	23,7%	413	17,1%	Man braucht Familie	13	Subjektive Schichteinstufung	,001	<= Mittelschicht
16	50	87,7%	7	12,3%	57	2,4%	Man braucht Familie	13	Subjektive Schichteinstufung	,001	> Mittelschicht
17	101	78,3%	28	21,7%	129	5,3%	Man braucht Familie	14	Geschlecht	,001	Frau
18	86	92,5%	7	7,5%	93	3,8%	Man braucht Familie	14	Geschlecht	,001	Mann

Aufbaumethode: CRT
Abhängige Variable: Braucht man Familie zum Glück?

Der Baumtabelle entnehmen Sie z.B., dass zum Knoten mit der Nummer 5 insgesamt 138 Fälle zählen, was 5,7% aller Befragten entspricht. Während 88 Befragte dieses Segments das Statement »Man braucht Familie zum Glück« bejahen (63,8%), verneinen es 50 Probanden (36,2%). Der Spalte *Vorhergesagte Kategorie* entnehmen Sie, dass bei allen Segmenten die Kategorie 1 vorhergesagt wird. Alle Fälle der Kategorie 2 werden somit fälschlicherweise auf Basis des Modells der ersten Kategorie zugeordnet. Der übergeordnete Knoten des Knotens mit der Nummer 5 ist der Knoten mit der Nummer 3. Die Variable, welche zur Aufteilung führte, ist die Religiositätsskala. Anhand der letzten Spalte können Sie erkennen, welche Werte die Aufteilung bewirkten.

Gehen wir über zur Betrachtung des Risikos und der Tabelle *Gewinnzusammenfassung für Knoten*:

Risiko

Schätzung	Standardfehler
,170	,008

Klassifikation

Beobachtet	Vorhersagewert: Man braucht Familie	Vorhersagewert: Ohne gleich glücklich	Vorhersagewert: Prozent korrekt
Man braucht Familie	2008	0	100,0%
Ohne gleich glücklich	412	0	0,0%
Gesamtprozentsatz	100,0%	0,0%	83,0%

Aufbaumethode: CRT
Abhängige Variable: Braucht man Familie zum Glück?

Im CRT-Modell werden 17% der Fälle falsch zugeordnet, 83% der Fälle korrekt, darunter jedoch kein einziger Fall aus der zweiten Kategorie; ein Sachverhalt, den wir bereits der Baumtabelle entnommen haben.

Wir wollen abschließend eine Übersicht erstellen, welche die Endknoten im Zusammenhang relevanter unabhängiger Variablen beschreibt. Für die tabellarische Darstellung benötigen wir wieder das Baummodell als solches. Die per Hand zu erstellende Tabelle, die auf Basis der Werte für die erste Kategorie absteigend sortiert ist, sieht wie folgt aus:

Knoten	Alter	Geschlecht	West-Ost	Schicht	Religiosität	Inglehart	Links-Rechts	Man braucht Familie	Ohne gleich glücklich	N
18	<=59	Mann	West		8-10	Postmaterialist, Postmaterialist. Mischtyp, Materialist. Mischtyp	4-10	92,5	7,5	93
2	>=60							90,3	9,7	668
8	<=59		West		2-10	Materialist		89,9	10,1	139
16	<=59		West	Obere Mittelschicht, Oberschicht	2-7	Postmaterialist, Postmaterialist. Mischtyp, Materialist. Mischtyp	4-10	87,7	12,3	57
4	<=59		Ost					84,8	15,2	619
17	<=59	Frau	West		8-10	Postmaterialist, Postmaterialist. Mischtyp, Materialist. Mischtyp	4-10	78,3	21,7	129
12	<=59		West		2-10	Postmaterialist. Mischtyp, Materialist. Mischtyp	1-3	77,0	23,0	74

Knoten	Alter	Geschlecht	West-Ost	Schicht	Religiosität	Inglehart	Links-Rechts	Man braucht Familie	Ohne gleich glücklich	N
15	<=59		West	Unterschicht, Arbeiterschicht, Mittelschicht	2-7	Postmaterialist, Postmaterialist. Mischtyp, Materialist. Mischtyp	4-10	76,3	23,7	413
11	<=59		West		2-10	Postmaterialist	1-3	64,4	35,6	90
5	<=59		West		Nicht religiös			63,8	36,2	138

Betrachtet man als Extremgruppen die Endknoten 18 und 2 einerseits sowie 11 und 5 andererseits, so liefert die Segmentanalyse folgendes Bild: Die stärkste Bejahung des Statements »Man braucht Familie zum Glück« liegt bei Personen vor, die 59 Jahre oder jünger sind, aus den alten Bundesländern stammen, sich auf der Religiositätsskala als stark religiös einordnen (8–10) und nicht zum Typ des Materialisten zählen. Die zweitstärkste Bejahung der Aussage findet sich bei Probanden, die 60 Jahre oder älter sind. Die geringste Zustimmung erfährt das Statement bei Personen, die sich als nicht religiös sehen, aus dem Westen stammen und 59 Jahre oder jünger sind. Die zweitgeringste Zustimmung liegt bei Personen aus den alten Bundesländern vor, die zum Typ des reinen Postmaterialisten zählen, 59 Jahre oder jünger sind und auf der Religiositätsskala Werte zwischen 2 und 10 angegeben haben.

21.6 Der QUEST-Algorithmus als Klassifikationsmethode

QUEST ist die Abkürzung für Quick, Unbiased, Efficient Statistical Tree. Der QUEST-Algorithmus produziert binäre Bäume. Die abhängige Variable muss nominal sein. Da die Variablenauswahl und die Festlegung der Trennungen bei diesem Algorithmus separat erfolgen, geschieht die Auswahl der unabhängigen Variablen weniger voreingenommen als beim CRT-Algorithmus. Handelt es sich bei der Zielvariablen um eine nominalskalierte Variable, so würden wir daher unter den binären Algorithmen QUEST bevorzugen. Fehlende Werte werden mittels Ersatztrennung behandelt. Weist die für eine Trennung geeignetste Vorhersagevariable an einem bestimmten Knoten einen fehlenden Wert auf, bestimmt QUEST eine andere unabhängige Variable, bei der die Trennung am ähnlichsten ist. Der Baumaufbau ist abgeschlossen, wenn eine der folgenden Abbruchregeln erfüllt ist:

- Alle Fälle im Knoten weisen für alle unabhängigen Variablen dieselben Werte aus.
- Alle Fälle im Knoten weisen denselben Zielvariablenwert aus. Es liegt Homogenität vor.

- Die Baumtiefe hat den angegebenen Höchstwert erreicht.
- Die Fallanzahl eines Knotens liegt niedriger als die festgelegte Mindestgröße des übergeordneten Knotens.
- Die Knotentrennung führt zur Bildung eines Unterknotens, dessen Fallanzahl geringer ist als die spezifizierte Mindestgröße.

Der voreingestellte Alphawert für die Trennung bei QUEST liegt bei 0,05.

21.6.1 Erstellen einer Analysedatei

Wir wollen im Folgenden überprüfen, welche Merkmale sich besonders zugunsten der Wahlabsicht einer Partei auswirken. Personen, die sich hinsichtlich ihrer Wahlentscheidung nicht sicher sind, die Antwort verweigert haben, zur Gruppe der Nichtwähler zählen, oder Befragte, die nicht wahlberechtigt sind, blieben bei der folgenden Analyse unberücksichtigt.

- Laden Sie die Datei wahlanalyse.sav in den Dateneditor.
- Erstellen Sie mit Hilfe der Menüwahl

  Analysieren
  Deskriptive Statistiken
  Häufigkeiten...

  Häufigkeitstabellen der Variablen mit Ausnahme der Variablen ident.

Alter in Kategorien

		Häufigkeit	Prozent	Gültige Prozent	Kumulative Prozente
Gültig	18-29 Jahre	267	14,4	14,4	14,4
	30-44 Jahre	552	29,9	29,9	44,3
	45-59 Jahre	480	26,0	26,0	70,3
	60-74 Jahre	425	23,0	23,0	93,2
	75-89 Jahre	117	6,3	6,3	99,6
	Über 89 Jahre	8	,4	,4	100,0
	Gesamtsumme	1849	100,0	100,0	

Geschlecht

		Häufigkeit	Prozent	Gültige Prozent	Kumulative Prozente
Gültig	Mann	963	52,1	52,1	52,1
	Frau	886	47,9	47,9	100,0
	Gesamtsumme	1849	100,0	100,0	

Gewerkschaftsmitglied

		Häufigkeit	Prozent	Gültige Prozent	Kumulative Prozente
Gültig	Ja	293	15,8	15,8	15,8
	Nein	1556	84,2	84,2	100,0
	Gesamtsumme	1849	100,0	100,0	

Inglehart-Index

		Häufigkeit	Prozent	Gültige Prozent	Kumulative Prozente
Gültig	Postmaterialisten	443	24,0	24,1	24,1
	Postmaterialistischer Mischtyp	558	30,2	30,4	54,6
	Materialistischer Mischtyp	583	31,5	31,8	86,3
	Materialisten	251	13,6	13,7	100,0
	Gesamtsumme	1835	99,2	100,0	
Fehlend	Weiss Nicht	11	,6		
	Keine Angabe	3	,2		
	Gesamtsumme	14	,8		
Gesamtsumme		1849	100,0		

Konfession

		Häufigkeit	Prozent	Gültige Prozent	Kumulative Prozente
Gültig	Römisch-Katholisch	529	28,6	28,6	28,6
	Evangelisch	628	34,0	34,0	62,6
	Evangelische Freikirche	40	2,2	2,2	64,8
	Andere Christliche Religion	9	,5	,5	65,3
	Andere Nicht-Christliche Religion	7	,4	,4	65,7
	Keiner Religionsgemeinschaft	634	34,3	34,3	100,0
	Gesamtsumme	1847	99,9	100,0	
Fehlend	Keine Angabe	2	,1		
Gesamtsumme		1849	100,0		

Links-Rechts-Selbsteinstufung

		Häufigkeit	Prozent	Gültige Prozent	Kumulative Prozente
Gültig	Links	40	2,2	2,3	2,3
		101	5,5	5,7	7,9
		288	15,6	16,2	24,1
		271	14,7	15,3	39,4
		494	26,7	27,8	67,2
		250	13,5	14,1	81,3
		182	9,8	10,2	91,5
		116	6,3	6,5	98,0
		22	1,2	1,2	99,3
	Rechts	13	,7	,7	100,0
	Gesamtsumme	1777	96,1	100,0	
Fehlend	Keine Angabe	72	3,9		
Gesamtsumme		1849	100,0		

Wahlabsicht bei Bundestagswahl

		Häufigkeit	Prozent	Gültige Prozent	Kumulative Prozente
Gültig	CDU/CSU	614	33,2	33,2	33,2
	SPD	741	40,1	40,1	73,3
	FDP	154	8,3	8,3	81,6
	Bündnis90/Grüne	146	7,9	7,9	89,5
	Republikaner	24	1,3	1,3	90,8
	PDS	170	9,2	9,2	100,0
	Gesamtsumme	1849	100,0	100,0	

Subjektive Schichteinstufung

		Häufigkeit	Prozent	Gültige Prozent	Kumulative Prozente
Gültig	Unterschicht	19	1,0	1,0	1,0
	Arbeiterschicht	620	33,5	33,5	34,6
	Mittelschicht	1053	56,9	56,9	91,5
	Obere Mittelschicht	151	8,2	8,2	99,7
	Oberschicht	6	,3	,3	100,0
	Gesamtsumme	1849	100,0	100,0	

Schulabschluss

		Häufigkeit	Prozent	Gültige Prozent	Kumulative Prozente
Gültig	Kein Abschluss	29	1,6	1,6	1,6
	Volksschule, Hauptschule	780	42,2	42,2	43,0
	Mittlere Reife, Realschule	547	29,6	29,6	73,3
	Fachhochschulreife	127	6,9	6,9	80,2
	Abitur, Hochschulreife	366	19,8	19,8	100,0
	Gesamtsumme	1849	100,0	100,0	

Erhebungsgebiet: West-Ost

		Häufigkeit	Prozent	Gültige Prozent	Kumulative Prozente
Gültig	Alte Bundesländer	1203	65,1	65,1	65,1
	Neue Bundesländer	646	34,9	34,9	100,0
	Gesamtsumme	1849	100,0	100,0	

Die Daten sind der Allgemeinen Bevölkerungsumfrage (ALLBUS) entnommen.

21.6.2 Erzeugung und Interpretation eines Baumdiagramms

Wir wollen nunmehr das Baumdiagramm erstellen.

- Wählen Sie aus dem Menü

  Analysieren
  Klassifizieren
  Baum...

- Übertragen Sie die Variable parteiwahl in das Feld für die abhängige Variable, alle anderen Variablen mit Ausnahme der Variablen ident in das Feld für die unabhängigen Variablen.
- Wählen Sie als Aufbaumethode die Methode *QUEST.*
- Aktivieren Sie in der Dialogbox *Entscheidungsbaum: Ausgabe* zusätzlich die Option *Baum im Tabellenformat.*
- Klicken Sie auf die Schaltfläche *Kriterien...*

Es öffnet sich die Dialogbox *Entscheidungsbaum: Kriterien.*

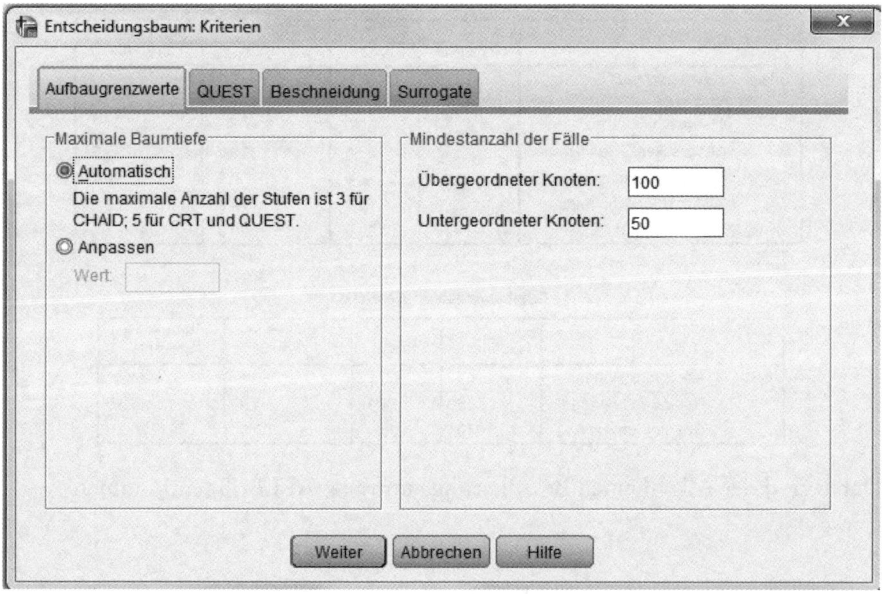

Bild 21.38: Dialogbox Entscheidungsbaum: Kriterien

- Erhöhen Sie die beim QUEST-Algorithmus voreingestellte Baumtiefe von 5 auf 7.
- Klicken Sie in der Dialogbox *Entscheidungsbaum: Kriterien* auf die Registerkarte *QUEST.* Sie erkennen, dass der Default-Wert für das Signifikanzniveau bezüglich der Aufteilung der Knoten 0,05 beträgt. Bestätigen Sie die Voreinstellung mit *Weiter.*

- Klicken Sie auf den Schalter *Speichern* und fordern Sie die Ausgabe der Kennziffern *Endknotennummer*, *Vorhergesagter Wert* und *Geschätzte Wahrscheinlichkeiten* an.
- Bestätigen Sie mit *Weiter* und in der Hauptdialogbox mit *OK*.

Der Tabelle *Modellübersicht* im Viewer entnehmen Sie, dass die Anzahl der Endknoten 16 beträgt und der Baum über sieben Ebenen verfügt.

Modellübersicht

Spezifikationen	Aufbaumethode	QUEST
	Abhängige Variable	Wahlabsicht bei Bundestagswahl
	Unabhängige Variablen	Alter in Kategorien, Geschlecht, Gewerkschaftsmitglied, Inglehart-Index, Konfession, Links-Rechts-Selbsteinstufung, Subjektive Schichteinstufung, Schulabschluss, Erhebungsgebiet: West-Ost
	Validierung	Keine
	Maximale Baumtiefe	7
	Minimale Fallzahl im übergeordneten Knoten	100
	Minimale Fallzahl im untergeordneten Knoten	50
Ergebnisse	Unabhängige Variablen einbezogen	Links-Rechts-Selbsteinstufung, Subjektive Schichteinstufung, Konfession, Alter in Kategorien, Erhebungsgebiet: West-Ost, Inglehart-Index, Gewerkschaftsmitglied, Schulabschluss, Geschlecht
	Anzahl Knoten	31
	Anzahl Endknoten	16
	Tiefe	7

- Klicken Sie das Baumdiagramm in den Baumeditor, zoomen Sie dort auf 100% und lassen Sie sich die Bereiche wieder als Text ausgeben.
- Deaktivieren Sie das Hervorheben des vorhergesagten Werts sowie die Anzeige der Legende über die Menüwahl *Optionen*.

Betrachten Sie das Baumdiagramm, so stellen Sie zunächst einmal fest, dass der wichtigste Prädiktor die Selbsteinstufung des Probanden auf der zehnpoligen Links-Rechts-Skala ist. Werden Werte von 1 bis 5 gewählt, so sinkt erwartungsgemäß der Anteil der Wähler der CDU/CSU, der FDP sowie der Republikaner, während der Anteil der SPD-Wähler sowie von BÜNDNIS 90/DIE GRÜNEN und der PDS steigt.

Auf der zweiten Ebene des Baumdiagramms wird für diejenigen Befragten, die Werte von 1 bis 5 angegeben haben, noch einmal die Links-Rechts-Skala als Vorhersagevariable bemüht, während für Probanden mit Werten von 6 bis 10 die Variable »Zugehörigkeit zu den alten bzw. zu den neuen Bundesländern« eine weitere Aufteilung bewirkt.

Das vorliegende Baummodell verdeutlicht recht schön, dass binäre Algorithmen sehr schnell zu recht umfangreichen Bäumen führen können, was im vorliegenden Fall vor allem der Tatsache geschuldet ist, dass die Vorhersagevariable Links-Rechts-Skala sowohl auf der ersten, der zweiten als auch auf der dritten Ebene zum Einsatz gelangt. Erkennbar wird an diesem Beispiel auch das bereits angesprochene Problem binärer Algorithmen. Da die Variable Links-Rechts-Skala aufgrund ihrer zehnpoligen Skala potenziell mehr Trennungen liefern kann als etwa ein nominal-dichotomer Prädiktor, wird sie auch häufiger ausgewählt.

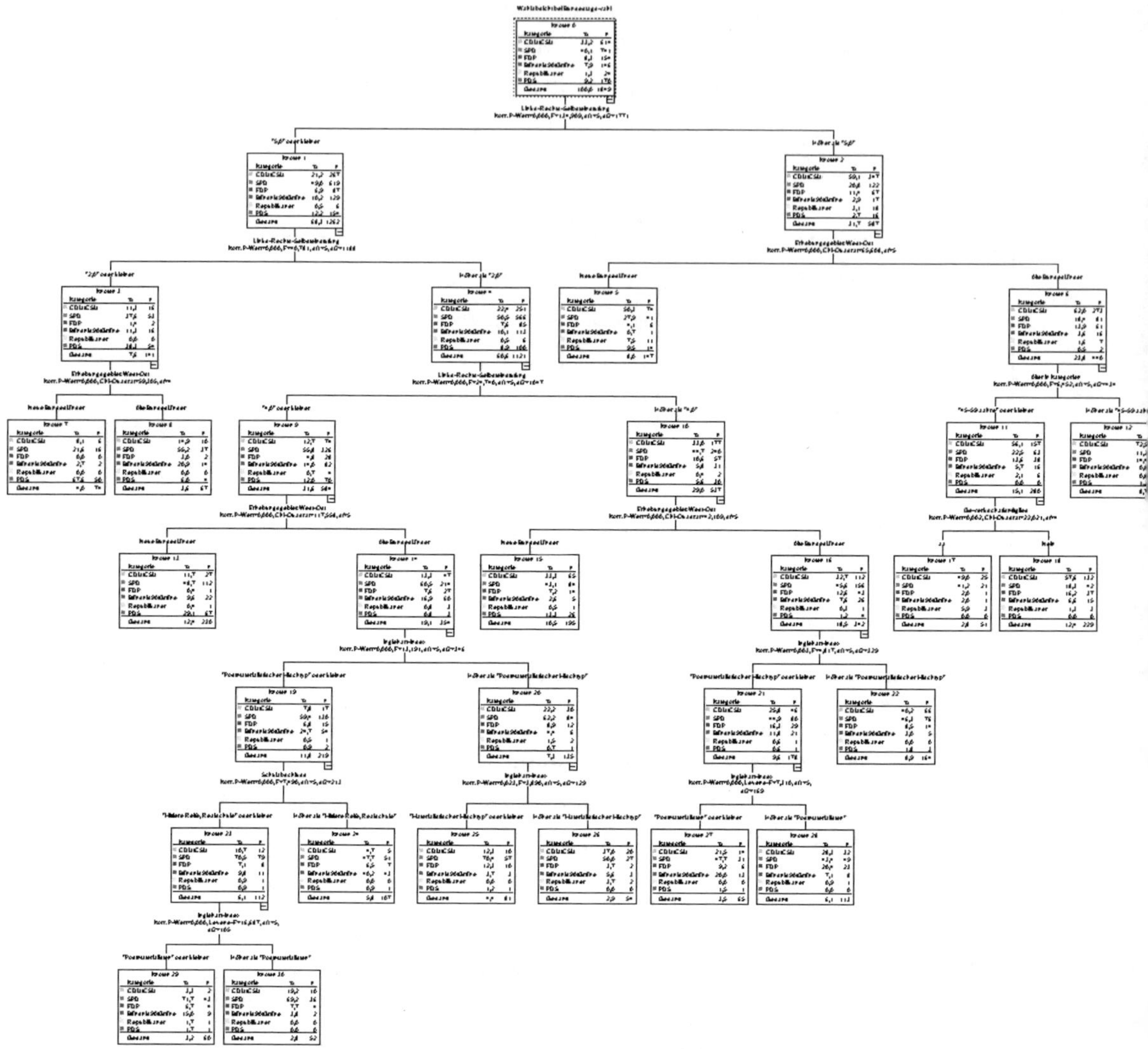

Bild 21.39: Baummodell des binären QUEST-Algorithmus

Analysieren wir im Folgenden beispielhaft die finalen Knoten mit den Nummern 7 und 8. Beim Knoten mit der Nummer 7 handelt es sich um 74 Befragte aus den neuen Bundesländern, die auf der Links-Rechts-Skala den Wert 1 oder 2 angekreuzt haben. Es befindet sich darunter kein Wähler der FDP und auch kein Wähler der Republikaner. Mit 8,1% ist der Anteil der CDU/CSU-Wähler der zweitniedrigste aller finalen Segmente des Baummodells. Hervorstechend ist mit 67,6% vor allem der Anteil der PDS-Wähler, welcher der höchste aller Endknoten ist und neben der CDU auch auf Kosten der SPD und BÜNDNIS 90/DIE GRÜNEN geht, deren Anteile deutlich unter denen des Wurzelknotens liegen.

Beim Knoten mit der Nummer 8 handelt es sich um 67 Befragte der alten Bundesländer, die ebenfalls auf der Links-Rechts-Skala den Wert 1 oder 2 angegeben haben. Wie beim Knoten 7 auch, befindet sich darunter kein Wähler der Republikaner. Auffallend ist, dass mit 6,0% der Anteil der PDS-Wähler unter dem des Wurzelknotens liegt. Mit deutlichem Abstand sticht der Anteil der SPD-Wähler mit 55,2% hervor. Aber auch der Anteil der Grünen liegt mit 20,9% deutlich über dem des Stammknotens. Die beiden Knoten verdeutlichen im kleinen Maßstab einen Teil der politischen Kultur Deutschlands: Während »die Linke« im Westen sich prozentual betrachtet eindeutig an SPD sowie BÜNDNIS 90/ DIE GRÜNEN orientiert, sammelt sie sich im Osten um die PDS.

Betrachten wir abschließend den Knoten mit der Nummer 24. Es handelt sich um 107 Personen aus den alten Bundesländern, die auf der Links-Rechts-Skala den Wert 3 oder 4 gewählt haben, über Fachhochschulreife oder Abitur verfügen und hinsichtlich ihrer Werteorientierung zum Typ Postmaterialisten oder zum postmaterialistischen Mischtyp zählen. Bezüglich des nach dem US-amerikanischen Politikwissenschaftlers Inglehart benannten Index sind es somit Personen, die bei einer Auswahl unter zwei postmaterialistischen Items (Wichtigkeit von Bürgereinfluss, Wichtigkeit von freier Meinungsäußerung) und zwei materialistischen Items (Wichtigkeit von Ruhe und Ordnung, Wichtigkeit der Inflationsbekämpfung) entweder die beiden postmaterialistischen Items auf Platz 1 und 2 gesetzt haben oder eines der beiden postmaterialistischen Items auf Platz 1 und eines der beiden materialistischen Items auf Platz 2. Auffällig ist bei diesem Segment vor allem der mit 40,2% recht hohe Anteil der Wähler von BÜNDNIS 90/DIE GRÜNEN, der höchste Anteil unter allen Knoten. Vergleichen Sie andere Teilpopulationen mit diesem Segment, so offenbart sich der sehr starke Einfluss der Werteorientierung auf das Wahlverhalten für die Grünen.

Analysieren Sie weitere Knoten in ähnlicher Weise, um interessante Sachverhalte bezüglich des Wahlverhaltens aufzudecken.

21.6.3 Analyse der Vorhersagewerte

Der Baumtabelle als tabellarische Wiedergabe des Baummodells folgt im Viewer wieder die Tabelle für das Risiko.

Risiko

Schätzung	Standardfehler
,459	,012

Aufbaumethode: QUEST
Abhängige Variable: Wahlabsicht bei Bundestagswahl

Da es sich bei der Zielvariablen um eine nominal-multiple bzw. kategoriale Variable handelt, zeigt die Tabelle wieder die Anzahl der Fälle an, die fehlerhaft klassifiziert wurden, also knapp 46%. Bedenken wir, dass die abhängige Variable über sechs Merkmalsausprägungen verfügt, scheint uns die Trefferquote von 54% gar nicht so schlecht zu sein.

Die Klassifikationsmatrix zeigt wieder die Anzahl der Fälle in jeder Kategorie der Zielvariablen an, die korrekt bzw. fehlerhaft klassifiziert wurden. Wäre unsere Gruppierungsvariable metrisch, so wäre sie nicht verfügbar.

Klassifikation

Beobachtet	Vorhersagewert CDU/CSU	SPD	FDP	Bündnis90/Grüne	Republikaner	PDS	Prozent korrekt
CDU/CSU	347	261	0	0	0	6	56,5%
SPD	122	603	0	0	0	16	81,4%
FDP	67	87	0	0	0	0	0,0%
Bündnis90/Grüne	17	127	0	0	0	2	0,0%
Republikaner	18	6	0	0	0	0	0,0%
PDS	16	104	0	0	0	50	29,4%
Gesamtprozentsatz	31,7%	64,3%	0,0%	0,0%	0,0%	4,0%	54,1%

Aufbaumethode: QUEST
Abhängige Variable: Wahlabsicht bei Bundestagswahl

Während von den Wählern der FDP und BÜNDNIS 90/DIE GRÜNEN kein einziger Fall korrekt klassifiziert wurde, sind es bei der CDU/CSU 56,5% korrekt klassifizierte Fälle und bei der SPD 81,4%. Auch der Anteil von 29,4% korrekt klassifizierter Fälle bei der PDS verweist darauf, dass ihr Wählerprofil wie das der beiden großen Volksparteien relativ scharf zu sein scheint. Die Wählernähe der PDS zur SPD unterstreicht die Tatsache, dass der Großteil der falsch eingeordneten Fälle der Sozialdemokratie zugeordnet wird, während z. B. kein PDS-Wähler fälschlicherweise den Grünen zufällt.

Wir wollen einmal überprüfen, welche Wähler der PDS fälschlicherweise der SPD zugeordnet wurden. Hierfür ziehen wir die Werte der Variablen PredictedValue zu Rate, d.h., wir wählen einfach alle Fälle aus, für die gilt parteiwahl = 6 and PredictedValue = 2.

Führen Sie eine Häufigkeitsverteilung der Variablen parteiwahl durch, so beschränkt sich diese auf die gewünschten Fälle.

Wahlabsicht bei Bundestagswahl

		Häufigkeit	Prozent	Gültige Prozent	Kumulative Prozente
Gültig	PDS	104	100,0	100,0	100,0

- Führen Sie danach eine Häufigkeitsverteilung aller abhängigen Variablen durch und vergleichen Sie die jeweiligen Merkmalsausprägungen mit denen der SPD-Wähler und denen der PDS-Wähler.

Sie erkennen u.a., dass die Falscheinordnung vor allem der Tatsache geschuldet ist, dass sich die der SPD zugeordneten PDS-Wähler auf der Links-Rechts-Skala nicht derart links positionieren, wie dies offensichtlich für den Großteil der PDS-Wähler gilt.

21.6.4 Analyse der Endknoten

Da unsere Zielvariable nominal-multipel ist, lassen sich in unserem Fall keine mittleren Scorewerte für die tabellarische Übersicht zugrunde legen. Die Übersichtstabelle kann man nach Bedarf aufsteigend oder absteigend hinsichtlich der Kategorien der Wahlabsicht sortieren. Wir haben die Tabelle absteigend bezüglich der Absicht, die CDU bei den Bundestagswahlen zu wählen, sortiert.

Knoten	Links-Rechts	Ost-West	Alter	Gewerkschaft	Inglehart-Index	Schule	CDU	SPD	FDP	Grüne	Rep.	PDS	N
12	6–10	West	>=60				72,5	11,2	14,4	0,0	0,6	1,2	160
18	6–10	West	<=59	Nein			57,6	18,3	16,2	6,6	1,3	0,0	229
5	6–10	Ost					50,3	27,9	4,1	0,7	7,5	9,5	147
17	6–10	West	<=59	Ja			49,0	41,2	2,0	2,0	5,9	0,0	51
22	5	West			Materialist, Materialist. Mischtyp		40,2	46,3	8,5	3,0	0,0	1,8	164
26	3–4	West			Materialist		37,0	50,0	3,7	5,6	3,7	0,0	54
15	5	Ost					33,3	43,1	7,2	2,6	0,5	13,3	195
28	5	West			Postmaterialist. Mischtyp		28,3	43,4	20,4	7,1	0,9	0,0	113
27	5	West			Postmaterialist		21,5	47,7	9,2	20,0	0,0	1,5	65
30	3–4	West			Postmaterialist. Mischtyp	Kein Abschluss, Volksschule, Mittlere Reife	19,2	69,2	7,7	3,8	0,0	0,0	52
8	1–2	West					14,9	55,2	3,0	20,9	0,0	6,0	67
25	3–4	West			Materialistischer Mischtyp		12,3	70,4	12,3	3,7	0,0	1,2	81
13	3–4	Ost					11,7	48,7	0,4	9,6	0,4	29,1	230
7	1–2	Ost					8,1	21,6	0,0	2,7	0,0	67,6	74
24	3–4	West			Postmaterialist, Postmaterialist. Mischtyp	Fachhochschulreife, Abitur	4,7	47,7	6,5	40,2	0,0	0,9	107
29	3–4	West			Postmaterialist	Kein Abschluss, Volksschule, Mittlere Reife	3,3	71,7	6,7	15,0	1,7	1,7	60

Betrachtet man für die Wahl der CDU als Extremgruppen die Endknoten 12 und 29, so liefert die Segmentanalyse folgendes Bild: Die höchste Zustimmung findet die CDU bei Personen aus dem Westen, die 60 Jahre oder älter sind und sich auf der Links-Rechts-Skala im Bereich zwischen 6 und 10 einordnen. Die geringste Zustimmung erfährt die CDU bei postmaterialistischen Personen aus den alten Bundesländern, die sich auf der Links-Rechts-Skala im Bereich zwischen 3 und 4 einordnen und über keinen Abschluss, Volksschul- bzw. Hauptschulabschluss oder Mittlere Reife verfügen.

Versuchen Sie, auf diese Weise für die anderen Parteien ähnliche Aussagen zu formulieren. Empfehlenswert ist es auch hier, bei dem einen oder anderen Sachverhalt Kreuztabellen mit Chi-Quadrat zur Unterstützung hinzuzuziehen.

21.6.5 Dichotomisierung der Zielvariablen

Anhand des obigen Beispiels aus der Wahlforschung wollen wir abschließend den Unterschied zwischen einer nominal-dichotomen und einer nominal-multiplen Zielvariablen verdeutlichen. So lässt sich die Variable parteiwahl entsprechend eines sicherlich zu problematisierenden klassischen Links-Rechts-Spektrums dergestalt dichotomisieren, dass SPD, BÜNDNIS 90/DIE GRÜNEN und PDS für »Linksparteien« stehen, CDU/CSU, FDP und Republikaner für »Rechtsparteien«.

- Laden Sie die Datei linksrechts.sav in den Dateneditor.

Führen Sie eine Häufigkeitsverteilung der Variablen linksrechts durch, so erhalten Sie folgende Häufigkeitsverteilung.

Links-Rechts-Parteien

		Häufigkeit	Prozent	Gültige Prozent	Kumulative Prozente
Gültig	Linksparteien	1057	57,2	57,2	57,2
	Rechtsparteien	792	42,8	42,8	100,0
	Gesamtsumme	1849	100,0	100,0	

- Erstellen Sie mit Hilfe der Variablen linksrechts ein QUEST-Modell, wobei die Variablen alterskat, geschlecht, gewerk, inglehart, schicht, schule und westost als unabhängige Variablen eingehen sollen.
- Fordern Sie zwecks Hinzuziehung mittlerer Scorewerte in der Dialogbox *Entscheidungsbaum: Optionen* wieder Gewinne an.

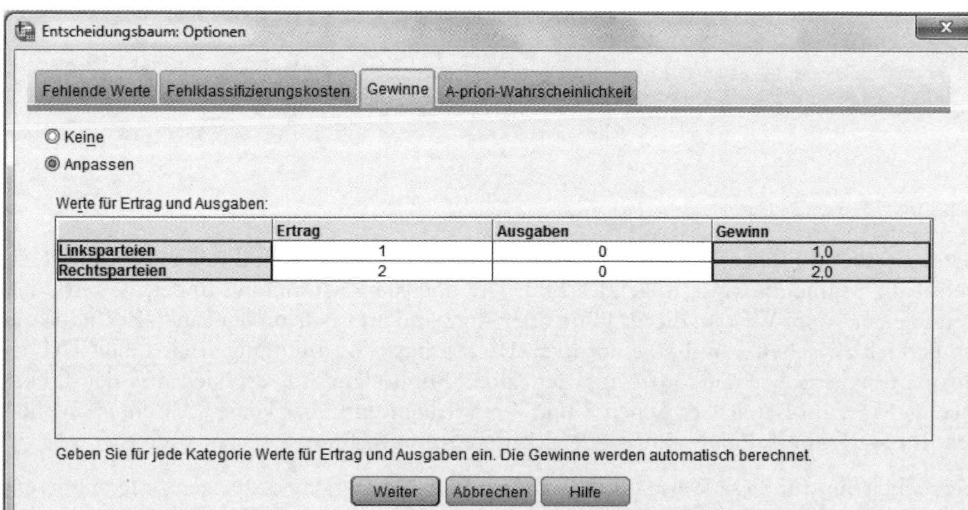

Bild 21.40: Ausgabe mittlerer Scorewerte

Das Baummodell gliedert sich in fünf Ebenen und verfügt über zehn Endknoten.

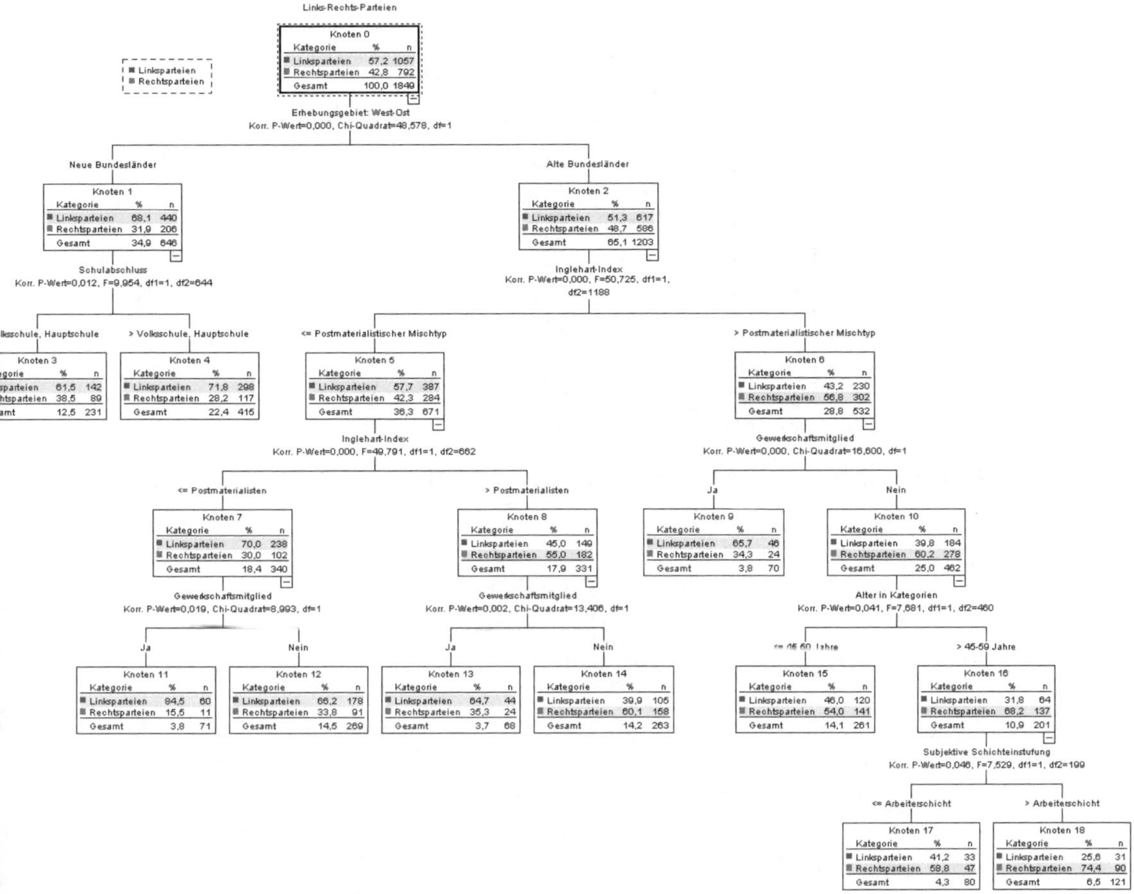

Bild 21.41: Baummodell bei dichotomer Zielvariablen

Die wichtigste Vorhersagevariable ist die Zugehörigkeit zu den alten bzw. zu den neuen Bundesländern. Während der Anteil der Linksparteien bei den neuen Bundesländern 68,1% beträgt, liegt er bei den alten Bundesländern mit 51,3% deutlich niedriger. Auf der zweiten Ebene des Baummodells bewirkt der Schulabschluss bei den Befragten aus den neuen Bundesländern eine weitere Aufteilung; ein höherer Schulabschluss bewirkt hier offensichtlich eine Steigerung des prozentualen Anteils für die Linksparteien. Bei den Befragten aus den alten Bundesländern führt der Inglehart-Index zum Split. Während der Anteil der Linksparteien bei Befragten, die zur Gruppe der Postmaterialisten oder zur Gruppe des postmaterialistischen Mischtyps zählen, 57,7% beträgt, liegt er bei den reinen Materialisten bzw. dem materialistischen Mischtyp mit 43,2% deutlich niedriger. Beim postmaterialistischen Mischtyp ist auf der dritten Ebene eine Mitgliedschaft in der Gewerkschaft mit einem deutlichen Anstieg des Anteils der Linksparteien verbunden.

Die mittleren Scorewerte, die wir wieder als Grundlage für ein Ranking der Segmente benutzen wollen, finden Sie in der Spalte *Gewinn* der Tabelle *Gewinnzusammenfassung für Knoten*.

Gewinnzusammenfassung für Knoten

Knoten	N	Prozent	Gewinn	ROI
18	121	6,5%	1,744	.
14	263	14,2%	1,601	.
17	80	4,3%	1,588	.
15	261	14,1%	1,540	.
3	231	12,5%	1,385	.
13	68	3,7%	1,353	.
9	70	3,8%	1,343	.
12	269	14,5%	1,338	.
4	415	22,4%	1,282	.
11	71	3,8%	1,155	.

Aufbaumethode: QUEST
Abhängige Variable: Links-Rechts-Parteien

Die Risikotabelle weist 34,9% falsch klassifizierte Fälle bei einem Standardfehler von 0,011 aus.

Risiko

Schätzung	Standardfehler
,349	,011

Aufbaumethode: QUEST
Abhängige Variable: Links-Rechts-Parteien

Das Ergebnis von 65,1% korrekt zugeordneter Fälle überzeugt nicht gerade sehr. Von Interesse ist jedoch, dass auch hier die Tabelle Klassifikation große Unterschiede zwischen den beiden Kategorien der Zielvariablen ausweist.

Klassifikation

	Vorhersagewert		
Beobachtet	Linksparteien	Rechtsparteien	Prozent korrekt
Linksparteien	768	289	72,7%
Rechtsparteien	356	436	55,1%
Gesamtprozentsatz	60,8%	39,2%	65,1%

Aufbaumethode: QUEST
Abhängige Variable: Links-Rechts-Parteien

Während 72,7% der Fälle bei den Linksparteien korrekt zugeordnet werden, sind es bei den Rechtsparteien lediglich 55,1%. Denken Sie über dieses Ergebnis ein wenig nach, so lassen sich hieraus recht interessante Hypothesen für weitere Untersuchungen bzw. Analysen formulieren.

Auf der Basis der Tabelle *Gewinnzusammenfassung* ergibt sich die folgende tabellarische Übersicht über die finalen Segmente. Wie die Gewinnzusammenfassung auch, haben wir die folgende Tabelle nach mittleren Scorewerten absteigend sortiert. Wie Sie zunächst einmal sehen, ist bei binären Zielvariablen die Ausgabe mittlerer Scorewerte sinnvoll, da es sich bei diesen um die Anteile handelt, die auf die zweite Kategorie der Gruppierungsvariablen entfallen. In unserem Fall geben die mittleren Scores den Anteil der Rechtsparteien wieder. Bei Knoten mit der Nummer 18 beträgt dieser Anteil 74,4%, als mittlerer Score wird folglich der Wert 1,744 in der Tabelle *Gewinnzusammenfassung für Knoten* angezeigt.

Knoten	Ost-West	Alter	Schulabschluss	Schicht	Gewerkschaft	Inglehart-Index	Anteil Links	Anteil Rechts	Mittlerer Score	N
18	West	>=60		Mittelschicht, Obere Mittelschicht, Oberschicht	Nein	Materialist, Materialist. Mischtyp	25,6	74,4	1,744	121
14	West				Nein	Postmaterialist. Mischtyp	39,9	60,1	1,601	263
17	West	>=60		Unterschicht, Arbeiterschicht	Nein	Materialist, Materialist. Mischtyp	41,2	58,8	1,588	80
15	West	<=59			Nein	Materialist, Materialist. Mischtyp	46,0	54,0	1,540	261
3	Ost		Kein Abschluss, Volksschule				61,5	38,5	1,385	231
13	West				Ja	Postmaterialist. Mischtyp	64,7	35,3	1,353	68
9	West				Ja	Materialist, Materialist. Mischtyp	65,7	34,3	1,343	70
12	West				Nein	Postmaterialist	66,2	33,8	1,338	269
4	Ost		Mittlere Reife, Fachabitur, Abitur				71,8	28,2	1,282	415
11	West				Ja	Postmaterialist	84,5	15,5	1,155	71

Betrachtet man als Extremgruppen die Endknoten 18 und 11, so liefert die Segmentanalyse folgendes Bild: Der höchste Anteil für die Rechtsparteien findet sich bei Befragten aus den alten Bundesländern, die 60 Jahre oder älter sind, keiner Gewerkschaft angehören, sich sozialstrukturell zu den höheren Schichten zählen und primär materialistisch orientiert sind. Ihren niedrigsten Anteil erzielen die rechten Parteien bei Probanden aus dem Westen, die Gewerkschaftsmitglied sind und zum Typ des reinen Postmaterialisten gehören.

21.6.6 Analyse einzelner Parteien

Die Zielvariable lässt sich schließlich auch dergestalt dichotomisieren, dass sich Wählerprofile einzelner Parteien untersuchen lassen. Wir wollen ein solches Wählerprofil im Folgenden für die Partei BÜNDNIS 90/DIE GRÜNEN erstellen. Wir haben hierfür die ursprüngliche Variable parteiwahl recodiert, so dass nunmehr die Merkmalsausprägung 1 für »Wähler von BÜNDNIS 90/DIE GRÜNEN« steht, die Merkmalsausprägung 2 für »Wähler einer anderen Partei«.

- Laden Sie die Datei gruene.sav in den Dateneditor.

Führen Sie eine Häufigkeitsverteilung der Variablen gruene durch, so erhalten Sie folgende Häufigkeitsverteilung.

Wähler der Grünen

		Häufigkeit	Prozent	Gültige Prozent	Kumulative Prozente
Gültig	Grüne Wähler	146	7,9	7,9	7,9
	Andere Partei	1703	92,1	92,1	100,0
	Gesamtsumme	1849	100,0	100,0	

Auf der Basis von 1849 Fällen beträgt der Anteil der Wähler von BÜNDNIS 90/DIE GRÜNEN 7,9%.

- Erstellen Sie mit Hilfe der Variablen gruene ein QUEST-Modell, wobei die Variablen alterskat, geschlecht, gewerk, inglehart, konfession, lire, schicht, schule und westost als unabhängige Variablen eingehen sollen.
- Erhöhen Sie die maximale Baumtiefe bei QUEST von 5 auf 7.
- Fordern Sie zwecks Hinzuziehung mittlerer Scorewerte in der Dialogbox *Entscheidungsbaum: Optionen* wieder Gewinne an. Da es sich, wie Sie nunmehr bereits wissen, bei den mittleren Scorewerten um diejenigen Anteile handelt, die bei dichotomer Gruppierungsvariable auf die zweite Kategorie entfallen, sind dies in unserem Beispiel die Anteile für die anderen Parteien. Da wir uns aber im Kern für die Wähler von BÜNDNIS 90/DIE GRÜNEN interessieren, vertauschen Sie an dieser Stelle einfach die Kodierung, so dass mittlere Scorewerte in der Tabelle *Gewinnzusammenfassung* für den prozentualen Anteil der Grünen stehen.

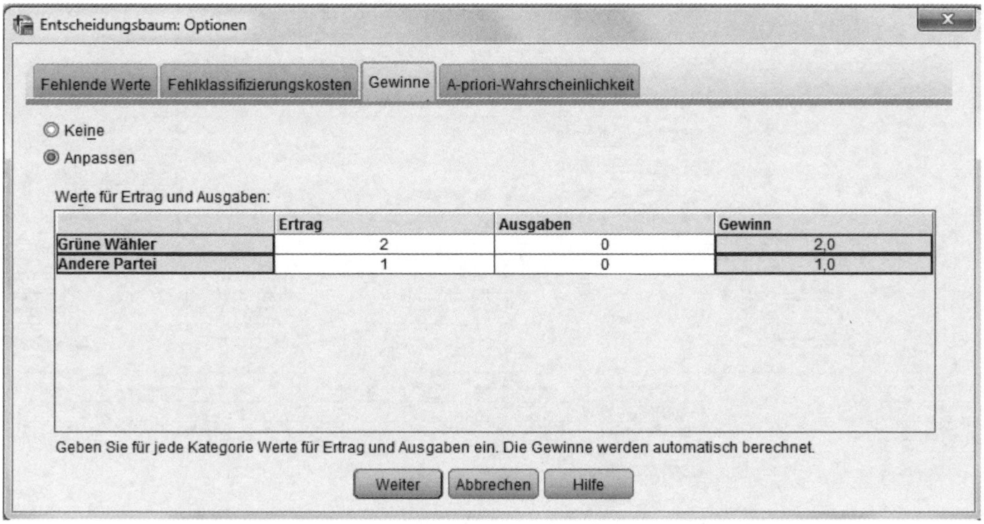

Bild 21.42: Ausgabe mittlerer Scorewerte bei Rekodierung

- Bestätigen Sie mit *Weiter* und *OK*.

Das Baummodell gliedert sich in sechs Ebenen und verfügt über dreizehn Endknoten und besitzt eine Tiefe von sechs Ebenen unterhalb des Wurzelknotens.

Modellübersicht

Spezifikationen	Aufbaumethode	QUEST
	Abhängige Variable	Wähler der Grünen
	Unabhängige Variablen	Alter in Kategorien, Geschlecht, Gewerkschaftsmitglied, Inglehart-Index, Konfession, Links-Rechts-Selbsteinstufung, Subjektive Schichteinstufung, Schulabschluss, Erhebungsgebiet: West-Ost
	Validierung	Keine
	Maximale Baumtiefe	7
	Minimale Fallzahl im übergeordneten Knoten	100
	Minimale Fallzahl im untergeordneten Knoten	50
Ergebnisse	Unabhängige Variablen einbezogen	Schulabschluss, Subjektive Schichteinstufung, Konfession, Inglehart-Index, Alter in Kategorien, Gewerkschaftsmitglied, Links-Rechts-Selbsteinstufung, Erhebungsgebiet: West-Ost, Geschlecht
	Anzahl Knoten	25
	Anzahl Endknoten	13
	Tiefe	6

Im Viewer folgt der Modellzusammenfassung das Baumdiagramm.

- Deaktivieren Sie im Baumeditor wieder die Otionen *Vorhergesagten Wert hervorheben* sowie *Legende* und aktivieren Sie stattdessen *Bereiche als Text*.

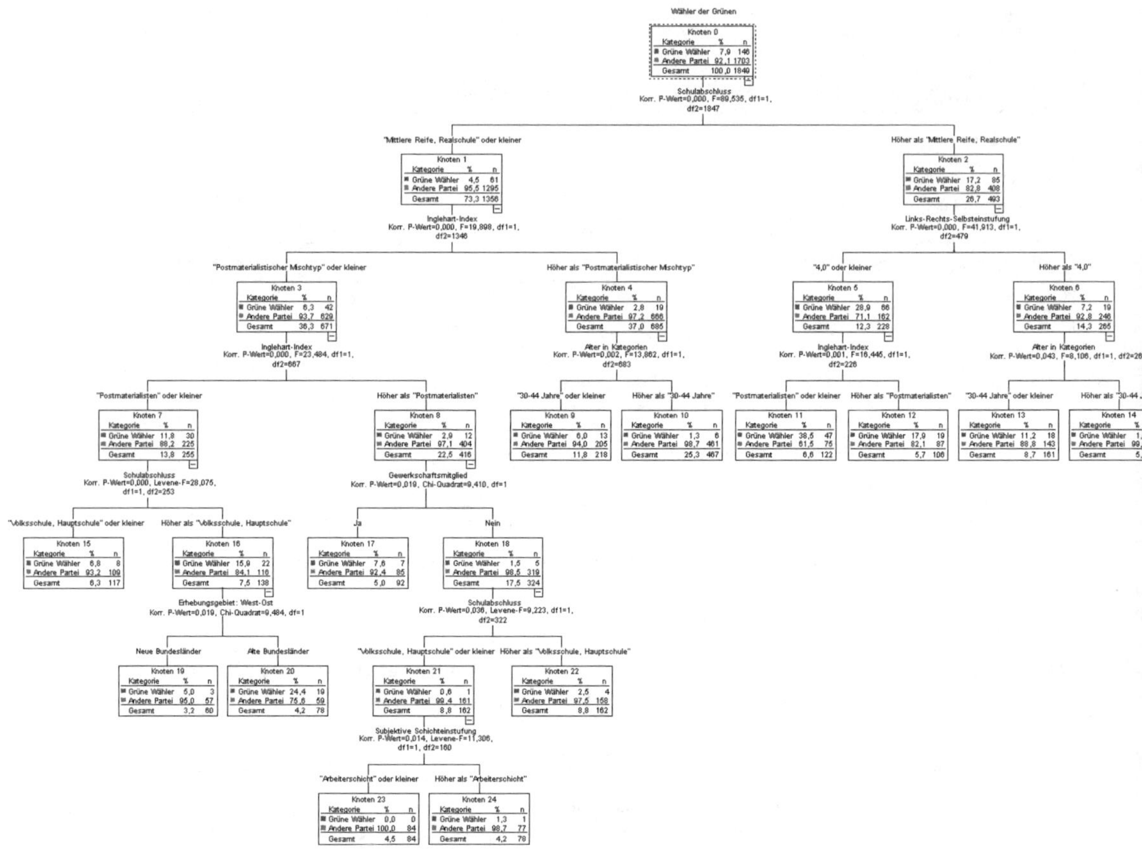

Bild 21.43: Baummodell bei dichotomer Zielvariable »Wähler der Grünen«

Die wichtigste Vorhersagevariable ist der Schulabschluss. Während der Anteil der Wähler von BÜNDNIS 90/DIE GRÜNEN bei Befragten mit Fachhochschulreife oder Abitur bei 17,2% liegt, beläuft sich der Anteil bei Probanden, die über keinen Schulabschluss, über Volksschul- oder Realschulabschluss verfügen auf lediglich 4,5%. Auf der zweiten Ebene des Baummodells bewirkt der Inglehart-Index bei Befragten mit niedrigeren Schulabschlüssen eine weitere Aufteilung. Eine Zuordnung zum Typ des reinen Postmaterialisten oder des postmaterialistischen Mischtyps bewirkt offensichtlich eine Steigerung des prozentualen Anteils für die Grünen. Bei Befragten mit höheren Schulabschlüssen führt die Links-Rechts-Selbsteinstufung zum Split. Während der Anteil der Grünen bei Befragten, die sich auf der Links-Rechts-Skala zwischen den Werten 1 und 4 einordnen, deutlich ansteigt, liegt er bei Personen, die sich höher einstufen, mit einem Anteil von 7,2% unter dem des Wurzelknotens.

Die mittleren Scorewerte, die wir erneut als Grundlage für ein Ranking der Segmente benutzen, finden Sie wieder in der Spalte *Gewinn* der Tabelle *Gewinnzusammenfassung für Knoten*.

Gewinnzusammenfassung für Knoten

Knoten	N	Prozent	Gewinn	ROI
11	122	6,6%	1,385	.
20	78	4,2%	1,244	.
12	106	5,7%	1,179	.
13	161	8,7%	1,112	.
17	92	5,0%	1,076	.
15	117	6,3%	1,068	.
9	218	11,8%	1,060	.
19	60	3,2%	1,050	.
22	162	8,8%	1,025	.
10	467	25,3%	1,013	.
24	78	4,2%	1,013	.
14	104	5,6%	1,010	.
23	84	4,5%	1,000	.

Aufbaumethode: QUEST
Abhängige Variable: Wähler der Grünen

Da wir die Kodierung geändert hatten, werden die Endknoten sortiert nach absteigendem prozentualen Anteil für BÜNDNIS 90/DIE GRÜNEN angezeigt. Betrachten wir die erste Zeile der Tabelle *Gewinnzusammenfassung für Knoten*, so können wir sagen, dass der Knoten mit der Nummer 11 als Segment 122 Personen umfasst, was einem Anteil von 6,6% der Befragten entspricht, worunter sich 38,5% Wähler der Grünen befinden.

Die Tabelle *Risiko* weist aus, dass lediglich 7,9% der Fälle falsch eingeordnet werden.

Risiko

Schätzung	Standardfehler
,079	,006

Aufbaumethode: QUEST
Abhängige Variable: Wähler der Grünen

Das Ergebnis von 92,1% korrekt zugeordneter Fälle ist an sich betrachtet zwar sehr überzeugend, jedoch weist die Tabelle *Klassifikation* wieder die bereits bekannte Problematik auf: Kein einziger Wähler der Grünen wurde korrekt klassifiziert.

Klassifikation

	Vorhersagewert		
Beobachtet	Grüne Wähler	Andere Partei	Prozent korrekt
Grüne Wähler	0	146	0,0%
Andere Partei	0	1703	100,0%
Gesamtprozentsatz	0,0%	100,0%	92,1%

Aufbaumethode: QUEST
Abhängige Variable: Wähler der Grünen

Auf der Basis der Tabelle *Gewinnzusammenfassung* ergibt sich die folgende tabellarische Übersicht über die finalen Segmente.

Knoten	Ost-West	Alter	Schulabschluss	Schicht	Gewerkschaft	Inglehart-Index	Links-Rechts	Anteil Grüne	Anteil Andere	Mittlerer Score	N
11			Fachhochschulreife, Abitur			Postmaterialist	1-4	38,5	61,5	1,385	122
20	West		Mittlere Reife			Postmaterialist		24,4	75,6	1,244	78
12			Fachhochschulreife, Abitur			Postmaterialist	1-4	17,9	82,1	1,179	106
13		<=44	Fachhochschulreife, Abitur				5-10	11,2	88,8	1,112	161
17			Kein Abschluss, Hauptschule, Mittlere Reife		Ja	Postmaterialist. Mischtyp		7,6	92,4	1,076	92
15			Kein Abschluss, Volksschule			Postmaterialist		6,8	93,2	1,068	117
9		<=44	Kein Abschluss, Volksschule, Mittlere Reife			Materialist, Materialist. Mischtyp		6,0	94,0	1,060	218
19	Ost		Mittlere Reife			Postmaterialist		5,0	95,0	1,050	60
22			Mittlere Reife		Nein	Postmaterialist. Mischtyp		2,5	97,5	1,025	162
10		>=45	Kein Abschluss, Volksschule, Mittlere Reife			Materialist, Materialist. Mischtyp		1,3	98,7	1,013	467
24			Kein Abschluss, Volksschule	Mittelschicht, Obere Mittelschicht, Oberschicht	Nein	Postmaterialist. Mischtyp		1,3	98,7	1,013	78

Knoten	Ost-West	Alter	Schulabschluss	Schicht	Gewerkschaft	Inglehart-Index	Links-Rechts	Anteil Grüne	Anteil Andere	Mittlerer Score	N
14		>=45	Fachhochschulreife, Abitur				5-10	1,0	99,0	1,010	104
23			Kein Abschluss, Volksschule	Unterschicht, Arbeiterschicht	Nein	Postmaterialist. Mischtyp		0,0	100,0	1,000	84

Die Übersicht zeigt noch einmal recht deutlich den starken Einfluss des Schulabschlusses sowie der Werteorientierung auf den prozentualen Wähleranteil für BÜNDNIS 90/DIE GRÜNEN.

Wir wollen unsere Einführung in die Klassifikationsanalyse mit diesem Beispiel abschließen, da Sie nunmehr über genügend Kenntnisse verfügen dürften, um selbständig zu agieren. Probieren Sie dies doch gleich einmal am Beispiel einer Wähleranalyse für die CDU/CSU aus. Wir haben hierfür die ursprüngliche Variable parteiwahl rekodiert, so dass nunmehr die Merkmalsausprägung 1 der Variablen cducsu für »CDU-Wähler« steht, die Merkmalsausprägung 2 für »Wähler einer anderen Partei«. Die erforderlichen Daten befinden sich in der Datei cducsu.sav. Sie sollten zunächst ein QUEST-Modell rechnen und dieses dann mit den Ergebnissen der Algorithmen CHAID, Exhaustive CHAID und CRT vergleichen. Ziehen Sie zur Beurteilung der jeweiligen Modelle auch stets Kreuztabellen mit Chi-Quadrat-Tabellen beratend hinzu.

21.7 Die Hilfeoption des Baumeditors

Sie haben die Möglichkeit, Hilfethemen zur Klassifikationsanalyse aus dem Baumeditor heraus direkt anzusteuern. Wählen Sie hierfür einfach die Option *Hilfe* aus dem Menü. Es öffnet sich die Dialogbox *Online Hilfe*.

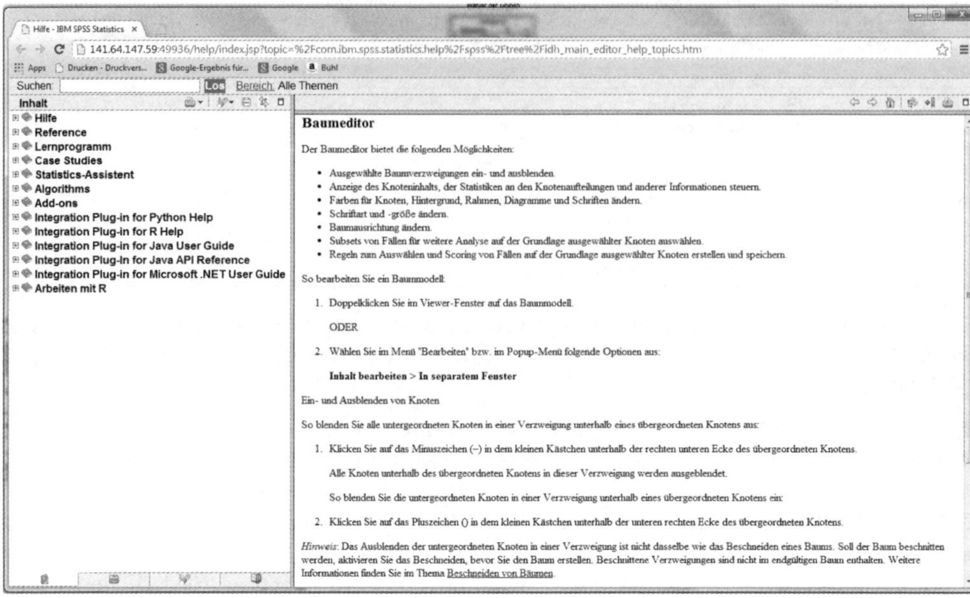

Bild 21.44: Hilfethemen zur Klassifikationsanalyse

Informieren Sie sich über die Hilfe, wie Sie Bäume beschneiden können. Nachdem der Baum seine volle Tiefe erreicht hat, soll er durch die Beschneidung auf den kleinsten Teilbaum getrimmt werden, der einen akzeptablen Risikowert aufweist; eine Überanpassung bzw. ein Überfüllen des Modells soll auf diese Weise vermieden werden.

Wir hoffen abschließend, dass Sie durch die Beispiele angeregt wurden, eigene Klassifikationsanalysen zu rechnen. Aus unserer Sichtweise ist das Modul Classification Trees eine der schönsten Prozeduren, die SPSS zu bieten hat.

KAPITEL 22

Loglineare Modelle

Loglineare Modelle (kurz für: logarithmisch-lineare Modelle) behandeln die Frage, welche Beziehungen Variablen mit diskreten Werten (nominal- oder ordinalskalierte Variablen) untereinander aufweisen. Dabei handelt es sich in der Regel um mehr als zwei Variablen, sonst wäre auch die Erstellung einer Kreuztabelle, etwa mit anschließendem Chi-Quadrat-Test, zur Analyse ausreichend.

22.1 Eine typische Anwendungssituation

In einer älteren Untersuchung der Sozialwissenschaften (ALLBUS) wurde u. a. nach dem Alter der Befragten, der Einstellung zu Gastarbeitern und der Kirchgangshäufigkeit gefragt.

- Laden Sie die Datei gastarb.sav. Fordern Sie über die Menüwahl

  Analysieren
  Deskriptive Statistiken
  Häufigkeiten...

  eine Häufigkeitsauszählung der betreffenden Variablen alter, gast und kirche an.

Die entsprechenden Häufigkeitstabellen sind im Folgenden wiedergegeben.

Alter

		Häufigkeit	Prozent	Gültige Prozent	Kumulative Prozente
Gültig	bis 30 Jahre	767	27,8	27,8	27,8
	31-50 Jahre	875	31,7	31,7	59,5
	über 50 Jahre	1119	40,5	40,5	100,0
	Gesamtsumme	2761	100,0	100,0	

Einstellung zu Gastarbeitern

		Häufigkeit	Prozent	Gültige Prozent	Kumulative Prozente
Gültig	eher negativ	1477	53,5	53,5	53,5
	eher positiv	1284	46,5	46,5	100,0
	Gesamtsumme	2761	100,0	100,0	

Kirchgangshäufigkeit

		Häufigkeit	Prozent	Gültige Prozent	Kumulative Prozente
Gültig	häufig	764	27,7	27,7	27,7
	manchmal	660	23,9	23,9	51,6
	selten oder nie	1337	48,4	48,4	100,0
	Gesamtsumme	2761	100,0	100,0	

Wir wollen nun eine Kreuztabelle zwischen der Kirchgangshäufigkeit und der Einstellung zu Gastarbeitern erstellen.

- Wählen Sie aus dem Menü

  Analysieren
  Deskriptive Statistiken
  Kreuztabellen...

- Definieren Sie die Variable kirche als Zeilenvariable und die Variable gast als Spaltenvariable.

- Aktivieren Sie über den Schalter *Zellen...* neben der Ausgabe der beobachteten Häufigkeiten die zeilenweisen Prozentwerte und über den Schalter *Statistiken...* den Chi-Quadrat-Test.

Im Viewer wird die folgende Kreuztabelle angezeigt.

Kreuztabelle Kirchgangshäufigkeit*Einstellung zu Gastarbeitern

			Einstellung zu Gastarbeitern		
			eher negativ	eher positiv	Gesamtsumme
Kirchgangshäufigkeit	häufig	Anzahl	460	304	764
		% in Kirchgangshäufigkeit	60,2%	39,8%	100,0%
	manchmal	Anzahl	358	302	660
		% in Kirchgangshäufigkeit	54,2%	45,8%	100,0%
	selten oder nie	Anzahl	659	678	1337
		% in Kirchgangshäufigkeit	49,3%	50,7%	100,0%
Gesamtsumme		Anzahl	1477	1284	2761
		% in Kirchgangshäufigkeit	53,5%	46,5%	100,0%

Chi-Quadrat-Tests

	Wert	df	Asymp. Sig. (zweiseitig)
Pearson-Chi-Quadrat	23,499[a]	2	,000
Likelihood-Quotient	23,604	2	,000
Zusammenhang linear-mit-linear	23,439	1	,000
Anzahl der gültigen Fälle	2761		

a. 0 Zellen (0,0%) haben die erwartete Anzahl von weniger als 5. Die erwartete Mindestanzahl ist 306,93.

Je höher also die Kirchgangshäufigkeit ist, desto stärker tritt eine eher negative Einstellung zu Gastarbeitern zutage, wie deutlich an der Zeilenprozentuierung erkennbar ist. Der Chi-Quadrat-Test liefert ein höchst signifikantes Ergebnis.

- Wir wollen nun die Variable alter in die Analyse einbeziehen und Kreuztabellen mit dem Alter als Zeilenvariable und der Einstellung zu Gastarbeitern sowie der Kirchgangshäufigkeit als Spaltenvariable erstellen.

Sie erhalten die folgende Ausgabe:

Kreuztabelle

			Einstellung zu Gastarbeitern		
			eher negativ	eher positiv	Gesamtsumme
Alter	bis 30 Jahre	Anzahl	287	480	767
		% in Alter	37,4%	62,6%	100,0%
	31-50 Jahre	Anzahl	427	448	875
		% in Alter	48,8%	51,2%	100,0%
	über 50 Jahre	Anzahl	763	356	1119
		% in Alter	68,2%	31,8%	100,0%
Gesamtsumme		Anzahl	1477	1284	2761
		% in Alter	53,5%	46,5%	100,0%

Chi-Quadrat-Tests

	Wert	df	Asymp. Sig. (zweiseitig)
Pearson-Chi-Quadrat	184,512[a]	2	,000
Likelihood-Quotient	187,575	2	,000
Zusammenhang linear-mit-linear	180,642	1	,000
Anzahl der gültigen Fälle	2761		

a. 0 Zellen (0,0%) haben die erwartete Anzahl von weniger als 5. Die erwartete Mindestanzahl ist 356,69.

Kreuztabelle

			Kirchgangshäufigkeit			
			häufig	manchmal	selten oder nie	Gesamtsumme
Alter	bis 30 Jahre	Anzahl	97	150	520	767
		% in Alter	12,6%	19,6%	67,8%	100,0%
	31-50 Jahre	Anzahl	197	224	454	875
		% in Alter	22,5%	25,6%	51,9%	100,0%
	über 50 Jahre	Anzahl	470	286	363	1119
		% in Alter	42,0%	25,6%	32,4%	100,0%
Gesamtsumme		Anzahl	764	660	1337	2761
		% in Alter	27,7%	23,9%	48,4%	100,0%

Chi-Quadrat-Tests

	Wert	df	Asymp. Sig. (zweiseitig)
Pearson-Chi-Quadrat	283,077[a]	4	,000
Likelihood-Quotient	289,675	4	,000
Zusammenhang linear-mit-linear	275,051	1	,000
Anzahl der gültigen Fälle	2761		

a. 0 Zellen (0,0%) haben die erwartete Anzahl von weniger als 5. Die erwartete Mindestanzahl ist 183,35.

Je älter also die Befragten sind, desto negativer ist ihre Einstellung zu Gastarbeitern und desto häufiger gehen sie in die Kirche. Beide Aussagen erweisen sich mit dem Chi-Quadrat-Test als höchst signifikant und lassen vermuten, dass der Zusammenhang zwischen der Einstellung zu Gastarbeitern und der Kirchgangshäufigkeit über deren gemeinsame starke Verbindung mit dem Alter zustande kommt.

In diesen Fällen ist ein Verfahren gesucht, das bei solchen mehrdimensionalen Kreuztabellen die Beziehungen transparent macht. Ein solches Verfahren bieten die loglinearen Modelle. Im Folgekapitel wird zunächst das Prinzip dieser Analysemethode aufgezeigt.

22.2 Das Prinzip der loglinearen Modelle

Eine Pharmafirma ließ ein von ihr produziertes Grippemittel von 475 Ärzten auf seine Beliebtheit, Nebenwirkungen, Verordnungshäufigkeit und Wirkung beurteilen.

- Laden Sie die Datei produkt.sav, in der diese vier Variablen, jeweils mit den beiden Kodierungen 1 = gut und 2 = weniger gut, enthalten sind.
- Erstellen Sie zunächst eine Häufigkeitsauszählung der Variablen.

Beliebtheit

		Häufigkeit	Prozent	Gültige Prozent	Kumulative Prozente
Gültig	gut	282	59,4	59,4	59,4
	weniger gut	193	40,6	40,6	100,0
	Gesamtsumme	475	100,0	100,0	

Nebenwirkungen

		Häufigkeit	Prozent	Gültige Prozent	Kumulative Prozente
Gültig	gut	405	85,3	85,3	85,3
	weniger gut	70	14,7	14,7	100,0
	Gesamtsumme	475	100,0	100,0	

Verordnungshäufigkeit

		Häufigkeit	Prozent	Gültige Prozent	Kumulative Prozente
Gültig	gut	178	37,5	37,5	37,5
	weniger gut	297	62,5	62,5	100,0
	Gesamtsumme	475	100,0	100,0	

Wirkung

		Häufigkeit	Prozent	Gültige Prozent	Kumulative Prozente
Gültig	gut	250	52,6	52,6	52,6
	weniger gut	225	47,4	47,4	100,0
	Gesamtsumme	475	100,0	100,0	

Um die methodischen Grundlagen der loglinearen Modelle darzulegen, wollen wir uns zunächst auf eine zweidimensionale Kreuztabelle beschränken, und zwar zwischen der Beliebtheit (Variable beliebt) und den Nebenwirkungen (Variable nebenw).

- Erstellen Sie eine Kreuztabelle zwischen den Variablen beliebt als Zeilen- und nebenw als spaltenvariable. Fordern Sie zusätzlich die erwarteten Häufigkeiten an sowie den Chi-Quadrat-Test.

Kreuztabelle Beliebtheit*Nebenwirkungen

			Nebenwirkungen		
			gut	weniger gut	Gesamtsumme
Beliebtheit	gut	Anzahl	263	19	282
		Erwartete Anzahl	240,4	41,6	282,0
	weniger gut	Anzahl	142	51	193
		Erwartete Anzahl	164,6	28,4	193,0
Gesamtsumme		Anzahl	405	70	475
		Erwartete Anzahl	405,0	70,0	475,0

Chi-Quadrat-Tests

	Wert	df	Asymp. Sig. (zweiseitig)	Exakte Sig. (zweiseitig)	Exakte Sig. (einseitig)
Pearson-Chi-Quadrat	35,344[a]	1	,000		
Kontinuitätskorrektur[b]	33,795	1	,000		
Likelihood-Quotient	35,120	1	,000		
Exakter Test nach Fisher				,000	,000
Zusammenhang linear-mit-linear	35,270	1	,000		
Anzahl der gültigen Fälle	475				

a. 0 Zellen (0,0%) haben die erwartete Anzahl von weniger als 5. Die erwartete Mindestanzahl ist 28,44.

b. Berechnung nur für eine 2x2-Tabelle

Der Chi-Quadrat-Test stellt zwischen den beobachteten und erwarteten Häufigkeiten einen höchst signifikanten Unterschied fest. Den signifikanten Chi-Quadrat-Wert kann man auch so deuten, dass zwischen beiden Variablen eine Wechselwirkung besteht. Bestünde keine solche Wechselwirkung, wären beobachtete und erwartete Häufigkeiten gleich.

Genauere Informationen über die Beziehungen der Variablen vorausgesetzt, könnte man die erwarteten Häufigkeiten auch anders definieren, als es unter der Voraussetzung der Unabhängigkeit der Variablen geschieht. Man könnte genauere Informationen über die Wechselwirkungen so in die Berechnung der erwarteten Häufigkeiten einfließen lassen, dass sie praktisch mit den beobachteten übereinstimmen.

Den hierauf aufbauenden loglinearen Modellen liegt dabei die Überlegung zugrunde, dass die beobachteten Häufigkeiten zum einen von den Haupteffekten, zum anderen von den Wechselwirkungseffekten bestimmt werden. Die Haupteffekte sind dabei die Wirkungen der einzelnen Variablen, wenn sie als unabhängig voneinander betrachtet werden. Ausgangspunkt der entsprechenden Überlegungen ist die Berechnung der natürlichen Logarithmen der beobachteten Häufigkeiten in den einzelnen Feldern.

		Nebenwirkungen	
		gut	**weniger gut**
Beliebtheit	**gut**	5,5722	2,9444
	weniger gut	4,9558	3,9318

Im loglinearen Modell werden diese Logarithmen der beobachteten Häufigkeiten als Funktionen von Haupt- und Wechselwirkungseffekten ausgedrückt. Dies führt zur Berechnung von Koeffizienten (bei SPSS Parameterschätzer genannt), die im Folgenden mit λ bezeichnet werden.

Für das linke obere Feld der gegebenen Vierfeldertafel z. B. führt dies zu folgendem Ansatz:

$$\begin{aligned}\ln(263) = \; & \mu + \lambda(\text{Beliebtheit,gut}) + \\ & \lambda(\text{Nebenwirkungen,gut}) + \\ & \lambda(\text{Beliebtheit,gut}) \cdot (\text{Nebenwirkungen,gut})\end{aligned}$$

Dabei ist μ der Mittelwert der logarithmierten Feldinhalte; im gegebenen Beispiel ergibt sich $\mu = 4{,}3511$. Die λ-Koeffizienten geben der Reihe nach den Haupteffekt der Variablen Beliebtheit für die Kategorie »gut«, den Haupteffekt der Variablen Nebenwirkungen für die Kategorie »gut« und den Wechselwirkungseffekt zwischen beiden an.

Die iterative Bestimmung dieser λ-Koeffizienten ist die wesentliche Aufgabe der loglinearen Analyse. Dabei können prinzipiell alle möglichen Wechselwirkungseffekte in das loglineare Modell einbezogen werden (gesättigte oder saturierte Modelle), es können aber auch nur ausgewählte Wechselwirkungseffekte (oder auch gar keine) Berücksichtigung finden (ungesättigte oder unsaturierte Modelle).

22.3 Überblick über die loglinearen Modelle

In SPSS werden drei verschiedene Arten von loglinearen Modellen angeboten:

- hierarchische loglineare Modelle
- allgemeine loglineare Modelle
- logit-loglineare Modelle

Bei hierarchischen loglinearen Modellen werden im Gegensatz zu den allgemeinen loglinearen Modellen bei der Spezifizierung von Wechselwirkungseffekten höherer Ordnung auch alle zugehörigen Wechselwirkungseffekte niederer Ordnung einbezogen. Logit-loglineare Modelle, die wohl gebräuchlichste Anwendung, sind solche, bei denen eine Variable (oder auch mehrere Variablen) als abhängig von den anderen betrachtet wird.

- Hierachische, allgemeine und logit-loglineare Modelle sind nach der Menüwahl

  Analysieren
  Loglinear

  unter den Untermenüpunkten *Allgemein...*, *Logit...* bzw. *Modellauswahl...* anzuwählen.

Gemeinsames eigentliches Ziel der Durchrechnung loglinearer Modelle ist die Bestimmung der in Kap. 22.2 erwähnten λ-Koeffizienten. Diese geben den Grad der Bedeutung der betreffenden Effekte für das Gesamtmodell an und dienen u. a. der Aufdeckung von Wechselwirkungen zwischen den eingehenden Variablen. Bei logit-loglinearen Modellen kann anhand dieser Koeffizienten eine Reihenfolge der Faktoren (unabhängigen Variablen) bzgl. ihres Einflusses auf die abhängigen Variablen erstellt werden. Anhand der Koeffizienten können auch zu erwartende Häufigkeiten für eine bestimmte Kategorienkombination der im Modell enthaltenen Variablen geschätzt werden.

In der Praxis verfährt man meistens so, dass man unter Einbeziehung aller möglichen Haupt- und Wechselwirkungseffekte zunächst ein gesättigtes Modell rechnet, diesem die signifikanten bzw. fast signifikanten Effekte entnimmt und diese dann in ein ungesättigtes Modell einfließen lässt.

Die drei von SPSS angebotenen Verfahren der loglinearen Analyse sollen im Folgenden in jeweils eigenen Kapiteln vorgestellt werden.

22.4 Hierarchisches loglineares Modell

Hierarchische loglineare Modelle sind solche, die bei Spezifizierung von Wechselwirkungseffekten höherer Ordnung auch alle zugehörigen Wechselwirkungseffekte niederer Ordnung einschließen.

Wir wollen zunächst das in Kap. 22.2 vorgestellte Beispiel aufgreifen und ein loglineares Modell mit zwei Variablen (Faktoren) rechnen. Dies wird zwar in der Praxis nicht relevant werden, da die Beziehungen zwischen nur zwei Variablen in einfacher Weise durch eine Kreuztabelle aufgedeckt werden können; anhand dieses einfachen Beispiels kann aber die rechnerische Bedeutung der berechneten λ-Koeffizienten in überschaubarer Weise nachvollzogen werden.

- Laden Sie die Datei produkt.sav, und wählen Sie aus dem Menü

  Analysieren
  Loglinear
  Modellauswahl...

Es öffnet sich die Dialogbox *Modell für loglineare Analyse auswählen*.

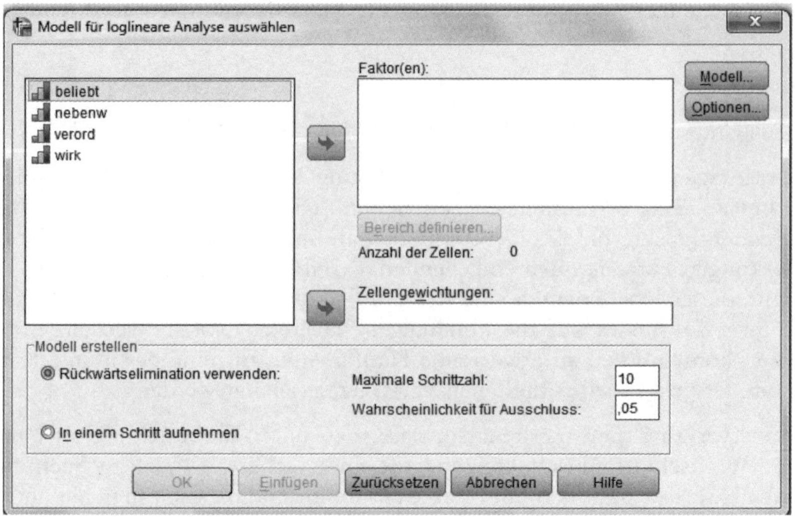

Bild 22.1: Dialogbox Modell für loglineare Analyse auswählen

- Geben Sie die Variablen beliebt und nebenw als Faktoren an, und stellen Sie über den Schalter *Bereich definieren...* den Wertebereich für beide Variablen auf 1 bis 2. Aktivieren Sie die Option *In einem Schritt aufnehmen*; bei nur zwei Variablen ist das voreingestellte Verfahren *Rückwärtselimination verwenden* nicht relevant.
- Betätigen Sie den Schalter *Modell...* In der Dialogbox *Loglineare Analyse: Modell* erkennen Sie, dass die Berechnung des gesättigten Modells voreingestellt ist. Belassen Sie es bei dieser Voreinstellung.
- Öffnen Sie über den Schalter *Optionen...* die Dialogbox *Loglineare Analyse: Optionen*.

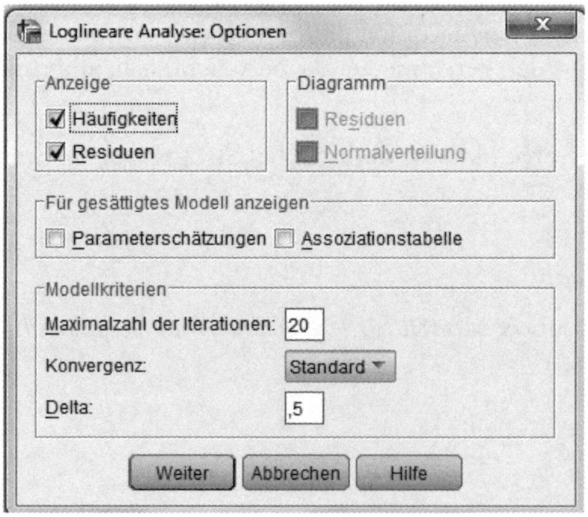

Bild 22.2: Dialogbox Allgemeine loglineare Analyse: Optionen

- Deaktivieren Sie das Anzeigen der Residuen (zwischen beobachteter und erwarteter Häufigkeit), da diese beim gesättigten Modell definitionsgemäß null sind.
- Aktivieren Sie das Anzeigen der Parameterschätzungen.

Es verwundert an dieser Stelle sehr, dass auch in SPSS Version 22 die Koeffizienten nicht voreinstellungsgemäß ausgegeben werden, sondern vielmehr explizit angefordert werden müssen.

- Per Voreinstellung wird jedoch zu den Häufigkeiten der Wert 0,5 addiert. Unterdrücken Sie dies, indem Sie den Delta-Wert auf 0 stellen.
- Starten Sie die Berechnungen mit *Weiter* und *OK*.

Sie erhalten die gewünschte Ausgabe, deren wesentlichen Teile im Folgenden aufgeführt sind. Zunächst werden die beobachteten und erwarteten Häufigkeiten ausgegeben. Diese stimmen beim gesättigten Modell überein.

Zellenanzahl und Residuen

		Beobachtet		Erwartet	
Beliebtheit	Nebenwirkungen	Anzahl[a]	%	Anzahl	%
gut	gut	263,000	55,4%	263,000	55,4%
	weniger gut	19,000	4,0%	19,000	4,0%
weniger gut	gut	142,000	29,9%	142,000	29,9%
	weniger gut	51,000	10,7%	51,000	10,7%

a. In gesättigten Modellen wurde ,000 allen beobachteten Zellen hinzugefügt.

Mit zwei verschiedenen Chi-Quadrat-Tests (Likelihood, Pearson) wird anschließend überprüft, wie gut das berechnete Modell den beobachteten Häufigkeiten angepasst ist. Da die Anpassung beim gesättigten Modell vollkommen ist, ergibt sich für Chi-Quadrat der Wert 0.

Tests der Anpassungsgüte

	Chi-Quadrat	df	Sig.
Likelihood-Quotient	,000	0	.
Pearson	,000	0	.

Bei einem ungesättigten Modell (siehe später) bedeutet hier ein $p<0{,}05$, dass die Anpassung durch das berechnete Modell nicht gelungen ist.

Mit der folgenden Tabelle wird überprüft, bis zu welcher Ordnung die Wechselwirkungseffekte signifikant gegen null gesichert sind:

Effekte der Ordnung k und höher

			Likelihood-Quotient		Pearson		Anzahl der
	C	df	Chi-Quadrat	Sig.	Chi-Quadrat	Sig.	Iterationen
Effekte der Ordnung k und höher[a]	1	3	313,173	,000	302,221	,000	0
	2	1	35,120	,000	35,344	,000	2
Effekte der Ordnung k[b]	1	2	278,053	,000	266,877	,000	0
	2	1	35,120	,000	35,344	,000	0

a. Untersucht, ob die Effekte der Ordnung k und höher gleich null sind.

b. Untersucht, ob die Effekte der Ordnung k gleich null sind.

Zunächst wird getestet, ob die Effekte der betreffenden Ordnung plus aller höheren Ordnungen einen signifikanten Beitrag leisten; sodann wird der Beitrag der betreffenden Ordnung allein getestet. Im gegebenen Beispiel gibt es neben den Haupteffekten (K = 1) die Wechselwirkungseffekte zweiter Ordnung (K = 2). Diese erweisen sich als höchst signifikant.

Schließlich werden für jeden Effekt die λ-Koeffizienten ausgegeben, die als eigentliches Ergebnis der loglinearen Analyse gelten können:

Parameterschätzungen

						95%-Konfidenzintervall	
Effekt	Parameter	Schätzung	Standardfehler	U	Sig.	Untergrenze	Obergrenze
beliebt*nebenw	1	,401	,072	5,564	,000	,260	,542
beliebt	1	-,093	,072	-1,287	,198	-,234	,048
nebenw	1	,913	,072	12,669	,000	,772	1,054

Die Ausgabe der λ-Koeffizienten ist sehr unübersichtlich, da bei den Effekten jeweils die letzte Kategorie weggelassen wird. Die Koeffizienten eines Effektes addieren sich nämlich zu null, so dass der Koeffizient für die letzte Kategorie aus den anderen berechnet werden kann. Warum aber SPSS dem Anwender hier Rechenarbeit auferlegt, bleibt unerfindlich. Zudem fehlt dann für diese letzte Kategorie der z-Wert und damit die Signifikanzüberprüfung. Auch Standardfehler und Konfidenzintervall stehen für diese Kategorie nicht zur Verfügung.

Liegen nur zwei Kategorien vor wie bei den Haupteffekten Beliebtheit und Nebenwirkungen, so ist die Erschließung der λ-Koeffizienten unproblematisch. Mit der in Kap. 22.2 eingeführten Nomenklatur ergeben sich die folgenden λ-Koeffizienten:

λ(Beliebtheit,gut) = -0,093

λ(Beliebtheit,weniger gut) = 0,093

λ(Nebenwirkungen,gut) = 0,913

λ(Nebenwirkungen,weniger gut) = -0,913

Bei Wechselwirkungseffekten wird zunächst derjenige Koeffizient ausgegeben, der zur Kombination aus den jeweils ersten Kategorien der beteiligten Variablen gehört. Dann folgt die Kombination der ersten Kategorie der ersten Variablen mit der zweiten Kategorie der zweiten Variablen usw. Zu beachten ist ferner, dass für jede beteiligte Variable die jeweils letzte Kategorie weggelassen wird. Insbesondere bei Wechselwirkungen höherer Ordnung sowie mehr als zwei Kategorien pro Variable ist daher die Deutung der Ausgabe mühsam.

Für die λ-Koeffizienten des Wechselwirkungseffekts ergibt sich demnach:

λ(Beliebtheit,gut) · (Nebenwirkungen,gut) = 0,401

λ(Beliebtheit,gut) · (Nebenwirkungen,weniger gut) = -0,401

λ(Beliebtheit,weniger gut) · (Nebenwirkungen,gut) = -0,401

λ(Beliebtheit,weniger gut) · (Nebenwirkungen,weniger gut) = 0,401

Die angegebenen z-Werte sind jeweils der Quotient aus dem λ-Koeffizienten und seinem Standardfehler. Sie dienen der Signifikanzüberprüfung der λ-Koeffizienten. Ein $z > 1{,}96$ bedeutet einen signifikanten Koeffizienten ($p < 0{,}05$), ein $z > 2{,}58$ einen sehr signifikanten Koeffizienten ($p < 0{,}01$) und ein $z > 3{,}29$ einen höchst signifikanten Koeffizienten ($p < 0{,}001$).

Der höchst signifikante und positive λ-Koeffizient:

λ(Beliebtheit,gut) · (Nebenwirkungen,gut)

bedeutet, dass eine gute Beurteilung der Nebenwirkungen auch eine gute Beurteilung der Beliebtheit nach sich zieht. Um die rechnerische Bedeutung der λ-Koeffizienten zu demonstrieren, wollen wir nun aus diesen die Anzahl n der Fälle berechnen, bei denen sowohl für die Beliebtheit als auch für die Nebenwirkungen eine gute Einschätzung abgegeben wurde. Nach der in Kap. 22.2 aufgestellten Gleichung ergibt sich:

$$
\begin{aligned}
\ln(n) = {} & \mu + \lambda(\text{Beliebtheit,gut}) + \lambda(\text{Nebenwirkungen,gut}) + \\
& \lambda(\text{Beliebtheit,gut}) \cdot (\text{Nebenwirkungen,gut}) \\
= {} & 4{,}3511 - 0{,}0928 + 0{,}9129 + 0{,}401 = 5{,}5721
\end{aligned}
$$

Damit wird

$$n = e^{5{,}5721} = 263$$

Dies stimmt mit der beobachteten Häufigkeit im linken oberen Feld der Vierfeldertafel überein.

Wir wollen nun auch die beiden anderen Variablen, Verordnungshäufigkeit und Wirkung, in die Analyse mit einbeziehen.

- Definieren Sie in der Dialogbox *Modell für loglineare Analyse auswählen* alle vier Variablen als Faktoren mit dem Wertebereich von 1 bis 2, und aktivieren Sie in der Dialogbox *Loglineare Analyse: Optionen* zusätzlich noch das Anzeigen der Assoziationstabelle.
- Starten Sie die Berechnungen mit *OK*.

Von der erzeugten Ausgabe sind im Folgenden die wesentlichen Teile wiedergegeben. Es folgt zunächst die Ausgabe der Zellenhäufigkeiten, gefolgt von den Ergebnissen der Anpassungstests.

Zellenanzahl und Residuen

Beliebtheit	Nebenwirkungen	Verordnungshäufigkeit	Wirkung	Beobachtet Anzahl[a]	Beobachtet %	Erwartet Anzahl	Erwartet %
gut	gut	gut	gut	133,000	28,0%	133,000	28,0%
			weniger gut	16,000	3,4%	16,000	3,4%
		weniger gut	gut	51,000	10,7%	51,000	10,7%
			weniger gut	63,000	13,3%	63,000	13,3%
	weniger gut	gut	gut	4,000	0,8%	4,000	0,8%
			weniger gut	3,000	0,6%	3,000	0,6%
		weniger gut	gut	6,000	1,3%	6,000	1,3%
			weniger gut	6,000	1,3%	6,000	1,3%
weniger gut	gut	gut	gut	12,000	2,5%	12,000	2,5%
			weniger gut	6,000	1,3%	6,000	1,3%
		weniger gut	gut	34,000	7,2%	34,000	7,2%
			weniger gut	90,000	18,9%	90,000	18,9%
	weniger gut	gut	gut	2,000	0,4%	2,000	0,4%
			weniger gut	2,000	0,4%	2,000	0,4%
		weniger gut	gut	8,000	1,7%	8,000	1,7%
			weniger gut	39,000	8,2%	39,000	8,2%

a. In gesättigten Modellen wurde ,000 allen beobachteten Zellen hinzugefügt.

Tests der Anpassungsgüte

	Chi-Quadrat	df	Sig.
Likelihood-Quotient	,000	0	.
Pearson	,000	0	.

Die darauf folgende Tabelle weist aus, dass signifikante Wechselwirkungen nur bis zur zweiten Ordnung auftreten. Der sich anschließenden Assoziationstabelle können Sie entnehmen, welche dieser Wechselwirkungen und auch Haupteffekte im Einzelnen signifikant sind (Prob < 0,05).

Effekte der Ordnung k und höher

	C	df	Likelihood-Quotient Chi-Quadrat	Likelihood-Quotient Sig.	Pearson Chi-Quadrat	Pearson Sig.	Anzahl der Iterationen
Effekte der Ordnung k und höher[a]	1	15	607,603	,000	725,539	,000	0
	2	11	298,100	,000	383,453	,000	2
	3	5	4,760	,446	5,114	,402	5
	4	1	1,530	,216	1,610	,204	3
Effekte der Ordnung k[b]	1	4	309,502	,000	342,086	,000	0
	2	6	293,340	,000	378,338	,000	0
	3	4	3,231	,520	3,504	,477	0
	4	1	1,530	,216	1,610	,204	0

a. Untersucht, ob die Effekte der Ordnung k und höher gleich null sind.

b. Untersucht, ob die Effekte der Ordnung k gleich null sind.

Partielle Zusammenhänge

Effekt	df	Partielles Chi-Quadrat	Sig.	Anzahl der Iterationen
beliebt*nebenw*verord	1	,000	,991	3
beliebt*nebenw*wirk	1	,352	,553	3
beliebt*verord*wirk	1	,348	,555	5
nebenw*verord*wirk	1	2,284	,131	4
beliebt*nebenw	1	16,177	,000	5
beliebt*verord	1	44,420	,000	5
nebenw*verord	1	1,257	,262	5
beliebt*wirk	1	16,255	,000	5
nebenw*wirk	1	3,100	,078	5
verord*wirk	1	70,891	,000	4
beliebt	1	16,775	,000	2
nebenw	1	261,279	,000	2
verord	1	30,133	,000	2
wirk	1	1,316	,251	2

Es folgt die Ausgabe der λ-Koeffizienten. Dabei treten bei den zweifachen Wechselwirkungen durchgehend positive Werte auf. Wenn eine Eigenschaft also als »gut« beurteilt wird, besteht die Tendenz dahingehend, dass eine andere Eigenschaft ebenfalls als »gut« beurteilt wird (und umgekehrt).

Bei der Wechselwirkung zwischen Nebenwirkungen und Wirkung ist die Signifikanzgrenze ($z = 1{,}96$) knapp verfehlt; die Wechselwirkung zwischen Nebenwirkungen und Verordnungshäufigkeit ist deutlich nicht signifikant. Dies bedeutet, dass das Auftreten von Nebenwirkungen keinen Einfluss auf die Verordnungshäufigkeit hat.

Parameterschätzungen

Effekt	Parameter	Schätzung	Standardfehler	U	Sig.	95%-Konfidenzintervall Untergrenze	95%-Konfidenzintervall Obergrenze
beliebt*nebenw*verord*wirk	1	,122	,098	1,248	,212	-,070	,315
beliebt*nebenw*verord	1	,005	,098	,051	,960	-,187	,197
beliebt*nebenw*wirk	1	,020	,098	,201	,841	-,173	,212
beliebt*verord*wirk	1	-,040	,098	-,404	,686	-,232	,153
nebenw*verord*wirk	1	,133	,098	1,353	,176	-,060	,325
beliebt*nebenw	1	,281	,098	2,865	,004	,089	,473
beliebt*verord	1	,412	,098	4,202	,000	,220	,604
nebenw*verord	1	,081	,098	,824	,410	-,111	,273
beliebt*wirk	1	,254	,098	2,586	,010	,061	,446
nebenw*wirk	1	,183	,098	1,862	,063	-,010	,375
verord*wirk	1	,367	,098	3,738	,000	,174	,559
beliebt	1	,148	,098	1,513	,130	-,044	,341
nebenw	1	,928	,098	9,457	,000	,735	1,120
verord	1	-,601	,098	-6,127	,000	-,793	-,409
wirk	1	,021	,098	,210	,834	-,172	,213

Glücklicherweise sind die drei- und vierfachen Wechselwirkungen nicht signifikant; dies enthebt Sie der Mühe, aus dem jeweils einen angegebenen λ-Koeffizienten die anderen erschließen zu müssen. Dennoch soll dies beispielhaft an der dreifachen Wechselwirkung zwischen Beliebtheit, Nebenwirkungen und Wirkung gezeigt werden.

Beliebtheit	Nebenwirkungen	Wirkung	λ-Koeffizient
gut	gut	gut	0,020
gut	gut	weniger gut	-0,020
gut	weniger gut	gut	-0,020
gut	weniger gut	weniger gut	0,020
weniger gut	gut	gut	-0,020
weniger gut	gut	weniger gut	0,020
weniger gut	weniger gut	gut	0,020
weniger gut	weniger gut	weniger gut	-0,020

Wir wollen die Ergebnisse des gesättigten Modells zugrunde legen und ein ungesättigtes Modell rechnen. In dieses sollen nur die signifikanten Wechselwirkungen eingehen und die fast signifikante Wechselwirkung zwischen Nebenwirkungen und Wirkung.

- Bringen Sie wieder alle vier Variablen in das Faktorfeld, und definieren Sie die entsprechenden Wertebereiche (1 bis 2). Aktivieren Sie die Option *In einem Schritt aufnehmen.*
- Betätigen Sie den Schalter *Modell...* Es öffnet sich die Dialogbox *Loglineare Analyse: Modell.*
- Aktivieren Sie nun die Option *Anpassen.* Sie haben jetzt Gelegenheit, diejenigen Haupteffekte und Wechselwirkungen zu definieren, die Sie in das Modell übernehmen wollen. Wir wollen zunächst die Wechselwirkung zwischen Beliebtheit und Nebenwirkungen aufnehmen.
- Markieren Sie die Variablen beliebt und nebenw im Faktorfeld, und klicken Sie dann auf die Pfeiltaste im Feld *Term(e) erstellen.* Da die Bildung von Wechselwirkungen über den Schalter *Interaktion* voreingestellt ist, wird im Feld *Modellbildende Klasse* die Wechselwirkung beliebt*nebenw aufgenommen.
- Verfahren Sie entsprechend mit den Wechselwirkungen beliebt*verord, beliebt*wirk, nebenw*wirk und verord*wirk. Benutzen Sie hierfür die [Strg]-Taste.

Die Dialogbox *Loglineare Analyse: Modell* sollte nunmehr wie folgt aussehen:

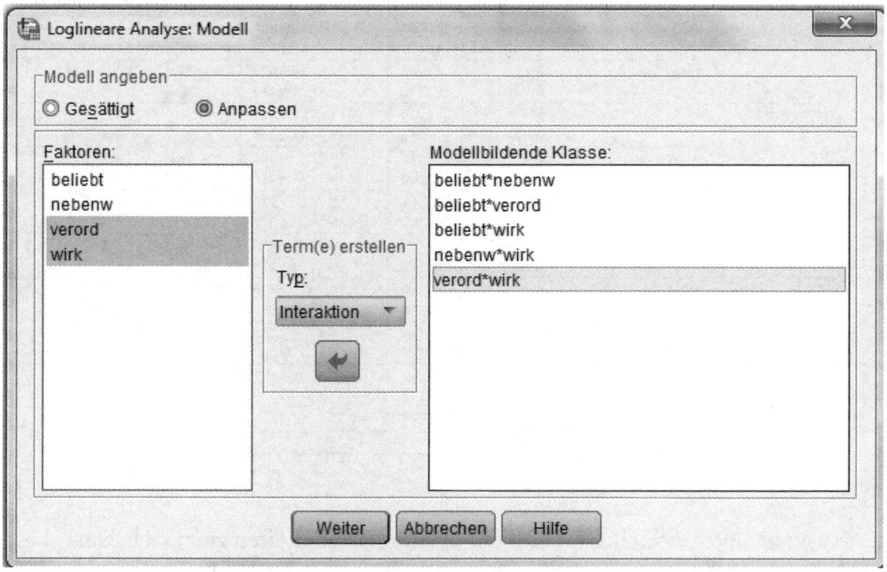

Bild 22.3: Dialogbox Loglineare Analyse: Modell

Da beim hierarchischen loglinearen Modell die Haupteffekte schon über die Wechselwirkungseffekte abgedeckt sind, brauchen die Haupteffekte nicht explizit aufgenommen zu werden. Ansonsten müssten Sie die entsprechende Variable im Faktorfeld markieren, auf den Pfeil im Wechselwirkungs-Schalter klicken und in der aufscheinenden Box *Haupteffekte* markieren. Ein Klick auf die große Pfeiltaste bringt dann schließlich die betreffende Variable als Haupteffekt in das Modell ein.

- Ändern Sie in der Dialogbox *Loglineare Analyse: Optionen* den Delta-Wert auf 0 und lassen Sie sich jetzt, da es ein ungesättigtes Modell ist, die Residuen ausgeben.
- Starten Sie die Berechnungen mit *OK*.

Sie erhalten die folgende Ausgabe.

Konvergenzinformationen

Modellbildende Klasse	beliebt*nebenw, beliebt*verord, beliebt*wirk, nebenw*wirk, verord*wirk
Anzahl der Iterationen	5
Max. Differenz zwischen beobachteten und angepassten Randmitteln	,202
Konvergenzkriterium	,250

Zellenanzahl und Residuen

Beliebtheit	Nebenwirkungen	Verordnungshäufigkeit	Wirkung	Beobachtet Anzahl	Beobachtet %	Erwartet Anzahl	Erwartet %	Residuen	Standardresiduen
gut	gut	gut	gut	133,000	28,0%	128,401	27,0%	4,599	,406
			weniger gut	16,000	3,4%	18,416	3,9%	-2,416	-,563
		weniger gut	gut	51,000	10,7%	55,423	11,7%	-4,423	-,594
			weniger gut	63,000	13,3%	60,760	12,8%	2,240	,287
	weniger gut	gut	gut	4,000	0,8%	7,103	1,5%	-3,103	-1,164
			weniger gut	3,000	0,6%	2,055	0,4%	,945	,659
		weniger gut	gut	6,000	1,3%	3,066	0,6%	2,934	1,676
			weniger gut	6,000	1,3%	6,781	1,4%	-,781	-,300
weniger gut	gut	gut	gut	12,000	2,5%	12,776	2,7%	-,776	-,217
			weniger gut	6,000	1,3%	4,567	1,0%	1,433	,671
		weniger gut	gut	34,000	7,2%	33,400	7,0%	,600	,104
			weniger gut	90,000	18,9%	91,259	19,2%	-1,259	-,132
	weniger gut	gut	gut	2,000	0,4%	2,720	0,6%	-,720	-,437
			weniger gut	2,000	0,4%	1,962	0,4%	,038	,027
		weniger gut	gut	8,000	1,7%	7,111	1,5%	,889	,333
			weniger gut	39,000	8,2%	39,200	8,3%	-,200	-,032

Tests der Anpassungsgüte

	Chi-Quadrat	df	Sig.
Likelihood-Quotient	6,017	6	,421
Pearson	6,433	6	,376

Bei der Ausgabe der beobachteten und erwarteten Häufigkeiten zeigt sich, dass diese nun nicht mehr übereinstimmen. Der Chi-Quadrat-Test liefert nach Likelihood ein $p = 0{,}421$, so dass die Modellanpassung als gelungen bezeichnet werden kann.

Leider ist die Schätzung der λ-Koeffizienten nicht verfügbar, so dass die Frage erlaubt sei, zu was die Analyse dann überhaupt nütze sein soll. Dies muss in der kommenden SPSS Version nun endlich mal in Ordnung gebracht werden. Leider haben wir diesen Satz auch schon in der letzten Auflage schreiben müssen.

22.5 Allgemeines loglineares Modell

Allgemeine loglineare Modelle schließen bei der Spezifizierung von Wechselwirkungen höherer Ordnung nicht automatisch alle zugehörigen Effekte niederer Ordnung mit ein. Die Ausgabe der λ-Koeffizienten erfolgt in anderer, übersichtlicherer Form, so dass rechnerische Handarbeit nicht nötig ist.

Wir wollen das in Kap. 22.1 vorgestellte Beispiel als allgemeines lineares Modell rechnen.

- Laden Sie die Datei gastarb.sav.
- Treffen Sie die Menüwahl

Analysieren
Loglinear
Allgemein...

Es öffnet sich die Dialogbox *Allgemeine loglineare Analyse*.

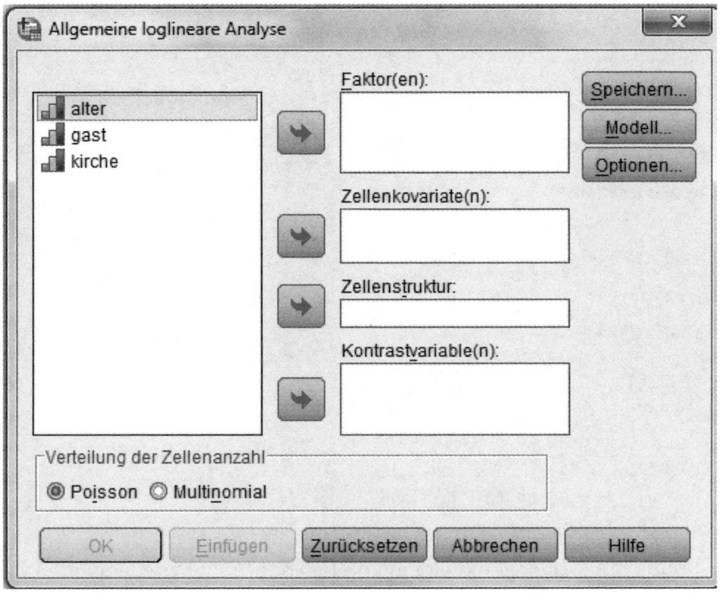

Bild 22.4: Dialogbox Allgemeine loglineare Analyse

- Bringen Sie die Variablen alter, gast und kirche in das Faktorfeld.

Die Wertebereiche brauchen diesmal nicht explizit definiert zu werden. Kovariaten und Kontraste wollen wir nicht angeben; im Zellenstruktur-Feld können gewisse Gewichtungsvariablen eingetragen werden, wie sie z. B. bei der Analyse unvollständiger Tafeln benötigt werden (auf die hier nicht eingegangen werden soll). Bei voneinander unabhängigen Zellenhäufigkeiten (wie im vorliegenden Fall) ist die voreingestellte Poisson-Verteilung zu verwenden; die Multinomial-Verteilung wird bei den logit-loglinearen Modellen benutzt.

- Betätigen Sie den Schalter *Modell...* Die Dialogbox zeigt Ihnen, dass das gesättigte Modell voreingestellt ist.
- Klicken Sie auf den Schalter *Optionen...* Es öffnet sich die Dialogbox *Allgemeine loglineare Analyse: Optionen.*

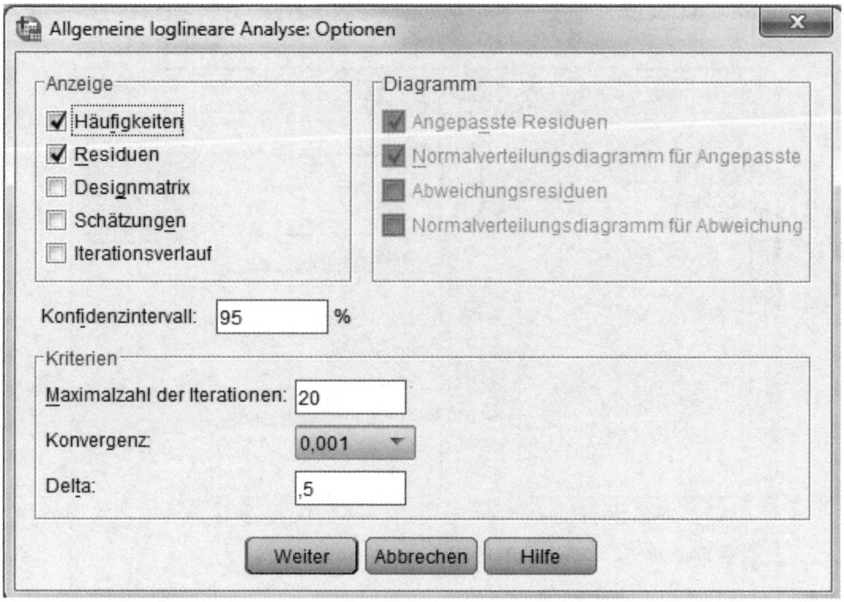

Bild 22.5: Dialogbox Allgemeine loglineare Analyse: Optionen

- Deaktivieren Sie wieder das Anzeigen der Residuen, da diese beim gesättigten Modell definitionsgemäß null sind. Aktivieren Sie das Anzeigen der Schätzungen, und stellen Sie den Delta-Wert auf null.

Würden Sie die Berechnungen an dieser Stelle mit Weiter und OK bestätigen, so erhielten Sie eine recht umfangreiche Ausgabe, die leider nicht in den Dialogboxen unterdrückt werden kann. Sie können sich aber in der Dialogbox Allgemeine loglineare Analyse mit Hilfe des Schalters Einfügen im Syntaxfenster den entsprechenden Befehl anzeigen lassen.

```
GENLOG alter gast kirche
  /MODEL=POISSON
  /PRINT=FREQ ESTIM CORR COV
  /PLOT=NONE
  /CRITERIA=CIN(95) ITERATE(20) CONVERGE(0.001) DELTA(0).
```

- Entfernen Sie die Schlüsselwörter CORR und COV, und starten Sie den so geänderten SPSS-Befehl mit dem Symbol *Syntax-Start*.

Die Ausgabe im Viewer beginnt mit allgemeinen Informationen über die Anzahl der Fälle, die einzelnen Variablen und das Modell.

Dateninformationen

		H
Fälle	Gültig	2761
	Fehlend	0
	Gewichtet gültig	2761
Zellen	Definierte Zellen	18
	Strukturelle Nullen	0
	Stichprobenziehungsnullen	0
Kategorien	Alter	3
	Einstellung zu Gastarbeitern	2
	Kirchgangshäufigkeit	3

Konvergenzinformationen[a,b]

Maximale Anzahl von Iterationen	20
Konvergenztoleranz	,00100
Endgültige maximale absolute Differenz	,00004[c]
Endgültige maximale relative Differenz	,00010
Anzahl der Iterationen	5

a. Modell: Poisson

b. Design: Konstante + alter + gast + kirche + alter * gast + alter * kirche + gast * kirche + alter * gast * kirche

c. Die Iteration konvergierte, da die maximalen absoluten Änderungen der Parameterschätzungen unter dem angegebenen Konvergenzkriterium liegen.

Tests der Anpassungsgüte[a,b]

	Wert	df	Sig.
Likelihood-Quotient	,000	0	.
Pearson-Chi-Quadrat	,000	0	.

a. Modell: Poisson

b. Design: Konstante + alter + gast + kirche + alter * gast + alter * kirche + gast * kirche + alter * gast * kirche

Es folgt eine Kreuztabelle mit Zellenhäufigkeiten und Residualwerten zwischen den Faktoren.

Zellenanzahl und Residuen[a,b]

			Beobachtet		Erwartet	
Alter	Einstellung zu Gastarbeitern	Kirchgangshäufigkeit	Anzahl	%	Anzahl	%
bis 30 Jahre	eher negativ	häufig	42	1,5%	42,000	1,5%
		manchmal	56	2,0%	56,000	2,0%
		selten oder nie	189	6,8%	189,000	6,8%
	eher positiv	häufig	55	2,0%	55,000	2,0%
		manchmal	94	3,4%	94,000	3,4%
		selten oder nie	331	12,0%	331,000	12,0%
31-50 Jahre	eher negativ	häufig	100	3,6%	100,000	3,6%
		manchmal	109	3,9%	109,000	3,9%
		selten oder nie	218	7,9%	218,000	7,9%
	eher positiv	häufig	97	3,5%	97,000	3,5%
		manchmal	115	4,2%	115,000	4,2%
		selten oder nie	236	8,5%	236,000	8,5%
über 50 Jahre	eher negativ	häufig	318	11,5%	318,000	11,5%
		manchmal	193	7,0%	193,000	7,0%
		selten oder nie	252	9,1%	252,000	9,1%
	eher positiv	häufig	152	5,5%	152,000	5,5%
		manchmal	93	3,4%	93,000	3,4%
		selten oder nie	111	4,0%	111,000	4,0%

a. Modell: Poisson

b. Design: Konstante + alter + gast + kirche + alter * gast + alter * kirche + gast * kirche + alter * gast * kirche

Da beobachtete und erwartete Häufigkeiten beim gesättigten Modell definitionsgemäß übereinstimmen, sind die Werte der Zellenhäufigkeiten und der Residualwerte deckungsgleich.

Es folgt die Tabelle der λ-Koeffizienten. Diese werden auf null gesetzt, brauchen also nicht wie bei der hierarchischen loglinearen Analyse mühsam rückgerechnet werden.

Parameterschätzungen[b,c]

					95 % Konfidenzintervall	
Parameter	Schätzung	Standardfehler	U	Sig.	Untergrenze	Obergrenze
Konstante	4,710	,095	49,618	,000	4,523	4,896
[alter = 1]	1,093	,110	9,961	,000	,878	1,308
[alter = 2]	,754	,115	6,554	,000	,529	,980
[alter = 3]	0[a]	.	.	.	.	.
[gast = 1]	,820	,114	7,197	,000	,597	1,043
[gast = 2]	0[a]	.	.	.	.	.
[kirche = 1]	,314	,125	2,518	,012	,070	,559
[kirche = 2]	-,177	,141	-1,259	,208	-,452	,099
[kirche = 3]	0[a]	.	.	.	.	.
[alter = 1] * [gast = 1]	-1,380	,146	-9,460	,000	-1,666	-1,094
[alter = 1] * [gast = 2]	0[a]	.	.	.	.	.
[alter = 2] * [gast = 1]	-,899	,148	-6,090	,000	-1,189	-,610
[alter = 2] * [gast = 2]	0[a]	.	.	.	.	.
[alter = 3] * [gast = 1]	0[a]	.	.	.	.	.
[alter = 3] * [gast = 2]	0[a]	.	.	.	.	.
[alter = 1] * [kirche = 1]	-2,109	,192	-10,996	,000	-2,485	-1,733
[alter = 1] * [kirche = 2]	-1,082	,183	-5,918	,000	-1,440	-,724
[alter = 1] * [kirche = 3]	0[a]	.	.	.	.	.
[alter = 2] * [kirche = 1]	-1,203	,174	-6,933	,000	-1,544	-,863
[alter = 2] * [kirche = 2]	-,542	,181	-2,997	,003	-,896	-,188
[alter = 2] * [kirche = 3]	0[a]	.	.	.	.	.
[alter = 3] * [kirche = 1]	0[a]	.	.	.	.	.
[alter = 3] * [kirche = 2]	0[a]	.	.	.	.	.
[alter = 3] * [kirche = 3]	0[a]	.	.	.	.	.
[gast = 1] * [kirche = 1]	-,082	,151	-,542	,588	-,377	,214
[gast = 1] * [kirche = 2]	-,090	,170	-,528	,597	-,423	,243
[gast = 1] * [kirche = 3]	0[a]	.	.	.	.	.
[gast = 2] * [kirche = 1]	0[a]	.	.	.	.	.
[gast = 2] * [kirche = 2]	0[a]	.	.	.	.	.
[gast = 2] * [kirche = 3]	0[a]	.	.	.	.	.
[alter = 1] * [gast = 1] * [kirche = 1]	,372	,270	1,378	,168	-,157	,902
[alter = 1] * [gast = 1] * [kirche = 2]	,132	,256	,516	,606	-,370	,635
[alter = 1] * [gast = 1] * [kirche = 3]	0[a]	.	.	.	.	.
[alter = 1] * [gast = 2] * [kirche = 1]	0[a]	.	.	.	.	.
[alter = 1] * [gast = 2] * [kirche = 2]	0[a]	.	.	.	.	.
[alter = 1] * [gast = 2] * [kirche = 3]	0[a]	.	.	.	.	.
[alter = 2] * [gast = 1] * [kirche = 1]	,192	,228	,841	,400	-,255	,638
[alter = 2] * [gast = 1] * [kirche = 2]	,116	,236	,490	,624	-,347	,578
[alter = 2] * [gast = 1] * [kirche = 3]	0[a]	.	.	.	.	.
[alter = 2] * [gast = 2] * [kirche = 1]	0[a]	.	.	.	.	.
[alter = 2] * [gast = 2] * [kirche = 2]	0[a]	.	.	.	.	.
[alter = 2] * [gast = 2] * [kirche = 3]	0[a]	.	.	.	.	.
[alter = 3] * [gast = 1] * [kirche = 1]	0[a]	.	.	.	.	.
[alter = 3] * [gast = 1] * [kirche = 2]	0[a]	.	.	.	.	.
[alter = 3] * [gast = 1] * [kirche = 3]	0[a]	.	.	.	.	.
[alter = 3] * [gast = 2] * [kirche = 1]	0[a]	.	.	.	.	.
[alter = 3] * [gast = 2] * [kirche = 2]	0[a]	.	.	.	.	.
[alter = 3] * [gast = 2] * [kirche = 3]	0[a]	.	.	.	.	.

a. Dieser Parameter wurde auf den Wert null gesetzt, da er redundant ist.

b. Modell: Poisson

c. Design: Konstante + alter + gast + kirche + alter * gast + alter * kirche + gast * kirche + alter * gast * kirche

Betrachten Sie die Tabelle der λ-Koeffizienten (Parameterschätzer), so entnehmen Sie höchst signifikante z-Werte für die Wechselwirkungen zwischen Alter und Einstellung zu Gastarbeitern sowie zwischen Alter und Kirchgangshäufigkeit, aber keine signifikante Wechselwirkung zwischen Kirchgangshäufigkeit und Einstellung zu Gastarbeitern. Der in der Kreuztabelle (siehe Kap. 22.1) aufgedeckte höchst signifikante Zusammenhang zwischen Kirchgangshäufigkeit und Einstellungen zu Gastarbeitern erweist sich also als Scheinkorrelation.

Auch beim allgemeinen loglinearen Modell können die λ-Koeffizienten dazu benutzt werden, die beobachteten Häufigkeiten vorherzusagen, die unter einer bestimmten Faktorenkombination zu erwarten sind. Dabei gibt die Summe der Konstanten und der für die betreffende Faktorenkombination relevanten λ-Koeffizienten den natürlichen Logarithmus der betreffenden Feldhäufigkeit wieder.

Als Beispiel wollen wir versuchen, die Anzahl der Befragten zu berechnen, die der jungen Altersgruppe angehören, häufig in die Kirche gehen und eine eher positive Einstellung zu Gastarbeitern haben. Dann sind die folgenden λ-Koeffizienten zu addieren.

Konstante	= 4,710
λ(Alter,bis 30)	= 1,093
λ(Kirchgang,häufig)	= 0,314
λEinstellung,eher positiv)	= 0,000
λ(Alter,bis 30) · (Kirchgang,häufig)	= -2,109
λ(Alter,bis 30) · (Einstellung,eher positiv)	= 0,000
λ(Kirchgang,häufig) · (Einstellung,eher positiv)	= 0,000
λ(Alter,bis 30) · (Kirchgang,häufig) · (Einstellung,eher positiv)	= 0,000

Die Summe dieser λ-Koeffizienten ergibt 4,008. Bezeichnet man die zu berechnende Häufigkeit mit m, so ist also

$$\ln(m) = 4{,}008$$

und damit

$$m = e^{4{,}008} = 55.$$

Dies stimmt mit der beobachteten Häufigkeit in der Kreuztabelle überein.

Auch beim allgemeinen linearen Modell können Sie ein ungesättigtes Modell rechnen. Im gegebenen Beispiel würden Sie die Haupteffekte alter, gast und kirche sowie die Wechselwirkungseffekte alter*gast und alter*kirche aufnehmen. Die explizite Angabe der Haupteffekte ist beim allgemeinen linearen Modell notwendig; dies macht gerade den Unterschied zum hierarchischen Modell aus.

Ein Vorteil des allgemeinen linearen Modells besteht darin, dass auch beim ungesättigten Modell die λ-Koeffizienten angezeigt werden können.

22.6 Logit-loglineares Modell

Das logit-loglineare Modell ist eine häufig vorkommende Variante der allgemeinen loglinearen Modelle für den Fall, dass eine Variable oder auch mehrere als abhängig von den anderen betrachtet werden können. Die abhängigen Variablen sind dabei in der Regel dichotom, sie können aber auch mehr als zwei Kategorien aufweisen. Es ist wohl in den meisten Anwendungen so, dass eine Variable als abhängig angesehen werden kann.

Wir betrachten ein Beispiel für den am häufigsten vorkommenden Fall einer abhängigen dichotomen Variablen. In seiner Studie »Kultureller Umbruch. Wertwandel in der westlichen Welt« vertritt der US-amerikanische Politikwissenschaftler Ronald Inglehart die Position, dass sich in den westlichen Industrienationen in den letzten Jahrzehnten eine stille Revolution vollzogen hat. Diese stille Revolution äußere sich primär in einer Verlagerung der Wertorientierung breiter Bevölkerungskreise von einer Betonung materialistischer Werte zugunsten einer höheren Wertschätzung postmaterieller Gesichtspunkte.

Zu den materiellen Werten zählt Inglehart Bedürfnisse, die sich direkt auf das physische Überleben sowie die Absicherung der eigenen Existenz beziehen, z. B. einen sicheren Arbeitsplatz, Ruhe und Ordnung, eine stabile Währung. Zu den postmateriellen Werten rechnet Inglehart Bedürfnisse, die sich stärker auf die Lebensqualität beziehen, z. B. Selbstverwirklichung, freie Meinungsäußerung, Mitbestimmung, eine intakte Umwelt.

In diesem Zusammenhang hat Inglehart die folgenden Hypothesen aufgestellt:

- Je höher der Status einer Person, desto postmaterialistischer ist sie.
- Je älter eine Person, desto materialistischer ist sie.
- Je höher der Status des Vaters einer Person, desto postmaterialistischer ist sie.

Wir wollen diese Thesen anhand des ALLBUS (Allgemeine Bevölkerungsumfrage der Sozialwissenschaften) überprüfen.

- Laden Sie die Datei inglelogit.sav, und erstellen Sie mit Hilfe der Menüwahl

  Analysieren
  Deskriptive Statistiken
  Häufigkeiten...

  eine Häufigkeitsverteilung aller Variablen.

Altersklassen

		Häufigkeit	Prozent	Gültige Prozent	Kumulative Prozente
Gültig	18-44 Jahre	1306	56,7	56,7	56,7
	ab 45 Jahre	997	43,3	43,3	100,0
	Gesamtsumme	2303	100,0	100,0	

Inglehart-Index

		Häufigkeit	Prozent	Gültige Prozent	Kumulative Prozente
Gültig	postmaterialistich	1141	49,5	49,5	49,5
	materialistisch	1162	50,5	50,5	100,0
	Gesamtsumme	2303	100,0	100,0	

sozialer Status

		Häufigkeit	Prozent	Gültige Prozent	Kumulative Prozente
Gültig	niedrig	972	42,2	42,2	42,2
	mittel	627	27,2	27,2	69,4
	hoch	704	30,6	30,6	100,0
	Gesamtsumme	2303	100,0	100,0	

sozialer Status des Vaters

		Häufigkeit	Prozent	Gültige Prozent	Kumulative Prozente
Gültig	niedrig	1270	55,1	55,1	55,1
	mittel	415	18,0	18,0	73,2
	hoch	618	26,8	26,8	100,0
	Gesamtsumme	2303	100,0	100,0	

Sie erkennen, dass es etwa gleich viele materialistische wie postmaterialistische Typen gibt. Die Einteilung in diese beiden Gruppen erfolgte nach Inglehart mit Hilfe von vier Items, nämlich Einstellung der Personen zu Wichtigkeit von Ruhe und Ordung, Bürgereinfluss, Inflationsbekämpfung und freier Meinungsäußerung.

Der Einfluss der Variablen Alter, sozialer Status und sozialer Status des Vaters auf den Inglehart-Index kann mit Hilfe eines logit-loglinearen Modells überprüft werden, wobei der Inglehart-Index die abhängige Variable ist. Gegenüber der Erstellung einzelner Kreuztabellen mit anschließendem Chi-Quadrat-Test hat dieses Verfahren den Vorteil, dass gegebenenfalls vorhandene Wechselwirkungen zwischen den Einflussvariablen berücksichtigt werden und anhand der berechneten λ-Koeffizienten eine Reihenfolge dieser Variablen bezüglich ihres Einflusses festgelegt werden kann.

Prinzipiell ist es so, dass bei einem logit-loglinearen Modell und einer dichotomen abhängigen Variablen der natürliche Logarithmus des Verhältnisses der Häufigkeiten der beiden Kategorien der abhängigen Variablen unter dem Einfluss ausgewählter Kategorien der Einflussvariablen als Summe der zugehörigen λ-Koeffizienten vorhergesagt werden kann. Um dies zu demonstrieren, wollen wir zunächst eine logit-loglineare Analyse mit dem Inglehart-Index als abhängiger und nur der Altersvariable als unabhängiger Variable (Faktor) rechnen. Eine solche logit-loglineare Analyse mit nur einer Einflussvariablen ist natürlich in der Praxis sinnlos, da der Zusammenhang zwischen zwei Variablen auch mit einer Kreuztabelle aufgedeckt werden kann. Eine solche Kreuztabelle soll zunächst erstellt werden.

- Wählen Sie aus dem Menü

  Analysieren
  Deskriptive Statistiken
  Kreuztabellen...

- Definieren Sie die Variable index als Zeilenvariable und die Variable alter als Spaltenvariable.

- Aktivieren Sie über den Schalter *Zellen...* die zusätzliche Ausgabe von spaltenweisen Prozentwerten und über den Schalter *Statistiken...* den Chi-Quadrat-Test.

Kreuztabelle Inglehart-Index*Altersklassen

			Altersklassen		
			18-44 Jahre	ab 45 Jahre	Gesamtsumme
Inglehart-Index	postmaterialistich	Anzahl	779	362	1141
		% in Altersklassen	59,6%	36,3%	49,5%
	materialistisch	Anzahl	527	635	1162
		% in Altersklassen	40,4%	63,7%	50,5%
Gesamtsumme		Anzahl	1306	997	2303
		% in Altersklassen	100,0%	100,0%	100,0%

Chi-Quadrat-Tests

	Wert	df	Asymp. Sig. (zweiseitig)	Exakte Sig. (zweiseitig)	Exakte Sig. (einseitig)
Pearson-Chi-Quadrat	123,197[a]	1	,000		
Kontinuitätskorrektur[b]	122,265	1	,000		
Likelihood-Quotient	124,456	1	,000		
Exakter Test nach Fisher				,000	,000
Zusammenhang linear-mit-linear	123,143	1	,000		
Anzahl der gültigen Fälle	2303				

a. 0 Zellen (0,0%) haben die erwartete Anzahl von weniger als 5. Die erwartete Mindestanzahl ist 493,95.

b. Berechnung nur für eine 2x2-Tabelle

Der Chi-Quadrat-Test liefert mit $p<0{,}001$ ein höchst signifikantes Ergebnis. Bei den jüngeren Personen sind 40,4% Materialisten, bei den älteren hingegen 63,7%. Dies entspricht der betreffenden Hypothese Ingleharts.

- Um hierzu ein logit-loglineares Modell zu rechnen, wählen Sie aus dem Menü

  Analysieren
  Loglinear
  Logit...

Es öffnet sich die Dialogbox *Logit-loglineare Analyse.*

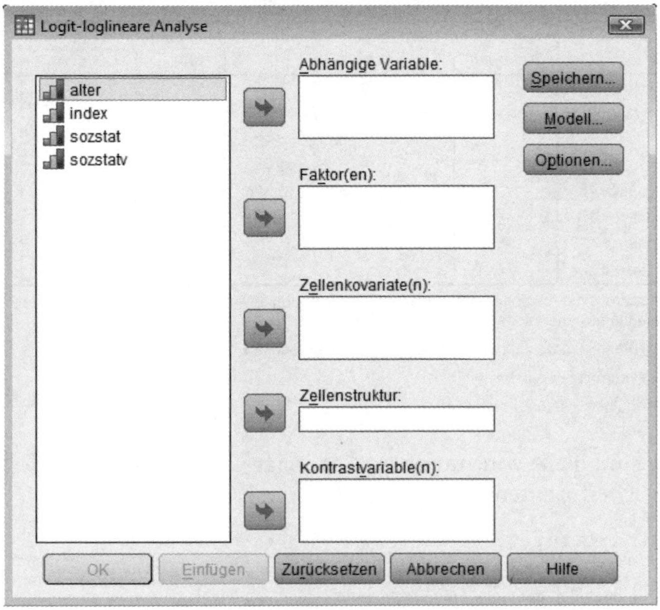

Bild 22.6: Dialogbox Logit-loglineare Analyse

- Definieren Sie die Variable index als abhängige Variable und die Variable alter als Faktor. Überzeugen Sie sich über den Schalter *Modell...*, dass ein gesättigtes Modell voreingestellt ist.
- Betätigen Sie den Schalter *Optionen...*, deaktivieren Sie das Anzeigen der Residuen, und aktivieren Sie das Anzeigen der Schätzungen (λ-Koeffizienten). Stellen Sie den Delta-Wert auf null.
- Starten Sie die Berechnungen mit *Weiter* und *OK.*

Nach einigen einleitenden Angaben folgt eine Kreuztabelle mit den Zellenhäufigkeiten zwischen der abhängigen Variablen und dem Faktor.

Zellenanzahl und Residuen[a,b]

		Beobachtet		Erwartet	
Altersklassen	Inglehart-Index	Anzahl	%	Anzahl	%
18-44 Jahre	postmaterialistich	779	59,6%	779,000	59,6%
	materialistisch	527	40,4%	527,000	40,4%
ab 45 Jahre	postmaterialistich	362	36,3%	362,000	36,3%
	materialistisch	635	63,7%	635,000	63,7%

a. Modell: Multinomiales Logit-Modell

b. Design: Konstante + index + index * alter

Das wesentliche Ergebnis ist das Anzeigen der λ-Koeffizienten.

Parameterschätzungen[c,d]

Parameter		Schätzung	Standardfehler	U	Sig.	95 % Konfidenzintervall Untergrenze	Obergrenze
Konstante	[alter = 1]	6,267[a]					
	[alter = 2]	6,454[a]					
[index = 1]		-,562	,066	-8,533	,000	-,691	-,433
[index = 2]		0[b]	.	.	.	.	.
[index = 1] * [alter = 1]		,953	,087	10,988	,000	,783	1,123
[index = 1] * [alter = 2]		0[b]	.	.	.	.	.
[index = 2] * [alter = 1]		0[b]	.	.	.	.	.
[index = 2] * [alter = 2]		0[b]	.	.	.	.	.

a. Unter Annahme einer multinomialen Verteilung sind Konstanten keine Parameter. Daher werden ihre Standardfehler nicht berechnet.

b. Dieser Parameter wurde auf den Wert null gesetzt, da er redundant ist.

c. Modell: Multinomiales Logit-Modell

d. Design: Konstante + index + index * alter

Die Konstanten sind nicht von Interesse. Angezeigt werden die beiden folgenden (höchst signifikanten) λ-Koeffizienten:

λ(Index,postmat) = -0,562

λ(Index,postmat) * (Alter,18-44) = 0,953

Der positive λ-Koeffizient bei der Wechselwirkung bedeutet, dass niedrigeres Alter mit Tendenz zu Postmaterialismus einhergeht, was der betreffenden These Ingleharts und dem Ergebnis der Kreuztabelle entspricht.

Um z. B. den natürlichen Logarithmus des Verhältnisses der Häufigkeiten von Postmaterialisten (m_1) und Materialisten (m_2) bei den jüngeren Personen aus den λ-Koeffizienten zu berechnen, gilt folgender Ansatz:

$$\ln \frac{m_1}{m_2} = \lambda(\text{Index, postmat}) + \lambda(\text{Index, postmat}) * (\text{Alter}, 18\text{-}44)$$

In den Ansatz gehen alle nichtredundanten λ-Koeffizienten ein, die sich auf die im Zähler des vorherzusagenden Verhältnisses stehende Kategorie (hier: Postmaterialisten) und auf die ausgewählten Kategorien der Einflussvariablen (hier: Personen im Alter von 18 bis 44 Jahren) beziehen.

Mit den gegebenen Werten ergibt sich

$$\ln \frac{m_1}{m_2} = -0{,}562 + 0{,}953 = 0{,}391$$

und damit

$$\frac{m_1}{m_2} = e^{0{,}391} = 1{,}478$$

Die beobachteten Häufigkeiten der Postmaterialisten und der Materialisten bei der jüngeren Altersgruppe sind 779 bzw. 527, also

$$\frac{m_1}{m_2} = \frac{779}{527} = 1,478$$

Dies stimmt mit dem aufgrund der logit-loglinearen Analyse berechneten Wert überein.

Wir wollen nun auch die beiden anderen Einflussvariablen (sozialer Status und sozialer Status des Vaters) in die Analyse einbeziehen.

- Nehmen Sie die Variablen sozstat und sozstatv zusätzlich zu der Variablen alter in die Liste der Faktoren auf, und starten Sie die Berechnungen erneut.

Die umfangreiche Ausgabe soll hier nicht wiedergegeben werden. Neben einigen signifikanten Wechselwirkungs-Koeffizienten höherer Ordnung sollen vor allem die folgenden λ-Koeffizienten betrachtet werden:

λ(Index,postmat) · (Alter,18-44) = 1,566

λ(Index,postmat) · (sozialer Status,niedrig) = -1,075

λ(Index,postmat) · (sozialer Status des Vaters,niedrig) = -0,512

Hieraus kann man schließen, dass den stärksten Einfluss darauf, ob jemand den Postmaterialisten oder den Materialisten zuzuordnen ist, das Alter hat, gefolgt vom sozialen Status und dann vom sozialen Status des Vaters.

Der positive λ-Koeffizient beim Alter bedeutet, dass der Quotient aus den Häufigkeiten der Postmaterialisten und der Materialisten bei der Altersgruppe 18-44 erhöht wird, dass also die Postmaterialisten dominieren. Entsprechend bedeuten die negativen Koeffizienten beim sozialen Status und beim sozialen Status des Vaters, dass ein niedriger Status mit einer Erhöhung der Anzahl der Materialisten einhergeht. Dies entspricht genau den Thesen Ingleharts.

Auch im Falle eines logit-loglinearen Modells können Sie ein ungesättigtes Modell rechnen, wobei Sie nur die signifikanten Terme des gesättigten Modells eingeben.

Logit-loglineare Modelle sind sicherlich die wichtigste Variante der loglinearen Modelle, da in der Regel eine der Variablen, mit der ein loglineares Modell gerechnet wird, als abhängig zu betrachten ist.

Auch in dem in Kap. 22.2 vorgestellten Beispiel der Beurteilung eines Grippemittels kann eine Variable, nämlich die Verordnungshäufigkeit, als abhängige Variable betrachtet werden.

- Laden Sie die Datei produkt.sav, und führen Sie mit der Verordnungshäufigkeit als abhängiger Variable und mit der Beliebtheit, den Nebenwirkungen und der Wirkung als Faktoren eine logit-loglineare Analyse durch. Stellen Sie den Delta-Wert dabei wieder auf null.

Die umfangreiche Ausgabe kann hier aus Platzgründen nicht wiedergegeben werden. Es ergeben sich u. a. die folgenden λ-Koeffizienten:

λ(Verordnungshäufig,gut) · (Beliebtheit,gut) = 2,277

λ(Verordnungshäufigkeit,gut) · (Nebenwirkungen,gut) = 0,262

λ(Verordnungshäufigkeit,gut) · (Wirkung,gut) = 1,584

Nur der erste λ-Koeffizient ist signifikant, so dass nur die Beliebtheit einen signifikanten Einfluss auf die Verordnungshäufigkeit hat. Keinerlei Einfluss haben die Nebenwirkungen.

Anhand der dargelegten Beispiele sollten das Prinzip der loglinearen Modelle und die Deutung des Outputs hinreichend klar geworden sein. Es sei noch angemerkt, dass mit steigender Faktorenzahl die Rechenzeit stark ansteigt, so dass z. B. die Durchrechnung einer logit-loglinearen Analyse mit mehr als vier Faktoren problematisch werden kann.

KAPITEL 23

Überlebens- und Ereignisdatenanalyse

Ereignisdatenanalysen behandeln im allgemeinen Fall das Problem, mit welcher Wahrscheinlichkeit bestimmte Ereignisse im zeitlichen Verlauf auftreten oder nicht. Dabei müssen auch diejenigen Fälle berücksichtigt werden, bei denen das Ereignis bis zum Ende des Beobachtungszeitraums nicht eingetreten ist.

Die zugrunde liegenden statistischen Techniken wurden zuerst zur Analyse der Überlebenszeiten von Individuen (z. B. Patienten mit einer bestimmten Krankheit) angewandt. Von daher stammen noch die Bezeichnungen »Überlebensanalysen« oder »Sterbetafelanalysen«. Das Ereignis ist dabei der Tod des Patienten.

Mittlerweile werden die Verfahren auch bei anderen Ereignissen angewandt, weshalb man allgemeiner auch von Ereignisdatenanalyse spricht. Solche Beispiele, die in diesem Kapitel behandelt werden, sind die Haltbarkeit von Zahn-Inlays, die Wiedereingliederung von Arbeitslosen in das Arbeitsleben oder das Funktionsende von Fernsehgeräten.

Die verschiedenen in SPSS realisierten Verfahren sollen aber hauptsächlich an einem klassischen, der Medizin entnommenen Beispiel erläutert werden. In der Datei mkarz.sav sind die Daten von 106 Patienten mit Magenkarzinom enthalten, die insgesamt über einen Zeitraum von fünf Jahren beobachtet wurden.

Neben einigen anderen Variablen wurde für jeden Patienten die Überlebenszeit in Monaten festgehalten (Variable survive); das ist der Zeitraum zwischen der Krankheitsdiagnose und dem Tod des Patienten bzw. der Zeitraum zwischen der Krankheitsdiagnose und dem Ende des Beobachtungszeitraums, falls die Patienten in diesem nicht verstorben sind. Dies wird durch die Variable status markiert, wobei die Ziffer 0 für »Patient lebt« und die Ziffer 1 für »Patient verstorben« vergeben ist.

So hat der erste Patient nach 24 Monaten das Ende des Beobachtungszeitraums erreicht, also diesen Zeitraum überlebt. Der zweite Patient ist 5 Monate, der dritte Patient 16 Monate nach Krankheitsdiagnose verstorben usw.

Das Ereignis, dessen Eintreten hier beobachtet wird, ist der Tod des Patienten. Fälle, bei denen dieses Ereignis bis zum Ende des Beobachtungszeitraums nicht eintritt, nennt man »zensierte« Fälle.

Nach der Menüwahl

Analysieren
Überleben

stehen in SPSS vier verschiedene Verfahren zur Verfügung, die über ein Untermenü anwählbar sind:

- Sterbetafeln
- Kaplan-Meier
- Cox-Regression
- Cox-Regression mit zeitabhängigen Kovariaten

Diese Verfahren sollen nun in entsprechenden Kapiteln vorgestellt werden.

23.1 Sterbetafeln

Dieser Technik liegt die Idee zugrunde, den Beobachtungszeitraum in gleich große Intervalle zu zerlegen und dann verschiedene Wahrscheinlichkeiten für das Eintreten des Ereignisses (im vorliegenden Beispiel den Tod eines Patienten) zu berechnen.

23.1.1 Einführende Beispiele aus der Medizin

Als einführendes Beispiel soll zunächst mit den Daten der Patienten mit Magenkarzinom gerechnet werden.

- Laden Sie die Datei mkarz.sav, und wählen Sie aus dem Menü

  Analysieren
  Überleben
  Sterbetafeln...

Es öffnet sich die Dialogbox *Sterbetafeln*.

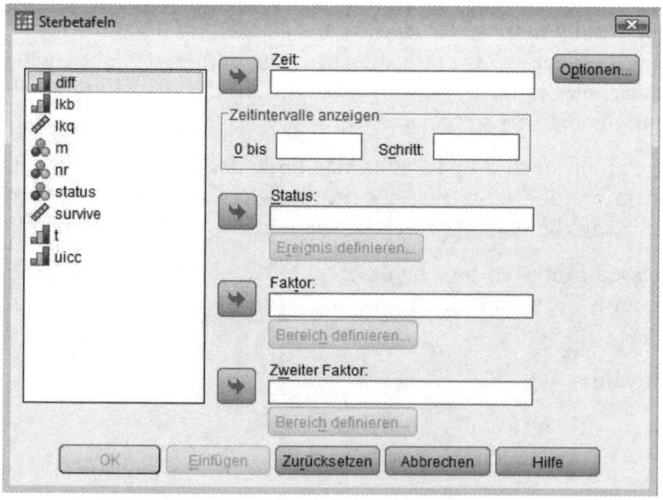

Bild 23.1: Dialogbox Sterbetafeln

- Bringen Sie die Variable survive in das für die Zeitvariable vorgesehene Feld. Wir wollen ein Halbjahres-Intervall definieren; tragen Sie daher für die Konstruktion des Zeitintervalls »0 bis 60 Schritt 6« ein. Als Statusvariable geben Sie die Variable status an.
- Klicken Sie auf die Schaltfläche *Ereignis definieren...*, worauf sich die Dialogbox *Sterbetafeln: Ereignis für Statusvariable definieren* öffnet. Das Ereignis (tot) ist mit 1 kodiert. Tragen Sie daher diese Ziffer als *Einzelner Wert* ein und verlassen Sie die Dialogbox über *Weiter.*
- Lassen Sie zunächst die Faktorvariablen unberücksichtigt (hiermit können Sie Analysen für Untergruppen anfordern).
- Klicken Sie auf *Optionen...*

Es öffnet sich die Dialogbox *Sterbetafeln: Optionen.*

Bild 23.2: Dialogbox Sterbetafeln: Optionen

In der Dialogbox *Sterbetafeln: Optionen* können Sie fünf verschiedene Diagramme anfordern, nämlich die Darstellung der Überlebenswahrscheinlichkeit, der Hazard-Rate, des Komplementärwertes der Überlebenswahrscheinlichkeit zu 1, des Logarithmus der Überlebenswahrscheinlichkeit und der Dichte. Diese Begriffe werden an späterer Stelle erklärt.

- Fordern Sie die Darstellung der Überlebenswahrscheinlichkeit an.
- Starten Sie die Berechnungen mit *OK.*

Die Ergebnisse sind im Folgenden wiedergegeben.

Sterbetafel[a]

…ll …it	Anzahl der zur Anfangszeit Überlebenden	Anzahl der Ausgeschiedenen	Anzahl der dem Risiko Ausgesetzten	Anzahl der terminalen Ereignisse	Anteil der Terminierenden	Anteil der Überlebenden	Kumulativer Anteil der Überlebenden am Intervallende	Standardfehler des kumulativen Anteils der Überlebenden am Intervallende	Wahrscheinlich keitsdichte	Standardfehler der Wahrscheinlich keitsdichte	Hazard-Rate	Standardfehler der Hazard-Rate
	106	1	105,500	24	,23	,77	,77	,04	,038	,007	,04	,01
	81	9	76,500	17	,22	,78	,60	,05	,029	,006	,04	,01
	55	6	52,000	10	,19	,81	,49	,05	,019	,006	,04	,01
	39	2	38,000	4	,11	,89	,43	,05	,009	,004	,02	,01
	33	4	31,000	4	,13	,87	,38	,05	,009	,004	,02	,01
	25	0	25,000	0	,00	1,00	,38	,05	,000	,000	,00	,00
	25	4	23,000	2	,09	,91	,35	,05	,005	,004	,02	,01
	19	0	19,000	0	,00	1,00	,35	,05	,000	,000	,00	,00
	19	4	17,000	2	,12	,88	,30	,05	,007	,005	,02	,01
	13	0	13,000	0	,00	1,00	,30	,05	,000	,000	,00	,00
	13	13	6,500	0	,00	1,00	,30	,05	,000	,000	,00	,00

Median der Überlebenszeit ist 17,24

Die Bedeutung der einzelnen Spalten wird nachstehend erläutert.

- *Intervallstartzeit:* Startpunkt des Intervalls
- *Anzahl der zur Anfangszeit Überlebenden (n1):* die zur Anfangszeit des Intervalls noch unter Beobachtung stehenden Fälle; abgezogen werden dabei die verstorbenen und zensierten Fälle
- *Anzahl der Ausgeschiedenen (n2):* Anzahl der zensierten Fälle im Intervall
- *Anzahl der dem Risiko Ausgesetzten (n3):* Anzahl der jeweils noch dem Risiko ausgesetzten Fälle; berechnet als Anzahl der zur Anfangszeit des Intervalls noch unter Beobachtung stehenden Fälle minus der halben Anzahl der im Intervall zensierten Fälle

$$n3 = n1 - \frac{n2}{2}$$

- *Anzahl der terminaten Ereignisse (n4):* Anzahl der im Intervall verstorbenen Fälle
- *Anzahl der Terminierenden (p1):* Schätzung der Wahrscheinlichkeit, im Intervall zu versterben, wenn der Anfang des Intervalls erreicht wurde; berechnet als Quotient der im Intervall verstorbenen Fälle und der noch dem Risiko ausgesetzten Fälle

$$p1 = \frac{n4}{n3}$$

- *Anteil der Überlebenden (p2):* Schätzung der Wahrscheinlichkeit, das Intervall zu überleben, wenn der Anfang des Intervalls erreicht wurde; diese Wahrscheinlichkeit addiert sich zu der Wahrscheinlichkeit, im Intervall zu versterben, zu 1

$$p2 = 1 - p1$$

- *Kumulativer Anteil der Überlebenden am Intervallende (p3):* Schätzung der (kumulierten) Überlebenswahrscheinlichkeit bis zum Ende des Intervalls unter der Voraussetzung, dass das erste Intervall erreicht wurde; berechnet als Produkt aller Wahrscheinlichkeiten p2 bis zum Ende des betrachteten Intervalls
- *Standardfehler des kumulativen Anteils der Überlebenden am Intervallende:* Standardfehler zu p3
- *Wahrscheinlichkeitsdichte (p4):* Schätzung der Wahrscheinlichkeit, im Intervall in einer Zeiteinheit zu versterben, wenn das erste Intervall erreicht wurde; berechnet als Produkt der kumulierten Überlebenswahrscheinlichkeit bis zum Ende des vorhergehenden Intervalls mit der Wahrscheinlichkeit, im Intervall zu versterben, wenn der Anfang dieses Intervalls erreicht wurde, geteilt durch die Intervallbreite (b)

$$p4 = \frac{p3_{\text{vorher}} \cdot p1}{b}$$

- *Standardfehler der Wahrscheinlichkeitsdichte:* Standardfehler zu p4

- *Hazard Rate (p5):* Schätzung der Wahrscheinlichkeit, im Intervall in einer Zeiteinheit zu versterben, wenn das Intervall erreicht wurde

$$p5 = \frac{p1}{(1 - \frac{p1}{2}) \cdot b}$$

- *Standardfehler der Hazard-Rate:* Standardfehler zu p5

Der wichtigste Parameter dürfte die Überlebenswahrscheinlichkeit bis zum Ende des Intervalls sein (*cumulative proportion surviving at end*). Dieser können Sie z. B. entnehmen, dass die Wahrscheinlichkeit, nach zwei Jahren (24 Monaten) noch zu leben, 0,3782 beträgt.

Die *median survival time* ist der Zeitpunkt, an dem die kumulierte Überlebenswahrscheinlichkeit 0,5 ist. Zu diesem Zeitpunkt sollte die Hälfte der Fälle verstorben sein.

Die Grafik der Überlebensfunktion ist im Folgenden dargestellt.

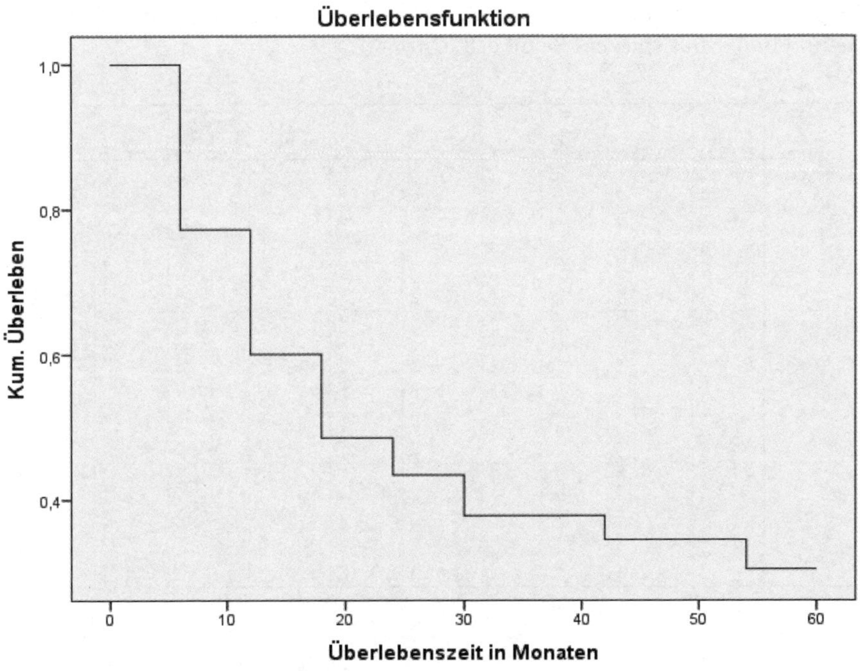

Bild 23.3: Überlebensfunktion

Es ist auch möglich, die Berechnungen getrennt nach Untergruppen durchzuführen. Dazu stehen in der Ausgangs-Dialogbox zwei Faktorfelder zur Verfügung.

In unserer Datendatei ist u. a. die Variable lkb aufgenommen, die den Lymphknotenbefall, eingeteilt in drei Klassen, wiedergibt:

0	=	kein Befall
1	=	mäßig
2	=	Stark

Wir wollen die Sterbetafeln und Überlebenskurven getrennt nach diesen drei Gruppen ermitteln.

- Tragen Sie daher im Faktorfeld die Variable lkb ein und definieren Sie mit Hilfe des entsprechenden Schalters den Bereich von 0 (Minimum) bis 2 (Maximum). Mit Hilfe eines zweiten Faktorfeldes könnten Sie die Gruppen anhand einer weiteren Variablen noch einmal in Untergruppen einteilen.
- In der Optionen-Dialogbox fordern Sie noch paarweise Vergleichstests der Überlebensverläufe zwischen den drei Gruppen an.
- Starten Sie die Berechnungen mit *OK*.

Die Ausgabe erfolgt jetzt getrennt nach den drei Klassifizierungen des Lymphknotenbefalls. Am eingängigsten ist der Vergleich der Mediane der Überlebenszeiten: In der Gruppe ohne Lymphknotenbefall beträgt er 60 Monate, in der Gruppe mit mäßigem Befall 20,15 Monate und in der mit starkem Befall 7,87 Monate.

Sterbetafel

Kontrollgrößen erster Ordnung		Intervallstartzeit	Anzahl der zur Anfangszeit Überlebenden	Anzahl der Ausgeschiedenen	Anzahl der dem Risiko Ausgesetzten	Anzahl der terminalen Ereignisse	Anteil der Terminierenden	Anteil der Überlebenden	Kumulativer Anteil der Überlebenden am Intervallende	Standardfehler des kumulativen Anteils der Überlebenden am Intervallende	Wahrscheinlichkeitsdichte	Standardfehler der Wahrscheinlichkeitsdichte	Hazard-Rate	Standardfehler der Hazard-Rate
Lymphknotenbefall	Kein Befall	0	33	0	33,000	1	,03	,97	,97	,03	,005	,005	,01	,01
		6	32	4	30,000	0	,00	1,00	,97	,03	,000	,000	,00	,00
		12	28	3	26,500	1	,04	,96	,93	,05	,006	,006	,01	,01
		18	24	2	23,000	1	,04	,96	,89	,06	,007	,007	,01	,01
		24	21	3	19,500	2	,10	,90	,80	,08	,015	,010	,02	,01
		30	16	0	16,000	0	,00	1,00	,80	,08	,000	,000	,00	,00
		36	16	3	14,500	2	,14	,86	,69	,10	,018	,012	,02	,02
		42	11	0	11,000	0	,00	1,00	,69	,10	,000	,000	,00	,00
		48	11	2	10,000	0	,00	1,00	,69	,10	,000	,000	,00	,00
		54	9	0	9,000	0	,00	1,00	,69	,10	,000	,000	,00	,00
		60	9	9	4,500	0	,00	1,00	,69	,10	,000	,000	,00	,00
	Maessig	0	22	0	22,000	3	,14	,86	,86	,07	,023	,012	,02	,01
		6	19	3	17,500	1	,06	,94	,81	,08	,008	,008	,01	,01
		12	15	2	14,000	5	,36	,64	,52	,12	,048	,018	,07	,03
		18	8	0	8,000	1	,13	,88	,46	,12	,011	,010	,02	,02
		24	7	1	6,500	0	,00	1,00	,46	,12	,000	,000	,00	,00
		30	6	0	6,000	0	,00	1,00	,46	,12	,000	,000	,00	,00
		36	6	1	5,500	0	,00	1,00	,46	,12	,000	,000	,00	,00
		42	5	0	5,000	0	,00	1,00	,46	,12	,000	,000	,00	,00
		48	5	0	5,000	1	,20	,80	,37	,13	,015	,014	,04	,04
		54	4	0	4,000	0	,00	1,00	,37	,13	,000	,000	,00	,00
		60	4	4	2,000	0	,00	1,00	,37	,13	,000	,000	,00	,00
	Stark	0	51	1	50,500	20	,40	,60	,60	,07	,066	,011	,08	,02
		6	30	2	29,000	16	,55	,45	,27	,06	,056	,011	,13	,03
		12	12	1	11,500	4	,35	,65	,18	,06	,016	,007	,07	,03
		18	7	0	7,000	2	,29	,71	,13	,05	,008	,006	,06	,04
		24	5	0	5,000	2	,40	,60	,08	,04	,008	,006	,08	,06
		30	3	0	3,000	0	,00	1,00	,08	,04	,000	,000	,00	,00
		36	3	0	3,000	0	,00	1,00	,08	,04	,000	,000	,00	,00
		42	3	0	3,000	0	,00	1,00	,08	,04	,000	,000	,00	,00
		48	3	2	2,000	1	,50	,50	,04	,03	,006	,006	,11	,10

Median der Überlebenszeit

Kontrollgrößen erster Ordnung		Median der Zeit
Lymphknotenbefall	Kein Befall	60,00
	Maessig	20,15
	Stark	7,87

Die Berechnung des Medians der ersten Gruppe bedarf noch eines Kommentars. Sehen Sie sich die Sterbetafel an, so zählen Sie 7 Patienten, die im Beobachtungszeitraum verstorben sind (und dabei eine maximale Überlebensdauer von 36 Monaten aufweisen), 9 Patienten haben den gesamten Beobachtungszeitraum von 60 Monaten überlebt. Dies führt zu einem Medianwert von 60 Monaten.

Das Diagramm der Überlebensfunktion zeigt die gemeinsame Darstellung aller Überlebenszeitkurven.

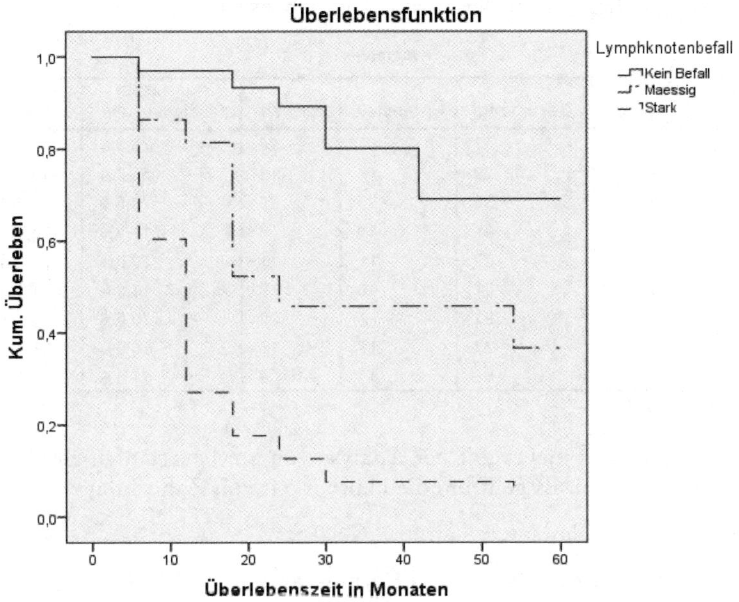

Bild 23.4: Überlebensfunktion nach Gruppen

Es folgen die Vergleiche der Überlebensverläufe zwischen den drei Gruppen. Hier hatten Sie paarweise Vergleiche gewünscht, dennoch wird auch ein Vergleich über alle Gruppen vorgeschaltet:

Gesamtvergleiche[a]

Wilcoxon-(Gehan)-Statistik	df	Sig.
47,443	2	,000

a. Die Vergleiche sind exakt.

Als Signifikanztest wird der Wilcoxon-Gehen-Test benutzt; alle Tests fallen sehr bzw. höchst signifikant aus. Ein stärkerer Lymphknotenbefall hat also in höchst signifikanter Weise eine kürzere Überlebenszeit zur Folge.

Paarweise Vergleiche[a]

(I) lkb	(J) lkb	Wilcoxon-(Gehan) -Statistik	df	Sig.
0	1	8,522	1	,004
	2	41,173	1	,000
1	0	8,522	1	,004
	2	14,458	1	,000
2	0	41,173	1	,000
	1	14,458	1	,000

a. Die Vergleiche sind exakt.

Bei der Berechnung der Mittelwerte wird zunächst zu jedem Fall ein Score ermittelt. Dabei wird ein Fall mit jedem anderen verglichen; der Score wird um 1 erhöht, falls der betreffende Fall eine höhere Überlebenszeit hat. Im gegenteiligen Fall wird er um 1 vermindert. Hohe Mittelwerte stehen also für eine hohe Überlebenszeit.

Mittelwerte

Vergleichsgruppe		Gesamtzahl	Unzensiert	Zensiert	Prozentsatz zensierter Fälle	Mittelwert
0 vs. 1	0	33	7	26	78,8%	6,939
	1	22	11	11	50,0%	-10,409
0 vs. 2	0	33	7	26	78,8%	39,000
	2	51	45	6	11,8%	-25,235
1 vs. 2	1	22	11	11	50,0%	27,227
	2	51	45	6	11,8%	-11,745
0		33	7	26	78,8%	39,000
1		22	11	11	50,0%	27,227
2		51	45	6	11,8%	-11,745

Gesamtvergleich

Ein weiteres Beispiel, das nichts mit der Analyse von Sterbeverläufen zu tun hat, sei der Zahnmedizin entnommen. Es geht um die Haltbarkeit von Zahn-Inlays.

- Laden Sie die Datei inlay.sav.

Diese Datei enthält im Wesentlichen drei Datumsvariablen:

t0	Einsetzen des Zahn-Inlays
tex	Ausfall des Zahn-Inlays (gegebenenfalls)
zens	Ende des Beobachtungszeitraums

Aus diesen drei Datumsangaben wurden die Überlebenszeitvariable zeit (in Monaten) und die Statusvariable ausfall berechnet, und zwar unter Verwendung der folgenden Programmsyntax:

```
DO IF NMISS(tex)=0.
COMPUTE zeit=RND((XDATE.TDAY(tex)-XDATE.TDAY(t0))/30).
COMPUTE ausfall=1.
ELSE.
COMPUTE zeit=RND((XDATE.TDAY(zens)-XDATE.TDAY(t0))/30).
COMPUTE ausfall=2.
END IF.
EXECUTE.
```

Es handelt sich hierbei um eine Struktur DO IF – ELSE – END IF, wobei zur Formulierung der Bedingung in der DO IF-Anweisung die Funktion NMISS benutzt wurde. Diese liefert als Ergebnis den Wert 1, wenn die als Argument angegebene Variable einen fehlenden

Wert hat, und den Wert 0 im anderen Fall. Ist also das Ausfalldatum (Variable tex) angegeben, wird die Statusvariable ausfall auf 1 gesetzt, sonst auf den Wert 2.

Im ersten Fall ist die Überlebenszeit das Intervall zwischen dem Ausfall- und Einsetzdatum (Variable t0), im zweiten Fall das Intervall zwischen dem Ende der Beobachtung (Variable zens) und dem Einsetzdatum. Zur Berechnung dieses Zeitintervalls wird die Datumsfunktion XDATE.TDAY benutzt. Diese liefert als Ergebnis die Anzahl der Tage, die seit dem 15. Oktober 1582 (dem Tag der Einführung des Gregorianischen Kalenders) bis zum angegebenen Datum vergangen sind. Der Ausdruck

```
XDATE.TDAY(tex)-XDATE.TDAY(t0)
```

berechnet demnach die Anzahl der Tage zwischen dem Einsetzdatum t0 und dem Ausfalldatum tex. Geteilt durch 30 ergibt sich diese Zeitspanne in Monaten, wobei mit der Rundungsfunktion RND auf ganzzahlige Werte gerundet wird. Entsprechendes gilt für den Ausdruck

```
XDATE.TDAY(zens)-XDATE.TDAY(t0)
```

als Zeitspanne zwischen dem Einsetzdatum und dem Ende der Beobachtung (Variable zens).

Gerade bei der Analyse von Zeitdaten, wie sie bei der Ereignisdatenanalyse üblich sind, ist es hilfreich, mit Datumsvariablen und entsprechenden Datumsfunktionen umgehen zu können. Das gegebene Beispiel kann dabei für ähnliche Situationen sicherlich hilfreich sein.

- Führen Sie eine Häufigkeitsauszählung der Variablen ausfall durch.

Sie erhalten die folgende Häufigkeitstabelle.

Inlay ausgefallen?

		Häufigkeit	Prozent	Gültige Prozent	Kumulative Prozente
Gültig	ja	106	4,1	4,1	4,1
	nein	2501	95,9	95,9	100,0
	Gesamtsumme	2607	100,0	100,0	

Sie erkennen, dass in nur 106 von insgesamt 2607 Fällen der Ausfall eines Zahn-Inlays zu verzeichnen ist. Dies führt bei der Überlebensanalyse zu gewissen Schwierigkeiten, auf die wir noch zurückkommen.

- Öffnen Sie die Dialogbox *Sterbetafeln* und definieren Sie die Variable zeit als Zeitvariable sowie die Variable ausfall als Statusvariable, wobei die Kodierung 1 das Eintreffen des Ereignisses festlegt. Als Zeitintervall wählen Sie eines von 0 bis 360 in 6er-Schritten.

- Fordern Sie über den Schalter *Optionen...* ein Diagramm mit der Überlebenswahrscheinlichkeit an.

Der im Viewer erscheinenden Sterbetafel entnehmen Sie u.a., dass die Wahrscheinlichkeit, dass ein Inlay mindestens zehn Jahre (120 Monate) hält, bei 0,85 liegt. Der Median der Überlebenszeit wird mit 348 Monaten angegeben, wobei zunächst die Höhe dieses Wertes überrascht. Prinzipiell ist dies der Zeitpunkt, ab dem die Überlebenswahrscheinlichkeit auf den Wert 0,5 abfällt.

Dieser Wert wird im gegebenen Beispiel nicht erreicht; nach dem in der letzten Zeile der Tabelle ausgewiesenen Wert von 348 Monaten beträgt die Überlebenswahrscheinlichkeit immer noch 0,66. Dies hat seine Ursache darin, dass nur bei 106 von insgesamt 2607 Inlays ein Ausfall zu verzeichnen war, was dann die vermutete Überlebenszeit bei den zensierten Fällen stark in die Höhe treibt. Überwiegen also die zensierten Fälle so stark wie hier, kann ihre Überlebenszeit nur unzureichend abgeschätzt werden. Der Median wird dann auf die Zeit beim Beobachtungsende gesetzt.

Sterbetafel[a]

Intervallstart zeit	Anzahl der zur Anfangszeit Überlebenden	Anzahl der Ausgeschiedenen	Anzahl der dem Risiko Ausgesetzten	Anzahl der terminalen Ereignisse	Anteil der Terminierenden	Anteil der Überlebenden	Kumulativer Anteil der Überlebenden am Intervallende	Standardfehler des kumulativen Anteils der Überlebenden am Intervallende	Wahrscheinlich keitsdichte	Standardfehler der Wahrscheinlich keitsdichte	Hazard-Rate	Standardfehler der Hazard-Rate
0	2607	459	2377,500	7	,00	1,00	1,00	,00	,000	,000	,00	,00
6	2141	424	1929,000	13	,01	,99	,99	,00	,001	,000	,00	,00
12	1704	320	1544,000	3	,00	1,00	,99	,00	,000	,000	,00	,00
18	1381	228	1267,000	10	,01	,99	,98	,00	,001	,000	,00	,00
24	1143	184	1051,000	9	,01	,99	,97	,00	,001	,000	,00	,00
30	950	136	882,000	11	,01	,99	,96	,01	,002	,001	,00	,00
36	803	125	740,500	5	,01	,99	,95	,01	,001	,000	,00	,00
42	673	126	610,000	3	,00	1,00	,95	,01	,001	,000	,00	,00
48	544	77	505,500	7	,01	,99	,94	,01	,002	,001	,00	,00
54	460	60	430,000	5	,01	,99	,92	,01	,002	,001	,00	,00
60	395	40	375,000	3	,01	,99	,92	,01	,001	,001	,00	,00
66	352	39	332,500	6	,02	,98	,90	,01	,003	,001	,00	,00
72	307	29	292,500	5	,02	,98	,89	,01	,003	,001	,00	,00
78	273	25	260,500	4	,02	,98	,87	,02	,002	,001	,00	,00
84	244	25	231,500	1	,00	1,00	,87	,02	,001	,001	,00	,00
90	218	13	211,500	0	,00	1,00	,87	,02	,000	,000	,00	,00
96	205	19	195,500	0	,00	1,00	,87	,02	,000	,000	,00	,00
102	186	15	178,500	1	,01	,99	,86	,02	,001	,001	,00	,00
108	170	17	161,500	1	,01	,99	,86	,02	,001	,001	,00	,00
114	152	9	147,500	0	,00	1,00	,86	,02	,000	,000	,00	,00
120	143	27	129,500	1	,01	,99	,85	,02	,001	,001	,00	,00
126	115	16	107,000	0	,00	1,00	,85	,02	,000	,000	,00	,00
132	99	10	94,000	1	,01	,99	,84	,02	,002	,002	,00	,00
138	88	0	88,000	1	,01	,99	,83	,02	,002	,002	,00	,00
144	87	11	81,500	0	,00	1,00	,83	,02	,000	,000	,00	,00
150	76	7	72,500	1	,01	,99	,82	,02	,002	,002	,00	,00
156	68	11	62,500	0	,00	1,00	,82	,02	,000	,000	,00	,00
162	57	0	57,000	0	,00	1,00	,82	,02	,000	,000	,00	,00
168	57	7	53,500	0	,00	1,00	,82	,02	,000	,000	,00	,00
174	50	2	49,000	2	,04	,96	,79	,03	,006	,004	,01	,00
180	46	6	43,000	3	,07	,93	,73	,04	,009	,005	,01	,01
186	37	0	37,000	1	,03	,97	,71	,05	,003	,003	,00	,00
192	36	0	36,000	0	,00	1,00	,71	,05	,000	,000	,00	,00
198	36	0	36,000	0	,00	1,00	,71	,05	,000	,000	,00	,00
204	36	4	34,000	0	,00	1,00	,71	,05	,000	,000	,00	,00
210	32	0	32,000	1	,03	,97	,69	,05	,004	,004	,01	,01
216	31	8	27,000	0	,00	1,00	,69	,05	,000	,000	,00	,00
222	23	3	21,500	1	,05	,95	,66	,06	,005	,005	,01	,01
228	19	2	18,000	0	,00	1,00	,66	,06	,000	,000	,00	,00
234	17	0	17,000	0	,00	1,00	,66	,06	,000	,000	,00	,00
240	17	1	16,500	0	,00	1,00	,66	,06	,000	,000	,00	,00
246	16	0	16,000	0	,00	1,00	,66	,06	,000	,000	,00	,00
252	16	0	16,000	0	,00	1,00	,66	,06	,000	,000	,00	,00
258	16	0	16,000	0	,00	1,00	,66	,06	,000	,000	,00	,00
264	16	0	16,000	0	,00	1,00	,66	,06	,000	,000	,00	,00
270	16	9	11,500	0	,00	1,00	,66	,06	,000	,000	,00	,00
276	7	3	5,500	0	,00	1,00	,66	,06	,000	,000	,00	,00
282	4	0	4,000	0	,00	1,00	,66	,06	,000	,000	,00	,00
288	4	0	4,000	0	,00	1,00	,66	,06	,000	,000	,00	,00
294	4	0	4,000	0	,00	1,00	,66	,06	,000	,000	,00	,00
300	4	0	4,000	0	,00	1,00	,66	,06	,000	,000	,00	,00
306	4	0	4,000	0	,00	1,00	,66	,06	,000	,000	,00	,00
312	4	2	3,000	0	,00	1,00	,66	,06	,000	,000	,00	,00
318	2	0	2,000	0	,00	1,00	,66	,06	,000	,000	,00	,00
324	2	0	2,000	0	,00	1,00	,66	,06	,000	,000	,00	,00
330	2	0	2,000	0	,00	1,00	,66	,06	,000	,000	,00	,00
336	2	0	2,000	0	,00	1,00	,66	,06	,000	,000	,00	,00
342	2	0	2,000	0	,00	1,00	,66	,06	,000	,000	,00	,00
348	2	2	1,000	0	,00	1,00	,66	,06	,000	,000	,00	,00

a. Der Median der Überlebenszeit ist 348,0000

Es folgt im Viewer das Diagramm mit der Überlebenswahrscheinlichkeit.

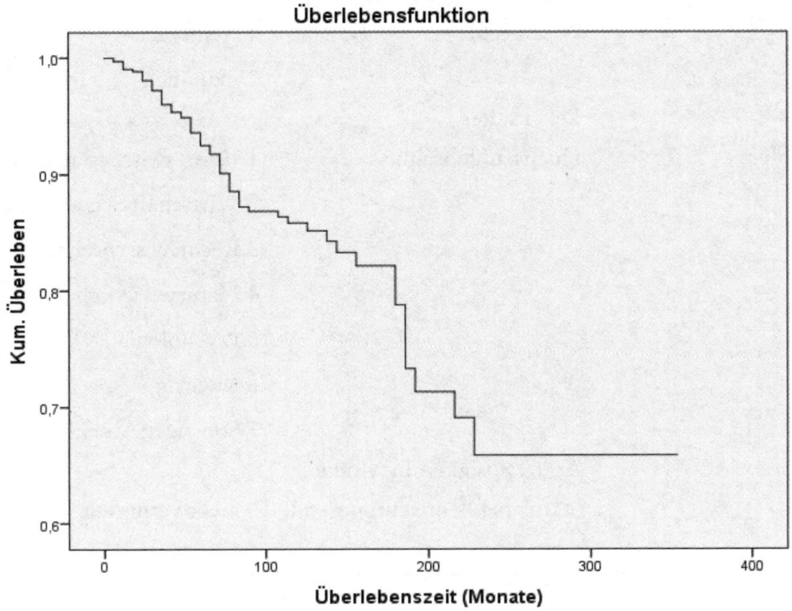

Bild 23.5: Überlebensfunktion (Inlays)

Bevor die Hypochonder unter den Lesern noch ganz krank werden, wollen wir den medizinischen Sektor lieber für ein Weilchen verlassen.

23.1.2 Vertiefende Beispiele aus der Soziologie

Ein Beispiel aus der Soziologie soll zeigen, dass Überlebensanalysen nicht nur in der Medizin eingesetzt werden können, so dass die allgemeinere Bezeichnung »Ereignisdatenanalyse« gerechtfertigt ist.

Die zugrunde liegende Datei enthält Angaben über die Dauer der Arbeitslosigkeit ausgewählter Hochschulabsolventen eines Jahrgangs, die ihr jeweiliges Studium mit vergleichbaren Leistungen abgeschlossen haben. Geprüft werden soll, ob es hinsichtlich der Dauer der Arbeitslosigkeit Unterschiede zwischen Männern und Frauen sowie zwischen den Hochschulfächern gibt. Das Ereignis, welches hier beobachtet wird, ist das Ausscheiden aus der Arbeitslosigkeit aufgrund erfolgreicher Bewerbung oder Vermittlung seitens des Jobcenters. Die entsprechenden Daten enthält die Datei jobcenter.sav.

Variablenbezeichnung	Etikett	Kategorien
Nr	Karteinummer	
Sex	Geschlecht	1 weiblich
		2 männlich
Alter	Lebensalter	
Abschluss	Hochschulabschluss	1 Geisteswissenschaften
		2 Wirtschaftswissenschaften
		3 Rechtswissenschaften
		4 Naturwissenschaften
		5 Psychologie
		6 Medizin
		7 Sonstiger Abschluss
Monate	Arbeitslosigkeit in Monaten	
Status	Status bei Beobachtungsende	0 nicht vermittelt
		1 vermittelt

- Laden Sie die Datei jobcenter.sav und wählen Sie aus dem Menü

  Analysieren
  Überleben
  Sterbetafeln...

Es öffnet sich die Dialogbox *Sterbetafeln.*

- Bringen Sie die Variable monate in das für die Zeitvariable vorgesehene Feld. Wir wollen ein dreimonatiges Intervall über einen Zeitraum von vier Jahren definieren; tragen Sie daher für die Konstruktion des Zeitintervalls »0 bis 48 Schritt 3« ein.
- Geben Sie die Variable status als Statusvariable an und klicken Sie auf die Schaltfläche *Ereignis definieren...* Das Ereignis (vermittelt) ist mit 1 kodiert. Tragen Sie daher diese Ziffer als *Einzelner Wert* ein und verlassen Sie die Dialogbox über *Weiter.*
- Lassen Sie zunächst die Faktorvariablen unberücksichtigt.
- Klicken Sie auf den Schalter *Optionen...*
- Fordern Sie zusätzlich die Darstellung der Überlebenswahrscheinlichkeit an.
- Starten Sie die Berechnungen mit *OK.*

Die Ergebnisse sind im Folgenden wiedergegeben.

Sterbetafel[a]

tervallstartzeit	Anzahl der zur Anfangszeit Überlebenden	Anzahl der Ausgeschiedenen	Anzahl der dem Risiko Ausgesetzten	Anzahl der terminalen Ereignisse	Anteil der Terminierenden	Anteil der Überlebenden	Kumulativer Anteil der Überlebenden am Intervallende	Standardfehler des kumulativen Anteils der Überlebenden am Intervallende	Wahrscheinlich keitsdichte	Standardfehler der Wahrscheinlichkeit sdichte	Hazard-Rate	Standardfehler der Hazard-Rate
	100	1	99,500	4	,04	,96	,96	,02	,013	,007	,01	,01
	95	10	90,000	16	,18	,82	,79	,04	,057	,013	,07	,02
	69	7	65,500	8	,12	,88	,69	,05	,032	,011	,04	,02
	54	5	51,500	11	,21	,79	,54	,06	,049	,014	,08	,02
2	38	10	33,000	5	,15	,85	,46	,06	,028	,012	,05	,02
5	23	0	23,000	3	,13	,87	,40	,06	,020	,011	,05	,03
8	20	1	19,500	3	,15	,85	,34	,06	,021	,011	,06	,03
[illegible]	16	2	15,000	4	,27	,73	,25	,06	,030	,014	,10	,05
[illegible]	10	1	9,500	1	,11	,89	,22	,06	,009	,009	,04	,04
[illegible]	8	0	8,000	3	,38	,63	,14	,05	,028	,015	,15	,09
[illegible]	5	0	5,000	0	,00	1,00	,14	,05	,000	,000	,00	,00
[illegible]	5	0	5,000	0	,00	1,00	,14	,05	,000	,000	,00	,00
6	5	0	5,000	0	,00	1,00	,14	,05	,000	,000	,00	,00
9	5	0	5,000	0	,00	1,00	,14	,05	,000	,000	,00	,00
2	5	0	5,000	0	,00	1,00	,14	,05	,000	,000	,00	,00
5	5	0	5,000	0	,00	1,00	,14	,05	,000	,000	,00	,00
[illegible]	5	4	3,000	1	,33	,67	,09	,05	,000	,000	,00	,00

Der Median der Überlebenszeit ist 13,63

Zur Interpretation der Überlebenstabelle ziehen Sie wieder die Zusammenstellung der ausgegebenen und in Kap. 23.1.1 beschriebenen Werte zu Rate. Der Median der Überlebenszeit ist auch hier wieder der Zeitpunkt, nach dem für die Hälfte der Fälle das Ereignis eingetreten sein sollte. In unserem Beispiel sind also nach gut einem Jahr die Hälfte der AkademikerInnnen vermittelt, die sich beim Arbeitsamt als arbeitssuchend gemeldet hatten und in der Kartei erfasst wurden.

Im Viewer sehen Sie ferner noch die angeforderte Grafik der Überlebensfunktion.

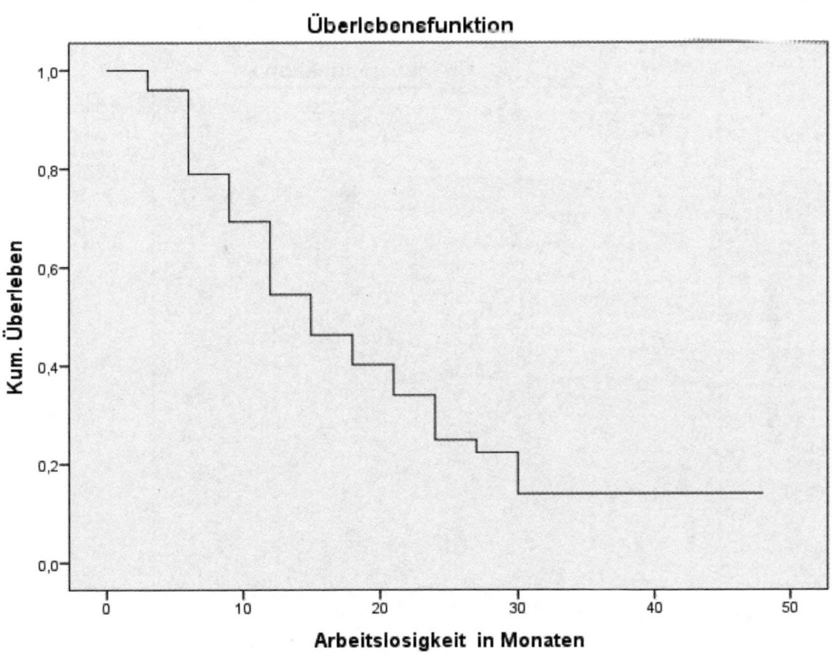

Bild 23.6: Diagramm der Überlebensfunktion

Wir wollen nun die Überlebensanalyse getrennt nach Geschlechtern durchführen.

- Definieren Sie hierfür zusätzlich in der Dialogbox *Sterbetafeln* die Variable sex als Faktor.
- Klicken Sie auf den Schalter *Bereich definieren...* und legen Sie als Minimum den Wert »1« und als Maximum den Wert »2« fest.
- Bestätigen Sie mit *Weiter* und *OK*.

Es werden zwei getrennte Überlebenstabellen ausgegeben, eine für die Frauen sowie eine für die Männer. Es folgt die geschlechtsspezifische Angabe des Medians der Überlebenszeit.

Median der Überlebenszeit

Kontrollgrößen erster Ordnung		Median der Zeit
Geschlecht	weiblich	22,84
	männlich	10,32

Bei den Frauen beträgt der Median der Überlebenszeit 22,84 Monate, bei den Männern nur 10,32 Monate. Die männlichen Hochschulabsolventen erhalten somit wesentlich schneller eine Anstellung als die weiblichen.

Es folgt im SPSS Viewer die ebenfalls nach Geschlechtern getrennte Grafik der Überlebensfunktion.

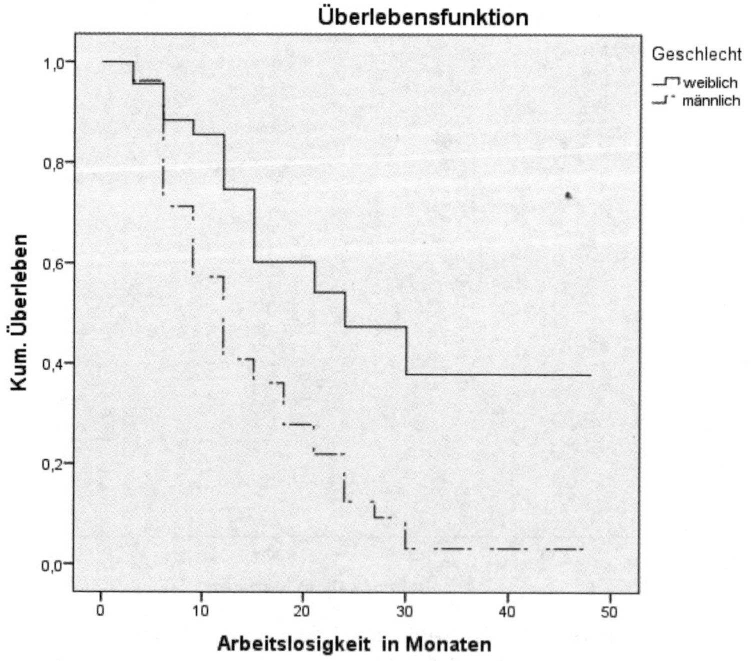

Bild 23.7: Überlebensfunktion getrennt nach Geschlechtern

Deutlich erkennbar wird hier der unterschiedliche Verlauf bei Männern und Frauen.

Wir wollen abschließend noch überprüfen, ob es relevante Unterschiede hinsichtlich der abgeschlossenen Fächer gibt.

- Definieren Sie in der Dialogbox *Sterbetafeln* die Variable abschluss als Faktor.
- Klicken Sie auf den Schalter *Bereich definieren...* und legen Sie als Minimum den Wert 1 und als Maximum den Wert 6 fest.
- Bestätigen Sie mit *Weiter* und *OK*.

Die Tabelle der Mediane der Überlebenszeit informiert u. a. darüber, dass die Überlebenszeit der Mediziner am kürzesten ist, für die Geisteswissenschaftler hingegen am längsten.

Median der Überlebenszeit

Kontrollgrößen erster Ordnung		Median der Zeit
Hochschulabschluss	Geisteswissen	48,00
	Wirtschaftswissen	10,53
	Rechtswissen	8,26
	Naturwissen	12,05
	Psychologie	10,50
	Medizin	6,69

Die sehr schnelle Vermittlung der Mediziner unterstreicht visuell auch die sich anschließende nach Fächern getrennte Grafik der Überlebensfunktion.

Den Geisteswissenschaftlern unter Ihnen sei zur großen Beruhigung gesagt, dass es sich beim obigen Datensatz um einen rein fiktiven Datensatz handelt, während es sich beim kommenden Datensatz um harte Daten handelt.

Das nächste Beispiel befasst sich noch einmal mit dem Thema der Arbeitslosigkeit. Alle innerhalb des Jahres 2006 hinzugekommenen Arbeitslosen eines Arbeitsamtes wurden bis zum Ende des Jahres 2007 daraufhin beobachtet, ob sie während dieser Zeit wieder eine Arbeitsstelle gefunden hatten.

- Laden Sie die Datei arblos.sav.

Die Datei enthält u. a. zwei Datumsvariablen (jeweils bestehend aus Monats- und Jahresangabe), die den Beginn der Arbeitslosigkeit (Variable datrein) und gegebenenfalls den Eintritt in die Arbeitswelt wiedergeben (Variable datraus). Ferner gibt es die beiden Variablen zeit (betreffende Zeitspanne in Monaten) und die Statusvariable status mit der Kodierung 1, falls im beobachteten Zeitraum eine Arbeit gefunden werden konnte. Dies ist bei den beobachteten 22541 Fällen 17346 Mal der Fall; die Anzahl der zensierten Fälle beträgt somit 5195.

Die Datei enthält ferner die Variable gruppe, welche über die Kodierung 1 bis 3 die Altersgruppe bei Beginn der Arbeitslosigkeit wiedergibt: bis 25 Jahre, 26 bis 54 Jahre und ab 55 Jahre.

Die für die Ereignisdatenanalyse obligatorischen Variablen zeit und status wurden wie im vorhergehenden Beispiel mit folgender Syntax gebildet:

```
DO IF NMISS(datraus)=0.
COMPUTE zeit=RND((XDATE.TDAY(datraus)-XDATE.TDAY(datrein))/30).
COMPUTE status=1.
ELSE.
COMPUTE zeit=RND((XDATE.TDAY(DATE.MOYR(1,2008))-XDATE.TDAY(datrein))/30).
COMPUTE status=2.
END IF.
EXECUTE.
```

Dabei ist als Ende des Beobachtungszeitraums Januar 2008 festgelegt. Die Datumsfunktion DATE.MOYR berechnet daraus (zum Monatsersten) zunächst den internen Datumswert; hierauf wird dann wieder die Funktion XDATE.TDAY angewandt.

- Öffnen Sie die Dialogbox *Sterbetafeln*, definieren Sie die Variable zeit als Zeitvariable und die Variable status als Statusvariable mit der Kodierung 1 für das Eintreffen des Ereignisses. Da die Zeitangabe maximal 24 Monate beträgt, definieren Sie das Zeitintervall von 0 bis 24 mit der Schrittweite 1. Geben Sie die Variable gruppe als Faktorvariable mit dem Bereich von 1 bis 3 an.
- Über den Schalter *Optionen...* fordern Sie ein Diagramm mit der Überlebenswahrscheinlichkeit und einen paarweisen Vergleich der Faktorstufen an.

Die Sterbetafel soll hier aus Platzgründen nicht wiedergegeben werden. Sie entnehmen ihr z.B., dass die Wahrscheinlichkeit, nach einem Jahr (12 Monaten) noch keine Arbeitsstelle gefunden zu haben, bei den bis zu 25-Jährigen 0,05 beträgt, bei den 26- bis 54-Jährigen 0,22 und bei den ab 55-Jährigen 0,44.

Der Ausgabe der Sterbetafel folgt die Tabelle der Mediane der Überlebenszeit getrennt nach Altersgruppen.

Median der Überlebenszeit

Kontrollgrößen erster Ordnung		Median der Zeit
Altersgruppe	bis 25 Jahre	3,78
	26 - 54 Jahre	6,45
	ab 55 Jahre	10,53

Der Median der Dauer der Arbeitslosigkeit beträgt bei den bis zu 25-Jährigen 3,78 Monate, bei den 26- bis 54-Jährigen 6,45 Monate und bei den ab 55-Jährigen 10,53 Monate. Nach diesen Zeiten hat jeweils die Hälfte der Arbeitslosen wieder eine Arbeit gefunden. Der Unterschied zwischen den drei Gruppen erweist sich paarweise als höchst signifikant ($p < 0{,}001$).

Es folgt das nach Altersgruppen aufgeteilte Diagramm der Überlebenswahrscheinlichkeiten.

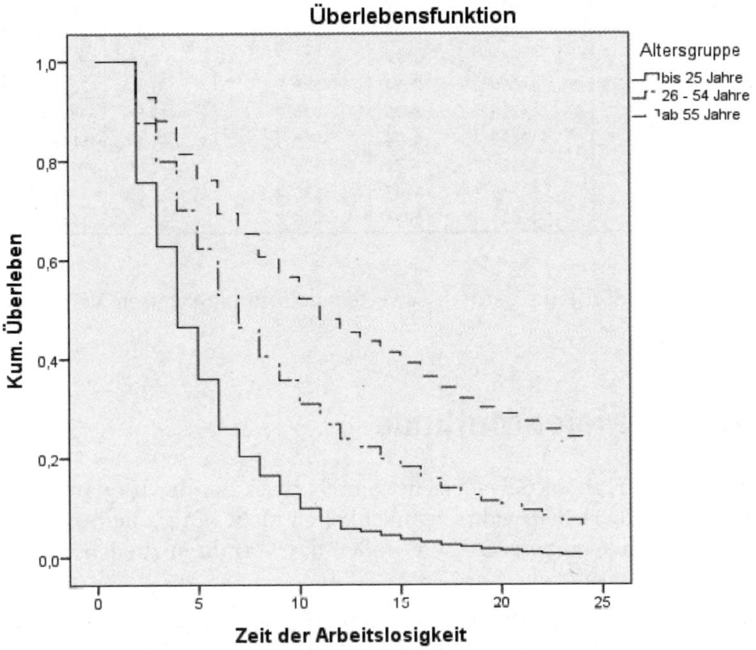

Bild 23.8: Überlebensfunktion (Arbeitslosigkeit)

Das Diagramm verdeutlicht noch einmal, dass die Arbeitslosigkeit umso schneller beendet wird, je jünger die Altersgruppe ist. Der paarweise Vergleich der Faktorstufen schließt die Ausgabe ab.

Gesamtvergleiche[a]

Wilcoxon-(Gehan)-Statistik	df	Sig.
3174,950	2	,000

a. Die Vergleiche sind exakt.

Paarweise Vergleiche[a]

(I) gruppe	(J) gruppe	Wilcoxon-(Gehan)-Statistik	df	Sig.
1	2	720,514	1	,000
	3	2871,766	1	,000
2	1	720,514	1	,000
	3	735,264	1	,000
3	1	2871,766	1	,000
	2	735,264	1	,000

a. Die Vergleiche sind exakt.

Mittelwerte

Vergleichsgruppe		Gesamtzahl	Unzensiert	Zensiert	Prozentsatz zensierter Fälle	Mittelwert
1 vs. 2	1	3651	3577	74	2,0%	-1482,500
	2	4270	3735	535	12,5%	1267,590
1 vs. 3	1	3651	3577	74	2,0%	-8237,876
	3	14620	10034	4586	31,4%	2057,215
2 vs. 3	2	4270	3735	535	12,5%	-3907,875
	3	14620	10034	4586	31,4%	1141,356
1		3651	3577	74	2,0%	-8237,876
2		4270	3735	535	12,5%	-3907,875
3		14620	10034	4586	31,4%	1141,356

Gesamtvergleich

Die Unterschiede der drei Faktorstufen erweisen sich im paarweisen Vergleich als höchst signifikant.

23.2 Kaplan-Meier-Methode

Im Gegensatz zum Verfahren des vorigen Kapitels ist es bei der Kaplan-Meier-Methode zur Berechnung der Überlebenswahrscheinlichkeiten nicht nötig, die beobachteten Überlebenszeiten in Intervalle einzuteilen. Wir wollen das Verfahren zunächst am Beispiel der Datei mkarz.sav erläutern (siehe Kap. 23.1).

Immer dann, wenn für einen Fall das Ereignis (in unserem Beispiel: der Tod eines Patienten) eintritt, werden die Überlebenswahrscheinlichkeiten der noch Lebenden neu berechnet. Zur Erläuterung dieses Verfahrens sortieren wir die Patienten unseres Beispiels nach ihren Überlebenszeiten und zählen aus, wie häufig diese Zeiten eintreten. Dabei unterscheiden wir noch zwischen Fällen, bei denen das Ereignis eintritt, und den zensierten Fällen (bei denen der Eintritt des Ereignisses bis zum Ende des Beobachtungszeitraums nicht eintritt). Der Beginn einer solchen Tabelle ist im Folgenden dargestellt.

Zeit	Ereignisse	zensierte Fälle	bis zu dieser Zeit Überlebende	nach dieser Zeit Überlebende	kumulative Überlebenswahrscheinlichkeit
1	3	0	106	103	0,9717
2	1	0	103	102	0,9623
3	5	0	102	97	0,9151
4	9	1	97	87	0,8302
5	6	0	87	81	0,7729
6	2	1	81	78	0,7538
7	2	3	78	73	0,7345

Folgt man dieser Tabelle, so ist die Wahrscheinlichkeit, einen Monat zu überleben,

$$\frac{103}{106} = 0,9717$$

Von insgesamt 106 Patienten leben nach einem Monat noch 103.

Nach zwei Monaten ist ein weiterer Patient verstorben. Die Wahrscheinlichkeit, den zweiten Monat zu überleben, wenn man am Anfang des Monats noch lebt, ist daher

$$\frac{102}{103} = 0,9903$$

Um nun die kumulative Wahrscheinlichkeit dafür zu berechnen, dass einer der zu Anfang des Beobachtungszeitraums noch lebenden Patienten nach zwei Monaten noch lebt, muss man das Produkt aus den bis dahin ermittelten Wahrscheinlichkeiten bilden:

$$0,9717 \cdot 0,9903 = 0,9623$$

Auf diese Weise kann man die kumulativen Überlebenswahrscheinlichkeiten bis zum Ende des Beobachtungszeitraums berechnen.

- Um die Kaplan-Meier-Methode mit SPSS anhand unseres Beispiels durchzurechnen, laden Sie die Daten der Datei mkarz.sav und wählen aus dem Menü

  Analysieren
  Überleben
  Kaplan-Meier...

Es öffnet sich die Dialogbox *Kaplan-Meier.*

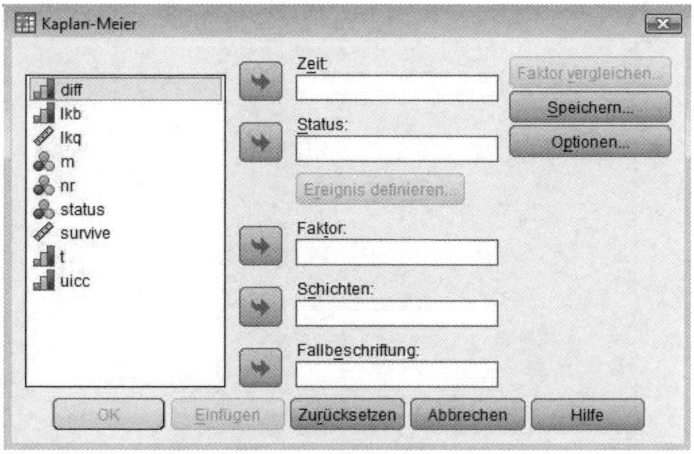

Bild 23.9: Dialogbox Kaplan-Meier

- Bringen Sie die Variable survive in das Zeit- und die Variable status in das Statusfeld.
- Klicken Sie auf den Schalter *Ereignis definieren...* und geben Sie in der dann erscheinenden Dialogbox in dem Feld *Einzelner Wert* 1 als Kodierung für das Eintreten des Ereignisses (tot) ein.
- Mit Hilfe des Schalters *Optionen...* wünschen Sie sich zusätzlich zu den voreingestellten Statistiken ein Diagramm der Überlebenswahrscheinlichkeiten. Faktor- und Schichtenvariablen wollen wir zunächst nicht definieren.
- Starten Sie die Berechnungen mit *OK*.

Es folgt zunächst die Ausgabe der Kaplan-Meier-Tafel für die 106 Fälle der Datendatei, die hier aus Platzgründen nicht wiedergegeben sei.

Die Ausgabe spricht für sich und wurde eingangs erläutert. Hinzugekommen ist noch die Berechnung des Standardfehlers der kumulativen Überlebenswahrscheinlichkeit. Anschließend werden noch Mittelwert und Median der Überlebenszeiten nebst Standardfehler und 95%-Konfidenzintervall ausgegeben.

Mittelwerte und Mediane für Überlebenszeit

Mittelwert[a]				Median			
		95%-Konfidenzintervall				95%-Konfidenzintervall	
Schätzung	Standardfehler	Untergrenze	Obergrenze	Schätzung	Standardfehler	Untergrenze	Obergrenze
27,864	2,483	22,998	32,730	17,000	3,816	9,520	24,480

a. Wenn die Schätzung zensiert ist, wird sie auf die größte Überlebenszeit begrenzt.

Bei der Sterbetafel-Analyse (siehe Kap. 23.1) war als Median wiederum etwas genauer der Wert 17,24 ausgegeben worden. Die Überlebenszeiten der zensierten Fälle werden bei der Berechnung des Mittelwertes auf die längste beobachtete Überlebenszeit reduziert.

Die Überlebensfunktion ist im Folgenden dargestellt.

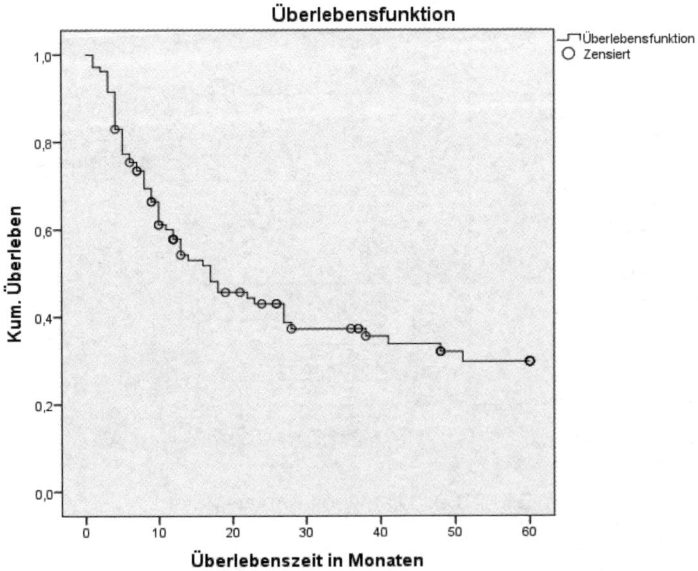

Bild 23.10: Überlebensfunktion nach Kaplan-Meier

Auch bei der Kaplan-Meier-Methode ist es möglich, die Berechnungen getrennt nach Untergruppen vorzunehmen.

- Um dies nachzuvollziehen, bringen Sie die Variable lkb (drei Klassen des Lymphknotenbefalls) in das Faktorfeld und klicken auf *Faktor vergleichen...*

Es erscheint die Dialogbox *Kaplan-Meier: Faktorstufen vergleichen.*

Bild 23.11: Dialogbox Kaplan-Meier: Faktorstufen vergleichen

- Kreuzen Sie alle drei verfügbaren Teststatistiken an.

Die Kaplan-Meier-Tafeln werden getrennt nach den drei Klassen des Lymphknotenbefalls ausgegeben. Sie können hier aus Platzgründen nicht wiedergegeben werden. Ferner werden zusätzlich die folgenden Statistiken erstellt:

Zusammenfassung der Fallverarbeitung

Lymphknotenbefall	Gesamtzahl	Anzahl der Ereignisse	Zensiert	
			H	Prozent
Kein Befall	33	7	26	78,8%
Maessig	22	11	11	50,0%
Stark	51	45	6	11,8%
Insgesamt	106	63	43	40,6%

Gesamtvergleiche

	Chi-Quadrat	df	Sig.
Log Rank (Mantel-Cox)	57,080	2	,000
Breslow (Generalized Wilcoxon)	50,153	2	,000
Tarone-Ware	54,775	2	,000

Test auf Gleichheit der Überlebensverteilungen für verschiedene Stufen von Lymphknotenbefall.

Um die drei Verläufe auf signifikanten Unterschied zu testen, werden der Log-Rank-Test, der Breslow-Test und der Tarone-Ware-Test ausgeführt.

- *Log-Rang*: Der Log-Rang-Test vergleicht die Gleichheit der Überlebensverteilungen, wobei alle Zeitpunkte in diesem Test gleich gewichtet werden.

- *Breslow-Test*: Der Breslow-Test vergleicht die Gleichheit der Überlebensverteilungen, wobei die Zeitpunkte mit der Anzahl der gefährdeten Fälle zu jedem Zeitpunkt gewichtet werden.
- *Tarone-Ware-Test*: Der Tarone-Ware-Test vergleicht die Gleichheit der Überlebensverteilungen, wobei die Zeitpunkte mit der Quadratwurzel der zu jedem Zeitpunkt gefährdeten Fälle gewichtet werden.

Alle drei Tests basieren somit auf den Differenzen zwischen beobachteten und erwarteten Ereignishäufigkeiten zu den einzelnen Zeitpunkten, wobei die Werte zu den einzelnen Zeitpunkten bei den drei Tests unterschiedlich gewichtet werden. Bei einer hohen Anzahl zensierter Fälle gilt der Breslow-Test als nicht empfehlenswert. Im vorliegenden Beispiel zeigen alle drei Tests höchst signifikante Unterschiede auf.

Auch die Überlebensgrafik wird entsprechend in drei Verläufe aufgetrennt.

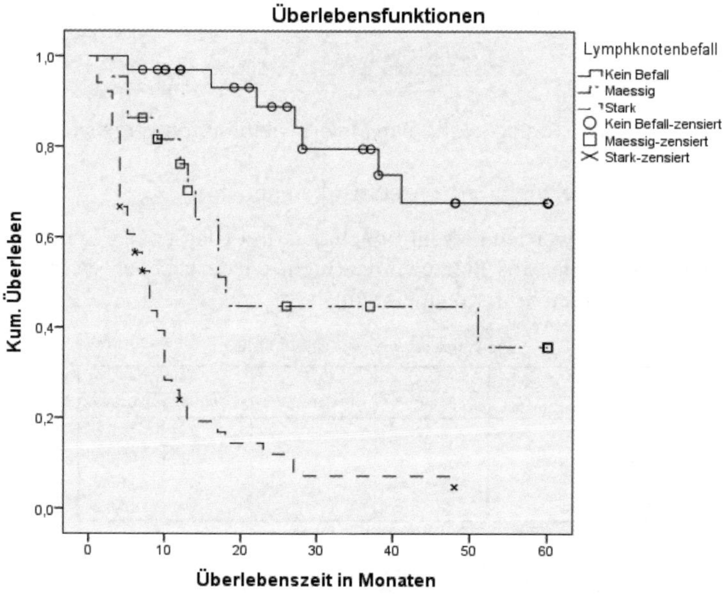

Bild 23.12: Nach Verläufen getrennte Überlebensfunktion

Die höchst signifikanten Unterschiede zwischen den drei Verläufen kommen auch grafisch recht deutlich zum Ausdruck.

- In dem mit *Schichten* bezeichneten Feld der Dialogbox können Sie eine weitere Variable angeben, die innerhalb der mit der Faktorvariablen definierten Untergruppen noch einmal eine Aufteilung vornimmt. Eine übliche Anwendung ist hier die Unterscheidung nach verschiedenen Behandlungsmethoden.
- Über den Schalter *Speichern* können Sie sich die Hinzufügung von vier neuen Variablen wünschen.

Eine von diesen gibt z. B. die kumulative Überlebenswahrscheinlichkeit zu jedem Fall an.

Die Kaplan-Meier-Methode zur Ereignisdatenanalyse eignet sich nur für kleine Fallzahlen, wenn die Einteilung der Überlebenszeit in Intervalle nicht möglich ist. Bei großen Fallzahlen wird die Ausgabe zu umfangreich, da jeder Fall dokumentiert wird.

23.3 Regressionsanalyse nach Cox

Mit Hilfe dieses Verfahrens kann man untersuchen, wie bestimmte Variablen (genannt unabhängige Variablen, Vorhersagevariablen oder Kovariaten) die Überlebenswahrscheinlichkeit beeinflussen. Es handelt sich dabei um eine der multiplen Regressionsanalyse bzw. der logistischen Regression verwandte Methode, die auch die Einbeziehung zensierter Fälle gestattet.

Die kumulierte Überlebenswahrscheinlichkeit zum Zeitpunkt t berechnet sich nach dem Ansatz der Cox-Regression unter dem Einfluss der unabhängigen Variablen $x_1$bis x_n zu

$$S(t) = S_0(t)^p$$

Dabei ist $S_0(t)$ die sogenannte basale Überlebenswahrscheinlichkeit zum Zeitpunkt t; der Exponent p bestimmt sich zu

$$p = e^{b_1 \cdot x_1 + b_2 \cdot x_2 + \ldots + b_n \cdot x_n}$$

Die Schätzung der Koeffizienten b_1 bis b_n ist die Aufgabe der Cox-Regressionsanalyse. Wären alle Koeffizienten null, hätte p den Wert 1 und die basale Überlebenswahrscheinlichkeit würde durch die unabhängigen Variablen (Kovariaten) nicht verändert. Positive Koeffizienten verringern die Überlebenswahrscheinlichkeit, negative vergrößern sie.

23.3.1 Beispiel aus der Medizin

In der Datei mkarz.sav ist u. a. die Variable lkq enthalten, die den Lymphknotenquotienten wiedergibt (Verhältnis der befallenen zu den entnommenen Lymphknoten). Wir wollen die Überlebenswahrscheinlichkeiten in Abhängigkeit von dieser Variablen analysieren.

- Laden Sie die Datei mkarz.sav.
- Wählen Sie aus dem Menü

Analysieren
    Überleben
        Cox-Regression...

Es öffnet sich die Dialogbox *Cox-Regression.*

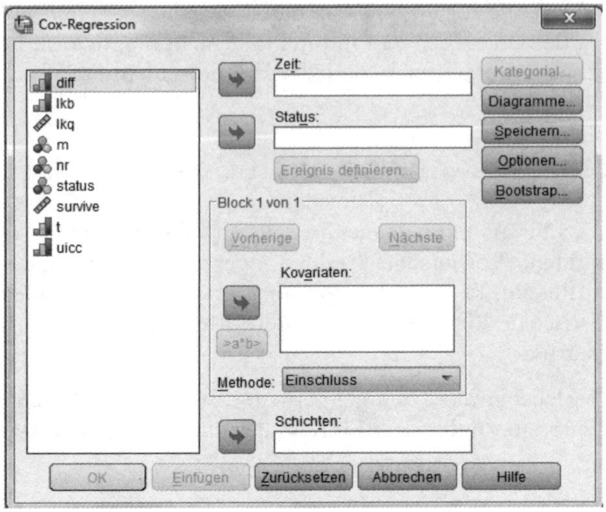

Bild 23.13: Dialogbox Cox-Regression

- Bringen Sie in gewohnter Weise die Variable survive in das Zeit-Feld, die Variable status in das Status-Feld und definieren Sie nach einem Klick auf den Schalter *Ereignis definieren...* über das Feld *Einzelner Wert* 1 als Kennzeichnung für das Auftreten des Ereignisses (»Patient verstorben«). Die Variable lkq klicken Sie in das Kovariaten-Feld. Da nur eine Kovariate untersucht wird, belassen Sie es bei der voreingestellten Einschlussmethode (bei der sämtliche Kovariaten gleichzeitig in die Analyse einbezogen werden).
- Klicken Sie auf den Schalter *Diagramme...*

Es öffnet sich die Dialogbox *Cox-Regression: Diagramme.*

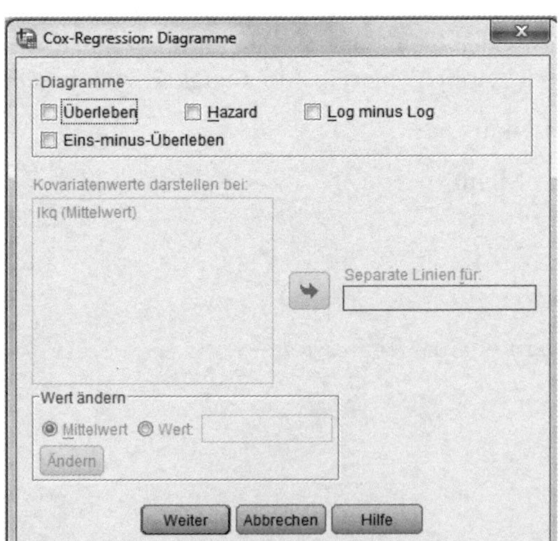

Bild 23.14: Dialogbox Cox-Regression: Diagramme

- Kreuzen Sie die Darstellung eines Überlebensdiagramms an. Voreinstellungsgemäß wird diejenige Überlebenswahrscheinlichkeitskurve gezeichnet, die zu den Mittelwerten der in die Analyse aufgenommenen Kovariaten gehört.

Wollen Sie die Überlebenskurve für andere Werte der Kovariaten zeichnen lassen, so klicken Sie jeweils im Feld *Kovariatenwerte darstellen bei* auf diese Variablen, aktivieren im Feld *Wert ändern* die Option *Wert* und geben im benachbarten Feld Ihren gewünschten Wert an. Wünschen Sie etwa im gegebenen Beispiel die Ausgabe der Überlebenskurve für den Fall, dass die Hälfte aller Lymphknoten befallen ist, so geben Sie den Wert 0,5 ein. Anschließend klicken Sie auf *Ändern*. Belassen Sie es aber zunächst bei der voreingestellten Überlebensfunktion.

- Einen Ausdruck der Werte dieser zu den Mittelwerten der Kovariaten gehörenden Überlebensfunktion erhalten Sie, wenn Sie den Schalter *Optionen...* betätigen.

Es öffnet sich die Dialogbox *Cox-Regression: Optionen*.

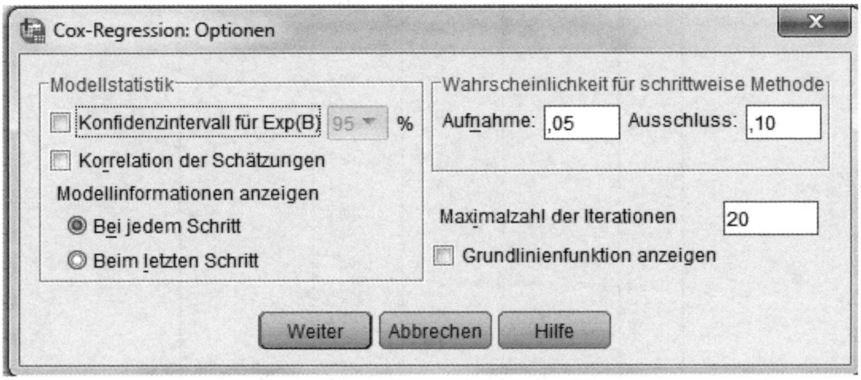

Bild 23.15: Dialogbox Cox-Regression: Optionen

- Kreuzen Sie hier *Grundlinienfunktion anzeigen* an. Diese Bezeichnung ist hier leider irreführend, da es sich nicht um die basalen, sondern die zu den Mittelwerten der Kovariaten gehörenden Überlebenswahrscheinlichkeiten handelt.
- Die Werte der basalen Überlebensfunktion können Sie sich ansehen, wenn Sie auf den Schalter *Speichern...* klicken und sich dort die Hinzufügung des Wertes der Überlebensfunktion zu Ihrer Datendatei wünschen. Aktivieren Sie also die Option *Überlebensfunktion*.
- Starten Sie die Berechnungen mit *OK*.

Die wesentlichen Ausgaben sind im Folgenden aufgelistet:

Omnibustests der Modellkoeffizienten

-2 Log-Likelihood
519,581

Omnibustests der Modellkoeffizienten[a]

-2 Log-Likelihood	Gesamt (Score)			Änderung vom vorherigen Schritt			Änderung vom vorherigen Block		
	Chi-Quadrat	Freiheitsgrade	Sig.	Chi-Quadrat	Freiheitsgrade	Sig.	Chi-Quadrat	Freiheitsgrade	Sig.
442,628	95,019	1	,000	76,953	1	,000	76,953	1	,000

a. Anfangsblock 1. Methode = Eingabe

Variablen in der Gleichung

	B	SE	Wald	Freiheitsgrade	Sig.	Exp(B)
lkq	3,442	,414	69,011	1	,000	31,255

Überlebenstabelle

Zeit	Kumulative Basishazard funktion	Am Mittelwert der Kovariaten		
		Überleben	SE	Kumulative Hazardfunktion
1	,004	,987	,008	,013
2	,005	,982	,009	,018
3	,012	,958	,015	,043
4	,027	,908	,023	,097
5	,040	,867	,030	,143
6	,045	,852	,032	,160
7	,050	,835	,035	,180
8	,063	,799	,040	,225
9	,073	,769	,044	,263
10	,097	,706	,050	,349
11	,103	,690	,052	,371
12	,118	,655	,055	,423
13	,149	,586	,059	,535
14	,162	,559	,061	,582
16	,176	,532	,063	,632
17	,221	,452	,065	,793
18	,255	,400	,066	,915
22	,274	,374	,066	,984
23	,294	,348	,066	1,055
27	,374	,261	,061	1,344
28	,407	,232	,061	1,460
38	,445	,202	,060	1,600
41	,487	,174	,058	1,751
48	,533	,147	,055	1,914
51	,598	,117	,051	2,147

Kovariate Mittelwerte

	Mittelwert
lkq	,372

Als Maß für die Güte der Anpassung wird, wie auch beim Verfahren der logistischen Regression, der negative doppelte Wert des Logarithmus der Likelihood-Funktion (-2LL) benutzt. Dieser Wert ändert sich von anfänglich 519,581 durch die Aufnahmen der Kovariaten »Lymphknotenquotient« auf 442,628; die Differenz beider Werte ist die im gegebenen Beispiel höchst signifikante Testgröße Chi-Quadrat. Die Aufnahme der Kovariaten zeigt also einen höchst signifikanten Effekt.

Das steht in Einklang mit der Wald-Statistik, welche die Signifikanz des berechneten Koeffizienten b (der den Wert 3,442 hat) anzeigt. Die abschließende Tabelle enthält neben den zu dem Mittelwert der Kovariaten (0,372) gehörenden Überlebenswahrscheinlichkeiten auch die Werte der Hazard-Funktion (siehe Kap. 23.1).

Wir wollen die Stimmigkeit der Werte anhand eines Zahlenbeispiels nachprüfen. Betrachten Sie im Datenfenster die Werte des dritten Patienten, so hat dieser eine Überlebenszeit von 16 Monaten. Die Variable sur_1 zeigt für den Wert der basalen Überlebensfunktion 0,8387 an.

Wollen wir hieraus die Überlebenswahrscheinlichkeit für den Fall berechnen, dass ein Anteil von 0,372 der entnommenen Lymphknoten befallen ist (dieser Wert ist der Mittelwert des Lymphknotenbefalls), so berechnen wir mit Hilfe des Koeffizienten $b_1 = 3{,}442$ und dem eingangs dargelegten Ansatz der Cox-Regression zunächst

$$p = e^{3{,}442 \cdot 0.372} = 3{,}592$$

und hiermit

$$S(16\text{Monate}) = S_0(16\text{Monate})^p = 0{,}8387^{3{,}592} = 0{,}532$$

Dieser Wert findet sich an entsprechender Stelle auch in der ausgedruckten Tabelle wieder.

Interessieren wir uns für die Überlebenswahrscheinlichkeit nach 16 Monaten unter der Voraussetzung, dass die Hälfte aller entnommenen Lymphknoten befallen ist, so rechnen wir

$$p = e^{3{,}442 \cdot 0{,}5} = 5{,}591$$

und hiermit

$$S(16\text{Monate}) = 0{,}8387^{5{,}591} = 0{,}374$$

Die Überlebenswahrscheinlichkeit hat sich also von 0,5316 auf 0,3740 verringert.

Den Abschluss der Ausgabe bildet die Darstellung der zum Mittelwert der Kovariaten gehörenden Überlebensfunktion.

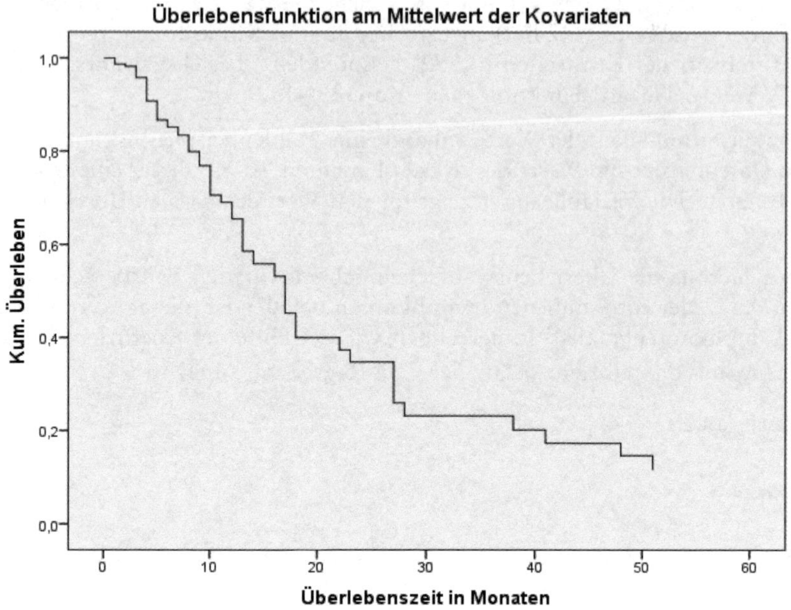

Bild 23.16: Überlebensfunktion bei einer Kovariaten

Wollen Sie mehrere Kovariaten in die Analyse einbeziehen, so ist es empfehlenswert, nicht die Enter-Methode, sondern eine der schrittweise vorgehenden Methoden zu benutzen. Sie können dies mit dem betreffenden Schalter in der Ausgangs-Dialogbox erreichen. Im gegebenen Beispiel könnten Sie noch die folgenden ordinalskalierten Variablen als Kovariaten verwenden:

Variablenname	Erläuterung
diff	Differenziertheit des Tumors (1 = gut, 2 = mäßig, 3 = undifferenziert)
m	Metastasen (0 = nein, 1 = ja)
t	Tiefenausdehnung des Tumors (verschlüsselt mit den Ziffern 1 bis 4)
uicc	UICC-Schlüssel (1 = Typ Ia, 2 = Ib, 3 = II, 4 = IIIa, 5 = IIIb, 6= IV)

Nichtdichotome kategoriale Variablen können über den Schalter *Kategorial...* für die Einbeziehung in die Analyse vorbereitet werden. Ferner ist es möglich, über das Schichten-Feld eine Gruppierungsvariable anzugeben; in diesem Fall wird die Analyse getrennt nach den so definierten Untergruppen ausgeführt.

23.3.2 Beispiel aus der Ökonomie

Das folgende Beispiel soll zu einer Variante der Cox-Regression überleiten, nämlich der Berücksichtigung von zeitabhängigen Kovariaten.

- Laden Sie die Datei tele.sav.

Die Variable zeit gibt die Überlebensdauer von Fernsehgeräten an, die Variable status ist die Statusvariable mit der Kodierung 1 für das Eintreffen des Ereignisses. Die Variable tdauer ist die durchschnittliche tägliche Einschaltdauer des Fernsehgerätes.

- Definieren Sie zeit als Zeitvariable sowie status als Statusvariable mit dem eingetretenen Ereignis = 1 und geben Sie tdauer als Kovariate an. Belassen Sie es bei der Einschlussmethode und fordern Sie über den Schalter *Diagramme...* das Diagramm der Überlebensfunktion an, wobei Sie den voreingestellten Mittelwert der Kovariaten zugrunde legen.

Im Viewer sehen Sie die Tabelle *Variablen in der Gleichung*.

Variablen in der Gleichung

	B	SE	Wald	Freiheitsgrade	Sig.	Exp(B)
tdauer	,273	,130	4,405	1	,036	1,315

Die Tabelle zeigt einen signifikanten Einfluss der Kovariaten (p = 0,036) und einen positiven Koeffzienten b = 0,273, was nach dem eben Diskutierten bedeutet, dass ein höherer Wert der Kovariaten (der täglichen Einschaltdauer) die Überlebenszeit eines Fernsehgerätes verringert.

Die zugehörige Überlebensfunktion ist im Folgenden wiedergegeben.

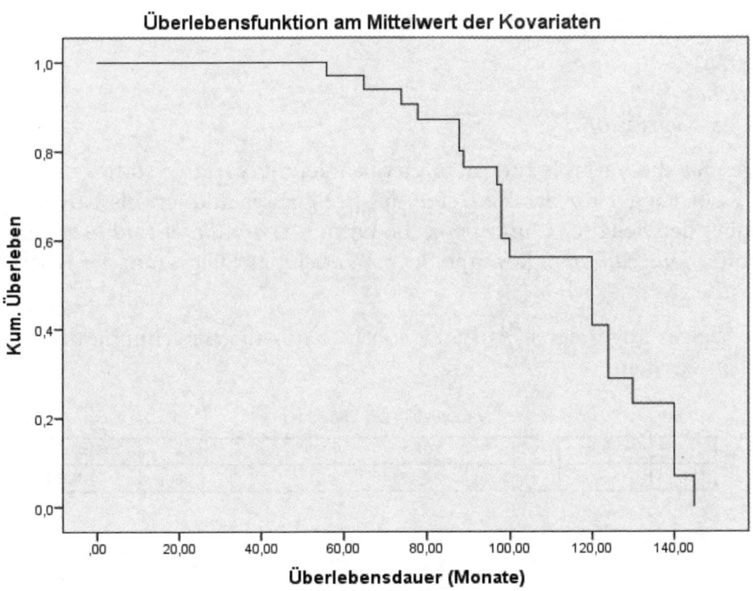

Bild 23.17: Überlebensfunktion bei einer Kovariaten

Die Kovariate (die tägliche Einschaltzeit) ist zeitunabhängig. Bildet man aber das Produkt aus der täglichen Einschaltzeit und der Zeit, so erhält man eine *zeitabhängige* Kovariate. Diesem Spezialfall der Cox-Regression ist im Menü der Überlebensanalyse ein eigener Menüpunkt gewidmet.

23.4 Cox-Regression mit zeitabhängigen Kovariaten

In vielen Fällen ergeben sich durch Produktbildung aus der Zeit und einer Kovariaten zeitabhängige Kovariaten. Das klassische Beispiel hierfür ist die Geschwindigkeit als zeitunabhängige und das Produkt aus Geschwindigkeit und der Zeit, also die zurückgelegte Wegstrecke, als zeitabhängige Größe.

Im vorhergehenden Beispiel aus Kap. 23.3 ist die tägliche Einschaltzeit zeitunabhängig, die aufsummierte Einschaltzeit aber zeitabhängig.

Das Verfahren soll wieder an einem Beispiel aus der Medizin erläutert werden. Insgesamt 214 Mäuse wurden Leukämiezellen injiziert und dann mit verschiedenen Dosierungen des Medikaments ICRF-159 behandelt.

- Laden Sie die Datei maeuse.sav.

Die Datei enthält die Variablen time (Überlebenszeit in Tagen), status (Statusvariable mit der Kodierung 1 für das Eintreten des Ereignisses, also den Tod der Mäuse) und icrf (tägliche Dosis). Wir wollen zunächst eine Cox-Regression rechnen, wie sie in Kap. 23.3 beschrieben ist.

- Laden Sie die Datei maeuse.sav.
- Wählen Sie aus dem Menü

  Analysieren
  Überleben
  Cox-Regression...

- Definieren Sie die Variable time als Zeitvariable, die Variable status als Statusvariable mit der Kodierung 1 für das Eintreten des Ereignisses und icrf als Kovariate. Aktivieren Sie über den Schalter *Optionen...* die Option *Grundlinienfunktion anzeigen*. Über den Schalter *Diagramme...* könnten Sie z. B. noch das Diagramm der Überlebensfunktion anfordern.

Von der im Viewer angezeigten Ausgabe soll hier nur die Berechnung des Koeffizienten wiedergegeben werden.

Variablen in der Gleichung

	B	SE	Wald	Freiheitsgrade	Sig.	Exp(B)
icrf	-,008	,001	39,421	1	,000	,992

Für den Koeffizienten ergibt sich der negative Wert b_1 = -0,008. Betrachten Sie dazu die in Kap. 23.3 erläuterte Exponentengleichung beim Vorliegen einer Kovariaten x_1

$$p = e^{b_1 \cdot x_1}$$

Hohe Werte der Kovariaten x_1 bedeuten in Verbindung mit dem negativen Koeffizienten b_1, dass der Wert von p erniedrigt wird. Wegen der Berechnung der kumulierten Überlebenswahrscheinlichkeit S(t) zu dieser Kovariaten aus der basalen Überlebenswahrscheinlichkeit $S_0(t)$ nach der Formel

$$S(t) = S_o(t)^p$$

bedeutet dies eine Erhöhung der Überlebenswahrscheinlichkeit. Höhere Dosierungen des gegebenen Medikaments bedeuten also eine Erhöhung der Überlebenswahrscheinlichkeit.

Im gegebenen Beispiel ist das Produkt aus der Zeit und der Dosierung, also die über die Zeit kumulierte Dosierung, eine zeitabhängige Kovariate, die es daher entsprechend zu berücksichtigen gilt. Es gilt in diesem Fall, den Exponenten p durch folgende Gleichung abzuschätzen:

$$p = e^{b_1 \cdot x_1 + b_2 \cdot x_1 \cdot t}$$

- Treffen Sie dazu die Menüwahl

Analysieren
Überleben
Cox mit zeitabhängigen Kovariaten...

Es öffnet sich die Dialogbox *Zeitabhängige Kovariaten berechnen.*

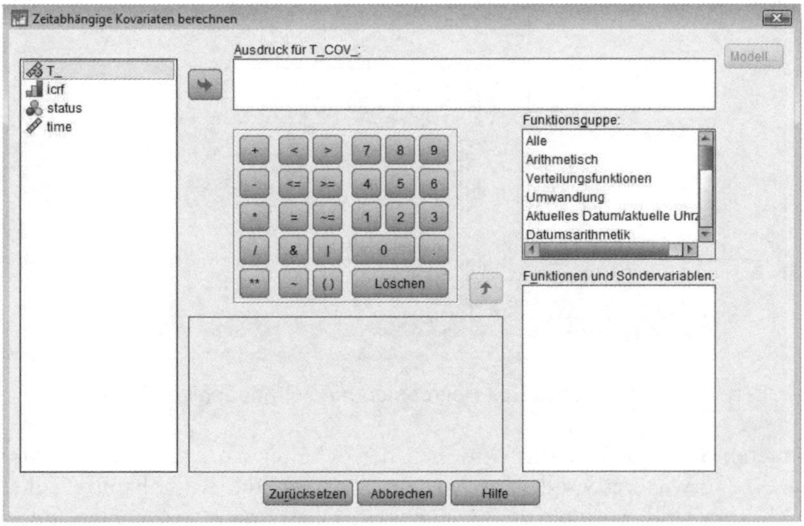

Bild 23.18: Dialogbox Zeitabhängige Kovariaten berechnen

Zu Beginn der Variablenliste wurde die neue Variable T_ eingefügt. Sie hat dieselben Werte wie die Zeitvariable (hier: time), kann aber in beliebiger Weise transformiert werden. Ist T_ etwa in Tagen angegeben, würde T_/30 für Monate stehen.

Die transformierte Version wird auf der Variablen T_COV_ gespeichert. Der Zweck dieser Variablen ist es, sie als Produkt mit einer anderen Variablen als zeitabhängige Kovariate zu benutzen. Wir wollen auf eine Transformation verzichten.

- Klicken Sie also einfach die Variable T_ in das Feld *Ausdruck für T_COV_* und betätigen Sie anschließend den Schalter *Modell...*

Es öffnet sich die Dialogbox *Cox-Regression.*

- Definieren Sie die Variable time als Zeitvariable und die Variable status als Statusvariable mit der Kodierung 1 für das Eintreten des Ereignisses. Klicken Sie dann zunächst die Variable icrf in das Kovariatenfeld. Markieren Sie anschließend die beiden Variablen T_COV_ und icrf und betätigen Sie den Transportschalter *>a*b>*.

Ins Kovariatenfeld wird zusätzlich zur Variablen icrf der Term T_COV_*icrf aufgenommen. Die Dialogbox *Cox-Regression* sollte nunmehr wie folgt aussehen:

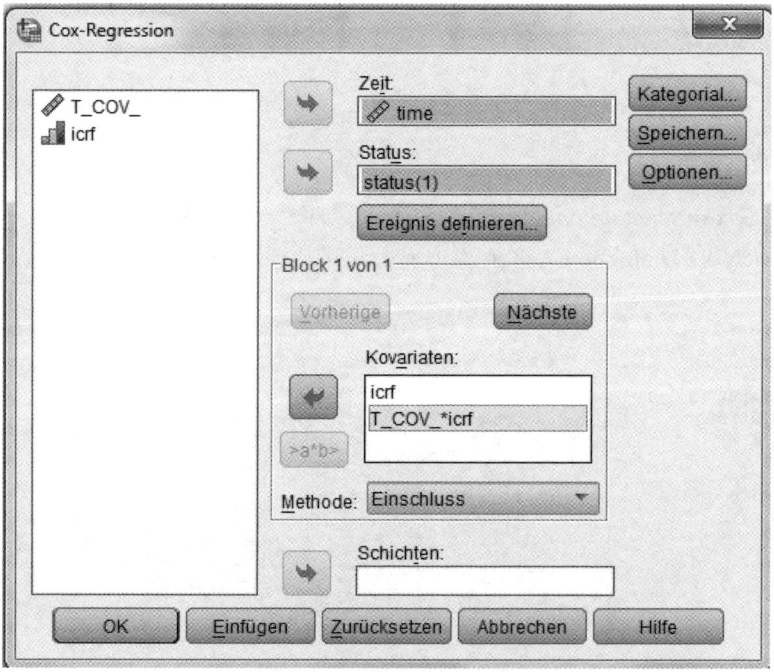

Bild 23.19: Dialogbox Cox Regression mit zeitabhängigen Kovariaten

- Informieren Sie sich über die Optionen der Schalter *Kategorial...*, *Speichern...* und *Optionen...* Etwas verwundert stellen Sie fest, dass die Ausgabemöglichkeiten sehr eingeschränkt sind. So fehlt die Möglichkeit, Diagramme auszugeben, und auch die Option *Grundlinienfunktion anzeigen* kann nicht aktiviert werden.

- Starten Sie die Berechnungen mit *OK*.

Es wird im Wesentlichen die folgende Ausgabe im Viewer angezeigt.

Omnibustests der Modellkoeffizienten

-2 Log-Likelihood
1901,334

Omnibustests der Modellkoeffizienten[a]

-2 Log-Likelihood	Gesamt (Score)			Änderung vom vorherigen Schritt			Änderung vom vorherigen Block		
	Chi-Quadrat	Freiheitsgrade	Sig.	Chi-Quadrat	Freiheitsgrade	Sig.	Chi-Quadrat	Freiheitsgrade	Sig.
1831,111	58,531	2	,000	70,223	2	,000	70,223	2	,000

a. Anfangsblock 1. Methode = Eingabe

Variablen in der Gleichung

	B	SE	Wald	Freiheitsgrade	Sig.	Exp(B)
icrf	-,025	,004	44,932	1	,000	,975
T_COV_*icrf	,001	,000	24,675	1	,000	1,001

Kovariate Mittelwerte

	Mittelwert
T_COV_	16,416
icrf	105,321
T_COV_*icrf	1821,218

Sie entnehmen der Ausgabe die beiden Koeffizienten b_1 = -0,025 und b_2 = 0,001. Beide Koeffizienten erweisen sich als höchst signifikant, so dass sich die Aufnahme der Interaktion zwischen der Zeit und der Kovariaten als richtig erwiesen hat.

Leider besteht, wie schon erwähnt, keine Möglichkeit, die Grundlinienfunktion anzeigen zu lassen oder ein Überlebensdiagramm auszugeben. Auch das Erzeugen entsprechender Variablen ist nicht möglich.

Haben Sie aber zu einem bestimmten Wert x einer Kovariaten die Überlebenswahrscheinlichkeit $S_{ohne}(t)$ nach der Cox-Regression ohne Aufnahme der Interaktion mit der Zeit bestimmt und dabei den Exponenten p_{ohne} berechnet, so ergibt sich die Überlebenswahrscheinlichkeit $S_{mit}(t)$ bei Aufnahme der Interaktion mit der Zeit und dem entsprechenden Koeffizienten p_{mit} nach der Formel

$$S_{mit}(t) = S_{ohne}(t)^{\ q}$$

wobei

$$q = \frac{p_{mit}}{p_{ohne}}$$

- Benutzen Sie die in Kap. 23.3 vorgestellte Datei tele.sav und führen Sie anhand dieses Beispiels eine Cox-Regression mit zeitabhängigen Kovariaten (Interaktion zwischen der Zeit und der täglichen Einschaltdauer) selbst durch.

Die Interpretation der Ergebnisse sollte Ihnen nunmehr auf der Basis der präsentierten Beispiele gelingen.

KAPITEL 24

Multidimensionale Skalierung

Ein wichtiger Bereich der sozialwissenschaftlichen Forschung besteht darin, die subjektive Wahrnehmung von Objekten durch Personen zu bestimmen. Dabei geht man davon aus, dass diese Objekte eine Position im Wahrnehmungsraum der Personen besitzen, wobei dieser Wahrnehmungsraum so viele Dimensionen hat, wie die Personen heranziehen, um die Objekte zu beurteilen. Die Anzahl der Dimensionen kann man entweder vorgeben oder sie als Ergebnis der Analyse bestimmen lassen.

Im ersten Fall gibt man bestimmte relevante Eigenschaften der Objekte vor, und die Probanden müssen jedes Objekt bezüglich all dieser Eigenschaften beurteilen, wobei z. B. die Einstufung auf einer Rating-Skala in Frage kommt. Anhand der Ausprägungen dieser Eigenschaften kann man dann die Objekte positionieren. Die Anzahl der Dimensionen im entsprechenden Wahrnehmungsraum ist dann gleich der Anzahl der Eigenschaften; mit Hilfe einer vorgeschalteten Faktorenanalyse kann man aber auch die Anzahl der Eigenschaften auf eine geringere Anzahl von Dimensionen (Faktoren) reduzieren und dann die Faktorwerte zur Positionierung im Wahrnehmungsraum benutzen.

Im zweiten Fall müssen die befragten Personen die subjektiv empfundene Ähnlichkeit oder Unähnlichkeit zwischen den Objekten einschätzen, ohne dass explizit bestimmte Eigenschaften vorgegeben werden. Aus diesen Einschätzungen lässt sich dann mit Hilfe der Multidimensionalen Skalierung (MDS) die Konfiguration der Objekte im Wahrnehmungsraum ableiten und im Falle eines zweidimensionalen Wahrnehmungsraums (Ebene) grafisch darstellen. Dies hat einerseits den Vorteil, dass die relevanten Eigenschaften, nach denen die Person die Objekte beurteilt, nicht vorgegeben werden müssen, und andererseits den Nachteil, dass versucht werden muss, die gefundenen Dimensionen mit bestimmten Eigenschaften bzw. Beurteilungskriterien zu verknüpfen.

So ist die MDS ein Verfahren zur Analyse von Ähnlichkeiten bzw. Unähnlichkeiten zwischen verschiedenen Objekten. In SPSS werden stets Unähnlichkeiten analysiert, so dass gegebenenfalls Ähnlichkeitsmaße in Unähnlichkeitsmaße überführt werden müssen.

Die Multidimensionale Skalierung wird zu den Verfahren der grafischen Skalierungsmethoden gezählt. Diesen liegt als gemeinsame Idee zugrunde, Zusammenhänge zwischen zwei oder auch mehr Variablen nicht durch Zahlen, sondern durch ein Diagramm auszudrücken. Dabei geht man von der Vorstellung aus, dass durch die Visualisierung der Zusammenhänge diese leichter zu erfassen sind. Im Zusatzmodul Categories bietet SPSS mit der Korrespondenzanalyse (siehe Kap. 25) und verschiedenen Verfahren der optimalen Skalierung weitere grafische Skalierungsmethoden an.

Das Konzept der MDS soll zunächst an einem einsichtigen Beispiel gezeigt werden, bei dem das Ergebnis der Analyse bereits allgemein bekannt ist.

24.1 Das Prinzip der MDS

Als besonders einsichtiges Beispiel, bei dem der Erfolg der Skalierung für jeden sofort offenkundig wird, betrachten wir eine Matrix, welche die Entfernungen in Straßenkilometern zwischen zwölf ausgewählten deutschen Städten enthält:

Berlin	0											
Bremen	377	0										
Dortmund	488	233	0									
Dresden	205	470	607	0								
Essen	530	275	34	638	0							
Frankfurt	555	466	264	469	249	0						
Hamburg	289	119	343	502	385	495	0					
Kassel	378	278	174	389	207	193	307	0				
München	584	753	653	484	638	395	782	482	0			
Nürnberg	437	580	480	337	465	222	609	309	167	0		
Stuttgart	624	671	451	524	436	217	700	398	220	187	0	
Trier	749	556	269	663	242	189	666	372	495	459	290	0

Da die Matrix symmetrisch ist, ist nur die linke untere Hälfte wiedergegeben; in der Diagonalen ist die Entfernung 0 eingetragen. MDS analysiert die Abstände in der Weise, dass die Struktur der Daten in Form einer geometrischen Abbildung wiedergegeben wird. Im gegebenen Beispiel wird als Ergebnis eine landkartenähnliche Anordnung zu erwarten sein.

Im allgemeinen Fall wird durch die MDS, wie schon eingangs erwähnt, ein Beobachtungsobjekt als Punkt in einem mehrdimensionalen Raum dargestellt, und zwar so, dass die euklidischen Abstände zwischen den Punktepaaren die relative Ähnlichkeit zwischen den betreffenden Beobachtungsobjekten möglichst gut wiedergeben. So werden zwei ähnliche Objekte nahe beieinander und zwei unähnliche Objekte weit entfernt voneinander dargestellt. Der Darstellungsraum ist gewöhnlich ein euklidischer Raum, meist mit zwei oder drei, möglicherweise aber auch mit mehreren Dimensionen.

Im Folgenden soll nicht mehr von Ähnlichkeiten oder Unähnlichkeiten, sondern nur noch von Abständen gesprochen werden, wobei kleine Werte Ähnlichkeiten und große Werte Unähnlichkeiten bedeuten.

Die mit MDS zu analysierenden Probleme kann man nach folgenden Kriterien einteilen:

- Art und Anzahl der zu analysierenden Abstandsmatrizen,
- das Skalenniveau (Ordinalniveau und Intervall- bzw. Verhältnisniveau) und
- das zugrunde liegende Modell (euklidisches Modell, gewichtetes euklidisches Modell).

SPSS unterscheidet daher drei verschiedene Typen von Multidimensionaler Skalierung:

- Klassische MDS (CMDS): eine Matrix, euklidisches Modell
- Replizierte MDS (RMDS): mehrere Matrizen, euklidisches Modell
- Gewichtete MDS (WMDS): mehrere Matrizen, gewichtetes euklidisches Modell

Alle drei Typen gibt es sowohl für ordinalskalierte Daten (nichtmetrische Form) als auch für intervall- und verhältnisskalierte Daten (metrische Form).

Das vorliegende Problem der Entfernungsangaben zwischen den zwölf deutschen Städten ist ein Beispiel für eine metrische klassische MDS: Es liegt eine einzelne Matrix mit verhältnisskalierten Abständen vor.

- Laden Sie die Datei staedte.sav. Im Datenfenster sehen Sie die linke untere Hälfte der Matrix und in der Diagonalen jeweils den Wert null. In dieser Form müssen Sie gegebenenfalls Ihre Abstandsmatrizen eintragen.
- Wählen Sie aus dem Menü

Analysieren
Skala
Multidimensionale Skalierung (ALSCAL)...

Es öffnet sich die Dialogbox *Multidimensionale Skalierung*.

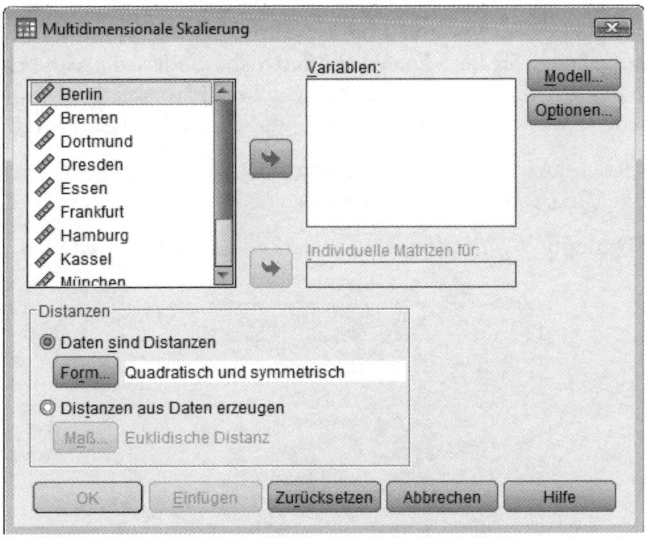

Bild 24.1: Dialogbox Multidimensionale Skalierung

- Übertragen Sie alle Variablen, deren Namen die betreffenden Städte wiedergeben in das Zielvariablenfeld, und belassen Sie die Voreinstellung *Daten sind Distanzen*. Es ist auch möglich, Distanzen aus vorliegenden Daten berechnen zu lassen. Wenn Sie diese Möglichkeit ankreuzen, haben Sie Gelegenheit, nach einem Klick auf den Schalter *Maß...* aus verschiedenen Abstandsmaßen auszuwählen.

- Klicken Sie auf den Schalter *Form...*; Sie erkennen, dass voreinstellungsgemäß eine quadratische und symmetrische Matrix erwartet wird. Da im gegebenen Beispiel eine solche vorliegt, setzen Sie sogleich mit *Weiter* fort und klicken anschließend auf den Schalter *Modell...*

Es öffnet sich die Dialogbox *Multidimensionale Skalierung: Modell.*

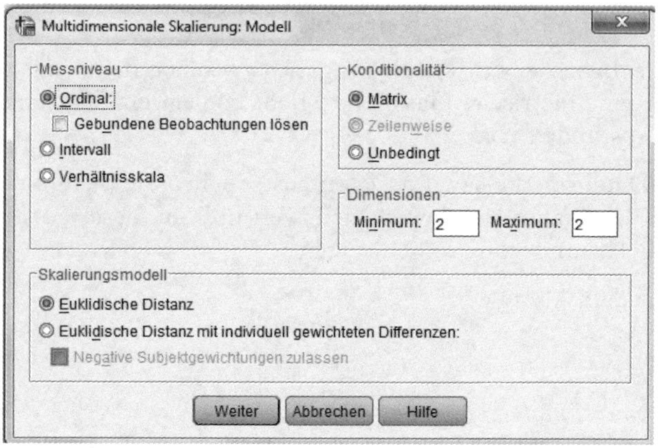

Bild 24.2: Dialogbox Multidimensionale Skalierung: Modell

- Da wir verhältnisskalierte Variablen haben, aktivieren Sie *Verhältnisskala*; die anderen Voreinstellungen lassen Sie bestehen. Sie hätten insbesondere die Möglichkeit, die Anzahl der Dimensionen (voreingestellt sind 2) einzustellen. Haben dabei Minimum und Maximum verschiedene Werte, werden entsprechend mehrere Analysen durchgeführt.
- Nach einem Klick auf *Weiter* öffnet sich wieder die anfängliche Dialogbox, und Sie klicken jetzt auf den Schalter *Optionen...*

Es erscheint die Dialogbox *Multidimensionale Skalierung: Optionen.*

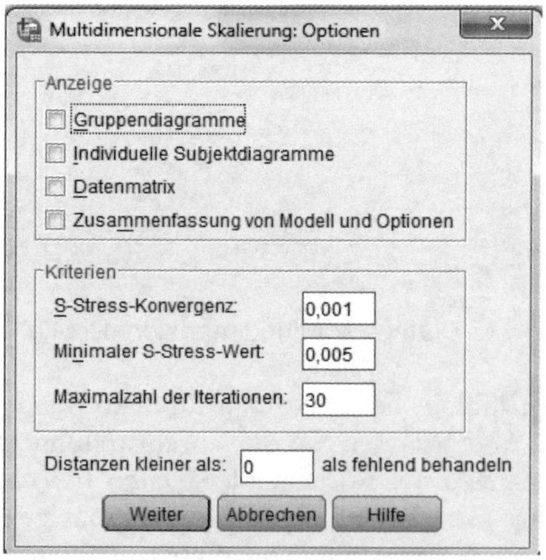

Bild 24.3: Dialogbox Multidimensionale Skalierung: Optionen

- Aktivieren Sie *Gruppendiagramme*, und kehren Sie über *Weiter* in die Ausgangs-Dialogbox zurück.
- Starten Sie die Berechnungen mit *OK*.

Es wird zunächst eine Übersicht über den Iterationsverlauf aufgezeigt; die anschließenden wesentlichen Ergebnisse sind im Folgenden wiedergegeben, wobei es sehr verwundert, dass in der Version 20 noch immer der alte Output anstelle der komfortablen Pivot-Tabellen auftaucht.

```
              For  matrix
     Stress  =   ,04461      RSQ =  ,98769

           Configuration derived in 2 dimensions

                   Stimulus Coordinates

                        Dimension
Stimulus   Stimulus     1        2
 Number      Name
    1      Berlin     ,9911  -1,3457
    2      Bremen    1,5080    ,2614
    3      Dortmund   ,5376    ,9943
    4      Dresden    ,1583  -1,6400
    5      Essen      ,3830   1,1171
    6      Frankfurt -,5632    ,4839
    7      Hamburg   1,7387   -,0667
    8      Kassel     ,2821    ,1474
    9      München  -1,7501   -,8266
   10      Nürnberg  -,9485   -,6344
   11      Stuttgart -1,4600   ,1589
   12      Trier     -,8770   1,3503
```

Stress und RSQ sind zwei Maßzahlen für die Güte der Anpassung der berechneten Konfiguration. Der Stress-Index geht dabei auf eine Formel von Kruskal zurück. Dabei wird die Güte der Anpassung wie folgt beurteilt:

Stress	Anpassungsgüte
< 0,4	gering
< 0,2	ausreichend
< 0,1	gut
< 0,05	ausgezeichnet

RSQ ist der quadrierte Korrelationskoeffizient zwischen den beobachteten Distanzen und den so genannten Disparitäten; das sind durch geeignete Transformationen berechnete und den beobachteten Distanzen zugeordnete Maßzahlen zur Bestimmung der bestmöglichen Konfigurationslösung. Für RSQ ist also ein Wert nahe bei 1 erstrebenswert.

Im gegebenen Beispiel liegt demnach eine ausgezeichnete Anpassung vor. Die anschließende Tabelle enthält die (z-Wert-ähnlichen) Koordinaten zur zeichnerischen Darstellung der zweidimensionalen Konfiguration, die dann als erste von zwei Diagrammen im Viewer ausgegeben wird.

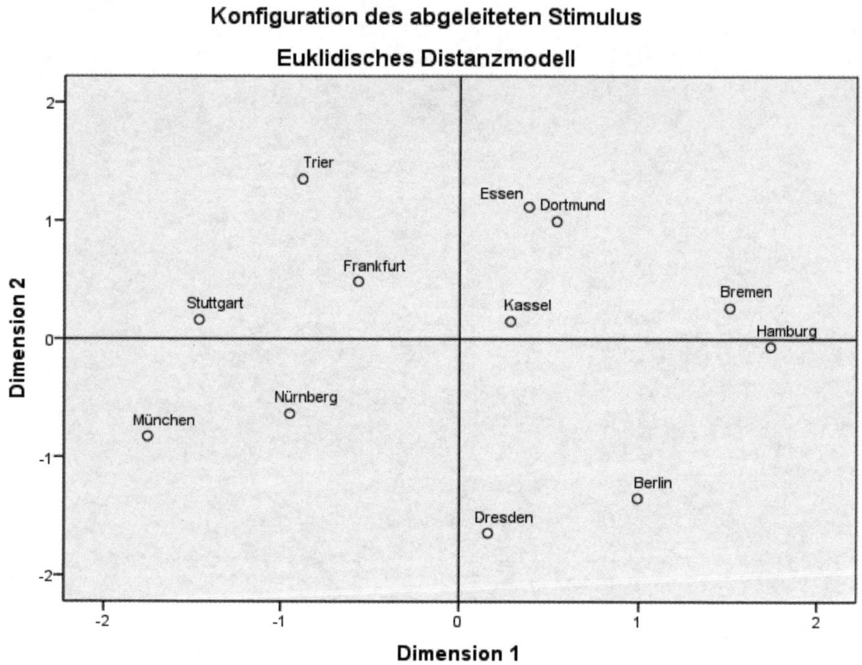

Bild 24.4: Städte-Grafik

Es ergibt sich (wie nicht anders zu erwarten war) eine korrekte geografische Konfiguration.

Betrachten Sie nun die zweite Grafik, das in Bild 24.5 dargestellte Streudiagramm.

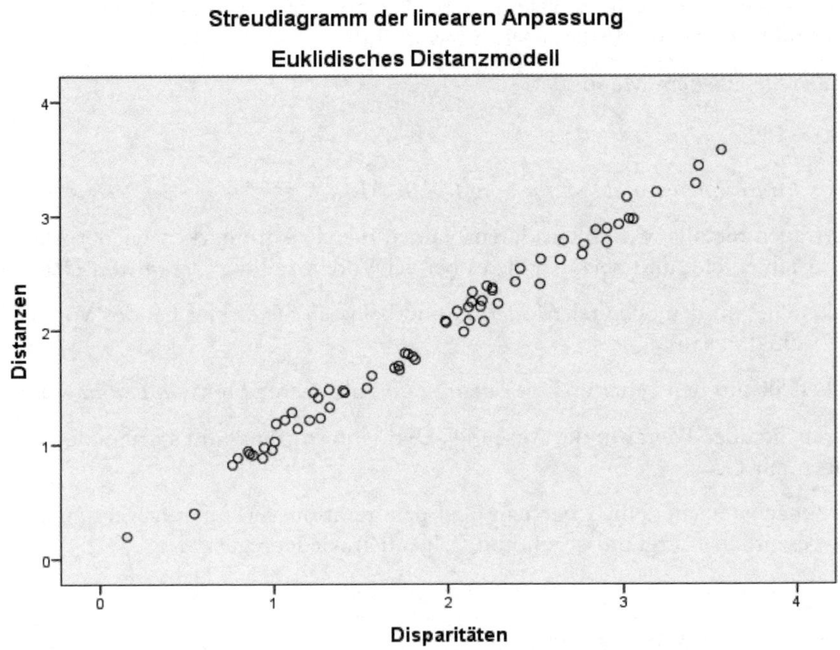

Bild 24.5: Streudiagramm mit linearer Anpassung

Die beobachteten Distanzen sind gegen die Disparitäten geplottet. Die Punktwolke schmiegt sich eng an eine Gerade an, was für eine sehr gute Anpassung spricht.

Die Methode, die gewünschte Konfiguration aus einer symmetrischen Abstandsmatrix abzuleiten, findet in der Praxis als Ratingverfahren Verwendung. Lässt man etwa verschiedene Waschmittel beurteilen, so könnte man die Beurteiler bitten, jeweils paarweise den Grad der Ähnlichkeit mit einem Skalenwert (z. B. von 1 für völlig ähnlich bis 7 für völlig unähnlich) zu bewerten. Dies führt dann zu einer symmetrischen Abstandsmatrix, die auf die gleiche Weise wie das gegebene Beispiel der Entfernungsmatrix zwischen Städten analysiert werden kann.

24.2 Beispiel aus dem Marketing-Bereich

Mehrere Beurteiler wurden gebeten, die Ähnlichkeiten von insgesamt elf Automarken einzuschätzen, wobei sie bei einem Paarvergleich jeweils einen Punktwert auf einer Skala von 0 (große Ähnlichkeit) bis 10 (große Unähnlichkeit) vergeben konnten. Die Bewertungen aller Beurteiler wurden gemittelt und die mittleren Distanzwerte in Matrizenform in die Datei autos.sav eingetragen.

- Laden Sie die Datei autos.sav, und betrachten Sie den Inhalt im Datenfenster.

Es handelt sich um eine symmetrische Datei, in der in der Diagonalen jeweils der Wert 0 eingetragen und nur die linke untere Hälfte gefüllt ist. Die Automarken Ford und Opel etwa werden sehr ähnlich beurteilt (mittlerer Distanzwert 0,5), Porsche und Skoda dagegen sehr unterschiedlich (mittlerer Distanzwert 9,0).

- Wählen Sie aus dem Menü

  Analysieren
  Skala
  Multidimensionale Skalierung (ALSCAL)...

- Übertragen Sie alle Variablen, deren Namen die elf Automarken wiedergeben in das Zielvariablenfeld, und belassen Sie es bei der Voreinstellung *Daten sind Distanzen.*
- Klicken Sie auf den Schalter *Modell...*, und belassen Sie es hier bei der Voreinstellung des Ordinalniveaus.
- Klicken Sie auf den Schalter *Optionen....*, und aktivieren Sie *Gruppendiagramme.*
- Kehren Sie über *Weiter* in die Ausgangs-Dialogbox zurück und starten Sie die Berechnungen mit *OK.*

Es wird zunächst wieder eine Übersicht über den Iterationsverlauf aufgezeigt; die anschließenden wesentlichen Ergebnisse sind im Folgenden wiedergegeben.

```
For  matrix
    Stress  =   ,07846       RSQ =  ,96532

           Configuration derived in 2 dimensions

                   Stimulus Coordinates

                        Dimension

Stimulus   Stimulus      1        2
 Number      Name

    1      Audi        1,1923   -,1644
    2      Bmw         1,2880    ,2964
    3      Ford        -,7554    ,1849
    4      Honda        ,5966   1,2524
    5      Mercedes     ,2262   -,8089
    6      Opel        -,5837    ,2648
    7      Porsche     1,9795    ,2035
    8      RollsRoy    -,0430  -1,8449
    9      Seat       -1,6167    ,2779
   10      Skoda      -2,2083    ,4547
   11      VW          -,0755   -,1165
```

Die Berechnungen ergeben einen Stress-Index von 0,078 und ein RSQ von 0,965. Das zweidimensionale Konfigurationsdiagramm ist im Folgenden wiedergegeben.

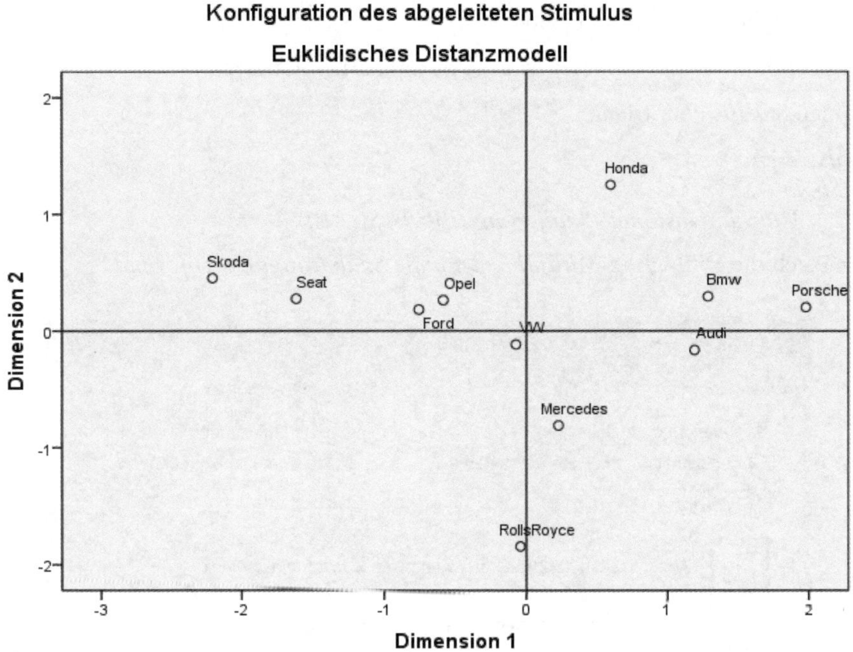

Bild 24.6: Konfigurationsdiagramm (Automarken)

Offenbar haben die Beurteiler die Automarken nach den beiden Eigenschaften »Sportlichkeit« (horizontale Achse) und »Prestige« (vertikale Achse) eingeschätzt.

Es sei noch einmal darauf hingewiesen, dass prinzipiell immer Distanzwerte erwartet werden. Liegen die Werte in Form einer symmetrischen Matrix vor, so genügt es, nur eine Hälfte der Matrix aufzufüllen und die Diagonale passend zu besetzen. In diesem Falle müssen die betreffenden Variablen in genau der Reihenfolge in die Zielvariablenliste übernommen werden, wie sie von links nach rechts in der Datendatei enthalten sind.

24.3 Ähnlichkeiten aus Daten erstellen

In den bisher betrachteten Beispielen liegen die Ähnlichkeiten zwischen den Objekten in Form von Distanzangaben bereits vor. Es wird aber auch die Möglichkeit angeboten, die Ähnlichkeiten aus vorliegenden Daten zu bestimmen.

Dabei gibt es zwei Varianten. Zum einen kann eine Distanzmatrix zwischen den Variablen erstellt werden (Voreinstellung), wobei die Fälle einen entsprechend dimensionierten Raum aufspannen. Zum anderen können Distanzen zwischen den Fällen (Objekten) berechnet werden, wobei dann die Variablen den Dimensionsraum bestimmen. In beiden Varianten ist die Euklidische Distanz als Distanzmaß voreingestellt; weitere Maße werden ebenfalls angeboten.

- Laden Sie die Datei europalaender.sav.

Die Datei enthält einige Variablen von 28 europäischen Ländern.

- Wählen Sie aus dem Menü

  Analysieren
  Skala
  Multidimensionale Skalierung (PROXSCAL)...

Es öffnet sich die Dialogbox *Multidimensionale Skalierung: Datenformat.*

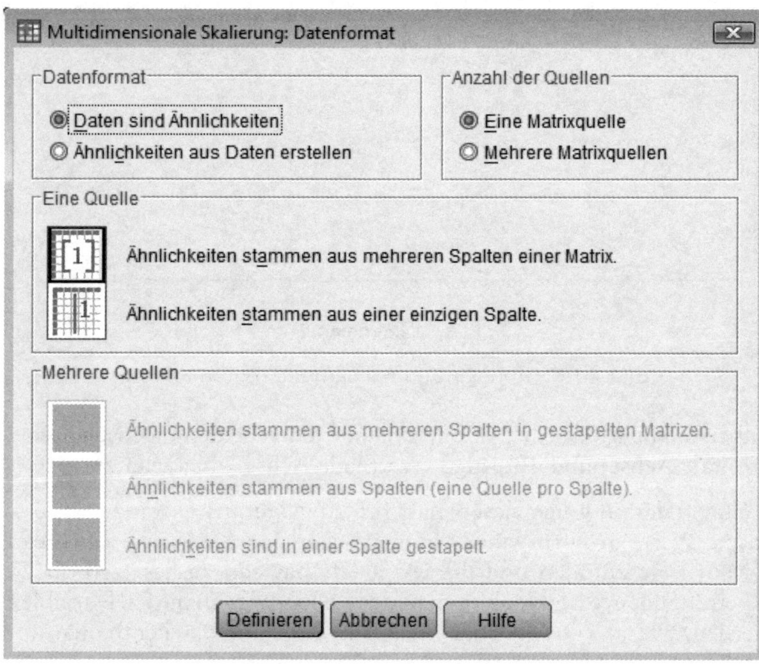

Bild 24.7: Dialogbox Multidimensionale Skalierung: Datenformat

- Aktivieren Sie die Option *Ähnlichkeiten aus Daten* erstellen.
- Betätigen Sie den Schalter *Definieren.*

Es öffnet sich die Dialogbox *Multidimensionale Skalierung (Ähnlichkeiten aus Daten erstellen).*

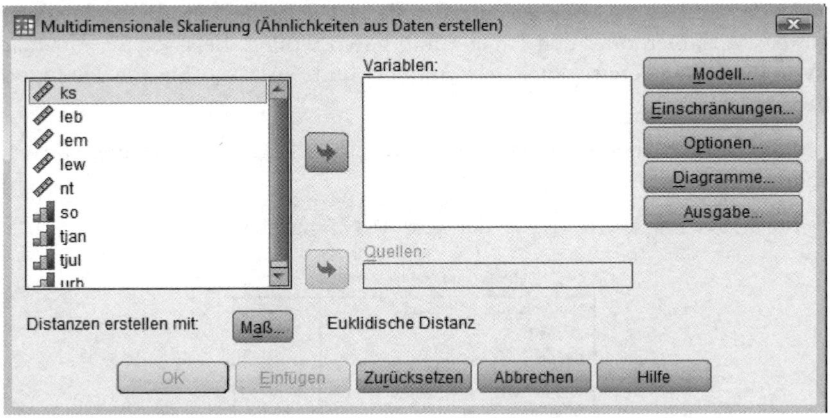

Bild 24.8: Dialogbox Multidimensionale Skalierung: Ähnlichkeiten aus Daten erstellen

- Informieren Sie sich über die einzelnen Variablen und verschieben Sie folgende Variablen in das Variablenfeld: ks, lem, lew, nt, so, tjan, tjul, urb.
- Betätigen Sie den Schalter *Maß...*

Es öffnet sich die Dialogbox *Multidimensionale Skalierung: Maß*.

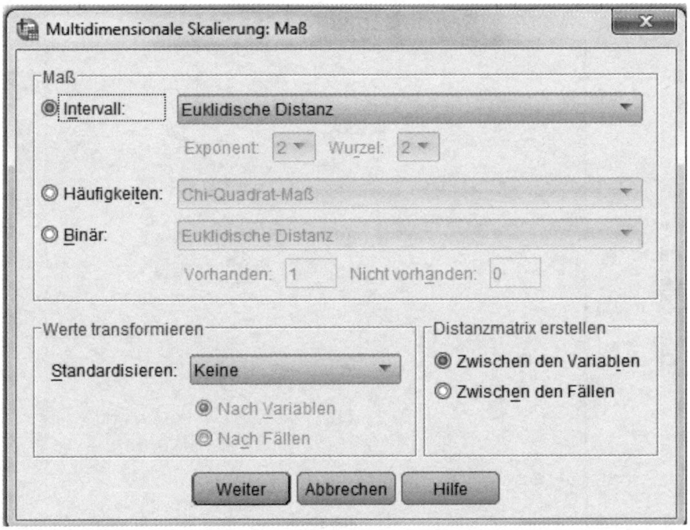

Bild 24.9: Dialogbox Multidimensionale Skalierung: Maß

- Die Voreinstellung des Intervallniveaus und der Euklidischen Distanz lassen Sie bestehen. Im Feld *Werte transformieren* muss eine Transformation der Werte der verschiedenen Variablen auf einen einheitlichen Wertebereich angefordert werden. Aktivieren Sie daher in der Pull-Down-Liste die Option *Z-Scores*.

- Im Feld *Distanzmatrix erstellen* müssen Sie sich entscheiden, ob Sie Distanzen zwischen den Variablen oder den Fällen analysieren wollen. Belassen Sie es zunächst bei der Voreinstellung *Zwischen den Variablen* und verlassen Sie die Dialogbox über *Weiter.*
- Lassen Sie bei den anderen Schaltern die Voreinstellung bestehen, und starten Sie die Berechnungen mit *OK*.

Als Wert für Stress 1 wird im Viewer der Wert 0,12 angezeigt.

Stress- und Anpassungsmaße

Normalisierter Rohstress	,01495
Stress-I	,12229[a]
Stress-II	,31667[a]
S-Stress	,02607[b]
Erklärte Streuung	,98505
Kongruenzkoeffizient nach Tucker	,99249

PROXSCAL minimiert den normalisierten Rohstress.

a. Optimaler Skalierungsfaktor = 1,015.

b. Optimaler Skalierungsfaktor = ,978.

Die Konfiguration der Variablen ist im folgenden Bild dargestellt.

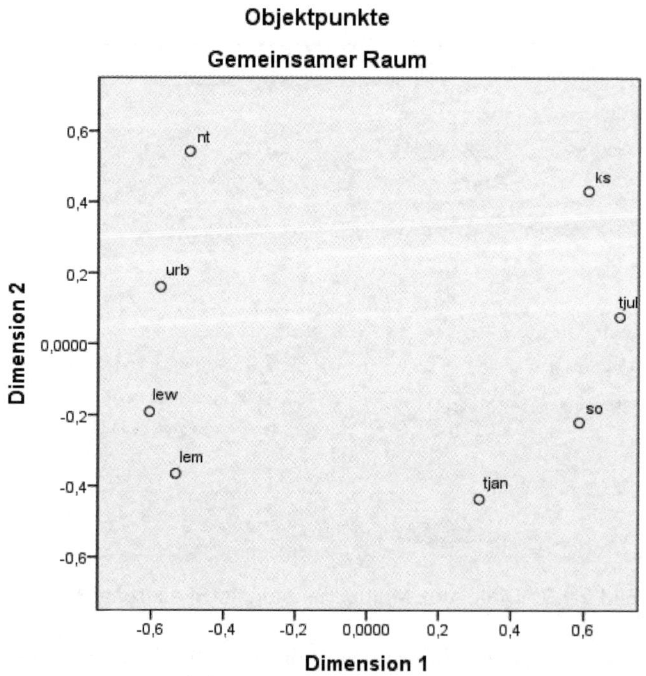

Bild 24.10: Konfigurationsdiagramm der Variablen

Deutlich werden zwei Variablengruppierungen wiedergegeben. Die linke Gruppierung besagt, dass hohe Lebenserwartung mit hoher Urbanität und vielen Niederschlagstagen einhergeht, die rechte Gruppierung zeigt das Einhergehen von hohen Temperaturen, vielen Sonnenscheinstunden und hoher Kindersterblichkeit.

Es soll nun eine Konfiguration der Fälle (Länder) erstellt werden.

- Verfahren Sie wie eben beschrieben, aktivieren Sie diesmal in der Dialogbox *Multidimensionale Skalierung: Maß* die Option *Zwischen den Fällen.*

Es wird das folgende Konfigurationsdiagramm angezeigt.

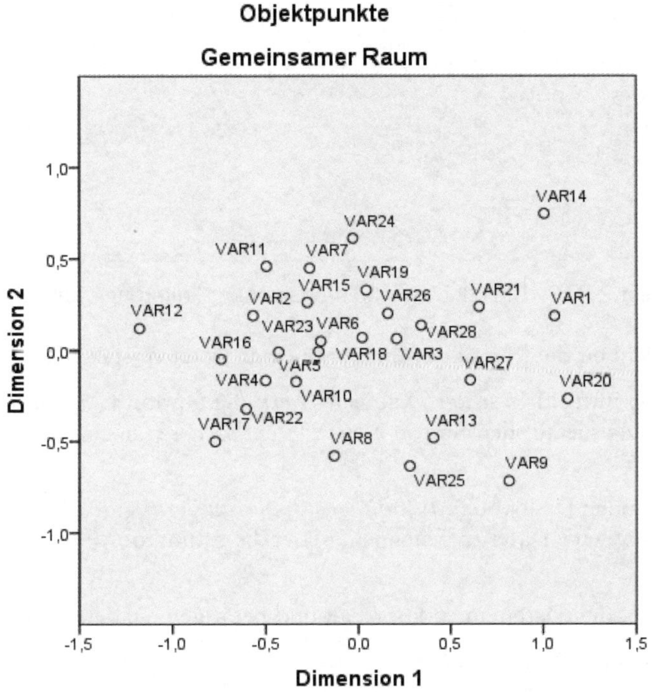

Bild 24.11: Konfigurationsdiagramm der Fälle

Fehlerhaft ist leider auch in der Version 22 noch immer die Beschriftung: Statt var müsste es case bzw. Fall heißen. Das Diagramm ist auch darüber hinaus recht unbefriedigend, weil es bei der Beschriftung der Objektpunkte nicht möglich ist, eine Beschriftungsvariable (hier die Variable land) einzubringen.

Hier können wir uns aber mit einem Trick behelfen.

- Betätigen Sie in der Dialogbox *Multidimensionale Skalierung (Ähnlichkeiten aus Daten erstellen)* den Schalter *Ausgabe...*

Es öffnet sich die Dialogbox *Multidimensionale Skalierung: Ausgabe.*

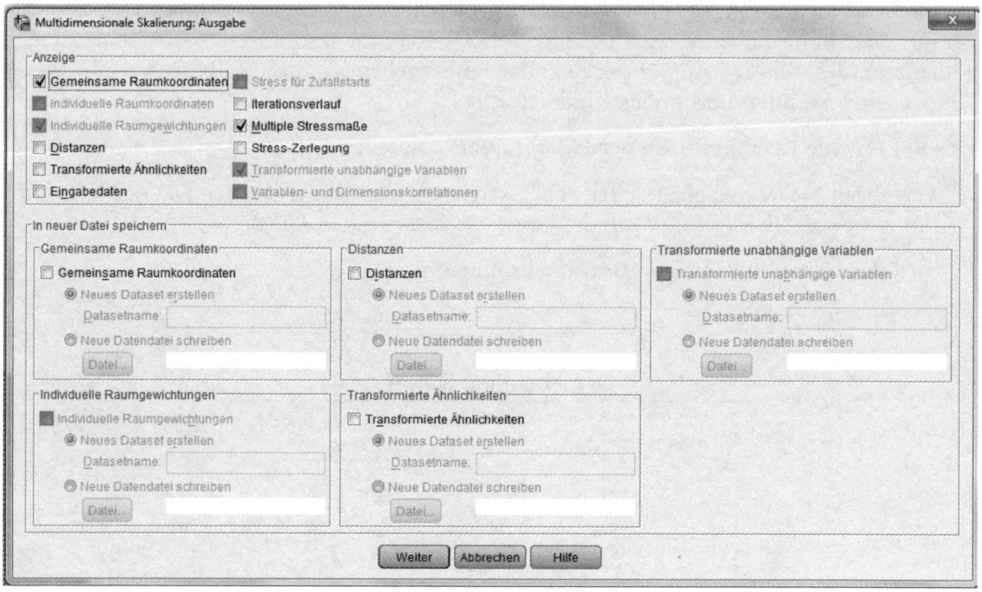

Bild 24.12: Dialogbox Multidimensionale Skalierung: Ausgabe

Sie haben Gelegenheit die Raumkoordinaten in einer Datei zu speichern.

- Aktivieren Sie im Feld *In neuer Datei speichern* die Option *Gemeinsame Raumkoordinaten*, klicken Sie auf den Button *Neue Datendatei schreiben* und betätigen Sie den Schalter *Datei...*

In der aufscheinenden Dialogbox *Multidimensionale Skalierung: In Datei speichern* erhalten Sie Gelegenheit, eine Datei zu benennen, in der die Raumkoordinaten gespeichert werden können.

- Geben Sie z. B. den Dateinamen koord an und betätigen Sie den Schalter *Speichern.*

- Bestätigen Sie mit *Weiter* und *OK.*

Im angegebenen Verzeichnis wird die Datei koord.sav erzeugt. Diese enthält unter den Variablennamen dim_1 und dim_2 die x- und y-Koordinaten für die Darstellung der Fälle im Konfigurationsdiagramm. Diese beiden Variablen hängen wir an die Datei europalaender.sav an (siehe Kap. 3.7.2).

- Laden Sie die Datei europalaender.sav (falls diese nicht mehr die aktuelle Datei sein sollte).

- Wählen Sie aus dem Menü

  Daten

      Dateien zusammenfügen

          Variablen hinzufügen...

- Geben Sie in der aufscheinenden Dialogbox *Variablen hinzufügen zu* die Datei koord.sav als externe SPSS-Datendatei an. Sollte die Datei nicht automatisch gefunden werden, so klicken Sie auf den Schalter *Durchsuchen*, klicken in der Dateiliste auf den entsprechenden Namen und abschließend auf die Schalter *Öffnen*, *Weiter* und *OK*.

Die Datei europalaender.sav sollte nun über die beiden zusätzlichen Variablen dim_1 und dim_2 verfügen.

- Wählen Sie aus dem Menü

  Grafik

  Diagrammerstellung...

- Wählen Sie aus der Galerie der Dialogbox *Diagrammerstellung* die Option *Streu-/Punktdiagramm* und ziehen Sie das Symbol für das einfache Streudiagramm in die Diagrammvorschau.
- Ziehen Sie die Variable dim_1 in die x-Achse, die Variable dim_2 in die y-Achse.
- Ziehen Sie die Registerkarte *Gruppen/Punkt-ID* und aktivieren Sie die Option *Punkt-ID-Beschriftung*.
- Ziehen Sie die Variable land in das Feld für die *Punktbeschriftungsvariable*.
- Bestätigen Sie mit *OK*.

Es wird das folgende Streudigramm erstellt.

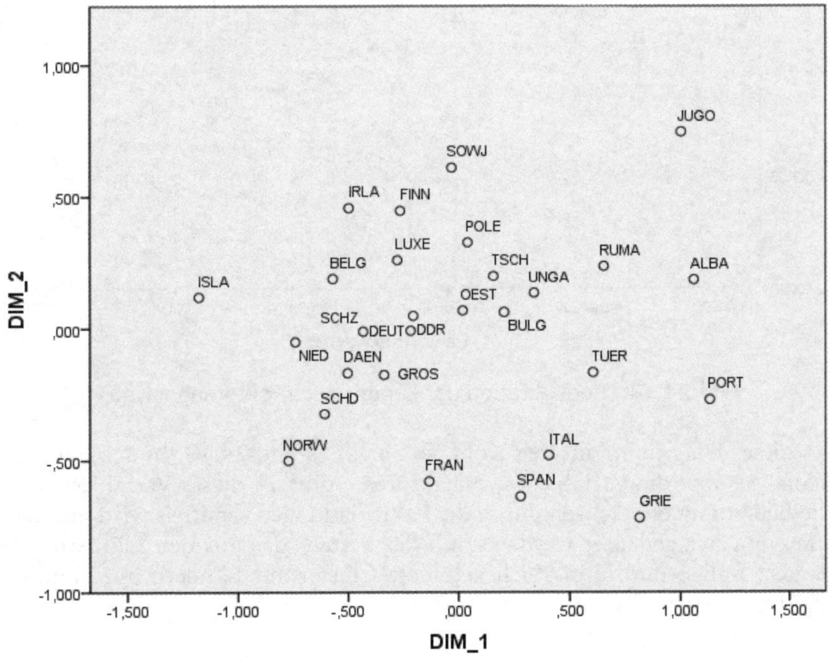

Bild 24.13: Konfiguration der Länder nach multidimensionaler Skalierung

Wir überlassen Ihnen die Deutung des Diagramms. Sie erkennen u. a. deutlich das Cluster der »klassischen mediterranen Urlaubsländer« Frankreich, Italien, Spanien und Griechenland.

Als Alternative zum geschilderten Verfahren könnten Sie die gegebenen acht Variablen auch einer Faktorenanalyse unterziehen. Falls Sie eine Varimax-Rotation durchführen und der Voreinstellung folgen, dass so viele Faktoren extrahiert werden wie sich Eigenwerte über 1 ergeben, so erhalten Sie zwei Faktoren. Der erste Faktor besteht aus Variablen, die mit der Lebenserwartung zu tun haben (einschließlich der Urbanität), der zweite Faktor wird von den Klimavariablen gebildet. Falls Sie die Faktorwerte als Variablen speichern und diese dann in ein Streudiagramm darstellen, erhalten Sie das folgende Bild.

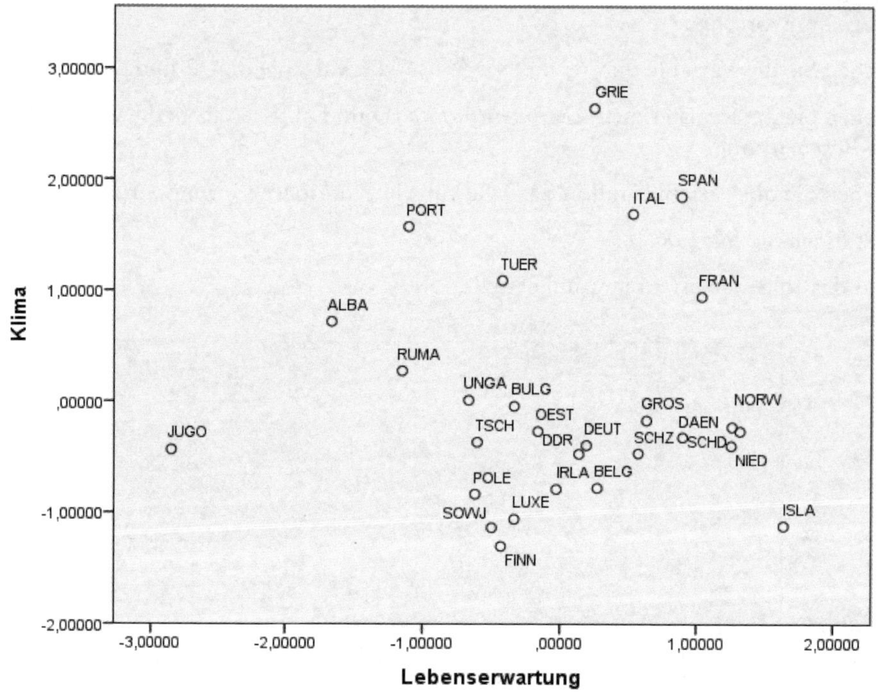

Bild 24.14: Konfiguration der Länder nach Faktorenanalyse

Stellt man dieses Diagramm auf den Kopf, so ähnelt es Bild 24.13. In den Fällen, wo die Faktorenanalyse über die Variablen zwei Faktoren ergibt, ist dieses Verfahren zu empfehlen, da die Bedeutung der Achsen durch die Faktorladungen ermittelt wird und daher das Diagramm einfacher gedeutet werden kann. So besteht das aus den Ländern Griechenland, Spanien, Italien und Frankreich gebildete Cluster aus Ländern mit hoher Lebenserwartung und warmem Klima.

24.4 Multidimensionale Skalierung und Faktorenanalyse

In Abschnitt 23.3 wurde gezeigt, wie die Ergebnisse einer multidimensionalen Skalierung denen einer Faktorenanalyse ähneln können. Dazu soll abschließend noch ein Beispiel gezeigt werden.

- Laden Sie die Datei ausland.sav.

Die Datei enthält das Ergebnis einer Befragung in zwei hessischen Betrieben zu Einstellungen gegenüber Ausländern. Neben einigen sozialstatistischen Variablen enthält die Datei unter den Variablen a1 bis a15 die Antworten auf folgende Statements (siehe Kap. 18.2.1).

1. Die Integration der Ausländer muss verbessert werden.
2. Das Flüchtlingselend muss gelindert werden.
3. Deutsches Geld sollte für deutsche Belange ausgegeben werden.
4. Deutschland ist nicht das Sozialamt der Welt.
5. Ein gutes Miteinander ist anzustreben.
6. Das Asylrecht ist einzuschränken.
7. Die Deutschen werden zur Minderheit.
8. Das Asylrecht ist europaweit zu schützen.
9. Die Ausländerfeindlichkeit schadet der deutschen Wirtschaft.
10. Wohnraum sollte zuerst für Deutsche geschaffen werden.
11. Wir sind auch Ausländer, fast überall.
12. Multikulturell bedeutet multikriminell.
13. Das Boot ist voll.
14. Ausländer raus.
15. Ausländerintegration ist Völkermord.

Die Antworten waren jeweils auf einer Skala mit sieben Punkten zu geben, wobei 1 für völlige Zustimmung und 7 für völlige Ablehnung stehen sollte. Wir wollen mit Hilfe der multidimensionalen Skalierung eine Konfiguration der Variablen erstellen.

- Wählen Sie aus dem Menü

  Analysieren
  Skala
  Multidimensionale Skalierung (PROXSCAL)...

- Aktivieren Sie die Option *Ähnlichkeiten aus Daten erstellen*, und betätigen Sie den Schalter *Definieren*.
- Übertragen Sie die Variablen a1 bis a15 in das Variablenfeld.

- Stellen Sie über den Schalter *Modell...* das Ordinalniveau ein.
- Starten Sie die Berechnungen mit *OK*.

Die Ergebnisse erscheinen im Viewer.

Stress- und Anpassungsmaße

Normalisierter Rohstress	,00243
Stress-I	,04925[a]
Stress-II	,09614[a]
S-Stress	,00284[b]
Erklärte Streuung	,99757
Kongruenzkoeffizient nach Tucker	,99879

PROXSCAL minimiert den normalisierten Rohstress.

a. Optimaler Skalierungsfaktor = 1,002.

b. Optimaler Skalierungsfaktor = 1,001.

Sie erhalten für Stress 1 den guten Wert 0,05. Im Viewer sehen Sie ferner das Konfigurationsdiagramm der Variablen.

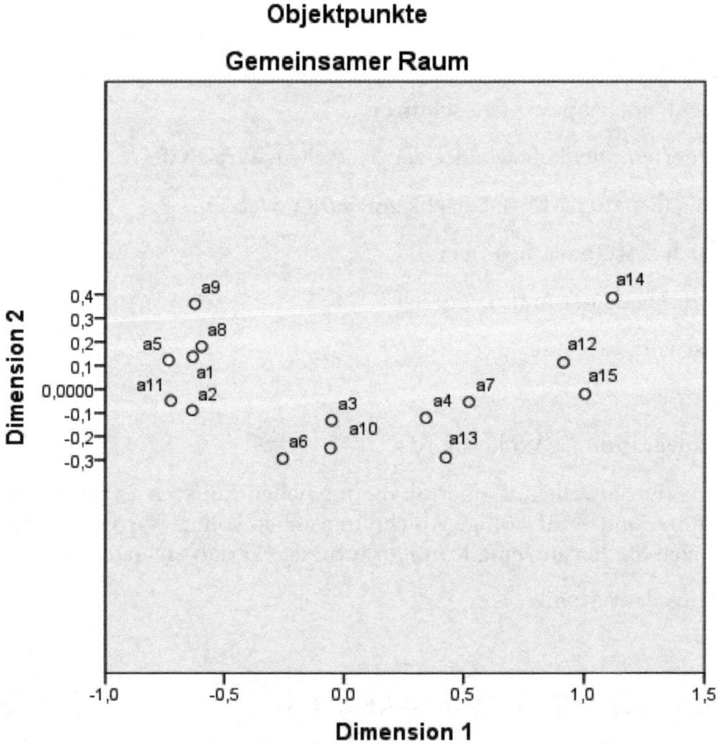

Bild 24.15: Konfiguration der Variablen zur Befragung

Sie erkennen deutlich vier Gruppen von Variablen, die in der folgenden Tabelle von links nach rechts durchnummeriert sind.

Gruppe	Variablen	Einstellung zu Ausländern
1	a1, a2, a5, a8, a9, a11	ausländerfreundlich
2	a3, a6, a10	gemäßigt ausländerdistanziert
3	a4, a7, a13	deutlich ausländerdistanziert
4	a12, a14, a15	ausländerfeindlich

Unterzieht man diese Variablen einer Faktorenanalyse (siehe Kap. 19) so erhält man drei Faktoren. Dabei stimmt der zweite Faktor mit Gruppe 1 überein, der erste Faktor besteht mit Ausnahme der Variablen a7 aus den Gruppen 3 und 4, und der dritte Faktor ist die Gruppe 2 plus der Variablen a7. Die Variable a7 (»Die Deutschen werden zur Minderheit«) wird bei der Faktorenanalyse demnach als gemäßigt ausländerdistanziert eingeordnet.

Die Ergebnisse der multidimensionalen Skalierung stimmen bei diesem Beispiel also sehr gut mit den Ergebnissen unserer Faktorenanalyse aus Kap. 19.2.1 überein.

KAPITEL 25

Korrespondenzanalyse

Mit dem Modul Categories stellt SPSS mehrere verwandte Prozeduren für die optimale Skalierung von kategorialen Variablen zur Verfügung. Aus der Statistik bekannt sind Kreuztabellen mit anschließendem Chi-Quadrat-Test (siehe Kap. 9), wenn zwei kategoriale Variablen miteinander in Beziehung gebracht werden, und loglineare Modelle (siehe Kap. 22) bei der Analyse des Zusammenhangs von mehreren kategorialen Variablen. Mit kategorialen Variablen sind nominalskalierte Variablen gemeint, wobei auch ordinalskalierte Variablen eingeschlossen werden, wenn die Kategorienanzahl nicht allzu groß wird; der durch das Ordinalniveau erzielte Informationsgewinn wird allerdings dabei nicht berücksichtigt.

Die Verfahren der optimalen Skalierung verfolgen gegenüber den zitierten anderen statistischen Verfahren das vorrangige Ziel, die Zusammenhänge zwischen den beteiligten Variablen optisch aufzubereiten, wobei natürlich eine Darstellung in zwei Dimensionen erstrebenswert ist. So sind hier neben den numerischen Zwischenergebnissen im Prinzip zwei Diagramme von Interesse: die Konfiguration der Fälle (Objekte genannt) und die Konfiguration der Variablen. Ein so genannter Biplot erlaubt auch die gemeinsame Darstellung von Objekten und Variablen. Insbesondere bei hoher Fallzahl ist die Darstellung der Objekte allerdings sinnlos, weil wegen des dann erfolgenden Übereinanderdrucks der Beschriftungen Leserlichkeit nicht mehr gegeben ist.

Zumindest für den Einsteiger ist es nicht ganz einfach, eine gewisse Ordnung in die von SPSS innerhalb des Moduls Categories angebotenen Verfahren zu bringen. Im vorliegenden Kapitel sind vier Methoden zusammengestellt, die man alle als Korrespondenzanalyse verstehen kann und die in entsprechenden Abschnitten vorgestellt werden. Eine entsprechende Übersicht zeigt die folgende Tabelle.

Anzahl der Variablen	Messniveau	Buchkapitel	Bezeichnung der Methode	Prozedur
2	nominal	einfache Korrespondenzanalyse	Korrespondenzanalyse	CORRESPONDENCE
> 2	nominal	multiple Korrespondenzanalyse mit Nominalvariablen	Homogenitätsanalyse	HOMALS
> 2	beliebig	multiple Korrespondenzanalyse mit beliebigen Variablen	kategoriale Hauptkomponentenanalyse	CATPCA
> 2	beliebig; Sätze von Variablen	kanonische Korrespondenzanalyse	nichtlineare kanonische Korrelationsanalyse	OVERALS

In die beiden letztgenannten Methoden können also auch ordinalskalierte und intervallskalierte (numerische) Variablen einfließen, wobei das Nominalniveau in den beiden erstgenannten Verfahren ebenfalls das Ordinalniveau einschließt; der durch die Ordinalität gegebene Informationsvorteil wird dann aber nicht mehr berücksichtigt.

Die Korrespondenzanalyse wurde ursprünglich für die Analyse von Kontingenztabellen (zwei Variablen) entwickelt. Die Homogenitätsanalyse wird als Ausweitung der Korrespondenzanalyse auf mehr als zwei Variablen betrachtet und daher auch als multiple Korrespondenzanalyse bezeichnet; dementsprechend haben wir die »klassische« Korrespondenzanalyse in diesem Kapitel einfache Korrespondenzanalyse genannt. Die beiden in der Tabelle letztgenannten Verfahren sind wiederum Erweiterungen der multiplen Korrespondenzanalyse.

Bei den bisher genannten Methoden sind alle Variablen als gleichrangig zu betrachten, d. h. es gibt keine ausgewählte Zielvariable (abhängige Variable). Das ist bei dem ebenfalls dem Modul Categories angehörenden Verfahren der kategorialen Regression (Prozedur CATREG) der Fall, welches im Kontext des Kapitels Regressionsanalyse behandelt wird (Kap. 15.12).

25.1 Einfache Korrespondenzanalyse

Die Korrespondenzanalyse in ihrer ursprünglichen Form analysiert Kontingenztabellen, wobei die Zeilen der Tabellen Personen bzw. Objekten entsprechen und die Spalten Merkmalen. Die Zellen der Tabellen enthalten Ähnlichkeits- oder Distanzmaße; in den meisten Fällen handelt es sich um Häufigkeiten. Diese geben an, wie oft die einzelnen Merkmale bei den Personen bzw. Objekten auftreten.

Solche Häufigkeitstabellen können auf einfache Weise mit der Menüwahl

Analysieren
Deskriptive Statistiken
Kreuztabellen...

erzeugt werden. Vor allem im Fall nominalskalierter Variablen liefert das aber keinen näheren Aufschluss über die Art des Zusammenhangs; Ziel der Korrespondenzanalyse hingegen ist eine gemeinsame grafische Repräsentierung der Zeilen und Spalten. Es werden letztlich Zeilen- und Spaltenscores berechnet, aufgrund derer entsprechende (zweidimensionale) Plots erzeugt werden. Diese gestatten eine Übersicht, welche Personen bzw. Objekte sich bzgl. der betrachteten Merkmale ähneln und welche nicht, sowie eine Übersicht, welche Merkmale bei den betrachteten Personen bzw. Objekten vergleichbar sind und welche nicht. Schließlich werden beide Analysen zusammengefügt, um die miteinander korrespondierenden Strukturen der Zeilen und Spalten der Datenmatrix aufzuzeigen.

Ein Vorteil der Korrespondenzanalyse liegt darin, dass fast keinerlei Ansprüche an die Daten gestellt werden. Die zu analysierende Datenmatrix muss lediglich mit nicht-negativen Werten besetzt sein.

Die Korrespondenzanalyse ist in erster Linie eine grafische Methode, deren Vorteil darin besteht, dass eine visuelle Darstellung der Zusammenhänge leichter aufgefasst werden kann als eine reine Zahlenmatrix. Entwickelt wurde die Korrespondenzanalyse Anfang der 60er Jahre von französischen Statistikern (vor allem von Jean-Paul Benzecri); parallele Entwicklungen gab es in den Niederlanden und in Japan. Angewandt wurde die Korrespondenzanalyse u. a. vom französischen Soziologen Pierre Bourdieu in seiner Studie »Die feinen Unterschiede. Kritik der gesellschaftlichen Urteilskraft«. So wird die Korrespondenzanalyse gerade in der Soziologie häufig angewandt.

Gemäß den hauptsächlichen Verbreitungsgebieten der Korrespondenzanalyse wird diese an einem Beispiel aus der Wahlforschung erläutert, woran sich mit einer Produktpositionierung ein Problem aus dem Marketing-Bereich anschließt. Das anschließende Seriationsproblem aus der Archäologie zeigt, dass die Korrespondenzanalyse auch in anderen Wissensgebieten Verwendung findet.

25.1.1 Das Prinzip der einfachen Korrespondenzanalyse

Ein einfaches Beispiel aus der Wahlforschung soll das Prinzip der Korrespondenzanalyse erläutern. In einer großen Bevölkerungsumfrage der Sozialwissenschaften (ALLBUS 2000) wurde u. a. nach der Wahlabsicht bei der nächsten Bundestagswahl und dem Beruf gefragt.

- Laden Sie die Datei wahlab.sav.

Die Datei enthält die beiden Variablen partei und beruf, welche die Wahlabsicht und die Berufsgruppe wiedergeben.

- Erstellen Sie, um sich über die Variablenausprägungen zu informieren, mit Hilfe der Menüwahl

  Analysieren
  Deskriptive Statistiken
  Häufigkeiten...

Häufigkeitstabellen dieser Variablen:

Beruf

		Häufigkeit	Prozent	Gültige Prozent	Kumulative Prozente
Gültig	Selbstständige	146	8,3	8,3	8,3
	Beamte	149	8,5	8,5	16,8
	Angestellte	873	49,8	49,8	66,6
	Arbeiter	183	10,4	10,4	77,0
	Facharbeiter	403	23,0	23,0	100,0
	Gesamtsumme	1754	100,0	100,0	

Wahlabsicht

		Häufigkeit	Prozent	Gültige Prozent	Kumulative Prozente
Gültig	CDU/CSU	571	32,6	32,6	32,6
	SPD	721	41,1	41,1	73,7
	FDP	145	8,3	8,3	81,9
	Grüne	149	8,5	8,5	90,4
	PDS	168	9,6	9,6	100,0
	Gesamtsumme	1754	100,0	100,0	

Es soll der Zusammenhang zwischen den Berufsgruppen und der Wahlabsicht untersucht werden, d. h., es soll der Frage nachgegangen werden, ob sich die verschiedenen Berufsgruppen hinsichtlich ihrer Parteipräferenz unterscheiden. Dies soll zunächst in Form einer Kreuztabelle geschehen.

- Wählen Sie aus dem Menü

Analysieren
Deskriptive Statistiken
Kreuztabellen...

- Geben Sie beruf als Zeilenvariable und partei als Spaltenvariable an. Wünschen Sie sich über den Schalter *Zellen...* die zusätzliche Ausgabe einer Zeilenprozentuierung, und fordern Sie über den Schalter *Statistiken...* den Chi-Quadrat-Test an.

Kreuztabelle Beruf*Wahlabsicht

			Wahlabsicht					
			CDU/CSU	SPD	FDP	Grüne	PDS	Gesamtsumme
Beruf	Selbstständige	Anzahl	56	32	23	17	18	146
		% in Beruf	38,4%	21,9%	15,8%	11,6%	12,3%	100,0%
	Beamte	Anzahl	59	55	11	23	1	149
		% in Beruf	39,6%	36,9%	7,4%	15,4%	0,7%	100,0%
	Angestellte	Anzahl	265	340	81	94	93	873
		% in Beruf	30,4%	38,9%	9,3%	10,8%	10,7%	100,0%
	Arbeiter	Anzahl	73	81	11	5	13	183
		% in Beruf	39,9%	44,3%	6,0%	2,7%	7,1%	100,0%
	Facharbeiter	Anzahl	118	213	19	10	43	403
		% in Beruf	29,3%	52,9%	4,7%	2,5%	10,7%	100,0%
Gesamtsumme		Anzahl	571	721	145	149	168	1754
		% in Beruf	32,6%	41,1%	8,3%	8,5%	9,6%	100,0%

Chi-Quadrat-Tests

	Wert	df	Asymp. Sig. (zweiseitig)
Pearson-Chi-Quadrat	112,498[a]	16	,000
Likelihood-Quotient	128,751	16	,000
Zusammenhang linear-mit-linear	5,427	1	,020
Anzahl der gültigen Fälle	1754		

a. 0 Zellen (0,0%) haben die erwartete Anzahl von weniger als 5. Die erwartete Mindestanzahl ist 12,07.

Der Chi-Quadrat-Test ergibt einen höchst signifikanten Zusammenhang zwischen Berufsgruppe und Wahlabsicht. Während der Prozentanteil der CDU/CSU über alle Berufsgruppen weitgehend konstant ist, weist die SPD eine starke Erhöhung bei Arbeitern und Facharbeitern aus, die FDP bei den Selbstständigen und die Grünen bei den Beamten. Diese Zusammenhänge sollen nun mit Hilfe einer Korrespondenzanalyse visualisiert werden.

- Wählen Sie aus dem Menü

Analysieren
Dimensionsreduktion
Korrespondenzanalyse...

Es öffnet sich die Dialogbox *Korrespondenzanalyse*.

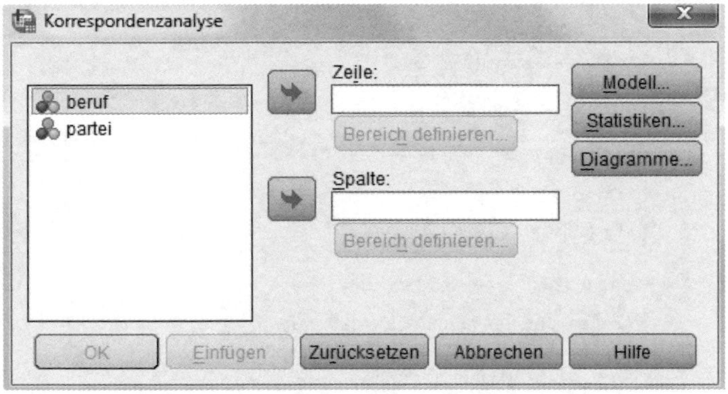

Bild 25.1: Dialogbox Korrespondenzanalyse

- Geben Sie die Variable beruf als Zeilenvariable an, und klicken Sie auf den Schalter *Bereich definieren....* Es öffnet sich die Dialogbox *Korrespondenzanalyse: Zeilenbereich definieren.*

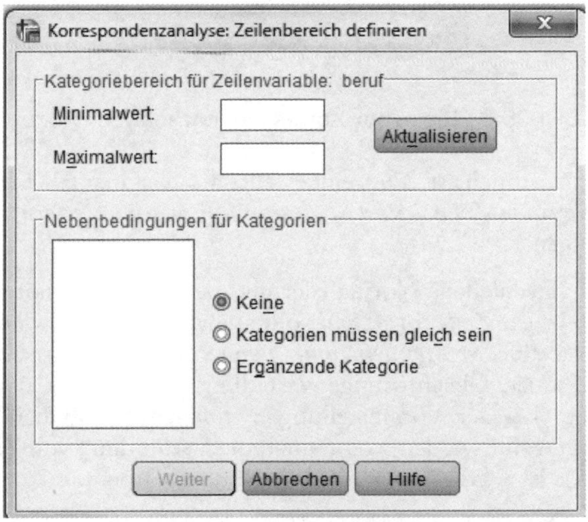

Bild 25.2: Dialogbox Korrespondenzanalyse: Zeilenbereich definieren

- Da sich die Codierung der Berufsgruppen von 1 bis 5 erstreckt, geben Sie als Minimalwert die Zahl 1 und als Maximalwert die Zahl 5 an.
- Betätigen Sie den Schalter *Aktualisieren*, belassen Sie es bei der Voreinstellung *Keine* bei *Nebenbedingungen für Kategorien*, und verlassen Sie die Dialogbox über *Weiter.*
- In der Ausgangsdialogbox geben Sie die Variable partei als Spaltenvariable an, und definieren gemäß der Codierung dieser Variablen den zugehörigen Bereich von 1 bis 5.

- Betätigen Sie nun den Schalter *Modell...* Es öffnet sich die Dialogbox *Korrespondenzanalyse: Modell.*

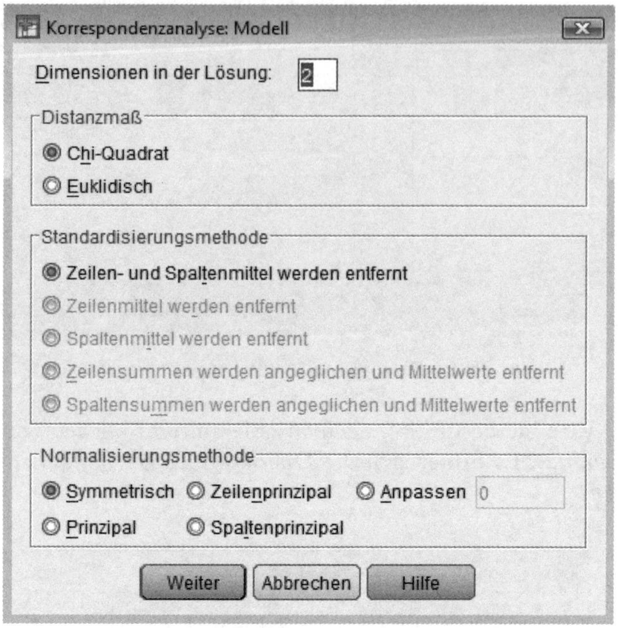

Bild 25.3: Dialogbox Korrespondenzanalyse: Modell

Als Anzahl der Dimensionen ist 2 voreingestellt, als Distanzmaß *Chi-Quadrat* und als Standardisierungsmethode *Zeilen- und Spaltenmittel werden entfernt*. Belassen Sie es bei diesen Voreinstellungen.

Ferner werden fünf verschiedene Normalisierungsmethoden angeboten, von denen *Symmetrisch* voreingestellt ist. *Zeilenprinzipal* sollte gewählt werden, wenn vornehmlich die Analyse der Zeilenvariable, *Spaltenprinzipal*, wenn vornehmlich die Analyse der Spaltenvariable von Interesse ist. Gleichförmige Verteilung der Trägheit über die Zeilen- und Splaltenscores erfolgt bei der Voreinstellung *Symmetrisch* und bei *Prinzipal*. Letztere Option sollte nicht gewählt werden, wenn auch die Verbindung von Zeilen- und Spaltenvariable von Interesse ist (was aber im allgemeinen der Fall ist).

Bei Aktivierung der Option *Andere* ist ein Wert zwischen -1 und 1 anzugeben, wobei der Wert -1 für *Spaltenprinizipal* und der Wert 1 für *Zeilenprinzipal* steht. Der Wert 0 entspricht der Option *Symmetrisch*. Dazwischenliegende Werte verteilen die Trägheit entsprechend auf die Zeilen- und Spaltenscores.

- Belassen Sie es bei der Voreinstellung, und verlassen Sie die Dialogbox über den Schalter *Weiter.*

- Öffnen Sie nun über den Schalter *Statistiken...* die Dialogbox *Korrespondenzanalyse: Statistiken.*

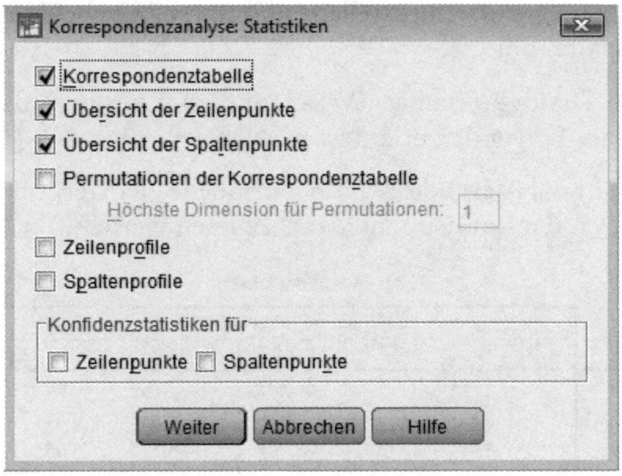

Bild 25.4: Dialogbox Korrespondenzanalyse: Statistiken

- Aktivieren Sie zusätzlich zu den voreingestellten Ausgaben *Korrespondenztabelle*, *Übersicht der Zeilenpunkte* sowie *Übersicht der Spaltenpunkte* noch die Ausgaben *Zeilenprofile* und *Spaltenprofile*.
- In die Ausgangsdialogbox zurückgekehrt, betätigen Sie noch den Schalter *Diagramme...* Es öffnet sich die Dialogbox *Korrespondenzanalyse: Diagramme*.

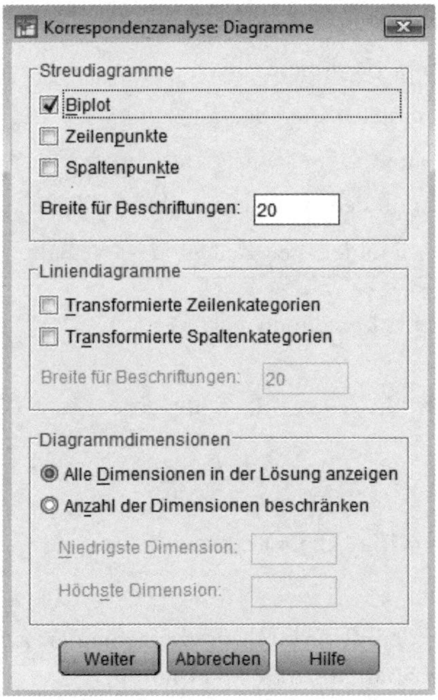

Bild 25.5: Dialogbox Korrespondenzanalyse: Diagramme

- Aktivieren Sie neben dem voreingestellten Biplot noch die beiden Streudiagramme für die Zeilen- und Spaltenpunkte.
- Verlassen Sie die Dialogbox über *Weiter* und die Ausgangsdialog über *OK*. Die Ergebnisse sollen im Folgenden erläutert werden.

Als erstes wird die zu analysierende Kontingenztabelle (Korrespondenztabelle genannt) ausgegeben, wobei auch die Randsummen ausgewiesen werden.

Korrespondenztabelle

	Wahlabsicht					
Beruf	CDU/CSU	SPD	FDP	Grüne	PDS	Aktiver Rand
Selbstständige	56	32	23	17	18	146
Beamte	59	55	11	23	1	149
Angestellte	265	340	81	94	93	873
Arbeiter	73	81	11	5	13	183
Facharbeiter	118	213	19	10	43	403
Aktiver Rand	571	721	145	149	168	1754

Die beiden nächsten Tabellen enthalten die Zeilen- und Spaltenprofile; dies sind die auf die Zeilen- bzw. Spaltensummen bezogenen relativen Häufigkeiten. Es seien:

k	Anzahl der Zeilen
m	Anzahl der Spalten
f_{ij}	Datenwert (hier: Häufigkeit) in der i-ten Zeile und j-ten Spalte
z_i	Zeilensumme der i-ten Zeile
s_j	Spaltensumme der j-ten Spalte
N	Gesamtsumme
zp_{ij}	Zeilenprofil in der i-ten Zeile und j-ten Spalte
sp_{ij}	Spaltenprofil in der i-ten Zeile und j-ten Spalte

Die Zeilen- und Spaltenprofile berechnen sich zu

$$zp_{ij} = \frac{f_{ij}}{z_i} \qquad i = 1, \ldots, k; j = 1, \ldots, m$$

$$sp_{ij} = \frac{f_{ij}}{s_j} \qquad i = 1, \ldots, k; \ j = 1, \ldots, m$$

Die absoluten Werte f_{ij} werden also durch die betreffenden Zeilen- und Spaltensummen geteilt, um die Zeilen- bzw. Spaltenprofile zu erhalten.

Zeilenprofile

Beruf	Wahlabsicht					
	CDU/CSU	SPD	FDP	Grüne	PDS	Aktiver Rand
Selbstständige	,384	,219	,158	,116	,123	1,000
Beamte	,396	,369	,074	,154	,007	1,000
Angestellte	,304	,389	,093	,108	,107	1,000
Arbeiter	,399	,443	,060	,027	,071	1,000
Facharbeiter	,293	,529	,047	,025	,107	1,000
Masse	,326	,411	,083	,085	,096	

Die Zeilenprofile geben nun nicht mehr die beobachteten Häufigkeiten an, sondern die relativen Häufigkeiten in jeder Berufsgruppe. Die Spaltenprofile sind die auf die Parteien bezogenen relativen Häufigkeiten.

Spaltenprofile

Beruf	Wahlabsicht					
	CDU/CSU	SPD	FDP	Grüne	PDS	Masse
Selbstständige	,098	,044	,159	,114	,107	,083
Beamte	,103	,076	,076	,154	,006	,085
Angestellte	,464	,472	,559	,631	,554	,498
Arbeiter	,128	,112	,076	,034	,077	,104
Facharbeiter	,207	,295	,131	,067	,256	,230
Aktiver Rand	1,000	1,000	1,000	1,000	1,000	

Die zu den Zeilensummen gehörenden Profile werden als (Zeilen-)Massen bezeichnet:

$$w_i = \frac{z_i}{n} \qquad i = 1, \ldots, k$$

Weitere wichtige Begriffe der Korrespondenzanalyse sind die des Zentroiden und der Trägheit (Inertia). Der Zentroid q mit seinen Komponenten $q_1, \ldots, q_j$ wird berechnet als mit den Massen gewichteter Durchschnitt der Zeilenprofile:

$$q_j = \sum_{i=1}^{k} w_i \cdot zp_{ij} \qquad j = 1, \ldots, m$$

Die Trägheit ist ein Maß für die Streuung der Zeilenprofile um den Zentroiden, wobei als Distanzmaß die sogenannte Chi-Quadrat-Distanz gewählt wird. Dieses führt dazu, dass sich die Trägheit in einfacher Weise aus der Chi-Quadrat-Statistik bestimmen lässt:

$$I = \frac{\chi^2}{n}$$

Die bis hierher durchgeführten Berechnungen sind lediglich als Vorarbeiten zu betrachten, um das eigentliche Ziel der Korrespondenzanalyse, eine grafische Darstellung der Kategorien der Zeilen- und Spaltenvariablen in einem möglichst gering dimensionierten (am besten zweidimensionalen) Raum, zu erreichen.

Der nächste Teil des Ausdrucks zeigt den Gesamtbetrag der Trägheit an und die Anteile, die den einzelnen Dimensionen zugeordnet werden können. Dimensionen mit ur geringem Anteil an der Trägheit können gegebenenfalls vernachlässigt werden. Im gegebenen Beispiel werden durch die ersten beiden Dimensionen 67,9% bzw. 21,1% der Trägheit erklärt.

Die theoretisch größtmögliche Dimensionszahl bei der Korrespondenzanalyse ist das Minimum von Zeilen- und Spaltenzahl, vermindert um 1. Im vorliegenden Beispiel führt das zu vier Dimensionen. Diese werden daher auch in der Auswertungstabelle berücksichtigt.

Die Quadratwurzel der Trägheit ist unter der Bezeichnung »Einzelwert« ausgewiesen. Dieser kann als Korrelation zwischen den sogenannten Zeilen- und Spaltenscores verstanden werden.

Übersicht

					Anteil der Trägheit		Konfidenz für Einzelwert	
							Standardabweichung	Korrelation
Dimension	Einzelwert	Trägheit	Chi-Quadrat	Sig.	Berücksichtigt für	Kumuliert		2
1	,209	,044			,679	,679	,021	,022
2	,116	,014			,211	,890	,017	
3	,084	,007			,110	1,000		
4	,005	,000			,000	1,000		
Gesamtsumme		,064	112,498	,000[a]	1,000	1,000		

a. 16 Freiheitsgrade

Die Zeilen- und Spaltenscores legen die Positionen der Kategorien der Zeilen- bzw. Spaltenvariablen bei der grafischen Darstellung, z. B. im zweidimensionalen Raum, fest. Es seien

s	Anzahl der Dimensionen	
r_{il}	Zeilenscores	$i=1, ..., k; l=1, ..., s$
c_{jl}	Spaltenscores	$j=1, ..., m; l=1, ..., s$

Bei der Bestimmung der Scores geht es darum, den Ausdruck

$$\sum_{i=1}^{k}\sum_{j=1}^{m} f_{ij}\cdot\sum_{l=1}^{s}(r_{il}-c_{jl})^2$$

zu minimieren. Das hierbei verwendete Verfahren wird »Single value decomposition« genannt. Ferner werden die Zeilen- und Spaltenscores »normalisiert«; dies beinhaltet eine entsprechende Verteilung der Trägheit.

Der folgende Teil des Ausdrucks, überschrieben mit »Übersichtszeilenpunkte« zeigt nach der nochmaligen Ausgabe der Masse unter der Bezeichnung »Wert in Dimension« die Zeilenscores, welche mit ihren beiden Dimensionen die Koordinaten der Kategorien der Zeilenvariablen (hier: Berufsgruppe) bei der späteren grafischen Darstellung sind.

Übersichtszeilenpunkte[a]

		Score in Dimension			Beitrag				
					des Punktes an der Trägheit der Dimension		der Dimension an der Trägheit des Punktes		
Beruf	Masse	1	2	Trägheit	1	2	1	2	Gesamtsumme
Selbstständige	,083	-,812	-,429	,016	,263	,132	,734	,114	,848
Beamte	,085	-,467	,988	,014	,089	,713	,284	,708	,993
Angestellte	,498	-,176	-,122	,006	,074	,064	,582	,156	,738
Arbeiter	,104	,382	,297	,007	,073	,079	,432	,145	,577
Facharbeiter	,230	,675	-,080	,022	,501	,013	,991	,008	,999
Gesamtsumme für Aktive	1,000			,064	1,000	1,000			

a. Symmetrische Normalisierung

Unter der Bezeichnung »Beitrag des Punktes an der Trägheit der Dimension« ist der auf die jeweilige Zeilenkategorie entfallende Anteil der Trägheit bei beiden Dimensionen wiedergegeben. Hiermit können dominante Kategorien bei den einzelnen Dimensionen aufgedeckt werden. Dieses sind Facharbeiter bei der ersten Dimension und Beamte bei der zweiten Dimension.

Schließlich kann unter der Bezeichnung »Beitrag der Dimension an der Trägheit des Punktes« entnommen werden, durch welche Dimensionen die einzelnen Zeilenkategorien dominiert werden.

So werden Selbständige und Facharbeiter weitgehend von der ersten Dimension, Beamte von der zweiten Dimension bestimmt.

Eine entsprechende Übersicht wird anschließend über die Spaltenpunkte gegeben.

Übersichtsspaltenpunkte[a]

		Score in Dimension			Beitrag				
					des Punktes an der Trägheit der Dimension		der Dimension an der Trägheit des Punktes		
Wahlabsicht	Masse	1	2	Trägheit	1	2	1	2	Gesamtsumme
CDU/CSU	,326	-,102	,213	,005	,016	,127	,132	,318	,450
SPD	,411	,420	,073	,016	,347	,019	,924	,015	,939
FDP	,083	-,696	-,424	,010	,192	,128	,796	,165	,961
Grüne	,085	-1,043	,267	,023	,443	,052	,851	,031	,882
PDS	,096	,072	-,905	,009	,002	,675	,011	,986	,997
Gesamtsumme für Aktive	1,000			,064	1,000	1,000			

a. Symmetrische Normalisierung

Mit Hilfe der Zeilen- und Spaltenscores werden nun eine grafische Anordnung der Zeilenvariablen (Berufsgruppen) bzw. der Spaltenvariable (Parteien) und eine verbindende Darstellung dieser beiden Variablen gegeben. Letztere kann als wichtigstes Ergebnis der Korrespondenzanalyse angesehen werden.

Als erstes erscheint die grafische Aufbereitung der Zeilenpunkte, also der Berufsgruppen.

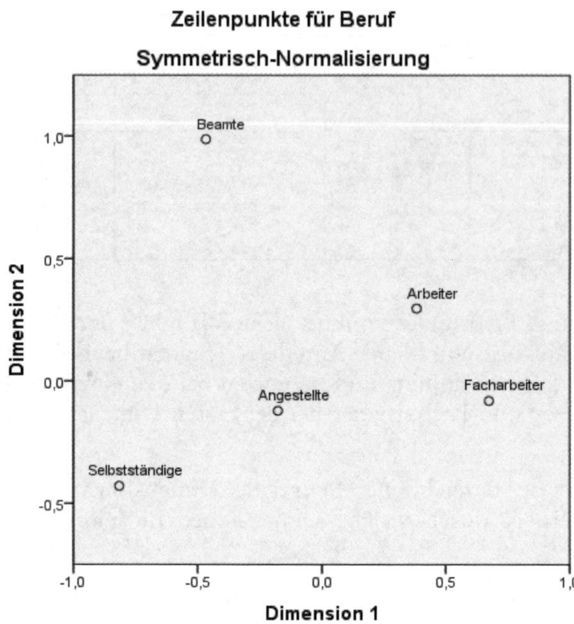

Bild 25.6: Darstellung der Zeilenvariablen in einem Streudiagramm

Das Diagramm zeigt, was das Wahlverhalten angeht, die Nähe von Arbeitern und Facharbeitern und die große Distanz zwischen Beamten und Selbständigen.

Es folgt die grafische Aufbereitung der Spaltenpunkte, also der Wahlabsicht

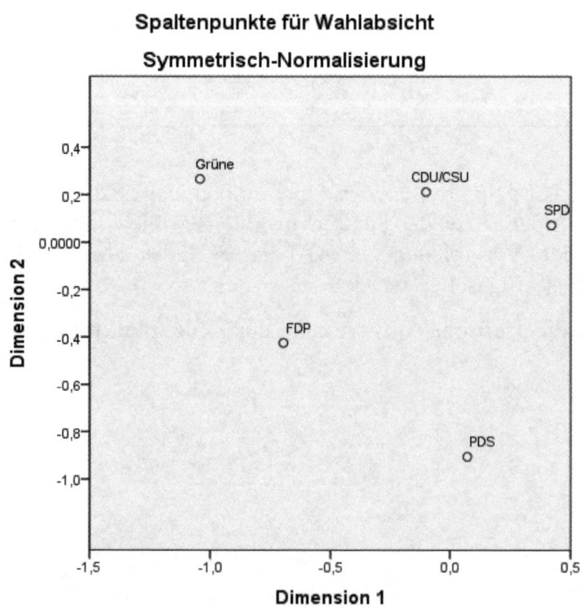

Bild 25.7: Darstellung der Spaltenvariablen in einem Streudiagramm

Auffällig ist die relative Nähe der beiden großen Parteien bezüglich des Berufsprofils ihrer Wähler.

Den Abschluss bildet das gemeinsame Streudiagramm der Zeilen- und Spaltenvariablen, das wohl wichtigste zusammenfassende Ergebnis der Korrespondenzanalyse.

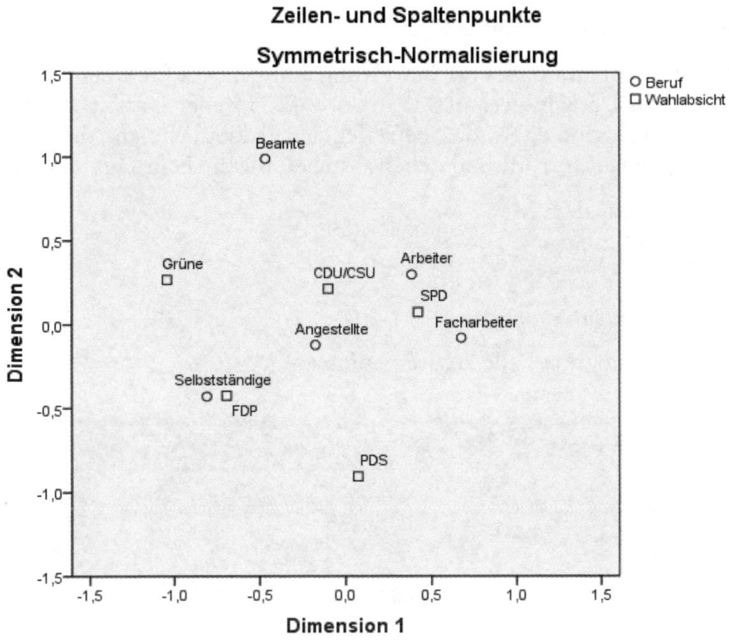

Bild 25.8: Verbindende Darstellung der Zeilen- und Spaltenvariablen

Deutlich wird die Nähe der SPD zu Arbeitern und Facharbeitern, die Lage der CDU/CSU in der Mitte mit relativ gleicher Positionierung zu allen Berufsgruppen, die enge Verbundenheit von FDP und Selbstständigen und der große Abstand der Grünen zu Arbeitern und Facharbeitern.

Mit diesem gemeinsamen Diagramm der Zeilen- und Spaltenvariablen erweist sich die Korrespondenzanalyse als eingängige grafische Möglichkeit, die in einer Kontingenztabelle auftretenden Zusammenhänge zu visualisieren.

25.1.2 Beispiel einer Produktpositionierung

Ein Produkthersteller möchte in Erfahrung bringen, welche Eigenschaften die Konsumenten mit seinen und konkurrierenden Produkten verbinden. Ausgangspunkt der Analyse kann dabei eine entsprechende Kontingenztabelle sein. Dies soll an einem Beispiel aus dem Pharmabereich erläutert werden.

Eine Pharmafirma stellt vier verschiedene Arzneimittel zur Behandlung von Erkältungskrankheiten her: Hustoflex, Bronchidol, Nasotropf und Schnauforin. Zusammen mit vier vergleichbaren Produkten der Konkurrenz (Schnupfovin, Rheumadron, Keucholax und

Fibronox) sowie einem fiktiven Idealpräparat lässt sie diese Arzneimittel von insgesamt 475 Ärzten auf folgende Eigenschaften hin beurteilen: Wirkung, Bekanntheit, Beliebtheit, Bedeutung, Verordnungshäufigkeit und Nebenwirkungen.

Die Beurteilung erfolgt dabei auf einer Skala von sechs Punkten: 6 = sehr gut, 5 = gut, 4 = befriedigend, 3 = ausreichend, 2 = mangelhaft und 1 = ungenügend.

- Laden Sie die Datei arznei.sav.

Eine Zeile dieser Datei gibt dabei die Bewertung eines Arztes für eines der neun Medikamente an, so dass die Datei insgesamt 475 mal 9 = 4275 Zeilen enthält. Die Variable praep mit neun Kategorien gibt dabei das betreffende Medikament an, die Variablen wirk, bekannt, beliebt, bedeut, verord und nebenw stehen für die beurteilten Eigenschaften.

- Wählen Sie nun aus dem Menü

  Analysieren
  Berichte
  Fallzusammenfassungen...

Es öffnet sich die Dialogbox Fälle zusammenfassen

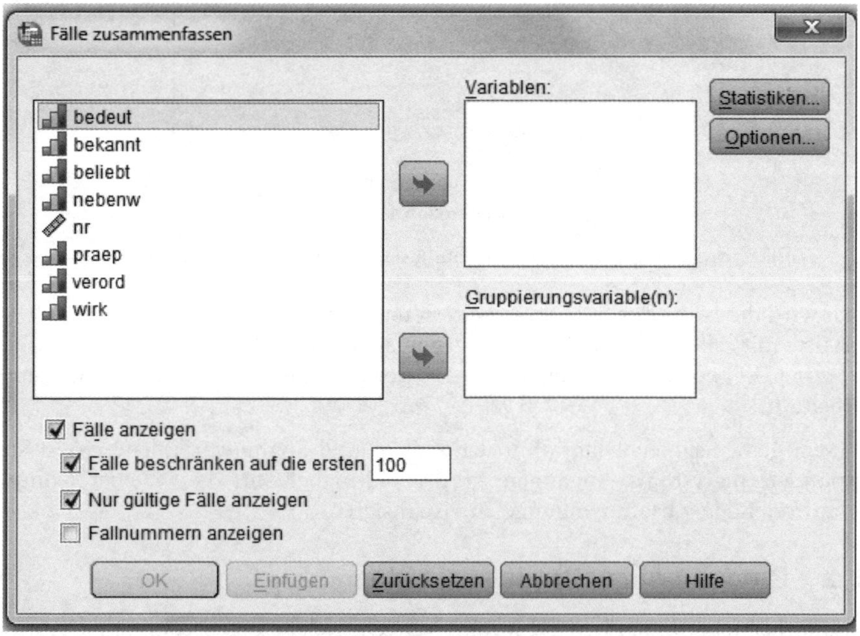

Bild 25.9: Dialogbox Fälle zusammenfassen

- In der Dialogbox *Fälle zusammenfassen* bringen Sie nacheinander die Variablen wirk, bekannt, beliebt, bedeut, verord und nebenw in das Variablenfeld.
- Definieren Sie praep als Gruppierungsvariable.

- Deaktivieren Sie die Option *Fälle anzeigen*, und öffnen Sie über den Schalter *Statistiken...* die Dialogbox *Zusammenfassungsbericht: Statistik*. Wählen Sie als *Zellenstatistik* lediglich die *Summe* aus.
- Verlassen Sie die Dialogboxen über *Weiter* bzw. *OK*.

Im Viewer wird die folgende Kontingenztabelle angezeigt.

Zusammenfassung von Fällen

Summe

Praeparat	Wirkung	Bekanntheit	Beliebtheit	Bedeutung	Verordnung	Nebenwirkungen
Schnupfovin	2429	2599	2513	2473	2384	2659
Hustoflex	2268	1923	2201	2261	1970	2548
Rheumadron	2072	1830	2003	1975	1661	2364
Bronchidol	2271	2080	2248	2231	1990	2539
Nasotropf	2159	1960	2180	2192	1899	2483
Keucholax	2294	2244	2301	2301	2134	2520
Schnauforin	2328	2049	2299	2316	2047	2557
Fibronox	2361	2436	2413	2352	2126	2541
Idealpraeparat	2781	2416	2653	2667	2685	2749
Insgesamt	20963	19537	20811	20768	18896	22960

Je höher die angezeigte Punktsumme ist, desto günstiger wird insgesamt die jeweilige Eigenschaft bei dem betreffenden Medikament beurteilt. Abgesehen vom Idealpräparat wird z. B. die Wirkung bei Schnupfovin am günstigsten beurteilt, der Bekanntheitsgrad etwa ist bei Rheumadron am geringsten usw.

Diese Tabelle kann als Grundlage einer Korrespondenzanalyse verwendet werden, ähnlich der Kontingenztabelle in dem einführenden Beispiel aus Kap. 25.1.1 Dort wurden die Zeilen aus fünf Berufsgruppen (hier: neun Medikamente) gebildet, die Spalten aus den fünf Parteien (hier: die Punktsummen von sechs Eigenschaften).

- Laden Sie die Datei arzneisum.sav, in der diese Punktsummen eingetragen sind.

Die Variable praep mit neun Kategorien gibt das betreffende Medikament, die Variable krit mit sechs Kategorien das betreffende Beurteilungskriterium an. Die Variable n gibt die Punktsumme wieder.

- Treffen Sie zunächst die Menüwahl

  Daten
  Fälle gewichten...

  und geben Sie n als Gewichtungsvariable an.

- Öffnen Sie anschließend mit Hilfe der Menüwahl

  Analysieren
  Dimensionsreduzierung
  Korrespondenzanalyse...

  die Dialogbox Korrespondenzanalyse.

- Verfahren Sie entsprechend wie im einführenden Beispiel. Geben Sie die Variable praep als Zeilenvariable an (mit dem Bereich von 1 bis 9) und die Variable krit als Spaltenvariable (mit dem Bereich von 1 bis 6). Als Dimensionenzahl belassen Sie es auch hier bei der Voreinstellung von zwei Dimensionen.
- Fordern Sie wieder Streudiagramme für die Zeilen- sowie die Spaltenpunkte an.
- Starten Sie die Berechnungen mit *OK*.

Im Viewer erscheinen die folgenden Ergebnisse.

Übersicht

Dimension	Einzelwert	Trägheit	Chi-Quadrat	Sig.	Anteil der Trägheit: Berücksichtigt für	Anteil der Trägheit: Kumuliert	Konfidenz für Einzelwert: Standardabweichung	Konfidenz für Einzelwert: Korrelation 2
1	,030	,001			,629	,629	,003	,014
2	,022	,000			,334	,962	,003	
3	,006	,000			,026	,988		
4	,004	,000			,010	,999		
5	,001	,000			,001	1,000		
Gesamtsumme		,001	176,289	,000[a]	1,000	1,000		

a. 40 Freiheitsgrade

Auf die ersten zwei Dimensionen verteilen sich also 96,2% der Trägheit, so dass die Darstellung in zwei Dimensionen gerechtfertigt ist. Auf die erste Dimension entfallen dabei 62,9% der Trägheit, auf die zweite Dimension 33,4%.

Wir betrachten zunächst die Konfiguration der Zeilenpunkte, also die Konfiguration der beurteilten Präparate. Deutlich ist zu erkennen, dass die Präparate der die Untersuchung durchführenden Pharmafirma, also Hustoflex, Bronchidol, Nasotropf und Schnauforin, eng beieinander liegen, d. h. hinsichtlich der gegebenen Kriterien ähnlich beurteilt werden. Sehr deutlich abgesetzt von den anderen Präparaten ist das Idealpräparat.

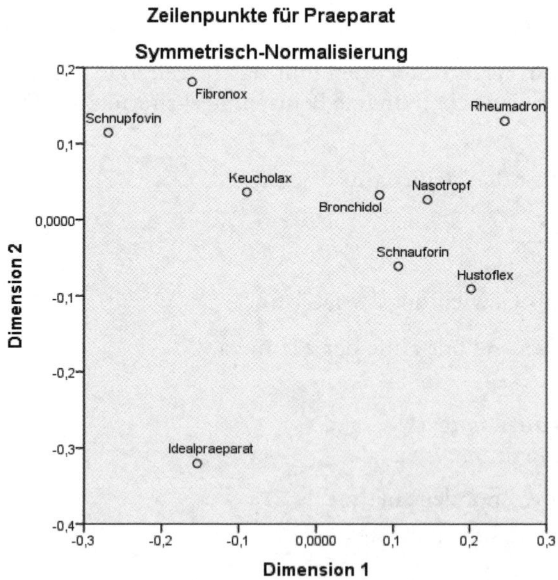

Bild 25.10: Konfiguration der Präparate

Die Übersicht über die Zeilenpunkte enthält unter der Überschrift *Beitrag des Punktes an der Trägheit der Dimension* die nach den beiden Dimensionen getrennte Verteilung der Trägheit auf die einzelnen Präparate.

Übersichtszeilenpunkte[a]

Praeparat	Masse	Score in Dimension		Trägheit	Beitrag				
					des Punktes an der Trägheit der Dimension		der Dimension an der Trägheit des Punktes		
		1	2		1	2	1	2	Gesamtsumme
Schnupfovin	,121	-,268	,114	,000	,292	,073	,865	,115	,979
Hustoflex	,106	,202	-,091	,000	,145	,040	,851	,125	,976
Rheumadron	,096	,246	,130	,000	,194	,074	,779	,158	,938
Bronchidol	,108	,082	,033	,000	,024	,005	,859	,100	,959
Nasotropf	,104	,145	,027	,000	,073	,003	,866	,022	,887
Keucholax	,111	-,090	,037	,000	,030	,007	,833	,101	,934
Schnauforin	,110	,107	-,061	,000	,042	,019	,756	,179	,935
Fibronox	,115	-,160	,181	,000	,099	,173	,487	,452	,939
Idealpraeparat	,129	-,154	-,320	,000	,101	,606	,238	,752	,990
Gesamtsumme für Aktive	1,000			,001	1,000	1,000			

a. Symmetrische Normalisierung

Die erste Dimension wird offensichtlich dominiert von den Präparaten Schnupfovin und Rheumadron, die zweite von Fibronox und dem Idealpräparat. Wie die Grafik ausweist, haben diese Präparate auf den beiden Dimensionen jeweils auch die größten Abstände voneinander. Um die Konfiguration der Präparate besser deuten zu können, ist es entscheidend, auch die Konfiguration der Beurteilungskriterien zu betrachten.

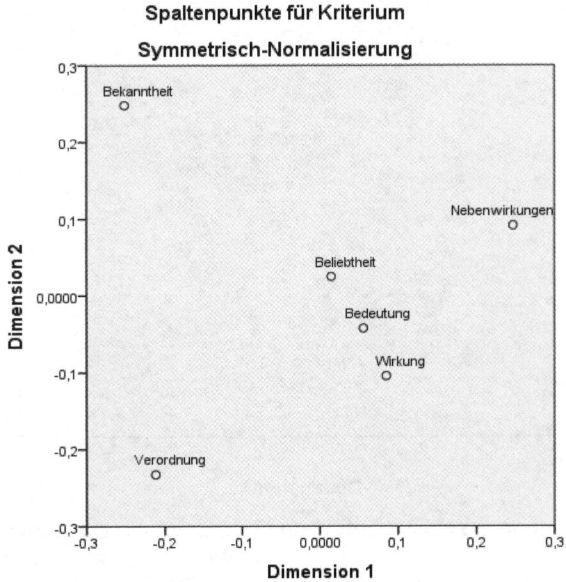

Bild 25.11: Konfiguration der Beurteilungskriterien

Deutlich ist ein Cluster der Kriterien Beliebtheit, Bedeutung und Wirkung zu erkennen. Diese Kriterien werden also über die Präparate hinweg recht ähnlich beurteilt. Auch hier gibt die Verteilung der Trägheit darüber Aufschluss, welche Beurteilungskriterien die beiden Dimensionen dominieren.

Übersichtsspaltenpunkte[a]

Kriterium	Masse	Score in Dimension 1	Score in Dimension 2	Trägheit	Beitrag: des Punktes an der Trägheit der Dimension 1	Beitrag: des Punktes an der Trägheit der Dimension 2	Beitrag: der Dimension an der Trägheit des Punktes 1	Beitrag: der Dimension an der Trägheit des Punktes 2	Beitrag: der Dimension an der Trägheit des Punktes Gesamtsumme
Wirkung	,169	,085	-,104	,000	,041	,085	,364	,398	,762
Bekanntheit	,158	-,252	,248	,001	,334	,446	,585	,414	,998
Beliebtheit	,168	,015	,025	,000	,001	,005	,134	,278	,413
Bedeutung	,168	,056	-,042	,000	,018	,014	,465	,192	,657
Verordnung	,152	-,212	-,233	,000	,229	,379	,525	,462	,987
Nebenwirkungen	,185	,247	,091	,000	,377	,071	,892	,089	,981
Gesamtsumme für Aktive	1,000			,001	1,000	1,000			

a. Symmetrische Normalisierung

Die erste Dimension wird demnach von der Achse Bekanntheit – Nebenwirkungen, die zweite von der Achse Bekanntheit – Verordnungshäufigkeit dominiert. Dies kommt so auch eindeutig in der Grafik zum Ausdruck.

Schließlich sei die gemeinsame Konfiguration der Präparate und Beurteilungskriterien betrachtet.

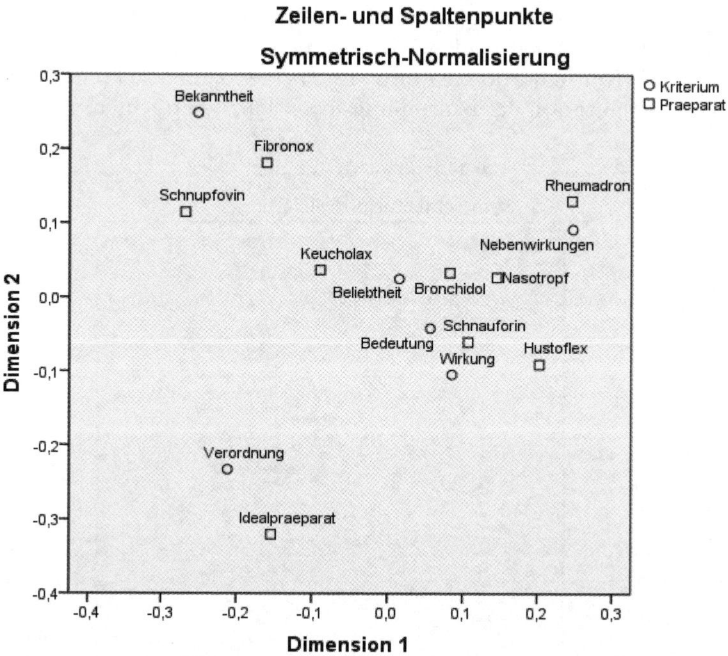

Bild 25.12: Gemeinsame Konfiguration der Präparate und der Beurteilungskriterien

Man erkennt vier aus dem Mittelfeld herausgehobene Präparate (Schnupfovin, Fibronox, Rheumadron und das Idealpräparat) und drei herausgehobene Beurteilungskriterien (Bekanntheit, Verordnungshäufigkeit und Nebenwirkungen).

Die Präparate Schnupfovin und Fibronox zeichnen sich vor allem durch eine besonders hohe Bekanntheit aus (räumliche Nähe zu dieser in der Konfiguration). Das Präparat

Rheumadron mit recht hoher Entfernung von den anderen Beurteilungskriterien (insbesondere von der Verordnungshäufigkeit) schneidet bei der Beurteilung der Nebenwirkungen, verglichen mit den anderen Beurteilungskriterien, noch am besten ab. Das Idealpräparat ist in der Nähe der Verordnungshäufigheit platziert; dies bedeutet, dass die Ärzte dieses Idealpräparat besonders häufig verordnen würden.

Was die Präparate der die Untersuchung durchführenden Firma, also Hustoflex, Bronchidol, Nasotropf und Schnauforin, anbelangt, so haben sie Defizite vor allem bei den Beurteilungskriterien Bekanntheit und Verordnungshäufigkeit.

25.1.3 Das Seriationsproblem in der Archäologie

Ein weiteres Beispiel zur Anwendung der einfachen Korrespondenzanalyse sei dem Bereich der Archäologie entnommen, in dem diese Methode inzwischen recht verbreitet ist. Es handelt sich um das sogenannte Seriationsproblem.

Insgesamt 125 Frauengräber eines Gräberfeldes aus der Merowingerzeit wurden auf Schmuckbeigaben untersucht, wobei 20 verschiedene Schmucktypen auftraten, die wie folgt codiert wurden:

1	Schilddornschnalle
2	Tierkopfschnalle
3	Körbchenohrring
4	Armbrustfibel
5	Eisenschnalle
6	Pferdchenfibel
7	Ohrring
8	Kolbenarmring
9	Bügelfibel
10	Millefiori-Perlen
11	Schuhschnalle
12	Gürtel
13	Goldblechscheibenfibel
14	Goldanhänger
15	Amewthyst-Perlen
16	Ohrring, Schlaufenverschluss
17	Armring
18	Wadenbinde
19	Polyeder-Ohrring
20	Ohrring, Hakenverschluss

Es sei angemerkt, dass es sich hierbei aus didaktischen Gründen um zusammengefasste Typen handelt, die auf der Grundlage eines realen Datensatzes gebildet wurden. In der Realität sind im Allgemeinen die einzelnen Typen in genau zu beschreibende Untertypen aufgeschlüsselt, um eine bessere Differenzierung zu erreichen.

Jedes Grab wurde nun daraufhin untersucht, welche Schmucktypen auftraten (Codierung 1) und welche nicht (Codierung 0). Dies führt zu einer aus den Ziffern 0 und 1 bestehenden Häufigkeitstabelle, deren Anfang im Folgenden wiedergegeben ist.

```
Grab     Typen 1 - 20
   1  00000000000000100001
   2  00000000000100010000
   3  00000000001000010000
   4  01010000000000000000
   5  00011000000000000000
   6  00000001010000000000
   7  00000001100000100000
   8  10000100000000000000
   9  00100000110001001000
  10  00000000010001100000
```

Man kann davon ausgehen, dass Gräber mit gleichen oder ähnlichen Beigaben zeitlich näher beieinander liegen als Gräber mit verschiedenen Beigaben. Dies kann man dazu benutzen, eine chronologische Folge sowohl der Gräber als auch der auftretenden Schmucktypen zu erstellen. Dazu analysiert man die aus den Ziffern 0 und 1 bestehende Häufigkeitsmatrix mit der Korrespondenzanalyse.

- Laden Sie die Datei graeber.sav
- Betrachten Sie die Daten im Dateneditorfenster. Sie erkennen die beiden Variablen grab und typ, über die die Zuordnung von Gräbern und Schmucktypen erfolgt; jede »1« in der Häufigkeitsmatrix ist durch ein entsprechendes Wertepaar repräsentiert.
- Wählen Sie aus dem Menü die Option

  Analysieren
  Dimensionsreduktion
  Korrespondenzanalyse...

- Geben Sie in der Dialogbox *Korrespondenzanalyse* die Variable grab als Zeilenvariable mit dem Wertebereich von 1 bis 125 und die Variable typ als Spaltenvariable mit dem Wertebereich von 1 bis 20 an. Da im vorliegenden Fall nur eine Dimension, nämlich die zeitliche Aufeinanderfolge, von Interesse ist, geben Sie in der Dialogbox *Korrespondenzanalyse: Modell* bei *Dimensionen in Lösung* anstelle der voreingestellten Anzahl 2 die Dimensionenzahl 1 an.
- In der Dialogbox *Korrespondenzanalyse: Statistiken* aktivieren Sie lediglich die Option *Permutationen der Korrespondenztabelle*.

Es wird dann die an Hand der errechneten Zeilen- und Spaltenscores in eine entsprechende Reihenfolge gebrachte Häufigkeitstabelle ausgegeben.

Insbesondere auf die Erstellung von Grafiken sollten Sie verzichten, da diese bei der großen Anzahl der vorliegenden Kategorien und dem Vorhandensein nur einer Dimension zu unübersichtlich werden.

Von entscheidender Bedeutung ist die Ausgabe der permutierten Häufigkeitstabelle. Ein Ausschnitt der Tabelle ist im Folgenden wiedergegeben.

grab	typ											
	16	11	12	20	18	19	3	13	15	14	10	17
3	1	1	0	0	0	0	0	0	0	0	0	0
28	1	1	0	0	0	0	0	0	0	0	0	0
2	1	0	1	0	0	0	0	0	0	0	0	0
36	0	1	0	1	0	0	0	0	0	0	0	0
57	0	1	0	0	1	0	0	0	0	0	0	0
46	0	0	1	0	1	1	0	0	0	0	0	0
110	1	0	1	1	0	0	0	0	1	0	0	0
64	0	0	0	0	1	1	0	0	0	0	0	0
30	0	0	1	0	0	0	1	0	0	0	0	0
89	0	0	0	1	1	0	0	0	1	0	0	0
112	0	0	0	1	1	0	0	0	1	0	0	0
37	1	0	0	1	0	0	1	0	1	0	0	0
59	1	0	0	0	0	0	0	1	0	0	0	0
51	0	0	1	0	1	1	0	0	0	0	1	0
15	0	0	1	0	0	0	0	1	0	0	0	0
108	0	0	1	0	0	0	0	0	1	0	0	0
58	0	0	0	0	1	0	0	1	0	0	0	0
29	0	0	0	1	0	0	1	0	1	0	0	0
1	0	0	0	1	0	0	0	0	1	0	0	0
113	0	0	0	1	0	0	0	0	1	0	0	0
50	0	0	0	1	0	0	0	0	1	0	0	0
74	0	0	0	0	1	0	0	0	1	0	0	0
52	0	1	0	0	0	0	0	0	0	1	0	0
32	0	0	1	0	0	0	0	0	0	0	0	1

Bild 25.13: Permutierte Korrespondenztabelle

Sie entnehmen dieser permutierten Häufigkeitstabelle zum einen die chronologische Reihenfolge der Gräber (Gräber Nr. 3, 28, 2, 36, 57 usw.) als auch die chronologische Reihenfolge der Schmucktypen (Nr. 16, 11, 12, 20, 18, 19, 3 usw.), woraus sich einzelne Modephasen ablesen lassen.

Auf einen wichtigen Umstand sei allerdings hingewiesen: Es ist vom Verfahren der Korrespondenzanalyse her nicht herauszufinden, ob die Seriation am Anfang des betreffenden Zeitintervalls beginnt (wie es wünschenswert wäre) oder dieses Zeitintervall von hinten her aufgerollt wird. Dies ist vom Archäologen aufgrund anderer Überlegungen zu entscheiden.

Betrachten Sie die permutierte Häufigkeitstabelle genauer, so erkennen Sie ein Muster, in dem die Häufigkeiten »1« um die Diagonale herum angeordnet sind.

Der Einsatz der Korrespondenzanalyse hat die Archäologie in diesem Bereich ein entscheidendes Stück vorangebracht, da insbesondere bei hohen Fallzahlen die bis dahin übliche Handarbeit zu ungenau und auch zu zeitaufwendig ist.

25.2 Multiple Korrespondenzanalyse mit Nominalvariablen

Während bei der einfachen Korrespondenzanalyse eine zweidimensionale Kontingenztabelle analysiert wird, können bei der multiplen Korrespondenzanalyse mehr als zwei Variablen einbezogen werden, die zudem nicht alle nominalskaliert sein müssen. Die Variante, dass nur nominalskalierte Variablen vorliegen, wird auch als Homogenitätsanalyse (HOMALS) bezeichnet.

Die Daten müssen in der üblichen rechteckigen Matrixform vorliegen; die Zeilen stehen für die Beobachtungsobjekte, die Spalten für die Variablen. Ziel des Verfahrens ist einmal die Berechnung von voreinstellungsgemäß zweidimensionalen Objektmesswerten, die als Koordinaten zur grafischen Darstellung der Beobachtungsobjekte dienen, zum anderen die Berechnung von voreinstellungsgemäß ebenfalls zweidimensionalen Kategorienquantifikationen, mit deren Hilfe die Kategorien der gegebenen Variablen in einem gemeinsamen Diagramm dargestellt werden.

25.2.1 Erstes Beispiel: Produktpositionierung im Marketingbereich

Das Verfahren soll an einem Beispiel aus dem Marketing-Bereich verdeutlicht werden. Acht verschiedene Modelle von Gefriertruhen wurden von einer bekannten Fachzeitschrift auf Funktionalität, Umweltverträglichkeit, technische Sicherheit und Handhabung überprüft. Die Prüfnoten wurden jeweils in zwei Kategorien eingeteilt: + für die Noten sehr gut und gut, – für die Noten zufriedenstellend und schlechter. Ferner wurde der Preis für Gefriertruhen notiert, wobei zwei Klassen gebildet wurden: Truhen unter 500 und solche über 500 Euro.

- Laden Sie die Datei truhen.sav und erstellen Sie über die Menüwahl

  Analysieren

  Deskriptive Statistiken

  Häufigkeiten...

  Häufigkeitstabellen für alle Variablen.

Sie erhalten folgende Tabellen.

Funktion

		Häufigkeit	Prozent	Gültige Prozent	Kumulative Prozente
Gültig	F+	6	75,0	75,0	75,0
	F-	2	25,0	25,0	100,0
	Gesamtsumme	8	100,0	100,0	

Handhabung

		Häufigkeit	Prozent	Gültige Prozent	Kumulative Prozente
Gültig	H+	3	37,5	37,5	37,5
	H-	5	62,5	62,5	100,0
	Gesamtsumme	8	100,0	100,0	

Modell

		Häufigkeit	Prozent	Gültige Prozent	Kumulative Prozente
Gültig	Frost	1	12,5	12,5	12,5
	Friga	1	12,5	12,5	25,0
	Pol	1	12,5	12,5	37,5
	Eis	1	12,5	12,5	50,0
	Eskimo	1	12,5	12,5	62,5
	Winter	1	12,5	12,5	75,0
	Fresh	1	12,5	12,5	87,5
	Kelvin	1	12,5	12,5	100,0
	Gesamtsumme	8	100,0	100,0	

Preis

		Häufigkeit	Prozent	Gültige Prozent	Kumulative Prozente
Gültig	<= 500	4	50,0	50,0	50,0
	> 500	4	50,0	50,0	100,0
	Gesamtsumme	8	100,0	100,0	

Technische Prüfung

		Häufigkeit	Prozent	Gültige Prozent	Kumulative Prozente
Gültig	T+	4	50,0	50,0	50,0
	T-	4	50,0	50,0	100,0
	Gesamtsumme	8	100,0	100,0	

Umweltverträglichkeit

		Häufigkeit	Prozent	Gültige Prozent	Kumulative Prozente
Gültig	U+	3	37,5	37,5	37,5
	U-	5	62,5	62,5	100,0
	Gesamtsumme	8	100,0	100,0	

Die Variablen, die für die Prüfergebnisse stehen (funk, hand, tech, umwelt), sind mit eindeutigen kurzen Werte-Labels versehen, z. B. H+ und H- bei der Variablen hand für gute bzw. nicht so gute Beurteilung der Handhabung. Die Variable modell gibt mit ihren Werte-Labels den Modellnamen wieder, wobei die ursprünglichen Markenbezeichnungen durch erdachte Modellnamen ersetzt wurden. Schließlich existiert noch die Variable preis mit der jeweiligen Preiskategorie.

- Wir wollen zunächst, um die späteren Ergebnisse der Homogenitätsanalyse besser würdigen zu können, zwischen den Variablen funk, hand, tech, umwelt und preis die Rangkorrelation nach Spearman berechnen. Treffen Sie dazu die Menüwahl

  Analysieren
  Korrelation
  Bivariat...

- Klicken Sie in der Dialogbox *Bivariate Korrelationen* die genannten Variablen in das Variablenfeld, deaktivieren Sie *Pearson*, und aktivieren Sie stattdessen *Spearman.*

Sie erhalten die folgende Tabelle.

Korrelationen

			Funktion	Handhabung	Technische Prüfung	Umweltverträg lichkeit	Preis
Spearman-Rho	Funktion	Korrelationskoeffizient	1,000	-,149	,000	-,149	,000
		Sig. (2-seitig)	.	,725	1,000	,725	1,000
		N	8	8	8	8	8
	Handhabung	Korrelationskoeffizient	-,149	1,000	-,775*	,467	-,258
		Sig. (2-seitig)	,725	.	,024	,244	,537
		N	8	8	8	8	8
	Technische Prüfung	Korrelationskoeffizient	,000	-,775*	1,000	-,258	,000
		Sig. (2-seitig)	1,000	,024	.	,537	1,000
		N	8	8	8	8	8
	Umweltverträglichkeit	Korrelationskoeffizient	-,149	,467	-,258	1,000	-,775*
		Sig. (2-seitig)	,725	,244	,537	.	,024
		N	8	8	8	8	8
	Preis	Korrelationskoeffizient	,000	-,258	,000	-,775*	1,000
		Sig. (2-seitig)	1,000	,537	1,000	,024	.
		N	8	8	8	8	8

*. Korrelation ist bei Niveau 0,05 signifikant (zweiseitig).

Es sind zwei signifikante gegenläufige Korrelationen erkennbar. Die Umweltverträglichkeit geht zu Lasten des Preises, die technische Sicherheit zu Lasten der Handhabung. Wir wollen die Variablen einer Homogenitätsanalyse unterziehen. Unverständlich bleibt, warum ab der Version 18.0 die Prozedur HOMALS nicht mehr über Dialogboxen wählbar ist, zumal es sich um eine klassische von der Universität Leiden in den Niederlanden entwickelte Korrespondenzanalyse handelt. Per Dialogboxen stellt SPSS ab der Version 18.0 für multiple Korrespondenzanalysen mit Nominalvariablen stattdessen die Prozedur MULTIPLE CORRESPONDENCE zur Verfügung, die ebenfalls von der Universität Leiden entwickelt wurde. Wir bevorzugen jedoch weiterhin die Prozedur HOMALS, die wir Ihnen dringend empfehlen. Zwar ist die Prozedur HOMALS nicht mehr über Dialogboxen verfügbar, aber weiterhin per Syntax aufrufbar.

- Starten Sie daher den Syntaxeditor und wählen Sie hierfür aus dem Menü

  Datei
  Neu
  Syntax...

Es öffnet sich der Syntaxeditor.

- Geben Sie hier die folgenden Syntax-Zeilen ein oder laden Sie alternativ das Programm truhen.sps.

```
HOMALS VARIABLES modell (8), funk (2), umwelt (2),
                 tech (2), hand (2), preis (2)
          /PLOT = QUANT .
```

Die Syntax der Prozedur HOMALS können Sie wie folgt lesen: In die Analyse werden die sechs Variablen modell, funk, umwelt, tech, hand und preis einbezogen, wobei jeweils die höchste Merkmalsausprägung (MAX) als Parameter angegeben wird. Der Unterbefehl PLOT = QUANT fordert eine gemeinsame Darstellung aller Variablenquantifikationen an.

- Markieren Sie die Zeilen und starten Sie das Programm per Klick auf das Symbol *Syntax-Start*.

Die Ausgabe der Ergebnisse beginnt mit Häufigkeitstabellen der einzelnen Variablen.

Modell

	Randhäufigkeit
Frost	1
Friga	1
Pol	1
Eis	1
Eskimo	1
Winter	1
Fresh	1
Kelvin	1
Fehlend	0

Funktion

	Randhäufigkeit
F+	6
F-	2
Fehlend	0

Umweltverträglichkeit

	Randhäufigkeit
U+	3
U-	5
Fehlend	0

Technische Prüfung

	Randhäufigkeit
T+	4
T-	4
Fehlend	0

Handhabung

	Randhäufigkeit
H+	3
H-	5
Fehlend	0

Preis

	Randhäufigkeit
<= 500	4
> 500	4
Fehlend	0

Es folgt eine Meldung über die Anzahl der benötigten Iterationsschritte.

Iterationsverlauf

Iteration	Anpassung	Unterschied zur vorherigen Iteration.
44[a]	,941020	,000010

a. Der Iterationsprozess wurde angehalten, weil der Konvergenztestwert erreicht wurde.

Die ausgegebenen Eigenwerte (Maximalwert 1) geben wieder an, wie viel der kategorialen Informationen durch die betreffende Dimension erklärt wird.

Eigenwerte

Dimension	Eigenwert
1	,552
2	,389

Es folgt eine Tabelle der Diskriminanzmaße jeder Variablen auf den beiden Dimensionen. Folgt man dieser Tabelle, so wird die erste Dimension in erster Linie von der Handhabung und der Umweltverträglichkeit, die zweite von technischer Prüfung und Preis bestimmt.

Diskriminationsmaße

	Dimension	
	1	2
Modell	1,000	1,000
Funktion	,036	,000
Umweltverträglichkeit	,703	,196
Technische Prüfung	,435	,475
Handhabung	,703	,196
Preis	,435	,466

Für jede Variable schließt sich die Ausgabe der Kategorienquantifikationen an; diese bilden wieder die Grundlage der entsprechenden grafischen Aufbereitung. Die Ausgabe wird beispielhaft für die Variable hand wiedergegeben.

Handhabung

	Randhäufigkeit	Kategoriequantifizierungen Dimension 1	2
H+	3	1,083	-,572
H-	5	-,650	,343
Fehlend	0		

Das folgende Diagramm zeigt die gemeinsame Darstellung aller Kategorienquantifikationen, wobei die Objektmesswerte in beschrifteter Form angezeigt werden.

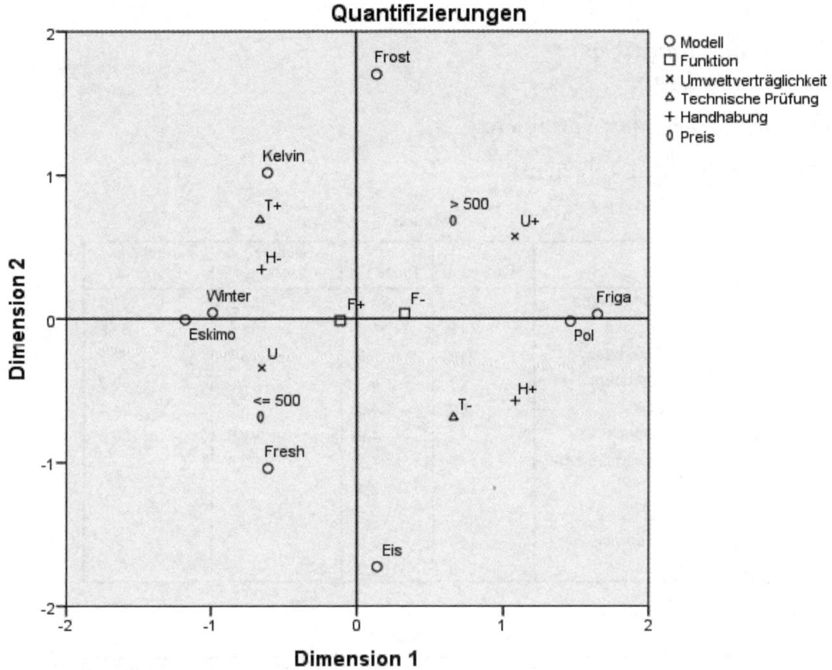

Bild 25.14: Diagramm aller Kategorienquantifikationen mit beschrifteten Objekten

Eng beieinander liegen zum einen Eskimo und Winter, zum anderen Pol und Friga. Diese Marken unterscheiden sich jeweils nur in der Funktionalität. Deutlich wird noch einmal, dass die horizontale Achse in erster Linie von den Variablen Handhabung (H- links und H+ rechts) und Umweltverträglichkeit (U- links und U+ rechts) bestimmt wird, die vertikale Achse von der technischen Prüfung (T+ oben und T- unten) und vom Preis (>500 oben und <= 500 unten). Die räumliche Nähe von T+ und H- einerseits und T- und H+ andererseits spiegelt in stimmiger Weise die gegenläufige Korrelation zwischen beiden Variablen wieder. Ebenso deutlich wird die Verbundenheit zwischen Umweltverträglichkeit und höherem Preis wiedergegeben.

25.2.2 Zweites Beispiel: Visualisierung der Variablenzusammenhänge

In dem Beispiel des vorigen Abschnitts war sowohl die Darstellung der Objekte (Produktpositionierung) als auch die Darstellung des Zusammenhangs der Variablen (Kategorienquantifikationen) sinnvoll. Im Folgenden sei ein Beispiel betrachtet, wo schon aufgrund der hohen Fallzahl nur die Visualisierung der Variablenzusammenhänge (also die Darstellung der Kategorienquantifikationen) sinnvoll ist. Wir wählen hierfür als Beispiel den Untergang der Titanic (vgl. Kap. 9.1).

- Laden Sie die Datei titankorres.sav und erstellen Sie über die Menüwahl

  Analysieren
  Deskriptive Statistiken
  Häufigkeiten...

  Häufigkeitstabellen aller Variablen.

Sie erhalten die folgenden Tabellen:

Herkunft

		Häufigkeit	Prozent	Gültige Prozent	Kumulative Prozente
Gültig	USA/Kanada	320	24,4	27,9	27,9
	England	413	31,5	36,0	63,9
	Skandinavien	210	16,0	18,3	82,2
	Westeuropa	80	6,1	7,0	89,2
	Balkan	60	4,6	5,2	94,4
	Libanon	64	4,9	5,6	100,0
	Gesamtsumme	1147	87,6	100,0	
Fehlend	9	162	12,4		
	System	1	,1		
	Gesamtsumme	163	12,4		
Gesamtsumme		1310	100,0		

Geschlecht

		Häufigkeit	Prozent	Gültige Prozent	Kumulative Prozente
Gültig	m	842	64,3	64,3	64,3
	w	467	35,6	35,7	100,0
	Gesamtsumme	1309	99,9	100,0	
Fehlend	System	1	,1		
Gesamtsumme		1310	100,0		

Alter

		Häufigkeit	Prozent	Gültige Prozent	Kumulative Prozente
Gültig	Kind	114	8,7	9,6	9,6
	Erw.	1075	82,1	90,4	100,0
	Gesamtsumme	1189	90,8	100,0	
Fehlend	System	121	9,2		
Gesamtsumme		1310	100,0		

Klasse

		Häufigkeit	Prozent	Gültige Prozent	Kumulative Prozente
Gültig	1.	324	24,7	24,7	24,7
	2.	276	21,1	21,1	45,8
	3.	710	54,2	54,2	100,0
	Gesamtsumme	1310	100,0	100,0	

Gerettet?

		Häufigkeit	Prozent	Gültige Prozent	Kumulative Prozente
Gültig	gerettet	502	38,3	38,3	38,3
	verloren	808	61,7	61,7	100,0
	Gesamtsumme	1310	100,0	100,0	

Erstellen Sie mit Hilfe der Menüwahl

Analysieren
Deskriptive Statistiken
Kreuztabellen...

Kreuztabellen zwischen jeweils zwei Variablen, um damit Beziehungen zwischen den betreffenden Variablen aufzudecken.

Einige dieser Kreuztabellen seien im Folgenden wiedergegeben.

Kreuztabelle Geschlecht*Gerettet?

			Gerettet?		
			gerettet	verloren	Gesamtsumme
Geschlecht	m	Anzahl	163	679	842
		% in Geschlecht	19,4%	80,6%	100,0%
	w	Anzahl	339	128	467
		% in Geschlecht	72,6%	27,4%	100,0%
Gesamtsumme		Anzahl	502	807	1309
		% in Geschlecht	38,3%	61,7%	100,0%

Kreuztabelle Klasse*Gerettet?

			Gerettet?		
			gerettet	verloren	Gesamtsumme
Klasse	1.	Anzahl	201	123	324
		% in Klasse	62,0%	38,0%	100,0%
	2.	Anzahl	118	158	276
		% in Klasse	42,8%	57,2%	100,0%
	3.	Anzahl	183	527	710
		% in Klasse	25,8%	74,2%	100,0%
Gesamtsumme		Anzahl	502	808	1310
		% in Klasse	38,3%	61,7%	100,0%

Kreuztabelle Herkunft*Klasse

			Klasse			Gesamtsumme
			1.	2.	3.	
Herkunft	USA/Kanada	Anzahl	222	53	45	320
		% in Herkunft	69,4%	16,6%	14,1%	100,0%
	England	Anzahl	48	159	206	413
		% in Herkunft	11,6%	38,5%	49,9%	100,0%
	Skandinavien	Anzahl	5	16	189	210
		% in Herkunft	2,4%	7,6%	90,0%	100,0%
	Westeuropa	Anzahl	29	28	23	80
		% in Herkunft	36,3%	35,0%	28,7%	100,0%
	Balkan	Anzahl	0	0	60	60
		% in Herkunft	0,0%	0,0%	100,0%	100,0%
	Libanon	Anzahl	0	1	63	64
		% in Herkunft	0,0%	1,6%	98,4%	100,0%
Gesamtsumme		Anzahl	304	257	586	1147
		% in Herkunft	26,5%	22,4%	51,1%	100,0%

Würde man jede der fünf Variablen mit jeder anderen kreuzen, so ergäbe dies zehn Tabellen. Mit dem Verfahren der multiplen Korrespondenzanalyse kann versucht werden, alle diese Zusammenhänge in einem Diagramm zu visualisieren. Wir wollen die Variablen daher im Folgenden einer Homogenitätsanalyse unterziehen.

- Starten Sie den Syntaxeditor und wählen Sie hierfür aus dem Menü

  Datei
      Neu
          Syntax...

Es öffnet sich der Syntaxeditor.

- Geben Sie hier die folgenden Syntax-Zeilen ein oder laden Sie alternativ das Programm titankorres.sps.

```
HOMALS VARIABLES outcome (2), geschl (2), kind (2), klasse (3), gebiet (6)
/PLOT = QUANT .
```

- Markieren Sie die Zeilen und starten Sie das Programm per Klick auf das Symbol *Syntax-Start*.

Die Ausgabe der Ergebnisse beginnt mit Häufigkeitstabellen der einzelnen Variablen.

Gerettet?

	Randhäufigkeit
gerettet	502
verloren	808
Fehlend	0

Geschlecht

	Randhäufigkeit
m	842
w	467
Fehlend	1

Alter

	Randhäufigkeit
Kind	114
Erw.	1075
Fehlend	121

Klasse

	Randhäufigkeit
1.	324
2.	276
3.	710
Fehlend	0

Herkunft

	Randhäufigkeit
USA/Kanada	320
England	413
Skandinavien	210
Westeuropa	80
Balkan	60
Libanon	64
Fehlend	163

Es folgt eine Meldung über die Anzahl der benotigten Iterationsschrittc.

Iterationsverlauf

Iteration	Anpassung	Unterschied zur vorherigen Iteration.
18[a]	,693287	,000009

a. Der Iterationsprozess wurde angehalten, weil der Konvergenztestwert erreicht wurde.

Die ausgegebenen Eigenwerte (Maximalwert 1) geben wieder an, wie viel der kategorialen Informationen durch die betreffende Dimension erklärt wird.

Eigenwerte

Dimension	Eigenwert
1	,415
2	,278

Es folgt die Tabelle der Diskriminanzmaße jeder Variablen auf den beiden Dimensionen.

Diskriminationsmaße

	Dimension	
	1	2
Gerettet?	,573	,171
Geschlecht	,369	,292
Alter	,000	,334
Klasse	,602	,243
Herkunft	,530	,353

Für jede Variable schließt sich die Ausgabe der Kategorienquantifikationen an; diese bilden die Grundlage der entsprechenden grafischen Aufbereitung (siehe Bild 25.15). Vorangestellt ist jeweils nochmals eine Häufigkeitsauszählung.

Gerettet?

	Randhäufigkeit	Kategoriequantifizierungen	
		Dimension	
		1	2
gerettet	502	-,940	,516
verloren	808	,616	-,333
Fehlend	0		

Geschlecht

	Randhäufigkeit	Kategoriequantifizierungen	
		Dimension	
		1	2
m	842	,472	-,410
w	467	-,797	,718
Fehlend	1		

Alter

	Randhäufigkeit	Kategoriequantifizierungen	
		Dimension	
		1	2
Kind	114	,020	1,876
Erw.	1075	-,024	-,182
Fehlend	121		

Klasse

	Randhäufigkeit	Kategoriequantifizierungen	
		Dimension	
		1	2
1.	324	-1,199	-,858
2.	276	-,203	,141
3.	710	,662	,323
Fehlend	0		

Herkunft

		Kategoriequantifizierungen	
		Dimension	
	Randhäufigkeit	1	2
USA/Kanada	320	-1,128	-,699
England	413	,181	,140
Skandinavien	210	,729	,644
Westeuropa	80	-,551	-,050
Balkan	60	1,361	-,921
Libanon	64	,645	1,581
Fehlend	163		

Das folgende Diagramm zeigt die gemeinsame Darstellung aller Kategorienquantifikationen.

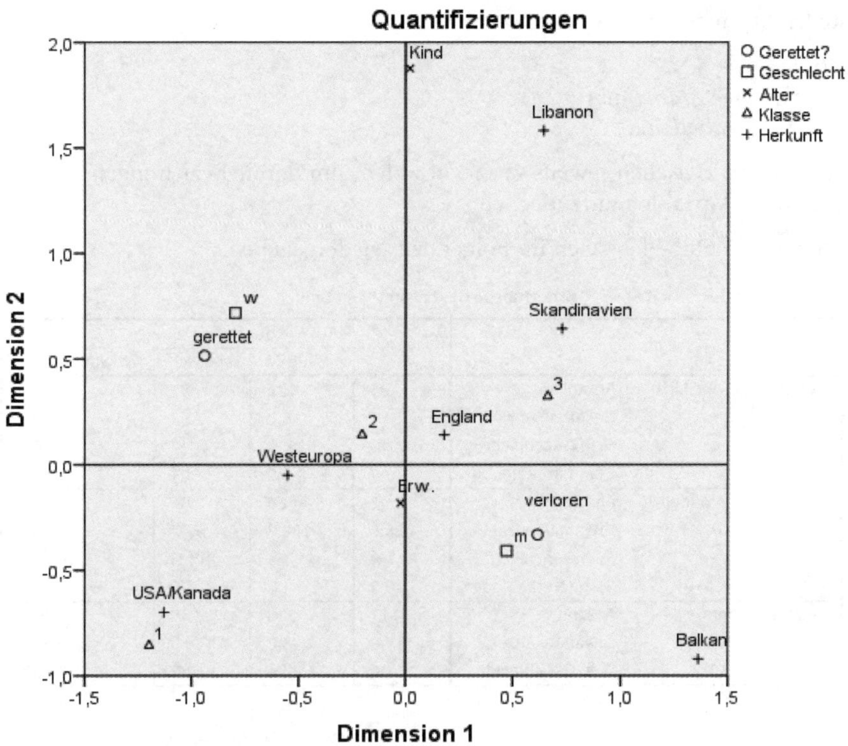

Bild 25.15: Diagramm aller Kategorienquantifikationen

Auffällig ist sogleich der sehr starke Zusammenhang zwischen weiblichem Geschlecht und »gerettet« bzw. männlichem Geschlecht und »verloren«. Überprüfen Sie selbst, wie gut die in den Kreuztabellen aufgedeckten Beziehungen wiedergegeben werden.

25.2.3 Drittes Beispiel: Darstellung der Kategorienquantifikationen

Im Folgenden sei ein Beispiel betrachtet, wo wieder aufgrund der hohen Fallzahl nur die Darstellung der Kategorienquantifikationen praktikabel ist. Wir wählen hierfür als Beispiel eine Studie zum Essverhalten von Männern und Frauen.

- Laden Sie die Datei essenkorres.sav und erstellen Sie über die Menüwahl

Analysieren
Deskriptive Statistiken
Häufigkeiten...

- Häufigkeitstabellen für alle Variablen.

Verschaffen Sie sich einen Überblick über die Variablen der Datendatei und ihre Verteilung.

- Erstellen Sie mit Hilfe der Menüwahl

Analysieren
Deskriptive Statistiken
Kreuztabellen...

- Kreuztabellen zwischen jeweils zwei Variablen, um damit Beziehungen zwischen den betreffenden Variablen aufzudecken.

Einige dieser Kreuztabellen seien im Folgenden wiedergegeben.

Kreuztabelle Geschlecht * vegetarisch

			vegetarisch			
			Ja	Ab und zu	Nein	Gesamtsumme
Geschlecht	weiblich	Anzahl	85	129	35	249
		Erwartete Anzahl	60,4	116,2	72,3	249,0
		% in Geschlecht	34,1%	51,8%	14,1%	100,0%
		Standardresiduum	3,2	1,2	-4,4	
	männlich	Anzahl	32	96	105	233
		Erwartete Anzahl	56,6	108,8	67,7	233,0
		% in Geschlecht	13,7%	41,2%	45,1%	100,0%
		Standardresiduum	-3,3	-1,2	4,5	
Gesamtsumme		Anzahl	117	225	140	482
		Erwartete Anzahl	117,0	225,0	140,0	482,0
		% in Geschlecht	24,3%	46,7%	29,0%	100,0%

Kreuztabelle Geschlecht*vitaminreich

			vitaminreich			Gesamtsumme
			ja	ab und zu	nein	
Geschlecht	weiblich	Anzahl	170	68	12	250
		Erwartete Anzahl	141,5	94,1	14,4	250,0
		% in Geschlecht	68,0%	27,2%	4,8%	100,0%
		Standardresiduum	2,4	-2,7	-,6	
	männlich	Anzahl	105	115	16	236
		Erwartete Anzahl	133,5	88,9	13,6	236,0
		% in Geschlecht	44,5%	48,7%	6,8%	100,0%
		Standardresiduum	-2,5	2,8	,7	
Gesamtsumme		Anzahl	275	183	28	486
		Erwartete Anzahl	275,0	183,0	28,0	486,0
		% in Geschlecht	56,6%	37,7%	5,8%	100,0%

Kreuztabelle Geschlecht*fleischarm

			fleischarm			Gesamtsumme
			Ja	Ab und zu	Nein	
Geschlecht	weiblich	Anzahl	123	85	35	243
		Erwartete Anzahl	90,0	91,1	61,9	243,0
		% in Geschlecht	50,6%	35,0%	14,4%	100,0%
		Standardresiduum	3,5	-,6	-3,4	
	männlich	Anzahl	53	93	86	232
		Erwartete Anzahl	86,0	86,9	59,1	232,0
		% in Geschlecht	22,8%	40,1%	37,1%	100,0%
		Standardresiduum	-3,6	,7	3,5	
Gesamtsumme		Anzahl	176	178	121	475
		Erwartete Anzahl	176,0	178,0	121,0	475,0
		% in Geschlecht	37,1%	37,5%	25,5%	100,0%

Mit dem Verfahren der multiplen Korrespondenzanalyse kann wieder versucht werden, alle diese Zusammenhänge in einem Diagramm zu visualisieren. Wir wollen die Variablen daher im Folgenden wieder einer Homogenitätsanalyse unterziehen.

- Starten Sie den Syntaxeditor und wählen Sie hierfür aus dem Menü

  Datei
  Neu
  Syntax...

Es öffnet sich der Syntaxeditor.

- Geben Sie hier die folgenden Syntax-Zeilen ein oder laden Sie alternativ das Programm essenkorres.sps.

```
HOMALS VARIABLES sex (2), v1.1 (3), v1.2 (3), v1.3 (3), v1.4 (3), v1.5 (3),
                        v1.6 (3), v1.7 (3), v1.8 (3), v1.9 (3), v1.10 (3)
            /PLOT = QUANT .
```

- Markieren Sie die Zeilen und starten Sie das Programm per Klick auf das Symbol *Syntax-Start*.

Die Ausgabe der Ergebnisse beginnt wieder mit Häufigkeitstabellen der einzelnen Variablen, auf deren Wiedergabe wir hier verzichten.

Es folgt eine Meldung über die Anzahl der benötigten Iterationsschritte.

Iterationsverlauf

Iteration	Anpassung	Unterschied zur vorherigen Iteration.
57[a]	,404717	,000009

a. Der Iterationsprozess wurde angehalten, weil der Konvergenztestwert erreicht wurde.

Die ausgegebenen Eigenwerte (Maximalwert 1) geben wieder an, wie viel der kategorialen Informationen durch die betreffende Dimension erklärt wird.

Eigenwerte

Dimension	Eigenwert
1	,251
2	,153

Es folgt die Tabelle der Diskriminanzmaße jeder Variablen auf den beiden Dimensionen.

Diskriminationsmaße

	Dimension	
	1	2
Geschlecht	,454	,000
vegetarisch	,529	,235
fleischarm	,454	,238
vegan	,101	,021
Rohkost	,373	,154
sättigend	,071	,238
preiswert	,005	,125
exotisch/international	,044	,148
deftig	,287	,216
Fast food	,173	,214
vitaminreich	,274	,098

Für jede Variable schließt sich die Ausgabe der Kategorienquantifikationen an; diese bilden wieder die Grundlage der entsprechenden grafischen Aufbereitung (siehe Bild 25.16). Im Folgenden seien nur die Quantifikationen für die Variablen geschlecht, vegetarisch und fleischarm wiedergegeben.

Geschlecht

		Kategoriequantifizierungen	
		Dimension	
	Randhäufigkeit	1	2
weiblich	253	,665	,006
männlich	241	-,683	-,020
Fehlend	0		

vegetarisch

	Randhäufigkeit	Kategoriequantifizierungen Dimension 1	2
Ja	117	1,008	-,342
Ab und zu	225	,119	,516
Nein	140	-,997	-,550
Fehlend	12		

fleischarm

	Randhäufigkeit	Kategoriequantifizierungen Dimension 1	2
Ja	176	,839	,008
Ab und zu	178	-,250	,529
Nein	121	-,859	-,749
Fehlend	19		

Das folgende Diagramm zeigt die gemeinsame Darstellung aller Kategorienquantifikationen.

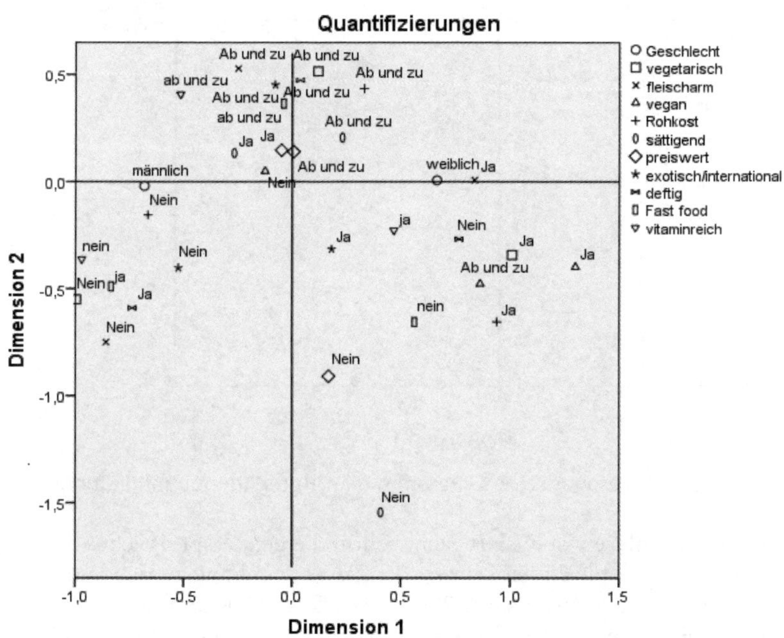

Bild 25.16: Diagramm aller Kategorienquantifizierungen

Wir wollen das Diagramm der Kategorienquantifikationen noch etwas verschönern.

- Klicken Sie per Doppelklick das Diagramm in den Diagrammeditor.
- Klicken Sie auf das Symbol für die Y-Achse. Es öffnet sich die Dialogbox *Eigenschaften*. Aktivieren Sie die Registerkarte *Skala*.
- Deaktivieren Sie das Häkchen hinter *Maximum* und setzen Sie den Wert auf 1,0.

Wir wollen die Überschrift verändern.

- Klicken Sie auf das Wort »Quantifizierungen« und ersetzen Sie dieses im Editiermodus durch »Diagramm der Kategorienquantifikationen«.

Sie erhalten nunmehr ein verbessertes Diagramm der Kategorienquantifikationen.

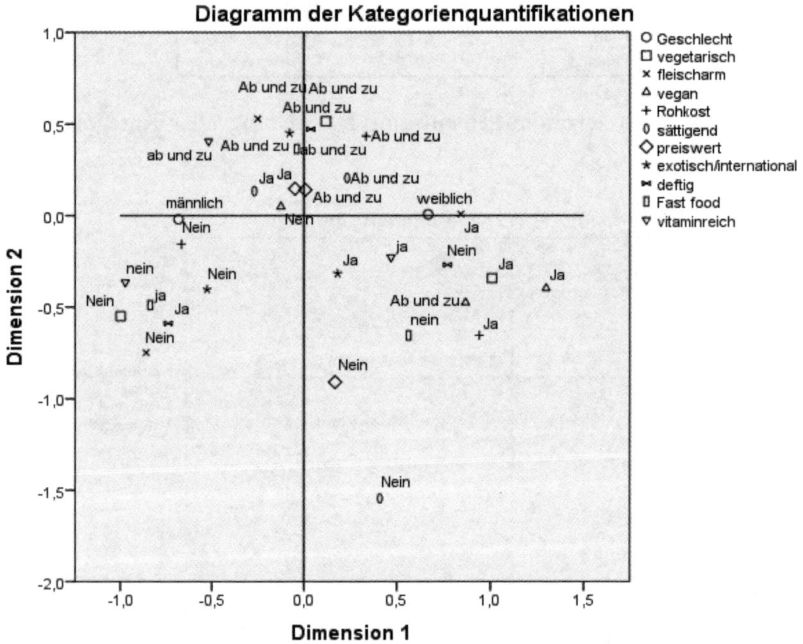

Bild 25.17: Verbessertes Diagramm aller Kategorienquantifikationen

Die Korrespondenzanalyse visualisiert recht schön die genderspezifischen Ernährungsunterschiede. Auffällig ist sogleich der sehr starke Zusammenhang zwischen dem weiblichen Geschlecht und einer fleischarmen Ernährung sowie der Zusammenhang zwischen dem männlichen Geschlecht und der Ablehnung rohkostorientierter Speisen. Während Frauen u. a. häufiger eine Vorliebe für kalorienbewusste, vitaminreiche, vegetarische Kost und Rohkost äußern, ist die Zustimmung der Männer u. a. zu deftiger, sättigender und preiswerter Kost sowie bei Fastfood vergleichsweise höher. Männer wollen Fleisch (aber auch nicht alle)!

25.3 Multiple Korrespondenzanalyse mit beliebigen Variablen

Bei der multiplen Korrespondenzanalyse in Gestalt der kategorialen Hauptkomponentenanalyse, die wir im Folgenden vorstellen werden, kann das Skalenniveau der in die Analyse einbezogenen Variablen beliebig sein.

25.3.1 Erstes Beispiel: Alle Variablen numerisch

Das Verfahren soll anhand eines besonders einsichtigen Beispiels von vier numerischen Variablen erläutert werden, bei dem zwei Variablenpaare auftreten, die hoch gegenläufig miteinander korrelieren.

- Laden Sie die Datei europalaender.sav

Die Datei enthält Variablen von 28 europäischen Ländern. Analysiert werden soll der Zusammenhang der Variablen leb (gemittelte Lebenserwartung von Männern und Frauen), ks (Kindersterblichkeit bei 1000 Geburten), so(Anzahl der Sonnenscheinstunden pro Jahr) und nt (Anzahl der Niederschlagstage pro Jahr).

- Wählen Sie aus dem Menü

Analysieren
Dimensionsreduktion
Optimale Skalierung...

- Aktivieren Sie in der Dialogbox *Optimale Skalierung* die Option *Einige Variablen sind nicht mehrfach nominal.*

Als *Ausgewählte Analyse* wird *Kategoriale Hauptkomponenten (CatPCA)* angezeigt.

- Betätigen Sie den Schalter *Definieren.*

Es öffnet sich die Dialogbox *Kategoriale Hauptkomponenten.*

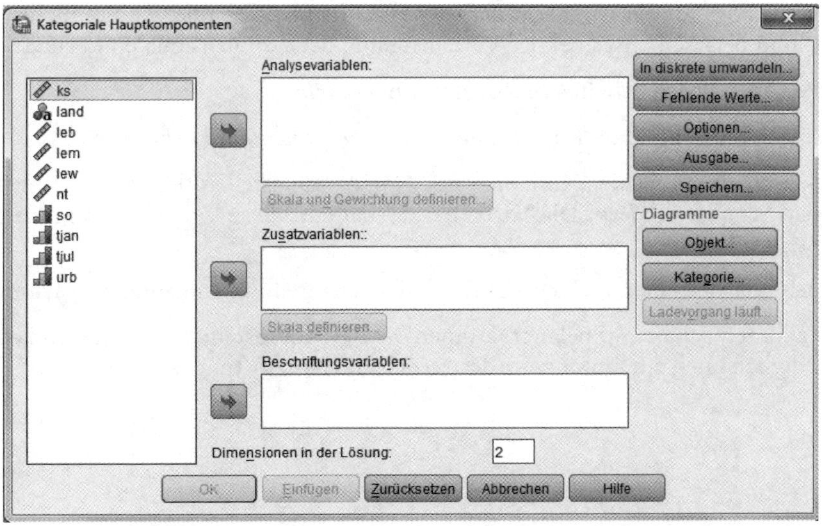

Bild 25.18: Dialogbox Kategoriale Hauptkomponenten

- Definieren Sie die Variablen leb, ks, so und nt als Analysevariablen.
- Markieren Sie alle Variablen, und betätigen Sie den Schalter *Skala und Gewicht definieren...*

Es öffnet sich die Dialogbox *Kategoriale Hauptkomponenten: Skala und Gewichtung definieren...*

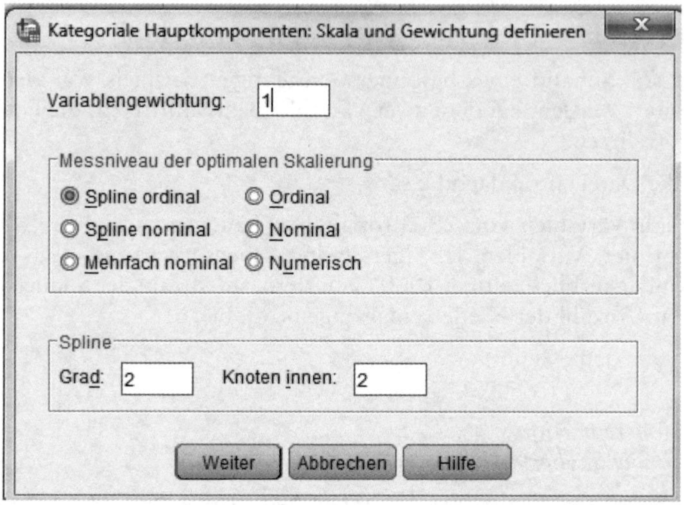

Bild 25.19: Dialogbox Kategoriale Hauptkomponenten: Skala und Gewichtung

Es besteht die Möglichkeit, die Variablen mit verschiedenen Gewichtungen zu versehen.

- Belassen Sie es bei der Voreinstellung der Variablengewichtung 1, und aktivieren Sie als Messniveau *Numerisch*. Verlassen Sie die Dialogbox mit *Weiter.*
- Verzichten Sie auf die Wahl von *land* als Beschriftungsvariable, da dies nicht funktioniert, und belassen Sie es bei der Voreinstellung der 2-dimensionalen Lösung.
- Klicken Sie auf den Schalter *In diskrete umwandeln...*

Es öffnet sich die Dialogbox *Kategoriale Hauptkomponenten: Diskretisierung.*

- Markieren Sie die beiden Variablen mit Nachkommastellen (leb, ks) und klicken Sie auf den Schalter *Ändern*. Die Variablen werden auf diese Weise in sieben Kategorien eingeteilt.

Gegebenenfalls kann hier auch eine andere Klasseneinteilung vorgenommen werden.

Was die anderen Schalter anbelangt, können Sie die Voreinstellungen bestehen lassen. Sie sollten lediglich noch ein Biplot anfordern sowie die Beschriftungsvariable für die Objekte aktivieren.

- Betätigen Sie den Schalter *Objekt...*, aktivieren Sie die Option *Objekte und Variablen (Biplot)* sowie im Feld *Objekte beschriften* die Option *Variable*, und geben Sie zur Beschriftung die Variable land an.
- Starten Sie die Berechnungen mit *OK*.

Nach einigen einleitenden Bemerkungen, einer Fallzahlstatistik und einem Iterationsprotokoll wird die Varianzaufklärung angezeigt.

Modellübersicht

Dimension	Cronbach-Alpha	Varianz berücksichtigt für	
		Gesamt (Eigenwert)	% der Varianz
1	,846	2,734	68,361
2	-,328	,802	20,059
Gesamtsumme	,956[a]	3,537	88,420

a. Die Gesamtsumme von Cronbach-Alpha basiert auf dem gesamten Eigenwert.

Die beiden Dimensionen erklären also 88,42% der Varianz. Es folgt eine Tabelle mit den Korrelationen zwischen den beteiligten Variablen.

Korrelationen der transformierten Variablen

	Lebenserwartung	Kindersterblichkeit	Sonnenscheinstunden	Niederschlagstage
Lebenserwartung	1,000	-,791	-,394	,448
Kindersterblichkeit	-,791	1,000	,499	-,606
Sonnenscheinstunden	-,394	,499	1,000	-,721
Niederschlagstage	,448	-,606	-,721	1,000
Dimension	1	2	3	4
Eigenwert	2,734	,802	,284	,179

Hohe gegenläufige Korrelationen ergeben sich zum einen zwischen der Lebenserwartung und der Kindersterblichkeit (r = -0,791) und zum anderen zwischen der Anzahl der Sonnenscheinstunden und der Anzahl der Niederschlagstage (r = -0,721). Das ist natürlich nicht allzu überraschend; es wurden absichtlich zwei gegensätzliche Variablenpaare gewählt, um deren Visualisierung besonders deutlich zu machen.

Es folgt das Diagramm der Objektpunkte, das leider gerade nicht wie von uns korrekt angegeben mit der Landesbezeichnung beschriftet wurde.

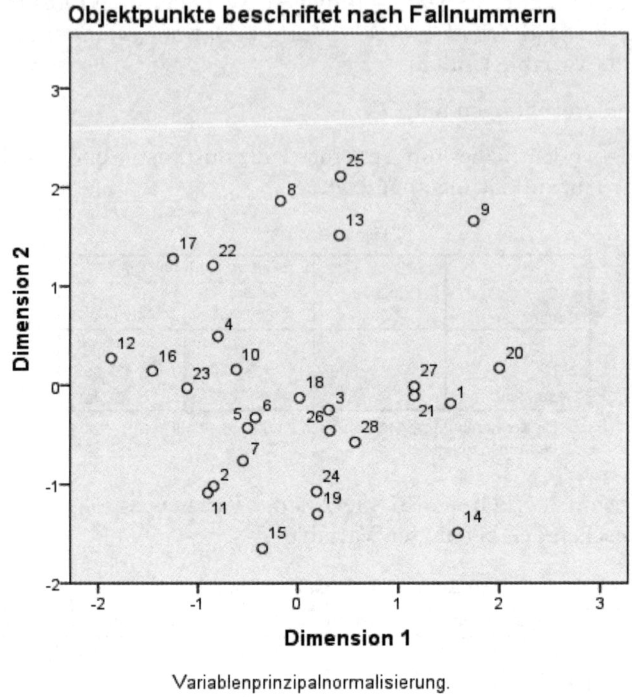

Bild 25.20: Diagramm der Objektpunkte

Es ist höchst ärgerlich, dass auch in der Version 20.0 die Objektbeschriftung nicht funktioniert, zumal dies die Interpretation erschwert. Sie müssen leider die Fallnummern zugrunde legen und diese in der Datenansicht mit den Ländernamen abgleichen. Auffällig ist das Cluster mit den »Urlaubsländern« Frankreich, Spanien, Italien und Griechenland. Auch die räumliche Nähe der skaninavischen Länder Norwegen, Schweden, Dänemark und Island fällt ins Auge.

Die Deutung der Dimensionen gelingt mit der Tabelle und insbesondere mit dem Diagramm der Komponentenladungen bzw. dem Biplot.

Komponentenladungen

	Dimension	
	1	2
Lebenserwartung	-,797	,531
Kindersterblichkeit	,882	-,338
Sonnenscheinstunden	,784	,508
Niederschlagstage	-,840	-,385

Variablenprinzipalnormalisierung.

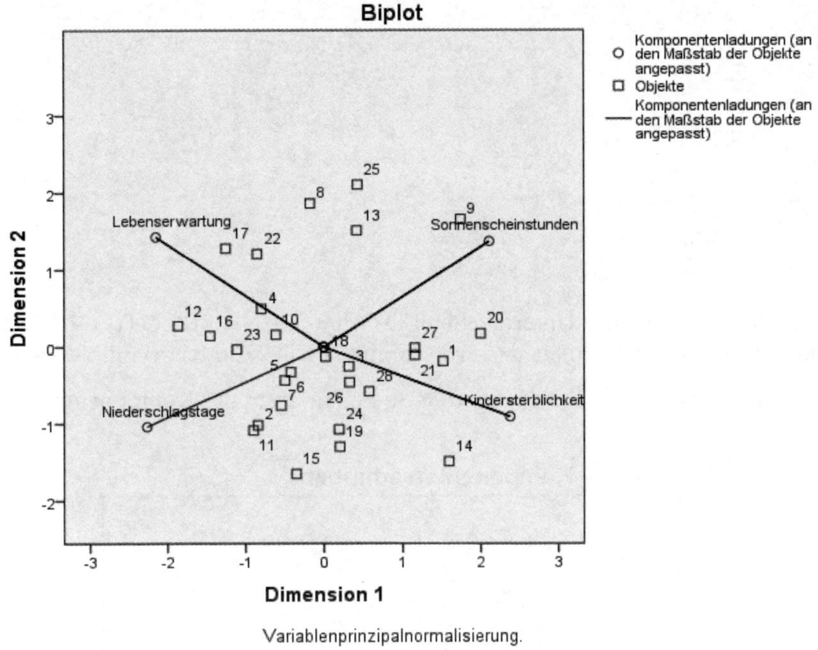

Bild 25.21: Diagramm der Komponentenladungen

Das Diagramm wird also von zwei Achsen beherrscht, die aber nicht mit den Koordinatenachsen zusammenfallen. Die Achse »Lebenserwartung – Kindersterblichkeit« zieht sich von links oben nach rechts unten. Denkt man sich das Diagramm der Komponentenladungen auf das Diagramm der Objekte (Länder) gelegt, was im obigen Biplot ja bereits der Fall ist – aber leider nur mit Fallnummern statt mit Objektbeschriftungen – so werden z. B. die skandinavischen Länder als Länder mit hoher und Jugoslawien als Land mit niedriger Lebenserwartung kenntlich. Die Klimaachse von links unten nach rechts oben weist die klassischen Urlaubsländer als warm und trocken aus.

Ein gemeinsames Diagramm der Objekte und Variablen kann im Unterschied zu einem Diagramm, welches nur die Komponentenladungen anzeigt, aufgrund des Übereinanderdrucks verschiedener Beschriftungen sehr schnell unübersichtlich werden. Leider haben Sie in der SPSS Version 22 diesbezüglich keine Wahlmöglichkeit. Sie können sich aber wieder mit der Syntax behelfen.

- Klicken Sie nach Beendigung der Eingabe per Dialogboxen auf den Schalter *Einfügen*.
- Wechseln Sie in den Syntaxeditor.

Sie sehen die folgende Syntax des CATPCA-Befehls:

```
CATPCA VARIABLES=leb ks so nt land
  /ANALYSIS=leb(WEIGHT=1,LEVEL=NUME) ks(WEIGHT=1,LEVEL=NUME) so(WEIGHT=1,LEVEL=NUME)
    nt(WEIGHT=1,LEVEL=NUME)
```

```
  /DISCRETIZATION=leb(GROUPING,NCAT=7,DISTR=NORMAL) ks(GROUPING,NCAT=7,DISTR=NORMAL)
  /MISSING=leb(PASSIVE,MODEIMPU) ks(PASSIVE,MODEIMPU) so(PASSIVE,MODEIMPU)
nt(PASSIVE,MODEIMPU)
  /DIMENSION=2
  /NORMALIZATION=VPRINCIPAL
  /MAXITER=100
  /CRITITER=.00001
  /PRINT=CORR LOADING
  /PLOT= BIPLOT(LOADING) (20) OBJECT (20).
```

- Löschen Sie beim letzten Unterbefehl PLOT den Teil »= BIPLOT(LOADING) (20) OBJECT (20)« und starten Sie das Programm via Klick auf das Symbol Syntax-Start.

Sie erhalten im Viewer nunmehr das gewünschte Diagramm der Komponentenladungen.

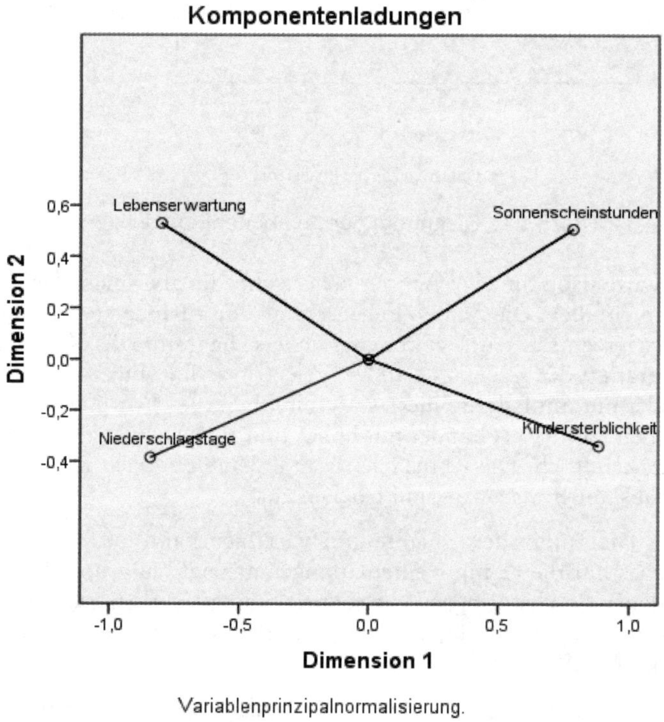

Bild 25.22: Diagramm der Komponentenladungen

Je nach Datensatz und Aufgabenstellung ist dieses Diagramm deutlich lesbarer.

25.3.2 Zweites Beispiel: Numerische und nominalskalierte Variablen

In einer Bevölkerungsumfrage der Sozialwissenschaften (ALLBUS) wurde u. a. nach dem wichtigsten Lernziel für Kinder gefragt. Mit der Codierung

1 = gehorchen
2 = selbstständig denken
3 = anderen helfen

sind die Antworten unter der Variablen lernziel in der Datei lernziel.sav enthalten. Diese Datei enthält ferner als numerische Variable das Alter der Befragten und als weitere nominalskalierte Variable deren Einordnung nach dem so genannten Inglehart-Index. Dieser nach dem amerikanischen Politikwissenschaftler Ronald Inglehart benannte Index teilt Personen in Materialisten und Postmaterialisten und entsprechende Mischtypen ein.

- Laden Sie die Datei lernziel.sav.
- Erstellen Sie zunächst Häufigkeitstabellen der beteiligten Variablen.

Die Tabellen für den Inglehart-Index und das Lernziel sind im Folgenden wiedergegeben.

Inglehart-Index

		Häufigkeit	Prozent	Gültige Prozent	Kumulative Prozente
Gültig	Postmaterialisten	715	24,3	24,3	24,3
	PM-Mischtyp	874	29,7	29,7	54,0
	M-Mischtyp	927	31,5	31,5	85,6
	Materialisten	424	14,4	14,4	100,0
	Gesamtsumme	2940	100,0	100,0	

Lernziel

		Häufigkeit	Prozent	Gültige Prozent	Kumulative Prozente
Gültig	gehorchen	392	13,3	13,3	13,3
	denken	2220	75,5	75,5	88,8
	helfen	328	11,2	11,2	100,0
	Gesamtsumme	2940	100,0	100,0	

Treffen Sie die Menüwahl

Analysieren
Dimensionsreduktion
Optimale Skalierung...

- Aktivieren Sie die Option *Einige Variablen sind nicht mehrfach nominal*, und betätigen Sie den Schalter *Definieren*.
- Geben Sie in der Dialogbox *Kategoriale Hauptkomponenten* zunächst die Variable alter als Analysevariable an.

- Definieren Sie über den Schalter *Skala und Gewichtung definieren...* das Messniveau der Variablen alter als *Numerisch*.

Wir wollen die Variable alter diskretisieren, d. h. die Werte in Klassen einteilen.

- Betätigen Sie den Schalter *In diskrete umwandeln...*

Es öffnet sich die Dialogbox *Kategoriale Hauptkomponenten: Diskretisierung*

Bild 25.23: Dialogbox Kategoriale Hauptkomponenten: Diskretisierung

- Markieren Sie die Variable alter, stellen Sie die Kategorienanzahl auf 4, und belassen Sie es bei der Voreinstellung der Normalverteilung. Betätigen Sie den Schalter *Ändern*, und verlassen Sie die Dialogbox über *Weiter*.
- Bringen Sie die Variablen ingle und lernziel als weitere Analysevariablen ein, und definieren Sie deren Messniveau als *Mehrfach nominal*.
- Betätigen Sie den Schalter *Ausgabe...* Es öffnet sich die Dialogbox *Kategoriale Hauptkomponenten*: Ausgabe.

Bild 25.24: Dialogbox Kategoriale Hauptkomponenten: Ausgabe

- Deaktivieren Sie die Ausgabe der Korrelationen und Komponentenladungen, und fordern Sie stattdessen Kategorienquantifizierungen für alle Variablen an.
- Bestätigen Sie die Einstellungen der Dialogbox mit *Weiter.*
- Deaktivieren Sie über den Schalter *Objekt...* die Erstellung des Diagramms für die Objektpunkte.
- Betätigen Sie den Schalter *Kategorie...* Es öffnet sich die Dialogbox *Kategoriale Hauptkomponenten: Kategoriendiagramme.*

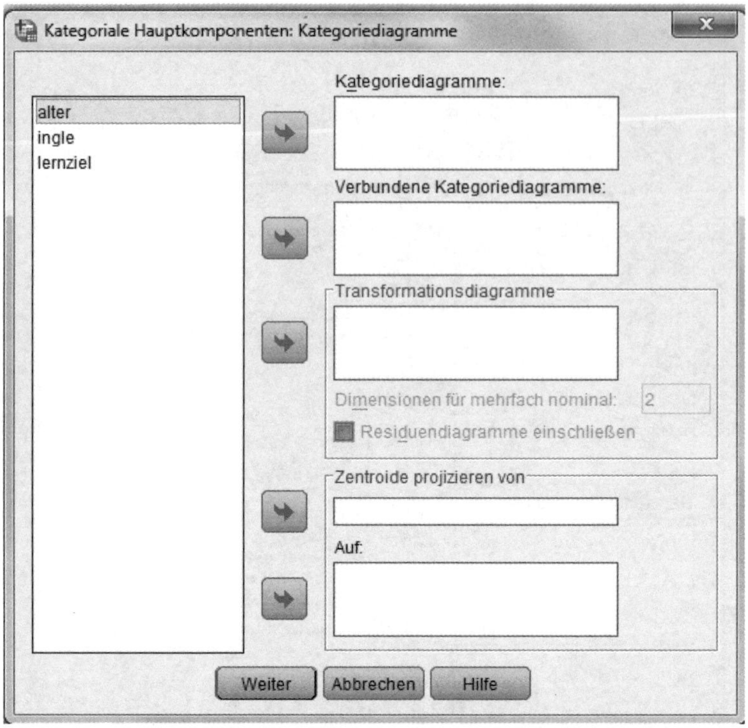

Bild 25.25: Dialogbox Kategoriale Hauptkomponenten: Kategoriendiagramme

- Fordern Sie für alle Variablen sowohl einzelne als auch ein verbundenes Kategoriendiagramm an. Bestätigen Sie mit *Weiter.*
- Deaktivieren Sie über den Schalter *Ladevorgang läuft...* die Ausgabe des Diagramms für Komponentenladungen.
- Starten Sie die Berechnungen mit *OK.*

Wir lassen die einleitenden Tabellen der Fallzahlstatistik, des Iterationsprotokolls und der Varianzaufklärungen weg und beginnen mit der Wiedergabe der Tabellen der Kategorienquantifikationen. Diese enthalten die Koordinaten für die Darstellung in den betreffenden Kategoriendiagrammen.

Alter[a]

Kategorie	Häufigkeit	Quantifizierung	Zentroidkoordinaten Dimension 1	Zentroidkoordinaten Dimension 2	Vektorkoordinaten Dimension 1	Vektorkoordinaten Dimension 2
18 - 30	553	-1,461	-,847	-,258	-,944	-,241
31 - 47	1021	-,467	-,336	-,072	-,302	-,077
48 - 63	796	,526	,226	,108	,340	,087
64 - 95	570	1,520	1,108	,228	,982	,251

Variablenprinzipalnormalisierung.

a. Metrisches Niveau der optimalen Skalierung: Numerisch.

Inglehart-Index[a]

Kategorie	Häufigkeit	Zentroidkoordinaten Dimension 1	2
Postmaterialisten	715	-,905	,212
PM-Mischtyp	874	-,315	-,669
M-Mischtyp	927	,426	,910
Materialisten	424	1,244	-,970

Variablenprinzipalnormalisierung.

a. Metrisches Niveau der optimalen Skalierung: Mehrfach nominal.

Lernziel[a]

Kategorie	Häufigkeit	Zentroidkoordinaten Dimension 1	2
gehorchen	392	1,672	,317
denken	2220	-,349	,233
helfen	328	,366	-1,959

Variablenprinzipalnormalisierung.

a. Metrisches Niveau der optimalen Skalierung: Mehrfach nominal.

Bei der ehemals numerischen Altersvariablen ist das Ergebnis der Diskretisierung zu sehen, ferner wird zwischen Zentroid- und Vektorkoordinaten unterschieden. Die Zentroidkoordinaten sind die Mittelwerte der Objektmesswerte in der betreffenden Kategorie, die Vektorkoordinaten sind zu einer Linie geglättet.

Es folgen die zu diesen Tabellen gehörenden Kategoriendiagramme. Von besonderem Interesse ist das letzte dieser Diagramme, das »verbundene« Diagramm, welches das Zusammenwirken der einzelnen Variablen zeigt.

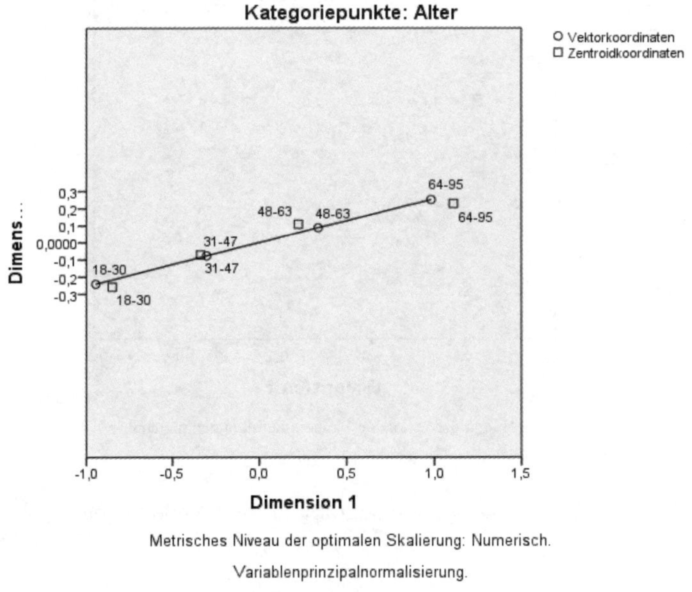

Bild 25.26: Kategoriendiagramm für die Variable Alter

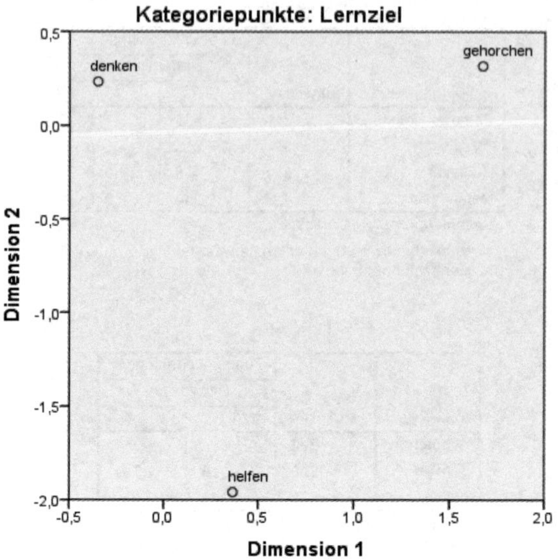

Metrisches Niveau der optimalen Skalierung: Mehrfach nominal.

Variablenprinzipalnormalisierung.

Bild 25.27: Kategoriendiagramm für die Variable Lernziel

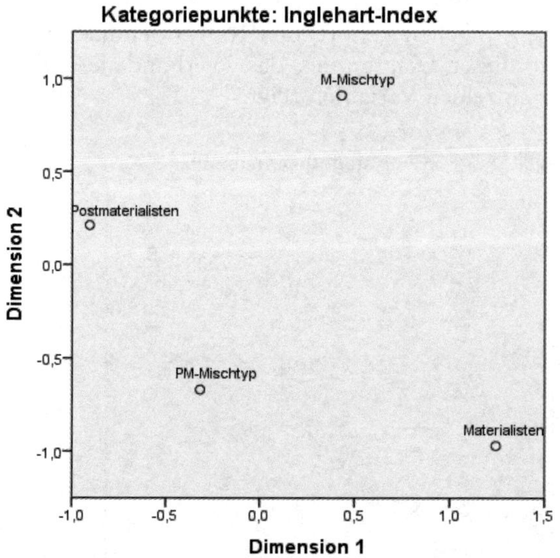

Metrisches Niveau der optimalen Skalierung: Mehrfach nominal.

Variablenprinzipalnormalisierung.

Bild 25.28: Kategoriendiagramm für die Variable ingle

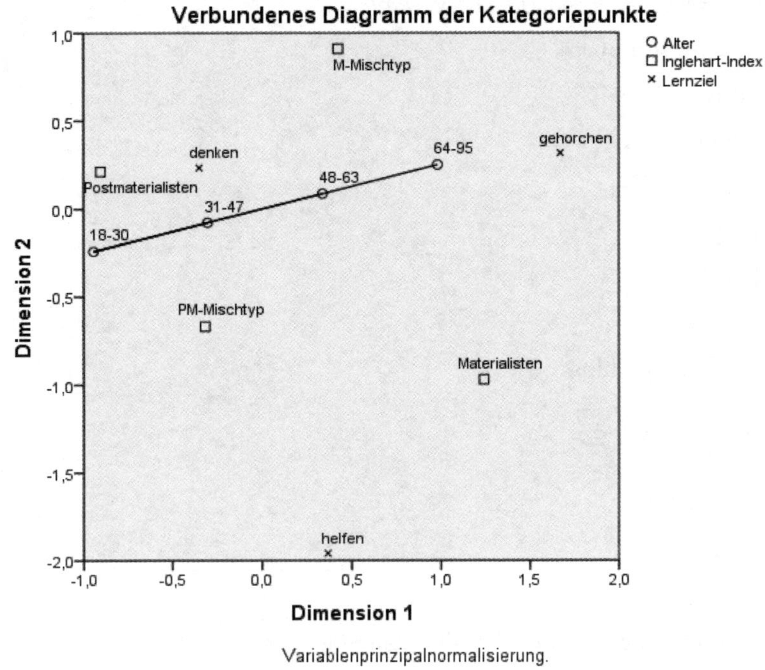

Bild 25.29: Verbundenes Kategoriendiagramm

Deutlich wird vor allem die große Affinität zwischen Postmaterialisten und dem Lernziel »selbstständig denken«. Dagegen ist »gehorchen«, aber auch »anderen helfen« eher bei den Materialisten angesiedelt. Was das Alter anbetrifft, ist das Lernziel »gehorchen« mit höherem Alter verbunden, ferner erscheinen Postmaterialisten jünger als Materialisten.

Das Diagramm der Objektmesswerte ist in diesem Beispiel wegen der hohen Fallzahl und dem damit verbundenen Übereinanderdruck sinnlos, außerdem sachlogisch nicht von Interesse.

25.4 Kanonische Korrespondenzanalyse

Diese Prozedur ist das allgemeinste Verfahren zur optimalen Skalierung und eine Erweiterung der nichtlinearen bzw. kategorialen Hauptkomponentenanalyse, nunmehr können Sätze von Variablen analysiert werden, wobei ein Variablensatz eine Gruppe von Variablen ist, die aus irgendeinem Grund als zusammengehörig betrachtet werden.

Das Beispiel, an dem das Verfahren erläutert werden soll, ist eine Befragung zur Einstellung gegenüber Gastarbeitern und ist einem ALLBUS-Datensatz entnommen. Aus diesem Datensatz wurde eine Zufallsstichprobe (ca. 15 Prozent) mit insgesamt sieben Variablen entnommen, die in drei Sätze eingeteilt wurden. Die Kodierung der Variablen wurde teilweise etwas vereinfacht; Fälle mit fehlenden Werten wurden nicht aufgenommen.

Erster Variablensatz: sozialstatistische Variablen

alter Altersgruppen

1 = bis 25 Jahre

2 = 26-35 Jahre

3 = 36-45 Jahre

4 = 46-55 Jahre

5 = 56-65 Jahre

6 = über 65 Jahre

schule Schulabschluss

1 = kein Abschluss

2 = Hauptschule

3 = Mittlere Reife

4 = Fachhochschule

5 = Abitur

plire Politische Links-Rechts-Einschätzung

1 = links

2 = Mitte

3 = rechts

Zweiter Variablensatz: Einstellung zu Gastarbeitern

gast1 »Gastarbeiter sollten sich dem deutschen Lebensstil anpassen«

1 = stimme zu

2 = unentschieden

3 = stimme nicht zu

gast2 »Gastarbeiter sollten bei knapper Arbeit nach Hause geschickt werden«

1 = stimme zu

2 = unentschieden

3 = stimme nicht zu

Dritter Variablensatz: Kontakte zu Gastarbeitern

gastk1 Kontakte am Arbeitsplatz

1 = ja

2 = nein

gastk2 Kontakte im Freundeskreis

1 = ja

2 = nein

- Laden Sie die Datei gast.sav.
- Erstellen Sie zunächst mit der Menüwahl

Analysieren
Deskriptive Statistiken
Häufigkeiten...

eine Häufigkeitsauszählung aller Variablen (außer nr), damit Sie einen Überblick über die Merkmalsverteilungen der einzelnen Variablen erhalten.

Alter

		Häufigkeit	Prozent	Gültige Prozent	Kumulative Prozente
Gültig	<= 25	62	14,8	14,8	14,8
	26-35	93	22,1	22,1	36,9
	36-45	65	15,5	15,5	52,4
	46-55	68	16,2	16,2	68,6
	56-65	54	12,9	12,9	81,4
	> 65	78	18,6	18,6	100,0
	Gesamtsumme	420	100,0	100,0	

Schulabschluss

		Häufigkeit	Prozent	Gültige Prozent	Kumulative Prozente
Gültig	kA	10	2,4	2,4	2,4
	Hs	217	51,7	51,7	54,0
	MR	117	27,9	27,9	81,9
	FH	8	1,9	1,9	83,8
	Abi	68	16,2	16,2	100,0
	Gesamtsumme	420	100,0	100,0	

Politische Links-Rechts-Einschätzung

		Häufigkeit	Prozent	Gültige Prozent	Kumulative Prozente
Gültig	li	99	23,6	23,6	23,6
	Mi	195	46,4	46,4	70,0
	re	126	30,0	30,0	100,0
	Gesamtsumme	420	100,0	100,0	

Mehr Lebensstilanpassung

		Häufigkeit	Prozent	Gültige Prozent	Kumulative Prozente
Gültig	L+	236	56,2	56,2	56,2
	L=	67	16,0	16,0	72,1
	L-	117	27,9	27,9	100,0
	Gesamtsumme	420	100,0	100,0	

Heim bei knapper Arbeit

		Häufigkeit	Prozent	Gültige Prozent	Kumulative Prozente
Gültig	H+	160	38,1	38,1	38,1
	H=	87	20,7	20,7	58,8
	H-	173	41,2	41,2	100,0
	Gesamtsumme	420	100,0	100,0	

Kontakte am Arbeitsplatz

		Häufigkeit	Prozent	Gültige Prozent	Kumulative Prozente
Gültig	KA+	91	21,7	21,7	21,7
	KA-	329	78,3	78,3	100,0
	Gesamtsumme	420	100,0	100,0	

Kontakte im Freundeskreis

		Häufigkeit	Prozent	Gültige Prozent	Kumulative Prozente
Gültig	KF+	99	23,6	23,6	23,6
	KF-	321	76,4	76,4	100,0
	Gesamtsumme	420	100,0	100,0	

Damit die Variablen und ihre Kategorien in den späteren Grafiken eindeutig identifiziert werden können, wurden sie mit eindeutigen und kurzen Werte-Labels versehen. Aufgrund ihrer Codierung können alle Variablen als ordinalskaliert angesehen werden.

- Um einen Überblick über die Zusammenhänge zwischen den Variablen zu erhalten, wählen Sie aus dem Menü

  Analysieren
  Korrelation
  Bivariat...

- Aktivieren Sie anstelle des voreingestellten Pearson-Korrelationskoeffizienten den Rangkorrelationskoeffizienten nach Spearman, und klicken Sie alle Variablen (außer nr) in das Variablenfeld. Im Viewer wird die folgende Korrelationsmatrix angezeigt.

Korrelationen

			Alter	Schulabschluss	Politische Links-Rechts-Einschätzung	Mehr Lebensstilanpassung	Heim bei knapper Arbeit	Kontakte am Arbeitsplatz	Kontakte im Freundeskreis
Spearman-Rho	Alter	Korrelationskoeffizient	1,000	-,288	,133	-,236	-,213	,277	,324
		Sig. (2-seitig)	.	,000	,006	,000	,000	,000	,000
		N	420	420	420	420	420	420	420
	Schulabschluss	Korrelationskoeffizient	-,288	1,000	-,072	,168	,246	-,141	-,260
		Sig. (2-seitig)	,000	.	,138	,001	,000	,004	,000
		N	420	420	420	420	420	420	420
	Politische Links-Rechts-Einschätzung	Korrelationskoeffizient	,133	-,072	1,000	-,107	-,146	,181	,108
		Sig. (2-seitig)	,006	,138	.	,029	,003	,000	,027
		N	420	420	420	420	420	420	420
	Mehr Lebensstilanpassung	Korrelationskoeffizient	-,236	,168	-,107	1,000	,377	-,087	-,220
		Sig. (2-seitig)	,000	,001	,029	.	,000	,074	,000
		N	420	420	420	420	420	420	420
	Heim bei knapper Arbeit	Korrelationskoeffizient	-,213	,246	-,146	,377	1,000	-,145	-,290
		Sig. (2-seitig)	,000	,000	,003	,000	.	,003	,000
		N	420	420	420	420	420	420	420
	Kontakte am Arbeitsplatz	Korrelationskoeffizient	,277	-,141	,181	-,087	-,145	1,000	,253
		Sig. (2-seitig)	,000	,004	,000	,074	,003	.	,000
		N	420	420	420	420	420	420	420
	Kontakte im Freundeskreis	Korrelationskoeffizient	,324	-,260	,108	-,220	-,290	,253	1,000
		Sig. (2-seitig)	,000	,000	,027	,000	,000	,000	.
		N	420	420	420	420	420	420	420

Von besonderem Interesse sind die Korrelationen der Variablen gast1 und gast2, welche die Einstellung zu Gastarbeitern wiedergeben, zu den übrigen Variablen. Hier gibt es fast durchweg geringe, aber signifikante Zusammenhänge. Negative Einstellung gegenüber Gastarbeitern geht einher mit fortschreitendem Alter, niedriger Schulbildung und politisch eher rechter Einstellung. Befragte Personen mit Kontakten zu Gastarbeitern (Variablen gastk1, gastk2) haben eine weniger kritische Einstellung. Beachten Sie bei diesen Schlussfolgerungen genau die Kodierungen der betreffenden Variablen und das Vorzeichen des Korrelationskoeffizienten.

- Um die Zusammenhänge zwischen diesen drei Variablensätzen grafisch darzustellen, wählen Sie aus dem Menü

Analysieren
Dimensionsreduktion
Optimale Skalierung...

Es öffnet sich die Dialogbox *Optimale Skalierung*.

- Aktivieren Sie die Optionen *Einige Variablen sind nicht mehrfach nominal* und *Mehrere Sets*, worauf als gewählte Analyse *Nicht lineare kanonische Korrelation (OVERALS)* angezeigt wird.

- Über den Schalter *Definieren* öffnen Sie die Dialogbox *Nicht lineare kanonische Korrelationsanalyse (OVERALS)*.

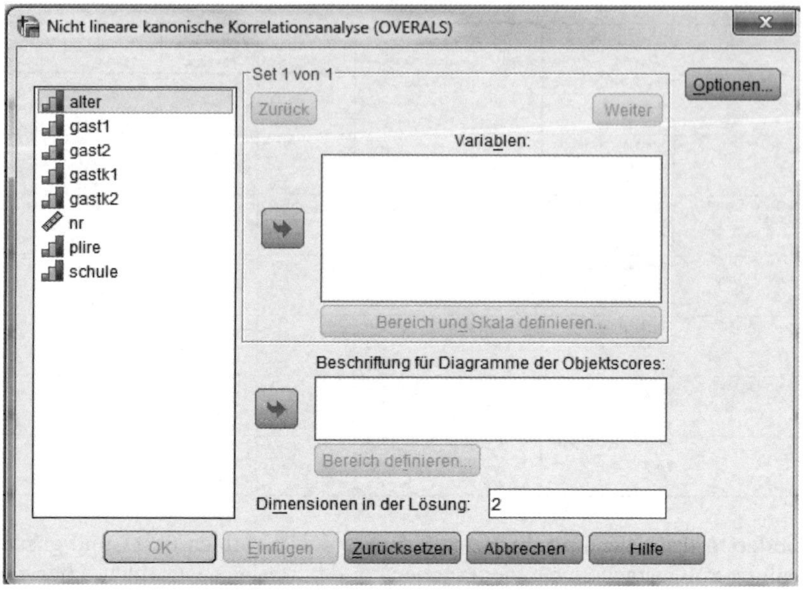

Bild 25.30: Dialogbox Nichtlineare kanonische Korrelationsanalyse (OVERALS)

- Zur Defintion des ersten Variablensets (Variablen alter, schule, plire) übertragen Sie zunächst die Variable alter in das Variablenfeld. Anschließend öffnen Sie mit dem Schalter *Bereich und Skala definieren...* eine entsprechende Dialogbox.

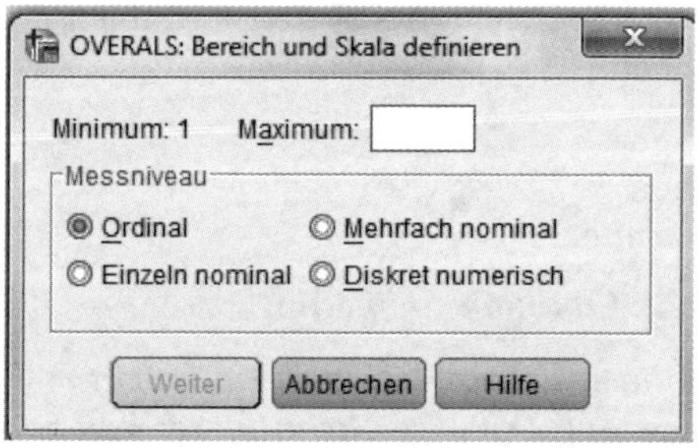

Bild 25.31: Dialogbox OVERALS: Bereich und Skala definieren

- Der kleinste Wert des Bereichs ist mit 1 fest vorgegeben; tragen Sie als Maximum den Wert 6 ein. Belassen Sie es beim voreingestellten Ordinalniveau, und verlassen Sie die Dialogbox über *Weiter*. Verfahren Sie entsprechend mit den Variablen schule (Maximalwert 5) und plire (Maximalwert 3).

- Durch Betätigung des Schalters *Weiter* schließen Sie die Definition des ersten Variablensets ab und gehen zum zweiten Variablenset über. Definieren Sie dieses in entsprechender Weise mit den Variablen gast1 und gast2 (Maximalwert jeweils 3). Das dritte Variablenset schließlich soll die Variablen gastk1 und gastk2 (Maximalwert jeweils 2) enthalten.

- Ist das dritte Variablenset definiert, betätigen Sie den Schalter *Optionen....* Es öffnet sich die Dialogbox *OVERALS: Optionen*.

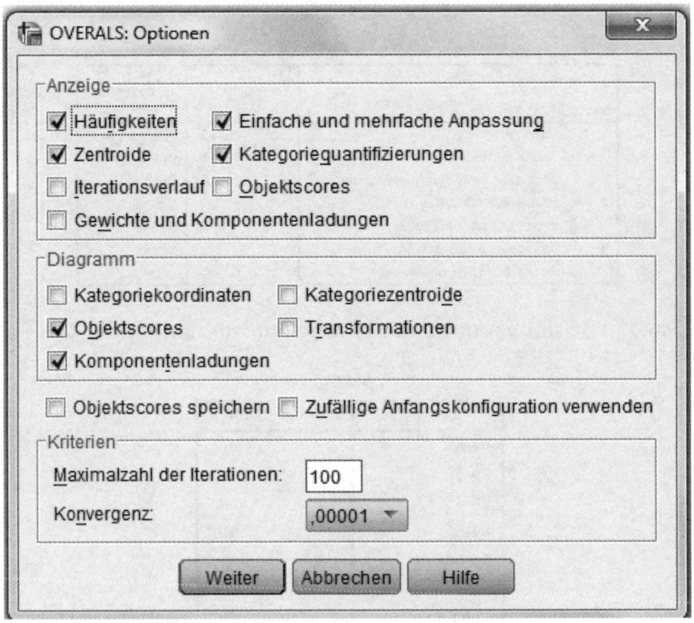

Bild 25.32: Dialogbox OVERALS: Optionen

- Zusätzlich zu den Voreinstellungen aktivieren Sie die Option *Gewichte und Komponentenladungen*.
- Fordern Sie ferner Diagramme der *Kategoriekoordinaten* und der *Kategoriezentroide* an.
- Verlassen Sie die Dialogbox über *Weiter.*
- Um die Objektwerte in ihrer Grafik zu beschriften, könnten Sie die Variable nr (laufende Nummer) benutzen; bei so vielen Fällen ist dies aber natürlich nicht zu empfehlen. Zudem ist die Anordnung der einzelnen Fälle im gegebenen Beispiel nicht von Interesse. Belassen Sie es bei der vorgegebenen Dimensionenzahl von 2, und starten Sie die Berechnungen mit *OK*.

Die Ausgabe ist recht umfangreich und zunächst nur recht schwer zu deuten. Im Folgenden sollen die ausgegebenen Ergebnisse auszugsweise kommentiert werden.

Die Ausgabe der Ergebnisse beginnt mit der Angabe der Anzahl der Beobachtungen und dem Messniveau der Variablen.

Zusammenfassung der Fallverarbeitung

Bei Analyse verwendete Fälle	420

Liste der Variablen

Set		Anzahl Kategorien	Messniveau der optimalen Skalierung
1	Alter	6	Ordinal
	Schulabschluss	5	Ordinal
	Politische Links-Rechts-Einschätzung	3	Ordinal
2	Mehr Lebensstilanpassung	3	Ordinal
	Heim bei knapper Arbeit	3	Ordinal
3	Kontakte am Arbeitsplatz	2	Ordinal
	Kontakte im Freundeskreis	2	Ordinal

Es folgt eine Liste der Variablen mit einer Häufigkeitsauszählung für das erste Set.

Alter

	Randhäufigkeit
<= 25	62
26-35	93
36-45	65
46-55	68
56-65	54
> 65	78
Fehlend	0
Fehlend im Set	0

Schulabschluss

	Randhäufigkeit
kA	10
Hs	217
MR	117
FH	8
Abi	68
Fehlend	0
Fehlend im Set	0

Politische Links-Rechts-Einschätzung

	Randhäufigkeit
li	99
Mi	195
re	126
Fehlend	0
Fehlend im Set	0

Es folgt eine Liste der Variablen mit einer Häufigkeitsauszählung für das zweite Set.

Mehr Lebensstilanpassung

	Randhäufigkeit
L+	236
L=	67
L-	117
Fehlend	0
Fehlend im Set	0

Heim bei knapper Arbeit

	Randhäufigkeit
H+	160
H=	87
H-	173
Fehlend	0
Fehlend im Set	0

Die Tabellen für das dritte Set schließen die Häufigkeitsauszählungen ab.

Kontakte am Arbeitsplatz

	Randhäufigkeit
KA+	91
KA-	329
Fehlend	0
Fehlend im Set	0

Kontakte im Freundeskreis

	Randhäufigkeit
KF+	99
KF-	321
Fehlend	0
Fehlend im Set	0

Es schließt sich eine Meldung über die Anzahl der erfolgten Iterationsschritte und eine Maßzahl über die Güte der Anpassung an. Der Maximalwert dieser Maßzahl ist gleich der Anzahl der Dimensionen (hier: 2); die Differenz zu diesem Wert wird Verlustfunktion genannt.

Iterationsverlauf

	Verlust	Anpassung	Unterschied zur vorherigen Iteration.
0[a]	1,051811	,948189	
27[b]	1,033552	,966448	,000003

a. Der Verlust der Iteration 0 ist der Verlust der Lösung, wenn alle Einzelvariablen als numerisch behandelt werden (mit der Verlustdifferenz 0,0001 und der maximalen Anzahl von 50 Iterationen).

b. Der Iterationsprozess wurde angehalten, weil der Konvergenztestwert erreicht wurde.

Der angezeigte Wert der Verlustfunktion ist der Mittelwert von satzweisen Verlustfunktionswerten, die, zusätzlich aufgeteilt auf beide Dimensionen, in einer entsprechenden Tabelle ausgewiesen werden.

Zusammenfassung der Analyse

		Dimension 1	Dimension 2	Summe
Verlust	Set 1	,369	,436	,805
	Set 2	,481	,770	1,251
	Set 3	,422	,622	1,044
	Mittelwert	,424	,609	1,034
Eigenwert		,576	,391	
Anpassung				,966

Der Wert der Anpassung ist die Summe zweier Eigenwerte; diese geben an, welcher Anteil der Gesamtinformation durch die beiden Dimensionen erklärt wird.

Die Eigenwerte können dazu benutzt werden, für die einzelnen Dimensionen die kanonische Korrelation zwischen den gegebenen Variablensätzen zu berechnen.

Es seien d die Anzahl der Dimensionen (hier: d = 2), k die Anzahl der Variablensätze (hier: k = 3) und E_j (j=1,...,d) die Eigenwerte; dann gilt für die kanonischen Korrelationen r_j:

$$r_j = \frac{k \cdot E_j - 1}{k - 1}$$

Im gegebenen Beispiel ergibt dies:

$$r_1 = \frac{3 \cdot 0{,}576 - 1}{2} = 0{,}364$$

$$r_2 = \frac{3 \cdot 0{,}391 - 1}{2} = 0{,}087$$

Bei der Interpretation der weiteren Ergebnisse sind die Objektwerte und die Kategorienquantifikationen von besonderer Bedeutung. Die Objektwerte sind, wie bisher auch, den einzelnen Beobachtungsobjekten zugeordnete Koordinaten, welche deren Lage in einem Raum mit der vorgegebenen Dimensionenzahl beschreiben. Im vorliegenden Beispiel mit zwei Dimensionen ist dies die Ebene. Die Werte der Objektwerte können Sie sich ausgeben lassen und auch der Datendatei hinzufügen (siehe Dialogbox *OVERALS: Optionen*).

Die nächste Ausgabe ist zunächst die der Gewichtungen, der Komponentenladungen sowie der Mehrfachanpassung und der einzelnen Anpassung.

Die Gewichtungen sind in jeder Dimension die Regressionskoeffizienten der Objekt-Scores auf den quantifizierten Variablen. Sie sind ein Maß für die Bedeutung, welche die Variablen auf den einzelnen Dimensionen innerhalb eines Sets haben.

Gewichtungen

Set		Dimension	
		1	2
1	Alter	,526	-,503
	Schulabschluss	-,380	-,646
	Politische Links-Rechts-Einschätzung	,239	-,221
2	Mehr Lebensstilanpassung	-,314	,389
	Heim bei knapper Arbeit	-,554	-,434
3	Kontakte am Arbeitsplatz	,350	-,585
	Kontakte im Freundeskreis	,592	,388

Betrachten Sie etwa das dritte Set, so hat die Variable gastk1 auf der zweiten und die Variable gastk2 auf der ersten Dimension dominante Bedeutung.

Die Komponentenladungen sind auf jeder Dimension die Pearson-Korrelationskoeffizienten zwischen den quantifizierten Variablen und den Objekt-Scores.

Komponentenladungen

Set		Dimension	
		1	2
1	Alter[a,b]	,661	-,366
	Schulabschluss[a,b]	-,532	-,501
	Politische Links-Rechts-Einschätzung[a,b]	,339	-,256
2	Mehr Lebensstilanpassung[a,b]	-,495	,248
	Heim bei knapper Arbeit[a,b]	-,657	-,306
3	Kontakte am Arbeitsplatz[a,b]	,500	-,487
	Kontakte im Freundeskreis[a,b]	,680	,240

a. Optimales Skalierungsniveau: Ordinal

b. Projektionen der einzeln quantifizierten Variablen im Objektraum

Die in der folgenden Tabelle unter »Mehrfachanpassung« aufgeführten Werte sind ein Maß für die Diskriminierungsfähigkeit der einzelnen Variablen. So diskriminieren z. B. die Variablen alter und schule besser als die Variable plire. Betrachten Sie die Aufspaltung der Werte nach den beiden Dimensionen und etwa die beiden Variablen gastk1 und gastk2, so diskriminiert die Variable gastk1 vornehmlich auf der zweiten, die Variable gastk2 vornehmlich auf der ersten Dimension.

Die unter »Einzelne Anpassung« wiedergegebenen Werte unterscheiden sich nur wenig von den Werten der Mehrfachanpassung, so dass ihre Differenzen hierzu, die als »einzelne Verlustfunktionen« bezeichnet werden, so gering sind.

Anpassung

Set		Mehrfachanpassung			Einzelanpassung			Einzelne Verlustfunktion		
		Dimension		Summe	Dimension		Summe	Dimension		Summe
		1	2		1	2		1	2	
1	Alter[a]	,283	,262	,545	,277	,253	,530	,006	,009	,015
	Schulabschluss[a]	,155	,421	,576	,144	,417	,561	,010	,004	,015
	Politische Links-Rechts-Einschätzung[a]	,057	,049	,106	,057	,049	,106	,000	,000	,000
2	Mehr Lebensstilanpassung[a]	,101	,154	,255	,099	,152	,250	,003	,002	,005
	Heim bei knapper Arbeit[a]	,308	,190	,497	,307	,188	,495	,001	,001	,002
3	Kontakte am Arbeitsplatz[a]	,123	,343	,465	,123	,343	,465	,000	,000	,000
	Kontakte im Freundeskreis[a]	,350	,151	,501	,350	,151	,501	,000	,000	,000

a. Optimales Skalierungsniveau: Ordinal

Die in den Tabellen für die Gewichtungen, die Komponentenladungen und die Mehrfachanpassung enthaltenen Werte sind in ihren Größenordnungen, Relationen untereinander und demgemäss auch in ihren Deutungen recht ähnlich.

Die Komponentenladungen sind im folgenden Diagramm dargestellt.

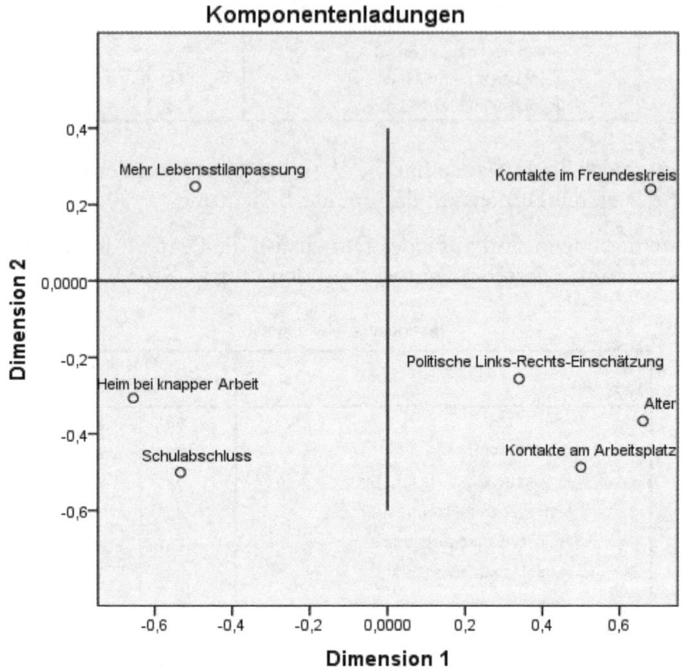

Bild 25.33: Komponentenladungen

Ziehen Sie in dieser Grafik, in der die einzelnen Variablen durch ihre Variablen-Labels gekennzeichnet sind, gerade Linien vom Nullpunkt zu den einzelnen Variablenpunkten, so gibt die Länge einer solchen Linie die Wichtigkeit der betreffenden Variablen wieder.

Insgesamt werden zwei Richtungen deutlich, die aber nicht mit der horizontalen bzw. vertikalen Richtung übereinstimmen. Die eine Richtung (von links oben nach rechts unten) wird bestimmt durch die Variablen alter, plire, gastk1 und gast1, die andere (von links unten nach rechts oben) durch die Variablen schule, gast2 und gastk2.

Es schließt sich eine umfangreiche Ausgabe an, bei der für jede Variable folgende Ergebnisse angezeigt werden:

- Häufigkeiten
- Kategorienquantifikationen
- einzelne Kategorienkoordinaten
- mehrere Kategorienkoordinaten.

Beispielhaft werden die Ergebnisse für die Variable plire dargestellt.

Politische Links-Rechts-Einschätzung[a]

	Randhäufigkeit	Quantifizierung	Koordinaten von Einzelkategorien		Mehrfachkategoriekoordinaten	
			Dimension		Dimension	
			1	2	1	2
li	99	-1,459	-,349	,322	-,364	,306
Mi	195	-,089	-,021	,020	-,006	,036
re	126	1,284	,307	-,283	,296	-,296
Fehlend	0					

a. Optimales Skalierungsniveau: Ordinal

Die multiplen Kategorienkoordinaten dienen zur Erstellung eines gemeinsamen Diagramms aller Kategorien (siehe Bild 25.29).

Es folgen Tabellen, die für jede Variablenkategorie die Zentroiden und die projizierten Zentroiden enthalten. Beispielhaft wird die Tabelle für die Variable plire wiedergegeben.

Politische Links-Rechts-Einschätzung[a]

	Randhäufigkeit	Projizierte Zentroide		Kategoriezentroide	
		Dimension		Dimension	
		1	2	1	2
li	99	-,495	,373	-,568	,207
Mi	195	-,030	,023	,044	,192
re	126	,436	-,329	,378	-,459
Fehlend	0				

a. Optimales Skalierungsniveau: Ordinal

Die Zentroide sind auf den einzelnen Dimensionen die Mittelwerte der Objektwerte bei der betreffenden Kategorie. Die projizierten Zentroide sind die Projektionen der Kategorienquantifikationen auf einer geraden Linie durch den Nullpunkt; sie berechnen sich als Produkt aus den Kategorienquantifikationen und den Komponentenladungen. Die Zentroiden werden in einem Diagramm dargestellt.

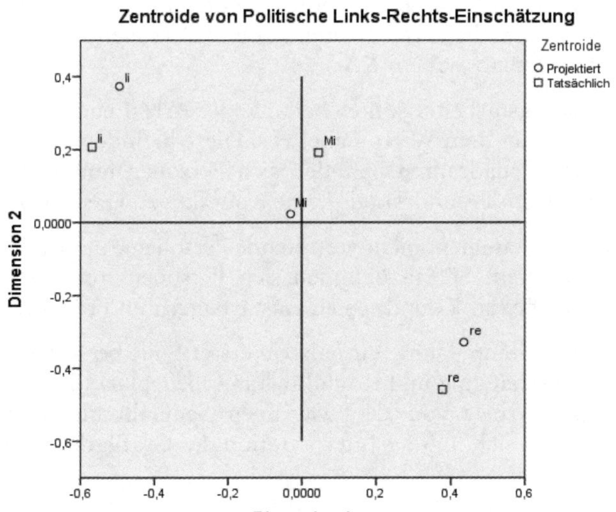

Bild 25.34: Zentroide

Das wohl wichtigste Diagramm, um die Zusammenhänge zwischen den einzelnen Variablen zu visualisieren, ist die gemeinsame Darstellung der multiplen Kategorienkoordinaten.

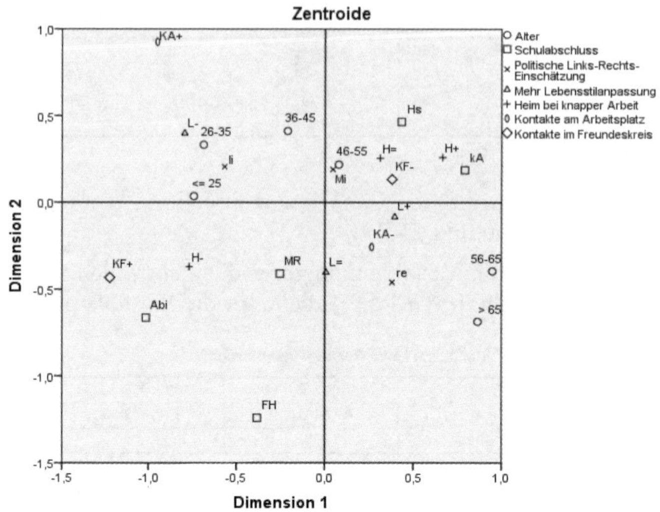

Bild 25.35: Multiple Kategorienkoordinaten

Wir wollen z. B. ausfindig machen, welche Personen der Aussage, die Gastarbeiter sollten sich verstärkt dem deutschen Lebensstil anpassen, nicht zustimmen. Es sind dies die Personen mit dem Werte-Label L-, das sich im linken oberen Quadranten befindet. In diesem Quadranten sind jüngere Personen zu finden, solche mit politisch linker Selbsteinschätzung (li) und solche, die Kontakte mit Gastarbeitern am Arbeitsplatz haben (KA+).

Die Personengruppe, die das genannte Statement vertreten (L+), findet sich im rechten unteren Quadranten wieder. In diesem Quadranten befinden sich ältere Personen, solche mit politisch eher rechter Selbsteinschätzung (re) und Personen, die keine Kontakte mit Gastarbeitern am Arbeitsplatz haben (KA-).

Das andere Statement, Gastarbeiter sollten bei knapper Arbeit nach Hause geschickt werden, vertreten Personen mit dem Werte-Label H+. Diese befinden sich im rechten oberen Quadranten. In diesem Quadranten befinden sich Personen mit niederer Schulbildung (kA, Hs) und solche, die im Freundeskreis keine Kontakte zu Gastarbeitern haben (KF-).

Die das genannte zweite Statement nicht vertretende Personengruppe (H-) befindet sich im linken unteren Quadranten. Hierin befinden sich Personen mit höherer Schulbildung (MR, FH, Abi) und solche mit Kontakten zu Gastarbeitern im Freundeskreis (KF+).

Die Aussage zur Lebensstilanpassung wird also in erster Linie beeinflusst von den Variablen Alter, politische Einschätzung und Kontakte am Arbeitsplatz, die Aussage zum Heimschicken bei knapper Arbeit von den Variablen Schulabschluss und Kontakte im Freundeskreis. Dies deckt sich mit der Interpretation der Grafik der Komponentenladungen (Bild 25.27).

Abschließend werden die Objektmesswerte in einem Diagramm dargestellt, was hier schon wegen der hohen Fallzahl nicht sonderlich von Interesse ist.

Es wurde der Versuch unternommen, die vielfältigen Methoden zur grafischen Darstellung der Zusammenhänge zwischen Variablen anhand passender Beispiele vorzustellen. Sie sollten nunmehr in der Lage sein, das jeweils für ihre Testsituation geeignete Verfahren anzuwenden.

KAPITEL 26

Conjoint-Analyse

Die Conjoint-Analyse untersucht Eigenschaften von Produkten auf ihre Attraktivität. Dabei werden den dazu befragten Personen ausgewählte Eigenschaftskombinationen vorgelegt, die sie anhand ihrer persönlichen Präferenz in eine Rangfolge bringen sollen.

Das SPSS-Modul Conjoint enthält zu diesem Zweck drei Prozeduren:

ORTHOPLAN	Erstellung eines reduzierten Designs von Eigenschaftskombinationen
PLANCARDS	Erstellung von sogenannten Produktkarten zur praktischen Durchführung der Befragung
CONJOINT	eigentliche Conjoint-Analyse

Die beiden Prozeduren ORTHOPLAN und PLANCARDS sind durch entsprechende Dialogboxen realisiert, die eigentliche Conjoint-Analyse aber ist nur durch Anwendung der Syntax zu erreichen.

26.1 Zielsetzung

Das Ergebnis der Analyse besteht im Wesentlichen in der Ausgabe so genannter Teilnutzenwerte für die einzelnen Ausprägungen jeder Eigenschaft, die sich für jede Eigenschaftskombination zu einem Gesamtnutzenwert addieren lassen.

Hauptsächliche Anwendung findet die Conjoint-Analyse im Marketing-Bereich, und zwar insbesondere in der Planung von neuen Produkten. So wird in der Literatur häufig das schon berühmte »Margarine-Beispiel« präsentiert. Hierbei sollen zur Einführung einer neuen Margarinesorte drei Eigenschaften mit jeweils zwei bzw. drei Ausprägungen bewertet werden:

Kaloriengehalt:	wenig – normal
Verpackung:	Becher – Papier
Verwendung:	Brotaufstrich – Kochen, Backen, Braten – universell

Die den befragten Personen vorgelegten Eigenschaften müssen für die Kaufentscheidung relevant, vom Hersteller realisierbar und voneinander unabhängig sein. Die Anzahl der Eigenschaften und ihrer Ausprägungen muss begrenzt sein.

Eine Kombination von Eigenschaftsausprägungen, die einer Auskunftsperson vorgelegt wird, bezeichnet man als Stimulus. Dabei unterscheidet man zwischen der Profilmethode, bei der ein Stimulus aus der Kombination je einer Ausprägung aller Eigenschaften besteht, und der Zwei-Faktor-Methode (auch: Trade-Off-Analyse), wo zur Bildung eines Stimulus jeweils nur zwei Eigenschaften herangezogen werden. Bei letztgenannter Methode ist zwar die einzelne Bewertungsaufgabe leichter zu lösen, die Anzahl dieser Zweiervergleiche kann aber sehr erheblich werden. In der Praxis verwendet man meist die Profilmethode; diese wird auch in SPSS unterstützt.

Bei Verwendung dieser Methode erhält man im gegebenen Margarine-Beispiel $2 \cdot 2 \cdot 3 = 12$ verschiedene Stimuli, die von einer befragten Person wohl gerade noch in eine Rangfolge gebracht werden können. Liegen hingegen z. B. fünf Eigenschaften mit jeweils drei Ausprägungen vor, so führt dies zu $3^5 = 243$ verschiedenen Kombinationen, was natürlich nicht mehr zu bewältigen ist.

So ist es notwendig, anstelle eines vollständigen Designs ein reduziertes Design zu verwenden. Dieses soll das vollständige Design möglichst gut repräsentieren, was bei einer Zufallsstichprobe aber nicht immer gewährleistet ist. Stattdessen hat man hierzu eine Reihe von Verfahren entwickelt.

SPSS hat dem Rechnung getragen und stellt zur Auswahl eines reduzierten Designs die Prozedur ORTHOPLAN zur Verfügung. Diese erstellt ein so genanntes orthogonales Design, in dem die möglichen Kombinationen je zweier Eigenschaftsausprägungen mit gleichen oder zumindest proportionalen Häufigkeiten auftreten. Mit Hilfe der Prozedur PLANCARDS können dann unter Verwendung dieses Ergebnisses Produktkarten erstellt werden, die dann in der Befragung eingesetzt werden können. Das in der Prozedur ORTHOPLAN verwendete Reduktions-Verfahren geht auf Addelman zurück.

Die eigentliche Analyse, also die Auswertung der erhobenen Rangfolgen mit der Berechnung der Teilnutzenwerte, wird mit der Prozedur CONJOINT vorgenommen. Dabei werden die Teilnutzenwerte der einzelnen Ausprägungen aller Eigenschaften mit varianzanalytischen Methoden berechnet. Gemäß folgendem Ansatz können dann hieraus die Gesamtnutzenwerte jeder Eigenschaftskombination (Stimulus) bestimmt werden:

$$y = c + \sum_{j=1}^{n} \sum_{l=1}^{mj} \beta_{jl} \cdot x_{jl}$$

Dabei bedeuten:

y	Gesamtnutzenwert
n	Anzahl der Eigenschaften
m_j	Anzahl der Ausprägungen der einzelnen Eigenschaften ($j=1,\ldots,n$)
β_{jl}	Teilnutzenwert für Ausprägung l von Eigenschaft j ($j=1,\ldots,n$; $l=1,\ldots,m_j$)
x_{jl}	hat den Wert 1, falls beim betreffenden Stimulus die Ausprägung l in der Eigenschaft j vorliegt, sonst den Wert 0
c	Konstante

Die Prozeduren ORTHOPLAN und PLANCARDS sind über entsprechende Dialogboxen realisierbar, die Prozedur CONJOINT jedoch nur über die zugehörige Programmsyntax.

26.2 Vorstellung eines Beispiels

In einem dörflichen Stadtteil, in dem ein großes Neubaugebiet entsteht, soll ein so genannter Dorfladen zur Sicherstellung der Grundversorgung eingerichtet werden. Dem Ortsvorsteher erscheinen bei den Planungen die folgenden Punkte wichtig:

- *Das Angebot*: Entweder nur ein Grundangebot wie Lebensmittel und Drogerieartikel oder zusätzliche Angebote wie gute Weine oder andere Spezialitäten.
- *Sonstige Dienstleistungen*: Zum Beispiel ein Stehcafé, Lottoannahme, Reinigungsannahme usw. oder nichts dergleichen.
- *Standort*: Im alten Dorf oder mehr in der Nähe des Neubaugebiets.
- *Preise*: Am besten natürlich wie im Supermarkt des Nachbardorfes, wenn es aber nicht anders geht, dann ruhig auch ein bisschen teurer.
- *Öffnungszeit*: ganztägig oder stundenweise.

Um den Nutzen und die Wichtigkeit der einzelnen Maßnahmen herauszufinden, bietet sich eine Conjoint-Analyse an. Es liegen fünf Eigenschaften vor, die jeweils zwei Ausprägungen haben.

26.3 Erstellung eines orthogonalen Designs

Das vorgestellte Beispiel führt zu $2 \cdot 2 \cdot 2 \cdot 2 \cdot 2 = 32$ verschiedenen Eigenschaftskombinationen (Stimuli) und damit zu der Notwendigkeit, diese Anzahl zu reduzieren.

- Hierzu treffen Sie die Menüwahl

  Daten
      Orthogonales Design
          Erzeugen...

Es öffnet sich die Dialogbox *Orthogonales Design erzeugen.*

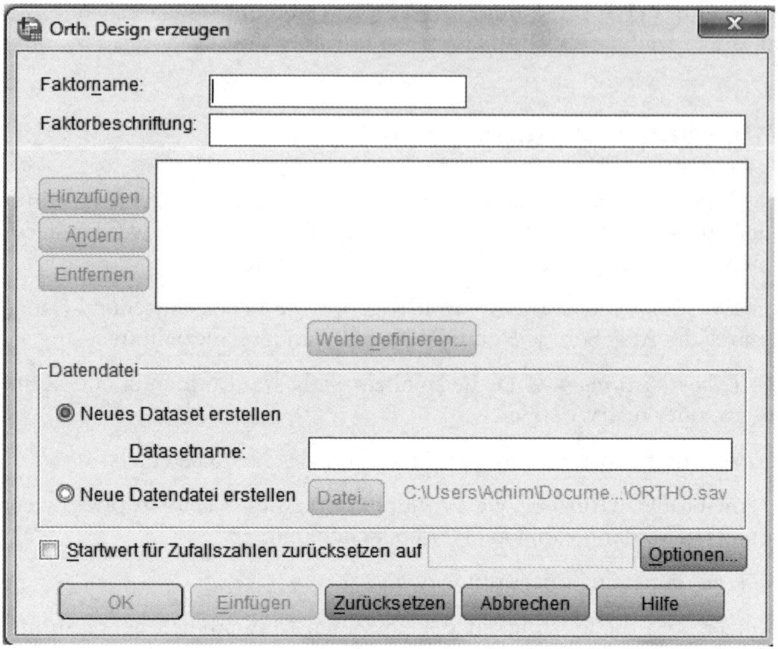

Bild 26.1: Dialogbox Orthogonales Design erzeugen

Zunächst müssen Sie den einzelnen Eigenschaften (auch Faktoren genannt) Namen geben; zusätzlich können Sie ein Faktorlabel hinzufügen.

- Geben Sie der Reihe nach die folgenden Faktornamen und Faktorlabel ein:

Faktorname	Faktorlabel
angebot	Angebot
dienste	Dienstleistungen
preise	Preise
ort	Standort
zeit	Öffnungszeit

- Geben Sie den Faktornamen jeweils in das dafür vorgesehene Feld ein, springen Sie mit der Tabulatortaste in das Faktorlabel-Feld, um dort das zugehörige Faktorlabel einzugeben, und betätigen Sie dann den Schalter *Hinzufügen*. Ein Faktorlabel darf maximal 40 Zeichen lang sein. Haben Sie auf diese Weise alle fünf Faktoren eingegeben, sieht die Dialogbox wie in Bild 26.2 dargestellt aus.

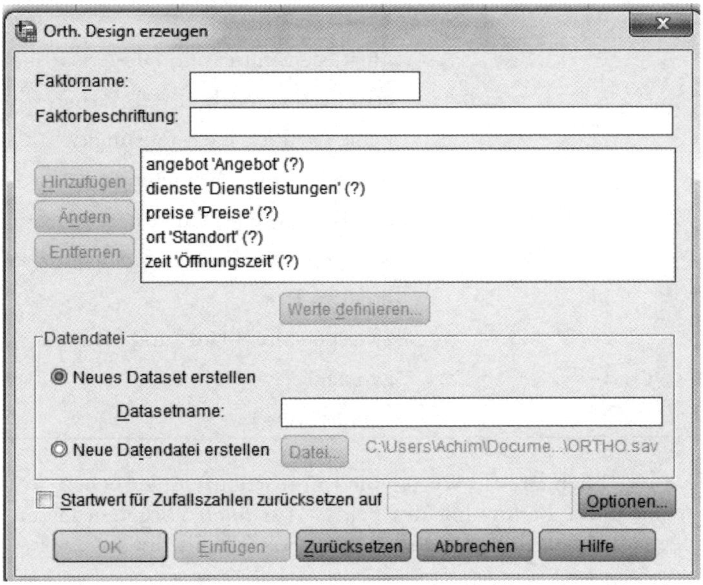

Bild 26.2: Dialogbox Orthogonales Design erzeugen mit Faktornamen und Faktorlabel

- Zu den Kategorien eines jeden Faktors muss ein Wert eingegeben werden, dem noch ein Label zugeordnet werden sollte. Dazu klicken Sie in der Dialogbox jeweils einen Faktor an und betätigen den Schalter *Werte definieren....* Es erscheint die Dialogbox *Design erzeugen: Werte definieren.*

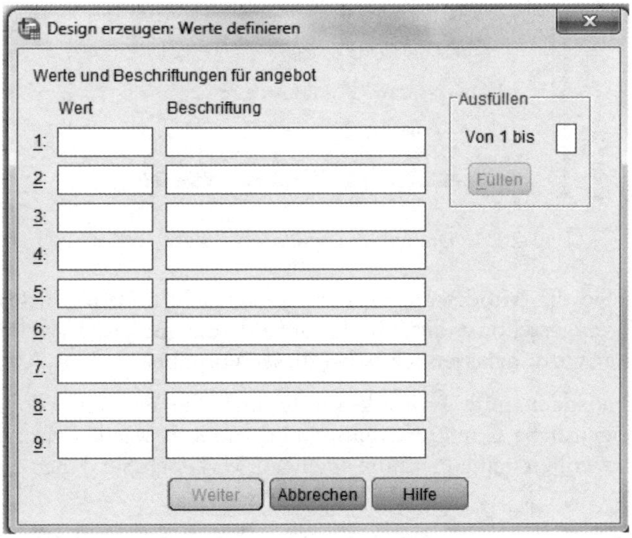

Bild 26.3: Dialogbox Design erzeugen: Werte definieren

- Vergeben Sie bei den einzelnen Faktoren die folgenden Werte und Labels. Die Labels dürfen eine maximale Länge von 40 Zeichen haben.

Faktor	Wert	Label
angebot	1	nur Lebensmittel und Drogerieartikel
	2	erweitertes Angebot, z. B. Weine
dienste	1	keine weiteren Dienstleistungen
	2	Stehcafé, Lotto, Reinigung usw.
preise	1	möglichst wie im Supermarkt
	2	ruhig etwas teurer als im Supermarkt
ort	1	im alten Dorf
	2	zwischen altem Dorf und Neubaugebiet
zeit	1	ganztägig
	2	stundenweise

- Wollen Sie, was üblich ist, die Werte von 1 an fortlaufend vergeben, können Sie diese Nummerierung unter Benutzung des Feldes *Ausfüllen* vorgeben lassen. Nach Abarbeitung eines Faktors verlassen Sie die Dialogbox jeweils über *Weiter.*
- Sind alle Faktoren mit Werten und gegebenenfalls Label versehen, betätigen Sie den Schalter *Optionen....* Es öffnet sich die Dialogbox *Orthogonales Design erzeugen: Optionen.*

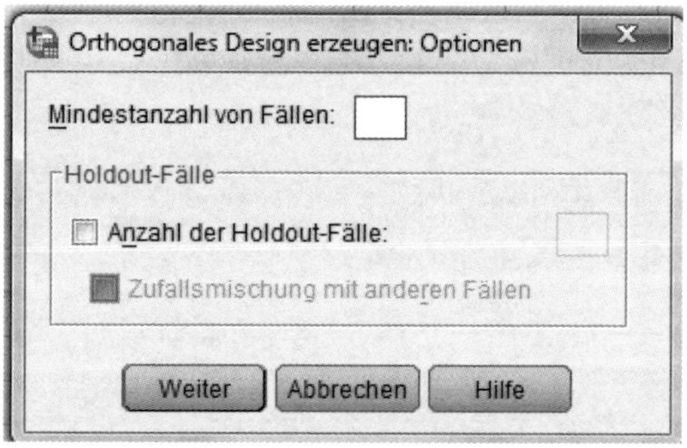

Bild 26.4: Dialogbox Design erzeugen: Optionen

- Hier können Sie die Mindestanzahl der erzeugten Stimuli im orthogonalen Design vorgeben. Voreingestellt ist die Mindestanzahl, die für ein korrektes orthogonales Design benötigt wird; belassen Sie es bei dieser Vorgabe.
- Ferner können sogenannte Prüffälle (Holdout-Fälle) erzeugt werden. Diese gehen nicht in die eigentliche Conjoint-Analyse ein, sondern werden zur Validitätsprüfung verwandt. Wir wollen keine Prüffälle erzeugen; verlassen Sie daher die Dialogbox mit *Weiter.*
- Um das erzeugte orthogonale Design in einer Datei abzuspeichern, aktivieren Sie die Option *Neue Datendatei erstellen* und betätigen Sie den Schalter *Datei.* Es öffnet sich die Dialogbox *Orthogonales Design erstellen: Ausgabedatei.*

- Wir wollen den erzeugten Plan in der Datei laden.sav im Verzeichnis »C:\SPSSBUCH« speichern; wechseln Sie in das entsprechende Verzeichnis, und geben Sie in dem für den Dateinamen vorgesehenen Editierfeld den Namen laden.sav ein. Verlassen Sie die Dialogbox mit *Speichern.*
- Zur Erzeugung des orthogonalen Designs wird eine Zufallszahlenfolge benutzt, die voreinstellungsmäßig immer mit einem anderen Startwert initiiert wird, was zu unterschiedlichen Ergebnissen führt. Möchten Sie dies vermeiden und reproduzierbare Ergebnisse erhalten, aktivieren Sie die Option *Startwert für Zufallszahlen zurücksetzen auf*, und geben Sie einen Wert zwischen 0 und 2.000.000.000 an.
- Starten Sie die Erzeugung des Designs mit *OK.*

Im Viewer wird die folgende Meldung angezeigt:

Ein Plan mit 8 Karten wird erfolgreich generiert.

- Laden Sie mit Hilfe der Menüwahl

  Datei
  Öffnen
  Daten...

  die Datei laden.sav, und betrachten Sie deren Inhalt im Dateneditor.

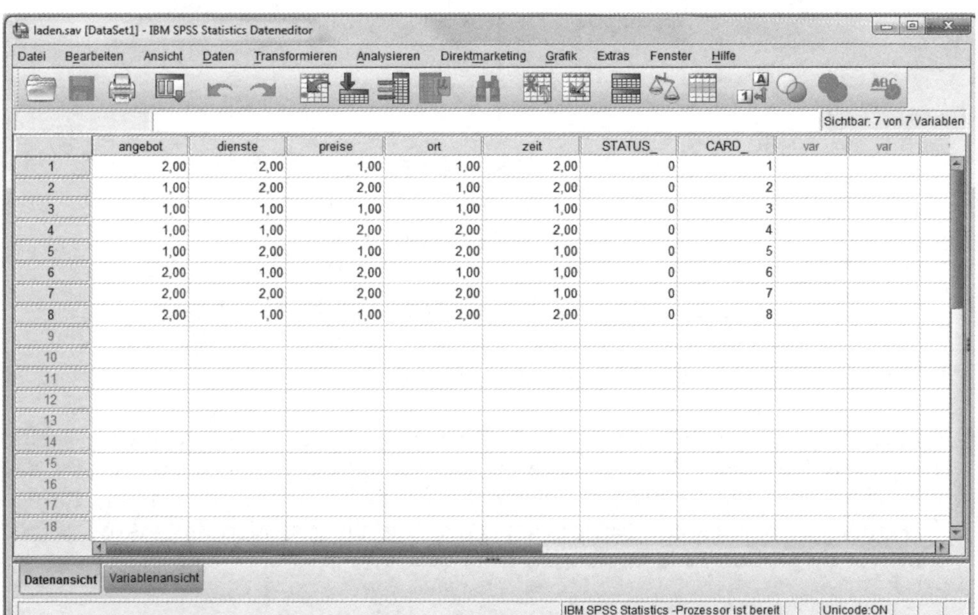

	angebot	dienste	preise	ort	zeit	STATUS_	CARD_
1	2,00	2,00	1,00	1,00	2,00	0	1
2	1,00	2,00	2,00	1,00	2,00	0	2
3	1,00	1,00	1,00	1,00	1,00	0	3
4	1,00	1,00	2,00	2,00	2,00	0	4
5	1,00	2,00	1,00	2,00	1,00	0	5
6	2,00	1,00	2,00	1,00	1,00	0	6
7	2,00	2,00	2,00	2,00	1,00	0	7
8	2,00	1,00	1,00	2,00	2,00	0	8

Bild 26.5: Generiertes orthogonales Design im Dateneditor

Es wurde ein orthogonales Design mit 8 Stimuli erzeugt, die durch die vorgegebenen Variablen repräsentiert werden.

Die Statusvariable status_ ist jeweils auf 0 gesetzt; bei Generierung von Prüffällen erhalten diese den Status 1. Die Variable card_ gibt eine fortlaufende Nummerierung der generierten Stimuli an.

26.4 Die Ausgabe des orthogonalen Designs

Die Stimuli des erzeugten orthogonalen Designs werden den befragten Personen in Form so genannter Produktkarten zur Beurteilung ausgehändigt.

- Zur Erzeugung dieser Produktkarten treffen Sie die Menüwahl

Daten
Orthogonales Design
Anzeigen...

Es öffnet sich die Dialogbox *Design anzeigen*.

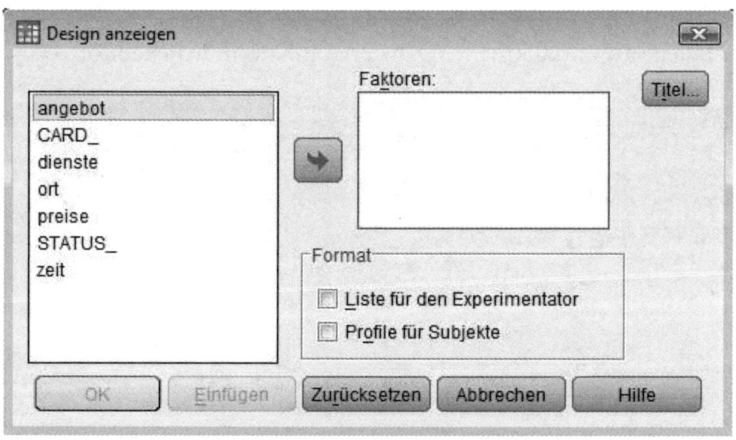

Bild 26.6: Dialogbox Design anzeigen

- Klicken Sie zunächst alle Faktoren in der Reihenfolge angebot, dienste, preise, ort und zeit in das Faktorenfeld. Nun haben Sie die Auswahl zwischen einer *Liste für den Experimentator* und *Profile für Subjekte*. Erstere Liste erstellt eine Übersicht für den Experimentator und weist gegebenenfalls die Prüffälle gesondert aus. Aktivieren Sie zunächst die Option *Liste für den Experimentator*.

Es wird die folgende Tabelle für den Experimentator erstellt.

Kartenliste

	Karten-ID	Angebot	Dienstleistungen	Preise	Standort	Öffnungszeit
1	1	erweitertes Angebot, z. B. Weine	Stehcafé, Lotto, Reinigung	möglichst wie im Supermarkt	im alten Dorf	stundenweise
2	2	nur Lebensmittel und Drogerieartikel	Stehcafé, Lotto, Reinigung	ruhig etwas teurer als im Supermarkt	im alten Dorf	stundenweise
3	3	nur Lebensmittel und Drogerieartikel	keine weiteren Dienstleistungen	möglichst wie im Supermarkt	im alten Dorf	ganztägig
4	4	nur Lebensmittel und Drogerieartikel	keine weiteren Dienstleistungen	ruhig etwas teurer als im Supermarkt	zwischen altem Dorf und Neubaugebiet	stundenweise
5	5	nur Lebensmittel und Drogerieartikel	Stehcafé, Lotto, Reinigung	möglichst wie im Supermarkt	zwischen altem Dorf und Neubaugebiet	ganztägig
6	6	erweitertes Angebot, z. B. Weine	keine weiteren Dienstleistungen	ruhig etwas teurer als im Supermarkt	im alten Dorf	ganztägig
7	7	erweitertes Angebot, z. B. Weine	Stehcafé, Lotto, Reinigung	ruhig etwas teurer als im Supermarkt	zwischen altem Dorf und Neubaugebiet	ganztägig
8	8	erweitertes Angebot, z. B. Weine	keine weiteren Dienstleistungen	möglichst wie im Supermarkt	zwischen altem Dorf und Neubaugebiet	stundenweise

Sind Sie mit dieser Liste zufrieden, können Sie nun entsprechende Produktkarten erzeugen.

- Wählen Sie hierfür aus den Menüs

Daten
Orthogonales Design
Anzeigen...

Es öffnet sich die Dialogbox *Design anzeigen*.

- Aktivieren Sie in der Dialogbox *Design anzeigen* die Option *Profile für Subjekte* und deaktivieren Sie die Option *Liste für den Experimentator.* Da wir die Produktkarten jeweils mit einer Titelzeile versehen wollen, betätigen Sie den Schalter *Titel....*

Es öffnet sich die Dialogbox *Design anzeigen: Titel.*

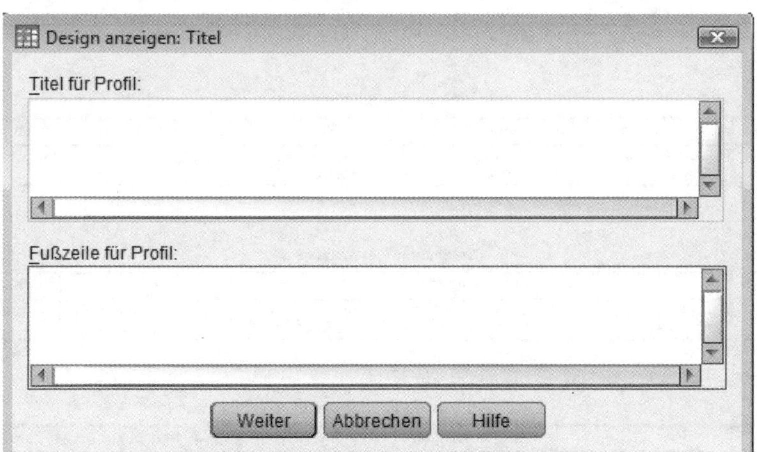

Bild 26.7: Dialogbox Design anzeigen: Titel

- Geben Sie als Profiltitel »Stimulus)CARD« ein. Die Variable)CARD sorgt für eine fortlaufende Nummerierung der erzeugten Stimuli. Auf eine Fußzeile wollen wir verzichten.
- Verlassen Sie die Dialogbox mit *Weiter* und die Dialogbox *Design anzeigen* mit *OK*.

Sie erhalten die Produktkarten für die acht Stimuli, die im Folgenden aufgelistet sind.

Profilnummer 1: Stimulus 1

Karten-ID	Angebot	Dienstleistungen	Preise	Standort	Öffnungszeit
1	erweitertes Angebot, z. B. Weine	Stehcafé, Lotto, Reinigung usw.	möglichst wie im Supermarkt	im alten Dorf	stundenweise

Profilnummer 2: Stimulus 2

Karten-ID	Angebot	Dienstleistungen	Preise	Standort	Öffnungszeit
2	nur Lebensmittel und Drogerieartikel	Stehcafé, Lotto, Reinigung usw.	ruhig etwas teurer als im Supermarkt	im alten Dorf	stundenweise

Profilnummer 3: Stimulus 3

Karten-ID	Angebot	Dienstleistungen	Preise	Standort	Öffnungszeit
3	nur Lebensmittel und Drogerieartikel	keine weiteren Dienstleistungen	möglichst wie im Supermarkt	im alten Dorf	ganztägig

Profilnummer 4: Stimulus 4

Karten-ID	Angebot	Dienstleistungen	Preise	Standort	Öffnungszeit
4	nur Lebensmittel und Drogerieartikel	keine weiteren Dienstleistungen	ruhig etwas teurer als im Supermarkt	zwischen altem Dorf und Neubaugebiet	stundenweise

Profilnummer 5: Stimulus 5

Karten-ID	Angebot	Dienstleistungen	Preise	Standort	Öffnungszeit
5	nur Lebensmittel und Drogerieartikel	Stehcafé, Lotto, Reinigung usw.	möglichst wie im Supermarkt	zwischen altem Dorf und Neubaugebiet	ganztägig

Profilnummer 6: Stimulus 6

Karten-ID	Angebot	Dienstleistungen	Preise	Standort	Öffnungszeit
6	erweitertes Angebot, z. B. Weine	keine weiteren Dienstleistungen	ruhig etwas teurer als im Supermarkt	im alten Dorf	ganztägig

Profilnummer 7: Stimulus 7

Karten-ID	Angebot	Dienstleistungen	Preise	Standort	Öffnungszeit
7	erweitertes Angebot, z. B. Weine	Stehcafé, Lotto, Reinigung usw.	ruhig etwas teurer als im Supermarkt	zwischen altem Dorf und Neubaugebiet	ganztägig

Profilnummer 8: Stimulus 8

Karten-ID	Angebot	Dienstleistungen	Preise	Standort	Öffnungszeit
8	erweitertes Angebot, z. B. Weine	keine weiteren Dienstleistungen	möglichst wie im Supermarkt	zwischen altem Dorf und Neubaugebiet	stundenweise

Gibt man den Dateiinhalt auf einem Drucker aus, kann man acht entsprechende Ausschnitte (Karten) fertigen und diese dann den Auskunftspersonen zur Bewertung vorlegen. Die Karten sollen von diesen jeweils so sortiert werden, dass die Karte mit der Eigenschaftskombination, die der befragten Person am meisten zusagt, nach oben zu liegen kommt. Die Karte mit der an zweiter Stelle präferierten Kombination folgt als zweite im Stapel usw.

26.5 Die Prozedur CONJOINT

Insgesamt wurden 30 Personen in die Untersuchung einbezogen. Jede dieser Personen hat die acht Stimuli in eine Rangordnung gebracht. Diese Rangordnungen werden in acht Variablen einer Datendatei gespeichert, wobei es prinzipiell zwei Möglichkeiten der Anordnung gibt. Die erste der beiden Möglichkeiten ist in der Datei ladpref.sav realisiert.

- Laden Sie die Datei ladpref.sav, und betrachten Sie den Inhalt im Dateneditor.

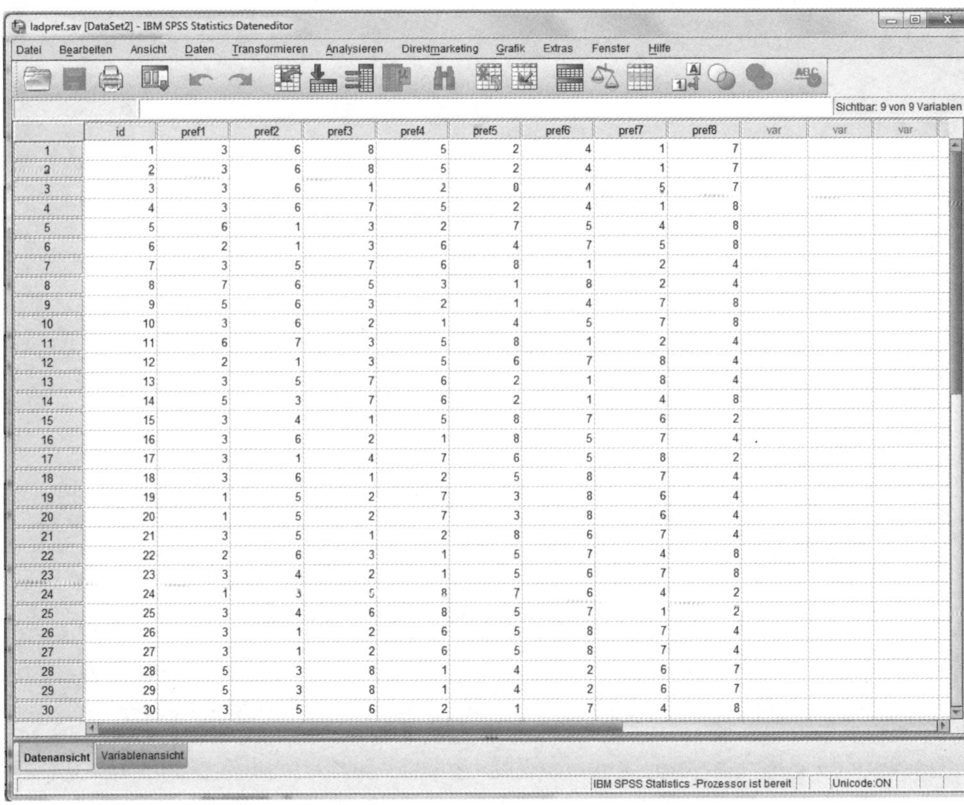

	id	pref1	pref2	pref3	pref4	pref5	pref6	pref7	pref8	var	var	var
1	1	3	6	8	5	2	4	1	7			
2	2	3	6	8	5	2	4	1	7			
3	3	3	6	1	2	0	4	5	7			
4	4	3	6	7	5	2	4	1	8			
5	5	6	1	3	2	7	5	4	8			
6	6	2	1	3	6	4	7	5	8			
7	7	3	5	7	6	8	1	2	4			
8	8	7	6	5	3	1	8	2	4			
9	9	5	6	3	2	1	4	7	8			
10	10	3	6	2	1	4	5	7	8			
11	11	6	7	3	5	8	1	2	4			
12	12	2	1	3	5	6	7	8	4			
13	13	3	5	7	6	2	1	8	4			
14	14	5	3	7	6	2	1	4	8			
15	15	3	4	1	5	8	7	6	2			
16	16	3	6	2	1	8	5	7	4			
17	17	3	1	4	7	6	5	8	2			
18	18	3	6	1	2	5	8	7	4			
19	19	1	5	2	7	3	8	6	4			
20	20	1	5	2	7	3	8	6	4			
21	21	3	5	1	2	8	6	7	4			
22	22	2	6	3	1	5	7	4	8			
23	23	3	4	2	1	5	6	7	8			
24	24	1	3	5	8	7	6	4	2			
25	25	3	4	6	8	5	7	1	2			
26	26	3	1	2	6	5	8	7	4			
27	27	3	1	2	6	5	8	7	4			
28	28	5	3	8	1	4	2	6	7			
29	29	5	3	8	1	4	2	6	7			
30	30	3	5	6	2	1	7	4	8			

Bild 26.8: Datenanordnung in Form von Präferenzen

Die Datenzeilen enthalten jeweils eine Personen-Nummer (Variable id) und acht Präferenzangaben (Variablen pref1 bis pref8). Die erste befragte Person etwa präferiert den Stimulus 3, gefolgt von den Stimuli 6 und 8 usw., die fünfte befragte Person favorisiert Stimulus 6, gefolgt von den Stimuli 1 und 3 usw.

Nach der zweiten Möglichkeit der Dateneingabe ist die Datei ladrang.sav erstellt.

- Laden Sie die Datei ladrang.sav.

Der Inhalt dieser Datei ist in Bild 26.9 wiedergegeben.

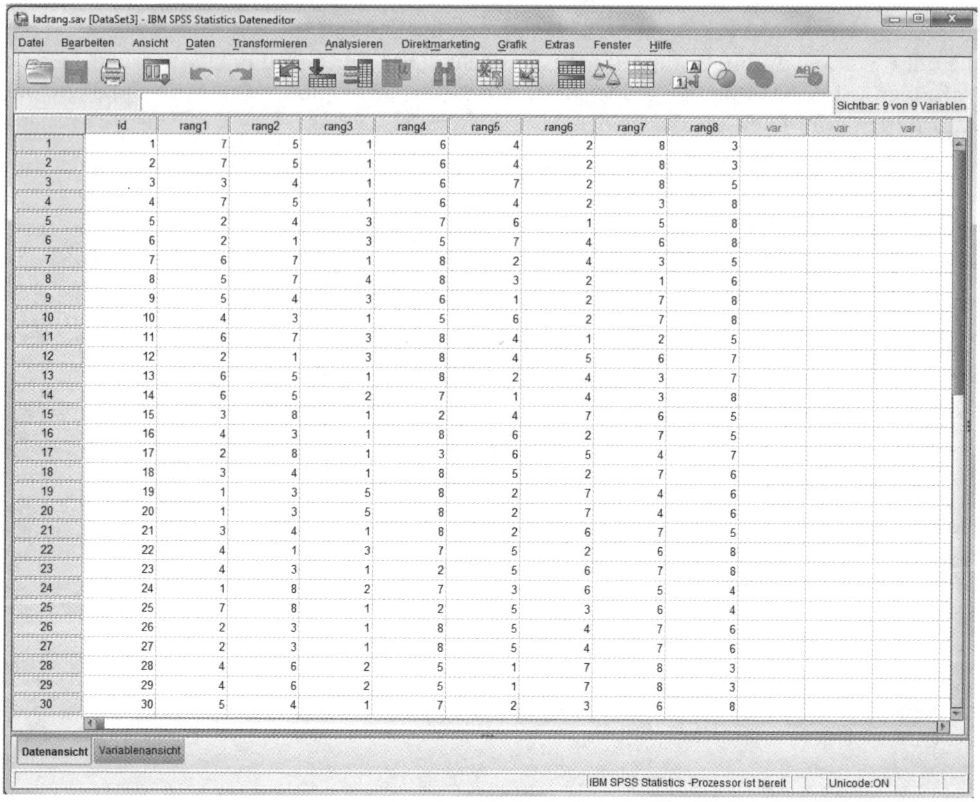

	id	rang1	rang2	rang3	rang4	rang5	rang6	rang7	rang8	var	var	var
1	1	7	5	1	6	4	2	8	3			
2	2	7	5	1	6	4	2	8	3			
3	3	3	4	1	6	7	2	8	5			
4	4	7	5	1	6	4	2	3	8			
5	5	2	4	3	7	6	1	5	8			
6	6	2	1	3	5	7	4	6	8			
7	7	6	7	1	8	2	4	3	5			
8	8	5	7	4	8	3	2	1	6			
9	9	5	4	3	6	1	2	7	8			
10	10	4	3	1	5	6	2	7	8			
11	11	6	7	3	8	4	1	2	5			
12	12	2	1	3	8	4	5	6	7			
13	13	6	5	1	8	2	4	3	7			
14	14	6	5	2	7	1	4	3	8			
15	15	3	8	1	2	4	7	6	5			
16	16	4	3	1	8	6	2	7	5			
17	17	2	8	1	3	6	5	4	7			
18	18	3	4	1	8	5	2	7	6			
19	19	1	3	5	8	2	7	4	6			
20	20	1	3	5	8	2	7	4	6			
21	21	3	4	1	8	2	6	7	5			
22	22	4	1	3	7	5	2	6	8			
23	23	4	3	1	2	5	6	7	8			
24	24	1	8	2	7	3	6	5	4			
25	25	7	8	1	2	5	3	6	4			
26	26	2	3	1	8	5	4	7	6			
27	27	2	3	1	8	5	4	7	6			
28	28	4	6	2	5	1	7	8	3			
29	29	4	6	2	5	1	7	8	3			
30	30	5	4	1	7	2	3	6	8			

Bild 26.9: Datenanordnung in Form von Rängen

Die Datenzeilen enthalten neben der Personen-Nummer (Variable id) acht Rangplätze. Im Einklang mit der Angabe der Präferenzen belegt bei der ersten Person Stimulus 3 den Rangplatz 1, Stimulus 6 Rangplatz 2 und Stimulus 8 Rangplatz 3, bei der fünften Person belegt Stimulus 6 Rangplatz 1, Stimulus 1 Rangplatz 2 und Stimulus 3 Rangplatz 3.

Wir wollen zunächst die Präferenzendatei ladpref.sav zu Grunde legen.

- Laden Sie die Datendatei ladpref.sav sowie die Syntaxdatei ladpref.sps:

```
conjoint plan = 'C:\SPSSBUCH\laden.sav'
  /sequence = pref1 to pref8
  /subject = id
  /factors = angebot, dienste, preise, ort, zeit (discrete)
  /print = summaryonly
  /plot = summary
  /utility = 'C:\SPSSBUCH\laduti.sav'.
```

In der *plan*-Unteranweisung wird die Datei angegeben, in die mit Hilfe der *orthoplan*-Prozedur das der Untersuchung zu Grunde liegende Design gespeichert wurde. Die *sequence*-Unteranweisung enthält die acht Präferenzvariablen pref1 bis pref8, die *subject*-Unteranweisung benennt die Variable, welche die Personenkennzeichnung enthält.

Die *factors*-Unteranweisung legt über die angegebenen Variablennamen die in die Conjoint-Analyse eingehenden Eigenschaften fest; die Variablennamen müssen mit denjenigen Eigenschaften übereinstimmen, die in der Datei mit dem gespeicherten Design (hier: laden.sav) enthalten sind. Das Schlüsselwort *discrete* besagt, dass es sich dabei um diskrete Variablen handelt.

Voreinstellungsgemäß werden Teilnutzenwerte und Wichtigkeiten für jede Person ausgegeben; anschließend erfolgt die Ausgabe der über alle Personen gemittelten Werte. Das Schlüsselwort *summaryonly* in der *print*-Unteranweisung unterdrückt die Ausgabe der individuellen Listen, was bei größeren Fallzahlen zu empfehlen ist. Die *plot*-Unteranweisung veranlasst die grafische Darstellung der gemittelten Teilnutzenwerte und der gemittelten Wichtigkeiten jedes Faktors in entsprechenden Balkendiagrammen. Mit Hilfe der *utility*-Unteranweisung können für jede Person die Teilnutzenwerte und Gesamtnutzenwerte für jeden Stimulus in einer Datei gespeichert werden.

- Markieren Sie das Programm im Syntax-Fenster, und starten Sie es mit dem Syntax-Startsymbol.

Es wird zunächst eine Übersicht über die in die Analyse eingehenden Eigenschaften (Faktoren) erstellt:

Modellbeschreibung

	Anzahl der Niveaus	Beziehung zu Rängen bzw. Werten
angebot	2	Diskret
dienste	2	Diskret
preise	2	Diskret
ort	2	Diskret
zeit	2	Diskret

Alle Faktoren sind orthogonal.

Es folgt die über alle Personen gemittelte Aufstellung der Teilnutzenwerte und Wichtigkeiten.

Extras

		Nutzenschätzung	Standardfehler
angebot	nur Lebensmittel und Drogerieartikel	,342	,040
	erweitertes Angebot, z. B. Weine	-,342	,040
dienste	keine weiteren Dienstleistungen	-,008	,040
	Stehcafé, Lotto, Reinigung	,008	,040
preise	möglichst wie im Supermarkt	,600	,040
	ruhig etwas teurer als im Supermarkt	-,600	,040
ort	im alten Dorf	,933	,040
	zwischen altem Dorf und Neubaugebiet	-,933	,040
zeit	ganztägig	,708	,040
	stundenweise	-,708	,040
(Konstante)		4,500	,040

Wichtigkeitswerte

angebot	14,550
dienste	17,929
preise	20,359
ort	26,625
zeit	20,537

Gemittelter Wichtigkeitsscore

Korrelationen[a]

	Wert	Sig.
Pearson-R	,999	,000
Kendall-Tau	1,000	,000

a. Korrelationen zwischen beobachteten und geschätzten Präferenzen

Unter der Bezeichnung *Nutzen* erfolgt die Ausgabe der gemittelten Teilnutzenwerte jeder Eigenschaftsausprägung. In den folgenden Diagrammen werden diese positiven und negativen Teilnutzenwerte grafisch abgetragen.

Unter der Überschrift *Wichtigkeitswerte* werden die gemittelten Wichtigkeiten der einzelnen Eigenschaften ausgegeben. Die gemittelten Teilnutzenwerte weisen aus, dass ein Standort im alten Dorf den höchsten Nutzen für den geplanten Dorfladen erbringt (0,933), gefolgt von ganztägiger Öffnung (0,708) und dann erst von möglichst günstiger Preisgestaltung (0,600). So gut wie keinen Nutzen erbringen weitere Dienstleistungen wie Stehcafé, Lottoannahmestelle oder Reinigung (0,008), während ein erweitertes Angebot um Weine oder andere Spezialitäten sogar kontraproduktiv ist (-0,342).

Der höchste Gesamtnutzenwert ergibt sich für die Kombination »nur Lebensmittel und Drogerieartikel – weitere Dienstleistungen – Preise möglichst wie im Supermarkt – Standort im alten Dorf – ganztägige Öffnung«. Unter Berücksichtigung der Konstanten (4,500) berechnet sich dieser (optimale) Gesamtnutzenwert zu

$$4{,}500 + 0{,}342 + 0{,}008 + 0{,}600 + 0{,}933 + 0{,}708 = 7{,}091$$

Die Konstante kann als Basisnutzen angesehen werden, welcher durch die anderen Teilnutzenwerte positiv oder negativ beeinflusst wird.

Die optimale Eigenschaftskombination, welche diesen Wert erreichen würde, ist nicht unter den acht ausgewählten Stimuli enthalten (siehe Produktkarten in Abschnitt 25.4).

Die Gesamtnutzenwerte der acht ausgewählten Stimuli (vgl. Produktkarten) berechnen sich somit wie folgt:

Karten-ID Nr. 1: 4,500 + (-0,342) + 0,008 + 0,600 + 0,933 + (-0,708) = 4,991

Karten-ID Nr. 2: 4,500 + 0,342 + 0,008 + (-0,600) + 0,933 + (-0,708) = 4,475

Karten-ID Nr. 3: 4,500 + 0,342 + (-0,008) + 0,600 + 0,933 + 0,708 = 7,075

Karten-ID Nr. 4: 4,500 + 0,342 + (-0,008) + (-0,600) + (-0,933) + (-0,708) = 2,593

Karten-ID Nr. 5: 4,500 + 0,342 + 0,008 + 0,600 + (-0,933) + 0,708 = 5,225

Karten-ID Nr. 6: 4,500 + (-0,342) + (-0,008) + (-0,600) + 0,933 + 0,708 = 5,191

Karten-ID Nr. 7: 4,500 + (-0,342) + 0,008 + (-0,600) + (-0,933) + 0,708 = 3,341

Karten-ID Nr. 8: 4,500 + (-0,342) + (-0,008) + 0,600 + (-0,933) + (-0,708) = 3,109

Die Gesamtnutzenwerte sowie die jeweiligen mittleren Rangplätze sind in der folgenden Tabelle aufgeführt.

Stimulus	Gesamtnutzenwert	mittlerer Rangplatz
1	4,991	3,93
2	4,475	4,60
3	7,075	1,90
4	2,593	6,33
5	5,225	3,80
6	5,191	3,83
7	3,341	5,63
8	3,109	5,97

Die von den einzelnen Personen vergebenen Ränge für die acht Stimuli sind in der Datei ladrang.sav unter den Variablen rang1 bis rang8 gespeichert.

- Sie erhalten die mittleren Rangplätze, wenn Sie nach der Menüwahl

  Analysieren
  Deskriptive Statistiken
  Deskriptive Statistik...

  die Mittelwerte dieser Variablen anzeigen lassen.

Hohe Gesamtnutzenwerte müssen bei Stimmigkeit der Analyse mit niederen Rangplätzen einhergehen. Dies wird besonders deutlich an Stimulus 3, der den mit Abstand höchsten Gesamtnutzenwert und niedrigsten Rangplatz aufweist.

Als Maß für die Güte der Analyse werden zwischen diesen beiden Größen der Korrelationskoeffizient nach Pearson und Kendall's Tau berechnet. Die Werte sind dem Betrage nach 0,999 bzw. 1,000, also von optimaler Güte.

Neben den Teilnutzenwerten für die einzelnen Eigenschaftsausprägungen spielt ein weiterer Begriff eine Rolle, und zwar die relative Wichtigkeit einer Eigenschaft. Entscheidend für die Wichtigkeit einer Eigenschaft ist die Spannweite ihrer Teilnutzenwerte, also die absolute Differenz zwischen dem höchsten und dem niedrigsten Teilnutzenwert dieser Eigenschaft. Ist diese Spannweite nämlich groß, dann kann durch eine Variation dieser Eigenschaft eine deutliche Veränderung des Gesamznutzenwertes erzielt werden. So ist die relative Wichtigkeit einer Eigenschaft definiert als der prozentuale Anteil ihrer Spannweite an der Summe der Spannweiten aller Eigenschaften.

Um dies rechnerisch zu demonstrieren, betrachten Sie die Datei laduti.sav, in welche zeilenweise die Teilnutzenwerte jeder Person gespeichert wurden.

- Laden Sie die Datei laduti.sav.

Die Teilnutzenwerte sind unter entsprechenden Variablennamen gespeichert, z. B. unter den Variablen angebot1 und angebot2 für den Faktor »Angebot« (Variable angebot). Mit Hilfe dieser Variablen können Sie die Spannweiten der Eigenschaften, die Summe dieser Spannweiten und hieraus schließlich die relativen Wichtigkeiten der Eigenschaften ermitteln. Die dazu nötigen SPSS-Befehle finden Sie in der Datei wichtig.sps:

```
compute sang = abs(angebot1 - angebot2).
compute sdienst = abs(dienste1 - dienste2).
compute spreise = abs(preise1 - preise2).
compute sort = abs(ort1 - ort2).
compute szeit = abs(zeit1 - zeit2).
compute spannw = sang + sdienst + spreise + sort + szeit.
compute wang = sang/spannw*100.
compute wdienst = sdienst/spannw*100.
compute wpreise = spreise/spannw*100.
compute wort = sort/spannw*100.
compute wzeit = szeit/spannw*100.
execute.
```

- Markieren Sie diese Befehle im Syntax-Fenster, und starten Sie die Befehle mit dem Syntax-Startsymbol. Die Variablen wang, wdienst, wpreise, wort und wzeit geben dann fallweise die relativen Wichtigkeiten der betreffenden Eigenschaften an.

- Mit Hilfe der Menüwahl

  Analysieren
  Deskriptive Statistiken
  Deskriptive Statistik…

  können Sie die Mittelwerte bestimmen. Es sind dies die Werte, die im Viewer unter der Bezeichnung *Wichtigkeitswerte* ausgegeben werden.

Bei Eigenschaften mit jeweils nur zwei Ausprägungen wie im vorliegenden Beispiel ist aus Symmetriegründen die Spannweite gleich dem doppelten Teilnutzenwert, was einen linearen Zusammenhang zwischen Teilnutzenwerten und relativer Wichtigkeit zur Folge hat. Bei der Mittelung verliert sich allerdings diese Linearität.

Zuletzt werden noch einige Balkendiagramme ausgegeben. Für jede Eigenschaft werden auf diese Weise die Teilnutzenwerte dargestellt. Beispielhaft sei das Balkendiagramm für die Eigenschaften »Standort« gezeigt.

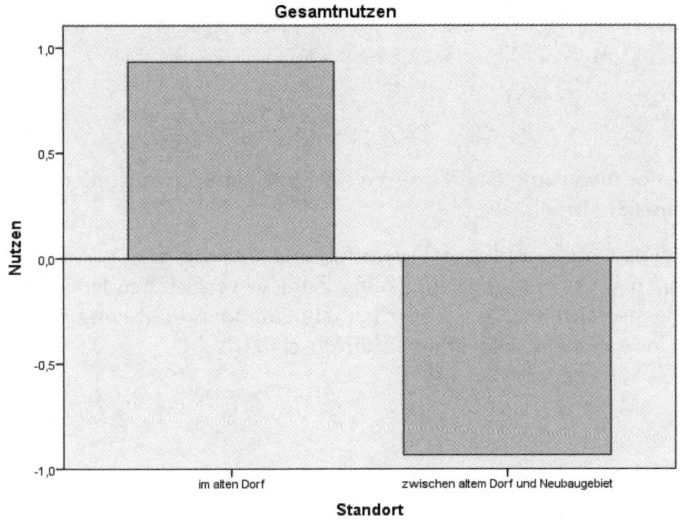

Bild 26.10: Balkendiagramm mit Teilnutzenwerten für Standort

Ein weiteres Balkendiagramm zeigt die relativen Wichtigkeiten aller Eigenschaften.

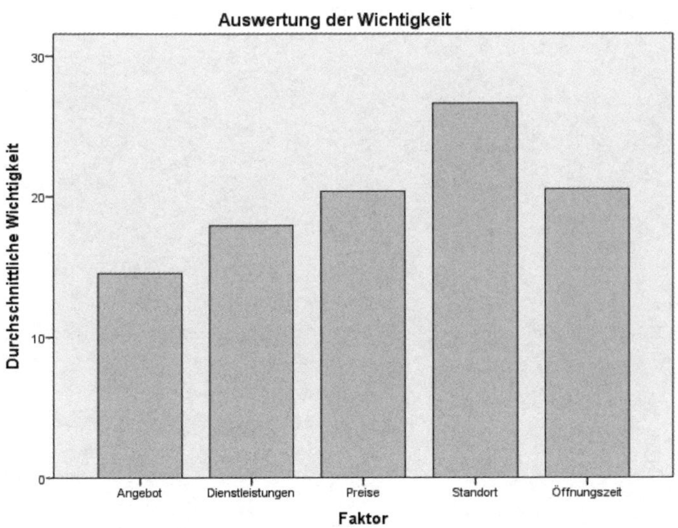

Bild 26.11: Balkendiagramm mit relativen Wichtigkeiten

Diesen Berechnungen lag die Datendatei ladpref.sav zu Grunde, in der die Stimuli anhand ihrer Präferenzen gespeichert sind. Die andere Variante, die Datenordnung in Form von Rängen, ist in der Datei ladrang.sav gegeben.

- Laden Sie die Datei ladrang.sav und die zugehörige Syntaxdatei ladrang.sps:

```
conjoint plan = 'C:\SPSSBUCH\laden.sav'
  /rank = rang1 to rang8
  /subject = id
  /factors = angebot, dienste, preise, ort, zeit (discrete)
  /print = summaryonly
  /plot = summary
  /utility= 'C:\SPSSBUCH\laduti2.sav'.
```

Die *sequence*-Unteranweisung ist hier durch die *rank*-Unteranweisung ersetzt. Die Berechnung liefert identische Ergebnisse.

Die Zahl der Eigenschaften und ihrer Ausprägungen ist möglichst gering zu halten, da die befragten Personen sonst mit einer zu großen Zahl zu vergleichender Stimuli überfordert werden. Die Eigenschaften sollen natürlich voneinander unabhängig sowie, nach der Erfahrung des Untersuchers, relevant und durchsetzbar sein.

KAPITEL 27

Berichte und Gruppenwechsel

SPSS bietet die Möglichkeit, tabellarische Berichte (Reports) zu erstellen. Sie können Statistiken für einzelne Fallgruppen beinhalten, Auflistungen einzelner Fälle sowie mehrfach gegliederte, deskriptiv-statistische Aufbereitungen der Daten. Wir wollen das am Beispiel einer Vertreter-Umsatz-Statistik erläutern.

- Laden Sie die Datei umsatz.sav in den Dateneditor.

Betrachten wir einen Ausschnitt aus der Datei:

vertrnr	name	vorname	geschl	bezirk	monat	quartal	jahr	umsatz
01067	Krug	Erika	w	Ost	1	I	2007	49.235,55
01067	Krug	Erika	w	Ost	2	I	2007	27.894,73
01067	Krug	Erika	w	Ost	3	I	2007	38.345,33
01067	Krug	Erika	w	Ost	4	II	2007	68.923,40

Die Datei umsatz.sav speichert die Abschlüsse der Vertreter eines Unternehmens. Jeder Vertreter ist durch eine Vertreternummer eindeutig identifiziert. Die Vertreter des Unternehmens sind auf die vier Bezirke Nord, Süd, West und Ost aufgeteilt. Zu einem Bezirk gehören mehrere Vertreter. Die Datei umsatz.sav ist nach dem Feld vertrnr sortiert. Es liegen die Umsätze der Vertreter aus den Jahren 2007 und 2008 monatlich vor. Erfasst wurde jeweils die Höhe des Umsatzes, der Abschlussmonat, das Abschlussjahr, das jeweilige Quartal sowie die Daten des Vertreters, der den Abschluss getätigt hat.

27.1 Zeilenweise Berichte

Berichte können sowohl zeilenweise als auch spaltenweise angezeigt werden. Betrachten wir zunächst die zeilenweisen Berichte.

27.1.1 Erstellen eines einfachen Berichts

- Um einen Bericht zu erstellen, wählen Sie aus dem Menü:

Analysieren
  Berichte
    Bericht in Zeilen...

Es öffnet sich die Dialogbox *Bericht in Zeilen.*

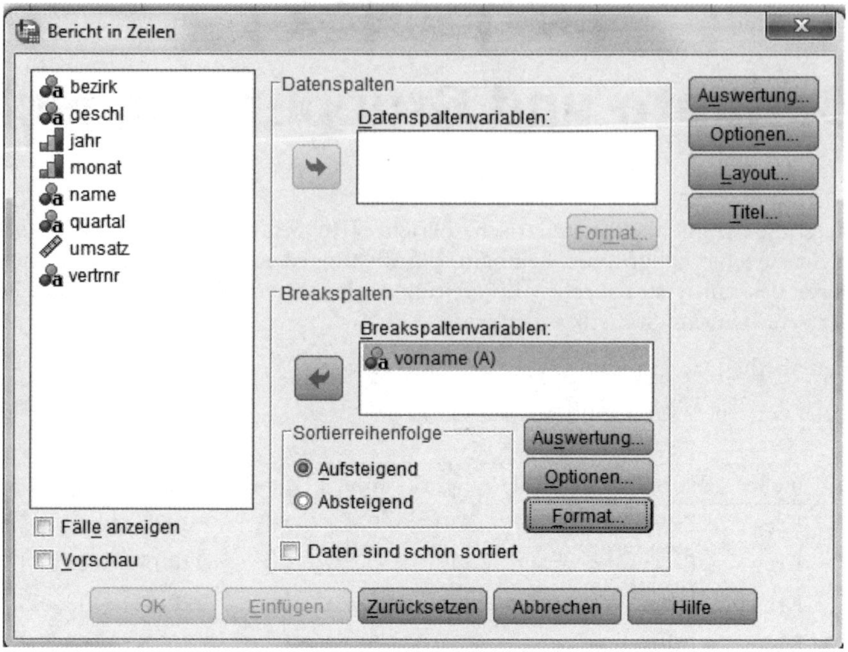

Bild 27.1: Dialogbox Bericht in Zeilen

Wir erläutern Ihnen im Folgenden die diversen Optionen der Dialogbox.

- *Datenspalten:* In die Liste *Datenspaltenvariablen* übertragen Sie die Berichtsvariablen, für die Fallauflistungen oder zusammenfassende Statistiken ausgegeben werden sollen.
- *Breakspalten:* In die Liste *Breakspaltenvariablen* übertragen Sie die Variablen, die den Bericht in Gruppen unterteilen.

Wählen Sie z. B. die Variable jahr als Breakvariable, wird der Bericht getrennt nach Jahren ausgegeben. In unserem Beispiel bildet das Jahr 2007 eine Gruppe, das Jahr 2008 eine weitere. Unter einer Gruppe versteht man eine Reihe gleichartiger Daten. Voraussetzung für die Gruppenverarbeitung einer Datei ist ihre Sortierung nach einer Gruppierungsvariablen, in SPSS Breakvariable genannt. Die Prozedur beinhaltet automatisch eine Sortierung der Datendatei nach Breakvariablen. Der Wechsel einer Gruppe von Werten zur nächstfolgenden Gruppe, z. B. der Übergang der Abschlüsse des Jahres 2007 zu den Abschlüssen des Jahres 2008, wird Gruppenwechsel genannt. Werden in die Liste der Breakspalten mehrere Variablen kopiert, so unterteilt jede nachfolgende Breakvariable den Bericht in Subgruppen innerhalb der Gruppe der vorhergehenden Breakvariablen. Wählen Sie z. B. jahr und bezirk als Breakvariablen aus, gibt es für jede Kategorie von bezirk (Nord, Süd, Ost, West) eine separate Gruppe innerhalb jeder Kategorie von jahr (2007, 2008).

Wählen Sie z. B. die Berichtsvariable umsatz, so ergibt sich die folgende Struktur des Berichts:

Breakvariable: jahr	Breakvariable: bezirk	Berichtsvariable: umsatz
2007	Nord	S
	Ost	S
	Süd	S
	West	S
2008	Nord	S
	Ost	S
	Süd	S
	West	S

Je nachdem, wieviele Breakvariablen angegeben werden, spricht man von einem einstufigen (eine Breakvariable), zweistufigen (zwei Breakvariablen), dreistufigen (drei Breakvariablen) bzw. x-stufigen Gruppenwechsel.

- *Sortierreihenfolge:* Die Option *Sortierreihenfolge* erlaubt die Festlegung der Sortierordnung für die Kategorien der Breakvariablen. Sortieren Sie z. B. die Breakvariable bezirk aufsteigend, so werden die einzelnen Gruppenberichte in der Bezirksreihenfolge Nord, Ost, Süd und West ausgegeben. Die Sortierordnung basiert auf den Datenwerten, nicht auf den Werte-Labels. String-Variablen werden dem ASCII-Code entsprechend geordnet; Großbuchstaben gehen demzufolge in der Sortierordnung Kleinbuchstaben voraus. Aktivieren Sie die Option *Absteigend*, so werden die Werte der Breakvariablen in absteigender Ordnung sortiert.
- *Schaltflächen:* Diverse Schaltflächen in der Dialogbox *Bericht* dienen zur Festlegung der Behandlung von Gesamtstatistiken, der fehlenden Werte, sowie zur Gestaltung des Berichts (Seiten-Layout, Seitennummerierung, Kopf- und Fußzeilen).
- *Fälle anzeigen:* Wird die Option *Fälle anzeigen* aktiviert, werden die einzelnen Fälle aufgelistet. Derartige Berichte nennt man auflistende Berichte. Im Unterschied zu auflistenden Berichten geben zusammenfassende Berichte die für die Berichtsvariable(n) angeforderten Statistiken, aber keine Fallauflistungen aus. Auflistungen einzelner Fälle und zusammenfassende Statistiken können allerdings in einem einzigen Bericht miteinander kombiniert werden.
- *Daten sind schon sortiert:* Per Voreinstellung wird die Datendatei automatisch sortiert, bevor der Bericht erzeugt wird. Ist die Datendatei bereits nach den Werten der Breakvariablen sortiert, sollten Sie diese Option aktivieren, da Sie insbesondere bei größeren Datendateien auf diese Weise Prozessorzeit einsparen können. Die Option ist vor allem dann nützlich, wenn die Report-Prozedur mit derselben Variablen schon ausgeführt wurde und nur das Format verbessert werden soll.

Wir wollen zunächst einen Bericht über den Umsatz der Jahre 2007 und 2008 erstellen. Gehen Sie hierfür wie folgt vor:

- Übertragen Sie die Variable umsatz in die Liste *Datenspaltenvariablen.*
- Übertragen Sie die Variable jahr in die Liste *Breakspaltenvariablen.*
- Klicken Sie im Auswahlfeld *Breakspalten* auf die Schaltfläche *Auswertung...*

Es öffnet sich die Dialogbox *Bericht: Auswertung für jahr.*

Bild 27.2: Dialogbox Bericht: Auswertung für jahr

Jede von Ihnen aktivierte zusammenfassende Statistik wird für alle Berichtsvariablen innerhalb jeder Kategorie der Breakvariablen berechnet. Wird mehr als eine zusammenfassende Statistik gewählt, wird jede Statistik in einer separaten Zeile des Berichts ausgegeben. Für jede Breakvariable können verschiedene zusammenfassende Statistiken ausgewählt werden. Um die Statistiken für eine Breakvariable festzulegen, müssen Sie jeweils die betreffende Breakvariable markieren und anschließend die Option *Auswertung...* wählen.

Sie können zwischen folgenden zusammenfassenden Statistiken wählen; eine Mehrfachauswahl ist möglich:

- *Summe*: Die Summe der Datenwerte der Berichtsvariablen in der jeweiligen Break-Kategorie.
- *Mittelwert:* Das arithmetische Mittel der Datenwerte der Berichtsvariablen in der jeweiligen Break-Kategorie.
- *Minimum:* Der kleinste Datenwert der Berichtsvariablen in der jeweiligen Break-Kategorie.
- *Maximum:* Der größte Datenwert der Berichtsvariablen in der jeweiligen Break-Kategorie.
- *Anzahl der Fälle:* Die Anzahl der Fälle der Berichtsvariablen in der jeweiligen Break-Kategorie.
- *Prozentsatz oberhalb:* Prozentsatz der Fälle der Berichtsvariablen in der jeweiligen Break-Kategorie, deren Werte über einem benutzerdefinierten Wert liegen.
- *Prozentsatz unterhalb:* Prozentsatz der Fälle der Berichtsvariablen in der jeweiligen Break-Kategorie, deren Werte unter einem benutzerdefinierten Wert liegen.
- *Prozentsatz innerhalb:* Prozentsatz der Fälle der Berichtsvariablen in der jeweiligen Break-Kategorie, deren Werte innerhalb eines benutzerdefinierten Bereichs liegen.

- *Standardabweichung:* Standardabweichung der Berichtsvariablen der jeweiligen Break-Kategorie.
- *Kurtosis:* Wölbungsmaß der Verteilung der Berichtsvariablen der jeweiligen Break-Kategorie.
- *Varianz:* Quadrat der Standardabweichung der Berichtsvariablen der jeweiligen Break-Kategorie.
- *Schiefe:* Index für die Abweichung einer Häufigkeitsverteilung von einer symmetrischen Verteilung, also einer Verteilung, bei der innerhalb gleicher Abstände vom Mittelwert auf beiden Seiten jeweils gleich viele Werte liegen.

- Aktivieren Sie die Statistik *Summe*, und bestätigen Sie mit *Weiter*.
- Klicken Sie auf den Schalter *Auswertung...* in der Hauptdialogbox oben rechts.

Es öffnet sich die Dialogbox *Bericht: Abschließende Auswertungszeilen*. Sie können hier Gesamtstatistiken für den ganzen Bericht bestimmen.

Zusätzlich zu den Umsatzsummen der Jahre 2007 und 2008 wollen wir auch die Gesamtumsatzsumme beider Jahre ausgeben.

- Aktivieren Sie hierfür die Statistik *Summe*.
- Bestätigen Sie mit *Weiter* und anschließend in der Hauptdialogbox mit *OK*.

Sie erhalten folgende Ausgabe, wobei es sehr verwundert, dass auch bei der Version 20 noch immer Output im uralten Stil bei den Berichten auftaucht:

jahr	umsatz
2007	
Summe	7870056,24
2008	
Summe	8002730,80
Gesamtergebnis	
Summe	15872787,04

In der ersten Spalte der ersten Zeile wird der Name der Breakvariablen angegeben (jahr), in der zweiten Spalte der Name der Berichtsvariablen (umsatz). In den folgenden Zeilen wird die Summe getrennt für die Gruppen bzw. Kategorien 2007 und 2008 der Breakvariablen jahr ausgegeben. In der letzten Zeile wird die gewünschte Gesamtsumme (15,87 Millionen) beider Jahre angezeigt. Sie können dem Report entnehmen, dass der Umsatz des Jahres 2008 aller Vertreter mit 8 Millionen leicht höher liegt als im Jahre 2007 (7,87 Millionen).

27.1.2 Zweistufiger Gruppenwechsel

Wir wollen die Umsätze getrennt nach Jahren und Bezirken ausgeben. In diesem Fall handelt es sich um einen zweistufigen Gruppenwechsel. Gehen Sie wie folgt vor:

- Übertragen Sie in der Hauptdialogbox *Bericht in Zeilen* die Variable umsatz in die Liste *Datenspaltenvariablen.*
- Übertragen Sie die Variablen jahr und bezirk in die Liste *Breakspaltenvariablen.*
- Markieren Sie die Variable jahr, und klicken Sie auf den Schalter *Auswertung...* im Auswahlfeld *Breakspalten.* Aktivieren Sie in der Dialogbox *Bericht: Auswertung für jahr* die Statistik *Summe.*
- Markieren Sie die Variable bezirk, und klicken Sie auf den Schalter *Auswertung...* im Auswahlfeld *Breakspalten.* Aktivieren Sie in der Dialogbox *Bericht: Auswertung für bezirk* ebenfalls die Statistik *Summe.*
- Klicken Sie auf die Schaltfläche *Auswertung...* in der Hauptdialogbox oben rechts und aktivieren Sie auch hier die Option *Summe.*
- Bestätigen Sie mit *OK.*

Sie erhalten folgendes Ergebnis:

```
jahr       bezirk           umsatz
________   ________   ____________

2007       Nord
           Summe        2010137,70

           Ost
           Summe        2150007,55

           Süd
           Summe        1829706,32

           West
           Summe        1880204,67
Summe                   7870056,24

2008       Nord
           Summe        2042774,79

           Ost
           Summe        2058440,56

           Süd
           Summe        2008075,87

           West
           Summe        1953439,58
Summe                   8062730,80

Gesamtergebnis

Summe                  15932787,04
```

In der ersten und zweiten Spalte der ersten Zeile werden die Namen der Breakvariablen angegeben (jahr und bezirk), in der dritten Spalte der Name der Berichtsvariablen (umsatz). Es folgen die Umsätze der einzelnen Bezirke getrennt nach den Berichtsjahren 2007 und 2008 sowie die Gesamtumsatzsummen.

Sie können dem Bericht u. a. entnehmen, dass in beiden Jahren der Bezirk Ost die höchsten Umsatzsummen erwirtschaftet hat. Insgesamt betrachtet liegen die Umsatzsummen der vier Bezirke sowohl im Jahr 2007 als auch im Jahr 2008 eng beieinander.

27.1.3 Dreistufiger Gruppenwechsel

Sie wollen die Umsätze getrennt nach Jahren, Quartalen und Bezirken ausgeben. In diesem Fall handelt es sich um einen dreifachen Gruppenwechsel. Gehen Sie wie folgt vor:

- Übertragen Sie in der Dialogbox *Bericht in Zeilen* die Variable umsatz in die Liste *Datenspaltenvariablen.*
- Übertragen Sie die Variablen jahr, quartal und bezirk nacheinander in die Liste der Breakspaltenvariablen.
- Markieren Sie die Berichtsvariable umsatz in der Liste *Datenspalten.*
- Klicken Sie auf die Schaltfläche *Format...* im Auswahlfeld *Datenspalten.*

Es öffnet sich die Dialogbox *Bericht: Datenspaltenformat für umsatz.*

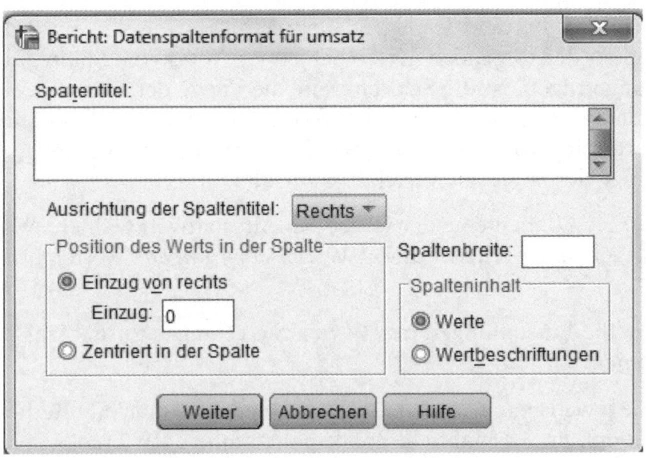

Bild 27.3: Dialogbox Bericht: Datenspaltenformat für umsatz

Sie verfügen hier über Möglichkeiten, um Datenspalten-Überschriften, die Spaltenbreite sowie die Ausrichtung von Überschriften und Daten zu ändern.

- *Spaltentitel:* Sie können hier die Überschrift festlegen, die im Kopf der Spalte für die gewählte Berichtsvariable erscheint. Geben Sie hier z. B. »Vertreter-Umsätze« ein. Legen Sie keine Überschrift fest, wird per default das Variablenlabel verwendet. Existiert kein Variablenlabel, wird der Variablenname verwendet. Um eine Mehrfach-Zeilenüberschrift zu definieren, drücken Sie [↵] am Ende jeder Zeile. Ergänzen Sie die Zeile »Vertreter-Umsätze« durch die Zeile »Staubsauger GmbH«.
- *Ausrichtung der Spaltentitel:* Sie können hier die Ausrichtung der Spaltenüberschriften festlegen; die Voreinstellung ist *Rechts*. Die Option *Mitte* richtet Spaltenüberschriften innerhalb der Spaltenbreite zentriert aus.
- *Position des Wertes in der Spalte:* Sie können hier die Ausrichtung der Datenwerte oder der Wertelabels innerhalb der Spalte festlegen.
- *Einzug von rechts:* Standardmäßig werden Datenwerte rechtsbündig innerhalb einer Spalte ausgegeben, bei Wertelabels ist der Einzug auf der linken Seite der Spalte.
- *Einzug:* Geben Sie hier eine Anzahl von Stellen für den Abstand vom Spaltenrand ein; die Voreinstellung ist Null.
- *Zentriert in der Spalte:* Möchten Sie eine zentrierte Ausgabe, so aktivieren Sie diesen Optionsschalter.
- *Spaltenbreite:* Sie können hier eine gewünschte Spaltenbreite durch den Eintrag einer Zeichenzahl in das Textfeld festlegen. Liegt kein Eintrag vor, wird die Spaltenbreite aus dem größten der folgenden Werte berechnet: Wird eine Spaltenüberschrift in der Dialogbox eingetragen, ist die Spaltenbreite die Länge der längsten Zeile dieser Überschrift. Wurde keine Spaltenüberschrift festgelegt, ist die Spaltenbreite die Länge des längsten Wortes im Variablenlabel. Werden Wertelabels angezeigt, ist die Spaltenbreite die Länge des längsten Wertelabels für die Variable.
- *Spalteninhalt:* Sie können eine der folgenden Alternativen wählen: *Werte:* Datenwerte werden ausgegeben (Voreinstellung); *Wertbeschriftungen:* Wertelabels werden ausgegeben.

- Bestätigen Sie die Einstellungen mit *Weiter.* Sie gelangen zurück zur Hauptdialogbox *Bericht in Zeilen.*
- Markieren Sie jeweils nacheinander die Variablen jahr, quartal und bezirk, klicken Sie auf *Auswertung...* im Auswahlfeld Breakspalten, und aktivieren Sie jeweils die Option *Summe.*
- Klicken Sie auf die Schaltfläche *Auswertung...* in der Hauptdialogbox oben rechts, und aktivieren Sie auch hier die Option *Summe.*
- Markieren Sie die Breakvariable jahr, und klicken Sie im Auswahlfeld *Breakspalten* auf *Optionen...*

Es öffnet sich die Dialogbox *Bericht: Breakoptionen für jahr.*

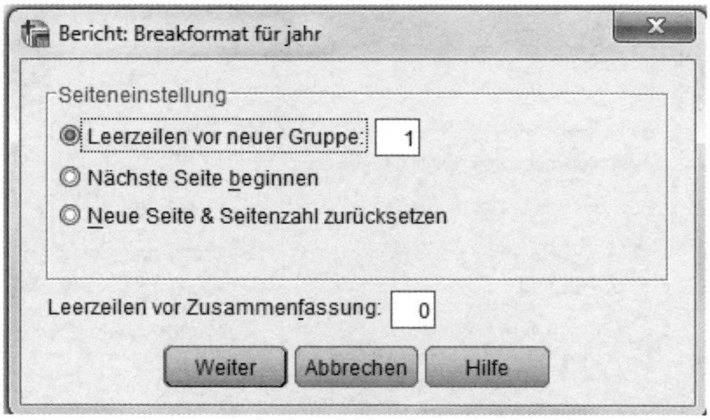

Bild 27.4: Dialogbox Bericht: Breakoptionen für jahr

Die Dialogbox *Bericht: Breakoptionen für jahr* (fälschlicherweise mit Breakformat überschrieben) ermöglicht die Einstellung des Zeilenabstands zwischen Break-Kategorien. Festgelegt werden kann z.B., dass jede Break-Kategorie auf einer eigenen Seite ausgegeben wird.

- *Seiteneinstellung:* Sie können im Auswahlfeld *Seiteneinstellung* die Abstände zwischen Break-Kategorien festlegen.
- *Leerzeilen vor neuer Gruppe:* Die Voreinstellung der Leerzeilen zwischen Break-Kategorien ist 1. Sie können 0 bis 20 Leerzeilen zwischen Break-Kategorien festlegen.
- *Nächste Seite beginnen:* Aktivieren Sie diese Option, so beginnt jede Break-Kategorie auf einer neuen Seite.
- *Neue Seite & Seitenzahl zurücksetzen:* Aktivieren Sie diese Option, beginnt jede Break-Kategorie auf einer neuen Seite. Die Seiten für jede Break-Kategorie werden separat numeriert.
- *Leerzeilen vor Zusammenfassung:* Sie können hier die Anzahl der Leerzeilen zwischen der Überschrift der Break-Kategorie und den zusammenfassenden Statistiken angeben. Die Voreinstellung ist 0. Es können bis zu 20 Leerzeilen festgelegt werden.

- Setzen Sie, um die Ausgabe kompakter zu gestalten, bei allen drei Breakvariablen die *Leerzeilen vor neuer Gruppe* auf 0. Bestätigen Sie jeweils mit *Weiter.*
- Markieren Sie die Breakvariable jahr. Klicken Sie im Auswahlfeld *Breakspalten* auf *Format....*

Es öffnet sich die Dialogbox *Bericht: Breakformat für jahr.*

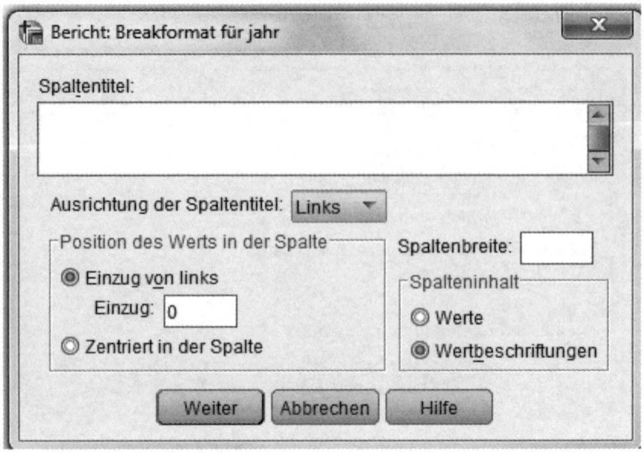

Bild 27.5: Dialogbox Bericht: Breakformat für jahr

Die Dialogbox bietet Möglichkeiten, um Break-Spalten-Überschriften, Spaltenbreiten sowie die Ausrichtung von Überschriften und Daten zu ändern (vgl. Dialogbox *Bericht: Datenspaltenformat für umsatz*).

- Bestätigen Sie mit *Weiter*.
- Starten Sie den Bericht mit *OK*.

Sie erhalten das folgende Ergebnis:

jahr	quartal	bezirk	umsatz	jahr	quartal	bezirk	umsatz
2007	I	Nord		2008	I	Nord	
		Summe	684.421,63			Summe	479.778,25
		Ost				Ost	
		Summe	555.744,70			Summe	426.940,35
		Süd				Süd	
		Summe	433.544,14			Summe	457.509,92
		West				West	
		Summe	441.836,61			Summe	483.150,05
	Summe		**2.115.547,08**		**Summe**		**1.847.378,57**
	II	Nord			II	Nord	
		Summe	383.395,28			Summe	484.210,07
		Ost				Ost	
		Summe	606.470,19			Summe	540.530,41
		Süd				Süd	
		Summe	409.151,58			Summe	494.030,14
		West				West	
		Summe	453.734,52			Summe	425.186,70
	Summe		**1.852.751,57**		**Summe**		**1.943.957,32**

jahr	quartal	bezirk	umsatz	jahr	quartal	bezirk	umsatz
	III	Nord			III	Nord	
		Summe	437.556,19			Summe	591.453,14
		Ost				Ost	
		Summe	472.256,23			Summe	529.201,59
		Süd				Süd	
		Summe	493.696,67			Summe	495.101,70
		West				West	
		Summe	551.301,00			Summe	520.305,14
	Summe		**1.954.810,09**		**Summe**		**2.136.061,57**
	IV	Nord			IV	Nord	
		Summe	504.764,60			Summe	487.333,33
		Ost				Ost	
		Summe	515.536,43			Summe	561.768,21
		Süd				Süd	
		Summe	493.313,93			Summe	561.434,11
		West				West	
		Summe	433.332,54			Summe	524.797,69
	Summe		**1.946.947,50**		**Summe**		**2.135.333,34**
Summe			***7.870.056,24***	***Summe***			***8.062.730,80***
				Gesamtergebnis			
				Summe			1.5932.787,04

Sie können dem Report u. a. entnehmen, dass der Gesamtumsatz aller Bezirke im ersten Quartal 2008 unter dem des Vorjahres liegt, während er im zweiten, dritten und vierten Quartal jeweils über dem des Vorjahres liegt.

27.1.4 Berichts-Layout

Wählen wir ein weiteres Beispiel: Sie wollen den Gesamtumsatz, den Durchschnittsumsatz, den größten sowie den kleinsten Umsatz der einzelnen Vertreter ausgeben. Gehen Sie wie folgt vor:

- Übertragen Sie die Variable umsatz in die Liste *Datenspaltenvariablen.*
- Übertragen Sie die Variablen jahr und name nacheinander in die Liste der Breakspaltenvariablen.
- Markieren Sie die Variable name, und klicken Sie auf *Auswertung...* im Auswahlfeld *Breakspalten.* Aktivieren Sie die Optionen *Summe*, *Mittelwert*, *Minimum* und *Maximum.* Bestätigen Sie mit *Weiter.*
- Klicken Sie auf den Schalter *Auswertung...* in der Hauptdialogbox oben rechts und aktivieren Sie auch hier die Optionen *Summe*, *Mittelwert*, *Minimum* und *Maximum*, um zusätzlich die Gesamt-Umsatzsumme, den Mittelwert aller Vertreter-Abschlüsse sowie den kleinsten und größten getätigten Umsatzbetrag zu ermitteln. Bestätigen Sie mit *Weiter.*
- Klicken Sie auf den Schalter *Optionen...* oben rechts. Es öffnet sich die Dialogbox *Bericht: Optionen.*

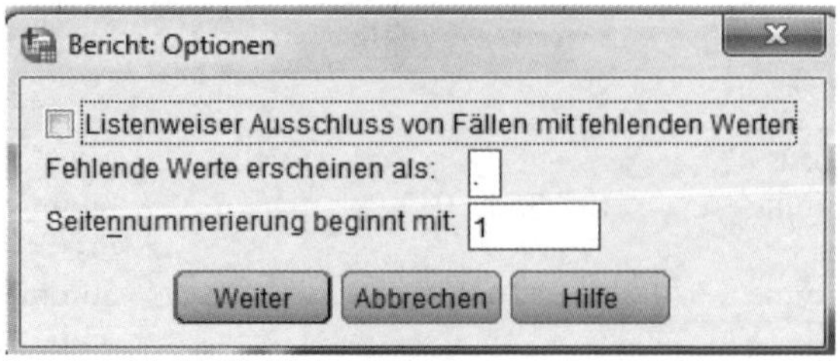

Bild 27.6: Dialogbox Bericht: Optionen

Sie erhalten die Möglichkeit, die Behandlung und die Ausgabe fehlender Werte zu verändern sowie die Seitennummerierung eines Reports festzulegen.

Folgende Optionen sind verfügbar:

- *Listenweiser Ausschluss von Fällen mit fehlenden Werten:* Aktivieren Sie diese Option, werden Fälle mit fehlenden Daten für die im Bericht verwendeten Variablen ausgeschlossen. Per Voreinstellung sind Fälle mit fehlenden Daten im Bericht enthalten.
- *Fehlende Werte erscheinen als:* Per Voreinstellung wird der Punkt als Zeichen eingesetzt, das system- und benutzerdefinierte fehlende Werte anzeigt. Sie können hier ein anderes Zeichen bestimmen.
- *Seitennummerierung beginnt mit:* Hier kann die Anfangs-Seitenzahl des Berichts festgelegt werden. Per Voreinstellung werden die Seiten mit der Seite 1 beginnend numeriert.

- Bestätigen Sie mit *Weiter.*
- Klicken Sie auf den Schalter *Layout...* in der Hauptdialogbox.

Es öffnet sich die Dialogbox *Bericht: Layout.*

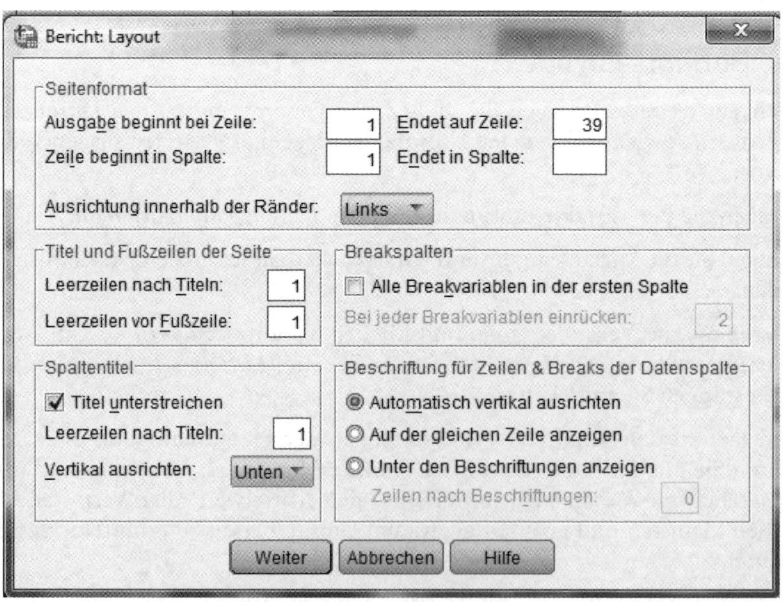

Bild 27.7: Dialogbox Bericht: Layout

Die Dialogbox bietet Ihnen die Möglichkeit, die Breite und Länge jeder Bericht-Seite zu verändern sowie die Platzierung des Berichts auf der Seite zu steuern.

- *Ausgabe beginnt bei Zeile/Endet auf Zeile:* Jede Bericht-Seite beginnt per Voreinstellung auf der ersten Zeile der Seite und endet auf der letzten Zeile der Seite, die durch die Seitenlänge in der Dialogbox *SPSS-Optionen* (Menüoption: *Bearbeiten/Optionen*) definiert ist. Es können Zeilennummern angegeben werden, die kleiner sind als die definierte Seitenlänge. Als Seitenlänge können 24 bis 999 Zeilen angegeben werden.
- *Zeile beginnt in Spalte/Endet in Spalte:* Per Voreinstellung beginnt der Bericht in Spalte 1 und endet in der Spalte, die der Seitenbreite entspricht, welche in der Dialogbox *Einstellungen* definiert ist. Es kann ein Wert bis 255 festgelegt werden. Achten Sie darauf, dass der Bericht nicht erzeugt wird, wenn Anfangs- und Endspaltennummern so festgelegt werden, dass die resultierende Breite für den Report zu schmal ist.
- *Ausrichtung innerhalb der Ränder:* Der Bericht kann innerhalb des linken und rechten Seitenrandes linksbündig, zentriert oder rechtsbündig ausgerichtet sein. Die Voreinstellung ist die linksbündige Ausrichtung.
- *Titel und Fußzeilen der Seite:* Die zugehörigen Optionen kontrollieren die Anzahl der Leerzeilen am Seitenanfang und Seitenende.
- *Leerzeilen nach Titeln:* Angegeben wird hier die Anzahl der Leerzeilen zwischen dem Berichtstitel und der ersten Zeile des Beerichts; die Voreinstellung ist eine Leerzeile.
- *Leerzeilen vor Fußzeile:* Angegeben wird die Anzahl der Leerzeilen zwischen dem Ende des Berichts und den Fußzeilen; die Voreinstellung ist eine Leerzeile.
- *Breakspalten:* Wurden mehrere Breakvariablen angegeben, so können diese in verschiedenen Spalten oder in der ersten Spalte stehen; per Voreinstellung erhält jede Breakvariable eine separate Spalte.
- *Alle Breakvariablen in der ersten Spalte:* Wird diese Option aktiviert, so werden die Werte aller Breakvariablen in der ersten Spalte aufgelistet.
- *Bei jeder Breakvariablen einrücken:* Befinden sich alle Break-Kategorien in der ersten Spalte, so wird jede Breakebene um die Anzahl der angegebenen Leerstellen eingerückt. Die Voreinstellung sind zwei Leerstellen.
- *Spaltentitel:* Bestimmt werden kann hier die Kennzeichnung der Spaltenüberschriften.
- *Titel unterstreichen:* Ausgegeben wird eine horizontale Linie unterhalb jeder Spaltenüberschrift; hierbei handelt es sich um die Voreinstellung.
- *Leerzeilen nach Titeln:* Angezeigt wird die Anzahl der Leerzeilen zwischen den Spaltentiteln und der ersten Werte-Zeile.
- *Vertikal ausrichten:* Festgelegt werden kann hier, ob die Absteckungslinie am Anfang oder am Ende der Spaltentitel erscheinen soll; die Voreinstellung ist eine Absteckungslinie am Ende der Spaltentitel.
- *Beschriftung für Zeilen & Breaks der Datenspalte:* Die folgenden Optionen stehen für zeilenweise Berichte zur Verfügung:

- *Automatisch vertikal ausrichten:* Bei zusammenfassenden Berichten wird das erste Summenergebnis in der nächsten Zeile nach dem Break-Wert positioniert. In auflistenden Berichten wird die erste Fallauflistung in derselben Zeile positioniert wie der Break-Wert.
- *Auf der gleichen Zeile anzeigen:* In einem zusammenfassenden Bericht wird die erste zusammenfassende Statistik in derselben Zeile positioniert wie der Breakwert; die erste zusammenfassende Überschrift wird unterdrückt. In einem auflistenden Report wird die erste Fallauflistung in derselben Zeile plaziert wie der Break-Wert.
- *Unter den Beschriftungen anzeigen:* Leerzeilen werden zwischen einem Break-Wert und der nächsten Summenzeile oder Fallauflistung positioniert.
- *Zeilen nach Beschriftungen:* Angegeben werden kann hier die Anzahl der Zeilen, die unterhalb der Etikettierungen ausgegeben werden sollen.

- Klicken Sie auf *Weiter.*
- Klicken Sie auf den Schalter *Titel...* in der Hauptdialogbox.

Es öffnet sich die Dialogbox *Bericht: Titel.*

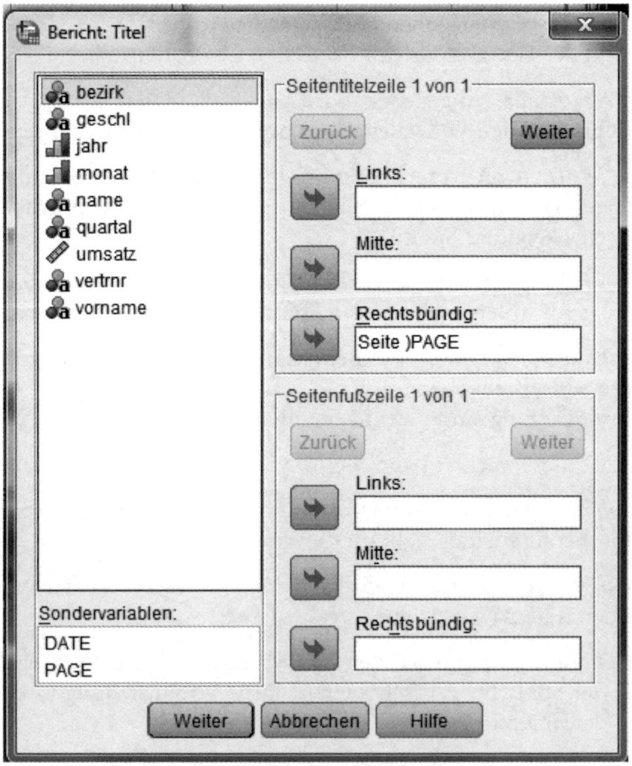

Bild 27.8: Dialogbox Bericht: Titel

Die Dialogbox bietet Ihnen die Möglichkeit, dem Bericht Titel- und Fußzeilen hinzuzufügen.

- *Seitentitelzeile:* Sie geben hier den Text ein, der auf jeder Seite über dem Bericht erscheinen soll, z. B. »Umsatzbericht der Jahre 2007/2009«. Möchten Sie mehrere Kopfzeilen festlegen, klicken Sie nach jeder Kopfzeile auf *Weiter.* Sie können bis zu 10 Kopfzeilen verwenden. Per Voreinstellung wird die Seitenzahl als rechte Kopfzeile verwendet.
- *Seitenfußzeile:* Sie geben hier den Text ein, der auf jeder Seite unter dem Bericht erscheint. Um mehrere Fußzeilen festzulegen, klicken Sie nach jeder Fußzeile auf *Weiter.* Als spezielle Variablen stehen Ihnen DATE und PAGE zur Anzeige des aktuellen Datums sowie der Seitenzahl zur Verfügung.

- Markieren Sie *DATE* in der Liste *Sondervariablen.* Übertragen Sie diese über die Transportschaltfläche in den Fußzeilen-Textbereich *Links.*
- Bestätigen Sie die Einstellungen mit Hilfe der Schaltfläche *Weiter* im unteren Bereich der Dialogbox.
- Starten Sie den Bericht mit *OK.*

Betrachten wir einen Ausschnitt der Ausgabe, und zwar die Angaben des Jahres 2007 für die Vertreter Ammann, Bender, Bracht und Deckmann.

```
                  Umsatzbericht der Jahre 2007/2008

jahr      name                              umsatz
________  ____________________________  ____________

2007      Ammann
          Summe                          481989,65
          Mittelwert                      40165,80
          Minimum                         22345,73
          Maximum                         89345,53

          Bender
          Summe                          486387,95
          Mittelwert                      40532,33
          Minimum                         18800,88
          Maximum                         56789,00

          Bracht
          Summe                          403189,01
          Mittelwert                      33599,08
          Minimum                         12022,44
          Maximum                         88234,55

          Deckmann
          Summe                          457203,56
          Mittelwert                      38100,30
          Minimum                         11456,24
          Maximum                         56923,00
```

(Ausschnitt)

Sie können dem Bericht u. a. entnehmen, dass der Vertreter Weller im Jahr 2007 die höchste Umsatzsumme (585.559,91) erwirtschaftet hat, der Vertreter Bracht die geringste Summe (403.189,01).

Es werden Ihnen ferner folgende Gesamtstatistiken geliefert:

```
Gesamtergebnis


Summe                                    15932787,04
Mittelwert                                  41491,63
Minimum                                      1123,45
Maximum                                    145634,58
```

Sie können den Gesamtstatistiken u. a. entnehmen, dass sich die Gesamtsumme der Abschlüsse der Jahre 2007 und 2008 auf knapp 16 Millionen Euro beläuft und die durchschnittliche Umsatzsumme eines Vertreters 41.500 Euro betrug.

- Wollen Sie explizit nur die Werte des Jahres 2007 ausgeben, so können Sie zuvor einen Filter setzen. Wählen Sie hierfür aus dem Menü

  Daten
  Fälle auswählen...

- Klicken Sie in der Dialogbox *Fälle auswählen* auf den Schalter *Falls Bedingung zutrifft*. Tragen Sie als Bedingung »jahr = 2007« ein.

27.2 Spaltenweise Berichte

- Um einen spaltenweisen Bericht zu erstellen, wählen Sie aus dem Menü:

  Analysieren
  Berichte
  Bericht in Spalten...

Es öffnet sich die Dialogbox *Bericht in Spalten*.

- *Datenspalten:* In der Liste *Datenspaltenvariablen* übertragen Sie die Berichtsvariablen, für die zusammenfassende Statistiken ausgegeben werden sollen. Es muß mindestens eine Variable in die Liste *Datenspaltenvariablen* gebracht werden. Die Variablen erscheinen zu Beginn mit der Statistik *Summe*. Um weitere bzw. andere Statistiken zu erhalten, kann die Schaltfläche *Auswertung...* angeklickt werden; um ein Ausgabeformat für eine Variable oder eine Summe festzulegen, wählen Sie die Variable oder Summe in der Liste *Datenspaltenvariablen* aus und bestätigen anschließend den Schalter *Format...* Über den Schalter *Gesamtergebnis einfügen* können Sie Spalten einfügen, die andere Spalten zusammenfassen. Klicken Sie hierfür auf *Gesamtergebnis einfügen*, und bestimmen Sie, welche Spalten zusammengefasst werden sollen.
- *Breakspalten:* Die Liste *Breakspaltenvariablen* definiert Untergruppen von Fällen für die Berechnung von zusammenfassenden Statistiken. Die Werte der Breakvariablen erscheinen sortiert in einer eigenen Spalte links von den Datenspalten.

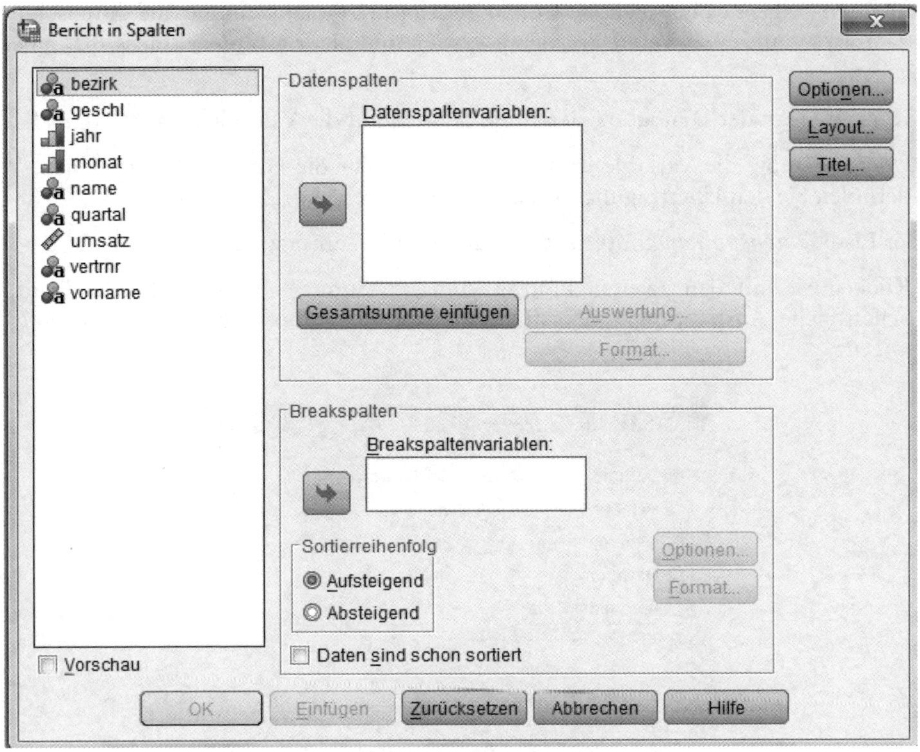

Bild 27.9: Dialogbox Bericht in Spalten

- *Sortierreihenfolge:* Festgelegt werden kann hier die Sortierreihenfolge für die Kategorien der Breakvariablen. Sie haben die Möglichkeit, zwischen einer aufsteigenden und einer absteigenden Sortierreihenfolge zu wählen. Die entsprechende Variable muß zuvor in der Breakspalten-Liste ausgewählt werden. Die Sortierreihenfolge für jede Variable erscheint beim Variablennamen als (A) für »Aufsteigend« oder (D) für »Absteigend«. Stringvariablen werden in alphabetischer Ordnung aufsteigend oder absteigend sortiert.

- *Daten sind schon sortiert:* Sind die Daten bereits nach Breakvariablen sortiert, sollten Sie diese Option aktivieren, damit SPSS sie nicht noch einmal sortiert. Dies ist vor allem nützlich, wenn ein Berichtsformat lediglich verbessert werden soll.

- *Schaltflächen:* Diverse Schaltflächen können ausgewählt werden, um Gesamtstatistiken anzufordern sowie Seitenwechsel, Seitenlayout und Titel festzulegen. Um die Behandlung von fehlenden Werten, die Datensortierung sowie die Angabe von Seitenzahlen festzulegen, klicken Sie auf den Schalter *Optionen...*, um das Seitenlayout des Berichts zu bestimmen auf den Schalter *Layout...*, um den Text für Titel- und Fußzeilen jeder Berichtsseite festzulegen auf den Schalter *Titel...*.

- *Vorschau:* Die Vorschau zeigt lediglich die erste Seite des Berichts an. Die Option kann nützlich sein, um das korrekte Format eines Berichts vorab zu prüfen.

Wählen wir folgendes Beispiel: Sie wollen die Umsatz-Gesamtsumme, die durchschnittliche Umsatzsumme eines Vertreters, den höchsten und niedrigsten Abschluss spaltenweise ausgeben.

- Klicken Sie in der Dialogbox *Bericht in Spalten* auf die Variable umsatz.
- Übertragen Sie die Variable umsatz in die Liste für die Datenspaltenvariablen. Wiederholen Sie den Übertragungsvorgang weitere drei Male.

In der Liste *Datenspaltenvariablen* steht nun viermal »umsatz: Summe«.

- Klicken Sie auf den zweiten Eintrag »umsatz: Summe« und anschließend auf die Schaltfläche *Auswertung...*. Es öffnet sich die Dialogbox *Bericht: Auswertung für umsatz.*

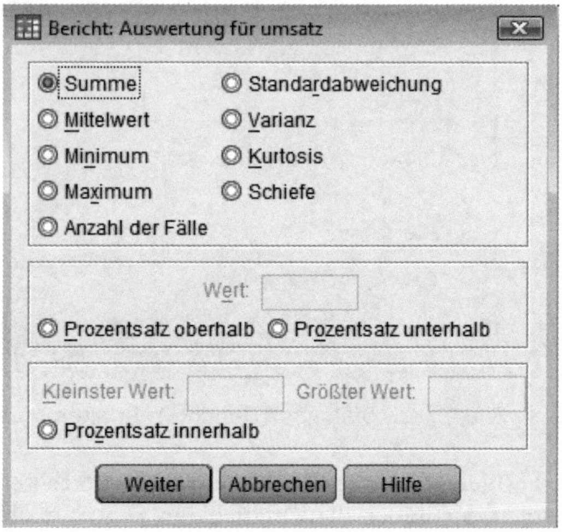

Bild 27.10: Dialogbox Bericht: Auswertung für umsatz

Für eine Spaltenvariable können Sie jeweils nur eine zusammenfassende Statistik auswählen. Um weitere zusammenfassende Statistiken für ein- und dieselbe Variable auszuwählen, müssen Sie daher die entsprechende Variable mehrmals in die Datenspaltenliste übertragen.

- Klicken Sie auf *Mittelwert*, und bestätigen Sie mit *Weiter.*
- Klicken Sie in der Liste *Datenspaltenvariablen* auf den folgenden Eintrag »umsatz:Summe«, und wählen Sie *Minimum* in der Dialogbox *Bericht: Auswertung für umsatz* aus.
- Klicken Sie abschließend auf den letzten Eintrag »umsatz:Summe«, und wählen Sie in der entsprechenden Dialogbox die Statistik *Maximum.*
- Bestätigen Sie abschließend mit *Weiter* und *OK.*

Sie erhalten folgende Ausgabe:

```
           Summe  Mittelwert     Minimum     Maximum
    ___________  __________  __________  __________

Gesamtergebnis
 15932787,04    41491,63     1123,45   145634,58
```

- Um Ihnen weitere Möglichkeiten der spaltenweisen Berichte zu zeigen, laden Sie die Datei schueler.sav in den Dateneditor.

Die Datei schueler.sav enthält die Noten eines Abiturjahrgangs von 24 Schülern. Zugrundegelegt wurde dabei das Punktesystem, welches den Schülern Punkte von 0 (Note 6) bis 15 (Note 1+) zuordnet.

Wir wollen die Punktezahl der männlichen Schüler in den Fächern Mathematik, Physik, Englisch und Latein mit denen der Schülerinnen vergleichen.

- Wählen Sie hierfür aus dem Menü

  Analysieren
      Berichte
          Bericht in Spalten...

- Übertragen Sie die Variablen mathe, physik, englisch und latein in die Liste der Datenspalten.
- Ersetzen Sie über den Schalter *Auswertung...* für jede Variable die Voreinstellung *Summe* durch *Mittelwert*.
- Klicken Sie anschließend auf den Schalter *Gesamtsumme einfügen* und klicken Sie auf *Auswertung....*

Es öffnet sich die Dialogbox *Bericht: Auswertungsspalte*.

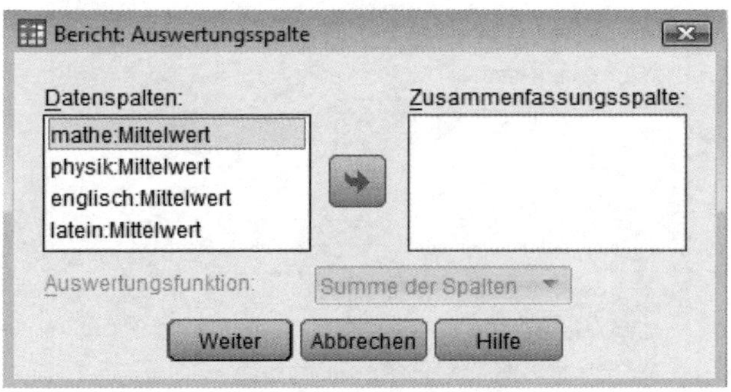

Bild 27.11: Dialogbox Bericht: Auswertungsspalte

- Übertragen Sie hier alle Variablen in die Liste *Zusammenfassungsspalte*.
- Wählen Sie anschließend die gewünschte Funktion in der Liste *Auswertungsfunktion*. Sie haben hier die Möglichkeit, zwischen folgenden Funktionen zu wählen:

- *Summe der Spalten:* Addiert werden die Spaltenwerte der Variablen in der Liste *Zusammenfassung.*
- *Mittelwert der Spalten:* Angezeigt wird der Mittelwert der Spaltenwerte der Variablen in der Liste *Zusammenfassung.*
- *Minimum der Spalten:* Ausgegeben wird der kleinste Spaltenwert der Variablen in der Liste *Zusammenfassung.*
- *Maximum der Spalten:* Ausgegeben wird der größte Spaltenwert der Variablen in der Liste *Zusammenfassung.*
- *1. Spalte - 2. Spalte:* Die Spaltenwerte der zweiten Spalte werden von denen der ersten Spalte subtrahiert. Der Differenzbetrag wird ausgegeben. In der Liste *Zusammenfassung* dürfen in diesem Fall nur zwei Variablen eingetragen werden.
- *1. Spalte / 2. Spalte:* Es erfolgt eine Division der Werte der ersten Spalte durch die Werte der zweiten Spalte. In der Liste *Zusammenfassung* dürfen bei der Aktivierung dieser Funktion nur zwei Variablen eingetragen sein.
- *% 1. Spalte / 2. Spalte:* Es erfolgt eine Division der Werte der ersten Spalte durch die Werte der zweiten Spalte, multipliziert mit 100. Der Quotient wird angezeigt. In der Liste *Zusammenfassung* dürfen nur zwei Variablen eingetragen sein.
- *Produkt der Spalten:* Die Spaltenwerte der Variablen in der Liste *Zusammenfassung* werden miteinander multipliziert.

- Aktivieren Sie in der Liste *Auswertungsfunktion* die Option *Mittelwert der Spalten.* Bestätigen Sie mit *Weiter.*
- Übertragen Sie die Variable sex in die Liste der Breakspaltenvariablen. Klicken Sie im Feld *Breakspalten* auf den Schalter *Optionen...* Es öffnet sich die Dialogbox *Bericht: Breakoptionen für sex* (in der Version SPSS 22 fälschlicherweise mit Bericht: Breakformat für sex überschrieben).

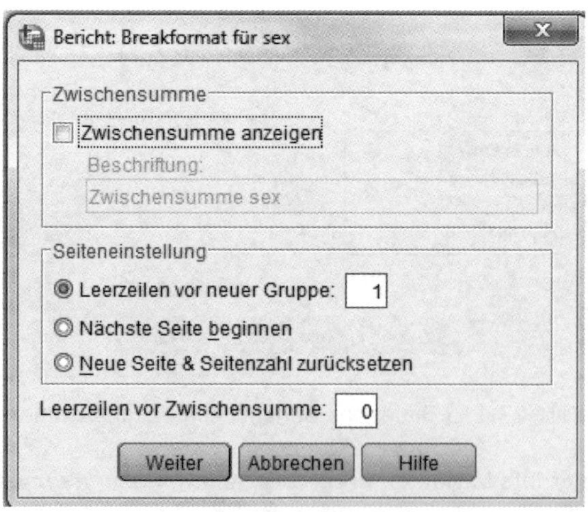

Bild 27.12: Dialogbox Bericht: Breakoptionen für sex

Sie haben die Möglichkeit, zwischen folgenden Breakoptionen zu wählen:

- *Zwischensumme:* Sie können festlegen, ob ein Zwischenergebnis ausgegeben werden soll.
- *Zwischensumme anzeigen:* Aktivieren Sie diese Option, wird für jede Break-Kategorie ein Zwischenergebnis angezeigt.
- *Beschriftung:* Sie können ein Label für das Zwischenergebnis der Breakgruppen vergeben.
- *Seiteneinstellung:* Im Feld Seiteneinstellung können Sie Alternativen für Leerzeilen bestimmen.
- *Leerzeilen vor neuer Gruppe:* Angezeigt wird die Anzahl der Leerzeilen zwischen den Break-Kategorien. Die Voreinstellung ist 1. Sie können zwischen 0 und 20 Leerzeilen festlegen.
- *Nächste Seite beginnen:* Jede Break-Kategorie wird auf einer neuen Seite ausgegeben.
- *Neue Seite & Seitenzahl zurücksetzen:* Jede Break-Kategorie wird auf einer neuen Seite ausgegeben, die Seitennummerierung wird für jede Break-Kategorie getrennt durchgeführt.
- *Leerzeilen vor Zwischensumme:* Angezeigt wird die Anzahl der Leerzeilen vor der Ausgabe des Zwischenergebnisses. Per Voreinstellung ist dies 0. Sie können bis zu 20 Leerzeilen festlegen.

- Bestätigen Sie die Voreinstellungen mit *Weiter.* Klicken Sie in der Hauptdialogbox auf den Schalter *Optionen...* oben rechts.

Es öffnet sich die Dialogbox *Bericht: Optionen.*

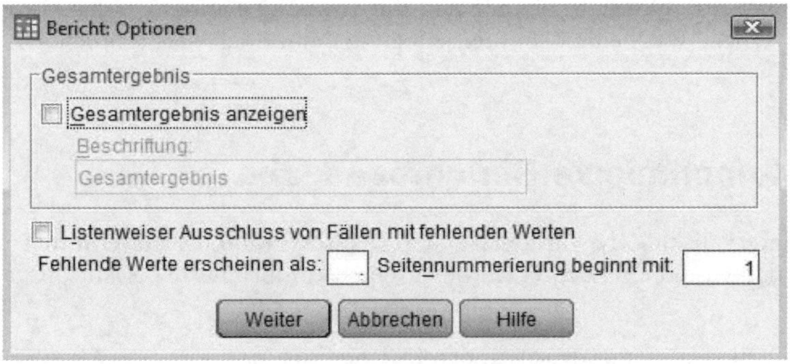

Bild 27.13: Dialogbox Bericht: Optionen

In der Dialogbox *Bericht: Optionen* haben Sie die Möglichkeit, zwischen folgenden Optionen zu wählen:

- *Gesamtergebnis:* Sie können hier bestimmen, ob Gesamtergebnisse angezeigt werden sollen oder nicht

- *Gesamtergebnis anzeigen:* Angezeigt wird ein Gesamtergebnis für jede Kategorie einer Breakgruppe.
- *Beschriftung:* Eingegeben werden kann ein Label für das Gesamtergebnis einer Breakgruppe.
- *Listenweiser Ausschluss von Fällen mit fehlenden Werten:* Sie können hier festlegen, ob fehlende Werte fallweise ausgeschlossen werden sollen oder nicht.
- *Fehlende Werte erscheinen als:* Sie können hier bestimmen, welches Zeichen für fehlende Werte angezeigt werden soll; per Voreinstellung ist dies ein Punkt.
- *Seitennummerierung beginnt mit:* Festgelegt werden kann, auf welcher Seite mit der Seitennummerierung begonnen werden soll; per Voreinstellung wird mit der Nummerierung auf der ersten Seite begonnen.

- Bestätigen Sie die Voreinstellungen mit *Weiter.*
- Starten Sie den Report durch Klicken auf *OK*.

Sie erhalten folgende Ausgabe:

Geschlecht	Mathematik Mittelwert	Physik Mittelwert	Englisch Mittelwert	Latein Mittelwert	Gesamtsumme
weiblich	8	8	11	11	9
männlich	10	10	9	10	10

Erkennbar sind die besseren Durchschnittsnoten der Frauen im Bereich der Sprachen sowie der Männer in den Fächern Mathematik und Physik. Da es sich beim Punktesystem des Abiturs um eine Ordinalskala handelt, dürfte streng genommen der Mittelwert nicht berechnet werden. Wir behandeln hier jedoch die einzelnen Fächernoten als quasi-intervallskaliert.

27.3 Komprimierte Berichtsausgabe

Sollen für intervallskalierte Variablen nur statistische Kennnwerte ermittelt und auf die Gestaltung der Ausgabe verzichtet werden, ist eine komprimierte Berichtsausgabe empfehlenswert.

- Laden Sie die Datei umsatz.sav in den Dateneditor.

Wollen Sie z. B. die Gesamtumsätze, die durchschnittlichen Umsätze sowie die Anzahl der Umsätze der Jahre 2007 und 2008 ermitteln, gehen Sie wie folgt vor:

- Wählen Sie aus dem Menü

Analysieren
  Mittelwerte vergleichen
    Mittelwerte...

Es öffnet sich die Dialogbox *Mittelwert*.

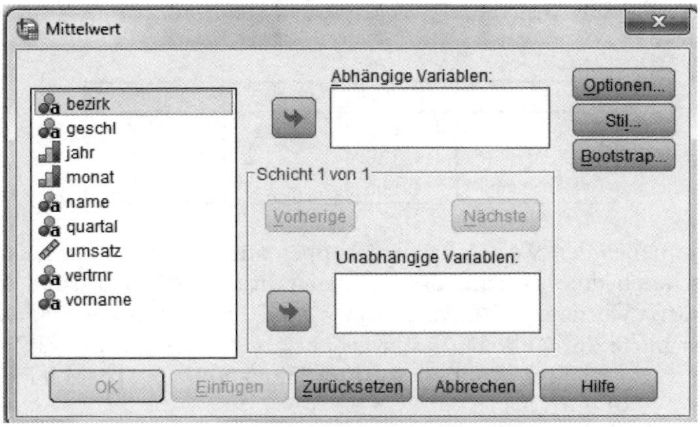

Bild 27.14: Dialogbox Mittelwert

- Übertragen Sie die Variable umsatz in die Liste *Abhängige Variablen* und die Variable jahr in die Liste *Unabhängige Variablen.*
- Klicken Sie auf die Schaltfläche *Optionen....*

Es öffnet sich die Dialogbox *Mittelwerte: Optionen.*

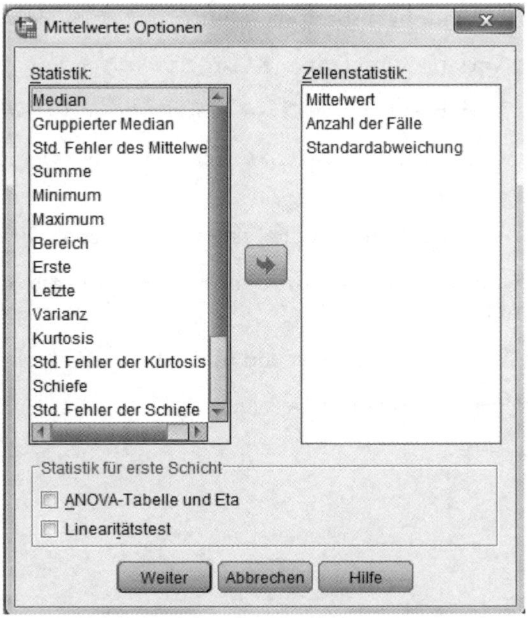

Bild 27.15: Dialogbox Mittelwerte: Optionen

- Aktivieren Sie die Optionen Mittelwert, Anzahl der Fälle und Summe.
- Bestätigen Sie mit Weiter und in der Hauptdialogbox anschließend mit OK.

Sie erhalten die folgende Ausgabe:

umsatz

jahr	Mittelwert	H	Summe
2007	40989,8762	192	7870056,24
2008	41993,3896	192	8062730,80
Gesamtsumme	41491,6329	384	15932787,04

Der Bericht gibt neben den Werten für die Gruppen auch die Werte für die Gesamtgruppe aus. Wir entnehmen dem Bericht, dass in den Jahren 2007 und 2008 insgesamt 384 Abschlüsse getätigt wurden, 192 davon im Jahr 2007, 192 im Jahr 2008. Der Umsatz des Jahres 2008 ist mit 8,06 Millionen leicht größer als der des Jahres 2007 mit 7,87 Millionen; ebenso war der Durchschnittsumsatz im Jahr 2008 mit 41.993 leicht höher als im Jahr 2007 mit 40.989 Euro.

Die komprimierte Berichtsausgabe gestattet einen maximal fünffachen Gruppenwechsel. Die erste Ebene des Gruppenwechsels wird in der Dialogbox *Mittelwertvergleiche* durch den Text »Schicht 1 von 1« zwischen den Schaltflächen *Zurück* und *Weiter* angezeigt. Ein Wechsel in die nächsttieferen Ebenen wird durch die Betätigung der Schaltfläche *Weiter* bewirkt. Die zweite Ebene des Gruppenwechsels wird dann durch den Text »Ebene 2 von 2« gekennzeichnet usw. Mit Hilfe der Schaltfläche *Zurück* kann von jeder Ebene in die unmittelbar übergeordnete Ebene gewechselt werden. Nehmen wir beispielsweise an, Sie wollen die Gesamtumsätze, die Durchschnittsumsätze sowie die Anzahl der Umsätze der Jahre 2007 und 2008 getrennt nach Bezirken ermitteln. Gehen Sie wie folgt vor:

- Übertragen Sie die Variable umsatz in die Liste *Abhängige Variablen.*
- Übertragen Sie die Variable jahr in die Liste *Unabhängige Variablen.*
- Betätigen Sie die Schaltfläche *Nächste.* Sie gelangen zur zweiten Ebene (»Schicht 2 von 2«).
- Übertragen Sie die Variable bezirk in die Liste *Unabhängige Variablen.*
- Betätigen Sie die Schaltfläche *Optionen...*, und wählen Sie die Statistiken *Mittelwert, Anzahl der Fälle* und *Summe.*
- Bestätigen Sie mit *Weiter* und anschließend in der Hauptdialogbox mit *OK.*

Im Viewer wird die folgende Ausgabe angezeigt.

umsatz

jahr	bezirk	Mittelwert	H	Summe
2007	Nord	41877,8687	48	2010137,70
	Ost	44791,8240	48	2150007,55
	Süd	38118,8817	48	1829706,32
	West	39170,9306	48	1880204,67
	Gesamtsumme	40989,8762	192	7870056,24
2008	Nord	42557,8081	48	2042774,79
	Ost	42884,1783	48	2058440,56
	Süd	41834,9140	48	2008075,87
	West	40696,6579	48	1953439,58
	Gesamtsumme	41993,3896	192	8062730,80
Gesamtsumme	Nord	42217,8384	96	4052912,49
	Ost	43838,0011	96	4208448,11
	Süd	39976,8978	96	3837782,19
	West	39933,7943	96	3833644,25
	Gesamtsumme	41491,6329	384	15932787,04

Sie können dem Bericht u. a. entnehmen, dass bezüglich des arithmetischen Mittels sowohl im Jahr 2007 als auch im Jahr 2008 der Bezirk Ost die höchsten Abschlüsse tätigte.

27.4 Übungsaufgaben

Erstellen Sie abschließend zur Übung folgende Berichte:

- Gesamtumsätze der Jahre 2007 und 2008 getrennt nach Geschlecht
- Monatliche Umsätze der Vertreter des Jahres 2008 getrennt nach Bezirken. Die Daten des Jahres 2007 sollen nicht ausgegeben werden.
- Monatliche Gesamtumsätze der Jahre 2007 und 2008 getrennt nach Bezirken einschließlich des Mittelwertes.
- Die Gesamtumsätze der weiblichen Vertreter im Jahr 2008 getrennt nach Monaten und Bezirken.

KAPITEL 28

Diagramme

In diesem Kapitel besprechen wir den sogenannten Chart Builder von SPSS. Mit seiner Hilfe können z. B. Variablen und Elemente, die benötigt werden, einfach in das Feld zur Diagrammerstellung gezogen werden. Der Vorteil des Chart Builder besteht vor allem darin, dass er eine Vorschau des Diagramms bietet, das entworfen wird. Beim Erstellen können Sie zahlreiche Vorlagen verwenden, die in beliebiger Reihenfolge hinzugefügt werden können.

Die Diagramme, die mit Hilfe des Chart Builder erstellt werden können, lassen sich in neun Typen einteilen:

- Balkendiagramm
- Liniendiagramm
- Flächendiagramm
- Kreisdiagramm
- Streu-/Punktdiagramm
- Histogramm
- Hoch-Tief-Diagramm
- Boxplot
- Doppelachsen

Im Folgenden stellen wir Ihnen diese neun Diagrammtypen anhand zahlreicher Beispieldaten vor.

28.1 Balkendiagramm

Die Möglichkeiten, die SPSS für Balkendiagramme anbietet, sollen anhand von Variablen der Datei pcalltag.sav vorgestellt werden. Diese Datei enthält einige der zahlreichen Variablen aus einer Untersuchung des Autors über »Computer im Alltag«.

28.1.1 Einfaches Balkendiagramm: Darstellung von Häufigkeiten

Eine Frage des Fragebogens der zitierten Untersuchung lautet »Zu welcher Tageszeit sitzen Sie bevorzugt am PC?«. Die Antworthäufigkeiten auf die einzelnen Kategorien dieser Frage sollen in einem Balkendiagramm grafisch dargestellt werden.

- Laden Sie die Datei pcalltag.sav.
- Treffen Sie die Menüwahl

  Grafik
  Diagrammerstellung...

Es öffnet sich die Dialogbox *Diagrammerstellung* des Chart Builder.

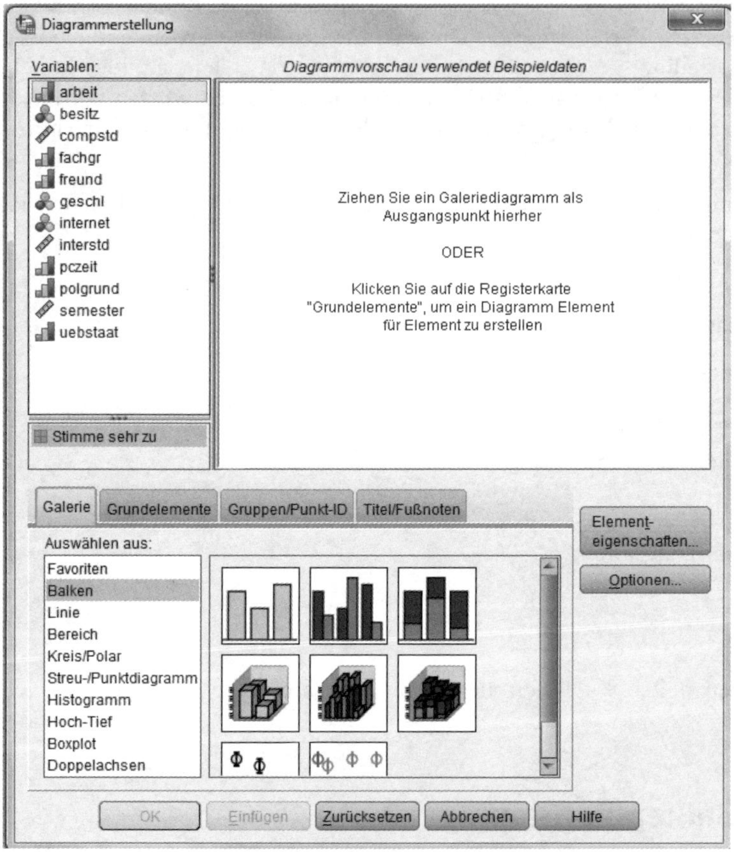

Bild 28.1: Dialogbox Diagrammerstellung

Die zentrale Dialogbox des Chart Builder besteht im Wesentlichen aus der Galerie der verfügbaren Diagramme sowie aus der Diagrammvorschau, die als eine Art interaktives Zeichenbrett verstanden werden kann. In der Variablenliste erblicken Sie ferner die Variablen der aktuellen Arbeitsdatei. Sie können hier auch einstellen, ob die Namen oder die Labels der Variablen erscheinen sollen.

- Klicken Sie hierfür einfach auf die Variablenliste und drücken Sie die rechte Maustaste.

Es öffnet sich ein Kontextmenü mit dessen Hilfe Sie verschiedene Einstellungen vornehmen können.

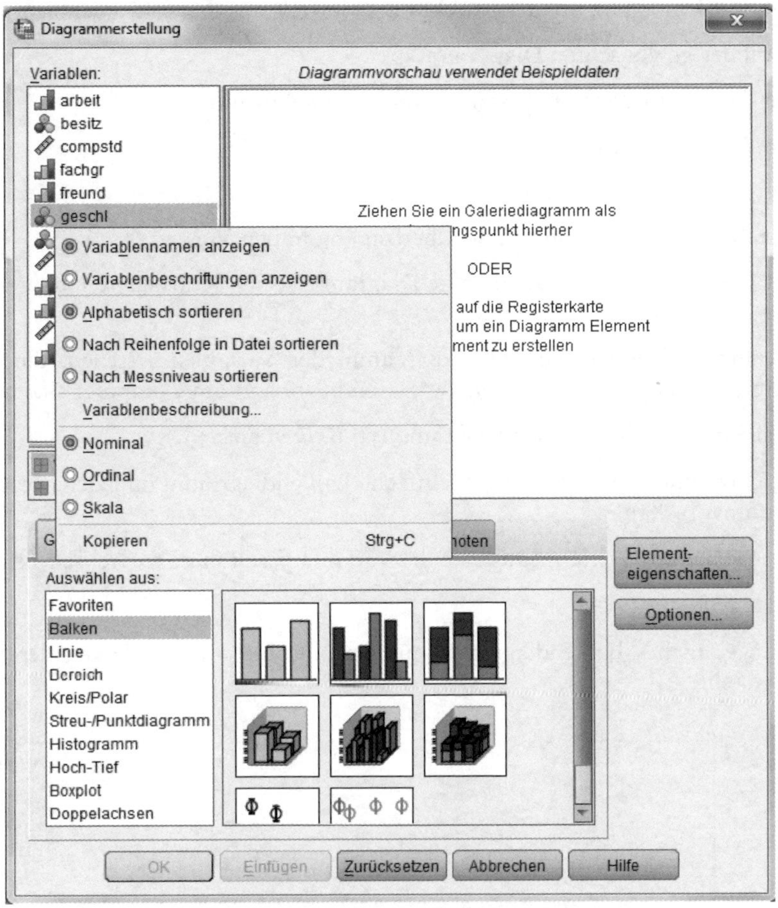

Bild 28.2: Kontextmenü der Variablenliste

Im Kontextmenü der Variablenliste können Sie u. a. einstellen, ob in der Variablenliste die Namen oder die Variablenbeschriftungen erscheinen sollen, die Sortierreihenfolge festlegen, Variablenbeschreibungen anzeigen lassen sowie das Skalenniveau nachträglich verändern. Da die Variablenbeschriftungen wegen ihrer meist großen Länge in der Regel nicht vollständig in der Variablenliste dargestellt werden, empfehlen wir Ihnen jeweils die Variablennamen anzeigen zu lassen.

In der Variablenliste werden drei Typen von Variablen unterschieden: nominale, ordinale und metrische, die durch drei verschiedene vorangestellte Symbole gekennzeichnet werden. Der Variablentyp kann nach Aktivierung der betreffenden Variablen und Klicken der rechten Maustaste geändert werden.

Nominal sind im vorliegenden Beispiel die Variablen besitz, geschl und internet; ordinal sind die Variablen arbeit, fachgr, freund, pczeit, polgrund und uebstaat; metrisch skaliert sind die Variablen compstd, interstd und semester.

Die Arbeit mit dem Chart Builder besteht dabei jeweils aus den folgenden Schritten:

- Auswahl des gewünschten Diagrammtyps
- Ziehen des spezifischen Diagrammsymbols in die Diagrammvorschau
- Ziehen der benötigten Variablen in die Arbeitsfläche
- Festlegung weiterer Elementeigenschaften
- Fertigstellung des Diagramms und Übertragung in den Viewer.

Im Viewer lässt sich dann das so erstellte Diagramm weiterverarbeiten, indem Sie es z. B. in den Diagrammeditor kopieren.

Wir wollen im Folgenden ein Balkendiagramm der Variablen erstellen, die Auskunft darüber gibt, zu welcher Tageszeit die Befragten bevorzugt am Computer sitzen.

- Wählen Sie in der Galerie den Diagrammtyp *Balken* aus.
- Klicken Sie auf das Symbol für das einfache Balkendiagramm und ziehen Sie es in die Diagrammvorschau.
- Ziehen Sie bei gedrückter Maustaste die Variable pczeit in das x-Achsen-Feld.
- Bestätigen Sie mit *OK*.

Es wird ein einfaches Balkendiagramm mit den absoluten Häufigkeiten der Variablen Tageszeit erstellt.

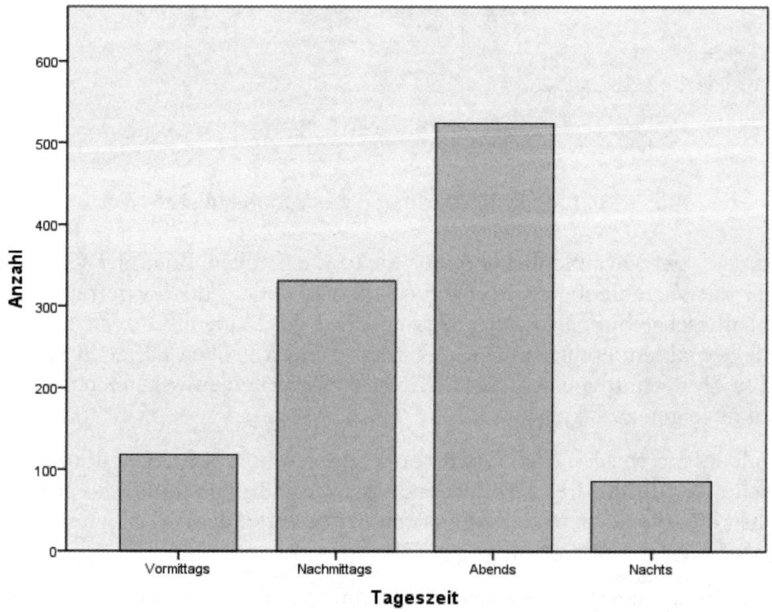

Bild 28.3: Einfaches Balkendiagramm mit absoluten Häufigkeiten

Wir wollen nun anstelle der absoluten Häufigkeiten die zugehörigen Prozentwerte darstellen.

- Wechseln Sie in den Chart Builder.
- Wählen Sie in der Dialogbox *Elementeigenschaften* im Feld *Statistik* die Option *Prozentsatz*. Sollte die Dialogbox nicht geöffnet sein, so klicken Sie in der Dialogbox *Diagrammerstellung* auf die Schaltfläche *Elementeigenschaften...*
- Bestätigen Sie mit *Anwenden* und *OK*.

Statt der Anzahl werden nunmehr die Prozentwerte auf der y-Achse abgetragen.

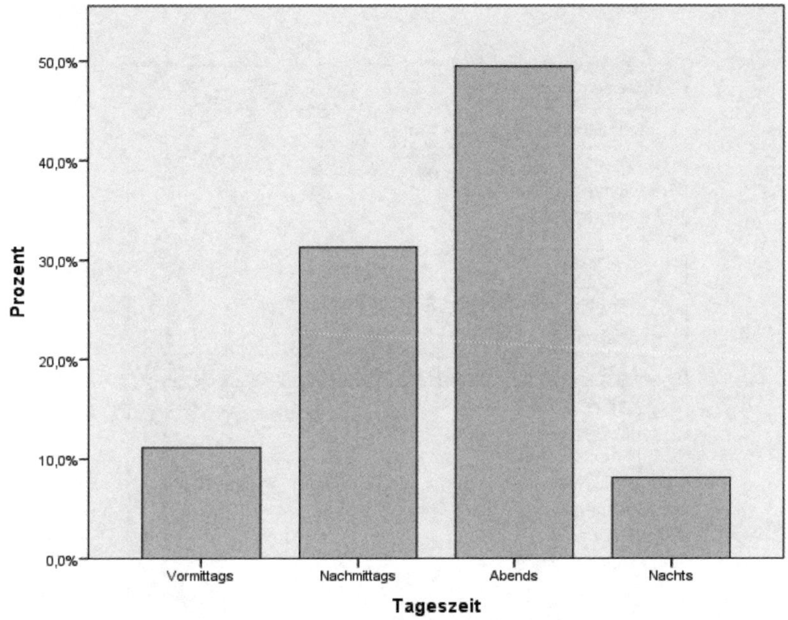

Bild 28.4: Einfaches Balkendiagramm mit Prozentwerten

Nach der Darstellung von absoluten Häufigkeiten und Prozentwerten in einfachen Balkendiagrammen soll im Folgenden gezeigt werden, wie Mittelwerte, Mediane oder andere Kennwerte einer zweiten Variablen in Abhängigkeit von einer kategorialen Variablen dargestellt werden können.

28.1.2 Einfaches Balkendiagramm: Kennwerte einer metrischen Variablen

Die Variable fachgr gibt sechs verschiedene Fächergruppen wieder, die Variable compstd die Anzahl der Stunden, welche die befragten Studierenden in der Woche vor dem PC verbringen. Wir wollen die mittlere Stundenzahl in Abhängigkeit von den Fächergruppen in einem einfachen Balkendiagramm darstellen.

- Klicken Sie in der Diagrammvorschau auf den Schalter *Zurücksetzen*.
- Wählen Sie in der Galerie den Diagrammtyp *Balken* aus.
- Klicken Sie auf das Symbol für das einfache Balkendiagramm und ziehen Sie es in die Diagrammvorschau.
- Ziehen Sie die Variable fachgr in das x-Achsenfeld und die Variable compstd in das y-Achsenfeld.
- Der Dialogbox *Elementeigenschaften* entnehmen Sie im Feld *Statistik*, dass der Mittelwert voreingestellt ist. Klicken Sie auf die Schaltfläche mit dem nach unten weisenden Pfeil, um sich einen Überblick über die zur Verfügung stehenden statistischen Kennwerte zu verschaffen.

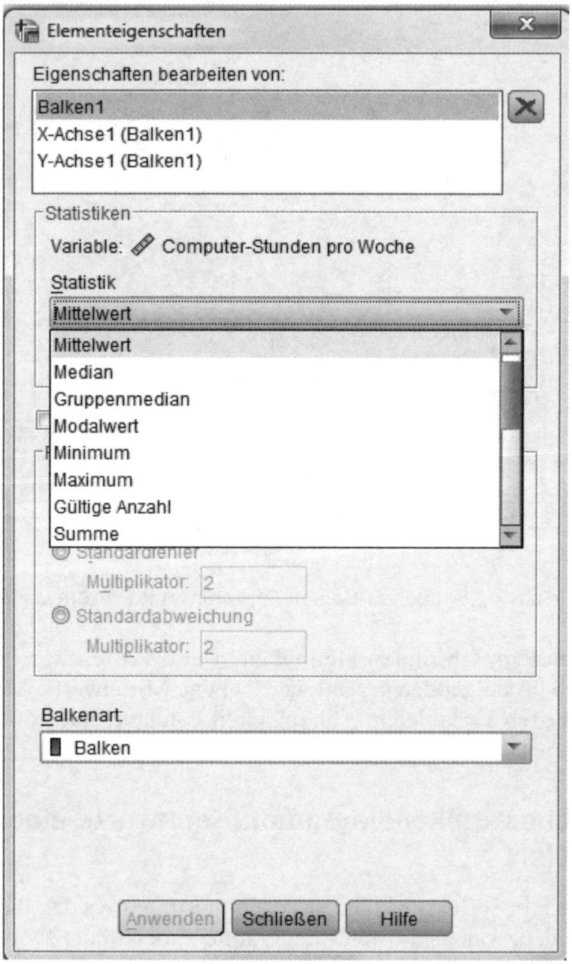

Bild 28.5: Statistische Kennwerte in der Dialogbox Elementeigenschaften

- Belassen Sie es beim voreingestellten Mittelwert und bestätigen Sie mit *OK*.

Das Balkendiagramm, welches anhand der Mittelwerte der Computerstunden pro Woche einen Überblick über die Computernutzung der einzelnen Fachgruppen vermittelt, wird in den Viewer übertragen.

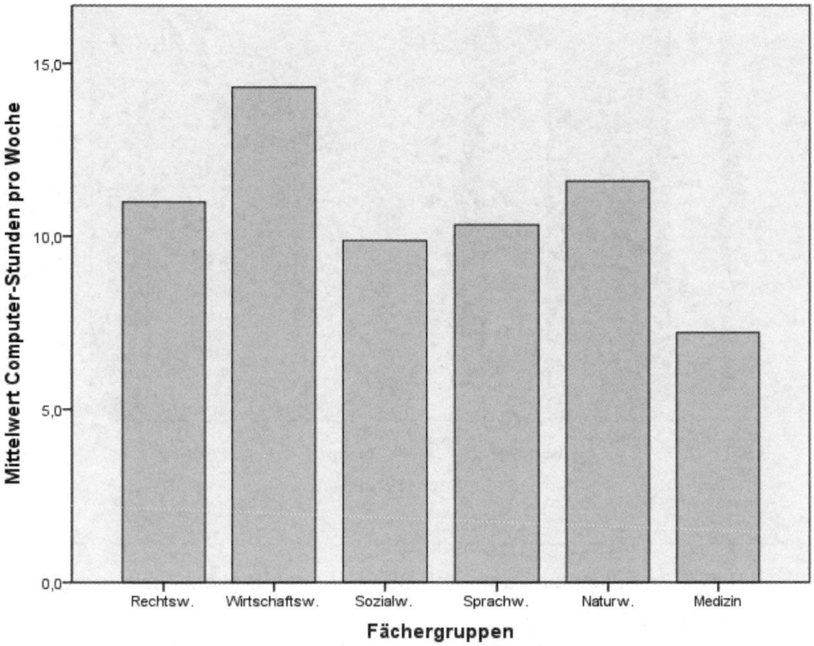

Bild 28.6: Einfaches Balkendiagramm mit Mittelwerten

Wir wollen das Diagramm im Diagrammeditor noch ein wenig bearbeiten; die Balken sollen dreidimensional sein und die jeweiligen Mittelwerte der Fachgruppen anzeigen.

- Übertragen Sie das Diagramm aus dem Viewer in den Diagrammeditor per Doppelklick mit der linken Maustaste.
- Klicken Sie doppelt auf eine Balkenfläche. Alle Balken sollten nunmehr mit einer Markierung angezeigt werden.
- Ziehen Sie aus der sich öffnenden Dialogbox *Eigenschaften* die Registerkarte *Tiefe und Winkel*. Aktivieren Sie im Feld *Effekt* die Option *3D* und bestätigen Sie mit *Anwenden*.
- Wählen Sie aus dem Menü des Diagrammeditors

  Elemente
      Datenbeschriftungen einblenden

Sie erhalten das folgende dreidimensionale Balkendiagramm.

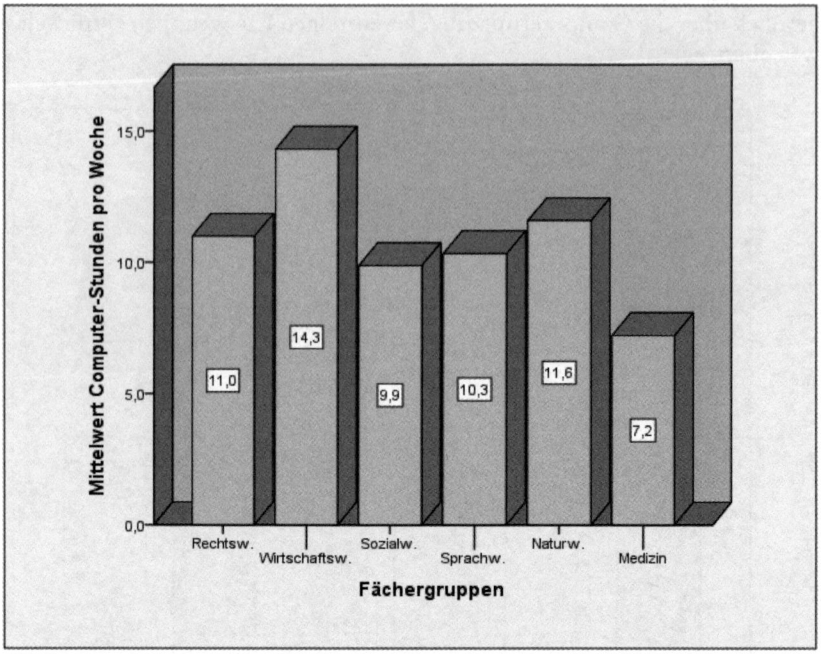

Bild 28.7: Balkendiagramm mit 3D-Effekt und Balkenbeschriftung

Wir wollen dieses Diagramm auf eine andere Weise ausgeben lassen. Angezeigt werden sollen Fehlerbalken, bei denen Konfidenzintervalle eingezeichnet sind.

- Wechseln Sie wieder in den Chart Builder. Die bisherigen Einstellungen sollten noch vorhanden sein.
- Aktivieren Sie in der Dialogbox *Elementeigenschaften* die Option *Fehlerbalken anzeigen*.
- Bestätigen Sie mit *Anwenden* und *OK*.

Im Viewer erscheint das Balkendiagramm mit Fehlerbalken.

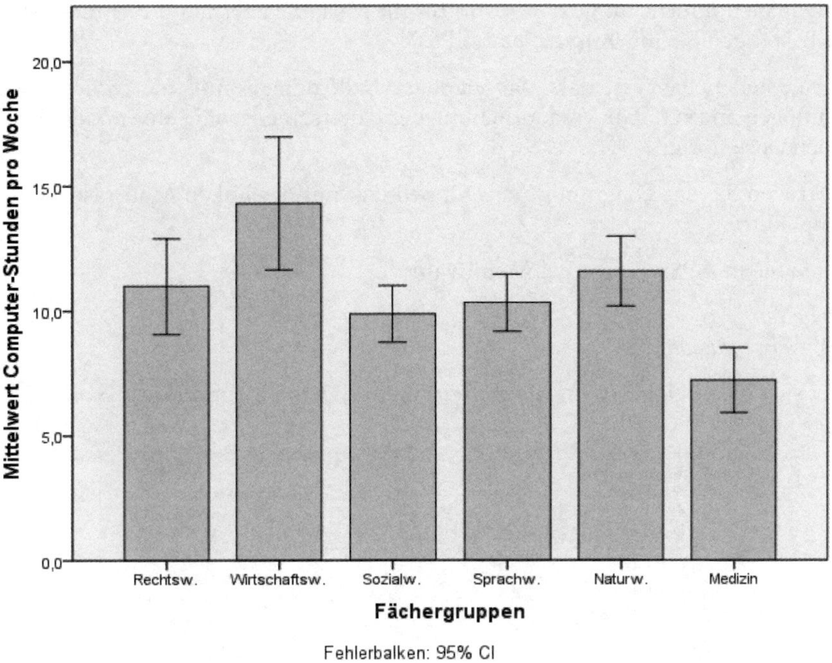

Bild 28.8: Balkendiagramm mit Fehlerbalken

Ein weiteres Beispiel soll die Bedeutung der Variablentypen vertiefen. Die Variable polgrund z. B. ist ebenso eine ordinale Variable wie die Variable uebstaat. Die erstgenannte Variable gibt mit den Kodierungen 1 = eher links, 2 = Mitte, 3 = eher rechts die politische Grundeinstellung der Befragten wieder, die letztgenannte Variable mit der Kodierung 1 = »stimme sehr zu« bis hin zu 5 = »stimme nicht zu« die Antwort auf das Statement »Computertechnologie schafft den Überwachungsstaat«.

- Wechseln Sie wieder in die Dialogbox *Diagrammerstellung* des Chart Builder. Klicken Sie hier zunächst auf den Schalter *Zurücksetzen*.
- Klicken Sie auf das Symbol für das einfache Balkendiagramm und ziehen Sie es in die Diagrammvorschau.
- Ziehen Sie bei gedrückter Maustaste die Variable polgrund in das x-Achsen-Feld und die Variable uebstaat in das y-Achsen-Feld.

Wir wollen den Mittelwert der Variablen uebstaat anzeigen lassen.

- In der Dialogbox *Elementeigenschaften* des Chart Builder erkennen Sie, dass die statistische Ausgabe dieses Wertes nicht vorgesehen ist, da es sich ja um eine kategoriale Variable handelt.
- Klicken Sie daher mit der rechten Maustaste auf die Variable uebstaat in der Variablenliste und definieren Sie die Variable uebstaat im sich öffnenden Kontextmenü als metrische Variable (*Skala*). Da die Änderung in der Diagrammvorschau nicht automatisch übernommen wird, übertragen Sie die Variable uebstaat erneut in das Feld für die y-Achse.

- Wählen Sie nunmehr im Feld *Statistik* für die Variable uebstaat die Option *Mittelwert* aus. Bestätigen Sie mit *Anwenden* und *OK*.

Im Viewer stellen Sie fest, dass das erzeugte Balkendiagramm nur recht geringfügige Abweichungen anzeigt. Zur Verdeutlichung der Unterschiede wäre eine andere Skalierung der Skalenachse nötig.

- Übertragen Sie das Diagramm per Doppelklick mit der linken Maustaste in den Diagrammeditor.
- Treffen Sie im SPSS-Editor die Menüwahl

  Bearbeiten

  Y-Achse auswählen

Es öffnet sich die Dialogbox *Eigenschaften* mit aktivierter Registerkarte *Skala*.

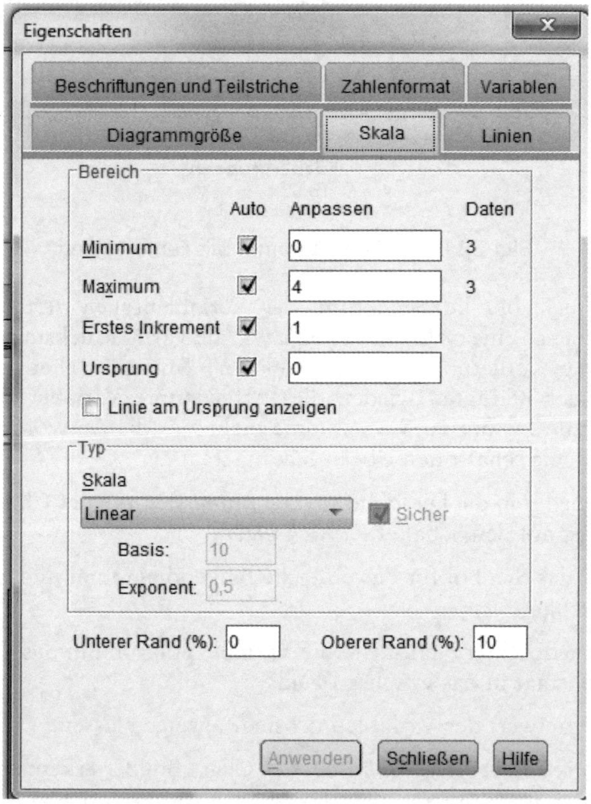

Bild 28.9: Dialogbox Skalenachse

- Klicken Sie jeweils auf das Feld *Anpassen* und legen Sie das *Minimum* auf 2,8 und die *Erste Unterteilung (Inkrement)* auf 0,2 fest.
- Bestätigen Sie mit *Anwenden* und *Schließen*.

Sie erhalten die folgende Grafik, welche die bestehenden Unterschiede visuell nun recht gut veranschaulicht.

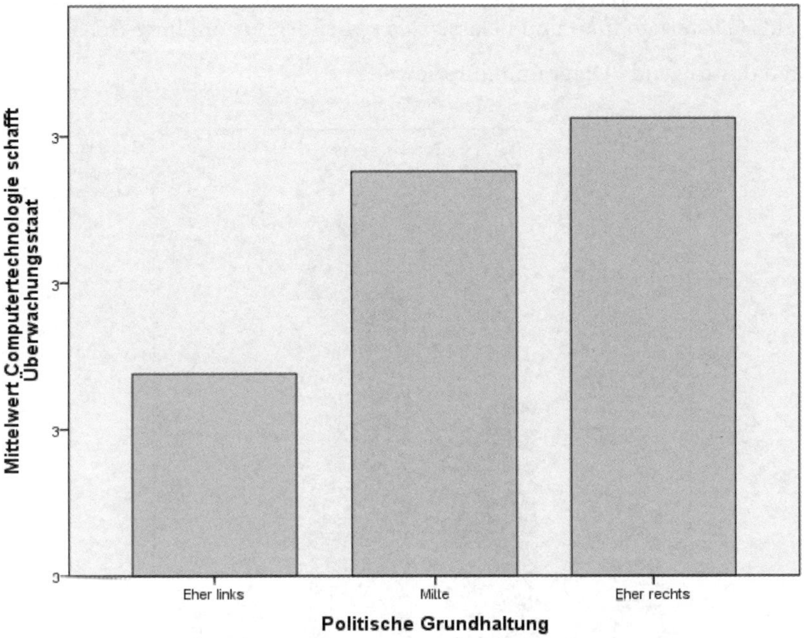

Bild 28.10: Einfaches Balkendiagramm mit korrigierter Skalenachse

Auf diese Weise können Sie natürlich jedes Balkendiagramm so manipulieren, dass gravierende Unterschiede angezeigt werden. Sie sollten das nur dann tun, wenn die betreffenden Unterschiede signifikant sind. Das ist im vorliegenden Beispiel der Fall, wie eine Überprüfung mit dem H-Test nach Kruskal und Wallis ergibt: Personen mit einer eher linken politischen Grundeinstellung stimmen dem Statement »Computertechnologie schafft den Überwachungsstaat« eher zu als Personen mit einer eher rechten politischen Grundeinstellung.

Leider wird bei diesem Balkendiagramm die größte Zustimmung bei den eher links orientierten Personen mit dem kürzesten Balken wiedergegeben, was auf die Art der Kodierung (1 = »stimme sehr zu«) zurückzuführen ist.

28.1.3 Gruppiertes Balkendiagramm

Die Antworthäufigkeiten bei der Frage »Zu welcher Tageszeit sitzen Sie bevorzugt am PC?« sollen in Abhängigkeit vom Geschlecht dargestellt werden. Dazu bieten sich verschiedene Möglichkeiten an.

- Wechseln Sie in die Dialogbox *Diagrammerstellung* des Chart Builder. Klicken Sie zunächst wieder auf den Schalter *Zurücksetzen*.

- Klicken Sie auf das Symbol für das gruppierte Balkendiagramm und ziehen Sie es in die Diagrammvorschau.
- Ziehen Sie die Variable pczeit in das x-Achsen-Feld, die Variable geschl in das z-Achsen-Feld (*Clustervariable*) und belassen sie es bei der Anzahl im y-Achsen-Feld.

Sie erhalten das folgende Diagramm im Viewer.

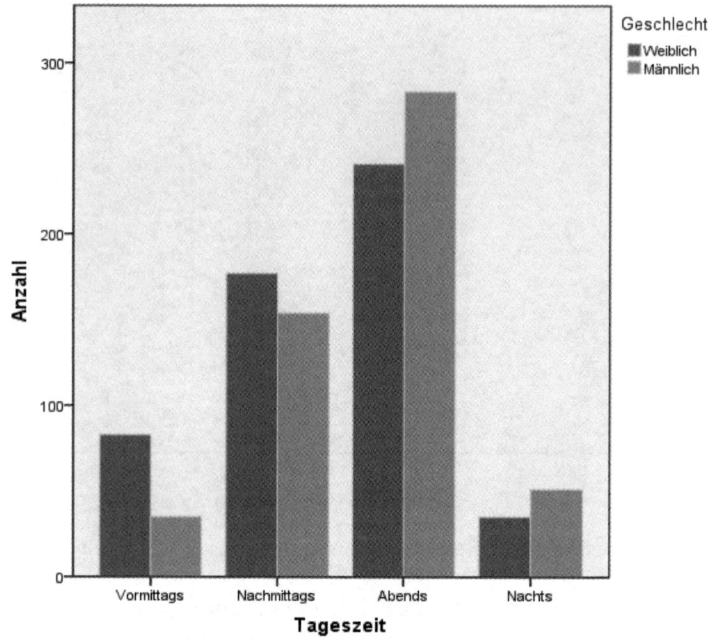

Bild 28.11: Gruppiertes Balkendiagramm mit Legendenvariable

Eine weitere Möglichkeit bietet die Angabe von Feldvariablen.

- Wechseln Sie in die Dialogbox *Diagrammerstellung* des Chart Builder. Klicken Sie zunächst wieder auf den Schalter *Zurücksetzen*.
- Klicken Sie auf das Symbol für das gruppierte Balkendiagramm und ziehen Sie es in die Diagrammvorschau.
- Ziehen Sie die Variable pczeit in das x-Achsen-Feld.
- Klicken Sie auf die Registerkarte *Gruppen/Punkt-ID*, deaktivieren Sie die Option *Clustervariable auf X* und aktivieren Sie stattdessen die Option *Spaltenfeldvariable*.
- Ziehen Sie die Variable geschl in das Feld für die Feldvariable.
- Bestätigen Sie mit *OK*.

Im Viewer werden zwei nach der Feldvariablen gruppierte Balkendiagramme angezeigt.

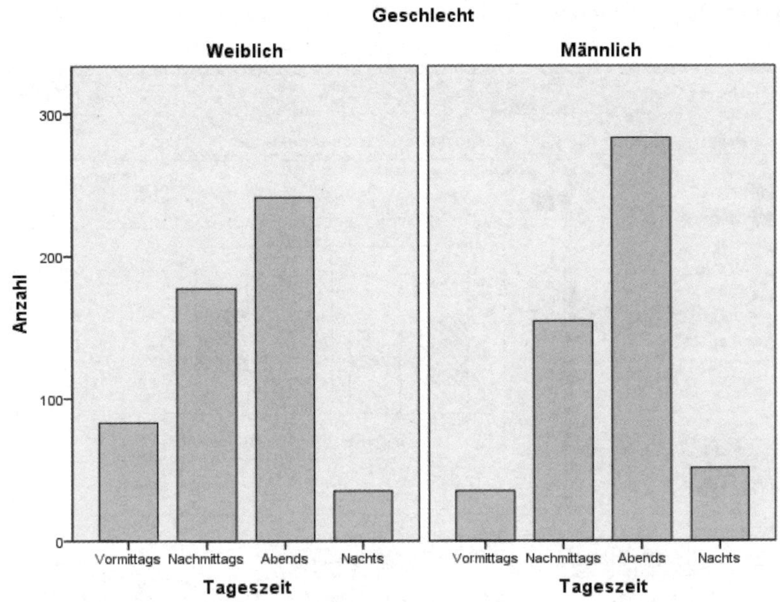

Bild 28.12: Nach einer Feldvariablen gruppierte Balkendiagramme

Die Angabe einer Feldvariablen ist vor allem dann sinnvoll, wenn diese viele Kategorien enthält.

28.1.4 Gestapeltes Balkendiagramm

Anstelle gruppierter Balkendiagramme können Sie gestapelte Balkendiagramme ausgeben lassen, wenn Sie in der Galerie das entsprechende Diagrammsymbol in die Diagrammvorschau ziehen.

- Laden sie die Datei titanic.sav.
- Treffen Sie die Menüwahl

  Grafik
  Diagrammerstellung...
- Wählen Sie in der Galerie den Diagrammtyp *Balken* aus.
- Klicken Sie auf das Symbol für das gestapelte Balkendiagramm und ziehen Sie es in die Diagrammvorschau.
- Ziehen Sie die Variable überlebt in das x-Achsenfeld, die Variable klasse in das Feld für die Stapelvariable.
- Klicken Sie auf die Registerkarte *Gruppen/Punkt-ID* und aktivieren Sie hier zusätzlich die Option *Spaltenfeldvariable*. Übertragen Sie die Variable sex in das für die Spaltenfeldvariable vorgesehene Feld.

Die Dialogbox *Diagrammerstellung* sollte nunmehr wie folgt aussehen.

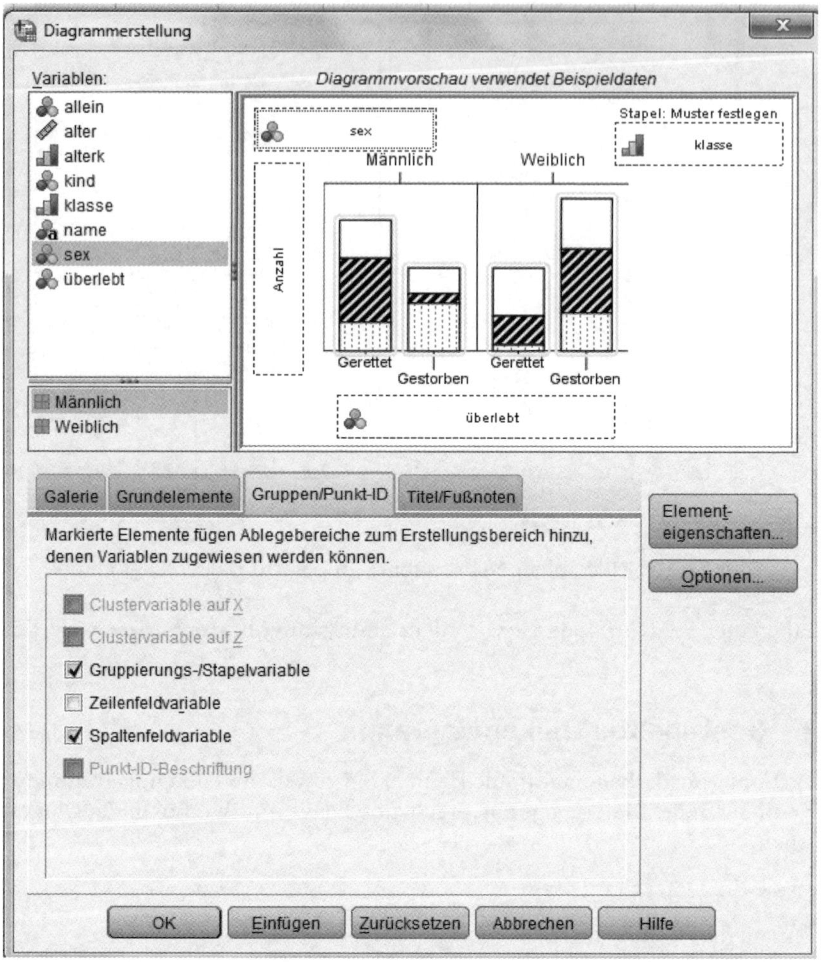

Bild 28.13: Dialogbox Diagrammerstellung: Gestapeltes Balkendiagramm

- Bestätigen Sie mit *OK*.

Wir wollen das Diagramm noch ein wenig verschönern.

- Übertragen Sie das Balkendiagramm per Doppelklick in den Diagrammeditor.
- Klicken Sie auf einen beliebigen Balken des Balkendiagramms.
- Ziehen Sie die Registerkarte *Tiefe und Winkel.*
- Wählen Sie die Option *3D* aus und ziehen Sie den horizontalen Regler im Feld *Winkel* ein wenig in den positiven Bereich, so dass Sie eine seitliche Aufsicht auf das Balkendiagramm erhalten.

Die Dialogbox Eigenschaften sieht nunmehr wie folgt aus.

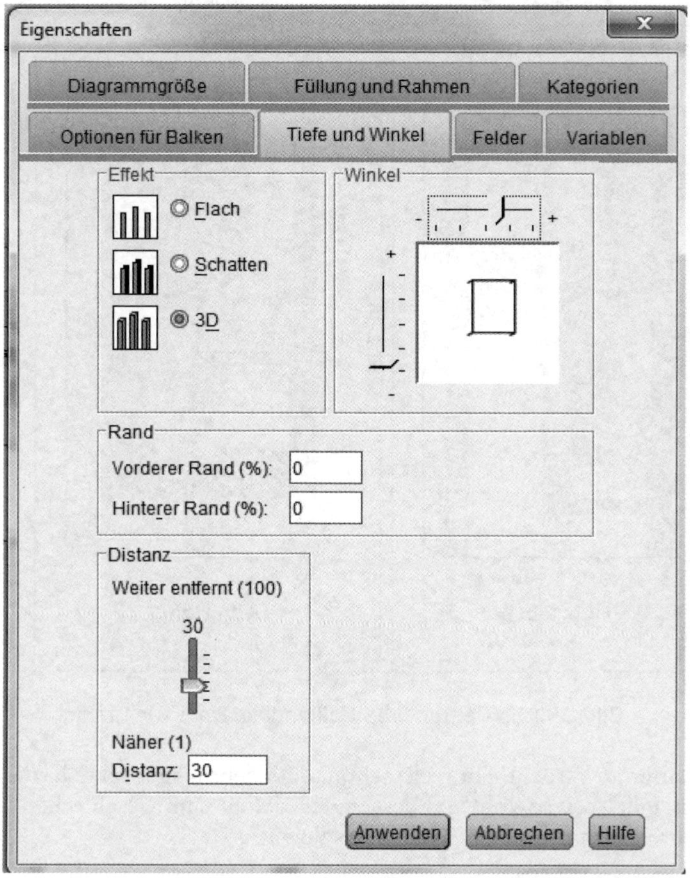

Bild 28.14: Dialogbox Eigenschaften: Registerkarte Tiefe und Winkel

- Bestätigen Sie mit *Anwenden*.

Das Balkendiagramm hat jetzt folgendes Aussehen.

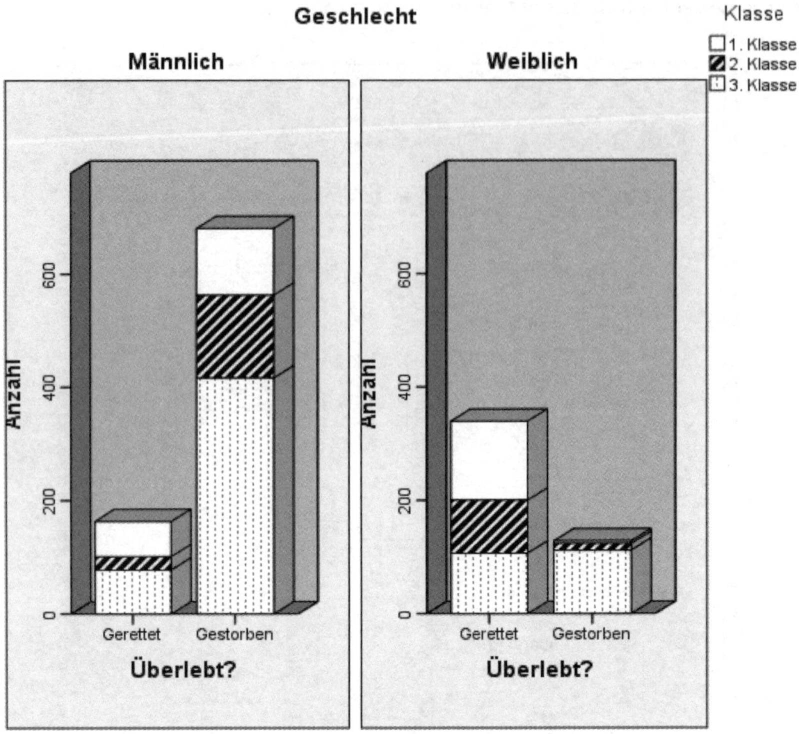

Bild 28.15: Gestapeltes Balkendiagramm zur Titanic

Das Balkendiagramm verdeutlicht recht schön, dass deutliche Effekte bezüglich der Überlebenswahrscheinlichkeit sowohl von der Zugehörigkeit zum Geschlecht als auch von der Klassenzugehörigkeit an Bord der Titanic ausgingen.

- Probieren Sie die verschiedenen Möglichkeiten des Einsatzes von Stapelvariable (Gruppierungsvariable), Zeilen- und Spaltenfeldvariable anhand dieses Beispiels selbständig aus.

Sie werden erkennen, dass die Diagrammvorschau des Chart Builder hierbei sehr hilfreich ist.

28.2 Liniendiagramm

Die Darstellung durch ein Liniendiagramm wird in der Regel gewählt, wenn ein zeitlicher Verlauf dargestellt wird. Dabei wird unterschieden zwischen der Darstellung einer Variablen (einfaches Liniendiagramm) und der Aufsplittung einer Variablen nach einer kategorialen Variablen (mehrfaches Liniendiagramm).

28.2.1 Einfaches Liniendiagramm

Die deutschen Brauereien beklagen in den letzten Jahren allgemein einen Rückgang des Bierkonsums. Diesen Rückgang wollen wir grafisch veranschaulichen.

- Laden Sie die Datei bierjahr.sav. Die Datei enthält die beiden Variablen jahr und bier. Die erste Variable beinhaltet die Jahreszahlen von 1970 bis 2006, die zweite Variable den mittleren Bierkonsum pro Einwohner in Litern.
- Wählen Sie aus dem Menü

  Grafik

  Diagrammerstellung...
- Wählen Sie aus der Galerie die Option *Linie*.
- Ziehen Sie das Symbol für das einfache Liniendiagramm in die Diagrammvorschau.
- Ziehen Sie die Variable jahr in das x-Achsen-Feld und die Variable bier in das y-Achsen-Feld.
- Wählen Sie in der Dialogbox *Elementeigenschaften* im Feld *Statistik* die Option *Mittelwert*.

Bedenken Sie, dass im gegebenen Beispiel für jedes Jahr nur ein Wert der abhängigen Variablen (bier) existiert; im allgemeinen Fall können zu jedem Wert der unabhängigen Variablen beliebig viele Werte vorliegen, aus denen dann z. B. der Mittelwert berechnet und grafisch dargestellt wird. Ein solches Beispiel folgt noch.

- Bestätigen Sie mit *Anwenden* und *OK*.

Sie erhalten das folgende einfache Liniendiagramm.

Bild 28.16: Einfaches Liniendiagramm

Zu beachten ist, dass die Skalenachse nicht bei 0 beginnt, wodurch der Abfall besonders drastisch ins Auge fällt.

Schließlich sei noch ein Beispiel gezeigt, bei dem tatsächlich Mittelwerte aus mehreren Werten berechnet werden. Eine Mineralwasserfirma behauptet, regelmäßiges Trinken ihres Wassers senke den Cholesterinspiegel. Um dies zu belegen, wurden 18 Probanden über einen Zeitraum von zwölf Wochen in einer entsprechenden Studie beobachtet. Die Datei enthält die beiden Variablen woche und chol. Die Variable woche gibt über die Werte 0 bis 12 die betreffende Woche wieder, die Variable chol den Cholesterinspiegel. Der Wert bei Woche 0 ist der Ausgangswert vor Beginn der Trinkkur. Jeder Wochenwert tritt dabei 18 Mal auf.

- Laden Sie die Datei mineral.sav.
- Treffen Sie die Menüwahl

  Grafik
  Diagrammerstellung...

- Wählen Sie aus der Galerie des Chart Builder die Option *Linie*.
- Ziehen Sie das Symbol für das einfache Liniendiagramm in die Diagrammvorschau.
- Ziehen Sie die Variable woche in das x-Achsen-Feld und die Variable chol in das y-Achsen-Feld.
- Aktivieren Sie in der Dialogbox *Elementeigenschaften* die Option *Fehlerbalken anzeigen*.
- Bestätigen Sie mit *Anwenden* und *OK*.

Das Diagramm erscheint im Viewer.

- Übertragen Sie es per Doppelklick in den Diagrammeditor.
- Wählen Sie aus dem Menü des Diagrammeditor

  Bearbeiten
  Y-Achse auswählen

Es öffnet sich die Dialogbox *Eigenschaften* mit aktivierter Registerkarte *Skala*.

- Tragen Sie unter *Ursprung* in das Feld *Anpassen* den Wert 240 ein.
- Bestätigen Sie mit *Anwenden*.

Sie erhalten das folgende Diagramm.

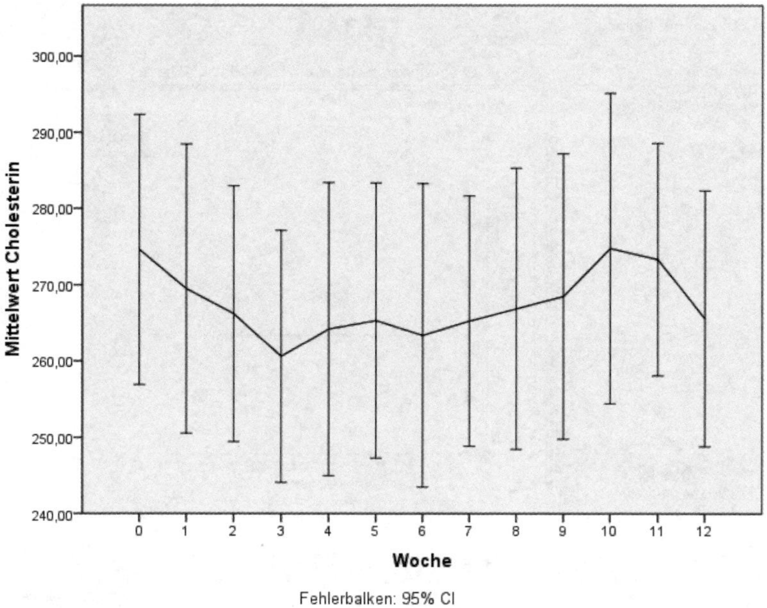

Bild 28.17: Einfaches Liniendiagramm mit Konfidenzintervall

In den ersten drei Wochen ist in der Tat eine deutliche Senkung des Cholesterinspiegels festzustellen; anschließend steigen die Werte allerdings wieder an.

28.2.2 Mehrfaches Liniendiagramm

Mehrfache Liniendiagramme erhalten Sie, wenn Sie eine Aufsplittung nach den Kategorien einer kategorialen Variablen vornehmen.

- Laden Sie die Datei getraenke.sav.

Diese Datei enthält den Pro-Kopf-Konsum dreier verschiedener Getränkearten aus den Jahren 1991 bis 1997. Die Variable jahr gibt das Jahr an, die Variable verbr den Pro-Kopf-Verbrauch in Litern und die Variable getraenk die Getränkesorte (1 = Alkoholhaltige; 2 = Wasser, Säfte; 3 = Kaffee, Tee, Milch).

- Wählen Sie aus der Galerie des Chart Builder die Option *Linie*.
- Ziehen Sie das Symbol für das mehrfache Liniendiagramm in die Diagrammvorschau.

Die Diagrammvorschau sieht nunmehr wie folgt aus.

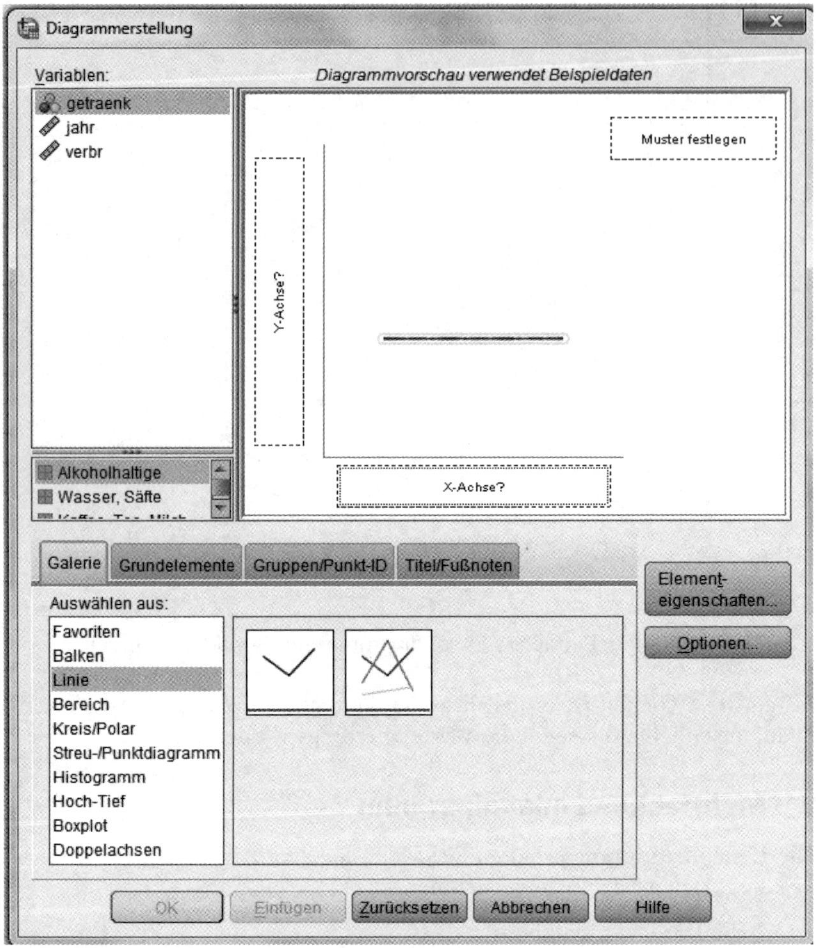

Bild 28.18: Arbeitsfläche für mehrfache Liniendiagramme in der Diagrammvorschau

- Ziehen Sie die Variable jahr in das x-Achsen-Feld, die Variable verbr in das y-Achsen-Feld und die Variable getraenk in das Feld für die Legendenvariable (*Muster festlegen*).
- Bestätigen Sie mit *OK*.

Sie erhalten das folgende dreidimensionale Liniendiagramm.

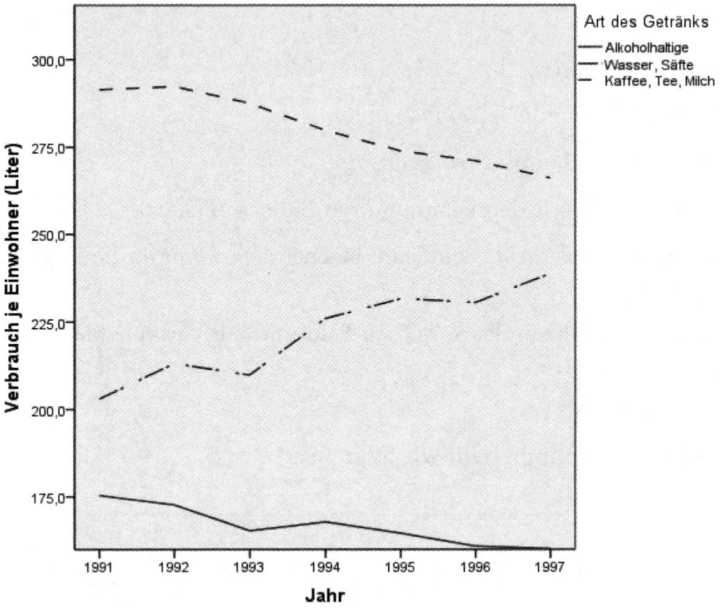

Bild 28.19: Mehrfaches Liniendiagramm

Sollten auf Ihrem Bildschirm die Linien farblich und nicht mittels verschiedener Muster kenntlich gemacht sein, so können Sie dies problemlos ändern.

- Wählen Sie aus dem Menü des Dateneditor

  Bearbeiten
    Optionen...

- Ziehen Sie in der Dialogbox *Optionen* die Registerkarte *Diagramme* und wählen Sie unter *Vorgabe für Stilauswahlmethode* die Option *Nur Muster durchlaufen*.

Das Diagramm zeigt einen Rückgang der alkoholhaltigen Getränke und von Kaffee, Tee und Milch, aber einen starken Anstieg von Wasser und Säften.

28.3 Flächendiagramm

Werden bei Liniendiagrammen die Flächen unterhalb der Linien ausgefüllt, spricht man von Flächendiagrammen. Diese wirken in der Regel etwas plakativer.

28.3.1 Einfaches Flächendiagramm

Zur Vorstellung eines einfachen Flächendiagramms greifen wir auf die bereits vorgestellte Datei bierjahr.sav zurück, welche den Bierkonsum in den Jahren 1970 bis 2006 wiedergibt.

- Laden Sie die Datei bierjahr.sav.
- Wählen Sie aus dem Menü

  Grafik
  Diagrammerstellung...

Es öffnet sich die Dialogbox *Diagrammerstellung.*

- Klicken Sie auf den Schalter *Zurücksetzen.*
- Wählen Sie in der Galerie den Diagrammtyp *Bereich (Fläche).*
- Ziehen Sie das Symbol für das einfache Flächendiagramm in die Fläche für die Diagrammvorschau.
- Ziehen Sie Variable jahr in das x-Achsen-Feld und die Variable bier in das y-Achsen-Feld.
- Bestätigen Sie mit *OK.*

Das einfache Flächendiagramm sieht wie folgt aus.

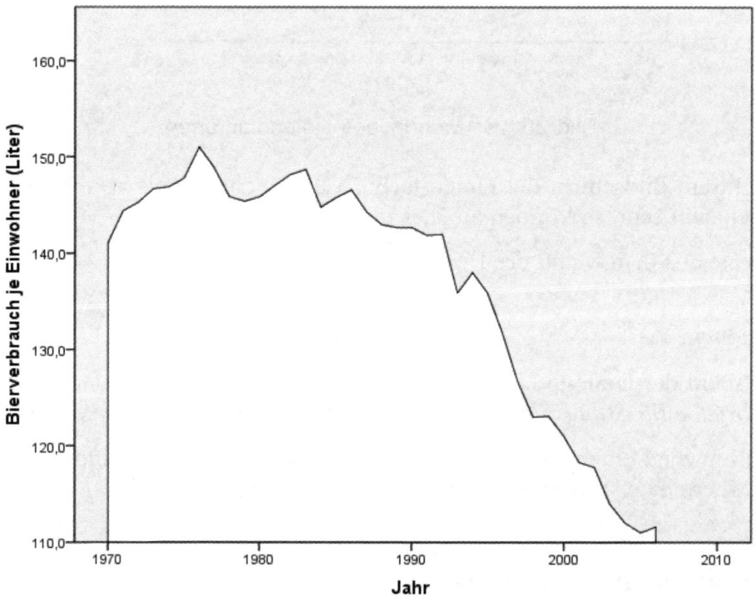

Bild 28.20: Einfaches Flächendiagramm

Der »Absturz des Bieres« beim Verbrauch wird beim einfachen Flächendiagramm recht deutlich.

28.3.2 Gestapeltes Flächendiagramm

Zur Vorstellung eines gestapelten Flächendiagramms greifen wir noch einmal auf die Datei getraenke.sav zurück, welche den Pro-Kopf-Konsum dreier verschiedener Getränkearten wiedergibt.

- Laden Sie die Datei getraenke.sav.
- Wählen Sie aus dem Menü

  Grafik
  Diagrammerstellung...

- Klicken Sie in der Dialogbox *Diagrammerstellung* zunächst auf den Schalter *Zurücksetzen*.
- Wählen Sie in der Galerie den Diagrammtyp *Bereich (Fläche)*.
- Ziehen Sie das Symbol für das gestapelte Flächendiagramm in die Fläche für die Diagrammvorschau.
- Ziehen Sie Variable jahr in das x-Achsen-Feld, die Variable verbr in das y-Achsen-Feld und die Variable getraenk in das Feld mit der Beschriftung *Stapel: Muster festlegen*.
- Bestätigen Sie mit *OK*.

Das gestapelte Flächendiagramm sieht wie folgt aus.

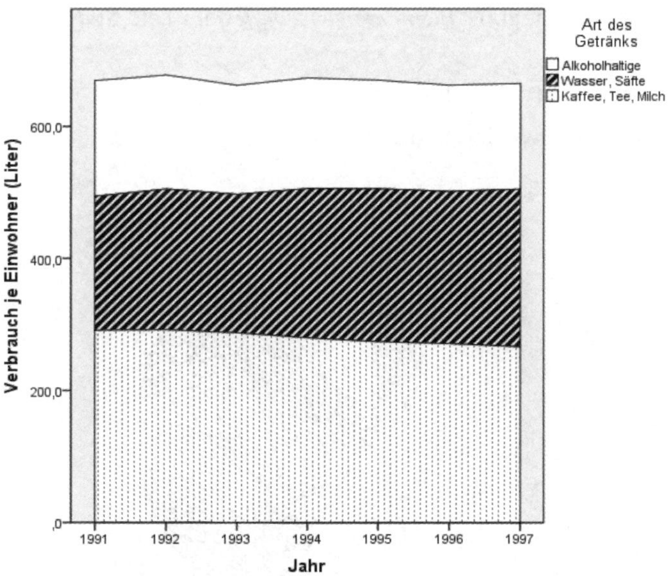

Bild 28.21: Gestapeltes Flächendiagramm

Auch das gestapelte Flächendiagramm veranschaulicht den Anstieg des Verbrauches bei »Wasser und Säften« recht gut.

28.4 Kreisdiagramm

Ein Kreisdiagramm ist eine beliebte Darstellungsform einer kategorialen Variablen und wird häufig dann gewählt, wenn die Anzahl der Kategorien nicht allzu groß ist. Dargestellt werden können die absoluten oder prozentualen Häufigkeiten dieser Kategorien oder aber die Wertesummen einer damit verknüpften metrischen Variablen, falls diese sich über ihre Kategorien zu einer Gesamtsumme, die hundert Prozent entspricht, in sinnvoller Weise aufaddieren lassen. Im Rahmen des Chart Builder bietet SPSS in der Version 20 nur einfache Kreisdiagramme an, gestapelte und geplottete Kreisdiagramme fehlen leider.

In Kap. 28.1.1 wurde die Datei pcalltag.sav vorgestellt, die einige ausgewählte Variablen einer Untersuchung zu »Computer im Alltag« enthält. Wir wollen die Variable pczeit (»Zu welcher Tageszeit sitzen Sie bevorzugt am PC?«) als Kreisdiagramm darstellen.

- Laden Sie die Datei pcalltag.sav.
- Wählen Sie aus dem Menü

  Grafik

  Diagrammerstellung...
- Wählen Sie in der Galerie den Diagrammtyp *Kreis/Polar.*
- Ziehen Sie das Symbol für das einfache Kreisdiagramm in die Fläche für die Diagrammvorschau.
- Ziehen Sie die Variable pczeit in das Feld *Aufteilen nach.*
- Wählen Sie in der Dialogbox *Elementeigenschaften* im Feld *Statistik* die Option *Prozentsatz.*
- Bestätigen Sie mit *Anwenden* und *OK.*

Das Kreisdiagramm sieht wie folgt aus.

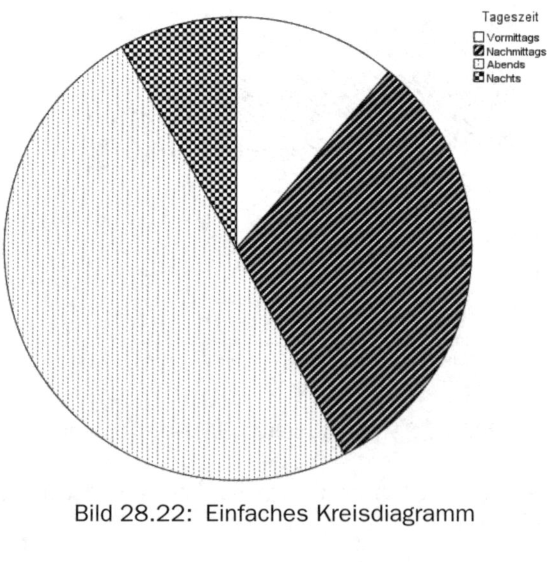

Bild 28.22: Einfaches Kreisdiagramm

Sie können mehrere Kreisdiagramme neben- und übereinander anordnen, wenn Sie eine oder mehrere Feldvariablen angeben. Wir wollen die Variable polgrund (politische Grundeinstellung) in Abhängigkeit von den Variablen geschl (Geschlecht) und internet (Internetnutzung, ja oder nein) darstellen.

- Wechseln Sie in die Dialogbox *Diagrammerstellung* des Chart Builder.
- Klicken Sie zunächst auf den Schalter *Zurücksetzen.*
- Wählen Sie in der Galerie den Diagrammtyp *Kreis/Polar.*
- Ziehen Sie das Symbol für das einfache Kreisdiagramm in die Fläche für die Diagrammvorschau.
- Ziehen Sie die Variable internet in das Feld *Aufteilen nach* und wählen Sie in der Dialogbox *Elementeigenschaften* wieder die Option *Prozentsatz* unter *Statistik.* Bestätigen Sie mit *Anwenden.*
- Klicken Sie auf die Registerkarte *Gruppen/Punkt-ID* und aktivieren Sie die Option *Zeilenfeldvariable.* Ziehen Sie die Variable geschl in das für die Zeilenfeldvariable vorgesehene Feld.
- Klicken Sie auf die Option *Spaltenfeldvariable* und ziehen Sie die Variable fachgr in das für die Spaltenfeldvariable vorgesehen Feld.
- Bestätigen Sie mit *OK.*

Das Kreisdiagramm unter dem Einfluss der beiden Feldvariablen sieht wie folgt aus.

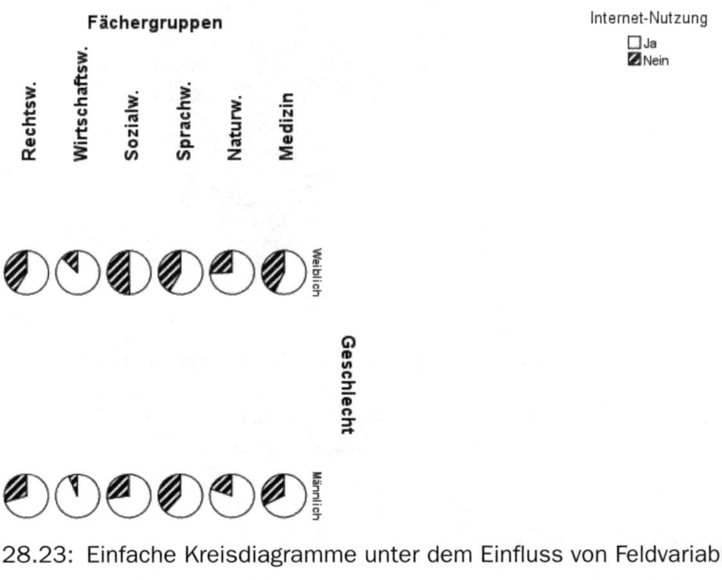

Bild 28.23: Einfache Kreisdiagramme unter dem Einfluss von Feldvariablen

Deutliche Unterschiede bezüglich der Internetnutzung sind sowohl zwischen den Geschlechtern als auch zwischen den einzelnen Fachgruppen ersichtlich.

Als letztes Beispiel eines einfachen Kreisdiagramms sei die Darstellung von Summen einer metrischen Variablen in Abhängigkeit von den Kategorien einer abhängigen Variablen gezeigt.

- Wechseln Sie in die Dialogbox *Diagrammerstellung* des Chart Builder.
- Klicken Sie auf den Schalter *Zurücksetzen*.
- Wählen Sie in der Galerie wieder den Diagrammtyp *Kreis/Polar* und ziehen Sie das Symbol für das einfache Kreisdiagramm in die Fläche für die Diagrammvorschau.
- Ziehen Sie die Variable pczeit in das Feld *Aufteilen nach*.
- Als Auswertungsvariable definieren Sie die Variable compstd. Diese gibt an, wie viele Wochenstunden die Studierenden am Computer verbringen. Belassen Sie es bei der voreingestellten Summendarstellung.
- Bestätigen Sie mit *OK* und übertragen Sie anschließend das Diagramm per Doppelklick in den Diagrammeditor. Wählen Sie dort aus dem Menü *Optionen – Titel* und geben Sie den Titel »Computer-Nutzungszeit« ein.

Das Kreisdiagramm mit Summendarstellung sieht nunmehr wie folgt aus.

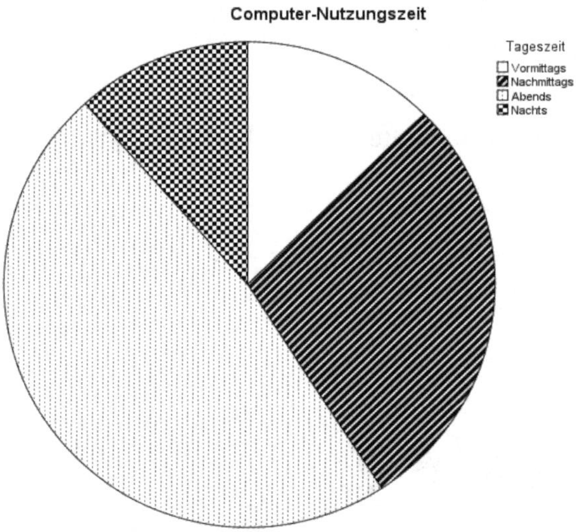

Bild 28.24: Kreisdiagramm mit Summendarstellung

Sie entnehmen dem Diagramm, dass die weitaus meiste Zeit abends vor dem Computer verbracht wird und die wenigste Zeit vormittags und nachts.

28.5 Streudiagramm

Mit Hilfe von Streudiagrammen werden die Beziehungen zwischen zwei intervallskalierten Variablen in Form einer Punktwolke beschrieben. Auch dreidimensionale Streudiagramme sind möglich, wenn sie auch in der Regel nur schwer interpretierbar sind.

In der Datei welt.sav sind von 109 Ländern einige Variablen gespeichert: der Name des Landes, eine Kodierung der Region, die mittlere Lebenserwartung der Männer und Frauen sowie die tägliche Kalorienaufnahme.

Wir wollen die mittlere Lebenserwartung der Männer in Abhängigkeit von der täglichen Kalorienaufnahme darstellen.

- Laden Sie die Datei welt.sav.
- Wählen Sie aus dem Menü

  Grafik
  Diagrammerstellung...
- Wählen Sie aus der Galerie die Option *Streu-/Punktdiagramm*.
- Ziehen Sie das Symbol für das einfache Streudiagramm in die Diagrammvorschau.
- Ziehen Sie die Variable kalorien in das x-Achsen-Feld und die Variable lem in das y-Achsen-Feld.
- Klicken Sie auf die Registerkarte *Gruppen/Punkt-ID* und aktivieren Sie hier die Option *Punkt-ID-Beschriftung*.
- Ziehen Sie die Variable land in das Feld für die Punktbeschriftungsvariable.
- Bestätigen Sie mit *OK*.

Das Streudiagramm sieht wie folgt aus.

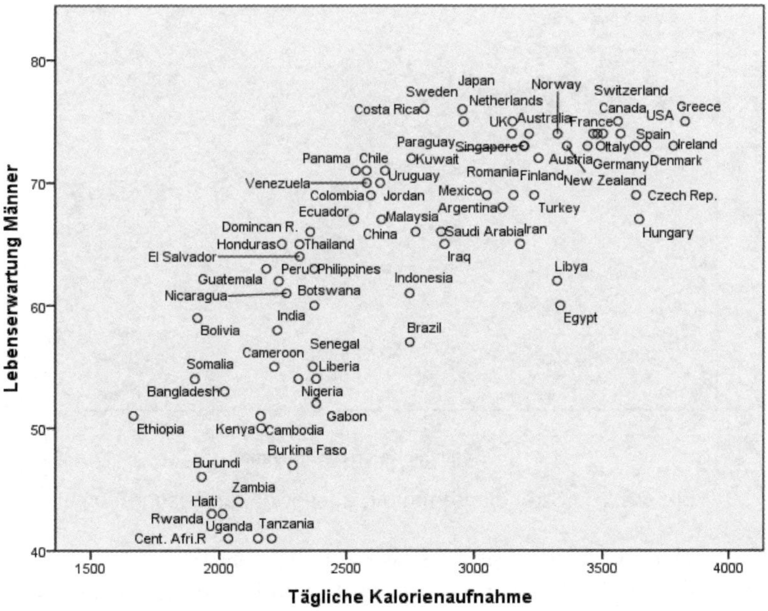

Bild 28.25: Streudiagramm mit Beschriftung

Das Anzeigen der Fallbeschriftungen ist offensichtlich nur ratsam bei verhältnismäßig wenigen Fällen, da sonst in der Regel mehrere Beschriftungen übereinander geschrieben und damit unleserlich werden. Alternativ zum Anzeigen aller Fallbeschriftungen können Sie gezielt einzelne Fälle auswählen, die Sie mit einer Beschriftung versehen möchten.

- Transportieren Sie per Doppelklick das Diagramm in den Diagrammeditor.
- Um zunächst die Fallbeschriftungen wieder zu löschen, wählen Sie aus dem Menü

  Elementе
  Datenbeschriftungen ausblenden

- Wählen Sie sodann aus dem Menü

  Elemente
  Datenbeschriftungsmodus

- Ziehen Sie das Symbol für den Datenbeschriftungsmodus auf diejenigen Punkte, die Sie mit Fallbeschriftungen versehen wollen, z. B. auf die Länder Griechenland, Türkei, Brasilien und Äthiopien. Bestätigen Sie jeweils mit der linken Maustaste.

Das Streudiagramm sieht nunmehr wie folgt aus.

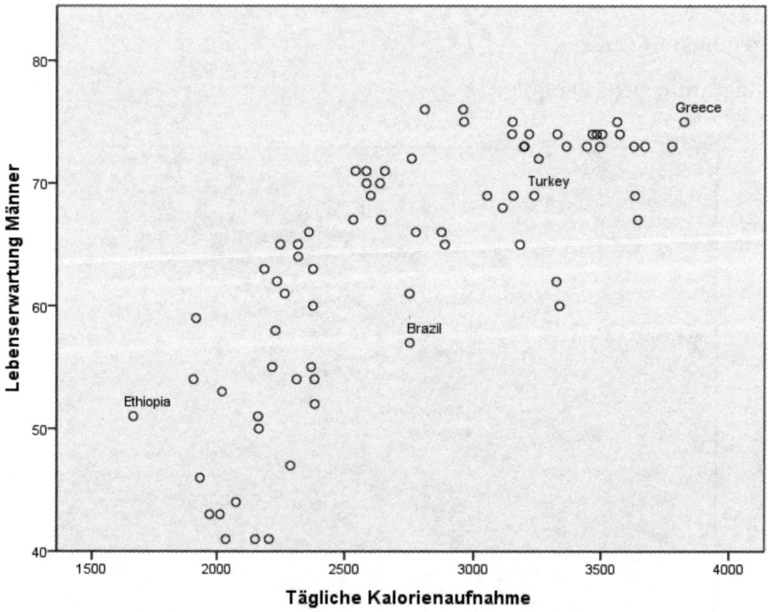

Bild 28.26: Streudiagramm mit ausgewählter Beschriftung

Die Länder der Datei welt.sav sind nach sechs verschiedenen Regionen gegliedert. Wir wollen das Streudiagramm zwischen Kalorienzufuhr und Lebenserwartung wieder für alle Länder aufbauen, statt der einzelnen Ländernamen aber die Regionszugehörigkeit anzeigen lassen.

- Ziehen Sie in der Dialogbox *Diagrammerstellung* des Chart Builder die Variable region statt der Variablen land in das Feld für die Punktbeschriftungsvariable.

Das Streudiagramm sieht wie folgt aus.

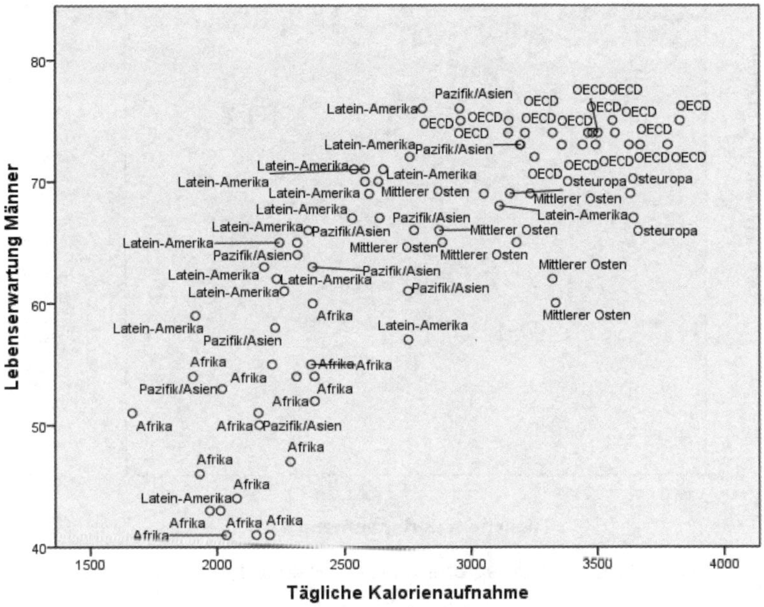

Bild 28.27: Streudiagramm mit Regionsangabe

Sie können z. B. sehr gut die Länder der armen Region Afrika (links unten) und der reichen Region OECD (rechts oben) erkennen.

Zwar ist das Diagramm mit Hilfe der Variablen region bereits deutlich übersichtlicher geworden, noch besser wäre indes die Einführung eines Symbols für die Gruppierungsvariable.

- Ziehen Sie die Registerkarte *Gruppen/Punkt-ID* und aktivieren Sie hier die Option *Gruppierungs-/Stapelvariable* statt *Punkt-ID-Beschriftung.*
- Ziehen Sie die Variable region in das Feld *Muster festlegen.*
- Bestätigen Sie mit *OK.*

Das Streudiagramm enthält nunmehr für jede Region unterschiedliche Symbole.

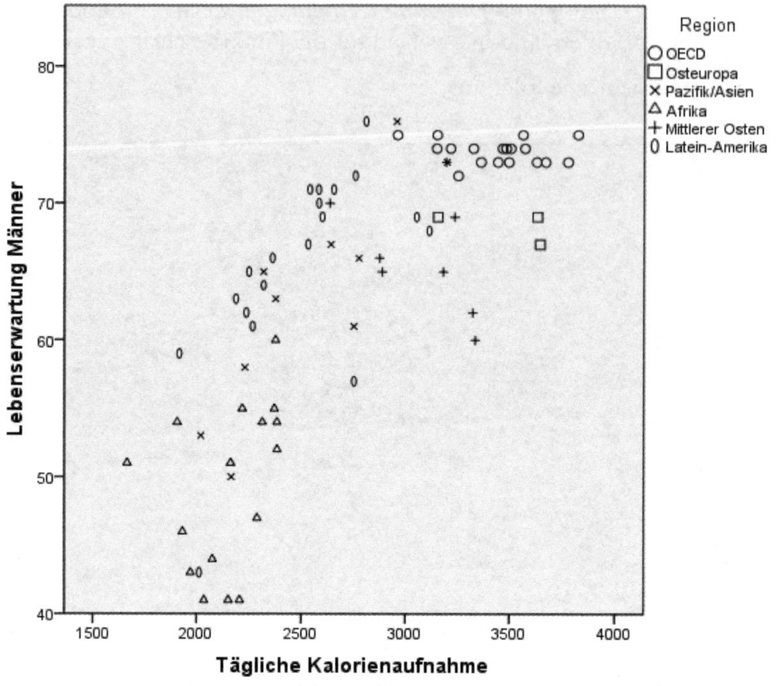

Bild 28.28: Streudiagramm mit unterschiedlichen Symbolen

Schließlich soll in das Streudiagramm noch die Regressionsgerade nebst einem Konfidenzintervall eingetragen werden.

- Übertragen Sie zu diesem Zweck per Doppelklick die Grafik in den Diagrammeditor.
- Wählen Sie aus dem Menü

  Elemente
  Anpassungslinie bei Gesamtsumme

- Aktivieren Sie in der Dialogbox *Eigenschaften* unter *Anpassungsmethode* die Option *Linear* und unter *Konfidenzintervalle* die Option *Mittelwert*. Belassen Sie es bei der Einstellung des 95%-Konfidenzintervalls.
- Bestätigen Sie mit *Anwenden*.

Im Diagramm sind nun die Regressionsgerade und zwei Konfidenzlinien eingezeichnet.

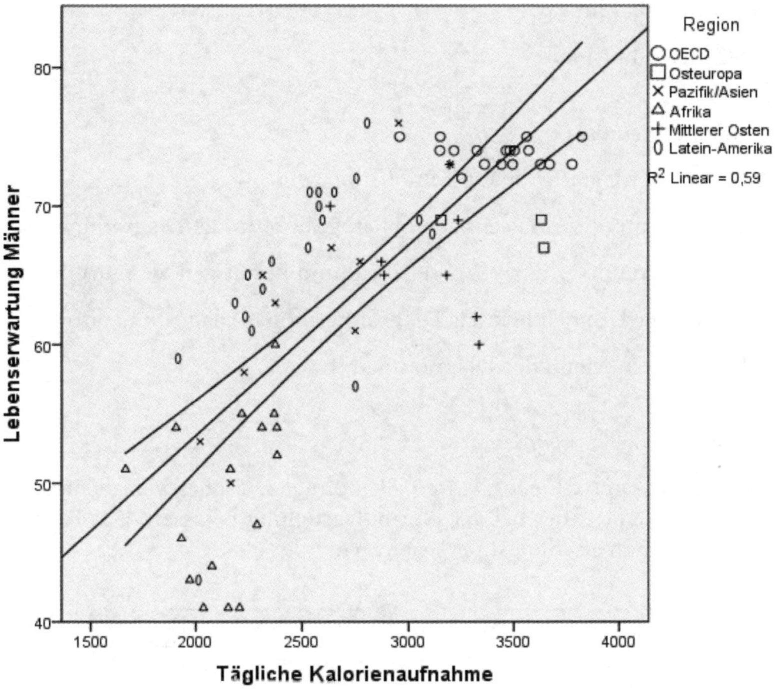

Bild 28.29: Streudiagramm mit Regressionsgerade und Konfidenzlinien

- Falls Sie die Legende eher stört, so können Sie diese mit Hilfe der Menüwahl

  Optionen
  Legende ausblenden

  deaktivieren.

28.6 Histogramm

Histogramme stellen die Verteilung von intervallskalierten Variablen dar. Dabei werden die Werte in Intervalle eingeteilt, die Intervallhäufigkeiten ausgezählt und dann in Form zusammenhängender Balken dargestellt. Voreinstellungsgemäß werden Anzahl und Breite der Intervalle von SPSS automatisch vorgenommen; auf Wunsch kann diese auch der Anwender definieren.

28.6.1 Einfaches Histogramm

Wir wollen die Verteilung der Körpergröße (Variable gr) des Patientenkollektivs der Datei klin.sav mit Hilfe eines Histogramms darstellen.

- Laden Sie die Datei klin.sav.
- Wählen Sie aus dem Menü

  Grafik
  Diagrammerstellung...
- Wählen Sie aus der Galerie die Option *Histogramm*.
- Ziehen Sie das Symbol für das einfache Histogramm in die Diagrammvorschau.
- Ziehen Sie die Variable gr das x-Achsen-Feld und bestätigen Sie mit OK.
- Übertragen Sie per Doppelklick das Diagramm in den Diagrammeditor.
- Wählen Sie aus dem Menü des Diagrammeditors

  Elemente
  Verteilungskurve einblenden

Es öffnet sich die Dialogbox *Eigenschaften*. Sie können zwischen verschiedenen Verteilungen wählen; wir wollen es aber bei der Normalverteilung belassen. Das Histogramm mit eingezeichneter Normalverteilungskurve sieht wie folgt aus.

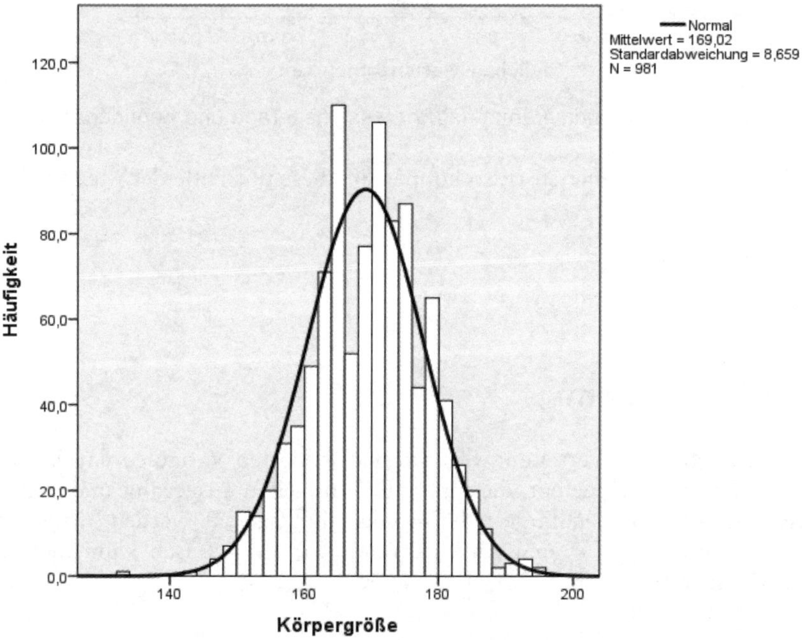

Bild 28.30: Histogramm mit Normalverteilungskurve

In der Legende werden der Mittelwert, die Standardabweichung und die Fallzahl angezeigt. Um zu entscheiden, ob eine Variable normalverteilt ist oder nicht, sollten Sie sich allerdings nicht auf den Augenschein verlassen, sondern einen objektiven statistischen Test durchführen. Hier bietet SPSS den Kolmogorov-Smirnov-Test an (siehe Kap. 12.5); dieser liefert im Fall der Körpergröße mit p = 0,02 eine signifikante Abweichung der gegebenen Verteilung von der Normalverteilung.

28.6.2 Gestapeltes Histogramm

Wir wollen die Variable Geschlecht als Gruppierungsvariable ins Spiel bringen.

- Ziehen Sie das Symbol für das gestapelte Histogramm in die Diagrammvorschau.
- Ziehen Sie die Variable gr in das x-Achsen-Feld und die Variable geschl in das z-Achsen-Feld beschriftet mit *Stapel: Muster festlegen.*
- Bestätigen Sie mit *OK.*

Es erscheint ein gruppiertes Histogramm im Viewer.

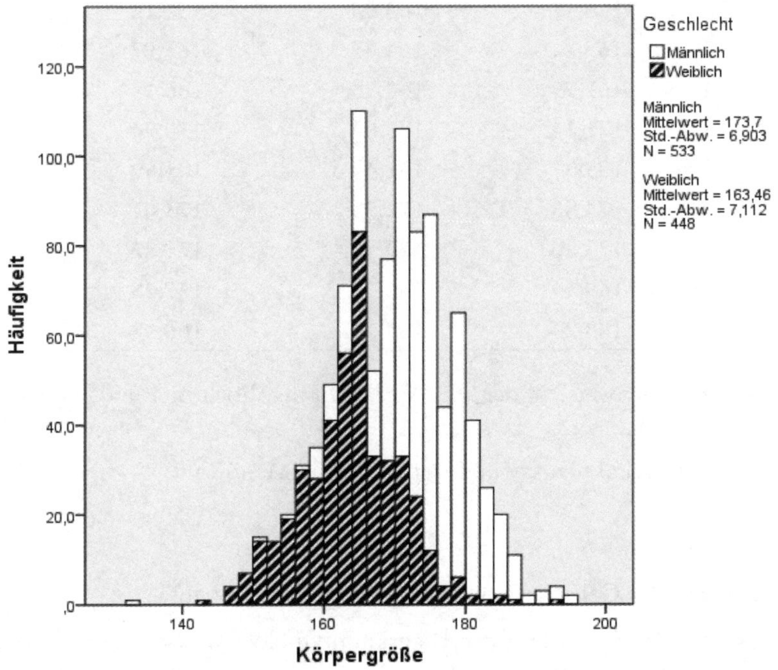

Bild 28.31: Gruppiertes Histogramm

Getrennt nach den beiden Geschlechtern werden in der Legende wieder der Mittelwert, die Standardabweichung und die Fallzahl angezeigt; wobei in der zugrundegelegten Grundgesamtheit Männer im arithmetischen Mittel zehn Zentimeter größer sind als Frauen.

28.7 Hoch-Tief-Diagramme

Beobachten Sie etwa Aktiennotierungen, so gibt es während einer bestimmten Zeitperiode, z. B. während eines Tags, drei wichtige Werte: den höchsten Wert, den niedrigsten Wert und den Wert am Ende der Periode. Solche und ähnliche Verläufe können mit Hoch-Tief-Diagrammen dargestellt werden.

28.7.1 Einfache Hoch-Tief-Schluss-Diagramme

Nehmen Sie an, Sie halten Aktien und haben deren Notierungen über zehn Tage hinweg festgehalten:

Tag	Höchster Wert	Niedrigster Wert	Schlusswert
1	164,35	161,48	162,33
2	166,12	163,03	164,12
3	167,84	164,75	165,97
4	167,79	163,93	166,13
5	171,14	168,04	170,94
6	175,33	171,44	171,99
7	174,88	172,93	173,01
8	173,20	170,50	171,82
9	169,54	166,43	167,28
10	168,24	165,14	166,43

Diese Daten sind zeilenweise in den vier Variablen tag, hoch, tief und ende in der Datei aktien.sav gespeichert.

- Laden Sie die Datei aktien.sav und treffen Sie die Menüwahl

  Grafik
  Diagrammerstellung...

- Wählen Sie aus der Galerie den Diagrammtyp *Hoch-Tief* aus.
- Klicken sie auf das Symbol für den Diagrammtyp Hoch-Tief-Schluss und ziehen sie es in die Diagrammvorschau.

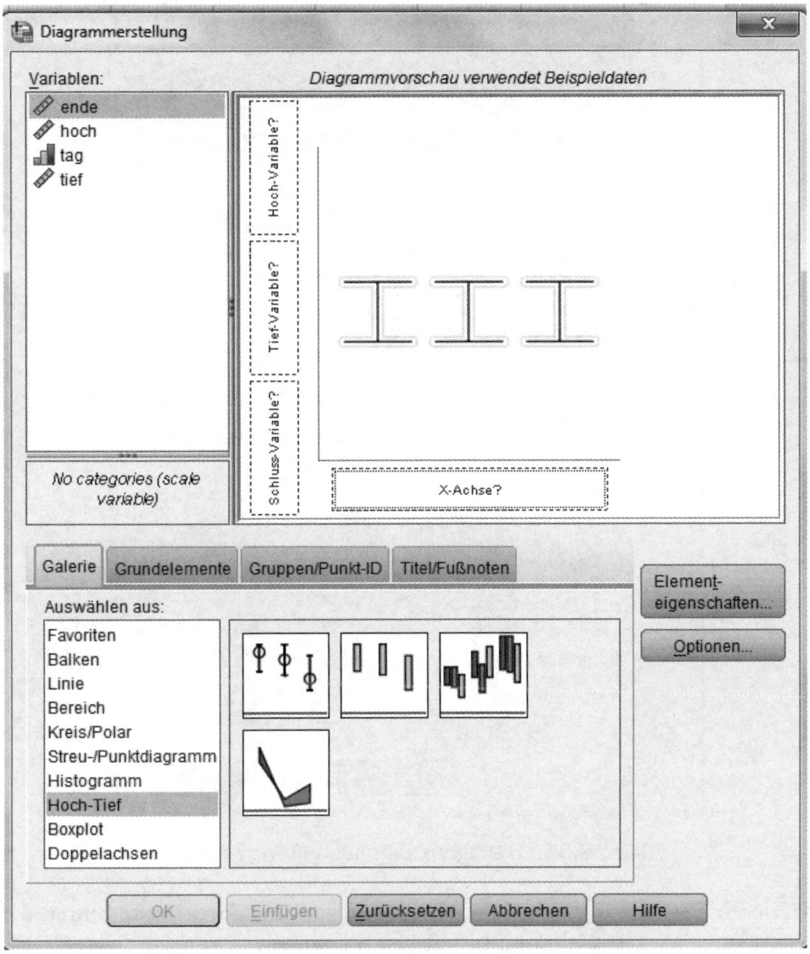

Bild 28.32: Arbeitsfläche für Einfache Hoch-Tief-Schluss-Diagramme in der Diagrammvorschau

- Übertragen Sie die Variable tag in das x-Achsenfeld, die die Variable hoch in das Feld für die Hoch-Variable, die Variable tief in das Feld für die Tief-Variable sowie die Variable ende in das Feld für die Schlussvariable. Belassen Sie es bei der voreingestellten MEAN-Funktion.
- Starten Sie die Ausgabe der Grafik mit *OK*.
- Übertragen Sie die ausgegeben Grafik in den Diagrammeditor und klicken Sie dort auf das Symbol für die Y-Achse.
- Es öffnet sich die Dialogbox *Eigenschaften*.

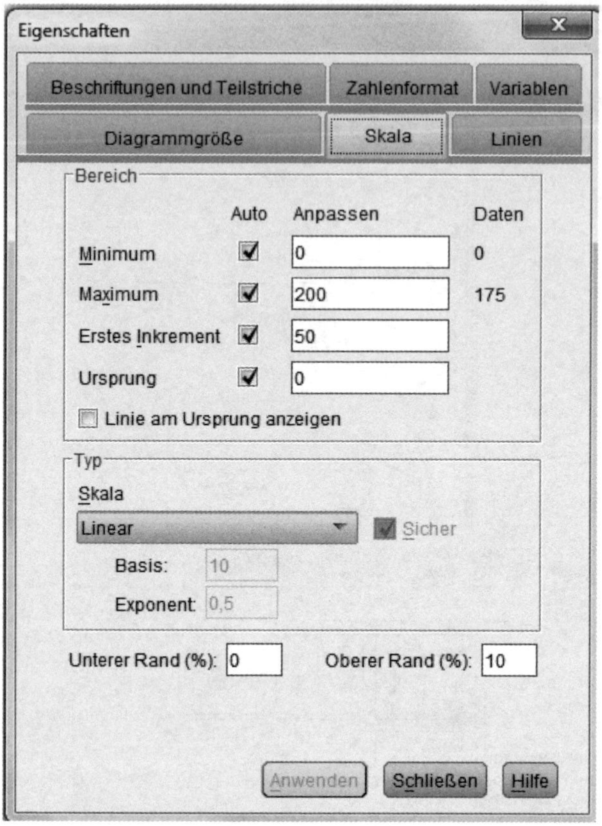

Bild 28.33: Dialogbox Eigenschaften (Y-Achse)

- Deaktivieren Sie hier zunächst das Häkchen im Kästchen *Auto* hinter *Minimum*. Tragen Sie den Wert 160 ein und bestätigen Sie mit *Anwenden*.
- Sie erhalten nunmehr folgendes Diagramm.

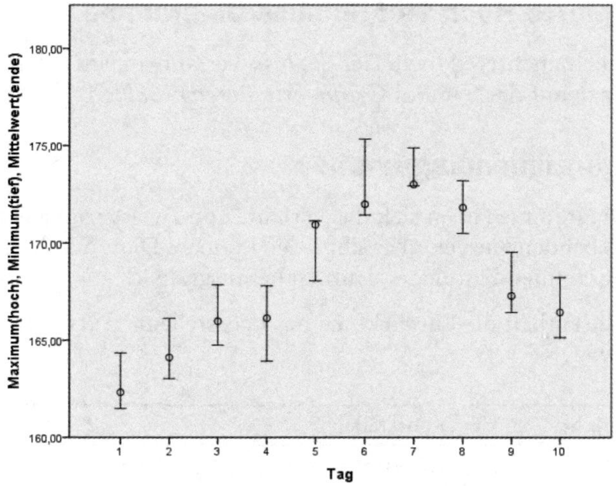

Bild 28.34: Einfaches Hoch-Tief-Schluss-Diagramm

Das Diagramm ist durch die Änderung der Y-Achsenwerte wesentlich verbessert worden.

28.7.2 Einfache Bereichsbalken

Hiermit ist es möglich, einfache Hoch-Tief-Schluss-Diagramme darstellungsmäßig in Form von Bereichsbalken auszugeben.

Verwenden Sie unser obiges Beispiel, so erhalten Sie das folgende Diagramm:

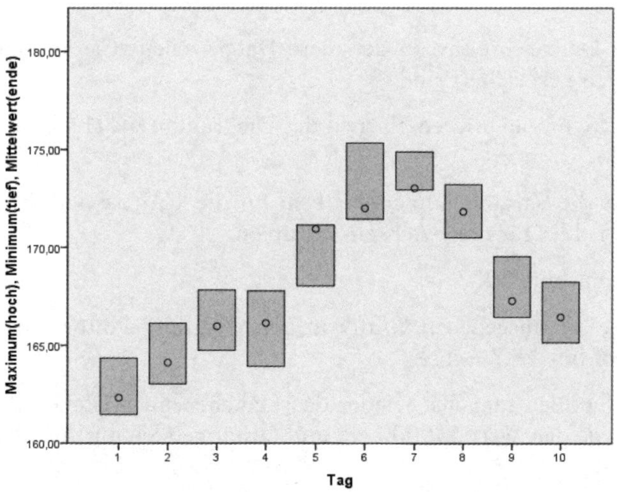

Bild 28.35: Einfache Bereichsbalken

Nützlicher scheint die Verwendung des darauffolgenden Symbols zu sein.

28.7.3 Gruppierte Hoch-Tief-Schluss-Diagramme

Hiermit ist es möglich, mehrere Hoch-Tief-Schluss-Verläufe in einem Diagramm auszugeben. Klicken Sie dazu auf das Symbol *Gruppierte Bereichsbalken.*

28.7.4 Differenzliniendiagramme

Mit Hilfe dieser Diagramme lassen sich die Verläufe von zwei Variablen darstellen, wobei sich die beiden ergebenden Kurven überschneiden können. Diese Wechsel werden von den Differenzliniendiagrammen besonders deutlich herausgestellt.

Die folgende Tabelle enthält die Entwicklung des Lehrstellenmarkts in Deutschland in den Jahren 1985 bis 1992.

Jahr	Lehrstellen	
	Angebot	Nachfrage
1985	719.110	755.994
1986	715.880	730.980
1987	690.287	679.622
1988	665.964	628.793
1989	668.649	602.014
1990	659.435	559.531
1991	668.000	550.671
1992	721.756	608.121

- Laden Sie die Datei lehre.sav, in der diese Daten zeilenweise in den Variablen jahr, angeb und nachf gespeichert sind.
- Ziehen Sie das Symbol Differenzflächen des Diagrammtyps Hoch-Tief in den Arbeitsflächenbereich.
- Übertragen Sie die Variable jahr in das Feld für die x-Achse und die Variablen angeb und nachfr in Felder für die y-Achsen-Variablen.
- Bestätigen Sie mit mit *OK.*
- Übertragen Sie die ausgegeben Grafik in den Diagrammeditor und klicken Sie dort auf das Symbol für die Y-Achse.
- Deaktivieren Sie hier zunächst wieder das Häkchen im Kästchen *Auto* hinter *Minimum.* Tragen Sie den Wert 550000 ein und bestätigen Sie mit *Anwenden.*

Sie erhalten nunmehr folgendes Diagramm.

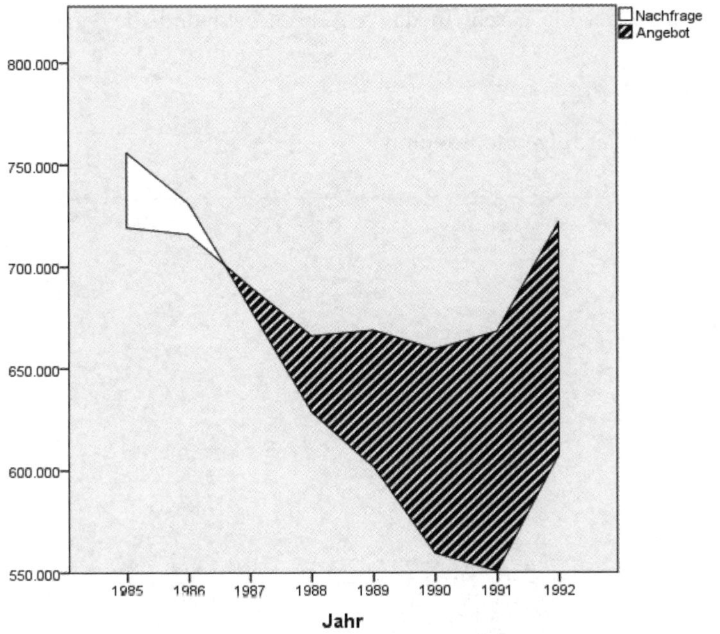

Bild 28.36: Differenzliniendiagramm

Das Diagramm ist durch die Änderung der Y-Achsenwerte wieder deutlich besser geworden.

28.8 Boxplot

Eine beliebte Darstellung des Medians, des ersten und dritten Quartils, des kleinsten und größten Werts sowie gegebenenfalls von Ausreißern und Extremwerten ist der sogenannte Boxplot.

28.8.1 Einfacher Boxplot

In der Datei klin.sav sind einige medizinische Werte von 981 Patienten eines Klinikums enthalten. Wir wollen zunächst zwei nach Geschlechtern getrennte Boxplots des Blutzuckers erstellen.

- Laden Sie die Datei klin.sav.
- Wählen Sie aus dem Menü

  Grafik

  Diagrammerstellung...

- Wählen Sie aus der Galerie die Option *Boxplot*.
- Ziehen Sie das Symbol für den einfachen Boxplot in die Diagrammvorschau.
- Ziehen Sie die Variable geschl in das x-Achsen-Feld und die Variable gluk in das y-Achsen-Feld.
- Bestätigen Sie mit *OK*.

Im Viewer erscheint der folgende Boxplot.

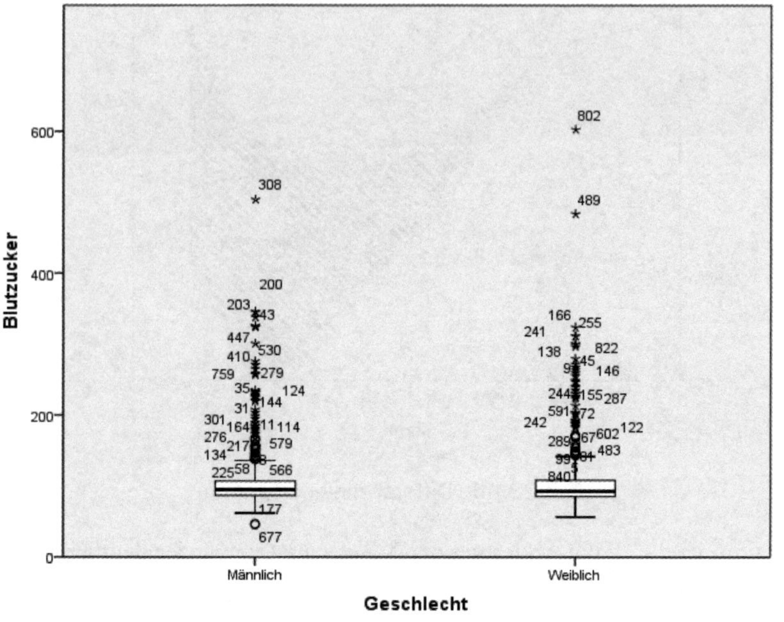

Bild 28.37: Einfacher Boxplot

In den erzeugten Boxplots sind Ausreißer mit Kreisen und Extremwerte mit Sternchen markiert. Ausreißer sind dabei Werte, die zwischen anderthalb und drei Boxlängen außerhalb der Box liegen; Extremwerte liegen über drei Boxlängen außerhalb. Möglicherweise empfinden Sie die zusätzliche Angabe der Fallnummer bei den Ausreißern und Extremwerten als störend und möchten sie daher unterdrücken.

- Übertragen Sie das Diagramm per Doppelklick in den Diagrammeditor.
- Wählen Sie aus dem Menü des Diagrammeditor

  Elemente

  Datenbeschriftungen ausblenden

Sie stellen fest, dass die Fallnummern bei Ausreißern und Extremwerten nicht mehr angezeigt werden. Überflüssigerweise ist die Skalenachse aber noch bis zum Wert 600 skaliert, was wir noch ändern wollen.

- Wählen Sie aus dem Menü

  Bearbeiten
  Y-Achse auswählen

- Ziehen Sie in der sich öffnenden Dialogbox *Eigenschaften* die Registerkarte *Skala* und setzen Sie das Maximum im Feld *Anpassen* auf 200 und das Teilstrichintervall (*Erstes Inkrement*) auf 50.

- Bestätigen Sie mit *Zuweisen*.

Im Viewer sieht der so veränderte Boxplot wie folgt aus.

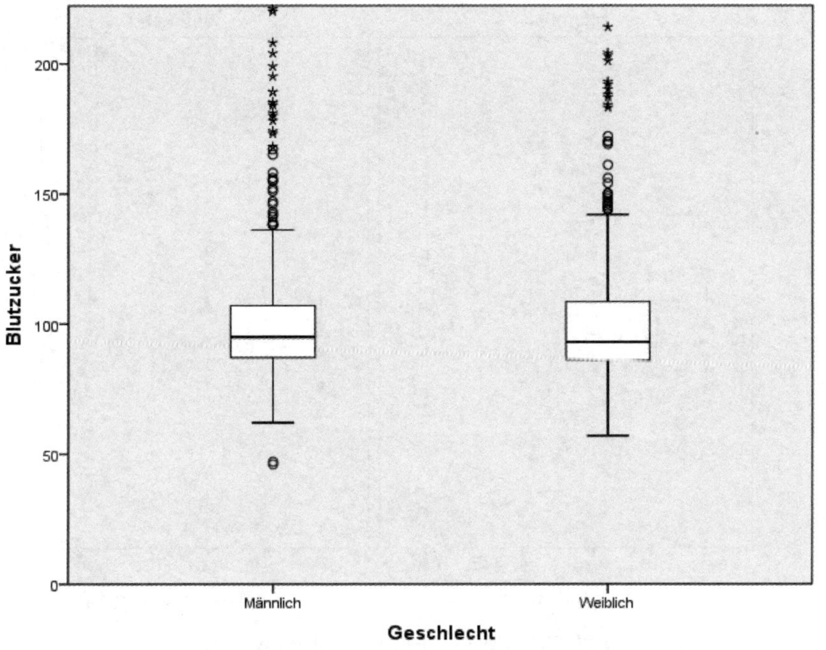

Bild 28.38: Einfacher Boxplot nach Bearbeitung

Der Boxplot ist durch unsere Bearbeitung anschaulicher geworden.

28.8.2 Gruppierter Boxplot

Boxplots können nach einer weiteren Variablen, einer Legendenvariablen, gruppiert werden.

- Wählen Sie aus der Galerie die Option *Boxplot*.

- Ziehen Sie das Symbol für den gruppierten Boxplot in die Diagrammvorschau.

- Ziehen Sie die Variable alterk (welche sechs Altersklassen wiedergibt) in das x-Achsen-Feld, die Variable gluk in das y-Achsen-Feld und die Variable geschl in das Feld mit der Beschriftung *Clustervariable auf X*.

- Bestätigen Sie mit *OK*.
- Bearbeiten Sie das Diagramm wieder in der aufgezeigten Weise.

Eine andere Variante, nach einer weiteren Variablen zu gruppieren, bieten die Feldvariablen.

- Definieren Sie die Variable geschl als Zeilen- oder als Spaltenfeldvariable. Ziehen Sie hierfür die Registerkarte *Gruppen/Punkt-ID*.
- Sie erhalten das folgende Diagramm:

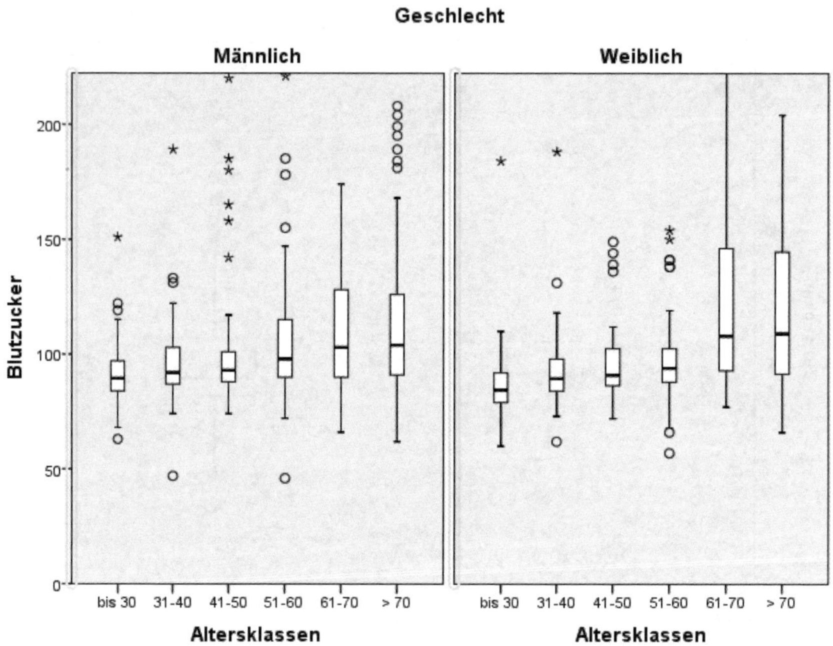

Bild 28.39: Boxplot mit Spaltenfeldvariable

- Bearbeiten Sie das Diagramm wieder in der aufgezeigten Weise.

Wir wollen damit das Gebiet der Boxplots verlassen.

28.9 Doppelachsen

Mit Hilfe eines Doppelachsen-Diagramms können zwei y-Achsen-Variablen dargestellt werden. So lassen sich z. B. die Anzahl der Fälle auf der einen y-Achse und der Mittelwert des Einkommens auf der anderen y-Achse darstellen. Das Doppelachsen-Diagramm umfasst somit mehrere der verschiedenen Diagrammtypen, die wir in den vorangegangenen Abschnitten vorgestellt haben. So kann z. B. die Anzahl als Linie und der Mittelwert der einzelnen Kategorien als Balken dargestellt werden. Es werden beim Diagrammtyp Doppelachsen zwei Arten unterschieden, die wir Ihnen im Folgenden vorstellen.

28.9.1 Zwei Y-Achsen mit kategorialer X-Achse

Wir wählen hierfür noch einmal die uns bereits bekannte Datei pcalltag.sav.

- Wählen Sie aus der Galerie die Option *Doppelachsen.*
- Ziehen Sie das Symbol *Zwei Y-Achsen mit kategorialer X-Achse* in die Diagrammvorschau.
- Übertragen Sie die Variable geschl in das X-Achsen-Feld, die Variable compstd in eine der beiden Y-Achsen, die Variable interstd in das Feld für die zweite Y-Achse.

Die Diagrammvorschau sieht nunmehr wie folgt aus.

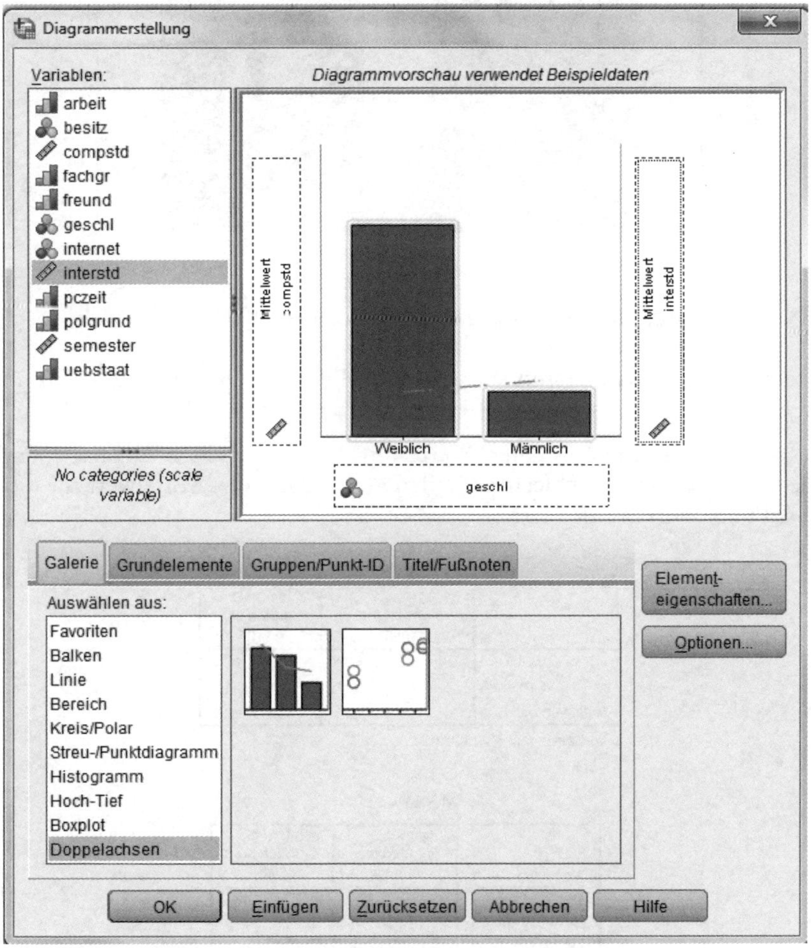

Bild 28.40: Arbeitsfläche für Doppelachsen: Kategoriale X-Achse

- Bestätigen Sie mit *OK*.

Im Viewer sehen Sie das gewünschte Doppelachsen-Diagramm.

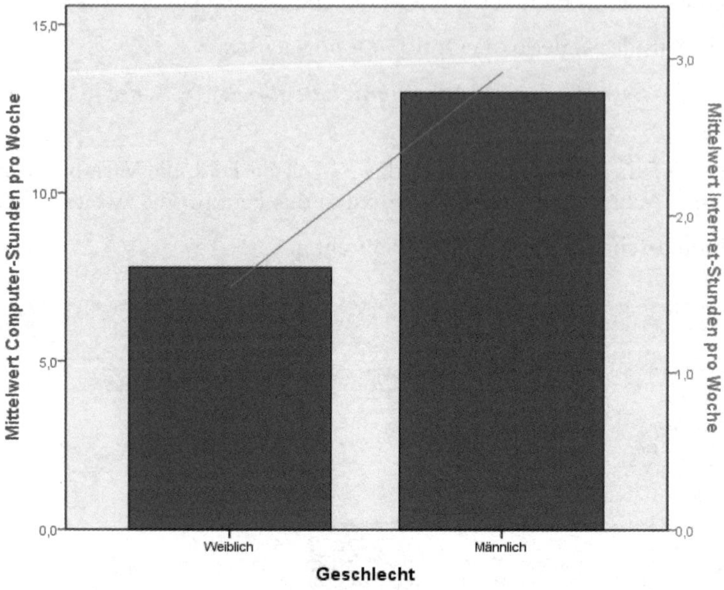

Bild 28.41: Diagramm mit zwei Doppelachsen: Kategoriale X-Achse

Der Mittelwert der Computerstunden wird mit Hilfe eines Balkendiagramms angezeigt, der Mittelwert der Internetstunden als Linie eingezeichnet.

Sie können die grafisch dargestellten Werte mit den statistischen Angaben vergleichen, indem Sie die Datei nach Geschlecht aufteilen und sodann den Mittelwert für die Variablen compstd und interstd anfordern.

Statistiken[a]

		Computer-Stunden pro Woche	Internet-Stunden pro Woche
N	Gültig	598	603
	Fehlend	17	12
Mittelwert		7,824	1,525

a. Geschlecht = Weiblich

Statistiken[a]

		Computer-Stunden pro Woche	Internet-Stunden pro Woche
N	Gültig	603	606
	Fehlend	11	8
Mittelwert		13,040	2,918

a. Geschlecht = Männlich

Unseres Erachtens sind Doppelachsen nicht sehr empfehlenswert, da Sie recht schnell falsche Eindrücke vermitteln können. In der repräsentativen Studie sind 54,3% der Befragten (533 Personen) männlichen Geschlechts sowie 45,7% (448 Personen) weiblichen Geschlechts. Über die Verteilung der Geschlechter sagt das Balkendiagramm natürlich nichts aus, dieser Eindruck drängt sich jedoch auf.

28.9.2 Zwei Y-Achsen mit metrischer X-Achse

Für die zweite Art eines Doppelachsen-Diagramms wählen wir die Datei welt.sav.

- Wählen Sie aus der Galerie die Option *Doppelachsen.*
- Ziehen Sie das Symbol *Zwei Y-Achsen mit metrischer X-Achse* in die Diagrammvorschau.
- Übertragen Sie die Variable kalorien in das X-Achsen-Feld, die Variable lem in eine der beiden Y-Achsen, die Variable lef in das Feld für die zweite Y-Achse.

Die Diagrammvorschau sieht nunmehr wie folgt aus.

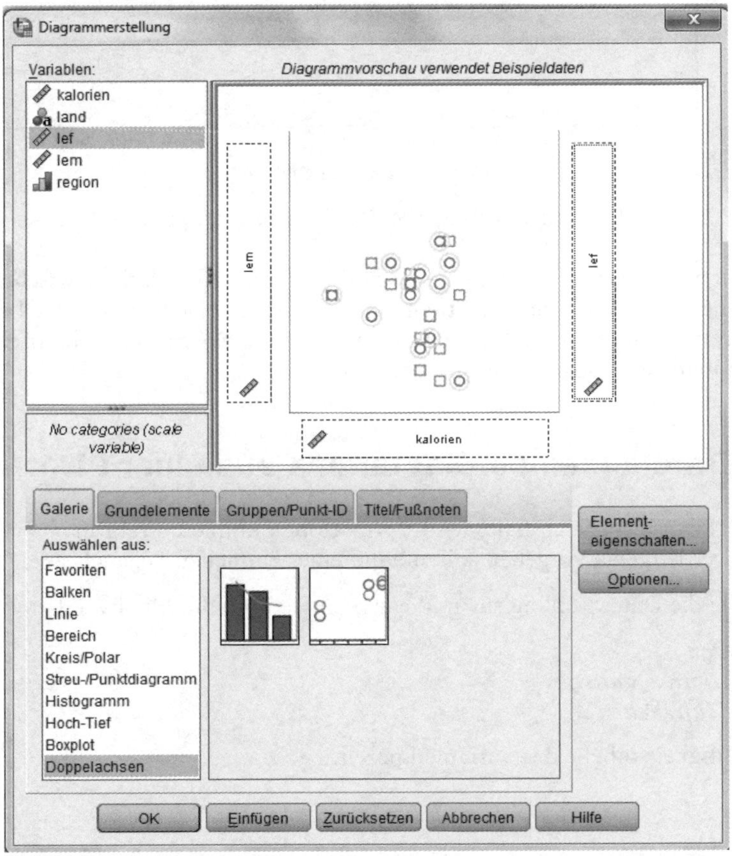

Bild 28.42: Arbeitsfläche für Doppelachsen: Metrische X-Achse

- Bestätigen Sie mit *OK*.

Im Viewer sehen Sie das gewünschte Doppelachsen-Diagramm.

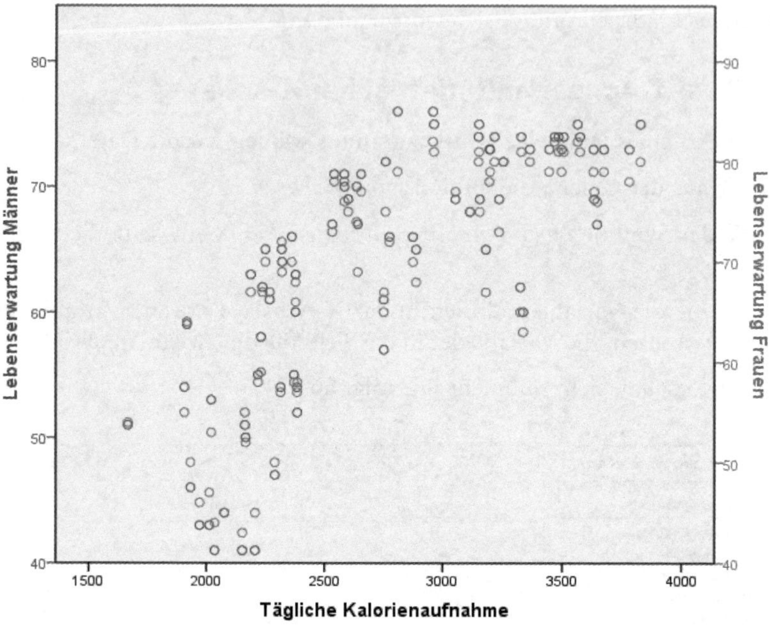

Bild 28.43: Diagramm mit zwei Doppelachsen: Metrische X-Achse

Das Diagramm visualisiert recht anschaulich die positive Korrelation zwischen der Kalorienaufnahme und der Lebenserwartung der Männer einerseits sowie der Lebenserwartung der Frauen andererseits. Deutlich wird auf diese Weise, dass alle drei beteiligten Variablen miteinander positiv korrelieren.

28.10 Erstellen eines Diagramms aus einer Pivot-Tabelle

Die in einer Pivot-Tabelle enthaltenen Informationen können direkt in einem Diagramm dargestellt werden. Das Vorgehen soll anhand eines einfachen Beispiels gezeigt werden.

- Laden Sie die Datei pcalltag.sav und erstellen Sie über die Menüwahl

  Analysieren
  Deskriptive Statistiken
  Häufigkeiten...

  eine Häufigkeitstabelle der Variablen pczeit.

Tageszeit

		Häufigkeit	Prozent	Gültige Prozent	Kumulative Prozente
Gültig	Vormittags	118	9,6	11,1	11,1
	Nachmittags	331	26,9	31,3	42,4
	Abends	524	42,6	49,5	91,9
	Nachts	86	7,0	8,1	100,0
	Gesamtsumme	1059	86,2	100,0	
Fehlend	Nichtnutzer	65	5,3		
	System	105	8,5		
	Gesamtsumme	170	13,8		
Gesamtsumme		1229	100,0		

Wir wollen die gültigen Prozente in einem Balkendiagramm darstellen.

- Doppelklicken Sie dazu auf die Tabelle und markieren Sie die gültigen Prozentangaben für die vier Kategorien der Tageszeit.
- Klicken Sie mit der rechten Maustaste auf den markierten Bereich und aktivieren Sie im Kontextmenü die Option *Diagramm erstellen*. Anschließend wählen Sie die Darstellung durch ein Balkendiagramm aus.

Der Bildschirm sollte nunmehr wie folgt aussehen.

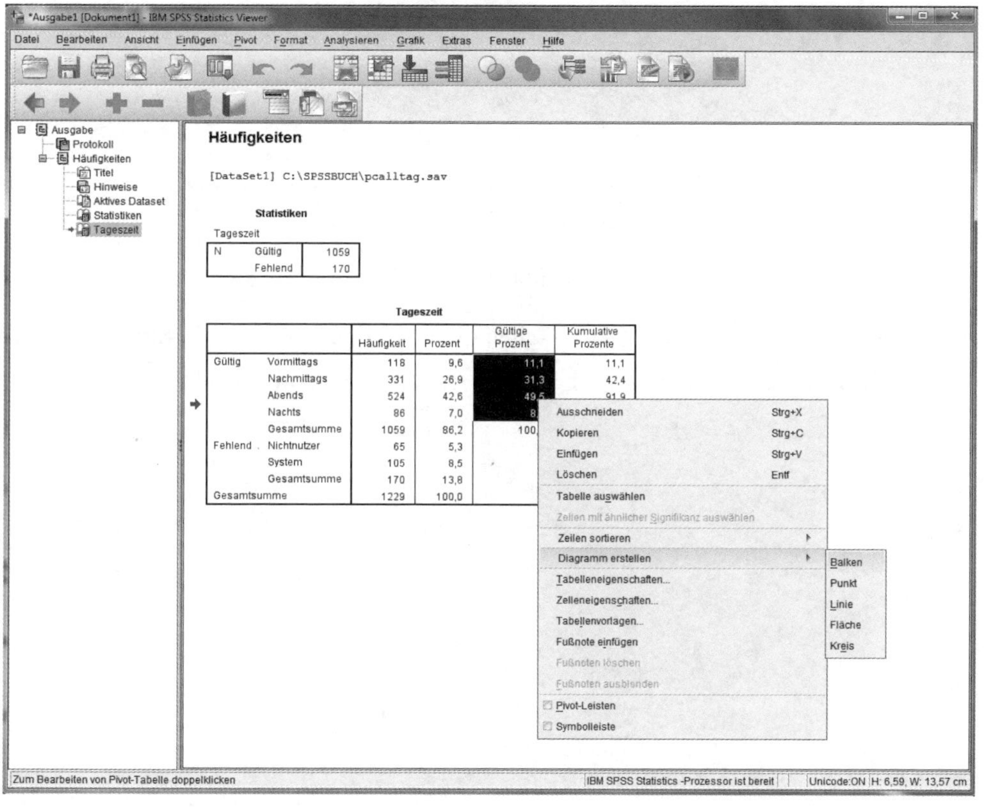

Bild 28.44: Erstellen eines Diagramms aus einer Pivot-Tabelle

- Übertragen Sie das Diagramm per Doppelklick in den Diagrammeditor.
- Wählen Sie aus dem Menü

  Optionen
  Diagramm transponieren

- Ändern Sie noch den Titel in »Bevorzugte Arbeitszeit am PC« um sowie die Beschriftung der x-Achse in »Befragte in Prozent«.

Sie erhalten das folgende Diagramm.

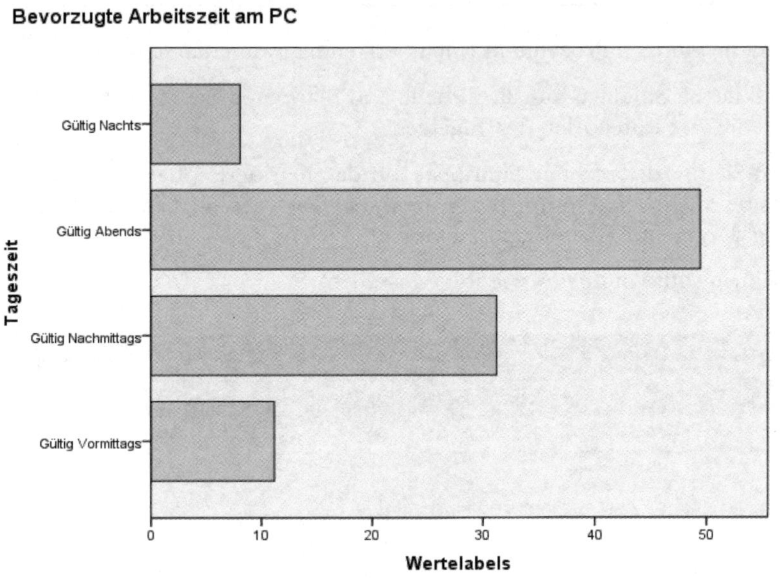

Bild 28.45: Aus einer Tabelle erstelltes Balkendiagramm

- Probieren Sie bitte weitere Möglichkeiten dieser »Table to Graph«-Technik selbst aus.

Sie werden sehen, das Erstellen von Diagrammen aus Tabellen ist recht einfach.

ANHANG A

Verzeichnis der verwendeten Dateien

Die Übungsdateien, die wir im Laufe des Buchs benutzen, und die Sie alle auf der Internet-Plattform des Verlags zum kostenlosen Download finden (siehe Kap. 1.5), sind im Folgenden zunächst kapitelweise und sodann alphabetisch aufgelistet. Bei der kapitelweisen Auflistung werden nicht nur die benutzten Datendateien (.sav), sondern auch die Syntaxdateien (.sps) sowie die Ausgabedateien (.spv) angegeben, während die alphabetisch-sortierte Liste nur die Datendateien, die bezüglich ihres Inhalts kurz beschrieben werden, enthält.

Die kapitelweise Erfassung der Dateien erfolgt getrennt nach Datendateien, Syntaxdateien sowie Ausgabedateien und innerhalb dieser Unterteilung entsprechend der Reihenfolge ihres Einsatzes im jeweiligen Kapitel.

Kapitelnr.	Kapitelname	Verwendete Dateien
1	Installation	*Datendateien:* start.sav
2	SPSS Statistics im Überblick	*Datendateien:* genetik.sav jugend.sav alkohol.sav titanic.sav titanic-crew.sav allbusdaten.sav sonntagsfrage.sav *Syntaxdateien:* alkohol.sps *Ausgabedateien:* sonntag2009.spv

3	Datenaufbereitung	*Datendateien:* titanic.sav titanic-crew.sav allbusdaten.sav mix1.sav mix2.sav mix3.sav mix4.sav mix5.sav mix6.sav mix7.sav mix8.sav mix9.sav mix10.sav alko.dat (Datendatei als Textdatei) *Syntaxdateien:* alko.sps
4	Häufigkeitsauszählungen	*Datendateien:* heidelberg.sav cpitn.sav
5	Statistische Grundbegriffe und Kennwerte	*Datendateien:* hyper.sav anteil.sav
6	Datenselektion	*Datendateien:* beruf.sav leben.sav
7	Datenmodifikation	*Datendateien:* hyper.sav freizeit-zufrieden.sav sport.sav wahl.sav vater.sav studium.sav ingle.sav schweine.sav europa.sav beamte.sav gewerk.sav grippe.sav wiese.sav tank.sav ostern.sav

		Syntaxdateien: neuvar.sps neuvarstruk.sps berufneu.sps kreuztest.sps ingle.sps beamte.sps gewerk.sps tank.sps ostern.sps
8	Datenexploration	*Datendateien:* hyper.sav
9	Kreuztabellen	*Datendateien:* titanic.sav partei.sav depr.sav angst.sav
10	Analyse von Mehr-fachantworten	*Datendateien:* mitmach.sav probleme.sav kenia.sav
11	Mittelwertverglei-che	*Datendateien:* hyper.sav
12	Nichtparametri-sche Tests	*Datendateien:* hyper.sav psycho.sav kur.sav zahnblut.sav pcalltag.sav fussball.sav neugier.sav wuerfel.sav bohnen.sav match.sav kino.sav freizeitakt.sav
13	Exakte Testmetho-den	*Datendateien:* tee.sav chol.sav exakt1.sav exakt2.sav

14	Korrelationen	*Datendateien:* hyper.sav titanic.sav neugier.sav alter.sav
15	Regressionsanalyse	*Datendateien:* hyper.sav zahn.sav usa.sav hkarz.sav lunge.sav polein.sav plan.sav dollar.sav lohn.sav snamen.sav putzen.sav titanregress.sav lernziel.sav
16	Varianzanalysen	*Datendateien:* varana.sav gewicht.sav hyper.sav pflanze.sav ofen.sav test.sav varanazwei.sav *Syntaxdateien:* anova.sps varana.sps
17	Diskriminanz-analyse	*Datendateien:* lunge.sav hkarz.sav postmat.sav vogel.sav kaefer.sav *Syntaxdateien:* ingledic.sps

18	Reliabilitätsanalyse	*Datendateien:* neugier.sav arbeit.sav *Syntaxdateien:* recode.sps arbeit.sps
19	Faktorenanalyse	*Datendateien:* ausland.sav fkv.sav freizeit.sav ringe.sav
20	Clusteranalyse	*Datendateien:* bier.sav assess.sav europa.sav laender.sav laender2011.sav computer.sav essen.sav *Syntaxdateien:* essensyntax.sps essen.sps
21	Klassifikations-analyse	*Datendateien:* titanklass.sav titanic-crew.sav mailing.sav kindererz.sav hasch.sav familie.sav wahlanalyse.sav linksrechts.sav gruene.sav *Syntaxdateien:* titanklass.sps
22	Loglineare Modelle	*Datendateien:* gastarb.sav produkt.sav inglelogit.sav

23	Überlebens- und Ereignisdaten-analyse	*Datendateien:* mkarz.sav inlay.sav jobcenter.sav arblos.sav tele.sav maeuse.sav
24	Multidimensionale Skalierung	*Datendateien:* staedte.sav autos.sav europalaender.sav ausland.sav
25	Korrespondenz-analyse	*Datendateien:* wahlab.sav arznei.sav arzneisum.sav graeber.sav truhen.sav titankorres.sav essenkorres.sav europalaender.sav lernziel.sav gast.sav *Syntaxdateien:* truhen.sps titankorres.sps essenkorres.sps
26	Conjoint-Analyse	*Datendateien:* laden.sav ladpref.sav ladrang.sav *Syntaxdateien:* ladpref.sps wichtig.sps ladrang.sps
27	Berichte und Grup-penwechsel	*Datendateien:* umsatz.sav schueler.sav

28	Diagramme	*Datendateien:* pcalltag.sav titanic.sav bierjahr.sav mineral.sav getraneke.sav welt.sav klin.sav aktien.sav lehre.sav

Es folgt die alphabetisch sortierte Liste, die Ihnen eine kurze Information zur jeweils benutzten Datendatei des Buches bietet.

Dateiname	Erläuterung
aggr.sav	Landwirtschaftliche Studie zur Schweinehaltung
aktien.sav	Entwicklung eines Aktienkurses
alkohol.sav	Alkoholkonsum und Konzentration
allbusdaten.sav	Ausschnitt einer Bevölkerungsbefragung
alter.sav	Tatsächliches und geschätztes Alter
angst.sav	Angststörungen
anteil.sav	Bevölkerungsstatistiken
arbeit.sav	Befragung zur Arbeitszufriedenheit
arblos.sav	Wiedereintritt von Arbeitslosen in das Berufsleben
arznei.sav	Produktpositionierung von Arzneimitteln
arzneisum.sav	Vergleichende Bewertung von Erkältungsmitteln
assess.sav	Einstellungstests
ausland.sav	Befragung zu Einstellungen gegenüber Ausländern
autos.sav	Einschätzung von Automarken
beamte.sav	Einstellung von Beamten zu diversen Themen
beruf.sav	Berufsvorstellung befragter Jugendlicher
bier.sav	Biersorten
bierjahr.sav	Bierkonsum in Deutschland

bohnen.sav	Nachkommen einer Bohnensorte
buecher.sav	Buchproduktion in Deutschland
celsius.sav	Temperaturverlauf
chol.sav	Medikamentöse Behandlung des Cholesterinwerts
computer.sav	Computernutzung von Studierenden
cpitn.sav	Zahnmedizinische Studie
depr.sav	Depression und Geschlecht
dollar.sav	Anwerbung von Agenten
essen.sav	Studie zur studentischen Esskultur im Alltag
essenkorres.sav	Studie zum Essverhalten von Männern und Frauen
europa.sav	Analyse europäischer Länder
europalaender.sav	Geografische Studie europäischer Länder
exakt1.sav	Medizinische Studie (Blutzucker, Cholesterin
exakt2.sav	Medizinische Daten (Blutdruck, Cholesterin)
fahrrad.sav	Fahrradproduktion in Deutschland
familie.sav	Einschätzung des Wertes einer eigenen Familie
fkv.sav	Freiburger Fragebogen zur Krankeitsverarbeitung
freizeit.sav	Studie zum studentischen Freizeitverhalten
freizeitakt.sav	Freizeitaktivitäten befragter Studierender
freizeit-zufrieden.sav	Befragung zur Freizeitzufriedenheit
fussball.sav	Bewertung von Fußballspielern
gast.sav	Befragung zur Einstellung gegenüber »Gastarbeitern«
gastarb.sav	Einstellung gegenüber »Gastarbeitern«
geburten.sav	Geburtenentwicklung in Deutschland
genetik.sav	Befragung zur Gefährlichkeit von Gentechnik
gentech.sav	Haltung zur Gentechnik
getraenke.sav	Getränkekonsum in Deutschland
gewerk.sav	Auszug einer Befragung über Gewerkschaften

gewicht.sav	Diätbehandlung übergewichtiger Patienten
graeber.sav	Beigaben in Gräberfeldern aus der Merowingerzeit
grippe.sav	Grippe und Arbeitszufriedenheit
gruene.sav	Analyse der Wähler von Bündnis90/Die Grünen
hasch.sav	Beurteilung des Konsums von Haschisch
haschzwei.sav	Dichotomisierte Beurteilung des Konsums von Haschisch
heidelberg.sav	Umweltbefragung von Bürgern
hkarz.sav	Klin. Tests zur Erkennung des Harnblasenkarzinoms
hyper.sav	Klinische Studie mit Hypertonie-Patienten
ingle.sav	Wertewandel-Theorie Ronald Ingleharts
inglelogit.sav	Werteorientierung befragter Probanden
inlay.sav	Haltbarkeit von Zahn-Inlays
jobcenter.sav	Arbeitslosigkeitsdauer von Hochschulabsolventen
jugend.sav	Befragung von Jugendlichen zu diversen Themen
kaefer.sav	Klassifizierung von Käfern
kenia.sav	Touristenbefragung in Kenia
kindererz.sav	Elterliche Erziehungsziele
kino.sav	Schlangen an der Kinokasse
kirche.sav	Auszug aus einer Bevölkerungsumfrage
klin.sav	Patientendaten an einem Klinikum
kommunal.sav	Ergebnisse einer Kommunalwahl
kur.sav	Kurerfolg
laden.sav	Befragung zur Einrichtuing eines Dorfladens
ladpref.sav	Präferenzen bezüglich des Angebots eines Dorfladens
ladrang.sav	Bewertung eines Dorfladens
laender.sav	Sitzverteilungen in deutschen Länderparlamenten
laender2011.sav	Sitzverteilungen der Länderparlamente im Jahr 2011
leben.sav	Studierendenbefragung zu Lebensstilen

lehre.sav	Lehrstellenmarkt in Deutschland
lernziel.sav	Lernziele für Kinder aus der Sicht von Probanden
linksrechts.sav	Daten zur Wahlforschung
lohn.sav	Entwicklung des Reallohnindexes
lunge.sav	Patienten mit schweren Lungenschäden
maeuse.sav	Überlebensdauer von Mäusen
mailing.sav	Daten einer Mailingaktion einer Zeitung
match.sav	Gewinnhäufigkeiten bei Tennisspielen
meinung.sav	Meinungsumfrage in einer Partei
mineral.sav	Mineralwasser und Cholesterinspiegel
mitmach.sav	Aktivitäten von Jugendlichen
mkarz.sav	Patienten mit Harnblasenkarzinom
neugier.sav	Ermittlung des Grades der Neugierde von Probanden
oel.sav	Förderquoten von OPEC-Ländern
ofen.sav	Test von elektronischen Bauteilen
ostern.sav	Jahreszahlen zur Berechnung des Osterdatums
partei.sav	Befragung von Parteimitgliedern
pc.sav	Umsätze der wichtigsten PC-Hersteller
pcalltag.sav	Computer im Alltag
pflanze.sav	Blattlängen
plan.sav	Plan zur Krankheitsverarbeitung
polein.sav	Politische Selbsteinschätzung
politiker.sav	Einschätzung von deutschen Politikern
postmat.sav	Wertewandel-Theorie Ronald Ingleharts
privver.sav	privater Verbrauch westdeutscher Haushalte
probleme.sav	Jugendbefragung: Probleme von Jugendlichen
produkt.sav	Beurteilung eines Grippemittels
psych.sav	Fragebogenuntersuchung an Psychiatrie-Patienten

psycho.sav	Psychische Lage befragter Studierender
putzen.sav	Untersuchung an einer Zahnklinik
raucher.sav	Pulsfrequenz von Rauchern und Nichtrauchern
ringe.sav	Befragung von Kinobesuchern zu »Herr der Ringe«
schueler.sav	Noten eines Abiturjahrgangs
schweine.sav	Landwirtschaftliche Studie
snamen.sav	Geografie-Test bei Kindern
sonntagsfrage.sav	»Sonntagsfrage« zur Parteiwahl
sport.sav	Daten eines Sportclubs
staedte.sav	Distanzen zwischen deutschen Städten
start.sav	Freizeitverhalten von Studierenden
string.sav	Krankheitsbeschwerden
studium.sav	Semesteranzahl und Studienfach
tank.sav	Fahrtenbuch eines Autos
tee.sav	Very British: Tee mit Milch oder Milch mit Tee?
tele.sav	Lebensdauer von Fernsehgeräten
test.sav	Leistungstest in drei Parallelformen
titanic.sav	Angaben zu den Passagieren an Bord der Titanic
titanic-crew.sav	Angaben zur Mannschaft an Bord der Titanic
titanklass.sav	Überlebenswahrscheinlichkeit an Bord der Titanic
titankorres.sav	Daten zum Untergang der Titanic
trainer.sav	Umfrage: »Wer sollte Bundestrainer werden?«
truhen.sav	Produktpositionierung von Gefriertruhen
umsatz.sav	Umsatzstatistik von Vertretern enes Unternehmens
umwelt.sav	Entwicklung von Umweltstraftaten
usa.sav	Bevölkerungsentwicklung in den USA
varana.sav	Auswertung eines Merkfähigkeitstests
varanazwei.sav	Merkfähigkeitstest zu vier Zeitpunkten

vater.sav	Berufsorientierung in Abhängigkeit vom Vater
vogel.sav	Geschlechtsbestimmung bei Vögeln
wahl.sav	»Sonntagsfrage« zu den Bundestagswahlen
wahlab.sav	Wahlabsicht bei der nächsten Bundestagswahl
wahlanalyse.sav	Prediktoren bezüglich der Wahlabsicht einer Partei
wasser.sav	Grundwasserlinie
welt.sav	Ausgewählte Merkmale von 109 Ländern
werk.sav	Kontrolle von Werkstücken
wiese.sav	Vorkommen von Heuschreckenarten
wuerfel.sav	Würfeltest
zahn.sav	Zahnmedizinische Studie
zahnblut.sav	Studie zur Behandlung des Zahnfleichblutens
zentren.sav	Anfangszentren für Clusteranalyse

Außer den bislang aufgeführten Dateien werden Sie unter den Übungsdateien, die Ihnen zum kostenlosen Download angeboten werden, noch weitere Datendateien finden. Diese sollen Ihnen für weitere Übungen dienen, die Sie in eigener Regie vornehmen können.

ANHANG B

Weiterführende Literatur

Afifi, A. A.; Clark, V.: Computer-Aided Multivariate Analysis, New York 1990

Agresti, A.: Categorical data analysis, New York 1990

Aldrich, J. H.; Nelson, F.D.: Linear probability, logit, and probit models, Beverly Hills 1984

Andreß, H.-J.; Hagenaars, J.A. u.a.: Analyse von Tabellen und kategorialen Daten, Berlin 1997

Arminger, G.: Faktorenanalyse, Stuttgart 1979

Bacher, J.; Pöge, A. u.a.: Clusteranalyse. Anwendungsorientierte Einführung in Klassifikationsverfahren, München 2010

Backhaus, K.; Erichson, B. u.a.: Multivariate Analysemethoden, Berlin; Heidelberg 2010

Bahrenberg, B.; Giese, E. u.a.: Statistische Methoden in der Geographie, Stuttgart 1992

Bamberg, G.; Baur, F. u.a.: Statistik, München 2009

Bärlocher, F.: Biostatistik. Praktische Einführung in Konzepte und Methoden, Stuttgart 2008

Benninghaus, H.: Deskriptive Statistik. Eine Einführung für Sozialwissenschaftler, Wiesbaden 2007

Benninghaus, H.: Einführung in die sozialwissenschaftliche Datenanalyse, München 2001

Blasius, J.: Korrespondenzanalyse, München 2001

Bleymüller, J.; Gehlert, G. u.a.: Statistik für Wirtschaftswissenschaftler, München 2008

Bock, R.D.: Multivariate statistical methods in behavioral research, Mooresville 1985

Bohley, P.: Statistik, München 1999

Bortz, J.: Lehrbuch der empirischen Forschung, Berlin 1984

Bortz, J.; Lienert, G.A. u.a.: Verteilungsfreie Methoden in der Biostatistik, Berlin 2000

Bortz, J.; Lienert, G.: Kurzgefasste Statistik für die klinische Forschung, Berlin; Heidelberg 2008

Bortz, J.; Schuster, C.: Statistik für Human- und Sozialwissenschaftler, Berlin; Heidelberg 2010

Bosch, K.: Elementare Einführung in die Wahrscheinlichkeitsrechnung, Wiesbaden 2010

Bourier, G.: Beschreibende Statistik. Praxisorientierte Einführung, Wiesbaden 2011

Büchter, A.; Henn, H.-W.: Elementare Stochastik. Eine Einführung in die Mathematik der Daten und des Zufalls, Berlin; Heidelberg 2007

Bühl, A.: Das Wertewandel-Theorem Ronald Ingleharts. Methodenausbildung anhand des ALLBUS, ZUMA-Arbeitsbericht 95/06, Mannheim 1995

Bühl, A.: PASW 18. Einführung in die moderne Datenanalyse, München 2010

Bühl, A.; Zöfel, P.: Erweiterte Datenanalyse mit SPSS. Statistik und Data Mining, Opladen 2002

Bühl, A.; Zöfel, P.: Professionelle Datenanalyse mit SPSS für Windows, Bonn 1996

Bühl, A.; Zöfel, P.: SPSS. Methoden für die Markt- und Meinungsforschung, München 2000

Büning, H.; Trenkler, G.: Nichtparametrische statistische Methoden, Berlin 1994

Buttler, G.; Oeckler, K.: Einführung in die Statistik, Hamburg 2010

Clauß, G.; Finze, F.R. u.a.: Statistik für Soziologen, Pädagogen, Psychologen und Mediziner, Frankfurt a.M. 1999

Cox, D. R.; Oakes, D.O.: Analysis of survival data, London 1984

Decker, R.; Wagner, R.: Log-lineare Modelle und Logit, in: Herrmann, A.; Homburg, C. (Hrsg.): Marktforschung. Methoden, Anwendungen, Praxisbeispiele, Wiesbaden 1999, S. 549-578

Dehling, H.; Haupt, B.: Einführung in die Wahrscheinlichkeitstheorie und Stochastik, Heidelberg 2004

Deichsel, G.; Trampisch, H.J.: Clusteranalyse und Diskriminanzanalyse, Stuttgart 1985

Diaz-Bone, R.: Statistik für Soziologen, Stuttgart 2006

Diehl, J.: Kohr, H.-U.: Deskriptive Statistik, Magdeburg 2004

Draper, N.; Smith, H.: Applied regression analysis, New York 1981

Dürr, W.; Mayer, H.: Wahrscheinlichkeitsrechnung und schließende Statistik, München 2008

Eckey, H. F.; Kosfeld, R. u.a.: Multivariate Statistik, Wiesbaden 2002

Eid, M.; Gollwitzer, M. u.a.: Statistik und Forschungsmethoden, Weinheim 2011

Elandt-Johnson, R. C.; Johnson, N.L.: Survival Models and Data Analysis, New York 1980

Everitt, B.S.: Cluster analysis, London 1980

Everitt, B.S.: The analysis of contingency tables, London 1977

Fahrmeier, L.; Künstler, R. u.a.: Statistik. Der Weg zur Datenanalyse, Berlin; Heidelberg 2009

Fahrmeir, L.; Hamerle, A.: Multivariate statistische Methoden, Berlin 1996

Ferguson, G.A.: Statistical analysis in psychology and education, New York 1981

Fienberg, S.E.: The analysis of cross-classified categorial data, Cambridge 1980

Finn, J.D.: A General Model for Multivariate Analysis, New York 1974

Finney, D.J.: Probit analysis, Cambridge 1971

Fischer, G.: Einführung in die Theorie psychologischer Tests, Bern 1974

Flury, B.; Riedwyl, H.: Angewandte multivariate Statistik, Stuttgart 1983

Fricke, D.: Einführung in die Korrespondenzanalyse, Frankfurt a.M. 1998

Gehring, U.; Weiss, C.: Grundkurs Statistik für Politologen und Soziologen, Wiesbaden 2009

Georgii, H.-O.: Stochastik. Einführung in die Wahrscheinlichkeitstheorie und Statistik, Berlin 2009

Gigerenzer, G.: Messung und Modellbildung in der Psychologie, München 1981

Glaser, W.R.: Varianzanalyse, Stuttgart 1978

Goodman, L.A.: Analyzing qualitative categorial data, Cambridge 1984

Guggenmoos-Holzmann, I.; Wernecke, K.-D.: Medizinische Biostatistik, Berlin 1995

Harmann, H.H.: Modern Factor Analysis, Chicago 1976

Hartung, J.; Elpelt, B. u.a.: Statistik. Lehr- und Handbuch der angewandten Statistik, München 2009

Hartung, J.; Elpelt, B.: Multivariate Statistik, München 2006

Henze, N.: Stochastik für Einsteiger, Wiesbaden 2009

Hofmann, G.: Datenverarbeitung in den Sozialwissenschaften, Stuttgart 1988

Hofstätter, P. R.; Wendt, D.: Quantitative Methoden der Psychologie, München 1974

Hope, K.: Methods of multivariate analysis, London 1978

Horst, P.: Die Messung der Vorhersage, Weinheim 1971

Hübner, G.: Stochastik. Eine anwendungsorientierte Einführung für Informatiker, Ingenieure und Mathematiker, Wiesbaden 2009

Inglehart, R.: Kultureller Umbruch. Wertwandel in der westlichen Welt, Frankfurt a. M.; New York 1995

Kähler, W.-M.: SPSSX für Anfänger, Braunschweig 1986

Kerlinger, F. N.; Pedhazer, E.: Multiple regression in behavioral research, New York 1973

Kesel, A.; Junge, M. u.a.: Einführung in die Grundlagen der Statistik für Biowissenschaftler, Basel 1999

Kirk, R.E.: Experimental Design, Pacific Grove 1992

Kleinbaum, D.G.: Survival Analysis. A Self-Lerning Text, New York 1996

Klenke, A.: Wahrscheinlichkeitstheorie, Berlin; Heidelberg 2008

Köhler, W.; Schachtel, G. u.a.: Biostatistik. Eine Einführung für Biologen und Agrarwissenschaftler, Berlin; Heidelberg 2007

Kubinger, K.; Rasch, D. u.a.: Statistik in der Psychologie, Göttingen 2011

Küchler, M.: Multivariate Analyseverfahren, Stuttgart 1979

Kuckartz, U.; Rädike, S. u.a.: Statistik. Eine verständliche Einführung, Wiesbaden 2010

Kühnel, S.; Krebs, D.: Statistik für die Sozialwissenschaften. Grundlagen, Methoden, Anwendungen, Heidelberg 2007

Langeheine, R.: Loglineare Modelle zur multivariaten Analyse qualitativer Daten, München 1980

Lawless, J.E.: Statistical Models and Methods for Lifetime Data, New York 1982

Lee, E.: Statistical methods for survival data analysis, New York 1992

Leonhart, R.: Lehrbuch Statistik, Bern 2009

Leyer, I.; Weschke, K.: Multivariate Statistik in der Ökologie, Berlin; Heidelberg 2007

Lienert, G.A.: Verteilungsfreie Methoden in der Biostatistik, Meisenheim am Glan 1985

Lienert, G. A.; Raatz, U.: Testaufbau und Testanalyse, München 1998

Lorenz, R.: Grundbegriffe der Biometrie, Stuttgart 1996

Lozan, J.L.: Angewandte Statistik für Naturwissenschaftler, Berlin 1992

Marinell, G.; Steckel-Berger, G.: Einführung in die Statistik. Anwendungsorientierte Methoden zur Datenauswertung, München 2008

Mathar, R.: Multidimensionale Skalierung. Mathematische Grundlagen und algorithmische Aspekte, Stuttgart 1997

Miller, R. G.; Gong, G. u.a.: Survival Analysis, New York 1981

Mittag, H.-J.: Statistik. Eine interaktive Einführung, Berlin; Heidelberg 2011

Morrison, D.F.: Multivariate Statistical Methods, New York 1976

Mosler, K.; Schmid, F.: Beschreibende Statistik und Wirtschaftsstatistik, Berlin; Heidelberg 2009

Mosler, K.; Schmid, F.: Wahrscheinlichkeitsrechnung und schließende Statistik, Berlin; Heidelberg 2010

Müller, J.; Zimmermann, A. u.a.: Archäologie und Korrespondenzanalyse, Rahden/Westf. 1997

Nachtigall, C.; Wirt, M.: Statistische Methoden für Psychologen, Weinheim 2008

Oestreich, M.; Romberg, O.: Keine Panik vor Statistik, Wiesbaden 2010

Overall, J. E.; Klett, C.J.: Applied Multivariate Analysis, New York 1972

Patzelt, W.: Einführung in die sozialwissenschaftliche Statistik, München; Wien 1985

Pflaumer, P.; Heine, B. u.a.: Deskriptive Statistik, München 2009

Pinnekamp, H.-J.; Siegmann, F.: Deskriptive Statistik, München 2001

Precht, M.; Kraft, R.: Bio-Statistik, München 1993

Pruscha, H.: Angewandte Methoden der mathematischen Statistik. Lineare, loglineare, logistische Modelle, Stuttgart 1996

Puchani, J.: Statistik. Einführung mit praktischen Beispielen, Würzburg 2008

Rao, C.R.: Lineare statistische Methoden und ihre Anwendung, Berlin 1973

Rasch, B.; Friese, M. u.a.: Quantitative Methoden. Einführung in die Statistik für Psychologen und Sozialwissenschaftler, Berlin; Heidelberg 2009

Rasch, D.; Bock, J. u.a.: Biometrie. Einführung in die Biostatistik, Frankfurt a.M. 2000

Rochel, H.: Planung und Auswertung von Untersuchungen im Rahmen des allgemeinen linearen Modells, Berlin 1983

Ross, S. M.; Heinrich, C.: Statistik für Ingenieure und Naturwissenschaftler, Heidelberg 2006

Rudolf, M; Kuhlisch, W.: Biostatistik. Eine Einführung für Biowissenschaftler, München 2008

Sachs, L.; Hedderich, J.: Angewandte Statistik, Heidelberg 2006

Sahner, H.: Schließende Statistik, Stuttgart 1990

Schaich, E.; Hamerle, A.: Verteilungsfreie statistische Prüfverfahren, Berlin 1984

Schiffman, S. S.; Reynolds, M.L. u.a.: Introduction to multidimensional scaling, New York 1981

Schira, J.: Statistische Methoden der VWL und BWL, München 2009

Schlittgen, R.: Einführung in die Statistik. Analyse und Modellierung von Daten, München 2008

Schubö, W.; Uehlinger, H.-M. u.a.: SPSS, Handbuch der Programmversionen 4.0 und SPSSX 3.0, Stuttgart 1991

Schumacher, M.; Schulgen-Kristiansen, G.: Methodik klinischer Studien, Berlin; Heidelberg 2008

Siegel, S.: Nichtparametrische statistische Methoden, Frankfurt a.M. 1997

Späth, H.: Fallstudien Clusteranalyse, München 1977

Steinhausen, D.; Langer, K.: Clusteranalyse, Berlin 1977

Stengel, D.; Bhandari, M.: Statistik und Aufbereitung klinischer Daten, Stuttgart 2011

Storm, R.: Wahrscheinlichkeitsrechnung, mathematische Statistik und statistische Qualitätskontrolle, Leipzig 1974

Tabachnik, B. G.; Fidell, L.S.: Using Multivariate Statistics, New York 1996

Überla, K.: Faktorenanalyse, Berlin 1971

Urban, D.; Mayer, J.: Regressionsanalyse. Theorie, Technik und Anwendung, Wiesbaden 2011

Weber, E.: Einführung in die Faktorenanalyse, Stuttgart 1974

Weber, E.: Grundriß der biologischen Statistik, Jena 1986

Weiß, C.: Basiswissen Medizinische Statistik, Berlin; Heidelberg 2010

Wernecke, K.-D.: Angewandte Statistik für die Praxis, Bonn 1995

Wittenberg, R.: Grundlagen computerunterstützter Datenanalyse, Stuttgart 1991

Wührer, G.A.: Mehrdimensionale Skalierung, in: Herrmann, A; Homburg, C.: Marktforschung. Methoden, Anwendungen, Praxisbeispiele, Wiesbaden 1999. S. 439-469

Zöfel, P.: Statistik für Psychologen, München 2003

Zöfel, P.: Statistik in der Praxis, Stuttgart 1992

Zöfel, P.: Univariate Varianzanalysen, Stuttgart 1992

Zöfel, P.: Statistik verstehen. Ein Begleitbuch zur computergestützten Anwendung, München 2002

Index

Z